中国湿地维管植物名录

梁士楚 编著

科学出版社

北 京

内 容 简 介

本书共收录我国湿地维管植物 211 科 1321 属 5923 种 120 亚种 285 变种。其中，石松类植物 3 科 9 属 47 种；蕨类植物 30 科 100 属 449 种 4 亚种 18 变种；裸子植物 2 科 10 属 15 种 6 变种；被子植物 176 科 1202 属 5412 种 116 亚种 261 变种。每个种、亚种和变种的内容有中文名、学名、习性、生境和国内地理分布，外来种还给出原产地。

本书可供湿地学、生态学、环境科学、地理科学、海洋学、植物学等学科的研究人员，农业、林业、水利、海洋、环保、旅游等领域的工作者，以及自然保护区管理人员和大专院校师生阅读和参考。

图书在版编目（CIP）数据

中国湿地维管植物名录/梁士楚编著. —北京：科学出版社，2022.3
ISBN 978-7-03-071884-6

Ⅰ. ①中… Ⅱ. ①梁… Ⅲ. ①沼泽化地–维管植物–中国–名录
Ⅳ.①Q949.408-62

中国版本图书馆 CIP 数据核字(2022)第 043977 号

责任编辑：张会格 白 雪 / 责任校对：郑金红
责任印制：赵 博 / 封面设计：刘新新

科学出版社 出版
北京东黄城根北街 16 号
邮政编码：100717
http://www.sciencep.com

北京中科印刷有限公司印刷
科学出版社发行 各地新华书店经销
*

2022 年 3 月第 一 版 开本：787×1092 1/16
2025 年 1 月第二次印刷 印张：32
字数：924 000
定价：328.00 元
(如有印装质量问题, 我社负责调换)

前　言

　　湿地（wetland）处于陆地和水域之间的过渡性地带，兼具陆生和水生环境特性。独特的水文、土壤和气候条件使湿地成为地球上生物多样性最丰富的生态系统之一。湿地植物是湿地生态系统的第一性生产者，在维持湿地生态系统物种多样性、物质循环、能量流动等过程中处于关键的地位。然而，不同学者对于湿地植物的界定一直存在争议，甚至混乱，归结起来主要有三个方面：一是指仅在湿地中生长的植物，如水湿生植物等；二是指在湿地和非湿地中都能生长的植物，如水陆生植物、半湿生植物等；三是指在湿地范围内生长的所有植物，如一些学者把在湿地范围内生长的中生植物也列为湿地植物。本书将湿地植物定义为能在水体或潮湿土壤环境中生长的植物。通常，湿地植物涉及浮游植物、苔藓植物、蕨类植物、裸子植物和被子植物五大类群。其中，浮游植物为营浮游生活的微小植物，一般是指浮游藻类，结构简单，无根茎叶的分化，见于海洋、河流、湖泊、水库、池塘等水体，以及各种暂时性积水，甚至潮湿的地表等；苔藓植物为小型草本植物，结构简单，具拟茎和叶的分化，有时呈扁平的叶状体，无真正的根和维管束，喜阴湿环境，多生长在沼泽、潮湿的森林、土壁或岩壁；蕨类植物，又称羊齿植物，是进化水平最高的孢子植物，具根、茎、叶的分化，可划分为旱生、中生、湿生和水生 4 种水分适应类型；裸子植物多数为单轴分枝的乔木，少数为灌木，稀为藤本，种子无果皮包被，主要生长在陆地上，少数为水陆两栖；被子植物是植物界进化最高级的类群，具真正的花，种子有果皮包被，不仅种类繁多，而且水分适应类型较为复杂。随着植物研究的不断深入和新分类系统的建立，蕨类植物被划分为石松类植物（Lycophytes）和蕨类植物（Monilophytes）两大类群，前者被认为是维管植物的最早分支，也是现存其他维管植物的姊妹群。鉴于此，本书将收录的湿地维管植物划分为石松类植物、蕨类植物、裸子植物（Gymnosperms）和被子植物（Angiosperms）四大类群。

　　植物生活型是指植物对特定生境条件长期适应而在外貌上反映出来的类型，是不同植物对相同生境条件趋同适应的结果。本书将湿地维管植物的生活型划分为乔木、灌木、亚灌木、竹类、藤本、草本六大类。其中，乔木依据株高划分为小乔木（株高<8m）、中乔木（8m≤株高<25m）、大乔木（株高≥25m）3 类；灌木依据直立程度划分为直立灌木和攀援灌木，直立灌木依据株高再划分为小灌木（株高<1m）、中灌木（1m≤株高<2m）、大灌木（株高≥2m）3 类；亚灌木依据株高划分为小亚灌木（株高<1m）、中亚灌木 1m≤株高<2m）、大亚灌木（株高≥2m）3 类；竹类依据地上茎形态特征划分为灌木状、乔木状 2 类；藤本依据茎木质化程度划分为木质藤本和草本藤本 2 类；草本植

物依据直立程度划分为直立草本、斜升草本、斜倚草本、平卧草本、匍匐草本、缠绕草本、攀援草本等类型，直立草本依据株高再划分为小草本（株高<0.5m）、中草本（0.5m≤株高<1.5m）、大草本（株高≥1.5m）3 类。对于平卧、匍匐、叶基生或莲座状的植物，株高为主茎末端、侧枝、能育枝或花序的高度。

　　不同种类的湿地植物对水分的依赖程度有所差异，加上一些种类具有较强的耐旱、耐湿、耐水淹等特性，其对水分的适应具有多态性，造成它们的水分适应类型难于确定，并由此引起一些混乱，如卵叶丁香蓼既能沉水、挺水生长，也能湿生生长，有些学者将其定为挺水植物，但有些学者将其定为湿生植物。根据植物对生长环境不同水分条件的适应差异，本书将湿地维管植物划分为水陆生植物、半湿生植物、湿生植物、沉水植物、浮叶植物、漂浮植物、水湿生植物、挺水植物 8 类。其中，水陆生植物是指在中生、湿生和水生环境中都能生长的植物，这类植物具有水陆两栖的特性，如水松、水杉等；半湿生植物是指在中生和湿生环境中都能生长的植物，如木麻黄、南川柳等；湿生植物是指在湿生环境中生长的植物，这类植物不能忍受较长时间的水分不足或水淹，如冷水花、糯米团等；沉水植物是指植物体全部或绝大部分沉在水中生长的植物，如金鱼藻、黑藻等；浮叶植物，又称扎根浮叶植物，是指根或地下茎在水底土壤中、叶浮在水面上生长的植物，如亚马逊王莲、睡莲等；漂浮植物是指植物体漂浮在水面上生长的植物，其依据根部是否固着可再划分为自由型漂浮植物和扎根型漂浮植物两类，前者无根或根完全悬垂在水中，可随水的流动而自由漂浮及移动，常见的种类有满江红、槐叶蘋、浮萍、凤眼莲、大藻等，后者的根着生在近岸浅水处或潮湿岸边，植物体向水中延伸而漂浮在水面上生长，其茎顶端或节上分枝通常挺出水面，常见的种类有水龙、水禾、浮叶合萌等；水湿生植物是指在水生和湿生环境中都能生长的植物，兼具湿生植物和水生植物的生态特性，常见的种类有华南紫萁、卤蕨、海马齿、谷精草等；挺水植物是指挺立在浅水中生长的植物，这类植物的根或地下茎生长在水底土壤中，部分茎、叶伸出水面，因而具有陆生和水生两类植物的生态特性。需要指出的是，湿地植物的生长和分布受气候、土壤、水文、生物、人为干扰等多种因素的影响，经过长期的适应，湿地植物会对这些因素的变化做出响应，形成相应的生物生态学特征。例如，红树植物红海榄在内滩、中滩、外滩都有分布，但不同滩域的红海榄因受海浪和潮汐冲击的程度不同，其主茎退化和支柱根发育的程度明显不同；外滩、中滩、内滩潮沟两侧因海浪和潮汐冲击较强，红海榄主茎退化显著，支柱根发达，形成高 1.5~2.5m、宽达 2m 的庞大支柱根系，外貌呈灌丛状，而在内滩海浪和潮汐冲击较弱的地段上，红海榄主茎单一，支柱根仅从茎基部发出，高多在 1.2m 以下且数量少，外貌呈乔木状。一些水生植物在水深变浅至基底，甚至仅是土壤潮湿的情况下，其生长状态会相应地产生变化，如沉水植物石龙尾呈挺水或湿生生长，浮叶植物蘋、水鳖等呈挺水或湿生生长，漂浮植物圆心萍、凤眼莲等的根会扎入基底而呈挺水或湿生生长。而一些水生植物，如挺水植物鸭舌草、矮慈姑等，随着水深的增加，可呈沉水生长。

湿地植物的生境类型复杂多样，本书列举的有沟谷、河谷、山坡、林下、林缘、林间、河流、湖泊、沼泽、草甸、河口、潮上带、潮间带、潮下带、水库、池塘、运河、沟渠、水田、水浇地、园林等。由于对湿地植物的生境特点、生物生态学特征等研究程度的不同，一些种类的生境类型描述比较宽泛，如沟谷、河谷、山坡等，而一些种类的则相对较为具体，如池塘、水沟等。基于地貌形态、水文条件、基质条件、植被类型等主导因子的差异，这些生境类型可主要划分为 12 类：①河流类，包括永久性水域、消落带、河漫滩、河岸坡、支流河口、洪泛平原/洪泛地、冲积扇、河心洲等；②湖泊类，包括永久性水域、消落带、湖岸坡、入湖河口等；③沼泽类，包括森林沼泽、灌丛沼泽、草本沼泽、苔藓沼泽等；④滨海类，包括潮下带、潮间带、潮上带、堤内（指海堤内侧受海水影响的湿地）、潟湖、入海河口等；⑤植被类，包括林下、林间、林缘、灌丛、草丛、草原、草甸、冻原、苔藓丛等；⑥石类，包括碎石坡、砾石坡、流石坡、砾石地、卵石地、流石滩、岩石、岩石间、岩壁、岩坡、漂石间等；⑦池塘类，包括水体、塘基等；⑧水库类，包括永久性水域、消落带、库岸坡、入库河口等；⑨水浇地类，包括水浇地中、水浇地边、弃耕水浇地等；⑩水田类，包括田埂、田中、弃耕田、冬闲田等；⑪沟渠类，包括水渠、水沟及其边缘（沟边）等；⑫园林类，即含有湿地和园林要素的人工景观环境。此外，还有盐碱地、盐田、卤水沟、洼地、瀑布、温泉、泉眼、岩洞口、土壁、天坑、冰碛地、积水处、蓄水池等。上述生境类型均是指其中适合湿地植物生长的水体、潮湿或阴湿的环境，不同的湿地植物各自占据其适生的环境。例如，挺水植物、浮叶植物和漂浮植物生长在河流、湖泊、水库、池塘等水体中，而湿生植物生长在这些水体岸边潮湿的区域。需要进一步说明的是，书中将河流和溪流并列，后者是指宽度 5m 以下的小河流，通常出现在河流的上游、沟谷、林中等；根据优势植物的生态特性，草甸再划分为典型草甸、沼泽草甸、盐生草甸和高寒草甸；沟渠是水沟和水渠的统称，前者为自然形成、宽度通常不及 1m 的线性水道，而后者为人工建造、宽度通常不及 2m 的线性水道；岩石是指单个石块，而岩壁为相对连续分布且有一定面积和较大坡度的成片岩石，湿地植物生长在岩石或岩壁的缝隙、凹窝或附生在潮湿或滴水的石面上。

本书收录我国湿地维管植物 5923 种 120 亚种 285 变种，隶属 211 科 1321 属。其中，石松类植物 47 种，隶属 3 科 9 属；蕨类植物 449 种 4 亚种 18 变种，隶属 30 科 100 属；裸子植物 15 种 6 变种，隶属 2 科 10 属；被子植物 5412 种 116 亚种 261 变种，隶属 176 科 1202 属。仅栽培于水族箱、温室的种类暂不收录。名录中，科、同一科的属、同一属的种分别按照科、属、种加词的首字母排序；科、属、种的中文名及其拉丁学名主要来源于《中国生物物种名录（第一卷）》和《中国生物物种名录 2021 版》（http://

www.sp2000.org.cn）；种下单元有亚种和变种，编写方式为列举原亚种或原变种、亚种或变种条目，如亚种以野慈姑为例：野慈姑（原亚种）*Sagittaria trifolia* subsp. *trifolia*、华夏慈姑 *Sagittaria trifolia* subsp. *leucopetala* (Miq.) Q. F. Wang，变种以落羽杉为例：落羽杉（原变种）*Taxodium distichum* var. *distichum*、池杉 *Taxodium distichum* var. *imbricatum* (Nutt.) Croom；株高、生活型和海拔主要来源于《中国植物志》(http://www.iplant.cn/frps)、*Flora of China*（http://www.iplant.cn/foc）；产地主要来源于《中国生物物种名录（第一卷）》《中国生物物种名录 2021 版》《中国湿地资源》各分卷，除外来种以外仅列出国内分布地。限于野外调查和相关资料掌握程度的不足，一些湿地植物的习性、生境、分布等特征有待于进一步补充和完善，而一些湿地植物未被收录。

本书的相关研究及出版得到广西自然科学基金项目（2014GXNSFAA118071、桂科自0991022Z）、珍稀濒危动植物生态与环境保护教育部重点实验室、广西高校野生动植物生态学重点实验室等联合资助。在编写过程中，先后得到了吴汝祥、李桂荣、覃盈盈、韦锋、李军伟、黄安书、李凤、田华丽、巫文香、杨晨玲、田丰、赵红艳、李丽香、漆光超、姜勇、丁月萍、涂洪润、盘远方、林红玲、何雁、肖艳梅、卓文花、陈宇、蒋婷、方耀成、陈坤铨、林海丽、何芳远、苏权、邬月儿、谢雨瑶、李玉玲、梁志慧、吴华萍等的大力协助，在此表示衷心的感谢！

鉴于作者水平有限，本书不足之处在所难免，恳切希望同行和读者批评指正。

梁士楚

2020 年 12 月于广西桂林

目　录

石松类植物 LYCOPHYTES

1. 水韭科 Isoëtaceae

水韭属 Isoëtes L.

高寒水韭 Isoëtes hypsophila Hand.-Mazz.
习性：小草本，高达 10cm；挺水植物。
生境：沼泽草甸、沼泽、湖泊等，海拔 3300~4400m。
分布：江西、云南、四川。

东方水韭 Isoëtes orientalis H. Liu & Q. F. Wang
习性：小草本，高 25~30cm；水湿生植物。
生境：沼泽、弃耕田等，海拔 1000~1400m。
分布：浙江、福建。

香格里拉水韭 Isoëtes shangrilaensis Xiang Li, Yuqian Huang, X. Dai & Xing Liu
习性：小草本，叶长 2.8~18cm；沉水植物。
生境：池塘，海拔 3200~3400m。
分布：云南。

中华水韭 Isoëtes sinensis Palmer
习性：小草本，高 15~30cm；水湿生植物。
生境：沼泽、溪流、湖泊、池塘、水沟、田中等，海拔达 1300m。
分布：江苏、安徽、浙江、江西、湖南、广西。

台湾水韭 Isoëtes taiwanensis De Vol
习性：小草本，高 5~15cm；水湿生植物。
生境：沼泽、湖泊等，海拔约 800m。
分布：台湾。

云贵水韭 Isoëtes yunguiensis Q. F. Wang & W. C. Taylor
习性：小草本，高 15~30cm；挺水植物。
生境：沼泽、溪流、池塘、水沟等，海拔 1000~2200m。
分布：贵州、云南。

2. 石松科 Lycopodiaceae

玉柏属 Dendrolycopodium A. Haines

玉柏 Dendrolycopodium obscurum (L.) A. Haines
习性：小草本，高 18~50cm；湿生植物。
生境：林下、岩壁、苔藓丛等，海拔 100~2200m。
分布：黑龙江、吉林、辽宁、浙江、湖南、重庆、四川、西藏。

笔直石松 Dendrolycopodium verticale (Li Bing Zhang) Li Bing Zhang & X. M. Zhou
习性：小草本，高 15~50cm；湿生植物。
生境：林下、灌丛、草丛、岩壁等，海拔 1000~3000m。
分布：山西、安徽、浙江、江西、湖北、湖南、贵州、云南、重庆、四川、西藏、陕西、台湾。

石杉属 Huperzia Bernh.

皱边石杉 Huperzia crispata (Ching & H. S. Kung) Ching
习性：小草本，高 16~32cm；湿生植物。
生境：林下，海拔 900~2600m。
分布：江西、湖北、湖南、广东、广西、贵州、云南、重庆、四川。

峨眉石杉 Huperzia emeiensis (Ching & H. S. Kung) Ching & H. S. Kung
习性：小草本，高 6~12cm；湿生植物。
生境：林下、灌丛、沟边等，海拔 800~2800m。
分布：湖北、湖南、贵州、云南、重庆、四川。

锡金石杉 Huperzia herteriana (Kümmerle) T. Sen & U. Sen
习性：小草本，高 4~25cm；湿生植物。

生境：林下、苔藓丛、岩壁等，海拔 1700~3900m。

分布：广西、贵州、云南、重庆、四川、西藏。

长柄石杉 Huperzia javanica (Sw.) Fraser-Jenk.

习性：小草本，高 10~30cm；湿生植物。

生境：林下、沟边、岩壁等，海拔 400~2700m。

分布：江苏、安徽、浙江、江西、福建、湖北、湖南、广东、海南、广西、贵州、云南、重庆、四川、西藏。

康定石杉 Huperzia kangdingensis (Ching ex H. S. Kung) Ching

习性：小草本，高达 27cm；湿生植物。

生境：林下、岩壁等，海拔 1300~2500m。

分布：云南、四川。

昆明石杉 Huperzia kunmingensis Ching

习性：小草本，高 4~17cm；湿生植物。

生境：溪边、土壁等，海拔 1200~2100m。

分布：广东、广西、贵州、云南。

雷波石杉 Huperzia laipoensis Ching

习性：小草本，高约 10cm；湿生植物。

生境：林下，海拔 2300~3200m。

分布：四川。

拉觉石杉 Huperzia lajouensis Ching

习性：小草本，高达 8cm；湿生植物。

生境：塘基、草丛等，海拔 3400~4000m。

分布：四川、西藏。

东北石杉 Huperzia miyoshiana (Makino) Ching

习性：小草本，高 10~18cm；湿生植物。

生境：林下、苔藓丛等，海拔 1000~2200m。

分布：黑龙江、吉林、辽宁。

苔藓林石杉 Huperzia muscicola Ching ex W. M. Chu

习性：小草本，高 10~25cm；湿生植物。

生境：林下、苔藓丛等，海拔 2000~2500m。

分布：云南。

南川石杉 Huperzia nanchuanensis (Ching & H. S. Kung) Ching & H. S. Kung

习性：小草本，高 8~11cm；湿生植物。

生境：林下，海拔 1700~2000m。

分布：湖北、湖南、贵州、云南、重庆。

蛇足石杉 Huperzia serrata (Thunb.) Trevis.

习性：小草本，高 10~30cm；湿生植物。

生境：林下、灌丛、沟边、田埂、路边等，海拔达 2700m。

分布：全国多数地区。

四川石杉 Huperzia sutchueniana (Herter) Ching

习性：小草本，高 8~18cm；湿生植物。

生境：林下、灌丛、草丛、岩石、岩壁等，海拔 800~2000m。

分布：安徽、浙江、江西、湖北、湖南、广东、贵州、重庆、四川。

西藏石杉 Huperzia tibetica (Ching) Ching

习性：小草本，高 2~10cm；湿生植物。

生境：草甸、沼泽边等，海拔 2700~3300m。

分布：云南。

小石松属 Lycopodiella Holub

卡罗利拟小石松 Lycopodiella caroliniana (L.) Pic. Serm.

习性：匍匐草本，高 8~15cm；湿生植物。

生境：沼泽、草丛等，海拔 800~1500m。

分布：福建、湖南、广东、香港。

小石松 Lycopodiella inundata (L.) Holub

习性：匍匐草本，高 3~8cm；湿生植物。

生境：沼泽，海拔 400~1000m。

分布：福建。

石松属 Lycopodium L.

石松 Lycopodium japonicum Thunb.

习性：匍匐草本，高 10~40cm；湿生植物。

生境：林下、灌丛、草丛、岩石、岩壁、路边等，海拔 100~3300m。

分布：除东北、华北以外的其他地区。

垂穗石松属 Palhinhaea Vasc. & Franco

垂穗石松 Palhinhaea cernua (L.) Vasc. & Franco

习性：中小草本，高 30~60cm；半湿生植物。

生境：林下、林缘、灌丛、河岸坡、溪边、沟边、田间、路边、岩石、岩壁等，海拔达 2800m。

分布：浙江、江西、福建、湖南、广东、海南、广西、贵州、云南、重庆、四川、香港、台湾。

马尾杉属 **Phlegmariurus** (Herter) Holub

华南马尾杉 **Phlegmariurus austrosinicus** (Ching) Li Bing Zhang

习性：中小草本，长 20~70cm；湿生植物。

生境：岩石、岩壁等，海拔 700~2000m。

分布：江西、湖南、广东、广西、贵州、云南、重庆、四川、香港。

多穗石松属 **Spinulum** A. Haines

多穗石松 **Spinulum annotinum** (L.) A. Haines

习性：匍匐草本，高 8~20cm；湿生植物。

生境：林下、林缘、岩壁等，海拔 700~3700m。

分布：黑龙江、吉林、辽宁、内蒙古、湖北、重庆、四川、陕西、甘肃、新疆、台湾。

3. 卷柏科 Selaginellaceae

卷柏属 Selaginella P. Beauv.

二形卷柏 Selaginella biformis A. Braun ex Kuhn

习性：直立或匍匐草本，高 15~50cm；湿生植物。

生境：林下、溪边、岩石、岩壁等，海拔 100~1500m。

分布：福建、湖南、广东、海南、广西、贵州、云南、香港。

缘毛卷柏 Selaginella ciliaris (Retz.) Spring

习性：匍匐草本，高 2~5cm；湿生植物。

生境：林下、草丛、路边等，海拔 100~900m。

分布：广东、海南、广西、云南、香港、台湾。

蔓生卷柏 Selaginella davidii Franch.

习性：匍匐草本，长 5~45cm；湿生植物。

生境：灌丛、河岸坡、溪边、沟边、田间、田埂、岩石、岩壁等，海拔 100~2400m。

分布：河北、北京、天津、山西、山东、江苏、安徽、浙江、江西、福建、河南、湖北、湖南、广东、广西、贵州、云南、重庆、四川、西藏、陕西、宁夏、甘肃。

薄叶卷柏 Selaginella delicatula (Desv.) Alston

习性：小草本，高 20~50cm；半湿生植物。

生境：林下、灌丛、溪边、岩壁等，海拔 100~1000m。

分布：安徽、浙江、江西、福建、湖北、湖南、广东、海南、广西、贵州、云南、重庆、四川、香港、台湾。

深绿卷柏 Selaginella doederleinii Hieron.

习性：小草本，高 15~45cm；湿生植物。

生境：林下、溪边、岩石、岩壁、路边等，海拔 200~1400m。

分布：安徽、浙江、江西、福建、湖北、湖南、广东、海南、广西、贵州、云南、重庆、四川、香港、台湾。

疏松卷柏 Selaginella effusa Alston

习性：小草本，高 10~45cm；湿生植物。

生境：林下、岩石、岩壁等，海拔 200~1500m。

分布：广东、广西、贵州、云南、西藏。

小卷柏 Selaginella helvetica (L.) Spring

习性：匍匐草本，高 5~15cm；湿生植物。

生境：林下、溪边、岩石、岩壁等，海拔 2200~3300m。

分布：黑龙江、吉林、辽宁、内蒙古、河北、北京、山西、山东、安徽、河南、云南、四川、西藏、陕西、甘肃、青海。

异穗卷柏 Selaginella heterostachys Baker

习性：直立或匍匐草本，高 10~20cm；湿生植物。

生境：林下、岩石、岩壁等，海拔 100~1900m。

分布：安徽、浙江、江西、福建、河南、湖南、广东、海南、广西、贵州、云南、重庆、四川、甘肃、香港、澳门、台湾。

细叶卷柏 Selaginella labordei Hieron. ex Christ

习性：小草本，高 5~30cm；湿生植物。

生境：林下、岩石、岩壁等，海拔 1000~2800m。

分布：安徽、浙江、江西、福建、河南、湖北、湖南、广西、贵州、云南、重庆、四川、西藏、陕西、甘肃、青海、香港、台湾。

松穗卷柏 Selaginella laxistrobila K. H. Shing
习性：匍匐草本，高 1~6cm；湿生植物。
生境：林下、岩石、岩壁等，海拔 2500~3600m。
分布：云南、四川。

膜叶卷柏 Selaginella leptophylla Baker
习性：小草本，高 5~25cm；湿生植物。
生境：林下、田埂、岩石、岩壁等，海拔 400~2100m。
分布：广西、贵州、云南、四川、香港、台湾。

琉球卷柏 Selaginella lutchuensis Koidz.
习性：匍匐草本，长 3~10cm；湿生植物。
生境：岩石、岩壁等，海拔达 750m。
分布：台湾。

单子卷柏 Selaginella monospora Spring
习性：匍匐草本；湿生植物。
生境：林下，海拔 500~2600m。
分布：广东、海南、广西、贵州、云南、西藏。

伏地卷柏 Selaginella nipponica Franch. & Sav.
习性：匍匐草本，高 5~12cm；湿生植物。
生境：林下、灌丛、草丛、溪边、湖岸坡、岩石、岩壁等，海拔达 1300m。
分布：山西、山东、江苏、安徽、上海、浙江、江西、福建、河南、湖北、湖南、广东、广西、贵州、云南、重庆、四川、西藏、陕西、甘肃、青海、香港、台湾。

地卷柏 Selaginella prostrata H. S. Kung
习性：匍匐草本；湿生植物。
生境：林下、岩石、岩壁等，海拔 1500~2500m。
分布：湖南、贵州、云南、四川、陕西。

疏叶卷柏 Selaginella remotifolia Spring
习性：匍匐草本；湿生植物。
生境：林下、岩石、岩壁等，海拔 100~3000m。
分布：江苏、浙江、江西、福建、湖北、湖南、广东、广西、贵州、云南、重庆、四川、香港、台湾。

海南卷柏 Selaginella rolandi-principis Alston
习性：小草本，高 20~45cm；湿生植物。
生境：林下、溪边等，海拔 300~900m。
分布：海南、广西、云南。

翠云草 Selaginella uncinata (Desv.) Spring
习性：匍匐或攀援草本，长达 1m；湿生植物。
生境：林下、林缘、溪边、湖岸坡、岩壁、路边等，海拔达 1200m。
分布：安徽、浙江、江西、福建、湖北、湖南、广东、广西、贵州、云南、重庆、四川、陕西、香港、台湾。

剑叶卷柏 Selaginella xipholepis Baker
习性：匍匐草本，高 5~10cm；湿生植物。
生境：林下、岩石、岩壁等，海拔 400~900m。
分布：江西、福建、广东、广西、贵州、香港。

蕨类植物 MONILOPHYTES

4. 铁角蕨科 Aspleniaceae

铁角蕨属 Asplenium L.

华南铁角蕨 Asplenium austrochinense Ching

习性：小草本，高 30~40cm；湿生植物。

生境：林下、岩石、岩石间、岩壁等，海拔 400~1100m。

分布：安徽、浙江、江西、福建、湖北、湖南、广东、海南、广西、贵州、云南、重庆、四川、香港、台湾。

线柄铁角蕨 Asplenium capillipes Makino

习性：小草本，高 3~10cm；湿生植物。

生境：林下、岩壁、岩洞口等，海拔 2000~2900m。

分布：湖南、贵州、云南、重庆、四川、陕西、甘肃、台湾。

线裂铁角蕨 Asplenium coenobiale Hance

习性：小草本，高 10~30cm；湿生植物。

生境：林下、岩石、岩壁等，海拔 700~1800m。

分布：浙江、福建、湖南、广东、海南、广西、贵州、云南、重庆、四川、台湾。

毛轴铁角蕨 Asplenium crinicaule Hance

习性：小草本，高 20~40cm；湿生植物。

生境：林下、岩石、岩壁等，海拔 100~3000m。

分布：浙江、江西、福建、湖南、广东、海南、广西、贵州、云南、重庆、四川、西藏、香港。

苍山蕨 Asplenium dalhousiae Hook.

习性：小草本，高 13~25cm；湿生植物。

生境：岩石、岩壁等，海拔 1000~3000m。

分布：西藏。

水鳖蕨 Asplenium delavayi (Franch.) Copel.

习性：小草本，高 5~15cm；湿生植物。

生境：岩石、岩壁、岩洞口等，海拔 600~1800m。

分布：广西、贵州、云南、重庆、四川、西藏、甘肃。

云南铁角蕨 Asplenium exiguum Bedd.

习性：小草本，高 5~20cm；湿生植物。

生境：林下、岩石、岩壁等，海拔 1100~3300m。

分布：河北、山西、河南、湖南、广西、贵州、云南、重庆、四川、西藏、陕西、台湾。

网脉铁角蕨 Asplenium finlaysonianum Wall. ex Hook.

习性：小草本，高 30~50cm；湿生植物。

生境：林下、灌丛、岩石、岩壁等，海拔 700~1100m。

分布：广东、海南、广西、云南、西藏。

厚叶铁角蕨 Asplenium griffithianum Hook.

习性：小草本，高 10~30cm；湿生植物。

生境：林下、岩石、岩壁等，海拔 100~1600m。

分布：福建、湖南、广东、海南、广西、贵州、云南、四川、西藏、香港、台湾。

撕裂铁角蕨 Asplenium gueinzianum Mett. ex Kuhn

习性：小草本，高 25~35cm；湿生植物。

生境：林下、溪边、岩石、岩壁等，海拔 1100~2600m。

分布：云南、西藏、台湾。

海南铁角蕨 Asplenium hainanense Ching

习性：小草本，高 24~40cm；湿生植物。

生境：岩石、岩壁等，海拔 400~700m。

分布：海南、广西。

扁柄巢蕨 Asplenium humbertii Tardieu

习性：小草本，高 20~40cm；湿生植物。

生境：林下、岩石、岩壁等，海拔 200~900m。

分布：海南、广西、云南。

虎尾铁角蕨 Asplenium incisum Thunb.

习性：小草本，高 10~30cm；湿生植物。

生境：林下、岩石、岩壁等，海拔达 1900m。

分布：黑龙江、吉林、辽宁、河北、山西、山东、江苏、安徽、上海、浙江、江西、福建、河南、湖北、湖南、广东、广西、贵州、云南、重庆、四川、陕西、甘肃、台湾。

胎生铁角蕨 Asplenium indicum Sledge

习性：小草本，高 20~45cm；湿生植物。

生境：林下、岩石、岩壁、水边等，海拔 600~2700m。

分布：安徽、浙江、江西、福建、湖北、湖南、广东、广西、贵州、云南、四川、西藏、甘肃、台湾。

贵阳铁角蕨 Asplenium interjectum Christ

习性：小草本，高 20~30cm；湿生植物。

生境：林下、岩石、岩壁等，海拔 800~1700m。

分布：贵州、云南、重庆。

倒挂铁角蕨 Asplenium normale D. Don

习性：小草本，高 15~40cm；湿生植物。

生境：林下、岩石、岩壁等，海拔 400~2500m。

分布：辽宁、江苏、安徽、浙江、江西、福建、湖北、湖南、广东、海南、广西、贵州、云南、重庆、四川、西藏、香港、台湾。

东南铁角蕨 Asplenium oldhamii Hance

习性：小草本，高 15~20cm；湿生植物。

生境：林下、岩石、岩壁等，海拔 100~900m。

分布：安徽、浙江、江西、福建、台湾。

长叶铁角蕨 Asplenium prolongatum Hook.

习性：小草本，高 20~40cm；湿生植物。

生境：林下、岩石、岩壁等，海拔 150~1800m。

分布：安徽、浙江、江西、福建、河南、湖北、湖南、广东、海南、广西、贵州、云南、重庆、四川、西藏、甘肃、香港、台湾。

过山蕨 Asplenium ruprechtii Sa. Kurata

习性：小草本，高 10~20cm；半湿生植物。

生境：林下、岩石、岩壁等，海拔 300~2000m。

分布：黑龙江、吉林、辽宁、内蒙古、河北、北京、天津、山西、山东、江苏、安徽、江西、河南、湖北、广东、贵州、四川、陕西、宁夏。

狭叶铁角蕨 Asplenium scortechinii Bedd.

习性：小草本，高 15~40cm；半湿生植物。

生境：林下、岩石、岩壁等，海拔 1300~1600m。

分布：广东、海南、广西、贵州、云南。

细茎铁角蕨（原变种）Asplenium tenuicaule var. tenuicaule

习性：小草本，高 5~25cm；湿生植物。

生境：林下、沟边、岩石、岩壁等，海拔 200~2900m。

分布：黑龙江、吉林、辽宁、内蒙古、河北、北京、山西、山东、江苏、浙江、江西、河南、湖南、贵州、云南、重庆、四川、西藏、陕西、甘肃、青海、台湾。

钝齿铁角蕨 Asplenium tenuicaule var. subvarians (Ching) Viane

习性：小草本，高 5~20cm；湿生植物。

生境：林下、岩石、岩壁等，海拔 600~3100m。

分布：黑龙江、吉林、辽宁、内蒙古、河北、北京、山西、山东、江苏、浙江、江西、河南、湖南、贵州、云南、重庆、四川、西藏、陕西、甘肃、青海。

细裂铁角蕨 Asplenium tenuifolium D. Don

习性：小草本，高 20~45cm；湿生植物。

生境：林下、林缘、岩石、岩壁等，海拔 1200~2400m。

分布：湖南、海南、广西、贵州、云南、重庆、四川、西藏、台湾。

三翅铁角蕨 Asplenium tripteropus Nakai

习性：小草本，高 15~30cm；湿生植物。

生境：林下、岩石、岩壁等，海拔 400~2500m。

分布：山西、江苏、安徽、浙江、江西、福建、河南、湖北、湖南、广东、贵州、云南、重庆、四川、陕西、甘肃、台湾。

变异铁角蕨 Asplenium varians Wall. ex Hook. & Grev.

习性：小草本，高 5~35cm；湿生植物。

生境：林下、岩石、岩壁等，海拔 600~3500m。

分布：山西、山东、浙江、河南、湖北、湖南、广东、广西、贵州、云南、重庆、四川、西藏、陕西、宁夏。

棕鳞铁角蕨 Asplenium yoshinagae Makino

习性：小草本，高 10~45cm；半湿生植物。

生境：林下、岩石、岩壁等，海拔 600~2700m。

分布：浙江、福建、湖北、湖南、广东、广西、贵州、云南、四川、西藏、台湾。

膜叶铁角蕨属 Hymenasplenium Hayata

细辛膜叶铁角蕨 Hymenasplenium cardiophyllum (Hance) Nakaike

习性：小草本，高达 30cm；湿生植物。

生境：林下、溪边、岩石、岩壁、瀑布边等，海拔 300~800m。

分布：海南、广西、台湾。

齿果膜叶铁角蕨 Hymenasplenium cheilosorum (Kunze ex Mett.) Tagawa

习性：中小草本，高 25~60cm；湿生植物。

生境：林下、溪边、岩石、岩壁等，海拔 500~1800m。

分布：浙江、江西、福建、湖南、广东、海南、广西、贵州、云南、西藏、香港、台湾。

切边膜叶铁角蕨 Hymenasplenium excisum C. Presl

习性：中小草本，高 40~60cm；半湿生植物。

生境：林下、岩石、岩壁等，海拔 300~1700m。

分布：浙江、湖南、广东、海南、广西、贵州、云南、西藏、台湾。

东亚膜叶铁角蕨 Hymenasplenium hondoense (N. Murak. & Hatan.) Nakaike

习性：小草本，高 20~40cm；湿生植物。

生境：林下、林缘、溪边、沟边、瀑布边、岩石、岩壁等，海拔 700~1000m。

分布：福建、广西、四川。

单边膜叶铁角蕨 Hymenasplenium murakami-hatanakae Nakaike

习性：小草本，高 25~40cm；湿生植物。

生境：林下、溪边、岩石、岩壁等。

分布：江西、云南、台湾。

阴湿膜叶铁角蕨 Hymenasplenium obliquissimum (Hayata) Sugim.

习性：小草本，高 20~30cm；湿生植物。

生境：林下、溪边、岩石、岩壁等，海拔 800~2800m。

分布：江西、湖南、广东、广西、贵州、云南、四川、台湾。

绿秆膜叶铁角蕨 Hymenasplenium obscurum (Blume) Tagawa

习性：小草本，高 20~40cm；湿生植物。

生境：林下、溪边、沟边、岩石、岩壁等，海拔 100~1600m。

分布：福建、广东、海南、广西、贵州、云南、香港、台湾。

无量山膜叶铁角蕨 Hymenasplenium wuliangshanense (Ching) Viane & S. Y. Dong

习性：小草本，高 20~30cm；湿生植物。

生境：溪边、沟边、岩石、岩壁等，海拔 1900~2700m。

分布：云南。

5. 蹄盖蕨科 Athyriaceae

安蕨属 Anisocampium C. Presl

日本安蕨 Anisocampium niponicum (Mett.) Y. C. Liu, W. L. Chiou & M. Kato

习性：中草本，高 0.5~1m；半湿生植物。

生境：沟谷、林下、溪边、沟边等，海拔 400~2600m。

分布：黑龙江、吉林、辽宁、河北、北京、天津、山西、山东、江苏、安徽、上海、浙江、江西、福建、河南、湖北、湖南、广东、广西、贵州、云南、重庆、四川、陕西、宁夏、甘肃、台湾。

蹄盖蕨属 Athyrium Roth

宿蹄盖蕨 Athyrium anisopterum Christ

习性：小草本，高 7~40cm；湿生植物。

生境：沟谷、林下、溪边、岩石等，海拔 900~2500m。

分布：江西、湖南、广东、广西、贵州、云南、四川、西藏、甘肃、台湾。

芽胞蹄盖蕨 Athyrium clarkei Bedd.

习性：中小草本，高 20~80cm；湿生植物。

生境：林下、水边等，海拔 1500~2700m。

分布：贵州、云南。

坡生蹄盖蕨 Athyrium clivicola Tagawa

习性：小草本，高 40~50cm；湿生植物。

生境：林下、林缘等，海拔 500~2500m。

分布：安徽、浙江、江西、福建、湖北、湖南、广西、贵州、重庆、四川、台湾。

合欢山蹄盖蕨 Athyrium cryptogrammoides Hayata

习性：中小草本，高 30~60cm；湿生植物。

生境：林下，海拔 600~2000m。

分布：浙江、湖北、湖南、广西、贵州、台湾。

林光蹄盖蕨 Athyrium decorum Ching

习性：中小草本，高 25~65cm；湿生植物。

生境：林下，海拔 2700~3300m。

分布：云南。

翅轴蹄盖蕨 Athyrium delavayi Christ

习性：中小草本，高 0.3~1m；湿生植物。

生境：林下、灌丛、水边等，海拔 600~2500m。

分布：湖北、广西、贵州、云南、重庆、四川、台湾。

薄叶蹄盖蕨 Athyrium delicatulum Ching & S. K. Wu

习性：中小草本，高 0.3~1m；水湿生植物。

生境：林下、林缘、沼泽、溪边、沟边等，海拔 700~3000m。

分布：广西、贵州、云南、重庆、四川、西藏。

溪边蹄盖蕨 Athyrium deltoidofrons Makino

习性：中小草本，高 0.4~1m；湿生植物。

生境：溪边、草丛等，海拔 500~2000m。

分布：浙江、江西、福建、湖北、湖南、贵州、重庆、四川。

湿生蹄盖蕨 Athyrium devolii Ching

习性：中小草本，高 40~80m；湿生植物。

生境：林下、溪边、草丛等，海拔 500~3000m。

分布：浙江、江西、福建、湖南、广西、贵州、云南、重庆、四川、西藏。

毛翼蹄盖蕨 Athyrium dubium Ching

习性：中小草本，高 40~90cm；湿生植物。

生境：林下，海拔 1000~3900m。

分布：湖南、贵州、云南、四川、西藏。

无盖蹄盖蕨 Athyrium exindusiatum Ching

习性：中小草本，高 0.4~1m；湿生植物。

生境：林下、岩壁等，海拔 1000~2300m。

分布：云南、西藏。

长江蹄盖蕨 Athyrium iseanum Rosenst.

习性：中小草本，高 30~70cm；湿生植物。

生境：林下，海拔达 2800m。

分布：江苏、安徽、浙江、江西、福建、湖北、湖南、广东、广西、贵州、云南、重庆、四川、西藏、台湾。

紫柄蹄盖蕨 Athyrium kenzo-satakei Sa. Kurata

习性：中小草本，高 30~60cm；湿生植物。

生境：林下，海拔 800~2100m。

分布：江西、湖南、广东、广西、贵州、四川。

长柄蹄盖蕨 Athyrium longius Ching

习性：中小草本，高 30~60cm；湿生植物。

生境：林下、林缘、灌丛、路边等，海拔 800~3200m。

分布：湖南、贵州。

川滇蹄盖蕨 Athyrium mackinnonorum (C. Hope) C. Chr.

习性：中小草本，高 40~80cm；湿生植物。

生境：林下、林缘、溪边、沟边等，海拔 800~3800m。

分布：湖北、湖南、广西、贵州、云南、重庆、四川、西藏、陕西、甘肃。

墨脱蹄盖蕨 Athyrium medogense X. C. Zhang

习性：小草本，高 20~40cm；湿生植物。

生境：林下，海拔 1700~2200m。

分布：西藏。

小蹄盖蕨 Athyrium minimum Ching

习性：小草本，高 5~10cm；湿生植物。

生境：林下，海拔 800~1000m。

分布：台湾。

黑柄蹄盖蕨 Athyrium nigripes (Blume) T. Moore

习性：小草本，高 20~40cm；湿生植物。

生境：林下、岩石、岩壁等，海拔 1200~2800m。

分布：云南、西藏、台湾。

对生蹄盖蕨 Athyrium oppositipennum Hayata

习性：中草本，高 50~90cm；半湿生植物。

生境：林下，海拔 1800~3600m。

分布：云南、四川、西藏、台湾。

光蹄盖蕨 Athyrium otophorum (Miq.) Koidz.

习性：中小草本，高 40~70cm；湿生植物。

生境：林下、溪边等，海拔 400~3000m。

分布：安徽、浙江、江西、福建、湖北、湖南、广东、广西、贵州、云南、重庆、四川、台湾。

软刺蹄盖蕨 Athyrium strigillosum (E. J. Lowe) T. Moore ex Salomon

习性：中小草本，高 40~90cm；湿生植物。

生境：林下、溪边等，海拔 600~2600m。

分布：江西、湖南、广东、广西、贵州、云南、重庆、四川、西藏、台湾。

三角叶假冷蕨 Athyrium subtriangulare (Hook.) Bedd.

习性：中小草本，高 30~80cm；湿生植物。

生境：林下、林缘、灌丛、草丛等，海拔 500~4100m。

分布：湖北、云南、重庆、四川、西藏、陕西、甘肃、青海。

同形蹄盖蕨 Athyrium uniforme Ching

习性：中小草本，高 0.4~1m；湿生植物。

生境：林下，海拔 1200~2600m。

分布：云南。

尖头蹄盖蕨（原变种）Athyrium vidalii var. **vidalii**

习性：中小草本，高 40~70cm；湿生植物。

生境：林下、草丛、沟边、岩石等，海拔 500~3000m。

分布：安徽、浙江、江西、福建、河南、湖北、湖南、广西、贵州、云南、重庆、四川、陕西、甘肃、台湾。

松谷蹄盖蕨 Athyrium vidalii var. **amabile** (Ching) Z. R. Wang

习性：中草本，高 50~80cm；湿生植物。

生境：林下，海拔 500~1500m。

分布：浙江。

角蕨属 Cornopteris Nakai

溪生角蕨 Cornopteris banajaoensis (C. Chr.) K. Iwats. & M. G. Price

习性：中小草本，高 0.3~1m；湿生植物。

生境：林下，海拔 800~2700m。

分布：台湾。

尖羽角蕨 Cornopteris christenseniana (Koidz.) Tagawa

习性：中小草本，高 30~90cm；湿生植物。

生境：林缘，海拔约 800m。

分布：浙江。

角蕨 Cornopteris decurrentialata (Hook.) Nakai

习性：中草本，高 50~80cm；湿生植物。

生境：林下、溪边等，海拔 200~2800m。

分布：江苏、安徽、浙江、江西、福建、河南、湖南、广东、广西、贵州、云南、重庆、四川、甘肃、台湾。

滇南角蕨 Cornopteris pseudofluvialis Ching & W. M. Chu

习性：中草本，高 0.5~1m；湿生植物。

生境：林下、溪边、沟边等，海拔 900~2700m。

分布：云南。

对囊蕨属 Deparia Hook. & Grev.

介蕨 Deparia boryana (Willd.) M. Kato

习性：大中草本，高 0.5~1.7m；湿生植物。

生境：林下、灌丛、溪边、沟边等，海拔 400~3300m。

分布：浙江、福建、湖南、广东、海南、广西、贵州、云南、重庆、四川、西藏、陕西、台湾。

直立介蕨 Deparia erecta (Z. R. Wang) M. Kato

习性：中草本，高 0.5~1m；湿生植物。

生境：林下、溪边、沟边等，海拔 1200~2500m。

分布：湖北、湖南、贵州、云南、重庆、四川。

全缘网蕨 Deparia formosana (Rosenst.) R. Sano

习性：小草本，高 30~50cm；湿生植物。

生境：沟谷、林下、溪边等，海拔 500~1500m。

分布：湖南、广东、贵州、云南、台湾。

毛轴蛾眉蕨 Deparia hirtirachis (Ching ex Z. R. Wang) Z. R. Wang

习性：中草本，高 50~80cm；湿生植物。

生境：林缘、溪边、沟边等，海拔 2400~3900m。

分布：云南。

假蹄盖蕨 Deparia japonica (Thunb.) M. Kato

习性：中小草本，高 0.4~1m；湿生植物。

生境：林下、林缘、溪边、沟边等，海拔达 2300m。

分布：山东、江苏、安徽、上海、浙江、江西、福建、河南、湖北、湖南、广东、海南、广西、

贵州、云南、重庆、四川、甘肃、香港、澳门、
台湾。

单叶双盖蕨 Deparia lancea (Thunb.) Fraser-Jenk.

习性：小草本，高 15~40cm；湿生植物。

生境：林下、溪边、沟边、田埂等，海拔 100~1600m。

分布：江苏、安徽、浙江、江西、福建、河南、
湖南、广东、海南、广西、贵州、云南、重庆、
四川、香港、台湾。

毛轴假蹄盖蕨 Deparia petersenii (Kunze) M. Kato

习性：中小草本，高 0.2~1m；半湿生植物。

生境：林下、溪边、沟边等，海拔达 3600m。

分布：山东、江苏、安徽、浙江、江西、福建、
河南、湖北、湖南、广东、海南、广西、贵州、
云南、重庆、四川、西藏、陕西、甘肃、香港、
澳门、台湾。

峨眉介蕨 Deparia unifurcata (Baker) M. Kato

习性：中小草本，高 40~90cm；湿生植物。

生境：林下、灌丛、溪边、沟边等，海拔 200~2800m。

分布：浙江、湖北、湖南、广西、贵州、云南、
重庆、四川、陕西、台湾。

河北蛾眉蕨 Deparia vegetior (Kitag.) X. C. Zhang

习性：中草本，高 0.5~1.2m；湿生植物。

生境：林下、溪边、沟边等，海拔 400~3300m。

分布：河北、北京、山西、山东、河南、重庆、
四川、陕西、甘肃。

峨山蛾眉蕨 Deparia wilsonii (Christ) X. C. Zhang

习性：中草本，高 0.5~1.3m；湿生植物。

生境：林下、沟边等，海拔 1400~3700m。

分布：湖北、贵州、云南、重庆、四川、西藏、
甘肃。

双盖蕨属 Diplazium Sw.

粗糙短肠蕨 Diplazium asperum Blume

习性：大中草本，高 1~3m；湿生植物。

生境：沟谷、林下、溪边、沟边等，海拔 300~1200m。

分布：海南、广西、云南、台湾。

美丽短肠蕨 Diplazium bellum (C. B. Clarke) Bir

习性：中草本，高 0.5~1m；半湿生植物。

生境：林下、河岸坡等，海拔 300~2100m。

分布：云南。

长果短肠蕨 Diplazium calogrammum Christ

习性：大中草本，高 0.8~2.2m；湿生植物。

生境：林下、溪边、沟边等，海拔 700~1700m。

分布：广西、云南、四川。

中华短肠蕨 Diplazium chinense (Baker) C. Chr.

习性：中草本，高 0.5~1m；湿生植物。

生境：林下、溪边、沟边、岩石、岩壁等，海拔
达 2300m。

分布：江苏、安徽、上海、浙江、江西、福建、
湖北、湖南、广东、广西、贵州、重庆、四川、
台湾。

边生短肠蕨 Diplazium conterminum Christ

习性：中草本，0.6~1.1m；湿生植物。

生境：林下、灌丛、溪边、沟边等，海拔 200~1100m。

分布：浙江、江西、福建、湖南、广东、广西、
贵州、云南、重庆、四川、香港、台湾。

双盖蕨 Diplazium donianum (Mett.) Tardieu

习性：中小草本，高 0.2~1m；湿生植物。

生境：林下、溪边、沼泽等，海拔 100~1700m。

分布：安徽、福建、湖南、广东、海南、广西、
贵州、云南、重庆、香港、台湾。

菜蕨（原变种）Diplazium esculentum var. esculentum

习性：大中草本，高 0.8~2m；湿生植物。

生境：林下、河岸坡、溪边等，海拔 100~1200m。

分布：安徽、浙江、江西、福建、河南、湖北、
湖南、广东、海南、广西、贵州、云南、四川、
西藏、香港、澳门、台湾。

毛轴菜蕨 Diplazium esculentum var. pubescens (Link) Tardieu & C. Chr.

习性：大中草本，高 0.8~2m；湿生植物。

生境：林缘、溪边、沟边等，海拔 100~900m。

分布：浙江、江西、湖南、海南、广西、贵州、云南、四川、西藏。

大型短肠蕨 Diplazium giganteum (Baker) Ching

习性：大中草本，高 0.6~2m；湿生植物。

生境：沟谷、林下、溪边、沟边等，海拔 400~2700m。

分布：江西、河南、湖北、湖南、贵州、云南、重庆、四川、西藏。

镰羽短肠蕨 Diplazium griffithii T. Moore

习性：中草本，高 0.5~1m；湿生植物。

生境：沟谷、林下、水边等，海拔 100~1900m。

分布：湖南、广西、贵州、云南、台湾。

异果短肠蕨 Diplazium heterocarpum Ching

习性：小草本，高 10~50cm；湿生植物。

生境：林下、沟边、岩壁、岩洞口等，海拔 200~1400m。

分布：湖南、贵州、重庆、四川。

鳞轴短肠蕨 Diplazium hirtipes Christ

习性：中小草本，高 40~80cm；湿生植物。

生境：林下、溪边、沟边等，海拔 900~2700m。

分布：湖北、湖南、广西、贵州、云南、重庆、四川。

柄鳞短肠蕨 Diplazium kawakamii Hayata

习性：中小草本，高 0.4~1m；湿生植物。

生境：林下、溪边、沟边等，海拔 800~2400m。

分布：云南、台湾。

异裂短肠蕨 Diplazium laxifrons Rosenst.

习性：中草本，高 0.8~1.5m；湿生植物。

生境：林下、溪边、沟边、路边等，海拔 300~2200m。

分布：福建、湖南、广东、广西、贵州、云南、重庆、四川、西藏、台湾。

浅裂短肠蕨 Diplazium lobulosum (Wall. ex Mett.) C. Presl

习性：小草本，高 20~50cm；湿生植物。

生境：沟谷、林下、岩石间、岩壁等，海拔 800~2500m。

分布：云南、西藏。

阔片短肠蕨 Diplazium matthewii (Copel.) C. Chr.

习性：中草本，高 50~90cm；湿生植物。

生境：沟谷、林下、沼泽、溪边等，海拔 200~700m。

分布：福建、湖南、广东、广西、香港。

大叶短肠蕨 Diplazium maximum (D. Don) C. Chr.

习性：大中草本，高 0.8~3m；湿生植物。

生境：沟谷、林下、溪边、沟边等，海拔 600~1800m。

分布：江西、福建、海南、广西、贵州、云南。

大羽短肠蕨 Diplazium megaphyllum (Baker) Christ

习性：中小草本，高 0.4~1m；湿生植物。

生境：林下、林缘、溪边、沟边、岩石等，海拔 100~1700m。

分布：江西、福建、海南、广西、贵州、云南、台湾。

深裂短肠蕨 Diplazium metcalfii Ching

习性：中草本，高 0.5~1m；湿生植物。

生境：林下、溪边等，海拔 300~400m。

分布：湖南、广东。

高大短肠蕨 Diplazium muricatum (Mett.) Alderw.

习性：大中草本，高 0.8~1.8m；湿生植物。

生境：沟谷、林下、溪边、沟边等，海拔 800~2600m。

分布：广东、广西、云南、西藏。

乌鳞短肠蕨 Diplazium nigrosquamosum (Ching) Z. R. He

习性：小草本，高 30~50m；湿生植物。

生境：林下、溪边、沟边等，海拔 1000~1400m。

分布：云南。

日本短肠蕨 Diplazium nipponicum Tagawa

习性：中草本，高 0.5~1.2m；湿生植物。

生境：林下、溪边等，海拔 200~800m。

分布：安徽、浙江。

假耳羽短肠蕨 Diplazium okudairai Makino

习性：中小草本，高 30~60cm；湿生植物。

生境：沟谷、林下、溪边、岩壁等，海拔 200~2200m。

分布：江西、湖北、湖南、贵州、云南、重庆、四川、台湾。

褐柄短肠蕨 Diplazium petelotii Tardieu
习性：中草本，高 0.5~1m；湿生植物。
生境：林下、溪边、沟边等，海拔 100~400m。
分布：贵州、云南。

锡金短肠蕨 Diplazium sikkimense (C. B. Clarke) C. Chr.
习性：大中草本，高 1~3m；湿生植物。
生境：林下、溪边、沟边等，海拔 400~1100m。
分布：云南。

肉刺短肠蕨 Diplazium simile (W. M. Chu) R. Wei & X. C. Zhang
习性：大中草本，高 0.5~2.5m；湿生植物。
生境：林下、林缘、溪边、水边等，海拔 300~1200m。
分布：广西、云南。

密果短肠蕨 Diplazium spectabile (Wall. ex Mett.) Ching
习性：中小草本，高 0.4~1m；湿生植物。
生境：林下、溪边、沟边等，海拔 1300~2700m。
分布：云南。

网脉短肠蕨 Diplazium stenochlamys C. Chr.
习性：中草本，高 0.5~1m；湿生植物。
生境：林下、溪边、沟边等，海拔 100~900m。
分布：湖南、广西、云南。

肉质短肠蕨 Diplazium succulentum (C. B. Clarke) C. Chr.
习性：大中草本，高 0.8~2m；湿生植物。
生境：林下、溪边、沟边等，海拔 400~2100m。
分布：湖南、贵州、云南。

草绿短肠蕨 Diplazium viridescens Ching
习性：中小草本，高 30~60cm；湿生植物。
生境：沟谷、林下、溪边等，海拔 700~2200m。
分布：广东、海南、广西、云南。

6. 乌毛蕨科 Blechnaceae

乌毛蕨属 Blechnum L.

乌毛蕨 Blechnum orientale L.
习性：大中草本，高 1~2m；半湿生植物。
生境：河谷、林下、灌丛、溪边、沟边等，海拔 达 1500m。
分布：浙江、江西、福建、湖北、湖南、广东、海南、广西、贵州、云南、重庆、四川、西藏、香港、台湾。

崇澍蕨属 Chieniopteris Ching

崇澍蕨 Chieniopteris harlandii (Hook.) Ching
习性：中小草本，高 0.4~1.2m；湿生植物。
生境：沟谷、林下、灌丛等，海拔 400~1300m。
分布：福建、湖南、广东、海南、广西、贵州、香港、台湾。

裂羽崇澍蕨 Chieniopteris kempii (Copel.) Ching
习性：中小草本，高 0.2~1m；湿生植物。
生境：沟谷、林下等，海拔 600~900m。
分布：福建、广东、广西、香港、台湾。

荚囊蕨属 Struthiopteris Scop.

荚囊蕨 Struthiopteris eburnea (Christ) Ching
习性：中小草本，高 18~60cm；半湿生植物。
生境：林下、岩石、岩壁、路边等，海拔 500~1800m。
分布：安徽、浙江、福建、湖北、湖南、广东、广西、贵州、重庆、四川、台湾。

狗脊属 Woodwardia J. E. Sm.

狗脊 Woodwardia japonica (L. f.) Sm.
习性：中草本，高 0.5~1.2m；半湿生植物。
生境：林下、林缘、溪边、沟边等，海拔 300~1500m。
分布：长江以南、台湾。

珠芽狗脊 Woodwardia prolifera Hook. & Arn.
习性：大中草本，高 0.7~2.3m；半湿生植物。
生境：林下、溪边、沟边等，海拔 100~1100m。
分布：安徽、浙江、江西、福建、湖南、广东、广西、香港、台湾。

顶芽狗脊 Woodwardia unigemmata (Makino) Nakai
习性：大中草本，高 0.6~2m；半湿生植物。
生境：林下、林缘、溪边、沟边等，海拔 400~3000m。

分布：江西、福建、河南、湖北、湖南、广东、广西、贵州、云南、重庆、四川、西藏、陕西、甘肃、香港、台湾。

7. 金毛狗科 Cibotiaceace

金毛狗属 Cibotium Kaulf.

金毛狗 Cibotium barometz (L.) J. Sm.
习性：大中草本，高 1~3m；湿生植物。
生境：河谷、林下、林缘、溪边、沟边等，海拔达 2300m。
分布：浙江、江西、福建、河南、湖北、湖南、广东、海南、广西、贵州、云南、重庆、四川、西藏、香港、澳门、台湾。

8. 桫椤科 Cyatheaceae

桫椤属 Alsophila R. Br.

毛叶桫椤 Alsophila andersonii J. Scott ex Bedd.
习性：中小乔木状，高 6~10m；湿生植物。
生境：林缘、沟边等，海拔 700~1200m。
分布：云南、西藏。

中华桫椤 Alsophila costularis Baker
习性：中小乔木状，高 3~15m；湿生植物。
生境：林下、林缘、沟边等，海拔 300~1600m。
分布：广西、云南、西藏。

粗齿桫椤 Alsophila denticulata Baker
习性：中草本，高 0.6~1.5m；湿生植物。
生境：沟谷、林下、溪边、沟边等，海拔 300~1500m。
分布：浙江、江西、福建、湖南、广东、广西、贵州、云南、重庆、四川、台湾。

大叶黑桫椤 Alsophila gigantea Wall. ex Hook.
习性：小乔木状，高 2~7m；湿生植物。
生境：林下、林缘、溪边、沟边等，海拔 200~1500m。
分布：广东、海南、广西、云南、澳门。

阴生桫椤 Alsophila latebrosa Wall. ex Hook.
习性：小乔木状，高 3~5m；湿生植物。
生境：沟谷、林缘、溪边等，海拔 300~1000m。

小黑桫椤 Alsophila metteniana Hance
习性：中小灌木状，高 0.8~1.5m；湿生植物。
生境：林下、溪边、沟边等，海拔 200~1500m。
分布：浙江、江西、福建、湖南、广东、广西、贵州、云南、重庆、四川、台湾。

黑桫椤 Alsophila podophylla Hook.
习性：大中灌木状，高 1~3m；湿生植物。
生境：沟谷、林下、林缘、溪边、沟边等，海拔 200~1200m。
分布：福建、广东、海南、广西、贵州、云南、香港、台湾。

桫椤 Alsophila spinulosa (Wall. ex Hook.) R. M. Tryon
习性：中小乔木状，高 2~10m；湿生植物。
生境：林缘、沟谷、溪边、沟边等，海拔 100~1600m。
分布：江西、福建、湖南、广东、海南、广西、贵州、云南、重庆、四川、西藏、香港、台湾。

9. 冷蕨科 Cystopteridaceae

亮毛蕨属 Acystopteris Nakai

亮毛蕨 Acystopteris japonica (Luerss.) Nakai
习性：中小草本，高 20~90cm；湿生植物。
生境：林下、岩石、岩壁等，海拔 300~2800m。
分布：浙江、江西、福建、湖北、湖南、广西、贵州、云南、重庆、四川、台湾。

禾秆亮毛蕨 Acystopteris tenuisecta (Blume) Tagawa
习性：中小草本，高 15~80cm；湿生植物。
生境：林下、溪边、沟边、岩石、岩壁等，海拔 600~2800m。
分布：湖南、广西、云南、四川、西藏、台湾。

冷蕨属 Cystopteris Bernh.

光叶蕨 Cystopteris chinensis (Ching) X. C. Zhang & R. Wei
习性：小草本，高 30~50cm；湿生植物。
生境：林下，海拔 2200~2500m。
分布：四川。

13

冷蕨 Cystopteris fragilis (L.) Bernh.

习性：小草本，高 20~40cm；半湿生植物。

生境：灌丛、沟边、岩石、岩壁等，海拔 200~4800m。

分布：黑龙江、吉林、辽宁、内蒙古、河北、北京、山西、山东、安徽、河南、湖北、云南、四川、西藏、陕西、宁夏、甘肃、青海、新疆、台湾。

高山冷蕨 Cystopteris montana (Lam.) Bernh. ex Desv.

习性：小草本，高 7~40cm；湿生植物。

生境：林下、灌丛、草甸、流石滩等，海拔 1700~4500m。

分布：内蒙古、河北、山西、河南、云南、四川、西藏、陕西、宁夏、甘肃、青海、新疆、台湾。

宝兴冷蕨 Cystopteris moupinensis Franch.

习性：小草本，高 15~40cm；湿生植物。

生境：林下、灌丛、草丛、岩石等，海拔 1000~4100m。

分布：河北、河南、贵州、云南、四川、西藏、陕西、甘肃、青海、台湾。

膜叶冷蕨 Cystopteris pellucida (Franch.) Ching ex C. Chr.

习性：中小草本，高 15~60cm；湿生植物。

生境：林下、灌丛、沟边、岩石、岩壁等，海拔 1500~4000m。

分布：河南、云南、四川、西藏、陕西、甘肃。

羽节蕨属 Gymnocarpium Newman

欧洲羽节蕨 Gymnocarpium dryopteris (L.) Newman

习性：小草本，高 10~40cm；湿生植物。

生境：林下、岩石、岩壁等，海拔 300~2900m。

分布：黑龙江、吉林、辽宁、内蒙古、山西、陕西、新疆。

羽节蕨 Gymnocarpium jessoense (Koidz.) Koidz.

习性：中小草本，高 20~80m；半湿生植物。

生境：林下、岩石、岩壁等，海拔 400~4000m。

分布：黑龙江、吉林、辽宁、内蒙古、河北、北京、山西、河南、贵州、云南、重庆、四川、西藏、陕西、宁夏、甘肃、青海、新疆。

东亚羽节蕨 Gymnocarpium oyamense (Baker) Ching

习性：小草本，高 15~40m；半湿生植物。

生境：林下、岩石、岩壁等，海拔 300~2900m。

分布：安徽、浙江、江西、河南、湖北、湖南、贵州、云南、重庆、四川、西藏、陕西、甘肃、台湾。

10. 碗蕨科 Dennstaedtiaceae

碗蕨属 Dennstaedtia Bernh.

碗蕨 Dennstaedtia scabra (Wall.) T. Moore

习性：中小草本，高 30~70cm；湿生植物。

生境：林下、林缘、溪边、路边等，海拔 300~2400m。

分布：浙江、江西、福建、湖南、广东、广西、贵州、云南、重庆、四川、西藏、台湾。

司氏碗蕨 Dennstaedtia smithii (Hook.) T. Moore

习性：大中草本，高 1~2m；湿生植物。

生境：沟谷、林缘、溪边等，海拔 400~800m。

分布：台湾。

溪洞碗蕨 Dennstaedtia wilfordii (T. Moore) Christ

习性：小草本，高 10~50cm；湿生植物。

生境：林下、灌丛、溪边、沟边、砾石地等，海拔 100~900m。

分布：黑龙江、吉林、辽宁、河北、北京、山西、山东、江苏、安徽、浙江、江西、福建、河南、湖北、湖南、贵州、重庆、四川、陕西。

栗蕨属 Histiopteris (J. Agardh) J. Sm.

栗蕨 Histiopteris incisa (Thunb.) J. Sm.

习性：大中草本，高 1~2m；半湿生植物。

生境：林下、溪边、沟边等，海拔 500~2300m。

分布：浙江、江西、福建、湖南、广东、海南、广西、贵州、云南、西藏、香港、台湾。

姬蕨属 Hypolepis Bernh.

姬蕨 Hypolepis punctata (Thunb.) Mett.

习性：中草本，高 0.5~1m；半湿生植物。

生境：沟谷、林下、草丛、湖岸坡、溪边、沟边等，海拔达 2400m。

分布：江苏、安徽、上海、浙江、江西、福建、湖北、湖南、广东、海南、广西、贵州、云南、重庆、四川、西藏、香港、台湾。

鳞盖蕨属 Microlepia C. Presl

华南鳞盖蕨 Microlepia hancei Prantl

习性：中小草本，高 0.3~1m；半湿生植物。

生境：林下、灌丛、河岸坡、溪边、路边等，海拔达 1500m。

分布：浙江、江西、福建、湖南、广东、海南、广西、贵州、云南、香港、澳门、台湾。

虎克鳞盖蕨 Microlepia hookeriana (Wall.) C. Presl

习性：中草本，高 50~80cm；湿生植物。

生境：林下、河岸坡、溪边、沟边等，海拔 100~1100m。

分布：浙江、江西、福建、湖南、广东、海南、广西、贵州、云南、香港、台湾。

边缘鳞盖蕨（原变种）Microlepia marginata var. marginata

习性：中小草本，高 30~80cm；半湿生植物。

生境：林下、灌丛、湖岸坡、溪边等，海拔达 1800m。

分布：江苏、安徽、上海、浙江、江西、福建、河南、湖北、湖南、广东、海南、广西、贵州、云南、重庆、四川、甘肃、香港、台湾。

毛叶边缘鳞盖蕨 Microlepia marginata var. villosa (C. Presl) Y. C. Wu

习性：中小草本，高 25~80cm；半湿生植物。

生境：林下、灌丛、湖岸坡、溪边等，海拔 100~1800m。

分布：江苏、安徽、浙江、江西、福建、湖北、广东、海南、广西、贵州、云南、重庆、四川、台湾。

热带鳞盖蕨 Microlepia speluncae (L.) T. Moore

习性：大中草本，高 0.5~2m；湿生植物。

生境：林缘、灌丛、溪边、沟边等，海拔 100~1100m。

分布：广东、海南、广西、贵州、云南、西藏、台湾。

稀子蕨属 Monachosorum Kunze

岩穴蕨 Monachosorum maximowiczii Hayata

习性：小草本，高 20~40cm；湿生植物。

生境：岩石、岩壁、岩洞口等，海拔 800~2200m。

分布：安徽、浙江、江西、湖北、湖南、贵州、重庆、四川、台湾。

蕨属 Pteridium Gled. ex Scop.

蕨 Pteridium aquilinum var. latiusculum (Desv.) Underw. ex A. Heller

习性：大中草本，高 0.6~2m；半湿生植物。

生境：林间、林缘、草丛、沟边等，海拔 100~3500m。

分布：全国各地。

毛轴蕨 Pteridium revolutum (Blume) Nakai

习性：中小草本，高 0.3~1.5m；半湿生植物。

生境：林下、林缘、路边等，海拔 300~3000m。

分布：浙江、江西、河南、湖北、湖南、广东、广西、贵州、云南、重庆、四川、西藏、陕西、甘肃、台湾。

11. 肠蕨科 Diplaziopsidaceae

肠蕨属 Diplaziopsis C. Chr.

阔羽肠蕨 Diplaziopsis brunoniana (Wall.) W. M. Chu

习性：中草本，高 0.5~1m；湿生植物。

生境：林下、溪边、沟边等，海拔 100~1700m。

分布：海南、贵州、云南、台湾。

川黔肠蕨 Diplaziopsis cavaleriana (Christ) C. Chr.

习性：中小草本，高 40~80cm；湿生植物。

生境：林下、溪边、沟边等，海拔 500~1800m。

分布：浙江、江西、福建、湖北、湖南、海南、贵州、云南、重庆、四川、台湾。

12. 双扇蕨科 Dipteridaceae

燕尾蕨属 Cheiropleuria C. Presl

燕尾蕨 Cheiropleuria bicuspis (Blume) C. Presl

习性：中小草本，高 20~60cm；湿生植物。
生境：林下、林缘、沟边、岩壁等，海拔 300~1400m。
分布：浙江、湖南、广东、海南、广西、贵州、四川、台湾。

全缘燕尾蕨 Cheiropleuria integrifolia (D. C. Eaton ex Hook.) M. Kato

习性：小草本，高 10~50cm；湿生植物。
生境：沟谷、林下、林缘等，海拔 500~1500m。
分布：广东、广西、台湾。

13. 鳞毛蕨科 Dryopteridaceae

复叶耳蕨属 Arachniodes Blume

斜方复叶耳蕨 Arachniodes amabilis (Blume) Tindale

习性：中小草本，高 40~80cm；半湿生植物。
生境：林下、溪边、沟边等，海拔 100~2100m。
分布：江苏、安徽、浙江、江西、福建、湖北、湖南、广东、海南、广西、贵州、云南、重庆、四川、香港、台湾。

多羽复叶耳蕨 Arachniodes amoena (Ching) Ching

习性：中草本，高 70~90cm；湿生植物。
生境：沟谷、林下、溪边、沟边等，海拔 400~1400m。
分布：浙江、江西、福建、湖南、广东、广西、贵州。

阔羽复叶耳蕨 Arachniodes assamica (Kuhn) Ohwi

习性：中草本，高 0.5~1.2m；湿生植物。
生境：沟谷、林下、灌丛、溪边等，海拔 900~2300m。
分布：湖南、广西、贵州、云南、重庆、四川、西藏。

中华复叶耳蕨 Arachniodes chinensis (Rosenst.) Ching

习性：中小草本，高 40~70cm；湿生植物。
生境：河谷、林下、岩石等，海拔 200~2100m。
分布：安徽、浙江、江西、福建、湖南、广东、海南、广西、贵州、云南、重庆、四川、澳门、台湾。

细裂复叶耳蕨 Arachniodes coniifolia (T. Moore) Ching

习性：中草本，高 0.6~1.2m；湿生植物。
生境：林下、灌丛、溪边、沟边等，海拔 900~2300m。
分布：广西、贵州、云南、重庆、四川、西藏。

海南复叶耳蕨 Arachniodes hainanensis (Ching) Ching

习性：小草本，高 30~50cm；湿生植物。
生境：岩石、岩壁等，海拔 300~1000m。
分布：海南。

实蕨属 Bolbitis Schott

刺蕨 Bolbitis appendiculata (Willd.) K. Iwats.

习性：中草本，高 50~60cm；湿生植物。
生境：林下、溪边、岩石等，海拔 100~1300m。
分布：广东、海南、广西、云南、香港、台湾。

长叶实蕨 Bolbitis heteroclita (C. Presl) Ching

习性：小草本，高 20~50cm；湿生植物。
生境：林下、溪边、岩石等，海拔达 1500m。
分布：福建、广东、海南、广西、贵州、云南、重庆、四川、台湾。

中华刺蕨 Bolbitis sinensis (Baker) K. Iwats.

习性：中草本，高 50~90cm；湿生植物。
生境：沟谷、林下、岩石、岩壁等，海拔 600~1900m。
分布：广西、贵州、云南、香港。

华南实蕨 Bolbitis subcordata (Copel.) Ching

习性：中小草本，高 30~90cm；湿生植物。
生境：林下、溪边、沟边等，海拔 100~1100m。
分布：浙江、江西、福建、湖南、广东、海南、广西、贵州、云南、香港、澳门、台湾。

镰裂刺蕨 Bolbitis tonkinensis (C. Chr. ex Ching) K. Iwats.

习性：中草本，高 50~80cm；湿生植物。
生境：岩石、岩壁等，海拔 200~1200m。
分布：云南。

肋毛蕨属 Ctenitis (C. Chr.) C. Chr

直鳞肋毛蕨 Ctenitis eatonii (Baker) Ching

习性：中小草本，高 30~80cm；湿生植物。
生境：林下、岩石、岩壁等，海拔 100~1400m。
分布：江西、湖北、湖南、广东、广西、贵州、重庆、四川、台湾。

贯众属 Cyrtomium C. Presl

贯众 Cyrtomium fortunei J. Sm.

习性：小草本，高 25~50cm；半湿生植物。
生境：林下、溪边、沟边等，海拔 100~2400m。
分布：河北、山西、山东、江苏、安徽、浙江、江西、福建、河南、湖北、湖南、广东、广西、贵州、云南、重庆、四川、陕西、甘肃、台湾。

大叶贯众 Cyrtomium macrophyllum (Makino) Tagawa

习性：中小草本，高 30~60cm；半湿生植物。
生境：林下、沟边、岩石、岩壁等，海拔 700~3500m。
分布：安徽、江西、湖北、湖南、贵州、云南、重庆、四川、西藏、陕西、甘肃、台湾。

鳞毛蕨属 Dryopteris Adans.

狭叶鳞毛蕨 Dryopteris angustifrons (Hook.) Kuntze

习性：中小草本，高达 90cm；湿生植物。
生境：林下、沟边等，海拔 2100~2700m。
分布：云南。

多鳞鳞毛蕨 Dryopteris barbigera (T. Moore ex Hook.) Kuntze

习性：中草本，高 60~80cm；湿生植物。
生境：林下、林缘、灌丛、草丛、溪边等，海拔 3600~4700m。
分布：云南、四川、西藏、青海、台湾。

阔鳞鳞毛蕨 Dryopteris championii (Benth.) C. Chr.

习性：中草本，高 0.5~1m；半湿生植物。
生境：林下、林缘、灌丛、溪边、岩石等，海拔 300~1500m。
分布：山东、江苏、上海、浙江、江西、福建、河南、湖北、湖南、广东、广西、贵州、云南、重庆、四川、西藏、香港、澳门、台湾。

红盖鳞毛蕨 Dryopteris erythrosora (D. C. Eaton) Kuntze

习性：中小草本，高 40~80cm；湿生植物。
生境：林下、林缘、灌丛、溪边等，海拔 200~1700m。
分布：江苏、安徽、上海、浙江、江西、福建、湖北、湖南、广东、广西、贵州、云南、重庆、四川。

欧洲鳞毛蕨 Dryopteris filix-mas (L.) Schott

习性：中草本，高 0.5~1.2m；湿生植物。
生境：林下、溪边等，海拔 1500~1900m。
分布：新疆。

黑鳞鳞毛蕨 Dryopteris lepidopoda Hayata

习性：中草本，高 80~90cm；半湿生植物。
生境：林下、岩石、岩壁等，海拔 1900~2700m。
分布：广东、贵州、云南、四川、西藏、台湾。

阔鳞轴鳞蕨 Dryopteris maximowicziana (Miq.) C. Chr.

习性：中草本，高 50~70cm；湿生植物。
生境：林下、沟边、岩石、岩壁等，海拔 100~2200m。
分布：浙江、江西、福建、湖南、广西、贵州、重庆、四川、台湾。

鱼鳞蕨 Dryopteris paleolata (Pic. Serm.) Li Bing Zhang

习性：中草本，高 0.6~1.5m；湿生植物。
生境：沟谷、林下、溪边、路边等，海拔 500~3300m。
分布：浙江、江西、福建、湖南、广东、海南、广西、贵州、云南、重庆、四川、西藏、台湾。

半岛鳞毛蕨 Dryopteris peninsulae Kitag.

习性：小草本，高 30~50cm；湿生植物。

生境：林下、溪边、沟边、岩石等，海拔 600~2200m。

分布：吉林、辽宁、山西、山东、上海、浙江、江西、河南、湖北、湖南、广西、贵州、云南、重庆、四川、陕西、甘肃。

密鳞鳞毛蕨 Dryopteris pycnopteroides (Christ) C. Chr.

习性：中草本，高 0.6~1m；湿生植物。

生境：林下、溪边、沟边等，海拔 1400~2800m。

分布：湖北、湖南、贵州、云南、重庆、四川。

稀羽鳞毛蕨 Dryopteris sparsa (D. Don) Kuntze

习性：中草本，高 50~70cm；湿生植物。

生境：林下、溪边、岩石、岩壁等，海拔 100~2000m。

分布：安徽、上海、浙江、江西、福建、河南、湖北、湖南、广东、海南、广西、贵州、云南、重庆、四川、西藏、陕西、香港、台湾。

东京鳞毛蕨 Dryopteris tokyoensis (Matsum. ex Makino) C. Chr.

习性：中草本，高 0.9~1.1m；湿生植物。

生境：林下、沼泽等，海拔 1000~1200m。

分布：浙江、江西、福建、湖北、湖南。

大羽鳞毛蕨 Dryopteris wallichiana (Spreng.) Hyl.

习性：中小草本，高 0.3~1.5m；湿生植物。

生境：林下、溪边、沟边、路边等，海拔 1500~3600m。

分布：江西、福建、湖北、湖南、贵州、云南、四川、西藏、陕西、台湾。

舌蕨属 Elaphoglossum Schott ex J. Sm.

爪哇舌蕨 Elaphoglossum angulatum (Blume) T. Moore

习性：小草本，高 10~30cm；湿生植物。

生境：岩石、岩壁等，海拔 1600~2400m。

分布：广东、海南、台湾。

舌蕨 Elaphoglossum marginatum T. Moore

习性：小草本，高 15~40cm；湿生植物。

生境：岩石、岩壁等，海拔 400~2600m。

分布：江西、福建、广东、海南、广西、贵州、云南、四川、西藏、台湾。

圆叶舌蕨 Elaphoglossum sinii C. Chr.

习性：小草本，高 5~15cm；湿生植物。

生境：岩石、岩壁等，海拔 1100~1900m。

分布：广东、广西、云南。

华南舌蕨 Elaphoglossum yoshinagae (Yatabe) Makino

习性：小草本，高 15~30cm；湿生植物。

生境：岩石、岩壁等，海拔 300~1700m。

分布：浙江、江西、福建、湖南、广东、海南、广西、贵州、香港、台湾。

耳蕨属 Polystichum Roth

尖齿耳蕨 Polystichum acutidens Christ

习性：中小草本，高 0.2~1m；湿生植物。

生境：林下、溪边、沟边、岩石、岩壁等，海拔 600~2400m。

分布：浙江、湖北、湖南、广西、贵州、云南、重庆、四川、西藏、台湾。

布朗耳蕨 Polystichum braunii (Spenn.) Fée

习性：中小草本，高 40~70cm；湿生植物。

生境：林下、林缘、溪边等，海拔 1000~3400m。

分布：黑龙江、吉林、辽宁、河北、北京、山西、安徽、河南、湖北、四川、西藏、陕西、甘肃、新疆。

基芽耳蕨 Polystichum capillipes (Baker) Diels

习性：小草本，高 5~30cm；湿生植物。

生境：岩石、岩壁等，海拔 1700~3900m。

分布：湖北、贵州、云南、重庆、四川、西藏、台湾。

峨眉耳蕨 Polystichum caruifolium (Baker) Diels

习性：中小草本，高 20~60cm；湿生植物。

生境：林下、溪边、沟边、岩石、岩壁、岩洞口等，海拔 700~1800m。

分布：广西、贵州、云南、重庆、四川。

鞭叶蕨 Polystichum lepidocaulon (Hook.) J. Sm.

习性：小草本，高 25~50cm；湿生植物。

生境：林下、岩石、岩壁等，海拔 300~1600m。

分布：江苏、安徽、浙江、江西、福建、湖南、广东、广西、台湾。

长芒耳蕨 **Polystichum longiaristatum** Ching, Boufford & K. H. Shing

习性：中草本，高 60~70cm；湿生植物。

生境：林下，海拔 1000~2600m。

分布：湖北、湖南、西藏、陕西、甘肃。

黑鳞耳蕨 **Polystichum makinoi** (Tagawa) Tagawa

习性：中小草本，高 40~60cm；湿生植物。

生境：林下、岩石、岩壁等，海拔 600~2500m。

分布：河北、江苏、安徽、浙江、江西、福建、河南、湖北、湖南、广东、广西、贵州、云南、重庆、四川、西藏、陕西、宁夏、甘肃。

棕鳞耳蕨 **Polystichum polyblepharum** (Roem. ex Kunze) C. Presl

习性：中小草本，高 0.4~1m；湿生植物。

生境：林下、瀑布边等，海拔 100~400m。

分布：江苏、浙江、江西、湖南、重庆、西藏。

半育耳蕨 **Polystichum semifertile** (C. B. Clarke) Ching

习性：中草本，高 0.6~1m；湿生植物。

生境：河谷、林下等，海拔 1000~3000m。

分布：云南、四川、西藏。

14. 木贼科 Equisetaceae

木贼属 Equisetum L.

问荆 **Equisetum arvense** L.

习性：中小草本，高 5~60cm；水陆生植物。

生境：沟谷、林下、林缘、草丛、草甸、河流、河漫滩、溪流、湖岸坡、水沟等，海拔达 3700m。

分布：黑龙江、吉林、辽宁、内蒙古、河北、北京、天津、山西、山东、江苏、安徽、上海、浙江、江西、福建、河南、湖北、湖南、贵州、云南、重庆、四川、西藏、陕西、宁夏、甘肃、青海、新疆。

披散问荆 **Equisetum diffusum** D. Don

习性：中小草本，高 10~70cm；水陆生植物。

生境：林下、河流、河漫滩、溪流、池塘、水沟、瀑布边、田埂、路边等，海拔达 3400m。

分布：江苏、上海、湖北、湖南、广西、贵州、云南、重庆、四川、西藏、甘肃。

水问荆 **Equisetum fluviatile** L.

习性：中小草本，高 40~70cm；水湿生植物。

生境：林下、草丛、沼泽、河流、河漫滩、溪流、湖泊、池塘、水沟等，海拔 500~3000m。

分布：黑龙江、吉林、辽宁、内蒙古、重庆、四川、西藏、甘肃、新疆。

木贼（原亚种）**Equisetum hyemale** subsp. **hyemale**

习性：大中草本，高 0.5~2m；水陆生植物。

生境：林下、林缘、草丛、河流、溪流、田中、路边等，海拔 100~3000m。

分布：黑龙江、吉林、辽宁、内蒙古、河北、北京、天津、山西、山东、江苏、河南、湖北、贵州、重庆、四川、陕西、甘肃、青海、新疆、台湾。

无瘤木贼 **Equisetum hyemale** subsp. **affine** (Engelm.) Calder & Roy L. Taylor

习性：中草本，高 0.6~1.5m；半湿生植物。

生境：林下、溪边等，海拔 100~3000m。

分布：黑龙江。

犬问荆 **Equisetum palustre** L.

习性：中小草本，高 20~60cm；水湿生植物。

生境：沟谷、林下、沼泽、河岸坡、溪流、湖岸坡、池塘、水沟、路边等，海拔 200~4000m。

分布：黑龙江、吉林、辽宁、内蒙古、河北、北京、山西、江西、河南、湖北、湖南、贵州、云南、重庆、四川、西藏、陕西、宁夏、甘肃、青海、新疆。

草问荆 **Equisetum pratense** Ehrh.

习性：中小草本，高 30~60cm；湿生植物。

生境：林下、灌丛、草丛、沼泽、河岸坡、溪边等，海拔 500~3000m。

分布：黑龙江、吉林、辽宁、内蒙古、河北、北京、山西、山东、河南、湖北、湖南、陕西、甘肃、新疆。

节节草（原亚种）**Equisetum ramosissimum** subsp. **ramosissimum**

习性：中小草本，高 20~60cm；水陆生植物。

生境：林下、草丛、河流、溪流、湖岸坡、塘基、水沟、田埂、弃耕水浇地、路边等，海拔达 3700m。

分布：全国各地。

笔管草 **Equisetum ramosissimum** subsp. **debile** (Roxb. ex Vaucher) Hauke

习性：大中草本，高 60cm 以上；半湿生植物。

生境：林下、沼泽、河岸坡、溪边、沟边、草甸、田间等，海拔达 3200m。

分布：山东、江苏、安徽、上海、浙江、江西、福建、河南、湖北、湖南、广东、海南、广西、贵州、云南、重庆、四川、西藏、陕西、甘肃、香港、澳门、台湾。

蔺木贼 Equisetum scirpoides Michx.

习性：小草本，高 10~20cm；湿生植物。

生境：林下、溪边、草丛等，海拔 500~2700m。

分布：黑龙江、内蒙古、新疆。

林问荆 Equisetum sylvaticum L.

习性：中小草本，高 30~70cm；湿生植物。

生境：林下、林缘、灌丛、草丛等，海拔 200~1600m。

分布：黑龙江、吉林、辽宁、内蒙古、山西、山东、新疆。

斑纹木贼（原亚种）Equisetum variegatum subsp. **variegatum**

习性：小草本，高 10~20cm；湿生植物。

生境：沟谷、林下、灌丛、沼泽、路边等，海拔 1500~3700m。

分布：黑龙江、吉林、辽宁、内蒙古、四川、新疆。

阿拉斯加木贼 Equisetum variegatum subsp. **alaskanum** (A. A. Eaton) Hultén

习性：小草本，高 15~20cm；湿生植物。

生境：草甸，海拔约 100m。

分布：辽宁。

15. 里白科 Gleicheniaceae

里白属 **Diplopterygium** (Diels) Nakai

中华里白 Diplopterygium chinense (Rosenst.) De Vol

习性：大草本，高 1.5~3m；半湿生植物。

生境：林下、溪边、沟边等，海拔 400~1200m。

分布：浙江、江西、福建、湖南、广东、海南、广西、贵州、云南、重庆、四川、西藏、香港、澳门、台湾。

里白 Diplopterygium glaucum (Thunb. ex Houtt.) Nakai

习性：大中草本，高 1~2.5m；半湿生植物。

生境：林下、溪边、沟边等，海拔 200~2200m。

分布：江苏、安徽、浙江、江西、福建、湖北、湖南、广东、广西、贵州、云南、重庆、四川、香港、台湾。

光里白 Diplopterygium laevissimum (Christ) Nakai

习性：中草本，高 1~1.5m；半湿生植物。

生境：沟谷、林下、林缘等，海拔 500~2500m。

分布：安徽、浙江、江西、福建、湖北、湖南、广东、海南、广西、贵州、云南、重庆、四川、西藏、台湾。

16. 膜蕨科 Hymenophyllaceae

长片蕨属 **Abrodictyum** C. Presl

线片长筒蕨（原变种）Abrodictyum obscurum var. **obscurum**

习性：小草本，高 8~30cm；湿生植物。

生境：岩石、岩壁等，海拔 200~1500m。

分布：广东、海南、广西、云南、台湾。

广西长筒蕨 Abrodictyum obscurum var. **siamense** (Christ) K. Iwats.

习性：小草本，高 10~12cm；湿生植物。

生境：岩石、岩壁等，海拔 900~1200m。

分布：湖南、广东、海南、广西、香港、澳门。

毛秆蕨属 **Callistopteris** Copel.

毛秆蕨 Callistopteris apiifolia (C. Presl) Copel.

习性：小草本，高 30~40cm；湿生植物。

生境：岩石、岩壁等，海拔达 1500m。

分布：广东、海南、台湾。

厚叶蕨属 **Cephalomanes** C. Presl

爪哇厚叶蕨 Cephalomanes javanicum (Blume) C. Presl

习性：小草本，高 10~18cm；湿生植物。

生境：林下、溪边、沟边、岩石、岩壁等，海拔 200~800m。

分布：海南、台湾。

假脉蕨属 **Crepidomanes** C. Presl

南洋假脉蕨 Crepidomanes bipunctatum (Poir.) Copel.

习性：小草本，高 4~10cm；湿生植物。

生境：岩石、岩壁等，海拔 100~900m。

分布：湖南、广东、海南、广西、贵州、云南、四川、香港、台湾。

厚边蕨 Crepidomanes humile (G. Forst.) Bosch

习性：小草本，高 2~8cm；湿生植物。

生境：岩石、岩壁等，海拔约 300m。

分布：海南、台湾。

柯氏假脉蕨 Crepidomanes kurzii (Bedd.) Tagawa & K. Iwats.

习性：小草本，高 2~5cm；湿生植物。

生境：岩石、岩壁等，海拔 100~500m。

分布：广西、云南、香港、台湾。

翅柄假脉蕨 Crepidomanes latealatum (Bosch) Copel.

习性：小草本，高 2~5cm；湿生植物。

生境：岩石、岩壁等，海拔 800~2800m。

分布：安徽、浙江、江西、福建、湖南、广东、海南、广西、贵州、云南、重庆、四川、西藏、甘肃、香港、台湾。

阔边假脉蕨 Crepidomanes latemarginale (D. C. Eaton) Copel.

习性：小草本，高 1.5~3cm；湿生植物。

生境：岩石、岩壁等，海拔 100~2800m。

分布：福建、湖南、广东、海南、广西、云南、香港、台湾。

团扇蕨 Crepidomanes minutum (Blume) K. Iwats.

习性：小草本，高 1.5~2cm；湿生植物。

生境：岩石、岩壁等，海拔达 1600m。

分布：黑龙江、吉林、辽宁、安徽、上海、浙江、江西、福建、湖北、湖南、广东、海南、广西、贵州、云南、重庆、四川、甘肃、香港、澳门、台湾。

纤小单叶假脉蕨 Crepidomanes parvifolium (Baker) K. Iwats.

习性：小草本；湿生植物。

生境：岩石、岩壁等。

分布：广西、云南。

西藏假脉蕨（原变种）Crepidomanes schmidianum var. schmidianum

习性：小草本，高 3~5cm；湿生植物。

生境：岩石、岩壁等，海拔 1800~2600m。

分布：江西、湖南、广西、贵州、云南、西藏、台湾。

宽叶假脉蕨 Crepidomanes schmidianum var. latifrons (Bosch) K. Iwats.

习性：小草本，高 6~15cm；湿生植物。

生境：岩石、岩壁等，海拔 700~2800m。

分布：贵州、云南、台湾。

球秆毛蕨 Crepidomanes thysanostomum (Makino) Ebihara & K. Iwats.

习性：小草本，高 30~40cm；湿生植物。

生境：岩石、岩壁等，海拔 300~400m。

分布：台湾。

毛边蕨属 Didymoglossum Desv.

单叶假脉蕨 Didymoglossum sublimbatum (Müll. Berol.) Ebihara & K. Iwats.

习性：小草本；湿生植物。

生境：岩石、岩壁等，海拔 400~1000m。

分布：广西、贵州、云南、台湾。

盾形单叶假脉蕨 Didymoglossum tahitense (Nadeaud) Ebihara & K. Iwats.

习性：小草本；湿生植物。

生境：岩石、岩壁等，海拔 100~700m。

分布：台湾。

毛边蕨 Didymoglossum wallii (Thwaites) Copel.

习性：小草本；湿生植物。

生境：岩石、岩壁等，海拔约 800m。

分布：海南。

膜蕨属 Hymenophyllum J. Sm.

蔗蕨 Hymenophyllum badium Hook. & Grev.

习性：小草本，高 10~30cm；湿生植物。

生境：岩石、岩壁等，海拔 200~3000m。

分布：浙江、江西、福建、湖北、湖南、广东、海南、广西、贵州、云南、重庆、四川、西藏、香港、台湾。

华东膜蕨 Hymenophyllum barbatum (Bosch) Baker

习性：小草本，高 1~15cm；湿生植物。

生境：岩石、岩壁等，海拔 400~2300m。

分布：安徽、浙江、江西、福建、河南、湖北、湖南、广东、海南、广西、贵州、重庆、四川、陕西、台湾。

皱叶蕗蕨 Hymenophyllum corrugatum Christ

习性：小草本，高 8~10cm；湿生植物。

生境：岩石、岩壁等，海拔 1800~2600m。

分布：湖北、四川、西藏、陕西。

厚壁蕨 Hymenophyllum denticulatum Sw.

习性：小草本，高 3~5cm；湿生植物。

生境：岩石、岩壁等，海拔 400~900m。

分布：广东、海南、广西、台湾。

台湾膜蕨 Hymenophyllum devolii Lai

习性：小草本；湿生植物。

生境：岩石、岩壁等，海拔 1000~1500m。

分布：台湾。

指状细口团扇蕨 Hymenophyllum digitatum (Sw.) Fosberg

习性：小草本；湿生植物。

生境：岩石、岩壁等，海拔 1400~1600m。

分布：台湾。

毛蕗蕨 Hymenophyllum exsertum Wall. ex Hook.

习性：小草本，高 3~12cm；湿生植物。

生境：岩石、岩壁等，海拔 500~3000m。

分布：江西、福建、广东、海南、云南、四川、西藏、台湾。

鳞蕗蕨 Hymenophyllum levingei C. B. Clarke

习性：小草本，高 4~6cm；湿生植物。

生境：岩石、岩壁等，海拔 2000~2600m。

分布：贵州、云南、四川、西藏。

线叶蕗蕨 Hymenophyllum longissimum (Ching & P. S. Chiu) K. Iwats.

习性：小草本，高 10~30cm；湿生植物。

生境：岩石、岩壁等，海拔 1800~3700m。

分布：浙江、湖北、云南、四川、西藏。

毛叶蕨 Hymenophyllum pallidum (Blume) Ebihara & K. Iwats.

习性：小草本，高 4~12cm；湿生植物。

生境：岩石、岩壁等，海拔 800~1000m。

分布：海南、台湾。

羽叶蕗蕨 Hymenophyllum paramnioides (H. G. Zhou & W. M. Chu) X. C. Zhang

习性：小草本，高 5~15cm；湿生植物。

生境：岩石、岩壁等，海拔 800~1600m。

分布：广西。

长柄蕗蕨 Hymenophyllum polyanthos (Sw.) Sw.

习性：小草本，高 5~18cm；湿生植物。

生境：岩石、岩壁等，海拔 800~3400m。

分布：安徽、浙江、江西、福建、湖南、广东、广西、贵州、四川、甘肃、香港、台湾。

宽片膜蕨 Hymenophyllum simonsianum Hook.

习性：小草本，高 4~10cm；湿生植物。

生境：岩石、岩壁等，海拔 1600~3000m。

分布：云南、西藏、台湾。

撕苞蕗蕨 Hymenophyllum stenocladum (Ching & P. S. Chiu) K. Iwats.

习性：小草本，高 5~10cm；湿生植物。

生境：岩石、岩壁等，海拔约 2200m。

分布：云南。

瓶蕨属 Vandenboschia Copel.

瓶蕨 Vandenboschia auriculata (Blume) Copel.

习性：小草本，高 12~30cm；湿生植物。

生境：岩石、岩壁等，海拔 300~2700m。

分布：浙江、江西、湖南、广东、海南、广西、贵州、云南、重庆、四川、西藏、香港、台湾。

管苞瓶蕨 Vandenboschia kalamocarpa (Hayata) Ebihara

习性：小草本，高 5~20cm；湿生植物。

生境：岩石、岩壁等，海拔 500~2000m。

分布：江西、海南、云南、台湾。

大叶瓶蕨 Vandenboschia maxima (Blume) Copel.

习性：中小草本，高 30~60cm；湿生植物。

生境：岩石、岩壁等，海拔 300~400m。

分布：云南、台湾。

南海瓶蕨 Vandenboschia striata (D. Don) Ebihara

习性：小草本，高 15~40cm；湿生植物。

生境：岩石、岩壁等，海拔 400~2700m。

分布：浙江、江西、福建、河南、湖南、广东、海南、广西、贵州、云南、四川、台湾。

17. 鳞始蕨科 Lindsaeaceae

鳞始蕨属 Lindsaea Dryand. ex Sm.

碎叶鳞始蕨 Lindsaea chingii C. Chr.

习性：小草本，高 14~26cm；湿生植物。

生境：林下、溪边、沟边等，海拔 300~600m。

分布：海南、广西。

鳞始蕨 Lindsaea cultrata (Willd.) Sw.

习性：小草本，高 20~30cm；湿生植物。

生境：林下、林缘、灌丛、溪边、沟边、岩壁等，海拔 200~2000m。

分布：江西、福建、湖南、广东、广西、贵州、云南、四川、台湾。

异叶鳞始蕨 Lindsaea heterophylla Dryand.

习性：中小草本，高 30~60cm；半湿生植物。

生境：林下、溪边、岩石、岩壁等，海拔 100~900m。

分布：福建、广东、海南、广西、云南、香港、澳门、台湾。

团叶鳞始蕨 Lindsaea orbiculata (Lam.) Mett. ex Kuhn

习性：小草本，高 10~40cm；半湿生植物。

生境：林下、溪边、岩石、岩壁等，海拔 100~1200m。

分布：浙江、江西、福建、湖南、广东、海南、广西、贵州、云南、四川、香港、澳门、台湾。

乌蕨属 Odontosoria Fée

乌蕨 Odontosoria chinensis (L.) J. Sm.

习性：中小草本，高 30~70cm；半湿生植物。

生境：林下、林缘、灌丛、溪边、沟边、瀑布边、路边等，海拔达 1900m。

分布：江苏、安徽、上海、浙江、江西、福建、河南、湖北、湖南、广东、海南、广西、贵州、云南、重庆、四川、西藏、甘肃、香港、澳门、台湾。

香鳞始蕨属 Osmolindsaea (K. U. Kramer) Lehtonen & Christenh.

日本香鳞始蕨 Osmolindsaea japonica (Baker) Lehtonen & Christenh.

习性：小草本，高 5~15cm；湿生植物。

生境：河谷、林下、溪边、沟边、岩石、岩壁等，海拔 200~2500m。

分布：江西、广东、海南、贵州、四川、台湾。

香鳞始蕨 Osmolindsaea odorata (Roxb.) Lehtonen & Christenh.

习性：小草本，高 15~50cm；湿生植物。

生境：林下、林缘、溪边、沟边、岩石、岩壁、路边等，海拔 400~1700m。

分布：浙江、江西、福建、湖南、广东、海南、广西、贵州、云南、四川、西藏、台湾。

18. 海金沙科 Lygodiaceae

海金沙属 Lygodium Sw.

小叶海金沙 Lygodium microphyllum (Cav.) R. Br.

习性：攀援草本；半湿生植物。

生境：河岸坡、溪边、沟边、沼泽、田间、田埂、塘基、入库河口等，海拔 100~700m。

分布：浙江、江西、福建、广东、海南、广西、云南、香港、台湾。

19. 合囊蕨科 Marattiaceae

观音座莲属 Angiopteris Hoffm.

福建观音座莲 Angiopteris fokiensis Hieron.

习性：大草本，高 1.5~4m；湿生植物。

生境：河谷、林下、灌丛、沟边等，海拔 100~1600m。

分布：浙江、江西、福建、湖北、湖南、广东、海南、广西、贵州、云南、重庆、四川、香港。

阔叶原始观音座莲 Angiopteris latipinna (Ching) Z. R. He, W. M. Chu & Christenh.

习性：中小草本，高 40~60cm；湿生植物。

生境：林下，海拔 1100~1500m。

分布：云南。

尖叶原始观音座莲 Angiopteris tonkinensis (Hayata) J. M. Camus

习性：中草本，高 50~80cm；湿生植物。

生境：林下、溪边等，海拔 100~1000m。

分布：海南。

云南观音座莲 Angiopteris yunnanensis Hieron.

习性：大草本，高 1.5~3m；湿生植物。

生境：林下、溪边、沟边等，海拔 400~1100m。

分布：广西、云南。

天星蕨属 Christensenia Maxon

天星蕨 Christensenia aesculifolia (Blume) Maxon

习性：小草本，高 30~50cm；湿生植物

生境：林下、沟边等，海拔 500~1000m。

分布：云南。

20. 蘋科 Marsileaceae
蘋属 Marsilea L.

埃及蘋 Marsilea aegyptiaca Willd.

习性：小草本，高 5~20cm；浮叶植物。

生境：沼泽，海拔约 500m。

分布：新疆。

南国蘋 Marsilea minuta L.

习性：小草本，高 8~30cm；浮叶植物。

生境：沼泽、池塘、水沟、田中等，海拔 100~2000m。

分布：江苏、安徽、浙江、江西、福建、湖北、湖南、广东、海南、贵州、云南、四川、陕西、台湾。

蘋 Marsilea quadrifolia L.

习性：小草本，高 5~20cm；浮叶植物。

生境：沼泽、池塘、水沟、田中等，海拔达 2000m。

分布：黑龙江、吉林、辽宁、内蒙古、河北、北京、天津、山西、山东、江苏、安徽、上海、浙江、江西、福建、河南、湖北、湖南、广东、海南、广西、贵州、云南、重庆、四川、陕西、

宁夏、甘肃、青海、新疆、香港、澳门、台湾。

21. 肾蕨科 Nephrolepidaceae
肾蕨属 Nephrolepis Schott

肾蕨 Nephrolepis cordifolia (L.) C. Presl

习性：小草本，高 30~50cm；半湿生植物。

生境：林下、溪边、沟边、岩石、岩壁、园林等，海拔达 1500m。

分布：河北、北京、山东、江苏、浙江、江西、福建、河南、湖南、广东、海南、广西、贵州、云南、重庆、四川、西藏、香港、澳门、台湾。

22. 条蕨科 Oleandraceae
条蕨属 Oleandra Cav.

华南条蕨 Oleandra cumingii J. Sm.

习性：小草本，高 20~40cm；半湿生植物。

生境：林下、灌丛、岩石、岩壁等，海拔 500~1000m。

分布：广东、海南、广西、贵州、云南、香港。

波边条蕨 Oleandra undulata (Willd.) Ching

习性：小草本，高 30~40cm；半湿生植物。

生境：岩石、岩壁等，海拔 300~1000m。

分布：广东、海南、云南。

23. 球子蕨科 Onocleaceae
荚果蕨属 Matteuccia Todaro

荚果蕨（原变种）Matteuccia struthiopteris var. struthiopteris

习性：中草本，高 0.7~1.1m；湿生植物。

生境：林下、林缘、灌丛、草丛、河岸坡、溪边、沟边、路边等，海拔达 3000m。

分布：黑龙江、吉林、辽宁、内蒙古、河北、北京、山西、河南、湖北、重庆、四川、西藏、陕西、甘肃、新疆。

尖裂荚果蕨 Matteuccia struthiopteris var. acutiloba Ching

习性：中草本，高 0.5~1m；湿生植物。

生境：林下、河岸坡、溪边等，海拔 1500~3800m。

分布：山西、河南、湖北、四川。

球子蕨属 Onoclea L.

球子蕨 Onoclea sensibilis var. interrupta Maxim.

习性：中小草本，高 30~70cm；湿生植物。

生境：河谷、灌丛、草甸、沼泽等，海拔 200~900m。

分布：黑龙江、吉林、辽宁、内蒙古、河北、天津、河南。

东方荚果蕨属 Pentarhizidium Hayata

东方荚果蕨 Pentarhizidium orientale (Hook.) Hayata

习性：中草本，高 0.5~1m；半湿生植物。

生境：林下、灌丛、河岸坡、溪边、路边等，海拔 300~2700m。

分布：吉林、安徽、浙江、江西、福建、河南、湖北、湖南、广东、广西、贵州、重庆、四川、西藏、陕西、甘肃、台湾。

24. 瓶尔小草科 Ophioglossaceae

阴地蕨属 Botrychium Sw.

薄叶阴地蕨 Botrychium daucifolium Wall. ex Hook. & Grev.

习性：小草本，高 25~40cm；湿生植物。

生境：林下，海拔 400~1700m。

分布：江苏、浙江、江西、湖南、广东、海南、广西、贵州、云南、重庆、四川、台湾。

华东阴地蕨 Botrychium japonicum (Prantl) Underw.

习性：小草本，高 15~40cm；半湿生植物。

生境：林下、溪边等，海拔 200~1200m。

分布：江苏、安徽、浙江、江西、福建、湖南、广东、贵州、台湾。

绒毛阴地蕨 Botrychium lanuginosum Wall. ex Hook. & Grev.

习性：小草本，高 20~50cm；湿生植物。

生境：林下、林缘、灌丛、草丛等，海拔 1000~3000m。

分布：湖南、广西、贵州、云南、四川、西藏、台湾。

小阴地蕨 Botrychium lunaria (L.) Sw.

习性：小草本，高 7~25cm；湿生植物。

生境：林下、草丛、草甸、草原、河岸坡、湖岸坡、沟边等，海拔 1300~4000m。

分布：黑龙江、吉林、辽宁、内蒙古、河北、北京、山西、河南、湖南、云南、四川、西藏、陕西、甘肃、青海、新疆、台湾。

粗壮阴地蕨 Botrychium robustum (Rupr. ex Milde) Underw.

习性：小草本，高 15~40cm；湿生植物。

生境：林下、林缘、草丛等，海拔 1000~4000m。

分布：黑龙江、吉林、辽宁、云南、重庆、四川。

阴地蕨 Botrychium ternatum (Thunb.) Sw.

习性：小草本，高 10~30cm；湿生植物。

生境：林下、灌丛、沟边等，海拔 400~1000m。

分布：辽宁、山东、江苏、安徽、浙江、江西、福建、河南、湖北、湖南、广东、广西、贵州、重庆、四川、陕西、台湾。

蕨萁 Botrychium virginianum (L.) Sw.

习性：中小草本，高 25~70cm；湿生植物。

生境：林下、灌丛、沟边等，海拔 1600~3200m。

分布：山西、安徽、浙江、河南、湖北、湖南、贵州、云南、重庆、四川、西藏、陕西、甘肃。

瓶尔小草属 Ophioglossum L.

高山瓶尔小草 Ophioglossum austroasiaticum M. Nishida

习性：小草本，高 10~20cm；湿生植物。

生境：草丛、草甸等。

分布：台湾。

裸茎瓶尔小草 Ophioglossum nudicaule L. f.

习性：小草本，高 3~8cm；湿生植物。

生境：草丛、草甸等，海拔 1800~4300m。

分布：云南、重庆、四川、西藏。

钝头瓶尔小草 Ophioglossum petiolatum Hook.

习性：小草本，高 15~25cm；湿生植物。

生境：林下、灌丛、沟边等，海拔 200~3300m。

分布：安徽、江西、福建、湖北、广东、海南、广西、贵州、云南、四川、台湾。

心叶瓶尔小草 Ophioglossum reticulatum L.

习性：小草本，高 10~30cm；湿生植物。

生境：林下、灌丛、河岸坡、湖岸坡、沟边等，海拔 1100~4000m。

分布：江西、福建、河南、湖北、湖南、广西、贵州、云南、重庆、四川、西藏、陕西、甘肃、台湾。

狭叶瓶尔小草 Ophioglossum thermale Kom.

习性：小草本，高 10~20cm；湿生植物。

生境：林下、草丛、温泉边等，海拔 200~1800m。

分布：黑龙江、吉林、辽宁、内蒙古、河北、山东、江苏、安徽、江西、河南、湖北、湖南、广西、贵州、云南、重庆、四川、陕西、台湾。

瓶尔小草 Ophioglossum vulgatum L.

习性：小草本，高 10~30cm；湿生植物。

生境：林下、灌丛、草丛、草甸、河岸坡、溪边、湖岸坡、入库河口、田埂等，海拔达 3000m。

分布：江苏、安徽、浙江、江西、福建、河南、湖北、湖南、广东、海南、广西、贵州、云南、重庆、四川、西藏、陕西、甘肃、香港、澳门、台湾。

25. 紫萁科 Osmundaceae

紫萁属 Osmunda L.

狭叶紫萁 Osmunda angustifolia Ching

习性：中小草本，高 40~60cm；湿生植物。

生境：沟谷、林下、河岸坡、溪边、沟边、岩石间等，海拔 200~800m。

分布：江西、福建、湖南、广东、海南、香港、台湾。

粗齿紫萁 Osmunda banksiifolia (C. Presl) Kuhn

习性：中草本，高 0.6~1.5m；湿生植物。

生境：沟谷、林下、溪边、沟边等，海拔 100~800m。

分布：浙江、江西、福建、广东、香港、台湾。

绒紫萁 Osmunda claytoniana L.

习性：中小草本，高 40~60cm；湿生植物。

生境：林缘、草丛、草甸、沼泽、河岸坡等，海拔 1600~3400m。

分布：黑龙江、吉林、辽宁、湖北、湖南、贵州、云南、重庆、四川、西藏、台湾。

紫萁 Osmunda japonica Thunb.

习性：中草本，高 50~80cm；半湿生植物。

生境：林下、溪边、沟边等，海拔 100~3000m。

分布：山东、江苏、安徽、上海、浙江、江西、福建、河南、湖北、湖南、广东、广西、贵州、云南、重庆、四川、西藏、陕西、甘肃、香港、台湾。

宽叶紫萁 Osmunda javanica Blume

习性：大中草本，高 0.5~2m；湿生植物。

生境：林下、草丛、溪边等，海拔达 1600m。

分布：海南、广西、贵州、云南。

华南紫萁 Osmunda vachellii Hook.

习性：中小草本，高 0.3~1m；水湿生植物。

生境：林下、溪边、沟边、岩石间等，海拔 100~1000m。

分布：浙江、江西、福建、湖南、广东、海南、广西、贵州、云南、重庆、四川、香港、澳门。

桂皮紫萁属 Osmundastrum C. Presl

桂皮紫萁 Osmundastrum cinnamomeum (L.) C. Presl

习性：中小草本，高 0.3~1m；水湿生植物。

生境：沟谷、林下、林缘、灌丛、草丛、草甸、沼泽等，海拔 300~2600m。

分布：黑龙江、吉林、辽宁、安徽、浙江、江西、福建、湖北、湖南、广东、广西、贵州、云南、重庆、四川、台湾。

26. 瘤足蕨科 Plagiogyriaceae

瘤足蕨属 Plagiogyria (Kunze) Mett.

瘤足蕨 Plagiogyria adnata (Blume) Bedd.

习性：中小草本，高 40~60cm；湿生植物。

生境：林下、溪边、沟边等，海拔达 2000m。

分布：安徽、浙江、江西、福建、湖北、湖南、广东、海南、广西、贵州、云南、重庆、四川、香港、台湾。

华东瘤足蕨 Plagiogyria japonica Nakai

习性：中小草本，高 30~60cm；半湿生植物。

生境：林下、溪边、沟边等，海拔100~1800m。

分布：江苏、安徽、浙江、江西、福建、湖北、湖南、广东、海南、广西、贵州、云南、重庆、四川、台湾。

密叶瘤足蕨 Plagiogyria pycnophylla (Kunze) Mett.

习性：中草本，高0.5~1.5m；半湿生植物。

生境：林下、溪边、沟边等，海拔1200~3500m。

分布：云南、四川、西藏。

耳形瘤足蕨 Plagiogyria stenoptera (Hance) Diels

习性：小草本，高30~50cm；半湿生植物。

生境：林下、溪边、沟边等，海拔200~2500m。

分布：湖北、湖南、广西、贵州、云南、重庆、四川、台湾。

27. 水龙骨科 Polypodiaceae

荷包蕨属 Calymmodon C. Presl

短叶荷包蕨 Calymmodon asiaticus Copel.

习性：小草本，高3~10cm；湿生植物。

生境：岩石、岩壁等，海拔400~1000m。

分布：海南、广西。

薄唇蕨属 Leptochilus Kaulf.

掌叶线蕨 Leptochilus digitatus (Baker) Noot.

习性：小草本，高30~50cm；湿生植物。

生境：林下、溪边、沟边、岩石、岩壁等，海拔达1400m。

分布：湖南、广东、海南、广西、贵州、云南、重庆、四川、香港。

线蕨（原变种）Leptochilus ellipticus var. **ellipticus**

习性：中小草本，高20~60cm；湿生植物。

生境：林下、溪边、岩石、岩壁等，海拔100~2500m。

分布：江苏、安徽、浙江、江西、福建、湖南、广东、海南、广西、贵州、云南、重庆、四川、西藏、甘肃、香港、澳门、台湾。

曲边线蕨 Leptochilus ellipticus var. **flexilobus** (Christ) X. C. Zhang

习性：中小草本，高20~80cm；湿生植物。

生境：林下、溪边、岩石、岩壁等，海拔300~2500m。

分布：江西、湖南、广西、贵州、云南、重庆、四川、台湾。

长柄线蕨 Leptochilus ellipticus var. **longipes** (Ching) Noot.

习性：小草本，高20~50cm；湿生植物。

生境：林下、溪边、岩石间等，海拔300~900m。

分布：海南、广西。

滇线蕨 Leptochilus ellipticus var. **pentaphyllus** (Baker) X. C. Zhang & Noot.

习性：中小草本，高0.2~1.1m；湿生植物。

生境：林下，海拔700~2300m。

分布：广东、广西、贵州、云南、西藏。

宽羽线蕨 Leptochilus ellipticus var. **pothifolius** (Buch.-Ham. ex D. Don) X. C. Zhang

习性：中小草本，高0.4~1.2m；湿生植物。

生境：林下、溪边、岩石、岩石间、岩壁等，海拔达1500m。

分布：浙江、江西、福建、湖北、湖南、广东、海南、广西、贵州、云南、重庆、香港、台湾。

断线蕨 Leptochilus hemionitideus (Wall. ex Mett.) Noot.

习性：中小草本，高30~60cm；湿生植物。

生境：林下、溪边、沟边、岩石、岩壁等，海拔300~2000m。

分布：安徽、江西、福建、湖南、广东、海南、广西、贵州、云南、四川、西藏、香港、台湾。

矩圆线蕨 Leptochilus henryi (Baker) X. C. Zhang

习性：中小草本，高20~70cm；湿生植物。

生境：林下、溪边、岩石、岩壁等，海拔100~1300m。

分布：江苏、浙江、江西、福建、湖北、湖南、广西、贵州、云南、重庆、四川、陕西、台湾。

绿叶线蕨 Leptochilus leveillei (Christ) X. C. Zhang & Noot.

习性：小草本，高25~40cm；湿生植物。

生境：林下、岩石、岩壁等，海拔400~1300m。

分布：江西、福建、湖南、广东、广西、贵州。

褐叶线蕨 Leptochilus wrightii (Hook. & Baker) X. C. Zhang

习性：小草本，高20~50cm；湿生植物。

生境：林下、溪边、岩石、岩壁等，海拔 100~1400m。

分布：浙江、江西、福建、湖南、广东、广西、贵州、云南、香港、台湾。

剑蕨属 **Loxogramme** (Blume) C. Presl

顶生剑蕨 **Loxogramme acroscopa** (Christ) C. Chr.

习性：小草本，高 4~20cm；湿生植物。

生境：林下、溪边、岩石、岩壁等，海拔 200~2200m。

分布：广西、贵州、云南。

黑鳞剑蕨 **Loxogramme assimilis** Ching

习性：小草本，高 10~25cm；湿生植物。

生境：林下、岩石、岩壁等，海拔 600~2200m。

分布：江西、海南、广西、贵州、云南、重庆、四川。

中华剑蕨 **Loxogramme chinensis** Ching

习性：小草本，高 5~20cm；湿生植物。

生境：林下、溪边、岩石、岩壁等，海拔 1500~1600m。

分布：安徽、浙江、江西、福建、湖南、广东、广西、贵州、云南、重庆、四川、西藏、台湾。

褐柄剑蕨 **Loxogramme duclouxii** Christ

习性：小草本，高 10~35cm；湿生植物。

生境：林下、岩石、岩壁等，海拔 800~2500m。

分布：安徽、浙江、江西、河南、湖北、湖南、广西、贵州、云南、重庆、四川、陕西、甘肃、台湾。

台湾剑蕨 **Loxogramme formosana** Nakai

习性：小草本，高 20~35cm；湿生植物。

生境：岩石、岩壁等，海拔 1600~2300m。

分布：贵州、云南、重庆、四川、台湾。

匙叶剑蕨 **Loxogramme grammitoides** (Baker) C. Chr.

习性：小草本，高 5~10cm；湿生植物。

生境：岩石、岩壁等，海拔 100~1400m。

分布：安徽、浙江、江西、福建、河南、湖北、湖南、贵州、云南、重庆、四川、西藏、陕西、甘肃、台湾。

老街剑蕨 **Loxogramme lankokiensis** (Rosenst.) C. Chr.

习性：小草本，高 3~10cm；湿生植物。

生境：岩石、苔藓丛等，海拔 200~1400m。

分布：广东、海南、广西、贵州、云南、西藏。

柳叶剑蕨 **Loxogramme salicifolia** (Makino) Makino

习性：小草本，高 15~35cm；湿生植物。

生境：林下、岩石、岩壁等，海拔 200~1800m。

分布：安徽、浙江、江西、河南、湖北、湖南、广东、广西、贵州、云南、重庆、四川、西藏、陕西、甘肃、香港、台湾。

锯蕨属 **Micropolypodium** Hayata

锯蕨 **Micropolypodium okuboi** (Yatabe) Hayata

习性：小草本，高 3~7cm；湿生植物。

生境：林下、岩石、岩壁等，海拔 1000~2700m。

分布：浙江、江西、福建、湖南、广东、海南、广西、贵州、台湾。

锡金锯蕨 **Micropolypodium sikkimense** (Hieron.) X. C. Zhang

习性：小草本，高 4~15cm；湿生植物。

生境：林下、岩石、岩壁等，海拔 900~3600m。

分布：湖南、广西、贵州、云南、四川、西藏。

星蕨属 **Microsorum** Link

羽裂星蕨 **Microsorum insigne** (Blume) Copel.

习性：中小草本，高 0.4~1m；湿生植物。

生境：林下、溪边、瀑布边、岩石、岩壁等，海拔 600~800m。

分布：江西、福建、湖南、广东、海南、广西、贵州、云南、重庆、四川、西藏、香港、台湾。

有翅星蕨 **Microsorum pteropus** (Blume) Copel.

习性：小草本，高 10~30cm；水湿生植物。

生境：溪流、岩石、岩壁等，海拔 400~1200m。

分布：江西、福建、湖南、广东、海南、广西、贵州、云南、香港、台湾。

盾蕨属 **Neolepisorus** Ching

剑叶盾蕨 **Neolepisorus ensatus** (Thunb.) Ching

习性：中小草本，高 30~70cm；湿生植物。

生境：林下、岩石、岩壁等，海拔 1400~1800m。

分布：浙江、江西、湖北、湖南、贵州、云南、重庆、四川、台湾。

江南星蕨 Neolepisorus fortunei (T. Moore) Li Wang

习性：中小草本，高 0.3~1m；湿生植物

生境：林下、溪边、岩石、岩壁等，海拔 200~2500m。

分布：山东、江苏、安徽、浙江、江西、福建、河南、湖北、湖南、广东、海南、广西、贵州、云南、重庆、四川、西藏、陕西、甘肃、香港、台湾。

盾蕨 Neolepisorus ovatus (C. Presl) Ching

习性：小草本，高 20~40cm；湿生植物。

生境：林下、溪边、岩石、岩壁等，海拔 400~2800m。

分布：江苏、安徽、浙江、江西、福建、湖北、湖南、广东、广西、贵州、云南、重庆、四川。

显脉星蕨 Neolepisorus zippelii (Blume) Li Wang

习性：中草本，高 50~70cm；湿生植物。

生境：林下、溪边、岩石、岩壁等，海拔 300~1500m。

分布：湖南、广东、海南、广西、贵州、云南、西藏、香港。

滨禾蕨属 Oreogrammitis Copel.

无毛滨禾蕨 Oreogrammitis adspersa (Blume) Parris

习性：小草本，高 2~6cm；湿生植物。

生境：岩石、岩壁等，海拔 900~1500m。

分布：广东、海南、台湾。

短柄滨禾蕨 Oreogrammitis dorsipila (Christ) Parris

习性：小草本，高 2~8cm；湿生植物。

生境：岩石、岩壁等，海拔 600~1200m。

分布：浙江、江西、福建、湖南、广东、海南、广西、贵州、云南、香港、台湾。

睫毛蕨属 Pleurosoriopsis Fomin

睫毛蕨 Pleurosoriopsis makinoi (Maxim. ex Makino) Fomin

习性：小草本，高 3~10cm；湿生植物。

生境：岩石、岩壁等，海拔 800~2700m。

分布：黑龙江、吉林、辽宁、河南、湖北、湖南、贵州、云南、重庆、四川、陕西、甘肃。

水龙骨属 Polypodiodes L.

中华水龙骨 Polypodiodes chinensis (Christ) S. G. Lu

习性：小草本，高 20~50cm；湿生植物。

生境：岩石、岩壁等，海拔 900~2800m。

分布：河北、山西、江苏、安徽、浙江、江西、河南、湖北、湖南、广东、贵州、云南、四川、陕西、甘肃、台湾。

穴子蕨属 Prosaptia C. Presl

海南穴子蕨 Prosaptia barathrophylla (Baker) M. G. Price

习性：小草本，高 12~35cm；湿生植物。

生境：岩石、岩壁等，海拔 600~1500m。

分布：海南。

缘生穴子蕨 Prosaptia contigua (G. Forst.) C. Presl

习性：小草本，高 10~40cm；湿生植物。

生境：岩石、岩壁等，海拔 600~1500m。

分布：广东、海南、广西、云南、台湾。

中间穴子蕨 Prosaptia intermedia (Ching) Tagawa

习性：小草本，高 20~40cm；湿生植物。

生境：岩石、岩壁等，海拔 700~1800m。

分布：广东、海南、广西、云南。

石韦属 Pyrrosia Mirbel

石蕨 Pyrrosia angustissima (Giesenh. ex Diels) Tagawa & K. Iwats.

习性：小草本，高 10~12cm；湿生植物。

生境：林下、溪边、岩石、岩壁等，海拔 700~2000m。

分布：山西、安徽、浙江、江西、福建、河南、湖北、湖南、广东、广西、贵州、云南、重庆、四川、陕西、甘肃、台湾。

相近石韦 Pyrrosia assimilis (Baker) Ching

习性：小草本，高 5~20cm；半湿生植物。

生境：林下、溪边、岩石、岩壁等，海拔 200~1000m。

分布：安徽、浙江、江西、福建、河南、湖北、湖南、广东、广西、贵州、云南、重庆、四川、新疆。

华北石韦 Pyrrosia davidii (Baker) Ching

习性：小草本，高 5~10cm；半湿生植物。

生境：林下、溪边、岩石、岩壁等，海拔 200~3400m。

分布：辽宁、内蒙古、河北、北京、天津、山西、山东、河南、湖北、湖南、贵州、云南、重庆、四川、陕西、宁夏、甘肃、西藏、台湾。

修蕨属 Selliguea Bory

弯弓假瘤蕨 Selliguea albidoglauca (C. Chr.) S. G. Lu, Hovenk. & M. G. Gilbert

习性：小草本，高 5~15cm；湿生植物。

生境：岩石、岩壁等，海拔 2800~3700m。

分布：云南、四川、西藏。

钝羽假瘤蕨 Selliguea conmixta (Ching) S. G. Lu, Hovenk. & M. G. Gilbert

习性：小草本，高 7~15cm；湿生植物。

生境：林下、岩石、岩壁等，海拔 3100~3600m。

分布：云南、四川。

紫柄假瘤蕨 Selliguea crenatopinnata (C. B. Clarke) S. G. Lu, Hovenk. & M. G. Gilbert

习性：小草本，高 10~25cm；湿生植物。

生境：林下、岩石、岩壁等，海拔 1900~2900m。

分布：湖南、广西、贵州、云南、四川、西藏。

黑鳞假瘤蕨 Selliguea ebenipes (Hook.) S. Linds.

习性：小草本，高 15~30cm；湿生植物。

生境：林下、岩石、岩壁等，海拔 1900~3200m。

分布：湖南、云南、四川、西藏。

恩氏假瘤蕨 Selliguea engleri (Luerss.) Fraser-Jenk.

习性：小草本，高 20~30cm；湿生植物。

生境：岩石、岩壁等，海拔 1000~2000m。

分布：浙江、江西、福建、广西、贵州、台湾。

刺齿假瘤蕨 Selliguea glaucopsis (Franch.) S. G. Lu, Hovenk. & M. G. Gilbert

习性：小草本，高 10~30cm；湿生植物。

生境：林下、岩石、岩壁等，海拔 2700~3700m。

分布：云南、四川。

大果假瘤蕨 Selliguea griffithiana (Hook.) Fraser-Jenk.

习性：小草本，高 10~20cm；湿生植物。

生境：林下、岩石、岩壁等，海拔 1300~3200m。

分布：安徽、湖南、贵州、云南、重庆、四川、西藏。

金鸡脚假瘤蕨 Selliguea hastata (Thunb.) Fraser-Jenk.

习性：小草本，高 8~25cm；湿生植物。

生境：林下、岩石、岩壁、路边等，海拔达 1200m。

分布：辽宁、山东、江苏、安徽、浙江、江西、福建、河南、湖北、湖南、广东、广西、贵州、云南、重庆、四川、西藏、陕西、甘肃、台湾。

宽底假瘤蕨 Selliguea majoensis (C. Chr.) Fraser-Jenk.

习性：小草本，高 25~40cm；湿生植物。

生境：岩石、岩壁等，海拔 1400~1800m。

分布：安徽、江西、湖北、湖南、广西、贵州、云南、重庆、四川、陕西。

毛叶假瘤蕨 Selliguea nigrovenia (Christ) S. G. Lu, Hovenk. & M. G. Gilbert

习性：小草本，高 5~20cm；湿生植物。

生境：岩石、岩壁等，海拔 2500~3300m。

分布：湖北、云南、重庆、四川。

尖裂假瘤蕨 Selliguea oxyloba (Wall. ex Kunze) Fraser-Jenk.

习性：小草本，高 20~40cm；湿生植物。

生境：林下、林缘、岩石、岩壁等，海拔 1000~2700m。

分布：广东、广西、云南、四川、西藏。

展羽假瘤蕨 Selliguea quasidivaricata (Hayata) H. Ohashi & K. Ohashi

习性：小草本，高 10~20cm；湿生植物。

生境：岩石、岩壁等，海拔 1000~3300m。

分布：湖北、云南、重庆、四川、西藏、台湾。

喙叶假瘤蕨 Selliguea rhynchophylla (Hook.) Fraser-Jenk.

习性：小草本，高 5~15cm；湿生植物。

生境：林下、岩壁等，海拔 1200~2700m。

分布：江西、福建、湖北、湖南、广东、广西、贵州、云南、重庆、四川、台湾。

陕西假瘤蕨 Selliguea senanensis (Maxim.) S. G. Lu, Hovenk. & M. G. Gilbert

习性：小草本，高 5~15cm；湿生植物。

生境：林下、岩石、岩壁等，海拔 1300~3600m。

分布：山西、河南、云南、重庆、四川、西藏、陕西。

尾尖假瘤蕨 Selliguea stewartii (Bedd.) S. G. Lu, Hovenk. & M. G. Gilbert

习性：小草本，高 10~20cm；湿生植物。

生境：岩石、岩壁等，海拔 2400~3000m。

分布：云南、四川、西藏。

斜下假瘤蕨 Selliguea stracheyi (Ching) S. G. Lu, Hovenk. & M. G. Gilbert

习性：小草本，高 5~15cm；湿生植物。

生境：岩石、岩壁等，海拔 2800~3700m。

分布：湖北、湖南、贵州、云南、四川、西藏。

三指假瘤蕨 Selliguea trilobus (Houtt.) M. G. Price

习性：小草本，高 15~30cm；湿生植物。

生境：林下、溪边、岩石、岩壁等，海拔 700~1700m。

分布：海南。

三出假瘤蕨 Selliguea trisecta (Baker) Fraser-Jenk.

习性：小草本，高 15~40cm；湿生植物。

生境：林下、沟边、岩石、岩壁等，海拔 1600~3400m。

分布：贵州、云南、四川。

28. 凤尾蕨科 Pteridaceae

卤蕨属 Acrostichum L.

卤蕨 Acrostichum aureum L.

习性：大中草本，高 0.5~2m；水湿生植物。

生境：灌丛、高潮带、河岸坡、沟边、池塘、入海河口等，海拔达 800m。

分布：湖北、广东、海南、广西、云南、香港、澳门、台湾。

尖叶卤蕨 Acrostichum speciosum Willd.

习性：中草本，高 1~1.5m；水湿生植物。

生境：高潮带、入海河口等。

分布：广东、海南。

铁线蕨属 Adiantum L.

团羽铁线蕨 Adiantum capillus-junonis Rupr.

习性：小草本，高 8~20cm；湿生植物。

生境：白垩土、岩洞口、岩石、岩壁等，海拔 300~2500m。

分布：辽宁、河北、北京、天津、山西、山东、河南、湖南、广东、广西、贵州、云南、重庆、四川、甘肃、香港、台湾。

铁线蕨 Adiantum capillus-veneris L.

习性：小草本，高 15~40cm；湿生植物。

生境：岩洞口、岩石、岩壁等，海拔 100~2800m。

分布：河北、北京、天津、山西、江苏、安徽、浙江、江西、福建、河南、湖北、湖南、广东、海南、广西、贵州、云南、重庆、四川、西藏、陕西、甘肃、新疆、香港、澳门、台湾。

鞭叶铁线蕨 Adiantum caudatum L.

习性：小草本，高 10~40cm；湿生植物。

生境：沟谷、林下、岩石、岩壁等，海拔 100~1200m。

分布：浙江、江西、福建、湖南、广东、海南、广西、贵州、云南、重庆、四川、香港、澳门、台湾。

白背铁线蕨 Adiantum davidii Franch.

习性：小草本，高 20~30cm；湿生植物。

生境：岩石、岩壁等，海拔 1100~3400m。

分布：河北、山西、山东、河南、湖北、贵州、云南、重庆、四川、陕西、宁夏、甘肃。

长尾铁线蕨 Adiantum diaphanum Blume

习性：小草本，高 15~30cm；湿生植物。

生境：林下、溪边、岩石、岩壁等，海拔 600~2200m。

分布：江西、福建、湖南、广东、海南、贵州、台湾。

普通铁线蕨 Adiantum edgeworthii Hook.

习性：小草本，高 10~30cm；湿生植物。

生境：林下、灌丛、岩壁等，海拔 200~2500m。

分布：辽宁、河北、北京、天津、山东、河南、广西、贵州、云南、重庆、四川、西藏、陕西、甘肃、台湾。

冯氏铁线蕨 Adiantum fengianum Ching

习性：小草本，高约10cm；湿生植物。
生境：岩石、岩壁等，海拔2800~4000m。
分布：云南。

扇叶铁线蕨 Adiantum flabellulatum L.

习性：小草本，高20~45cm；半湿生植物。
生境：林下、林缘、岩石、岩壁等，海拔100~1100m。
分布：安徽、浙江、江西、福建、湖北、湖南、广东、海南、广西、贵州、云南、重庆、四川、香港、澳门、台湾。

白垩铁线蕨 Adiantum gravesii Hance

习性：小草本，高4~15cm；湿生植物。
生境：白垩土、岩洞口、岩石、岩壁等，海拔600~1500m。
分布：浙江、湖北、湖南、广东、广西、贵州、云南、四川。

粤铁线蕨 Adiantum lianxianense Ching & Y. X. Lin

习性：小草本，高5~10cm；湿生植物。
生境：林下、岩石、岩壁等，海拔200~600m。
分布：湖南、广东、贵州。

假鞭叶铁线蕨 Adiantum malesianum J. Ghatak

习性：小草本，高10~40cm；半湿生植物。
生境：灌丛、岩石、岩壁等，海拔100~1400m。
分布：江西、湖北、湖南、广东、海南、广西、贵州、云南、重庆、四川、香港、澳门、台湾。

小铁线蕨 Adiantum mariesii Baker

习性：小草本，高2~5cm；湿生植物。
生境：岩石、岩壁等，海拔约200m。
分布：湖北、湖南、广西、贵州、重庆、四川。

灰背铁线蕨 Adiantum myriosorum Baker

习性：中小草本，高40~60cm；半湿生植物。
生境：林下、岩石、岩壁等，海拔900~2600m。
分布：安徽、浙江、江西、河南、湖北、湖南、贵州、云南、重庆、四川、西藏、陕西、甘肃、台湾。

掌叶铁线蕨 Adiantum pedatum L.

习性：中小草本，高40~60cm；湿生植物。
生境：沟谷、林下、林缘、溪边、沟边、岩壁等，海拔300~3500m。
分布：黑龙江、吉林、辽宁、河北、北京、山西、河南、湖北、云南、重庆、四川、西藏、陕西、宁夏、甘肃、青海。

半月形铁线蕨 Adiantum philippense L.

习性：小草本，高15~50cm；湿生植物。
生境：林下、岩石、岩壁等，海拔100~2500m。
分布：湖南、广东、海南、广西、贵州、云南、四川、香港、台湾。

月芽铁线蕨 Adiantum refractum Christ

习性：小草本，高15~50cm；湿生植物。
生境：林下、沟边、岩石、岩壁等，海拔1000~3600m。
分布：浙江、湖北、湖南、贵州、云南、重庆、四川、西藏、陕西。

荷叶铁线蕨 Adiantum reniforme var. sinense Y. X. Ling

习性：小草本，高5~15cm；湿生植物。
生境：岩石、岩壁等，海拔100~1000m。
分布：湖北、重庆、四川。

翅柄铁线蕨 Adiantum soboliferum Wall. ex Hook.

习性：小草本，高25~30cm；湿生植物。
生境：林下，海拔100~1300m。
分布：广东、海南、广西、云南、台湾。

粉背蕨属 Aleuritopteris Fée

金粉背蕨 Aleuritopteris chrysophylla (Hook.) Ching

习性：小草本，高5~15cm；半湿生植物。
生境：林下、岩石、岩壁等，海拔100~3500m。
分布：广东、海南、云南。

翠蕨属 Anogramma Link

薄叶翠蕨 Anogramma leptophylla (L.) Link

习性：小草本，高3~10cm；湿生植物。
生境：林下、溪边、岩石、岩壁等，海拔900~2900m。

分布：云南、西藏、台湾。

翠蕨 Anogramma microphylla (Hook.) Diels

习性：小草本，高 5~15cm；湿生植物。

生境：林下、溪边、岩石、岩壁等，海拔 1100~2900m。

分布：广西、贵州、云南。

车前蕨属 **Antrophyum** Kaulf.

台湾车前蕨 Antrophyum formosanum Hieron.

习性：小草本，高 10~20cm；湿生植物。

生境：岩石、岩壁等，海拔 100~1600m。

分布：海南、台湾。

车前蕨 Antrophyum henryi Hieron.

习性：小草本，高 10~20cm；湿生植物。

生境：岩石、岩壁等，海拔 300~1600m。

分布：湖南、广东、广西、贵州、云南、台湾。

水蕨属 **Ceratopteris** Brongn.

粗梗水蕨 Ceratopteris pteridoides (Hook.) Hieron.

习性：小草本；漂浮植物。

生境：沼泽、溪流、湖泊、池塘、水沟、田中等。

分布：山东、江苏、安徽、江西、湖北、湖南、云南。

邢氏水蕨 Ceratopteris shingii Y. H. Yan & R. Zhang

习性：小草本，高 8~41cm；水湿生植物。

生境：火山湖、火山岩等。

分布：海南。

水蕨 Ceratopteris thalictroides (L.) Brongn.

习性：中小草本，高 5~80cm；水湿生植物。

生境：沼泽、溪流、湖泊、池塘、沟渠、田中等。

分布：山东、江苏、安徽、上海、浙江、江西、福建、河南、湖北、广东、海南、广西、贵州、云南、四川、香港、澳门、台湾。

凤了蕨属 **Coniogramme** Fée

全缘凤了蕨 Coniogramme fraxinea (D. Don) Fée ex Diels

习性：大中草本，高 0.8~2.5m；半湿生植物。

生境：林下、灌丛、溪边等，海拔 800~2000m。

分布：广西、云南、西藏、台湾。

普通凤了蕨 Coniogramme intermedia Hieron.

习性：中草本，高 0.7~1.2m；湿生植物。

生境：林下、林缘、溪边等，海拔 300~2800m。

分布：黑龙江、吉林、辽宁、河北、北京、安徽、浙江、江西、福建、河南、湖北、湖南、广东、海南、广西、贵州、云南、重庆、四川、西藏、陕西、宁夏、甘肃、台湾。

凤了蕨 Coniogramme japonica (Thunb.) Diels

习性：中草本，高 0.6~1.2m；湿生植物。

生境：林下、溪边、沟边等，海拔 100~2000m。

分布：江苏、安徽、浙江、江西、福建、河南、湖北、湖南、广东、广西、贵州、云南、重庆、四川、陕西、台湾。

珠蕨属 **Cryptogramma** R. Br.

珠蕨 Cryptogramma raddeana Fomin

习性：小草本，高 10~25cm；湿生植物。

生境：草丛、岩石、岩壁等，海拔 2600~4600m。

分布：湖北、云南、四川、西藏、陕西。

稀叶珠蕨 Cryptogramma stelleri (S. G. Gmel.) Prantl

习性：小草本，高 10~15cm；湿生植物。

生境：林下、灌丛、岩石、岩壁等，海拔 1700~4200m。

分布：河北、山西、河南、云南、四川、西藏、陕西、甘肃、青海、新疆、台湾。

金粉蕨属 **Onychium** Kaulf.

野雉尾金粉蕨（原变种）**Onychium japonicum var. japonicum**

习性：中小草本，高 20~80cm；半湿生植物。

生境：林下、溪边、沟边、路边等，海拔达 2200m。

分布：河北、山东、江苏、安徽、上海、浙江、江西、福建、河南、湖北、湖南、广东、广西、贵州、云南、重庆、四川、陕西、甘肃、香港、台湾。

栗柄金粉蕨 Onychium japonicum var. lucidum (D. Don) Christ

习性：中小草本，高 40~80cm；半湿生植物。

生境：林下、灌丛、溪边、沟边等，海拔 200~2500m。

分布：浙江、江西、福建、湖北、湖南、广东、广西、贵州、云南、重庆、四川、西藏、陕西、甘肃。

湖北金粉蕨 Onychium moupinense var. ipii (Ching) K. H. Shing

习性：小草本，高 20~40cm；湿生植物。

生境：阴湿处，海拔达 1100m。

分布：湖北。

蚀盖金粉蕨 Onychium tenuifrons Ching

习性：小草本，高 30~40cm；湿生植物。

生境：林缘、灌丛、路边等，海拔 100~3000m。

分布：湖南、贵州、云南、重庆、四川。

泽泻蕨属 Parahemionitis Panigrahi

泽泻蕨 Parahemionitis cordata (Roxb. ex Hook. & Grev.) Fraser-Jenk.

习性：小草本，高 10~25cm；湿生植物。

生境：林下、灌丛、溪边、岩石、岩壁等，海拔达 1000m。

分布：海南、云南、台湾。

粉叶蕨属 Pityrogramma Link

粉叶蕨 Pityrogramma calomelanos (L.) Link

习性：中小草本，高 25~90cm；半湿生植物。

生境：林缘、溪边等，海拔达 1500m。

分布：广东、海南、广西、云南、香港、澳门、台湾。

凤尾蕨属 Pteris L.

线羽凤尾蕨 Pteris arisanensis Tagawa

习性：中草本，高 1~1.5m；湿生植物。

生境：林下、溪边等，海拔 100~1800m。

分布：湖北、湖南、广东、海南、广西、贵州、云南、四川、香港、澳门、台湾。

紫轴凤尾蕨 Pteris aspericaulis Wall. ex J. Agardh

习性：中草本，高 1~1.5m；半湿生植物。

生境：林下、沟边、路边等，海拔 800~2900m。

分布：广西、云南、四川、西藏。

华南凤尾蕨 Pteris austrosinica (Ching) Ching

习性：中草本，高 1~1.5m；半湿生植物。

生境：林下、林缘、灌丛等，海拔 400~1400m。

分布：江西、湖南、广东、广西。

条纹凤尾蕨 Pteris cadieri Christ

习性：小草本，高 20~40cm；湿生植物。

生境：林下、溪边、岩石等，海拔 200~700m。

分布：江西、福建、湖北、广东、海南、广西、贵州、云南、香港、台湾。

欧洲凤尾蕨 Pteris cretica L.

习性：中草本，高 50~70cm；半湿生植物。

生境：沟谷、林下、林缘、溪边、沟边、田间等，海拔 400~3200m。

分布：山西、安徽、浙江、江西、福建、河南、湖北、湖南、广东、广西、贵州、云南、重庆、四川、西藏、甘肃、台湾。

指叶凤尾蕨 Pteris dactylina Hook.

习性：小草本，高 20~40cm；半湿生植物。

生境：岩石、岩壁等，海拔 1800~2700m。

分布：湖南、贵州、云南、重庆、四川、西藏、台湾。

剑叶凤尾蕨 Pteris ensiformis Burm. f.

习性：小草本，高 30~50cm；湿生植物。

生境：林下、林缘、灌丛、溪边等，海拔 100~1100m。

分布：浙江、江西、福建、湖南、广东、海南、广西、贵州、云南、重庆、四川、香港、澳门、台湾。

傅氏凤尾蕨 Pteris fauriei Hieron.

习性：中草本，高 50~90cm；半湿生植物。

生境：林下、溪边、沟边等，海拔达 800m。

分布：安徽、浙江、江西、福建、湖南、广东、海南、广西、贵州、云南、重庆、四川、西藏、澳门、台湾。

美丽凤尾蕨 Pteris formosana Baker

习性：中草本，高 0.7~1m；湿生植物。

生境：岩石、岩壁等，海拔 600~2500m。

分布：台湾。

中华凤尾蕨 Pteris inaequalis Baker

习性：中小草本，高 0.4~1m；湿生植物。

生境：林下、溪边、沟边等，海拔 400~1400m。

分布：浙江、江西、广东、广西、贵州、云南、重庆、四川、福建。

全缘凤尾蕨 Pteris insignis Mett. ex Kuhn
习性：中草本，高 1~1.5m；湿生植物。
生境：林下、溪边、沟边等，海拔 200~800m。
分布：浙江、江西、福建、湖南、广东、海南、广西、贵州、云南、四川、香港。

两广凤尾蕨 Pteris maclurei Ching
习性：中草本，高 80~90cm；湿生植物。
生境：林下，海拔 500~700m。
分布：浙江、江西、福建、湖南、广东、广西。

井栏边草 Pteris multifida Poir.
习性：小草本，高 30~45cm；湿生植物。
生境：林缘、灌丛、沟边、田埂、路边、岩石、岩壁等，海拔 100~1600m。
分布：河北、天津、山东、江苏、安徽、上海、浙江、江西、福建、河南、湖北、湖南、广东、海南、广西、贵州、重庆、四川、陕西、甘肃、香港、澳门、台湾。

斜羽凤尾蕨 Pteris oshimensis Hieron.
习性：中草本，高 50~80cm；半湿生植物。
生境：林下、沟边等，海拔 300~900m。
分布：浙江、江西、福建、湖南、广东、广西、贵州、重庆、四川。

有刺凤尾蕨 Pteris setulosocostulata Hayata
习性：中草本，高 0.5~1.2m；湿生植物。
生境：林下、沟边、路边等，海拔 200~2500m。
分布：广东、贵州、云南、四川、西藏、台湾。

溪边凤尾蕨 Pteris terminalis Wall. ex J. Agardh
习性：大中草本，高 0.8~1.8m；湿生植物。
生境：林下、灌丛、溪边等，海拔 600~2700m。
分布：浙江、江西、湖北、湖南、广东、广西、贵州、云南、重庆、四川、甘肃、西藏、台湾。

蜈蚣草 Pteris vittata L.
习性：中小草本，高 20~60cm；半湿生植物。
生境：溪边、湖岸坡、塘基、沟边、路边、岩石、岩壁等，海拔 100~2100m。
分布：江苏、安徽、上海、浙江、江西、福建、河南、湖北、湖南、广东、海南、广西、贵州、云南、重庆、四川、陕西、甘肃、西藏、香港、澳门、台湾。

西南凤尾蕨 Pteris wallichiana J. Agardh
习性：中草本，高 0.7~1.5m；湿生植物。
生境：沟谷、林下、溪边、沟边等，海拔 800~2600m。
分布：江西、湖北、湖南、广东、海南、广西、贵州、云南、重庆、四川、西藏、台湾。

29. 轴果蕨科 Rhachidosoraceae

轴果蕨属 Rhachidosorus Ching

轴果蕨 Rhachidosorus mesosorus (Makino) Ching
习性：中小草本，高 40~60cm；湿生植物。
生境：沟谷、林下、溪边、沟边等，海拔 100~1500m。
分布：江苏、浙江、湖北、湖南。

30. 槐叶蘋科 Salviniaceae

满江红属 Azolla Lam.

细叶满江红 Azolla filiculoides Lam.
习性：小草本；漂浮植物。
生境：池塘、水沟、田中等。
分布：江苏、安徽、上海、浙江、江西、福建、河南、湖北、湖南、广东、海南、广西、贵州、云南、重庆、四川、陕西、甘肃、西藏、香港、澳门、台湾；原产于美洲。

满江红 Azolla pinnata subsp. **asiatica** R. M. K. Saunders & K. Fowler
习性：小草本；漂浮植物。
生境：沼泽、河流、溪流、湖泊、池塘、沟渠、田中等，海拔达 2000m。
分布：辽宁、吉林、河北、北京、山西、山东、江苏、安徽、上海、浙江、江西、福建、河南、湖北、湖南、广东、广西、贵州、云南、重庆、四川、西藏、陕西、甘肃、台湾。

槐叶蘋属 Salvinia Séguier

人厌槐叶蘋 Salvinia adnata Desv.
习性：小草本；漂浮植物。

生境：湖泊、池塘、水沟、田中、园林等。

分布：江苏、浙江、广东、海南、广西、香港、台湾；原产于南美洲。

勺叶槐叶蓣 Salvinia cuculata Roxb. ex Bory

习性：小草本；漂浮植物。

生境：河流、湖泊、池塘、田中、园林等。

分布：广东、海南、云南、台湾；原产于热带亚洲。

槐叶蓣 Salvinia natans (L.) All.

习性：小草本；漂浮植物。

生境：沼泽、河流、溪流、湖泊、池塘、水沟、田中等，海拔达 2000m。

分布：黑龙江、吉林、辽宁、内蒙古、河北、北京、山西、山东、江苏、安徽、上海、浙江、江西、河南、湖北、湖南、广东、海南、广西、贵州、云南、重庆、四川、陕西、宁夏、甘肃、青海、新疆、台湾。

31. 三叉蕨科 Tectariaceae

三叉蕨属 Tectaria Cav.

下延三叉蕨 Tectaria decurrens (C. Presl) Copel.

习性：中草本，高 0.5~1m；湿生植物。

生境：林下、溪边、沟边、岩石、岩壁等，海拔 100~1200m。

分布：福建、湖南、广东、海南、广西、贵州、云南、四川、香港、台湾。

大叶三叉蕨 Tectaria dubia (C. B. Clarke & Baker) Ching

习性：大中草本，高 1~2m；湿生植物。

生境：林下、溪边、沟边、岩石、岩壁等，海拔 600~1500m。

分布：云南。

沙皮蕨 Tectaria harlandii (Hook.) C. M. Kuo

习性：中小草本，高 30~70cm；湿生植物。

生境：林下、溪边、岩石、岩壁等，海拔 100~700m。

分布：福建、广东、海南、广西、云南、香港、澳门、台湾。

疣状三叉蕨 Tectaria impressa (Fée) Holttum

习性：中小草本，高 40~70cm；半湿生植物。

生境：沟谷、林下、溪边等，海拔 150~500m。

分布：广东、海南、广西、贵州、云南、台湾。

条裂三叉蕨 Tectaria phaeocaulis (Rosenst.) C. Chr.

习性：中草本，高 0.5~1.5m；湿生植物。

生境：沟谷、林下、溪边等，海拔 400~800m。

分布：江西、福建、湖南、广东、海南、广西、云南、香港、台湾。

多形三叉蕨 Tectaria polymorpha (Wall. ex Hook.) Copel.

习性：中草本，高 0.6~1.5m；湿生植物。

生境：沟谷、林下、溪边、岩石、岩壁等，海拔 100~1500m。

分布：海南、广西、贵州、云南、西藏、台湾。

疏羽三叉蕨 Tectaria remotipinna Ching & Chu H. Wang

习性：大中草本，高 0.8~1.6m；湿生植物。

生境：林下、溪边、沟边、岩石、岩壁等，海拔 1000~1700m。

分布：云南。

轴脉蕨 Tectaria sagenioides (Mett.) Christenh.

习性：中草本，高 70~80cm；湿生植物。

生境：林下，海拔 100~300m。

分布：海南、广西、云南、西藏。

燕尾三叉蕨 Tectaria simonsii (Baker) Ching

习性：中草本，高 0.6~1.5m；湿生植物。

生境：沟谷、林下、岩石、岩壁等，海拔 100~1300m。

分布：福建、广东、海南、广西、贵州、云南、台湾。

三叉蕨 Tectaria subtriphylla (Hook. & Arn.) Copel.

习性：中草本，高 50~70cm；湿生植物。

生境：沟谷、林下、溪边、岩石、岩壁等，海拔 100~700m。

分布：福建、湖南、广东、海南、广西、贵州、云南、香港、澳门、台湾。

云南三叉蕨 Tectaria yunnanensis (Baker) Ching

习性：大草本，高 1.5~2m；湿生植物。

生境：林下、溪边、沟边等，海拔 100~1400m。

分布：海南、广西、贵州、云南、四川、台湾。

地耳蕨 Tectaria zeilanica (Houtt.) Sledge

习性：小草本，高 10~20cm；湿生植物。

生境：林下、溪边、岩石、岩壁等，海拔 300~1000m。

分布：福建、湖南、广东、海南、广西、贵州、云南、香港、台湾。

32. 金星蕨科 Thelypteridaceae

星毛蕨属 Ampelopteris Kunze

星毛蕨 Ampelopteris prolifera (Retz.) Copel.

习性：中草本，高 0.5~1.5m；湿生植物。

生境：沼泽、湖岸坡、河岸坡、沟边、塘基、库边、田间、河口等，海拔达 1000m。

分布：江西、福建、湖南、广东、海南、广西、贵州、云南、重庆、四川、香港、澳门、台湾。

钩毛蕨属 Cyclogramma Tagawa

耳羽钩毛蕨 Cyclogramma auriculata (J. Sm.) Ching

习性：大中草本，高 0.8~2m；湿生植物。

生境：林下、溪边、沟边等，海拔 1600~2800m。

分布：云南、台湾。

马关钩毛蕨 Cyclogramma maguanensis Ching ex K. H. Shing

习性：中草本，高约 80cm；湿生植物。

生境：林下，海拔约 1000m。

分布：云南。

毛蕨属 Cyclosorus Link

渐尖毛蕨 Cyclosorus acuminatus (Houtt.) Nakai

习性：中小草本，高 40~80cm；湿生植物。

生境：沟谷、湖岸坡、河岸坡、塘基、沟边、田间等，海拔 100~2700m。

分布：山东、江苏、安徽、上海、浙江、江西、福建、河南、湖北、湖南、广东、海南、广西、贵州、云南、重庆、四川、陕西、甘肃、香港、澳门、台湾。

干旱毛蕨 Cyclosorus aridus (D. Don) Ching

习性：中草本，高 0.5~1.5m；半湿生植物。

生境：林下、河岸坡、沟边等，海拔 100~1800m。

分布：安徽、浙江、江西、福建、湖南、广东、海南、广西、贵州、云南、重庆、四川、西藏、香港、台湾。

节状毛蕨 Cyclosorus articulatus (Houlston & T. Moore) Panigrahi

习性：中草本，高 0.6~1.5m；湿生植物。

生境：林下，海拔 200~1100m。

分布：广西、贵州、云南、西藏。

鳞柄毛蕨 Cyclosorus crinipes (Hook.) Ching

习性：中草本，高 0.8~1.5cm；半湿生植物。

生境：林下、溪边、沟边等，海拔 100~1300m。

分布：广东、海南、广西、贵州、云南、西藏。

齿牙毛蕨 Cyclosorus dentatus (Forssk.) Ching

习性：中小草本，高 0.4~1m；半湿生植物。

生境：林下、塘基、沟边等，海拔 1200~2900m。

分布：浙江、江西、福建、湖南、广东、海南、广西、贵州、云南、重庆、四川、西藏、香港、澳门、台湾。

异果毛蕨 Cyclosorus heterocarpus (Blume) Ching

习性：中草本，高 0.6~1.2m；半湿生植物。

生境：林下、溪边等，海拔 100~1100m。

分布：福建、广东、海南、广西、香港。

毛蕨 Cyclosorus interruptus (Willd.) H. Itô

习性：中小草本，高 0.4~1m；水湿生植物。

生境：沟谷、沼泽、溪流、湖岸坡、水沟、弃耕水浇地等，海拔达 3500m。

分布：江西、福建、湖南、广东、海南、广西、云南、香港、澳门、台湾。

闽台毛蕨 Cyclosorus jaculosus (Christ) H. Itô

习性：中小草本，高 0.4~1m；湿生植物。

生境：林下、溪边等，海拔 500~1200m。

分布：浙江、江西、福建、湖南、广东、广西、贵州、云南、台湾。

蝶状毛蕨 Cyclosorus papilio (C. Hope) Ching

习性：中草本，高 0.6~1.2m；湿生植物。

生境：林下、溪边、沟边等，海拔 500~2400m。

分布：浙江、云南、四川、西藏、台湾。

华南毛蕨 **Cyclosorus parasiticus** (L.) Farw.

习性：中小草本，高 0.3~1m；湿生植物。

生境：林下、林缘、溪边等，海拔 100~2000m。

分布：浙江、江西、福建、湖南、广东、海南、广西、贵州、云南、重庆、四川、甘肃、香港、澳门、台湾。

截裂毛蕨（原变种）**Cyclosorus truncatus** var. **truncatus**

习性：大中草本，高 0.6~2m；半湿生植物。

生境：林下、溪边等，海拔 100~1300m。

分布：福建、湖南、广东、海南、广西、贵州、云南、西藏、台湾。

线羽毛蕨 **Cyclosorus truncatus** var. **angustipinnus** Ching

习性：中草本，高 0.6~1m；湿生植物。

生境：林下，海拔 300~600m。

分布：海南。

圣蕨属 Dictyocline T. Moore

圣蕨 **Dictyocline griffithii** T. Moore

习性：中小草本，高 40~70cm；湿生植物。

生境：林下、林缘、沟边、路边等，海拔 600~1400m。

分布：浙江、江西、福建、广西、贵州、云南、四川、台湾。

闽浙圣蕨 **Dictyocline mingchegensis** Ching

习性：小草本，高 30~50cm；湿生植物。

生境：沟谷、林下、沟边等，海拔 200~900m。

分布：浙江、江西、福建、广东。

戟叶圣蕨 **Dictyocline sagittifolia** Ching

习性：小草本，高 30~40cm；湿生植物。

生境：林下、林缘、沟边、路边、岩石、岩壁等，海拔 300~700m。

分布：江西、湖南、广东、广西、贵州。

羽裂圣蕨 **Dictyocline wilfordii** (Hook.) J. Sm.

习性：小草本，高 30~50cm；湿生植物。

生境：林下、林缘、沟边、路边等，海拔 100~1100m。

分布：浙江、江西、福建、湖南、广东、广西、贵州、云南、重庆、四川、香港、台湾。

方秆蕨属 Glaphyropteridopsis Ching

方秆蕨 **Glaphyropteridopsis erubescens** (Wall. ex Hook.) Ching

习性：大草本，高 2~3m；半湿生植物。

生境：林下、溪边、沟边等，海拔 800~2000m。

分布：湖南、广西、贵州、云南、重庆、四川、西藏、台湾。

针毛蕨属 Macrothelypteris (H. Itô) Ching

细裂针毛蕨 **Macrothelypteris contingens** Ching

习性：中草本，高 0.5~1m；湿生植物。

生境：林下、溪边、路边等，海拔 400~1100m。

分布：浙江、广西、云南。

针毛蕨 **Macrothelypteris oligophlebia** (Baker) Ching

习性：中草本，高 0.6~1.5m；半湿生植物。

生境：林缘、沟边等，海拔 400~800m。

分布：河北、江苏、安徽、浙江、江西、福建、河南、湖北、湖南、广东、广西、贵州、台湾。

普通针毛蕨 **Macrothelypteris torresiana** (Gaudich.) Ching

习性：中草本，高 0.6~1.5m；湿生植物。

生境：林下、溪边等，海拔 400~1000m。

分布：江苏、安徽、浙江、江西、福建、河南、湖北、湖南、广东、海南、广西、贵州、云南、重庆、四川、西藏、香港、澳门、台湾。

翠绿针毛蕨 **Macrothelypteris viridifrons** (Tagawa) Ching

习性：中草本，高 0.6~1.1m；半湿生植物。

生境：林下、路边等，海拔达 1500m。

分布：江苏、安徽、浙江、江西、福建、湖南、贵州。

凸轴蕨属 Metathelypteris (H. Itô) Ching

有柄凸轴蕨 **Metathelypteris petiolulata** Ching ex K. H. Shing

习性：中草本，高 50~70cm；湿生植物。

生境：林下，海拔 300~1500m。

分布：安徽、浙江、江西、福建、湖南。

金星蕨属 Parathelypteris (H. Itô) Ching

钝角金星蕨 Parathelypteris angulariloba (Ching) Ching

习性：中小草本，高 30~60cm；湿生植物。

生境：林下、灌丛、溪边等，海拔 300~1100m。

分布：浙江、江西、福建、湖南、广东、海南、广西、香港、台湾。

长根金星蕨 Parathelypteris beddomei (Baker) Ching

习性：小草本，高 20~40cm；湿生植物。

生境：灌丛、草甸、溪边、路边等，海拔 600~2500m。

分布：浙江、福建、台湾。

台湾金星蕨 Parathelypteris castanea (Tagawa) Ching

习性：中小草本，高约 70cm；湿生植物。

生境：林下、草丛等，海拔 800~1800m。

分布：台湾。

中华金星蕨 Parathelypteris chinensis (Ching) Ching

习性：中小草本，高 30~80cm；半湿生植物。

生境：林下，海拔 700~2100m。

分布：安徽、浙江、江西、福建、湖南、广东、广西、贵州、云南、四川。

金星蕨 Parathelypteris glanduligera (Kunze) Ching

习性：中小草本，高 30~60cm；半湿生植物。

生境：沟谷、林下、草丛、沼泽、水边、路边等，海拔达 1500m。

分布：吉林、山东、江苏、安徽、上海、浙江、江西、福建、河南、湖北、湖南、广东、海南、广西、贵州、云南、重庆、四川、陕西、香港、台湾。

阔片金星蕨 Parathelypteris pauciloba Ching ex K. H. Shing

习性：小草本，高 30~40cm；半湿生植物。

生境：林下、沟边等，海拔 700~800m。

分布：福建。

毛盖金星蕨 Parathelypteris trichochlamys Ching ex K. H. Shing

习性：小草本，高 20~50cm；湿生植物。

生境：灌丛、沼泽等。

分布：广东。

卵果蕨属 Phegopteris (C. Presl) Fée

卵果蕨 Phegopteris connectilis (Michx.) Watt

习性：小草本，高 25~40cm；湿生植物。

生境：林下、灌丛等，海拔 1200~3600m。

分布：黑龙江、吉林、辽宁、河南、湖北、贵州、云南、重庆、四川、陕西、台湾。

延羽卵果蕨 Phegopteris decursive-pinnata (H. C. Hall) Fée

习性：中小草本，高 25~60cm；湿生植物。

生境：林下、灌丛、河岸坡、溪边、沟边、岩壁、路边等，海拔达 2000m。

分布：山东、江苏、安徽、上海、浙江、江西、福建、河南、湖北、湖南、广东、广西、贵州、云南、重庆、四川、陕西、甘肃、台湾。

新月蕨属 Pronephrium C. Presl

新月蕨 Pronephrium gymnopteridifrons (Hayata) Holttum

习性：中草本，高 0.8~1.2m；半湿生植物。

生境：林下、林缘、溪边等，海拔 100~500m。

分布：湖南、广东、海南、广西、贵州、云南、香港、台湾。

针毛新月蕨 Pronephrium hirsutum Ching ex Y. X. Lin

习性：中草本，高 0.6~1.2m；湿生植物。

生境：林下、灌丛、河岸坡、沼泽等，海拔 400~700m。

分布：福建、广东、贵州、云南、重庆。

红色新月蕨 Pronephrium lakhimpurense (Rosenst.) Holttum

习性：大草本，高 1.5~3m；湿生植物。

生境：林下、溪边、沟边等，海拔 300~1600m。

分布：江西、福建、湖南、广东、广西、贵州、云南、重庆、四川、香港。

披针新月蕨 **Pronephrium penangianum** (Hook.) Holttum

习性：大中草本，高 1~2m；湿生植物。

生境：林下、溪边、沟边等，海拔 900~3600m。

分布：浙江、江西、河南、湖北、湖南、广东、广西、贵州、云南、重庆、四川、甘肃。

单叶新月蕨 **Pronephrium simplex** (Hook.) Holttum

习性：小草本，高 30~40cm；半湿生植物。

生境：林下、林缘、溪边、岩石、岩壁等，海拔 100~1500m。

分布：福建、广东、海南、广西、云南、香港、澳门、台湾。

假毛蕨属 **Pseudocyclosorus** Ching

溪边假毛蕨 **Pseudocyclosorus ciliatus** (Wall. ex Benth.) Ching

习性：小草本，高 20~40cm；湿生植物。

生境：沟谷、溪边、岩石等，海拔 100~900m。

分布：广东、海南、广西、云南、香港。

镰片假毛蕨 **Pseudocyclosorus falcilobus** (Hook.) Ching

习性：中草本，高 60~80cm；湿生植物。

生境：沟谷、溪边、岩石、岩壁等，海拔 300~1100m。

分布：浙江、江西、福建、湖南、广东、海南、广西、贵州、云南、香港。

似镰羽假毛蕨 **Pseudocyclosorus pseudofalcilobus** W. M. Chu

习性：中小草本，高 0.3~1.4m；半湿生植物。

生境：林下、林缘、溪边、沟边等，海拔 1200~2000m。

分布：江西、贵州、云南。

光脉假毛蕨 **Pseudocyclosorus subfalcilobus** Ching ex K. H. Shing

习性：中小草本，高 0.4~1.1m；半湿生植物。

生境：林下、溪边、沟边、岩壁等，海拔 1300~1600m。

分布：福建、云南。

普通假毛蕨 **Pseudocyclosorus subochthodes** (Ching) Ching

习性：中草本，高 0.9~1.1m；湿生植物。

生境：林下、溪边、沟边等，海拔 200~2000m。

分布：安徽、浙江、江西、福建、湖北、湖南、广东、广西、贵州、云南、重庆、四川、甘肃、香港、台湾。

景烈假毛蕨 **Pseudocyclosorus tsoi** Ching

习性：中草本，高 0.7~1.5m；湿生植物。

生境：沟谷、溪边、沟边等，海拔 500~700m。

分布：浙江、江西、福建、湖南、广东、广西。

紫柄蕨属 **Pseudophegopteris** Ching

耳状紫柄蕨 **Pseudophegopteris aurita** (Hook.) Ching

习性：中小草本，高 0.4~1m；湿生植物。

生境：林下、溪边、沟边、岩石等，海拔 1200~2000m。

分布：浙江、江西、福建、湖南、广东、广西、贵州、云南、重庆、西藏。

星毛紫柄蕨 **Pseudophegopteris levingei** (C. B. Clarke) Ching

习性：中草本，高 60~80cm；半湿生植物。

生境：林下、沟边等，海拔 1300~2900m。

分布：浙江、江西、广西、贵州、云南、重庆、四川、西藏、陕西、甘肃、台湾。

紫柄蕨 **Pseudophegopteris pyrrhorhachis** (Kunze) Ching

习性：中草本，高 0.8~1m；半湿生植物。

生境：林下、溪边、沟边等，海拔 800~3000m。

分布：浙江、江西、福建、河南、湖北、湖南、广东、广西、贵州、云南、重庆、四川、甘肃、台湾。

溪边蕨属 **Stegnogramma** Blume

贯众叶溪边蕨 **Stegnogramma cyrtomioides** (C. Chr.) Ching

习性：小草本，高 25~50cm；半湿生植物。

生境：林下、灌丛等，海拔 600~1800m。

分布：湖北、湖南、贵州、重庆、四川。

屏边溪边蕨 **Stegnogramma dictyoclinoides** Ching

习性：小草本，高 30~50cm；半湿生植物。

生境：林下、溪边、沟边等，海拔 1200~2000m。

分布：云南、台湾。

沼泽蕨属 Thelypteris Schmidel

鳞片沼泽蕨 Thelypteris fairbankii (Bedd.) Y. X. Lin, K. Iwats. & M. G. Gilbert
习性：小草本，高 14~26cm；湿生植物。
生境：沼泽。
分布：云南。

沼泽蕨（原变种）Thelypteris palustris var. palustris
习性：中小草本，高 35~65cm；水湿生植物。
生境：林下、草甸、沼泽、浅水处等，海拔 100~1000m。
分布：黑龙江、吉林、辽宁、内蒙古、河北、北京、山东、江苏、浙江、河南、湖北、湖南、重庆、四川、甘肃、新疆。

毛叶沼泽蕨 Thelypteris palustris var. pubescens (G. Lawson) Fernald
习性：中小草本，高 25~60cm；半湿生植物。
生境：沟谷、灌丛、草甸、沼泽等，海拔达 800m。
分布：黑龙江、吉林、辽宁、山东、江苏、浙江。

33. 岩蕨科 Woodsiaceae

岩蕨属 Woodsia R. Br.

蜘蛛岩蕨 Woodsia andersonii (Bedd.) Christ
习性：小草本，高 10~20cm；湿生植物。
生境：岩石、岩壁等，海拔 2500~4500m。
分布：云南、四川、西藏、陕西、甘肃、青海、台湾。

华北岩蕨 Woodsia hancockii Baker
习性：小草本，高 3~10cm；湿生植物。
生境：岩石、岩壁等，海拔 1700~2200m。
分布：黑龙江、吉林、内蒙古、河北、北京、山西、陕西。

耳羽岩蕨 Woodsia polystichoides D. C. Eaton
习性：小草本，高 15~30cm；湿生植物。
生境：岩石、岩壁等，海拔 200~2700m。
分布：黑龙江、吉林、辽宁、内蒙古、河北、北京、山西、山东、安徽、浙江、江西、河南、湖北、湖南、贵州、云南、重庆、四川、陕西、甘肃、台湾。

裸子植物 GYMNOSPERMS

34. 柏科 Cupressaceae

扁柏属 Chamaecyparis Spach

美国尖叶扁柏 Chamaecyparis thyoides (L.) Britton, Sterns & Poggenb.

习性：常绿，中乔木，高 10~25m；水陆生植物。
生境：沼泽、河流、湖泊、池塘、园林等。
分布：江苏、浙江、江西、湖北、四川；原产于北美洲。

水松属 Glyptostrobus Endl.

水松 Glyptostrobus pensilis (Staunton ex D. Don) K. Koch

习性：半常绿，中乔木，高 15~25m；水陆生植物。
生境：沼泽、河流、溪流、湖泊、池塘、沟边、路边、园林等，海拔达 1000m。
分布：江西、福建、湖南、广东、广西、云南、四川、北京、山东、江苏、安徽、上海、浙江、河南、湖北、香港、台湾等地引种栽培。

刺柏属 Juniperus L.

高山柏 Juniperus squamata Buch.-Ham. ex D. Don

习性：常绿，大中灌木，高 1~3m；半湿生植物。
生境：沟谷、林下、灌丛等，海拔 1600~4500m。
分布：安徽、福建、湖北、贵州、云南、四川、西藏、陕西、甘肃、青海。

水杉属 Metasequoia Hu & W. C. Cheng

水杉 Metasequoia glyptostroboides Hu & W. C. Cheng

习性：落叶，大乔木，高达 50m；水陆生植物。
生境：河流、溪流、湖泊、池塘、水沟、田间、园林等，海拔达 2600m。
分布：湖北、湖南、重庆，多数地区引种栽培。

落羽杉属 Taxodium Rich.

落羽杉（原变种）Taxodium distichum var. **distichum**

习性：落叶，大乔木，高 25~50m；水陆生植物。
生境：河流、湖泊、池塘、水库、沟渠、园林等，海拔达 2600m。
分布：山东、江苏、安徽、上海、浙江、江西、福建、河南、湖北、广东、广西、云南、四川；原产于北美洲。

池杉 Taxodium distichum var. **imbricatum** (Nutt.) Croom

习性：落叶，大中乔木，高 20~40m；水陆生植物。
生境：河流、湖泊、池塘、水库、沼泽、园林等。
分布：江苏、安徽、上海、浙江、江西、福建、河南、湖北、湖南、广东、重庆、四川、澳门；原产于北美洲。

墨西哥落羽杉 Taxodium mucronatum Ten.

习性：半常绿，大乔木，高达 50m；水陆生植物。
生境：河流、湖泊、池塘、水库、园林等，海拔达 200m。
分布：江苏、浙江、江西、湖北、四川；原产于墨西哥、美国。

35. 松科 Pinaceae

冷杉属 Abies Mill.

冷杉 Abies fabri (Mast.) Craib

习性：常绿，大乔木，高达 40m；半湿生植物。
生境：沟谷、沼泽等，海拔 1500~4000m。
分布：四川。

长苞冷杉 **Abies forrestii** var. **georgei** (Orr) Farjon

习性：常绿，大乔木，高达 30m；半湿生植物。
生境：沟谷、山坡、洼地等，海拔 2500~4200m。
分布：云南、四川、西藏。

臭冷杉 **Abies nephrolepis** (Trautv. ex Maxim.) Maxim.

习性：常绿，大乔木，高达 30m；半湿生植物。
生境：河谷、河岸坡、溪边、洼地等，海拔 300~2100m。
分布：黑龙江、吉林、辽宁、陕西。

落叶松属 **Larix** Mill.

落叶松（原变种）**Larix gmelinii** var. **gmelinii**

习性：落叶，大乔木，高达 35m；半湿生植物。
生境：沟谷、草甸、沼泽、河岸坡、河漫滩、溪边、湖岸坡、洼地等，海拔 300~2800m。
分布：黑龙江、吉林、内蒙古。

黄花落叶松 **Larix gmelinii** var. **olgensis** (A. Henry) Ostenf. & Sy-rach

习性：落叶，大乔木，高达 30m；半湿生植物。
生境：沟谷、沼泽、河流、河漫滩、溪流、沟边、洼地等，海拔 500~1800m。
分布：黑龙江、吉林、辽宁、内蒙古。

大果红杉 **Larix potaninii** var. **macrocarpa** Y. W. Law ex C. Y. Cheng, W. C. Cheng & L. K. Fu

习性：落叶，大乔木，高达 30m；半湿生植物。
生境：河谷、溪边等，海拔 2700~4600m。
分布：云南、四川。

云杉属 **Picea** A. Dietr.

长白鱼鳞云杉 **Picea jezoensis** var. **komarovii** (V. N. Vassil.) W. C. Cheng & L. K. Fu

习性：常绿，大中乔木，高 20~40m；半湿生植物。
生境：山地、丘陵、平坦地等，海拔 600~1800m。
分布：黑龙江、吉林、辽宁。

兴安鱼鳞云杉 **Picea jezoensis** var. **microsperma** (Lindl.) W. C. Cheng & L. K. Fu

习性：常绿，大乔木，高达 50m；半湿生植物。

生境：河谷、丘陵、缓坡等，海拔 300~800m。
分布：黑龙江、吉林、内蒙古。

红皮云杉 **Picea koraiensis** Nakai

习性：常绿，大乔木，高达 30m 以上；半湿生植物。
生境：沟谷、林缘、河岸坡、溪边、沼泽化地带等，海拔 1400~1800m。
分布：黑龙江、吉林、辽宁、内蒙古。

丽江云杉 **Picea likiangensis** (Franch.) E. Pritz.

习性：常绿，大乔木，高达 40m；半湿生植物。
生境：河谷、山地等，海拔 2500~3800m。
分布：云南、四川、西藏。

松属 **Pinus** L.

湿地松 **Pinus elliottii** Engelm.

习性：常绿，大中乔木，高 20~30m；半湿生植物。
生境：丘陵、溪边、沼泽边等，海拔 100~500m。
分布：山东、江苏、安徽、上海、浙江、江西、福建、湖北、湖南、广东、广西、云南、澳门、台湾。

红松 **Pinus koraiensis** Siebold & Zucc.

习性：常绿，大乔木，高达 50m；半湿生植物。
生境：林缘、沼泽、河岸坡、溪边等，海拔 200~1800m。
分布：黑龙江、吉林、辽宁。

偃松 **Pinus pumila** (Pall.) Regel

习性：常绿，大灌木，高 3~6m；半湿生植物。
生境：林下、草丛、河岸坡、溪边等，海拔 1000~2300m。
分布：黑龙江、吉林、内蒙古。

铁杉属 **Tsuga** (Endl.) Carrière

铁杉 **Tsuga chinensis** (Franch.) E. Pritz.

习性：常绿，大中乔木，高 10~50m；半湿生植物。
生境：河岸坡、沼泽等，海拔 1000~3500m。
分布：安徽、浙江、江西、福建、河南、湖北、湖南、广东、广西、贵州、云南、四川、西藏、陕西、甘肃、台湾。

被子植物 ANGIOSPERMS

36. 爵床科 Acanthaceae

老鼠簕属 Acanthus L.

小花老鼠簕Acanthus ebracteatus Vahl

习性：常绿，中小灌木，高0.5~1.5m；挺水植物。

生境：潮间带、高潮线附近、入海河口等。

分布：广东、海南、广西。

老鼠簕Acanthus ilicifolius L.

习性：常绿，中小灌木，高0.5~2m；挺水植物。

生境：潮间带、高潮线附近、入海河口等。

分布：福建、广东、海南、广西、台湾。

刺苞老鼠簕Acanthus leucostachyus Wall. ex Nees

习性：多年生，中小草本，高0.2~1m；湿生植物。

生境：林下，海拔500~1200m。

分布：云南。

十万错属 Asystasia Blume

白接骨Asystasia neesiana (Wall.) Nees

习性：多年生，中草本，高0.5~1.5m；湿生植物。

生境：沟谷、林缘、溪边、沟边等，海拔100~1800m。

分布：江苏、安徽、浙江、江西、福建、湖北、湖南、广东、广西、贵州、云南、重庆、四川、台湾。

海榄雌属 Avicennia L.

海榄雌Avicennia marina (Forssk.) Vierh.

习性：常绿，灌木或乔木，高1.5~6m；挺水植物。

生境：潮间带、入海河口等。

分布：福建、广东、海南、广西、香港、澳门、台湾。

狗肝菜属 Dicliptera Juss.

狗肝菜Dicliptera chinensis (L.) Juss.

习性：多年生，中小草本，高20~80cm；半湿生植物。

生境：沟谷、林下、林缘、溪边、湖岸坡、塘基、沟边、路边、田埂、田间等，海拔100~2800m。

分布：福建、广东、海南、广西、贵州、云南、重庆、四川、台湾。

水蓑衣属 Hygrophila R. Br.

连丝草Hygrophila biplicata (Nees) Sreem.

习性：一年生，小草本，高约30cm；湿生植物。

生境：田间、水田等，海拔800~1000m。

分布：云南。

小叶水蓑衣Hygrophila erecta (Burm. f.) Hochr.

习性：多年生，中小草本，高0.3~1m；湿生植物。

生境：沼泽、沟边、田埂、田间等，海拔达1000m。

分布：海南、广西、云南。

异叶水蓑衣Hygrophila difformis (L. f.) Sreem. & Bennet

习性：多年生，小草本，高10~50cm；水湿生植物。

生境：溪流、池塘、水沟等。

分布：北京、湖北、广东；原产于东南亚、印度。

毛水蓑衣Hygrophila phlomoides Nees

习性：多年生，中小草本，高0.2~1m；湿生植物。

生境：草丛、田间、田埂等，海拔达1200m。

分布：云南。

大安水蓑衣Hygrophila pogonocalyx Hayata

习性：一年生，中小草本，高0.3~1m；水湿生植物。

生境：溪流、池塘、水沟、田间等。

分布：台湾。

小狮子草Hygrophila polysperma (Roxb.) T. Anderson

习性：一年生，小草本，高10~20cm；水湿生植物。

生境：溪流、水沟、田间等，海拔达700m。

分布：广东、广西、云南、台湾。

水蓑衣（原变种）Hygrophila ringens var. ringens

习性：多年生，中小草本，高20~70cm；水湿生植物。

生境：河流、溪流、水沟、湖泊、池塘、沼泽、田间、潮上带等，海拔达1500m。

分布：江苏、安徽、浙江、江西、福建、河南、湖北、湖南、广东、海南、广西、贵州、云南、重庆、四川、台湾。

贵港水蓑衣Hygrophila ringens var. longihirsuta (H. S. Lo & D. Fang) Y. F. Deng

习性：多年生，中小草本，高20~60cm；水湿生植物。

生境：溪流、水沟、田间等，海拔200~300m。

分布：广西。

叉序草属 Isoglossa Oerst.

叉序草Isoglossa collina (T. Anderson) B. Hansen

习性：多年生，中小草本，高0.4~1m；半湿生植物。

生境：林下、溪边、沟边等，海拔300~2200m。

分布：江西、湖南、广东、广西、云南、西藏。

爵床属 Justicia L.

野靛棵Justicia patentiflora Hemsl.

习性：多年生，大中草本，高0.5~2m；半湿生植物。

生境：沟谷、林下、溪边等，海拔500~2400m。

分布：云南。

爵床Justicia procumbens L.

习性：一年生，小草本，高20~50cm；半湿生植物。

生境：林下、林缘、溪边、沟边、田间等，海拔达1500m。

分布：江苏、安徽、浙江、江西、福建、河南、湖北、湖南、广东、海南、广西、贵州、重庆、香港、澳门、台湾。

鳞花草属 Lepidagathis Willd.

鳞花草Lepidagathis incurva Buch.-Ham. ex D. Don

习性：多年生，中小草本，高0.3~1m；半湿生植物。

生境：灌丛、草丛、河岸坡、溪边、沟边、岩石等，海拔100~2200m。

分布：广东、海南、广西、云南。

蛇根叶属 Ophiorrhiziphyllon Kurz

蛇根叶Ophiorrhiziphyllon macrobotryum Kurz.

习性：多年生，中小草本，高0.2~1m；半湿生植物。

生境：林下、溪边、沟边等，海拔100~1800m。

分布：云南。

地皮消属 Pararuellia Bremek. & Nann.-Bremek.

节翅地皮消Pararuellia alata H. P. Tsui

习性：多年生，小草本，高5~30cm；湿生植物。

生境：林下、河岸坡等，海拔200~900m。

分布：湖北、云南、重庆。

观音草属 Peristrophe Nees

九头狮子草Peristrophe japonica (Thunb.) Bremek.

习性：多年生，中小草本，高20~80cm；半湿生植物。

生境：林下、沟边、路边等，海拔达1500m。

分布：江苏、安徽、浙江、江西、福建、河南、湖北、湖南、广东、海南、广西、贵州、云南、重庆、四川、台湾。

火焰花属 Phlogacanthus Nees

火焰花Phlogacanthus curviflorus (Wall.) Nees

习性：常绿，大中灌木，高1~3m；半湿生植物。

生境：林下、溪边、沟边等，海拔400~1600m。

分布：云南、西藏。

芦莉草属 Ruellia L.

翠芦莉Ruellia simplex C. Wright

习性：多年生，中草本，高0.5~1.5m；水陆生植物。

生境：湖泊、池塘、沟边、园林等。

分布：北京、天津、江苏、上海、福建、河南、湖北、湖南、广东、广西、云南、重庆、四川、台湾；原产于墨西哥。

飞来蓝 Ruellia venusta Hance

习性：多年生，中草本，高0.5~1m；湿生植物。

生境：林下、草丛、溪边等，海拔100~800m。

分布：安徽、江西、福建、湖北、湖南、广东、广西。

叉柱花属 Staurogyne Wall.

海南叉柱花 Staurogyne hainanensis C. Y. Wu & H. S. Lo

习性：多年生，小草本，高10~30cm；湿生植物。

生境：林下、溪边等，海拔600~1600m。

分布：海南。

瘦叉柱花 Staurogyne rivularis Merr.

习性：多年生，中小草本，高0.2~1m；湿生植物。

生境：沟谷、林下、河边、田埂等，海拔200~1800m。

分布：海南、广西、云南。

马蓝属 Strobilanthes Blume

翅柄马蓝 Strobilanthes atropurpurea Nees

习性：多年生，中小草本，高0.3~1m；湿生植物。

生境：沟谷、林下、溪边、沟边等，海拔700~2900m。

分布：浙江、江西、湖北、湖南、广东、广西、贵州、云南、重庆、四川、西藏、台湾。

华南马蓝 Strobilanthes austrosinensis Y. F. Deng & J. R. I. Wood

习性：多年生，小草本，高5~50cm；半湿生植物。

生境：沟谷、林下、灌丛、溪边、沟边、路边等，海拔100~1500m。

分布：江西、湖南、广东、广西。

黄球花 Strobilanthes chinensis (Nees) J. R. I. Wood & Y. F. Deng

习性：多年生，草本或亚灌木，高0.3~1.5m；湿生植物。

生境：沟谷、林下、林缘、溪边等，海拔达1300m。

分布：广东、海南、广西、云南。

曲枝马蓝 Strobilanthes dalzielii (W. W. Sm.) Benoist

习性：多年生，草本或亚灌木，高0.4~1m；湿生植物。

生境：沟谷、林下、溪边等，海拔400~1200m。

分布：江西、福建、湖北、湖南、广东、海南、广西、贵州、云南、台湾。

球花马蓝 Strobilanthes dimorphotricha Hance

习性：多年生，中小草本，高0.3~1m；湿生植物。

生境：沟谷、林下、林缘、溪边、沟边等，海拔200~800m。

分布：浙江、江西、福建、湖北、湖南、广东、海南、广西、贵州、云南、重庆、四川、台湾。

溪畔黄球花 Strobilanthes fluviatilis (C. B. Clarke ex W. W. Sm.) Moylan & Y. F. Deng

习性：多年生，小草本，高20~30cm；湿生植物。

生境：河岸坡、溪边等，海拔100~800m。

分布：广西、贵州、云南。

铜毛马蓝 Strobilanthes inflata var. aenobarba (W. W. Sm.) J. R. I. Wood & Y. F. Deng

习性：多年生，中草本，高60~75cm；湿生植物。

生境：林缘、溪边等，海拔2300~3200m。

分布：云南、西藏。

日本马蓝 Strobilanthes japonica (Thunb.) Miq.

习性：多年生，小草本，高20~50cm；湿生植物。

生境：林下、溪边等，海拔500~1500m。

分布：湖北、湖南、贵州、重庆、四川。

少花马蓝 Strobilanthes oliganthus Miq.

习性：多年生，中小草本，高0.3~1.5m；湿生植物。

生境：林下、灌丛、溪边、沟边等，海拔100~1000m。

分布：安徽、浙江、江西、福建。

圆苞马蓝 Strobilanthes penstemonoides (Nees) T. Anderson

习性：多年生，中草本，高0.7~1m；湿生植物。

生境：沟谷、林下、溪边、沟边等，海拔700~2300m。

分布：云南、西藏。

37. 菖蒲科 Acoraceae

菖蒲属 Acorus L.

菖蒲 Acorus calamus L.

习性：多年生，中草本，高0.5~1m；挺水植物。

生境：沼泽、河流、溪流、湖泊、池塘、水沟等，海拔达2800m。

分布：全国各地。

金钱蒲Acorus gramineus Aiton

习性：多年生，小草本，高5~30cm；水湿生植物。

生境：林下、草甸、沼泽、河流、溪流、水沟、岩石、岩壁等，海拔100~2600m。

分布：江苏、安徽、上海、浙江、江西、河南、湖北、湖南、广东、广西、贵州、云南、重庆、四川、西藏、陕西、甘肃、新疆。

长苞菖蒲Acorus rumphianus S. Y. Hu

习性：多年生，中小草本，高30~70cm；湿生植物。

生境：林缘、溪边等，海拔1000~1300m。

分布：贵州、云南、重庆。

38. 猕猴桃科 Actinidiaceae

水东哥属 Saurauia Willd.

朱毛水东哥Saurauia miniata C. F. Liang & Y. S. Wang

习性：灌木或乔木，高2~8m；半湿生植物。

生境：河谷、林下、溪边、沟边等，海拔700~1500m。

分布：广西、云南。

水东哥Saurauia tristyla DC.

习性：灌木或乔木，高3~6m；水陆生植物。

生境：林下、溪边、沟边等，海拔300~1200m。

分布：福建、广东、海南、广西、贵州、云南、四川、台湾。

39. 五福花科 Adoxaceae

五福花属 Adoxa L.

五福花Adoxa moschatellina L.

习性：多年生，小草本，高6~20cm；湿生植物。

生境：林下、林缘、灌丛、草丛、溪边等，海拔达4000m。

分布：黑龙江、吉林、辽宁、内蒙古、河北、山西、云南、四川、西藏、甘肃、青海、新疆。

四福花Adoxa omeiensis H. Hara

习性：多年生，小草本，高10~16cm；湿生植物。

生境：林下、岩石、岩壁等，海拔2300m。

分布：四川。

接骨木属 Sambucus L.

血满草Sambucus adnata Wall. ex DC.

习性：多年生，草本或亚灌木，高1~2m；湿生植物。

生境：沟谷、林下、灌丛、草甸、沟边等，海拔1600~4000m。

分布：湖北、贵州、云南、四川、西藏、陕西、宁夏、甘肃、青海。

接骨草Sambucus javanica Reinw. ex Blume

习性：多年生，草本或亚灌木，高1~2m；水陆生植物。

生境：林缘、河岸坡、溪边、塘基、沟边、田间等，海拔100~2600m。

分布：山东、江苏、安徽、浙江、江西、福建、河南、湖北、湖南、广东、海南、广西、贵州、云南、重庆、四川、西藏、陕西、甘肃、台湾。

荚蒾属 Viburnum L.

荚蒾Viburnum dilatatum Thunb.

习性：落叶，大中灌木，高1.5~3m；半湿生植物。

生境：林缘、溪边、沟边、田间等，海拔100~1000m。

分布：河北、江苏、安徽、浙江、江西、福建、河南、湖北、湖南、广东、广西、贵州、云南、四川、陕西、台湾。

珊瑚树Viburnum odoratissimum Ker Gawl.

习性：常绿，灌木或乔木，高达15m；水陆生植物。

生境：林缘、溪边、沟边等，海拔200~1300m。

分布：河北、浙江、福建、河南、湖南、广东、海南、广西、贵州、云南、台湾。

狭叶球核荚蒾Viburnum propinquum var. mairei W. W. Sm.

习性：常绿，中小灌木，高0.8~2m；水陆生植物。

生境：灌丛、河岸坡、溪边等，海拔300~1300m。

分布：湖北、贵州、云南、四川。

40. 番杏科 Aizoaceae

海马齿属 Sesuvium L.

海马齿Sesuvium portulacastrum (L.) L.

习性：多年生，草质藤本；水湿生植物。

生境：潮间带、潮上带、堤内、入海河口等。

分布：福建、广东、海南、广西、台湾。

番杏属 Tetragonia L.

番杏Tetragonia tetragonoides (Pall.) Kuntze

习性：一年生，中小草本，高40~60cm；半湿生植物。

生境：高潮线附近、潮上带、塘基、沟边等。

分布：江苏、上海、浙江、福建、河南、广东、海南、云南、香港、台湾；原产于大洋洲。

假海马齿属 Trianthema L.

假海马齿Trianthema portulacastrum L.

习性：多年生，直立或匍匐草本，高10~40cm；半湿生植物。

生境：高潮线附近、潮上带等。

分布：广东、海南、台湾。

41. 泽泻科 Alismataceae

泽泻属 Alisma L.

窄叶泽泻Alisma canaliculatum A. Braun & C. D. Bouché

习性：多年生，中小草本，高0.3~1m；挺水植物。

生境：沼泽、湖泊、溪流、池塘、水沟、田中、洼地、园林等，海拔200~1800m。

分布：山东、江苏、安徽、浙江、江西、福建、河南、湖北、湖南、广东、贵州、重庆、四川、台湾。

草泽泻Alisma gramineum Lej.

习性：多年生，中小草本，高15~80cm；挺水植物。

生境：沼泽、湖泊、池塘、水沟等。

分布：黑龙江、吉林、辽宁、内蒙古、河北、北京、山西、河南、广西、陕西、宁夏、甘肃、青海、新疆。

膜果泽泻Alisma lanceolatum With.

习性：多年生，中小草本，高40~90cm；挺水植物。

生境：沼泽、河流、溪流、湖泊、水沟等。

分布：黑龙江、吉林、辽宁、内蒙古、新疆。

小泽泻Alisma nanum D. F. Cui

习性：多年生，小草本，高5~20cm；水湿生植物。

生境：沼泽、河岸坡、洼地等，海拔600~1000m。

分布：新疆。

东方泽泻Alisma orientale (Sam.) Juz.

习性：多年生，中小草本，高30~90cm；挺水植物。

生境：沼泽、湖泊、池塘、水沟、田中、园林等，海拔达2500m。

分布：黑龙江、吉林、内蒙古、河北、山东、江苏、安徽、浙江、江西、福建、河南、湖北、湖南、广东、广西、贵州、四川、陕西、甘肃、青海、新疆。

泽泻Alisma plantago-aquatica L.

习性：多年生，中小草本，高0.2~1m；挺水植物。

生境：沼泽、河流、溪流、湖泊、池塘、水沟、洼地、园林等，海拔达2500m。

分布：黑龙江、吉林、辽宁、内蒙古、河北、北京、山西、山东、江苏、上海、江西、福建、河南、湖北、湖南、广东、广西、贵州、云南、重庆、四川、陕西、甘肃、新疆。

拟花蔺属 Butomopsis Kunth

拟花蔺Butomopsis latifolia (D. Don) Kunth

习性：一年生，小草本，高10~40cm；挺水植物。

生境：沼泽、池塘、田中、园林等，海拔达900m。

分布：云南。

泽苔草属 Caldesia Parl.

宽叶泽苔草Caldesia grandis Sam.

习性：多年生，中小草本，高20~60cm；挺水植物。

生境：沼泽、湖泊、池塘、园林等，海拔达900m。

分布：湖北、湖南、广东、云南、台湾。

泽苔草Caldesia parnassifolia (Bassi ex L.) Parl.

习性：多年生，中小草本，高0.3~1.3m；挺水植物。

生境：沼泽、湖泊、池塘、水沟、田中、园林等，海拔达1500m。

分布：黑龙江、内蒙古、山西、山东、江苏、上海、浙江、河南、湖南、云南、重庆。

刺果泽泻属 Echinodorus Rich. & Engelm. ex A. Gray

花皇冠Echinodorus berteroi (Spreng.) Fassett

习性：多年生，中草本，高0.5~1.2m；挺水植物。

生境：湖泊、池塘、园林等。

分布：北京、云南；原产于北美洲。

女王草Echinodorus cordifolius (L.) Griseb.
习性：多年生，中小草本，高0.3~1m；挺水植物。
生境：湖泊、池塘、田中、园林等。
分布：北京、浙江、广东、台湾；原产于南美洲。

大花皇冠Echinodorus grandiflorus Micheli
习性：多年生，中草本，高1.3~1.5m；挺水植物。
生境：湖泊、河流、池塘、园林等。
分布：我国有栽培；原产于南美洲。

皇冠草Echinodorus grisebachii Small
习性：多年生，小草本，高15~50cm；挺水植物。
生境：湖泊、溪流、池塘、水库、水沟、园林等。
分布：河北、北京、安徽、浙江、江西、湖北、湖南、广东、广西；原产于巴西。

小海帆Echinodorus horizontalis Rataj
习性：多年生，小草本，高20~50cm；挺水植物。
生境：湖泊、溪流、池塘、园林等。
分布：我国有栽培；原产于巴西。

大叶皇冠Echinodorus macrophyllus Micheli
习性：多年生，中草本，高50~70cm；挺水植物。
生境：湖泊、溪流、池塘、水库、水沟、园林等。
分布：北京、安徽、浙江、广东、四川；原产于南美洲。

九冠草Echinodorus major (Micheli) Rataj
习性：多年生，中小草本，高40~60m；挺水植物。
生境：湖泊、池塘、园林等。
分布：我国有栽培；原产于巴西。

长叶九冠Echinodorus uruguayensis Arechav.
习性：多年生，小草本，高40~50cm；挺水植物。
生境：湖泊、溪流、水库、园林等。
分布：广东；原产于南美洲。

皇冠草属 **Helanthium** Engelm. ex Benth. & Hook. f.

乌拉圭皇冠Helanthium bolivianum (Rusby) Lehtonen & Myllys
习性：多年生，小草本，高20~40cm；水湿生植物。
生境：湖泊、溪流、池塘、水库、园林等。
分布：我国有栽培；原产于巴西。

针叶皇冠Helanthium tenellum (Mart. ex Roem. & Schult.) Britton
习性：多年生，小草本，高5~15cm；沉水植物。
生境：湖泊、池塘、园林等。
分布：我国有栽培；原产于美洲。

水罂粟属 **Hydrocleys** Rvhb.

水罂粟Hydrocleys nymphoides Buchenau
习性：多年生，小草本；浮叶植物。
生境：湖泊、池塘、水沟、园林等。
分布：北京、山东、江苏、浙江、湖北、湖南、广东、广西、云南、重庆、四川、陕西、香港；原产于美洲。

黄花蔺属 **Limnocharis** Bonpl.

黄花蔺Limnocharis flava (L.) Buchenau
习性：一或多年生，中小草本，高0.2~1.1m；挺水植物。
生境：沼泽、湖泊、河流、池塘、水沟、园林等，海拔达700m。
分布：浙江、江西、湖北、广东、海南、广西、云南、重庆、香港、澳门；原产于热带美洲。

毛茛泽泻属 **Ranalisma** Stapf

长喙毛茛泽泻Ranalisma rostrata Stapf
习性：多年生，小草本，高15~30cm；挺水植物。
生境：沼泽、池塘、园林等。
分布：浙江、江西、湖南。

慈姑属 **Sagittaria** L.

禾叶慈姑Sagittaria graminea Michx.
习性：多年生，中小草本，高0.4~1m；挺水植物。
生境：沼泽、河流、湖泊、池塘、河口等。
分布：辽宁、湖北、广东；原产于北美洲。

冠果草Sagittaria guayanensis subsp. **lappula** (D. Don) Bogin
习性：多年生，中小草本；浮叶植物。
生境：沼泽、湖泊、池塘、水沟、田中、园林等，海拔达1000m。
分布：安徽、浙江、江西、福建、湖南、广东、海南、广西、贵州、云南、台湾。

泽泻慈姑**Sagittaria lancifolia** L.

习性：多年生，中小草本，高30~60cm；挺水植物。

生境：沼泽、湖泊、溪流、池塘、洼地、园林等。

分布：北京、江苏、上海、浙江、江西、湖北、湖南、广东、贵州、云南；原产于美洲。

利川慈姑**Sagittaria lichuanensis** J. K. Chen, S. C. Sun & H. Q. Wang

习性：多年生，中小草本，高20~60cm；挺水植物。

生境：沼泽、池塘、水沟、田中等，海拔500~1700m。

分布：江苏、浙江、江西、福建、湖北、广东、贵州。

大慈姑**Sagittaria montevidensis** Cham. & Schltdl.

习性：多年生，中草本，高0.6~1.2m；挺水植物。

生境：沼泽、溪流、湖泊、池塘、园林等。

分布：浙江、福建、湖北、广东、云南、重庆、台湾；原产于美洲。

浮叶慈姑**Sagittaria natans** Pall.

习性：多年生，中小草本；浮叶植物。

生境：沼泽、溪流、湖泊、池塘、水沟等，海拔200~1200m。

分布：黑龙江、吉林、辽宁、内蒙古、山西、重庆、新疆。

宽叶慈姑**Sagittaria platyphylla** (Engelm.) J. G. Sm.

习性：多年生，中小草本，高20~60cm；挺水植物。

生境：沼泽、溪流、湖泊、池塘、水沟、园林等。

分布：上海、浙江、湖南、广东；原产于美洲。

小慈姑**Sagittaria potamogetonifolia** Merr.

习性：多年生，小草本，高20~40cm；挺水植物。

生境：沼泽、溪流、水沟、田中等，海拔400~800m。

分布：山东、安徽、浙江、江西、福建、湖北、湖南、广东、海南、广西、云南。

矮慈姑**Sagittaria pygmaea** Miq.

习性：一年生，小草本，高5~15cm；挺水植物。

生境：沼泽、溪流、水沟、田中等，海拔达1800m。

分布：山东、江苏、安徽、浙江、江西、福建、河南、湖北、湖南、广东、海南、广西、贵州、云南、重庆、四川、陕西、台湾。

腾冲慈姑**Sagittaria tengtsungensis** H. Li

习性：多年生，中小草本，高25~60cm；挺水植物。

生境：湖泊、沼泽等，海拔1700~2100m。

分布：云南、四川、西藏。

野慈姑（原亚种）**Sagittaria trifolia** subsp. **trifolia**

习性：多年生，中小草本，高0.2~1.2m；挺水植物。

生境：沼泽、河流、溪流、湖泊、池塘、水沟、田中、入库河口等，海拔100~2800m。

分布：黑龙江、吉林、辽宁、内蒙古、河北、北京、山东、江苏、安徽、上海、浙江、江西、福建、河南、湖北、湖南、广东、海南、广西、贵州、云南、重庆、四川、陕西、甘肃、青海、新疆、台湾。

华夏慈姑**Sagittaria trifolia** subsp. **leucopetala** (Miq.) Q. F. Wang

习性：多年生，中小草本，高0.3~1m；挺水植物。

生境：湖泊、池塘、水沟、田中、园林等，海拔达2700m。

分布：北京、山西、山东、江苏、安徽、上海、浙江、江西、福建、河南、湖北、湖南、海南、广西、贵州、云南、重庆、四川、陕西、宁夏、甘肃。

42. 苋科 Amaranthaceae

牛膝属 Achyranthes L.

土牛膝**Achyranthes aspera** L.

习性：多年生，中小草本，高0.2~1.2m；半湿生植物。

生境：林下、林缘、溪边、湖岸坡、塘基、沟边、田间、田埂、水浇地、路边、潮上带、堤内等，海拔达2300m。

分布：浙江、江西、福建、湖北、湖南、广东、海南、广西、贵州、云南、重庆、四川、台湾。

牛膝**Achyranthes bidentata** Blume

习性：多年生，中草本，高0.5~1.2m；半湿生植物。

生境：林下、林缘、溪边、沟边、田间、路边等，海拔200~1800m。

分布：河北、北京、山西、山东、江苏、安徽、上海、浙江、福建、河南、湖北、湖南、广西、贵州、重庆、四川、西藏、陕西、台湾。

柳叶牛膝**Achyranthes longifolia** (Makino) Makino

习性：多年生，中小草本，高0.3~1m；半湿生植物。

生境：林下、林缘、溪边、沟边、路边等，海拔200~1200m。

分布：安徽、浙江、江西、湖北、湖南、广东、广西、贵州、云南、四川、陕西、台湾。

千针苋属 Acroglochin Schrad.

千针苋Acroglochin persicarioides (Poir.) Moq.

习性：一年生，中小草本，高10~80cm；半湿生植物。

生境：林缘、河岸坡、弃耕水浇地、田间、路边等，海拔800~3400m。

分布：湖北、湖南、贵州、云南、四川、陕西、甘肃。

莲子草属 Alternanthera Forssk.

锦绣苋Alternanthera bettzickiana (Regel) G. Nicholson

习性：多年生，小草本，高20~50cm；水陆生植物。

生境：沼泽、湖岸坡、塘基、沟边、园林等。

分布：黑龙江、吉林、辽宁、内蒙古、河北、北京、江苏、安徽、江西、福建、河南、湖北、湖南、广东、海南、广西、贵州、陕西、宁夏、甘肃、青海、香港；原产于南美洲。

巴西莲子草Alternanthera brasiliana (L.) Kuntze

习性：多年生，小草本，高30~50cm；水陆生植物。

生境：林缘、湖岸坡、塘基、沟边、园林等。

分布：北京、上海、广东、海南；原产于南美洲。

美洲虾钳菜Alternanthera paronychioides A. St.-Hil.

习性：多年生，小草本，高20~40cm；水陆生植物。

生境：沼泽、河岸坡、湖岸坡、库岸坡、塘基、沟边、园林等。

分布：广东、海南、广西、香港、澳门、台湾；原产于南美洲。

喜旱莲子草Alternanthera philoxeroides (Mart.) Griseb.

习性：多年生，中小草本，高20~80cm；水陆生植物。

生境：沼泽、河流、溪流、湖泊、池塘、水库、运河、消落带、水沟、水田、水浇地、路边、潮上带、堤内等，海拔达2700m。

分布：辽宁、河北、北京、天津、山西、山东、江苏、安徽、上海、浙江、江西、福建、河南、湖北、湖南、广东、海南、广西、贵州、云南、重庆、四川、陕西、甘肃、青海、香港、澳门、台湾；原产于巴西。

刺花莲子草Alternanthera pungens Kunth

习性：一年生，匍匐草本；半湿生植物。

生境：河谷、林下、林缘、河岸坡、溪边、路边等，海拔达2100m。

分布：北京、江苏、安徽、浙江、江西、福建、湖北、湖南、广东、海南、贵州、云南、四川、香港、澳门；原产于南美洲。

瑞氏莲子草Alternanthera reineckii Briq.

习性：多年生，小草本，高5~40cm；挺水植物。

生境：湖泊、池塘、水沟、园林等。

分布：湖北、广东；原产于南美洲。

莲子草Alternanthera sessilis (L.) R. Br. ex DC.

习性：多年生，小草本，高10~45cm；水陆生植物。

生境：沼泽、河流、溪流、湖泊、池塘、水沟、消落带、田间、田埂、路边、潮上带、堤内等，海拔达2400m。

分布：山东、江苏、安徽、浙江、江西、福建、河南、湖北、湖南、广东、广西、贵州、云南、重庆、四川、台湾。

苋属 Amaranthus L.

白苋Amaranthus albus L.

习性：一年生，中小草本，高15~60cm；半湿生植物。

生境：消落带、沟边、田间等，海拔100~1500m。

分布：黑龙江、吉林、辽宁、内蒙古、河北、北京、天津、山东、江苏、上海、河南、湖南、广西、贵州、陕西、新疆；原产于北美洲。

凹头苋Amaranthus blitum L.

习性：一年生，小草本，高10~30cm；半湿生植物。

生境：河岸坡、消落带、沟边、田间、田埂、水浇地、路边等，海拔达2900m。

分布：黑龙江、吉林、辽宁、内蒙古、河北、北京、天津、山西、山东、江苏、安徽、上海、浙江、江西、福建、河南、湖北、湖南、广东、海南、广西、贵州、云南、重庆、四川、陕西、甘肃、新疆、香港、澳门、台湾；原产于热带美洲。

绿穗苋Amaranthus hybridus L.

习性：一年生，小草本，高30~50cm；半湿生植物。

生境：河岸坡、消落带、沟边、田间、田埂、水浇地、路边等，海拔100~2900m。

分布：辽宁、河北、山东、江苏、安徽、上海、浙江、江西、福建、河南、湖北、湖南、广东、广西、贵州、云南、重庆、四川、西藏、陕西、甘肃、新疆、香港、台湾；原产于美洲。

反枝苋Amaranthus retroflexus L.

习性：一年生，中小草本，高0.2~1m；半湿生植物。

生境：草甸、河岸坡、塘基、消落带、沟边、田埂、水浇地、盐碱地、路边等，海拔达3000m。

分布：黑龙江、吉林、辽宁、内蒙古、河北、北京、天津、山西、山东、江苏、安徽、上海、浙江、江西、福建、河南、湖北、湖南、广东、海南、广西、贵州、云南、重庆、四川、西藏、陕西、宁夏、甘肃、青海、新疆、台湾；原产于北美洲。

刺苋Amaranthus spinosus L.

习性：一年生，中小草本，高0.3~1m；半湿生植物。

生境：河岸坡、湖岸坡、消落带、沟边、田间、田埂、水浇地、路边等，海拔达2500m。

分布：黑龙江、吉林、辽宁、河北、北京、山西、山东、江苏、安徽、上海、浙江、江西、福建、河南、湖北、湖南、广东、海南、广西、贵州、云南、重庆、四川、西藏、陕西、甘肃、新疆、香港、澳门、台湾；原产于热带美洲。

皱果苋Amaranthus viridis L.

习性：一年生，中小草本，高0.4~1m；半湿生植物。

生境：河岸坡、消落带、沟边、田埂、水浇地、路边、潮上带、堤内等，海拔达2100m。

分布：除西藏外其他地区；原产于南美洲。

滨藜属 Atriplex L.

中亚滨藜Atriplex centralasiatica Iljin

习性：一年生，小草本，高15~30cm；半湿生植物。

生境：河漫滩、湖岸坡、草甸、盐碱地、潮上带、砾石地等，海拔达4400m。

分布：吉林、辽宁、内蒙古、河北、天津、山西、山东、西藏、宁夏、甘肃、青海、新疆。

野滨藜Atriplex fera (L.) Bunge

习性：一年生，中小草本，高20~80cm；湿生植物。

生境：河岸坡、河漫滩、湖岸坡、沟边、路边等，海拔500~3200m。

分布：黑龙江、吉林、内蒙古、河北、山西、陕西、甘肃、青海、新疆。

光滨藜Atriplex laevis C. A. Mey.

习性：一年生，小草本，高20~30cm；湿生植物。

生境：草丛、草甸、沟边等，海拔700~4200m。

分布：内蒙古、新疆。

海滨藜Atriplex maximowicziana Makino

习性：多年生，中小草本，高0.3~1m；湿生植物。

生境：高潮线附近、红树林内缘、潮上带、堤内、盐田、池塘等。

分布：福建、广东、香港、台湾。

异苞滨藜Atriplex micrantha C. A. Mey.

习性：一年生，中草本，高0.5~1.2m；半湿生植物。

生境：草丛、沼泽、湖岸坡、盐碱地等，海拔300~2900m。

分布：新疆。

滨藜Atriplex patens (Litv.) Iljin

习性：一年生，中小草本，高0.2~1m；半湿生植物。

生境：草甸、潮上带、盐碱地等，海拔达2900m。

分布：黑龙江、吉林、辽宁、内蒙古、河北、北京、天津、山西、山东、陕西、宁夏、甘肃、青海、新疆。

匍匐滨藜Atriplex repens Roth

习性：小灌木，高20~50cm；湿生植物。

生境：潮上带。

分布：福建、广东、海南。

西伯利亚滨藜Atriplex sibirica L.

习性：一年生，小草本，高20~50cm；半湿生植物。

生境：盐碱地、湖岸坡、沟边、河岸坡等，海拔200~3200m。

分布：黑龙江、吉林、辽宁、内蒙古、河北、陕西、宁夏、甘肃、青海、新疆。

轴藜属 Axyris L.

轴藜Axyris amaranthoides L.

习性：一年生，中小草本，高20~80cm；半湿生植物。

生境：草丛、河岸坡、田间等，海拔300~3600m。

分布：黑龙江、吉林、辽宁、内蒙古、河北、北京、陕西、甘肃、青海、新疆。

杂配轴藜 Axyris hybrida L.

习性：一年生，小草本，高5~40cm；半湿生植物。

生境：草丛、河岸坡、田埂、消落带、路边等，海拔500~4000m。

分布：黑龙江、内蒙古、河北、北京、山西、江西、河南、云南、四川、西藏、甘肃、青海、新疆。

青葙属 Celosia L.

青葙 Celosia argentea L.

习性：一年生，中小草本，高0.3~1m；半湿生植物。

生境：河边、溪边、消落带、塘基、沟边、田埂、弃耕田、水浇地、路边等，海拔达2400m。

分布：黑龙江、吉林、辽宁、内蒙古、北京、山西、山东、江苏、安徽、浙江、江西、福建、河南、湖北、湖南、广东、海南、广西、贵州、云南、重庆、四川、西藏、陕西、宁夏、甘肃、青海、新疆、台湾；原产于印度。

藜属 Chenopodium L.

尖头叶藜 Chenopodium acuminatum Willd.

习性：一年生，中小草本，高15~80cm；半湿生植物。

生境：草甸、河岸坡、溪边、田间、路边、潮上带、堤内等，海拔达2500。

分布：黑龙江、吉林、辽宁、内蒙古、河北、北京、山西、山东、江苏、浙江、福建、河南、广东、广西、四川、陕西、宁夏、甘肃、青海、新疆。

藜 Chenopodium album L.

习性：一年生，中小草本，高0.3~1.5m；半湿生植物。

生境：草甸、河岸坡、湖岸坡、消落带、塘基、沟边、田间、路边、潮上带等，海拔达4600m。

分布：全国各地。

小藜 Chenopodium ficifolium Sm.

习性：一年生，中小草本，高20~60cm；半湿生植物。

生境：沟谷、草甸、河岸坡、溪边、塘基、沟边、

消落带、田间、路边等，海拔达3600m。

分布：黑龙江、吉林、辽宁、内蒙古、河北、北京、天津、山西、山东、江苏、安徽、上海、浙江、江西、福建、河南、湖北、湖南、广东、海南、广西、贵州、云南、重庆、四川、陕西、宁夏、甘肃、青海、新疆、台湾；原产于欧洲。

灰绿藜 Chenopodium glaucum L.

习性：一年生，小草本，高20~40cm；湿生植物。

生境：河谷、草丛、沼泽、河岸坡、河漫滩、湖岸坡、沟边、田间、田埂、水浇地、消落带、河口等，海拔达4600m。

分布：除福建、广东、广西、贵州、云南外其他地区。

小白藜 Chenopodium iljinii Golosk.

习性：一年生，小草本，高10~30cm；半湿生植物。

生境：河岸坡、草丛等，海拔2000~4000m。

分布：内蒙古、湖北、四川、宁夏、甘肃、青海、新疆。

平卧藜 Chenopodium karoi (Murr) Aellen

习性：一年生，小草本，高20~40cm；湿生植物。

生境：湖岸坡、沟边、路边等，海拔1500~5000m。

分布：内蒙古、河北、四川、西藏、甘肃、青海、新疆。

圆头藜 Chenopodium strictum Roth

习性：一年生，小草本，高20~50cm；半湿生植物。

生境：河岸坡、沟边、河谷等，海拔达2800m。

分布：河北、山西、四川、陕西、甘肃、新疆。

虫实属 Corispermum L.

烛台虫实 Corispermum candelabrum Iljin

习性：一年生，中小草本，高10~60cm；半湿生植物。

生境：河岸坡、河漫滩等，海拔300~1800m。

分布：辽宁、内蒙古、河北、宁夏。

绳虫实 Corispermum declinatum Steph. ex Iljin

习性：一年生，小草本，高15~50cm；半湿生植物。

生境：溪边、沟边、田埂、路边等，海拔100~2600m。

分布：辽宁、内蒙古、河北、北京、山西、陕西、宁夏、甘肃、新疆。

软毛虫实**Corispermum puberulum** Iljin

习性：一年生，小草本，高15~35cm；半湿生植物。

生境：河岸坡、沟边、潮上带等，海拔100~1700m。

分布：黑龙江、辽宁、内蒙古、河北、北京、山东。

杯苋属 **Cyathula** Blume

川牛膝**Cyathula officinalis** K. C. Kuan

习性：多年生，中草本，高0.5~1m；半湿生植物。

生境：林缘、灌丛、草丛、沟边等，海拔1500~3200m。

分布：河北、浙江、贵州、云南、四川。

腺毛藜属 **Dysphania** R. Br.

土荆芥**Dysphania ambrosioides** (L.) Mosyakin & Clemants

习性：一年生，中小草本，高30~80cm；半湿生植物。

生境：河谷、消落带、塘基、沟边、田间、路边、田埂、水浇地等，海拔达3100m。

分布：黑龙江、吉林、河北、北京、山西、山东、江苏、安徽、上海、浙江、江西、福建、河南、湖北、湖南、广东、海南、广西、贵州、云南、重庆、四川、西藏、陕西、宁夏、甘肃、香港、澳门、台湾；原产于热带美洲。

刺藜**Dysphania aristata** (L.) Mosyakin & Clemants

习性：一年生，中小草本，高10~60cm；半湿生植物。

生境：河漫滩、湖岸坡、溪边、田间等，海拔100~3600m。

分布：黑龙江、吉林、内蒙古、河北、山西、山东、河南、四川、陕西、宁夏、青海、新疆。

菊叶香藜**Dysphania schraderiana** (Roem. & Schult.) Mosyakin & Clemants

习性：一年生，中小草本，高20~60cm；半湿生植物。

生境：林缘、河岸坡、沟边、田间等，海拔500~4500m。

分布：辽宁、内蒙古、山西、云南、四川、西藏、

陕西、甘肃、青海。

雾冰藜属 **Grubovia** Freitag & G. Kadereit

雾冰藜**Grubovia dasyphylla** (Fisch. & C. A. Mey.) Freitag & G. Kadereit

习性：一年生，小草本，高20~50cm；半湿生植物。

生境：盐碱地、河岸坡、河漫滩等，海拔达4500m。

分布：黑龙江、吉林、辽宁、内蒙古、河北、山西、山东、西藏、宁夏、甘肃、青海、新疆。

盐节木属 **Halocnemum** M. Bieb.

盐节木**Halocnemum strobilaceum** (Pall.) M. Bieb.

习性：多年生，小亚灌木，高20~40cm；湿生植物。

生境：湖岸坡、盐碱地等，海拔达1500m。

分布：甘肃、新疆。

盐生草属 **Halogeton** C. A. Mey.

白茎盐生草**Halogeton arachnoideus** Moq.

习性：一年生，小草本，高10~40cm；半湿生植物。

生境：河岸坡、砾石地等，海拔达3800m。

分布：内蒙古、山西、陕西、宁夏、甘肃、青海、新疆。

盐生草**Halogeton glomeratus** (M. Bieb.) C. A. Mey.

习性：一年生，小草本，高5~30cm；半湿生植物。

生境：河谷、湖岸坡、砾石地等，海拔200~4300m。

分布：河南、西藏、陕西、甘肃、青海、新疆。

盐穗木属 **Halostachys** C. A. Mey.

盐穗木**Halostachys caspica** C. A. Mey.

习性：中小灌木，高0.2~2m；半湿生植物。

生境：盐碱滩、河谷、湖岸坡等，海拔达2100m。

分布：甘肃、新疆。

盐爪爪属 **Kalidium** Moq.

尖叶盐爪爪**Kalidium cuspidatum** (Ung.-Sternb.) Grubov

习性：小灌木，高20~40cm；半湿生植物。

生境：湖岸坡、盐碱地、洼地等，海拔400~3500m。

分布：内蒙古、河北、陕西、宁夏、甘肃、青海、新疆。

盐爪爪 Kalidium foliatum (Pall.) Moq.

习性：小灌木，高10~50cm；半湿生植物。

生境：湖岸坡、盐碱地等，海拔达3600m。

分布：黑龙江、内蒙古、河北、宁夏、甘肃、青海、新疆。

细枝盐爪爪 Kalidium gracile Fenzl

习性：小灌木，高20~50cm；半湿生植物。

生境：草丛、河漫滩、湖岸坡、盐碱地、洼地等，海拔1000~3600m。

分布：内蒙古、陕西、宁夏、甘肃、新疆。

圆叶盐爪爪 Kalidium schrenkianum Bunge ex Ung.-Sternb.

习性：小灌木，高10~25cm；半湿生植物。

生境：盐碱地、湖岸坡等，海拔400~3300m。

分布：新疆。

地肤属 Kochia Roth

地肤 Kochia scoparia (L.) Schrad.

习性：一年生，中草本，高0.5~1m；半湿生植物。

生境：草丛、河岸坡、沟边、田间、田埂、潮上带等，海拔达4100m。

分布：全国各地。

碱地肤 Kochia sieversiana (Pall.) C. A. Mey.

习性：一年生，中草本，高0.5~1m；半湿生植物。

生境：沟谷、河岸坡、路边、潮上带等，海拔达3200m。

分布：黑龙江、吉林、辽宁、内蒙古、河北、山西、陕西、宁夏、甘肃、青海、新疆。

伊朗地肤 Kochia stellaris Moq.

习性：一年生，小草本，高达50cm；半湿生植物。

生境：河岸坡、草甸、盐碱地等。

分布：甘肃、新疆。

盐角草属 Salicornia L.

盐角草 Salicornia europaea L.

习性：一年生，小草本，高10~35cm；水湿生植物。

生境：草甸、河漫滩、湖泊、盐碱地、沼泽、高潮滩、红树林内缘、堤内等，海拔达3100m。

分布：辽宁、内蒙古、河北、山西、山东、江苏、上海、浙江、广西、陕西、宁夏、甘肃、青海、新疆。

猪毛菜属 Salsola L.

猪毛菜 Salsola collina Pall.

习性：一年生，中小草本，高0.1~1m；半湿生植物。

生境：河谷、灌丛、河漫滩、湖岸坡、田间、沟边、路边等，海拔达4600m。

分布：黑龙江、吉林、辽宁、内蒙古、河北、天津、山西、山东、江苏、安徽、河南、湖南、贵州、云南、四川、西藏、陕西、宁夏、甘肃、青海、新疆。

无翅猪毛菜 Salsola komarovii Iljin

习性：一年生，小草本，高10~50cm；半湿生植物。

生境：河岸坡、潮上带等，海拔达1500m。

分布：黑龙江、吉林、辽宁、内蒙古、河北、山东、江苏、浙江、四川。

刺沙蓬 Salsola tragus L.

习性：一年生，中小草本，高0.1~1m；半湿生植物。

生境：沙地、潮上带等，海拔500~4500m。

分布：黑龙江、吉林、辽宁、内蒙古、河北、山西、山东、江苏、西藏、陕西、宁夏、甘肃、青海、新疆。

碱蓬属 Suaeda Forssk. ex J. F. Gmel.

南方碱蓬 Suaeda australis (R. Br.) Moq.

习性：小灌木，高10~50cm；水湿生植物。

生境：潮间带、入海河口等。

分布：江苏、上海、浙江、福建、广东、广西、台湾。

角果碱蓬 Suaeda corniculata (C. A. Mey.) Bunge

习性：一年生，中小草本，高15~60cm；半湿生植物。

生境：盐碱地、河岸坡、河漫滩、湖岸坡等，海拔100~3700m。

分布：黑龙江、吉林、辽宁、内蒙古、河北、宁夏、甘肃、青海、新疆。

碱蓬 Suaeda glauca (Bunge) Bunge

习性：一年生，中小草本，高0.3~1m；水陆生植物。

中国湿地维管植物名录

生境：潮间带、潮上带、堤内、河岸坡、河漫滩、湖岸坡、沟边、盐碱地、田间等，海拔达3700m。

分布：黑龙江、吉林、辽宁、内蒙古、河北、北京、天津、山西、山东、江苏、上海、浙江、河南、四川、陕西、宁夏、甘肃、青海、新疆。

盘果碱蓬 Suaeda heterophylla (Kar. & Kir.) Bunge

习性：一年生，小草本，高20~50cm；半湿生植物。

生境：河岸坡、湖岸坡、田间等，海拔达3200m。

分布：西藏、宁夏、甘肃、青海、新疆。

肥叶碱蓬 Suaeda kossinskyi Iljin

习性：一年生，小草本，高10~20cm；湿生植物。

生境：平原、盐碱地等，海拔500~3000m。

分布：新疆。

平卧碱蓬 Suaeda prostrata Pall.

习性：一年生，小草本，高20~50cm；半湿生植物。

生境：盐碱地，海拔200~4200m。

分布：内蒙古、河北、山西、江苏、安徽、浙江、陕西、宁夏、甘肃、新疆。

阿拉善碱蓬 Suaeda przewalskii Bunge

习性：一年生，小草本，高20~40cm；半湿生植物。

生境：湖岸坡、盐碱地等，海拔1000~2800m。

分布：内蒙古、宁夏、甘肃、青海。

盐地碱蓬 Suaeda salsa (L.) Pall.

习性：一年生，中小草本，高20~80cm；水陆生植物。

生境：潮上带、潮间带、湖岸坡、塘基、盐碱地等，海拔达3300m。

分布：黑龙江、吉林、辽宁、内蒙古、河北、北京、天津、山西、山东、江苏、安徽、上海、浙江、河南、四川、陕西、宁夏、甘肃、青海、新疆。

星花碱蓬 Suaeda stellatiflora G. L. Chu

习性：一年生，中小草本，高20~80cm；半湿生植物。

生境：盐碱地、湖岸坡、沟边等，海拔400~3200m。

分布：甘肃、新疆。

合头草属 Sympegma Bunge

合头草 Sympegma regelii Bunge

习性：中小亚灌木，高0.3~1.5m；半湿生植物。

生境：盐碱地、沟边等，海拔100~4300m。

分布：宁夏、甘肃、青海、新疆。

43. 石蒜科 Amaryllidaceae

葱属 Allium L.

蓝苞葱 Allium atrosanguineum Schrenk

习性：多年生，小草本，高5~40cm；湿生植物。

生境：草丛、沼泽草甸、溪边等，海拔1500~5400m。

分布：云南、四川、西藏、甘肃、青海、新疆。

蓝花韭 Allium beesianum W. W. Sm.

习性：多年生，小草本，高20~50cm；湿生植物。

生境：山坡、草丛、草甸、流石滩、流石坡等，海拔3000~4400m。

分布：云南、四川、甘肃。

薤头 Allium chinense G. Don

习性：多年生，小草本，高20~40cm；半湿生植物。

生境：溪边、沟边、田间、田埂、路边等，海拔达2400m。

分布：安徽、浙江、江西、福建、河南、湖北、湖南、广东、海南、广西、贵州。

杯花韭 Allium cyathophorum Bureau & Franch.

习性：多年生，中小草本，高0.2~1m；湿生植物。

生境：林下、草丛、草甸、沼泽、岩石等，海拔3000~4600m。

分布：云南、四川、西藏、甘肃、青海。

梭沙韭 Allium forrestii Diels

习性：多年生，小草本，高15~30cm；湿生植物。

生境：草丛、草甸、流石滩、砾石坡、岩石、岩壁等，海拔2700~4200m。

分布：云南、四川、西藏。

灰皮葱 Allium grisellum J. M. Xu

习性：多年生，小草本，高15~20cm；湿生植物。

生境：沼泽、草甸等，海拔300~2900m。

分布：新疆。

宽叶韭 Allium hookeri Thwaites

习性：多年生，中小草本，高20~60cm；水湿生植物。

生境：林下、草丛、溪边、湖岸坡、沟边等，海拔200~4200m。

分布：云南、四川、西藏。

56

雪韭Allium humile Kunth

习性：多年生，中小草本，高15~80cm；湿生植物。

生境：林下、草丛、溪边、沟边等，海拔4000~4500m。

分布：云南。

硬皮葱Allium ledebourianum Schult. & Schult. f.

习性：多年生，中小草本，高15~80cm；湿生植物。

生境：河谷、草丛、沼泽、沟边等，海拔100~1800m。

分布：黑龙江、吉林、辽宁、内蒙古、河北、新疆。

薤白Allium macrostemon Bunge

习性：多年生，中小草本，高20~70cm；半湿生植物。

生境：灌丛、草丛、沟边等，海拔达3200m。

分布：除青海、新疆、海南外其他地区。

太白韭Allium prattii C. H. Wright

习性：多年生，中小草本，高10~60cm；半湿生植物。

生境：林下、灌丛、草丛、草甸、溪边、沟边等，海拔2000~4900m。

分布：安徽、河南、贵州、云南、四川、西藏、陕西、甘肃、青海。

北葱Allium schoenoprasum L.

习性：多年生，中小草本，高10~60cm；半湿生植物。

生境：河谷、草丛、草甸等，海拔2000~3000m。

分布：吉林、河北、新疆。

高山韭Allium sikkimense Baker

习性：多年生，小草本，高15~40cm；湿生植物。

生境：林缘、灌丛、草甸、溪边等，海拔2400~5000m。

分布：云南、四川、西藏、陕西、宁夏、甘肃、青海。

球序韭Allium thunbergii G. Don

习性：多年生，中小草本，高30~70cm；半湿生植物。

生境：林下、林缘、草丛、草甸、沟边等，海拔达3900m。

分布：黑龙江、吉林、辽宁、内蒙古、河北、山西、山东、江苏、河南、湖北、陕西、台湾。

茖葱Allium victorialis L.

习性：多年生，中小草本，高25~80cm；半湿生植物。

生境：林下、林缘、灌丛、草丛、草甸、沟边等，海拔600~2500m。

分布：黑龙江、吉林、辽宁、内蒙古、河北、山西、安徽、浙江、河南、湖北、四川、陕西、甘肃。

多星韭Allium wallichii Kunth

习性：多年生，中小草本，高0.2~1.1m；半湿生植物。

生境：林下、灌丛、草丛、草甸、溪边、沟边等，海拔2300~4800m。

分布：湖南、广西、贵州、云南、四川、西藏。

文殊兰属 Crinum L.

文殊兰Crinum asiaticum var. **sinicum** (Roxb. ex Herb.) Baker

习性：多年生，中小草本，高0.3~1m；水陆生植物。

生境：溪边、沟边、田间、高潮带、潮上带、堤内、园林等，海拔达1500m。

分布：浙江、福建、广东、广西、台湾。

水鬼蕉属 Hymenocallis Salisb.

水鬼蕉Hymenocallis littoralis (Jacq.) Scalisb.

习性：多年生，中草本，高0.5~1.2m；水陆生植物。

生境：林下、湖泊、池塘、水沟、园林等，海拔达2000m。

分布：华中、华东、华南、西南；原产于美洲。

石蒜属 Lycoris Herb.

忽地笑Lycoris aurea (L'Hér.) Herb.

习性：多年生，中小草本，高30~60cm；半湿生植物。

生境：灌丛、湖岸坡、河岸坡、溪边、沟边等，海拔达2300m。

分布：江苏、浙江、江西、福建、河南、湖北、湖南、广东、广西、贵州、云南、四川、陕西、甘肃、台湾。

石蒜Lycoris radiata (L'Hér.) Herb.

习性：多年生，中小草本，高30~70cm；半湿生植物。

生境：灌丛、河岸坡、溪边、沟边、田间等，海拔达2500m。

分布：山东、江苏、安徽、浙江、江西、福建、河南、湖北、湖南、广东、广西、贵州、云南、四川、陕西。

水仙属 Narcissus L.

水仙Narcissus tazetta var. chinensis M. Roem.

习性：多年生，小草本，高20~40cm；水湿生植物。

生境：沟谷、林下、浅水处、园林等，海拔达900m。

分布：浙江、福建。

紫娇花属 Tulbaghia Heist.

紫娇花 Tulbaghia violacea Harv.

习性：多年生，中小草本，高40~60cm；水陆生植物。

生境：溪边、沟边、路边、园林等。

分布：河北、江苏、安徽、上海、浙江、江西、福建、湖北、湖南、广东、云南、重庆、四川；原产于南非。

葱莲属 Zephyranthes Herb.

葱莲Zephyranthes candida (Lindl.) Herb.

习性：多年生，小草本，高20~30cm；半湿生植物。

生境：沟边、路边、园林等，海拔达3700m。

分布：河北、天津、山东、江苏、安徽、上海、浙江、江西、福建、湖北、湖南、广东、海南、广西、贵州、云南、重庆、四川、西藏、陕西、香港、澳门；原产于南美洲。

韭莲Zephyranthes carinata Herb.

习性：多年生，小草本，高15~30cm；半湿生植物。

生境：沟边、路边、园林等，海拔达1900m。

分布：北京、天津、山东、江苏、安徽、上海、浙江、江西、福建、湖北、广东、广西、贵州、云南、重庆、四川、香港、澳门；原产于墨西哥。

44. 伞形科 Apiaceae

丝瓣芹属 Acronema Falc. ex Edgew.

星叶丝瓣芹Acronema astrantiifolium H. Wolff

习性：多年生，小草本，高8~50cm；湿生植物。

生境：林下、草丛等，海拔2800~4200m。

分布：云南、四川。

细梗丝瓣芹Acronema gracile S. L. Liou & Shan

习性：多年生，小草本，高18~40cm；湿生植物。

生境：林下，海拔3100~3800m。

分布：西藏。

中甸丝瓣芹Acronema handelii H. Wolff

习性：多年生，小草本，高15~20cm；湿生植物。

生境：林下、沟边等，海拔3400~4000m。

分布：云南、西藏。

锡金丝瓣芹Acronema hookeri (C. B. Clarke) H. Wolff

习性：多年生，中草本，高50~80cm；湿生植物。

生境：林下、河岸坡、溪边、沟边、岩石等，海拔2100~4100m。

分布：云南、西藏。

苔间丝瓣芹Acronema muscicola (Hand.-Mazz.) Hand.-Mazz.

习性：多年生，小草本，高5~20cm；湿生植物。

生境：林下、岩石等，海拔3200~4100m。

分布：云南、四川、西藏。

丽江丝瓣芹Acronema schneideri H. Wolff

习性：多年生，中小草本，高25~75cm；湿生植物。

生境：林下、灌丛、草甸、溪边、岩石等，海拔2500~4200m。

分布：云南、四川。

丝瓣芹Acronema tenerum (DC.) Edgew.

习性：多年生，小草本，高5~20cm；湿生植物。

生境：林下、岩石等，海拔3400~3600m。

分布：云南、四川、西藏。

羊角芹属 Aegopodium L.

东北羊角芹Aegopodium alpestre Ledeb.

习性：多年生，中小草本，高0.3~1m；湿生植物。

生境：林下、林间、林缘、草丛、草甸、溪边等，海拔900~2200m。

分布：黑龙江、吉林、辽宁、内蒙古、新疆。

当归属 Angelica L.

黑水当归Angelica amurensis Schischk.

习性：多年生，中草本，高0.6~1.5m；半湿生植物。

生境：河谷、林下、林间、林缘、灌丛、草丛、河岸坡、溪边等，海拔500~1000m。

分布：黑龙江、吉林、辽宁、内蒙古。

狭叶当归 Angelica anomala Avé-Lall.

习性：多年生，中草本，高0.8~1.5m；半湿生植物。

生境：沟谷、林下、林缘、河岸坡、河漫滩、溪边、沟边、草丛等，海拔500~1000m。

分布：黑龙江、吉林、内蒙古。

重齿当归 Angelica biserrata (R. H. Shan & C. Q. Yuan) C. Q. Yuan & R. H. Shan

习性：多年生，大中草本，高1~2m；半湿生植物。

生境：林下、灌丛、草丛、溪边、沟边等，海拔1000~1700m。

分布：安徽、浙江、江西、湖北、四川。

白芷 Angelica dahurica (Fisch. ex Hoffm.) Benth. & Hook. f. ex Franch. & Sav.

习性：多年生，大中草本，高1~2.5m；半湿生植物。

生境：沟谷、林下、林缘、溪边、灌丛、草丛等，海拔500~1000m。

分布：黑龙江、吉林、辽宁、河北、山西、江苏、安徽、浙江、江西、河南、湖北、湖南、四川、陕西、台湾。

紫花前胡 Angelica decursiva (Miq.) Franch. & Sav.

习性：多年生，大中草本，高1~2m；半湿生植物。

生境：林下、林缘、灌丛、溪边、沟边等，海拔200~800m。

分布：辽宁、河北、江苏、安徽、浙江、江西、河南、湖北、广东、广西、台湾。

朝鲜当归 Angelica gigas Nakai

习性：多年生，大中草本，高1~2m；半湿生植物。

生境：林下、林缘、草丛、溪边、沟边等，海拔约1000m。

分布：黑龙江、吉林、辽宁。

隆萼当归 Angelica oncosepala Hand.-Mazz.

习性：多年生，中小草本，高30~60cm；湿生植物。

生境：草甸，海拔3500~4300m。

分布：云南。

拐芹 Angelica polymorpha Maxim.

习性：多年生，中草本，高0.5~1.5m；半湿生植物。

生境：林下、灌丛、草丛、溪边、沟边等，海拔1000~2000m。

分布：黑龙江、吉林、辽宁、河北、山西、山东、江苏、安徽、浙江、湖北、贵州、陕西。

峨参属 Anthriscus Bernh.

峨参（原亚种）Anthriscus sylvestris subsp. sylvestris

习性：二或多年生，中草本，高0.6~1.5m；半湿生植物。

生境：河谷、林下、林缘、林间、草甸、河岸坡、溪边、沟边等，海拔达4500m。

分布：辽宁、内蒙古、河北、山西、江苏、安徽、浙江、江西、河南、湖北、云南、四川、陕西、甘肃、新疆。

刺果峨参 Anthriscus sylvestris subsp. nemorosa (M. Bieb.) Koso-Pol.

习性：二或多年生，中草本，高0.5~1.2m；半湿生植物。

生境：林下、草丛、沟边等，海拔1600~4000m。

分布：吉林、辽宁、内蒙古、河北、四川、西藏、陕西、甘肃、新疆。

天山泽芹属 Berula W. D. J. Koch

天山泽芹 Berula erecta (Huds.) Coville

习性：多年生，中小草本，高0.4~1m；水湿生植物。

生境：沼泽、河流、溪流、湖泊、水沟、洼地等，海拔300~1500m。

分布：新疆。

柴胡属 Bupleurum L.

川滇柴胡 Bupleurum candollei Wall. ex DC.

习性：多年生，中小草本，高0.4~1m；半湿生植物。

生境：林下、灌丛、草丛、河岸坡等，海拔1900~3300m。

分布：云南、四川、西藏。

北柴胡 Bupleurum chinense DC.

习性：多年生，中草本，高50~85cm；半湿生植物。

生境：林下、河岸坡、沟边、草丛等，海拔100~2700m。

分布：黑龙江、吉林、辽宁、内蒙古、河北、山西、山东、江苏、安徽、浙江、江西、河南、湖北、湖南、陕西。

匍枝柴胡**Bupleurum dalhousieanum** (C. B. Clarke) Koso-Pol.

习性：多年生，小草本，高10~15cm；湿生植物。

生境：灌丛、草丛、草甸、沟边、流石坡等，海拔3700~4800m。

分布：云南、四川、西藏。

纤细柴胡**Bupleurum gracillimum** Klotzsch

习性：多年生，小草本，高6~40cm；湿生植物。

生境：灌丛、草丛、草甸、溪边、沟边等，海拔3200~4500m。

分布：云南、四川。

黑柴胡**Bupleurum smithii** H. Wolff

习性：多年生，中小草本，高25~60cm；半湿生植物。

生境：河岸坡、草丛、河谷等，海拔1400~3700m。

分布：内蒙古、河北、山西、河南、陕西、宁夏、甘肃、青海。

葛缕子属 **Carum** L.

田葛缕子**Carum buriaticum** Turcz.

习性：多年生，中草本，高50~80cm；半湿生植物。

生境：林下、河岸坡、草丛、草甸、田边、路边等，海拔1500~3600m。

分布：吉林、辽宁、内蒙古、河北、北京、山西、山东、河南、四川、西藏、陕西、甘肃、青海、新疆。

葛缕子**Carum carvi** L.

习性：多年生，中小草本，高30~70cm；半湿生植物。

生境：林下、灌丛、草丛、草甸、路边等，海拔1500~4300m。

分布：吉林、辽宁、内蒙古、北京、河北、山西、山东、河南、云南、四川、西藏、甘肃、青海、新疆。

积雪草属 **Centella** L.

积雪草**Centella asiatica** (L.) Urb.

习性：多年生，匍匐草本；湿生植物。

生境：草丛、河流、溪流、湖泊、池塘、水沟、消落带、田埂、弃耕田、水浇地、路边等，海拔100~2200m。

分布：江苏、安徽、浙江、江西、福建、河南、湖北、湖南、广东、广西、贵州、云南、重庆、四川、西藏、陕西、台湾。

矮泽芹属 **Chamaesium** H. Wolff

粗棱矮泽芹**Chamaesium novemjugum** (C. B. Clarke) C. Norman

习性：多年生，小草本，高5~12cm；湿生植物。

生境：草甸、草丛、河岸坡等，海拔3300~4700m。

分布：云南、四川、西藏。

矮泽芹**Chamaesium paradoxum** H. Wolff

习性：二年生，小草本，高8~35cm；湿生植物。

生境：林下、草甸、草丛、沼泽、沟边等，海拔300~4800m。

分布：云南、四川、西藏、甘肃、青海。

松潘矮泽芹**Chamaesium thalictrifolium** H. Wolff

习性：多年生，小草本，高15~40cm；湿生植物。

生境：河岸坡、灌丛、草甸、草丛、岩石、流石坡等，海拔3500~4900m。

分布：云南、四川、西藏、甘肃。

绿花矮泽芹**Chamaesium viridiflorum** (Franch.) H. Wolff ex Shan

习性：多年生，小草本，高3~32cm；湿生植物。

生境：林下、河岸坡、湖岸坡、草甸、沼泽、岩石等，海拔3500~4200m。

分布：云南、四川、西藏。

毒芹属 **Cicuta** L.

毒芹**Cicuta virosa** L.

习性：多年生，中草本，高0.5~1.5m；水湿生植物。

生境：林下、林缘、草丛、沼泽草甸、沼泽、河流、溪流、水沟等，海拔400~3300m。

分布：黑龙江、吉林、辽宁、内蒙古、河北、北京、山西、江西、河南、湖北、云南、四川、西藏、陕西、甘肃、新疆。

蛇床属 **Cnidium** Cusson

兴安蛇床**Cnidium dauricum** (Jacq.) Fisch. & C. A. Mey.

习性：多年生，中草本，高0.8~1m；半湿生植物。

生境：草丛、草甸、河岸坡、路边等，海拔500~2000m。

分布：黑龙江、吉林、内蒙古、河北。

滨蛇床Cnidium japonicum Miq.

习性：二年生，小草本，高10~20cm；半湿生植物。

生境：潮上带、岩壁等。

分布：辽宁、浙江。

蛇床Cnidium monnieri (L.) Spreng.

习性：一年生，中小草本，高10~80cm；半湿生植物。

生境：林下、草丛、草甸、河岸坡、沟边、田埂、路边等，海拔300~2000m。

分布：全国各地。

碱蛇床Cnidium salinum Turcz.

习性：多年生，小草本，高25~50cm；湿生植物。

生境：草丛、草甸、盐碱滩、沟边等，海拔100~3500m。

分布：黑龙江、内蒙古、河北、山西、宁夏、甘肃、青海、新疆。

高山芹属 Coelopleurum Ledeb.

高山芹Coelopleurum saxatile (Turcz. ex Ledeb.) Drude

习性：二年生，中草本，高60~80cm；半湿生植物。

生境：林下、草丛、漂石间、路边等，海拔1100~2700m。

分布：吉林、河北。

鸭儿芹属 Cryptotaenia DC.

鸭儿芹Cryptotaenia japonica Hassk.

习性：多年生，中小草本，高0.2~1m；湿生植物。

生境：林下、林缘、河岸坡、溪边、沟边、草丛、路边等，海拔200~2400m。

分布：吉林、辽宁、河北、山西、江苏、安徽、江西、福建、湖北、湖南、广东、广西、贵州、云南、重庆、四川、陕西、甘肃、台湾。

环根芹属 Cyclorhiza M. L. Sheh & Shan

环根芹Cyclorhiza waltonii (H. Wolff) M. L. Sheh & Shan

习性：多年生，中小草本，高0.2~1m；半湿生植物。

生境：林下、灌丛、草丛、草甸、沟边、路边、岩壁等，海拔2500~4600m。

分布：云南、四川、西藏。

细叶旱芹属 Cyclospermum Lag.

细叶旱芹Cyclospermum leptophyllum (Pers.) Sprague ex Britton & P. Wilson

习性：一年生，小草本，高25~45cm；半湿生植物。

生境：草丛、塘基、沟边、路边等，海拔达1500m。

分布：江苏、浙江、福建、广东、台湾。

柳叶芹属 Czernaevia Turcz.

柳叶芹Czernaevia laevigata Turcz.

习性：二年生，中草本，高0.6~1.2m；水陆生植物。

生境：林下、林缘、灌丛、草丛、沼泽草甸、河岸坡等，海拔300~700m。

分布：黑龙江、吉林、辽宁、内蒙古、河北。

胡萝卜属 Daucus L.

野胡萝卜Daucus carota L.

习性：二年生，中小草本，高0.2~1.2m；半湿生植物。

生境：草丛、溪边、沟边等，海拔1500~3200m。

分布：全国各地；原产于欧洲、亚洲、北非。

马蹄芹属 Dickinsia Franch.

马蹄芹Dickinsia hydrocotyloides Franch.

习性：一年生，小草本，高20~46cm；湿生植物。

生境：林下、沼泽、溪边、沟边等，海拔1500~3200m。

分布：湖北、湖南、贵州、云南、四川。

刺芹属 Eryngium L.

刺芹Eryngium foetidum L.

习性：二或多年生，小草本，高10~40cm；湿生植物。

生境：林下、溪边、沟边、路边等，海拔100~1600m。

分布：辽宁、浙江、江西、广东、海南、广西、贵州、云南、重庆、四川、甘肃、香港、澳门、台湾；原产于中美洲。

珊瑚菜属 Glehnia F. Schmidt ex Miq.

珊瑚菜 Glehnia littoralis F. Schmidt ex Miq.
习性：多年生，中小草本，高20~70cm；半湿生植物。
生境：水边、潮上带等，海拔达100m。
分布：辽宁、河北、山东、江苏、浙江、福建、广东、台湾。

细裂芹属 Harrysmithia H. Wolff

细裂芹 Harrysmithia heterophylla H. Wolff
习性：一年生，中草本，高0.5~1m；半湿生植物。
生境：林下、山坡、草甸等，海拔2000~3300m。
分布：四川、西藏。

独活属 Heracleum L.

兴安独活 Heracleum dissectum Ledeb.
习性：多年生，中草本，高0.5~1.5m；半湿生植物。
生境：林下、林缘、草丛、草甸、河岸坡等，海拔达2200m。
分布：黑龙江、吉林、内蒙古、新疆。

中甸独活 Heracleum forrestii H. Wolff
习性：多年生，中草本，高0.6~1m；半湿生植物。
生境：林下、林缘、灌丛、草丛、溪边、沟边等，海拔2700~4000m。
分布：云南、重庆、四川、西藏。

独活 Heracleum hemsleyanum Diels
习性：多年生，中草本，高1~1.5m；半湿生植物。
生境：林下、林缘、灌丛等，海拔2000~3000m。
分布：山西、江西、河南、湖北、贵州、四川、陕西。

贡山独活 Heracleum kingdonii H. Wolff
习性：多年生，中草本，高50~90cm；半湿生植物。
生境：林缘、草丛、草甸等，海拔600~3500m。
分布：广西、贵州、云南、西藏。

裂叶独活 Heracleum millefolium Diels
习性：多年生，小草本，高5~30cm；半湿生植物。
生境：灌丛、草丛、草甸、河岸坡、流石坡等，海拔3800~5000m。
分布：云南、四川、西藏、甘肃、青海。

短毛独活 Heracleum moellendorffii Hance
习性：多年生，大中草本，高1~2m；半湿生植物。
生境：沟谷、林缘、灌丛、草甸、溪边、沟边、流石坡等，海拔达3200m。
分布：黑龙江、吉林、辽宁、内蒙古、河北、山东、江苏、安徽、浙江、江西、湖北、湖南、云南、四川、陕西、甘肃。

鹤庆独活 Heracleum rapula Franch.
习性：多年生，中草本，高0.8~1.2m；半湿生植物。
生境：灌丛、溪边、沟边、田埂、岩石等，海拔2000~2200m。
分布：云南。

永宁独活 Heracleum yungningense Hand.-Mazz.
习性：多年生，中小草本，高达1m；半湿生植物。
生境：林下、林缘、灌丛、草丛、草甸、溪边等，海拔2700~4500m。
分布：云南、四川、甘肃。

藁本属 Ligusticum L.

尖叶藁本 Ligusticum acuminatum Franch.
习性：多年生，大中草本，高1~2m；半湿生植物。
生境：林下、林缘、灌丛、草甸等，海拔1500~4000m。
分布：河南、湖北、湖南、云南、四川、陕西、甘肃。

短片藁本 Ligusticum brachylobum Franch.
习性：多年生，中小草本，高达1m；半湿生植物。
生境：林下、林缘、灌丛、草甸、溪边等，海拔1600~4100m。
分布：贵州、云南、四川、西藏、陕西、青海。

辽藁本 Ligusticum jeholense (Nakai & Kitag.) Nakai & Kitag.
习性：多年生，中小草本，高30~80cm；半湿生植物。
生境：林下、草甸、溪边、沟边等，海拔1200~2500m。
分布：吉林、辽宁、河北、山西、山东。

草甸藁本 Ligusticum kingdon-wardii H. Wolff
习性：多年生，大中草本，高0.8~2m；湿生植物。
生境：林下、草丛、草甸、河岸坡、流石滩等，海拔3000~4000m。

美脉藁本Ligusticum likiangense (H. Wolff) F. T. Pu & M. F. Watson

习性：多年生，小草本，高15~50cm；湿生植物。

生境：林下、草丛、草甸、沟边等，海拔2800~4000m。

分布：云南、四川。

蕨叶藁本Ligusticum pteridophyllum Franch.

习性：多年生，中小草本，高30~80cm；半湿生植物。

生境：林下、草丛、溪边、沟边、岩石等，海拔1800~3600m。

分布：云南、四川、西藏、甘肃。

抽葶藁本Ligusticum scapiforme H. Wolff

习性：多年生，小草本，高5~30cm；半湿生植物。

生境：林下、林缘、灌丛、草甸、河岸坡等，海拔2700~4800m。

分布：云南、四川、西藏。

川滇藁本Ligusticum sikiangense M. Hiroe

习性：多年生，中小草本，高30~60cm；湿生植物。

生境：林下、灌丛、草丛、草甸、沟边等，海拔3400~4500m。

分布：湖南、云南、四川。

藁本Ligusticum sinense Oliv.

习性：多年生，中草本，高0.5~1m；半湿生植物。

生境：林下、灌丛、草丛、溪边、沟边等，海拔500~2700m。

分布：浙江、江西、河南、湖北、湖南、四川、甘肃、陕西。

岩茴香Ligusticum tachiroei (Franch. & Sav.) M. Hiroe & Constance

习性：多年生，小草本，高15~30cm；半湿生植物。

生境：河岸坡、岩石等，海拔1200~2500m。

分布：吉林、辽宁、河北、山西、河南。

羌活属 Notopterygium H. Boissieu

澜沧羌活Notopterygium forrestii H. Wolff

习性：多年生，中草本，高0.5~1m；半湿生植物。

生境：林缘、河岸坡等，海拔2000~3000m。

分布：云南、四川。

水芹属 Oenanthe L.

短辐水芹Oenanthe benghalensis (DC.) Miq.

习性：多年生，中小草本，高17~60cm；水湿生植物。

生境：溪流、水沟、田中等，海拔500~2000m。

分布：浙江、江西、广东、广西、云南、四川。

高山水芹Oenanthe hookeri C. B. Clarke

习性：多年生，中草本，高50~90cm；水湿生植物。

生境：林下、草丛、沼泽草甸、沼泽、溪边、沟边等，海拔1900~4500m。

分布：云南、四川、西藏。

水芹（原亚种）Oenanthe javanica subsp. **javanica**

习性：多年生，中小草本，高20~80cm；水湿生植物。

生境：草丛、沼泽、河流、溪流、水沟、湖泊、池塘、田中、田间、河口、洼地等，200~4000m。

分布：全国各地。

卵叶水芹Oenanthe javanica subsp. **rosthornii** (Diels) F. T. Pu

习性：多年生，中小草本，高30~90cm；水湿生植物。

生境：林缘、溪流、水沟等，海拔1400~4000m。

分布：江西、福建、湖北、湖南、广东、广西、贵州、云南、四川、台湾。

线叶水芹（原亚种）Oenanthe linearis subsp. **linearis**

习性：多年生，中小草本，高30~60cm；水湿生植物。

生境：林缘、灌丛、草丛、沼泽、湖泊、池塘、溪流、水沟、田中等，海拔800~3300m。

分布：山东、安徽、浙江、江西、湖北、湖南、广东、广西、贵州、云南、重庆、四川、西藏、台湾。

蒙自水芹Oenanthe linearis subsp. **rivularis** (Dunn) C. Y. Wu & F. T. Pu

习性：多年生，中小草本，高30~70cm；湿生植物。

生境：林下、灌丛、沼泽、河岸坡、塘基、沟边等，海拔1100~2500m。

分布：广西、贵州、云南、四川。

多裂叶水芹（原亚种）**Oenanthe thomsonii** subsp. **thomsonii**

习性：多年生，小草本，高20~50cm；水湿生植物。

生境：草丛、沼泽草甸、溪边等，海拔1800~3500m。

分布：江西、湖北、广东、贵州、云南、重庆、四川、西藏、陕西。

窄叶水芹Oenanthe thomsonii subsp. **stenophylla** (H. Boissieu) F. T. Pu

习性：多年生，中小草本，高30~80cm；水湿生植物。

生境：林下、溪边等，海拔1000~2500m。

分布：重庆、四川。

香根芹属 Osmorhiza Raf.

香根芹（原变种）**Osmorhiza aristata** var. **aristata**

习性：多年生，中小草本，高25~70cm；湿生植物。

生境：沟谷、林下、溪边等，海拔200~3500m。

分布：东北、华东、华中、西南。

疏叶香根芹Osmorhiza aristata var. **laxa** (Royle) Constance & Shan

习性：多年生，中小草本，高25~70cm；湿生植物。

生境：林下、草丛、溪边、沟谷等，海拔1600~3500m。

分布：贵州、云南、四川、西藏、陕西、甘肃。

山芹属 Ostericum Hoffm.

全叶山芹（原变种）**Ostericum maximowiczii** var. **maximowiczii**

习性：多年生，中小草本，高0.4~1m；半湿生植物。

生境：林下、林缘、草甸等，海拔2200~2300m。

分布：黑龙江、吉林、内蒙古、四川。

大全叶山芹Ostericum maximowiczii var. **australe** (Kom.) Kitag.

习性：多年生，中小草本，高0.4~1.5m；半湿生植物。

生境：林下、草甸等，海拔1300~2300m。

分布：黑龙江、吉林。

丝叶山芹Ostericum maximowiczii var. **filisectum** (Y. C. Chu) R. H. Shan & C. Q. Yuan

习性：多年生，中小草本，高20~60cm；半湿生

植物。

生境：林下、草甸、河岸坡等，海拔2200~2300m。

分布：黑龙江。

山芹Ostericum sieboldii (Miq.) Nakai

习性：多年生，中草本，高0.5~1.5m；半湿生植物。

生境：林下、河谷、草丛等，海拔600~1200m。

分布：黑龙江、吉林、辽宁、内蒙古、河北、山东、陕西。

绿花山芹Ostericum viridiflorum (Turcz.) Kitag.

习性：多年生，中草本，高0.5~1.5m；湿生植物。

生境：沼泽草甸、沼泽边、河岸坡、溪边、草丛等，海拔800~1100m。

分布：黑龙江、吉林、辽宁。

前胡属 Peucedanum L.

滨海前胡Peucedanum japonicum Thunb.

习性：多年生，中小草本，高0.3~1m；半湿生植物。

生境：海岸滩地或滨海地区，海拔达100m。

分布：山东、江苏、上海、浙江、福建、香港、台湾。

前胡Peucedanum praeruptorum Dunn

习性：多年生，中小草本，高0.1~1m；半湿生植物。

生境：林缘、草丛等，海拔200~2000m。

分布：吉林、辽宁、江苏、安徽、浙江、江西、福建、河南、湖北、湖南、广西、贵州、四川、甘肃。

滇芎属 Physospermopsis H. Wolff

楔叶滇芎Physospermopsis cuneata H. Wolff

习性：多年生，小草本，高30~40cm；半湿生植物。

生境：草丛、水边等，海拔3000~4000m。

分布：云南、四川。

滇芎Physospermopsis delavayi (Franch.) H. Wolff

习性：多年生，中草本，高50~80cm；半湿生植物。

生境：林下、河岸坡、沟边等，海拔2800~3900m。

分布：云南、四川。

小滇芎Physospermopsis kingdon-wardii (H. Wolff) C. Norman

习性：多年生，小草本，高5~10cm；湿生植物。

生境：林下、草甸、沼泽、流石坡等，海拔2700~4800m。

分布：云南、四川、西藏。

丽江滇芎 Physospermopsis shaniana C. Y. Wu & F. T. Pu

习性：多年生，小草本，高15~20cm；湿生植物。

生境：灌丛、草丛、草甸、流石坡等，海拔2900~4700m。

分布：云南、四川、西藏。

茴芹属 Pimpinella L.

尖叶茴芹 Pimpinella acuminata (Edgew.) C. B. Clarke

习性：多年生，中草本，高0.6~1m；半湿生植物。

生境：林下、林缘、草丛、路边等，海拔800~3700m。

分布：云南、四川、西藏、青海。

短柱茴芹 Pimpinella brachystyla Hand.-Mazz.

习性：多年生，中小草本，高30~80cm；半湿生植物。

生境：林下、林缘、谷地、草丛、溪边、沟边、岩石等，海拔500~2400m。

分布：内蒙古、河北、山西、河南、湖北、云南、四川、陕西、甘肃。

杏叶茴芹 Pimpinella candolleana Wight & Arn.

习性：多年生，中小草本，高0.1~1m；半湿生植物。

生境：林下、灌丛、草丛、沟边、路边等，海拔1300~3500m。

分布：广东、广西、贵州、云南、四川。

中甸茴芹 Pimpinella chungdienensis C. Y. Wu ex Shan & F. T. Pu

习性：多年生，中小草本，高30~70cm；半湿生植物。

生境：林下、灌丛、草丛、岩壁、沟边等，海拔2400~3500m。

分布：云南、四川、西藏。

蛇床茴芹 Pimpinella cnidioides H. Pearson ex H. Wolff

习性：多年生，小草本，高20~40cm；半湿生植物。

生境：沟谷、草甸、河岸坡等，海拔达3000m。

分布：黑龙江、吉林、内蒙古、河北。

革叶茴芹 Pimpinella coriacea (Franch.) H. Boissieu

习性：多年生，中小草本，高30~70cm；半湿生植物。

生境：林下、沟边等，海拔900~3500m。

分布：广西、贵州、云南、四川。

异叶茴芹 Pimpinella diversifolia DC.

习性：多年生，草本，高0.3~2m；半湿生植物。

生境：林下、草丛、溪边、沟边等，海拔100~3300m。

分布：山西、山东、浙江、福建、河南、湖北、湖南、广东、海南、广西、重庆、四川、陕西、甘肃、青海。

川鄂茴芹 Pimpinella henryi Diels

习性：多年生，中草本，高0.5~1m；半湿生植物。

生境：林下、河岸坡等，海拔1500~3100m。

分布：湖北、四川、陕西、甘肃。

德钦茴芹 Pimpinella kingdon-wardii H. Wolff

习性：多年生，中小草本，高0.3~1m；半湿生植物。

生境：林下、林缘、灌丛、草丛、草甸、溪边等，海拔1700~4000m。

分布：云南、四川、西藏。

菱叶茴芹 Pimpinella rhomboidea Diels

习性：多年生，中草本，高0.5~1m；湿生植物。

生境：林下、灌丛、草丛、沟边等，海拔1200~3700m。

分布：河北、河南、贵州、四川、陕西、甘肃。

丽江茴芹 Pimpinella rockii H. Wolff

习性：多年生，小草本，高10~40cm；湿生植物。

生境：林缘、草甸、岩壁等，海拔2300~4500m。

分布：云南。

锯边茴芹 Pimpinella serra Franch. & Sav.

习性：多年生，中小草本，高40~70cm；湿生植物。

生境：林下、沟边等，海拔800~1000m。

分布：安徽、浙江。

木里茴芹 Pimpinella silvatica Hand.-Mazz.

习性：多年生，中草本，高50~70cm；湿生植物。

生境：林下、河岸坡等，海拔2500~3400m。

分布：云南、四川。

直立茴芹 Pimpinella smithii H. Wolff

习性：多年生，中小草本，高0.3~1.5m；半湿生

植物。

生境：灌丛、草丛、沟边等，海拔1400~3600m。

分布：内蒙古、山西、河南、湖北、广西、云南、四川、陕西、甘肃、青海。

羊红膻Pimpinella thellungiana H. Wolff

习性：多年生，中小草本，高30~80cm；半湿生植物。

生境：林下、灌丛、草丛、河岸坡等，海拔600~1700m。

分布：黑龙江、吉林、辽宁、内蒙古、河北、山西、山东、陕西。

云南茴芹Pimpinella yunnanensis (Franch.) H. Wolff

习性：多年生，中小草本，高30~60cm；半湿生植物。

生境：林下、灌丛、草甸、溪边等，海拔1400~3200m。

分布：云南、四川。

棱子芹属 Pleurospermum Hoffm.

美丽棱子芹Pleurospermum amabile Craib & W. W. Sm.

习性：多年生，小草本，高20~40cm；湿生植物。

生境：灌丛、草甸、流石坡等，海拔3600~5100m。

分布：云南、西藏。

归叶棱子芹Pleurospermum angelicoides (Wall. ex DC.) C. B. Clarke

习性：多年生，中草本，高0.8~1m；半湿生植物。

生境：林下、林缘、灌丛、草甸、河岸坡、沟边等，海拔2700~3800m。

分布：云南、四川、西藏。

芳香棱子芹Pleurospermum aromaticum W. W. Sm.

习性：多年生，中小草本，高0.4~1m；湿生植物。

生境：林下、林缘、灌丛、草甸、溪边、沟边、流石坡、路边等，海拔2500~4100m。

分布：云南、四川、西藏。

二色棱子芹Pleurospermum bicolor (Franch.) C. Norman ex Z. H. Pan & M. F. Watson

习性：多年生，小草本，高10~40cm；湿生植物。

生境：灌丛、草甸等，海拔3500~4300m。

分布：云南、四川、西藏。

翼叶棱子芹Pleurospermum decurrens Franch.

习性：多年生，中小草本，高0.4~1m；湿生植物。

生境：林下、林缘、草甸等，海拔3000~4000m。

分布：云南。

丽江棱子芹Pleurospermum foetens Franch.

习性：多年生，小草本，高10~30cm；湿生植物。

生境：草甸、漂石间、流石坡等，海拔3800~4000m。

分布：云南、四川、西藏、甘肃。

垫状棱子芹Pleurospermum hedinii Diels

习性：多年生，小草本，高4~5cm；湿生植物。

生境：草丛、草甸、河漫滩、流石坡等，海拔4200~5000m。

分布：云南、西藏、青海。

喜马拉雅棱子芹Pleurospermum hookeri C. B. Clarke

习性：多年生，小草本，高20~40cm；湿生植物。

生境：灌丛、草甸、沼泽、沟边、流石滩等，海拔3500~5300m。

分布：云南、四川、西藏、甘肃、青海。

线裂棱子芹Pleurospermum linearilobum W. W. Sm.

习性：多年生，中小草本，高30~60cm；半湿生植物。

生境：林下、草甸、流石滩等，海拔2300~4400m。

分布：云南、四川。

矮棱子芹Pleurospermum nanum Franch.

习性：多年生，小草本，高5~10cm；湿生植物。

生境：灌丛、沼泽草甸等，海拔3000~4600m。

分布：云南、西藏。

青藏棱子芹Pleurospermum pulszkyi Kanitz

习性：多年生，小草本，高8~40cm；湿生植物。

生境：草甸、流石坡等，海拔3600~4600m。

分布：云南、西藏、甘肃、青海。

心叶棱子芹Pleurospermum rivulorum (Diels) M. Hiroe

习性：多年生，中草本，高0.7~1.5m；湿生植物。

生境：草丛、草甸、溪边、沟边、流石滩等，海拔2800~4000m。

分布：云南。

青海棱子芹Pleurospermum szechenyii Kanitz

习性：多年生，小草本，高15~40cm；湿生植物。

生境：灌丛、草丛、草甸、流石坡等，海拔3700~4200m。

分布：西藏、甘肃、青海。

泽库棱子芹Pleurospermum tsekuense Shan

习性：多年生，小草本，高35~50cm；湿生植物。

生境：灌丛、草丛、沼泽草甸、山坡、流石滩等，海拔3400~4500m。

分布：青海。

棱子芹Pleurospermum uralense Hoffm.

习性：多年生，大中草本，高1~2m；湿生植物。

生境：林下、林缘、草甸、河岸坡、溪边等。

分布：吉林、辽宁、内蒙古、河北、山西、陕西、新疆。

粗茎棱子芹Pleurospermum wilsonii H. Boissieu

习性：多年生，小草本，高10~40cm；湿生植物。

生境：林下、草甸、湖岸坡、溪边、流石坡等，海拔2500~4600m。

分布：云南、四川、西藏、甘肃、青海、新疆。

瘤果棱子芹Pleurospermum wrightianum H. Boissieu

习性：多年生，小草本，高30~50cm；湿生植物。

生境：灌丛、草甸、流石滩等，海拔3600~4700m。

分布：云南、四川、西藏、青海。

囊瓣芹属 Pternopetalum Franch.

散血芹(原变种)Pternopetalum botrychioides var. botrychioides

习性：多年生，中小草本，高15~60cm；湿生植物。

生境：沟谷、林下、灌丛等，海拔700~3000m。

分布：贵州、云南、重庆、四川。

宽叶散血芹Pternopetalum botrychioides var. latipinnulatum Shan

习性：多年生，中小草本，高15~60cm；湿生植物。

生境：林下、沟边等，海拔800~1400m。

分布：四川。

丛枝囊瓣芹Pternopetalum caespitosum Shan

习性：一年生，中小草本，高20~60cm；湿生植物。

生境：林下、灌丛、沟边等，海拔2300~3000m。

分布：四川、陕西、甘肃、西藏。

囊瓣芹Pternopetalum davidii Franch.

习性：多年生，小草本，高20~45cm；半湿生植物。

生境：林下、灌丛、沟边、路边等，海拔1500~3000m。

分布：湖北、贵州、云南、四川、陕西、甘肃。

澜沧囊瓣芹Pternopetalum delavayi (Franch.) Hand.-Mazz.

习性：多年生，中小草本，高30~60cm；半湿生植物。

生境：林下、灌丛、草丛、草甸、河岸坡、溪边等，海拔2300~3600m。

分布：云南、四川、西藏、甘肃。

纤细囊瓣芹Pternopetalum gracillimum (H. Wolff) Hand.-Mazz.

习性：多年生，小草本，高10~20cm；半湿生植物。

生境：林下、岩石等，海拔1500~2800m。

分布：湖北、云南、四川、甘肃。

薄叶囊瓣芹Pternopetalum leptophyllum (Dunn) Hand.-Mazz.

习性：多年生，小草本，高10~30cm；湿生植物。

生境：林缘、沟边、岩壁等，海拔1000~1800m。

分布：四川。

川鄂囊瓣芹Pternopetalum rosthornii (Diels) Hand.-Mazz.

习性：多年生，中小草本，高30~80cm；湿生植物。

生境：林下、河谷、河岸坡、岩石等，海拔1300~2200m。

分布：湖北、重庆、四川。

膜蕨囊瓣芹Pternopetalum trichomanifolium (Franch.) Hand.-Mazz.

习性：多年生，中小草本，高30~60cm；湿生植物。

生境：林下、溪边、沟边、岩壁等，海拔600~2400m。

分布：江西、湖北、湖南、广东、广西、贵州、云南、重庆、四川、西藏。

变豆菜属 Sanicula L.

天蓝变豆菜Sanicula caerulescens Franch.

习性：多年生，小草本，高2~7cm；半湿生植物。

生境：林下、溪边、路边等，海拔800~1600m。

分布：云南、重庆、四川。

变豆菜**Sanicula chinensis** Bunge

习性：多年生，中小草本，高0.3~1m；半湿生植物。

生境：林下、林缘、溪边、沟边、路边等，海拔200~2300m。

分布：全国各地。

软雀花**Sanicula elata** Buch.-Ham. ex D. Don

习性：多年生，中小草本，高20~80cm；半湿生植物。

生境：林下、河岸坡、沟边等，海拔1000~3300m。

分布：广西、云南、四川、西藏。

鳞果变豆菜**Sanicula hacquetioides** Franch.

习性：多年生，小草本，高5~30cm；半湿生植物。

生境：林下、草丛、草甸、河岸坡、沟边等，海拔2600~4000m。

分布：贵州、云南、四川、西藏、甘肃。

薄片变豆菜**Sanicula lamelligera** Hance

习性：多年生，小草本，高10~30cm；半湿生植物。

生境：林下、河谷、溪边等，海拔500~2000m。

分布：安徽、浙江、江西、湖北、广东、广西、贵州、云南、四川、台湾。

直刺变豆菜**Sanicula orthacantha** S. Moore

习性：多年生，小草本，高8~50cm；半湿生植物。

生境：林下、河谷、溪边、路边等，海拔260~3200m。

分布：安徽、浙江、江西、福建、湖北、湖南、广东、广西、贵州、云南、重庆、四川、陕西、甘肃。

红花变豆菜**Sanicula rubriflora** F. Schmidt ex Maxim.

习性：多年生，小草本，高20~50cm；湿生植物。

生境：林下、林缘、灌丛、草丛、草甸、溪流、沟边、路边等，海拔200~2900m。

分布：黑龙江、吉林、辽宁、内蒙古、浙江、四川。

锯叶变豆菜**Sanicula serrata** H. Wolff

习性：多年生，小草本，高8~30cm；湿生植物。

生境：林下、沟边等，海拔1300~3200m。

分布：湖北、云南、四川、西藏、甘肃、青海。

天目变豆菜**Sanicula tienmuensis** Shan & Constance

习性：多年生，小草本，高20~30cm；半湿生植物。

生境：林下、溪边、沟边等，海拔500~800m。

分布：浙江、四川。

瘤果变豆菜**Sanicula tuberculata** Maxim.

习性：多年生，小草本，高10~15cm；湿生植物。

生境：林下、草丛、沼泽、河岸坡、路边等，海拔200~600m。

分布：黑龙江。

苞裂芹属 **Schulzia** Spreng.

白花苞裂芹**Schulzia albiflora** (Kar. & Kir.) Popov

习性：多年生，小草本，高20~30cm；湿生植物。

生境：草甸、草丛等，海拔2700~4600m。

分布：新疆。

天山苞裂芹**Schulzia prostrata** Pimenov & Kljuykov

习性：多年生，小草本，高约10cm；湿生植物。

生境：草甸，海拔2500~3200m。

分布：新疆。

小芹属 **Sinocarum** H. Wolff

紫茎小芹**Sinocarum coloratum** (Diels) H. Wolff ex Shan & F. T. Pu

习性：多年生，小草本，高8~25cm；湿生植物。

生境：林下、草甸、岩石等，海拔2900~4700m。

分布：云南、四川、西藏。

钝瓣小芹（原变种）**Sinocarum cruciatum var. cruciatum**

习性：多年生，小草本，高25~30cm；湿生植物。

生境：林下、灌丛、草甸、河岸坡等，海拔2800~4200m。

分布：云南、四川、西藏。

尖瓣小芹**Sinocarum cruciatum** var. **linearilobum** (Franch.) Shan & F. T. Pu

习性：多年生，小草本，高25~30cm；湿生植物。

生境：沟谷、灌丛、草甸等，海拔3500~3800m。

分布：云南、四川、西藏。

少辐小芹**Sinocarum pauciradiatum** Shan & F. T. Pu

习性：多年生，小草本，高3~5cm；湿生植物。

生境：灌丛、草甸、岩石等，海拔3200~4500m。

分布：云南、四川、西藏。

舟瓣芹属 Sinolimprichtia H. Wolff

舟瓣芹（原变种）Sinolimprichtia alpina var. alpina

习性：多年生，小草本，高15~30cm；湿生植物。

生境：灌丛、草甸、流石滩、岩石等，海拔3300~5000m。

分布：云南、四川、西藏、青海。

裂苞舟瓣芹 Sinolimprichtia alpina var. dissecta Shan & S. L. Liou

习性：多年生，小草本，高15~30cm；湿生植物。

生境：灌丛、草甸、流石滩、岩石等，海拔3500~4800m。

分布：云南、四川、西藏。

泽芹属 Sium L.

滇西泽芹 Sium frigidum Hand.-Mazz.

习性：多年生，小草本，高5~15cm；湿生植物。

生境：林下、草丛、沼泽草甸、溪流、沼泽、水沟等，海拔3100~3700m。

分布：云南。

欧泽芹 Sium latifolium L.

习性：多年生，中草本，高0.7~1.5m；湿生植物。

生境：草甸、沼泽、溪边、沟边等，海拔400~500m。

分布：新疆。

中亚泽芹 Sium medium Fisch. & C. A. Mey.

习性：多年生，中小草本，高45~60cm；水湿生植物。

生境：沼泽、湖岸坡、溪边等，海拔600~1330m。

分布：安徽、新疆。

拟泽芹 Sium sisaroideum DC.

习性：多年生，中草本，高0.5~1m；湿生植物。

生境：林下、草甸、沼泽、河岸坡、溪边等，海拔100~1300m。

分布：新疆。

泽芹 Sium suave Walter

习性：多年生，中草本，高0.5~1.2m；水湿生植物。

生境：草丛、沼泽草甸、沼泽、河流、溪流、湖泊、池塘、水沟等，海拔达2800m。

分布：黑龙江、吉林、辽宁、内蒙古、河北、北京、山西、山东、江苏、浙江、河南、四川、宁夏、台湾。

东俄芹属 Tongoloa H. Wolff

云南东俄芹 Tongoloa loloensis (Franch.) H. Wolff

习性：多年生，中小草本，高0.3~1.1m；湿生植物。

生境：草丛、沼泽边、路边等，海拔2500~3700m。

分布：云南。

城口东俄芹 Tongoloa silaifolia (H. Boissieu) H. Wolff

习性：多年生，中小草本，高30~60cm；水湿生植物。

生境：草丛、草甸、湖岸坡、池塘等，海拔2200~4000m。

分布：云南、重庆、四川、陕西、青海。

短鞘东俄芹 Tongoloa smithii H. Wolff

习性：多年生，中草本，高50~60cm；湿生植物。

生境：沼泽，海拔约4000m。

分布：四川。

牯岭东俄芹 Tongoloa stewardii H. Wolff

习性：多年生，中小草本，高0.3~1m；湿生植物。

生境：林下、草丛、沟边、路边等，海拔800~1400m。

分布：安徽、江西、福建、贵州、云南。

条叶东俄芹 Tongoloa taeniophylla (H. Boissieu) H. Wolff

习性：多年生，小草本，高18~25cm；水湿生植物。

生境：沟谷、草丛、草甸、池塘等，海拔3200~4200m。

分布：云南、重庆、四川、青海。

细叶东俄芹 Tongoloa tenuifolia H. Wolff

习性：多年生，小草本，高20~50cm；水湿生植物。

生境：林下、草丛、沼泽等，海拔1900~4300m。

分布：云南、四川、西藏。

窃衣属 Torilis Adans.

小窃衣 Torilis japonica (Houtt.) DC.

习性：一或多年生，中小草本，高0.2~1.2m；半湿生植物。

生境：林下、林缘、河岸坡、溪边、沟边、草丛、路边等，海拔100~3800m。

分布：除黑龙江、内蒙古外其他地区。

窃衣Torilis scabra (Thunb.) DC.

习性：一或多年生，中小草本，高30~90cm；半湿生植物。

生境：林下、林缘、河岸坡、溪边、沟边、草丛、田埂、田间、路边等，海拔200~2400m。

分布：河北、北京、山东、江苏、安徽、上海、浙江、江西、福建、河南、湖北、湖南、广东、广西、贵州、四川、陕西、甘肃。

瘤果芹属 Trachydium Lindl.

单叶瘤果芹Trachydium simplicifolium W. W. Sm.

习性：多年生，小草本，高7~30cm；湿生植物。

生境：草甸、流石坡等，海拔2700~4000m。

分布：云南。

密瘤瘤果芹Trachydium subnudum C. B. Clarke ex H. Wolff

习性：多年生，小草本，高10~30cm；湿生植物。

生境：灌丛、草甸等，海拔4200~5000m。

分布：四川、西藏。

西藏瘤果芹Trachydium tibetanicum H. Wolff

习性：多年生，小草本，高8~30cm；湿生植物。

生境：草甸、岩坡、岩石等，海拔3000~4000m。

分布：云南、四川、西藏。

三叶瘤果芹Trachydium trifoliatum H. Wolff

习性：多年生，小草本，高4~10cm；湿生植物。

生境：草甸，海拔3900~4200m。

分布：云南。

凹乳芹属 Vicatia DC.

西藏凹乳芹Vicatia thibetica H. Boissieu

习性：多年生，中小草本，高30~75cm；半湿生植物。

生境：林下、灌丛、草丛、沟边等，海拔2700~4000m。

分布：云南、四川、西藏、青海。

45. 夹竹桃科 Apocynaceae

罗布麻属 Apocynum L.

白麻Apocynum pictum Schrenk

习性：中小亚灌木，高0.5~2m；半湿生植物。

生境：河岸坡、湖岸坡、盐碱地等，海拔1000~2900m。

分布：甘肃、青海、新疆。

罗布麻Apocynum venetum L.

习性：亚灌木，高0.8~4m；半湿生植物。

生境：草甸、河岸坡、湖岸坡、平原、盐碱地等，海拔达2700m。

分布：黑龙江、吉林、辽宁、内蒙古、河北、北京、天津、山西、山东、安徽、江苏、河南、西藏、陕西、宁夏、甘肃、青海、新疆。

海杧果属 Cerbera L.

海杧果Cerbera manghas L.

习性：常绿，小乔木，高3~8m；水陆生植物。

生境：高潮线附近、潮上带、入海河口等。

分布：广东、海南、广西、香港、澳门、台湾。

鹅绒藤属 Cynanchum L.

戟叶鹅绒藤Cynanchum acutum subsp. **sibiricum** (Willd.) Rech. f.

习性：多年生，草质藤本；半湿生植物。

生境：河岸坡、沟边、田间、路边等，海拔900~1700m。

分布：内蒙古、河北、西藏、宁夏、甘肃、新疆。

合掌消Cynanchum amplexicaule (Siebold & Zucc.) Hemsl.

习性：多年生，中草本，高0.5~1m；半湿生植物。

生境：草丛、草甸、河岸坡、田埂等，海拔100~1000m。

分布：黑龙江、吉林、辽宁、内蒙古、河北、天津、山东、江苏、江西、河南、湖北、湖南、广西、陕西。

牛皮消Cynanchum auriculatum Royle ex Wight

习性：蔓性或缠绕亚灌木；半湿生植物。

生境：林缘、灌丛、河岸坡、溪边、沟边、路边等，海拔达3500m。

分布：北京、山西、江苏、上海、江西、河南、湖北、广西、云南、四川、西藏、陕西。

鹅绒藤Cynanchum chinense R. Br.

习性：多年生，缠绕草本；半湿生植物。

生境：林缘、灌丛、草甸、河岸坡、溪边、沟边、田埂、路边等，海拔达900m。

分布：吉林、辽宁、河北、北京、天津、山西、山东、江苏、浙江、河南、陕西、宁夏、甘肃、青海。

大理白前Cynanchum forrestii Schltr.

习性：多年生，中小草本，高40~90cm；半湿生植物。

生境：沟谷、林下、林缘、河岸坡、溪边、沟边等，海拔1000~3500m。

分布：贵州、云南、四川、西藏、甘肃。

白前Cynanchum glaucescens (Decne.) Hand.-Mazz.

习性：多年生，小草本，高30~50cm；半湿生植物。

生境：河岸坡、溪边、路边等，海拔100~800m。

分布：江苏、浙江、江西、福建、湖南、广东、广西、四川。

水白前Cynanchum hydrophilum Tsiang & Zhang

习性：多年生，中小草本，高40~80cm；水湿生植物。

生境：河岸坡、洼地等，海拔200~2300m。

分布：重庆、四川。

徐长卿Cynanchum paniculatum (Bunge) Kitag.

习性：多年生，中草本，高0.5~1m；半湿生植物。

生境：林缘、灌丛、草甸、河岸坡、溪边、沟边、田间等，海拔100~1500m。

分布：辽宁、内蒙古、河北、北京、天津、山西、山东、江苏、安徽、浙江、江西、福建、河南、湖北、湖南、广东、广西、贵州、云南、四川、陕西、甘肃、香港、台湾。

柳叶白前Cynanchum stauntonii (Decne.) Schltr. ex H. Lév.

习性：多年生，中小草本，高30~70cm；水湿生

植物。

生境：沟谷、河流、溪流、水沟等，海拔400~1000m。

分布：辽宁、内蒙古、河北、天津、山西、山东、江苏、安徽、浙江、江西、福建、河南、湖北、湖南、广东、广西、贵州、云南、四川、陕西、甘肃、香港、台湾。

地梢瓜Cynanchum thesioides (Freyn) K. Schum.

习性：多年生，小草本，高10~40cm；半湿生植物。

生境：草丛、河岸坡、湖岸坡、田埂等，海拔200~2000m。

分布：黑龙江、吉林、辽宁、内蒙古、河北、天津、山西、山东、江苏、河南、湖南、陕西、甘肃、新疆。

蔓白前Cynanchum volubile (Maxim.) Hemsl.

习性：多年生，缠绕草本，长达3m；湿生植物。

生境：林缘、灌丛、草甸、路边等，海拔200~600m。

分布：黑龙江、辽宁。

夹竹桃属 Nerium L.

夹竹桃Nerium oleander L.

习性：常绿，小乔木，高3~6m；半湿生植物。

生境：河岸坡、溪边、湖岸坡、沟边、河口等。

分布：吉林、辽宁、河北、北京、天津、山东、江苏、安徽、上海、浙江、江西、福建、河南、湖北、湖南、广东、海南、广西、贵州、云南、重庆、四川、陕西、甘肃、香港、澳门。

长节珠属 Parameria Benth.

长节珠Parameria laevigata (Juss.) Moldenke

习性：常绿，木质藤本；半湿生植物。

生境：沟谷、林下、溪边等，海拔500~1700m。

分布：广西、云南。

杠柳属 Periploca L.

杠柳Periploca sepium Bunge

习性：落叶，蔓性灌木；半湿生植物。

生境：林缘、河岸坡、沟边等，海拔500~2100m。

分布：吉林、辽宁、内蒙古、河北、北京、天津、山西、山东、江苏、江西、河南、贵州、四川、陕西、甘肃、宁夏。

络石属 **Trachelospermum** Lem.

络石Trachelospermum jasminoides (Lindl.) Lem.

习性：常绿，木质藤本；半湿生植物。

生境：林下、林缘、河岸坡、溪边、湖岸坡、塘基、沟边、路边等，海拔达3500m。

分布：天津、山西、山东、江苏、安徽、浙江、江西、福建、河南、湖北、湖南、广东、海南、广西、贵州、云南、四川、西藏、香港、台湾。

46. 水蕹科 **Aponogetonaceae**

水蕹属 **Aponogeton** L. f.

水蕹Aponogeton lakhonensis A. Camus

习性：多年生，中小草本；浮叶植物。

生境：池塘、溪流、水沟、田中等，海拔达700m。

分布：浙江、江西、福建、湖北、广东、海南、广西、云南、台湾。

47. 冬青科 **Aquifoliaceae**

冬青属 **Ilex** L.

枸骨Ilex cornuta Lindl. & Paxton

习性：常绿，灌木或乔木，高0.6~4m；半湿生植物。

生境：溪边、湖岸坡、塘基、沟边等，海拔100~1900m。

分布：北京、山东、江苏、安徽、浙江、江西、福建、河南、湖北、湖南、广东、海南、广西。

河滩冬青Ilex metabaptista Loes.

习性：常绿，灌木或乔木，高2~5m；半湿生植物。

生境：河岸坡、溪边等，海拔300~1200m。

分布：湖北、湖南、广西、贵州、云南、重庆、四川。

48. 天南星科 **Araceae**

广东万年青属 **Aglaonema** Schott

广东万年青 Aglaonema modestum Schott ex Engl.

习性：多年生，中小草本，高40~70cm；湿生植物。

生境：林下、溪边、沟边等，海拔500~1700m。

分布：广东、广西、贵州、云南。

海芋属 **Alocasia** (Schott) G. Don

尖尾芋Alocasia cucullata (Lour.) G. Don

习性：多年生，小草本，高20~50cm；湿生植物。

生境：林下、溪边、沟边、田间等，海拔达2000m。

分布：浙江、福建、广东、海南、广西、贵州、云南、四川、台湾。

尖叶海芋Alocasia longiloba Miq.

习性：多年生，中草本，高0.6~1.5m；湿生植物。

生境：林下、灌丛、沟边等，海拔100~1000m。

分布：广东、海南、广西、云南。

热亚海芋Alocasia macrorrhizos (L.) G. Don

习性：多年生，中草本，高0.5~1.5m；湿生植物。

生境：林下、溪边、沟边、路边等，海拔达800m。

分布：福建、广东、海南、广西、贵州、云南、四川、西藏、台湾。

海芋Alocasia odora (Roxb.) K. Koch

习性：多年生，大中草本，高0.5~3m；湿生植物。

生境：沟谷、林下、河岸坡、溪边、沟边等，海拔达1700m。

分布：江西、福建、湖南、广东、海南、广西、贵州、云南、重庆、四川、台湾。

魔芋属 **Amorphophallus** Blume ex Decne.

桂平魔芋Amorphophallus coaetaneus S. Y. Liu & S. J. Wei

习性：多年生，大中草本，高0.5~3m；湿生植物。

生境：林下、溪边、沟边等，海拔300~900m。

分布：广西、云南。

魔芋Amorphophallus konjac K. Koch

习性：多年生，中草本，高0.5~1.2m；湿生植物。

生境：林缘、溪边、沟边、路边等，海拔200~3000m。

分布：陕西、宁夏、甘肃、长江以南。

天南星属 **Arisaema** Mart.

东北南星Arisaema amurense Maxim.

习性：多年生，小草本，高10~30cm；湿生植物。

生境：沟谷、林下、林间、林缘、河岸坡、溪边、沟边等，海拔100~1200m。

分布：黑龙江、吉林、辽宁、内蒙古、河北、北京、山西、山东、河南、宁夏。

象南星 Arisaema elephas Buchet

习性：多年生，小草本，高20~30cm；湿生植物。

生境：林下、草甸、河岸坡、溪边、沟边、岩石等，海拔1800~4000m。

分布：贵州、云南、重庆、四川、西藏、甘肃。

一把伞南星 Arisaema erubescens (Wall.) Schott

习性：多年生，中小草本，高40~80cm；湿生植物。

生境：林下、灌丛、草丛、溪边、沟边、岩石等，海拔达3200m。

分布：河北、山西、山东、安徽、江西、福建、河南、湖北、湖南、广东、广西、贵州、四川、陕西、甘肃、台湾。

天南星 Arisaema heterophyllum Blume

习性：多年生，中小草本，高30~60cm；湿生植物。

生境：沟谷、林下、林缘、灌丛、沟边等，海拔达2700m。

分布：除西藏外其他地区。

细齿南星 Arisaema peninsulae Nakai

习性：多年生，中小草本，高0.4~1m；湿生植物。

生境：沟谷、林下、林间、林缘、河岸坡等，海拔达500m。

分布：黑龙江、吉林、辽宁、内蒙古、河南。

水芋属 Calla L.

水芋 Calla palustris L.

习性：多年生，小草本，高10~50cm；挺水植物。

生境：沼泽、湖泊、池塘、溪流、水沟等，海拔达1100m。

分布：黑龙江、吉林、辽宁、内蒙古、江苏。

芋属 Colocasia Schott

卷苞芋 Colocasia affinis Schott

习性：多年生，中小草本，高30~60cm；湿生植物。

生境：林下、林缘、沟边等，海拔800~1400m。

分布：云南。

野芋 Colocasia antiquorum Schott

习性：多年生，中草本，高0.5~1.2m；水湿生植物。

生境：林下、林缘、沟边等，海拔600~1200m。

分布：云南。

芋（原变种）Colocasia esculenta var. esculenta

习性：多年生，中草本，高0.5~1.2m；水陆生植物。

生境：池塘、溪流、水沟、田中、田间等，海拔达2400m。

分布：江苏、安徽、浙江、江西、福建、河南、湖北、湖南、广东、海南、广西、贵州、云南、重庆、四川、西藏、陕西、台湾。

野芋头 Colocasia esculenta var. antiquorum (Schott) Hubb. & Rehder

习性：多年生，中草本，高0.5~1.2m；水湿生植物。

生境：林下、沼泽、池塘、溪边、水沟等，海拔100~700m。

分布：江苏、安徽、浙江、江西、福建、湖北、湖南、广东、海南、广西、贵州、云南、四川。

假芋 Colocasia fallax Schott

习性：多年生，中草本，高0.8~1.5m；湿生植物。

生境：沟谷、林下、灌丛、沟边、岩石等，海拔800~1400m。

分布：广西、贵州、云南、西藏。

大野芋 Colocasia gigantea (Blume) Hook. f.

习性：多年生，大中草本，高0.7~2.5m；湿生植物。

生境：沟谷、林下、溪边、沟边、路边等，海拔100~800m。

分布：安徽、浙江、江西、福建、湖南、广东、广西、贵州、云南、四川。

隐棒花属 Cryptocoryne Fisch. ex Wydler

旋苞隐棒花（原变种）Cryptocoryne crispatula var. crispatula

习性：多年生，小草本；沉水植物。

生境：河流、溪流等，海拔达600m。

分布：广东、广西、贵州。

广西隐棒花 Cryptocoryne crispatula var. balansae (Gagnep.) N. Jacobsen

习性：多年生，小草本；沉水植物。

生境：河流、溪流、水沟等，海拔达700m。

分布：广西。

宽叶隐棒花Cryptocoryne crispatula var. planifolia Hang Zhou, H. W. He & N. Jacobsen

习性：多年生，小草本；沉水植物。
生境：溪流。
分布：广西。

北越隐棒花Cryptocoryne crispatula var. tonkinensis (Gagnep.) N. Jacobsen

习性：多年生，小草本；沉水植物。
生境：河流、溪流等，海拔达200m。
分布：广东、广西。

八仙过海 Cryptocoryne crispatula var. yunnanensis (H. Li) H. Li & N. Jacobsen

习性：多年生，小草本，高5~20cm；水湿生植物。
生境：河流、溪流等，海拔200~600m。
分布：云南。

千年健属 Homalomena Schott

千年健Homalomena occulta (Lour.) Schott

习性：多年生，小草本，高20~50cm；湿生植物。
生境：林下、溪边、沟边等，海拔达1100m。
分布：广东、海南、广西、云南。

少根萍属 Landoltia Les & D. J. Crawford

少根萍Landoltia punctata (G. Mey.) Les & D. J. Crawford

习性：一年生，小草本；漂浮植物。
生境：湖泊、池塘、泉眼、沟渠、田中、蓄水池等，海拔达2400m。
分布：浙江、福建、河南、湖北、广西、云南、四川、西藏、台湾。

刺芋属 Lasia Lour.

刺芋Lasia spinosa (L.) Thwaites

习性：多年生，大中草本，高0.5~2m；水湿生植物。
生境：沟谷、林下、沼泽、溪流、池塘、水沟、田间、园林等，海拔达1600m。
分布：广东、海南、广西、云南、西藏、台湾。

浮萍属 Lemna L.

稀脉浮萍Lemna aequinoctialis Welw.

习性：一年生，小草本；漂浮植物。
生境：沼泽、河流、溪流、湖泊、池塘、水库、沟渠、田中、运河、蓄水池等，海拔达2800m。
分布：黑龙江、吉林、辽宁、河北、山西、山东、江苏、安徽、浙江、江西、福建、河南、湖北、广东、海南、贵州、云南、重庆、四川、西藏、陕西、青海、台湾。

日本浮萍Lemna japonica Landolt

习性：一年生，小草本；漂浮植物。
生境：湖泊、水库、池塘、沟渠等，海拔达2900m。
分布：黑龙江、内蒙古、河北、山西、山东、江苏、浙江、河南、湖北、云南、四川、陕西。

浮萍Lemna minor L.

习性：一年生，小草本；漂浮植物。
生境：沼泽、河流、溪流、湖泊、池塘、水库、沟渠、田中、运河、蓄水池等，海拔达3000m。
分布：全国各地。

单脉萍Lemna minuta Kunth

习性：一年生，小草本；漂浮植物。
生境：池塘、沟渠、田中、蓄水池等。
分布：黑龙江。

品藻Lemna trisulca L.

习性：多年生，小草本；沉水植物。
生境：沼泽、湖泊、池塘、泉眼、水沟等，海拔达3000m。
分布：黑龙江、吉林、内蒙古、河北、山西、江苏、安徽、浙江、江西、湖北、湖南、广东、云南、四川、西藏、陕西、甘肃、青海、新疆、台湾。

鳞根萍Lemna turionifera Landolt

习性：一年生，小草本；漂浮植物。
生境：湖泊、池塘、泉眼、溪流等，海拔达3000m。
分布：黑龙江、内蒙古、河北、安徽。

龟背竹属 Monstera Adans.

龟背竹Monstera deliciosa Liebm.

习性：多年生，攀援灌木；湿生植物。
生境：林下、溪边、沟边等，海拔达1700m。

分布：福建、广东、广西、云南；原产于墨西哥。

水金杖属 Orontium L.

水金杖 Orontium aquaticum L.

习性：多年生，小草本，高20~50cm；挺水植物。
生境：湖泊、池塘、水沟、园林等。
分布：上海、浙江、广东；原产于北美洲。

箭南星属 Peltandra Raf.

箭南星 Peltandra virginica (L.) Schott

习性：多年生，中小草本，高40~60cm；水湿生植物。
生境：池塘、水沟等。
分布：我国有栽培；原产于北美洲。

喜林芋属 Philodendron Schott

羽裂喜林芋 Philodendron bipinnatifidum Schott ex Endl.

习性：多年生，中草本，高0.5~1.5m；湿生植物。
生境：池塘、溪边、沟边、园林等。
分布：华南；原产于热带美洲。

半夏属 Pinellia Ten.

滴水珠 Pinellia cordata N. E. Br.

习性：多年生，小草本，高5~20cm；湿生植物。
生境：林下、林缘、草丛、溪边、岩石、岩壁等，海拔100~1700m。
分布：安徽、浙江、江西、福建、湖北、湖南、广东、广西、贵州。

石蜘蛛 Pinellia integrifolia N. E. Br.

习性：多年生，小草本，高5~15cm；湿生植物。
生境：溪边、沟边、岩壁等，海拔达1000m。
分布：湖北、重庆、四川。

虎掌 Pinellia pedatisecta Schott

习性：多年生，小草本，高20~50cm；湿生植物。
生境：河谷、林下、溪边、沟边等，海拔达2500m。
分布：河北、山西、山东、江苏、安徽、浙江、福建、河南、湖北、湖南、广西、贵州、云南、四川、陕西。

盾叶半夏 Pinellia peltata C. Pei

习性：多年生，小草本，高5~30cm；湿生植物。

生境：林下、岩石、岩壁等，海拔100~600m。
分布：浙江、福建。

半夏 Pinellia ternata (Thunb.) Breitenb.

习性：多年生，小草本，高20~30cm；湿生植物。
生境：林下、林缘、草丛、田埂、岩石间、岩石、岩壁等，海拔达2500m。
分布：除西藏、青海、新疆外其他地区。

大藻属 Pistia L.

大藻 Pistia stratiotes L.

习性：多年生，小草本，高5~20cm；漂浮植物。
生境：沼泽、河流、溪流、湖泊、池塘、沟渠、水库、运河、田中、河口、园林等，海拔达1900m。
分布：天津、山东、江苏、安徽、上海、浙江、江西、福建、河南、湖北、湖南、广东、海南、广西、贵州、云南、重庆、四川、西藏、新疆、香港、澳门、台湾；原产于美洲。

岩芋属 Remusatia Schott

曲苞芋 Remusatia pumila (D. Don) H. Li & A. Hay

习性：多年生，小草本，高10~20cm；湿生植物。
生境：林下、灌丛、岩石、岩壁等，海拔1000~2800m。
分布：云南、西藏。

斑龙芋属 Sauromatum Schott

高原犁头尖 Sauromatum diversifolium (Wall. ex Schott) Cusimano & Hett.

习性：多年生，小草本，高10~30cm；湿生植物。
生境：草丛、草甸等，海拔3300~4000m。
分布：云南、四川、西藏。

独角莲 Sauromatum giganteum (Engl.) Cusimano & Hett.

习性：多年生，小草本，高20~50cm；湿生植物。
生境：沟谷、草丛、沟边等，海拔达1500m。
分布：吉林、辽宁、河北、山西、山东、安徽、河南、广东、广西、云南、四川、西藏、甘肃。

斑龙芋 Sauromatum venosum (Aiton) Kunth

习性：多年生，中小草本，高20~80cm；湿生植物。
生境：林下、灌丛、河岸坡、路边等，海拔1900~

2300m。

分布：云南、西藏。

藤芋属 **Scindapsus** Schott

海南藤芋Scindapsus maclurei (Merr.) Merr. & F. P. Metcalf

习性：多年生，草质藤本；湿生植物。

生境：林下，海拔400~600m。

分布：海南。

紫萍属 **Spirodela** Schleid.

紫萍Spirodela polyrhiza (L.) Schleid.

习性：多年生，小草本；漂浮植物。

生境：沼泽、河流、溪流、湖泊、池塘、水库、沟渠、田中、蓄水池等，海拔达2900m。

分布：黑龙江、吉林、辽宁、内蒙古、河北、北京、山西、山东、江苏、安徽、上海、浙江、江西、福建、河南、湖北、湖南、广东、广西、贵州、云南、重庆、四川、西藏、陕西、甘肃、青海、新疆、台湾。

泉七属 **Steudnera** K. Koch

泉七Steudnera colocasiifolia K. Koch

习性：多年生，小草本，高5~20cm；湿生植物。

生境：林下、草丛、岩石、岩壁等，海拔600~1400m。

分布：广西、云南。

全缘泉七Steudnera griffithii (Schott) Hook. f.

习性：多年生，小草本，高10~40cm；湿生植物。

生境：沟谷、林下、灌丛等，海拔100~1200m。

分布：云南。

臭菘属 **Symplocarpus** Salisb. ex W. P. C. Barton

日本臭菘Symplocarpus nipponicus Makino

习性：多年生，小草本，高10~30cm；湿生植物。

生境：林下、沼泽草甸等，海拔达300m。

分布：黑龙江、吉林。

臭菘Symplocarpus renifolius Schott ex Tzvelev

习性：多年生，小草本，高10~50cm；水湿生植物。

生境：林下、林缘、草丛、沼泽草甸、沼泽等，海拔达300m。

分布：黑龙江、吉林。

合果芋属 **Syngonium** Schott

合果芋Syngonium podophyllum Schott

习性：多年生，草质藤本；湿生植物。

生境：林下、溪边、塘基、沟边、园林等。

分布：江苏、安徽、浙江、福建、湖北、湖南、广东、广西、贵州、云南、四川、陕西、甘肃；原产于南美洲。

犁头尖属 **Typhonium** Schott

犁头尖Typhonium blumei Nicolson & Sivad.

习性：多年生，小草本，高10~20cm；湿生植物。

生境：草丛、田间、岩石、岩壁等，海拔达1200m。

分布：浙江、福建、湖北、湖南、广东、海南、广西、贵州、重庆。

鞭檐犁头尖Typhonium flagelliforme (Lodd.) Blume

习性：多年生，小草本，高10~30cm；水湿生植物。

生境：溪流、水沟、水田等，海拔200~700m。

分布：江西、广东、广西、云南。

金慈姑Typhonium roxburghii Schott

习性：多年生，小草本，高10~40cm；湿生植物。

生境：溪边、沟边、田埂、田间等，海拔200~2000m。

分布：广西、云南、台湾。

三叶犁头尖Typhonium trifoliatum F. T. Wang & T. Y. Yao ex H. Li, Y. Shiao & S. L. Tseng

习性：多年生，小草本，高20~30cm；湿生植物。

生境：林下、草丛、河岸坡、田埂等，海拔达700m。

分布：内蒙古、北京、河北、山西、陕西。

无根萍属 **Wolffia** Horkel ex Schleid.

无根萍Wolffia globosa (Roxb.) Hartog & Plas

习性：多年生，小草本；漂浮植物。

生境：沼泽、河流、湖泊、池塘、水库、沟渠、田中、蓄水池等，海拔达1300m。

分布：天津、安徽、江苏、上海、浙江、江西、河南、湖北、湖南、广东、广西、贵州、云南、重庆、西藏、甘肃、台湾。

马蹄莲属 Zantedeschia Spreng.

马蹄莲Zantedeschia aethiopica (L.) Spreng.

习性：多年生，中草本，高0.5~1m；水湿生植物。
生境：湖岸坡、溪边、池塘、沟边等。
分布：北京、江苏、福建、云南、四川、陕西、台湾；原产于非洲。

白马蹄莲Zantedeschia albomaculata (Hook.) Baill.

习性：多年生，中小草本，高40~80cm；湿生植物。
生境：溪边、沟边、塘基、园林等。
分布：上海、云南、重庆、四川、台湾；原产于非洲。

红马蹄莲Zantedeschia rehmannii Engl.

习性：多年生，小草本，高20~40cm；湿生植物。
生境：沟边、塘基、园林等。
分布：广东、云南；原产于非洲。

49. 五加科 Araliaceae

天胡荽属 Hydrocotyle L.

吕宋天胡荽Hydrocotyle benguetensis Elmer

习性：多年生，匍匐草本；湿生植物。
生境：草丛、溪边、路边等，海拔约1800m。
分布：台湾。

毛柄天胡荽Hydrocotyle dichondroides Makino

习性：多年生，匍匐草本；湿生植物。
生境：林下、岩壁等，海拔200~2500m。
分布：台湾。

裂叶天胡荽Hydrocotyle dielsiana H. Wolff

习性：多年生，直立或匍匐草本，高15~30cm；湿生植物。
生境：林缘、草丛、路边等，海拔1000~1700m。
分布：湖北、四川。

喜马拉雅天胡荽Hydrocotyle himalaica P. K. Mukh.

习性：多年生，直立或匍匐草本，高10~50cm；湿生植物。

生境：河谷、林下、草丛、沟边等，海拔100~2200m。
分布：湖南、海南、贵州、云南、四川、西藏。

缅甸天胡荽（原亚种）Hydrocotyle hookeri subsp. **hookeri**

习性：多年生，匍匐草本，高17~35cm；湿生植物。
生境：林缘、河岸坡、沟边等，海拔900~2900m。
分布：湖南、广东、云南、四川、西藏。

中华天胡荽Hydrocotyle hookeri subsp. **chinensis** (Dunn ex Shan & S. L. Liou) M. F. Watson & M. L. Sheh

习性：多年生，匍匐草本，高8~37cm；湿生植物。
生境：沟谷、林下、草丛、河岸坡、沟边、路边等，海拔1000~2900m。
分布：湖南、云南、贵州、四川。

普渡天胡荽Hydrocotyle hookeri subsp. **handelii** (H. Wolff) M. F. Watson & M. L. Sheh

习性：多年生，直立或匍匐草本，高15~50cm；湿生植物。
生境：沟谷、林缘、草丛、沟边、路边等，海拔1700~2500m。
分布：云南、四川。

白头天胡荽Hydrocotyle leucocephala Cham. & Schltdl.

习性：多年生，匍匐草本，高5~15cm；水湿生植物。
生境：河流、溪流、水沟、池塘、田间等。
分布：台湾；原产于南美洲。

红马蹄草Hydrocotyle nepalensis Hook.

习性：多年生，匍匐草本，高5~45cm；湿生植物。
生境：林缘、河岸坡、溪边、沟边、路边、田埂、草丛等，海拔300~3600m。
分布：安徽、浙江、江西、河南、湖北、湖南、广东、海南、广西、贵州、云南、四川、西藏、陕西。

密伞天胡荽Hydrocotyle pseudoconferta Masam.

习性：多年生，匍匐草本，高6~30cm；湿生植物。
生境：沟谷、林下、草丛、河岸坡、溪边、沟边、路边等，海拔800~1500m。
分布：云南、四川、台湾。

长梗天胡荽Hydrocotyle ramiflora Maxim.

习性：多年生，匍匐草本，高10~26cm；湿生植物。

生境：林下、草丛等，海拔500~1500m。

分布：浙江、云南、台湾。

怒江天胡荽Hydrocotyle salwinica Shan & S. L. Liou

习性：多年生，直立或匍匐草本，高30~70cm；湿生植物。

生境：林下、草丛、河岸坡、溪边、沟边、路边、岩石等，海拔1600~3100m。

分布：云南、西藏。

刺毛天胡荽Hydrocotyle setulosa Hayata

习性：多年生，匍匐草本；湿生植物。

生境：林下、灌丛、草丛、路边等，海拔1500~3000m。

分布：台湾。

天胡荽（原变种）Hydrocotyle sibthorpioides var. sibthorpioides

习性：多年生，匍匐草本；水湿生植物。

生境：林下、林缘、灌丛、草丛、沼泽、河岸坡、溪边、湖岸坡、沟边、田埂等，海拔100~3000m。

分布：江苏、安徽、上海、浙江、江西、福建、湖北、湖南、广东、海南、广西、贵州、云南、重庆、四川、陕西、甘肃、台湾。

破铜钱 Hydrocotyle sibthorpioides var. batrachium (Hance) Hand.-Mazz. ex Shan

习性：多年生，匍匐草本；水湿生植物。

生境：林下、林缘、灌丛、草丛、河岸坡、溪边、沟边、路边、消落带、田埂等，海拔达2600m。

分布：江苏、安徽、上海、浙江、江西、福建、河南、湖北、湖南、广东、广西、四川、澳门、台湾；原产于热带美洲。

南美天胡荽Hydrocotyle vulgaris L.

习性：多年生，匍匐草本；水湿生植物。

生境：河流、溪流、水沟、池塘、田间等。

分布：辽宁、江苏、安徽、上海、浙江、江西、福建、河南、湖南、湖北、广东、广西、贵州、云南、四川、台湾；原产于南美洲。

肾叶天胡荽Hydrocotyle wilfordii Maxim.

习性：多年生，匍匐草本，高20~50cm；水湿生植物。

生境：河谷、河岸坡、溪边、沟边、田间等，海拔

200~2300m。

分布：浙江、江西、福建、广东、广西、贵州、云南、四川、台湾。

鄂西天胡荽Hydrocotyle wilsonii Diels ex R. H. Shan & S. L. Liou

习性：多年生，直立或匍匐草本，高10~45cm；湿生植物。

生境：林下、草丛等，海拔1200~1800m。

分布：湖北、重庆。

通脱木属 Tetrapanax (K. Koch) K. Koch

通脱木Tetrapanax papyrifer (Hook.) K. Koch

习性：常绿，灌木或乔木，高1~3.5m；半湿生植物。

生境：林缘、溪边、沟边、路边等，海拔100~2800m。

分布：安徽、浙江、江西、福建、湖北、湖南、广东、广西、贵州、云南、四川、陕西、台湾。

50. 棕榈科 Arecaceae
椰子属 Cocos L.

椰子Cocos nucifera L.

习性：常绿，大中乔木状，高15~30m；半湿生植物。

生境：高潮线附近、潮上带、入海河口、堤内、沟边等。

分布：广东、海南、云南、台湾。

水椰属 Nypa Steck

水椰Nypa fruticans Wurmb

习性：常绿，大灌木状，高4~7m；挺水植物。

生境：潮间带、入海河口等。

分布：海南。

刺葵属 Phoenix L.

刺葵Phoenix loureiroi Kunth

习性：常绿，灌木或乔木状，高2~6m；半湿生植物。

生境：高潮线附近、红树林内缘、潮上带、林缘、溪边、沟边等。

分布：福建、广东、海南、广西、云南、香港、台湾。

51. 马兜铃科 Aristolochiaceae

马兜铃属 Aristolochia L.

背蛇生Aristolochia tuberosa C. F. Liang & S. M. Hwang

习性：多年生，草质藤本；半湿生植物。
生境：沟谷、灌丛、溪边、沟边等，海拔100~1600m。
分布：湖北、湖南、广西、贵州、云南、四川。

细辛属 Asarum L.

花叶细辛Asarum cardiophyllum Franch.

习性：多年生，小草本，高10~25cm；湿生植物。
生境：林下、草丛、溪边等，海拔400~1100m。
分布：云南、四川。

短尾细辛Asarum caudigerellum C. Y. Cheng & C. S. Yang

习性：多年生，小草本，高20~30cm；湿生植物。
生境：林下、溪边、岩石等，海拔1600~2100m。
分布：湖北、贵州、云南、四川。

尾花细辛Asarum caudigerum Hance

习性：多年生，小草本，高10~30cm；湿生植物。
生境：林下、溪边、沟边、路边等，海拔300~1700m。
分布：福建、湖北、湖南、广东、广西、贵州、云南、四川、台湾。

双叶细辛Asarum caulescens Maxim.

习性：多年生，小草本，高10~30cm；湿生植物。
生境：林下，海拔1200~1700m。
分布：湖北、贵州、四川、陕西、甘肃。

川北细辛Asarum chinense Franch.

习性：多年生，小草本，高5~20cm；湿生植物。
生境：河谷、林下等，海拔1300~1800m。
分布：湖北、四川。

皱花细辛Asarum crispulatum C. Y. Cheng & C. S. Yang

习性：多年生，小草本，高5~35cm；湿生植物。
生境：林下，海拔600~1300m。
分布：重庆、四川。

铜钱细辛Asarum debile Franch.

习性：多年生，小草本，高10~15cm；湿生植物。
生境：岩石、岩壁、溪边等，海拔1300~2300m。
分布：安徽、湖北、四川、陕西。

川滇细辛Asarum delavayi Franch.

习性：多年生，小草本，高10~30cm；湿生植物。
生境：林下，海拔600~1600m。
分布：云南、四川。

杜衡Asarum forbesii Maxim.

习性：多年生，小草本，高5~40cm；湿生植物。
生境：林下、沟边等，海拔100~1200m。
分布：江苏、安徽、浙江、江西、河南、湖北、四川。

福建细辛Asarum fukienense C. Y. Cheng & C. S. Yang

习性：多年生，小草本，高5~20cm；湿生植物。
生境：林下，海拔200~1500m。
分布：安徽、浙江、江西、福建。

地花细辛Asarum geophilum Hemsl.

习性：多年生，小草本，高5~20cm；湿生植物。
生境：河谷、林下等，海拔200~700m。
分布：广东、广西、贵州。

细辛Asarum heterotropoides F. Schmidt

习性：多年生，小草本，高10~30cm；半湿生植物。
生境：林下、沟边等，海拔400~2100m。
分布：黑龙江、吉林、辽宁。

单叶细辛Asarum himalaicum Hook. f. & Thomson ex Klotzsch

习性：多年生，小草本，高10~25cm；湿生植物。
生境：林下、溪边等，海拔1300~3100m。
分布：湖北、贵州、四川、西藏、陕西、甘肃。

小叶马蹄香Asarum ichangense C. Y. Cheng & C. S. Yang

习性：多年生，小草本，高15~25cm；湿生植物。
生境：林下、溪边等，海拔300~1500m。
分布：安徽、浙江、江西、福建、湖北、湖南、广东、广西。

金耳环Asarum insigne Diels

习性：多年生，小草本，高10~25cm；湿生植物。
生境：林下，海拔400~1300m。

分布：江西、广东、广西。

大花细辛Asarum macranthum Hook. f.

习性：多年生，小草本，高10~20cm；湿生植物。

生境：林下，海拔500~2200m。

分布：江西、湖北、广西、重庆、台湾。

祁阳细辛Asarum magnificum Tsiang ex C. Y. Cheng & C. S. Yang

习性：多年生，小草本，高10~25cm；湿生植物。

生境：林下，海拔200~700m。

分布：湖南、广东。

大叶马蹄香Asarum maximum Hemsl.

习性：多年生，小草本，高5~30cm；半湿生植物。

生境：林下、山坡、沟边等，海拔300~1400m。

分布：湖北、四川。

南川细辛Asarum nanchuanense C. S. Yang & J. L. Wu

习性：多年生，小草本，高5~20cm；湿生植物。

生境：岩石、岩壁等，海拔300~1500m。

分布：重庆。

红金耳环Asarum petelotii O. C. Schmidt

习性：多年生，小草本，高15~25cm；湿生植物。

生境：林下、灌丛等，海拔1100~1700m。

分布：云南。

紫背细辛Asarum porphyronotum C. Y. Cheng & C. S. Yang

习性：多年生，小草本，高15~30cm；半湿生植物。

生境：林下、灌丛等，海拔1000~1200m。

分布：四川。

长毛细辛Asarum pulchellum Hemsl.

习性：多年生，小草本，高10~25cm；湿生植物。

生境：林下，海拔700~1700m。

分布：安徽、江西、湖北、贵州、云南、四川。

肾叶细辛Asarum renicordatum C. Y. Cheng & C. S. Yang

习性：多年生，小草本，高10~20cm；湿生植物。

生境：草丛、沟边、水边等，海拔600~1000m。

分布：江苏、安徽。

汉城细辛Asarum sieboldii Miq.

习性：多年生，小草本，高5~20cm；湿生植物。

生境：林下、灌丛、沟边等，海拔700~2300m。

分布：辽宁、江西、湖北。

青城细辛Asarum splendens (F. Maek.) C. Y. Cheng & C. S. Yang

习性：多年生，小草本，高10~35cm；湿生植物。

生境：林下、草丛、路旁等，海拔600~1300m。

分布：湖北、贵州、云南、四川。

五岭细辛Asarum wulingense C. F. Liang

习性：多年生，小草本，高10~20cm；湿生植物。

生境：林下、沟边等，海拔700~1300m。

分布：江西、湖南、广东、广西、贵州。

马蹄香属 Saruma Oliv.

马蹄香Saruma henryi Oliv.

习性：多年生，中草本，高0.5~1m；湿生植物。

生境：沟谷、林下、溪边、沟边等，海拔600~1600m。

分布：江西、湖北、贵州、四川、陕西、甘肃。

52. 天门冬科 Asparagaceae

绵枣儿属 Barnardia Lindl.

绵枣儿Barnardia japonica (Thunb.) Schult. & Schult. f.

习性：多年生，中小草本，高20~80cm；水陆生植物。

生境：林缘、水沟、田间等，海拔达2600m。

分布：黑龙江、吉林、辽宁、内蒙古、河北、山西、山东、江苏、浙江、江西、河南、湖北、湖南、广东、广西、云南、四川、台湾。

开口箭属 Campylandra Baker

弯蕊开口箭Campylandra wattii C. B. Clarke

习性：多年生，小草本，高10~50m；湿生植物。

生境：沟谷、林下、溪边等，海拔500~2800m。

分布：广东、广西、贵州、云南、四川。

铃兰属 Convallaria L.

铃兰Convallaria majalis L.

习性：多年生，小草本，高18~30cm；湿生植物。

生境：林下、林缘、灌丛、沟边等，海拔800~2500m。

分布：黑龙江、吉林、辽宁、内蒙古、河北、山西、山东、浙江、河南、湖南、陕西、宁夏、甘肃。

竹根七属 Disporopsis Hance

散斑竹根七 Disporopsis aspersa (Hua) Engl. ex Krause
习性：多年生，中小草本，高10~90cm；湿生植物。
生境：沟谷、林下、溪边等，海拔700~2900m。
分布：湖北、湖南、广西、云南、四川。

玉簪属 Hosta Tratt.

东北玉簪 Hosta ensata F. Maek.
习性：多年生，中小草本，高30~55cm；半湿生植物。
生境：林下、林缘、溪边、沟边等，海拔达500m。
分布：吉林、辽宁。

紫萼 Hosta ventricosa (Salisb.) Stearn
习性：多年生，中草本，高0.5~1m；半湿生植物。
生境：沟谷、林下、草丛、溪边、沟边等，海拔500~2400m。
分布：北京、山东、江苏、安徽、浙江、江西、福建、湖北、湖南、广东、广西、贵州、四川。

舞鹤草属 Maianthemum F. H. Wiggers

舞鹤草 Maianthemum bifolium (L.) F. W. Schmidt
习性：多年生，小草本，高8~25cm；湿生植物。
生境：林下、灌丛、溪边等，海拔500~2700m。
分布：黑龙江、吉林、辽宁、内蒙古、河北、山西、四川、陕西、甘肃、青海、新疆。

兴安鹿药 Maianthemum dahuricum (Turcz. ex Fisch. & C. A. Mey.) La Frankie
习性：多年生，中小草本，高30~60cm；湿生植物。
生境：林下、林缘、草丛、草甸、沼泽等，海拔400~1000m。
分布：黑龙江、吉林、辽宁、内蒙古。

西南鹿药 Maianthemum fuscum (Wall.) La Frankie
习性：多年生，小草本，高25~50cm；湿生植物。

生境：林下、灌丛、沟边等，海拔1600~2800m。
分布：云南、西藏。

管花鹿药 Maianthemum henryi (Baker) La Frankie
习性：多年生，中草本，高50~80cm；湿生植物。
生境：林下、灌丛、草甸、溪边、流石滩、沟边等，海拔1300~4000m。
分布：山西、河南、湖北、湖南、云南、四川、西藏、陕西、甘肃。

鹿药 Maianthemum japonicum (A. Gray) La Frankie
习性：多年生，中小草本，高30~60cm；湿生植物。
生境：林下、岩石、岩壁等，海拔900~2000m。
分布：黑龙江、吉林、辽宁、河北、山西、山东、江苏、安徽、浙江、江西、福建、河南、湖北、湖南、广西、贵州、四川、陕西、甘肃。

四川鹿药 Maianthemum szechuanicum (F. T. Wang & T. Tang) H. Li
习性：多年生，小草本，高40~50cm；湿生植物。
生境：林下、河岸坡等，海拔2000~3600m。
分布：云南、四川。

窄瓣鹿药 Maianthemum tatsienense (Franch.) La Frankie
习性：多年生，中小草本，高30~80cm；湿生植物。
生境：林下、林缘、草丛等，海拔1500~3500m。
分布：湖北、湖南、广西、贵州、云南、四川、甘肃。

三叶鹿药 Maianthemum trifolium (L.) Sloboda
习性：多年生，小草本，高10~20cm；湿生植物。
生境：林下、林缘、沼泽、河岸坡等，海拔400~700m。
分布：黑龙江、吉林、内蒙古。

沿阶草属 Ophiopogon Ker Gawl.

连药沿阶草 Ophiopogon bockianus Diels
习性：多年生，小草本，高15~30cm；半湿生植物。
生境：沟谷、林下、溪边、沟边等，海拔900~2100m。
分布：湖北、湖南、广西、贵州、云南、四川。

沿阶草 Ophiopogon bodinieri H. Lév.
习性：多年生，小草本，高15~35cm；湿生植物。

生境：林下、灌丛、草丛、沟边、田间、田埂等，海拔200~3500m。

分布：北京、山西、安徽、江西、河南、湖北、贵州、云南、四川、西藏、陕西、甘肃、台湾。

棒叶沿阶草Ophiopogon clavatus C. H. Wright ex Oliv.

习性：多年生，小草本，高7~11cm；半湿生植物。

生境：沟谷、林下、草丛、水边等，海拔1000~1600m。

分布：湖北、湖南、广东、广西、贵州、四川。

褐鞘沿阶草Ophiopogon dracaenoides (Baker) Hook. f.

习性：多年生，中小草本，高20~70cm；湿生植物。

生境：沟谷、林下、溪边等，海拔200~1800m。

分布：广西、贵州、云南。

间型沿阶草Ophiopogon intermedius D. Don

习性：多年生，小草本，高15~50cm；半湿生植物。

生境：沟谷、林下、灌丛、草丛、溪边等，海拔700~3000m。

分布：河南、湖北、湖南、广东、海南、广西、贵州、云南、四川、西藏、陕西、台湾。

麦冬Ophiopogon japonicus (L. f.) Ker Gawl.

习性：多年生，小草本，高6~27cm；半湿生植物。

生境：沟谷、林下、草丛、溪边、沟边等，海拔达2000m。

分布：河北、山东、江苏、安徽、浙江、江西、福建、河南、湖北、湖南、广东、广西、贵州、云南、重庆、四川、陕西、甘肃、台湾。

黄精属 **Polygonatum** Mill.

卷叶黄精Polygonatum cirrhifolium (Wall.) Royle

习性：多年生，中小草本，高30~90cm；半湿生植物。

生境：河谷、林下、草丛、溪边、岩石等，海拔1700~4100m。

分布：湖北、湖南、广西、贵州、云南、四川、甘肃。

小玉竹Polygonatum humile Fisch. ex Maxim.

习性：多年生，小草本，高15~50cm；半湿生植物。

生境：林下、林缘、草丛、草甸、河岸坡、沟边等，海拔800~2200m。

分布：黑龙江、吉林、辽宁、内蒙古、河北、山西。

滇黄精Polygonatum kingianum Collett & Hemsl.

习性：多年生，大中草本，高1~3m；半湿生植物。

生境：林下、灌丛、草丛、沟边、岩石等，海拔700~3600m。

分布：广西、贵州、云南、四川。

玉竹Polygonatum odoratum (Mill.) Druce

习性：多年生，中小草本，高20~60cm；半湿生植物。

生境：林下、林缘、草丛、河岸坡、沟边等，海拔500~3000m。

分布：黑龙江、吉林、辽宁、内蒙古、河北、北京、山西、山东、江苏、安徽、浙江、江西、河南、湖北、湖南、广西、陕西、甘肃、青海、台湾。

狭叶黄精Polygonatum stenophyllum Maxim.

习性：多年生，中草本，高0.6~1m；半湿生植物。

生境：林下、灌丛、草丛、河岸坡、沟边等。

分布：黑龙江、吉林、辽宁、内蒙古、河北。

轮叶黄精Polygonatum verticillatum (L.) All.

习性：多年生，中小草本，高40~80cm；半湿生植物。

生境：林下、草丛、草甸等，海拔2100~4200m。

分布：内蒙古、山西、云南、四川、西藏、陕西、甘肃、青海。

吉祥草属 **Reineckea** Kunth

吉祥草Reineckea carnea (Andrews) Kunth

习性：多年生，小草本，高15~30cm；湿生植物。

生境：沟谷、林下、溪边、沟边等，海拔100~3200m。

分布：江苏、安徽、浙江、江西、河南、湖北、湖南、广东、广西、贵州、云南、四川、陕西。

异蕊草属 **Thysanotus** R. Br.

异蕊草Thysanotus chinensis Benth.

习性：多年生，小草本，高20~30cm；半湿生植物。

生境：林下、草丛、塘基、潮上带等，海拔达700m。

分布：福建、广东、广西、台湾。

53. 阿福花科 Asphodelaceae

萱草属 Hemerocallis L.

黄花菜Hemerocallis citrina Baroni

习性：多年生，中小草本，高0.4~1m；半湿生植物。

生境：沟谷、林缘、草甸、沟边等，海拔达2000m。

分布：吉林、内蒙古、河北、北京、山西、山东、江苏、安徽、浙江、江西、河南、湖北、湖南、四川、陕西。

北萱草Hemerocallis esculenta Koidz.

习性：多年生，小草本，高20~50cm；半湿生植物。

生境：沟谷、草丛、河岸坡、溪边、沟边等，海拔500~2500m。

分布：辽宁、河北、山西、山东、河南、湖北、陕西、宁夏、甘肃。

萱草（原变种）**Hemerocallis fulva** var. **fulva**

习性：多年生，中小草本，高0.4~1.5m；半湿生植物。

生境：林缘、灌丛、草丛、溪边、沟边、田埂、园林等，海拔200~2500m。

分布：河北、北京、天津、山西、山东、江苏、安徽、浙江、江西、福建、河南、湖北、湖南、广东、广西、贵州、云南、重庆、四川、西藏、陕西、台湾。

重瓣萱草Hemerocallis fulva var. **kwanso** Regel

习性：多年生，中草本，高0.6~1.2m；半湿生植物。

生境：林缘、溪边、湖岸坡、塘基、沟边等，海拔200~2500m。

分布：黑龙江、吉林、辽宁、北京、天津、山东、浙江、湖北、云南。

北黄花菜Hemerocallis lilioasphodelus L.

习性：多年生，中草本，高70~80cm；半湿生植物。

生境：沟谷、林下、灌丛、草丛、草原、沼泽草甸等，海拔100~2300m。

分布：黑龙江、吉林、辽宁、河北、山西、山东、江苏、江西、河南、陕西、甘肃。

大苞萱草Hemerocallis middendorffii Trautv. & C. A. Mey.

习性：多年生，中小草本，高40~80cm；半湿生植物。

生境：林下、草原、草甸等，海拔600~2000m。

分布：黑龙江、吉林、辽宁。

小黄花菜Hemerocallis minor Mill.

习性：多年生，中小草本，20~60cm；半湿生植物。

生境：林间、灌丛、草丛、沼泽草甸等，海拔100~2300m。

分布：黑龙江、吉林、辽宁、内蒙古、河北、山西、山东、陕西、甘肃。

折叶萱草Hemerocallis plicata Stapf

习性：多年生，中小草本，高40~80cm；半湿生植物。

生境：沟谷、灌丛、草丛等，海拔1500~3200m。

分布：云南、四川。

54. 菊科 Asteraceae

刺苞果属 Acanthospermum Schrank

刺苞果Acanthospermum hispidum DC.

习性：一年生，中小草本，高35~60cm；半湿生植物。

生境：灌丛、草丛、河岸坡、沟边、路边等，海拔400~1900m。

分布：北京、福建、广东、海南、广西、云南、四川；原产于南美洲。

蓍属 Achillea L.

齿叶蓍Achillea acuminata (Ledeb.) Sch. Bip.

习性：多年生，中小草本，高0.3~1.1m；湿生植物。

生境：林缘、草丛、草甸、湖岸坡、塘基、沟边等，海拔500~2900m。

分布：黑龙江、吉林、内蒙古、河北、山西、河南、陕西、宁夏、甘肃、青海。

高山蓍Achillea alpina L.

习性：多年生，中小草本，高30~80cm；半湿生植物。

生境：河谷、林缘、灌丛、草丛、草甸、河岸坡、沟边等，海拔800~2400m。

分布：黑龙江、吉林、辽宁、内蒙古、河北、北京、山西、安徽、云南、四川、陕西、宁夏、甘肃、青海。

亚洲蓍**Achillea asiatica** Serg.

习性：多年生，中小草本，高15~60cm；半湿生植物。

生境：林缘、草丛、草甸、河岸坡、溪边等，海拔600~2600m。

分布：黑龙江、辽宁、内蒙古、河北、新疆。

蓍**Achillea millefolium** L.

习性：多年生，中小草本，高0.4~1m；半湿生植物。

生境：林下、林缘、草丛、草原、草甸、溪边、路边等，海拔200~2000m。

分布：黑龙江、吉林、辽宁、内蒙古、河北、北京、天津、山西、山东、江苏、上海、浙江、江西、福建、河南、湖北、湖南、广东、海南、广西、贵州、云南、重庆、四川、陕西、新疆。

短瓣蓍**Achillea ptarmicoides** Maxim.

习性：多年生，中草本，高0.7~1m；半湿生植物。

生境：河谷、林间、灌丛、草丛、草甸、路边等，海拔200~400m。

分布：黑龙江、辽宁、内蒙古、河北。

柳叶蓍**Achillea salicifolia** Besser

习性：多年生，中小草本，高35~90cm；湿生植物。

生境：林下、河岸坡、草丛、沼泽等，海拔500~1200m。

分布：陕西、新疆。

丝叶蓍**Achillea setacea** Waldst. & Kit.

习性：多年生，中小草本，高30~70cm；半湿生植物。

生境：林缘、草丛、草甸、河岸坡等，海拔500~2400m。

分布：黑龙江、内蒙古、新疆。

云南蓍**Achillea wilsoniana** (Heimerl ex Hand.-Mazz.) Heimerl

习性：多年生，中小草本，高0.3~1m；半湿生植物。

生境：灌丛、草丛、溪边、沟边等，海拔400~3700m。

分布：山西、湖北、湖南、贵州、云南、四川、陕西、甘肃。

金钮扣属 **Acmella** Rich.

美形金钮扣**Acmella calva** (DC.) R. K. Jansen

习性：多年生，中小草本，高20~60cm；湿生植物。

生境：林下、林缘、灌丛、沼泽、溪边、沟边、田埂、水浇地、路边等，海拔1000~2500m。

分布：云南。

金钮扣**Acmella paniculata** (Wall. ex DC.) R. K. Jansen

习性：一年生，中小草本，高20~80cm；湿生植物。

生境：林下、林缘、灌丛、溪边、沟边、田埂、水浇地、路边等，海拔100~2500m。

分布：广东、广西、云南、台湾。

和尚菜属 **Adenocaulon** Hook.

和尚菜**Adenocaulon himalaicum** Edgew.

习性：多年生，中小草本，高0.3~1m；半湿生植物。

生境：河谷、林下、灌丛、草丛、河岸坡、湖岸坡、溪边、沟边等，海拔1700~3400m。

分布：黑龙江、吉林、辽宁、河北、北京、山西、山东、安徽、浙江、江西、河南、湖北、湖南、贵州、云南、四川、西藏、陕西、甘肃。

下田菊属 **Adenostemma** J. R. Forst. & G. Forst.

下田菊（原变种）**Adenostemma lavenia** var. **lavenia**

习性：一年生，中小草本，高0.3~1m；水湿生植物。

生境：林下、林缘、灌丛、沼泽、河岸坡、溪流、湖岸坡、池塘、水沟、田间、路边等，海拔200~2000m。

分布：江苏、安徽、浙江、江西、福建、湖南、广东、海南、广西、贵州、云南、重庆、四川、甘肃、台湾。

宽叶下田菊 **Adenostemma lavenia** var. **latifolium** (D. Don) Hand.-Mazz.

习性：一年生，中小草本，高0.3~1m；水湿生植物。

生境：林下、林缘、灌丛、河岸坡、溪流、湖岸坡、池塘、水沟、田间、路边等，海拔500~2300m。

分布：江苏、浙江、福建、湖北、湖南、广东、海南、广西、贵州、云南、四川、西藏、台湾。

小花下田菊 **Adenostemma lavenia** var. **parviflorum** (Blume) Hochr.

习性：一年生，中小草本，高30~60cm；半湿生植物。

生境：沟谷、林下、溪边、沟边等，海拔300~1000m。

分布：江西、湖南、海南、台湾。

紫茎泽兰属 **Ageratina** Spach

紫茎泽兰**Ageratina adenophora** (Spreng.) R. M. King & H. Rob.

习性：多年生，大中草本，高0.5~2m；水陆生植物。

生境：林缘、草丛、河岸坡、溪边、湖泊、池塘、水沟、路边等，海拔达2200m。

分布：黑龙江、江苏、江西、福建、湖北、湖南、广东、海南、广西、贵州、云南、重庆、四川、西藏、香港、台湾；原产于墨西哥。

藿香蓟属 **Ageratum** L.

藿香蓟**Ageratum conyzoides** L.

习性：一年生，中草本，高0.5~1m；半湿生植物。

生境：沟谷、林下、林缘、草丛、河岸坡、溪边、湖岸坡、塘基、沟边、田间、田埂、弃耕田、水浇地、消落带、路边等，海拔达1800m。

分布：黑龙江、河北、北京、天津、山东、江苏、安徽、上海、浙江、江西、福建、河南、湖北、湖南、广东、海南、广西、贵州、云南、重庆、四川、陕西、澳门、台湾；原产于热带美洲。

熊耳草**Ageratum houstonianum** Mill.

习性：一年生，中小草本，高0.3~1m；半湿生植物。

生境：沟谷、林下、林缘、草丛、河岸坡、溪边、湖岸坡、塘基、沟边、田间、田埂、弃耕田、水浇地、消落带、路边等，海拔100~1500m。

分布：黑龙江、辽宁、河北、北京、天津、山东、江苏、安徽、上海、浙江、江西、福建、河南、湖南、广东、海南、广西、贵州、云南、重庆、四川、陕西、香港、台湾；原产于热带美洲。

亚菊属 **Ajania** Poljakov

短裂亚菊**Ajania breviloba** (Franch. ex Hand.-Mazz.) Y. Ling & C. Shih

习性：多年生，小草本，高8~50cm；半湿生植物。

生境：灌丛、草丛、岩石、岩壁等，海拔2800~4100m。

分布：吉林、湖北、云南、陕西。

豚草属 **Ambrosia** L.

豚草**Ambrosia artemisiifolia** L.

习性：一年生，中小草本，高0.2~1.5m；半湿生植物。

生境：草甸、河岸坡、溪边、田间、路边、水浇地等，海拔达1000m。

分布：黑龙江、吉林、辽宁、内蒙古、河北、北京、天津、山西、山东、江苏、安徽、上海、浙江、江西、福建、河南、湖北、湖南、广东、广西、贵州、云南、四川、西藏、陕西、台湾；原产于中美洲和北美洲。

三裂叶豚草**Ambrosia trifida** L.

习性：一年生，中小草本，高0.3~1.5m；半湿生植物。

生境：河岸坡、溪边、田间、路边等，海拔达1600m。

分布：黑龙江、吉林、辽宁、内蒙古、河北、北京、天津、山东、江苏、安徽、上海、浙江、江西、福建、河南、湖北、湖南、广东、广西、四川、陕西；原产于北美洲。

香青属 **Anaphalis** DC.

黄腺香青**Anaphalis aureopunctata** Lingelsh. & Borza

习性：多年生，小草本，高20~50cm；半湿生植物。

生境：沟谷、林下、林缘、草丛、草甸、路边等，海拔1000~4200m。

分布：山西、江西、河南、湖北、湖南、广东、广西、贵州、云南、四川、陕西、甘肃、青海。

二色香青**Anaphalis bicolor** (Franch.) Diels

习性：多年生，小草本，高20~50cm；半湿生植物。

生境：林下、灌丛、草丛、草甸、岩石间、弃耕水浇地、路边等，海拔2000~3800m。

分布：云南、四川、西藏、甘肃、青海。

蛛毛香青**Anaphalis busua** (Buch.-Ham.) DC.

习性：二或多年生，中草本，高0.5~1.3m；半湿生植物。

生境：沟谷、林缘、草丛、弃耕水浇地、路边等，海拔1500~2800m。

分布：云南、四川、西藏。

中甸香青Anaphalis chungtienensis F. H. Chen

习性：多年生，小草本，高15~35cm；半湿生植物。

生境：林下、灌丛、草丛、草甸等，海拔3100~4500m。

分布：云南。

萎软香青Anaphalis flaccida Y. Ling

习性：多年生，小草本，高20~30cm；半湿生植物。

生境：灌丛、草丛、草甸等，海拔1800~2400m。

分布：贵州、云南、四川。

乳白香青Anaphalis lactea Maxim.

习性：多年生，小草本，高10~40cm；半湿生植物。

生境：林下、草丛等，海拔2000~3400m。

分布：四川、甘肃、青海。

尼泊尔香青Anaphalis nepalensis (Spreng.) Hand.-Mazz.

习性：多年生，小草本，高5~30cm；半湿生植物。

生境：沟谷、林下、林缘、灌丛、草丛、草甸等，海拔2400~4500m。

分布：云南、四川、西藏、陕西、甘肃。

红指香青Anaphalis rhododactyla W. W. Sm.

习性：多年生，小草本，高5~30cm；半湿生植物。

生境：草丛、草甸、岩石间等，海拔3800~4200m。

分布：云南、四川、西藏。

香青Anaphalis sinica Hance

习性：多年生，小草本，高20~50cm；半湿生植物。

生境：灌丛、草丛、溪边、沟边、路边等，海拔400~2000m。

分布：河北、山西、山东、江苏、安徽、浙江、江西、福建、河南、湖北、湖南、广西、贵州、云南、四川、陕西、甘肃。

牛蒡属 Arctium L.

牛蒡Arctium lappa L.

习性：二年生，大中草本，高1~2m；半湿生植物。

生境：沟谷、林下、林缘、灌丛、河岸坡、河漫滩、溪边、路边等，海拔700~3500m。

分布：除西藏、海南、台湾外其他地区。

蒿属 Artemisia L.

碱蒿Artemisia anethifolia Web. ex Stechm.

习性：一或二年生，中小草本，高20~60cm；半湿生植物。

生境：河岸坡、盐碱地、盐渍化草原、湖岸坡、洼地等，海拔800~2300m。

分布：黑龙江、吉林、辽宁、内蒙古、河北、天津、山西、陕西、宁夏、甘肃、青海、新疆。

莳萝蒿Artemisia anethoides Mattf.

习性：一或二年生，中小草本，高30~90cm；半湿生植物。

生境：草丛、草原、盐碱地、河岸坡、湖岸坡、弃耕水浇地、路边等，海拔达3300m。

分布：黑龙江、吉林、辽宁、内蒙古、河北、天津、山西、山东、江苏、河南、四川、陕西、宁夏、甘肃、青海、新疆。

黄花蒿Artemisia annua L.

习性：一年生，大中草本，高0.7~2m；半湿生植物。

生境：林缘、草丛、草原、弃耕水浇地、盐碱地、沟边、田埂、路边等，海拔达3700m。

分布：全国各地。

奇蒿Artemisia anomala S. Moore

习性：多年生，中草本，高0.8~1.5m；半湿生植物。

生境：林缘、灌丛、河岸坡、溪边、湖岸坡、沟边、田间、路边等，海拔200~1200m。

分布：江苏、安徽、浙江、江西、福建、河南、湖北、湖南、广东、广西、贵州、四川、台湾。

艾Artemisia argyi H. Lév. & Vaniot

习性：多年生，中草本，高0.5~1.5m；半湿生植物。

生境：林缘、草丛、草原、弃耕水浇地、河岸坡、溪边、湖岸坡、塘基、沟边、田间、田埂、路边等，海拔达1500m。

分布：全国各地。

茵陈蒿Artemisia capillaris Thunb.

习性：二或多年生，中小草本，高0.3~1.2m；半湿生植物。

生境：林缘、草丛、弃耕水浇地、河岸坡、溪边、湖岸坡、塘基、沟边、田间、田埂、路边、潮上带等，海拔达2700m。

分布：辽宁、河北、北京、天津、山西、山东、江苏、安徽、浙江、江西、福建、河南、湖北、湖南、广东、广西、云南、重庆、四川、陕西、甘肃、台湾。

青蒿Artemisia caruifolia Buch.-Ham. ex Roxb.

习性：一或二年生，中小草本，高0.3~1.5m；半湿生植物。

生境：林缘、草丛、弃耕水浇地、洪泛地、河岸坡、沟边、路边、潮上带等，海拔达3700m。

分布：吉林、辽宁、河北、山西、山东、江苏、安徽、上海、浙江、江西、福建、河南、湖北、湖南、广东、广西、贵州、云南、重庆、四川、陕西。

滨艾Artemisia fukudo Makino

习性：二或多年生，中草本，高50~90cm；水湿生植物。

生境：高潮带、潮上带、入海河口等。

分布：浙江、台湾。

盐蒿 Artemisia halodendron Turcz. ex Besser

习性：小灌木，高50~80cm；半湿生植物。

生境：灌丛、草原、潮上带等，海拔达1500m。

分布：黑龙江、吉林、辽宁、内蒙古、河北、山西、江苏、陕西、宁夏、甘肃、新疆。

臭蒿Artemisia hedinii Ostenf.

习性：一年生，中小草本，高15~60cm；半湿生植物。

生境：林缘、草丛、湖岸坡、河岸坡、田间、路边等，海拔1000~5000m。

分布：内蒙古、河南、云南、四川、西藏、甘肃、青海、新疆。

五月艾Artemisia indica Willd.

习性：多年生，中草本，高0.5~1.5m；半湿生植物。

生境：林缘、草丛、弃耕水浇地、河岸坡、溪边、沟边、田间、田埂、路边等，海拔达2000m。

分布：吉林、辽宁、内蒙古、河北、山西、山东、江苏、安徽、浙江、江西、福建、河南、湖北、湖南、广东、海南、广西、贵州、云南、四川、西藏、陕西、甘肃、台湾。

柳叶蒿Artemisia integrifolia L.

习性：多年生，中草本，高0.5~1.2m；半湿生植物。

生境：林缘、灌丛、草丛、草甸、草原、河岸坡、沼泽、路边等，海拔200~1800m。

分布：黑龙江、吉林、辽宁、内蒙古、河北、天津、山西、湖北、陕西。

牡蒿Artemisia japonica Thunb.

习性：多年生，中草本，高0.5~1.3m；半湿生植物。

生境：林缘、灌丛、草丛、弃耕水浇地、田间、田埂、路边等，海拔达3300m。

分布：黑龙江、辽宁、河北、北京、山西、山东、江苏、安徽、浙江、江西、福建、河南、湖北、湖南、广东、广西、贵州、云南、四川、西藏、陕西、甘肃、台湾。

白苞蒿Artemisia lactiflora Wall. ex DC.

习性：多年生，大中草本，高0.5~2m；半湿生植物。

生境：沟谷、林下、林缘、灌丛、草丛、河岸坡、沟边、路边等，海拔达3000m。

分布：辽宁、江苏、安徽、浙江、江西、福建、河南、湖北、湖南、广东、海南、广西、贵州、云南、重庆、四川、陕西、甘肃、台湾。

野艾蒿Artemisia lavandulifolia DC.

习性：多年生，大中草本，高0.5~2m；半湿生植物。

生境：林缘、灌丛、草丛、河岸坡、湖岸坡、沟边、田间、田埂、路边等，海拔400~3000m。

分布：黑龙江、吉林、辽宁、内蒙古、河北、北京、天津、山西、山东、江苏、安徽、上海、浙江、江西、河南、湖北、湖南、广东、广西、贵州、云南、四川、陕西、甘肃。

白叶蒿Artemisia leucophylla C. B. Clarke

习性：多年生，中小草本，高35~70cm；半湿生植物。

生境：林缘、草丛、河岸坡、湖岸坡、沟边、路边等，海拔达4000m。

分布：黑龙江、吉林、辽宁、内蒙古、河北、山西、贵州、云南、四川、西藏、陕西、宁夏、甘肃、青海、新疆。

滨海牡蒿Artemisia littoricola Kitam.

习性：多年生，中小草本，高0.3~1m；半湿生植物。

生境：河岸坡、盐碱地、沼泽草甸等。

分布：黑龙江、内蒙古。

矮滨蒿Artemisia nakaii Pamp.

习性：二年生，中小草本，高30~60cm；半湿生植物。

生境：草原、河岸坡、盐碱地、潮上带等。

分布：辽宁、内蒙古、河北。

光沙蒿 **Artemisia oxycephala** Kitag.

习性：中草本，高50~80cm；半湿生植物。

生境：草原、盐碱地、湖岸坡等，海拔100~1600m。

分布：黑龙江、吉林、辽宁、内蒙古、河北、山西。

黑蒿 **Artemisia palustris** L.

习性：一年生，小草本，高10~40cm；半湿生植物。

生境：草甸、草原、沼泽、河岸坡、湖岸坡等，1500~1900m。

分布：黑龙江、吉林、辽宁、内蒙古、河北。

褐苞蒿 **Artemisia phaeolepis** Krasch.

习性：多年生，小草本，高15~40cm；半湿生植物。

生境：林缘、灌丛、草甸、沼泽等，海拔2500~3600m。

分布：内蒙古、山西、西藏、宁夏、甘肃、青海、新疆。

柔毛蒿 **Artemisia pubescens** Ledeb.

习性：多年生，中小草本，高25~70cm；半湿生植物。

生境：林缘、草原、草甸、路边等，海拔达3300m。

分布：黑龙江、吉林、辽宁、内蒙古、河北、山西、四川、陕西、甘肃、青海、新疆。

粗茎蒿 **Artemisia robusta** (Pamp.) Y. Ling & Y. R. Ling

习性：大中草本，高1~2m；半湿生植物。

生境：灌丛、草丛、沟边、路边等，海拔2200~3500m。

分布：云南、四川、西藏。

灰苞蒿 **Artemisia roxburghiana** Besser

习性：多年生，中草本，高0.5~1.2m；半湿生植物。

生境：河谷、草丛、弃耕水浇地、路边等，海拔700~3900m。

分布：湖北、贵州、云南、四川、西藏、陕西、甘肃、青海。

红足蒿 **Artemisia rubripes** Nakai

习性：多年生，大中草本，高0.7~1.8m；半湿生植物。

生境：林缘、灌丛、草丛、草原、草甸、河岸坡、弃耕水浇地、路边等，海拔达1300m。

分布：黑龙江、吉林、辽宁、内蒙古、河北、山西、山东、江苏、安徽、浙江、江西、福建、河南、湖南、四川。

蒌蒿 **Artemisia selengensis** Turcz. ex Besser

习性：多年生，中草本，高0.6~1.5m；水陆生植物。

生境：林下、林缘、草丛、沼泽草甸、沼泽、河流、溪流、湖泊、池塘、弃耕水浇地、路边等，海拔达2500m。

分布：黑龙江、吉林、辽宁、内蒙古、河北、北京、天津、山西、山东、江苏、安徽、浙江、江西、河南、湖北、湖南、广东、贵州、云南、四川、陕西、甘肃。

大籽蒿 **Artemisia sieversiana** Ehrh. ex Willd.

习性：一或二年生，中草本，高0.5~1.5m；半湿生植物。

生境：林缘、草原、草甸、农田等，海拔500~4200m。

分布：黑龙江、吉林、辽宁、内蒙古、河北、山西、贵州、云南、四川、西藏、陕西、宁夏、甘肃、青海、新疆。

线叶蒿 **Artemisia subulata** Nakai

习性：多年生，中小草本，高45~80cm；半湿生植物。

生境：林缘、草丛、草原、草甸、沼泽、河岸坡、湖岸坡等，海拔200~2300m。

分布：黑龙江、吉林、辽宁、内蒙古、河北、山西。

川藏蒿 **Artemisia tainingensis** Hand.-Mazz.

习性：多年生，小草本，高15~30cm；半湿生植物。

生境：草丛、草甸等，海拔3300~5300m。

分布：湖北、四川、西藏、青海。

裂叶蒿 **Artemisia tanacetifolia** L.

习性：多年生，中草本，高50~90cm；半湿生植物。

生境：林缘、灌丛、草丛、草原、草甸、盐碱地等，海拔达2400m。

分布：黑龙江、吉林、辽宁、内蒙古、河北、山西、陕西、宁夏、甘肃。

甘青蒿（原变种）**Artemisia tangutica** var. **tangutica**

习性：多年生，中草本，高50~90cm；半湿生植物。

生境：草丛、河岸坡等，海拔3000~3800m。

分布：四川、西藏、甘肃、青海。

绒毛甘青蒿 **Artemisia tangutica** var. **tomentosa** Hand.-Mazz.

习性：多年生，中草本，高50~90cm；半湿生植物。

生境：草丛、路边等，海拔3200~3300m。

分布：云南、四川。

湿地蒿Artemisia tournefortiana Rchb.

习性：一年生，大中草本，高0.5~2m；半湿生植物。

生境：林缘、草丛、草甸、路边等，海拔800~1500m。

分布：西藏、新疆。

辽东蒿Artemisia verbenacea (Kom.) Kitag.

习性：多年生，中小草本，高30~70cm；半湿生植物。

生境：草丛、河岸坡、湖岸坡、路边等，海拔2200~3500m。

分布：黑龙江、吉林、辽宁、内蒙古、山西、四川、陕西、宁夏、甘肃、青海。

毛莲蒿Artemisia vestita Wall. ex Besser

习性：多年生，中草本，高0.5~1.2m；半湿生植物。

生境：林缘、灌丛、草丛、草甸等，海拔2000~4300m。

分布：辽宁、湖北、广西、贵州、云南、四川、西藏、甘肃、青海、新疆。

藏龙蒿Artemisia waltonii J. R. Drumm. ex Pamp.

习性：中小草本，高30~60cm；半湿生植物。

生境：灌丛、草丛、草原、河岸坡、路边等，海拔3000~4300m。

分布：云南、四川、西藏、青海。

假苦菜属 Askellia W. A. Weber

弯茎假苦菜Askellia flexuosa (Ledeb.) W. A. Weber

习性：多年生，小草本，高3~30cm；湿生植物。

生境：草甸、河漫滩、沼泽、湖岸坡、溪边等，海拔800~5100m。

分布：内蒙古、山西、安徽、西藏、宁夏、甘肃、青海、新疆。

紫菀属 Aster L.

三脉紫菀（原变种）Aster ageratoides var. ageratoides

习性：多年生，中小草本，高0.4~1m；半湿生植物。

生境：沟谷、林下、林缘、灌丛、河岸坡、湖岸坡、路边等，海拔100~3400m。

分布：黑龙江、吉林、辽宁、内蒙古、河北、北京、山西、山东、浙江、江西、河南、湖北、云南、重庆、四川、陕西、甘肃、青海。

卵叶三脉紫菀Aster ageratoides var. oophyllus Y. Ling

习性：多年生，中小草本，高0.4~1m；半湿生植物。

生境：林下、灌丛、草丛、溪边等，海拔400~3100m。

分布：湖北、云南、四川、陕西。

小舌紫菀Aster albescens Wall.

习性：灌木，高0.3~4m；半湿生植物。

生境：林下、林缘、灌丛、草丛、河岸坡、沟边等，海拔400~4100m。

分布：湖北、贵州、云南、四川、西藏、甘肃。

阿尔泰狗娃花Aster altaicus Willd.

习性：多年生，中小草本，高20~60cm；半湿生植物。

生境：草甸、盐沼、河岸坡、潮上带、路边等，海拔达4700m。

分布：黑龙江、吉林、辽宁、内蒙古、河北、北京、天津、山西、山东、浙江、河南、湖北、云南、四川、西藏、陕西、宁夏、甘肃、青海、新疆、台湾。

星舌紫菀Aster asteroides (DC.) Kuntze

习性：多年生，小草本，高2~15cm；湿生植物。

生境：灌丛、草甸、沼泽等，海拔3200~3500m。

分布：云南、四川、西藏、甘肃、青海。

长叶紫菀Aster dolichophyllus Y. Ling

习性：多年生，中小草本，高30~70cm；湿生植物。

生境：林缘、灌丛、溪边、路边、岩壁等，海拔300~1200m。

分布：浙江、广西。

裂叶马兰Aster incisus Fisch.

习性：多年生，中小草本，高0.3~1.2m；半湿生植物。

生境：林下、灌丛、草丛、河岸坡、溪边、沟边、路边等，海拔400~1000m。

分布：黑龙江、吉林、辽宁、内蒙古、山西、河南、湖北。

马兰Aster indicus L.

习性：多年生，中小草本，高30~70cm；半湿生植物。

生境：林缘、草丛、溪边、沟边、田埂、田间、路边等，海拔达3900m。

分布：河北、山西、山东、江苏、安徽、上海、浙江、江西、福建、河南、湖北、湖南、广东、海南、广西、贵州、云南、重庆、四川、陕西、宁夏、甘肃、台湾。

山马兰Aster lautureanus (Debeaux) Franch.

习性：多年生，中草本，高0.5~1m；半湿生植物。

生境：灌丛、草丛、草甸、溪边、沟边等，海拔100~2200m。

分布：黑龙江、吉林、辽宁、内蒙古、河北、山西、山东、江苏、浙江、河南、陕西、宁夏、甘肃。

丽江紫菀Aster likiangensis Franch.

习性：多年生，小草本，高3~20cm；湿生植物。

生境：沟谷、草甸、沼泽、砾石坡等，海拔3500~4500m。

分布：云南、四川、西藏。

湿生紫菀Aster limosus Hemsl.

习性：多年生，中小草本，高20~70cm；水湿生植物。

生境：河流、田间等，海拔500~1300m。

分布：湖北、陕西。

圆苞紫菀Aster maackii Regel

习性：多年生，中小草本，高40~90cm；湿生植物。

生境：林缘、草丛、草甸、沼泽、洼地等，海拔400~1000m。

分布：黑龙江、吉林、辽宁、内蒙古、河北、宁夏。

川鄂紫菀Aster moupinensis (Franch.) Hand.-Mazz.

习性：多年生，小草本，高10~40cm；半湿生植物。

生境：草丛、河岸坡、岩石等，海拔100~200m。

分布：湖北、重庆。

石生紫菀Aster oreophilus Franch.

习性：多年生，中小草本，高20~60cm；湿生植物。

生境：林缘、灌丛、草丛、路边等，海拔2000~4000m。

分布：云南、四川、西藏。

琴叶紫菀Aster panduratus Nees ex Walp.

习性：多年生，中草本，高0.5~1m；半湿生植物。

生境：灌丛、草丛、溪边、路边等，海拔100~1400m。

分布：江苏、浙江、江西、福建、湖北、湖南、广东、广西、贵州、四川。

全叶马兰Aster pekinensis (Hance) F. H. Chen

习性：多年生，中小草本，高0.3~1.4m；半湿生植物。

生境：山坡、林缘、灌丛、草甸、河岸、沟边、弃耕水浇地、路边等，海拔达1600m。

分布：黑龙江、吉林、辽宁、内蒙古、河北、山西、山东、江苏、安徽、浙江、江西、河南、湖北、湖南、云南、四川、陕西、甘肃。

缘毛紫菀Aster souliei Franch.

习性：多年生，小草本，高5~50cm；半湿生植物。

生境：林缘、灌丛、草丛等，海拔2700~4600m。

分布：云南、四川、西藏、甘肃、青海。

紫菀Aster tataricus L. f.

习性：多年生，中小草本，高0.4~1.5m；半湿生植物。

生境：林缘、灌丛、草丛、草甸、沼泽、河岸坡等，海拔400~3300m。

分布：黑龙江、吉林、辽宁、内蒙古、河北、北京、山西、山东、江苏、安徽、江西、河南、湖北、贵州、四川、陕西、宁夏、甘肃。

东俄洛紫菀Aster tongolensis Franch.

习性：多年生，小草本，高10~50cm；湿生植物。

生境：林下、灌丛、草丛、溪边、湖岸坡等，海拔2500~4000m。

分布：云南、四川、西藏、甘肃、青海。

察瓦龙紫菀Aster tsarungensis (Grierson) Y. Ling

习性：多年生，小草本，高10~50cm；湿生植物。

生境：草丛、草甸等，海拔2600~4800m。

分布：云南、四川、西藏。

秋分草Aster verticillatus (Reinw.) Brouillet, Semple & Y. L. Chen

习性：多年生，中小草本，高0.1~1.5m；半湿生植物。

生境：林下、林缘、灌丛、草丛、溪边、路边等，海拔400~2500m。

分布：江西、福建、湖北、湖南、广东、广西、贵州、云南、重庆、四川、西藏、台湾。

鬼针草属 Bidens L.

婆婆针Bidens bipinnata L.

习性：一年生，中小草本，高0.3~1.5m；半湿生植物。

生境：林缘、草丛、沟边、田间、水边、路边、潮上带等，海拔达3000m。

分布：黑龙江、吉林、辽宁、内蒙古、河北、北京、天津、山西、山东、江苏、安徽、上海、浙江、江西、福建、河南、湖北、湖南、广东、广西、贵州、云南、重庆、四川、西藏、陕西、甘肃、青海、香港、澳门、台湾；原产于东亚、北美洲。

金盏银盘Bidens biternata (Lour.) Merr. & Sherff

习性：一年生，中小草本，高0.3~1.5m；半湿生植物。

生境：林缘、草丛、沟边、田间、田埂、路边等，海拔达1300m。

分布：吉林、辽宁、河北、天津、山西、山东、安徽、浙江、江西、福建、河南、湖北、湖南、广东、海南、广西、贵州、云南、重庆、陕西、甘肃、台湾。

柳叶鬼针草Bidens cernua L.

习性：一年生，中小草本，高0.3~1.2m；水湿生植物。

生境：草甸、洪泛平原、沼泽、河流、溪流、湖泊、池塘、水沟、水田等，海拔达2300m。

分布：黑龙江、吉林、辽宁、内蒙古、河北、北京、云南、四川、西藏、陕西、甘肃、新疆。

大狼杷草Bidens frondosa L.

习性：一年生，中小草本，高0.2~1.5m；水陆生植物。

生境：林缘、灌丛、草丛、沼泽、河流、溪流、湖泊、池塘、水沟、水田、消落带、路边等，海拔达2300m。

分布：黑龙江、吉林、辽宁、河北、北京、山东、江苏、安徽、上海、浙江、江西、福建、河南、湖北、湖南、广东、海南、广西、贵州、云南、重庆、四川、陕西、台湾；原产于北美洲。

羽叶鬼针草Bidens maximowicziana Oett.

习性：一年生，中小草本，高30~80cm；水陆生植物。

生境：林缘、草丛、沼泽、河流、溪流、池塘、水沟、田间、田埂、消落带、路边等。

分布：黑龙江、吉林、辽宁、内蒙古。

小花鬼针草Bidens parviflora Willd.

习性：一年生，中小草本，高20~90cm；半湿生植物。

生境：林缘、草丛、草甸、沼泽、河岸坡、溪边、沟边、田间、田埂、路边、盐碱地等。

分布：黑龙江、吉林、辽宁、内蒙古、河北、北京、山西、山东、江苏、安徽、河南、贵州、四川、陕西、宁夏、甘肃、青海。

鬼针草Bidens pilosa L.

习性：一年生，中小草本，高0.3~1m；半湿生植物。

生境：林缘、草丛、河岸坡、溪边、湖岸坡、塘基、沟边、田间、田埂、消落带、水浇地、路边等，海拔达2500m。

分布：黑龙江、辽宁、河北、北京、山西、山东、江苏、安徽、上海、浙江、江西、福建、河南、湖北、湖南、广东、海南、广西、贵州、云南、重庆、四川、西藏、陕西、甘肃、香港、澳门、台湾；原产于美洲。

大羽叶鬼针草Bidens radiata Thuill.

习性：一年生，中小草本，高20~80cm；水陆生植物。

生境：草甸、沼泽、河岸坡、湖岸坡、沟边、路边等，海拔400~1000m。

分布：黑龙江、吉林、内蒙古、新疆。

狼杷草Bidens tripartita L.

习性：一年生，中小草本，高0.2~1.5m；水陆生植物。

生境：林缘、灌丛、草丛、沼泽、河流、溪流、湖泊、池塘、水沟、水田、田间、消落带、路边等，海拔达2600m。

分布：黑龙江、吉林、辽宁、内蒙古、河北、北京、天津、山西、山东、江苏、安徽、浙江、江西、福建、河南、湖北、湖南、贵州、云南、重庆、四川、西藏、台湾。

飞廉属 Carduus L.

节毛飞廉Carduus acanthoides L.

习性：二或多年生，中小草本，高0.2~1m；半湿生植物。

生境：沟谷、林缘、灌丛、草丛、沟边、田间、田埂等，海拔200~3500m。

分布：内蒙古、河北、山西、山东、江苏、江西、河南、湖南、贵州、云南、四川、西藏、陕西、宁夏、甘肃、青海、新疆。

丝毛飞廉Carduus crispus L.

习性：二或多年生，中小草本，高0.4~1.5m；半湿生植物。

生境：林下、草丛、河岸坡、湖岸坡、沟边、田间、田埂、弃耕水浇地等，海拔400~3600m。

分布：全国各地。

飞廉Carduus nutans L.

习性：二或多年生，中小草本，高0.3~1m；半湿生植物。

生境：林下、草丛、沟边、田间、田埂、水浇地、路边等，海拔500~2300m。

分布：河南、云南、新疆。

天名精属 Carpesium L.

天名精Carpesium abrotanoides L.

习性：多年生，中小草本，高0.4~1m；半湿生植物。

生境：林缘、灌丛、草丛、河岸坡、溪边、沟边、田埂、路边等，海拔达2800m。

分布：河北、北京、山东、江苏、安徽、浙江、江西、福建、河南、湖北、湖南、广东、海南、广西、贵州、云南、重庆、四川、西藏、陕西、甘肃、台湾。

烟管头草Carpesium cernuum L.

习性：多年生，中草本，高0.5~1m；半湿生植物。

生境：林下、林缘、灌丛、草丛、沟边、弃耕水浇地、路边等，海拔500~3400m。

分布：吉林、辽宁、河北、北京、山西、山东、江苏、安徽、浙江、江西、福建、河南、湖北、湖南、广东、广西、贵州、云南、重庆、四川、西藏、陕西、甘肃、新疆、台湾。

小花金挖耳Carpesium minus Hemsl.

习性：多年生，小草本，高10~30cm；半湿生植物。

生境：林缘、草丛、河岸坡、沟边等，海拔800~1500m。

分布：江西、湖北、湖南、云南、四川、甘肃。

暗花金挖耳Carpesium triste Maxim.

习性：多年生，中小草本，高0.3~1m；湿生植物。

生境：林下、溪边等，海拔700~3700m。

分布：黑龙江、吉林、辽宁、河北、浙江、河南、湖北、贵州、陕西、甘肃、新疆、台湾。

石胡荽属 Centipeda Lour.

石胡荽Centipeda minima (L.) A. Braun & Asch.

习性：一年生，直立或平卧草本，高5~20cm；湿生植物。

生境：草丛、沼泽、河岸坡、河漫滩、溪边、湖岸坡、沟边、消落带、水浇地、水田、路边等，海拔达2500m。

分布：辽宁、河北、北京、山西、山东、江苏、安徽、浙江、江西、福建、河南、湖北、湖南、广东、海南、广西、贵州、云南、重庆、四川、陕西、台湾。

飞机草属 Chromolaena DC.

飞机草Chromolaena odorata (L.) R. M. King & H. Rob.

习性：多年生，大中草本，高1~3m；半湿生植物。

生境：林缘、草丛、河岸坡、溪边、湖岸坡、塘基、沟边、河口、田间、田埂、水浇地、路边等。

分布：江西、福建、广东、海南、广西、贵州、云南、四川、香港、澳门、台湾；原产于墨西哥。

菊属 Chrysanthemum L.

小红菊Chrysanthemum chanetii H. Lév.

习性：多年生，中小草本，高15~60cm；半湿生植物。

生境：林缘、灌丛、草原、河漫滩、沟边等，海拔300~2700m。

分布：黑龙江、吉林、辽宁、内蒙古、河北、山西、山东、陕西、宁夏、台湾。

野菊Chrysanthemum indicum L.

习性：多年生，中小草本，高0.2~1m；半湿生植物。

生境：灌丛、草丛、河岸坡、沟边、田埂、路边、潮上带等，海拔1400~2200m。

分布：黑龙江、辽宁、河北、山西、山东、江苏、安徽、浙江、江西、福建、河南、湖北、湖南、广东、广西、贵州、云南、四川、甘肃、台湾。

菊苣属 Cichorium L.

菊苣 Cichorium intybus L.

习性：多年生，中小草本，高0.4~1m；半湿生植物。

生境：草丛、河岸坡、沟边、潮上带等，海拔达3500m。

分布：黑龙江、辽宁、河北、北京、山西、山东、江苏、安徽、江西、河南、湖北、湖南、广东、贵州、四川、西藏、陕西、新疆；原产于欧洲、中亚、西亚、北非。

蓟属 Cirsium Mill.

丝路蓟（原变种）Cirsium arvense var. arvense

习性：多年生，大中草本，高0.5~1.6m；半湿生植物。

生境：草甸、湖岸坡、沟边、田间等，海拔700~4300m。

分布：西藏、甘肃、新疆。

藏蓟 Cirsium arvense var. alpestre Nägeli

习性：多年生，中小草本，高40~80cm；半湿生植物。

生境：草丛、草甸、湖岸坡、路边等，海拔500~4300m。

分布：西藏、甘肃、青海、新疆。

刺儿菜 Cirsium arvense var. integrifolium Wimm. & Grab.

习性：多年生，中小草本，高0.3~1.2m；半湿生植物。

生境：林缘、灌丛、草丛、草甸、河岸坡、弃耕水浇地、田埂、路边等，海拔100~2700m。

分布：黑龙江、吉林、辽宁、内蒙古、河北、北京、天津、山西、山东、江苏、安徽、上海、浙江、江西、福建、河南、湖北、湖南、贵州、重庆、四川、陕西、宁夏、甘肃、青海、新疆。

两面蓟 Cirsium chlorolepis Petr.

习性：多年生，中小草本，高0.3~1m；半湿生植物。

生境：林缘、灌丛、草丛、沟边、路边等，海拔1300~1800m。

分布：贵州、云南。

贡山蓟 Cirsium eriophoroides (Hook. f.) Petr.

习性：多年生，大中草本，高1~3m；湿生植物。

生境：林缘、灌丛、草丛、草甸、河岸坡、溪边、沟边、流石滩等，海拔2000~4200m。

分布：云南、四川、西藏。

莲座蓟 Cirsium esculentum (Siev.) C. A. Mey.

习性：多年生，草本；湿生植物。

生境：林下、草丛、平原、沼泽草甸、河岸坡、湖岸坡、沟边、潮上带等，海拔400~3200m。

分布：黑龙江、吉林、辽宁、内蒙古、河北、甘肃、新疆。

刺苞蓟 Cirsium henryi (Franch.) Diels

习性：多年生，小草本，高30~50cm；湿生植物。

生境：林下、林缘、灌丛、草丛、河岸坡、草甸等，海拔1500~3500m。

分布：湖北、云南、四川。

蓟 Cirsium japonicum DC.

习性：多年生，中小草本，高0.3~1.5m；半湿生植物。

生境：林下、林缘、灌丛、草丛、河岸坡、溪边、湖岸坡、沟边、水浇地、田埂、田间、路边等，海拔400~2100m。

分布：内蒙古、河北、北京、山东、江苏、安徽、上海、浙江、江西、福建、河南、湖北、湖南、广东、广西、贵州、云南、重庆、四川、陕西、青海、台湾。

魁蓟 Cirsium leo Nakai & Kitag.

习性：多年生，中小草本，高0.4~1m；半湿生植物。

生境：沟谷、林缘、草丛、河岸坡、河漫滩、溪边、田间、路边等，海拔700~3400m。

分布：河北、北京、山西、河南、四川、陕西、宁夏、甘肃。

丽江蓟 Cirsium lidjiangense Petr. & Hand.-Mazz.

习性：多年生，中草本，高0.7~1.2m；半湿生植物。

生境：草丛、草甸等，海拔1800~3200m。

分布：云南、四川。

线叶蓟 Cirsium lineare (Thunb.) Sch. Bip.

习性：多年生，中草本，高0.6~1.5m；半湿生植物。

生境：林缘、灌丛、草甸、弃耕水浇地、沟边、田间、田埂、路边等，海拔500~2500m。

分布：河北、安徽、浙江、江西、福建、河南、湖北、湖南、广东、贵州、云南、重庆、四川、陕西、甘肃、台湾。

野蓟Cirsium maackii Maxim.

习性：多年生，中小草本，高0.4~1.5m；半湿生植物。

生境：林中、林缘、草丛、草甸、河岸坡等，海拔100~1100m。

分布：黑龙江、吉林、辽宁、内蒙古、河北、山东、江苏、安徽、浙江、河南、四川。

烟管蓟Cirsium pendulum Fisch. ex DC.

习性：二或多年生，大中草本，高0.8~3m；半湿生植物。

生境：沟谷、林下、林缘、草丛、草甸、河岸坡、河漫滩、溪边、湖岸坡等，海拔300~2300m。

分布：黑龙江、吉林、辽宁、内蒙古、河北、山西、河南、云南、陕西、甘肃。

林蓟Cirsium schantarense Trautv. & C. A. Mey.

习性：多年生，中草本，高0.7~1.2cm；半湿生植物。

生境：林间、林缘、草甸、河岸坡等，海拔1500~2000m。

分布：黑龙江、吉林、辽宁。

新疆蓟Cirsium semenowii Regel

习性：多年生，中草本，高50~80cm；半湿生植物。

生境：林下、草丛、草甸、溪边、沟边、弃耕水浇地等，海拔800~3000m。

分布：新疆。

牛口刺Cirsium shansiense Petr.

习性：多年生，中小草本，高0.3~1.5m；半湿生植物。

生境：沟谷、林下、灌丛、草丛、河岸坡、溪边、路边等，海拔1300~3400m。

分布：内蒙古、河北、山西、安徽、江西、福建、河南、湖北、湖南、广东、广西、贵州、云南、重庆、四川、西藏、陕西、甘肃、青海。

葵花大蓟Cirsium souliei (Franch.) Mattf.

习性：多年生，草本；半湿生植物。

生境：林缘、河滩地、田间、水边、弃耕水浇地等，海拔1900~4800m。

分布：四川、西藏、宁夏、甘肃、青海。

绒背蓟Cirsium vlassovianum Fisch. ex DC.

习性：多年生，中小草本，高25~90cm；半湿生植物。

生境：林下、林缘、灌丛、草丛、河岸坡、沟边、路边等，海拔300~1500m。

分布：黑龙江、吉林、辽宁、内蒙古、河北、山西、河南。

秋英属 Cosmos Cav.

秋英Cosmos bipinnatus Cav.

习性：一或多年生，大中草本，高0.5~2m；半湿生植物。

生境：河岸坡、溪边、沟边等，海拔200~2000m。

分布：全国各地；原产于北美洲。

山芫荽属 Cotula L.

芫荽菊Cotula anthemoides L.

习性：一年生，小草本，平卧或斜倚，高5~20cm；湿生植物。

生境：河岸坡、消落带、塘基、沟边、田中、田埂等，海拔达1500m。

分布：江西、福建、湖北、湖南、广东、广西、云南、四川、台湾。

野茼蒿属 Crassocephalum Moench

野茼蒿Crassocephalum crepidioides (Benth.) S. Moore

习性：一年生，中小草本，高0.2~1.2m；半湿生植物。

生境：林缘、灌丛、草丛、河岸坡、溪边、沟边、塘基、消落带、田中、田埂、弃耕水浇地、路边等，海拔200~1800m。

分布：辽宁、北京、江苏、安徽、上海、浙江、江西、福建、河南、湖北、湖南、广东、海南、广西、贵州、云南、重庆、四川、西藏、陕西、甘肃、香港、澳门、台湾；原产于非洲。

垂头菊属 Cremanthodium Benth.

狭叶垂头菊Cremanthodium angustifolium W. W. Sm.

习性：多年生，小草本，高20~50cm；水湿生植物。

生境：灌丛、草丛、沼泽草甸、河岸坡、溪流、沼泽等，海拔3200~4800m。

分布：云南、四川、西藏。

褐毛垂头菊Cremanthodium brunneopilosum S. W. Liu

习性：多年生，中小草本，高0.2~1m；湿生植物。

生境：草丛、沼泽草甸、河岸坡、溪边等，海拔3000~4300m。

分布：四川、西藏、甘肃、青海。

珠芽垂头菊Cremanthodium bulbilliferum W. W. Sm.

习性：多年生，小草本，高8~25cm；湿生植物。

生境：草丛、草甸等，海拔3000~4300m。

分布：云南、西藏。

柴胡叶垂头菊Cremanthodium bupleurifolium W. W. Sm.

习性：多年生，小草本，高20~40cm；湿生植物。

生境：草丛、草甸等，海拔3500~4100m。

分布：云南、四川、西藏。

长鞘垂头菊Cremanthodium calcicola W. W. Sm.

习性：多年生，小草本，高20~50cm；湿生植物。

生境：草丛、沼泽草甸、溪边等，海拔3400~4200m。

分布：云南。

钟花垂头菊Cremanthodium campanulatum Diels

习性：多年生，小草本，高10~30cm；湿生植物。

生境：林下、林缘、灌丛、草丛、草甸、流石滩等，海拔3200~4800m。

分布：云南、四川、西藏。

喜马拉雅垂头菊Cremanthodium decaisnei C. B. Clarke

习性：多年生，小草本，高6~25cm；湿生植物。

生境：草丛、草甸、溪边、流石滩等，海拔3200~5400m。

分布：云南、四川、西藏、甘肃、青海。

大理垂头菊Cremanthodium delavayi (Franch.) Diels ex H. Lév.

习性：多年生，小草本，高20~50cm；湿生植物。

生境：草丛、草甸等，海拔3600~4200m。

分布：云南。

细裂垂头菊Cremanthodium dissectum Grierson

习性：多年生，小草本，高6~13cm；湿生植物。

生境：草丛、草甸等，海拔3000~4100m。

分布：云南。

车前叶垂头菊Cremanthodium ellisii (Hook. f.) Kitam.

习性：多年生，中小草本，高8~60cm；湿生植物。

生境：草甸、沼泽、河漫滩、流石滩、岩石间等，海拔3400~5600m。

分布：云南、四川、西藏、甘肃、青海。

矢叶垂头菊Cremanthodium forrestii Jeffrey

习性：多年生，小草本，高10~30cm；湿生植物。

生境：草丛、草甸等，海拔3500~4000m。

分布：云南、西藏。

条叶垂头菊Cremanthodium lineare Maxim.

习性：多年生，小草本，高5~45cm；湿生植物。

生境：灌丛、草丛、沼泽草甸、溪边等，海拔2400~4800m。

分布：四川、西藏、甘肃、青海。

裂叶垂头菊Cremanthodium pinnatisectum (Ludlow) Y. L. Chen & S. W. Liu

习性：多年生，小草本，高5~15cm；湿生植物。

生境：草丛、草甸等，海拔约4200m。

分布：云南、西藏。

美丽垂头菊Cremanthodium pulchrum R. D. Good

习性：多年生，小草本，高15~40cm；湿生植物。

生境：草丛、草甸、溪边等，海拔约4000m。

分布：云南。

垂头菊Cremanthodium reniforme (DC.) Benth.

习性：多年生，小草本，高30~40cm；半湿生植物。

生境：林缘、草甸、溪边等，海拔3300~4500m。

分布：云南、西藏。

长柱垂头菊Cremanthodium rhodocephalum Diels

习性：多年生，小草本，高8~33cm；半湿生植物。

生境：林缘、草丛、草甸、流石滩等，海拔3000~5000m。

分布：云南、四川、西藏。

箭叶垂头菊**Cremanthodium sagittifolium** Y. Ling & Y. L. Chen ex S. W. Liu

习性：多年生，小草本，高10~20cm；湿生植物。
生境：草丛、草甸等，海拔3400~4400m。
分布：云南。

铲叶垂头菊**Cremanthodium sino-oblongatum** R. D. Good

习性：多年生，小草本，高10~20cm；湿生植物。
生境：灌丛、草丛、草甸等，海拔3300~4000m。
分布：云南。

狭舌垂头菊**Cremanthodium stenoglossum** Y. Ling & S. W. Liu

习性：多年生，小草本，高10~32cm；水湿生植物。
生境：灌丛、沼泽、草甸、溪流、水沟、流石滩、岩石间等，海拔3700~5000m。
分布：四川、青海。

假还阳参属 **Crepidiastrum** Nakai

尖裂假还阳参**Crepidiastrum sonchifolium** (Bunge) Pak & Kawano

习性：多年生，中小草本，高30~80cm；半湿生植物。
生境：林下、河岸坡、河漫滩、路边等，海拔100~2700m。
分布：黑龙江、吉林、辽宁、内蒙古、河北、山西、山东、江苏、安徽、江西、河南、湖北、湖南、贵州、重庆、四川、陕西、甘肃。

还阳参属 **Crepis** L.

果山还阳参**Crepis bodinieri** H. Lév.

习性：多年生，小草本，高40~50cm；半湿生植物。
生境：林下、灌丛等，海拔1500~2900m。
分布：云南、西藏。

藏滇还阳参**Crepis elongata** Babc.

习性：多年生，小草本，高5~40cm；半湿生植物。
生境：林缘、灌丛、草丛、草甸等，海拔2600~4200m。
分布：云南、四川、西藏。

还阳参**Crepis rigescens** Diels

习性：多年生，中小草本，高20~60cm；半湿生

植物。
生境：林缘、溪边、路边等，海拔1600~3000m。
分布：云南、四川。

抽茎还阳参**Crepis subscaposa** Collett & Hemsl.

习性：多年生，小草本，高30~50cm；半湿生植物。
生境：草丛、草甸等，海拔1400~2200m。
分布：云南。

鱼眼草属 **Dichrocephala** L'Hér. ex DC.

小鱼眼草**Dichrocephala benthamii** C. B. Clarke

习性：一年生，小草本，高15~35cm；湿生植物。
生境：草丛、河岸坡、溪边、塘基、田埂、路边等，海拔1300~3200m。
分布：湖北、广西、贵州、云南、重庆、四川、西藏、甘肃。

鱼眼草**Dichrocephala integrifolia** (L. f.) Kuntze

习性：一年生，中小草本，高15~70cm；湿生植物。
生境：沟谷、林下、林缘、沟边、消落带、田埂、路边、水浇地等，海拔200~3900m。
分布：黑龙江、吉林、辽宁、内蒙古、河北、山西、山东、安徽、浙江、湖北、云南、重庆、西藏、陕西、宁夏、甘肃。

川木香属 **Dolomiaea** DC.

美叶川木香**Dolomiaea calophylla** Y. Ling

习性：多年生，小草本，高2~5cm；湿生植物。
生境：草甸、砾石地等，海拔3300~4700m。
分布：西藏。

川木香**Dolomiaea souliei** (Franch.) C. Shih

习性：多年生，小草本，高2~5cm；湿生植物。
生境：灌丛、草甸、砾石地等，海拔3500~4800m。
分布：云南、四川、西藏。

多榔菊属 **Doronicum** L.

狭舌多榔菊**Doronicum stenoglossum** Maxim.

习性：多年生，中草本，高0.5~1m；湿生植物。

生境：林下、林缘、灌丛、草甸等，海拔2100~3900m。

分布：云南、四川、西藏、甘肃、青海。

鳢肠属 Eclipta L.

鳢肠 Eclipta prostrata (L.) L.

习性：一年生，中小草本，高10~60cm；水湿生植物。

生境：草丛、河流、溪流、湖岸坡、塘基、水沟、消落带、水田、路边等，海拔达2900m。

分布：吉林、辽宁、河北、北京、天津、山西、山东、江苏、安徽、上海、浙江、江西、福建、河南、湖北、湖南、广东、广西、贵州、云南、重庆、四川、陕西、甘肃、台湾。

一点红属 Emilia Cass.

小一点红 Emilia prenanthoidea DC.

习性：一年生，中小草本，高30~90cm；湿生植物。

生境：草丛、河岸坡、湖岸坡、塘基、沟边、田埂、弃耕水浇地、路边等，海拔100~600m。

分布：江苏、浙江、江西、福建、湖南、广东、广西、贵州、云南、四川。

一点红 Emilia sonchifolia (L.) DC.

习性：一年生，小草本，高25~40cm；湿生植物。

生境：草丛、河岸坡、湖岸坡、塘基、沟边、田埂、弃耕水浇地、路边等，海拔100~2100m。

分布：河北、江苏、安徽、浙江、江西、福建、河南、湖北、湖南、广东、海南、贵州、云南、四川、陕西、台湾。

沼菊属 Enydra Lour.

沼菊 Enydra fluctuans Lour.

习性：多年生，中草本，高50~80cm；水湿生植物。

生境：林缘、溪流、湖泊、池塘、沼泽等，海拔达1800m。

分布：湖北、广东、海南、云南、重庆。

球菊属 Epaltes Cass.

球菊 Epaltes australis Less.

习性：一年生，斜升草本，长6~20cm；湿生植物。

生境：河岸坡、溪边、湖岸坡、消落带、田埂、弃耕田等，海拔1300~3200m。

分布：福建、广东、海南、广西、云南、台湾。

飞蓬属 Erigeron L.

飞蓬（原亚种）Erigeron acris subsp. acris

习性：二或多年生，中小草本，高0.3~1m；半湿生植物。

生境：林缘、草丛、草甸、水浇地、沟边、田间、田埂、路边等，海拔200~3500m。

分布：黑龙江、吉林、辽宁、内蒙古、河北、北京、山西、河南、湖北、湖南、广东、广西、云南、四川、西藏、陕西、甘肃、青海、新疆。

长茎飞蓬 Erigeron acris subsp. politus (Fr.) H. Lindb.

习性：二或多年生，小草本，高10~50cm；半湿生植物。

生境：林缘、草丛、沟边、路边等，海拔1900~2600m。

分布：黑龙江、吉林、内蒙古、河北、山西、四川、西藏、陕西、宁夏、甘肃、青海、新疆。

一年蓬 Erigeron annuus (L.) Pers.

习性：一年生，中小草本，高0.3~1m；半湿生植物。

生境：林缘、草丛、河岸坡、溪边、湖岸坡、塘基、沟边、消落带、弃耕水浇地、田间、田埂、路边等，海拔达1100m。

分布：黑龙江、吉林、辽宁、内蒙古、河北、北京、天津、山西、山东、江苏、安徽、上海、浙江、江西、福建、河南、湖北、湖南、广东、海南、广西、贵州、云南、重庆、四川、西藏、陕西、宁夏、新疆、台湾；原产于北美洲。

短莛飞蓬 Erigeron breviscapus (Vaniot) Hand.-Mazz.

习性：多年生，小草本，高5~50cm；半湿生植物。

生境：林缘、草丛、草甸、沟边、路边等，海拔1200~3600m。

分布：湖南、广西、贵州、云南、四川、西藏。

小蓬草 Erigeron canadensis L.

习性：一年生，中草本，高0.5~1.3m；半湿生植物。

生境：林缘、草丛、河岸坡、溪边、沟边、塘基、消落带、水浇地、田埂等，海拔达3000m。

分布：全国各地；原产于北美洲。

白酒草属 Eschenbachia Moench

白酒草 Eschenbachia japonica (Thunb.) J. Koster

习性：一或二年生，小草本，高20~50cm；半湿生植物。

生境：林缘、草丛、水浇地、田间、田埂、路边等，海拔700~2500m。

分布：江苏、安徽、浙江、江西、福建、河南、湖南、广东、广西、贵州、云南、重庆、四川、西藏、台湾。

黏毛白酒草 Eschenbachia leucantha (D. Don) Brouillet

习性：一年生，大中草本，高0.5~2m；半湿生植物。

生境：河谷、林缘、灌丛、草丛、水浇地、田间、田埂、路边等，海拔200~1800m。

分布：福建、广东、海南、广西、贵州、云南、台湾。

都丽菊属 Ethulia L. f.

都丽菊 Ethulia conyzoides L. f.

习性：一年生，中小草本，高0.4~1m；半湿生植物。

生境：沼泽边、塘基、田埂等，海拔600~1400m。

分布：云南、台湾。

泽兰属 Eupatorium L.

异叶泽兰 Eupatorium heterophyllum DC.

习性：多年生，大中草本，高1~2m；湿生植物。

生境：河谷、林下、林缘、草丛、河岸坡等，海拔1700~3000m。

分布：安徽、湖北、贵州、云南、四川、西藏、陕西、甘肃、台湾。

白头婆 Eupatorium japonicum Thunb.

习性：多年生，大中草本，高0.5~2m；半湿生植物。

生境：林下、灌丛、草丛、草原、河岸坡、溪边、沟边等，海拔100~3000m。

分布：黑龙江、吉林、辽宁、山西、山东、江苏、安徽、浙江、江西、福建、河南、湖北、湖南、广东、海南、贵州、云南、四川、陕西。

林泽兰 Eupatorium lindleyanum DC.

习性：多年生，中小草本，高0.3~1.5m；半湿生植物。

生境：沟谷、林下、林缘、草甸、河岸坡、溪流、水沟等，海拔200~2600m。

分布：全国各地。

黄顶菊属 Flaveria Juss.

黄顶菊 Flaveria bidentis (L.) Kuntze

习性：一年生，大中草本，高0.5~2m；半湿生植物。

生境：林缘、河岸坡、溪边、沟边、弃耕水浇地、路边等，海拔达1900m。

分布：河北、天津、山东、河南；原产于南美洲。

牛膝菊属 Galinsoga Ruiz & Pav.

牛膝菊 Galinsoga parviflora Cav.

习性：一年生，中小草本，高10~80cm；半湿生植物。

生境：河谷、林下、林缘、水浇地、河岸坡、溪边、消落带、田间、田埂、路边等，海拔达4800m。

分布：全国各地；原产于南美洲。

合冠鼠麴草属 Gamochaeta Wedd.

匙叶合冠鼠麴草 Gamochaeta pensylvanica (Willd.) Cabrera

习性：一年生，小草本，高10~50cm；半湿生植物。

生境：林缘、弃耕水浇地、河岸坡、消落带、田间、田埂、路边等，海拔达1500m。

分布：浙江、江西、福建、湖南、广东、海南、广西、贵州、云南、四川、西藏、台湾。

湿鼠麴草属 Gnaphalium L.

湿生鼠麴草 Gnaphalium uliginosum L.

习性：一年生，小草本，高10~40cm；半湿生植物。

生境：沟谷、草丛、沼泽、河岸坡、沟边、盐碱地、路边等。

分布：黑龙江、吉林、辽宁、内蒙古、河北、西藏、新疆。

田基黄属 Grangea Adans.

田基黄 Grangea maderaspatana (L.) Poir.

习性：一年生，小草本，高10~30cm；半湿生植物。

生境：林缘、灌丛、草丛、河岸坡、塘基、消落带、潮上带、田埂、沟边等，海拔达2800m。

分布：广东、海南、广西、云南、台湾。

裸冠菊属 Gymnocoronis DC.

裸冠菊 Gymnocoronis spilanthoides (D. Don ex Hook. & Arn.) DC.

习性：多年生，中草本，高0.5~1.5m；挺水植物。

生境：沼泽、河流、溪流、池塘、弃耕田等。

分布：浙江、江西、广东、广西、云南、四川、台湾；原产于南美洲。

泥胡菜属 Hemisteptia Fisch. & C. A. Mey.

泥胡菜 Hemisteptia lyrata (Bunge) Fisch. & C. A. Mey.

习性：一年生，中小草本，高0.2~1.5m；半湿生植物。

生境：沟谷、林下、林缘、平原、草丛、水浇地、河岸坡、湖岸坡、塘基、沟边、消落带、田中、田埂、路边等，海拔达3300m。

分布：除西藏、新疆外其他地区。

山柳菊属 Hieracium L.

粗毛山柳菊 Hieracium virosum Pall.

习性：多年生，中小草本，高0.4~1.2m；湿生植物。

生境：林下、灌丛、草丛、湖岸坡等，海拔1700~2100m。

分布：黑龙江、内蒙古、新疆。

全光菊属 Hololeion Kitam.

全光菊 Hololeion maximowiczii Kitam.

习性：多年生，中草本，高0.6~1m；湿生植物。

生境：草丛、沼泽草甸、沼泽、溪边等，海拔700~2200m。

分布：黑龙江、吉林、辽宁、内蒙古、山东、江苏、浙江。

旋覆花属 Inula L.

欧亚旋覆花（原变种）Inula britannica var. britannica

习性：多年生，中小草本，高20~70cm；半湿生植物。

生境：林缘、草丛、草甸、河岸坡、河漫滩、沟边、田埂、路边、盐碱地等，海拔300~1700m。

分布：黑龙江、吉林、辽宁、内蒙古、河北、北京、天津、山西、山东、江苏、江西、河南、湖南、甘肃、新疆。

棉毛欧亚旋覆花 Inula britannica var. sublanata Kom.

习性：多年生，中小草本，高20~70cm；半湿生植物。

生境：草甸。

分布：黑龙江、内蒙古、新疆。

里海旋覆花 Inula caspica Ledeb.

习性：二年生，中小草本，高20~70cm；半湿生植物。

生境：草甸、洼地、河漫滩、溪边等，海拔200~2400m。

分布：西藏、新疆。

水朝阳旋覆花 Inula helianthus-aquatilis C. Y. Wu ex Y. Ling

习性：多年生，中小草本，高0.3~1m；湿生植物。

生境：灌丛、草丛、河岸坡、溪边、湖岸坡、田埂、弃耕水浇地等，海拔1200~3200m。

分布：江苏、贵州、云南、四川、甘肃。

旋覆花（原变种）Inula japonica var. japonica

习性：多年生，中小草本，高30~80cm；水陆生植物。

生境：林缘、草丛、沼泽、河岸坡、溪边、沟边、塘基、入库河口、田埂、路边等，海拔100~2400m。

分布：黑龙江、吉林、辽宁、内蒙古、河北、北京、天津、山西、山东、江苏、安徽、上海、浙江、江西、福建、河南、湖北、湖南、广东、广西、四川、陕西、甘肃。

卵叶旋覆花 Inula japonica var. ovata C. Y. Li

习性：多年生，小草本，高15~50cm；半湿生植物。

生境：草丛、河岸坡等，海拔100~300m。

分布：吉林、辽宁、内蒙古。

线叶旋覆花 Inula linariifolia Turcz.

习性：多年生，中小草本，高30~80cm；半湿生植物。

生境：林缘、草丛、草甸、河岸坡、路边、潮上带等，海拔达1800m。

分布：黑龙江、吉林、辽宁、内蒙古、河北、北京、山西、山东、江苏、安徽、上海、浙江、江西、河南、湖北、湖南、陕西、甘肃。

柳叶旋覆花Inula salicina L.

习性：多年生，中小草本，高20~80cm；半湿生植物。

生境：草丛、沼泽草甸、路边等，海拔200~1000m。

分布：黑龙江、吉林、辽宁、内蒙古、北京、山西、河南。

小苦荬属 Ixeridium (A. Gray) Tzvelev

小苦荬Ixeridium dentatum (Thunb.) Tzvelev

习性：多年生，小草本，高10~50cm；半湿生植物。

生境：林下、草丛、溪边、田埂、路边等，海拔300~1100m。

分布：山东、江苏、安徽、浙江、江西、福建、湖北、重庆。

细叶小苦荬Ixeridium gracile (DC.) Pak & Kawano

习性：多年生，中小草本，高10~70cm；半湿生植物。

生境：林下、林缘、草甸、田间、田埂、弃耕水浇地等，海拔800~3000m。

分布：云南、西藏。

褐冠小苦荬Ixeridium laevigatum (Blume) Pak & Kawano

习性：多年生，中小草本，高10~90cm；湿生植物。

生境：林下、林缘、草丛、河岸坡、路边等，海拔达2300m。

分布：浙江、福建、广东、海南、台湾。

苦荬菜属 Ixeris Cass.

剪刀股Ixeris japonica (Burm. f.) Nakai

习性：多年生，小草本，高10~35cm；半湿生植物。

生境：田间、田埂、路边、河口、潮上带等，海拔达2000m。

分布：辽宁、江苏、安徽、浙江、江西、福建、河南、广东、广西、台湾。

苦荬菜Ixeris polycephala Cass.

习性：一年生，中小草本，高10~80cm；半湿生植物。

生境：林缘、灌丛、草丛、河岸坡、溪边、沟边、田间、田埂、路边等，海拔200~2200m。

分布：北京、天津、山西、山东、江苏、安徽、上海、浙江、江西、福建、湖北、湖南、广东、广西、贵州、云南、四川、陕西、台湾。

沙苦荬菜Ixeris repens (L.) A. Gray

习性：多年生，匍匐草本，高2~10cm；半湿生植物。

生境：潮上带、田间等。

分布：辽宁、河北、山东、江苏、浙江、福建、广东、海南、台湾。

花花柴属 Karelinia Less.

花花柴Karelinia caspia (Pall.) Less.

习性：多年生，中草本，高0.5~1.5m；半湿生植物。

生境：草甸、盐碱地、田埂等，海拔900~1300m。

分布：内蒙古、宁夏、甘肃、青海、新疆。

麻花头属 Klasea Cass.

麻花头Klasea centauroides (L.) Cass. ex Kitag.

习性：多年生，中小草本，高0.4~1m；湿生植物。

生境：林缘、草原、草丛、沼泽草甸、沼泽、田间、路边等，海拔1100~1600m。

分布：黑龙江、辽宁、内蒙古、河北、山西、山东。

萵苣属 Lactuca L.

翅果菊Lactuca indica L.

习性：一或多年生，大中草本，高0.5~2m；半湿生植物。

生境：沟谷、林下、林缘、灌丛、草丛、沟边、田间等，海拔200~3000m。

分布：黑龙江、吉林、辽宁、河北、天津、山西、山东、江苏、安徽、浙江、江西、福建、河南、湖南、广东、海南、广西、贵州、云南、四川、西藏、陕西、台湾。

毛脉翅果菊Lactuca raddeana Maxim.

习性：二或多年生，大中草本，高0.6~2m；半湿生植物。

生境：林下、林缘、灌丛、草丛、田间、弃耕水浇地等，海拔200~3000m。

分布：黑龙江、吉林、辽宁、河北、山西、山东、安徽、江西、福建、河南、湖北、湖南、广东、广西、贵州、云南、四川、陕西、甘肃。

山莴苣Lactuca sibirica (L.) Benth. ex Maxim.

习性：多年生，中小草本，高0.2~1.5m；半湿生植物。

生境：林下、林缘、草甸、沼泽、河岸坡、湖岸坡、沟边、水浇地、路边等，海拔300~2100m。

分布：黑龙江、吉林、辽宁、内蒙古、河北、北京、山西、山东、江苏、河南、湖北、重庆、陕西、甘肃、青海、新疆。

乳苣Lactuca tatarica (L.) C. A. Mey.

习性：多年生，中小草本，高15~60cm；半湿生植物。

生境：河漫滩、湖岸坡、草甸、田埂、砾石地等，海拔1200~4300m。

分布：辽宁、内蒙古、河北、山西、河南、西藏、陕西、宁夏、甘肃、青海、新疆。

翼柄翅果菊Lactuca triangulata Maxim.

习性：二或多年生，中小草本，高0.4~1m；半湿生植物。

生境：林缘、灌丛、草丛、河岸坡、沟边等，海拔700~1900m。

分布：黑龙江、吉林、辽宁、河北、北京、山西。

稻槎菜属 Lapsanastrum Pak & K. Bremer

稻槎菜Lapsanastrum apogonoides (Maxim.) Pak & K. Bremer

习性：一年生，小草本，高5~25cm；湿生植物。

生境：林缘、河岸坡、溪边、湖岸坡、塘基、沟边、田埂、水浇地、路边等，海拔达1400m。

分布：江苏、安徽、浙江、江西、福建、湖北、湖南、广东、广西、云南、陕西、台湾。

矮小稻槎菜Lapsanastrum humile (Thunb.) Pak & K. Bremer

习性：一年生，小草本，高10~50cm；湿生植物。

生境：溪边、沟边、田埂、田中、水浇地等，海拔500~1000m。

分布：江苏、安徽、浙江、福建。

栓果菊属 Launaea Cass.

匐枝栓果菊Launaea sarmentosa (Willd.) Kuntze

习性：多年生，匍匐草本；半湿生植物。

生境：潮上带、堤内等。

分布：福建、广东、海南、广西。

火绒草属 Leontopodium R. Br. ex Cass.

松毛火绒草Leontopodium andersonii C. B. Clarke

习性：多年生，小草本，高5~30cm；半湿生植物。

生境：林缘、草甸、砾石坡等，海拔1000~3600m。

分布：贵州、云南、四川。

艾叶火绒草Leontopodium artemisiifolium (H. Lév.) Beauv.

习性：多年生，中小草本，高25~60cm；半湿生植物。

生境：林缘、草丛、河岸坡等，海拔1000~3000m。

分布：云南、四川。

美头火绒草Leontopodium calocephalum (Franch.) Beauv.

习性：多年生，小草本，高10~50cm；湿生植物。

生境：林下、林缘、灌丛、草甸、湖岸坡、沼泽等，海拔2600~4500m。

分布：云南、四川、甘肃、青海。

团球火绒草Leontopodium conglobatum (Turcz.) Hand.-Mazz.

习性：多年生，小草本，高10~50cm；半湿生植物。

生境：草丛、草原、草甸、河岸坡等，海拔2600~4500m。

分布：黑龙江、内蒙古。

矮火绒草Leontopodium nanum (Hook. f. & Thomson ex C. B. Clarke) Hand.-Mazz.

习性：多年生，小草本，高3~10cm；湿生植物。

生境：灌丛、草甸、沼泽等，海拔1600~5500m。

分布：四川、西藏、陕西、甘肃、青海、新疆。

弱小火绒草Leontopodium pusillum (Beauv.) Hand.-Mazz.

习性：多年生，小草本，高3~10cm；湿生植物。

生境：草甸、灌丛、沼泽、湖岸坡、砾石地等，海拔3500~5000m。

分布：四川、西藏、青海、新疆。

华火绒草Leontopodium sinense Hemsl.

习性：多年生，中小草本，高30~70cm；半湿生植物。

生境：林下、灌丛、草丛、草甸、河岸坡、岩壁等，海拔1300~3600m。

分布：湖北、贵州、云南、四川、西藏。

银叶火绒草Leontopodium souliei Beauv.

习性：多年生，小草本，高6~25cm；湿生植物。

生境：林下、灌丛、草甸、沼泽、溪流、湖岸坡等，海拔3100~4000m。

分布：云南、四川、西藏。

毛香火绒草Leontopodium stracheyi (Hook. f.) C. B. Clarke ex Hemsl.

习性：多年生，中小草本，高12~60cm；半湿生植物。

生境：林缘、灌丛、砾石坡、溪边等，海拔2000~4700m。

分布：云南、四川、西藏、青海。

小滨菊属 Leucanthemella Tzvelev

小滨菊Leucanthemella linearis (Matsum.) Tzvelev

习性：多年生，中小草本，高25~90cm；湿生植物。

生境：草甸、沼泽等，海拔600~1800m。

分布：黑龙江、吉林、内蒙古。

橐吾属 Ligularia Cass.

翅柄橐吾Ligularia alatipes Hand.-Mazz.

习性：多年生，中小草本，高0.3~1.5m；湿生植物。

生境：草丛、沼泽草甸、沼泽等，海拔2700~3700m。

分布：云南、四川。

白序橐吾Ligularia anoleuca Hand.-Mazz.

习性：多年生，中小草本，高0.4~1.5m；湿生植物。

生境：草丛、草甸等，海拔2700~3500m。

分布：云南。

黑紫橐吾Ligularia atroviolacea (Franch.) Hand.-Mazz.

习性：多年生，中小草本，高25~60cm；湿生植物。

生境：林下、草丛、草甸等，海拔3000~4000m。

分布：云南、四川。

浅苞橐吾Ligularia cyathiceps Hand.-Mazz.

习性：多年生，中草本，高50~90cm；湿生植物。

生境：沟谷、草丛、草甸、溪边等，海拔3000~4000m。

分布：云南。

舟叶橐吾Ligularia cymbulifera (W. W. Sm.) Hand.-Mazz.

习性：多年生，中草本，高0.5~1.2m；半湿生植物。

生境：林缘、草丛、灌丛、草甸、河岸坡等，海拔3000~4800m。

分布：云南、四川、西藏。

齿叶橐吾Ligularia dentata (A. Gray) H. Hara

习性：多年生，中小草本，高0.3~1.2m；半湿生植物。

生境：林下、林缘、草丛、河岸坡、溪边等，海拔600~3200m。

分布：山西、安徽、浙江、江西、河南、湖北、湖南、广西、贵州、云南、四川、陕西、甘肃。

大黄橐吾Ligularia duciformis (C. Winkl.) Hand.-Mazz.

习性：多年生，大中草本，高0.6~1.7m；半湿生植物。

生境：林下、草丛、草甸、河岸坡、溪边、湖岸坡等，海拔1900~4300m。

分布：云南、四川、西藏、甘肃。

蹄叶橐吾Ligularia fischeri (Ledeb.) Turcz.

习性：多年生，大中草本，高0.5~2m；半湿生植物。

生境：林下、林缘、灌丛、草丛、沼泽草甸、河岸坡等，海拔100~2700m。

分布：黑龙江、吉林、辽宁、内蒙古、河北、山西、江苏、安徽、浙江、江西、河南、湖北、湖南、四川、陕西、甘肃。

隐舌橐吾Ligularia franchetiana (H. Lév.) Hand.-Mazz.

习性：多年生，中草本，高0.7~1.5m；湿生植物。

生境：林下、草丛、河岸坡、溪边、沟边等，海拔2400~3900m。

分布：云南、四川。

鹿蹄橐吾Ligularia hodgsonii Hook.

习性：多年生，中小草本，高0.3~1.2m；半湿生植物。

生境：林下、林缘、草丛、河岸坡、溪边、湖岸坡、沟边、岩石间等，海拔800~2800m。

分布：江西、湖北、广西、贵州、云南、四川、陕西、甘肃。

细茎橐吾Ligularia hookeri (C. B. Clarke) Hand.-Mazz.

习性：多年生，小草本，高17~40cm；湿生植物。

生境：林下、灌丛、草丛、草甸等，海拔3000~4200m。

分布：云南、四川、西藏、陕西。

狭苞橐吾Ligularia intermedia Nakai

习性：多年生，中草本，高0.5~1m；湿生植物。

生境：沟谷、林下、林间、林缘、草丛、草甸、河岸坡、溪边、沟边、岩石间等，海拔100~3400m。

分布：黑龙江、吉林、辽宁、内蒙古、河北、北京、山西、江西、河南、湖北、湖南、广西、贵州、云南、四川、陕西、甘肃。

复序橐吾Ligularia jaluensis Kom.

习性：多年生，大中草本，高1~2m；湿生植物。

生境：林间、林缘、草丛、沼泽草甸等，海拔400~1000m。

分布：黑龙江、吉林、辽宁。

长白山橐吾Ligularia jamesii (Hemsl.) Kom.

习性：多年生，中小草本，高30~60cm；湿生植物。

生境：林下、灌丛、草甸等，海拔300~2500m。

分布：吉林、辽宁、内蒙古。

大头橐吾Ligularia japonica (Thunb.) Less.

习性：多年生，中草本，高0.5~1m；半湿生植物。

生境：林下、草丛、溪边、沟边等，海拔900~2300m。

分布：安徽、浙江、江西、福建、湖北、湖南、广东、广西、台湾。

千崖子橐吾Ligularia kanaitzensis (Franch.) Hand.-Mazz.

习性：多年生，中小草本，高0.3~1.6m；湿生植物。

生境：灌丛、草丛、沼泽草甸、沼泽、溪边等，

海拔2400~4300m。

分布：云南、四川。

沼生橐吾Ligularia lamarum (Diels) C. C. Chang

习性：多年生，中小草本，高35~55cm；湿生植物。

生境：林下、林缘、灌丛、草甸、沼泽等，海拔3300~5300m。

分布：云南、四川、西藏、甘肃。

丽江橐吾Ligularia lidjiangensis Hand.-Mazz.

习性：多年生，中小草本，高30~80cm；湿生植物。

生境：草丛、沼泽草甸、溪边等，海拔2400~3300m。

分布：云南。

全缘橐吾Ligularia mongolica (Turcz.) DC.

习性：多年生，中小草本，高0.3~1.1m；半湿生植物。

生境：林间、灌丛、草丛、沼泽草甸等，海拔达1500m。

分布：黑龙江、吉林、辽宁、内蒙古、河北、山西。

莲叶橐吾Ligularia nelumbifolia (Bureau & Franch.) Hand.-Mazz.

习性：多年生，中草本，高0.8~1m；湿生植物。

生境：林下、草丛、草甸、河岸坡、溪边、沟边、岩石间等，海拔2300~3900m。

分布：湖北、云南、四川、甘肃。

疏舌橐吾Ligularia oligonema Hand.-Mazz.

习性：多年生，中草本，高0.5~1.5m；湿生植物。

生境：林下、草丛、草甸、沼泽等，海拔3000~4000m。

分布：云南、四川。

叶状鞘橐吾Ligularia phyllocolea Hand.-Mazz.

习性：多年生，中草本，高1~1.2m；湿生植物。

生境：林缘、溪边、沟边等，海拔2100~3400m。

分布：云南。

侧茎橐吾Ligularia pleurocaulis (Franch.) Hand.-Mazz.

习性：多年生，中小草本，高0.3~1m；湿生植物。

生境：灌丛、草丛、草甸、沼泽、溪边、沟边等，海拔3000~4700m。

分布：云南、四川、西藏、甘肃。

掌叶橐吾Ligularia przewalskii (Maxim.) Diels

习性：多年生，中小草本，高0.3~1.3m；半湿生植物。

生境：林下、林缘、灌丛、草丛、草甸、河岸坡、溪边、沟边等，海拔1100~3700m。

分布：内蒙古、山西、河南、四川、陕西、宁夏、甘肃、青海。

褐毛橐吾Ligularia purdomii (Turrill) Chitt.

习性：多年生，中草本，高0.5~1.5m；水湿生植物。

生境：砾石坡、沼泽、溪流、水沟、岩石间等，海拔3600~4100m。

分布：四川、甘肃、青海。

黑毛橐吾Ligularia retusa DC.

习性：多年生，中小草本，高0.4~1m；湿生植物。

生境：草丛、草甸、沼泽、溪边、沟边、流石滩等，海拔3800~4500m。

分布：云南、西藏。

独舌橐吾Ligularia rockiana Hand.-Mazz.

习性：多年生，中草本，高50~70cm；湿生植物。

生境：林下、林缘、草丛、沼泽、溪边、砾石坡等，海拔2900~3900m。

分布：云南。

黑龙江橐吾Ligularia sachalinensis Nakai

习性：多年生，中草本，高0.5~1.5m；湿生植物。

生境：林缘、灌丛、草丛、沼泽草甸等，海拔达1200m。

分布：黑龙江。

箭叶橐吾Ligularia sagitta (Maxim.) Mattf. ex Rehder & Kobuski

习性：多年生，中小草本，高25~75cm；湿生植物。

生境：林下、林缘、灌丛、草丛、沼泽、溪边、湖岸坡、岩石间等，海拔1200~4000m。

分布：黑龙江、内蒙古、河北、山西、云南、四川、西藏、陕西、宁夏、甘肃、青海。

橐吾Ligularia sibirica (L.) Cass.

习性：多年生，大中草本，高0.5~2m；湿生植物。

生境：林下、林缘、草丛、草甸、沼泽、河岸坡、溪边等，海拔300~2200m。

分布：黑龙江、吉林、内蒙古、河北、山西、安徽、湖北、湖南、贵州、云南、四川、陕西、甘肃。

窄头橐吾Ligularia stenocephala (Maxim.) Matsum. & Koidz.

习性：多年生，大中草本，高0.5~1.7m；半湿生

植物。

生境：林下、草丛、溪边、沟边、岩石间等，海拔800~3300m。

分布：河北、山西、山东、江苏、安徽、浙江、江西、福建、河南、湖北、广东、广西、云南、四川、西藏、台湾。

纤细橐吾Ligularia tenuicaulis C. C. Chang

习性：多年生，中小草本，高40~65cm；湿生植物。

生境：林下、灌丛、草甸等，海拔3200~4500m。

分布：云南。

蔗梗橐吾Ligularia tenuipes (Franch.) Diels

习性：多年生，中草本，高0.5~1m；半湿生植物。

生境：草丛、溪边等，海拔2200~3200m。

分布：湖北、贵州、四川、陕西。

东俄洛橐吾Ligularia tongolensis (Franch.) Hand.-Mazz.

习性：多年生，中小草本，高0.2~1m；湿生植物。

生境：沟谷、林下、林缘、灌丛、草甸等，海拔2100~4000m。

分布：云南、四川、西藏。

苍山橐吾Ligularia tsangchanensis (Franch.) Hand.-Mazz.

习性：多年生，中小草本，高0.2~1.2m；半湿生植物。

生境：林下、灌丛、草丛、草甸等，海拔2800~4100m。

分布：云南、四川、西藏。

黄帚橐吾Ligularia virgaurea (Maxim.) Mattf. ex Rehder & Kobuski

习性：多年生，中小草本，高15~80cm；湿生植物。

生境：林下、灌丛、草丛、沼泽、沼泽草甸、河岸坡、河漫滩、溪边等，海拔2400~4700m。

分布：云南、四川、西藏、甘肃、青海。

黄毛橐吾Ligularia xanthotricha (Grüning) Y. Ling

习性：多年生，中草本，高0.5~1.5m；湿生植物。

生境：林下、灌丛、草丛、草甸、溪边、沟边等，海拔1700~3500m。

分布：河北、山西、甘肃。

云南橐吾**Ligularia yunnanensis** (Franch.) C. C. Chang

习性：多年生，中小草本，高30~56cm；半湿生植物。

生境：林下、灌丛、草丛、草甸、岩石间等，海拔3100~4000m。

分布：云南。

母菊属 **Matricaria** L.

同花母菊**Matricaria matricarioides** (Less.) Porter ex Britton

习性：一年生，小草本，高5~30cm；半湿生植物。

生境：林下、草丛、河岸坡、溪边、沟边等，海拔400~3000m。

分布：吉林、辽宁、内蒙古、云南、四川。

毛鳞菊属 **Melanoseris** Decne.

细莴苣**Melanoseris graciliflora** (DC.) N. Kilian

习性：多年生，大中草本，高0.5~2.5m；半湿生植物。

生境：林缘、灌丛、草丛等，海拔2800~3500m。

分布：贵州、云南、四川、西藏。

卤地菊属 **Melanthera** Rohr.

卤地菊**Melanthera prostrata** (Hemsl.) W. L. Wagner & H. Rob.

习性：一年生，匍匐草本；半湿生植物。

生境：潮上带、堤内等。

分布：浙江、广东、广西、台湾。

黏冠草属 **Myriactis** Less.

圆舌黏冠草**Myriactis nepalensis** Less.

习性：多年生，中小草本，高0.2~1m；湿生植物。

生境：河谷、林下、林缘、灌丛、草丛、草甸、沟边、路边等，海拔1000~4100m。

分布：江西、湖北、湖南、广东、广西、贵州、云南、四川、西藏。

黏冠草**Myriactis wightii** DC.

习性：一年生，中小草本，高20~90cm；湿生植物。

生境：林下、草丛、溪边、沟边等，海拔2100~3600m。

分布：贵州、云南、四川、西藏。

耳菊属 **Nabalus** Cass.

福王草**Nabalus tatarinowii** (Maxim.) Nakai

习性：多年生，中草本，高0.5~1.5m；湿生植物。

生境：沟谷、林下、林缘、草丛、水边等，海拔1400~1600m。

分布：黑龙江、吉林、辽宁、内蒙古、河北、山西、山东、河南、湖北、云南、四川、陕西、宁夏、甘肃。

大翅蓟属 **Onopordum** L.

大翅蓟**Onopordum acanthium** L.

习性：二年生，大中草本，高0.5~2m；半湿生植物。

生境：草丛、沟边等，海拔400~1200m。

分布：新疆。

蟹甲草属 **Parasenecio** W. W. Sm. & J. Small

耳叶蟹甲草**Parasenecio auriculatus** (DC.) H. Koyama

习性：多年生，中小草本，高0.3~1m；湿生植物。

生境：林下、林缘、草丛、沼泽草甸、河漫滩等，海拔1400~1600m。

分布：黑龙江、吉林、内蒙古。

大叶蟹甲草**Parasenecio firmus** (Kom.) Y. L. Chen

习性：多年生，大中草本，高0.8~2m；湿生植物。

生境：林下、林间、林缘、溪边等，海拔800~1100m。

分布：吉林。

星叶蟹甲草 **Parasenecio komarovianus** (Pojark.) Y. L. Chen

习性：多年生，大中草本，高0.7~2m；湿生植物。

生境：林下、林缘、溪流等，海拔800~2100m。

分布：黑龙江、吉林、辽宁。

掌裂蟹甲草 **Parasenecio palmatisectus** (Jeffrey) Y. L. Chen

习性：多年生，中草本，高0.5~1m；湿生植物。

生境：林下、林缘、灌丛等，海拔2600~4000m。

分布：云南、四川、西藏。

银胶菊属 Parthenium L.

银胶菊Parthenium hysterophorus L.
习性：一年生，中草本，高0.6~1m；半湿生植物。
生境：林缘、河岸坡、溪边、沟边、消落带、田间、路边等，海拔达1500m。
分布：河北、山东、江苏、江西、福建、河南、广东、海南、广西、贵州、云南、重庆、四川、香港、澳门、台湾；原产于热带美洲。

蜂斗菜属 Petasites Mill.

蜂斗菜Petasites japonicus (Siebold & Zucc.) Maxim.
习性：多年生，中小草本，高20~70cm；半湿生植物。
生境：灌丛、草丛、河岸坡、溪边等，海拔400~2400m。
分布：山东、江苏、安徽、浙江、江西、福建、河南、湖北、四川、陕西、甘肃。

掌叶蜂斗菜Petasites tatewakianus Kitam.
习性：多年生，中草本，高0.5~1m；半湿生植物。
生境：河岸坡、溪边、冲积扇、积水处等。
分布：黑龙江。

毛连菜属 Picris L.

日本毛连菜Picris japonica Thunb.
习性：多年生，中小草本，高0.3~1.2m；半湿生植物。
生境：林下、林间、林缘、灌丛、草丛、草甸、水浇地、河岸坡、沟边、田间等，海拔600~3700m。
分布：黑龙江、吉林、辽宁、内蒙古、河北、北京、山西、山东、安徽、河南、广西、贵州、四川、西藏、陕西、青海、新疆。

阔苞菊属 Pluchea Cass.

阔苞菊Pluchea indica (L.) Less.
习性：常绿，大中草本，高1~3m；水陆生植物。
生境：高潮线附近、潮上带、入海河口等。
分布：广东、海南、广西、台湾。

光梗阔苞菊Pluchea pteropoda Hemsl. ex Forbes & Hemsl.
习性：多年生，小草本，高10~35cm；水湿生植物。
生境：高潮线附近、潮上带、入海河口等。
分布：广东、海南、广西、台湾。

翼茎阔苞菊Pluchea sagittalis (Lam.) Cabrera
习性：一年生，大中草本，高1~1.7m；水湿生植物。
生境：草丛、河岸坡、池塘、沼泽、沟边、弃耕田等。
分布：福建、湖南、广东、海南、广西、台湾；原产于美洲。

鼠麴草属 Pseudognaphalium Kirp.

鼠麴草Pseudognaphalium affine (D. Don) Anderb.
习性：一年生，小草本，高10~40cm；半湿生植物。
生境：草丛、河岸坡、塘基、沟边、消落带、田中、田埂、路边等，海拔达2700m。
分布：河北、山西、山东、江苏、安徽、上海、浙江、江西、福建、河南、湖北、湖南、广东、海南、广西、贵州、云南、重庆、四川、西藏、陕西、甘肃、台湾。

秋鼠麴草Pseudognaphalium hypoleucum (DC.) Hilliard & B. L. Burtt
习性：中小草本，高20~80cm；半湿生植物。
生境：草丛、河岸坡、塘基、沟边、田中、田埂、路边等，海拔100~3200m。
分布：安徽、浙江、江西、福建、湖南、广东、云南、四川、台湾。

漏芦属 Rhaponticum Vaill.

鹿草Rhaponticum carthamoides (Willd.) Iljin
习性：多年生，中草本，高60~90cm；半湿生植物。
生境：草丛、草甸等，海拔2000~2700m。
分布：新疆。

风毛菊属 Saussurea DC.

翼茎风毛菊Saussurea alata DC.
习性：多年生，小草本，高20~50cm；半湿生植物。
生境：塘基、田间、沟边、路边等，海拔500~1200m。
分布：内蒙古、河北、宁夏、新疆。

草地风毛菊Saussurea amara (L.) DC.

习性：多年生，中小草本，高10~70cm；半湿生植物。

生境：林缘、草丛、草原、盐碱地、河岸坡、湖岸坡、溪边、水浇地、路边等，海拔500~3200m。

分布：黑龙江、吉林、辽宁、内蒙古、河北、山西、河南、陕西、宁夏、甘肃、青海、新疆。

龙江风毛菊Saussurea amurensis Turcz. ex DC.

习性：多年生，中小草本，高0.4~1m；湿生植物。

生境：林缘、草丛、沼泽草甸、河漫滩等，海拔900~1300m。

分布：黑龙江、吉林、辽宁、内蒙古。

京风毛菊Saussurea chinnampoensis H. Lév. & Vaniot

习性：一或二年生，中小草本，高10~60cm；湿生植物。

生境：草丛、沼泽草甸、沼泽等，海拔300~3100m。

分布：辽宁、内蒙古、河北、北京、山西、陕西。

达乌里风毛菊Saussurea daurica Adams

习性：多年生，小草本，高4~30cm；半湿生植物。

生境：河漫滩、沼泽、盐碱地、草甸等，海拔1000~3600m。

分布：黑龙江、内蒙古、河北、宁夏、甘肃、青海、新疆。

红柄雪莲Saussurea erubescens Lipsch.

习性：多年生，小草本，高15~30cm；湿生植物。

生境：沟谷、草丛、沼泽草甸、河岸坡等，海拔2400~4900m。

分布：四川、西藏、甘肃、青海。

雪莲花Saussurea involucrata (Kar. & Kir.) Sch. Bip.

习性：多年生，小草本，高15~50cm；湿生植物。

生境：草丛、草甸、河漫滩、溪边、沟边、流石滩等，海拔2400~4100m。

分布：新疆。

紫苞雪莲Saussurea iodostegia Hance

习性：多年生，中小草本，高10~80cm；湿生植物。

生境：林缘、草丛、草甸、沼泽，海拔1300~3500m。

分布：内蒙古、河北、山西、河南、陕西、宁夏、甘肃。

风毛菊（原变种）Saussurea japonica var. japonica

习性：二年生，大中草本，高0.5~2m；半湿生植物。

生境：沟谷、林下、灌丛、弃耕水浇地、沟边、路边等，海拔200~2900m。

分布：辽宁、内蒙古、河北、北京、山西、山东、江苏、安徽、浙江、江西、福建、河南、湖北、湖南、广东、贵州、云南、四川、西藏、陕西、甘肃、青海。

翼枝风毛菊Saussurea japonica var. pteroclada (Nakai & Kitag.) Raab-Straube

习性：多年生，小草本，高20~50cm；半湿生植物。

生境：林下、灌丛、塘基、弃耕田、路边等，海拔200~2900m。

分布：黑龙江、内蒙古、河北、山东、四川、宁夏、甘肃、青海。

裂叶风毛菊Saussurea laciniata Ledeb.

习性：多年生，小草本，高15~50cm；半湿生植物。

生境：河岸坡、湖岸坡、盐碱地、草丛等，海拔700~2200m。

分布：内蒙古、陕西、宁夏、甘肃、新疆。

羽叶风毛菊Saussurea maximowiczii Herder

习性：多年生，中小草本，高0.4~1m；半湿生植物。

生境：林缘、灌丛、草甸等，海拔达1000m。

分布：黑龙江、吉林、辽宁、内蒙古。

齿叶风毛菊Saussurea neoserrata Nakai

习性：多年生，中小草本，高0.3~1m；半湿生植物。

生境：林下、林间、林缘、草丛、沼泽草甸、盐碱地等。

分布：黑龙江、吉林、内蒙古。

钝苞雪莲Saussurea nigrescens Maxim.

习性：多年生，小草本，高8~50cm；湿生植物。

生境：草丛、草甸等，海拔1900~4000m。

分布：河南、陕西、甘肃、青海。

杨叶风毛菊Saussurea populifolia Hemsl.

习性：多年生，中小草本，高30~90cm；湿生植物。

生境：草丛、草甸、沼泽等，海拔1700~3400m。

分布：河南、湖北、云南、重庆、四川、西藏、陕西、甘肃。

美花风毛菊Saussurea pulchella (Fisch.) Fisch.

习性：二年生，中小草本，高0.2~1.2m；半湿生植物。

生境：沟谷、林缘、灌丛、草原、草甸、溪边等，海拔300~2200m。

分布：黑龙江、吉林、辽宁、内蒙古、河北、山西。

碱地风毛菊Saussurea runcinata DC.

习性：多年生，中小草本，高15~60cm；半湿生植物。

生境：河漫滩、湖岸坡、盐碱地、沼泽等，海拔700~1300m。

分布：黑龙江、吉林、内蒙古、河北、山西、陕西、宁夏、青海。

盐地风毛菊Saussurea salsa (Pall.) Spreng.

习性：多年生，小草本，高15~50cm；半湿生植物。

生境：草丛、草甸、河岸坡、河漫滩、湖岸坡等，海拔100~3300m。

分布：内蒙古、宁夏、甘肃、青海、新疆。

林风毛菊Saussurea sinuata Kom.

习性：多年生，中小草本，高0.4~1.1m；半湿生植物。

生境：林下、林间、林缘、沟边等，海拔100~3300m。

分布：黑龙江、吉林、内蒙古。

星状雪兔子Saussurea stella Maxim.

习性：多年生，小草本，高2~5cm；湿生植物。

生境：灌丛、草丛、沼泽草甸、沼泽、河岸坡、河漫滩、湖岸坡等，海拔2000~5400m。

分布：云南、四川、西藏、甘肃、青海。

钻叶风毛菊Saussurea subulata C. B. Clarke

习性：多年生，垫状草本，高2~10cm；湿生植物。

生境：河谷、草丛、沼泽草甸、河漫滩、湖岸坡、盐碱地、砾石地等，海拔4600~5300m。

分布：云南、四川、西藏、甘肃、青海、新疆。

肉叶雪兔子Saussurea thomsonii C. B. Clarke

习性：多年生，小草本，高1~4cm；湿生植物。

生境：河漫滩、草甸、砾石地等，海拔4000~5200m。

分布：西藏、青海、新疆。

草甸雪兔子Saussurea thoroldii Hemsl.

习性：多年生，小草本，高2~6cm；湿生植物。

生境：河漫滩、湖岸坡、盐碱地等，海拔4300~5200m。

分布：西藏、甘肃、青海、新疆。

西藏风毛菊Saussurea tibetica C. Winkl.

习性：多年生，小草本，高8~25cm；湿生植物。

生境：草甸，海拔3400~4700m。

分布：四川、西藏、青海。

湿地雪兔子Saussurea uliginosa Hand.-Mazz.

习性：多年生，中小草本，高40~90cm；湿生植物。

生境：林下、林间、林缘、灌丛、草丛、沼泽等，海拔2000~4200m。

分布：黑龙江、吉林、内蒙古、云南、四川。

湿地风毛菊Saussurea umbrosa Kom.

习性：多年生，中草本，高0.5~1m；半湿生植物。

生境：林下、草甸等，海拔400~900m。

分布：黑龙江、吉林、内蒙古。

鸦葱属 Scorzonera L.

鸦葱Scorzonera austriaca Willd.

习性：多年生，小草本，高5~45cm；半湿生植物。

生境：草丛、草甸、河漫滩、湖岸坡等，海拔400~2000m。

分布：吉林、辽宁、内蒙古、河北、北京、山西、山东、江苏、河南、陕西、宁夏、甘肃、新疆。

蒙古鸦葱Scorzonera mongolica Maxim.

习性：多年生，小草本，高10~42cm；半湿生植物。

生境：草甸、盐碱地、草丛、河漫滩、湖岸坡等，海拔达3200m。

分布：辽宁、内蒙古、河北、山西、山东、河南、陕西、宁夏、甘肃、青海、新疆。

千里光属 Senecio L.

湖南千里光Senecio actinotus Hand.-Mazz.

习性：多年生，中草本，高0.5~1m；湿生植物。

生境：灌丛、沼泽等，海拔1200~1300m。

分布：湖南、广西。

琥珀千里光Senecio ambraceus Turcz. ex DC.

习性：多年生，中小草本，高0.4~1m；半湿生植物。

生境：林下、草丛、河岸坡、潮上带等，海拔达2000m。

分布：黑龙江、吉林、辽宁、内蒙古、河北、北京、山西、山东、河南、陕西、甘肃。

菊状千里光Senecio analogus DC.

习性：多年生，中小草本，高40~80cm；半湿生植物。

生境：林下、林缘、草丛、田间、路边等，海拔1100~3800m。

分布：湖北、贵州、云南、四川、西藏。

额河千里光Senecio argunensis Turcz.

习性：多年生，中小草本，高30~80cm；半湿生植物。

生境：林缘、灌丛、草丛、草甸、河岸坡、路边等，海拔500~3300m。

分布：黑龙江、吉林、辽宁、内蒙古、河北、山西、江苏、安徽、河南、湖北、四川、陕西、宁夏、甘肃、青海。

麻叶千里光Senecio cannabifolius Less.

习性：多年生，大中草本，高0.5~2m；半湿生植物。

生境：林下、林缘、草丛、沼泽草甸、溪边等，海拔100~2100m。

分布：黑龙江、吉林、内蒙古、河北、北京。

林荫千里光Senecio nemorensis L.

习性：多年生，中草本，高0.5~1m；半湿生植物。

生境：林下、林间、草甸、溪边、沟边等，海拔700~3000m。

分布：吉林、内蒙古、河北、北京、山西、山东、安徽、浙江、福建、河南、湖北、贵州、云南、四川、陕西、甘肃、新疆、台湾。

千里光Senecio scandens Buch.-Ham. ex D. Don

习性：多年生，攀援草本；半湿生植物。

生境：林缘、河岸坡、溪边、沟边等，海拔达4000m。

分布：河北、江苏、安徽、浙江、江西、福建、河南、湖北、湖南、广东、海南、广西、贵州、云南、重庆、四川、西藏、陕西、甘肃、青海、台湾。

天山千里光Senecio thianschanicus Regel & Schmalh.

习性：多年生，小草本，高5~20cm；湿生植物。

生境：草丛、草甸、溪边等，海拔2400~5000m。

分布：内蒙古、四川、西藏、甘肃、青海、新疆。

欧洲千里光Senecio vulgaris L.

习性：一年生，小草本，高12~45cm；湿生植物。

生境：草丛、田埂、沟边等，海拔300~2300m。

分布：黑龙江、吉林、辽宁、内蒙古、河北、山东、江苏、安徽、上海、浙江、江西、福建、河南、

湖北、湖南、广西、贵州、云南、重庆、四川、西藏、陕西、宁夏、新疆、香港、台湾；原产于欧洲。

岩生千里光Senecio wightii (DC.) Benth. ex C. B. Clarke

习性：多年生，中草本，高0.6~1.2m；湿生植物。

生境：林下、溪边、塘基、沟边、路边等，海拔1100~3000m。

分布：贵州、云南、四川。

伪泥胡菜属 Serratula L.

伪泥胡菜Serratula coronata L.

习性：多年生，中草本，高0.5~1.5m；湿生植物。

生境：林下、林缘、草原、草甸、沼泽、河岸坡、溪边、湖岸坡等，海拔100~1600m。

分布：黑龙江、吉林、辽宁、内蒙古、河北、山西、山东、江苏、安徽、江西、河南、湖北、贵州、陕西、甘肃、新疆。

虾须草属 Sheareria S. Moore

虾须草Sheareria nana S. Moore

习性：一或二年生，中小草本，高0.1~1m；湿生植物。

生境：草丛、沼泽、河岸坡、河漫滩、湖岸坡、沟边、田埂等，海拔200~700m。

分布：江苏、安徽、浙江、江西、湖北、湖南、广东、贵州、云南、重庆、四川、陕西。

豨莶属 Sigesbeckia L.

豨莶Sigesbeckia orientalis L.

习性：一年生，中小草本，高0.3~1m；半湿生植物。

生境：林下、林缘、灌丛、沟边、田间、田埂、水浇地、路边等，海拔100~2800m。

分布：山西、山东、江苏、安徽、浙江、江西、福建、河南、湖北、湖南、广东、海南、广西、贵州、云南、重庆、四川、西藏、陕西、甘肃、台湾。

腺梗豨莶Sigesbeckia pubescens (Makino) Makino

习性：一年生，中小草本，高0.3~1.1m；半湿生植物。

生境：沟谷、林缘、灌丛、河岸坡、溪边、沟边、水浇地、田间、路边等，海拔100~3400m。

分布：黑龙江、吉林、辽宁、内蒙古、河北、北京、山东、江苏、安徽、上海、浙江、江西、福建、河南、湖北、湖南、广东、海南、广西、贵州、云南、四川、西藏、陕西、甘肃、台湾。

华蟹甲属 Sinacalia H. Rob. & Brettell

华蟹甲 Sinacalia tangutica (Maxim.) B. Nord.

习性：多年生，中草本，高0.5~1m；半湿生植物。

生境：林缘、草丛、草甸、沟边、路边、岩石间等，海拔1200~3500m。

分布：河北、山西、河南、湖北、湖南、四川、陕西、宁夏、甘肃、青海。

蒲儿根属 Sinosenecio B. Nord.

耳柄蒲儿根 Sinosenecio euosmus (Hand.-Mazz.) B. Nord.

习性：多年生，中小草本，高20~75cm；湿生植物。

生境：林缘、草甸等，海拔2400~4000m。

分布：湖北、云南、四川、陕西、甘肃。

广西蒲儿根 Sinosenecio guangxiensis C. Jeffrey & Y. L. Chen

习性：多年生，小草本，高10~35cm；湿生植物。

生境：林下、溪边、岩石、岩壁等，海拔800~2300m。

分布：湖南、广西。

蒲儿根 Sinosenecio oldhamianus (Maxim.) B. Nord.

习性：多年生，中小草本，高40~80cm；湿生植物。

生境：林缘、草丛、沼泽、溪边、田间、岩石间等，海拔300~2100m。

分布：山西、江苏、安徽、浙江、江西、福建、河南、湖北、湖南、广东、广西、贵州、云南、重庆、四川、陕西、甘肃。

一枝黄花属 Solidago L.

加拿大一枝黄花 Solidago canadensis L.

习性：多年生，大中草本，高1~2.5m；半湿生植物。

生境：林缘、灌丛、草丛、河岸坡、河漫滩、溪边、田间、路边等，海拔达1900m。

分布：吉林、辽宁、河北、北京、天津、山西、山东、江苏、安徽、上海、浙江、江西、福建、河南、湖北、湖南、广东、海南、广西、贵州、云南、重庆、四川、陕西、甘肃、新疆、台湾；原产于北美洲。

裸柱菊属 Soliva Ruiz & Pav.

裸柱菊 Soliva anthemifolia (Juss.) R. Br.

习性：一年生，小草本，高5~15cm；湿生植物。

生境：消落带、水田、溪边等，海拔达1200m。

分布：江苏、安徽、上海、浙江、江西、福建、湖南、广东、海南、广西、贵州、重庆、四川、香港、澳门、台湾；原产于南美洲。

碱苣属 Sonchella Sennikov

碱苣 Sonchella stenoma (Turcz. ex DC.) Sennikov

习性：多年生，中小草本，高10~60cm；半湿生植物。

生境：草原、盐碱地等，海拔900~1500m。

分布：黑龙江、内蒙古、西藏、甘肃。

苦苣菜属 Sonchus L.

续断菊 Sonchus asper (L.) Hill

习性：一年生，中小草本，高20~70cm；半湿生植物。

生境：林缘、草丛、草甸、沟边、田间等，海拔1500~3700m。

分布：辽宁、山东、江苏、上海、浙江、湖北、湖南、广西、四川、西藏、新疆、台湾；原产于欧洲、地中海。

长裂苦苣菜 Sonchus brachyotus DC.

习性：一年生，中草本，高0.5~1m；半湿生植物。

生境：草丛、沼泽草甸、河岸坡、湖岸坡、田埂、水浇地、盐碱地、路边等，海拔300~4000m。

分布：黑龙江、吉林、辽宁、内蒙古、河北、山西、山东、江苏、江西、河南、广东、广西、云南、四川、西藏、陕西、宁夏、甘肃、青海、新疆。

苦苣菜 Sonchus oleraceus L.

习性：一年生，中小草本，高0.3~1.5m；半湿生植物。

生境：林下、林缘、草甸、河岸坡、沟边、田间等，海拔100~3200m。

分布：全国各地；原产于欧洲、地中海。

沼生苦苣菜Sonchus palustris L.

习性：多年生，大中草本，高0.5~1.8m；半湿生植物。

生境：水边、湖岸坡等，海拔400~900m。

分布：黑龙江、山东、安徽、湖北、青海、新疆。

苣荬菜Sonchus wightianus DC.

习性：多年生，中小草本，高0.3~1.5m；半湿生植物。

生境：林缘、林间、灌丛、草丛、河岸坡、砾石滩、溪边、沟边、田间、田埂等，海拔300~2300m。

分布：黑龙江、吉林、辽宁、河北、北京、天津、山西、江苏、浙江、福建、河南、湖北、湖南、广东、海南、广西、贵州、云南、重庆、四川、西藏、陕西、宁夏、青海、新疆、台湾。

戴星草属 Sphaeranthus L.

戴星草Sphaeranthus africanus L.

习性：一年生，中小草本，高20~70cm；湿生植物。

生境：草丛、沼泽、田间、路边等。

分布：广东、海南、广西、云南、台湾。

蟛蜞菊属 Sphagneticola O. Hoffm.

蟛蜞菊Sphagneticola calendulacea (L.) Pruski

习性：多年生，匍匐草本；水陆生植物。

生境：林缘、河岸坡、溪边、湖岸坡、塘基、沟边、路边、田间、田埂、潮上带、河口等，海拔达1500m。

分布：辽宁、浙江、福建、广东、广西、云南、台湾。

南美蟛蜞菊Sphagneticola trilobata (L.) Pruski

习性：多年生，匍匐草本；水陆生植物。

生境：林缘、河岸坡、溪边、沟边、路边、田间、田埂、潮上带、河口等，海拔达900m。

分布：辽宁、浙江、江西、福建、广东、海南、广西、云南、四川、香港、澳门、台湾；原产于热带美洲。

含苞草属 Symphyllocarpus Maxim.

含苞草Symphyllocarpus exilis Maxim.

习性：一年生，小草本，高6~30cm；湿生植物。

生境：河岸坡、河漫滩、消落带等。

分布：黑龙江、吉林。

联毛紫菀属 Symphyotrichum Nees

短星菊Symphyotrichum ciliatum (Ledeb.) G. L. Nesom

习性：一年生，中小草本，高20~60cm；半湿生植物。

生境：林下、草丛、河岸坡、河漫滩、塘基、盐碱地等，海拔达2400m。

分布：黑龙江、吉林、辽宁、内蒙古、河北、山西、山东、河南、陕西、宁夏、甘肃、新疆。

钻叶紫菀 Symphyotrichum subulatum (Michx.) G. L. Nesom

习性：一年生，大中草本，高0.5~1.8m；水陆生植物。

生境：林下、沼泽、河流、溪流、湖泊、池塘、水沟、消落带、水田、水浇地等，海拔达2200m。

分布：辽宁、河北、北京、天津、山西、山东、江苏、安徽、上海、浙江、江西、福建、河南、湖北、湖南、广东、海南、广西、贵州、云南、重庆、四川、陕西、甘肃、香港、澳门、台湾；原产于美洲。

合耳菊属 Synotis (C. B. Clarke) C. Jeffrey & Y. L. Chen

昆明合耳菊Synotis cavaleriei (H. Lévl.) C. Jeffrey & Y. L. Chen

习性：多年生，小草本，高5~42cm；湿生植物。

生境：溪边、瀑布边等，海拔1700~3000m。

分布：贵州、云南、四川。

三舌合耳菊Synotis triligulata (Buch.-Ham. ex D. Don) C. Jeffrey & Y. L. Chen

习性：多年生，中草本，高0.5~1.5m；半湿生植物。

生境：林缘、灌丛、沟边等，海拔1200~2300m。

分布：云南、西藏。

山牛蒡属 Synurus Iljin

山牛蒡Synurus deltoides (Aiton) Nakai

习性：多年生，中草本，高0.7~1.5m；半湿生植物。

生境：林下、林缘、草甸、溪边等，海拔500~2200m。

分布：黑龙江、吉林、辽宁、内蒙古、河北、山西、山东、安徽、浙江、江西、河南、湖北、湖南、云南、重庆、陕西、甘肃。

菊蒿属 Tanacetum L.

川西小黄菊Tanacetum tatsienense (Bureau & Franch.) K. Bremer & Humphries

习性：多年生，小草本，高7~25cm；湿生植物。

生境：灌丛、草甸、砾石坡等，海拔3500~5200m。

分布：云南、四川、西藏、青海。

菊蒿Tanacetum vulgare L.

习性：多年生，中小草本，高0.3~1.5m；半湿生植物。

生境：林下、林缘、草丛、草甸、河漫滩等，海拔200~2400m。

分布：黑龙江、吉林、内蒙古、北京、新疆。

蒲公英属 Taraxacum Zinn

白花蒲公英Taraxacum albiflos Kirschner & Štěpanek

习性：多年生，小草本，高达10cm；湿生植物。

生境：草丛、沼泽草甸等，海拔400~4500m。

分布：北京、山西、西藏、甘肃、青海、新疆。

粉绿蒲公英Taraxacum dealbatum Hand.-Mazz.

习性：多年生，小草本，高10~20cm；半湿生植物。

生境：草丛、草甸、河漫滩、田间等，海拔600~1000m。

分布：内蒙古、西藏、新疆。

毛柄蒲公英Taraxacum eriopodum (D. Don) DC.

习性：多年生，小草本，高6~20cm；湿生植物。

生境：草丛、沼泽等，海拔3000~5300m。

分布：云南、西藏。

淡红座蒲公英Taraxacum erythropodium Kitag.

习性：多年生，小草本，高10~25cm；湿生植物。

生境：草丛、草甸、河岸坡、湖岸坡、路边等。

分布：黑龙江、吉林、辽宁、北京、山西。

小叶蒲公英Taraxacum goloskokovii Schischk.

习性：多年生，小草本，高5~8cm；湿生植物。

生境：河漫滩、草甸、洼地等，海拔3000~3700m。

分布：新疆。

川甘蒲公英Taraxacum lugubre Dahlst.

习性：多年生，小草本，高10~18cm；湿生植物。

生境：草甸，海拔4000~4600m。

分布：四川、陕西。

红角蒲公英Taraxacum luridum G. E. Haglund

习性：多年生，小草本，高5~10cm；湿生植物。

生境：草甸、溪边等，海拔2800~5000m。

分布：西藏、新疆。

灰果蒲公英Taraxacum maurocarpum Dahlst.

习性：多年生，小草本，高5~10cm；湿生植物。

生境：林下、灌丛、草甸、路边等，海拔2300~4500m。

分布：四川、西藏、甘肃、青海。

蒙古蒲公英Taraxacum mongolicum Hand.-Mazz.

习性：多年生，小草本，高8~25cm；半湿生植物。

生境：草丛、河岸坡、河漫滩、田间、路边等，海拔800~2800m。

分布：黑龙江、吉林、辽宁、内蒙古、河北、北京、天津、山西、山东、江苏、安徽、上海、浙江、江西、福建、河南、湖北、湖南、广东、贵州、重庆、四川、西藏、陕西、宁夏。

多莛蒲公英Taraxacum multiscaposum Schischk.

习性：多年生，小草本，高10~25cm；半湿生植物。

生境：林缘、草丛、草原、田间、路边等，1200~2000m。

分布：新疆。

异苞蒲公英Taraxacum multisectum Kitag.

习性：多年生，小草本，高10~15cm；半湿生植物。

生境：草甸、沟边等。

分布：黑龙江、吉林、辽宁、内蒙古。

东北蒲公英Taraxacum ohwianum Kitam.

习性：多年生，小草本，高10~20cm；半湿生植物。

生境：林缘、草丛、沼泽草甸、河岸坡、田间、路边等，海拔达2300m。

分布：黑龙江、吉林、辽宁、内蒙古。

白缘蒲公英Taraxacum platypecidum Diels
习性：多年生，小草本，高10~40cm；半湿生植物。
生境：草丛、路边等，海拔1900~3400m。
分布：河北、北京、山西、甘肃。

深裂蒲公英Taraxacum scariosum (Tausch)
Kirschner & Štěpanek
习性：多年生，小草本，高10~30cm；半湿生植物。
生境：林缘、草甸、河漫滩、路边等。
分布：黑龙江、吉林、辽宁、内蒙古、河北、山西、西藏。

华蒲公英Taraxacum sinicum Kitag.
习性：多年生，小草本，高8~25cm；半湿生植物。
生境：草甸、盐碱地、潮上带等，海拔达2900m。
分布：黑龙江、吉林、辽宁、内蒙古、河北、山西、西藏、陕西、甘肃、青海。

斑叶蒲公英Taraxacum variegatum Kitag.
习性：多年生，小草本，高10~20cm；半湿生植物。
生境：草甸、路边等，海拔100~400m。
分布：吉林、辽宁。

狗舌草属 **Tephroseris** (Rchb.) Rchb.

红轮狗舌草Tephroseris flammea (Turcz. ex DC.) Holub
习性：多年生，中小草本，高20~70cm；半湿生植物。
生境：林缘、灌丛、草原、草甸、河漫滩、溪流等，海拔1200~2100m。
分布：黑龙江、吉林、内蒙古、河北、山西、陕西。

狗舌草Tephroseris kirilowii (Turcz. ex DC.) Holub
习性：多年生，中小草本，高10~60cm；半湿生植物。
生境：沟谷、林下、草丛、草甸、河岸坡、沟边等，海拔200~2000m。
分布：黑龙江、吉林、辽宁、内蒙古、河北、北京、山西、山东、江苏、安徽、浙江、江西、福建、河南、湖北、湖南、广东、贵州、四川、陕西、甘肃、台湾。

朝鲜蒲儿根Tephroseris koreana (Kom.) B. Nord. & Pelser
习性：多年生，中小草本，高30~60cm；湿生植物。
生境：林下。
分布：吉林、辽宁。

湿生狗舌草Tephroseris palustris (L.) Rchb.
习性：一或二年生，中小草本，高0.2~1m；湿生植物。
生境：草甸、沼泽、河岸坡、湖岸坡、塘基等，海拔500~1100m。
分布：黑龙江、内蒙古、河北。

江浙狗舌草Tephroseris pierotii (Miq.) Holub
习性：多年生，中小草本，高30~60cm；湿生植物。
生境：灌丛、草丛、河岸坡、沼泽、沟边等。
分布：黑龙江、辽宁、江苏、浙江、福建。

黔狗舌草Tephroseris pseudosonchus (Vaniot) C. Jeffrey & Y. L. Chen
习性：多年生，中草本，高50~70cm；湿生植物。
生境：草甸、溪边等，海拔300~2700m。
分布：山西、湖北、湖南、贵州、陕西。

尖齿狗舌草Tephroseris subdentata (Bunge) Holub
习性：多年生，中小草本，高20~60cm；湿生植物。
生境：林下、林缘、草丛、沼泽草甸、沼泽等，海拔1000~3400m。
分布：黑龙江、吉林、辽宁、内蒙古、河北、青海。

台东狗舌草Tephroseris taitoensis (Hayata) Holub
习性：多年生，中小草本，高30~60cm；湿生植物。
生境：沼泽。
分布：台湾。

肿柄菊属 **Tithonia** Desf. ex Juss.

肿柄菊Tithonia diversifolia (Hemsl.) A. Gray
习性：一年生，大草本，高2~5m；半湿生植物。
生境：林缘、河岸坡、沟边、塘基、弃耕水浇地、路边等，海拔达2000m。
分布：山西、江苏、江西、福建、湖北、广东、海南、广西、贵州、云南、青海、香港、澳门、台湾；原产于墨西哥。

三肋果属 **Tripleurospermum** Sch. Bip.

三肋果Tripleurospermum limosum (Maxim.) Pobed.
习性：一或二年生，小草本，高5~35cm；半湿生植物。

生境：草甸、河岸坡、湖岸坡、塘基、盐碱地等，海拔300~2100m。

分布：黑龙江、吉林、辽宁、内蒙古、河北。

东北三肋果Tripleurospermum tetragonos-permum (F. Schmidt.) Pobed.

习性：一年生，小草本，高40~50cm；半湿生植物。

生境：草甸、河岸坡、湖岸坡、塘基、沟边等，海拔200~500m。

分布：黑龙江、吉林、辽宁。

碱菀属 **Tripolium** Nees

碱菀Tripolium pannonicum (Jacq.) Dobrocz.

习性：一年生，中小草本，高25~80cm；湿生植物。

生境：草甸、沼泽、湖岸坡、河岸坡、盐碱地、潮上带等，海拔达2500m。

分布：黑龙江、吉林、辽宁、内蒙古、河北、北京、天津、山西、山东、江苏、上海、浙江、河南、湖南、四川、陕西、宁夏、甘肃、青海、新疆。

女菀属 **Turczaninovia** DC.

女菀Turczaninovia fastigiata (Fisch.) DC.

习性：多年生，中小草本，高0.3~1m；半湿生植物。

生境：林缘、灌丛、草丛、河岸坡、盐碱地等，海拔达1200m。

分布：黑龙江、吉林、辽宁、内蒙古、河北、山西、山东、江苏、安徽、浙江、江西、河南、湖北、湖南、四川、陕西、甘肃。

款冬属 **Tussilago** L.

款冬Tussilago farfara L.

习性：多年生，小草本，高5~10cm；半湿生植物。

生境：沟谷、林下、林缘、草甸、溪边、沟边等，海拔600~3400m。

分布：吉林、内蒙古、河北、山西、江苏、安徽、浙江、江西、河南、湖北、湖南、贵州、云南、四川、西藏、陕西、宁夏、甘肃、新疆。

斑鸠菊属 **Vernonia** Schreb.

展枝斑鸠菊Vernonia extensa DC.

习性：多年生，大草本，高2~3m；半湿生植物。

生境：林缘、灌丛、溪边、沟边、路边等，海拔1000~2100m。

分布：贵州、云南。

滇缅斑鸠菊Vernonia parishii Hook. f.

习性：多年生，大草本，高2~3m；半湿生植物。

生境：林缘、灌丛、河岸坡、溪边等，海拔500~2600m。

分布：云南。

孪花菊属 **Wollastonia** DC. ex Decne.

孪花菊Wollastonia biflora (L.) DC.

习性：多年生，中草本，长1~1.5m；半湿生植物。

生境：林缘、草丛、河岸坡、溪边、湖岸坡、塘基、沟边、路边、潮上带等，海拔2400m。

分布：江西、湖北、湖南、广东、海南、广西、贵州、云南、四川、西藏、台湾。

苍耳属 **Xanthium** L.

苍耳Xanthium strumarium L.

习性：一年生，中小草本，高0.2~1.5m；半湿生植物。

生境：林缘、河岸坡、溪边、湖岸坡、塘基、沟边、路边、田间、田埂、潮上带、河口、消落带等，海拔3000m。

分布：全国各地。

黄鹌菜属 **Youngia** Cass.

厚绒黄鹌菜Youngia fusca (Babc.) Babc. & Stebbins

习性：多年生，小草本，高20~40cm；半湿生植物。

生境：灌丛、溪边等，海拔2000~3500m。

分布：贵州、云南。

黄鹌菜Youngia japonica (L.) DC.

习性：一年生，中小草本，高0.1~1m；湿生植物。

生境：林下、林缘、沼泽、沟边、水浇地、田埂、田间、冬闲田等，海拔达3900m。

分布：河北、山东、江苏、安徽、上海、浙江、江西、福建、河南、湖北、湖南、广东、海南、广西、贵州、云南、重庆、四川、西藏、陕西、甘肃、台湾。

无茎黄鹌菜**Youngia simulatrix** (Babc.) Babc. & Stebbins

习性：多年生，小草本，高不足5cm；湿生植物。

生境：草丛、草甸、河漫滩等，海拔2700~5000m。

分布：四川、西藏、甘肃、青海。

55. 蛇菰科 Balanophoraceae

蛇菰属 **Balanophora** J. R. Forst. & G. Forst.

短穗蛇菰**Balanophora abbreviate** Blume

习性：小肉质草本，高4~6cm；湿生植物。

生境：林下，海拔600~1500m。

分布：浙江、江西、福建、湖南、广东、海南、广西、贵州、云南、四川。

粗穗蛇菰**Balanophora dioica** R. Br. ex Royle

习性：小肉质草本，高10~15cm；湿生植物。

生境：林下，海拔1100~3200m。

分布：湖南、云南、西藏。

长枝蛇菰**Balanophora elongata** Blume

习性：小肉质草本，高10~20cm；湿生植物。

生境：林下，海拔900~1600m。

分布：云南。

川藏蛇菰**Balanophora fargesii** (Tiegh.) Harms

习性：小肉质草本，高14~20cm；湿生植物。

生境：林下，海拔2700~3100m。

分布：云南、四川、西藏。

蛇菰**Balanophora fungosa** J. R. Forst. & G. Forst.

习性：小肉质草本，高5~15cm；湿生植物。

生境：林下，海拔400~2500m。

分布：台湾。

红冬蛇菰**Balanophora harlandii** Hook. f.

习性：小肉质草本，高2~10cm；湿生植物。

生境：林下，海拔600~2100m。

分布：安徽、浙江、江西、福建、河南、湖北、湖南、广东、海南、广西、贵州、云南、四川、陕西、台湾。

印度蛇菰**Balanophora indica** (Arn.) Griff.

习性：小肉质草本，高15~25cm；湿生植物。

生境：林下，海拔900~1500m。

分布：海南、广西、云南。

筒鞘蛇菰**Balanophora involucrata** Hook. f.

习性：小肉质草本，高5~15cm；湿生植物。

生境：林下，海拔2300~3600m。

分布：河南、湖北、湖南、贵州、云南、四川、西藏、陕西。

疏花蛇菰**Balanophora laxiflora** Hemsl.

习性：小肉质草本，高10~20cm；湿生植物。

生境：林下，海拔600~1700m。

分布：浙江、江西、福建、湖北、湖南、广东、广西、贵州、云南、四川、西藏、台湾。

多蕊蛇菰**Balanophora polyandra** Griff.

习性：小肉质草本，高5~25cm；湿生植物。

生境：林下，海拔1000~2500m。

分布：湖北、湖南、广西、云南、西藏。

杯茎蛇菰**Balanophora subcupularis** P. C. Tam

习性：小肉质草本，高3~8cm；湿生植物。

生境：林下，海拔600~1500m。

分布：江西、湖南、广东、广西、贵州、云南。

鸟黐蛇菰**Balanophora tobiracola** Makino

习性：小肉质草本，高5~10cm；湿生植物。

生境：林下，海拔约500m。

分布：江西、湖南、广东、广西、台湾。

盾片蛇菰属 **Rhopalocnemis** Jungh.

盾片蛇菰**Rhopalocnemis phalloides** Jungh.

习性：小肉质草本，高10~30cm；湿生植物。

生境：林下、灌丛等，海拔1000~2700m。

分布：广西、云南。

56. 凤仙花科 Balsaminaceae

水角属 **Hydrocera** Blume

水角**Hydrocera triflora** (L.) Wight & Arn.

习性：一年生，中草本，高0.5~1.2m；挺水植物。

生境：沼泽、湖泊、池塘、田中等，海拔达200m。

分布：海南。

凤仙花属 Impatiens L.

神父凤仙花 Impatiens abbatis Hook. f.

习性：一年生，小草本，高40~50cm；湿生植物。

生境：林下、沟边等，海拔1200~2100m。

分布：云南。

太子凤仙花 Impatiens alpicola Y. L. Chen & Y. Q. Lu

习性：一年生，小草本，高20~30cm；湿生植物。

生境：林缘、溪边等，海拔2800~2900m。

分布：四川。

抱茎凤仙花 Impatiens amplexicaulis Edgew.

习性：一年生，中小草本，高20~70cm；湿生植物。

生境：灌丛、河岸坡、溪边、沟边、漂石间等，海拔2900~3900m。

分布：云南、西藏。

棱茎凤仙花 Impatiens angulata S. X. Yu, Y. L. Chen & H. N. Qin

习性：多年生，中草本，高60~90cm；湿生植物。

生境：河谷、溪边等，海拔100~500m。

分布：广西。

大叶凤仙花 Impatiens apalophylla Hook. f.

习性：多年生，中小草本，高30~60cm；湿生植物。

生境：林下、草丛、溪边、沟边等，海拔400~1500m。

分布：广东、广西、贵州、云南。

川西凤仙花 Impatiens apsotis Hook. f.

习性：一年生，小草本，高10~30cm；湿生植物。

生境：林缘、河岸坡、漂石间等，海拔2200~3000m。

分布：四川、西藏、青海。

水凤仙花 Impatiens aquatilis Hook. f.

习性：一年生，中小草本，高30~90cm；水湿生植物。

生境：河流、溪流、湖泊、池塘、水沟、沼泽、漂石间、田间等，海拔500~3000m。

分布：广西、云南、四川。

紧萼凤仙花 Impatiens arctosepala Hook. f.

习性：一年生，小草本，高20~30cm；湿生植物。

生境：林下、草丛、溪边等，海拔1800~2500m。

分布：云南。

锐齿凤仙花 Impatiens arguta Hook. f. & Thomson

习性：多年生，中小草本，高20~70cm；湿生植物。

生境：林下、林缘、灌丛、河岸坡、溪边、湖岸坡、沟边等，海拔1300~3200m。

分布：云南、四川、西藏。

缅甸凤仙花 Impatiens aureliana Hook. f.

习性：一年生，小草本，高15~20cm；湿生植物。

生境：林下、河岸坡、溪边等，海拔700~1700m。

分布：云南。

马红凤仙花 Impatiens bachii H. Lév.

习性：一年生，小草本，高40~50cm；湿生植物。

生境：林下、沟边等，海拔1900~2800m。

分布：云南。

白汉洛凤仙花 Impatiens bahanensis Hand.-Mazz.

习性：一年生，中草本，高0.5~1m；湿生植物。

生境：林下、沟边等，海拔1900~3300m。

分布：云南。

大苞凤仙花 Impatiens balansae Hook. f.

习性：一年生，中小草本，高40~60cm；湿生植物。

生境：林下、溪边等，海拔300~1400m。

分布：云南。

凤仙花 Impatiens balsamina L.

习性：一年生，中草本，高0.6~1m；半湿生植物。

生境：林缘、河岸坡、溪边、沟边、田埂等。

分布：全国各地；原产于南亚。

髯毛凤仙花 Impatiens barbata H. F. Comber

习性：一年生，小草本，高30~45cm；半湿生植物。

生境：林缘、溪边、沟边等，海拔2000~3000m。

分布：云南、四川。

美丽凤仙花 Impatiens bellula Hook. f.

习性：一年生，小草本，高30~40cm；湿生植物。

生境：溪边、漂石间等，海拔1400~1600m。

分布：重庆。

双角凤仙花 Impatiens bicornuta Wall.

习性：一年生，中小草本，高0.3~1m；半湿生植物。

生境：林下、草丛、溪边、漂石间等，海拔1700~2700m。

分布：西藏。

睫毛萼凤仙花Impatiens blepharosepala E. Pritz.

习性：一年生，中小草本，高30~60cm；半湿生植物。

生境：林下、林缘、溪边、漂石间等，海拔500~1600m。

分布：安徽、浙江、江西、福建、湖北、湖南、广东、广西、贵州。

东川凤仙花Impatiens blinii H. Lév.

习性：一年生，中小草本，高40~80cm；湿生植物。

生境：河谷、林缘、灌丛等，海拔2100~2800m。

分布：云南。

包氏凤仙花Impatiens bodinieri Hook. f.

习性：一年生，小草本，高10~40cm；湿生植物。

生境：林下、沟边等，海拔700~1400m。

分布：贵州。

短距凤仙花Impatiens brachycentra Kar. & Kir.

习性：一年生，中小草本，高30~60cm；半湿生植物。

生境：林下、林缘、沟边、沼泽、漂石或岩石间等，海拔800~2100m。

分布：新疆。

具角凤仙花Impatiens ceratophora H. F. Comber

习性：一年生，中草本，高0.8~1m；湿生植物。

生境：林下、沟边等，海拔1700~3200m。

分布：云南。

浙江凤仙花Impatiens chekiangensis Y. L. Chen

习性：一年生，小草本，高20~50cm；湿生植物。

生境：林下、河岸坡、溪边、漂石或岩石间等，海拔400~1000m。

分布：浙江。

高黎贡山凤仙花Impatiens chimiliensis H. F. Comber

习性：一年生，中草本，高0.7~1.3m；湿生植物。

生境：灌丛、溪边等，海拔3200~3600m。

分布：云南、西藏。

华凤仙Impatiens chinensis L.

习性：一年生，中小草本，高30~60cm；水湿生植物。

生境：沼泽、溪流、湖岸坡、池塘、水沟、田间、弃耕田等，海拔100~1400m。

分布：江苏、安徽、浙江、江西、福建、湖南、广东、海南、广西、云南。

赤水凤仙花Impatiens chishuiensis Y. X. Xiong

习性：一年生，中小草本，高30~60cm；湿生植物。

生境：溪边、瀑布边等，海拔400~1000m。

分布：贵州。

绿萼凤仙花Impatiens chlorosepala Hand.-Mazz.

习性：一年生，小草本，高30~40cm；湿生植物。

生境：林下、溪边、沟边、岩石、岩壁、漂石间等，海拔300~1300m。

分布：江西、湖南、广东、广西、贵州。

淡黄绿凤仙花Impatiens chloroxantha Y. L. Chen

习性：一年生，小草本，高30~40cm；湿生植物。

生境：林下、沟边、漂石间等，海拔500~700m。

分布：浙江、福建。

棒尾凤仙花Impatiens clavicuspis Hook. f. ex W. W. Sm.

习性：一年生，中小草本，高30~60cm；湿生植物。

生境：林下、沼泽、溪边等，海拔1000~2800m。

分布：湖南、云南。

棒凤仙花Impatiens clavigera Hook. f.

习性：一年生，中小草本，高30~60cm；湿生植物。

生境：林下、林缘、溪边、岩石、岩壁等，海拔1000~1800m。

分布：广西、云南。

鸭跖草状凤仙花Impatiens commelinoides Hand.-Mazz.

习性：一年生，小草本，高20~40cm；湿生植物。

生境：溪边、沟边、沼泽、田间等，海拔300~900m。

分布：浙江、江西、福建、湖南、广东、重庆。

顶喙凤仙花Impatiens compta Hook. f.

习性：一年生，中草本，高0.5~1m；半湿生植物。

生境：林下、溪边、沟边等，海拔1500~2200m。

分布：湖北、重庆。

贝苞凤仙花**Impatiens conchibracteata** Y. L. Chen & Y. Q. Lu

习性：一年生，中小草本，高30~60cm；湿生植物。

生境：林下，海拔1800~2800m。

分布：四川。

黄麻叶凤仙花**Impatiens corchorifolia** Franch.

习性：一年生，小草本，高30~50cm；半湿生植物。

生境：林下、林缘、溪边等，海拔2100~3500m。

分布：云南、四川。

喙萼凤仙花**Impatiens cornutisepala** S. X. Yu, Y. L. Chen & H. N. Qin

习性：一年生，小草本，高15~40cm；湿生植物。

生境：林下、林缘、沟边等，海拔100~1300m。

分布：广西。

粗茎凤仙花**Impatiens crassicaudex** Hook. f.

习性：一年生，小草本，高20~30cm；湿生植物。

生境：林缘、溪边、沟边等，海拔3000~3300m。

分布：云南、四川、西藏。

厚裂凤仙花**Impatiens crassiloba** Hook. f.

习性：一年生，中小草本，高30~80cm；水湿生植物。

生境：溪流、水沟、田间等，海拔600~1600m。

分布：贵州。

西藏凤仙花**Impatiens cristata** Wall.

习性：一年生，中小草本，高30~80cm；湿生植物。

生境：林下、沟边等，海拔2000~3100m。

分布：西藏。

蓝花凤仙花**Impatiens cyanantha** Hook. f.

习性：一年生，中小草本，高20~70cm；湿生植物。

生境：林下、林缘、沟边等，海拔1000~2500m。

分布：贵州、云南。

金凤花**Impatiens cyathiflora** Hook. f.

习性：一年生，中小草本，高40~70cm；湿生植物。

生境：林下、草丛、沟边、岩石等，海拔1800~2300m。

分布：贵州、云南。

环萼凤仙花**Impatiens cyclosepala** Hook. f. ex W. W. Sm.

习性：一年生，中小草本，高30~60cm；湿生植物。

生境：河谷、林下、溪边等，海拔2400~2700m。

分布：云南。

舟状凤仙花**Impatiens cymbifera** Hook. f.

习性：一年生，中小草本，高20~60cm；湿生植物。

生境：林下、溪边、沟边等，海拔2500~3000m。

分布：西藏。

牯岭凤仙花**Impatiens davidii** Franch.

习性：一年生，中小草本，高40~90cm；半湿生植物。

生境：林下、林缘、溪边、漂石间等，海拔300~700m。

分布：安徽、浙江、江西、福建、湖北、湖南、广东。

耳叶凤仙花**Impatiens delavayi** Franch.

习性：一年生，小草本，高30~40cm；湿生植物。

生境：林下、林缘、草丛、溪边、漂石间、沟边、流石坡等，海拔2400~4200m。

分布：云南、四川、西藏。

束花凤仙花**Impatiens desmantha** Hook. f.

习性：一年生，中小草本，高30~70cm；湿生植物。

生境：沟谷、林下、河岸坡、漂石间等，海拔2800~4000m。

分布：云南。

齿萼凤仙花**Impatiens dicentra** Franch. ex Hook. f.

习性：一年生，中草本，高60~90cm；半湿生植物。

生境：林下、漂石间、溪边、沟边等，海拔1000~2700m。

分布：江西、河南、湖北、湖南、贵州、云南、四川、陕西、甘肃。

异型叶凤仙花**Impatiens dimorphophylla** Franch.

习性：一年生，小草本，高20~30cm；湿生植物。

生境：林下、岩石间等，海拔2800~3400m。

分布：云南、四川。

叉开凤仙花**Impatiens divaricata** Franch.

习性：一年生，中草本，高50~70cm；湿生植物。

生境：林下、河岸坡、沟边等，海拔2100~3000m。

分布：云南。

长距凤仙花**Impatiens dolichoceras** E. Pritz.

习性：一年生，中草本，高50~80cm；湿生植物。

生境：沟谷、林下、草丛、沟边等，海拔1200~2100m。

分布：湖北、贵州、重庆。

镰萼凤仙花**Impatiens drepanophora** Hook. f.

习性：一年生，中草本，高0.5~1m；湿生植物。

生境：林下、溪边、沟边等，海拔1700~2500m。

分布：云南、西藏。

滇南凤仙花**Impatiens duclouxii** Hook. f.

习性：一年生，中小草本，高40~90cm；湿生植物。

生境：林下、溪边、沟边、岩壁等，海拔500~2500m。

分布：浙江、广西、贵州、云南、四川。

柳叶菜状凤仙花**Impatiens epilobioides** Y. L. Chen

习性：一年生，中小草本，高30~70cm；湿生植物。

生境：沟谷、林下、灌丛、河岸坡等，海拔700~3200m。

分布：四川。

鄂西凤仙花**Impatiens exiguiflora** Hook. f.

习性：一年生，小草本，高30~50cm；湿生植物。

生境：林下、漂石间、沟边等，海拔800~1600m。

分布：湖北。

展叶凤仙花**Impatiens extensifolia** Hook. f.

习性：一年生，中小草本，高15~80cm；湿生植物。

生境：溪边、沟边、岩石、岩壁等，海拔1000~1900m。

分布：云南。

华丽凤仙花**Impatiens faberi** Hook. f.

习性：一年生，中草本，高60~70cm；湿生植物。

生境：林缘、沟边等，海拔1300~2100m。

分布：四川。

镰瓣凤仙花**Impatiens falcifer** Hook. f.

习性：一年生，中小草本，高20~60cm；湿生植物。

生境：林下、岩石、岩石间、河岸坡等，海拔2300~2500m。

分布：西藏。

川鄂凤仙花**Impatiens fargesii** Hook. f.

习性：一年生，小草本，高30~40cm；湿生植物。

生境：河谷、草丛、沟边、塘基等，海拔1300~1550m。

分布：湖北、重庆。

封怀凤仙花**Impatiens fenghwaiana** Y. L. Chen

习性：一年生，小草本，高30~50cm；半湿生植物。

生境：林缘、草丛等，海拔500~1000m。

分布：江西。

裂距凤仙花**Impatiens fissicornis** Maxim.

习性：一年生，中小草本，高40~90cm；湿生植物。

生境：林下，海拔1200~2100m。

分布：湖北、陕西、甘肃。

滇西凤仙花**Impatiens forrestii** Hook. f. ex W. W. Sm.

习性：一年生，中小草本，高35~90cm；湿生植物。

生境：河谷、溪边等，海拔2600~3300m。

分布：云南、四川。

草莓凤仙花**Impatiens fragicolor** C. Marquand & Airy Shaw

习性：一年生，中小草本，高30~70cm；半湿生植物。

生境：漂石间、河岸坡、溪边、沟边等，海拔3100~3900m。

分布：西藏。

东北凤仙花**Impatiens furcillata** Hemsl.

习性：一年生，中小草本，高30~70cm；湿生植物。

生境：林缘、漂石间、溪边、沟边等，海拔700~1100m。

分布：黑龙江、吉林、辽宁、内蒙古、河北。

平坝凤仙花**Impatiens ganpiuana** Hook. f.

习性：一年生，中小草本，高30~60cm；湿生植物。

生境：林下、草丛、沟边、池塘等，海拔1000~2000m。

分布：贵州。

腹唇凤仙花**Impatiens gasterocheila** Hook. f.

习性：一年生，中小草本，高30~70cm；湿生植物。

生境：林缘、溪边、沟边等，海拔900~1400m。

分布：四川。

贡山凤仙花**Impatiens gongshanensis** Y. L. Chen

习性：一年生，小草本，高10~30cm；湿生植物。

生境：瀑布边，海拔1200~1300m。

分布：云南。

细梗凤仙花**Impatiens gracilipes** Hook. f.

习性：一年生，小草本，高20~30cm；湿生植物。

生境：林下、沟边等，海拔约3000m。

分布：云南、四川。

贵州凤仙花**Impatiens guizhouensis** Y. L. Chen

习性：一年生，小草本，高20~45cm；湿生植物。

生境：林下、溪边、岩石等，海拔700~1200m。

分布：湖南、广西、贵州、云南。

滇东南凤仙花**Impatiens hancockii** C. H. Wright

习性：一年生，小草本，高30~40cm；湿生植物。

生境：溪边，海拔1100~1400m。

分布：云南。

中州凤仙花**Impatiens henanensis** Y. L. Chen

习性：一年生，中小草本，高40~60cm；湿生植物。

生境：林缘、漂石间等，海拔1200~1500m。

分布：山西、河南。

横断山凤仙花**Impatiens hengduanensis** Y. L. Chen

习性：一年生，小草本，高10~15cm；湿生植物。

生境：林缘，海拔1400~1500m。

分布：云南。

心萼凤仙花**Impatiens henryi** E. Pritz.

习性：一年生，中小草本，高30~80cm；湿生植物。

生境：林下、草丛、沟边等，海拔1200~2000m。

分布：湖北。

同距凤仙花**Impatiens holocentra** Hand.-Mazz.

习性：一年生，小草本，高30~50cm；湿生植物。

生境：林下、溪边等，海拔1700~2800m。

分布：云南。

湖南凤仙花**Impatiens hunanensis** Y. L. Chen

习性：一年生，中小草本，高30~60cm；湿生植物。

生境：林下、林缘、漂石间、溪边、沟边等，海拔700~800m。

分布：江西、湖南、广东、广西。

纤袅凤仙花**Impatiens imbecilla** Hook. f.

习性：一年生，中小草本，高20~60cm；湿生植物。

生境：林缘、沟边等，海拔1900~2300m。

分布：四川。

脆弱凤仙花**Impatiens infirma** Hook. f.

习性：一年生，中小草本，高30~60cm；湿生植物。

生境：林下、沟边等，海拔3100~3600m。

分布：四川、西藏。

井冈山凤仙花**Impatiens jinggangensis** Y. L. Chen

习性：一年生，中小草本，高30~90cm；湿生植物。

生境：林下、河岸坡、溪边、沟边等，海拔800~1300m。

分布：江西、湖南。

九龙山凤仙花**Impatiens jiulongshanica** Y. L. Xu & Y. L. Chen

习性：一年生，中小草本，高18~55cm；半湿生植物。

生境：林下、林缘、沟边等，海拔1000~1400m。

分布：浙江。

甘堤龙凤仙花**Impatiens kamtilongensis** Toppin

习性：一年生，中小草本，高30~60cm；湿生植物。

生境：河谷、林下、沟边等，海拔500~3000m。

分布：广西、云南。

高坡凤仙花**Impatiens labordei** Hook. f.

习性：一年生，小草本，高20~30cm；湿生植物。

生境：河谷、林缘、沟边等，海拔约1400m。

分布：贵州。

撕裂萼凤仙花**Impatiens lacinulifera** Y. L. Chen

习性：一年生，中草本，高60~90cm；湿生植物。

生境：河谷、漂石间、沟边等，海拔1200~1700m。

分布：四川、甘肃。

毛凤仙花**Impatiens lasiophyton** Hook. f.

习性：一年生，中小草本，高30~60cm；湿生植物。

生境：河谷、林下、河岸坡、溪边、湖岸坡、沟边等，海拔1200~2700m。

分布：广西、贵州、云南。

阔苞凤仙花**Impatiens latebracteata** Hook. f.

习性：一年生，中草本，高0.5~1.2m；湿生植物。

生境：林缘、溪边、沟边等，海拔1000~1900m。

分布：四川、陕西。

侧穗凤仙花**Impatiens lateristachys** Y. L. Chen & Y. Q. Lu

习性：一年生，中小草本，高0.4~1m；湿生植物。

生境：林下、林缘、沟边等，海拔2000~2500m。

分布：四川。

疏花凤仙花Impatiens laxiflora Edgew.

习性：一年生，小草本，高30~50cm；湿生植物。

生境：林缘、沟边等，海拔3200~4200m。

分布：四川、西藏。

滇西北凤仙花Impatiens lecomtei Hook. f.

习性：一年生，中小草本，高30~60cm；湿生植物。

生境：河谷、溪边等，海拔2300~3000m。

分布：云南。

荞麦地凤仙花Impatiens lemeei H. Lév.

习性：一年生，中小草本，高0.3~1m；湿生植物。

生境：沟边，海拔1900~3000m。

分布：云南。

具鳞凤仙花Impatiens lepida Hook. f.

习性：一年生，小草本，高30~50cm；湿生植物。

生境：林下、沟边等，海拔700~2500m。

分布：贵州、云南。

细柄凤仙花Impatiens leptocaulon Hook. f.

习性：一年生，小草本，高30~50cm；湿生植物。

生境：林下、草丛、溪边、沟边等，海拔500~2200m。

分布：江西、河南、湖北、湖南、贵州、云南、重庆、四川。

线萼凤仙花 Impatiens linearisepala S. Akiyama, H. Ohba & S. K. Wu

习性：一年生，小草本，高20~50cm；湿生植物。

生境：林下，海拔700~2000m。

分布：广西、云南。

林芝凤仙花Impatiens linghziensis Y. L. Chen

习性：一年生，中小草本，高30~60cm；湿生植物。

生境：林下，海拔2500~2700m。

分布：西藏。

裂萼凤仙花Impatiens lobulifera S. X. Yu, Y. L. Chen & H. N. Qin

习性：多年生，中小草本，高30~60cm；湿生植物。

生境：林下，海拔700~1000m。

分布：广西。

长翼凤仙花Impatiens longialata E. Pritz.

习性：一年生，中小草本，高30~70cm；湿生植物。

生境：林下、林缘、沟边等，海拔500~2000m。

分布：湖北、四川。

长角凤仙花Impatiens longicornuta Y. L. Chen

习性：一年生，中小草本，高40~60cm；湿生植物。

生境：河谷、溪边等，海拔500~1300m。

分布：湖南。

长喙凤仙花Impatiens longirostris S. H. Huang

习性：一年生，中草本，高50~80cm；湿生植物。

生境：林下、沼泽等，海拔2000~2700m。

分布：云南。

路南凤仙花Impatiens loulanensis Hook. f.

习性：一年生，中草本，高50~80cm；湿生植物。

生境：林下、草丛、溪边、沟边等，海拔700~2500m。

分布：贵州、云南。

林生凤仙花Impatiens lucorum Hook. f.

习性：一年生，中小草本，高30~90cm；湿生植物。

生境：林下、溪边、沟边等，海拔800~2800m。

分布：四川。

无距凤仙花Impatiens margaritifera Hook. f.

习性：一年生，小草本，高40~50cm；湿生植物。

生境：林下、河岸坡、溪边、草丛等，海拔2400~3800m。

分布：云南、西藏。

齿苞凤仙花Impatiens martinii Hook. f.

习性：一年生，小草本，高40~50cm；湿生植物。

生境：阴湿处，海拔700~2000m。

分布：贵州。

墨脱凤仙花Impatiens medogensis Y. L. Chen

习性：一年生，小草本，高5~40cm；湿生植物。

生境：岩石、岩壁、碎石坡等，海拔2200~3200m。

分布：西藏。

膜叶凤仙花Impatiens membranifolia Franch. ex Hook. f.

习性：一年生，小草本，高10~20cm；湿生植物。

生境：林缘、沟边等，海拔1100~1600m。

分布：重庆。

蒙自凤仙花Impatiens mengtszeana Hook. f.

习性：一年生，小草本，高20~40cm；湿生植物。

生境：沟谷、林下、溪边、沟边等，海拔600~2100m。

分布：云南。

小距凤仙花Impatiens microcentra Hand.-Mazz.

习性：多年生，小草本，高20~30cm；湿生植物。
生境：林下、溪边、岩石、岩壁等，海拔2200~3400m。
分布：云南。

小穗凤仙花Impatiens microstachys Hook. f.

习性：一年生，中小草本，高30~60cm；湿生植物。
生境：林下、林缘、灌丛等，海拔2000~2500m。
分布：四川。

微萼凤仙花Impatiens minimisepala Hook. f.

习性：一年生，小草本，高20~40cm；湿生植物。
生境：林缘、溪边等，海拔约1900m。
分布：云南。

山地凤仙花Impatiens monticola Hook. f.

习性：一年生，中小草本，高30~60cm；湿生植物。
生境：林缘、岩石、岩壁等，海拔900~1800m。
分布：重庆、四川。

龙州凤仙花Impatiens morsei Hook. f.

习性：一年生，中小草本，高0.3~1m；湿生植物。
生境：林下、溪边、沟边等，海拔400~1000m。
分布：广西。

慕索凤仙花Impatiens mussoti Hook. f.

习性：一年生，小草本，高10~20cm；湿生植物。
生境：沟边，海拔1400~3000m。
分布：四川。

越南凤仙花Impatiens musyana Hook. f.

习性：一年生，小草本，高5~10cm；湿生植物。
生境：林下、溪边、漂石间等，海拔800~1900m。
分布：云南。

浙皖凤仙花Impatiens neglecta Y. L. Xu & Y. L. Chen

习性：一年生，中小草本，高30~60cm；湿生植物。
生境：林下、溪边、漂石间等，海拔1000~1200m。
分布：安徽、浙江。

水金凤Impatiens noli-tangere L.

习性：一年生，中小草本，高0.4~1m；水湿生植物。
生境：林下、林缘、沼泽、溪流、湖泊、池塘、水沟、路边等，海拔900~2400m。
分布：黑龙江、吉林、辽宁、内蒙古、河北、北京、山西、山东、安徽、浙江、江西、河南、湖北、湖南、广东、重庆、四川、陕西、甘肃。

西固凤仙花Impatiens notolopha Maxim.

习性：一年生，中小草本，高40~60cm；半湿生植物。
生境：林下，海拔2200~3600m。
分布：河南、四川、陕西、甘肃。

高山凤仙花Impatiens nubigena W. W. Sm.

习性：一年生，小草本，高10~40cm；湿生植物。
生境：林下、草丛、溪边、沟边、漂石间等，海拔2700~4000m。
分布：云南、四川、西藏。

米林凤仙花Impatiens nyimana C. Marquand & Airy Shaw

习性：一年生，中小草本，高20~60cm；湿生植物。
生境：河谷、林下、草丛等，海拔2300~3500m。
分布：西藏。

丰满凤仙花Impatiens obesa Hook. f.

习性：一年生，小草本，高30~40cm；半湿生植物。
生境：溪边、沟边等，海拔400~800m。
分布：江西、湖南、广东。

峨眉凤仙花Impatiens omeiana Hook. f.

习性：多年生，小草本，高30~50cm；湿生植物。
生境：林下、林缘、溪边等，海拔900~1000m。
分布：四川。

红雉凤仙花Impatiens oxyanthera Hook. f.

习性：一年生，小草本，高20~40cm；湿生植物。
生境：林缘、沟边等，海拔1900~2200m。
分布：重庆、四川。

小花凤仙花Impatiens parviflora DC.

习性：一年生，中小草本，高30~60cm；湿生植物。
生境：河岸坡、沟边、沼泽等，海拔1200~1700m。
分布：新疆。

小萼凤仙花Impatiens parvisepala S. X. Yu & Y. T. Hou

习性：多年生，中小草本，高20~60cm；湿生植物。
生境：林下、林缘、沟边等，海拔500~900m。
分布：广西。

松林凤仙花Impatiens pinetorum Hook. f. ex W. W. Sm.

习性：一年生，中小草本，高30~60cm；湿生植物。
生境：林下，海拔2100~2400m。

分布：云南。

块节凤仙花 Impatiens pinfanensis Hook. f.

习性：一年生，小草本，高20~40cm；湿生植物。

生境：林下、沟边等，海拔900~2000m。

分布：贵州、重庆。

宽距凤仙花 Impatiens platyceras Maxim.

习性：一年生，中小草本，高0.3~1m；湿生植物。

生境：林下，海拔2000~3200m。

分布：湖北、四川、甘肃。

紫萼凤仙花 Impatiens platychlaena Hook. f.

习性：一年生，中小草本，高0.3~1m；湿生植物。

生境：林下、林缘、溪边等，海拔750~2500m。

分布：四川。

阔萼凤仙花 Impatiens platysepala Y. L. Chen

习性：一年生，小草本，高30~50cm；半湿生植物。

生境：林下、林缘、沟边等，海拔达1600m。

分布：浙江、江西。

罗平凤仙花 Impatiens poculifer Hook. f.

习性：一年生，中草本，高50~90cm；半湿生植物。

生境：林下、草丛、沟边等，海拔3000~3600m。

分布：云南。

多角凤仙花 Impatiens polyceras Hook. f. ex W. W. Sm.

习性：一年生，中小草本，高20~75cm；湿生植物。

生境：溪边、草丛等，海拔2400~3400m。

分布：云南、四川。

多脉凤仙花 Impatiens polyneura K. M. Liu

习性：一年生，中小草本，高40~70cm；湿生植物。

生境：漂石间、溪边、沟边等，海拔300~500m。

分布：湖南。

陇南凤仙花 Impatiens potaninii Maxim.

习性：一年生，中小草本，高30~60cm；半湿生植物。

生境：河谷、林下、漂石间、沟边等，海拔700~2500m。

分布：四川、陕西、甘肃。

澜沧凤仙花 Impatiens principis Hook. f.

习性：一年生，小草本，高25~30cm；湿生植物。

生境：溪边、沟边等，海拔1700~2000m。

分布：云南。

湖北凤仙花 Impatiens pritzelii Hook. f.

习性：多年生，中小草本，高20~70cm；湿生植物。

生境：林下、溪边、沟边、草丛等，海拔400~1800m。

分布：湖北、重庆、四川。

平卧凤仙花 Impatiens procumbens Franch.

习性：一年生，平卧或匍匐草本，高5~30cm；湿生植物。

生境：草丛、溪边、沟边等，海拔900~2000m。

分布：云南。

直距凤仙花 Impatiens pseudokingii Hand.-Mazz.

习性：一年生，中草本，高50~80cm；湿生植物。

生境：林下、林缘、灌丛、沟边等，海拔2000~2600m。

分布：云南。

翼萼凤仙花 Impatiens pterosepala Hook. f.

习性：一年生，中小草本，高30~60cm；湿生植物。

生境：林下、灌丛、沟边等，海拔1500~1700m。

分布：安徽、江西、河南、湖北、湖南、广西、重庆、四川、陕西、甘肃。

柔毛凤仙花 Impatiens puberula DC.

习性：一年生，中小草本，高30~60cm；湿生植物。

生境：林下、林缘等，海拔2100~2500m。

分布：云南、西藏。

紫花凤仙花 Impatiens purpurea Hand.-Mazz.

习性：一年生，中小草本，高40~70cm；湿生植物。

生境：林下、溪边、水沟等，海拔900~3300m。

分布：贵州、云南。

青城山凤仙花 Impatiens qingchengshanica Y. M. Yuan, Y. Song & X. J. Ge

习性：多年生，小草本，高15~30cm；湿生植物。

生境：林下、林缘等，海拔700~1400m。

分布：四川。

总状凤仙花 Impatiens racemosa DC.

习性：一年生，中小草本，高20~60cm；湿生植物。

生境：林下、溪边、沟边、碎石坡等，海拔1200~2400m。

分布：云南、西藏。

辐射凤仙花Impatiens radiata Hook. f.

习性：一年生，中小草本，高15~80cm；湿生植物。

生境：林下、林缘、草丛、溪边等，海拔2100~3500m。

分布：贵州、云南、四川、西藏。

直角凤仙花Impatiens rectangula Hand.-Mazz.

习性：一年生，中小草本，高30~70cm；湿生植物。

生境：林下、溪边等，海拔2000~3100m。

分布：云南。

弯距凤仙花Impatiens recurvicornis Maxim.

习性：一年生，小草本，高40~50cm；湿生植物。

生境：河谷、沟边等，海拔500~1200m。

分布：湖北、四川。

匍匐凤仙花Impatiens reptans Hook. f.

习性：一年生，匍匐草本，高20~40cm；水湿生植物。

生境：沼泽、溪边、水沟等，海拔200~700m。

分布：湖南、广西、贵州。

菱叶凤仙花Impatiens rhombifolia Y. Q. Lu & Y. L. Chen

习性：一年生，小草本，高20~30cm；湿生植物。

生境：林缘、溪边、沟边等，海拔800~1000m。

分布：四川。

短喙凤仙花Impatiens rostellata Franch.

习性：一年生，中小草本，高40~60cm；湿生植物。

生境：林缘、沟边、草丛等，海拔1600~2400m。

分布：四川。

红纹凤仙花Impatiens rubrostriata Hook. f.

习性：一年生，中小草本，高30~90cm；湿生植物。

生境：林下、溪边等，海拔1700~3500m。

分布：贵州、云南。

瑞丽凤仙花Impatiens ruiliensis S. Akiyama & H. Ohba

习性：一年生，中小草本，高40~60cm；湿生植物。

生境：林下、林缘、溪边、沟边等，海拔700~1400m。

分布：云南。

岩生凤仙花Impatiens rupestris K. M. Liu & X. Z. Cai

习性：一年生，中小草本，高0.2~1.2m；湿生植物。

生境：溪边，海拔约400m。

分布：湖南。

糙毛凤仙花Impatiens scabrida DC.

习性：一年生，小草本，高30~50cm；湿生植物。

生境：林下、河岸坡、溪边等，海拔1500~3000m。

分布：西藏。

盾萼凤仙花Impatiens scutisepala Hook. f.

习性：一年生，中草本，高0.5~1m；湿生植物。

生境：林下、草丛、溪边等，海拔1800~3800m。

分布：云南。

藏南凤仙花Impatiens serrata Benth.

习性：一年生，中小草本，高30~70cm；湿生植物。

生境：林下、漂石间等，海拔2900~3300m。

分布：西藏。

黄金凤Impatiens siculifer Hook. f.

习性：一年生，中小草本，高30~60cm；湿生植物。

生境：林下、草丛、溪边、沼泽、沟边、漂石间等，海拔200~2500m。

分布：江西、福建、湖北、湖南、广西、贵州、云南、重庆、四川。

康定凤仙花Impatiens soulieana Hook. f.

习性：一年生，中草本，高0.5~1m；湿生植物。

生境：林下、林缘、漂石间、溪边、沟边等，海拔1400~3000m。

分布：四川。

匙叶凤仙花Impatiens spathulata Y. X. Xiong

习性：一年生，小草本，高20~45cm；湿生植物。

生境：瀑布边，海拔300~800m。

分布：广西、贵州。

窄花凤仙花Impatiens stenantha Hook. f.

习性：一年生，中小草本，高30~60cm；湿生植物。

生境：林下、灌丛、溪边、沟边等，海拔2400~3000m。

分布：云南、西藏。

窄萼凤仙花Impatiens stenosepala E. Pritz.

习性：一年生，中小草本，高20~90cm；湿生植物。

生境：林下、溪边、沟边等，海拔800~1800m。

分布：山西、河南、湖北、湖南、贵州、重庆、陕西、甘肃。

槽茎凤仙花Impatiens sulcata Wall.

习性：一年生，中草本，高0.6~1.2m；湿生植物。

生境：林下、沟边等，海拔3000~4000m。

分布：西藏。

泰顺凤仙花 Impatiens taishunensis Y. L. Chen & Y. L. Xu

习性：一年生，小草本，高10~30cm；湿生植物。

生境：沟谷、溪边、沟边等，海拔100~900m。

分布：浙江、湖北。

独龙凤仙花 Impatiens taronensis Hand.-Mazz.

习性：多年生，小草本，高15~50cm；湿生植物。

生境：林下、溪边、漂石间等，海拔2400~3700m。

分布：云南。

膜苞凤仙花 Impatiens tenuibracteata Y. L. Chen

习性：一年生，小草本，高25~50cm；湿生植物。

生境：林下、林缘等，海拔2100~2300m。

分布：西藏。

野凤仙花 Impatiens textorii Miq.

习性：一年生，中小草本，高30~90cm；半湿生植物。

生境：林下、林缘、溪边、沟边等，海拔200~2300m。

分布：吉林、辽宁、山东、安徽、江西、贵州。

藏西凤仙花 Impatiens thomsonii Hook. f.

习性：一年生，小草本，高10~40cm；湿生植物。

生境：林下、沼泽、沟边等，海拔2400~3900m。

分布：西藏。

天全凤仙花 Impatiens tienchuanensis Y. L. Chen

习性：一年生，平卧或匍匐草本；湿生植物。

生境：山坡，海拔400~2500m。

分布：四川。

天目山凤仙花 Impatiens tienmushanica Y. L. Chen

习性：一年生，小草本，高40~50cm；半湿生植物。

生境：林下、漂石间、溪边等，海拔800~1000m。

分布：浙江。

微绒毛凤仙花 Impatiens tomentella Hook. f.

习性：一年生，小草本，高20~40cm；湿生植物。

生境：林下，海拔1400~1800m。

分布：广西、云南。

铜壁关凤仙花 Impatiens tongbiguanensis S. Akiyama & H. Ohba

习性：一年生，小草本，高30~40cm；湿生植物。

生境：林下、河岸坡等，海拔1000~1400m。

分布：云南。

扭萼凤仙花 Impatiens tortisepala Hook. f.

习性：一年生，小草本，高40~50cm；湿生植物。

生境：河谷，海拔1500~2900m。

分布：四川。

东俄洛凤仙花 Impatiens toxophora Hook. f.

习性：一年生，中小草本，高30~60cm；湿生植物。

生境：河谷、溪流等，海拔约2100m。

分布：四川。

毛萼凤仙花 Impatiens trichosepala Y. L. Chen

习性：一年生，小草本，高15~25cm；湿生植物。

生境：林下、草丛、河岸坡、溪边等，海拔500~700m。

分布：广西、贵州、云南。

三角萼凤仙花 Impatiens trigonosepala Hook. f.

习性：一年生，中小草本，高30~60cm；湿生植物。

生境：林缘、沟边等，海拔1200~1300m。

分布：四川。

苍山凤仙花 Impatiens tsangshanensis Y. L. Chen

习性：一年生，小草本，高15~35cm；湿生植物。

生境：林下、沟边等，海拔3000~3300m。

分布：云南。

瘤果凤仙花 Impatiens tuberculata Hook. f. & Thomson

习性：一年生，小草本，高20~30cm；湿生植物。

生境：林下、林缘、沟边等，海拔3400~3900m。

分布：西藏。

管茎凤仙花 Impatiens tubulosa Hemsl.

习性：一年生，小草本，高30~40cm；湿生植物。

生境：林下、溪边、沟边等，海拔500~700m。

分布：浙江、江西、福建、湖南、广东。

滇水金凤 Impatiens uliginosa Franch.

习性：一年生，中草本，高60~80cm；湿生植物。

生境：林下、溪边、湖岸坡、沟边等，海拔1500~2600m。

分布：云南。

波缘凤仙花Impatiens undulata Y. L. Chen & Y. Q. Lu

习性：一年生，中小草本，高0.4~1m；半湿生植物。

生境：林下、林缘、溪边等，海拔1800~2000m。

分布：四川。

荨麻叶凤仙花Impatiens urticifolia Wall.

习性：一年生，中草本，高0.5~1m；湿生植物。

生境：林下，海拔2300~3400m。

分布：西藏。

条纹凤仙花Impatiens vittata Franch.

习性：一年生，中小草本，高30~60cm；湿生植物。

生境：林缘、沟边、路边等，海拔1500~2800m。

分布：四川。

白花凤仙花Impatiens wilsonii Hook. f.

习性：一年生，小草本，高30~50cm；湿生植物。

生境：林下、溪边、沟边等，海拔800~1000m。

分布：江西、重庆、四川。

吴氏凤仙花 Impatiens wuchengyihii S. Akiyama & H. Ohba

习性：一年生，小草本，高20~40cm；湿生植物。

生境：林下、沟边等，海拔700~2100m。

分布：云南。

婺源凤仙花Impatiens wuyuanensis Y. L. Chen

习性：一年生，小草本，高30~50cm；湿生植物。

生境：林下、沟边等，海拔500~800m。

分布：江西。

金黄凤仙花Impatiens xanthina H. F. Comber

习性：一年生，小草本，高10~20cm；湿生植物。

生境：河谷、林下、溪边等，海拔1200~2800m。

分布：云南。

药山凤仙花Impatiens yaoshanensis K. M. Liu & Y. Y. Cong

习性：一年生，小草本，高20~40cm；湿生植物。

生境：林下、溪边、沟边等，海拔2000~2600m。

分布：广西、云南、四川。

盈江凤仙花Impatiens yingjiangensis S. Akiyama & H. Ohba

习性：一年生，中小草本，高30~70cm；湿生植物。

生境：林下、河岸坡等，海拔1000~1400m。

分布：云南。

云南凤仙花Impatiens yunnanensis Franch.

习性：一年生，中小草本，高0.3~1m；湿生植物。

生境：沟谷、林下、草丛、溪边等，海拔1000~2500m。

分布：云南。

57. 落葵科 Basellaceae

落葵薯属 Anredera Juss.

落葵薯Anredera cordifolia (Ten.) Steenis

习性：一年生，缠绕草本；半湿生植物。

生境：沟边、水浇地、田埂、路边等，海拔达2400m。

分布：北京、天津、江苏、安徽、浙江、江西、福建、湖北、湖南、广东、海南、广西、贵州、云南、重庆、四川、澳门、台湾；原产于南美洲。

落葵属 Basella L.

落葵Basella alba L.

习性：一年生，缠绕草本；半湿生植物。

生境：沟边、水浇地、路边等，海拔达2000m。

分布：天津、江苏、上海、浙江、江西、湖南、广东、海南、广西、云南、重庆、四川、香港、澳门、台湾；原产于南美洲。

58. 秋海棠科 Begoniaceae

秋海棠属 Begonia L.

无翅秋海棠Begonia acetosella Craib

习性：多年生，大中草本，高0.5~2m；半湿生植物。

生境：林下、灌丛、溪边等，海拔500~1800m。

分布：云南、西藏。

美丽秋海棠Begonia algaia L. B. Sm. & Wassh.

习性：多年生，小草本，高4~11cm；湿生植物。

生境：河谷、林下、溪边、沟边、岩石、岩壁等，海拔300~800m。

分布：江西、贵州。

点叶秋海棠Begonia alveolata T. T. Yu

习性：多年生，中小草本，高7~60cm；湿生植物。

生境：林下，海拔1000~2300m。

分布：云南。

糙叶秋海棠Begonia asperifolia Irmsch.

习性：多年生，小草本，高10~40cm；湿生植物。

生境：河谷、林下、岩壁等，海拔1800~3400m。

分布：云南、西藏。

歪叶秋海棠Begonia augustinei Hemsl.

习性：多年生，小草本，高30~40cm；湿生植物。

生境：林下、林缘、岩壁等，海拔200~1800m。

分布：云南。

金平秋海棠Begonia baviensis Gagnep.

习性：多年生，中小草本，高30~60cm；湿生植物。

生境：河谷、林下、溪边等，海拔400~600m。

分布：广西、云南。

花叶秋海棠Begonia cathayana Hemsl.

习性：多年生，中小草本，高0.4~1m；半湿生植物。

生境：河谷、林下、草丛等，海拔800~1500m。

分布：广西、云南。

角果秋海棠Begonia ceratocarpa S. H. Huang & Y. M. Shui

习性：多年生，大中草本，高1~2m；湿生植物。

生境：河谷、林下、草丛等，海拔1100~1600m。

分布：云南。

赤水秋海棠Begonia chishuiensis T. C. Ku

习性：多年生，小草本，高10~50cm；湿生植物。

生境：林下、岩壁等，海拔400~600m。

分布：贵州。

周裂秋海棠Begonia circumlobata Hance

习性：多年生，中小草本，高30~60cm；湿生植物。

生境：林下、漂石间、溪边、沟边、岩石、岩壁等，海拔200~1100m。

分布：福建、湖北、湖南、广东、广西、贵州。

腾冲秋海棠Begonia clavicaulis Irmsch.

习性：多年生，中小草本，高30~60cm；湿生植物。

生境：林下、路边等，海拔2100~2300m。

分布：云南。

南川秋海棠Begonia dielsiana E. Pritz.

习性：多年生，中小草本，高40~90cm；湿生植物。

生境：河谷、溪边、沟边、岩石等，海拔1000~1300m。

分布：湖北、四川。

槭叶秋海棠Begonia digyna Irmsch.

习性：多年生，小草本，高25~40cm；湿生植物。

生境：林下、岩壁、沟边等，海拔500~700m。

分布：浙江、江西、福建、贵州。

厚叶秋海棠Begonia dryadis Irmsch.

习性：多年生，小草本，高5~20cm；湿生植物。

生境：林下、溪边、沟边等，海拔600~1200m。

分布：云南。

食用秋海棠Begonia edulis H. Lév.

习性：多年生，中小草本，高40~60cm；湿生植物。

生境：河谷、林下、岩石、溪边、沟边等，海拔500~1500m。

分布：广东、广西、云南。

峨眉秋海棠Begonia emeiensis C. M. Hu ex C. Y. Wu & T. C. Ku

习性：多年生，小草本，高4~20cm；湿生植物。

生境：溪边、沟边等，海拔900~1000m。

分布：四川。

丝形秋海棠Begonia filiformis Irmsch.

习性：多年生，小草本，高20~40cm；湿生植物。

生境：林下、岩石等，海拔100~400m。

分布：广西。

紫背天葵Begonia fimbristipula Hance

习性：多年生，小草本，高4~12cm；湿生植物。

生境：河谷、林下、岩石、岩壁等，海拔700~1200m。

分布：浙江、江西、福建、湖南、广东、海南、广西、云南、香港。

水鸭脚Begonia formosana (Hayata) Masam.

习性：多年生，小草本，高20~50cm；湿生植物。

生境：林下，海拔700~900m。

分布：台湾。

秋海棠（原亚种）Begonia grandis subsp. **grandis**

习性：多年生，中小草本，高0.2~1m；湿生植物。

生境：林下、溪边、沟边、岩石、岩壁等，海拔100~1100m。

分布：河北、北京、山西、山东、安徽、浙江、江西、福建、河南、湖北、湖南、广西、贵州、云南、重庆、四川、陕西、甘肃。

全柱秋海棠Begonia grandis subsp. **holostyla** Irmsch.

习性：多年生，中小草本，高20~60cm；湿生植物。

生境：林下、灌丛、岩石、岩壁等，海拔2200~2800m。

分布：云南、四川。

中华秋海棠Begonia grandis subsp. **sinensis** (A. DC.) Irmsch.

习性：多年生，小草本，高20~40cm；湿生植物。

生境：沟谷、林下、溪边、沟边、岩石、岩壁等，海拔300~3400m。

分布：辽宁、河北、北京、山西、山东、江苏、浙江、福建、河南、湖北、湖南、广西、贵州、云南、重庆、四川、陕西、甘肃。

香花秋海棠（原变种）**Begonia handelii** var. **handelii**

习性：多年生，小草本，高10~40cm；湿生植物。

生境：林下、沟边等，海拔100~1600m。

分布：广东、海南、广西、云南。

铺地秋海棠Begonia handelii var. **prostrata** (Irmsch.) Tebbitt

习性：多年生，小草本，高15~20cm；湿生植物。

生境：林下、岩石、岩壁等，海拔1100~1500m。

分布：广东、广西、云南。

掌叶秋海棠Begonia hemsleyana Hook. f.

习性：多年生，小草本，高30~50cm；湿生植物。

生境：林下、岩壁、溪边、沟边等，海拔1000~1300m。

分布：广西、云南。

独牛Begonia henryi Hemsl.

习性：多年生，小草本，高4~12cm；湿生植物。

生境：林下、林缘、岩壁等，海拔800~2600m。

分布：湖北、广西、贵州、云南、四川。

鸡爪秋海棠Begonia imitans Irmsch.

习性：多年生，小草本，高10~35cm；湿生植物。

生境：林下，海拔1300~1400m。

分布：四川。

重齿秋海棠Begonia josephii A. DC.

习性：多年生，小草本，高20~40cm；湿生植物。

生境：林下、林缘、岩石等，海拔2500~2800m。

分布：西藏。

心叶秋海棠Begonia labordei H. Lév.

习性：多年生，小草本，高10~30cm；湿生植物。

生境：岩石、岩壁，海拔800~3300m。

分布：贵州、云南、四川。

癞叶秋海棠Begonia leprosa Hance

习性：多年生，小草本，高10~30cm；半湿生植物。

生境：林下、岩石、岩壁等，海拔100~1800m。

分布：广东、广西。

蕺叶秋海棠Begonia limprichtii Irmsch.

习性：多年生，小草本，高8~30cm；湿生植物。

生境：林下、灌丛等，海拔500~1700m。

分布：贵州、云南、四川。

粗喙秋海棠Begonia longifolia Blume

习性：多年生，中草本，高50~70cm；湿生植物。

生境：林下、河岸坡、溪边、沟边等，海拔200~2200m。

分布：江西、福建、湖南、广东、海南、广西、贵州、云南、台湾。

大叶秋海棠Begonia megalophyllaria C. Y. Wu

习性：多年生，中小草本，高0.4~1.2m；湿生植物。

生境：林下，海拔800~1000m。

分布：云南。

蒙自秋海棠Begonia mengtzeana Irmsch.

习性：多年生，小草本，高20~50cm；湿生植物。

生境：沟谷、林下等，海拔1400~2400m。

分布：云南。

截裂秋海棠Begonia miranda Irmsch.

习性：多年生，中小草本，高30~60cm；湿生植物。

生境：林下、岩石、岩壁等，海拔1200~1600m。

分布：云南。

云南秋海棠Begonia modestiflora Kurz

习性：多年生，小草本，高14~40cm；湿生植物。

生境：林下、溪边等，海拔500~1400m。

分布：广西、贵州、云南。

桑叶秋海棠Begonia morifolia T. T. Yu

习性：多年生，小草本，高10~50cm；湿生植物。

生境：林下，海拔1000~2100m。

分布：云南。

木里秋海棠Begonia muliensis T. T. Yu

习性：多年生，小草本，高20~30cm；湿生植物。

生境：林下、林缘、河岸坡、沟边、岩石等，海拔1800~2600m。

分布：云南、四川。

侧膜秋海棠Begonia obsolescens Irmsch.

习性：多年生，小草本，高10~50cm；湿生植物。

生境：林缘、岩石、岩壁等，海拔500~1600m。

分布：广西、云南。

山地秋海棠Begonia oreodoxa Chun & F. Chun ex C. Y. Wu & T. C. Ku

习性：多年生，小草本，高10~30cm；湿生植物。

生境：林下、溪边等，海拔100~1200m。

分布：云南。

裂叶秋海棠Begonia palmata D. Don

习性：多年生，中小草本，高20~90cm；湿生植物。

生境：林下、岩壁、溪边等，海拔100~3200m。

分布：江西、福建、湖南、广东、海南、广西、贵州、云南、重庆、四川、西藏、香港、台湾。

掌裂叶秋海棠Begonia pedatifida H. Lév.

习性：多年生，小草本，高35~40cm；湿生植物。

生境：林下、沟边、岩石、岩壁等，海拔300~1700m。

分布：湖北、湖南、贵州、重庆、四川。

樟木秋海棠Begonia picta Sm.

习性：多年生，小草本，高10~50cm；湿生植物。

生境：林下、林缘、沟边、岩石、岩壁等，海拔2200~2900m。

分布：西藏。

多毛秋海棠Begonia polytricha C. Y. Wu

习性：多年生，小草本，高20~30cm；湿生植物。

生境：林下，海拔1800~2000m。

分布：云南。

圆叶秋海棠Begonia rotundilimba S. H. Huang & Y. M. Shui

习性：多年生，小草本，高10~20cm；湿生植物。

生境：沟谷、林下、沟边等，海拔300~1800m。

分布：云南。

匍地秋海棠Begonia ruboides C. M. Hu ex C. Y. Wu & T. C. Ku

习性：多年生，平卧或匍匐草本；湿生植物。

生境：林下、岩壁、沟边等，海拔1200~2200m。

分布：云南。

刚毛秋海棠Begonia setifolia Irmsch.

习性：多年生，小草本，高10~30cm；湿生植物。

生境：林下、沟边、瀑布边、岩壁等，海拔1700~2700m。

分布：云南。

锡金秋海棠Begonia sikkimensis A. DC.

习性：多年生，中小草本，高0.3~1.5m；湿生植物。

生境：林下、河岸坡等，海拔600~1600m。

分布：西藏。

厚壁秋海棠Begonia silletensis subsp. **mengyangensis** Tebbitt & K. Y. Guan

习性：多年生，中草本，高50~75cm；湿生植物。

生境：林下、溪边、沟边等，海拔600~800m。

分布：云南。

长柄秋海棠Begonia smithiana T. T. Yu

习性：多年生，中小草本，高20~60cm；湿生植物。

生境：林下、岩石、溪边、沟边等，海拔700~1300m。

分布：湖北、湖南、贵州、四川。

光叶秋海棠Begonia summoglabra T. T. Yu

习性：多年生，小草本，高8~13cm；湿生植物。

生境：林下、溪边、沟边等，海拔1400~1500m。

分布：贵州、云南。

大理秋海棠Begonia taliensis Gagnep.

习性：多年生，小草本，高10~40cm；湿生植物。

生境：林下、灌丛等，海拔1300~2400m。

分布：云南。

截叶秋海棠Begonia truncatiloba Irmsch.

习性：多年生，中草本，高0.6~1m；湿生植物。

生境：沟谷、林下、林缘、灌丛、溪边、沟边等，海拔300~1600m。

分布：云南。

变色秋海棠Begonia versicolor Irmsch.

习性：多年生，小草本，高5~30cm；湿生植物。

生境：林下、岩壁、溪边等，海拔1300~2100m。

分布：云南。

长毛秋海棠Begonia villifolia Irmsch.

习性：多年生，中小草本，高0.3~1.5m；湿生植物。

生境：林下、灌丛、溪边、岩壁等，海拔1100~1700m。

分布：云南。

少瓣秋海棠**Begonia wangii** T. T. Yu

习性：多年生，小草本，高30~50cm；湿生植物。

生境：灌丛、岩石等，海拔300~1000m。

分布：广西、云南。

文山秋海棠**Begonia wenshanensis** C. M.
Hu ex C. Y. Wu & T. C. Ku

习性：多年生，小草本，高25~40cm；湿生植物。

生境：林下、溪边、沟边等，海拔1400~2200m。

分布：云南。

一点血**Begonia wilsonii** Gagnep.

习性：多年生，小草本，高10~30cm；湿生植物。

生境：林下、岩石、岩壁、沟边等，海拔700~2000m。

分布：贵州、重庆、四川。

59. 小檗科 Berberidaceae

小檗属 Berberis L.

堆花小檗**Berberis aggregata** C. K. Schneid.

习性：半常绿或落叶，大灌木，高2~3m；半湿生植物。

生境：林下、林缘、灌丛、河岸坡、路边等，海拔1000~3500m。

分布：山西、湖北、四川、甘肃、青海。

同色小檗**Berberis concolor** W. W. Sm.

习性：半常绿或落叶，大中灌木，高1.5~2.5m；半湿生植物。

生境：灌丛、沟边等，海拔2300~3600m。

分布：云南。

直穗小檗**Berberis dasystachya** Maxim.

习性：落叶，大灌木，高2~3m；半湿生植物。

生境：林下、林缘、灌丛、草丛、溪边、沟边等，海拔800~3400m。

分布：河北、山西、河南、湖北、四川、陕西、宁夏、甘肃、青海。

密叶小檗**Berberis davidii** Ahrendt

习性：常绿，中灌木，高1~1.5m；半湿生植物。

生境：林间、河岸坡、沟边等，海拔2000~3500m。

分布：云南。

鲜黄小檗**Berberis diaphana** Maxim.

习性：落叶，大中灌木，高1~3m；半湿生植物。

生境：林下、林缘、灌丛、草甸等，海拔1600~3600m。

分布：陕西、甘肃、青海。

刺红珠**Berberis dictyophylla** Franch.

习性：落叶，大中灌木，高1~2.5m；半湿生植物。

生境：林下、林缘、灌丛、草丛、河岸坡、溪边等，海拔2500~4800m。

分布：云南、四川、西藏、青海。

异果小檗**Berberis heteropoda** Schrenk

习性：落叶，大灌木，高2~3m；半湿生植物。

生境：林下、灌丛、草丛等，海拔900~3200m。

分布：新疆。

川滇小檗**Berberis jamesiana** Forrest & W. W. Sm.

习性：落叶，大中灌木，高1~3m；半湿生植物。

生境：林下、林缘、灌丛、河岸坡等，海拔2100~3600m。

分布：云南、四川、西藏。

豪猪刺**Berberis julianae** C. K. Schneid.

习性：常绿，大中灌木，高1~3m；半湿生植物。

生境：林下、林缘、灌丛、沟边等，海拔1100~2100m。

分布：湖北、湖南、广西、贵州、四川。

平滑小檗**Berberis levis** Franch.

习性：常绿，中小灌木，高0.5~1.5m；半湿生植物。

生境：林下、灌丛、沟边等，海拔2100~2900m。

分布：云南、四川。

细叶小檗**Berberis poiretii** C. K. Schneid.

习性：落叶，中灌木，高1~2m；半湿生植物。

生境：林下、灌丛、河岸坡等，海拔600~2300m。

分布：吉林、辽宁、内蒙古、河北、山西、陕西、青海。

少齿小檗**Berberis potaninii** Maxim.

习性：常绿，中灌木，高1~2m；半湿生植物。

生境：河谷、灌丛、沟边、路边等，海拔400~2100m。

分布：四川、陕西、甘肃。

假藏小檗**Berberis pseudotibetica** C. Y. Wu ex S. Y. Bao

习性：落叶，中灌木，高1~1.5m；半湿生植物。

生境：林下、灌丛、溪边等，海拔800~3400m。

分布：云南。

巧家小檗Berberis qiaojiaensis S. Y. Bao
习性：落叶，小灌木，高30~50cm；半湿生植物。
生境：草丛，海拔1900~3300m。
分布：云南。

四川小檗Berberis sichuanica T. S. Ying
习性：常绿，中灌木，高1~1.5m；半湿生植物。
生境：山坡、灌丛等，海拔2600~3600m。
分布：云南、四川。

锡金小檗Berberis sikkimensis (C. K. Schneid.)
Ahrendt
习性：半常绿或落叶，大中灌木，高1.5~2.5m；
半湿生植物。
生境：林下、林缘、灌丛、沼泽等，海拔2000~
3100m。
分布：云南、西藏。

隐脉小檗Berberis tsarica Ahrendt
习性：落叶，小灌木，高0.5~1m；半湿生植物。
生境：灌丛、草甸等，海拔3900~4400m。
分布：西藏。

巴东小檗Berberis veitchii C. K. Schneid.
习性：常绿，中灌木，高1~1.5m；半湿生植物。
生境：林下、林缘、灌丛、河岸坡等，海拔2000~
3300m。
分布：湖北、贵州、四川。

匙叶小檗Berberis vernae C. K. Schneid.
习性：落叶，中小灌木，高0.5~1.5m；半湿生植物。
生境：灌丛、河岸坡等，海拔2200~3900m。
分布：四川、甘肃、青海。

庐山小檗Berberis virgetorum C. K. Schneid.
习性：落叶，中灌木，高1.5~2m；半湿生植物。
生境：林下、灌丛、河岸坡等，海拔200~1800m。
分布：安徽、浙江、江西、福建、湖北、湖南、
贵州、陕西。

梵净小檗Berberis xanthoclada C. K. Schneid.
习性：常绿，中灌木，高1~2.5m；半湿生植物。
生境：林下、灌丛等，海拔1300~2600m。
分布：贵州。

云南小檗Berberis yunnanensis Franch.
习性：落叶，大中灌木，高1~2.5m；半湿生植物。
生境：林下、灌丛、草丛等，海拔3100~4200m。
分布：云南、四川、西藏。

红毛七属 **Caulophyllum** Michx.

红毛七Caulophyllum robustum Maxim.
习性：多年生，中小草本，高30~80cm；半湿生
植物。
生境：沟谷、林下、沟边等，海拔900~3500m。
分布：黑龙江、吉林、辽宁、河北、山西、安徽、
浙江、河南、湖北、贵州、云南、四川、西藏、
陕西、甘肃。

山荷叶属 **Diphylleia** Michx.

南方山荷叶Diphylleia sinensis H. L. Li
习性：多年生，中小草本，高40~80cm；湿生植物。
生境：林下、灌丛等，海拔1800~3700m。
分布：湖北、云南、四川、陕西、甘肃。

鬼臼属 **Dysosma** Woodson

云南八角莲Dysosma aurantiocaulis (Hand.-
Mazz.) Hu
习性：多年生，小草本，高30~50cm；湿生植物。
生境：林下，海拔2800~3000m。
分布：云南。

小八角莲Dysosma difformis (Hemsl. & E. H.
Wilson) T. H. Wang ex T. S. Ying
习性：多年生，小草本，高15~30cm；湿生植物。
生境：林下，海拔700~1800m。
分布：湖北、湖南、广西、贵州、四川。

贵州八角莲Dysosma majoensis (Gagnep.)
M. Hiroe
习性：多年生，中小草本，高20~60cm；湿生
植物。
生境：林下，海拔1300~1800m。
分布：湖北、广西、贵州、云南、四川。

六角莲Dysosma pleiantha (Hance) Woodson
习性：多年生，中小草本，高20~60cm；湿生植物。
生境：沟谷、林下、溪边等，海拔400~1600m。
分布：安徽、浙江、江西、福建、河南、湖北、
湖南、广西、广东、四川、台湾。

西藏八角莲Dysosma tsayuensis T. S. Ying
习性：多年生，中草本，高50~90cm；湿生植物。
生境：林下、林间等，海拔2500~3500m。
分布：西藏。

川八角莲**Dysosma veitchii** (Hemsl. & E. H. Wilson) L. K. Fu & T. S. Ying

习性：多年生，中小草本，高20~70cm；湿生植物。

生境：沟谷、林下、沟边等，海拔1200~2500m。

分布：贵州、云南、四川。

八角莲**Dysosma versipellis** (Hance) M. Cheng ex T. S. Ying

习性：多年生，中小草本，高0.4~1.5m；湿生植物。

生境：林下、灌丛、溪边、沟边等，海拔300~2400m。

分布：山西、安徽、浙江、江西、河南、湖北、湖南、广东、广西、贵州、云南。

淫羊藿属 **Epimedium** L.

淫羊藿**Epimedium brevicornu** Maxim.

习性：多年生，中小草本，高20~60cm；半湿生植物。

生境：林下、灌丛、沟边等，海拔600~3500m。

分布：山西、河南、湖北、四川、陕西、甘肃、青海。

牡丹草属 **Gymnospermium** Spach

牡丹草**Gymnospermium microrrhynchum** (S. Moore) Takht.

习性：多年生，小草本，高30~45cm；湿生植物。

生境：林下、林缘、溪边、路边等，海拔100~300m。

分布：吉林、辽宁。

十大功劳属 **Mahonia** Nutt.

长苞十大功劳**Mahonia longibracteata** Takeda

习性：常绿，灌木，高0.5~3m；半湿生植物。

生境：林下、灌丛、河岸坡、沟边等，海拔1900~3300m。

分布：云南、四川。

桃儿七属 **Sinopodophyllum** T. S. Ying

桃儿七**Sinopodophyllum hexandrum** (Royle) T. S. Ying

习性：多年生，小草本，高20~50cm；湿生植物。

生境：林下、林缘、灌丛、草甸等，海拔2200~4300m。

分布：云南、四川、西藏、陕西、甘肃、青海。

60. 桦木科 Betulaceae

桤木属 **Alnus** Mill.

桤木**Alnus cremastogyne** Burkill

习性：落叶，大中乔木，高20~40m；半湿生植物。

生境：河岸坡，海拔500~3000m。

分布：安徽、浙江、湖北、贵州、四川、陕西、甘肃。

台湾桤木**Alnus formosana** Makino

习性：落叶，大中乔木，高20~30m；半湿生植物。

生境：河岸坡，海拔500~3000m。

分布：台湾。

辽东桤木**Alnus hirsuta** Turcz. ex Rupr.

习性：落叶，中小乔木，高6~20m；半湿生植物。

生境：沟谷、林中、沼泽、河岸坡、河漫滩、溪边、沟边等，海拔700~1500m。

分布：黑龙江、吉林、辽宁、内蒙古、山东。

日本桤木**Alnus japonica** (Thunb.) Steud.

习性：落叶，中小乔木，高6~15m；半湿生植物。

生境：林中、河岸坡、溪边等，海拔800~1500m。

分布：吉林、辽宁、山东、江苏、安徽、河南。

东北桤木**Alnus mandshurica** (Callier) Hand.-Mazz.

习性：落叶，灌木或乔木，高3~10m；半湿生植物。

生境：林缘、河岸坡、溪边等，海拔100~1700m。

分布：黑龙江、吉林、辽宁、内蒙古。

尼泊尔桤木**Alnus nepalensis** D. Don

习性：落叶，中小乔木，高6~15m；半湿生植物。

生境：河岸坡，海拔700~3600m。

分布：广西、贵州、云南、四川、西藏。

江南桤木**Alnus trabeculosa** Hand.-Mazz.

习性：落叶，灌木或乔木，高达10m；半湿生植物。

生境：沟谷、林下、沼泽、河岸坡、溪边等，海拔200~1000m。

分布：江苏、安徽、上海、浙江、江西、福建、河南、湖北、湖南、广东、贵州。

桦木属 Betula L.

柴桦Betula fruticosa Pall.

习性：落叶，灌木，高0.5~2.5m；湿生植物。

生境：灌丛、草甸、沼泽、河岸坡、河漫滩、溪流、洼地等，海拔600~1100m。

分布：黑龙江、吉林、内蒙古。

盐桦Betula halophila Ching

习性：落叶，大灌木，高2~3m；湿生植物。

生境：盐碱地、沼泽等，海拔1500m。

分布：新疆。

匍生桦Betula humilis Schrank

习性：落叶，中灌木，高1~2m；湿生植物。

生境：草甸、沼泽等，海拔1400~1800m。

分布：黑龙江、新疆。

亮叶桦Betula luminifera H. J. P. Winkl.

习性：落叶，大中乔木，高20~30m；半湿生植物。

生境：林下、沟边等，海拔500~2500m。

分布：江苏、安徽、浙江、江西、福建、河南、湖北、湖南、广东、广西、贵州、云南、四川、陕西、甘肃。

小叶桦（原变种）Betula microphylla var. **microphylla**

习性：落叶，小乔木，高5~6m；半湿生植物。

生境：河岸坡，海拔1200~1600m。

分布：新疆。

艾比湖小叶桦Betula microphylla var. **ebinurica** Chang Y. Yang & Wen H. Li

习性：落叶，小乔木，高5~8m；湿生植物。

生境：盐碱地、沼泽等。

分布：新疆。

沼泽小叶桦Betula microphylla var. **paludosa** C. Y. Yang & J. Wang

习性：落叶，灌木或乔木，高3~4m；湿生植物。

生境：盐碱地、沼泽等。

分布：新疆。

扇叶桦Betula middendorffii Trautv. & C. A. Mey.

习性：落叶，中小灌木，高0.5~2m；半湿生植物。

生境：林下、林缘、沼泽、洼地等，海拔600~1200m。

分布：黑龙江、内蒙古。

油桦Betula ovalifolia Rupr.

习性：落叶，中灌木，高1~2m；湿生植物。

生境：沟谷、沼泽、河岸坡、河漫滩等，海拔500~1200m。

分布：黑龙江、吉林、内蒙古、河北。

垂枝桦Betula pendula Roth

习性：落叶，大中乔木，高20~35m；半湿生植物。

生境：河滩、河谷、山坡等，海拔500~2000m。

分布：新疆。

白桦Betula platyphylla Sukaczev

习性：落叶，大中乔木，高10~30m；半湿生植物。

生境：沟谷、林中、草甸、沼泽、河岸坡等，海拔400~4100m。

分布：黑龙江、吉林、辽宁、内蒙古、河北、山西、江苏、河南、云南、四川、西藏、陕西、宁夏、甘肃、青海。

圆叶桦Betula rotundifolia Spach

习性：落叶，中灌木，高1~2m；半湿生植物。

生境：沟谷、灌丛等，海拔900~2700m。

分布：新疆。

61. 紫葳科 Bignoniaceae

猫尾木属 Dolichandrone (Fenzl) Seem.

海滨猫尾木Dolichandrone spathacea (L. f.) Seem

习性：常绿，中小乔木，高5~20m；水陆生植物。

生境：红树林内缘、高潮线附近、潮上带、入海河口等。

分布：广东、海南。

角蒿属 Incarvillea Juss.

藏波罗花Incarvillea younghusbandii Sprague

习性：多年生，小草本，高10~20cm；湿生植物。

生境：灌丛、草甸、砾石地等，海拔3600~5500m。

分布：西藏、青海。

62. 紫草科 Boraginaceae

斑种草属 Bothriospermum Bunge

狭苞斑种草 Bothriospermum kusnetzowii Bunge ex DC.

习性：一年生，小草本，高15~40cm；半湿生植物。

生境：林缘、草甸等，海拔800~2500m。

分布：黑龙江、吉林、内蒙古、河北、北京、山西、陕西、宁夏、甘肃、青海。

多苞斑种草 Bothriospermum secundum Maxim.

习性：一或二年生，小草本，高25~40cm；半湿生植物。

生境：沟谷、林下、河岸坡、溪边、消落带、路边等，海拔250~2100m。

分布：黑龙江、吉林、辽宁、河北、天津、山西、山东、江苏、云南、陕西、甘肃。

柔弱斑种草 Bothriospermum zeylanicum (J. Jacq.) Druce

习性：一年生，小草本，高15~30cm；半湿生植物。

生境：草丛、溪边、沟边、田间、消落带、路边等，海拔300~1900m。

分布：黑龙江、吉林、辽宁、内蒙古、河北、山西、山东、安徽、浙江、江西、福建、湖北、湖南、广东、海南、广西、云南、四川、陕西、宁夏、香港、澳门、台湾。

琉璃草属 Cynoglossum L.

倒提壶 Cynoglossum amabile Stapf & J. R. Drumm.

习性：多年生，中小草本，高15~60cm；半湿生植物。

生境：林缘、灌丛、草丛、草甸等，海拔1200~4600m。

分布：贵州、云南、四川、西藏、甘肃。

鹤虱属 Lappula Fabr.

鹤虱 Lappula myosotis Moench

习性：一或二年生，中小草本，高30~60cm；半湿生植物。

生境：草丛、草甸等，海拔600~1900m。

分布：黑龙江、辽宁、内蒙古、河北、北京、天津、山西、山东、上海、河南、陕西、宁夏、甘肃、青海、新疆。

毛果草属 Lasiocaryum I. M. Johnst.

毛果草 Lasiocaryum densiflorum (Duthie) I. M. Johnst.

习性：一年生，小草本，高3~6cm；半湿生植物。

生境：河漫滩、砾石地等，海拔4000~4500m。

分布：四川、西藏。

长柱琉璃草属 Lindelofia Lehm.

长柱琉璃草 Lindelofia stylosa (Kar. & Kir.) Brand

习性：多年生，中小草本，高0.2~1m；半湿生植物。

生境：林缘、草丛、草甸、河岸坡、沟边等，海拔1200~4100m。

分布：西藏、甘肃、新疆。

微孔草属 Microula Lehm.

西藏微孔草 Microula tibetica Benth.

习性：二年生，小草本，高1~5cm；湿生植物。

生境：草甸、河漫滩、湖岸坡等，海拔4500~5300m。

分布：西藏、青海、新疆。

勿忘草属 Myosotis L.

勿忘草 Myosotis alpestris F. W. Schmidt

习性：多年生，小草本，高20~45cm；半湿生植物。

生境：林下、林间、林缘、草甸、河岸坡、塘基等，海拔300~2900m。

分布：黑龙江、吉林、辽宁、内蒙古、河北、山西、山东、江苏、云南、四川、陕西、宁夏、甘肃、青海、新疆。

承德勿忘草 Myosotis bothriospermoides Kitag.

习性：多年生，小草本；半湿生植物。

生境：草丛、沟边、弃耕水浇地等。

分布：内蒙古、河北。

湿地勿忘草Myosotis caespitosa Schultz

习性：多年生，中小草本，高15~70cm；湿生植物。

生境：草丛、沼泽草甸、沼泽、河岸坡、溪边、塘基、沟边等，海拔300~3300m。

分布：黑龙江、吉林、辽宁、内蒙古、河北、北京、山西、河南、云南、四川、陕西、甘肃、新疆。

稀花勿忘草 Myosotis sparsiflora J. C. Mikan ex Pohl

习性：一年生，小草本，高15~25cm；半湿生植物。

生境：沼泽、河岸坡等，海拔达1500m。

分布：新疆。

皿果草属 Omphalotrigonotis W. T. Wang

皿果草Omphalotrigonotis cupulifera (I. M. Johnst.) W. T. Wang

习性：一年生，小草本，高20~40cm；湿生植物。

生境：林下、林缘、灌丛、草丛、溪边、田埂等，海拔100~2400m。

分布：安徽、浙江、江西、湖南、广西。

紫丹属 Tournefortia L.

砂引草（原变种）Tournefortia sibirica var. sibirica

习性：多年生，小草本，高10~30cm；半湿生植物。

生境：湖岸坡、潮上带等，海拔达2000m。

分布：黑龙江、辽宁、内蒙古、河北、北京、天津、山西、山东、上海、浙江、河南、湖北、湖南、陕西、宁夏、甘肃。

细叶砂引草Tournefortia sibirica var. angustior (A. DC.) G. L. Chu & M. G. Gilbert

习性：多年生，小草本，高10~30cm；半湿生植物。

生境：河岸坡、湖岸坡、路边等，海拔400~1900m。

分布：黑龙江、辽宁、内蒙古、河北、天津、山西、山东、上海、浙江、河南、湖北、湖南、陕西、宁夏、甘肃。

附地菜属 Trigonotis Steven

西南附地菜Trigonotis cavaleriei (H. Lév.) Hand.-Mazz.

习性：多年生，小草本，高20~50cm；湿生植物。

生境：林下、林缘、溪边、路边等，海拔700~2000m。

分布：湖南、贵州、云南、四川。

细梗附地菜Trigonotis gracilipes I. M. Johnst.

习性：多年生，小草本，高10~40cm；湿生植物。

生境：沟谷、草丛、草甸、河岸坡、沟边等，海拔2500~4200m。

分布：云南、四川、西藏。

水甸附地菜Trigonotis myosotidea (Maxim.) Maxim.

习性：多年生，小草本，高15~50cm；湿生植物。

生境：草丛、沼泽草甸、沼泽、河岸坡、溪边、沟边等，海拔200~2700m。

分布：黑龙江、吉林、辽宁、内蒙古、河北、天津。

峨眉附地菜Trigonotis omeiensis Matsuda

习性：多年生，小草本，高16~35cm；湿生植物。

生境：林下、灌丛、溪边、沟边等，海拔1000~1500m。

分布：四川。

附地菜Trigonotis peduncularis (Trevis.) Benth. ex Baker & S. Moore

习性：一或二年生，小草本，高5~30cm；半湿生植物。

生境：林缘、灌丛、草丛、沟边、田埂等，海拔100~2300m。

分布：黑龙江、吉林、辽宁、内蒙古、河北、北京、天津、山西、山东、安徽、浙江、江西、福建、河南、湖北、广西、云南、四川、西藏、陕西、宁夏、甘肃、青海、新疆。

北附地菜Trigonotis radicans subsp. sericea (Maxim.) Riedl

习性：多年生，小草本，高20~35cm；半湿生植物。

生境：沟谷、林缘、灌丛、沼泽、溪边等，海拔200~1100m。

分布：黑龙江、吉林、辽宁、河北、山东。

高山附地菜Trigonotis rockii I. M. Johnst.

习性：多年生，小草本，高7~15cm；半湿生植物。

生境：沟谷、灌丛、草甸、沟边等，海拔3300~4900m。

分布：云南、西藏。

63. 十字花科 Brassicaceae

寒原荠属 Aphragmus Andrz. ex DC.

寒原荠Aphragmus oxycarpus (Hook. f. & Thomson) Jafri

习性：多年生，小草本，高2~7cm；湿生植物。

生境：沟谷、草甸、溪边、砾石坡、岩壁等，海拔3700~4200m。

分布：云南、四川、西藏、青海、新疆。

南芥属 Arabis L.

硬毛南芥Arabis hirsuta (L.) Scop.

习性：一或二年生，中小草本，高0.1~1.1m；半湿生植物。

生境：沟谷、林下、草丛、草甸、沼泽、河岸坡、溪边、路边等，海拔300~4000m。

分布：黑龙江、吉林、辽宁、内蒙古、河北、北京、山西、山东、安徽、浙江、河南、湖北、贵州、云南、四川、西藏、陕西、宁夏、甘肃、青海、新疆。

圆锥南芥Arabis paniculata Franch.

习性：二或多年生，中小草本，高0.2~1.1m；湿生植物。

生境：林下、草丛、沟边、路边等，海拔1300~3400m。

分布：湖北、贵州、云南、四川、西藏、陕西、甘肃。

垂果南芥Arabis pendula L.

习性：一或二年生，中小草本，高0.3~1.5m；半湿生植物。

生境：林下、林缘、灌丛、草丛、草甸、河岸坡、路边等，海拔2100~3700m。

分布：黑龙江、吉林、辽宁、内蒙古、河北、北京、山西、山东、河南、湖北、贵州、云南、四川、西藏、陕西、宁夏、甘肃、青海、新疆。

山芥属 Barbarea Scop.

山芥Barbarea orthoceras Ledeb.

习性：二或多年生，中小草本，高0.1~1m；湿生植物。

生境：河谷、草甸、沼泽边、河岸坡、河漫滩、湖岸坡、沟边等，海拔400~2100m。

分布：黑龙江、吉林、辽宁、内蒙古、甘肃、新疆、台湾。

肉叶荠属 Braya Sternb. & Hoppe

蚓果芥Braya humilis (C. A. Mey.) B. L. Rob.

习性：多年生，小草本，高8~35cm；半湿生植物。

生境：河岸坡、湖岸坡等，海拔1000~5300m。

分布：内蒙古、河北、山西、河南、云南、四川、西藏、陕西、宁夏、甘肃、青海、新疆。

匙荠属 Bunias L.

匙荠Bunias cochlearioides Murray

习性：一或二年生，中小草本，高10~60cm；半湿生植物。

生境：草甸、沼泽边、湖岸坡等。

分布：黑龙江、辽宁、内蒙古、河北、天津。

荠属 Capsella Medik.

荠Capsella bursa-pastoris (L.) Medik.

习性：一或二年生，中小草本，高10~70cm；半湿生植物。

生境：草丛、河岸坡、溪边、湖岸坡、塘基、水浇地、田埂、田间、弃耕田、消落带、沟边、路边等，海拔100~3700m。

分布：全国各地。

碎米荠属 Cardamine L.

驴蹄碎米荠Cardamine calthifolia H. Lév.

习性：多年生，小草本，高11~30cm；湿生植物。

生境：林缘、路边等，海拔2400~3000m。

分布：广东、云南、四川。

天池碎米荠Cardamine changbaiana Al-Shehbaz

习性：多年生，小草本，高2~8cm；半湿生植物。

生境：溪边、岩石等，海拔1700~2500m。

分布：吉林。

露珠碎米荠Cardamine circaeoides Hook. f. & Thomson

习性：一或二年生，小草本，高10~45cm；水湿生植物。

生境：沟谷、林下、溪流、池塘、水沟等，海拔400~3300m。

分布：湖北、湖南、广东、广西、云南、四川、甘肃、台湾。

弯曲碎米荠Cardamine flexuosa With.

习性：一或二年生，小草本，高10~50cm；水湿生植物。

生境：沟谷、林缘、草丛、河岸坡、水沟、水田、消落带、路边等，海拔达3600m。

分布：全国各地；原产于欧洲。

莓叶碎米荠Cardamine fragariifolia O. E. Schulz

习性：多年生，中小草本，高0.3~1.3m；湿生植物。

生境：林下、草丛、溪边等，海拔1000~3000m。

分布：湖北、湖南、广西、贵州、云南、四川、西藏。

宽翅弯蕊芥Cardamine franchetiana Diels

习性：多年生，小草本，高5~30cm；湿生植物。

生境：草丛、草甸、流石滩、沟边、岩石、岩壁等，海拔2300~4800m。

分布：云南、四川、西藏、青海。

纤细碎米荠Cardamine gracilis (O. E. Schulz) T. Y. Cheo & R. C. Fang

习性：多年生，小草本，高10~50cm；水湿生植物。

生境：草甸、沼泽、湖泊、池塘、水沟等，海拔2400~3300m。

分布：云南、四川。

山芥碎米荠Cardamine griffithii Hook. f. & Thomson

习性：多年生，中小草本，高20~70cm；水湿生植物。

生境：林下、沼泽草甸、溪流、水沟、岩石等，海拔800~4500m。

分布：贵州、云南、四川、西藏。

碎米荠Cardamine hirsuta L.

习性：一年生，小草本，高10~45cm；水陆生植物。

生境：林下、草丛、沼泽、溪边、水沟、水田、消落带、路边等，海拔达3000m。

分布：全国各地。

湿生碎米荠Cardamine hygrophila T. Y. Cheo & R. C. Fang

习性：多年生，小草本，高10~30cm；湿生植物。

生境：溪边、沟边等，海拔1400~2200m。

分布：河南、湖北、湖南、广西、贵州、重庆、四川。

弹裂碎米荠Cardamine impatiens L.

习性：一或二年生，中小草本，高10~60cm；水湿生植物。

生境：沟谷、草甸、溪边、沟边、田间、田埂、消落带、路边等，海拔达4000m。

分布：全国各地。

翼柄碎米荠Cardamine komarovii Nakai

习性：多年生，中小草本，高40~75cm；湿生植物。

生境：林下、河岸坡、溪边、沟边等，海拔700~1000m。

分布：黑龙江、吉林、辽宁。

白花碎米荠Cardamine leucantha (Tausch) O. E. Schulz

习性：多年生，中小草本，高30~80cm；湿生植物。

生境：林下、林缘、灌丛、草丛、溪边、沟边等，海拔100~2000m。

分布：黑龙江、吉林、辽宁、内蒙古、河北、北京、山西、江苏、安徽、浙江、江西、河南、湖北、湖南、贵州、四川、陕西、甘肃、宁夏。

水田碎米荠Cardamine lyrata Bunge

习性：多年生，小草本，高20~50cm；水湿生植物。

生境：沼泽草甸、沼泽、河流、溪流、湖泊、池塘、水沟、田间、田中等，海拔达1000m。

分布：黑龙江、吉林、辽宁、内蒙古、河北、山东、江苏、安徽、浙江、江西、福建、河南、湖北、湖南、广西、贵州、重庆、四川。

大叶碎米荠Cardamine macrophylla Willd.

习性：多年生，中小草本，高0.2~1.2m；湿生植物。

生境：林下、灌丛、草丛、沼泽、河岸坡、水沟、流石坡、岩壁等，海拔500~4200m。

分布：吉林、辽宁、内蒙古、河北、山西、安徽、江西、河南、湖北、湖南、贵州、云南、四川、西藏、陕西、甘肃、青海、新疆。

小叶碎米荠Cardamine microzyga O. E. Schulz

习性：多年生，小草本，高10~45cm；湿生植物。

生境：草丛、沼泽草甸、溪边、沟边等，海拔2600~

137

4600m。

分布：四川、西藏。

多花碎米荠Cardamine multiflora T. Y. Cheo & R. C. Fang

习性：多年生，中小草本，高35~75cm；湿生植物。

生境：林下、草甸、溪边等，海拔2600~4600m。

分布：四川、西藏。

多裂碎米荠Cardamine multijuga Franch.

习性：多年生，中小草本，高0.2~1m；湿生植物。

生境：草甸、沼泽、溪边等，海拔200~2800m。

分布：云南。

小花碎米荠Cardamine parviflora L.

习性：一年生，小草本，高5~40cm；湿生植物。

生境：河岸坡、沟边、田间等，海拔达2500m。

分布：黑龙江、辽宁、内蒙古、河北、山西、山东、江苏、安徽、浙江、广西、陕西、甘肃、新疆、台湾。

草甸碎米荠Cardamine pratensis L.

习性：多年生，中小草本，高8~80cm；湿生植物。

生境：林间、林缘、沼泽、河岸坡、溪边、沟边、草丛、草原等。

分布：黑龙江、吉林、辽宁、内蒙古、西藏、甘肃、新疆。

浮水碎米荠Cardamine prorepens Fisch. ex DC.

习性：多年生，中小草本，高20~60cm；水湿生植物。

生境：沟谷、草甸、沼泽、河流、溪流、水沟、洼地等，海拔1000~1700m。

分布：黑龙江、吉林、内蒙古。

弯蕊芥Cardamine pulchella (Hook. f. & Thomson) Al-Shehbaz & G. Yang

习性：多年生，小草本，高6~20cm；湿生植物。

生境：溪边、碎石坡、草甸等，海拔3400~4600m。

分布：云南、四川、西藏、青海。

鞭枝碎米荠Cardamine rockii O. E. Schulz

习性：多年生，中小草本，高10~55cm；湿生植物。

生境：草原、沼泽、溪边、沟边等，海拔3100~4700m。

分布：云南、四川。

裸茎碎米荠Cardamine scaposa Franch.

习性：多年生，小草本，高5~18cm；湿生植物。

生境：林下、灌丛、溪边、岩石、岩壁等，海拔1400~2500m。

分布：内蒙古、河北、山西、四川、陕西。

圆齿碎米荠Cardamine scutata Thunb.

习性：一或二年生，中小草本，高15~70cm；水陆生植物。

生境：沟谷、草丛、路边、水边等，海拔达4000m。

分布：吉林、江苏、安徽、浙江、广东、贵州、四川、台湾。

单茎碎米荠Cardamine simplex Hand.-Mazz.

习性：多年生，小草本，高8~35cm；湿生植物。

生境：草甸、沼泽、溪边、水沟等，海拔2500~3800m。

分布：云南、四川。

紫花碎米荠Cardamine tangutorum O. E. Schulz

习性：多年生，小草本，高15~50cm；湿生植物。

生境：林下、河岸坡、水沟、草甸等，海拔1300~4400m。

分布：河北、山西、云南、四川、西藏、陕西、甘肃、青海。

细叶碎米荠Cardamine trifida (Lam. ex Poir.) B. M. G. Jones

习性：多年生，小草本，高20~30cm；湿生植物。

生境：林下、林间、草丛、沼泽草甸等。

分布：黑龙江、吉林、内蒙古。

三小叶碎米荠Cardamine trifoliolata Hook. f. & Thomson

习性：多年生，小草本，高12~20cm；湿生植物。

生境：林下、草甸、溪边、水沟、岩石、岩壁等，海拔2500~4300m。

分布：云南、四川。

云南碎米荠Cardamine yunnanensis Franch.

习性：多年生，中小草本，高15~60cm；湿生植物。

生境：林下、草丛、草甸、溪边等，海拔1000~3600m。

分布：云南、四川、西藏。

臭荠属 Coronopus Zinn

臭荠Coronopus didymus (L.) Sm.

习性：一年生，小草本，高5~45cm；半湿生植物。

生境：田埂、消落带、路边等，海拔达1000m。

分布：辽宁、北京、山东、江苏、安徽、上海、浙江、江西、福建、河南、湖北、湖南、广东、云南、重庆、四川、西藏、甘肃、新疆、香港、澳门、台湾；原产于南美洲。

须弥芥属 Crucihimalaya Al-Shehbaz，O'Kane & R. A. Price

须弥芥 Crucihimalaya himalaica (Edgew.) Al-Shehbaz, O'Kane & R. A. Price
习性：一或二年生，中小草本，高10~70cm；湿生植物。
生境：沟谷、草丛、河岸坡、洪泛平原等，海拔2000~3000m。
分布：云南、四川、西藏。

播娘蒿属 Descurainia Webb. & Berthel.

播娘蒿 Descurainia sophia (L.) Webb ex Prantl
习性：一年生，中小草本，高0.2~1m；半湿生植物。
生境：草丛、河岸坡、消落带、田间、田埂、弃耕田等，海拔达4200m。
分布：除广东、海南、广西、台湾外其他地区

双脊荠属 Dilophia Thomson

盐泽双脊荠 Dilophia salsa Thomson
习性：多年生，小草本，高1~6cm；湿生植物。
生境：草甸、沼泽等，海拔2000~3000m。
分布：西藏、甘肃、青海、新疆。

花旗杆属 Dontostemon Andrz. ex DC.

西藏花旗杆 Dontostemon tibeticus (Maxim.) Al-Shehbaz
习性：二年生，小草本，高2~8cm；湿生植物。
生境：草丛、沼泽草甸、河漫滩、溪边、砾石坡、岩壁等，海拔3200~5200m。
分布：云南、西藏、甘肃、青海。

葶苈属 Draba L.

阿尔泰葶苈 Draba altaica (C. A. Mey.) Bunge
习性：多年生，小草本，高2~7cm；湿生植物。
生境：草甸、砾石地、岩石等，海拔2000~5500m。

分布：云南、四川、西藏、甘肃、青海、新疆。

高茎葶苈 Draba elata Hook. f. & Thomson
习性：多年生，中小草本，高30~60cm；湿生植物。
生境：草丛、路边等，海拔3400~4900m。
分布：西藏。

丽江葶苈 Draba lichiangensis W. W. Sm.
习性：多年生，小草本，高1~8cm；湿生植物。
生境：草甸、沟边、流石滩等，海拔3500~5000m。
分布：云南、四川、西藏、青海。

葶苈 Draba nemorosa L.
习性：一或二年生，中小草本，高3~60cm；半湿生植物。
生境：河谷、林下、草丛、草甸、河岸坡、溪边、田间、路边等，海拔达4800m。
分布：黑龙江、吉林、辽宁、内蒙古、河北、山西、山东、江苏、安徽、浙江、河南、贵州、云南、四川、西藏、陕西、宁夏、甘肃、青海、新疆。

喜山葶苈 Draba oreades Schrenk
习性：多年生，小草本，高2~20cm；湿生植物。
生境：草丛、沼泽草甸、沼泽、冻原、岩石、岩壁等，海拔2300~5500m。
分布：内蒙古、云南、四川、西藏、陕西、甘肃、青海、新疆。

云南葶苈 Draba yunnanensis Franch.
习性：多年生，中小草本，高5~60cm；湿生植物。
生境：林下、灌丛、草丛、砾石地、沟边、岩石、岩壁等，海拔2300~5500m。
分布：云南、四川、西藏。

山萮菜属 Eutrema R. Br.

密序山萮菜 Eutrema heterophyllum (W. W. Sm.) H. Hara
习性：多年生，小草本，高3~20cm；湿生植物。
生境：草丛、草甸、碎石坡、岩石、岩壁等，海拔2500~5400m。
分布：河北、云南、四川、西藏、陕西、甘肃、青海、新疆。

川滇山萮菜 Eutrema himalaicum Hook. f. & Thomson
习性：中小草本，高0.3~1.1m；湿生植物。

生境：林下、草丛、沼泽草甸、沼泽、溪边、岩石间等，海拔3300~4400m。

分布：云南、四川、西藏。

块茎山嵛菜Eutrema wasabi (Siebold) Maxim.

习性：多年生，中小草本，高20~75cm；湿生植物。

生境：沟谷、溪边等，海拔达2500m。

分布：台湾。

山嵛菜Eutrema yunnanense Franch.

习性：多年生，中小草本，高0.2~1.1m；水湿生植物。

生境：林下、草丛、溪流、水沟、洼地等，海拔400~3500m。

分布：河北、江苏、安徽、浙江、江西、湖北、湖南、云南、四川、西藏、陕西、宁夏、甘肃。

独行菜属 **Lepidium** L.

独行菜Lepidium apetalum Willd.

习性：一或二年生，小草本，高5~30cm；半湿生植物。

生境：河岸坡、沟边、田间等，海拔400~4800m。

分布：全国各地。

头花独行菜Lepidium capitatum Hook. f. & Thomson

习性：一或二年生，小草本，高10~50cm；半湿生植物。

生境：草丛、河漫滩、水边等，海拔2700~5000m。

分布：四川、西藏、甘肃、青海、新疆。

心叶独行菜Lepidium cordatum Willd. ex Steven

习性：多年生，小草本，高15~40cm；半湿生植物。

生境：河岸坡、草甸、洼地等，海拔1000~3900m。

分布：内蒙古、西藏、宁夏、甘肃、青海、新疆。

宽叶独行菜Lepidium latifolium L.

习性：多年生，中小草本，高0.3~1.5m；半湿生植物。

生境：溪边、沟边、田间、草甸等，海拔100~4300m。

分布：黑龙江、辽宁、内蒙古、河北、北京、天津、山西、山东、河南、四川、西藏、陕西、宁夏、甘肃、青海、新疆。

北美独行菜Lepidium virginicum L.

习性：一或二年生，中小草本，高15~60cm；半

湿生植物。

生境：沟边、田间、草丛、潮上带等，海拔达1000m。

分布：全国各地；原产于北美洲。

弯梗芥属 **Lignariella** Baehni

弯梗芥Lignariella hobsonii (H. Pearson) Baehni

习性：一年生，小草本，高7~12cm；湿生植物。

生境：溪边、岩壁、流石坡等，海拔2800~4100m。

分布：西藏。

高河菜属 **Megacarpaea** DC.

高河菜Megacarpaea delavayi Franch.

习性：多年生，中小草本，高15~90cm；湿生植物。

生境：灌丛、草丛、沼泽草甸、湖岸坡、岩石、岩壁等，海拔3300~4800m。

分布：云南、四川、西藏、甘肃、青海。

豆瓣菜属 **Nasturtium** R. Br.

豆瓣菜Nasturtium officinale R. Br.

习性：多年生，小草本，高20~40cm；挺水植物。

生境：沼泽、河流、溪流、湖泊、池塘、水沟、田中等，海拔达3700m。

分布：黑龙江、吉林、河北、北京、山东、江苏、安徽、浙江、江西、河南、湖北、广东、广西、贵州、云南、重庆、四川、西藏、陕西、甘肃、新疆、澳门、台湾；原产于欧洲、西亚。

堇叶芥属 **Neomartinella** Pilg.

堇叶芥Neomartinella violifolia (H. Lév.) Pilg.

习性：一年生，小草本，高5~20cm；湿生植物。

生境：水边、岩石、岩壁等，海拔800~1600m。

分布：湖北、湖南、贵州、云南、四川。

单花荠属 **Pegaeophyton** Hayek & Hand.-Mazz.

尼泊尔单花荠Pegaeophyton nepalense Al-Shehbaz, Kats. Arai & H. Ohba

习性：多年生，小草本；湿生植物。

生境：溪边、苔藓丛、草甸、砾石地、冰碛地

等，海拔3900~5100m。

分布：西藏。

单花荠（原亚种）**Pegaeophyton scapiflorum** subsp. **scapiflorum**

习性：多年生，小草本，高2~15cm；水湿生植物。

生境：林下、草丛、草甸、湖岸坡、沟边、流水滩等，海拔3500~5600m。

分布：云南、四川、西藏、甘肃、青海、新疆。

粗壮单花荠Pegaeophyton scapiflorum subsp. **robustum** (O. E. Schulz) Al-Shehbaz, T. Y. Cheo, L. L. Lu & G. Yang

习性：多年生，小草本，高10~30cm；水湿生植物。

生境：沟谷、林下、草甸、沼泽、河流、溪流、湖泊、池塘、水沟、岩石间等，海拔3500~4800m。

分布：云南、四川、西藏。

宽框荠属 Platycraspedum O. E. Schulz

吴氏宽框荠 Platycraspedum wuchengyii Al-Shehbaz, T. Y. Cheo, L. L. Lu & G. Yang

习性：二年生，小草本，高5~25cm；湿生植物。

生境：林下、河岸坡等，海拔4000~4500m。

分布：四川、西藏。

簇荠属 Pycnoplinthus O. E. Schulz

簇荠Pycnoplinthus uniflora (Hook. f. & Thomson) O. E. Schulz

习性：多年生，小草本，高1~5cm；湿生植物。

生境：河岸坡、草丛等，海拔3600~5200m。

分布：西藏、甘肃、青海、新疆。

蔊菜属 Rorippa Scop.

两栖蔊菜Rorippa amphibia (L.) Besser

习性：多年生，中小草本，高30~90cm；水陆生植物。

生境：沼泽、溪流、湖泊、池塘、水浇地等。

分布：黑龙江、辽宁、河北；原产于欧洲。

山芥叶蔊菜Rorippa barbareifolia (DC.) Kitag.

习性：一或二年生，中小草本，高0.2~1.1m；半湿生植物。

生境：林缘、沼泽、河岸坡、湖岸坡、路边等，海拔100~2100m。

分布：黑龙江、吉林、内蒙古。

孟加拉蔊菜Rorippa benghalensis (DC.) H. Hara

习性：一年生，中小草本，高15~85cm；半湿生植物。

生境：溪边、沼泽边等，海拔300~1600m。

分布：云南。

广州蔊菜Rorippa cantoniensis (Lour.) Ohwi

习性：一年生，小草本，高5~45cm；半湿生植物。

生境：河岸坡、河漫滩、沟边、田间、田埂、弃耕田、水浇地、消落带等，海拔达1800m。

分布：辽宁、河北、山东、江苏、安徽、浙江、江西、福建、河南、湖北、湖南、广东、广西、贵州、云南、四川、陕西、台湾。

无瓣蔊菜Rorippa dubia (Pers.) H. Hara

习性：一年生，小草本，高4~45cm；半湿生植物。

生境：沟谷、河岸坡、沟边、田间、路边等，海拔达3700m。

分布：除黑龙江、内蒙古、新疆外其他地区。

风花菜 Rorippa globosa (Turcz.) Hayek

习性：一或二年生，中小草本，高0.2~1m；水湿生植物。

生境：草丛、草甸、河流、湖岸坡、池塘、水沟、消落带、田间等，海拔达2500m。

分布：除新疆、海南外其他地区。

蔊菜Rorippa indica (L.) Hiern

习性：一年生，中小草本，高10~75cm；半湿生植物。

生境：河岸坡、河漫滩、溪边、沟边、消落带、田间、路边、潮上带等，海拔达3200m。

分布：除黑龙江、内蒙古、新疆外其他地区。

沼生蔊菜Rorippa palustris (L.) Besser

习性：一或多年生，中小草本，高0.1~1.4m；水陆生植物。

生境：林缘、灌丛、草丛、沼泽、河流、溪流、湖泊、水沟、田间、路边等，海拔600~4000m。

分布：全国各地。

欧亚蔊菜Rorippa sylvestris (L.) Besser

习性：二或多年生，小草本，高40~50cm；湿生植物。

生境：河谷、草丛、溪边、沟边、田间、路边等，海拔100~2000m。

分布：黑龙江、辽宁、新疆。

丛菔属 Solms-laubachia Muschl.

丛菔Solms-laubachia pulcherrima Muschl.

习性：多年生，小草本，高3~9cm；半湿生植物。

生境：草甸、水边、岩石、岩壁等，海拔3300~5200m。

分布：云南、四川、西藏。

菥蓂属 Thlaspi L.

菥蓂Thlaspi arvense L.

习性：一年生，中小草本，高15~80cm；湿生植物。

生境：草丛、湖岸坡、沟边、路边等，海拔100~5000m。

分布：除广东、海南、台湾外其他地区。

阴山荠属 Yinshania Ma & Y. Z. Zhao

紫堇叶阴山荠Yinshania fumarioides (Dunn) Y. Z. Zhao

习性：一年生，小草本，高30~35cm；湿生植物。

生境：林下、溪边、岩壁等，海拔400~1000m。

分布：安徽、浙江、福建。

石生阴山荠（原亚种）Yinshania rupicola subsp. rupicola

习性：多年生，中小草本，高0.3~1m；湿生植物。

生境：林下、岩洞口等，海拔1000~1200m。

分布：安徽。

双牌阴山荠 Yinshania rupicola subsp. shuangpaiensis (Z. Y. Li) Al-Shehbaz, G. Yang, L. L. Lu & T. Y. Cheo

习性：多年生，中小草本，高0.4~1m；湿生植物。

生境：林下、溪边等，海拔700~1800m。

分布：江西、福建、湖南、广西、四川。

64. 水玉簪科 Burmanniaceae

水玉簪属 Burmannia L.

头花水玉簪Burmannia championii Thwaites

习性：一年生，小草本，高3~22cm；湿生植物。

生境：林下，海拔达1700m。

分布：福建、湖南、广东、广西、台湾。

香港水玉簪Burmannia chinensis Gand.

习性：一年生，小草本，高4~20cm；湿生植物。

生境：草丛，海拔300~1300m。

分布：浙江、江西、福建、湖南、广东、海南、广西、云南。

三品一枝花Burmannia coelestis D. Don

习性：一年生，小草本，高10~40cm；湿生植物。

生境：林下、草甸、沼泽、溪流等，海拔300~1200m。

分布：浙江、江西、广东、海南、广西、云南。

透明水玉簪Burmannia cryptopetala Makino

习性：一年生，小草本，高5~9cm；湿生植物。

生境：林下，海拔200~800m。

分布：浙江、广东、海南。

水玉簪Burmannia disticha L.

习性：一年生，中小草本，高12~70cm；湿生植物。

生境：林下、灌丛、草丛、草甸、溪边等，海拔400~3000m。

分布：福建、湖南、广东、海南、广西、贵州、云南。

粤东水玉簪Burmannia filamentosa D. X. Zhang & R. M. K. Saunders

习性：一年生，小草本，高8~24cm；湿生植物。

生境：草丛，海拔300~800m。

分布：广东。

纤草Burmannia itoana Makino

习性：一年生，小草本，高5~15cm；湿生植物。

生境：林下，海拔300~1200m。

分布：福建、广东、海南、广西、云南、台湾。

宽翅水玉簪Burmannia nepalensis (Miers) Hook. f.

习性：一年生，小草本，高4~13cm；湿生植物。

生境：林下，海拔400~1600m。

分布：福建、湖南、广东、广西、云南、台湾。

裂萼水玉簪Burmannia oblonga Ridl.

习性：一年生，小草本，高7~20cm；湿生植物。

生境：林下，海拔800~1100m。

分布：海南。

亭立Burmannia wallichii (Miers) Hook. f.

习性：一年生，小草本，高4~12cm；湿生植物。

生境：林下，海拔达700m。

分布：广东、海南、云南。

水玉杯属 Thismia Griff.

香港水玉杯Thismia hongkongensis S. S. Mar. & R. M. K. Saunders

习性：小草本，高2~3cm；湿生植物。

生境：林下，海拔600~800m。

分布：广东、香港。

三丝水玉杯Thismia tentaculata K. Larsen & Aver.

习性：小草本，高2~4cm；湿生植物。

生境：林下，海拔600~800m。

分布：香港。

65. 花蔺科 Butomaceae

花蔺属 Butomus L.

花蔺Butomus umbellatus L.

习性：多年生，中小草本，高40~80cm；挺水植物。

生境：沼泽、河流、湖泊、池塘、水沟、洼地等。

分布：黑龙江、吉林、辽宁、内蒙古、河北、北京、山西、山东、江苏、安徽、河南、湖北、陕西、宁夏、甘肃、新疆。

66. 黄杨科 Buxaceae

黄杨属 Buxus L.

狭叶黄杨Buxus stenophylla Hance

习性：常绿，中小灌木，高0.6~1.5m；半湿生植物。

生境：林下、河岸坡等，海拔500~1100m。

分布：福建、广东、贵州。

板凳果属 Pachysandra Michx.

板凳果Pachysandra axillaris Franch.

习性：常绿，小亚灌木，高30~50cm；湿生植物。

生境：林下、灌丛、沟边等，海拔1800~2500m。

分布：江西、福建、广东、云南、四川、陕西、台湾。

顶花板凳果Pachysandra terminalis Siebold & Zucc.

习性：常绿，小亚灌木，高20~40cm；湿生植物。

生境：林下，海拔1000~2600m。

分布：浙江、湖北、四川、陕西、甘肃。

67. 莼菜科 Cabombaceae

莼菜属 Brasenia Schreb.

莼菜Brasenia schreberi J. F. Gmel.

习性：多年生，中小草本；浮叶植物。

生境：沼泽、河流、湖泊、池塘等，海拔100~1500m。

分布：黑龙江、山东、江苏、安徽、上海、浙江、江西、湖北、湖南、广东、广西、云南、重庆、四川、台湾。

水盾草属 Cabomba Aubl.

水盾草Cabomba caroliniana A. Gray

习性：多年生，中小草本；沉水植物。

生境：沼泽、河流、溪流、湖泊、池塘、沟渠等。

分布：北京、山东、江苏、安徽、上海、浙江、江西、福建、湖北、湖南、广东、广西、贵州、云南、重庆、台湾；原产于美洲。

红水盾草Cabomba furcata Schult. & Schult. f.

习性：多年生，中小草本；沉水植物。

生境：沼泽、溪流、湖泊等。

分布：湖北、湖南、广东、广西、四川、台湾；原产于南美洲。

68. 桔梗科 Campanulaceae

沙参属 Adenophora Fisch.

沼沙参Adenophora palustris Kom.

习性：多年生，中草本，高0.6~1m；湿生植物。

生境：草丛、草甸、沼泽等。

分布：黑龙江、吉林、辽宁。

中华沙参Adenophora sinensis A. DC.

习性：多年生，中小草本，高0.2~1m；半湿生植物。

生境：河岸坡、溪边、沟边、岩石间等，海拔达1200m。

分布：安徽、江西、福建、湖南、广东。

轮叶沙参Adenophora tetraphylla (Thunb.) Fisch.

习性：多年生，大中草本，高0.6~1.8m；半湿生植物。

生境：林缘、灌丛、草丛、草甸、河漫滩等，海拔达1200m。

分布：黑龙江、吉林、辽宁、内蒙古、河北、山西、山东、江苏、安徽、上海、浙江、江西、福建、广东、广西、贵州、云南、四川、台湾。

锯齿沙参Adenophora tricuspidata (Fisch. ex Schult.) A. DC.

习性：多年生，中草本，高0.6~1m；半湿生植物。

生境：林下、林缘、草甸、河岸坡、沟边等，海拔200~1600m。

分布：黑龙江、内蒙古。

风铃草属 Campanula L.

钻裂风铃草Campanula aristata Wall.

习性：多年生，小草本，高10~50cm；半湿生植物。

生境：灌丛、草甸等，海拔3500~5000m。

分布：云南、四川、西藏、陕西、甘肃、青海。

丝茎风铃草Campanula chrysospleniifolia Franch.

习性：多年生，小草本，高10~20cm；湿生植物。

生境：岩壁，海拔3000~4000m。

分布：云南、四川。

聚花风铃草 Campanula glomerata subsp. speciosa (Hornem. ex Spreng.) Domin

习性：多年生，中小草本，高0.4~1.3m；湿生植物。

生境：林缘、灌丛、草甸、路边等，海拔200~1600m。

分布：黑龙江、吉林、辽宁、内蒙古。

长柱风铃草Campanula hongii Y. F. Deng

习性：多年生，小草本，高10~35cm；半湿生植物。

生境：林下、草丛、岩石等，海拔2400~3200m。

分布：云南、西藏、青海。

藏滇风铃草Campanula immodesta Lammers

习性：多年生，小草本，高7~20cm；湿生植物。

生境：草甸，海拔3400~4500m。

分布：云南、四川、西藏。

澜沧风铃草Campanula mekongensis Diels ex C. Y. Wu

习性：多年生，小草本，高20~30cm；半湿生植物。

生境：灌丛、草丛、河岸坡等，海拔100~600m。

分布：广西、云南。

紫斑风铃草Campanula punctata Lam.

习性：多年生，中小草本，高0.2~1m；半湿生植物。

生境：林下、灌丛、草丛、草甸等，海拔达2300m。

分布：黑龙江、吉林、辽宁、内蒙古、河北、山西、河南、湖北、四川、陕西、甘肃。

党参属 Codonopsis Wall.

大萼党参Codonopsis benthamii Hook. f. & Thomson

习性：多年生，直立、攀援或斜升草本；湿生植物。

生境：林缘、灌丛、草丛、沟边等，海拔1900~3700m。

分布：云南、四川、西藏。

管钟党参Codonopsis bulleyana Forrest ex Diels

习性：多年生，中小草本，高20~60cm；湿生植物。

生境：灌丛、草丛等，海拔3300~4200m。

分布：云南、四川、西藏。

羊乳 Codonopsis lanceolata (Siebold & Zucc.) Trautv.

习性：多年生，缠绕草本；湿生植物。

生境：林下、灌丛、沟边、路边等，海拔3300~4200m。

分布：河北、山西、山东、江苏、安徽、浙江、江西、福建、河南、湖北、湖南、广西。

球花党参Codonopsis subglobosa W. W. Sm.

习性：多年生，缠绕草本；湿生植物。

生境：灌丛、草丛、沟边等，海拔2500~3700m。

分布：云南、四川、西藏。

雀斑党参Codonopsis ussuriensis (Rupr. & Maxim.) Hemsl.

习性：多年生，缠绕草本；湿生植物。

生境：林缘、灌丛、草丛、草甸、河岸坡、沟边等，海拔200~1500m。

分布：黑龙江、吉林、辽宁。

蓝钟花属 Cyananthus Wall. ex Benth.

蓝钟花Cyananthus hookeri C. B. Clarke

习性：一年生，小草本，高4~20cm；湿生植物。

生境：草丛、沟边、路边等，海拔2700~4700m。

分布：云南、四川、西藏、甘肃、青海。

灰毛蓝钟花Cyananthus incanus Hook. f. & Thomson

习性：多年生，小草本，高5~25cm；湿生植物。

生境：林缘、灌丛、草丛、草甸等，海拔2700~5300m。

分布：云南、四川、西藏、青海。

胀萼蓝钟花Cyananthus inflatus Hook. f. & Thomson

习性：一年生，中小草本，高20~80cm；湿生植物。

生境：灌丛、草丛、草甸等，海拔1900~4900m。

分布：贵州、云南、四川、西藏。

长花蓝钟花Cyananthus longiflorus Franch.

习性：多年生，小草本，高10~30cm；湿生植物。

生境：草丛、草甸、岩坡等，海拔2700~4200m。

分布：云南。

轮钟花属 Cyclocodon Griff. ex Hook. f. & Thomson

长叶轮钟草Cyclocodon lancifolius (Roxb.) Kurz

习性：一或多年生，大中草本，高1~3m；半湿生植物。

生境：林缘、灌丛、草丛、溪边、沟边、路边等，海拔400~1600m。

分布：江西、福建、湖北、湖南、广东、海南、广西、贵州、云南、重庆、四川、台湾。

同钟花属 Homocodon D. Y. Hong

同钟花Homocodon brevipes (Hemsl.) D. Y. Hong

习性：一年生，匍匐草本；湿生植物。

生境：林下、灌丛、草丛、沟边等，海拔1000~2900m。

分布：云南、台湾。

半边莲属 Lobelia L.

短柄半边莲（原亚种）Lobelia alsinoides subsp. alsinoides

习性：一年生，小草本，高10~30cm；水湿生植物。

生境：林下、灌丛、草丛、沼泽草甸、沼泽、水沟、田中、洼地等，海拔达2800m。

分布：广东、海南、广西、云南、西藏、台湾。

假半边莲Lobelia alsinoides subsp. hancei (H. Hara) Lammers

习性：一年生，小草本，高10~30cm；湿生植物。

生境：草丛、河岸坡、田间、路边等，海拔100~1600m。

分布：广东、广西、云南、西藏、台湾。

铜锤玉带草Lobelia angulata G. Forst.

习性：多年生，匍匐草本；湿生植物。

生境：林缘、草丛、溪边、沟边、田埂、路边、岩石、岩壁等，海拔100~2300m。

分布：浙江、湖北、湖南、广西、西藏、台湾。

红花半边莲Lobelia cardinalis L.

习性：多年生，中草本，高0.5~1.2m；水湿生植物。

生境：沼泽、河流、湖泊等。

分布：我国有栽培；原产于北美洲。

半边莲Lobelia chinensis Lour.

习性：多年生，小草本，高5~30cm；水湿生植物。

生境：草丛、沼泽、河流、溪流、池塘、水沟、水田、消落带等，海拔达3500m。

分布：山东、江苏、安徽、上海、浙江、江西、福建、河南、湖北、湖南、广东、海南、广西、贵州、云南、重庆、四川、台湾。

狭叶山梗菜Lobelia colorata Wall.

习性：多年生，中小草本，高0.3~1m；湿生植物。

生境：沟谷、林下、灌丛、草丛、沟边等，海拔1000~3000m。

分布：山东、贵州、云南。

江南山梗菜Lobelia davidii Franch.

习性：多年生，大中草本，高0.5~1.8m；湿生植物。

生境：林缘、草丛、沟边、路边等，海拔100~3000m。

分布：安徽、浙江、江西、福建、湖北、湖南、广东、广西、贵州、云南、四川、西藏。

海南半边莲Lobelia hainanensis E. Wimm.

习性：小草本，高10~20cm；湿生植物。

生境：沟谷、田中等，海拔100~200m。

分布：海南。

翅茎半边莲Lobelia heyneana Roem. & Schult.

习性：一年生，中小草本，高10~60cm；湿生植物。

生境：林下、林缘、草丛、河岸坡、路边等，海拔

500~2700m。

分布：云南、台湾。

洪氏半边莲Lobelia hongiana Q. F. Wang & G. W. Hu

习性：多年生，小草本，高5~25cm；水湿生植物。

生境：水沟、田中、田间等，海拔100~300m。

分布：广西。

线萼山梗菜Lobelia melliana E. Wimm.

习性：多年生，中草本，高0.8~1.5m；水湿生植物。

生境：沟谷、林下、河流、溪流、湖泊、水沟、路边等，海拔达1000m。

分布：江苏、浙江、江西、福建、湖北、湖南、广东。

毛萼山梗菜Lobelia pleotricha Diels

习性：多年生，中草本，高50~80cm；湿生植物。

生境：林缘、灌丛、草丛等，海拔2000~3600m。

分布：云南、西藏。

西南山梗菜Lobelia seguinii H. Lév. & Vaniot

习性：多年生，大中草本，高1~2.5m；半湿生植物。

生境：林缘、草丛、沟边、路边等，海拔500~3000m。

分布：湖北、广西、贵州、云南、重庆、四川、台湾。

山梗菜Lobelia sessilifolia Lamb.

习性：多年生，大中草本，高0.5~1.7m；湿生植物。

生境：林缘、草丛、沼泽草甸、沼泽、河岸坡、湖岸坡、沟边等，海拔达3400m。

分布：黑龙江、吉林、辽宁、内蒙古、山东、安徽、浙江、江西、湖北、湖南、广西、贵州、云南、四川。

大理山梗菜Lobelia taliensis Diels

习性：多年生，中草本，高0.5~1.2m；湿生植物。

生境：灌丛、草丛、沼泽、沟边等，海拔1600~2600m。

分布：云南。

顶花半边莲Lobelia terminalis C. B. Clarke

习性：一年生，小草本，高10~40cm；湿生植物。

生境：林下，海拔200~900m。

分布：云南。

卵叶半边莲Lobelia zeylanica L.

习性：一年生，小草本，高10~40cm；水湿生植物。

生境：沟谷、林下、溪流、湖泊、池塘、水沟、田埂、田中等，海拔达2000m。

分布：福建、广东、海南、广西、云南、台湾。

袋果草属 Peracarpa Hook. f. & Thomson

袋果草Peracarpa carnosa (Wall.) Hook. f. & Thomson

习性：多年生，小草本，高4~25cm；湿生植物。

生境：林下、溪边、沟边、岩石、岩石间等，海拔达3000m。

分布：江苏、安徽、浙江、湖北、贵州、云南、重庆、四川、西藏、甘肃、台湾。

异檐花属 Triodanis Raf.

穿叶异檐花（原亚种）Triodanis perfoliata subsp. perfoliata

习性：一年生，中小草本，高15~60cm；湿生植物。

生境：草丛、溪边等，海拔100~1000m。

分布：安徽、浙江、江西、福建、湖南、台湾；原产于美洲。

异檐花Triodanis perfoliata subsp. biflora (Ruiz & Pav.) Lammers

习性：一年生，中小草本，高15~60cm；湿生植物。

生境：草丛、河岸坡、湖岸坡、沟边、路边等，海拔100~1000m。

分布：江苏、安徽、上海、浙江、福建、湖南、四川、台湾；原产于美洲。

蓝花参属 Wahlenbergia Schrad. ex Roth

蓝花参Wahlenbergia marginata (Thunb.) A. DC.

习性：多年生，小草本，高10~40cm；湿生植物。

生境：草丛、溪边、沟边、田埂、田间、路边等，海拔达2800m。

分布：江苏、安徽、浙江、江西、福建、湖北、湖南、广东、广西、贵州、云南、重庆、四川、台湾。

69. 大麻科 Cannabaceae

葎草属 Humulus L.

葎草Humulus scandens (Lour.) Merr.

习性：多年生，缠绕草本；半湿生植物。

生境：林缘、河岸坡、溪边、湖岸坡、塘基、沟边、弃耕水浇地、潮上带等，海拔达1800m。

分布：黑龙江、吉林、辽宁、河北、北京、天津、山西、山东、江苏、安徽、上海、浙江、江西、福建、河南、湖北、湖南、广东、海南、广西、贵州、云南、重庆、四川、西藏、陕西、甘肃、台湾。

70. 美人蕉科 Cannaceae

美人蕉属 Canna L.

柔瓣美人蕉 Canna flaccida Salisb.

习性：多年生，大中草本，高1~2m；水湿生植物。

生境：湖泊、池塘、水沟、园林等，海拔达800m。

分布：全国多数地区；原产于南美洲。

大花美人蕉 Canna × generalis L. H. Bailey

习性：多年生，中草本，高0.8~1.5m；水湿生植物。

生境：河流、湖泊、池塘、水沟、园林等，海拔达1500m。

分布：全国多数地区；原产于南美洲。

粉美人蕉 Canna glauca L.

习性：多年生，大中草本，高1~2m；挺水植物。

生境：溪流、湖泊、池塘、水沟、园林等，海拔达900m。

分布：全国多数地区；原产于南美洲、西印度群岛。

美人蕉 Canna indica L.

习性：多年生，大中草本，高1~3m；水湿生植物。

生境：河流、溪流、湖泊、池塘、水沟、园林等，海拔达2900m。

分布：全国多数地区；原产于热带美洲。

兰花美人蕉 Canna × orchiodes L. H. Bailey

习性：多年生，中草本，高1~1.5m；水湿生植物。

生境：溪流、湖泊、池塘、水沟、园林等，海拔达1600m。

分布：全国多数地区；原产于欧洲。

紫叶美人蕉 Canna warszewiczii A. Dietr.

习性：多年生，中草本，高1~1.5m；水湿生植物。

生境：溪流、湖泊、池塘、水沟、园林等，海拔达900m。

分布：河北、北京、山东、江苏、上海、浙江、湖北、广东、广西、贵州、云南、四川；原产于南美洲。

71. 忍冬科 Caprifoliaceae

刺续断属 Acanthocalyx (DC.) Tiegh.

白花刺续断 Acanthocalyx alba (Hand.-Mazz.) M. J. Cannon

习性：多年生，小草本，高10~40cm；半湿生植物。

生境：林下、草丛、草甸等，海拔2500~4100m。

分布：西藏。

刺续断（原亚种）Acanthocalyx nepalensis subsp. nepalensis

习性：多年生，小草本，高10~50cm；半湿生植物。

生境：草丛、草甸等，海拔2800~4200m。

分布：云南、四川、西藏、甘肃、青海。

大花刺参 Acanthocalyx nepalensis subsp. delavayi (Franch.) D. Y. Hong

习性：多年生，小草本，高10~50cm；半湿生植物。

生境：草丛、草甸等，海拔3000~4200m。

分布：云南、四川、西藏。

川续断属 Dipsacus L.

川续断 Dipsacus asper Wall.

习性：多年生，大中草本，高0.5~2m；半湿生植物。

生境：林缘、灌丛、草丛、溪边、沟边、路边等，海拔600~3700m。

分布：河南、湖北、广东、广西、贵州、云南、重庆、四川、西藏。

大头续断 Dipsacus chinensis Batalin

习性：多年生，大中草本，高0.5~3m；半湿生植物。

生境：草丛、溪边等，海拔1300~3900m。

分布：云南、四川、西藏。

北极花属 Linnaea L.

北极花 Linnaea borealis L.

习性：常绿，匍匐灌木，高5~25cm；湿生植物。

生境：林下、沼泽、岩石、岩壁等，海拔500~1300m。

分布：黑龙江、吉林、辽宁、内蒙古、河北、新疆。

忍冬属 Lonicera L.

蓝果忍冬 Lonicera caerulea L.

习性：落叶，大中灌木，高1~2.5m；半湿生植物。

生境：林下、灌丛、沼泽等，海拔1200~3500m。

分布：黑龙江、吉林、辽宁、内蒙古、河北、山西、河南、云南、四川、陕西、宁夏、甘肃、青海、新疆。

金花忍冬 Lonicera chrysantha Turcz.

习性：落叶，大中灌木，高1~4m；半湿生植物。

生境：沟谷、林下、林缘等，海拔200~3800m。

分布：黑龙江、吉林、辽宁、内蒙古、河北、山西、山东、江苏、安徽、浙江、江西、河南、湖北、贵州、云南、四川、西藏、陕西、宁夏、甘肃、青海。

女贞叶忍冬（原变种）Lonicera ligustrina var. ligustrina

习性：常绿或半常绿，大中灌木，高1~3m；半湿生植物。

生境：林下、灌丛、河岸坡、溪边等，海拔600~3000m。

分布：湖北、湖南、广西、贵州、云南、四川。

蕊帽忍冬 Lonicera ligustrina var. pileata (Oliv.) Franch.

习性：常绿或半常绿，中小灌木，高0.5~1.5m；半湿生植物。

生境：林下、灌丛、河岸坡、溪边等，海拔300~2200m。

分布：湖北、湖南、广东、广西、贵州、云南、四川、陕西。

大花忍冬 Lonicera macrantha (D. Don) Spreng.

习性：半常绿，木质藤本；半湿生植物。

生境：林下、河岸坡、溪边、湖边等，海拔500~1800m。

分布：安徽、浙江、江西、福建、湖北、湖南、广东、海南、广西、贵州、云南、四川、西藏、台湾。

岩生忍冬 Lonicera rupicola Hook. f. & Thomson

习性：落叶，灌木，高0.1~2.5m；半湿生植物。

生境：林缘、灌丛、草甸、岩石、岩壁等，海拔2000~5000m。

分布：云南、四川、西藏、宁夏、甘肃、青海。

长白忍冬 Lonicera ruprechtiana Regel

习性：落叶，大中灌木，高1~3m；半湿生植物。

生境：林下、林缘、沼泽等，海拔100~2200m。

分布：黑龙江、吉林、辽宁。

甘松属 Nardostachys DC.

甘松 Nardostachys jatamansi (D. Don) DC.

习性：多年生，小草本，高5~50cm；湿生植物。

生境：灌丛、草甸等，海拔2600~5000m。

分布：云南、四川、西藏、甘肃、青海。

败酱属 Patrinia Juss.

少蕊败酱 Patrinia monandra C. B. Clarke

习性：二或多年生，大草本，高1.5~2.2m；半湿生植物。

生境：林下、林缘、灌丛、沟谷等，海拔200~2400m。

分布：辽宁、山东、江苏、安徽、浙江、江西、河南、湖北、湖南、广西、贵州、云南、重庆、四川、陕西、甘肃、台湾。

岩败酱 Patrinia rupestris (Pall.) Dufr.

习性：多年生，中小草本，高0.2~1m；半湿生植物。

生境：林下、林缘、灌丛、草丛、草原、沼泽草甸等，海拔200~2500m。

分布：黑龙江、吉林、辽宁、内蒙古、河北、山西、河南、重庆、陕西、宁夏、甘肃。

败酱 Patrinia scabiosifolia Link

习性：多年生，中小草本，高0.3~1.5m；半湿生植物。

生境：林下、林缘、灌丛、草丛、河岸坡、塘基、田间、路边等，海拔100~2600m。

分布：除西藏、宁夏、青海、新疆、广东、海南外其他地区。

秀苞败酱 Patrinia speciosa Hand.-Mazz.

习性：多年生，小草本，高8~30cm；半湿生植物。

生境：灌丛、草甸、溪边等，海拔3100~4100m。

分布：云南、西藏。

攀倒甑 Patrinia villosa (Thunb.) Dufr.

习性：多年生，中草本，高0.5~1.2cm；半湿生植物。

生境：林下、林缘、灌丛、河岸坡、塘基、路边等，海拔100~2000m。

分布：辽宁、山西、江苏、安徽、浙江、江西、福建、河南、湖北、湖南、广东、广西、贵州、重庆、陕西、台湾。

翼首花属 Pterocephalus Vaill. ex Adans.

匙叶翼首花Pterocephalus hookeri (C. B. Clarke) Diels

习性：多年生，小草本，高10~50cm；半湿生植物。

生境：草丛、草甸、沟边等，海拔1800~4800m。

分布：云南、四川、西藏、青海。

莛子藨属 Triosteum L.

穿心莛子藨Triosteum himalayanum Wall.

习性：多年生，中小草本，高40~60cm；半湿生植物。

生境：林下、草丛、溪边等，海拔1800~4100m。

分布：河南、湖北、湖南、云南、四川、西藏、陕西。

双参属 Triplostegia Wall. ex DC.

双参Triplostegia glandulifera Wall. ex DC.

习性：多年生，小草本，高15~40cm；湿生植物。

生境：林下、林缘、草丛、草甸、溪边等，海拔1500~4000m。

分布：湖北、云南、重庆、四川、西藏、陕西、甘肃、台湾。

大花双参Triplostegia grandiflora Gagnep.

习性：多年生，小草本，高20~45cm；湿生植物。

生境：林下、林缘、草丛等，海拔1800~3800m。

分布：云南、四川。

缬草属 Valeriana L.

黑水缬草Valeriana amurensis P. A. Smirn. ex Kom.

习性：多年生，中草本，高0.5~1.5m；半湿生植物。

生境：林下、林缘、草丛、沼泽草甸、溪边、路边等，海拔300~1800m。

分布：黑龙江、吉林、辽宁。

柔垂缬草Valeriana flaccidissima Maxim.

习性：多年生，中小草本，高20~80cm；半湿生植物。

生境：林缘、草丛、溪边等，海拔400~3600m。

分布：安徽、河南、湖北、湖南、浙江、贵州、云南、重庆、四川、陕西、甘肃、台湾。

长序缬草Valeriana hardwickii Wall.

习性：多年生，中草本，高0.6~1.5m；半湿生植物。

生境：林缘、草丛、溪边、沟边等，海拔900~3800m。

分布：江西、福建、湖北、湖南、广西、贵州、云南、重庆、四川、西藏。

蜘蛛香Valeriana jatamansi Jones

习性：多年生，中小草本，高20~70cm；半湿生植物。

生境：林下、草丛、溪边、沟边等，海拔2000~3100m。

分布：河南、湖北、湖南、贵州、云南、重庆、四川、西藏、甘肃。

缬草Valeriana officinalis L.

习性：多年生，大中草本，高1~1.6m；半湿生植物。

生境：林下、林缘、灌丛、草丛、沼泽草甸、沟边等，海拔达4000m。

分布：黑龙江、吉林、辽宁、内蒙古、河北、北京、山西、山东、安徽、浙江、江西、河南、湖北、湖南、贵州、重庆、四川、西藏、陕西、甘肃、青海、新疆、台湾。

窄叶缬草Valeriana stenoptera Diel

习性：多年生，小草本，高10~50cm；半湿生植物。

生境：林缘、草丛、沟边等，海拔2600~4000m。

分布：云南、四川、西藏。

72. 石竹科 Caryophyllaceae

无心菜属 Arenaria L.

藓状雪灵芝 Arenaria bryophylla Fernald

习性：多年生，小草本，高3~5cm；湿生植物。

生境：草甸、河漫滩、碎石坡等，海拔4200~5200m。

分布：西藏、青海。

山居雪灵芝 Arenaria edgeworthiana Majumdar

习性：多年生，小草本，高4~8cm；湿生植物。
生境：草原、草甸、河漫滩等，海拔4200~5100m。
分布：西藏。

真齿无心菜 Arenaria euodonta W. W. Sm.

习性：多年生，小草本，高10~35cm；湿生植物。
生境：林下、草甸、岩坡等，海拔3000~4500m。
分布：云南。

紫蕊无心菜 Arenaria ionandra Diels

习性：多年生，小草本，高4~10cm；湿生植物。
生境：灌丛、草丛、沼泽草甸、流石滩等，海拔3600~5400m。
分布：云南、四川。

甘肃雪灵芝 Arenaria kansuensis Maxim.

习性：多年生，小草本，高4~5cm；湿生植物。
生境：草丛、草甸、砾石坡等，海拔3500~5300m。
分布：云南、四川、西藏、甘肃、青海。

圆叶无心菜 Arenaria orbiculata Royle ex Edgew. & Hook. f.

习性：二或多年生，小草本，高5~40cm；湿生植物。
生境：沟谷、林下、灌丛、草丛、草甸等，海拔2300~4500m。
分布：云南、四川、西藏。

须花无心菜 Arenaria pogonantha W. W. Sm.

习性：多年生，小草本，高7~15cm；湿生植物。
生境：草甸、沟边、路边等，海拔3000~4400m。
分布：云南、四川、西藏。

青藏雪灵芝 Arenaria roborowskii Maxim.

习性：多年生，小草本，高5~8cm；湿生植物。
生境：草甸、流石滩等，海拔4200~5100m。
分布：四川、西藏、青海。

无心菜 Arenaria serpyllifolia L.

习性：一年生，小草本，高10~30cm；半湿生植物。
生境：林下、灌丛、草丛、河岸坡、沟边、田间、田埂、弃耕田、水浇地、消落带、路边等，海拔500~4000m。
分布：全国各地。

刚毛无心菜 Arenaria setifera C. Y. Wu ex L. H. Zhou

习性：小草本，高5~10cm；半湿生植物。

生境：草甸、岩石、岩壁等，海拔3600~4200m。
分布：云南。

大花福禄草 Arenaria smithiana Mattf.

习性：多年生，小草本，高10~15cm；湿生植物。
生境：草甸，海拔4000~4500m。
分布：云南、西藏。

具毛无心菜 Arenaria trichophora Franch.

习性：多年生，小草本，高10~30cm；半湿生植物。
生境：草丛，海拔2500~4700m。
分布：云南、四川、西藏。

卷耳属 Cerastium L.

卷耳 Cerastium arvense subsp. **strictum** Gaudin

习性：多年生，小草本，高10~35cm；半湿生植物。
生境：河谷、林缘、草丛、草甸、田间、沟边等，海拔1200~2600m。
分布：黑龙江、吉林、内蒙古、河北、北京、山西、江西、河南、云南、四川、陕西、宁夏、甘肃、青海、新疆。

六齿卷耳 Cerastium cerastoides (L.) Britton

习性：多年生，小草本，高10~20cm；湿生植物。
生境：沟谷、草丛、沼泽草甸等，海拔1000~5100m。
分布：吉林、辽宁、内蒙古、西藏、青海、新疆。

簇生泉卷耳 Cerastium fontanum subsp. **vulgare** (Hartm.) Greuter & Burdet

习性：一或多年生，小草本，高15~30cm；半湿生植物。
生境：林缘、草丛、田间、田埂、水浇地等，海拔100~2300m。
分布：黑龙江、吉林、辽宁、内蒙古、河北、山西、江苏、安徽、浙江、江西、福建、河南、湖北、湖南、广东、贵州、重庆、四川、陕西、宁夏、甘肃、青海。

缘毛卷耳 Cerastium furcatum Cham. & Schltdl.

习性：多年生，中小草本，高10~55cm；半湿生植物。
生境：林缘、草甸、沟边等，海拔2300~3800m。
分布：吉林、山西、河南、云南、四川、西藏、陕西、宁夏、甘肃。

球序卷耳Cerastium glomeratum Thuill.

习性：一年生，小草本，高10~20cm；半湿生植物。

生境：沟边、草丛、田间、田埂、水浇地、路边等。

分布：辽宁、北京、山东、江苏、安徽、上海、浙江、江西、福建、河南、湖北、湖南、广东、广西、贵州、云南、重庆、四川、西藏、台湾；原产于欧洲。

疏花卷耳（原变种）**Cerastium pauciflorum var. pauciflorum**

习性：多年生，中小草本，高20~60cm；半湿生植物。

生境：林下、灌丛、河岸坡等，海拔2300~2600m。

分布：黑龙江、吉林、辽宁、甘肃、新疆。

毛蕊卷耳Cerastium pauciflorum var. oxalidiflorum (Makino) Ohwi

习性：多年生，中小草本，高35~60cm；湿生植物。

生境：林下、林缘、草甸、沼泽、河岸坡、沟边、路边等，海拔200~800m。

分布：黑龙江、吉林、辽宁。

石竹属 Dianthus L.

簇茎石竹Dianthus repens Willd.

习性：多年生，小草本，高15~30cm；半湿生植物。

生境：林缘、草甸、草原、河岸坡等，海拔300~2000m。

分布：内蒙古。

瞿麦Dianthus superbus L.

习性：多年生，中小草本，高30~60cm；半湿生植物。

生境：沟谷、林下、林缘、草甸、溪边等，海拔400~3700m。

分布：黑龙江、吉林、内蒙古、河北、山西、山东、江苏、安徽、浙江、江西、河南、湖北、湖南、广西、贵州、四川、陕西、宁夏、甘肃、青海、新疆。

荷莲豆草属 Drymaria Willd. ex Schult.

荷莲豆草Drymaria diandra Blume

习性：一年生，中小草本，高40~90cm；湿生植物。

生境：沟谷、林下、林缘、溪边、沟边、田间等，200~2400m。

分布：浙江、江西、福建、湖南、广东、海南、广西、贵州、云南、四川、西藏、台湾。

石头花属 Gypsophila L.

钝叶石头花Gypsophila perfoliata L.

习性：多年生，中小草本，高20~70cm；湿生植物。

生境：草丛、沼泽、河岸坡、路边等，400~1000m。

分布：新疆。

剪秋罗属 Lychnis L.

浅裂剪秋罗Lychnis cognata Maxim.

习性：多年生，中小草本，高35~90cm；湿生植物。

生境：沟谷、林下、灌丛、草丛、草甸等，海拔500~2000m。

分布：黑龙江、吉林、辽宁、内蒙古、河北、山西、山东、江苏、浙江。

剪秋罗Lychnis fulgens Fisch.

习性：多年生，中草本，高50~90cm；半湿生植物。

生境：林下、林缘、灌丛、草丛、草甸等。

分布：黑龙江、吉林、辽宁、内蒙古、河北、山西、河南、湖北、贵州、云南、四川。

丝瓣剪秋罗Lychnis wilfordii (Regel) Maxim.

习性：多年生，中小草本，高0.4~1.3m；半湿生植物。

生境：林下、林缘、草甸、沼泽、河岸坡等，海拔200~1200m。

分布：吉林。

种阜草属 Moehringia L.

种阜草Moehringia lateriflora (L.) Fenzl

习性：多年生，小草本，高7~25cm；湿生植物。

生境：林下、林缘、草甸、河岸坡、溪边、路边等，海拔800~2300m。

分布：黑龙江、吉林、辽宁、内蒙古、河北、北京、山西、湖北、宁夏、甘肃、新疆。

鹅肠菜属 Myosoton Moench

鹅肠菜Myosoton aquaticum (L.) Moench

习性：二或多年生，中小草本，高20~80cm；半湿生植物。

生境：河谷、河岸坡、溪边、湖岸坡、塘基、沟边、消落带、田间、田埂、冬闲田、弃耕田、水浇地、路边等，海拔300~2700m。

分布：全国各地。

白鼓钉属 Polycarpaea Lam.

白鼓钉Polycarpaea corymbosa (L.) Lam.

习性：一年生，小草本，高15~35cm；半湿生植物。

生境：溪边、沟边、草丛等，海拔200~1200m。

分布：安徽、江西、福建、湖北、广东、海南、广西、云南、台湾。

多荚草属 Polycarpon L.

多荚草Polycarpon prostratum (Forssk.) Asch. & Schweinf.

习性：一年生，小草本，高10~25cm；半湿生植物。

生境：河岸坡、溪边、水浇地、田埂、弃耕田、路边等，海拔300~1500m。

分布：安徽、江西、福建、湖北、广东、海南、广西、云南、台湾。

孩儿参属 Pseudostellaria Pax

蔓孩儿参Pseudostellaria davidii (Franch.) Pax

习性：多年生，中草本，高60~80cm；湿生植物。
生境：林下、林缘、溪边等，海拔1000~3800m。
分布：黑龙江、吉林、辽宁、内蒙古、河北、山西、山东、安徽、浙江、河南、广西、云南、四川、西藏、陕西、甘肃、青海、新疆。

毛脉孩儿参Pseudostellaria japonica (Korsh.) Pax

习性：多年生，小草本，高10~20cm；湿生植物。
生境：林下、林缘等，海拔300~1800m。
分布：黑龙江、吉林、辽宁、内蒙古、河北。

漆姑草属 Sagina L.

漆姑草Sagina japonica (Sw.) Ohwi

习性：一年生，小草本，高3~15cm；湿生植物。
生境：沟谷、草丛、塘基、沟边、消落带、田间、路边等，海拔100~4000m。

分布：黑龙江、吉林、辽宁、内蒙古、河北、北京、山西、山东、江苏、安徽、上海、浙江、江西、福建、河南、湖北、湖南、广东、广西、贵州、云南、重庆、四川、西藏、陕西、甘肃、青海、台湾。

根叶漆姑草Sagina maxima A. Gray

习性：一年生，小草本，高4~8cm；湿生植物。
生境：草甸、田埂、路边、潮上带等，海拔500~2600m。
分布：辽宁、江苏、安徽、湖北、云南、重庆、四川、新疆、台湾。

仰卧漆姑草Sagina procumbens L.

习性：多年生，小草本，高3~10cm；湿生植物。
生境：林缘、沼泽草甸、水边等，海拔2500~4200m。
分布：西藏、新疆。

无毛漆姑草Sagina saginoides (L.) H. Karst.

习性：多年生，小草本，高5~10cm；湿生植物。
生境：沟谷、草丛、沼泽草甸、沼泽、河岸坡、田埂、水浇地、路边等，海拔1400~4200m。
分布：吉林、内蒙古、云南、四川、西藏、青海、新疆。

蝇子草属 Silene L.

女娄菜Silene aprica Turcz. ex Fisch. & C. A. Mey.

习性：一或二年生，中小草本，高30~70cm；湿生植物。

生境：平原、草丛、草甸、河漫滩等，海拔200~3200m。

分布：黑龙江、吉林、辽宁、内蒙古、河北、北京、山东、江苏、安徽、浙江、江西、福建、河南、湖北、湖南、广东、海南、广西、贵州、四川、甘肃、香港、澳门。

掌脉蝇子草Silene asclepiadea Franch.

习性：多年生，平卧草本；湿生植物。
生境：林下、林缘、灌丛、草丛、田间等，海拔1300~3900m。
分布：贵州、云南、四川。

狗筋蔓Silene baccifera (L.) Roth

习性：多年生，平卧草本；半湿生植物。

生境：林缘、灌丛、草甸、路边等，海拔300~
3500m。

分布：辽宁、内蒙古、河北、山西、山东、江苏、
安徽、浙江、福建、河南、湖北、广西、贵州、
云南、四川、西藏、陕西、宁夏、甘肃、新疆、
台湾。

双舌蝇子草Silene bilingua W. W. Sm.

习性：多年生，平卧草本；湿生植物。

生境：林缘、草丛、草甸、沟边、岩石间、路边
等，海拔2200~4100m。

分布：云南、四川、西藏。

灌丛蝇子草Silene dumetosa C. L. Tang

习性：多年生，小草本，高10~20cm；湿生植物。

生境：灌丛，海拔3900~4000m。

分布：云南。

鹤草Silene fortunei Vis.

习性：多年生，中草本，高0.5~1.5m；湿生植物。

生境：林下、灌丛、草丛、平原、溪边等，海拔
100~2000m。

分布：河北、山西、山东、安徽、浙江、江西、
福建、四川、陕西、甘肃、台湾。

隐瓣蝇子草Silene gonosperma (Rupr.) Bocquet

习性：多年生，小草本，高6~20cm；湿生植物。

生境：草丛、草甸、沟边等，海拔3000~4400m。

分布：河北、山西、西藏、甘肃、青海、新疆。

白花蝇子草 Silene latifolia subsp. **alba** (Mill.)
Greuter & Burdet

习性：一或二年生，中小草本，高40~80cm；湿
生植物。

生境：草丛、沼泽草甸、河岸坡、田埂、沟边、
路边等，海拔100~1600m。

分布：黑龙江、吉林、辽宁、内蒙古、广西、甘肃、
新疆；原产于西亚、欧洲。

尼泊尔蝇子草Silene nepalensis Majumdar

习性：多年生，小草本，高10~50cm；湿生植物。

生境：草丛、草甸、岩壁等，海拔2700~5100m。

分布：云南、四川、西藏、青海。

蔓茎蝇子草Silene repens Patrin

习性：多年生，小草本，高15~50cm；湿生植物。

生境：林下、草丛、草甸、溪边、沟边等，海拔
1500~3500m。

分布：河北、吉林、内蒙古、四川、西藏、陕西、
甘肃。

黏萼蝇子草Silene viscidula Franch.

习性：多年生，平卧草本；湿生植物。

生境：林下、灌丛、草丛等，海拔1200~3200m。

分布：贵州、云南、四川、西藏。

独缀草属 Solitaria (McNeill) Sadeghian & Zarre

西南独缀草Solitaria forrestii (Diels) Gang
Yao

习性：多年生，小草本，高2~15cm；湿生植物。

生境：草甸、沼泽等，海拔2900~5300m。

分布：云南、四川、西藏、甘肃、青海。

拟漆姑属 Spergularia (Pers.) J. Presl & C. Presl

拟漆姑Spergularia marina (L.) Griseb.

习性：一或二年生，小草本，高5~20cm；半湿
植物。

生境：草甸、河岸坡、湖岸坡、沟边、潮上带等，
海拔200~2800m。

分布：黑龙江、吉林、辽宁、内蒙古、河北、天津、
山西、山东、江苏、上海、浙江、河南、云南、
四川、陕西、宁夏、甘肃、青海、新疆。

繁缕属 Stellaria L.

雀舌草Stellaria alsine Grimm

习性：二年生，小草本，高5~35cm；半湿生植物。

生境：林下、草甸、河岸坡、河漫滩、溪边、沟
边、消落带、田间、田埂、弃耕田等，海拔500~
4000m。

分布：内蒙古、河北、山东、江苏、安徽、浙江、
江西、福建、河南、湖北、湖南、广东、广西、
贵州、云南、重庆、四川、西藏、甘肃、台湾。

中国繁缕Stellaria chinensis Regel

习性：多年生，中小草本，高0.3~1m；半湿生植物。

生境：河谷、林下、灌丛等，海拔100~2500m。

分布：河北、北京、山东、安徽、浙江、江西、
福建、河南、湖北、湖南、广西、贵州、四川、
陕西、甘肃。

叶苞繁缕Stellaria crassifolia Ehrh.

习性：多年生，小草本，高5~15cm；湿生植物。

生境：草甸、沼泽、河岸坡、河漫滩、沟边等。

分布：黑龙江、内蒙古、新疆。

偃卧繁缕Stellaria decumbens Edgew.

习性：多年生，小草本，高10~20cm；半湿生植物。

生境：草甸、苔藓丛等，海拔3000~5600m。

分布：云南、四川、西藏、青海。

翻白繁缕Stellaria discolor Turcz.

习性：多年生，小草本，高10~40cm；湿生植物。

生境：沟谷、林下、林缘、草丛、沼泽草甸、溪边等，海拔100~2500m。

分布：黑龙江、吉林、辽宁、内蒙古、河北、北京、浙江、陕西。

细叶繁缕Stellaria filicaulis Makino

习性：多年生，小草本，高30~50cm；湿生植物。

生境：草丛、沼泽草甸、沼泽、河岸坡、溪边等，海拔500~700m。

分布：黑龙江、吉林、辽宁、内蒙古、河北、北京、山西。

长叶繁缕Stellaria longifolia Muhl. ex Willd.

习性：多年生，小草本，高15~25cm；湿生植物。

生境：林下、林缘、草丛、沼泽草甸、沼泽、河岸坡、河漫滩等，海拔100~2100m。

分布：黑龙江、吉林、辽宁、内蒙古、河北、陕西、宁夏。

繁缕Stellaria media (L.) Vill.

习性：一或二年生，小草本，高10~30cm；半湿生植物。

生境：林下、草丛、河岸坡、溪边、湖岸坡、塘基、沟边、消落带、田间、田埂、水浇地、冬闲田、弃耕田、路边等，海拔达4600m。

分布：内蒙古、吉林、辽宁、河北、北京、山西、山东、江苏、安徽、上海、浙江、江西、福建、河南、湖北、湖南、广东、广西、贵州、云南、重庆、四川、西藏、宁夏、甘肃、青海、台湾。

鸡肠繁缕Stellaria neglecta Weihe

习性：一或二年生，中小草本，高15~80cm；半湿生植物。

生境：林缘、草甸、沼泽、河岸坡等，海拔900~3400m。

分布：黑龙江、内蒙古、江苏、浙江、贵州、云南、

四川、西藏、陕西、青海、新疆、台湾。

腺毛繁缕Stellaria nemorum L.

习性：一年生，小草本，高20~50cm；半湿生植物。

生境：林下、草丛、溪边等，海拔2100~2700m。

分布：河北、北京、山西、陕西、甘肃。

沼生繁缕Stellaria palustris Ehrh.

习性：多年生，小草本，高20~35cm；湿生植物。

生境：沟谷、林下、草丛、河岸坡、河漫滩、溪边等，海拔1000~3600m。

分布：黑龙江、吉林、辽宁、内蒙古、河北、北京、山西、山东、安徽、河南、湖北、云南、四川、陕西、甘肃、青海。

长毛箐姑草Stellaria pilosoides Shi L. Chen, Rabeler & Turland

习性：一年生，小草本，高20~30cm；半湿生植物。

生境：林缘、草丛等，海拔1800~3700m。

分布：云南、四川。

缝瓣繁缕Stellaria radians L.

习性：多年生，中小草本，高40~60cm；湿生植物。

生境：沟谷、林下、林缘、灌丛、草丛、沼泽草甸、沼泽、河岸坡、沟边等，海拔300~500m。

分布：黑龙江、吉林、辽宁、内蒙古、河北。

湿地繁缕Stellaria uda F. N. Williams

习性：多年生，小草本，高5~15cm；湿生植物。

生境：草丛、沼泽草甸、沟边、碎石坡等，海拔1100~4800m。

分布：云南、四川、西藏、甘肃、青海、新疆。

箐姑草Stellaria vestita Kurz.

习性：多年生，中小草本，高30~90cm；半湿生植物。

生境：林下、林缘、灌丛、草丛、沟边、田边、路边等，海拔600~3600m。

分布：河北、山东、浙江、江西、福建、河南、湖北、湖南、广西、贵州、云南、四川、西藏、陕西、甘肃、台湾。

73. 木麻黄科 Casuarinaceae

木麻黄属 Casuarina L.

木麻黄Casuarina equisetifolia L.

习性：常绿，大中乔木，高15~35m；半湿生植物。

生境：溪边、沟边、潮上带、入海河口、堤内等。

分布：上海、浙江、福建、广东、广西、云南、台湾；原产于大洋洲。

粗枝木麻黄Casuarina glauca Sieber ex Spreng.

习性：常绿，中乔木，高达20m；半湿生植物。

生境：溪边、沟边、潮上带、入海河口、堤内等。

分布：浙江、福建、广东、海南、台湾；原产于大洋洲。

74. 卫矛科 Celastraceae

梅花草属 Parnassia L.

南川梅花草Parnassia amoena Diels

习性：多年生，小草本，高10~20cm；湿生植物。

生境：林下、岩石等，海拔1500~1800m。

分布：四川。

短柱梅花草Parnassia brevistyla (Brieger) Hand.-Mazz.

习性：多年生，小草本，高10~25cm；湿生植物。

生境：林下、林缘、河岸坡、草丛等，海拔2800~4400m。

分布：云南、四川、西藏、陕西、甘肃。

高山梅花草Parnassia cacuminum Hand.-Mazz.

习性：多年生，小草本，高7~10cm；湿生植物。

生境：林下、林缘、溪边、沟边等，海拔3400~4000m。

分布：四川、青海。

中国梅花草Parnassia chinensis Franch.

习性：多年生，小草本，高8~16cm；湿生植物。

生境：灌丛、草丛、草甸等，海拔3300~4200m。

分布：云南、四川、西藏。

心叶梅花草Parnassia cordata (Drude) Z. P. Jien ex T. C. Ku

习性：多年生，小草本，高28~32cm；湿生植物。

生境：草丛、草甸等，海拔2700~4100m。

分布：云南。

鸡心梅花草Parnassia crassifolia Franch.

习性：多年生，中小草本，高17~55cm；湿生植物。

生境：沟谷、林下、草丛、沟边等，海拔2500~

3300m。

分布：云南、四川。

突隔梅花草Parnassia delavayi Franch.

习性：多年生，小草本，高12~35cm；湿生植物。

生境：林下、灌丛、溪边、草丛等，海拔1700~4200m。

分布：湖北、云南、四川、陕西、甘肃。

宽叶梅花草 Parnassia dilatata Hand.-Mazz.

习性：多年生，小草本，高8~10cm；湿生植物。

生境：草丛、河岸坡、沼泽、岩石等，海拔400~1200m。

分布：湖南、贵州。

无斑梅花草Parnassia epunctulata J. T. Pan

习性：多年生，小草本，高6~12cm；湿生植物。

生境：草丛、草甸等，海拔3000~3800m。

分布：云南。

峨眉梅花草Parnassia faberi Oliv.

习性：多年生，小草本，高5~8cm；湿生植物。

生境：林下、岩石等，海拔1100~1900m。

分布：云南、四川。

白耳菜Parnassia foliosa Hook. f. & Thomson

习性：多年生，小草本，高15~45cm；湿生植物。

生境：草丛、溪边、沟边等，海拔1100~2000m。

分布：安徽、浙江、江西、福建。

甘肃梅花草Parnassia gansuensis T. C. Ku

习性：多年生，小草本，高12~30cm；湿生植物。

生境：林下、溪边、沟边等，海拔1300~3500m。

分布：甘肃。

长瓣梅花草Parnassia longipetala Hand.-Mazz.

习性：多年生，小草本，高10~30cm；湿生植物。

生境：林下、林缘、灌丛、草丛、草甸等，海拔2400~3900m。

分布：云南、西藏。

龙胜梅花草Parnassia longshengensis T. C. Ku

习性：多年生，小草本，高15~30cm；湿生植物。

生境：林缘、溪边、沟边、瀑布边、岩石、岩壁等，海拔600~1700m。

分布：广西。

黄花梅花草Parnassia lutea Batalin

习性：多年生，小草本，高13~20cm；湿生植物。

生境：灌丛、草甸、岩石等，海拔3500~4100m。

分布：西藏、青海。

大叶梅花草Parnassia monochoriifolia Franch.

习性：多年生，小草本，高约24cm；湿生植物。

生境：岩石、岩壁等。

分布：云南。

凹瓣梅花草Parnassia mysorensis F. Heyne ex Wight & Arn.

习性：多年生，小草本，高5~15cm；湿生植物。

生境：林下、灌丛、草丛、草甸等，海拔2500~3600m。

分布：贵州、云南、四川、西藏。

棒状梅花草Parnassia noemiae Franch.

习性：多年生，小草本，高15~25cm；半湿生植物。

生境：沟谷、草丛、路边、沟边等，海拔1400~2500m。

分布：四川。

云梅花草（原变种）**Parnassia nubicola** var. **nubicola**

习性：多年生，小草本，高15~40cm；湿生植物。

生境：林下、林缘、沟边等，海拔2700~3900m。

分布：云南、西藏。

矮云梅花草Parnassia nubicola var. **nana** T. C. Ku

习性：多年生，小草本，高5~13cm；湿生植物。

生境：灌丛、草甸等，海拔3000~3900m。

分布：云南、西藏。

倒卵叶梅花草Parnassia obovata Hand.-Mazz.

习性：多年生，小草本，高15~22cm；湿生植物。

生境：灌丛、草甸、河岸坡、溪边等，海拔达4900m。

分布：贵州。

金顶梅花草Parnassia omeiensis T. C. Ku

习性：多年生，小草本，高10~30cm；湿生植物。

生境：草丛，海拔1300~3100m。

分布：四川。

细叉梅花草Parnassia oreophila Hance

习性：多年生，小草本，高17~30cm；半湿生植物。

生境：林缘、草丛等，海拔1600~3000m。

分布：河北、山西、四川、陕西、宁夏、甘肃、青海。

梅花草（原变种）**Parnassia palustris** var. **palustris**

习性：多年生，小草本，高20~50cm；湿生植物。

生境：沟谷、林下、草丛、沼泽草甸、沼泽、河岸坡、湖岸坡、沟边等，海拔1600~2000m。

分布：黑龙江、吉林、辽宁、内蒙古、河北、北京、山西、广东、四川、新疆。

多枝梅花草Parnassia palustris var. **multiseta** Ledeb.

习性：多年生，小草本，高15~30cm；湿生植物。

生境：河谷、草原、河岸坡、沟边等，海拔1200~2300m。

分布：黑龙江、吉林、辽宁、内蒙古、河北、山西、宁夏。

类三脉梅花草Parnassia pusilla Wall. ex Arn.

习性：多年生，小草本，高4~10cm；湿生植物。

生境：沟谷、草丛、草甸、沟边等，海拔3700~4500m。

分布：云南、西藏。

近凹瓣梅花草Parnassia submysorensis J. T. Pan

习性：多年生，小草本，高15~30cm；湿生植物。

生境：林下、草甸等，海拔3400~3600m。

分布：云南。

青铜钱Parnassia tenella Hook. f. & Thomson

习性：多年生，小草本，高3~12cm；湿生植物。

生境：林下、林缘、草丛等，海拔2800~3400m。

分布：云南、四川、西藏。

三脉梅花草Parnassia trinervis Drude

习性：多年生，小草本，高4~20cm；湿生植物。

生境：河谷、沼泽、沼泽草甸、河岸坡等，海拔3100~4500m。

分布：四川、西藏、甘肃、青海。

绿花梅花草Parnassia viridiflora Batalin

习性：多年生，小草本，高7~21cm；湿生植物。

生境：灌丛、沼泽草甸等，海拔3600~4100m。

分布：云南、四川、陕西、青海。

鸡肫梅花草Parnassia wightiana Wall.

习性：多年生，小草本，高10~30cm；水湿生植物。

生境：沟谷、林下、草丛、草甸、湖岸坡、溪流、水沟、岩石、岩壁等，海拔600~4200m。

分布：湖北、湖南、广东、广西、贵州、云南、四川、西藏、陕西。

俞氏梅花草Parnassia yui Z. P. Jien

习性：多年生，小草本，高5~15cm；湿生植物。

生境：林下，海拔约3000m。

分布：云南。

云南梅花草Parnassia yunnanensis Franch.

习性：多年生，小草本，高4~8cm；湿生植物。

生境：林下、草丛、沼泽草甸、路边等，海拔3300~4300m。

分布：云南、四川。

75. 金鱼藻科 Ceratophyllaceae

金鱼藻属 Ceratophyllum L.

金鱼藻Ceratophyllum demersum L.

习性：多年生，中草本；沉水植物。

生境：沼泽、河流、溪流、湖泊、池塘、水库、沟渠、田中等，海拔达2700m。

分布：黑龙江、吉林、内蒙古、河北、北京、天津、山西、山东、江苏、安徽、上海、浙江、江西、福建、河南、湖北、湖南、广东、广西、贵州、云南、重庆、四川、西藏、陕西、宁夏、甘肃、新疆、台湾。

粗糙金鱼藻Ceratophyllum muricatum subsp. **kossinskyi** (Kuzen.) Les

习性：多年生，中草本；沉水植物。

生境：沼泽、河流、溪流、湖泊、池塘、水库等。

分布：黑龙江、吉林、辽宁、内蒙古、河北、北京、江苏、江西、福建、湖北、云南、宁夏、台湾。

五刺金鱼藻Ceratophyllum platyacanthum subsp. **oryzetorum** (Kom.) Les

习性：多年生，中草本；沉水植物。

生境：沼泽、河流、湖泊、池塘、水沟等。

分布：黑龙江、吉林、辽宁、内蒙古、河北、山东、安徽、浙江、江西、湖北、湖南、广西、宁夏、台湾。

76. 金粟兰科 Chloranthaceae

金粟兰属 Chloranthus Sw.

鱼子兰Chloranthus erectus (Buch.-Ham.) Verdc.

习性：中小亚灌木，高0.6~2m；半湿生植物。

生境：林下、溪边等，海拔100~2000m。

分布：河南、广西、贵州、云南、四川。

丝穗金粟兰Chloranthus fortunei (A. Gray) Solms

习性：多年生，小草本，高15~40cm；半湿生植物。

生境：溪边、沟边等，海拔100~400m。

分布：山东、江苏、安徽、浙江、江西、湖北、湖南、广东、海南、广西、云南、四川、台湾。

全缘金粟兰Chloranthus holostegius (Hand.-Mazz.) C. Pei & San

习性：多年生，中小草本，高25~55cm；半湿生植物。

生境：林下、灌丛、沟边等，海拔700~2800m。

分布：广西、贵州、云南、四川。

银线草Chloranthus japonicus Siebold

习性：多年生，小草本，高20~50cm；半湿生植物。

生境：沟谷、林下、河岸坡、沟边等，海拔100~2300m。

分布：吉林、辽宁、内蒙古、河北、山西、山东、陕西、甘肃。

多穗金粟兰Chloranthus multistachys C. Pei

习性：多年生，小草本，高16~50cm；半湿生植物。

生境：林下、溪边等，海拔400~1700m。

分布：江苏、安徽、江西、福建、河南、湖北、湖南、广东、海南、广西、贵州、四川、陕西、甘肃。

及己Chloranthus serratus (Thunb.) Roem. & Schult.

习性：多年生，小草本，高15~50cm；湿生植物。

生境：沟谷、林下、灌丛、沼泽、溪边等，海拔100~1800m。

分布：江苏、安徽、江西、福建、湖北、湖南、广东、海南、广西、贵州、云南、四川、台湾。

金粟兰**Chloranthus spicatus** (Thunb.) Makino
习性：多年生，小亚灌木，高30~60cm；半湿生植物。
生境：林下、溪边等，海拔200~1000m。
分布：福建、广东、贵州、云南、四川。

草珊瑚属 **Sarcandra** Gardner

草珊瑚**Sarcandra glabra** (Thunb.) Nakai
习性：常绿，中小亚灌木，高0.5~1.2m；湿生植物。
生境：河谷、林下、灌丛、草丛、沼泽、溪边、沟边、路边等，海拔300~2000m。
分布：安徽、浙江、江西、福建、湖北、湖南、广东、海南、广西、贵州、云南、四川、台湾。

77. 星叶草科 Circaeasteraceae

星叶草属 **Circaeaster** Maxim.

星叶草**Circaeaster agrestis** Maxim.
习性：一年生，小草本，高3~10cm；半湿生植物。
生境：林下、沟边、草丛等，海拔2100~4000m。
分布：云南、四川、西藏、陕西、甘肃、青海、新疆。

独叶草属 **Kingdonia** Balf. f. & W. W. Sm.

独叶草**Kingdonia uniflora** Balf. f. & W. W. Sm.
习性：多年生，小草本，高10~15cm；湿生植物。
生境：林下、灌丛等，海拔2700~3900m。
分布：云南、四川、陕西、甘肃。

78. 白花菜科 Cleomaceae

黄花草属 **Arivela** Raf.

黄花草**Arivela viscosa** (L.) Raf.
习性：一年生，草本，高0.3~1.6m；半湿生植物。
生境：河岸坡、沟边、田间等，海拔达300m。
分布：安徽、浙江、江西、福建、湖北、湖南、广东、海南、广西、云南、台湾。

79. 秋水仙科 Colchicaceae

万寿竹属 **Disporum** Salisb. ex D. Don

少花万寿竹**Disporum uniflorum** Baker ex S. Moore
习性：多年生，中小草本，高10~90cm；湿生植物。
生境：沟谷、林下、溪边、沟边等，海拔100~2500m。
分布：辽宁、河北、山东、江苏、安徽、浙江、江西、福建、河南、湖南、广东、广西、贵州、云南、四川、陕西、台湾。

80. 使君子科 Combretaceae

对叶榄李属 **Laguncularia** C. F. Gaertn.

拉关木**Laguncularia racemosa** (L.) C. F. Gaertn.
习性：常绿，中小乔木，高5~10m；挺水植物。
生境：潮间带。
分布：福建、广东、海南；原产于美洲、非洲。

榄李属 **Lumnitzera** Willd.

红榄李**Lumnitzera littorea** (Jack) Voigt
习性：常绿，中小乔木，高5~25m；挺水植物。
生境：潮间带。
分布：海南。

榄李**Lumnitzera racemosa** Willd.
习性：常绿，灌木或乔木，高2~8m；水湿生植物。
生境：潮间带。
分布：广东、海南、广西、台湾。

81. 鸭跖草科 Commelinaceae

穿鞘花属 **Amischotolype** Hassk.

穿鞘花**Amischotolype hispida** (A. Rich.) D. Y. Hong
习性：多年生，中草本，高0.5~1.5m；湿生植物。
生境：沟谷、林下、溪边、岩石等，海拔300~2500m。
分布：福建、广东、海南、广西、贵州、云南、重庆、西藏、台湾。

尖果穿鞘花Amischotolype hookeri (Hassk.) H. Hara

习性：多年生，大中草本，高1~3m；湿生植物。

生境：沟谷、林下、溪边、沟边等，海拔600~1200m。

分布：云南、西藏。

假紫万年青属 Belosynapsis Hassk.

假紫万年青Belosynapsis ciliata (Blume) R. S. Rao

习性：多年生，匍匐草本；湿生植物。

生境：沟谷、林下、沟边、岩石等，海拔300~2300m。

分布：广东、海南、广西、云南、台湾。

鸭跖草属 Commelina L.

耳苞鸭跖草Commelina auriculata Blume

习性：多年生，匍匐草本，高10~50cm；湿生植物。

生境：沟谷、林下、溪边、沟边等，海拔100~600m。

分布：福建、广东、台湾。

饭包草Commelina benghalensis L.

习性：多年生，中小草本，高15~70cm；半湿生植物。

生境：林缘、溪边、沟边、湖岸坡、塘基、田埂、田间、荒地、路边等，海拔200~2300m。

分布：辽宁、河北、北京、天津、山东、江苏、安徽、浙江、江西、福建、河南、湖北、湖南、广东、海南、广西、贵州、云南、重庆、四川、陕西、甘肃、台湾。

鸭跖草Commelina communis L.

习性：一年生，匍匐草本，高10~50cm；水湿生植物。

生境：林缘、河流、溪流、湖泊、池塘、水沟、田间、田中、路边等，海拔达2300m。

分布：全国各地。

竹节菜Commelina diffusa Burm. f.

习性：一年生，匍匐草本，高10~30cm；水湿生植物。

生境：林下、灌丛、河流、溪流、湖泊、池塘、水沟、路边、弃耕水浇地等，海拔达2200m。

分布：湖北、广东、海南、广西、贵州、云南、四川、西藏。

地地藕Commelina maculata Edgew.

习性：多年生，匍匐草本，高10~50cm；湿生植物。

生境：林缘、草丛、沟边、路边等，海拔达2900m。

分布：贵州、云南、四川、西藏。

大苞鸭跖草Commelina paludosa Blume

习性：多年生，直立或匍匐草本，高0.5~1m；湿生植物。

生境：林下、溪边、沟边、路边等，海拔达2800m。

分布：江西、福建、湖南、广东、广西、贵州、云南、四川、西藏、台湾。

波缘鸭跖草Commelina undulata R. Br.

习性：多年生，直立或匍匐草本，高20~60cm；湿生植物。

生境：林下、草丛、溪边等，海拔达1200m。

分布：广东、云南、四川、澳门、台湾。

蓝耳草属 Cyanotis D. Don

蛛丝毛蓝耳草Cyanotis arachnoidea C. B. Clarke

习性：多年生，小草本，高20~50cm；湿生植物。

生境：沟谷、溪边、湖岸坡、岩石、岩壁等，海拔达2700m。

分布：浙江、江西、福建、广东、海南、广西、贵州、云南、台湾。

四孔草Cyanotis cristata (L.) D. Don

习性：一年生，直立或匍匐草本，高10~50cm；湿生植物。

生境：林下、溪边等，海拔达2800m。

分布：广东、海南、广西、贵州、云南。

蓝耳草Cyanotis vaga (Lour.) Schult. & Schult. f.

习性：多年生，直立或匍匐草本，高10~40cm；湿生植物。

生境：林缘、草丛、沟边、岩石等，海拔达3300m。

分布：广东、海南、贵州、云南、四川、西藏、台湾。

鸭跖草属 Dichorisandra J. C. Mikan

蓝姜Dichorisandra thyrsiflora J. C. Mikan

习性：多年生，大中草本，高1~2m；湿生植物。

生境：林下、林缘、河岸坡、溪边、沟边等。

分布：我国有栽培；原产于巴西。

网籽草属 Dictyospermum Wight

网籽草 Dictyospermum conspicuum (Blume) Hassk.

习性：多年生，中小草本，高0.2~1m；湿生植物。

生境：林下、溪边、沟边等，海拔400~1700m。

分布：海南、云南。

聚花草属 Floscopa Lour.

聚花草 Floscopa scandens Lour.

习性：多年生，中小草本，高20~70cm；水湿生植物。

生境：林下、沼泽、河流、溪流、水沟等，海拔达1700m。

分布：浙江、江西、福建、湖北、湖南、广东、海南、广西、云南、四川、西藏。

水竹叶属 Murdannia Royle

大苞水竹叶 Murdannia bracteata (C. B. Clarke) J. K. Morton ex D. Y. Hong

习性：多年生，匍匐草本，高20~50cm；湿生植物。

生境：沟谷、林下、草丛、溪边、沟边等，海拔100~1700m。

分布：广东、海南、广西、云南。

橙花水竹叶 Murdannia citrina D. Fang

习性：多年生，小草本，高20~30cm；水湿生植物。

生境：水沟、水田等。

分布：广西。

紫背鹿衔草 Murdannia divergens (C. B. Clarke) G. Brückn.

习性：多年生，中小草本，高15~60cm；湿生植物。

生境：沟谷、林下、林缘、草丛等，海拔1500~3400m。

分布：广西、云南、四川。

根茎水竹叶 Murdannia hookeri (C. B. Clarke) G. Brückn.

习性：多年生，中小草本，高20~60cm；湿生植物。

生境：林下、草丛、溪边、沟边等，海拔500~2800m。

分布：福建、湖南、广东、广西、贵州、云南、四川。

宽叶水竹叶 Murdannia japonica (Thunb.) Faden

习性：多年生，小草本，高20~45cm；湿生植物。

生境：林下、林缘、灌丛、草丛等，海拔1200~2000m。

分布：云南。

疣草 Murdannia keisak (Hassk.) Hand.-Mazz.

习性：多年生，匍匐草本，高10~40cm；水湿生植物。

生境：林缘、草甸、沼泽、河流、溪流、水沟、田中、田间、路边等，海拔达1000m。

分布：黑龙江、吉林、辽宁、内蒙古、安徽、浙江、江西、福建、贵州。

牛轭草 Murdannia loriformis (Hassk.) R. S. Rao & Kammathy

习性：多年生，小草本，高20~40cm；水湿生植物。

生境：林下、草丛、溪边、沟边、田中、田间等，海拔达1500m。

分布：安徽、浙江、江西、福建、湖南、广东、海南、广西、贵州、云南、四川、西藏、台湾。

裸花水竹叶 Murdannia nudiflora (L.) Brenan

习性：一年生，小草本，高20~40cm；湿生植物。

生境：草丛、湖岸坡、塘基、沟边、田埂、田间等，海拔达1600m。

分布：山东、江苏、安徽、浙江、江西、福建、河南、湖南、广东、广西、云南、四川。

细竹篙草 Murdannia simplex (Vahl) Brenan

习性：多年生，小草本，高20~50cm；湿生植物。

生境：林下、草丛、沼泽、水边等，海拔达2700m。

分布：江西、广东、海南、广西、贵州、云南、四川。

矮水竹叶 Murdannia spirata (L.) G. Brückn.

习性：多年生，小草本，高10~40cm；水湿生植物。

生境：林下、溪边等，海拔达1100m。

分布：福建、广东、海南、云南、台湾。

水竹叶 Murdannia triquetra (Wall. ex C. B. Clarke) G. Brückn.

习性：多年生，匍匐草本，高5~40cm；水湿生植物。

生境：草甸、沼泽、河流、溪流、湖泊、池塘、水沟、田中、田间等，海拔达1700m。

分布：辽宁、江苏、安徽、浙江、江西、福建、河南、湖北、湖南、广东、海南、广西、贵州、云南、四川、陕西、台湾。

云南水竹叶Murdannia yunnanensis D. Y. Hong

习性：多年生，匍匐草本，高5~20cm；湿生植物。

生境：林缘、沼泽等，海拔约800m。

分布：云南。

杜若属 Pollia Thunb.

大杜若Pollia hasskarlii R. S. Rao

习性：多年生，中小草本，高0.3~1m；湿生植物。

生境：沟谷、林下、水边等，海拔达2100m。

分布：广东、广西、贵州、云南、四川、西藏。

杜若Pollia japonica Thunb.

习性：多年生，中小草本，高30~80cm；湿生植物。

生境：沟谷、林下、溪边、沟边等，海拔达1800m。

分布：安徽、浙江、江西、福建、湖北、湖南、广东、广西、贵州、重庆、四川、台湾。

川杜若Pollia miranda (H. Lév.) H. Hara

习性：多年生，小草本，高20~50cm；湿生植物。

生境：沟谷、林下、溪边、沟边等，海拔100~1900m。

分布：广西、贵州、云南、四川、台湾。

长花枝杜若Pollia secundiflora (Blume) Bakh. f.

习性：多年生，大中草本，高1~2m；湿生植物。

生境：沟谷、林下、溪边、沟边等，海拔100~1700m。

分布：湖南、海南、广西、贵州、云南、香港。

长柄杜若Pollia siamensis (Craib) Faden ex D. Y. Hong

习性：多年生，中小草本，高0.3~1m；湿生植物。

生境：沟谷、林下、溪边、沟边等，海拔100~2200m。

分布：海南、广西、云南。

伞花杜若Polliasubumbellata C. B. Clarke

习性：多年生，小草本，高20~30cm；湿生植物。

生境：沟谷、林下、溪边、沟边等，海拔100~1700m。

分布：广西、云南。

密花杜若Pollia thyrsiflora (Blume) Endl. ex Hassk.

习性：多年生，小草本，高12~30cm；湿生植物。

生境：沟谷、林下、林缘等，海拔400~1900m。

分布：海南、云南。

钩毛子草属 Rhopalephora Hassk.

钩毛子草Rhopalephora scaberrima (Blume) Faden

习性：多年生，中草本，高0.5~1m；湿生植物。

生境：沟谷、林下、溪边、沟边等，海拔800~2100m。

分布：广东、海南、广西、贵州、云南、西藏、台湾。

竹叶吉祥草属 Spatholirion Ridl.

矩叶吉祥草Spatholirion elegans (Cherfils) C. Y. Wu

习性：多年生，小草本，高15~20cm；湿生植物。

生境：林下、沟边等，海拔300~1200m。

分布：云南。

竹叶吉祥草Spatholirion longifolium (Gagnep.) Dunn

习性：多年生，草质藤本；湿生植物。

生境：林下、草丛、溪边、沟边等，海拔300~2500m。

分布：江西、福建、湖北、湖南、广东、广西、贵州、云南、四川。

竹叶子属 Streptolirion Edgew.

竹叶子Streptolirion volubile Edgew.

习性：多年生，草质藤本；湿生植物。

生境：沟谷、林下、灌丛、草丛、溪边等，海拔达3500m。

分布：辽宁、河北、北京、山西、浙江、河南、湖北、湖南、广西、贵州、云南、四川、陕西、甘肃、西藏。

紫露草属 Tradescantia L.

白花紫露草Tradescantia fluminensis Vell.

习性：多年生，匍匐草本；半湿生植物。

生境：林下、草丛、溪边、沟边、路边、园林等，海拔达2000m。

分布：天津、山西、江苏、安徽、上海、浙江、江西、福建、湖北、湖南、广东、广西、贵州、云南、重庆、四川、台湾；原产于南美洲。

82. 旋花科 Convolvulaceae

打碗花属 Calystegia R. Br.

打碗花 Calystegia hederacea Wall.

习性：一年生，草质藤本；半湿生植物。

生境：草丛、河岸坡、湖岸坡、沟边、水浇地、田埂、路边、潮上带等，海拔达2600m。

分布：黑龙江、吉林、辽宁、内蒙古、河北、北京、天津、山西、山东、江苏、安徽、上海、浙江、江西、福建、河南、湖北、湖南、广东、海南、广西、贵州、云南、四川、陕西、宁夏、甘肃、青海、新疆、香港、台湾。

藤长苗 Calystegia pellita (Ledeb.) G. Don

习性：多年生，草质藤本；半湿生植物。

生境：草丛、田间、路边等，海拔300~1700m。

分布：黑龙江、吉林、辽宁、内蒙古、河北、北京、天津、山东、江苏、安徽、甘肃。

肾叶打碗花 Calystegia soldanella (L.) R. Br.

习性：多年生，草质藤本；半湿生植物。

生境：潮上带、入海河口等。

分布：辽宁、河北、天津、山东、江苏、上海、浙江、福建、台湾。

旋花属 Convolvulus L.

田旋花 Convolvulus arvensis L.

习性：多年生，草质藤本；湿生植物。

生境：草丛、河岸坡、弃耕水浇地、弃耕田、路边等，海拔600~4500m。

分布：黑龙江、吉林、辽宁、内蒙古、河北、北京、天津、山西、山东、江苏、安徽、上海、河南、湖北、湖南、广西、贵州、重庆、四川、西藏、陕西、宁夏、甘肃、青海、新疆。

马蹄金属 Dichondra J. R. Forst. & G. Forst.

马蹄金 Dichondra micrantha Urb.

习性：多年生，匍匐草本；湿生植物。

生境：林缘、草丛、河岸坡、溪边、沟边、田间、岩石等，海拔达2000m。

分布：江苏、安徽、上海、浙江、江西、福建、湖北、湖南、广东、海南、广西、贵州、云南、四川、西藏、青海、香港、澳门、台湾。

番薯属 Ipomoea L.

蕹菜 Ipomoea aquatica Forssk.

习性：多年生，匍匐或漂浮草本，高15~40cm；水湿生植物。

生境：沼泽、河流、溪流、池塘、水沟、田中等，海拔达1500m。

分布：天津、江苏、安徽、上海、浙江、江西、福建、湖北、湖南、广东、海南、广西、云南、重庆、四川、香港、澳门、台湾。

毛牵牛 Ipomoea biflora (L.) Pers.

习性：一年生，草质藤本；半湿生植物。

生境：沟谷、林下、田间等，海拔200~1800m。

分布：江西、福建、湖南、广东、广西、贵州、云南、香港、台湾。

五爪金龙 Ipomoea cairica (L.) Sweet

习性：多年生，草质藤本；半湿生植物。

生境：红树林内缘、河岸坡、溪边、塘基、沟边、路边等，海拔达3000m。

分布：内蒙古、江苏、江西、福建、广东、海南、广西、贵州、云南、陕西、香港、澳门、台湾；原产于热带非洲、热带亚洲。

毛果薯 Ipomoea eriocarpa R. Br.

习性：一年生，草质藤本；半湿生植物。

生境：灌丛、草丛、河岸坡等，海拔500~1600m。

分布：云南、四川、台湾。

假厚藤 Ipomoea imperati (Vahl) Griseb.

习性：多年生，草质藤本；半湿生植物。

生境：高潮线附近，海拔达100m。

分布：福建、广东、海南、广西、香港、台湾。

牵牛 Ipomoea nil (L.) Roth

习性：一年生，草质藤本；半湿生植物。

生境：林缘、灌丛、河岸坡、溪边、湖岸坡、塘基、沟边、消落带、田埂、弃耕田、田间、水浇地、路边、潮上带等，海拔达2600m。

分布：黑龙江、内蒙古、河北、北京、天津、山西、山东、江苏、安徽、上海、浙江、江西、福建、河南、湖北、湖南、广东、海南、广西、贵州、云南、重庆、四川、西藏、陕西、宁夏、甘肃、香港、澳门、台湾；原产于南美洲。

厚藤Ipomoea pes-caprae (L.) R. Br.

习性：多年生，草质藤本；半湿生植物。

生境：高潮线附近、潮上带、入海河口等。

分布：浙江、福建、广东、海南、广西、香港、澳门、台湾。

圆叶牵牛Ipomoea purpurea (L.) Roth

习性：一年生，草质藤本；半湿生植物。

生境：林缘、灌丛、河岸坡、溪边、湖岸坡、塘基、沟边、消落带、田埂、弃耕田、田间、水浇地、路边等，海拔达800m。

分布：黑龙江、辽宁、内蒙古、河北、北京、天津、山西、山东、江苏、安徽、上海、浙江、江西、福建、河南、湖北、湖南、广东、海南、广西、贵州、云南、重庆、四川、陕西、甘肃、青海、新疆、香港、澳门；原产于美洲。

三裂叶薯Ipomoea triloba L.

习性：一年生，草质藤本；半湿生植物。

生境：林缘、灌丛、河岸坡、溪边、湖岸坡、塘基、沟边、消落带、田埂、弃耕田、田间、水浇地、路边等，海拔达800m。

分布：辽宁、河北、江苏、安徽、上海、浙江、江西、福建、河南、湖南、广东、海南、广西、云南、陕西、香港、澳门、台湾；原产于西印度群岛。

鱼黄草属 **Merremia** Dennst.

篱栏网Merremia hederacea (Burm. f.) Hallier f.

习性：一年生，草质藤本；半湿生植物。

生境：灌丛、河岸坡、溪边、沟边、湖岸坡、塘基、消落带、田埂、田间、水浇地等，海拔100~800m。

分布：江西、福建、湖南、广东、海南、广西、云南、香港、澳门、台湾。

83. 马桑科 **Coriariaceae**

马桑属 **Coriaria** L.

马桑Coriaria nepalensis Wall.

习性：大中灌木，高1.5~2.5m；半湿生植物。

生境：灌丛、溪边、沟边等，海拔200~3200m。

分布：江苏、河南、湖北、湖南、广西、贵州、云南、四川、西藏、陕西、甘肃、香港。

84. 山茱萸科 **Cornaceae**

山茱萸属 **Cornus** L.

红瑞木Cornus alba L.

习性：落叶，大中灌木，高1~3m；半湿生植物。

生境：林下、林缘、溪边等，海拔600~1700m。

分布：黑龙江、吉林、辽宁、内蒙古、河北、山东、江苏、江西、海南、陕西、甘肃、青海。

小梾木Cornus quinquenervis Franch.

习性：落叶，大中灌木，高1~4m；半湿生植物。

生境：沟谷、河岸坡、溪边、沟边、漂石间等，海拔200~2500m。

分布：江苏、福建、湖北、湖南、广东、广西、贵州、云南、四川、陕西、甘肃。

85. 闭鞘姜科 **Costaceae**

闭鞘姜属 **Costus** L.

莴笋花Costus lacerus Gagnep.

习性：多年生，大中草本，高1~2m；湿生植物。

生境：林下、沟边等，海拔1100~2200m。

分布：广西、云南、西藏。

长圆闭鞘姜Costus oblongus S. Q. Tong

习性：多年生，大草本，高1.8~3m；湿生植物。

生境：林下、沟边等，海拔1200~1500m。

分布：云南、西藏。

闭鞘姜Costus speciosus (J. König) Sm.

习性：多年生，大草本，高1.5~3m；水湿生植物。

生境：河岸坡、溪流、水沟、田间等，海拔达1700m。

分布：广东、广西、云南、台湾。

光叶闭鞘姜Costus tonkinensis Gagnep.

习性：多年生，大草本，高1.5~4m；湿生植物。

生境：沟谷、林下、灌丛等，海拔200~1000m。

分布：广西、云南。

绿苞闭鞘姜Costus viridis S. Q. Tong

习性：多年生，大草本，高2~3m；湿生植物。

163

生境：林下，海拔约1000m。

分布：云南。

86. 景天科 Crassulaceae

落地生根属 Bryophyllum Salisb.

落地生根 Bryophyllum pinnatum (L. f.) Oken

习性：多年生，中小草本，高0.4~1.5m；半湿生植物。

生境：沟边、田间、路边等，海拔100~2200m。

分布：北京、天津、山东、浙江、江西、福建、湖北、广东、海南、广西、贵州、云南、重庆、四川、香港、澳门、台湾；原产于马达加斯加。

八宝属 Hylotelephium H. Ohba

八宝 Hylotelephium erythrostictum (Miq.) H. Ohba

习性：多年生，中小草本，高30~70cm；半湿生植物。

生境：草丛、沟边等，海拔400~2200m。

分布：吉林、辽宁、河北、天津、山西、山东、江苏、安徽、浙江、河南、贵州、云南、四川、陕西。

紫花八宝 Hylotelephium mingjinianum (S. H. Fu) H. Ohba

习性：多年生，小草本，高15~50cm；湿生植物。

生境：林下、溪边、岩石、岩壁等，海拔600~1800m。

分布：安徽、浙江、湖北、湖南、广西。

白八宝 Hylotelephium pallescens (Freyn) H. Ohba

习性：多年生，中小草本，高0.2~1m；湿生植物。

生境：林下、草甸、沼泽、河岸坡、沟边、路边、岩石、岩壁等，海拔1000~2800m。

分布：黑龙江、吉林、辽宁、内蒙古、河北、山西。

紫八宝 Hylotelephium telephium (L.) H. Ohba

习性：多年生，中小草本，高15~70cm；半湿生植物。

生境：林下、林缘、灌丛、草甸、沟边、砾石地等，海拔400~1600m。

分布：黑龙江、吉林、辽宁、新疆。

轮叶八宝 Hylotelephium verticillatum (L.) H. Ohba

习性：多年生，草本，高0.4~2m；半湿生植物。

生境：林下、草丛、沟边、岩石、岩壁等，海拔900~2900m。

分布：吉林、辽宁、山西、山东、安徽、浙江、河南、湖北、四川、陕西、甘肃。

费菜属 Phedimus Raf.

费菜 Phedimus aizoon (L.)'t Hart

习性：多年生，小草本，高20~50cm；湿生植物。

生境：灌丛、草丛、沼泽草甸、岩石、岩壁等，海拔1000~3100m。

分布：黑龙江、吉林、辽宁、内蒙古、河北、天津、山西、山东、江苏、安徽、浙江、江西、河南、湖北、四川、陕西、宁夏、甘肃、青海。

齿叶费菜 Phedimus odontophyllus (Fröd.)'t Hart

习性：多年生，小草本，高20~30cm；半湿生植物。

生境：林下、草丛、沟边、岩石等，海拔300~1300m。

分布：湖北、湖南、广西、贵州、四川。

灰毛费菜 Phedimus selskianus (Regel & Maack)'t Hart

习性：多年生，小草本，高25~40cm；半湿生植物。

生境：草甸、沟边、岩石等。

分布：黑龙江、吉林、辽宁、内蒙古、河北、山西。

红景天属 Rhodiola L.

互生红景天 Rhodiola alterna S. H. Fu

习性：多年生，小草本，高9~21cm；湿生植物。

生境：岩石、岩壁等，海拔3800~4600m。

分布：西藏。

菊叶红景天 Rhodiola chrysanthemifolia (H. Lév.) S. H. Fu

习性：多年生，小草本，高4~10cm；湿生植物。

生境：草丛、岩石、岩壁等，海拔3200~4200m。

分布：云南、四川。

圆丛红景天 Rhodiola coccinea (Royle) Boriss.

习性：多年生，小草本，高4~10cm；湿生植物。

生境：草甸、岩石、岩壁等，海拔2200~5300m。

分布：云南、四川。

长鞭红景天 Rhodiola fastigiata (Hook. f. & Thomson) S. H. Fu

习性：多年生，小草本，高6~30cm；水湿生植物。

生境：岩石间、水沟、碎石坡等，海拔3300~5400m。

分布：云南、四川、西藏。

矮生红景天 Rhodiola humilis (Hook. f. & Thomson) S. H. Fu

习性：多年生，小草本，高1~5cm；湿生植物。

生境：灌丛、草丛、草甸等，海拔3900~4800m。

分布：西藏、青海。

卵萼红景天 Rhodiola ovatisepala (Raym.- Hamet) S. H. Fu

习性：多年生，小草本，高5~25cm；湿生植物。

生境：岩石、岩壁等，海拔2700~4200m。

分布：云南、四川、西藏。

小杯红景天 Rhodiola sherriffii H. Ohba

习性：多年生，小草本，高10~30cm；湿生植物。

生境：草丛、灌丛、岩石、岩壁等，海拔4000~5000m。

分布：西藏。

裂叶红景天 Rhodiola sinuata (Royle ex Edgew.) S. H. Fu

习性：多年生，小草本，高10~20cm；湿生植物。

生境：岩石、岩壁等，海拔3200~4300m。

分布：云南、西藏。

粗茎红景天 Rhodiola wallichiana (Hook.) S. H. Fu

习性：多年生，小草本，高17~40cm；湿生植物。

生境：沟边、岩石、岩壁等，海拔2500~3800m。

分布：云南、四川、西藏。

云南红景天 Rhodiola yunnanensis (Franch.) S. H. Fu

习性：多年生，中小草本，高0.2~1m；半湿生植物。

生境：林下、林缘、草丛、路边、岩壁等，海拔1000~4400m。

分布：河南、湖北、贵州、云南、四川、西藏、陕西、甘肃。

景天属 Sedum L.

东南景天 Sedum alfredii Hance

习性：多年生，小草本，高10~20cm；半湿生植物。

生境：岩石、岩壁等，海拔1400~3000m。

分布：江苏、安徽、浙江、江西、福建、湖北、湖南、广东、广西、贵州、四川、台湾。

珠芽景天 Sedum bulbiferum Makino

习性：多年生，小草本，高7~22cm；半湿生植物。

生境：林下、林缘、路边、沟边、岩石、岩壁等，海拔达1000m。

分布：江苏、安徽、上海、浙江、江西、福建、湖北、湖南、广东、广西、贵州、四川。

镰座景天 Sedum celiae Raym.-Hamet

习性：多年生，小草本，高5~10cm；半湿生植物。

生境：岩石、岩壁等，海拔2600~3500m。

分布：云南、四川。

轮叶景天 Sedum chauveaudii Raym.-Hamet

习性：多年生，小草本，高5~20cm；湿生植物。

生境：林下、林缘、岩石、岩壁等，海拔1700~3800m。

分布：贵州、云南、四川。

合果景天 Sedum concarpum Fröd.

习性：一年生，小草本，高8~20cm；湿生植物。

生境：林下、灌丛、草丛、岩石、岩壁等，海拔2400~3800m。

分布：湖北、云南。

大叶火焰草 Sedum drymarioides Hance

习性：一年生，小草本，高7~25cm；湿生植物。

生境：林下、岩石、岩壁等，海拔300~2500m。

分布：安徽、浙江、江西、福建、河南、湖北、湖南、广东、广西、台湾。

凹叶景天 Sedum emarginatum Migo

习性：多年生，小草本，高10~15cm；半湿生植物。

生境：林下、林缘、路边、岩石、岩壁等，海拔300~1800m。

分布：江苏、安徽、浙江、江西、湖北、湖南、贵州、云南、重庆、四川、陕西、甘肃。

杭州景天 Sedum hangzhouense K. T. Fu & G. Y. Rao

习性：一年生，小草本，高13~20cm；湿生植物。

生境：林下、草丛、岩石、岩壁等。

分布：浙江。

九龙山景天 Sedum jiulungshanense Y. C. Ho

习性：多年生，小草本，高10~15cm；半湿生植物。

生境：岩石、岩壁等，海拔800~900m。

分布：浙江。

佛甲草Sedum lineare Thunb.

习性：多年生，小草本，高10~30cm；半湿生植物。

生境：林缘、岩石、岩壁、路边等。

分布：江苏、安徽、浙江、江西、福建、河南、湖北、湖南、广东、贵州、云南、重庆、四川、陕西、甘肃。

山飘风Sedum majus (Hemsl.) Migo

习性：一年生，小草本，高4~20cm；湿生植物。

生境：林下、灌丛、草丛、溪边、岩石、岩壁等，海拔400~4300m。

分布：江苏、浙江、河南、湖北、云南、四川、陕西。

圆叶景天Sedum makinoi Maxim.

习性：多年生，小草本，高15~25cm；湿生植物。

生境：林下、岩石、岩壁等。

分布：安徽、浙江。

多茎景天Sedum multicaule Wall. ex Lindl.

习性：多年生，小草本，高5~15cm；半湿生植物。

生境：林下、灌丛、草丛、岩石、岩壁等，海拔1000~3900m。

分布：云南、四川、西藏、陕西、甘肃。

大苞景天Sedum oligospermum Maire

习性：一年生，小草本，高15~50cm；湿生植物。

生境：林下，海拔1100~2800m。

分布：河南、湖北、湖南、云南、四川、陕西、甘肃。

爪瓣景天Sedum onychopetalum Fröd.

习性：多年生，小草本，高5~22cm；湿生植物。

生境：溪边、沟边、岩石、岩壁等，海拔200~1100m。

分布：江苏、安徽、浙江。

叶花景天Sedum phyllanthum H. Lév. & Vaniot

习性：多年生，小草本，高6~10cm；湿生植物。

生境：岩石、岩壁等，海拔300~1500m。

分布：河南、贵州、陕西。

藓状景天Sedum polytrichoides Hemsl.

习性：多年生，小草本，高5~10cm；半湿生植物。

生境：岩石、岩壁等，海拔600~2200m。

分布：黑龙江、吉林、辽宁、山东、安徽、浙江、

江西、河南、陕西。

垂盆草Sedum sarmentosum Bunge

习性：多年生，小草本，高10~25cm；半湿生植物。

生境：林下、沟边、岩石、岩壁等，海拔达1600m。

分布：吉林、辽宁、河北、北京、山西、山东、江苏、安徽、上海、浙江、江西、福建、河南、湖北、湖南、贵州、四川、陕西、甘肃。

繁缕景天Sedum stellariifolium Franch.

习性：一或二年生，小草本，高10~15cm；半湿生植物。

生境：沟谷、草丛、路边、岩石、岩壁等，海拔400~3400m。

分布：黑龙江、内蒙古、河南、甘肃。

细小景天Sedum subtile Miq.

习性：多年生，小草本，高5~10cm；湿生植物。

生境：溪边、沟边、岩石、岩壁等，海拔1000~1500m。

分布：山西、江苏、江西。

四芒景天Sedum tetractinum Fröd.

习性：多年生，小草本，高9~15cm；湿生植物。

生境：溪边、岩石、岩壁等，海拔500~1000m。

分布：安徽、江西、广东、贵州。

天目山景天Sedum tianmushanense Y. C. Ho & F. Chai

习性：多年生，小草本，高1~10cm；湿生植物。

生境：林下、岩石、岩壁等，海拔900~1000m。

分布：浙江。

三芒景天Sedum triactina A. Berger

习性：一或二年生，小草本，高7~35cm；湿生植物。

生境：林下、溪边、岩石等，海拔2200~3700m。

分布：云南、四川、西藏。

日本景天Sedum uniflorum var. **japonicum** (Siebold ex Miq.) H. Ohba

习性：多年生，小草本，高10~20cm；湿生植物。

生境：草丛、岩石等，海拔达1000m。

分布：安徽、浙江、江西、湖南、广东、广西、台湾。

短蕊景天Sedum yvesii Raym.-Hamet

习性：多年生，小草本，高7~15cm；湿生植物。

生境：溪边、沟边、岩石等，海拔1000~1900m。
分布：湖北、贵州、四川、台湾。

东爪草属 Tillaea L.

云南东爪草 Tillaea alata Viv.
习性：一年生，小草本，高3~6cm；湿生植物。
生境：草丛，海拔约2700m。
分布：云南。

丽江东爪草 Tillaea likiangensis H. Chuang
习性：一年生，小草本，高2~5cm；湿生植物。
生境：沼泽，海拔约2700m。
分布：云南。

87. 葫芦科 Cucurbitaceae

盒子草属 Actinostemma Griff.

盒子草 Actinostemma tenerum Griff.
习性：一年生，草质藤本；水湿生植物。
生境：沼泽草甸、沼泽、河流、溪流、湖泊、池塘、水沟、路边等，海拔达1000m。
分布：黑龙江、吉林、辽宁、内蒙古、河北、北京、天津、山东、江苏、安徽、上海、浙江、江西、福建、河南、湖北、湖南、广西、云南、四川、西藏、甘肃、台湾。

绞股蓝属 Gynostemma Blume

绞股蓝 Gynostemma pentaphyllum (Thunb.) Makino
习性：多年生，草质藤本；半湿生植物。
生境：沟谷、林下、林缘、灌丛、溪边、沟边等，海拔300~3200m。
分布：山东、江苏、安徽、浙江、江西、福建、河南、湖北、湖南、广东、海南、广西、贵州、云南、重庆、四川、陕西、台湾。

苦瓜属 Momordica L.

木鳖子 Momordica cochinchinensis (Lour.) Spreng.
习性：一年生，草质藤本；半湿生植物。
生境：林缘、河岸坡、湖岸坡、沟边、路边等，海拔200~1100m。

分布：江苏、安徽、浙江、江西、福建、湖南、广东、广西、贵州、云南、四川、西藏、台湾。

裂瓜属 Schizopepon Maxim.

裂瓜 Schizopepon bryoniifolius Maxim.
习性：一年生，草质藤本；半湿生植物。
生境：林下、林缘、灌丛、河岸坡、湖岸坡、沟边等，海拔500~1500m。
分布：黑龙江、吉林、辽宁、河北。

赤瓟属 Thladiantha Bunge

赤瓟 Thladiantha dubia Bunge
习性：一年生，草质藤本；半湿生植物。
生境：林缘、沟边、路边等，海拔200~1800m。
分布：黑龙江、吉林、辽宁、河北、北京、山西、山东、河南、陕西、宁夏、甘肃。

南赤瓟 Thladiantha nudiflora Hemsl.
习性：一年生，草质藤本；半湿生植物。
生境：林缘、灌丛、沟边、路边等，海拔900~1700m。
分布：江苏、安徽、浙江、江西、福建、河南、湖北、湖南、广东、广西、贵州、四川、陕西、甘肃、台湾。

马㼎儿属 Zehneria Endl.

马㼎儿 Zehneria japonica (Thunb.) H. Y. Liu
习性：一年生，草质藤本；半湿生植物。
生境：沟谷、林下、林缘、灌丛、溪边、沟边、路边等，海拔300~1600m。
分布：江苏、安徽、浙江、江西、福建、湖北、湖南、广东、广西、贵州、云南、四川。

88. 丝粉藻科 Cymodoceaceae

丝粉藻属 Cymodocea K. D. Koenig

丝粉藻 Cymodocea rotundata Asch. & Schweinf.
习性：多年生，小草本；沉水植物。
生境：低潮带、潮下带等。
分布：广东、海南、台湾。

齿叶丝粉藻**Cymodocea serrulata** (R. Br.) Asch.

习性：多年生，小草本；沉水植物。

生境：低潮带、潮下带等。

分布：海南、台湾。

二药藻属 **Halodule** Endl.

羽叶二药藻**Halodule pinifolia** (Miki) Hartog

习性：多年生，小草本；沉水植物。

生境：低潮带、潮下带等。

分布：广东、海南、广西、台湾。

二药藻**Halodule uninervis** (Forssk.) Asch.

习性：多年生，小草本；沉水植物。

生境：中潮带、低潮带、潮下带等。

分布：广东、海南、广西、台湾。

针叶藻属 **Syringodium** Kützing

针叶藻**Syringodium isoetifolium** (Asch.) Dandy

习性：多年生，小草本；沉水植物。

生境：低潮带、潮下带等。

分布：广东、海南、广西。

全楔草属 **Thalassodendron** Hartog

全楔草**Thalassodendron ciliatum** (Forssk.) Hartog

习性：多年生，中小草本；沉水植物。

生境：低潮带、潮下带等。

分布：广东、海南、台湾。

89. 莎草科 Cyperaceae

大藨草属 **Actinoscirpus** (Ohwi) R. W. Haines & Lye

大藨草**Actinoscirpus grossus** (L. f.) Goetgh. & D. A. Simpson

习性：多年生，大中草本，高1~2m；挺水植物。

生境：沼泽、河流、溪流、池塘、水沟、田中、田间等，海拔100~900m。

分布：广东、海南、广西、云南、台湾。

扁穗草属 **Blysmus** Panz. ex Schult.

扁穗草**Blysmus compressus** (L.) Panz. ex Link

习性：多年生，小草本，高5~30cm；湿生植物。

生境：河谷、草甸、沼泽、河漫滩、湖岸坡等，海拔2000~5200m。

分布：山西、西藏、青海、新疆。

内蒙古扁穗草**Blysmus rufus** (Huds.) Link

习性：多年生，中草本，高0.5~1m；水湿生植物。

生境：草甸、沼泽等，海拔500~5200m。

分布：黑龙江、吉林、辽宁、内蒙古、宁夏、青海、新疆。

华扁穗草（原变种）**Blysmus sinocompressus** var. **sinocompressus**

习性：多年生，小草本，高5~30cm；湿生植物。

生境：沟谷、草丛、沼泽草甸、沼泽、河漫滩、溪边、湖岸坡等，海拔500~4800m。

分布：辽宁、内蒙古、河北、山西、江苏、湖北、云南、四川、西藏、陕西、宁夏、甘肃、青海、新疆。

节秆扁穗草**Blysmus sinocompressus** var. **nodosus** Tang & F. T. Wang

习性：多年生，中小草本，高26~60cm；湿生植物。

生境：河岸坡、溪边、沼泽草甸等，海拔1900~2700m。

分布：内蒙古、河北、山西、陕西。

海三棱藨草属 **Bolboschoenoplectus** Tatanov

海三棱藨草**Bolboschoenoplectus mariqueter** (Tang & F. T. Wang) Tatanov

习性：多年生，中小草本，高30~90cm；水湿生植物。

生境：沼泽、潮上带、入海河口等。

分布：内蒙古、河北、北京、山西、江苏、上海、浙江。

三棱草属 **Bolboschoenus** (Asch.) Palla

球穗三棱草**Bolboschoenus affinis** (Roth) Drobow

习性：多年生，小草本，高10~50cm；水湿生植物。

生境：沼泽、湖泊等，海拔1000~2900m。

分布：内蒙古、湖北、宁夏、甘肃、青海、新疆。

海滨三棱草Bolboschoenus maritimus (L.) Palla

习性：多年生，中小草本，高0.3~1.5m；水湿生植物。

生境：沼泽、田中、潮间带、入海河口等。

分布：上海、新疆、台湾。

扁秆荆三棱Bolboschoenus planiculmis (F. Schmidt) T. V. Egorova

习性：多年生，中小草本，高0.3~1m；水湿生植物。

生境：沼泽、河流、湖泊、池塘、水沟、潮间带等，海拔达2900m。

分布：黑龙江、吉林、辽宁、内蒙古、河北、北京、天津、山西、山东、江苏、安徽、上海、浙江、江西、河南、湖北、广西、云南、重庆、陕西、宁夏、甘肃、青海、新疆、台湾。

荆三棱Bolboschoenus yagara (Ohwi) Y. C. Yang & M. Zhan

习性：多年生，中小草本，高0.2~1.5m；水湿生植物。

生境：沼泽、河流、溪流、湖泊、池塘、水沟等，海拔达1300m。

分布：黑龙江、吉林、辽宁、内蒙古、河北、北京、山西、山东、江苏、安徽、浙江、江西、河南、湖北、湖南、贵州、云南、重庆、新疆。

球柱草属 Bulbostylis Kunth

球柱草Bulbostylis barbata (Rottb.) C. B. Clarke

习性：一年生，小草本，高6~25cm；半湿生植物。

生境：河漫滩、田间、田埂、消落带、潮上带、堤内等，海拔100~2000m。

分布：辽宁、内蒙古、河北、山东、江苏、安徽、上海、浙江、江西、福建、河南、湖北、湖南、广东、海南、广西、台湾。

丝叶球柱草Bulbostylis densa (Wall.) Hand.-Mazz.

习性：一年生，小草本，高7~35cm；半湿生植物。

生境：林下、河岸坡、潮上带、堤内等，海拔达3200m。

分布：黑龙江、辽宁、河北、山东、江苏、安徽、浙江、江西、福建、河南、湖北、湖南、广东、广西、贵州、云南、重庆、四川、西藏、台湾。

薹草属 Carex L.

团穗薹草Carex agglomerata C. B. Clarke

习性：多年生，中小草本，高20~60cm；半湿生植物。

生境：沟谷、林下、草甸等，海拔1200~3200m。

分布：四川、陕西、甘肃、青海。

白鳞薹草Carex alba Scop.

习性：多年生，小草本，高15~35cm；半湿生植物。

生境：沟谷、沼泽、沟边等，海拔1100~3500m。

分布：新疆。

禾状薹草Carex alopecuroides D. Don ex Tilloch & Taylor

习性：多年生，中小草本，高30~60cm；湿生植物。

生境：林下、河漫滩、沟边等，海拔400~2700m。

分布：浙江、湖北、湖南、云南、四川、台湾。

高秆薹草Carex alta Boott

习性：多年生，中小草本，高40~80cm；半湿生植物。

生境：林下、草丛等，海拔1500~2500m。

分布：广西、贵州、云南、四川、西藏。

阿尔泰薹草Carex altaica (Gorodk.) V. I. Krecz.

习性：多年生，小草本，高15~30cm；半湿生植物。

生境：河谷、草丛、沼泽等，海拔2000~2600m。

分布：新疆。

球穗薹草Carex amgunensis F. Schmidt

习性：多年生，小草本，高15~35cm；湿生植物。

生境：林下、草丛、沼泽等，海拔300~2000m。

分布：黑龙江、河北。

圆穗薹草Carex angarae Steud.

习性：多年生，中小草本，高30~60cm；湿生植物。

生境：林下、沼泽草甸、沟边等，海拔600~700m。

分布：黑龙江、吉林、内蒙古。

亚美薹草Carex aperta Boott

习性：多年生，中草本，高60~70cm；湿生植物。

生境：草甸、沼泽、湖岸坡、沟边等。

分布：黑龙江。

灰脉薹草（原变种）**Carex appendiculata**
var. **appendiculata**
习性：多年生，中小草本，高30~80cm；水湿生
植物。
生境：沟谷、河岸坡、河漫滩、沼泽、洼地、湖
泊、草甸、草原等，海拔300~1300m。
分布：黑龙江、吉林、内蒙古、河北。

小囊灰脉薹草**Carex appendiculata** var.
sacculiformis Y. L. Chang & Y. L. Yang
习性：多年生，中小草本，高30~80cm；湿生植物。
生境：沼泽草甸、沼泽等。
分布：黑龙江、吉林、内蒙古。

北疆薹草**Carex arcatica** Meinsh.
习性：多年生，小草本，高20~50cm；湿生植物。
生境：沼泽、河岸坡等，海拔100~3300m。
分布：宁夏、甘肃、青海、新疆。

阿齐薹草**Carex argyi** H. Lév. & Vaniot
习性：多年生，中小草本，高10~60cm；湿生植物。
生境：林下、溪边、塘基、沟边、田边、路边等，
海拔达3000m。
分布：黑龙江、吉林、内蒙古、江苏、安徽、浙江、
江西、湖北、云南。

干生薹草**Carex aridula** V. I. Krecz.
习性：多年生，小草本，高5~20cm；半湿生植物。
生境：草甸、沟边等，海拔2000~3900m。
分布：内蒙古、四川、西藏、甘肃、青海。

麻根薹草**Carex arnellii** Christ
习性：多年生，中小草本，高25~90cm；半湿生
植物。
生境：林下、草甸、水边等，海拔200~1700m。
分布：黑龙江、吉林、内蒙古、河北、北京。

黑穗薹草（原亚种）**Carex atrata** subsp. **atrata**
习性：多年生，中小草本，高15~65cm；湿生植物。
生境：沼泽草甸、冻原等，海拔2700~4400m。
分布：吉林、台湾。

尖鳞薹草**Carex atrata** subsp. **pullata** (Boott)
Kük.
习性：多年生，中小草本，高10~60cm；湿生植物。
生境：灌丛、草丛、沼泽草甸等，海拔3000~
4800m。
分布：云南、四川、西藏、台湾。

黑褐穗薹草**Carex atrofusca** subsp. **minor**
(Boott) T. Koyama
习性：多年生，中小草本，高10~70cm；湿生植物。
生境：林下、灌丛、草甸、沼泽、流石滩等，海拔
2200~5000m。
分布：云南、四川、西藏、甘肃、青海、新疆。

短鳞薹草**Carex augustinowiczii** Meinsh.
ex Korsh.
习性：多年生，小草本，高20~50cm；湿生植物。
生境：林下、河岸坡、溪边等。
分布：黑龙江、吉林、辽宁、河北、上海、河南。

浆果薹草**Carex baccans** Nees
习性：多年生，中草本，高0.6~1.5m；半湿生植物。
生境：林缘、河岸坡、溪边、沟边等，海拔200~
2700m。
分布：浙江、福建、广东、海南、广西、贵州、
云南、重庆、四川、台湾。

小星穗薹草**Carex basilata** Ohwi
习性：多年生，小草本，高20~40cm；湿生植物。
生境：草甸、溪边等，海拔900~1800m。
分布：吉林。

莎薹草**Carex bohemica** Schreb.
习性：多年生，小草本，高25~40cm；湿生植物。
生境：河岸坡、沼泽等，海拔400~700m。
分布：黑龙江、吉林、内蒙古、新疆。

卷柱头薹草**Carex bostrychostigma** Maxim.
习性：多年生，小草本，高20~50cm；湿生植物。
生境：林下、林间、沼泽、河岸坡、湖岸坡、沟边、
路边等，海拔200~1000m。
分布：黑龙江、吉林、辽宁、河北、陕西、浙江。

垂穗薹草**Carex brachyathera** Ohwi
习性：多年生，中小草本，高30~70cm；水陆生
植物。
生境：草甸、河岸坡、池塘、水沟等，海拔达
1300m。
分布：山东、江苏、浙江、湖北、四川、甘肃、
台湾。

短芒薹草**Carex breviaristata** K. T. Fu
习性：多年生，小草本，高15~35cm；半湿生植物。
生境：林下、草丛等，海拔400~1800m。
分布：安徽、浙江、湖南、贵州、陕西、甘肃。

青绿薹草Carex breviculmis R. Br.

习性：多年生，小草本，高8~40cm；湿生植物。

生境：草丛、沟边、路边等，海拔400~2300m。

分布：黑龙江、吉林、辽宁、河北、北京、山西、山东、江苏、安徽、浙江、江西、福建、河南、湖北、湖南、广东、贵州、云南、重庆、四川、陕西、甘肃、台湾。

短尖薹草Carex brevicuspis C. B. Clarke

习性：多年生，中小草本，高20~60cm；半湿生植物。

生境：沟谷、林下、溪边等，海拔500~700m。

分布：安徽、浙江、江西、福建、湖北、湖南、云南、台湾。

亚澳薹草Carex brownii Tuckerm.

习性：多年生，中小草本，高30~70cm；半湿生植物。

生境：林下、沟边、洼地等，海拔400~1700m。

分布：辽宁、山西、江苏、安徽、浙江、江西、河南、四川、甘肃、台湾。

丛生薹草Carex caespititia Nees

习性：多年生，小草本，高15~20cm；湿生植物。

生境：河岸坡、溪边等，海拔2000~3200m。

分布：云南、四川、西藏、新疆。

丛薹草Carex caespitosa L.

习性：多年生，中小草本，高40~90cm；湿生植物。

生境：沼泽草甸、沼泽、河岸坡、湖岸坡等，海拔2000~2800m。

分布：黑龙江、吉林、内蒙古、陕西、青海、新疆。

白山薹草Carex canescens L.

习性：多年生，小草本，高25~50cm；湿生植物。

生境：沼泽、溪边等，海拔900~1000m。

分布：黑龙江、吉林、内蒙古、新疆。

发秆薹草Carex capillacea Boott

习性：多年生，中小草本，高15~70cm；湿生植物。

生境：林间、草丛、沼泽、溪边、湖岸坡等，海拔2100~3400m。

分布：黑龙江、吉林、辽宁、安徽、浙江、江西、福建、云南、西藏、台湾。

丝秆薹草Carex capilliculmis S. R. Zhang

习性：多年生，小草本，高15~20cm；半湿生植物。

生境：林下、灌丛、草甸等，海拔1100~4300m。

分布：云南、四川、陕西、甘肃、青海。

弓喙薹草Carex capricornis Meinsh. ex Maxim.

习性：多年生，中小草本，高30~70cm；水湿生植物。

生境：沼泽、沼泽草甸、河流、湖泊、池塘、洼地等，海拔300~1300m。

分布：黑龙江、吉林、辽宁、江苏、江西。

藏东薹草Carex cardiolepis Nees

习性：多年生，小草本，高20~40cm；湿生植物。

生境：林下、灌丛、草甸等，海拔3000~4300m。

分布：云南、四川、西藏、青海。

绿穗薹草Carex chlorostachys Steven

习性：多年生，小草本，高10~50cm；湿生植物。

生境：灌丛、草丛、河岸坡、湖岸坡等，海拔1100~3200m。

分布：内蒙古、河北、山西、四川、西藏、甘肃、青海、新疆。

灰化薹草Carex cinerascens Kük.

习性：多年生，中小草本，高25~60cm；湿生植物。

生境：沼泽草甸、沼泽、河岸坡、湖岸坡等，海拔1000~5100m。

分布：黑龙江、吉林、辽宁、内蒙古、江苏、安徽、浙江、江西、湖北、湖南、陕西。

密花薹草Carex confertiflora Boott

习性：多年生，中草本，高0.6~1m；半湿生植物。

生境：林下、草丛、水边等，海拔1800~2700m。

分布：湖北、贵州、云南。

扁囊薹草（原亚种）Carex coriophora subsp. **coriophora**

习性：多年生，中草本，高50~80cm；水湿生植物。

生境：灌丛沼泽、沼泽草甸、草本沼泽、河流、湖泊、水沟等，海拔700~3500m。

分布：黑龙江、内蒙古、河北、山西、甘肃、青海。

浪淘殿薹草Carex coriophora subsp. **langtaodianensis** S. Yun Liang

习性：多年生，中小草本，高30~60cm；湿生植物。

生境：沼泽、沼泽草甸等，海拔约3000m。

分布：甘肃。

缘毛薹草Carex craspedotricha Nelmes

习性：多年生，中小草本，高30~55cm；水湿生

植物。

生境：草丛、沼泽、河岸坡、水边等，海拔200~1900m。

分布：浙江、江西、福建、河南、湖南、广东。

十字薹草Carex cruciata Wahlenb.

习性：多年生，中小草本，高40~90cm；半湿生植物。

生境：林缘、沟边、路边等，海拔300~2500m。

分布：浙江、江西、福建、湖北、湖南、广东、海南、广西、贵州、云南、四川、西藏、台湾。

库地薹草Carex curaica Kunth

习性：多年生，小草本，高20~40cm；水湿生植物。

生境：林缘、沼泽、河流等，海拔1900~2500m。

分布：新疆。

柱穗薹草Carex cylindrostachys Franch.

习性：多年生，小草本，高10~20cm；半湿生植物。

生境：林下、林缘、草丛、河岸坡等，海拔1900~3400m。

分布：云南、四川。

针薹草Carex dahurica Kük.

习性：多年生，小草本，高10~20cm；湿生植物。

生境：林下、草甸、草原、沼泽等，海拔100~700m。

分布：黑龙江、吉林、辽宁、内蒙古等。

年佳薹草Carex delavayi Franch.

习性：多年生，小草本，高10~30cm；半湿生植物。

生境：灌丛、草甸、沟边等，海拔1800~3700m。

分布：云南、四川。

圆锥薹草Carex diandra Schrank

习性：多年生，小草本，高30~45cm；水湿生植物。

生境：沼泽草甸、沼泽、河流、溪流、湖泊等。

分布：内蒙古。

小穗薹草Carex dichroa Freyn

习性：多年生，小草本，高15~50cm；水湿生植物。

生境：沼泽、湖岸坡、河岸坡等，海拔达3500m。

分布：内蒙古、新疆。

朝鲜薹草Carex dickinsii Franch. & Sav.

习性：多年生，中小草本，高20~70cm；湿生植物。

生境：林下、沼泽、沟边等，海拔约1100m。

分布：浙江、福建。

丽江薹草Carex dielsiana Kük.

习性：多年生，中小草本，高25~60cm；半湿生

植物。

生境：林缘、草丛、溪边等，海拔1900~3800m。

分布：云南、四川。

二形鳞薹草Carex dimorpholepis Steud.

习性：多年生，中小草本，高30~80cm；水陆生植物。

生境：溪流、湖泊、池塘、水沟、路边等，海拔200~2200m。

分布：辽宁、山东、江苏、安徽、浙江、江西、河南、湖北、湖南、广东、广西、贵州、四川、陕西、甘肃。

皱果薹草Carex dispalata Boott ex A. Gray

习性：多年生，中小草本，高40~80cm；水湿生植物。

生境：林缘、沼泽草甸、沼泽、河流、溪流、湖泊、水沟等，海拔500~2900m。

分布：黑龙江、吉林、辽宁、内蒙古、河北、山西、江苏、安徽、浙江、江西、河南、湖北、湖南、陕西。

二籽薹草Carex disperma Dewey

习性：多年生，小草本，高30~50cm；湿生植物。

生境：林下、沼泽、沼泽草甸等，海拔800~1500m。

分布：黑龙江、吉林、内蒙古。

长穗薹草Carex dolichostachya Hayata

习性：多年生，中小草本，高30~60cm；湿生植物。

生境：林下、溪边、沟边等，海拔400~1600m。

分布：安徽、浙江、江西、广东、四川、陕西、台湾。

签草Carex doniana Spreng.

习性：多年生，中小草本，高30~60cm；水湿生植物。

生境：林下、灌丛、池塘、溪流、水沟等，海拔500~3000m。

分布：江苏、安徽、浙江、江西、福建、湖北、湖南、广东、广西、云南、四川、西藏、陕西、台湾。

镰喙薹草Carex drepanorhyncha Franch.

习性：多年生，小草本，高20~45cm；湿生植物。

生境：林下、灌丛、草甸、河漫滩、路边等，海拔2400~4200m。

分布：云南、四川。

野笠薹草（原变种）**Carex drymophila** var. **drymophila**

习性：多年生，中小草本，高20~70cm；水湿生植物。

生境：林下、沼泽草甸、草丛、沼泽、水沟、路边等，海拔200~700m。

分布：黑龙江、吉林、内蒙古。

黑水薹草 Carex drymophila var. **abbreviata** (Kük.) Ohwi

习性：多年生，中小草本，高0.3~1m；湿生植物。

生境：草甸、沼泽、河岸坡、湖岸坡等，海拔500~2300m。

分布：黑龙江、吉林、内蒙古。

寸草（原亚种）**Carex duriuscula** subsp. **duriuscula**

习性：多年生，小草本，高5~20cm；半湿生植物。

生境：草丛、草原、草甸、河岸坡、路边等，海拔100~700m。

分布：黑龙江、吉林、辽宁、内蒙古、河北、山西、山东、河南、甘肃、新疆。

白颖薹草 Carex duriuscula subsp. **rigescens** (Franch.) S. Y. Liang & Y. C. Tang

习性：多年生，小草本，高5~20cm；半湿生植物。

生境：草丛、草原、河岸坡、沟边、路边等，海拔100~2500m。

分布：吉林、辽宁、内蒙古、河北、天津、山西、山东、河南、陕西、宁夏、甘肃、青海。

细叶薹草 Carex duriuscula subsp. **stenophylloides** (V. I. Krecz.) S. Yun Liang & Y. C. Tang

习性：多年生，小草本，高5~20cm；半湿生植物。

生境：草甸、沼泽、河岸坡、湖岸坡等，海拔700~4500m。

分布：内蒙古、河南、西藏、陕西、甘肃、新疆。

无脉薹草 Carex enervis C. A. Mey.

习性：多年生，小草本，高10~30cm；湿生植物。

生境：草丛、沼泽草甸、沼泽等，海拔2400~4500m。

分布：黑龙江、吉林、辽宁、内蒙古、山西、云南、重庆、四川、西藏、甘肃、青海、新疆。

箭叶薹草 Carex ensifolia Turcz. ex Ledeb.

习性：多年生，中小草本，高15~60cm；水湿生植物。

生境：草丛、沼泽、溪流、水沟等，海拔1900~3500m。

分布：西藏、宁夏、甘肃、青海、新疆。

离穗薹草 Carex eremopyroides V. I. Krecz.

习性：多年生，小草本，高5~25cm；湿生植物。

生境：沼泽、湖岸坡、河岸坡、沟边等，海拔400~600m。

分布：黑龙江、吉林、内蒙古。

毛叶薹草 Carex eriophylla (Kük.) Kom.

习性：多年生，中草本，高0.7~1m；湿生植物。

生境：沼泽、河岸坡、湖岸坡等。

分布：黑龙江、吉林。

川东薹草 Carex fargesii Franch.

习性：多年生，中小草本，高0.4~1m；湿生植物。

生境：河岸坡、沟边等，海拔900~2300m。

分布：河南、湖北、湖南、贵州、四川。

簇穗薹草 Carex fastigiata Franch.

习性：多年生，小草本，高20~50cm；半湿生植物。

生境：沟谷、林缘、草丛、草甸、沟边等，海拔2500~3800m。

分布：云南、四川。

蕨状薹草 Carex filicina Nees

习性：多年生，中小草本，高40~90cm；半湿生植物。

生境：林间、林缘等，海拔1200~2800m。

分布：浙江、江西、福建、湖北、广东、海南、广西、贵州、云南、四川、西藏、台湾。

亮绿薹草（原变种）**Carex finitima** var. **finitima**

习性：多年生，中小草本，高40~80cm；半湿生植物。

生境：林下、灌丛、草甸、溪边、路边等，海拔2100~2600m。

分布：云南、重庆、四川、甘肃、台湾。

短叶亮绿薹草 Carex finitima var. **attenuata** C. B. Clarke

习性：多年生，小草本，高25~35cm；半湿生植物。

生境：草丛、路边等，海拔2000~3000m。

分布：云南。

溪生薹草 Carex fluviatilis Boott

习性：多年生，中小草本，高10~70cm；水湿生

植物。

生境：林下、溪流等，海拔1300~3200m。

分布：贵州、云南、四川、西藏。

溪水薹草Carex forficula Franch. & Sav.

习性：多年生，中小草本，高40~90cm；水湿生植物。

生境：林下、河流、河漫滩、溪流、湖岸坡、水沟等，海拔700~900m。

分布：黑龙江、吉林、辽宁、内蒙古、河北、陕西、安徽。

刺喙薹草Carex forrestii Kük.

习性：多年生，小草本，高10~25cm；湿生植物。

生境：沼泽草甸、沼泽、田埂等，海拔2600~3200m。

分布：云南、西藏。

亲族薹草（原变种）**Carex gentilis** var. **gentilis**

习性：多年生，中小草本，高25~70cm；半湿生植物。

生境：林下、草丛、河岸坡、沟边等，海拔1200~3600m。

分布：江西、湖北、云南、四川。

宽叶亲族薹草Carex gentilis var. **intermedia** Tang & F. T. Wang ex Y. C. Yang

习性：多年生，小草本，高20~40cm；半湿生植物。

生境：林下、沟边等，海拔1100~2800m。

分布：贵州、云南、重庆、西藏、陕西。

穹隆薹草Carex gibba Wahlenb.

习性：多年生，中小草本，高20~60cm；半湿生植物。

生境：沟谷、林下、草丛、河岸坡、溪边、沟边等，海拔200~1300m。

分布：辽宁、山西、江苏、安徽、浙江、江西、福建、河南、湖北、湖南、广东、广西、贵州、四川、陕西、甘肃。

辽东薹草Carex glabrescens (Kük.) Ohwi

习性：多年生，小草本，高30~50cm；半湿生植物。

生境：林下、林缘等。

分布：黑龙江、辽宁。

米柱薹草Carex glauciformis Meinsh.

习性：多年生，中小草本，高30~70cm；湿生植物。

生境：草丛、沼泽草甸、沼泽、河岸坡、沟边等。

分布：黑龙江、吉林、辽宁、内蒙古。

玉簪薹草Carex globularis L.

习性：多年生，中小草本，高20~60cm；湿生植物。

生境：沟谷、林下、草丛、沼泽草甸、沼泽、河岸坡、河漫滩等。

分布：黑龙江、吉林、内蒙古。

长梗薹草Carex glossostigma Hand.-Mazz.

习性：多年生，小草本，高30~40cm；半湿生植物。

生境：林下，海拔800~1500m。

分布：安徽、浙江、江西、福建、湖南、广东、广西。

贡山薹草Carex gongshanensis Tang & F. T. Wang ex Y. C. Yang

习性：多年生，中草本，高0.5~1m；湿生植物。

生境：林下、沟边等，海拔1400~2900m。

分布：云南、西藏。

叉齿薹草Carex gotoi Ohwi

习性：多年生，中小草本，高20~70cm；湿生植物。

生境：草甸、河岸坡、湖岸坡等，海拔1000~1300m。

分布：黑龙江、吉林、辽宁、内蒙古、河北、陕西、甘肃。

异株薹草Carex gynocrates Wormsk. ex Drejer

习性：多年生，小草本，高20~30cm；湿生植物。

生境：沼泽、河岸坡等，海拔约900m。

分布：吉林、内蒙古。

红嘴薹草Carex haematostoma Nees

习性：多年生，中小草本，高25~70cm；湿生植物。

生境：林缘、灌丛、草甸、流石滩、水边等，海拔2000~4700m。

分布：云南、四川、西藏、青海。

点叶薹草Carex hancockiana Maxim.

习性：多年生，中小草本，高30~80cm；湿生植物。

生境：林下、草甸、水边等，海拔400~2700m。

分布：吉林、内蒙古、河北、北京、山西、四川、陕西、甘肃、青海、新疆。

亨氏薹草Carex henryi (C. B. Clarke) K. T. Fu

习性：多年生，中草本，高0.8~1.5m；湿生植物。

生境：林下、河岸坡、溪边、沟边、田埂、路边等，海拔500~3000m。

分布：安徽、浙江、河南、湖北、贵州、云南、四川、陕西、甘肃。

异鳞薹草Carex heterolepis Bunge

习性：多年生，中小草本，高40~70cm；水湿生植物。

生境：沼泽草甸、沼泽、河流、溪流、沟边等，海拔500~1900m。

分布：黑龙江、吉林、辽宁、内蒙古、河北、北京、山西、山东、江西、河南、湖北、湖南、陕西。

长安薹草Carex heudesii H. Lév. & Vaniot

习性：多年生，小草本，高30~45cm；半湿生植物。

生境：沟谷、林下等，海拔400~2000m。

分布：河南、湖北、四川、陕西、甘肃。

流石薹草Carex hirtelloides (Kük.) F. T. Wang & Tang ex P. C. Li

习性：多年生，小草本，高10~25cm；湿生植物。

生境：草甸、流石滩等，海拔3700~4900m。

分布：云南、四川。

湿薹草Carex humida Y. L. Chang & Y. L. Yang

习性：多年生，中草本，高50~80cm；水湿生植物。

生境：沟谷、沼泽、河漫滩等，海拔达800m。

分布：黑龙江、吉林、内蒙古。

马菅Carex idzuroei Franch. & Sav.

习性：多年生，中小草本，高30~60cm；湿生植物。

生境：河岸坡、湖岸坡等。

分布：江苏、浙江、福建。

毛囊薹草Carex inanis Kunth

习性：多年生，小草本，高10~50cm；半湿生植物。

生境：林下、河岸坡等，海拔2300~3500m。

分布：云南、西藏。

秆叶薹草Carex insignis Boott

习性：多年生，中草本，高0.8~1m；湿生植物。

生境：林下、沟边等，海拔1500~2200m。

分布：云南、西藏。

鸭绿薹草Carex jaluensis Kom.

习性：多年生，中小草本，高30~85cm；水湿生植物。

生境：沟谷、林下、河流、溪流、水沟等，海拔400~1500m。

分布：吉林、辽宁、河北、北京。

日本薹草Carex japonica Thunb.

习性：多年生，小草本，高20~40cm；半湿生植物。

生境：沟谷、林下、林缘、沟边等，海拔1200~2000m。

分布：辽宁、内蒙古、河北、山西、江苏、浙江、江西、河南、湖北、湖南、云南、四川、陕西、甘肃。

甘肃薹草Carex kansuensis Nelmes

习性：多年生，中小草本，高0.4~1m；半湿生植物。

生境：灌丛、草甸、草丛、湖岸坡等，海拔3400~4600m。

分布：云南、四川、西藏、陕西、甘肃、青海。

高氏薹草Carex kaoi Tang & F. T. Wang ex S. Yun Liang

习性：多年生，小草本，高7~13cm；水湿生植物。

生境：林缘、沼泽、溪边、沟边等，海拔达1200m。

分布：广东。

小粒薹草Carex karoi Freyn

习性：多年生，小草本，高10~40cm；水湿生植物。

生境：灌丛、沼泽草甸、河岸坡、溪边、沼泽、水沟等，海拔700~2900m。

分布：辽宁、内蒙古、河北、山西、新疆。

显脉薹草Carex kirganica Kom.

习性：多年生，中小草本，高40~70cm；湿生植物。

生境：沼泽、草甸等。

分布：黑龙江、内蒙古。

筛草Carex kobomugi Ohwi

习性：多年生，小草本，高10~20cm；半湿生植物。

生境：河岸坡、湖岸坡、潮上带等，海拔达700m。

分布：黑龙江、辽宁、河北、山西、山东、江苏、安徽、浙江、青海、台湾。

明亮薹草Carex laeta Boott

习性：多年生，小草本，高10~30cm；半湿生植物。

生境：林缘、灌丛、草甸、河岸坡等，海拔2000~4300m。

分布：云南、四川、西藏。

假尖嘴薹草Carex laevissima Nakai

习性：多年生，小草本，高25~50cm；半湿生植物。

生境：林缘、草甸等，海拔500~1800m。

分布：黑龙江、吉林、辽宁、内蒙古。

澜沧薹草Carex lancangensis S. Yun Liang

习性：多年生，大草本，高1.5~1.6m；湿生植物。

生境：塘基，海拔约2000m。

分布：云南。

披针鳞薹草Carex lancisquamata L. K. Dai
习性：多年生，小草本，高40~45cm；湿生植物。
生境：河岸坡，海拔1800~2600m。
分布：云南。

毛薹草Carex lasiocarpa Ehrh.
习性：多年生，中草本，高0.5~1m；湿生植物。
生境：沼泽、沼泽草甸、河漫滩、湖岸坡、洼地等，海拔300~1700m。
分布：黑龙江、吉林、内蒙古。

弯喙薹草Carex laticeps C. B. Clarke ex Franch.
习性：多年生，小草本，高15~40cm；半湿生植物。
生境：林下、草丛、溪边、沟边、路边等，海拔500~1000m。
分布：江苏、安徽、浙江、江西、福建、湖北、湖南。

宽鳞薹草Carex latisquamea Kom.
习性：多年生，中小草本，高20~75cm；湿生植物。
生境：林下、草甸等，海拔700~900m。
分布：黑龙江、吉林、辽宁。

稀花薹草Carex laxa Wahlenb.
习性：多年生，小草本，高25~40cm；湿生植物。
生境：沟谷、沼泽、河岸坡、河漫滩、湖岸坡等，海拔200~3000m。
分布：黑龙江、辽宁、内蒙古、云南。

膨囊薹草Carex lehmannii Drejer
习性：多年生，中小草本，高15~70cm；半湿生植物。
生境：林下、草丛、沼泽、溪边等，海拔2800~4100m。
分布：内蒙古、山西、河南、湖北、云南、四川、西藏、陕西、甘肃、青海。

尖嘴薹草Carex leiorhyncha C. A. Mey.
习性：多年生，中小草本，高20~80cm；半湿生植物。
生境：林缘、草丛、沼泽草甸、沼泽、路边等，海拔200~2000m。
分布：黑龙江、吉林、辽宁、内蒙古、河北、北京、山西、江苏、安徽、甘肃。

舌叶薹草Carex ligulata Nees
习性：多年生，中小草本，高35~70cm；半湿生植物。

生境：沟谷、林下、草丛、河岸坡、湖岸坡、沟边等，海拔300~2600m。
分布：山西、江苏、浙江、江西、福建、河南、湖北、湖南、贵州、云南、四川、陕西、台湾。

湿生薹草Carex limosa L.
习性：多年生，小草本，高20~50cm；水湿生植物。
生境：沼泽、河漫滩、河岸坡、湖岸坡等，海拔500~1900m。
分布：黑龙江、吉林、辽宁、内蒙古、河北。

二柱薹草Carex lithophila Turcz.
习性：多年生，中小草本，高10~60cm；湿生植物。
生境：草丛、沼泽草甸、沼泽、河岸坡等，海拔100~1700m。
分布：黑龙江、吉林、辽宁、内蒙古、河北、山西、山东、陕西、甘肃、新疆。

坚喙薹草Carex litorhyncha Franch.
习性：多年生，小草本，高15~40cm；湿生植物。
生境：沼泽草甸、水边等。
分布：云南。

长穗柄薹草Carex longipes D. Don ex Tilloch & Taylor
习性：多年生，中小草本，高40~70cm；半湿生植物。
生境：草丛、河岸坡等，海拔1200~1300m。
分布：湖北、云南、四川。

长密花穗薹草Carex longispiculata Y. C. Yang
习性：多年生，中小草本，高0.4~1m；水湿生植物。
生境：河谷、灌丛、溪流、沟边等，海拔1000~2800m。
分布：四川、甘肃。

城口薹草Carex luctuosa Franch.
习性：多年生，中小草本，高0.3~1m；半湿生植物。
生境：水边、草丛、路边等，海拔1000~2600m。
分布：湖北、四川、陕西、甘肃。

卵果薹草Carex maackii Maxim.
习性：多年生，中小草本，高20~70cm；湿生植物。
生境：林下、沼泽、河岸坡、溪边、沟边、入库河口、田中、路边等，海拔达1900m。
分布：黑龙江、吉林、辽宁、江苏、安徽、浙江、河南、湖南。

斑点果薹草Carex maculata Boott

习性：多年生，中小草本，高30~60cm；半湿生植物。

生境：沟谷、林下、沟边、路边等，海拔100~1700m。

分布：江苏、浙江、江西、福建、湖南、四川、广东、台湾。

马库薹草Carex makuensis P. C. Li

习性：多年生，小草本，高30~40cm；半湿生植物。

生境：河岸坡、河漫滩等，海拔约1400m。

分布：云南。

套鞘薹草Carex maubertiana Boott

习性：多年生，中草本，高60~80cm；湿生植物。

生境：林下、湖岸坡、路边等，海拔400~1000m。

分布：安徽、浙江、福建、湖北、云南、重庆、四川。

乳突薹草Carex maximowiczii Miq.

习性：多年生，中小草本，高30~75cm；水陆生植物。

生境：河岸坡、沟边、浅水处等，海拔300~800m。

分布：辽宁、山东、安徽、浙江、江西。

黑花薹草Carex melanantha C. A. Mey.

习性：多年生，小草本，高8~30cm；湿生植物。

生境：草甸，海拔2500~4500m。

分布：新疆。

凹脉薹草Carex melanostachya M. Bieb. ex Willd.

习性：多年生，小草本，高20~50cm；半湿生植物。

生境：盐碱地、沟边等，海拔1000~1300m。

分布：新疆。

扭喙薹草（原变种）**Carex melinacra** var. **melinacra**

习性：多年生，中草本，高50~95cm；半湿生植物。

生境：沟谷、溪边等，海拔2000~3500m。

分布：云南、四川。

昌宁薹草Carex melinacra var. **changningensis** S. Yun Liang

习性：多年生，中草本，高0.5~1m；湿生植物。

生境：溪边，海拔2000~3500m。

分布：云南。

乌拉草Carex meyeriana Kunth

习性：多年生，中小草本，高10~60cm；水湿生植物。

生境：沼泽、沼泽草甸等，海拔100~3500m。

分布：黑龙江、吉林、辽宁、内蒙古、四川。

滑茎薹草Carex micrantha Kük.

习性：多年生，小草本，高40~50cm；湿生植物。

生境：沼泽、河岸坡等，海拔400~500m。

分布：黑龙江、吉林。

尖苞薹草Carex microglochin Wahlenb.

习性：多年生，小草本，高5~20cm；湿生植物。

生境：沼泽、草甸、河漫滩、湖岸坡等，海拔3400~5100m。

分布：四川、西藏、青海、新疆。

高鞘薹草Carex middendorffii F. Schmidt

习性：多年生，中小草本，高30~60cm；湿生植物。

生境：林下、沼泽等。

分布：黑龙江、吉林。

毛果薹草Carex miyabei var. **maopengensis** S. W. Su

习性：多年生，中小草本，高30~60cm；湿生植物。

生境：路边。

分布：安徽、河南。

柔果薹草Carex mollicula Boott

习性：多年生，小草本，高15~30cm；湿生植物。

生境：林下、灌丛、草丛、河岸坡、沟边、路边等，海拔700~2200m。

分布：浙江、广东、台湾。

柄薹草Carex mollissima Christ

习性：多年生，小草本，高30~40cm；湿生植物。

生境：林下、林缘、沼泽、沟边等，海拔100~1000m。

分布：黑龙江、内蒙古。

青藏薹草Carex moorcroftii Falc. ex Boott

习性：多年生，小草本，高7~20cm；湿生植物。

生境：灌丛、草丛、沼泽草甸、河漫滩、湖岸坡等，海拔3400~5700m。

分布：四川、西藏、甘肃、青海。

木里薹草Carex muliensis Hand.-Mazz.

习性：多年生，中小草本，高15~65cm；湿生植物。

生境：草丛、沼泽草甸等，海拔3400~4600m。

分布：四川、甘肃、青海。

条穗薹草Carex nemostachys Steud.

习性：多年生，中小草本，高40~90cm；水湿生

植物。

生境：林下、沼泽、河流、溪流、湖泊、池塘、水沟、河口等，海拔300~1600m。

分布：江苏、安徽、浙江、江西、福建、湖北、湖南、广东、广西、贵州、云南。

翼果薹草Carex neurocarpa Maxim.

习性：多年生，中小草本，高0.2~1m；湿生植物。

生境：草丛、沼泽草甸、河岸坡、溪边、湖岸坡、塘基、水沟等，海拔100~1700m。

分布：黑龙江、吉林、辽宁、内蒙古、河北、北京、山西、山东、江苏、安徽、上海、浙江、江西、河南、湖北、四川、陕西、甘肃。

亮果薹草Carex nitidiutriculata L. K. Dai

习性：多年生，中小草本，高25~70cm；湿生植物。

生境：林下、沟边、田埂等，海拔2000~2300m。

分布：云南。

云雾薹草Carex nubigena D. Don ex Tilloch & Taylor

习性：多年生，中小草本，高10~70cm；水湿生植物。

生境：林缘、灌丛、草甸、沼泽、河岸坡、湖岸坡、池塘、积水处、路边等，海拔1300~3700m。

分布：贵州、云南、四川、西藏、陕西、宁夏、甘肃。

倒卵鳞薹草Carex obovatosquamata F. T. Wang & Y. L. Chang ex P. C. Li

习性：多年生，小草本，高20~40cm；湿生植物。

生境：林缘、灌丛、草甸等，海拔3000~4300m。

分布：云南、西藏。

刺囊薹草Carex obscura var. brachycarpa C. B. Clarke

习性：多年生，中小草本，高15~80cm；水湿生植物。

生境：林下、草甸、浅水处等，海拔2700~4100m。

分布：云南、四川、西藏。

褐紫鳞薹草Carex obscuriceps Kük.

习性：多年生，小草本，高20~45cm；湿生植物。

生境：沼泽、草甸等，海拔3100~3800m。

分布：云南、四川。

肿喙薹草Carex oedorrhampha Nelmes

习性：多年生，中小草本，高40~75cm；半湿生

植物。

生境：林下、水沟、路边等，海拔700~2000m。

分布：湖南、广东、云南。

榄绿果薹草Carex olivacea Boott

习性：多年生，中小草本，高0.4~1m；湿生植物。

生境：林下、沼泽、沟边等，海拔200~3000m。

分布：浙江、云南、四川。

星穗薹草Carex omiana Franch. & Sav.

习性：多年生，小草本，高20~50cm；湿生植物。

生境：沼泽，海拔100~2000m。

分布：黑龙江、辽宁。

针叶薹草Carex onoei Franch. & Sav.

习性：多年生，小草本，高20~40cm；湿生植物。

生境：林下、草丛、溪边等，海拔500~1600m。

分布：黑龙江、吉林、辽宁、内蒙古、河北、浙江、陕西、甘肃。

圆囊薹草Carex orbicularis Boott

习性：多年生，小草本，高10~25cm；湿生植物。

生境：河漫滩、湖岸坡、沼泽草甸等，海拔2000~5000m。

分布：西藏、甘肃、青海、新疆。

直穗薹草Carex orthostachys C. A. Mey.

习性：多年生，中小草本，高40~70cm；湿生植物。

生境：林下、沼泽、沼泽草甸、河岸坡、河漫滩、溪边、塘基等，海拔100~1400m。

分布：黑龙江、吉林、辽宁、内蒙古、河北、新疆。

卵穗薹草Carex ovatispiculata F. T. Wang & Y. L. Chang ex S. Yun Liang

习性：多年生，小草本，高25~50cm；湿生植物。

生境：溪边等，海拔1700~3500m。

分布：江西、湖南、云南、四川、西藏、陕西。

帕米尔薹草Carex pamirensis C. B. Clarke

习性：多年生，中草本，高60~90cm；水湿生植物。

生境：沼泽、草甸等，海拔2400~3700m。

分布：四川、甘肃、新疆。

小薹草Carex parva Nees

习性：多年生，小草本，高10~35cm；湿生植物。

生境：林缘、沼泽、河岸坡、河漫滩、湖岸坡、沼泽草甸等，海拔2300~4400m。

分布：湖北、云南、四川、西藏、陕西、甘肃、青海。

镜子薹草Carex phacota Spreng.

习性：多年生，中小草本，高20~75cm；水湿生植物。

生境：溪流、池塘、水沟、田中等，海拔200~2000m。

分布：山东、江苏、安徽、浙江、江西、福建、湖南、广东、海南、广西、贵州、云南、四川、台湾。

扁秆薹草Carex planiculmis Kom.

习性：多年生，小草本，高30~45cm；湿生植物。

生境：林下、溪边、沟边等，海拔1100~1900m。

分布：黑龙江、吉林、辽宁、河北、北京、陕西。

双辽薹草（原变种）Carex platysperma var. **platysperma**

习性：多年生，小草本，高20~50cm；湿生植物。

生境：草原、草甸、沼泽等。

分布：吉林。

松花江薹草Carex platysperma var. **sungareensis** Y. L. Chang & Y. L. Yang

习性：多年生，小草本，高40~50cm；湿生植物。

生境：沼泽、草丛等，海拔1500~2500m。

分布：黑龙江。

杯鳞薹草Carex poculisquama Kük.

习性：多年生，小草本，高30~50cm；湿生植物。

生境：湖岸坡、塘基、沟边等，海拔100~900m。

分布：江苏、安徽、浙江。

类白穗薹草Carex polyschoenoides K. T. Fu

习性：多年生，小草本，高20~35cm；半湿生植物。

生境：溪边、路边等，海拔900~1900m。

分布：安徽、陕西、甘肃。

粉被薹草Carex pruinosa Boott

习性：多年生，中小草本，高30~80cm；水湿生植物。

生境：沟谷、溪流、水沟、草丛等，海拔100~2500m。

分布：山东、江苏、安徽、浙江、江西、福建、河南、湖南、广东、广西、贵州、云南、四川。

红棕薹草Carex przewalskii T. V. Egorova

习性：多年生，小草本，高15~45cm；湿生植物。

生境：灌丛、草甸、河漫滩等，海拔2000~4500m。

分布：云南、四川、甘肃、青海。

漂筏薹草Carex pseudocuraica F. Schmidt

习性：多年生，小草本，高15~40cm；水湿生植物。

生境：沼泽、河漫滩、湖岸坡、洼地等。

分布：黑龙江、吉林、内蒙古。

似莎薹草Carex pseudocyperus L.

习性：多年生，中小草本，高30~70cm；湿生植物。

生境：河谷、河岸坡、溪边、沟边等，海拔1000~1800m。

分布：甘肃、新疆。

似皱果薹草Carex pseudodispalata K. T. Fu

习性：多年生，中小草本，高40~80cm；水湿生植物。

生境：沟边、浅水处等，海拔600~1500m。

分布：陕西。

无味薹草Carex pseudofoetida Kük.

习性：多年生，小草本，高5~10cm；湿生植物。

生境：草丛、草甸等，海拔3700~5200m。

分布：西藏、青海、新疆。

东北喙果薹草Carex pseudohypochlora Y. L. Chang & Y. L. Yang

习性：多年生，小草本，高20~50cm；湿生植物。

生境：沼泽、溪边、沟边等，海拔3700~5200m。

分布：辽宁。

矮生薹草Carex pumila Thunb.

习性：多年生，小草本，高10~30cm；水湿生植物。

生境：草丛、溪流、池塘、水沟、潮上带、路边等，海拔达1900m。

分布：吉林、辽宁、河北、山东、江苏、浙江、福建、广东、台湾。

锥囊薹草Carex raddei Kük.

习性：多年生，中小草本，高0.3~1m；水湿生植物。

生境：草丛、沼泽、沼泽草甸、河岸坡、田埂、水沟、路边等，海拔达700m。

分布：黑龙江、吉林、辽宁、内蒙古、河北、江苏。

根穗薹草Carex radicalis Boott

习性：多年生，小草本，高6~30cm；湿生植物。

生境：灌丛、草甸等，海拔900~3000m。

分布：云南、四川。

松叶薹草Carex rara Boott

习性：多年生，小草本，高20~30cm；水湿生植物。

生境：林下、林缘、沼泽、溪边、草丛等，海拔1000~3300m。

分布：黑龙江、吉林、辽宁、江苏、安徽、浙江、江西、湖南、广东、云南、四川、西藏。

垂果薹草 Carex recurvisaccus T. Koyama

习性：多年生，中草本，高50~80cm；湿生植物。

生境：林下、沟边等，海拔约1300m。

分布：广东、云南。

丝引薹草 Carex remotiuscula Wahlenb.

习性：多年生，中小草本，高30~80cm；湿生植物。

生境：林下、林缘、草丛、沼泽、溪边、沟边等，海拔900~3700m。

分布：黑龙江、吉林、辽宁、河北、山西、安徽、河南、云南、四川、陕西、甘肃。

走茎薹草 Carex reptabunda (Trautv.) V. I. Krecz.

习性：多年生，中小草本，高10~60cm；湿生植物。

生境：草丛、沼泽草甸、河岸坡、湖岸坡等，海拔500~1400m。

分布：黑龙江、吉林、辽宁、内蒙古、陕西。

大穗薹草 Carex rhynchophysa C. A. Mey.

习性：多年生，中草本，高0.5~1m；水湿生植物。

生境：沼泽草甸、沼泽、河流、溪流、湖泊、水沟等，海拔400~1700m。

分布：黑龙江、吉林、内蒙古、河北、四川、新疆。

日东薹草 Carex ridongensis P. C. Li

习性：多年生，中草本，高70~80cm；湿生植物。

生境：灌丛、草甸等，海拔3500~4000m。

分布：西藏。

泽生薹草 Carex riparia Curtis

习性：多年生，中草本，高0.6~1.5m；水湿生植物。

生境：沼泽、河岸坡、湖岸坡等，海拔800~1700m。

分布：新疆。

书带薹草 Carex rochebrunii Franch. & Sav.

习性：多年生，小草本，高25~50cm；湿生植物。

生境：林下、草丛、沼泽等，海拔700~3200m。

分布：江苏、安徽、浙江、河南、湖北、贵州、重庆。

灰株薹草 Carex rostrata Stokes

习性：多年生，中小草本，高0.4~1m；水湿生植物。

生境：沼泽草甸、沼泽、河流、湖泊等，海拔200~2400m。

分布：黑龙江、吉林、内蒙古、新疆。

点囊薹草（原变种）Carex rubrobrunnea var. rubrobrunnea

习性：多年生，中小草本，高20~60cm；半湿生植物。

生境：林下、草丛、沟边等，海拔1000~3900m。

分布：广东、云南、西藏。

大理薹草 Carex rubrobrunnea var. taliensis (Franch.) Kük.

习性：多年生，小草本，高20~40cm；半湿生植物。

生境：沟谷、溪边、沟边等，海拔900~2800m。

分布：安徽、浙江、江西、湖北、广东、广西、贵州、云南、四川、西藏、陕西、甘肃。

粗脉薹草 Carex rugulosa Kük.

习性：多年生，中小草本，高30~80cm；水湿生植物。

生境：草原、草甸、沼泽、河岸坡、湖岸坡、田中、高潮线附近、潮上带、路边等，海拔达1400m。

分布：黑龙江、吉林、辽宁、内蒙古、河北、甘肃、新疆。

萨嘎薹草 Carex sagaensis Y. C. Yang

习性：多年生，小草本，高1~4cm；湿生植物。

生境：草丛、沼泽、沼泽草甸等，海拔5000~5200m。

分布：西藏。

糙叶薹草 Carex scabrifolia Steud.

习性：多年生，中小草本，高30~60cm；水陆生植物。

生境：高潮带、潮上带、入海河口、堤内、池塘、田埂、沟边等，海拔达700m。

分布：辽宁、河北、山东、江苏、上海、浙江、江西、福建、台湾。

糙喙薹草 Carex scabrirostris Kük.

习性：多年生，中小草本，高25~70cm；湿生植物。

生境：林下、草甸、沼泽等，海拔3000~4550m。

分布：四川、西藏、陕西、甘肃、青海。

花莛薹草 Carex scaposa C. B. Clarke

习性：多年生，中小草本，高20~80cm；水陆生植物。

生境：沟谷、林下、沼泽、溪流、湖泊等，海拔200~1500m。

分布：浙江、江西、福建、湖南、广东、广西、贵州、云南、四川。

瘤囊薹草Carex schmidtii Meinsh.

习性：多年生，中小草本，高30~80cm；水湿生植物。

生境：河谷、林缘、沼泽、河岸坡、河漫滩、溪边、洼地等，海拔200~600m。

分布：黑龙江、吉林、内蒙古。

川滇薹草Carex schneideri Nelmes

习性：多年生，中草本，高60~90cm；半湿生植物。

生境：灌丛、草丛、草甸、砾石坡等，海拔2900~4100m。

分布：云南、四川、西藏。

硬果薹草Carex sclerocarpa Franch.

习性：多年生，中小草本，高30~60cm；水湿生植物。

生境：林下、溪边、沟边等，海拔900~1700m。

分布：安徽、湖南、贵州、四川。

沟叶薹草Carex sedakowii C. A. Mey. ex Meinsh.

习性：多年生，小草本，高5~40cm；湿生植物。

生境：草丛、灌丛沼泽、草本沼泽、河岸坡等，海拔600~3200m。

分布：黑龙江、吉林、辽宁、内蒙古。

仙台薹草Carex sendaica Franch.

习性：多年生，小草本，高10~35cm；半湿生植物。

生境：灌丛、草丛、沟边等，海拔100~1800m。

分布：江苏、浙江、江西、湖北、贵州、四川、陕西、甘肃。

长茎薹草Carex setigera D. Don

习性：多年生，小草本，高25~35cm；半湿生植物。

生境：林下、草丛、溪边、草甸等，海拔2700~4100m。

分布：云南、西藏。

陕西薹草Carex shaanxiensis F. T. Wang & Tang ex P. C. Li

习性：多年生，小草本，高30~35cm；半湿生植物。

生境：河谷、草丛等，海拔2800~3200m。

分布：陕西、甘肃。

宽叶薹草Carex siderosticta Hance

习性：多年生，小草本，高20~50cm；水陆生植物。

生境：林下、林缘、沼泽、溪流、湖泊、水沟、岩石、岩壁等，海拔1000~2000m。

分布：黑龙江、吉林、辽宁、河北、北京、山西、山东、安徽、浙江、江西、湖北、陕西。

冻原薹草Carex siroumensis Koidz.

习性：多年生，小草本，高10~22cm；水湿生植物。

生境：草丛、草甸、岩石、岩壁等，海拔2200~2400m。

分布：吉林。

柄囊薹草Carex stipitiutriculata P. C. Li

习性：多年生，小草本，高5~8cm；湿生植物。

生境：草丛、沼泽草甸、沼泽等，海拔约3600m。

分布：云南。

近蕨薹草Carex subfilicinoides Kük.

习性：多年生，中草本，高50~90cm；半湿生植物。

生境：林缘、草丛、田埂等，海拔1200~2900m。

分布：湖北、云南、四川。

似柔果薹草Carex submollicula Tang & F. T. Wang ex L. K. Dai

习性：多年生，小草本，高15~40cm；湿生植物。

生境：草丛、沼泽、溪边、沟边等，海拔400~1800m。

分布：浙江、江西、福建、广东。

似横果薹草Carex subtransversa C. B. Clarke

习性：多年生，小草本，高15~30cm；湿生植物。

生境：林下，海拔1300~2500m。

分布：浙江、台湾。

肿胀果薹草Carex subtumida (Kük.) Ohwi

习性：多年生，中小草本，高45~75cm；湿生植物。

生境：沟边、水边、路边等，海拔800~1000m。

分布：江苏、安徽、浙江、江西。

长鳞薹草Carex tarumensis Franch.

习性：多年生，中小草本，高20~60cm；湿生植物。

生境：林下、草甸等，海拔1400~1500m。

分布：吉林。

长柱头薹草Carex teinogyna Boott

习性：多年生，中小草本，高25~90cm；湿生植物。

生境：林下、溪边、沟边、岩石、岩壁等，海拔500~2000m。

分布：安徽、浙江、江西、湖南、广东、广西、云南。

细花薹草Carex tenuiflora Wahlenb.

习性：多年生，小草本，高20~50cm；水湿生植物。

生境：林下、沼泽等，海拔900~1800m。

分布：吉林、内蒙古。

细形薹草Carex tenuiformis H. Lév. & Vaniot

习性：多年生，小草本，高20~40cm；湿生植物。

生境：沟谷、林下、林缘、灌丛、草丛、沼泽草甸、沼泽、河漫滩等，海拔100~2300m。

分布：黑龙江、内蒙古。

藏薹草Carex thibetica Franch.

习性：多年生，小草本，高35~50cm；湿生植物。

生境：沟谷、林下、岩石、岩壁等，海拔800~2000m。

分布：四川、西藏、青海。

陌上菅Carex thunbergii Steud.

习性：多年生，中小草本，高0.4~1m；湿生植物。

生境：沼泽草甸、沼泽边、湖岸坡、草丛等。

分布：黑龙江、吉林、辽宁、河北、安徽、湖北。

横果薹草Carex transversa Boott

习性：多年生，中小草本，高30~60cm；湿生植物。

生境：林下、草丛、沟边等，海拔500~800m。

分布：江苏、安徽、浙江、江西、福建、湖南、广东。

三穗薹草Carex tristachya Thunb.

习性：多年生，小草本，高20~45cm；半湿生植物。

生境：林下、路边、田埂等，海拔300~1100m。

分布：江苏、安徽、浙江、江西、福建、湖北、湖南、广东、海南、广西、四川、台湾。

图们薹草Carex tuminensis Kom.

习性：多年生，中草本，高0.6~1m；水湿生植物。

生境：草丛、溪流、水沟、洼地等，海拔1000~1800m。

分布：黑龙江、吉林。

大针薹草Carex uda Maxim.

习性：多年生，中小草本，高20~60cm；湿生植物。

生境：林下、灌丛、沼泽、沟边、路边等，海拔达1300m。

分布：黑龙江、吉林、内蒙古。

单性薹草Carex unisexualis C. B. Clarke

习性：多年生，小草本，高10~50cm；水湿生植物。

生境：草丛、沼泽、湖岸坡、池塘、沟边、田埂、路边等，海拔达3700m。

分布：江苏、安徽、浙江、江西、湖北、湖南、云南。

乌苏里薹草Carex ussuriensis Kom.

习性：多年生，小草本，高20~40cm；半湿生植物。

生境：林下、草丛、沟边等，海拔700~3100m。

分布：黑龙江、吉林、内蒙古、陕西。

胀囊薹草Carex vesicaria L.

习性：多年生，中小草本，高0.3~1m；水湿生植物。

生境：林下、草丛、沼泽草甸、沼泽、河流、湖泊等，海拔100~2800m。

分布：黑龙江、吉林、辽宁、内蒙古、新疆。

沙坪薹草Carex wui Chü ex L. K. Dai

习性：多年生，中草本，高0.5~1m；湿生植物。

生境：草丛、沟边、水边等，海拔1900~2900m。

分布：贵州、四川。

玉龙薹草Carex yulungshanensis P. C. Li

习性：多年生，小草本，高30~50cm；湿生植物。

生境：草甸、流石滩、沟边等，海拔3500~4300m。

分布：云南。

云岭薹草Carex yunlingensis P. C. Li

习性：多年生，小草本，高30~40cm；半湿生植物。

生境：林下、沟边等，海拔约3400m。

分布：云南。

云南薹草Carex yunnanensis Franch.

习性：多年生，中小草本，高20~85cm；半湿生植物。

生境：林下、草丛、溪边等，海拔1500~3500m。

分布：云南、四川。

中海薹草Carex zhonghaiensis S. Yun Liang

习性：多年生，中小草本，高40~70cm；水湿生植物。

生境：草甸、浅水处等，海拔2400~3500m。

分布：甘肃、新疆。

克拉莎属 Cladium P. Browne

克拉莎Cladium jamacence subsp. **chinense** (Nees) T. Koyama

习性：多年生，大中草本，高1~3m；水湿生植物。

生境：沼泽、河流、溪流、湖泊、池塘、水沟、潮上带、盐碱地等，海拔达2200m。

分布：浙江、广东、海南、广西、云南、西藏、台湾。

翅鳞莎属 Courtoisina Soják

翅鳞莎 Courtoisina cyperoides (Roxb.) Soják
习性：一年生，中小草本，高8~80cm；湿生植物。
生境：草丛、溪边、沟边等，海拔1000~1800m。
分布：云南、西藏。

莎草属 Cyperus L.

野生风车草 Cyperus alternifolius L.
习性：多年生，中草本，高0.5~1.5m；水湿生植物。
生境：河流、溪流、湖泊、池塘等，海拔100~300m。
分布：北京、浙江、河南、湖北、台湾。

阿穆尔莎草 Cyperus amuricus Maxim.
习性：一年生，中小草本，高10~60cm；半湿生植物。
生境：草丛、沼泽、河岸坡、湖岸坡、沟边、田中、田埂、潮上带等，海拔100~2500m。
分布：黑龙江、吉林、辽宁、河北、北京、山西、山东、江苏、安徽、浙江、江西、福建、河南、湖北、湖南、广西、贵州、云南、重庆、西藏、陕西、甘肃、台湾。

密穗砖子苗 Cyperus compactus Retz.
习性：多年生，中草本，高50~90cm；水湿生植物。
生境：沟谷、草丛、沼泽、河流、溪流、湖泊、田中、潮上带、堤内等，海拔达1000m。
分布：江西、福建、湖北、广东、海南、广西、贵州、云南、西藏、台湾。

扁穗莎草 Cyperus compressus L.
习性：一年生，小草本，高5~35cm；半湿生植物。
生境：草丛、河岸坡、湖岸坡、积水处、田埂、路边、潮上带等，海拔达1600m。
分布：辽宁、河北、北京、天津、山西、山东、江苏、安徽、浙江、江西、福建、河南、湖北、湖南、广东、海南、广西、贵州、云南、重庆、四川、西藏、甘肃、台湾。

长尖莎草 Cyperus cuspidatus Kunth
习性：一年生，小草本，高3~15cm；湿生植物。
生境：草丛、河岸坡、溪边、消落带、潮上带、堤内等，海拔达2000m。
分布：山东、江苏、安徽、浙江、江西、福建、湖北、广东、海南、广西、云南、四川、西藏、甘肃、台湾。

莎状砖子苗 Cyperus cyperinus (Retz.) Valck. Sur.
习性：多年生，中小草本，高15~70cm；半湿生植物。
生境：沟谷、草丛、河岸坡、溪边、沟边、田埂、洼地、路边等，海拔300~1800m。
分布：浙江、江西、福建、湖南、广东、海南、广西、云南、四川、西藏、台湾。

砖子苗 Cyperus cyperoides (L.) Kuntze
习性：多年生，中小草本，高10~60cm；半湿生植物。
生境：河岸坡、溪边、沟边、田埂、路边等，海拔100~3200m。
分布：江苏、安徽、浙江、江西、福建、河南、湖北、湖南、广东、海南、广西、贵州、云南、重庆、四川、西藏、陕西、甘肃、台湾。

异型莎草 Cyperus difformis L.
习性：一年生，中小草本，高20~80cm；水湿生植物。
生境：沼泽、河岸坡、河漫滩、溪流、湖岸坡、池塘、水沟、消落带、水田等，海拔100~2000m。
分布：黑龙江、吉林、辽宁、内蒙古、河北、北京、天津、山西、山东、江苏、安徽、上海、浙江、江西、福建、河南、湖北、湖南、广东、海南、广西、贵州、云南、重庆、四川、陕西、宁夏、甘肃、新疆、台湾。

多脉莎草 Cyperus diffusus Vahl
习性：多年生，中小草本，高25~80cm；半湿生植物。
生境：草丛、河岸坡、田埂等，海拔100~1700m。
分布：广东、海南、广西、云南、西藏、台湾。

疏穗莎草 Cyperus distans L. f.
习性：多年生，中小草本，高0.3~1.1m；湿生植物。
生境：灌丛、草丛、沼泽、河岸坡、沟边、田埂等，海拔达2500m。
分布：广东、海南、广西、云南、台湾。

云南莎草 Cyperus duclouxii E. G. Camus
习性：多年生，中小草本，高15~65cm；湿生植物。
生境：草丛、湖岸坡、溪边等，海拔1100~2600m。
分布：贵州、云南、四川。

穗穗莎草Cyperus eleusinoides Kunth

习性：多年生，中小草本，高0.4~1m；水湿生植物。

生境：沟谷、林下、水边等，海拔200~2500m。

分布：福建、广东、广西、云南、台湾。

密穗莎草Cyperus eragrostis Lam.

习性：多年生，中小草本，高40~90cm；水湿生植物。

生境：沟谷、草甸、溪边、沟边、潮上带、堤内等，海拔达1000m。

分布：广西、台湾。

高秆莎草（原变种）Cyperus exaltatus var. **exaltatus**

习性：多年生，中草本，高0.7~1.5m；水湿生植物。

生境：沼泽、河流、溪流、湖泊、池塘、水沟等，海拔200~1100m。

分布：吉林、山东、江苏、安徽、上海、浙江、福建、湖北、湖南、广东、海南、广西、贵州、台湾。

海南高秆莎草Cyperus exaltatus var. **hainanensis** L. K. Dai

习性：多年生，中草本，高0.5~1m；水湿生植物。

生境：草丛、塘基等。

分布：海南。

长穗高秆莎草Cyperus exaltatus var. **megalanthus** Kük.

习性：多年生，中草本，高0.8~1.5m；水湿生植物。

生境：草丛、塘基、田埂、沟边等。

分布：江苏、安徽、浙江、福建。

广东高秆莎草Cyperus exaltatus var. **tenuispicatus** L. K. Dai

习性：多年生，中草本，高0.8~1.5m；水湿生植物。

生境：塘基、田埂、沟边等。

分布：广东。

褐穗莎草Cyperus fuscus L.

习性：一年生，小草本，高6~30cm；湿生植物。

生境：草甸、沼泽、河岸坡、河漫滩、湖岸坡、沟边、田中、水边、消落带等，海拔100~2000m。

分布：黑龙江、吉林、辽宁、内蒙古、河北、北京、天津、山西、山东、江苏、安徽、河南、广东、云南、重庆、四川、陕西、宁夏、甘肃、新疆。

头状穗莎草Cyperus glomeratus L.

习性：一年生，中小草本，高0.1~1.5m；水陆生植物。

生境：草丛、河流、溪流、湖泊、池塘、水沟、田中、田埂、路边等，海拔100~1300m。

分布：黑龙江、吉林、辽宁、内蒙古、河北、北京、天津、山西、山东、江苏、安徽、浙江、江西、河南、湖北、湖南、重庆、陕西、宁夏、甘肃、新疆。

畦畔莎草Cyperus haspan L.

习性：一或多年生，中小草本，高10~70cm；水湿生植物。

生境：草丛、沼泽、河漫滩、水沟、水田、消落带等，海拔达1600m。

分布：江苏、安徽、浙江、江西、福建、河南、湖北、湖南、广东、海南、广西、云南、四川、西藏、台湾。

叠穗莎草Cyperus imbricatus Retz.

习性：多年生，中草本，高0.7~1.5m；水湿生植物。

生境：沼泽、河流、池塘、水沟、消落带、田中、水浇地、田间、路边等，海拔100~1400m。

分布：北京、广东、海南、广西、台湾。

风车草Cyperus involucratus Rottb.

习性：多年生，中小草本，高0.3~1.5m；水湿生植物。

生境：河流、溪流、湖泊、池塘、水沟、河口、路边等，海拔达2300m。

分布：黑龙江、吉林、辽宁、河北、天津、山西、山东、江苏、上海、浙江、河南、湖南、广东、广西、云南、重庆、四川、陕西、香港、澳门、台湾；原产于东非、阿拉伯半岛。

碎米莎草Cyperus iria L.

习性：一年生，中小草本，高10~80cm；水陆生植物。

生境：草丛、沼泽草甸、河流、溪流、湖泊、水库、池塘、水沟、水田、水浇地等，海拔达2000m。

分布：黑龙江、吉林、辽宁、内蒙古、河北、北京、山西、山东、江苏、安徽、上海、浙江、江西、福建、河南、湖北、湖南、广东、海南、广西、贵州、云南、重庆、四川、西藏、陕西、甘肃、新疆、台湾。

羽状穗砖子苗Cyperus javanicus Houtt.

习性：多年生，中小草本，高0.3~1.1m；水湿生植物。

生境：潮上带、盐沼、水边等，海拔达400m。

分布：广东、海南、澳门、台湾。

沼生水莎草Cyperus limosus Maxim.

习性：一年生，小草本，高10~30cm；水陆生植物。

生境：河岸坡、湖岸坡等，海拔100~600m。

分布：黑龙江、山西。

线状穗莎草Cyperus linearispiculatus L. K. Dai

习性：多年生，小草本，高10~30cm；湿生植物。

生境：河岸坡、河漫滩、溪边等，海拔500~2400m。

分布：云南。

茳芏（原亚种）Cyperus malaccensis subsp. **malaccensis**

习性：多年生，中草本，高0.5~1.5m；挺水植物。

生境：河流、溪流、湖泊、水沟、潮间带、堤内等，海拔达900m。

分布：江西、湖北、广东、海南、广西、台湾。

短叶茳芏Cyperus malaccensis subsp. **monophyllus** (Vahl) T. Koyama

习性：多年生，中草本，高0.5~1.5m；挺水植物。

生境：沼泽、河流、溪流、湖泊、池塘、水沟、河口、田中、潮间带、堤内等，海拔达700m。

分布：江苏、浙江、江西、福建、湖南、广东、海南、广西、四川、台湾。

旋鳞莎草Cyperus michelianus (L.) Link

习性：一年生，小草本，高5~30cm；湿生植物。

生境：河岸坡、河漫滩、沟边、消落带、田埂、弃耕田、路边等，海拔达300m。

分布：黑龙江、吉林、辽宁、河北、北京、山东、江苏、安徽、浙江、江西、福建、河南、湖北、湖南、广东、广西、云南、西藏、新疆。

具芒碎米莎草Cyperus microiria Steud.

习性：一年生，中小草本，高20~60cm；水陆生植物。

生境：沼泽、河流、湖泊、池塘、水沟、田中、田间等，海拔100~2000m。

分布：吉林、辽宁、内蒙古、河北、北京、山西、山东、江苏、安徽、上海、浙江、江西、福建、

河南、湖北、湖南、广东、广西、贵州、云南、重庆、四川、陕西、甘肃。

疏鳞莎草Cyperus mitis Steud.

习性：多年生，中小草本，高40~80cm；湿生植物。

生境：河谷、沟边、水边等，海拔700~1000m。

分布：云南。

黑穗莎草Cyperus nigrofuscus L. K. Dai

习性：一年生，小草本，高5~15cm；水湿生植物。

生境：洼地、浅水处等，海拔1500~3000m。

分布：云南、四川。

白鳞莎草Cyperus nipponicus Franch. & Sav.

习性：一年生，小草本，高5~20cm；半湿生植物。

生境：沼泽草甸、河岸坡、溪边、田中、消落带等，海拔100~1000m。

分布：黑龙江、辽宁、河北、北京、天津、山西、山东、江苏、安徽、浙江、江西、河南、湖北、湖南。

垂穗莎草（原变种）Cyperus nutans var. **nutans**

习性：多年生，中草本，高0.5~1.1m；水湿生植物。

生境：草甸、河流、河漫滩、溪流、池塘、田间、消落带等，海拔100~1600m。

分布：江西、湖南、广东、海南、广西、贵州、云南、四川、台湾。

点头莎草Cyperus nutans var. **subprolixus** (Kük.) Karth.

习性：多年生，中草本，高0.7~1m；水湿生植物。

生境：沼泽、河岸坡、水沟、田中等。

分布：台湾。

断节莎Cyperus odoratus L.

习性：一或多年生，中小草本，高0.3~1.2m；水湿生植物。

生境：河流、溪流、湖泊、池塘、水沟、田埂、田间等，海拔达700m。

分布：山东、浙江、广西、台湾。

三轮草（原变种）Cyperus orthostachyus var. **orthostachyus**

习性：一年生，中小草本，高10~70cm；水湿生植物。

生境：草丛、沼泽、河岸坡、湖岸坡、沟边、田中、田埂等，海拔300~1500m。

分布：黑龙江、吉林、辽宁、内蒙古、河北、山东、江苏、安徽、浙江、江西、福建、河南、湖北、湖南、贵州、重庆、陕西。

长苞三轮草Cyperus orthostachyus var. longibracteatus L. K. Dai

习性：多年生，中小草本，高30~60cm；水湿生植物。

生境：沼泽。

分布：黑龙江、辽宁。

红翅莎草Cyperus pangorei Rottb.

习性：多年生，中草本，高50~90cm；湿生植物。

生境：河岸坡、水边等，海拔达700m。

分布：湖南、海南、四川。

花穗水莎草Cyperus pannonicus Jacq.

习性：多年生，小草本，高4~20cm；水湿生植物。

生境：沼泽、河流、溪流、湖泊、水沟、盐碱地等，海拔100~1300m。

分布：黑龙江、吉林、内蒙古、河北、北京、山西、江苏、河南、四川、陕西、宁夏、甘肃、新疆。

纸莎草Cyperus papyrus L.

习性：多年生，大草本，高1.5~5m；挺水植物。

生境：河流、溪流、湖泊、池塘、水沟等，海拔达2000m。

分布：山东、上海、河南、湖北、广西、云南、重庆、台湾；原产于非洲。

毛轴莎草Cyperus pilosus Vahl

习性：一或多年生，中小草本，高25~80cm；水湿生植物。

生境：林缘、草丛、沼泽、河流、溪流、池塘、水沟、田中、田间等，海拔达2100m。

分布：山西、江苏、安徽、浙江、江西、福建、湖北、湖南、广东、海南、广西、贵州、云南、重庆、四川、西藏、台湾。

宽柱莎草Cyperus platystylis R. Br.

习性：多年生，中小草本，高30~90cm；水湿生植物。

生境：溪流、湖泊、池塘等，海拔达500m。

分布：西藏、台湾。

拟毛轴莎草 Cyperus procerus Rottb.

习性：多年生，中小草本，高45~85cm；水湿生植物。

生境：溪流、池塘、水沟、水田等，海拔达300m。

分布：广东、海南、台湾。

埃及莎草Cyperus prolifer Lam.

习性：多年生，中小草本，高0.2~1.2m；挺水植物。

生境：河流、湖泊、池塘、水沟等。

分布：湖北、广西、云南、台湾；原产于非洲。

矮莎草Cyperus pygmaeus Rottb.

习性：一年生，小草本，高5~20cm；湿生植物。

生境：湖岸坡、塘基、田中、田埂、消落带等，海拔100~800m。

分布：江苏、安徽、浙江、河南、湖北、广东、海南、广西、台湾。

香附子Cyperus rotundus L.

习性：多年生，中小草本，高15~90cm；半湿生植物。

生境：草丛、河流、溪流、湖泊、池塘、水沟、消落带、田间、田埂、潮上带、堤内、路边等，海拔达2600m。

分布：辽宁、河北、北京、天津、山西、山东、江苏、安徽、上海、浙江、江西、福建、河南、湖北、湖南、广东、海南、广西、贵州、云南、重庆、四川、西藏、陕西、甘肃、台湾。

水莎草（原变种）Cyperus serotinus var. serotinus

习性：多年生，中小草本，高0.2~1m；水湿生植物。

生境：沼泽、河流、溪流、湖泊、池塘、水沟、水田等，海拔100~1300m。

分布：黑龙江、吉林、辽宁、内蒙古、河北、山西、山东、江苏、安徽、上海、浙江、江西、福建、河南、湖北、湖南、广东、广西、贵州、云南、重庆、四川、陕西、宁夏、甘肃、新疆、台湾。

头状水莎草Cyperus serotinus var. capitatus (D. Z. Ma) S. R. Zhang & H. Y. Bi

习性：多年生，中小草本，高20~60cm；水湿生植物。

生境：沼泽、水沟等。

分布：福建、广东、宁夏。

广东水莎草Cyperus serotinus var. inundatus Kük.

习性：多年生，中小草本，高30~80cm；水湿生植物。

生境：沼泽，海拔达100m。

分布：福建、广东。

具芒鳞砖子苗 Cyperus squarrosus L.

习性：一年生，小草本，高2~40cm；半湿生植物。

生境：沟谷、林下、草丛、河岸坡、田埂、路边等，海拔1200~4000m。

分布：云南、四川、西藏。

粗根茎莎草 Cyperus stoloniferus Retz.

习性：多年生，小草本，高10~40cm；水湿生植物。

生境：高潮带、潮上带、堤内等。

分布：福建、广东、海南、广西、台湾。

裂颖茅属 Diplacrum R. Br.

裂颖茅 Diplacrum caricinum R. Br.

习性：多年生，小草本，高10~40cm；湿生植物。

生境：草丛、田埂、水边等，海拔100~800m。

分布：江苏、浙江、福建、广东、海南、广西、台湾。

荸荠属 Eleocharis R. Br.

短刚毛荸荠 Eleocharis abnorma Y. D. Chen

习性：多年生，小草本，高8~25cm；挺水植物。

生境：湖泊，海拔约3300m。

分布：青海。

锐棱荸荠 Eleocharis acutangula (Roxb.) Schult.

习性：多年生，中小草本，高30~90cm；水湿生植物。

生境：湖泊、池塘、水沟、田中等，海拔200~1800m。

分布：福建、海南、广西、香港、台湾。

银鳞荸荠 Eleocharis argyrolepis Kierulff ex Bunge

习性：多年生，中小草本，高15~75cm；湿生植物。

生境：沼泽、湖岸坡、草甸等，海拔500~1000m。

分布：新疆。

紫果蔺 Eleocharis atropurpurea (Retz.) J. Presl & C. Presl

习性：一年生，小草本，高5~20cm；水湿生植物。

生境：沼泽、田中、田埂、水沟等，海拔100~1400m。

分布：山东、江苏、安徽、江西、湖南、广东、海南、广西、贵州、云南、重庆、四川、台湾。

渐尖穗荸荠（原变种）Eleocharis attenuata var. attenuata

习性：多年生，小草本，高20~50cm；水湿生植物。

生境：池塘、田中等，海拔100~600m。

分布：江苏、安徽、福建、河南、湖北、广西、四川、陕西。

无根状茎荸荠 Eleocharis attenuata var. erhizomatosa Tang & F. T. Wang

习性：多年生，小草本，高20~50cm；水湿生植物。

生境：沼泽、河流、溪流、池塘、水沟、田中等，海拔达500m。

分布：浙江、福建、湖南、广西、贵州。

密花荸荠 Eleocharis congesta D. Don

习性：多年生，小草本，高10~40cm；湿生植物。

生境：沼泽草甸、溪边、湖岸坡、塘基、田中、田埂等，海拔200~2100m。

分布：安徽、江西、湖北、云南、广东。

荸荠 Eleocharis dulcis (Burm. f.) Trin. ex Hensch.

习性：多年生，中小草本，高0.2~1m；挺水植物。

生境：沼泽、河流、溪流、湖泊、池塘、水沟、田中、田间等，海拔达2500m。

分布：北京、山东、江苏、安徽、上海、浙江、江西、福建、河南、湖北、湖南、广东、海南、广西、贵州、重庆、四川、甘肃、台湾。

耳海荸荠 Eleocharis erhaiensis Y. D. Chen

习性：多年生，小草本，高8~25cm；水湿生植物。

生境：草甸、沼泽、河流、溪流等，海拔3200~3300m。

分布：青海。

扁基荸荠（原变种）Eleocharis fennica var. fennica

习性：多年生，小草本，高10~50cm；水湿生植物。

生境：沼泽、河漫滩、湖泊、溪边等，海拔达3300m。

分布：黑龙江、内蒙古、青海、新疆。

具刚毛扁基荸荠 Eleocharis fennica var. sareptana (Zinserl.) Zinserl.

习性：多年生，小草本，高10~50cm；挺水植物。

生境：湖泊，海拔约3300m。

分布：青海、新疆。

黑籽荸荠Eleocharis geniculata (L.) Roem. & Schult.

习性：一年生，小草本，高5~45cm；水湿生植物。

生境：沼泽、池塘、沟边、田中、潮上带、路边等。

分布：福建、广东、海南、广西、台湾。

大基荸荠Eleocharis kamtschatica (C. A. Mey.) Kom.

习性：多年生，小草本，高20~50cm；水湿生植物。

生境：沼泽、河漫滩、潮上带等。

分布：黑龙江、吉林、辽宁、河北、四川。

刘氏荸荠Eleocharis liouana Tang & F. T. Wang

习性：多年生，中小草本，高15~70cm；水湿生植物。

生境：草甸、沼泽、河岸坡、河漫滩、湖泊、溪边、池塘等，海拔1900~3300m。

分布：云南、青海。

细秆荸荠Eleocharis maximowiczii Zinserl.

习性：多年生，小草本，高8~40cm；湿生植物。

生境：沼泽、草甸、田中、路边等。

分布：黑龙江。

江南荸荠Eleocharis migoana Ohwi & T. Koyama

习性：多年生，小草本，高40~50cm；水湿生植物。

生境：草丛、沼泽草甸、水沟、浅水处等，海拔达1900m。

分布：江苏、安徽、浙江、江西、重庆。

槽秆荸荠Eleocharis mitracarpa Steud.

习性：多年生，中小草本，高0.1~1m；水湿生植物。

生境：沼泽、湖泊等，海拔800~3800m。

分布：黑龙江、辽宁、内蒙古、河北、山西、山东、贵州、云南、新疆。

假马蹄Eleocharis ochrostachys Steud.

习性：多年生，中小草本，高30~80cm；水湿生植物。

生境：沼泽、湖泊、池塘、水沟、田中等。

分布：广东、海南、台湾。

卵穗荸荠Eleocharis ovata (Roth) Roem. & Schult.

习性：一年生，小草本，高4~50cm；水湿生植物。

生境：草甸、沼泽、河岸坡、池塘、田中等，海拔

100~3600m。

分布：黑龙江、吉林、辽宁、内蒙古、河北、北京、湖北、云南、西藏、宁夏、青海。

沼泽荸荠Eleocharis palustris (L.) Roem. & Schult.

习性：多年生，中小草本，高0.1~1m；水湿生植物。

生境：草丛、沼泽草甸、沼泽、河流、湖泊、水沟等，海拔100~4000m。

分布：黑龙江、吉林、内蒙古、河北、北京、陕西、宁夏、甘肃、青海、新疆。

矮秆荸荠Eleocharis parvula (Roem. & Schult.) Link ex Bluff, Nees & Schauer

习性：多年生，小草本，高1~7cm；湿生植物。

生境：沼泽、潮上带等。

分布：海南。

透明鳞荸荠（原变种）Eleocharis pellucida var. **pellucida**

习性：一或多年生，小草本，高5~30cm；水湿生植物。

生境：湖岸坡、池塘、田中、水沟等，海拔300~1000m。

分布：黑龙江、辽宁、山西、江苏、安徽、浙江、江西、福建、河南、湖北、湖南、广东、海南、广西、贵州、云南、四川、陕西。

稻田荸荠Eleocharis pellucida var. **japonica** (Miq.) Tang & F. T. Wang

习性：一或多年生，小草本，高10~40cm；水湿生植物。

生境：沼泽、湖泊、田中等，海拔100~1700m。

分布：江苏、安徽、浙江、江西、福建、河南、湖北、湖南、贵州、云南、四川、台湾。

血红穗荸荠Eleocharis pellucida var. **sanguinolenta** Tang & F. T. Wang

习性：多年生，小草本，高20~50cm；水湿生植物。

生境：沼泽、浅水处等。

分布：贵州。

海绵基荸荠Eleocharis pellucida var. **spongiosa** Tang & F. T. Wang

习性：多年生，小草本，高10~20cm；挺水植物。

生境：池塘、水田等，海拔200~300m。

分布：江西。

本兆荸荠Eleocharis penchaoi Y. D. Chen
习性：多年生，中小草本，高25~60cm；挺水植物。
生境：河流、湖泊等，海拔2900~3300m。
分布：青海。

菲律宾荸荠Eleocharis philippinensis Svenson
习性：多年生，小草本，高30~50cm；湿生植物。
生境：洪泛地、草丛等。
分布：广东、海南。

青海荸荠Eleocharis qinghaiensis Y. D. Chen
习性：多年生，小草本，高25~30cm；挺水植物。
生境：湖泊，海拔约3300m。
分布：青海。

少花荸荠Eleocharis quinqueflora (Hartm.) O. Schwarz
习性：多年生，小草本，高3~30cm；湿生植物。
生境：沼泽、河岸坡、河漫滩、湖岸坡、塘基等，海拔800~4700m。
分布：内蒙古、山西、西藏、甘肃、新疆。

贝壳叶荸荠Eleocharis retroflexa (Poir.) Urb.
习性：一年生，小草本，高2~20cm；湿生植物。
生境：草丛、田间、水库、潮上带、堤内等。
分布：福建、广东、海南、云南。

螺旋鳞荸荠Eleocharis spiralis (Rottb.) Roem. & Schult.
习性：多年生，中草本，高50~90cm；水湿生植物。
生境：沼泽、潮上带、入海河口等。
分布：广东、海南。

龙师草Eleocharis tetraquetra Nees
习性：多年生，中小草本，高25~90cm；水湿生植物。
生境：沼泽、河漫滩、湖泊、池塘、水沟、田中等，海拔100~1900m。
分布：黑龙江、辽宁、江苏、安徽、浙江、江西、福建、河南、湖南、广东、海南、广西、贵州、云南、重庆、四川、台湾。

三面秆荸荠Eleocharis trilateralis Tang & F. T. Wang
习性：多年生，中小草本，高30~75cm；水湿生植物。

生境：沼泽、湖泊等，海拔1800~3300m。
分布：云南。

单鳞苞荸荠Eleocharis uniglumis (Link) Schult.
习性：多年生，小草本，高10~40cm；水湿生植物。
生境：草甸、沼泽、河漫滩、湖岸坡、浅水处等，海拔100~3300m。
分布：内蒙古、河北、山西、云南、陕西、甘肃、青海、新疆。

乌苏里荸荠Eleocharis ussuriensis Zinserl.
习性：多年生，中小草本，高7~70cm；水湿生植物。
生境：草甸、沼泽等，海拔100~1800m。
分布：黑龙江、吉林、辽宁、内蒙古、河北、山西。

具刚毛荸荠Eleocharis valleculosa var. **setosa** Ohwi
习性：多年生，小草本，高6~50cm；挺水植物。
生境：沼泽、河流、溪流、湖泊、池塘、水沟等，海拔100~4300m。
分布：黑龙江、吉林、辽宁、内蒙古、河北、北京、山西、山东、安徽、江西、河南、湖北、湖南、贵州、云南、四川、西藏、陕西、宁夏、甘肃、青海、新疆。

羽毛荸荠Eleocharis wichurae Boeck.
习性：多年生，中小草本，高30~60cm；水湿生植物。
生境：草甸、沼泽、浅水处等，海拔900~1700m。
分布：黑龙江、吉林、辽宁、内蒙古、河北、山东、江苏、安徽、上海、浙江、河南、湖北、陕西、甘肃。

牛毛毡Eleocharis yokoscensis (Franch. & Sav.) Tang & F. T. Wang
习性：多年生，小草本，高2~12cm；水湿生植物。
生境：草甸、沼泽、河岸坡、溪边、湖岸坡、塘基、消落带、沟边、田中、田埂等，海拔达3000m。
分布：黑龙江、吉林、辽宁、内蒙古、河北、北京、山西、山东、江苏、安徽、浙江、江西、福建、河南、湖北、湖南、广东、广西、贵州、云南、重庆、四川、陕西、甘肃、新疆、台湾。

云南荸荠Eleocharis yunnanensis Svenson
习性：多年生，小草本，高15~40cm；湿生植物。
生境：草甸、沼泽、溪边等，海拔800~3300m。

分布：云南、四川。

羊胡子草属 Eriophorum L.

东方羊胡子草 Eriophorum angustifolium Honck.

习性：多年生，中小草本，高0.3~1.2m；水湿生植物。

生境：草丛、草甸、沼泽、溪流、水沟、洼地等，海拔400~800m。

分布：黑龙江、吉林、辽宁、内蒙古、河北、四川。

丛毛羊胡子草 Eriophorum comosum (Wall.) Nees

习性：多年生，中小草本，高15~80cm；湿生植物。

生境：灌丛、草丛、沼泽等，海拔500~2800m。

分布：湖北、湖南、广西、贵州、云南、重庆、四川、西藏、甘肃。

细秆羊胡子草 Eriophorum gracile W. D. J. Koch

习性：多年生，小草本，高25~50cm；水湿生植物。

生境：草甸、沼泽、湖泊、水沟等，海拔700~2200m。

分布：黑龙江、吉林、辽宁、内蒙古、浙江、云南、四川、新疆。

宽叶羊胡子草 Eriophorum latifolium Hoppe

习性：多年生，中小草本，高0.3~1.2m；水湿生植物。

生境：沟谷、平原、草甸、沼泽、河岸坡、河漫滩、水沟、路边等，海拔400~3800m。

分布：黑龙江、吉林、辽宁、内蒙古。

红毛羊胡子草 Eriophorum russeolum Fr.

习性：多年生，中小草本，高20~60cm；水湿生植物。

生境：沟谷、草丛、草原、草甸、沼泽、河漫滩、溪流、湖泊等，海拔100~900m。

分布：黑龙江、吉林、内蒙古。

羊胡子草 Eriophorum scheuchzeri Hoppe

习性：多年生，中小草本，高8~70cm；水湿生植物。

生境：沼泽草甸，海拔2200~3000m。

分布：黑龙江、吉林、内蒙古、新疆。

白毛羊胡子草 Eriophorum vaginatum L.

习性：多年生，中小草本，高15~80cm；水湿生植物。

生境：沟谷、草丛、沼泽、河漫滩、溪流等，海拔1700~1800m。

分布：黑龙江、吉林、辽宁、内蒙古、河北。

飘拂草属 Fimbristylis Vahl

夏飘拂草 Fimbristylis aestivalis (Retz.) Vahl

习性：一年生，小草本，高5~30cm；湿生植物。

生境：草丛、草甸、沼泽、河岸坡、沟边、田埂、消落带、田中等，海拔400~2200m。

分布：黑龙江、安徽、浙江、江西、福建、河南、湖北、湖南、广东、海南、广西、贵州、云南、重庆、四川、陕西、台湾。

无叶飘拂草 Fimbristylis aphylla Steud.

习性：多年生，中小草本，高0.3~1m；湿生植物。

生境：沟谷、沼泽、溪边等，海拔400~2400m。

分布：云南。

复序飘拂草 Fimbristylis bisumbellata (Forssk.) Bubani

习性：一年生，小草本，高5~30cm；湿生植物。

生境：草丛、沼泽、河漫滩、河岸坡、溪边、沟边等，海拔100~1500m。

分布：河北、北京、山西、山东、江苏、安徽、浙江、河南、湖北、湖南、广东、广西、贵州、云南、四川、陕西、新疆、台湾。

腺鳞飘拂草 Fimbristylis cinnamometorum (Vahl) Kunth

习性：多年生，小草本，高20~50cm；湿生植物。

生境：草丛、沼泽草甸、路边等，海拔达1300m。

分布：海南。

扁鞘飘拂草（原变种）Fimbristylis complanata var. complanata

习性：多年生，中草本，高50~70cm；湿生植物。

生境：沟谷、草丛、沼泽、溪边、沟边、田间、路边等，海拔200~3000m。

分布：山东、江苏、安徽、浙江、江西、福建、河南、湖北、湖南、广东、海南、广西、贵州、云南、四川、西藏、台湾。

矮扁鞘飘拂草 Fimbristylis complanata var. exalata (T. Koyama) Y. C. Tang ex S. R. Zhang, S. Yun Liang & T. Koyama

习性：多年生，小草本，高20~50cm；水湿生植物。

生境：沟谷、沼泽、溪边、沟边等，海拔100~800m。

分布：山东、江苏、安徽、浙江、江西、福建、湖北、湖南、广东、广西、贵州、台湾。

两歧飘拂草（原亚种）**Fimbristylis dichotoma subsp. dichotoma**

习性：一或多年生，小草本，高15~50cm；半湿生植物。

生境：草丛、沼泽、河流、田中、消落带等，海拔达2100m。

分布：吉林、辽宁、内蒙古、河北、北京、山西、山东、江苏、安徽、上海、浙江、江西、福建、河南、湖北、湖南、广东、海南、广西、贵州、云南、重庆、四川、西藏、陕西、甘肃、新疆、台湾。

绒毛飘拂草Fimbristylis dichotoma subsp. podocarpa (Nees) T. Koyama

习性：多年生，中小草本，高0.2~1m；水陆生植物。

生境：水沟、水田、浅水处等，海拔100~2100m。

分布：江西、广东、海南、广西、云南、台湾。

拟二叶飘拂草 Fimbristylis diphylloides Makino

习性：一或多年生，小草本，高15~50cm；水湿生植物。

生境：沟谷、溪边、池塘、水田、路边等，海拔100~2100m。

分布：山东、江苏、安徽、浙江、江西、福建、河南、湖北、湖南、广东、广西、贵州、重庆、四川。

起绒飘拂草（原变种）**Fimbristylis dipsacea var. dipsacea**

习性：一年生，小草本，高3~15cm；湿生植物。

生境：平原、草甸、河漫滩、沼泽、塘基、田间等，海拔达200m。

分布：湖南、广东、广西、云南。

疣果飘拂草Fimbristylis dipsacea var. verrucifera (Maxim.) T. Koyama

习性：一年生，小草本，高3~25cm；湿生植物。

生境：河岸坡、河漫滩、田间、水边等。

分布：黑龙江、江苏、安徽、浙江、湖南。

暗褐飘拂草Fimbristylis fusca (Nees) C. B. Clarke

习性：多年生，小草本，高20~40cm；半湿生植物。

生境：草丛、溪边等，海拔100~2000m。

分布：安徽、浙江、福建、湖南、广东、海南、广西、贵州、云南、台湾。

宜昌飘拂草Fimbristylis henryi C. B. Clarke

习性：一年生，小草本，高3~20cm；水湿生植物。

生境：沼泽、河流、溪流、湖泊、池塘、水沟、田中等，海拔100~2000m。

分布：江苏、安徽、浙江、江西、河南、湖北、湖南、广东、广西、贵州、云南、重庆、四川、陕西。

水虱草Fimbristylis littoralis Gaudich.

习性：一或多年生，中小草本，高10~60cm；水湿生植物。

生境：草丛、沼泽、河流、溪流、湖泊、池塘、水沟、水田、消落带、积水处、路边等，海拔100~2000m。

分布：吉林、河北、山东、江苏、安徽、浙江、江西、福建、河南、湖北、湖南、广东、海南、广西、贵州、云南、重庆、四川、陕西、甘肃、青海、台湾。

长穗飘拂草Fimbristylis longispica Steud.

习性：多年生，中小草本，高25~60cm；半湿生植物。

生境：林下、河岸坡、溪边、潮上带、田中、路边等，海拔达700m。

分布：辽宁、山东、江苏、浙江、福建、广东、广西、云南、陕西。

褐鳞飘拂草 Fimbristylis nigrobrunnea Thwaites

习性：多年生，小草本，高10~45cm；湿生植物。

生境：河岸坡、河漫滩、溪边、沼泽等，海拔100~2500m。

分布：江西、广东、海南、广西、云南。

垂穗飘拂草Fimbristylis nutans (Retz.) Vahl

习性：一或多年生，中小草本，高15~90cm；水湿生植物。

生境：沼泽、田中、田间、路边等，海拔达1000m。

分布：福建、湖南、广东、海南、广西、台湾。

独穗飘拂草Fimbristylis ovata (Burm. f.) J. Kern

习性：多年生，小草本，高15~35cm；湿生植物。

生境：林下、草丛、溪边、路边、潮上带等，海拔100~1400m。

分布：浙江、福建、河南、湖南、广东、海南、广西、贵州、云南、四川、台湾。

海南飘拂草Fimbristylis pauciflora R. Br.

习性：多年生，小草本，高5~20cm；湿生植物。

生境：潮上带、池塘等。

分布：海南。

细叶飘拂草Fimbristylis polytrichoides (Retz.) R. Br.

习性：一或多年生，小草本，高5~25cm；水湿生植物。

生境：高潮带、红树林内缘、潮上带、堤内、盐田、田中等。

分布：福建、广东、海南、台湾。

五棱秆飘拂草Fimbristylis quinquangularis (Vahl) Kunth

习性：一或多年生，中小草本，高0.2~1.2m；湿生植物。

生境：沼泽、塘基、沟边、田中等，海拔800~2100m。

分布：安徽、浙江、江西、福建、湖南、广东、海南、广西、贵州、云南、四川、西藏、台湾。

结壮飘拂草Fimbristylis rigidula Nees

习性：多年生，小草本，高15~50cm；半湿生植物。

生境：林下、草丛、路边、潮上带、堤内、入海河口等，海拔达2600m。

分布：江苏、安徽、浙江、江西、河南、湖北、湖南、广东、广西、贵州、云南、四川。

芒苞飘拂草Fimbristylis salbundia (Nees) Kunth

习性：多年生，中小草本，高30~80cm；湿生植物。

生境：沼泽，海拔1700~1800m。

分布：云南。

少穗飘拂草Fimbristylis schoenoides (Retz.) Vahl

习性：多年生，小草本，高5~40cm；半湿生植物。

生境：溪边、沟边、田埂、路边等，海拔300~800m。

分布：浙江、江西、福建、广东、海南、广西、云南、台湾。

绢毛飘拂草Fimbristylis sericea R. Br.

习性：多年生，小草本，高15~30cm；半湿生植物。

生境：草丛、潮上带、堤内等，海拔达400m。

分布：江苏、浙江、福建、广东、海南、广西、台湾。

锈鳞飘拂草Fimbristylis sieboldii Miq. ex Franch. & Sav.

习性：多年生，中小草本，高10~70cm；水湿生植物。

生境：高潮带、红树林内缘、潮上带、入海河口、堤内、盐碱地等。

分布：山东、江苏、安徽、浙江、福建、广东、海南、广西、台湾。

畦畔飘拂草（原变种）Fimbristylis squarrosa var. squarrosa

习性：一年生，小草本，高5~40cm；湿生植物。

生境：河岸坡、消落带、田埂、沟边等，海拔100~2200m。

分布：黑龙江、河北、山东、江苏、安徽、浙江、福建、河南、广东、海南、广西、贵州、云南、西藏、台湾。

短尖飘拂草Fimbristylis squarrosa var. esquarrosa Makino

习性：多年生，小草本，高10~25cm；水湿生植物。

生境：沼泽、溪流、湖泊、池塘、水沟、潮上带等。

分布：黑龙江、河北、山东、江苏、福建、海南、云南、台湾。

烟台飘拂草Fimbristylis stauntonii Debeaux & Franch.

习性：一年生，小草本，高4~40cm；水湿生植物。

生境：草丛、河岸坡、河漫滩、池塘、水浇地、田埂、水沟等，海拔达700m。

分布：辽宁、河北、北京、山东、江苏、安徽、上海、浙江、江西、河南、湖北、湖南、四川、陕西、甘肃。

双穗飘拂草Fimbristylis subbispicata Nees

习性：一年生，中小草本，高7~60cm；水陆生植物。

生境：沟谷、沼泽、河流、溪流、湖泊、水沟、洼地、潮上带、堤内等，海拔300~1200m。

分布：辽宁、河北、北京、山西、山东、江苏、安徽、浙江、江西、福建、河南、湖南、广东、海南、广西、贵州、陕西、台湾。

四棱飘拂草Fimbristylis tetragona R. Br.

习性：一或多年生，中小草本，高20~80cm；水湿生植物。

生境：沼泽、溪流、湖泊、水沟等，海拔100~400m。

分布：江西、福建、广东、海南、广西、台湾。

三穗飘拂草 Fimbristylis tristachya R. Br.

习性：多年生，中小草本，高20~90cm；水湿生植物。

生境：沟谷、沼泽、溪边、盐沼、田埂、田中等，海拔达1800m。

分布：广东、海南、台湾。

伞形飘拂草 Fimbristylis umbellaris (Lam.) Vahl

习性：多年生，中小草本，高17~90cm；水湿生植物。

生境：草丛、沼泽、溪流、湖泊、池塘、田中等，海拔100~800m。

分布：江西、广东、海南、广西、云南、四川、台湾。

芙兰草属 Fuirena Rottb.

毛芙兰草 Fuirena ciliaris (L.) Roxb.

习性：一年生，小草本，高7~50cm；水湿生植物。

生境：草丛、溪流、池塘、水沟、田间、田中等，海拔达1000m。

分布：河北、山东、江苏、福建、广东、海南、广西、云南、台湾。

黔芙兰草 Fuirena rhizomatifera Tang & F. T. Wang

习性：多年生，中小草本，高35~70cm；水湿生植物。

生境：草丛、沼泽、河岸坡、溪边等，海拔700~800m。

分布：广西、贵州。

芙兰草 Fuirena umbellata Rottb.

习性：多年生，中草本，高0.5~1.2m；水湿生植物。

生境：草丛、沼泽、河流、池塘、田间、洼地等，海拔达1000m。

分布：福建、广东、海南、广西、云南、西藏、台湾。

黑莎草属 Gahnia J. R. Forst. & G. Forst.

黑莎草 Gahnia tristis Nees

习性：多年生，中草本，高0.5~1.5m；半湿生植物。

生境：林下、灌丛、沟边等，海拔100~3000m。

分布：江苏、浙江、江西、福建、湖南、广东、海南、广西、贵州、台湾。

割鸡芒属 Hypolytrum Pers.

割鸡芒 Hypolytrum nemorum (Vahl) Spreng.

习性：多年生，中小草本，高30~90cm；湿生植物。

生境：沟谷、林下、灌丛、水沟等，海拔100~1200m。

分布：福建、广东、海南、广西、云南、台湾。

细莞属 Isolepis R. Br.

细莞 Isolepis setacea (L.) R. Br.

习性：一年生，小草本，高3~15cm；湿生植物。

生境：草丛、溪边、塘基、河漫滩等，海拔1800~4600m。

分布：江西、云南、四川、西藏、陕西、宁夏、甘肃、青海、新疆。

嵩草属 Kobresia Willd.

线叶嵩草 Kobresia capillifolia (Decne.) C. B. Clarke

习性：多年生，小草本，高10~45cm；半湿生植物。

生境：林缘、灌丛、草甸等，海拔1800~4800m。

分布：四川、西藏、甘肃、青海、新疆。

尾穗嵩草 Kobresia cercostachys (Franch.) C. B. Clarke

习性：多年生，小草本，高10~35cm；半湿生植物。

生境：灌丛、草丛、草甸、流石滩等，海拔3600~5000m。

分布：云南、四川、西藏。

密穗嵩草 Kobresia condensata (Kük.) S. R. Zhang & Noltie

习性：多年生，小草本，高15~45cm；湿生植物。

生境：灌丛、草甸、河漫滩、水边等，海拔3200~4000m。

分布：云南、四川。

截形嵩草 Kobresia cuneate Kük.

习性：多年生，小草本，高15~45cm；湿生植物。

生境：灌丛、草丛、草甸、沼泽等，海拔3000~4800m。

分布：云南、四川、西藏、甘肃、青海。

线形嵩草 Kobresia duthiei C. B. Clarke

习性：多年生，小草本，高10~30cm；湿生植物。
生境：灌丛、草甸、沼泽等，海拔3600~4600m。
分布：云南、四川、西藏。

蕨状嵩草 Kobresia filicina (C. B. Clarke) C. B. Clarke

习性：多年生，小草本，高8~35cm；半湿生植物。
生境：沟谷、林缘、河漫滩等，海拔2000~4000m。
分布：云南、四川、西藏。

丝叶嵩草 Kobresia filifolia C. B. Clarke

习性：多年生，小草本，高15~50cm；湿生植物。
生境：草丛、沼泽草甸等，海拔1700~2900m。
分布：内蒙古、河北、山西、甘肃、青海。

囊状嵩草 Kobresia fragilis C. B. Clarke

习性：多年生，小草本，高6~45cm；湿生植物。
生境：林下、灌丛、草丛、草甸、河岸坡等，海拔2700~4500m。
分布：云南、四川、西藏、青海。

禾叶嵩草 Kobresia graminifolia C. B. Clarke

习性：多年生，小草本，高20~45cm；半湿生植物。
生境：灌丛、草丛、草甸、岩坡、岩壁等，海拔3100~4700m。
分布：云南、四川、西藏、陕西、甘肃、青海。

矮生嵩草 Kobresia humilis (C. A. Mey. ex Trautv.) Serg.

习性：多年生，小草本，高3~10cm；半湿生植物。
生境：草甸、沼泽等，海拔2500~4400m。
分布：西藏、宁夏、青海、新疆。

膨囊嵩草 Kobresia inflate P. C. Li

习性：多年生，小草本，高5~15cm；半湿生植物。
生境：草丛、草甸等，海拔3600~4600m。
分布：云南、西藏。

甘肃嵩草 Kobresia kansuensis Kük.

习性：多年生，中小草本，高20~70cm；湿生植物。
生境：灌丛、草丛、沼泽、河漫滩、草甸、溪边等，海拔3000~4800m。
分布：云南、四川、西藏、陕西、甘肃、青海。

康藏嵩草 Kobresia littledalei C. B. Clarke

习性：多年生，小草本，高10~25cm；湿生植物。
生境：灌丛、草丛、沼泽草甸、灌丛沼泽、河漫

滩、河岸坡、湖岸坡等，海拔3100~5500m。
分布：四川、西藏、青海。

大花嵩草 Kobresia macrantha Boeck.

习性：多年生，小草本，高6~20cm；湿生植物。
生境：草甸、湖岸坡、沟边等，海拔2500~5100m。
分布：四川、西藏、甘肃、青海、新疆。

嵩草（原亚种）Kobresia myosuroides subsp. myosuroides

习性：多年生，小草本，高10~50cm；湿生植物。
生境：林下、灌丛、草丛、沼泽草甸、河漫滩等，海拔2600~4800m。
分布：吉林、内蒙古、河北、山西、四川、新疆。

二蕊嵩草 Kobresia myosuroides subsp. bistaminata (W. Z. Di & M. J. Zhong) S. R. Zhang

习性：多年生，小草本，高3~10cm；湿生植物。
生境：草丛、草甸等，海拔2100~4500m。
分布：内蒙古、四川、西藏、宁夏、甘肃、青海、新疆。

尼泊尔嵩草 Kobresia nepalensis (Nees) Kük.

习性：多年生，小草本，高10~40cm；湿生植物。
生境：灌丛、草丛、草甸、流石滩等，海拔3600~4600m。
分布：云南、四川、西藏。

高原嵩草 Kobresia pusilla N. A. Ivanova

习性：多年生，小草本，高2~15cm；半湿生植物。
生境：草丛、沼泽草甸、沼泽等，海拔3100~5300m。
分布：内蒙古、河北、山西、四川、西藏、甘肃、青海、新疆。

高山嵩草 Kobresia pygmaea (C. B. Clarke) C. B. Clarke

习性：多年生，小草本，高1~10cm；湿生植物。
生境：灌丛、草丛、草甸等，海拔3200~5400m。
分布：内蒙古、河北、山西、云南、四川、西藏、甘肃、青海、新疆。

粗壮嵩草 Kobresia robusta Maxim.

习性：多年生，小草本，高15~30cm；湿生植物。
生境：灌丛、草甸、河漫滩等，海拔2900~5300m。
分布：四川、西藏、甘肃、青海、新疆。

喜马拉雅嵩草 Kobresia royleana (Nees) Boeck.

习性：多年生，小草本，高6~35cm；湿生植物。

生境：灌丛、草丛、沼泽草甸、河漫滩等，海拔3700~5300m。

分布：云南、四川、西藏、甘肃、青海、新疆。

赤箭嵩草Kobresia schoenoides (C. A. Meyer) Steud.

习性：多年生，中小草本，高15~60cm；湿生植物。

生境：草丛、沼泽草甸、沼泽、溪边等，海拔2500~5300m。

分布：云南、四川、西藏、甘肃、青海、新疆。

四川嵩草Kobresia setschwanensis Hand.-Mazz.

习性：多年生，小草本，高5~40cm；半湿生植物。

生境：林下、草丛、沼泽草甸、沼泽、湖岸坡等，海拔2300~4300m。

分布：云南、四川、西藏、甘肃、青海。

西藏嵩草Kobresia tibetica Maxim.

习性：多年生，小草本，高10~50cm；湿生植物。

生境：灌丛、草丛、沼泽草甸、沼泽、河漫滩、河岸坡等，海拔2500~4600m。

分布：四川、西藏、甘肃、青海、新疆。

玉龙嵩草Kobresia tunicate Hand.-Mazz.

习性：多年生，小草本，高20~30cm；湿生植物。

生境：林缘、灌丛、草甸、沼泽等，海拔3300~4800m。

分布：云南。

钩状嵩草Kobresia uncinioides (Boott) C. B. Clarke

习性：多年生，小草本，高20~45cm；湿生植物。

生境：灌丛、草丛、沼泽草甸、河岸坡、河漫滩等，海拔2900~4600m。

分布：云南、四川、西藏。

短轴嵩草Kobresia vidua (Boott ex C. B. Clarke) Kük.

习性：多年生，小草本，高3~20cm；湿生植物。

生境：林下、灌丛、草丛、沼泽草甸等，海拔3000~5100m。

分布：云南、四川、西藏、陕西、甘肃、青海。

水蜈蚣属 **Kyllinga** Rottb.

短叶水蜈蚣（原变种）**Kyllinga brevifolia var. brevifolia**

习性：多年生，小草本，高5~40cm；湿生植物。

生境：林缘、草丛、沼泽、河岸坡、溪边、湖岸坡、塘基、沟边、库岸坡、田埂、田间、弃耕田、消落带、潮上带等，海拔达2800m。

分布：黑龙江、吉林、辽宁、河北、山西、山东、江苏、安徽、上海、浙江、江西、福建、河南、湖北、湖南、广东、海南、广西、贵州、云南、重庆、四川、西藏、陕西、甘肃、台湾。

无刺鳞水蜈蚣Kyllinga brevifolia var. leiolepis (Franch. & Sav.) H. Hara

习性：多年生，小草本，高10~30cm；水湿生植物。

生境：林缘、草丛、溪边、田埂、田间、潮上带、浅水处等，海拔达1200m。

分布：吉林、辽宁、河北、山西、山东、江苏、安徽、浙江、福建、河南、湖北、云南、四川、陕西、甘肃。

小星穗水蜈蚣Kyllinga brevifolia var. stellulata (Valck. Sur.) Tang & F. T. Wang

习性：多年生，小草本，高2~6cm；湿生植物。

生境：沟谷、林间、沼泽等，海拔1900~2700m。

分布：云南。

三头水蜈蚣Kyllinga bulbosa P. Beauv.

习性：多年生，小草本，高5~30cm；湿生植物。

生境：林下、田埂、路边等，海拔200~1100m。

分布：广东、海南、广西。

圆筒穗水蜈蚣Kyllinga cylindrica Nees

习性：多年生，小草本，高8~32cm；湿生植物。

生境：河岸坡、河漫滩、沟边、路边等，海拔达2000m。

分布：江西、福建、广东、贵州、云南、台湾。

黑籽水蜈蚣Kyllinga melanosperma Nees

习性：多年生，中小草本，高0.3~1.2m；水湿生植物。

生境：溪流、池塘、水沟、路边、洼地等，海拔100~1000m。

分布：广东、海南、广西、云南。

单穗水蜈蚣Kyllinga nemoralis (J. R. Forst. & G. Forst.) Dandy ex Hutch. & Dalziel

习性：多年生，小草本，高10~40cm；湿生植物。

生境：林下、沼泽、河岸坡、溪边、沟边、消落带、田埂、田间、路边等，海拔100~1400m。

分布：江西、湖南、广东、海南、广西、云南、四川、台湾。

水蜈蚣 Kyllinga polyphylla Kunth

习性：多年生，中小草本，高25~90cm；湿生植物。

生境：沙地，海拔达300m。

分布：香港、台湾；原产于热带非洲。

冠鳞水蜈蚣 Kyllinga squamulata Vahl

习性：一年生，小草本，高2~20cm；湿生植物。

生境：林下、草丛等，海拔2300~3000m。

分布：云南、四川。

鳞籽莎属 Lepidosperma Labill.

鳞籽莎 Lepidosperma chinense Nees & Meyen ex Kunth

习性：多年生，中小草本，高45~90cm；水陆生植物。

生境：林下、河流、溪流、水沟等，海拔500~1500m。

分布：湖南、广东、海南、广西。

石龙刍属 Lepironia Pers.

石龙刍 Lepironia articulata (Retz.) Domin

习性：多年生，中草本，高0.5~1.5m；挺水植物。

生境：沼泽、池塘、溪流、水沟等，海拔100~200m。

分布：广东、海南、台湾。

湖瓜草属 Lipocarpha R. Br.

华湖瓜草 Lipocarpha chinensis (Osbeck) J. Kern

习性：多年生，中小草本，高10~60cm；水湿生植物。

生境：沼泽、池塘、水沟、田间、田埂等，海拔100~2100m。

分布：山东、浙江、江西、福建、湖南、广东、海南、广西、贵州、云南、西藏、台湾。

湖瓜草 Lipocarpha microcephala (R. Br.) Kunth

习性：一年生，小草本，高5~50cm；湿生植物。

生境：沼泽、河岸坡、溪边、沟边等，海拔400~2100m。

分布：辽宁、河北、山东、江苏、安徽、浙江、江西、福建、河南、湖北、湖南、广东、海南、广西、贵州、云南、四川、台湾。

细秆湖瓜草 Lipocarpha tenera Boeck.

习性：一年生，小草本，高10~18cm；湿生植物。

生境：水边，海拔1800~1900m。

分布：海南、广西、云南。

剑叶莎属 Machaerina Vahl

剑叶莎 Machaerina ensigera (Hance) T. Koyama

习性：多年生，中草本，高50~70cm；湿生植物。

生境：沼泽、湖岸坡等。

分布：香港。

多花剑叶莎 Machaerina myriantha (Chun & F. C. How) Y. C. Tang

习性：多年生，大中草本，高0.8~2m；湿生植物。

生境：河岸坡、沟边等，海拔900~2800m。

分布：海南。

圆叶剑叶莎 Machaerina rubiginosa (Soland. ex G. Forst.) T. Koyama

习性：多年生，大中草本，高1~1.8m；湿生植物。

生境：沼泽、湖岸坡等，海拔达1800m。

分布：云南、香港。

擂鼓荸属 Mapania Aubl.

单穗擂鼓荸 Mapania wallichii C. B. Clarke

习性：多年生，中小草本，高20~70cm；湿生植物。

生境：林下、河岸坡、沟边等，海拔200~1700m。

分布：福建、广东、海南、广西。

扁莎属 Pycreus P. Beauv.

黑鳞扁莎 Pycreus delavayi C. B. Clarke

习性：多年生，中小草本，高40~60cm；水湿生植物。

生境：沼泽、浅水处等，海拔2000~3000m。

分布：云南。

宽穗扁莎 Pycreus diaphanus (Schrader ex Schult.) S. S. Hooper & T. Koyama

习性：一年生，小草本，高10~50cm；湿生植物。

生境：草丛、草甸、水田、水边等，海拔100~1800m。

分布：江西、海南、贵州、云南、西藏。

球穗扁莎（原变种）Pycreus flavidus var. flavidus

习性：多年生，小草本，高7~50cm；水湿生植物。

生境：草甸、沼泽、河流、溪流、水沟、田间、田埂、田中等，海拔100~3400m。

分布：黑龙江、吉林、辽宁、内蒙古、河北、北京、山西、山东、江苏、安徽、上海、浙江、江西、福建、河南、湖北、湖南、广东、海南、广西、贵州、云南、重庆、四川、西藏、陕西、宁夏、甘肃、新疆、台湾。

矮球穗扁莎Pycreus flavidus var. minimus (Kük.) L. K. Dai

习性：多年生，小草本，高2~5cm；湿生植物。

生境：溪边、沟边、田埂等，海拔约800m。

分布：山西。

小球穗扁莎Pycreus flavidus var. nilagiricus (Hochst. ex Steud.) C. Y. Wu ex Karthik.

习性：多年生，小草本，高20~40cm；水湿生植物。

生境：沼泽、河岸坡、溪边、田埂等，海拔100~3000m。

分布：黑龙江、吉林、辽宁、河北、山西、山东、江苏、浙江、福建、河南、湖北、广东、贵州、云南、四川、陕西、甘肃、青海、新疆。

直球穗扁莎Pycreus flavidus var. strictus (Roxb.) C. Y. Wu ex Karthik.

习性：多年生，小草本，高20~40cm；水湿生植物。

生境：草甸、沼泽、河岸坡、沟边、田埂、浅水处等，海拔200~1400m。

分布：辽宁、河北、山西、山东、江苏、安徽、浙江、江西、福建、河南、湖北、广东、广西、贵州、云南、重庆、四川、陕西、甘肃、台湾。

丽江扁莎Pycreus lijiangensis L. K. Dai

习性：多年生，小草本，高15~40cm；水湿生植物。

生境：溪流、池塘、水沟等，海拔2000~3000m。

分布：云南、四川。

多枝扁莎Pycreus polystachyos (Rottb.) P. Beauv.

习性：一或多年生，中小草本，高8~60cm；水湿生植物。

生境：溪流、水沟、田埂、田中、潮上带等，海拔达1300m。

分布：辽宁、江苏、浙江、福建、广东、海南、广西、台湾。

矮扁莎Pycreus pumilus (L.) Nees

习性：一年生，小草本，高2~20cm；湿生植物。

生境：田间、水边等，海拔100~500m。

分布：江西、福建、湖南、广东、海南、广西、甘肃、台湾。

红鳞扁莎Pycreus sanguinolentus (Vahl) Nees ex C. B. Clarke

习性：一年生，小草本，高5~50cm；水湿生植物。

生境：沟谷、沼泽、河流、溪流、湖泊、水沟、田间、水田等，海拔100~3400m。

分布：黑龙江、吉林、辽宁、内蒙古、河北、北京、山西、山东、江苏、安徽、浙江、江西、福建、河南、湖北、湖南、广东、海南、广西、贵州、云南、重庆、四川、西藏、陕西、宁夏、甘肃、青海、新疆、台湾。

禾状扁莎Pycreus unioloides (R. Br.) Urb.

习性：多年生，中小草本，高40~90cm；水湿生植物。

生境：沟谷、溪流、水沟等，海拔200~2200m。

分布：浙江、广东、云南、台湾。

海滨莎属 Remirea Aubl.

海滨莎Remirea maritima Aubl.

习性：多年生，小草本，高6~15cm；半湿生植物。

生境：高潮线附近、潮上带等。

分布：广东、海南、广西、台湾。

刺子莞属 Rhynchospora Vahl

白鳞刺子莞Rhynchospora alba (L.) Vahl

习性：多年生，小草本，高20~50cm；湿生植物。

生境：沟谷、沼泽、溪边、湖岸坡等，海拔700~1000m。

分布：吉林、台湾。

华刺子莞Rhynchospora chinensis Nees & Mey.

习性：多年生，中小草本，高0.3~1.3m；水湿生植物。

生境：草丛、沼泽、溪流、湖泊、池塘、水沟等，海拔100~3000m。

分布：山东、江苏、安徽、浙江、江西、福建、湖北、广东、海南、广西、台湾。

白鹭莞Rhynchospora colorata (L.) H. Pfeiff.

习性：多年生，小草本，高15~30cm；水湿生植物。

生境：沼泽、溪流、湖岸坡、池塘、沟边等。

分布：北京、上海、福建、湖北、广东；原产于美洲。

三俭草Rhynchospora corymbosa (L.) Britton

习性：多年生，中草本，高0.6~1.4m；水湿生植物。

生境：草丛、沼泽、河流、溪流、水沟等，海拔100~900m。

分布：湖南、广东、海南、广西、云南、台湾。

细叶刺子莞Rhynchospora faberi C. B. Clarke

习性：多年生，中小草本，高20~60cm；水湿生植物。

生境：沼泽、溪流、湖泊、池塘、水沟等，海拔300~1800m。

分布：山东、江苏、安徽、浙江、江西、福建、湖南、广东、海南、广西。

日本刺子莞Rhynchospora malasica C. B. Clarke

习性：多年生，中草本，高0.5~1m；水湿生植物。

生境：沼泽、浅水处等，海拔200~300m。

分布：广东、台湾。

刺子莞Rhynchospora rubra (Lour.) Makino

习性：一或多年生，中小草本，高30~90cm；水陆生植物。

生境：草丛、沼泽、河流、湖泊、池塘、水沟、洼地、田间、路边等，海拔100~1500m。

分布：江苏、安徽、浙江、江西、福建、河南、湖北、湖南、广东、海南、广西、贵州、云南、四川、台湾。

水葱属 Schoenoplectus (Rchb.) Palla

节苞水葱Schoenoplectus articulatus (L.) Palla

习性：多年生，中小草本，高30~90cm；湿生植物。

生境：塘基、田间等。

分布：海南。

陈谋水葱Schoenoplectus chen-moui (Tang & F. T. Wang) Hayasaka

习性：多年生，小草本，高10~30cm；湿生植物。

生境：田中，海拔约1800m。

分布：云南。

曲氏水葱Schoenoplectus chuanus (Tang & F. T. Wang) S. Yun Liang & S. R. Zhang

习性：多年生，中草本，高60~80cm；挺水植物。

生境：浅水处。

分布：江苏。

佛海水葱Schoenoplectus clemensii (Kük.) G. C. Tucker

习性：多年生，中草本，高0.6~1.2m；挺水植物。

生境：池塘、水沟等，海拔约1600m。

分布：云南。

剑苞水葱Schoenoplectus ehrenbergii (Boeck.) Soják

习性：多年生，中草本，高1~1.5m；挺水植物。

生境：河流、湖泊、田中、水沟等，海拔达1300m。

分布：河北、山东、宁夏、甘肃、新疆。

褐红鳞水葱Schoenoplectus fuscorubens (T. Koyama) T. Koyama

习性：多年生，中小草本，高15~70cm；湿生植物。

生境：草甸，海拔2000~2700m。

分布：贵州、西藏。

穗芽水葱Schoenoplectus gemmifer C. Sato, T. Maeda & Uchino

习性：多年生，中小草本，高0.3~1m；挺水植物。

生境：沼泽，海拔1300~1400m。

分布：浙江。

细秆萤蔺Schoenoplectus hotarui (Ohwi) T. Koyama

习性：一年生，小草本，高13~40cm；湿生植物。

生境：沟谷、溪边等，海拔100~1200m。

分布：吉林、辽宁、山东。

中间水葱Schoenoplectus × intermedius S. R. Zhang & H. Y. Bi

习性：多年生，中草本，高50~75cm；挺水植物。

生境：湖泊，海拔约2300m。

分布：云南。

荆门水葱Schoenoplectus jingmenensis (Tang & F. T. Wang) S. Yun Liang & S. R. Zhang

习性：多年生，小草本，高10~40cm；水湿生植物。

生境：河流、水沟、田中等。

分布：湖北。

萤蔺Schoenoplectus juncoides (Roxb.) Palla
习性：一年生，中小草本，高18~70cm；挺水植物。
生境：沼泽、溪流、湖泊、池塘、水沟、田中等，海拔达2600m。
分布：吉林、辽宁、河北、北京、山西、山东、江苏、安徽、浙江、江西、福建、河南、湖北、湖南、广东、海南、广西、贵州、云南、重庆、四川、西藏、陕西、甘肃、新疆、台湾。

吉林水葱Schoenoplectus komarovii (Roshev.) Soják
习性：多年生，小草本，高10~50cm；水湿生植物。
生境：沼泽、池塘、田间、田中等，海拔约100m。
分布：黑龙江、吉林、辽宁、内蒙古。

沼生水葱Schoenoplectus lacustris (L.) Palla
习性：多年生，大中草本，高1~2.5m；挺水植物。
生境：沼泽、浅水处等，海拔约1000m。
分布：上海、新疆。

细匐匍茎水葱Schoenoplectus lineolatus (Franch. & Sav.) T. Koyama
习性：多年生，小草本，高7~35cm；水湿生植物。
生境：沼泽、浅水处等。
分布：浙江、广东、台湾。

羽状刚毛水葱Schoenoplectus litoralis (Schrader) Palla
习性：多年生，中小草本，高0.3~1.5m；水湿生植物。
生境：沼泽、池塘、沟渠等，海拔600~1600m。
分布：山西、四川、宁夏、甘肃、青海、新疆。

单穗水葱Schoenoplectus monocephalus (J. Q. He) S. Yun Liang & S. R. Zhang
习性：多年生，小草本，高10~20cm；湿生植物。
生境：沟边、田间等。
分布：安徽、广西。

水毛花Schoenoplectus mucronatus subsp. **robustus** (Miq.) T. Koyama
习性：多年生，大中草本，高0.5~1.7m；挺水植物。
生境：沼泽、河流、溪流、湖泊、池塘、水沟、田中等，海拔达2900m。
分布：黑龙江、吉林、北京、山西、山东、江苏、安徽、浙江、江西、福建、河南、湖北、湖南、广东、海南、广西、贵州、云南、重庆、四川、西藏、陕西、甘肃、台湾。

滇水葱Schoenoplectus schoofii (Beetle) Soják
习性：多年生，中小草本，高30~60cm；水湿生植物。
生境：湖泊，海拔约2300m。
分布：江苏、云南。

钻苞水葱Schoenoplectus subulatus (Vahl) Lye
习性：多年生，大中草本，高1~2m；挺水植物。
生境：潮间带、入海河口等。
分布：海南、广西、甘肃。

仰卧秆水葱（原亚种）**Schoenoplectus supinus** subsp. **supinus**
习性：多年生，小草本，高4~50cm；湿生植物。
生境：沟谷、草甸、田中、田间等，海拔600~2300m。
分布：黑龙江、江苏、安徽、广东、海南、广西、云南、新疆、台湾。

多皱纹果仰卧秆水葱Schoenoplectus supinus subsp. **densicorrugatus** (Tang & F. T. Wang) S. Yun Liang & S. R. Zhang
习性：多年生，小草本，高4~10cm；湿生植物。
生境：草甸，海拔600~2300m。
分布：新疆。

稻田仰卧秆水葱Schoenoplectus supinus subsp. **lateriflorus** (J. F. Gmel.) Soják
习性：多年生，小草本，高7~30cm；水湿生植物。
生境：田中、田间等，海拔约1000m。
分布：江苏、安徽、广东、海南、广西、云南、新疆、台湾。

水葱Schoenoplectus tabernaemontani (C. C. Gmel.) Palla
习性：多年生，大中草本，高1~2.5m；挺水植物。
生境：沼泽、河流、溪流、湖泊、池塘、水沟等，海拔100~3700m。
分布：黑龙江、吉林、辽宁、内蒙古、河北、北京、天津、山西、山东、江苏、安徽、上海、浙江、江西、河南、湖北、湖南、广东、广西、贵州、云南、重庆、四川、西藏、陕西、宁夏、甘肃、青海、新疆、台湾。

五棱水葱Schoenoplectus trapezoideus (Koidz.) Hayasaka & H. Ohashi
习性：多年生，中小草本，高40~70cm；水湿生植物。

生境：沼泽、溪边等，海拔200~1000m。

分布：吉林、河北、山东、福建、广西。

三棱水葱Schoenoplectus triqueter (L.) Palla

习性：多年生，中小草本，高0.3~1.2m；挺水植物。

生境：沼泽、河流、溪流、湖泊、池塘、水沟、河口、弃耕田等，海拔100~2300m。

分布：黑龙江、吉林、辽宁、内蒙古、河北、北京、山西、山东、江苏、安徽、上海、浙江、江西、福建、河南、湖北、湖南、广东、广西、贵州、云南、重庆、四川、西藏、陕西、宁夏、甘肃、青海、新疆、台湾。

猪毛草Schoenoplectus wallichii (Nees) T. Koyama

习性：一年生，小草本，高10~40cm；水湿生植物。

生境：沼泽、河漫滩、溪流、池塘、水沟、田中、田间、路边等，海拔200~1500m。

分布：山东、江苏、安徽、上海、浙江、江西、福建、河南、湖北、湖南、广东、广西、贵州、云南、台湾。

赤箭莎属 Schoenus L.

长穗赤箭莎Schoenus calostachyus (R. Br.) Poir.

习性：多年生，中小草本，高40~90cm；水湿生植物。

生境：草丛、沟边等，海拔达600m。

分布：广东、海南、广西。

赤箭莎Schoenus falcatus R. Br.

习性：多年生，中草本，高0.6~1m；水湿生植物。

生境：沼泽、浅水处等，海拔300~600m。

分布：广东、广西、贵州、香港、台湾。

藨草属 Scirpus L.

陈氏藨草Scirpus chunianus Tang & F. T. Wang

习性：多年生，中草本，高0.9~1.5m；湿生植物。

生境：沟谷、林下、林缘、草丛、水边、路边等，海拔300~600m。

分布：湖南、广东、海南、广西。

细枝藨草Scirpus filipes C. B. Clarke

习性：多年生，中草本，高0.7~1m；半湿生植物。

生境：林下、林缘、草丛、沼泽、溪边、沟边等，海拔300~2400m。

分布：福建、广东、广西。

华东藨草Scirpus karuisawensis Makino

习性：多年生，中草本，高0.8~1.5m；水湿生植物。

生境：沼泽、河岸坡、溪边、池塘、沟边等，海拔600~1200m。

分布：黑龙江、吉林、辽宁、山东、江苏、安徽、浙江、河南、湖北、湖南、贵州、云南、陕西。

庐山藨草Scirpus lushanensis Ohwi

习性：多年生，中草本，高1~1.5m；水湿生植物。

生境：沼泽、河流、溪流、湖泊、池塘、水沟等，海拔300~2800m。

分布：吉林、辽宁、山东、江苏、安徽、浙江、江西、福建、河南、湖北、湖南、广东、广西、贵州、云南、重庆、四川、西藏、陕西。

东方藨草Scirpus orientalis Ohwi

习性：多年生，大中草本，高0.6~1.8m；湿生植物。

生境：沼泽、溪边、塘基、沟边等，海拔400~2700m。

分布：黑龙江、吉林、辽宁、内蒙古、河北、山西、山东、陕西、甘肃、新疆。

东北藨草Scirpus radicans Schkuhr

习性：多年生，中草本，高0.7~1.5m；水湿生植物。

生境：沼泽、河流、湖泊、池塘、洼地等，海拔400~900m。

分布：黑龙江、吉林、辽宁、内蒙古。

百球藨草Scirpus rosthornii Diels

习性：多年生，中草本，高0.7~1m；湿生植物。

生境：林下、林缘、沼泽、溪边、路边等，海拔600~2400m。

分布：山东、安徽、浙江、江西、福建、河南、湖北、湖南、广东、广西、贵州、云南、重庆、四川、西藏、陕西、甘肃。

百穗藨草Scirpus ternatanus Reinw. ex Miq.

习性：多年生，中草本，高0.6~1m；半湿生植物。

生境：沟谷、洼地、沟边等，海拔300~1800m。

分布：山东、安徽、江西、福建、湖北、湖南、广东、海南、广西、云南、四川、西藏、台湾。

球穗藨草Scirpus wichurae Boeck.

习性：多年生，中草本，高0.6~1m；半湿生植物。

生境：草丛、沼泽、溪边等，海拔300~2800m。

分布：吉林、辽宁、内蒙古、山东、江苏、安徽、浙江、江西、河南、湖北、贵州、云南、四川、甘肃、青海、新疆。

珍珠茅属 Scleria P. J. Bergius

二花珍珠茅 Scleria biflora Roxb.

习性：一年生，小草本，高30~40cm；半湿生植物。

生境：溪边、沟边、田间等，海拔600~1800m。

分布：江苏、福建、广东、海南、广西、云南、台湾。

小型珍珠茅 Scleria parvula Steud.

习性：一年生，中小草本，高40~60cm；半湿生植物。

生境：沟谷、林下、溪边、田间等，海拔700~2700m。

分布：山东、江苏、浙江、江西、福建、湖南、广东、贵州、云南、四川、西藏。

稻形珍珠茅 Scleria poiformis Retz.

习性：多年生，大中草本，高1~2m；水湿生植物。

生境：溪流、池塘、水沟等。

分布：广东、海南。

光果珍珠茅 Scleria radula Hance

习性：多年生，中草本，高0.5~1.5m；水湿生植物。

生境：沼泽、溪流、水沟等，海拔100~800m。

分布：广东、海南、广西、云南、香港、台湾。

高秆珍珠茅 Scleria terrestris (L.) Fassett

习性：多年生，大中草本，高0.6~3m；半湿生植物。

生境：林缘、溪边、沟边、路边等，海拔达2000m。

分布：广东、海南、广西、云南、香港、台湾。

针蔺属 Trichophorum Pers.

双柱头针蔺 Trichophorum distigmaticum (Kük.) T. V. Egorova

习性：多年生，小草本，高10~25cm；湿生植物。

生境：草甸、河岸坡、河漫滩等，海拔2000~4600m。

分布：云南、四川、西藏、陕西、宁夏、甘肃、青海。

三棱针蔺 Trichophorum mattfeldianum (Kük.) S. Yun Liang

习性：多年生，中小草本，高0.2~1m；水湿生植物。

生境：林缘、河流、湖泊、水沟、洼地等，海拔900~1900m。

分布：山西、安徽、浙江、福建、河南、湖北、广东、广西、贵州、重庆。

矮针蔺 Trichophorum pumilum (Vahl) Schinz & Thell.

习性：多年生，小草本，高5~15cm；水湿生植物。

生境：沟谷、草甸、溪边、沟边等，海拔500~4700m。

分布：内蒙古、河北、四川、宁夏、甘肃、新疆、西藏。

玉山针蔺 Trichophorum subcapitatum (Thwaites & Hook.) D. A. Simpson

习性：多年生，中小草本，高20~90cm；半湿生植物。

生境：灌丛、溪边、岩壁、路边等，海拔600~2300m。

分布：安徽、浙江、江西、福建、湖北、湖南、广东、广西、贵州、重庆、台湾。

90. 岩梅科 Diapensiaceae

岩匙属 Berneuxia Decne.

岩匙 Berneuxia thibetica Decne.

习性：多年生，小草本，高10~25cm；湿生植物。

生境：林下、灌丛、岩石、岩壁等，海拔1700~3500m。

分布：贵州、云南、四川、西藏。

岩梅属 Diapensia L.

喜马拉雅岩梅 Diapensia himalaica Hook. f. & Thomson

习性：常绿，小亚灌木，高2~5cm；湿生植物。

生境：灌丛、草甸、岩石、岩壁等，海拔3200~5000m。

分布：云南、西藏。

红花岩梅 Diapensia purpurea Diels

习性：常绿，小灌木，高3~10cm；湿生植物。

生境：林下、灌丛、岩石、岩壁等，海拔2600~4500m。

分布：云南、四川、西藏。

岩扇属 Shortia Torr. & A. Gray

华岩扇 Shortia sinensis Hemsl.

习性：多年生，小草本，高10~20cm；湿生植物。

生境：林下、岩壁等，海拔1000~2100m。
分布：云南。

91. 薯蓣科 Dioscoreaceae

薯蓣属 Dioscorea L.

黄独Dioscorea bulbifera L.
习性：多年生，草质藤本；半湿生植物。
生境：河谷、林缘、溪边、沟边等，海拔达2300m。
分布：江苏、安徽、浙江、江西、福建、河南、湖北、湖南、广东、海南、广西、贵州、云南、四川、西藏、陕西、甘肃、台湾。

日本薯蓣Dioscorea japonica Thunb.
习性：多年生，草质藤本；半湿生植物。
生境：沟谷、林下、溪边、沟边等，海拔100~1200m。
分布：江苏、安徽、浙江、江西、福建、湖北、湖南、广东、广西、贵州、四川、台湾。

穿龙薯蓣Dioscorea nipponica Makino
习性：多年生，草质藤本；半湿生植物。
生境：沟谷、林下、溪边、沟边等，海拔100~1700m。
分布：黑龙江、吉林、辽宁、内蒙古、河北、北京、山西、山东、安徽、浙江、江西、河南、湖北、贵州、四川、陕西、宁夏、甘肃、青海。

薯蓣Dioscorea polystachya Turcz.
习性：多年生，草质藤本；半湿生植物。
生境：沟谷、林下、溪边、沟边等，海拔100~2500m。
分布：吉林、辽宁、河北、山东、江苏、浙江、江西、福建、河南、湖北、湖南、广东、广西、贵州、云南、四川、陕西、甘肃、台湾。

裂果薯属 Schizocapsa Hance

广西裂果薯Schizocapsa guangxiensis P. P. Ling & C. T. Ting
习性：多年生，小草本，高10~25cm；湿生植物。
生境：河谷、河岸坡、溪边、岩石等，海拔约200m。
分布：广西。

裂果薯Schizocapsa plantaginea Hance
习性：多年生，小草本，高20~30cm；湿生植物。
生境：沟谷、林下、河岸坡、溪边、湖岸坡、塘基、

沟边、田埂、路边等，海拔200~1300m。
分布：江西、湖南、广东、广西、贵州、云南。

蒟蒻薯属 Tacca J. R. Forst. & G. Forst.

箭根薯Tacca chantrieri André
习性：多年生，中草本，高50~80cm；湿生植物。
生境：沟谷、林下、水边等，海拔200~1300m。
分布：湖南、广东、海南、广西、贵州、云南、西藏。

丝须蒟蒻薯Tacca integrifolia Ker Gawl.
习性：多年生，中小草本，高40~80cm；湿生植物。
生境：沟谷、林下等，海拔600~900m。
分布：西藏。

蒟蒻薯Tacca leontopetaloides (L.) Kuntze
习性：多年生，小草本，高20~40cm；湿生植物。
生境：沟谷、林下、灌丛、河岸坡等，海拔200~600m。
分布：江西、广西、台湾。

扇苞蒟蒻薯Tacca subflabellata P. P. Ling & C. T. Ting
习性：多年生，小草本，高20~40cm；湿生植物。
生境：林下，海拔100~200m。
分布：云南。

92. 茅膏菜科 Droseraceae

貉藻属 Aldrovanda L.

貉藻Aldrovanda vesiculosa L.
习性：多年生，小草本；漂浮植物。
生境：沼泽、河流、湖泊、池塘、沟渠等。
分布：黑龙江、吉林、内蒙古。

茅膏菜属 Drosera L.

英国茅膏菜Drosera anglica Huds.
习性：多年生，小草本，高6~18cm；湿生植物。
生境：沼泽。
分布：吉林。

锦地罗Drosera burmanni Vahl
习性：一或二年生，小草本，高20~50cm；湿生植物。

生境：河谷、林下、草丛、沼泽、田间等，海拔达1600m。

分布：江西、福建、广东、海南、广西、云南、台湾。

长叶茅膏菜Drosera indica L.

习性：一年生，小草本，高2~50cm；湿生植物。

生境：河谷、草丛、沼泽、沟边、田间、潮上带等，海拔达600m。

分布：福建、广东、海南、广西、台湾。

长柱茅膏菜Drosera oblanceolata Y. Z. Ruan

习性：多年生，小草本，高10~20cm；湿生植物。

生境：草丛、沼泽等，海拔达800m。

分布：广东、广西。

茅膏菜Drosera peltata Sm. ex Willd.

习性：多年生，小草本，高10~30cm；湿生植物。

生境：沟谷、林下、灌丛、草丛、沼泽草甸、溪边、田间等，海拔达3700m。

分布：安徽、江西、贵州、云南、四川、西藏。

圆叶茅膏菜Drosera rotundifolia L.

习性：多年生，小草本，高5~25cm；湿生植物。

生境：林下、灌丛、草甸、沼泽、溪边、沟边等，海拔达1500m。

分布：黑龙江、吉林、浙江、江西、福建、湖北、湖南、广东。

匙叶茅膏菜Drosera spatulata Labill.

习性：多年生，小草本，高2~8cm；湿生植物。

生境：河谷、灌丛、草丛、沼泽、沟边、岩石、岩壁等。

分布：福建、广东、广西、台湾。

93. 胡颓子科 Elaeagnaceae

沙棘属 Hippophae L.

云南沙棘Hippophae rhamnoides subsp. yunnanensis Rousi

习性：落叶，中小灌木，高0.7~1.6m；半湿生植物。

生境：河谷、草丛、河岸坡、溪边、沟边等，海拔2200~3700m。

分布：云南、四川、西藏。

94. 杜英科 Elaeocarpaceae

杜英属 Elaeocarpus L.

水石榕Elaeocarpus hainanensis Oliv.

习性：常绿，灌木或乔木，高达5m；湿生植物。

生境：沟谷、溪边等，海拔200~500m。

分布：广东、海南、广西、云南。

95. 沟繁缕科 Elatinaceae

田繁缕属 Bergia L.

田繁缕Bergia ammannioides Roxb. ex Roth

习性：一年生，小草本，高10~30cm；半湿生植物。

生境：田中、溪边、沟边、潮上带等，海拔达1700m。

分布：湖南、广东、海南、广西、云南、台湾。

大叶田繁缕Bergia capensis L.

习性：一年生，小草本，高15~30cm；水湿生植物。

生境：田中、沟边等。

分布：广东、海南、广西。

倍蕊田繁缕Bergia serrata Blanco

习性：多年生，草本或亚灌木，高10~30cm；半湿生植物。

生境：田中、沟边、草丛等。

分布：广东、海南、广西、台湾。

沟繁缕属 Elatine L.

长梗沟繁缕Elatine ambigua Wight

习性：一年生，匍匐草本，高1~3cm；水湿生植物。

生境：湖泊、池塘、沼泽等，海拔达3400m。

分布：云南、四川、台湾。

马蹄沟繁缕Elatine hydropiper L.

习性：一年生，匍匐草本，高2~4cm；水湿生植物。

生境：河流、池塘、沼泽等。

分布：黑龙江、吉林、辽宁。

三蕊沟繁缕Elatine triandra Schkuhr

习性：一年生，匍匐草本，高1~6cm；水湿生植物。

生境：沼泽、溪流、池塘、水沟、田中等。

分布：黑龙江、吉林、辽宁、安徽、浙江、江西、广东、新疆、台湾。

96. 杜鹃花科 Ericaceae

青姬木属 Andromeda L.

青姬木 Andromeda polifolia L.
习性：常绿，小灌木，高5~30cm；湿生植物。
生境：沼泽，海拔约1400m。
分布：吉林。

北极果属 Arctous (A. Gray) Nied.

北极果 Arctous alpinus (L.) Nied.
习性：落叶，小灌木，高20~40cm；半湿生植物。
生境：灌丛、冻原、草甸、岩石等，海拔1900~4000m。
分布：内蒙古、四川、陕西、甘肃、青海、新疆。

红北极果 Arctous ruber (Rehder & E. H. Wilson) Nakai
习性：落叶，小灌木，高6~20cm；半湿生植物。
生境：林下、灌丛、山坡、岩石、沟边等，海拔1800~4300m。
分布：吉林、内蒙古、四川、宁夏、甘肃。

岩须属 Cassiope D. Don

扫帚岩须 Cassiope fastigiata (Wall.) D. Don
习性：常绿，小灌木，高15~30cm；湿生植物。
生境：灌丛、岩石、漂石间等，海拔3800~4500m。
分布：西藏。

鼠尾岩须 Cassiope myosuroides W. W. Sm.
习性：常绿，小亚灌木，高4~7cm；湿生植物。
生境：草甸、岩石、岩壁等，海拔4000~4500m。
分布：云南。

朝天岩须 Cassiope palpebrata W. W. Sm.
习性：常绿，小灌木，高6~8cm；湿生植物。
生境：灌丛、沼泽、岩石等，海拔3000~4300m。
分布：云南。

篦叶岩须 Cassiope pectinata Stapf
习性：常绿，小灌木，高15~30cm；半湿生植物。
生境：林下、灌丛、草甸、岩石等，海拔3200~4600m。
分布：云南、四川、西藏。

岩须 Cassiope selaginoides Hook. f. & Thomson
习性：常绿，小灌木，高5~25cm；半湿生植物。
生境：灌丛、草丛、岩坡、岩壁等，海拔2900~4500m。

分布：云南、四川、西藏。

地桂属 Chamaedaphne Moench

地桂 Chamaedaphne calyculata (L.) Moench
习性：常绿，中小灌木，高0.3~1.5m；湿生植物。
生境：林下、林缘、沼泽草甸、沼泽等，海拔400~1100m。
分布：黑龙江、吉林、内蒙古。

杉叶杜属 Diplarche Hook. & Thomson

杉叶杜 Diplarche multiflora Hook. f. & Thomson
习性：常绿，小灌木，高8~16cm；湿生植物。
生境：灌丛、草甸、岩坡、岩石、岩壁等，海拔3500~4100m。
分布：云南、西藏。

少花杉叶杜 Diplarche pauciflora Hook. f. & Thomson
习性：常绿，小灌木，高4~7cm；湿生植物。
生境：灌丛、草甸、岩坡、岩石、岩壁等，海拔3500~4800m。
分布：云南、四川、西藏。

白珠树属 Gaultheria Kalm ex L.

红粉白珠 Gaultheria hookeri C. B. Clarke
习性：常绿，小灌木，高0.3~1m；湿生植物。
生境：林下、林缘、灌丛、草甸、沼泽、沟边等，海拔1900~3800m。
分布：云南、四川、西藏。

杜香属 Ledum L.

杜香（原变种）Ledum palustre var. palustre
习性：常绿，小灌木，高20~50cm；半湿生植物。
生境：沟谷、林下、林缘、草丛、沼泽草甸、沼泽、河漫滩等，海拔400~1400m。
分布：黑龙江、吉林、辽宁、内蒙古。

小叶杜香 Ledum palustre var. decumbens Aiton
习性：常绿，小灌木，高40~50cm；半湿生植物。
生境：林下、林缘、沼泽、草甸等，海拔800~2100m。

分布：黑龙江、内蒙古、四川。

宽叶杜香 Ledum palustre var. dilatatum Wahlenb.

习性：常绿，小灌木，高40~50cm；半湿生植物。
生境：林下、林缘、草丛、沼泽等，海拔800~2000m。
分布：黑龙江、吉林、内蒙古。

珍珠花属 Lyonia Nutt.

秀丽珍珠花 Lyonia compta (W. W. Sm. & Jeffrey) Hand.-Mazz.

习性：常绿，中小灌木，高0.5~2m；半湿生植物。
生境：林缘、灌丛、沼泽等，海拔1000~2500m。
分布：贵州、云南。

独丽花属 Moneses Salisb. ex Gray

独丽花 Moneses uniflora (L.) A. Gray

习性：常绿，小亚灌木，高5~13cm；湿生植物。
生境：林下、河岸坡、沟边等，常和苔藓植物共生，海拔900~3800m。
分布：黑龙江、吉林、内蒙古、山西、云南、四川、甘肃、新疆、台湾。

水晶兰属 Monotropa L.

松下兰 Monotropa hypopitys L.

习性：多年生，小草本，高15~20cm；湿生植物。
生境：林下、草丛等，海拔1400~3700m。
分布：吉林、辽宁、山西、安徽、江西、福建、湖北、湖南、云南、四川、西藏、陕西、甘肃、青海、新疆、台湾。

水晶兰 Monotropa uniflora L.

习性：多年生，小草本，高10~30cm；湿生植物。
生境：林下，海拔800~3900m。
分布：山西、安徽、浙江、江西、湖北、贵州、云南、四川、西藏、陕西、甘肃、青海。

假沙晶兰属 Monotropastrum Andres

球果假沙晶兰 Monotropastrum humile (D. Don) H. Hara

习性：多年生，小草本，高10~20cm；湿生植物。

生境：林下，海拔100~2500m。
分布：黑龙江、吉林、辽宁、浙江、湖北、云南、西藏、台湾。

荫生沙晶兰 Monotropastrum sciaphilum (Andres) G. D. Wallace

习性：多年生，小草本，高4~10cm；湿生植物。
生境：林下、沟边等，海拔2200~2700m。
分布：云南。

单侧花属 Orthilia Raf.

单侧花 Orthilia secunda (L.) House

习性：常绿，小亚灌木，高10~25cm；湿生植物。
生境：林下，海拔1000~3200m。
分布：黑龙江、吉林、辽宁、内蒙古、山西、四川、甘肃、青海、新疆。

松毛翠属 Phyllodoce Link

松毛翠 Phyllodoce caerulea (L.) Bab.

习性：常绿，小灌木，高10~40cm；湿生植物。
生境：灌丛、草原、草甸、冻原等，海拔800~3600m。
分布：吉林、内蒙古、新疆。

鹿蹄草属 Pyrola L.

花叶鹿蹄草 Pyrola alboreticulata Hayata

习性：多年生，小草本，高10~20cm；湿生植物。
生境：林下，海拔1500~3300m。
分布：云南、台湾。

红花鹿蹄草 Pyrola asarifolia subsp. incarnata (DC.) E. Haber & H. Takahashi

习性：多年生，小草本，高15~30cm；半湿生植物。
生境：河谷、林下、河岸坡、溪边等，海拔1000~2500m。
分布：黑龙江、吉林、辽宁、内蒙古、河北、山西、河南、四川、宁夏、新疆。

紫背鹿蹄草 Pyrola atropurpurea Franch.

习性：多年生，小草本，高7~18cm；半湿生植物。
生境：林下、岩石等，海拔1800~4000m。
分布：山西、河南、云南、四川、西藏、陕西、甘肃、青海。

鹿蹄草**Pyrola calliantha** Andres

习性：多年生，小草本，高10~30cm；半湿生植物。

生境：林下、草丛、沟边、岩石、路边等，海拔700~4100m。

分布：河北、山西、山东、江苏、安徽、浙江、江西、河南、湖北、湖南、贵州、云南、四川、福建、西藏、陕西、甘肃、青海。

兴安鹿蹄草**Pyrola dahurica** (Andres) Kom.

习性：常绿，小亚灌木，高15~23cm；湿生植物。

生境：林下、草甸等，海拔700~1800m。

分布：黑龙江、吉林、辽宁、内蒙古。

普通鹿蹄草**Pyrola decorata** Andres

习性：多年生，小草本，高15~35cm；半湿生植物。

生境：沟谷、林下、灌丛、水边等，海拔600~3000m。

分布：安徽、浙江、江西、福建、河南、湖北、湖南、广东、广西、贵州、云南、四川、西藏、陕西、甘肃。

短柱鹿蹄草**Pyrola minor** L.

习性：多年生，小草本，高7~20cm；半湿生植物。

生境：林下，海拔500~2500m。

分布：黑龙江、吉林、云南、西藏、新疆。

肾叶鹿蹄草**Pyrola renifolia** Maxim.

习性：常绿，小草本，高10~21cm；湿生植物。

生境：林下，海拔900~2000m。

分布：黑龙江、吉林、辽宁、内蒙古、河北。

珍珠鹿蹄草**Pyrola sororia** Andres

习性：多年生，小草本，高15~30cm；湿生植物。

生境：林内、灌丛等，海拔2700~3900m。

分布：云南、西藏。

长白鹿蹄草**Pyrola tschanbaischanica** Y. L. Chou & Y. L. Chang

习性：多年生，小草本，高8~13cm；湿生植物。

生境：冻原，海拔1400~2100m。

分布：吉林。

杜鹃属 **Rhododendron** L.

桃叶杜鹃**Rhododendron annae** Franch.

习性：常绿，中灌木，高1.5~2m；湿生植物。

生境：林下、灌丛、沼泽等，海拔1200~2600m。

分布：贵州。

牛皮杜鹃**Rhododendron aureum** Georgi

习性：常绿，小灌木，高10~50cm；湿生植物。

生境：林下、林缘、草甸、冻原、河岸坡等，海拔1000~2500m。

分布：黑龙江、吉林、辽宁。

弯柱杜鹃**Rhododendron campylogynum** Franch.

习性：常绿，中小灌木，高0.3~1.8m；湿生植物。

生境：灌丛、沼泽、岩壁等，海拔2700~5100m。

分布：云南、西藏。

毛喉杜鹃**Rhododendron cephalanthum** Franch.

习性：常绿，中小灌木，高0.3~1.5m；湿生植物。

生境：灌丛、草甸、沼泽等，海拔3000~4600m。

分布：云南、四川、西藏、青海。

云雾杜鹃（原变种）**Rhododendron chamaethomsonii** var. **chamaethomsonii**

习性：常绿，小灌木，高15~90cm；湿生植物。

生境：灌丛、沼泽、岩坡等，海拔4200~4500m。

分布：云南、西藏。

毛背云雾杜鹃**Rhododendron chamaethomsonii** var. **chamaedoron** (Tagg & Forrest) D. F. Chamb.

习性：常绿，小灌木，高15~90cm；湿生植物。

生境：灌丛、沼泽、草甸、岩坡等，海拔3300~4400m。

分布：云南、西藏。

短萼云雾杜鹃**Rhododendron chamaethomsonii** var. **chamaethauma** (Tagg) Cowan & Davidian

习性：常绿，小灌木，高15~90cm；湿生植物。

生境：岩坡、沼泽等，海拔4200~4400m。

分布：云南、西藏。

金萼杜鹃**Rhododendron chrysocalyx** H. Lév. & Vaniot

习性：落叶，大中灌木，高1~3m；半湿生植物。

生境：灌丛、河岸坡等，海拔500~1000m。

分布：湖北、广西、贵州、重庆、四川。

橙黄杜鹃（原变种）**Rhododendron citriniflorum** var. **citriniflorum**

习性：常绿，中小灌木，高0.6~1.2m；湿生植物。

生境：灌丛、沼泽、草甸、岩壁等，海拔3900~5400m。

分布：云南、西藏。

美艳橙黄杜鹃Rhododendron citriniflorum var. horaeum (Balf. f. & Forrest) D. F. Chamb.

习性：常绿，中小灌木，高0.6~1.2m；湿生植物。

生境：灌丛、沼泽草甸、岩壁等，海拔3600~4500m。

分布：云南、西藏。

秀雅杜鹃Rhododendron concinnum Hemsl.

习性：常绿，大中灌木，高1.5~3m；半湿生植物。

生境：林缘、灌丛等，海拔1800~3800m。

分布：河南、湖北、贵州、云南、四川、陕西。

兴安杜鹃Rhododendron dauricum L.

习性：半常绿，中小灌木，高0.5~2m；半湿生植物。

生境：林下、林缘、沼泽等，海拔500~2800m。

分布：黑龙江、吉林、内蒙古。

腺梗两色杜鹃Rhododendron dichroanthum subsp. **septentrionale** Cowan

习性：常绿，大中灌木，高1~2.5m；湿生植物。

生境：灌丛、沼泽、岩壁等，海拔3900~4300m。

分布：云南。

密枝杜鹃Rhododendron fastigiatum Franch.

习性：常绿，中小灌木，高0.8~1.5m；湿生植物。

生境：林下、灌丛、砾石坡等，海拔3000~4500m。

分布：云南、四川。

紫背杜鹃（原亚种）**Rhododendron forrestii** subsp. **forrestii**

习性：常绿，小灌木，高20~90cm；湿生植物。

生境：灌丛、冻原、草甸、流石滩、岩坡等，海拔3000~4200m。

分布：云南、西藏。

乳突紫背杜鹃Rhododendron forrestii subsp. **papillatum** D. F. Chamb.

习性：常绿，小灌木，高10~40cm；湿生植物。

生境：冻原、草甸、岩坡等，海拔3300~3900m。

分布：西藏。

大芽杜鹃Rhododendron gemmiferum Philipson & M. N. Philipson

习性：常绿，中小灌木，高0.4~1.2m；湿生植物。

生境：灌丛、草甸等，海拔3300~4300m。

分布：云南。

灰背杜鹃Rhododendron hippophaeoides Balf. f. & W. W. Sm.

习性：常绿，中小灌木，高0.3~1.5m；湿生植物。

生境：林下、灌丛、草甸、草本沼泽等，海拔2400~4800m。

分布：云南、四川。

隐蕊杜鹃Rhododendron intricatum Franch.

习性：常绿，中小灌木，高0.15~1.5m；湿生植物。

生境：沟谷、林下、灌丛、草甸等，海拔2500~5000m。

分布：云南、四川。

独龙杜鹃Rhododendron keleticum Balf. f. & Forrest

习性：常绿，小灌木，高5~30cm；湿生植物。

生境：灌丛、草丛、草甸、岩坡等，海拔3000~3900m。

分布：云南、西藏。

高山杜鹃Rhododendron lapponicum (L.) Wahlenb.

习性：常绿，小灌木，高0.2~1m；湿生植物。

生境：灌丛、草甸、灌丛沼泽、苔藓沼泽、冻原等，海拔700~3500m。

分布：黑龙江、吉林、辽宁、内蒙古。

鳞腺杜鹃Rhododendron lepidotum Wall. ex G. Don

习性：常绿，中小灌木，高0.5~2m；湿生植物。

生境：林下、灌丛、草丛、沼泽、岩壁等，海拔2500~3700m。

分布：云南、四川、西藏。

黄花杜鹃Rhododendron lutescens Franch.

习性：常绿或半常绿，大中灌木，高1~3m；半湿生植物。

生境：林下、灌丛、岩坡等，海拔1700~2000m。

分布：贵州、云南、四川。

猫儿山杜鹃Rhododendron maoerense W. P. Fang & G. Z. Li

习性：常绿，灌木或乔木，高1~12m；半湿生植物。

生境：林间、沼泽、溪边、沟边等，海拔1500~2100m。

分布：广西。

光亮杜鹃Rhododendron nitidulum Rehder & E. H. Wilson

习性：常绿，中小灌木，高0.2~1.5m；湿生植物。

生境：草甸、沼泽、岩坡、溪边等，海拔3200~5000m。

分布：四川。

雪层杜鹃（原亚种）Rhododendron nivale subsp. **nivale**

习性：常绿，中小灌木，高0.3~1.2m；湿生植物。

生境：沟谷、灌丛、碎石坡、草甸、沼泽等，海拔3200~5800m。

分布：四川、西藏、青海。

南方雪层杜鹃Rhododendron nivale subsp. **australe** Philipson & M. N. Philipson

习性：常绿，中小灌木，高0.3~1.2m；湿生植物。

生境：林缘、灌丛、草丛、草甸、沼泽、湖岸坡等，海拔3100~4500m。

分布：云南、四川。

北方雪层杜鹃Rhododendron nivale subsp. **boreale** Philipson & M. N. Philipson

习性：常绿，中小灌木，高0.3~1.2m；湿生植物。

生境：沼泽、沼泽草甸、岩坡等，海拔3200~5400m。

分布：云南、四川、西藏、青海。

多枝杜鹃Rhododendron polycladum Franch.

习性：常绿，中小灌木，高0.5~1.2m；湿生植物。

生境：林缘、草甸、沼泽、岩坡等，海拔3000~4300m。

分布：云南、四川。

樱草杜鹃 Rhododendron primuliflorum Bureau & Franch.

习性：常绿，灌木，高0.4~2.5m；湿生植物。

生境：林下、灌丛、草甸、沼泽、岩坡等，海拔2900~5100m。

分布：云南、四川、西藏、甘肃。

腋花杜鹃Rhododendron racemosum Franch.

习性：常绿，中小灌木，高0.2~2m；湿生植物。

生境：林下、灌丛、草丛等，海拔1500~3800m。

分布：贵州、云南、四川。

溪畔杜鹃Rhododendron rivulare Hand.-Mazz.

习性：常绿，大中灌木，高1~3m；湿生植物。

生境：林下，海拔700~1200m。

分布：福建、湖南、广西、贵州、重庆。

平卧怒江杜鹃Rhododendron saluenense var. **prostratum** (W. W. Sm.) R. C. Fang

习性：常绿，小灌木，高5~60cm；湿生植物。

生境：灌丛、草甸、岩坡等，海拔3300~4800m。

分布：云南。

锈叶杜鹃 Rhododendron siderophyllum Franch.

习性：常绿，大中灌木，高1~4m；半湿生植物。

生境：林下、灌丛等，海拔1200~3000m。

分布：贵州、云南、四川。

单色杜鹃Rhododendron tapetiforme Balf. f. & Kingdon-Ward

习性：常绿，小灌木，高5~50cm；湿生植物。

生境：灌丛、草甸、岩坡等，海拔3300~4800m。

分布：云南、西藏。

草原杜鹃Rhododendron telmateium Balf. f. & W. W. Sm.

习性：常绿，小灌木，高0.1~1m；湿生植物。

生境：林缘、灌丛、草甸、岩坡等，海拔2700~5000m。

分布：云南、四川。

滇藏杜鹃Rhododendron temenium Balf. f. & Forrest

习性：常绿，小灌木，高0.6~1m；湿生植物。

生境：灌丛、草甸、沼泽、岩坡等，海拔3000~4400m。

分布：云南、西藏。

昭通杜鹃Rhododendron tsaii W. P. Fang

习性：常绿，小灌木，高30~50cm；湿生植物。

生境：灌丛、草甸、沼泽等，海拔2700~3400m。

分布：贵州、云南、四川、西藏。

毛蕊杜鹃（原变种）Rhododendron websterianum var. **websterianum**

习性：常绿，中小灌木，高0.2~1.5m；湿生植物。

生境：林下、灌丛、沼泽等，海拔3200~4900m。

分布：四川。

黄花毛蕊杜鹃Rhododendron websterianum var. **yulongense** Philipson & M. N. Philipson

习性：常绿，中小灌木，高0.2~1.5m；湿生植物。

生境：草丛、草甸等，海拔4300~4800m。

分布：四川。

越橘属 Vaccinium L.

小果红莓苔子 Vaccinium microcarpum (Turcz. ex Rupr.) Schmalh.

习性：常绿，小亚灌木，高5~10cm；湿生植物。

生境：林下、沼泽等，海拔900~3900m。

分布：黑龙江、吉林、内蒙古。

黑果越橘 Vaccinium myrtillus L.

习性：落叶，小灌木，高15~60cm；湿生植物。

生境：林下、土壤呈酸性的区域等，海拔2200~2500m。

分布：新疆。

红莓苔子 Vaccinium oxycoccus L.

习性：常绿，小亚灌木，高10~20cm；湿生植物。

生境：草甸、沼泽等，海拔500~900m。

分布：黑龙江、吉林、新疆。

笃斯越橘 Vaccinium uliginosum L.

习性：落叶，小灌木，高0.5~1m；半湿生植物。

生境：林下、林缘、沼泽草甸、沼泽、冻原等，海拔900~2300m。

分布：黑龙江、吉林、内蒙古。

越橘 Vaccinium vitis-idaea L.

习性：常绿，小灌木，高5~30cm；半湿生植物。

生境：林下、草甸、沼泽、冻原等，海拔900~3200m。

分布：黑龙江、吉林、内蒙古、陕西、新疆。

97. 谷精草科 Eriocaulaceae

谷精草属 Eriocaulon L.

双江谷精草 Eriocaulon acutibracteatum W. L. Ma

习性：一年生，小草本，高25~40cm；水湿生植物。

生境：沼泽，海拔约1100m。

分布：云南。

高山谷精草（原变种）Eriocaulon alpestre var. alpestre

习性：一年生，小草本，高10~20cm；水湿生植物。

生境：沼泽、溪边、水田、路边、水边等，海拔200~3500m。

分布：黑龙江、辽宁、内蒙古、安徽、江西、湖北、贵州、云南、四川、西藏。

四川谷精草 Eriocaulon alpestre var. sichuanense W. L. Ma

习性：一年生，小草本，高5~10cm；湿生植物。

生境：沼泽，海拔约2700m。

分布：四川。

毛谷精草 Eriocaulon australe R. Br.

习性：一年生，中小草本，高15~75cm；水湿生植物。

生境：沟谷、沼泽、溪流、池塘、水沟、田中、路边等，海拔100~2000m。

分布：江西、福建、云南、湖南、广东、广西。

云南谷精草 Eriocaulon brownianum Mart.

习性：一年生，小草本，高30~50cm；湿生植物。

生境：草丛、沼泽等，海拔800~2800m。

分布：湖南、广东、广西、云南。

谷精草 Eriocaulon buergerianum Körn.

习性：一年生，小草本，高25~30cm；水湿生植物。

生境：沼泽、溪边、湖岸坡、池塘、田中等，海拔200~2000m。

分布：江苏、安徽、浙江、江西、福建、湖北、湖南、广东、广西、贵州、云南、重庆、四川、陕西、台湾。

中俄谷精草 Eriocaulon chinorossicum Kom.

习性：一年生，小草本，高10~25cm；水湿生植物。

生境：水田。

分布：黑龙江。

白药谷精草 Eriocaulon cinereum R. Br.

习性：一年生，小草本，高6~20cm；水湿生植物。

生境：沟谷、溪边、水沟、水田等，海拔达1800m。

分布：江苏、安徽、浙江、江西、福建、河南、湖北、湖南、广东、广西、贵州、云南、重庆、四川、陕西、甘肃、台湾。

长苞谷精草 Eriocaulon decemflorum Maxim.

习性：一年生，小草本，高10~30cm；水湿生植物。

生境：草丛、沼泽、田中等，海拔1600~1700m。

分布：黑龙江、吉林、辽宁、河北、山东、江苏、浙江、江西、福建、湖南、广东、四川。

尖苞谷精草 Eriocaulon echinulatum Mart.

习性：一年生，小草本，高6~20cm；水湿生植物。

生境：灌丛、草丛、浅水处等，海拔200~1100m。
分布：江西、广东、广西。

峨眉谷精草Eriocaulon ermeiense W. L. Ma ex Z. X. Zhang

习性：一年生，小草本，高4~18cm；水湿生植物。
生境：沟谷、草丛、沟边等，海拔400~500m。
分布：四川。

江南谷精草Eriocaulon faberi Ruhland

习性：一年生，小草本，高7~50cm；水湿生植物。
生境：沟谷、沼泽、水沟、水田等，海拔100~800m。
分布：江苏、浙江、江西、福建、湖北、湖南。

越南谷精草Eriocaulon fluviatile Trimen

习性：一年生，小草本，高7~30cm；水湿生植物。
生境：沟谷、沼泽、水边、水田等，海拔200~800m。
分布：广东、广西、香港。

光瓣谷精草Eriocaulon glabripetalum W. L. Ma

习性：一年生，小草本，高3~6cm；湿生植物。
生境：水湿处。
分布：广东。

蒙自谷精草Eriocaulon henryanum Ruhland

习性：一年生，小草本，高8~37cm；水湿生植物。
生境：沼泽草甸、沼泽、塘基、沟边、浅水处等，海拔1200~4000m。
分布：云南。

昆明谷精草Eriocaulon kunmingense Z. X. Zhang

习性：一年生，小草本，高4~10cm；水湿生植物。
生境：沟谷、沼泽等，海拔约1000m。
分布：贵州、云南、四川。

光萼谷精草Eriocaulon leianthum W. L. Ma

习性：一年生，小草本，高2~10cm；水湿生植物。
生境：沼泽边，海拔1300~3100m。
分布：云南。

莽山谷精草Eriocaulon mangshanense W. L. Ma

习性：一年生，小草本，高3~5cm；水湿生植物。
生境：沼泽、草丛等，海拔1700~1900m。
分布：湖南。

极小谷精草Eriocaulon minusculum Moldenke

习性：一年生，小草本，高2~3cm；水湿生植物。

生境：沼泽，海拔约3800m。
分布：四川。

四国谷精草Eriocaulon miquelianum Körn.

习性：一年生，小草本，高18~23cm；水湿生植物。
生境：沼泽，海拔1000~1600m。
分布：浙江、湖南。

南投谷精草（原变种）Eriocaulon nantoense var. nantoense

习性：一年生，小草本，高10~20cm；水湿生植物。
生境：沼泽、水沟、水田等，海拔100~2500m。
分布：浙江、福建、广东、海南、广西、贵州、云南、台湾。

小瓣谷精草Eriocaulon nantoense var. micropetalum W. L. Ma

习性：一年生，小草本，高20~25cm；水湿生植物。
生境：沼泽，海拔600~2400m。
分布：云南。

尼泊尔谷精草（原变种）Eriocaulon nepalense var. nepalense

习性：一年生，小草本，高2~6cm；水湿生植物。
生境：沼泽、池塘、水沟、水田等，海拔600~2500m。
分布：浙江、江西、福建、湖南、广东、广西、贵州、云南、四川、西藏、台湾。

小谷精草Eriocaulon nepalense var. luzulifolium (Mart.) Praj. & J. Parn.

习性：一年生，小草本，高6~21cm；水湿生植物。
生境：沼泽、溪边等，海拔300~1700m。
分布：广东、广西、贵州。

南亚谷精草Eriocaulon oryzetorum Mart.

习性：一年生，小草本，高15~20cm；水湿生植物。
生境：沟谷、沼泽、水沟、田中等，海拔1000~2000m。
分布：云南。

朝日谷精草Eriocaulon parvum Körn.

习性：一年生，小草本，高6~13cm；水湿生植物。
生境：水田。
分布：广西。

玉龙山谷精草（原变种）Eriocaulon rockianum var. rockianum

习性：一年生，小草本，高5~7cm；水湿生植物。
生境：沟谷、沼泽、水沟等，海拔2700~2900m。

分布：云南。

宽叶谷精草Eriocaulon rockianum var. latifolium W. L. Ma

习性：一年生，小草本，高9~20cm；水湿生植物。

生境：草甸、沼泽、河漫滩、溪边等，海拔200~3300m。

分布：云南。

云贵谷精草Eriocaulon schochianum Hand.-Mazz.

习性：一年生，小草本，高10~15cm；水湿生植物。

生境：林缘、沼泽、池塘、水沟等，海拔200~2300m。

分布：广西、贵州、云南、四川。

硬叶谷精草Eriocaulon sclerophyllum W. L. Ma

习性：一年生，小草本，高15~30cm；水湿生植物。

生境：草丛、沼泽等。

分布：广东、海南。

丝叶谷精草Eriocaulon setaceum L.

习性：一年生，小草本，高6~10cm；沉水植物。

生境：沼泽、溪流、池塘、水田等，海拔600~3300m。

分布：广东、广西、云南、四川、香港。

华南谷精草Eriocaulon sexangulare L.

习性：一年生，中小草本，高20~60cm；水湿生植物。

生境：沟谷、草丛、河流、湖泊、池塘、水沟、田中、田间等，海拔达800m。

分布：福建、广东、海南、广西、台湾。

大药谷精草Eriocaulon sollyanum Royle

习性：一年生，小草本，高5~20cm；水湿生植物。

生境：沟谷、草甸、沼泽、池塘等，海拔2300~3800m。

分布：贵州、云南、四川、西藏。

泰山谷精草Eriocaulon taishanense F. Z. Li

习性：一年生，小草本，高5~7cm；湿生植物。

生境：草丛、溪边、沟边等，海拔100~400m。

分布：山东。

菲律宾谷精草Eriocaulon truncatum Buch.-Ham. ex Mart.

习性：一年生，小草本，高5~18cm；水湿生植物。

生境：沟谷、溪边、水田、浅水处等，海拔达700m。

分布：广东、海南、广西、贵州、台湾。

翅谷精草Eriocaulon zollingerianum Körn.

习性：一年生，小草本，高5~30cm；水湿生植物。

生境：草丛、池塘、水田等，海拔达1400m。

分布：海南。

98. 大戟科 Euphorbiaceae

铁苋菜属 Acalypha L.

铁苋菜Acalypha australis L.

习性：一年生，小草本，高20~50cm；半湿生植物。

生境：林下、林缘、草丛、河岸坡、溪边、湖岸坡、塘基、沟边、田埂、路边等，海拔达1900m。

分布：除内蒙古、新疆外其他地区。

大戟属 Euphorbia L.

海滨大戟Euphorbia atoto Forst. f.

习性：多年生，小草本，高20~40cm；半湿生植物。

生境：潮上带、堤内等。

分布：广东、海南、香港、台湾。

乳浆大戟Euphorbia esula L.

习性：多年生，中小草本，高25~90cm；半湿生植物。

生境：林缘、灌丛、草丛、河岸坡、溪边、沟边、路边等，海拔200~2500m。

分布：除贵州、云南、西藏、海南外其他地区。

鹅銮鼻大戟Euphorbia garanbiensis Hayata

习性：多年生，小草本，高20~40cm；半湿生植物。

生境：潮上带。

分布：台湾。

飞扬草Euphorbia hirta L.

习性：一年生，中小草本，高30~70cm；半湿生植物。

生境：林缘、草丛、河岸坡、溪边、沟边、消落带、田埂、水浇地、路边等，海拔达2500m。

分布：河北、北京、江苏、安徽、浙江、江西、福建、河南、湖北、湖南、广东、海南、广西、贵州、云南、重庆、四川、香港、澳门、台湾；原产于热带美洲。

地锦草Euphorbia humifusa Willd.

习性：一年生，平卧草本；半湿生植物。

生境：林缘、灌丛、草丛、草甸、消落带、田埂、水浇地、路边、潮上带等，海拔达3900m。

分布：全国各地。

通奶草Euphorbia hypericifolia L.

习性：一年生，小草本，高15~30cm；半湿生植物。

生境：林缘、草丛、河岸坡、溪边、沟边、田埂、水浇地、路边等，海拔达2100m。

分布：辽宁、内蒙古、河北、北京、天津、山西、山东、江苏、安徽、上海、浙江、江西、河南、湖北、湖南、广东、海南、广西、贵州、云南、重庆、四川、香港、澳门、台湾；原产于美洲。

林大戟Euphorbia lucorum Rupr.

习性：多年生，中草本，高50~80cm；半湿生植物。

生境：林缘、灌丛、草丛、草甸等，海拔300~1700m。

分布：黑龙江、吉林、辽宁、内蒙古。

斑地锦草Euphorbia maculata L.

习性：一年生，平卧草本；半湿生植物。

生境：林缘、草丛、河岸坡、湖岸坡、消落带、田埂、水浇地、路边、潮上带等，海拔达1500m。

分布：辽宁、河北、北京、天津、山西、山东、江苏、安徽、上海、浙江、江西、福建、河南、湖北、湖南、广东、海南、广西、贵州、重庆、四川、陕西、新疆、台湾；原产于北美洲。

钩腺大戟Euphorbia sieboldiana C. Morren & Decne.

习性：多年生，中小草本，高20~70cm；半湿生植物。

生境：林下、林缘、草丛等，海拔100~2700m。

分布：除内蒙古、福建、海南、西藏、青海、新疆、台湾外其他地区。

黄苞大戟Euphorbia sikkimensis Boiss.

习性：多年生，中小草本，高20~80cm；半湿生植物。

生境：林下、林缘、灌丛、草丛、草原、草甸、河岸坡、沟边等，海拔600~4500m。

分布：湖北、广西、贵州、云南、四川、西藏。

高山大戟Euphorbia stracheyi Boiss.

习性：多年生，中小草本，高5~80cm；半湿生植物。

生境：林下、林缘、灌丛、草甸等，海拔1000~4900m。

分布：云南、四川、西藏、甘肃、青海。

千根草Euphorbia thymifolia L.

习性：一年生，平卧草本；半湿生植物。

生境：林缘、草丛、河岸坡、消落带、溪边、沟边、田埂等，海拔达1300m。

分布：江苏、浙江、江西、福建、湖南、广东、海南、广西、云南、台湾。

海漆属 Excoecaria L.

海漆Excoecaria agallocha L.

习性：半常绿，灌木或乔木，高1~5m；水陆生植物。

生境：潮上带、潮间带、入海河口等。

分布：福建、广东、海南、广西、香港、台湾。

水柳属 Homonoia Lour.

水柳Homonoia riparia Lour.

习性：常绿，大中灌木，高1~3m；水陆生植物。

生境：河岸坡、溪边、水沟、消落带等，海拔100~1300m。

分布：海南、广西、贵州、云南、四川、台湾。

地杨桃属 Microstachys A. Juss.

地杨桃Microstachys chamaelea (L.) Müll. Arg.

习性：多年生，中小草本，高20~60cm；半湿生植物。

生境：草丛、溪边、沟边、潮上带等，海拔达300m。

分布：广东、海南、广西。

乌桕属 Triadica Lour.

乌桕Triadica sebifera (L.) Small

习性：落叶，中小乔木，高4~15m；水陆生植物。

生境：河岸坡、溪边、湖岸坡、水库、池塘、沟边等，海拔达2800m。

分布：山东、江苏、安徽、上海、浙江、江西、福建、河南、湖北、广东、海南、广西、贵州、云南、重庆、四川、陕西、甘肃、台湾。

99. 豆科 Fabaceae

合萌属 Aeschynomene L.

浮叶合萌Aeschynomene fluitans Peter

习性：一或多年生，小草本；漂浮植物。

生境：沼泽、河流、池塘等。

分布：我国有栽培；原产于非洲。

合萌 Aeschynomene indica L.

习性：一年生，草本或亚灌木状，高0.3~1.5m；水湿生植物。

生境：林缘、草丛、河流、溪流、池塘、水沟、田中、田埂等，海拔100~1300m。

分布：吉林、辽宁、河北、北京、天津、山东、江苏、安徽、上海、浙江、江西、河南、湖北、湖南、广东、广西、贵州、云南、重庆、四川、陕西、甘肃、香港、澳门。

紫穗槐属 Amorpha L.

紫穗槐 Amorpha fruticosa L.

习性：落叶，大中灌木，高1~5m；半湿生植物。

生境：河岸坡、塘基、沟边等，海拔达4100m。

分布：吉林、辽宁、河北、北京、天津、山东、江苏、浙江、河南、湖北、湖南、广西、云南、西藏、陕西、青海、新疆；原产于美国。

两型豆属 Amphicarpaea Elliott

两型豆 Amphicarpaea bracteata subsp. edgeworthii (Benth.) H. Ohashi

习性：一年生，草质藤本；半湿生植物。

生境：林下、灌丛、草丛、溪边、湖岸坡等，海拔300~3000m。

分布：黑龙江、吉林、辽宁、河南、海南、云南、重庆、陕西、甘肃、台湾。

黄芪属 Astragalus L.

高山黄芪 Astragalus alpinus L.

习性：多年生，小草本，高20~50cm；湿生植物。

生境：灌丛、草丛、沼泽草甸等，海拔1800~2200m。

分布：内蒙古、新疆。

团垫黄芪 Astragalus arnoldii Hemsl. & H. Pearson

习性：多年生，小草本，高5~10cm；半湿生植物。

生境：草丛、河漫滩等，海拔4500~5100m。

分布：西藏、青海、新疆。

巴拉克黄芪 Astragalus bahrakianus Grey-Wilson

习性：多年生，中小草本，高30~60cm；半湿生植物。

生境：林下、草丛等，海拔2800~4000m。

分布：新疆。

地八角 Astragalus bhotanensis Baker

习性：多年生，中小草本，高20~90cm；半湿生植物。

生境：林下、草丛、河岸坡、田间等，海拔600~2800m。

分布：贵州、云南、四川、西藏、陕西、甘肃。

达乌里黄芪 Astragalus dahuricus (Pall.) DC.

习性：一或二年生，中小草本，高20~80cm；半湿生植物。

生境：河岸坡、草甸、沟边、路边等，海拔400~2500m。

分布：黑龙江、北京、山西、山东、河南、四川、甘肃。

广布黄芪 Astragalus frigidus (L.) A. Gray

习性：多年生，中小草本，高20~60cm；半湿生植物。

生境：林下、草甸、河岸坡等，海拔200~3100m。

分布：四川、新疆。

斜茎黄芪 Astragalus laxmannii Jacq.

习性：多年生，中小草本，高10~60cm；半湿生植物。

生境：林缘、灌丛、草甸、河岸坡等，海拔1000~3900m。

分布：河北、山西、云南、四川、西藏、陕西、甘肃、青海、新疆。

大翼黄芪 Astragalus macropterus DC.

习性：多年生，中小草本，高30~90cm；半湿生植物。

生境：草甸、湖岸坡、砾石坡等，海拔1400~3500m。

分布：新疆。

草木犀状黄芪 Astragalus melilotoides Pall.

习性：多年生，小草本，高30~50cm；半湿生植物。

生境：草丛、草甸等，海拔200~2600m。

分布：重庆、长江以北。

紫云英 Astragalus sinicus L.

习性：一或二年生，小草本，高10~30cm；湿生植物。

生境：河岸坡、溪边、湖岸坡、沟边、田中、田间、路边等，海拔100~3000m。

分布：江苏、安徽、浙江、江西、福建、河南、湖北、湖南、广东、广西、贵州、云南、重庆、四川、陕西、甘肃、香港、台湾。

笔直黄芪Astragalus strictus Benth.

习性：多年生，小草本，高15~30cm；半湿生植物。

生境：草丛、河岸坡、砾石坡等，海拔2900~4800m。

分布：云南、西藏。

湿地黄芪Astragalus uliginosus L.

习性：多年生，中小草本，高0.3~1m；湿生植物。

生境：林下、林缘、草丛、沼泽草甸、沼泽、河岸坡等，海拔200~1200m。

分布：黑龙江、吉林、辽宁、内蒙古。

鸡血藤属 Callerya Endl.

滇桂鸡血藤Callerya bonatiana (Pamp.) P. K. Lôc

习性：常绿，木质藤本；半湿生植物。

生境：沟谷、灌丛、溪边、沟边等，海拔1400~1700m。

分布：广西、云南。

绿花鸡血藤Callerya championii (Benth.) X. Y. Zhu

习性：常绿，木质藤本；半湿生植物。

生境：河岸坡、溪边、池塘、田埂等，海拔100~800cm。

分布：江西、福建、广东、广西、云南、香港。

灰毛鸡血藤Callerya cinerea (Benth.) Schot

习性：常绿，木质藤本；半湿生植物。

生境：溪边、沟边等，海拔500~1200m。

分布：安徽、浙江、江西、福建、湖北、湖南、广东、海南、广西、贵州、云南、重庆、四川、西藏、甘肃、香港、台湾。

刀豆属 Canavalia Adans.

狭刀豆Canavalia lineata (Thunb.) DC.

习性：多年生，草质藤本；半湿生植物。

生境：河岸坡、潮上带等。

分布：浙江、福建、广东、广西、香港、台湾。

海刀豆Canavalia rosea (Sw.) DC.

习性：多年生，草质藤本；半湿生植物。

生境：潮上带。

分布：浙江、广东、广西、香港、澳门、台湾。

锦鸡儿属 Caragana Fabr.

川西锦鸡儿Caragana erinacea Kom.

习性：落叶，小灌木，高30~60cm；半湿生植物。

生境：河谷、林缘、灌丛、河岸坡、沼泽、洼地等，海拔2000~4600m。

分布：云南、四川、西藏、甘肃、青海。

山扁豆属 Chamaecrista Moench

山扁豆Chamaecrista mimosoides (L.) Greene

习性：一或多年生，中小草本，高30~60cm；半湿生植物。

生境：林缘、灌丛、草丛、河岸坡、溪边、路边等，海拔300~2800m。

分布：黑龙江、辽宁、河北、北京、天津、山西、山东、江苏、安徽、上海、浙江、江西、福建、湖北、湖南、广东、海南、广西、贵州、云南、重庆、四川、陕西、香港、澳门、台湾；原产于热带美洲。

猪屎豆属 Crotalaria L.

卵苞猪屎豆Crotalaria dubia Graham

习性：多年生，中草本，高1~1.5m；湿生植物。

生境：河岸坡、沟边等，海拔700~1100m。

分布：云南。

假地蓝Crotalaria ferruginea Graham ex Benth.

习性：多年生，中草本，高0.6~1.2m；半湿生植物。

生境：林下、草丛、河岸坡、田间等，海拔400~2200m。

分布：江苏、安徽、浙江、江西、福建、湖北、湖南、广东、广西、贵州、云南、重庆、四川、西藏、香港、台湾。

假苜蓿Crotalaria medicaginea Lam.

习性：多年生，中小草本，高0.2~1m；半湿生植物。

生境：草丛、河岸坡、田间、潮上带等，海拔100~2800m。

分布：广东、贵州、云南、四川、台湾。

俯伏猪屎豆Crotalaria prostrata Rott. ex Willd.

习性：多年生，平卧草本，高20~30cm；湿生植物。

生境：草丛、沟边、路边等，海拔100~1300m。

分布：云南。

补骨脂属 **Cullen** Medik.

补骨脂Cullen corylifolium (L.) Medik.

习性：一年生，中草本，高0.6~1.5m；半湿生植物。

生境：溪边、田间等，海拔1000~1800m。

分布：河北、安徽、江西、河南、广东、广西、贵州、云南、四川、陕西、甘肃、香港、台湾。

假木豆属 **Dendrolobium** (Wight & Arn.) Benth.

假木豆Dendrolobium triangulare (Retz.) Schindl.

习性：落叶，中灌木，高1~2m；半湿生植物。

生境：林缘、草丛、沟边等，海拔100~1400m。

分布：湖南、广东、海南、广西、贵州、云南、香港、澳门、台湾。

鱼藤属 **Derris** Lour.

中南鱼藤Derris fordii Oliv.

习性：常绿，木质藤本；半湿生植物。

生境：溪边、沟边等，海拔500~1600m。

分布：浙江、江西、福建、湖北、湖南、广东、海南、广西、贵州、云南、重庆、四川。

鱼藤Derris trifoliata Lour.

习性：常绿，木质藤本；水陆生植物。

生境：红树林、海堤、沟边、入海河口等，海拔达800m。

分布：福建、广东、海南、广西、香港、澳门、台湾。

山蚂蝗属 **Desmodium** Desv.

假地豆Desmodium heterocarpon (L.) DC.

习性：亚灌木或灌木，高0.3~1.5m；半湿生植物。

生境：林下、灌丛、草丛、河岸坡、溪边、沟边等，海拔200~1900m。

分布：浙江、江西、福建、广东、海南、广西、贵州、云南、四川、香港、澳门、台湾。

睫苞豆属 **Geissaspis** Wight & Arn.

睫苞豆Geissaspis cristata Wight & Arn.

习性：一年生，中小草本，高15~60cm；半湿生植物。

生境：潮上带、堤内等，海拔达100m。

分布：广东、香港。

大豆属 **Glycine** Willd.

野大豆Glycine soja Siebold & Zucc.

习性：一年生，草质藤本；湿生植物。

生境：草甸、沼泽、河岸坡、溪边、湖岸坡、沟边、田间、田埂等，海拔达2700m。

分布：除海南、青海、新疆外其他地区。

甘草属 **Glycyrrhiza** L.

刺果甘草Glycyrrhiza pallidiflora Maxim.

习性：多年生，中草本，高1~1.5m；半湿生植物。

生境：河谷、河岸坡、河漫滩、溪边、田间、路边等，海拔2600~3100m。

分布：黑龙江、吉林、辽宁、内蒙古、河北、北京、山东、江苏、河南、云南、重庆、四川、陕西。

鹰叶刺属 **Guilandina** L.

鹰叶刺Guilandina bonduc L.

习性：多年生，木质藤本；半湿生植物。

生境：溪边、沟边、潮上带、入海河口等，海拔达1500m。

分布：广东、海南、广西、香港、澳门、台湾。

岩黄芪属 **Hedysarum** L.

山岩黄芪Hedysarum alpinum L.

习性：多年生，中小草本，高0.4~1.2m；半湿生植物。

生境：林缘、灌丛、灌丛沼泽、沼泽草甸、河岸坡等，海拔400~2300m。

分布：黑龙江、内蒙古、河北、西藏。

湿地岩黄芪Hedysarum inundatum Turcz.

习性：多年生，小草本，高10~40cm；湿生植物。

生境：草甸，海拔2500~3000m。
分布：河北、山西。

长柄山蚂蟥属 Hylodesmum H. Ohashi & R. R. Mill

尖叶长柄山蚂蟥Hylodesmum podocarpum subsp. oxyphyllum (DC.) H. Ohashi & R. R. Mill
习性：多年生，中草本，高0.5~1m；半湿生植物。
生境：林下、林缘、溪边、沟边等，海拔400~2200m。
分布：江苏、安徽、浙江、江西、福建、湖北、湖南、广东、广西、贵州、云南、重庆、四川、西藏、陕西、甘肃、台湾。

木蓝属 Indigofera L.

单叶木蓝Indigofera linifolia (L. f.) Retz.
习性：多年生，小草本，高30~40cm；半湿生植物。
生境：草丛、河岸坡、沟边、田埂等，海拔100~1500m。
分布：云南、重庆、四川、台湾。

穗序木蓝Indigofera spicata Forssk.
习性：多年生，小草本，高15~40cm；半湿生植物。
生境：沟边、田埂、草丛等，海拔800~1100m。
分布：广东、云南、香港、台湾。

鸡眼草属 Kummerowia Schindl.

长萼鸡眼草Kummerowia stipulacea (Maxim.) Makino
习性：一年生，小草本，高7~15cm；半湿生植物。
生境：草丛、河岸坡、溪边、沟边、田埂等，海拔100~1200m。
分布：黑龙江、吉林、辽宁、河北、北京、山西、山东、江苏、安徽、浙江、江西、河南、湖北、云南、重庆、陕西、甘肃、台湾。

鸡眼草Kummerowia striata (Thunb.) Schindl.
习性：一年生，小草本，高5~45cm；半湿生植物。
生境：草丛、河岸坡、溪边、沟边、田埂、路边等，海拔100~1400m。
分布：黑龙江、吉林、辽宁、河北、北京、山西、山东、江苏、安徽、浙江、江西、福建、河南、湖北、湖南、广东、广西、贵州、云南、重庆、

四川、甘肃、香港、台湾。

山黧豆属 Lathyrus L.

海滨山黧豆Lathyrus japonicus Willd.
习性：多年生，平卧或斜升草本，高15~50cm；湿生植物。
生境：潮上带。
分布：辽宁、河北、山东、浙江。

欧山黧豆（原变种）Lathyrus palustris var. **palustris**
习性：多年生，中小草本，高0.2~1m；湿生植物。
生境：沼泽、草甸、田间等，海拔100~3800m。
分布：黑龙江、吉林、辽宁、内蒙古、河北、山西、江苏、浙江、云南、四川、西藏、甘肃、青海、新疆。

毛山黧豆Lathyrus palustris var. **pilosus** (Cham.) Ledeb.
习性：多年生，中小草本，高0.2~1m；湿生植物。
生境：草丛、沼泽草甸、沼泽边、河岸坡、河漫滩等，海拔100~3700m。
分布：黑龙江、吉林、辽宁、内蒙古、河北、山西、江苏、浙江、甘肃、青海。

山黧豆Lathyrus quinquenervius (Miq.) Litv.
习性：多年生，中小草本，高20~70cm；半湿生植物。
生境：林下、林缘、灌丛、草丛、沼泽草甸、沼泽、河岸坡等，海拔400~2500m。
分布：吉林、辽宁、内蒙古、北京、湖南、广东、广西、贵州、云南、重庆、陕西、甘肃。

胡枝子属 Lespedeza Michx.

胡枝子Lespedeza bicolor Turcz.
习性：落叶，大中灌木，高1~3m；半湿生植物。
生境：林缘、溪边、沟边等，海拔100~1000m。
分布：黑龙江、吉林、辽宁、内蒙古、河北、北京、山西、山东、江苏、安徽、浙江、福建、河南、湖北、湖南、广东、广西、重庆、陕西、甘肃、台湾。

截叶铁扫帚Lespedeza cuneata (Dum. Cours.) G. Don
习性：落叶，中灌木，高1~2m；半湿生植物。

生境：林缘、草丛、溪边、沟边、田埂等，海拔 100~2500m。

分布：山东、浙江、江西、河南、湖北、湖南、广东、云南、重庆、四川、西藏、陕西、甘肃、香港、澳门、台湾。

百脉根属 Lotus L.

尖齿百脉根 Lotus angustissimus L.

习性：一或二年生，小草本，高20~50cm；湿生植物。

生境：草丛、河漫滩、沼泽边等，海拔500~1200m。

分布：新疆。

百脉根 Lotus corniculatus L.

习性：多年生，中小草本，高10~80cm；半湿生植物。

生境：林缘、灌丛、草丛、沼泽、河岸坡、沟边、田边等，海拔400~3500m。

分布：湖北、湖南、贵州、云南、重庆、四川、陕西、甘肃、台湾。

新疆百脉根 Lotus frondosus Freyn

习性：多年生，小草本，高10~35cm；湿生植物。

生境：林下、草丛、沼泽边、田埂等，海拔500~1900m。

分布：新疆。

直根百脉根 Lotus schoelleri Schwein f.

习性：多年生，小草本，高15~50cm；半湿生植物。

生境：河岸坡、湖岸坡、沟边、草甸等。

分布：内蒙古、宁夏、甘肃、新疆。

细叶百脉根 Lotus tenuis Waldst. & Kit. ex Willd.

习性：多年生，中小草本，高0.1~1m；湿生植物。

生境：河岸坡、湖岸坡、沼泽边等，海拔400~1400m。

分布：贵州、陕西、甘肃、新疆。

苜蓿属 Medicago L.

野苜蓿 Medicago falcata L.

习性：多年生，中小草本，高0.2~1.2m；半湿生植物。

生境：河岸坡、河漫滩、草丛、沟边等，海拔500~1900m。

分布：吉林、内蒙古、河北、北京、山西、山东、江苏、河南、西藏、陕西、宁夏、甘肃、青海、新疆。

天蓝苜蓿 Medicago lupulina L.

习性：一或多年生，中小草本，高5~60cm；半湿生植物。

生境：林缘、草丛、草甸、河岸坡、沟边、田边、路边等，海拔达3300m。

分布：全国各地。

南苜蓿 Medicago polymorpha L.

习性：一或二年生，中小草本，高20~90cm；半湿生植物。

生境：林缘、草丛、河岸坡、溪边、湖岸坡、塘基、消落带、沟边、田间、田埂、路边等，海拔达1800m。

分布：黑龙江、辽宁、内蒙古、河北、北京、山东、江苏、安徽、上海、浙江、江西、福建、河南、湖北、湖南、广东、海南、广西、贵州、云南、重庆、四川、西藏、陕西、甘肃、新疆、香港、澳门、台湾；原产于西亚、北非、南欧。

花苜蓿 Medicago ruthenica (L.) Trautv.

习性：多年生，中小草本，高0.2~1m；半湿生植物。

生境：草原、草甸、河岸坡、沟边等，海拔200~3100m。

分布：黑龙江、内蒙古、山东、四川、陕西、甘肃。

紫苜蓿 Medicago sativa L.

习性：多年生，中小草本，高0.3~1m；半湿生植物。

生境：沟谷、草丛、草原、草甸、河岸坡、溪边、消落带、沟边、田间、田埂等，海拔达3000m。

分布：全国各地；原产于西亚。

草木犀属 Melilotus (L.) Mill.

白花草木犀 Melilotus albus Medik.

习性：一或二年生，大中草本，高0.7~2m；半湿生植物。

生境：沟边、草丛、田埂、路边等，海拔达3600m。

分布：黑龙江、吉林、辽宁、内蒙古、河北、北京、天津、山西、山东、江苏、安徽、上海、浙江、江西、福建、河南、湖北、湖南、广东、贵州、云南、重庆、四川、西藏、陕西、宁夏、甘肃、青海、新疆；原产于西亚至南欧。

细齿草木犀 Melilotus dentatus (Waldst. & Kit.) Pers.

习性：二年生，中小草本，高20~80cm；半湿生植物。

生境：林缘、草丛、草甸、河岸坡、河漫滩、湖岸坡、田埂等，海拔200~1900m。

分布：黑龙江、吉林、辽宁、内蒙古、河北、北京、天津、山西、山东、江苏、安徽、上海、浙江、江西、福建、河南、广东、海南、广西、西藏、陕西、宁夏、甘肃、青海、新疆、香港、澳门、台湾。

草木犀Melilotus officinalis (L.) Pall.

习性：二年生，大中草本，高0.5~2.5m；半湿生植物。

生境：林缘、草丛、河岸坡、河漫滩、沟边、洼地、路边等，海拔100~3900m。

分布：全国各地；原产于中亚、西亚至南欧。

含羞草属 Mimosa L.

光荚含羞草Mimosa bimucronata (DC.) Kuntze

习性：落叶，大灌木，高3~6m；水陆生植物。

生境：河岸坡、溪流、湖泊、池塘、水库、水沟、水渠、潮上带等，海拔达1300m。

分布：江西、福建、湖南、广东、海南、广西、云南、重庆、香港、澳门、台湾；原产于南美洲。

假含羞草属 Neptunia Lour.

假含羞草Neptunia plena (L.) Benth.

习性：多年生，大草本；漂浮植物。

生境：池塘。

分布：北京、浙江、福建、湖北、广东；原产于美洲。

棘豆属 Oxytropis DC.

长白棘豆Oxytropis anertii Nakai

习性：多年生，小草本，高5~25cm；半湿生植物。

生境：林缘、冻原、草丛、草甸、碎石坡等，海拔2000~2660m。

分布：吉林。

小花棘豆Oxytropis glabra DC.

习性：多年生，中小草本，高20~80cm；半湿生植物。

生境：草丛、沼泽草甸、河岸坡、沟边、田埂等，海拔400~3400m。

分布：吉林、内蒙古、河北、山西、河南、西藏、陕西、宁夏、甘肃、青海、新疆。

甘肃棘豆Oxytropis kansuensis Bunge

习性：多年生，小草本，高8~20cm；半湿生植物。

生境：草丛、草甸、河岸坡、沼泽、灌丛等，海拔2200~5300m。

分布：云南、四川、西藏、甘肃、青海、新疆。

黑萼棘豆Oxytropis melanocalyx Bunge

习性：多年生，小草本，高10~15cm；半湿生植物。

生境：灌丛、草丛、草甸等，海拔2200~5100m。

分布：内蒙古、云南、四川、西藏、陕西、甘肃、新疆。

紫雀花属 Parochetus Buch.-Ham. ex D. Don

紫雀花Parochetus communis Buch.-Ham. ex D. Don

习性：多年生，小草本，高10~30cm；湿生植物。

生境：林缘、灌丛、草丛、溪边、湖岸坡、岩壁等，海拔400~3000m。

分布：贵州、云南、四川、西藏。

膨果豆属 Phyllolobium Fisch.

长小苞膨果豆Phyllolobium balfourianum (N. D. Simpson) M. L. Zhang & Podlech

习性：多年生，中小草本，高20~60cm；湿生植物。

生境：灌丛、草丛、草甸等，海拔2600~4000m。

分布：云南、四川、西藏、甘肃、青海。

膨果豆Phyllolobium chinense Fisch.

习性：多年生，中小草本，高0.3~1m；半湿生植物。

生境：草甸、沟边等，海拔1000~1700m。

分布：云南、四川、西藏、甘肃、青海。

水黄皮属 Pongamia Vent.

水黄皮Pongamia pinnata (L.) Merr.

习性：常绿，中小乔木，高5~15m；水陆生植物。

生境：高潮线附近、潮上带、溪边、塘基等。

分布：福建、广东、海南、广西、香港、澳门、台湾。

葛属 Pueraria DC.

葛Pueraria montana var. lobata (Willd.) Mae-sen & S. M. Almeida ex Sanjappa & Predeep

习性：多年生，草质藤本；半湿生植物。

生境：沟谷、林缘、河岸坡、溪边、沟边、路边等，海拔达2700m。

分布：除青海、新疆外其他地区。

决明属 Senna Mill.

望江南Senna occidentalis (L.) Link

习性：落叶，亚灌木或灌木，高0.8~1.5m；半湿生植物。

生境：河岸坡、溪边、沟边、潮上带、路边等，海拔达1600m。

分布：黑龙江、内蒙古、河北、北京、天津、山东、江苏、安徽、上海、浙江、江西、福建、河南、湖北、湖南、广东、海南、广西、贵州、云南、重庆、四川、西藏、陕西、新疆、香港、澳门、台湾；原产于美洲。

决明Senna tora (L.) Roxb.

习性：一年生，中草本，高0.5~1.5m；半湿生植物。

生境：河岸坡、溪边、塘基、沟边、田埂、路边等，海拔达1200m。

分布：黑龙江、吉林、辽宁、河北、北京、天津、山东、江苏、安徽、浙江、福建、河南、湖南、广东、广西、重庆、香港、澳门、台湾。

田菁属 Sesbania Scop.

田菁Sesbania cannabina (Retz.) Poir.

习性：一年生，大中草本，高1~3.5m；水陆生植物。

生境：沼泽、河岸坡、溪边、水库、水沟、田埂、弃耕田、洼地、盐碱地、堤内等，海拔达1500m。

分布：内蒙古、河北、北京、天津、山西、山东、江苏、安徽、上海、浙江、江西、福建、河南、湖北、湖南、广东、海南、广西、云南、重庆、四川、陕西、香港、澳门、台湾；原产于大洋洲至太平洋岛屿。

沼生田菁Sesbania javanica Miq.

习性：一年生，大中草本，高1~3.6m；水湿生植物。

生境：沼泽、池塘、水沟、水田等。

分布：海南、香港、台湾。

坡油甘属 Smithia Scop.

缘毛合叶豆Smithia ciliata Royle

习性：一年生，中小草本，高15~60cm；半湿生植物。

生境：草丛、路边等，海拔100~2800m。

分布：福建、湖南、广东、广西、贵州、云南、台湾。

坡油甘Smithia sensitiva Aiton

习性：一年生，中小草本，高0.15~1m；湿生植物。

生境：草丛、田间、田埂等，海拔100~2200m。

分布：福建、广东、海南、广西、贵州、云南、四川、台湾。

槐属 Sophora L.

砂生槐 Sophora moorcroftiana (Benth.) Benth. ex Baker

习性：落叶，小灌木，高0.8~1m；半湿生植物。

生境：林下、灌丛、草丛等，海拔2800~4500m。

分布：西藏。

锈毛槐Sophora prazeri Prain

习性：落叶，大中灌木，高1~3m；半湿生植物。

生境：河岸坡、溪边、塘基、沟边等，海拔达2000m。

分布：广西、贵州、云南、重庆、四川、甘肃。

苦马豆属 Sphaerophysa DC.

苦马豆Sphaerophysa salsula (Pall.) DC.

习性：多年生，中小草本，高30~60cm；半湿生植物。

生境：草丛、草甸、河漫滩、沟边等，海拔900~3200m。

分布：吉林、辽宁、内蒙古、河北、山西、陕西、宁夏、甘肃、青海、新疆。

臧豆属 Stracheya Benth.

臧豆Stracheya tibetica Benth.

习性：多年生，小草本，高3~5cm；湿生植物。

生境：沼泽草甸、河漫滩、洪积扇、砾石地等，海拔4000~4800m。

分布：西藏、青海。

野决明属 Thermopsis R. Br.

披针叶野决明Thermopsis lanceolata R. Br.

习性：多年生，小草本，高10~40cm；半湿生植物。

生境：河谷、草丛、草原、草甸、河岸坡、溪边等，海拔800~4300m。

分布：黑龙江、吉林、辽宁、内蒙古、河北、北京、山西、西藏、陕西、甘肃、青海、新疆。

高山豆属 Tibetia (Ali) H. P. Tsui

高山豆Tibetia himalaica (Baker) H. P. Tsui

习性：多年生，小草本，高30~45cm；半湿生植物。

生境：草丛、草甸等，海拔3000~5000m。

分布：云南、四川、西藏、甘肃、青海。

云南高山豆Tibetia yunnanensis (Franch.) H. P. Tsui

习性：多年生，小草本，高10~30cm；湿生植物。

生境：林下、灌丛、草丛、草甸等，海拔2000~4200m。

分布：云南、四川、西藏。

车轴草属 Trifolium L.

大花车轴草Trifolium eximium Steph. ex Ser.

习性：多年生，小草本，高3~15cm；半湿生植物。

生境：林缘、岩石、流石坡等，海拔1500m以上。

分布：新疆。

草莓车轴草Trifolium fragiferum L.

习性：多年生，小草本，高10~50cm；湿生植物。

生境：沼泽、河漫滩、沟边、路边等，海拔500~1800m。

分布：东北、华北、西北；原产于西亚、北非、欧洲。

野火球Trifolium lupinaster L.

习性：多年生，中小草本，高20~60cm；半湿生植物。

生境：林下、林缘、灌丛、草丛、沼泽草甸、湖岸坡等，海拔100~2500m。

分布：黑龙江、吉林、辽宁、内蒙古、河北、山西、浙江、新疆。

红车轴草Trifolium pratense L.

习性：多年生，中小草本，高20~80cm；半湿生植物。

生境：林下、林缘、灌丛、草丛、沟边、弃耕田、冬闲田、田埂、路边等，海拔100~2800m。

分布：全国各地；原产于北非、中亚、欧洲。

白车轴草Trifolium repens L.

习性：多年生，中小草本，高10~60cm；半湿生植物。

生境：林缘、草丛、草甸、河岸坡、溪边、沟边、弃耕田、田埂、路边等，海拔达3000m。

分布：全国各地；原产于北非、中亚、西亚、欧洲。

野豌豆属 Vicia L.

山野豌豆Vicia amoena Fisch. ex Ser.

习性：多年生，缠绕草本；半湿生植物。

生境：林缘、灌丛、草丛、草甸、沟边等，海拔达4000m。

分布：全国各地。

华野豌豆Vicia chinensis Franch.

习性：一或二年生，缠绕草本；半湿生植物。

生境：草丛、灌丛等，海拔600~3300m。

分布：湖北、湖南、云南、重庆、四川、西藏、陕西。

广布野豌豆Vicia cracca L.

习性：多年生，缠绕草本；半湿生植物。

生境：林缘、灌丛、草丛、草甸、河岸坡、溪边、沟边、田间、路边等，海拔达1900m。

分布：黑龙江、吉林、内蒙古、河北、北京、山西、江苏、安徽、浙江、江西、福建、河南、湖北、广东、广西、贵州、重庆、四川、西藏、陕西、甘肃、新疆、台湾。

小巢菜Vicia hirsuta (L.) Gray

习性：一年生，缠绕草本；半湿生植物。

生境：河岸坡、溪边、沟边、草丛、田中、田埂等，海拔达2900m。

分布：江苏、安徽、浙江、江西、福建、湖北、湖南、广东、广西、贵州、云南、四川、陕西、甘肃、青海、新疆、台湾。

东方野豌豆Vicia japonica A. Gray

习性：多年生，缠绕草本；半湿生植物。

生境：沟谷、林缘、河岸坡、草丛、草甸等，海拔600~3700m。

分布：黑龙江、吉林、辽宁、内蒙古、陕西、甘肃。

救荒野豌豆（原亚种）Vicia sativa subsp. **sativa**

习性：一年生，缠绕草本；半湿生植物。

生境：林下、草丛、溪边、沟边、消落带、弃耕田、田埂等，海拔达3000m。

分布：全国各地。

大巢豆Vicia sativa subsp. **nigra** (L.) Ehrh.

习性：一或二年生，缠绕草本；半湿生植物。

生境：沟谷、草丛、河岸坡、溪边、沟边、冬闲田、弃耕田、田埂、路边等，海拔200~3700m。

分布：上海、江西、福建、湖南、贵州、重庆、四川、西藏、新疆、台湾。

西藏野豌豆Vicia tibetica Prain ex C. E. C. Fisch.

习性：多年生，缠绕草本；半湿生植物。

生境：河谷、林下、林缘、灌丛、草丛、草甸、沟边等，海拔1300~4300m。

分布：四川、西藏。

歪头菜Vicia unijuga A. Braun

习性：多年生，缠绕草本；半湿生植物。

生境：林缘、灌丛、草丛、草甸、沟边等，海拔500~4000m。

分布：黑龙江、吉林、辽宁、内蒙古、河北、北京、山西、江苏、安徽、浙江、江西、河南、湖北、贵州、云南、重庆、四川、陕西、甘肃、青海。

柳叶野豌豆Vicia venosa (Willd. ex Link) Maxim.

习性：多年生，缠绕草本；半湿生植物。

生境：林下、灌丛、草丛等，海拔600~2500m。

分布：黑龙江、吉林、内蒙古、河北。

豇豆属 Vigna Savi

滨豇豆Vigna marina (Burman) Merr.

习性：多年生，草质藤本；半湿生植物。

生境：高潮线附近、潮上带等。

分布：海南、香港、台湾。

丁癸草属 Zornia J. F. Gmel.

丁癸草Zornia gibbosa Span.

习性：多年生，小草本，高20~50cm；半湿生植物。

生境：河岸坡、田埂、田间、潮上带等，海拔达1800m。

分布：长江以南。

100. 壳斗科 Fagaceae

栎属 Quercus L.

川滇高山栎Quercus aquifolioides Rehder & E. H. Wilson

习性：常绿，灌木或乔木，高达20m；半湿生植物。

生境：沼泽，海拔2000~4500m。

分布：贵州、云南、四川、西藏。

褐叶青冈Quercus stewardiana A. Camus

习性：常绿，中小乔木，高4~15m；半湿生植物。

生境：林下、沼泽等，海拔1000~2800m。

分布：安徽、浙江、江西、湖北、湖南、广东、广西、贵州、云南、四川。

弗吉尼亚栎Quercus virginiana Mill.

习性：常绿，中乔木，高达10~20m；半湿生植物。

生境：盐碱地。

分布：江苏、上海、浙江、湖南；原产于北美洲。

101. 须叶藤科 Flagellariaceae

须叶藤属 Flagellaria L.

须叶藤Flagellaria indica L.

习性：多年生，草质藤本；湿生植物。

生境：林下、沼泽、河岸坡、溪边、沟边等，海拔达1500m。

分布：广东、海南、广西、台湾。

102. 龙胆科 Gentianaceae

穿心草属 Canscora Lam.

罗星草Canscora andrographioides Griff. ex C. B. Clarke

习性：一年生，小草本，高20~40cm；湿生植物。

生境：沟谷、林下、林缘、灌丛、草丛、河岸坡、沟边、田间、路边等，海拔200~1600m。

分布：广东、广西、云南。

百金花属 Centaurium Hill

美丽百金花（原变种）Centaurium pulchellum var. pulchellum

习性：一年生，小草本，高4~15cm；湿生植物。

生境：草丛、沼泽、溪边、沟边等，海拔500~3300m。

分布：新疆。

百金花Centaurium pulchellum var. altaicum (Griseb.) Kitag. & H. Hara

习性：一年生，小草本，高5~25cm；湿生植物。

生境：草丛、沼泽、河岸坡、湖岸坡、田间、潮上带等，海拔达2200m。

分布：黑龙江、吉林、辽宁、内蒙古、河北、北京、山西、山东、江苏、上海、浙江、江西、福建、湖南、广东、海南、广西、陕西、宁夏、甘肃、青海、新疆、台湾。

喉毛花属 Comastoma Toyok.

蓝钟喉毛花（原变种）Comastoma cyananthiflorum var. cyananthiflorum

习性：多年生，小草本，高5~15cm；湿生植物。

生境：林下、灌丛、草丛、草甸、岩石等，海拔3000~4900m。

分布：云南、四川、西藏、青海。

尖叶蓝钟喉毛花Comastoma cyananthiflorum var. acutifolium Ma & H. W. Li

习性：多年生，小草本，高8~10cm；湿生植物。

生境：灌丛、草甸、岩石等，海拔3500~4200m。

分布：云南。

二萼喉毛花Comastoma disepalum H. W. Li

习性：一年生，小草本，高2~7cm；湿生植物。

生境：草丛、湖岸坡、沟边、岩石等，海拔3700~4200m。

分布：云南。

镰萼喉毛花Comastoma falcatum (Turcz. ex Kar. & Kir.) Toyok.

习性：一年生，小草本，高4~25cm；半湿生植物。

生境：林下、灌丛、草丛、草甸、河岸坡等，海拔2100~5300m。

分布：内蒙古、河北、山西、四川、西藏、甘肃、青海、新疆。

长梗喉毛花Comastoma pedunculatum (Royle ex D. Don) Holub

习性：一年生，小草本，高4~15cm；湿生植物。

生境：灌丛、草丛、沼泽草甸、河岸坡、河漫滩、湖岸坡、流石滩等，海拔1500~5000m。

分布：云南、四川、西藏、甘肃、青海。

皱边喉毛花Comastoma polycladum (Diels & Gilg) T. N. Ho

习性：一年生，小草本，高8~20cm；湿生植物。

生境：草丛、河岸坡、湖岸坡等，海拔2100~4500m。

分布：内蒙古、山西、甘肃、青海。

喉毛花Comastoma pulmonarium (Turcz.) Toyok.

习性：一年生，小草本，高5~30cm；半湿生植物。

生境：林下、灌丛、草甸、河岸坡等，海拔2800~4800m。

分布：山西、云南、四川、西藏、陕西、甘肃、青海。

纤枝喉毛花 Comastoma stellariifolium (Franch.) Holub

习性：多年生，小草本，高8~20cm；湿生植物。

生境：林下、灌丛、沼泽、草甸、河岸坡等，海拔2800~4100m。

分布：云南。

高杯喉毛花Comastoma traillianum (Forrest) Holub

习性：一年生，小草本，高5~30cm；湿生植物。

生境：林下、草丛、草甸等，海拔3000~4200m。

分布：云南、四川。

杯药草属 Cotylanthera Blume

杯药草Cotylanthera paucisquama C. B. Clarke

习性：一年生，小草本，高5~10cm；湿生植物。

生境：林下，海拔1700~2400m。

分布：云南、四川、西藏。

藻百年属 Exacum L.

藻百年Exacum tetragonum Roxb.

习性：一年生，中小草本，高0.2~1m；湿生植物。

生境：草丛、草甸、岩壁、路边等，海拔200~1500m。

分布：江西、广东、广西、贵州、云南。

龙胆属 Gentiana L.

阿坝龙胆Gentiana abaensis T. N. Ho

习性：一年生，小草本，高8~12cm；湿生植物。

生境：沟谷、灌丛、草丛、草甸、沟边、路边等，海拔1700~4800m。

分布：四川、甘肃。

高山龙胆Gentiana algida Pall.

习性：多年生，小草本，高8~20cm；半湿生植物。

生境：沟谷、林下、灌丛、草丛、草甸、冻原、河岸坡、河漫滩、砾石坡等，海拔1200~5300m。

分布：吉林、西藏、甘肃、新疆。

椭叶龙胆Gentiana altigena Harry Sm.

习性：多年生，小草本，高3~7cm；湿生植物。

生境：草甸，海拔3700~4200m。

分布：云南、新疆。

硕花龙胆Gentiana amplicrater Burkill

习性：多年生，小草本，高7~15cm；湿生植物。

生境：草丛、沼泽草甸、溪边、岩壁等，海拔3900~4800m。

分布：西藏。

水生龙胆Gentiana aquatica L.

习性：一年生，小草本，高2~3cm；湿生植物。

生境：草甸、河岸坡、河漫滩、田间等，海拔2300~5200m。

分布：贵州、西藏、陕西、青海、新疆。

七叶龙胆Gentiana arethusae var. delicatula C. Marquand

习性：多年生，小草本，高10~15cm；湿生植物。

生境：林缘、灌丛、草丛、草甸、路边等，海拔2700~4800m。

分布：云南、四川、西藏、陕西。

刺芒龙胆Gentiana aristata Maxim.

习性：一年生，小草本，高3~10cm；湿生植物。

生境：灌丛、草丛、草原、沼泽草甸、河岸坡、沟边等，海拔1800~4600m。

分布：四川、西藏、甘肃、青海。

天冬叶龙胆Gentiana asparagoides T. N. Ho

习性：一年生，小草本，高4~7cm；湿生植物。

生境：沼泽草甸、沼泽等，海拔3500~3800m。

分布：云南。

阿墩子龙胆Gentiana atuntsiensis W. W. Sm.

习性：多年生，小草本，高5~20cm；半湿生植物。

生境：林下、灌丛、草甸等，海拔2700~4800m。

分布：云南、四川、西藏、甘肃、青海、新疆。

秀丽龙胆Gentiana bella Franch.

习性：一年生，小草本，高2~3cm；湿生植物。

生境：林下、草丛、草甸等，海拔3000~4100m。

分布：云南。

卵萼龙胆Gentiana bryoides Burkill

习性：一年生，小草本，高1.5~5cm；湿生植物。

生境：林下、草甸等，海拔3800~4500m。

分布：西藏。

白条纹龙胆Gentiana burkillii Harry Sm.

习性：一年生，小草本，高2~8cm；湿生植物。

生境：灌丛、草丛、草甸、河岸坡、沟边等，海拔3600~4500m。

分布：内蒙古、河北、山西、山东、西藏、陕西、宁夏、青海。

天蓝龙胆Gentiana caelestis (C. Marquand) Harry Sm.

习性：多年生，小草本，高5~8cm；湿生植物。

生境：灌丛、草丛、草甸、沟边、路边等，海拔2600~4500m。

分布：云南、四川、西藏。

蓝灰龙胆Gentiana caeruleogrisea T. N. Ho

习性：一年生，小草本，高6~12cm；湿生植物。

生境：草丛、草甸等，海拔3600~4300m。

分布：西藏、甘肃、青海。

头花龙胆Gentiana cephalantha Franch.

习性：多年生，小草本，高10~30cm；湿生植物。

生境：林下、林缘、灌丛、草丛、草甸、路边等，海拔1800~4500m。

分布：广西、贵州、云南、四川。

中国龙胆Gentiana chinensis Kusn.

习性：多年生，小草本，高5~15cm；湿生植物。

生境：林下、草丛、岩石、路边等，海拔2400~4500m。

分布：湖北、云南、四川。

反折花龙胆Gentiana choanantha C. Marquand

习性：一年生，小草本，高3~5cm；湿生植物。

生境：灌丛、草丛、草甸、沼泽、河岸坡、溪边、沟边等，海拔2700~4600m。

分布：四川。

西域龙胆Gentiana clarkei Kusn.

习性：一年生，小草本，高3~4cm；湿生植物。

生境：沼泽草甸、草丛等，海拔3700~4700m。

分布：四川、西藏、青海、新疆。

粗茎秦艽Gentiana crassicaulis Duthie ex Burkill

习性：多年生，小草本，高30~40cm；半湿生植物。

生境：林下、林缘、灌丛、草丛、草甸、沟边、路边等，海拔2100~4500m。

分布：贵州、云南、四川、西藏、青海。

景天叶龙胆Gentiana crassula Harry Sm.

习性：一年生，小草本，高4~10cm；湿生植物。

生境：林下、灌丛、草丛、草甸、流石滩等，海拔3400~4800m。

分布：云南、四川、西藏。

肾叶龙胆Gentiana crassuloides Bureau & Franch.

习性：一年生，小草本，高2~10cm；湿生植物。

生境：林下、灌丛、草丛、沼泽草甸、河岸坡、溪边、沟边等，海拔2700~4500m。

分布：湖北、云南、四川、西藏、陕西、甘肃、青海。

圆齿褶龙胆Gentiana crenulatotruncata (C. Marquand) T. N. Ho

习性：一年生，小草本，高2~3cm；湿生植物。

生境：草丛、砾石滩、草甸、湖岸坡、沟边等，海拔2700~5300m。

分布：四川、西藏、青海。

弯叶龙胆Gentiana curviphylla T. N. Ho

习性：一年生，小草本，高3~7cm；湿生植物。

生境：草丛、草甸等，海拔2800~4300m。

分布：云南、四川。

达乌里秦艽Gentiana dahurica Fisch.

习性：多年生，小草本，高10~15cm；半湿生植物。

生境：草丛、河岸坡、湖岸坡、沟边、田间、路边等，海拔800~4500m。

分布：辽宁、内蒙古、河北、山西、山东、四川、陕西、宁夏、甘肃、青海。

稻城龙胆Gentiana daochengensis T. N. Ho

习性：一年生，小草本，高1.5~2cm；湿生植物。

生境：溪边，海拔约3700m。

分布：四川。

美龙胆Gentiana decorata Diels

习性：多年生，小草本，高2~5cm；湿生植物。

生境：草甸、溪边、漂石间等，海拔3200~4600m。

分布：云南、西藏。

斜升秦艽Gentiana decumbens L. f.

习性：多年生，小草本，高15~45cm；半湿生植物。

生境：林缘、草丛、溪边等，海拔1200~2700m。

分布：内蒙古、新疆。

昆明龙胆Gentiana duclouxii Franch.

习性：多年生，小草本，高3~5cm；半湿生植物。

生境：林下、林缘、草丛等，海拔1800~4200m。

分布：云南。

扇叶龙胆Gentiana emodii C. Marquand ex Sealy

习性：多年生，小草本，高3~5cm；湿生植物。

生境：草甸、砾石地等，海拔4300~5700m。

分布：西藏。

弱小龙胆Gentiana exigua Harry Sm.

习性：一年生，小草本，高3~6cm；湿生植物。

生境：草丛、沼泽、路边等，海拔1500~3200m。

分布：云南、四川。

丝瓣龙胆Gentiana exquisita Harry Sm.

习性：多年生，小草本，高10~20cm；湿生植物。

生境：草丛、沼泽草甸、沼泽等，海拔3300~4000m。

分布：云南。

弯茎龙胆Gentiana flexicaulis Harry Sm.

习性：一年生，小草本，高4~6cm；湿生植物。

生境：沟谷、草丛、河岸坡等，海拔2400~4600m。

分布：四川、陕西。

苍白龙胆Gentiana forrestii C. Marquand

习性：一年生，小草本，高3~5cm；湿生植物。

生境：草丛、草甸等，海拔3000~4200m。

分布：云南、西藏。

长流苏龙胆Gentiana grata Harry Sm.

习性：多年生，小草本，高8~15cm；湿生植物。

生境：草丛、沼泽草甸等，海拔2900~4100m。

分布：云南。

南山龙胆Gentiana grumii Kusn.

习性：一年生，小草本，高2.5~4cm；湿生植物。

生境：林下、沼泽草甸、草丛、河岸坡等，海拔2900~3500m。

分布：青海。

斑点龙胆Gentiana handeliana Harry Sm.

习性：多年生，小草本，高10~15cm；湿生植物。

生境：草甸，海拔3500~4600m。

分布：云南、西藏。

钻叶龙胆Gentiana haynaldii Kanitz

习性：一年生，小草本，高3~10cm；湿生植物。

生境：林下、草丛、草甸等，海拔2100~4200m。

分布：云南、四川、西藏、青海。

针叶龙胆Gentiana heleonastes Harry Sm.

习性：一年生，小草本，高5~15cm；湿生植物。

生境：灌丛、草丛、沼泽草甸、河岸坡、漂石间等，海拔3200~4200m。

分布：四川、青海。

喜湿龙胆Gentiana helophila Balf. f. & Forrest

习性：多年生，小草本，高10~20cm；湿生植物。

生境：草丛、草甸、湖岸坡等，海拔3100~3700m。

分布：云南。

六叶龙胆Gentiana hexaphylla Maxim. ex Kusn.

习性：多年生，小草本，高5~20cm；湿生植物。

生境：灌丛、草丛、草甸、路边等，海拔2700~4400m。

分布：四川、甘肃、青海。

帚枝龙胆Gentiana intricata C. Marquand

习性：一年生，小草本，高2~3cm；半湿生植物。

生境：林下、灌丛、草丛等，海拔2200~3500m。

分布：云南、西藏。

长白山龙胆Gentiana jamesii Hemsl.

习性：多年生，小草本，高10~20cm；湿生植物。

生境：林缘、冻原、岩石等，海拔1100~2400m。

分布：黑龙江、吉林、辽宁。

广西龙胆Gentiana kwangsiensis T. N. Ho

习性：多年生，小草本，高3~6cm；湿生植物。

生境：林下、林缘、溪边、沟边、岩石等，海拔1300~1700m。

分布：江西、福建、广东、广西。

蓝白龙胆Gentiana leucomelaena Maxim. ex Kusn.

习性：一年生，小草本，高1.5~5cm；湿生植物。

生境：灌丛、草丛、沼泽草甸、沼泽、河岸坡等，海拔1900~5000m。

分布：四川、西藏、甘肃、青海、新疆。

全萼秦艽Gentiana lhassica Burkill

习性：多年生，小草本，高7~10cm；湿生植物。

生境：草甸，海拔4200~4900m。

分布：西藏、青海。

四数龙胆Gentiana lineolata Franch.

习性：一年生，小草本，高5~10cm；半湿生植物。

生境：林下、林缘、草甸等，海拔600~4000m。

分布：云南、四川。

华南龙胆Gentiana loureiroi (G. Don) Griseb.

习性：多年生，小草本，高3~8cm；半湿生植物。

生境：林下、灌丛、草丛、路边等，海拔300~2300m。

分布：江苏、浙江、江西、福建、湖南、广东、海南、广西。

泸定龙胆Gentiana ludingensis T. N. Ho

习性：一年生，小草本，高3~6cm；半湿生植物。

生境：林缘、灌丛、草丛、河岸坡、路边等，海拔2300~3000m。

分布：四川。

秦艽Gentiana macrophylla Pall.

习性：多年生，中小草本，高30~60cm；半湿生植物。

生境：林下、林缘、草丛、草甸、河岸坡、溪边、沟边、路边等，海拔400~2400m。

分布：黑龙江、吉林、辽宁、内蒙古、河北、北京、山西、山东、河南、四川、陕西、宁夏、甘肃、新疆。

寡流苏龙胆Gentiana mairei H. Lév.

习性：一年生，小草本，高8~15cm；湿生植物。

生境：林下、灌丛、草丛、草甸、沼泽等，海拔2400~4000m。

分布：云南、四川。

条叶龙胆Gentiana manshurica Kitag.

习性：多年生，中小草本，高30~75cm；半湿生植物。

生境：林缘、灌草、草丛、草甸、沟边、路边等，海拔100~1300m。

分布：黑龙江、吉林、辽宁、内蒙古、河北、山西、山东、江苏、安徽、浙江、江西、福建、河南、湖北、湖南、广东、海南、广西、陕西、宁夏。

类亮叶龙胆Gentiana micantiformis Burkill

习性：一年生，小草本，高1.5~2cm；湿生植物。

生境：草甸，海拔4200~4600m。

分布：西藏、青海。

藓生龙胆Gentiana muscicola C. Marquand

习性：多年生，小草本，高2~5cm；半湿生植物。

生境：林下、苔藓丛等，海拔2700~3200m。

分布：云南、西藏。

钟花龙胆Gentiana nanobella C. Marquand

习性：一年生，小草本，高4~8cm；湿生植物。

生境：沟谷、草丛等，海拔2700~4300m。

分布：云南、四川、西藏。

宁蒗龙胆Gentiana ninglangensis T. N. Ho

习性：一年生，小草本，高2~3.5cm；湿生植物。

生境：草甸、沼泽边等，海拔2500~3300m。

分布：云南。

云雾龙胆Gentiana nubigena Edgew.

习性：多年生，小草本，高8~17cm；湿生植物。

生境：灌丛、草丛、沼泽草甸、流石滩等，海拔3000~5300m。

分布：四川、西藏、甘肃、青海。

倒锥花龙胆Gentiana obconica T. N. Ho

习性：多年生，小草本，高4~6cm；湿生植物。

生境：草甸、灌丛等，海拔4000~5500m。

分布：西藏。

黄管秦艽Gentiana officinalis Harry Sm.

习性：多年生，小草本，高15~35cm；湿生植物。

生境：灌丛、草丛、草甸、河岸坡等，海拔2300~4200m。

分布：四川、甘肃、青海。

糙毛龙胆Gentiana pedicellata (Wall. ex D. Don) Griseb.

习性：一年生，小草本，高3~5cm；湿生植物。

生境：草丛、沼泽、路边等，海拔2100~3400m。

分布：贵州、云南、西藏。

叶萼龙胆Gentiana phyllocalyx C. B. Clarke

习性：多年生，小草本，高3~12cm；湿生植物。

生境：灌丛、草丛、草甸、砾石坡、岩石、岩壁等，海拔3000~5200m。

分布：云南、四川、西藏。

陕南龙胆Gentiana piasezkii Maxim.

习性：一年生，小草本，高7~10cm；半湿生植物。

生境：沟谷、林下、草丛、草甸、河岸坡、路边等，海拔1000~3000m。

分布：四川、陕西、甘肃。

着色龙胆Gentiana picta Franch.

习性：一年生，小草本，高10~15cm；湿生植物。

生境：草丛、河岸坡等，海拔2400~3000m。

分布：云南、四川。

草甸龙胆Gentiana praticola Franch.

习性：多年生，小草本，高5~11cm；半湿生植物。

生境：林下、草丛、草甸等，海拔1200~3200m。

分布：贵州、云南、四川。

黄白龙胆Gentiana prattii Kusn.

习性：一年生，小草本，高2~5cm；湿生植物。

生境：草丛、草甸、河岸坡等，海拔3000~4000m。

分布：云南、四川、青海。

假水生龙胆Gentiana pseudoaquatica Kusn.

习性：一年生，小草本，高3~10cm；半湿生植物。

生境：沟谷、林下、林间、灌丛、草丛、沼泽草甸、沼泽、河岸坡、河漫滩、溪边、沟边等，海拔1100~4700m。

分布：内蒙古、河北、北京、山西、山东、四川、西藏、陕西、宁夏、甘肃、青海。

翼萼龙胆Gentiana pterocalyx Franch.

习性：一年生，小草本，高15~35cm；半湿生植物。

生境：草丛、岩石等，海拔1600~3500m。

分布：贵州、云南、四川。

偏翅龙胆Gentiana pudica Maxim.

习性：一年生，小草本，高3~12cm；半湿生植物。

生境：草丛、草甸、河岸坡等，海拔2200~5000m。

分布：四川、陕西、甘肃、青海。

岷县龙胆Gentiana purdomii C. Marquand

习性：多年生，小草本，高4~25cm；湿生植物。

生境：草甸、流石滩等，海拔2700~5300m。

分布：四川、西藏、甘肃、青海。

俅江龙胆Gentiana qiujiangensis T. N. Ho

习性：多年生，小草本，高4~10cm；湿生植物。

生境：草甸、沼泽等，海拔3900~4300m。

分布：云南、四川。

辐射龙胆Gentiana radiata C. Marquand

习性：一年生，小草本，高2~6cm；湿生植物。

生境：草甸，海拔4100~4500m。

分布：四川。

滇龙胆草Gentiana rigescens Franch.

习性：多年生，小草本，高10~50cm；湿生植物。

生境：沟谷、林下、灌丛、草丛等，海拔1100~3000m。

分布：湖南、广西、贵州、云南、四川。

河边龙胆Gentiana riparia Kar. & Kir.

习性：一年生，小草本，高2~8cm；半湿生植物。

生境：草丛、河岸坡等，海拔600~1200m。

分布：山西、甘肃、新疆。

粗壮秦艽Gentiana robusta King ex Hook. f.

习性：多年生，小草本，高10~30cm；湿生植物。

生境：山坡、草甸、溪边、沟边、路边等，海拔3500~4800m。

分布：西藏。

深红龙胆（原变种）Gentiana rubicunda var. rubicunda

习性：一年生，小草本，高8~15cm；湿生植物。

生境：林下、草丛、溪边、路边、岩石等，海拔500~3300m。

分布：湖北、湖南、贵州、云南、四川、甘肃。

大花深红龙胆Gentiana rubicunda var. purpurata (Maxim. ex Kusn.) T. N. Ho

习性：一年生，小草本，高5~15cm；湿生植物。

生境：草丛、溪边、路边、岩石等，海拔2400~2700m。

分布：四川。

小繁缕叶龙胆Gentiana rubicunda var. samolifolia (Franch.) C. Marquand

习性：一年生，小草本，高3~13cm；湿生植物。

生境：林下、林缘、灌丛、草丛、沟边等，海拔900~3000m。

分布：湖北、四川。

龙胆Gentiana scabra Bunge

习性：多年生，中小草本，高30~60cm；半湿生植物。

生境：林下、林缘、灌丛、草丛、草甸、河岸坡、溪边、路边等，海拔400~1700m。

分布：黑龙江、吉林、辽宁、内蒙古、江苏、安徽、浙江、福建、湖北、湖南、广东、广西、贵州、陕西。

玉山龙胆Gentiana scabrida Hayata

习性：一年生，小草本，高15~20cm；湿生植物。

生境：草丛，海拔2300~3500m。

分布：台湾。

类华丽龙胆Gentiana sinoornata Balf. f.

习性：多年生，小草本，高10~15cm；湿生植物。

生境：草丛、草甸等，海拔2400~4800m。

分布：云南、四川、西藏。

管花秦艽Gentiana siphonantha Maxim. ex Kusn.

习性：多年生，小草本，高10~25cm；湿生植物。

生境：灌丛、草甸、河岸坡等，海拔1800~4500m。

分布：四川、甘肃、青海。

毛脉龙胆Gentiana souliei Franch.

习性：一年生，小草本，高10~40cm；湿生植物。

生境：林下、草甸等，海拔3200~3900m。

分布：云南、四川。

鳞叶龙胆Gentiana squarrosa Ledeb.

习性：一年生，小草本，高2~8cm；半湿生植物。

生境：灌丛、草甸、河岸坡、河漫滩等，海拔110~4200m。

分布：内蒙古、河北、北京、山西、山东、湖北、陕西、宁夏、青海。

星状龙胆Gentiana stellulata Harry Sm.

习性：一年生，小草本，高4~10cm；湿生植物。

生境：草丛、草甸等，海拔3300~4000m。

分布：云南。

短柄龙胆Gentiana stipitata Edgew.

习性：多年生，小草本，高4~10cm；湿生植物。

生境：灌丛、草丛、沼泽草甸、河岸坡、沟边等，海拔3200~4600m。

分布：四川、西藏、甘肃、青海。

麻花艽Gentiana straminea Maxim.

习性：多年生，小草本，高10~35cm；半湿生植物。

生境：林下、灌丛、草甸、河岸坡、溪边等，海拔2000~5000m。

分布：湖北、西藏、宁夏、甘肃、青海。

多花龙胆Gentiana striolata T. N. Ho

习性：多年生，小草本，高10~40cm；半湿生植物。

生境：山坡、灌丛、草丛、草甸等，海拔3700~4600m。

分布：四川。

假帚枝龙胆Gentiana subintricata T. N. Ho

习性：一年生，小草本，高1.5~7cm；湿生植物。

生境：草甸、漂石间等，海拔3400~3700m。

分布：云南。

圆萼龙胆Gentiana suborbisepala C. Marquand

习性：一年生，小草本，高6~15cm；湿生植物。

生境：灌丛、草丛、草甸、漂石间等，海拔2200~4400m。

分布：贵州、云南、四川。

打箭炉龙胆Gentiana tatsienensis Franch.

习性：一年生，小草本，高3~5cm；湿生植物。

生境：沟谷、河岸坡、路边、漂石间等，海拔3300~5000m。

分布：四川、西藏。

西藏秦艽Gentiana tibetica King ex Hook. f.

习性：多年生，小草本，高40~50cm；半湿生植物。

生境：林缘、灌丛、草丛、草甸等，海拔2100~4200m。

分布：云南、西藏。

三歧龙胆Gentiana trichotoma Kusn.

习性：多年生，小草本，高15~35cm；半湿生植物。

生境：林下、灌丛、草丛、草甸、溪边、岩石、漂石间等，海拔3000~4600m。

分布：四川、西藏、甘肃、青海。

三色龙胆Gentiana tricolor Diels & Gilg

习性：一年生，小草本，高3~5cm；湿生植物。

生境：林下、沼泽草甸、河岸坡、湖岸坡等，海拔2200~3200m。

分布：甘肃、青海。

三花龙胆Gentiana triflora Pall.

习性：多年生，中小草本，高35~80cm；半湿生植物。

生境：林下、林缘、灌丛、草丛、沼泽草甸、路边等，海拔600~1000m。

分布：黑龙江、吉林、辽宁、内蒙古、河北。

朝鲜龙胆Gentiana uchiyamae Nakai

习性：多年生，中小草本，高30~70cm；半湿生植物。

生境：林下、林间、草丛、草甸、沼泽、河岸坡等。

分布：黑龙江、吉林、辽宁。

乌奴龙胆Gentiana urnula Harry Sm.

习性：多年生，小草本，高4~6cm；湿生植物。

生境：草甸、砾石坡、碎石坡等，海拔3900~5700m。

分布：西藏、青海。

蓝玉簪龙胆Gentiana veitchiorum Hemsl.

习性：多年生，小草本，高5~10cm；半湿生植物。

生境：林下、灌丛、草丛、草甸、河岸坡等，海拔2500~4800m。

分布：云南、四川、西藏、甘肃、青海。

露蕊龙胆Gentiana vernayi C. Marquand

习性：一年生，小草本，高3~5cm；半湿生植物。

生境：草甸、砾石坡等，海拔4200~5200m。

分布：西藏。

五叶龙胆Gentiana viatrix Harry Sm.

习性：多年生，小草本，高8~15cm；半湿生植物。

生境：林缘、草甸等，海拔3400~4 800m。

分布：四川。

矮龙胆（原变种）Gentiana wardii var. **wardii**

习性：多年生，小草本，高2~3cm；湿生植物。

生境：草甸、砾石坡等，海拔3500~4600m。

分布：云南、西藏。

露萼龙胆Gentiana wardii var. **emergens** (C. Marquand) T. N. Ho

习性：多年生，小草本，高3~6cm；湿生植物。

生境：草丛、草甸、流石滩等，海拔3000~4900m。

分布：四川。

灰绿龙胆Gentiana yokusai Burkill

习性：一年生，小草本，高2.5~14cm；半湿生植物。

生境：林下、灌丛、草丛、田间、路边等，海拔达2700m。

分布：内蒙古、河北、山西、江苏、安徽、上海、浙江、江西、福建、湖北、湖南、广东、贵州、四川、陕西。

云南龙胆Gentiana yunnanensis Franch.

习性：一年生，小草本，高5~30cm；湿生植物。

生境：林下、灌丛、草丛、草甸、路边等，海拔2300~4400m。

分布：贵州、云南、四川、西藏。

笔龙胆Gentiana zollingeri Fawc.

习性：一年生，小草本，高3~6cm；半湿生植物。

生境：林下、灌丛、草甸等，海拔500~1700m。

分布：黑龙江、吉林、辽宁、江苏、安徽、浙江、江西、福建、河南、湖北、湖南、甘肃、青海、新疆。

假龙胆属 Gentianella Moench

尖叶假龙胆Gentianella acuta (Michx.) Hiitonen

习性：一年生，中小草本，高20~55cm；半湿生植物。

生境：林缘、草丛、草甸、沼泽等，海拔达1500m。

分布：黑龙江、吉林、辽宁、内蒙古、河北、山西、山东、陕西、宁夏、新疆。

新疆假龙胆Gentianella turkestanorum (Gand.) Holub

习性：一或二年生，小草本，高10~35cm；半湿生植物。

生境：河谷、林下、草丛、草甸、河岸坡、湖岸坡等，海拔1500~4100m。

分布：新疆。

扁蕾属 Gentianopsis Ma

扁蕾（原变种）Gentianopsis barbata var. **barbata**

习性：一或二年生，小草本，高8~40cm；半湿生植物。

生境：林下、灌丛、草丛、草原、河岸坡、沼泽、沟边等，海拔700~4400m。

分布：黑龙江、吉林、辽宁、内蒙古、河北、山西、山东、贵州、云南、四川、西藏、陕西、宁夏、甘肃、青海、新疆。

黄白扁蕾Gentianopsis barbata var. **albiflavida** T. N. Ho

习性：一或二年生，小草本；湿生植物。

生境：林下、草丛、沼泽草甸等，海拔3200~4200m。

分布：青海、新疆。

细萼扁蕾 Gentianopsis barbata var. **stenocalyx** H. W. Li ex T. N. Ho

习性：一或二年生，小草本；湿生植物。

生境：林缘、草丛、河岸坡、溪边等，海拔3300~4700m。

分布：四川、西藏、青海。

大花扁蕾Gentianopsis grandis (Harry Sm.) Ma

习性：一或二年生，小草本，高25~50cm；半湿生植物。

生境：沟谷、草丛、河岸坡、溪边、湖岸坡、沟边等，海拔2000~4100m。

分布：云南、四川。

湿生扁蕾Gentianopsis paludosa (Hook. f.) Ma

习性：一年生，中小草本，高20~60cm；半湿生植物。

生境：林下、草丛、河岸坡、溪边等，海拔1100~4900m。

分布：内蒙古、河北、山西、湖北、云南、四川、西藏、陕西、宁夏、甘肃、青海。

花锚属 Halenia Borkh.

花锚Halenia corniculata (L.) Cornaz

习性：一年生，中小草本，高20~70cm；半湿生植物。

生境：林下、林缘、草丛、冻原、草甸、溪边等，海拔200~1800m。

分布：黑龙江、吉林、辽宁、内蒙古、河北、北京、山西、湖北、陕西。

卵萼花锚（原变种）Halenia elliptica var. **elliptica**

习性：一年生，中小草本，高15~90cm；半湿生植物。

生境：林下、林缘、灌丛、草丛、河岸坡、溪边、沟边等，海拔700~4500m。

分布：辽宁、内蒙古、山西、湖北、湖南、贵州、云南、四川、西藏、陕西、甘肃、青海、新疆。

大花花锚**Halenia elliptica** var. **grandiflora** Hemsl.

习性：一年生，中小草本，高30~80cm；半湿生植物。

生境：草丛、沟边等，海拔1300~2500m。

分布：湖北、贵州、云南、四川、陕西、甘肃、青海。

匙叶草属 **Latouchea** Franch.

匙叶草**Latouchea fokienensis** Franch.

习性：多年生，小草本，高15~30cm；半湿生植物。

生境：林下、林缘等，海拔1000~1800m。

分布：福建、湖南、广东、广西、贵州、云南、四川。

肋柱花属 **Lomatogonium** A. Braun

美丽肋柱花**Lomatogonium bellum** (Hemsl.) Harry Sm.

习性：一年生，小草本，高7~40cm；半湿生植物。

生境：林下、草丛等，海拔1300~3200m。

分布：湖北、云南、四川、陕西。

短药肋柱花**Lomatogonium brachyantherum** (C. B. Clarke) Fernald

习性：一年生，小草本，高2~15cm；湿生植物。

生境：草丛、沼泽草甸、河岸坡、湖岸坡、流石滩等，海拔2200~5300m。

分布：西藏、甘肃、青海、新疆。

肋柱花**Lomatogonium carinthiacum** (Wulfen) Rchb.

习性：一年生，小草本，高3~40cm；半湿生植物。

生境：沟谷、灌丛、草丛、草甸、河岸坡、溪边、漂石间等，海拔400~5400m。

分布：河北、山西、云南、四川、西藏、甘肃、青海。

合萼肋柱花**Lomatogonium gamosepalum** (Burkill) Harry Sm.

习性：一年生，小草本，高3~20cm；半湿生植物。

生境：林下、灌丛、草甸、河岸坡等，海拔2800~4500m。

分布：四川、西藏、甘肃、青海。

长叶肋柱花**Lomatogonium longifolium** Harry Sm.

习性：多年生，小草本，高8~25cm；湿生植物。

生境：草丛、灌丛、草甸、河岸坡等，海拔3400~4200m。

分布：云南、四川、西藏。

大花肋柱花**Lomatogonium macranthum** (Diels & Gilg) Fernald

习性：一年生，小草本，高7~35cm；湿生植物。

生境：林下、灌丛、草丛、草甸、河岸坡等，海拔2500~4800m。

分布：四川、西藏、甘肃、青海。

圆叶肋柱花**Lomatogonium oreocharis** (Diels) C. Marquand

习性：多年生，小草本，高7~20cm；湿生植物。

生境：林下、灌丛、草甸等，海拔3000~4800m。

分布：云南、西藏。

宿根肋柱花**Lomatogonium perenne** T. N. Ho & S. W. Liu

习性：多年生，小草本，高8~25cm；湿生植物。

生境：灌丛、草丛、草甸等，海拔4000~4400m。

分布：云南、四川、西藏、陕西、青海。

辐状肋柱花**Lomatogonium rotatum** (L.) Fr. ex Nyman

习性：一年生，小草本，高15~40cm；半湿生植物。

生境：沟谷、草丛、沟边等，海拔1400~4200m。

分布：黑龙江、吉林、辽宁、内蒙古、河北、山西、山东、贵州、云南、四川、陕西、宁夏、甘肃、青海、新疆。

獐牙菜属 **Swertia** L.

二叶獐牙菜**Swertia bifolia** Batalin

习性：多年生，小草本，高10~30cm；湿生植物。

生境：林下、灌丛、草丛、沼泽草甸、溪边、沟边等，海拔2800~4300m。

分布：四川、西藏、陕西、甘肃、青海。

獐牙菜**Swertia bimaculata** (Siebold & Zucc.) Hook. f. & Thomson ex C. B. Clarke

习性：一年生，中小草本，高0.3~1.5m；半湿生植物。

生境：林下、林缘、灌丛、草丛、沼泽、溪边、沟边等，海拔200~3000m。

分布：河北、山西、江苏、安徽、浙江、江西、福建、河南、湖北、湖南、广东、海南、广西、贵州、四川、陕西、甘肃。

西南獐牙菜Swertia cincta Burkill

习性：一年生，中小草本，高0.3~1.5m；半湿生植物。

生境：林下、林缘、灌丛、草丛、沟边等，海拔1400~3800m。

分布：贵州、云南、四川。

心叶獐牙菜Swertia cordata (Wall. ex G. Don) C. B. Clarke

习性：一年生，中小草本，高30~60cm；半湿生植物。

生境：灌丛、草丛、草甸等，海拔1700~4000m。

分布：云南、西藏。

川东獐牙菜Swertia davidii Franch.

习性：多年生，中小草本，高5~60cm；半湿生植物。

生境：林下、草丛、河岸坡等，海拔900~1200m。

分布：湖北、湖南、云南、四川。

岐伞獐牙菜Swertia dichotoma L.

习性：一年生，小草本，高5~12cm；半湿生植物。

生境：林缘、河岸坡、沟边等，海拔1000~3100m。

分布：黑龙江、吉林、辽宁、内蒙古、河北、山西、山东、河南、湖北、四川、陕西、宁夏、甘肃、青海、新疆。

高獐牙菜Swertia elata Harry Sm.

习性：多年生，中小草本，高0.4~1m；半湿生植物。

生境：灌丛、草丛、草甸等，海拔3200~4600m。

分布：云南、四川。

紫萼獐牙菜Swertia forrestii Harry Sm.

习性：多年生，小草本，高20~25cm；湿生植物。

生境：灌丛、草甸等，海拔3400~4200m。

分布：云南。

矮獐牙菜Swertia handeliana Harry Sm.

习性：多年生，小草本，高2~4cm；湿生植物。

生境：草丛、草甸等，海拔3500~4500m。

分布：云南、西藏。

毛萼獐牙菜（原变种）Swertia hispidicalyx var. hispidicalyx

习性：一年生，小草本，高5~25cm；半湿生植物。

生境：灌丛、草丛、草甸、河漫滩、溪边、砾石地等，海拔3400~5200m。

分布：西藏。

小毛萼獐牙菜Swertia hispidicalyx var. minima Burkill

习性：一年生，小草本，高5~25cm；湿生植物。

生境：灌丛、草丛、草甸、河漫滩、砾石地等，海拔3700~4800m。

分布：西藏。

大籽獐牙菜Swertia macrosperma (C. B. Clarke) C. B. Clarke

习性：一年生，中小草本，高0.3~1m；半湿生植物。

生境：林下、灌丛、草丛、河岸坡等，海拔1400~4000m。

分布：湖北、广西、贵州、云南、四川、台湾。

北温带獐牙菜Swertia perennis L.

习性：多年生，中草本，高0.6~1m；半湿生植物。

生境：草丛、沼泽草甸等，海拔300~2500m。

分布：吉林。

祁连獐牙菜Swertia przewalskii Pissjauk.

习性：多年生，小草本，高8~25cm；湿生植物。

生境：灌丛、草丛、沼泽草甸等，海拔3000~4200m。

分布：青海。

紫红獐牙菜Swertia punicea Hemsl.

习性：一年生，中小草本，高15~80cm；半湿生植物。

生境：林下、灌丛、草丛、河岸坡等，海拔400~3800m。

分布：湖北、湖南、贵州、云南、四川。

卵叶獐牙菜Swertia tetrapetala var. wilfordii (A. Kern.) T. N. He

习性：一年生，小草本，高20~30cm；半湿生植物。

生境：林缘、草丛、草甸、河岸坡等，海拔700~3800m。

分布：湖北、湖南、贵州、云南、四川。

大药獐牙菜Swertia tibetica Batalin

习性：多年生，中小草本，高18~65cm；半湿生植物。

生境：林下、林缘、草丛、河岸坡、溪边、沟边、砾石坡等，海拔3200~4800m。

分布：云南、四川。

藜芦獐牙菜Swertia veratroides Maxim. ex Kom.

习性：多年生，中小草本，高0.4~1m；半湿生植物。
生境：草丛、沼泽草甸等，海拔1600~1700m。
分布：黑龙江、吉林、辽宁。

苇叶獐牙菜Swertia wardii C. Marquand

习性：多年生，中小草本，高30~80cm；湿生植物。
生境：林下、林缘、灌丛、草甸、沼泽等，海拔3800~5200m。
分布：西藏。

华北獐牙菜Swertia wolfgangiana Grüning

习性：多年生，中小草本，高8~55cm；湿生植物。
生境：灌丛、草丛、沼泽草甸等，海拔1500~5300m。
分布：山西、湖北、四川、西藏、甘肃、青海。

少花獐牙菜Swertia younghusbandii Burkill

习性：多年生，小草本，高5~30cm；湿生植物。
生境：灌丛、草丛、草甸等，海拔4300~5400m。
分布：西藏。

黄秦艽属 Veratrilla Franch.

黄秦艽Veratrilla baillonii Franch.

习性：多年生，中小草本，高30~85cm；湿生植物。
生境：灌丛、草丛、草甸等，海拔3200~4600m。
分布：云南、四川、西藏。

103. 牻牛儿苗科 Geraniaceae

牻牛儿苗属 Erodium L'Hér. ex Aiton

牻牛儿苗Erodium stephanianum Willd.

习性：多年生，小草本，高15~50cm；湿生植物。
生境：沼泽草甸、沼泽等，海拔400~4000m。
分布：黑龙江、吉林、辽宁、内蒙古、河北、北京、天津、山西、山东、江苏、安徽、江西、河南、湖北、湖南、贵州、四川、西藏、陕西、宁夏、甘肃、青海、新疆。

老鹳草属 Geranium L.

野老鹳草Geranium carolinianum L.

习性：一年生，小草本，高20~50cm；半湿生植物。
生境：河岸坡、溪边、沟边、草丛、路边等，海拔达1900m。

分布：河北、北京、天津、山西、山东、江苏、安徽、上海、浙江、江西、福建、河南、湖北、湖南、广东、广西、贵州、云南、重庆、四川、西藏、陕西、台湾；原产于北美洲。

粗根老鹳草Geranium dahuricum DC.

习性：多年生，中小草本，高20~60cm；湿生植物。
生境：灌丛、草丛、草甸等，海拔1500~3500m。
分布：黑龙江、吉林、辽宁、内蒙古、河北、北京、山西、河南、四川、西藏、陕西、宁夏、甘肃、青海、新疆。

五叶老鹳草Geranium delavayi Franch.

习性：多年生，中小草本，高30~60cm；湿生植物。
生境：林缘、灌丛、草丛、草甸、溪边、沟边等，海拔2300~4100m。
分布：云南、四川。

大花老鹳草Geranium himalayense Klotzsch

习性：多年生，小草本，高20~30cm；湿生植物。
生境：草甸，海拔3700~4400m。
分布：西藏。

朝鲜老鹳草Geranium koreanum Kom.

习性：多年生，小草本，高30~50cm；半湿生植物。
生境：林下、林缘、草甸等，海拔500~800m。
分布：吉林、辽宁、山东。

突节老鹳草Geranium krameri Franch. & Sav.

习性：多年生，中小草本，高30~70cm；半湿生植物。
生境：草丛、草甸、田间、田埂等，海拔600~1200m。
分布：黑龙江、吉林、辽宁、山西。

兴安老鹳草Geranium maximowiczii Regel & Maack

习性：多年生，中小草本，高20~75cm；半湿生植物。
生境：林下、林缘、灌丛、草甸等，海拔200~4000m。
分布：黑龙江、吉林、内蒙古。

尼泊尔老鹳草Geranium nepalense Sweet

习性：多年生，小草本，高30~50cm；半湿生植物。
生境：林下、林缘、灌丛、草丛、草甸、沟边、路边等，海拔100~3600m。
分布：河北、北京、山西、江西、河南、湖北、湖南、广西、贵州、云南、重庆、四川、西藏、陕西、甘肃、青海。

毛蕊老鹳草Geranium platyanthum Duthie

习性：多年生，中小草本，高30~80cm；半湿生植物。

生境：林下、林缘、灌丛、草丛、草甸等，海拔1000~2700m。

分布：黑龙江、吉林、辽宁、内蒙古、河北、北京、山西、湖北、四川、宁夏、甘肃、青海。

草地老鹳草Geranium pratense L.

习性：多年生，中小草本，高30~90cm；湿生植物。

生境：林下、林缘、草丛、草甸、河岸坡等，海拔1400~4000m。

分布：内蒙古、河北、山西、四川、西藏、甘肃、青海、新疆。

甘青老鹳草Geranium pylzowianum Maxim.

习性：多年生，小草本，高10~20cm；湿生植物。

生境：林缘、草甸、流石坡等，海拔2500~5000m。

分布：云南、四川、西藏、陕西、宁夏、甘肃、青海。

汉荭鱼腥草Geranium robertianum L.

习性：一或二年生，中小草本，高10~60cm；半湿生植物。

生境：林下、岩石、岩壁等，海拔900~3300m。

分布：浙江、湖北、湖南、贵州、云南、四川、西藏、台湾。

鼠掌老鹳草Geranium sibiricum L.

习性：多年生，中小草本，高30~70cm；半湿生植物。

生境：林缘、草丛、河岸坡、河漫滩、溪边、沟边、田埂、田间等，海拔2000~3900m。

分布：黑龙江、吉林、辽宁、内蒙古、河北、北京、山西、山东、江西、河南、湖北、湖南、广西、贵州、云南、四川、西藏、陕西、宁夏、甘肃、青海、新疆。

线裂老鹳草Geranium soboliferum Kom.

习性：多年生，中小草本，高30~90cm；半湿生植物。

生境：林下、草丛、沼泽草甸、沼泽等，海拔400~1500m。

分布：黑龙江、吉林、辽宁、内蒙古。

紫地榆Geranium strictipes R. Knuth

习性：多年生，小草本，高20~30cm；半湿生植物。

生境：林下、灌丛、草甸、岩石、岩壁等，海拔2500~3000m。

分布：云南、四川。

老鹳草Geranium wilfordii Maxim.

习性：多年生，小草本，高30~50cm；半湿生植物。

生境：林缘、灌丛、草丛、草甸、河岸坡、溪边、沟边、田埂、田间等，海拔100~1800m。

分布：黑龙江、吉林、辽宁、内蒙古、河北、北京、山西、山东、江苏、安徽、浙江、江西、福建、河南、湖北、湖南、贵州、重庆、西藏、陕西、甘肃。

灰背老鹳草Geranium wlassovianum Fisch. ex Link

习性：多年生，中小草本，高30~70cm；湿生植物。

生境：林缘、沼泽草甸、沼泽、河岸坡、河漫滩等，海拔1800~3400m。

分布：黑龙江、吉林、辽宁、内蒙古、河北、山西、山东、河南。

104. 苦苣苔科 Gesneriaceae

横蒴苣苔属 Beccarinda Kuntze

小横蒴苣苔Beccarinda minima K. Y. Pan

习性：多年生，小草本，高2~5cm；湿生植物。

生境：岩石、岩壁等，海拔400~1400m。

分布：广西。

横蒴苣苔Beccarinda tonkinensis (Pellegr.) B. L. Burtt

习性：多年生，小草本，高5~17cm；湿生植物。

生境：林下、岩石等，海拔700~2400m。

分布：广西、贵州、云南、四川。

短筒苣苔属 Boeica C. B. Clarke

锈毛短筒苣苔Boeica ferruginea Drake

习性：多年生，小草本，高4~6cm；湿生植物。

生境：岩石、岩壁等，海拔300~1200m。

分布：云南。

紫花短筒苣苔Boeica guileana B. L. Burtt

习性：多年生，小草本，高2~15cm；湿生植物。

生境：林下、灌丛、沟边、岩石、岩壁等，海拔100~700m。

分布：广东、香港。

孔药短筒苣苔Boeica porosa C. B. Clarke

习性：多年生，小亚灌木，高10~20cm；湿生植物。

生境：林下、溪边、岩石、岩壁等，海拔800~1200m。

分布：云南。

匍茎短筒苣苔 Boeica stolonifera K. Y. Pan

习性：多年生，小草本，高5~30cm；湿生植物。

生境：林下、溪边、岩石、岩壁等，海拔200~1000m。

分布：广西。

筒花苣苔属 Briggsiopsis K. Y. Pan

筒花苣苔 Briggsiopsis delavayi (Franch.) K. Y. Pan

习性：多年生，小草本，高5~25cm；湿生植物。

生境：溪边、沟边、岩石、岩壁等，海拔200~1500m。

分布：贵州、云南、重庆、四川。

扁蒴苣苔属 Cathayanthe Chun

扁蒴苣苔 Cathayanthe biflora Chun

习性：多年生，小草本，高10~20cm；湿生植物。

生境：林下、灌丛、溪边、岩石、岩壁等，海拔200~2400m。

分布：海南。

苦苣苔属 Conandron Siebold & Zucc.

苦苣苔 Conandron ramondioides Siebold & Zucc.

习性：多年生，小草本，高9~12cm；湿生植物。

生境：岩石、岩壁等，海拔600~1300m。

分布：安徽、浙江、江西、福建、台湾。

珊瑚苣苔属 Corallodiscus Batalin

卷丝苣苔 Corallodiscus kingianus (Craib) B. L. Burtt

习性：多年生，小草本，高4~17cm；湿生植物。

生境：岩石，海拔2800~4800m。

分布：云南、四川、西藏、青海。

珊瑚苣苔 Corallodiscus lanuginosus (Wall. ex R. Br.) B. L. Burtt

习性：多年生，小草本，高3~17cm；湿生植物。

生境：林下、林缘、岩坡、岩壁等，海拔700~4300m。

分布：云南、四川、西藏、青海。

长蒴苣苔属 Didymocarpus Raf.

腺毛长蒴苣苔 Didymocarpus glandulosus (W. W. Sm.) W. T. Wang

习性：多年生，小草本，高10~40cm；湿生植物。

生境：林下、林缘、溪边、岩石、岩壁等，海拔500~2800m。

分布：广西、贵州、云南、重庆、四川。

矮生长蒴苣苔 Didymocarpus nanophyton C. Y. Wu ex H. W. Li

习性：多年生，小草本，高5~30cm；湿生植物。

生境：岩石、岩壁等，海拔1700~1800m。

分布：云南。

藏南长蒴苣苔 Didymocarpus primulifolius D. Don

习性：多年生，小草本，高4~16cm；湿生植物。

生境：溪边、岩石、岩壁等，海拔2100~2700m。

分布：西藏。

报春长蒴苣苔 Didymocarpus sinoprimulinus W. T. Wang

习性：多年生，小草本，高30~40cm；半湿生植物。

生境：岩石、岩壁等。

分布：湖南。

珠峰长蒴苣苔 Didymocarpus zhufengensis W. T. Wang

习性：多年生，小草本，高约29cm；湿生植物。

生境：岩石、岩壁等，海拔约2900m。

分布：西藏。

双片苣苔属 Didymostigma W. T. Wang

双片苣苔 Didymostigma obtusum (C. B. Clarke) W. T. Wang

习性：一年生，小草本，高10~20cm；湿生植物。

生境：沟谷、林下、溪边、岩石、岩壁等，海拔200~800m。

分布：福建、广东、海南、广西。

旋蒴苣苔属 Dorcoceras Bunge

地胆旋蒴苣苔 Dorcoceras philippense (C. B. Clarke) Schltr.

习性：多年生，小草本，高5~20cm；湿生植物。

生境：灌丛、草丛、沟边、岩石、岩壁等，海拔100~800m。

分布：湖南、广东、海南、广西、贵州。

盾座苣苔属 Epithema Blume

盾座苣苔 Epithema carnosum Benth.

习性：多年生，小草本，高8~16cm；湿生植物。

生境：岩石、岩壁、岩洞口等，海拔300~1500m。

分布：广东、广西、贵州、云南。

光叶苣苔属 Glabrella Mich. Möller & W. H. Chen

盾叶光叶苣苔 Glabrella longipes (Hemsl. ex Oliv.) Mich. Möller & W. H. Chen

习性：多年生，小草本，高5~15cm；湿生植物。

生境：岩石、岩壁等，海拔1000~1800m。

分布：广西、云南。

光叶苣苔 Glabrella mihieri (Franch.) Mich. Möller & W. H. Chen

习性：多年生，小草本，高5~20cm；湿生植物。

生境：岩石、岩壁等，海拔600~1800m。

分布：湖北、广西、贵州、重庆。

半蒴苣苔属 Hemiboea C. B. Clarke

纤细半蒴苣苔 Hemiboea gracilis Franch.

习性：多年生，小草本，高4~50cm；湿生植物。

生境：林缘、溪边、岩石、岩壁等，海拔300~1300m。

分布：江西、湖北、湖南、广西、贵州、重庆、四川。

全叶半蒴苣苔 Hemiboea integra C. Y. Wu ex H. W. Li

习性：多年生，中小草本，高30~80cm；湿生植物。

生境：林缘、沟边、岩石、岩壁等，海拔100~400m。

分布：云南。

单座苣苔 Hemiboea ovalifolia (W. T. Wang) A. Weber & Mich. Möller

习性：多年生，小草本，高20~40m；湿生植物。

生境：林下、岩石、岩壁、天坑等，海拔500~1300m。

分布：广西。

半蒴苣苔 Hemiboea subcapitata C. B. Clarke

习性：多年生，中小草本，高30~60cm；湿生植物。

生境：林下、岩石、岩壁等，海拔100~2100m。

分布：江苏、安徽、浙江、江西、福建、河南、湖北、湖南、广东、广西、贵州、云南、四川、陕西、甘肃。

汉克苣苔属 Henckelia Spreng.

光萼汉克苣苔 Henckelia anachoreta (Hance) D. J. Middleton & Mich. Möller

习性：一年生，中小草本，高30~80cm；湿生植物。

生境：沟谷、林下、溪边、岩石、岩壁等，海拔200~2900m。

分布：湖南、广东、广西、云南、台湾。

滇川汉克苣苔 Henckelia forrestii (J. Anthony) D. J. Middleton & Mich. Möller

习性：一年生，小草本，高1~19cm；湿生植物。

生境：林下、岩石、岩壁等，海拔2000~3100m。

分布：云南、四川。

灌丛汉克苣苔 Henckelia fruticola (H. W. Li) D. J. Middleton & Mich. Möller

习性：多年生，小草本，高20~30cm；湿生植物。

生境：灌丛、水边等，海拔约1300m。

分布：云南。

大叶汉克苣苔 Henckelia grandifolia A. Dietr.

习性：多年生，小草本，高2~40cm；湿生植物。

生境：岩石、岩壁等，海拔1300~3100m。

分布：贵州、云南。

密序苣苔 Henckelia longisepala (H. W. Li) D. J. Middleton & Mich. Möller

习性：小亚灌木，高25~80cm；湿生植物。

生境：林下、灌丛、沟边等，海拔200~800m。

分布：云南。

斑叶汉克苣苔 Henckelia pumila (D. Don) A. Dietr.

习性：一年生，小草本，高6~50cm；湿生植物。

生境：林下、草丛、溪边、岩石、岩壁等，海拔800~2800m。

分布：广西、贵州、云南、西藏。

麻叶汉克苣苔**Henckelia urticifolia** (Buch.-Ham. ex D. Don) A. Dietr.

习性：多年生，中小草本，高30~80cm；湿生植物。

生境：林下、沟边等，海拔1300~1700m。

分布：云南。

斜柱苣苔属 **Loxostigma** C. B. Clarke

长茎粗筒苣苔**Loxostigma longicaule** (W. T. Wang & K. Y. Pan) Mich. Möller & Y. M. Shui

习性：多年生，中小草本，高10~60cm；湿生植物。

生境：林下，海拔1500~2500m。

分布：四川。

吊石苣苔属 **Lysionotus** D. Don

齿叶吊石苣苔**Lysionotus serratus** D. Don

习性：小亚灌木，高0.1~1m；湿生植物。

生境：林下、草丛、溪边、岩石、岩壁等，海拔900~2800m。

分布：广西、贵州、云南、西藏。

黄花吊石苣苔**Lysionotus sulphureus** Hand.-Mazz.

习性：亚灌木或灌木，高20~30cm；湿生植物。

生境：溪边、岩石、岩壁等，海拔900~2900m。

分布：云南。

盾叶苣苔属 **Metapetrocosmea** W. T. Wang

盾叶苣苔**Metapetrocosmea peltata** (Merr. & Chun) W. T. Wang

习性：多年生，小草本，高3~8cm；湿生植物。

生境：林中溪边、岩石、岩壁等，海拔300~700m。

分布：海南。

钩序苣苔属 **Microchirita** (C. B. Clarke) Yin Z. Wang

钩序苣苔**Microchirita hamosa** (R. Br.) Yin Z. Wang

习性：一年生，小草本，高5~36cm；湿生植物。

生境：沟边、岩石、岩壁等，海拔300~1500m。

分布：广西、云南。

马铃苣苔属 **Oreocharis** Benth.

尖瓣佛肚苣苔**Oreocharis acutiloba** (K. Y. Pan) Mich. Möller & W. H. Chen

习性：多年生，小草本，高2~5cm；湿生植物。

生境：岩石、岩壁等，海拔2200~2300m。

分布：云南。

马铃苣苔**Oreocharis amabilis** Dunn

习性：多年生，小草本，高15~20cm；湿生植物。

生境：岩石、岩壁等，海拔1000~2500m。

分布：云南。

黄马铃苣苔（原变种）**Oreocharis aurea** var. **aurea**

习性：多年生，小草本，高20~25cm；湿生植物。

生境：岩石、岩壁等，海拔1400~2400m。

分布：云南。

卵心叶马铃苣苔 **Oreocharis aurea** var. **cordato-ovata** (C. Y. Wu ex H. W. Li) K. Y. Pan, A. L. Weitzman & L. E. Skog

习性：多年生，小草本，高10~30cm；湿生植物。

生境：岩石、岩壁等，海拔1400~1800m。

分布：云南。

长瓣马铃苣苔**Oreocharis auricula** (S. Moore) C. B. Clarke

习性：多年生，小草本，高8~40cm；半湿生植物。

生境：岩石、岩壁等，海拔200~1800m。

分布：安徽、江西、福建、湖南、广东、广西、贵州、重庆。

景东短檐苣苔**Oreocharis begoniifolia** (H. W. Li) Mich. Möller & A. Weber

习性：多年生，小草本，高3~10cm；湿生植物。

生境：林下、岩石、岩壁等，海拔2000~2800m。

分布：云南。

毛药马铃苣苔**Oreocharis bodinieri** H. Lév.

习性：多年生，小草本，高5~10cm；湿生植物。

生境：岩石、岩壁等，海拔1400~3100m。

分布：云南、四川。

浙皖佛肚苣苔**Oreocharis chienii** (Chun) Mich. Möller & A. Weber

习性：多年生，小草本，高10~30cm；湿生植物。

生境：林缘、草丛、岩石、岩壁等，海拔300~1600m。

分布：安徽、浙江、江西。

凸瓣苣苔Oreocharis convexa (Craib) Mich. Möller & A. Weber

习性：多年生，小草本，高5~20m；湿生植物。

生境：岩石、岩壁等，海拔2500~3400m。

分布：云南。

椭圆马铃苣苔Oreocharis delavayi Franch.

习性：多年生，小草本，高5~15cm；湿生植物。

生境：岩石、岩壁等，海拔2100~3600m。

分布：云南、四川、西藏。

紫花佛肚苣苔Oreocharis elegantissima (H. Lév. & Vaniot) Mich. Möller & W. H. Chen

习性：多年生，小草本，高10~40cm；湿生植物。

生境：林下、岩石、岩壁等，海拔400~1200m。

分布：贵州。

辐花苣苔Oreocharis esquirolii H. Lév.

习性：多年生，小草本，高5~10cm；湿生植物。

生境：林下、灌丛、岩石、岩壁等，海拔1000~1600m。

分布：贵州。

黄花直瓣苣苔Oreocharis gamosepala (K. Y. Pan) Mich. Möller & A. Weber

习性：多年生，小草本，高3~12cm；湿生植物。

生境：岩石、岩壁等，海拔1700~2500m。

分布：四川。

剑川马铃苣苔Oreocharis georgei J. Anthony

习性：多年生，小草本，高5~13cm；湿生植物。

生境：岩石、岩壁等，海拔2300~3400m。

分布：云南、四川、西藏。

川滇马铃苣苔Oreocharis henryana Oliv.

习性：多年生，小草本，高7~18cm；湿生植物。

生境：岩石、岩壁等，海拔600~3000m。

分布：云南、重庆、四川、甘肃。

矮直瓣苣苔Oreocharis humilis (W. T. Wang) Mich. Möller & A. Weber

习性：多年生，小草本，高5~10cm；湿生植物。

生境：沟边、岩石、岩壁等，海拔1800~2300m。

分布：湖北、重庆、四川。

紫花金盏苣苔（原变种）Oreocharis lancifolia var. **lancifolia**

习性：多年生，小草本，高5~25cm；湿生植物。

生境：岩石、岩壁等，海拔1100~2800m。

分布：四川。

汶川金盏苣苔Oreocharis lancifolia var. **mucronata** (K. Y. Pan) Mich. Möller & A. Weber

习性：多年生，小草本，高5~10cm；湿生植物。

生境：岩壁，海拔2200~2800m。

分布：四川。

佛肚苣苔Oreocharis longifolia (Craib) Mich. Möller & A. Weber

习性：多年生，小草本，高10~30cm；湿生植物。

生境：林下、林缘、岩石、岩壁等，海拔1000~3100m。

分布：云南、四川、甘肃。

大齿马铃苣苔Oreocharis magnidens Chun ex K. Y. Pan

习性：多年生，小草本，高7~20cm；湿生植物。

生境：岩石、岩壁等，海拔1100~1600m。

分布：广东、广西。

大花石上莲Oreocharis maximowiczii C. B. Clarke

习性：多年生，小草本，高5~25cm；半湿生植物。

生境：岩石、岩壁等，海拔200~800m。

分布：浙江、江西、福建、湖南、广东。

贵州直瓣苣苔Oreocharis notochlaena (H. Lév. & Vaniot) H. Lév.

习性：多年生，小草本，高5~15cm；湿生植物。

生境：岩石、岩壁等，海拔1400~2300m。

分布：贵州。

平伐粗筒苣苔Oreocharis pinfaensis (H. Lév.) Mich. Möller & W. H. Chen

习性：多年生，小草本，高6~25cm；湿生植物。

生境：瀑布边、岩壁等，海拔约1200m。

分布：贵州。

羽裂金盏苣苔Oreocharis primuliflora (Batalin) Mich. Möller & A. Weber

习性：多年生，小草本，高8~20cm；湿生植物。

生境：岩石、岩壁等，海拔2000~2800m。

分布：四川。

川鄂佛肚苣苔Oreocharis rosthornii (Diels) Mich. Möller & A. Weber

习性：多年生，小草本，高5~25cm；湿生植物。

生境：林下、岩石、岩壁等，海拔700~2300m。

分布：湖北、贵州、云南、四川。

直瓣苣苔Oreocharis saxatilis (Hemsl.) Mich. Möller & A. Weber

习性：多年生，小草本，高5~20cm；湿生植物。

生境：岩石、岩壁等，海拔1300~3100m。

分布：湖北、四川、甘肃。

云南佛肚苣苔Oreocharis shweliensis Mich. Möller & W. H. Chen

习性：多年生，小草本，高10~15cm；湿生植物。

生境：岩石、岩壁等，海拔1600~3000m。

分布：云南。

四数苣苔Oreocharis sinensis (Oliv.) Mich. Möller & A. Weber

习性：多年生，小草本，高10~30cm；湿生植物。

生境：沟谷、林下、岩石、岩壁等，海拔600~1000m。

分布：广东。

鄂西佛肚苣苔Oreocharis speciosa (Hemsl.) Mich. Möller & W. H. Chen

习性：多年生，小草本，高10~25cm；湿生植物。

生境：岩石、岩壁等，海拔300~1600m。

分布：湖北、湖南、四川。

管花马铃苣苔Oreocharis tubicella Franch.

习性：多年生，小草本，高5~15cm；湿生植物。

生境：岩石、岩壁等，海拔约1300m。

分布：云南、四川。

筒花马铃苣苔Oreocharis tubiflora K. Y. Pan

习性：多年生，小草本，高10~15cm；湿生植物。

生境：岩石、岩壁等，海拔300~1200m。

分布：福建。

峨眉直瓣苣苔Oreocharis wangwentsaii var. emeiensis (K. Y. Pan) Mich. Möller & A. Weber

习性：多年生，小草本，高5~15cm；湿生植物。

生境：岩石、岩壁等，海拔1500~2100m。

分布：四川。

湘桂马铃苣苔Oreocharis xiangguiensis W. T. Wang & K. Y. Pan

习性：多年生，小草本，高10~25cm；湿生植物。

生境：岩石、岩壁等，海拔400~1400m。

分布：广西、云南、四川。

喜鹊苣苔属 Ornithoboea Parish ex C. B. Clarke

蛛毛喜鹊苣苔Ornithoboea arachnoidea (Diels) Craib

习性：多年生，小草本，高15~50cm；湿生植物。

生境：沟边、岩坡等，海拔1800~2800m。

分布：云南。

蛛毛苣苔属 Paraboea (Clarke) Ridl.

海南蛛毛苣苔Paraboea hainanensis (Chun) B. L. Burtt

习性：多年生，小草本，高5~20cm；湿生植物。

生境：林下、岩石等，海拔800~1400m。

分布：海南。

锥序蛛毛苣苔Paraboea swinhoei (Hance) B. L. Burtt

习性：小亚灌木，高30~60cm；湿生植物。

生境：灌丛、沟边、岩石、岩壁等，海拔500~2800m。

分布：广西、贵州、台湾。

小花蛛毛苣苔Paraboea thirionii (H. Lév.) B. L. Burtt

习性：多年生，小草本，高10~30cm；湿生植物。

生境：岩石、岩壁等，海拔200~1500m。

分布：广西、贵州。

石山苣苔属 Petrocodon Hance

石山苣苔Petrocodon dealbatus Hance

习性：多年生，小草本，高10~20cm；湿生植物。

生境：林下、岩石、岩壁等，海拔200~1100m。

分布：湖北、湖南、广东、广西、贵州。

东南长蒴苣苔Petrocodon hancei (Hemsl.) A. Weber & Mich. Möller

习性：多年生，小草本，高5~40cm；湿生植物。

生境：林下、岩石、岩壁等，海拔100~1100m。

分布：江西、福建、湖南、广东。

柔毛长蒴苣苔Petrocodon mollifolius (W. T. Wang) A. Weber & Mich. Möller

习性：多年生，小草本，高10~20cm；半湿生植物。

生境：岩石、岩壁等，海拔约1000m。

分布：云南。

世纬苣苔Petrocodon scopulorus (Chun) Yin Z. Wang

习性：多年生，小草本，高5~15cm；湿生植物。

生境：岩壁，海拔300~1200m。

分布：贵州、云南。

石蝴蝶属 Petrocosmea Oliv.

孟连石蝴蝶Petrocosmea menglianensis H. W. Li

习性：多年生，小草本，高10~30cm；湿生植物。

生境：岩石、岩壁等，海拔达2200m。

分布：云南。

扁圆石蝴蝶Petrocosmea oblata Craib

习性：多年生，小草本，高5~10cm；湿生植物。

生境：岩石、岩壁等，海拔1500~3000m。

分布：云南、四川。

中华石蝴蝶Petrocosmea sinensis Oliv.

习性：多年生，小草本，高15~30cm；湿生植物。

生境：岩石、岩壁等，海拔400~1700m。

分布：湖北、云南、四川。

堇叶苣苔属 Platystemma Wall.

堇叶苣苔Platystemma violoides Wall.

习性：多年生，小草本，高5~10cm；湿生植物。

生境：岩石、岩壁等，海拔2300~3200m。

分布：西藏。

报春苣苔属 Primulina Hance

紫萼报春苣苔 Primulina atropurpurea (W. T. Wang) Mich. Möller & A. Weber

习性：多年生，小草本，高10~15cm；湿生植物。

生境：岩石、岩壁等。

分布：广西。

短头报春苣苔 Primulina brachystigma (W. T. Wang) Mich. Möller & A. Weber

习性：多年生，小草本，高10~15cm；湿生植物。

生境：沟谷。

分布：广西。

短毛报春苣苔Primulina brachytricha (W. T. Wang & D. Y. Chen) R. B. Mao & Yin Z. Wang

习性：多年生，小草本；湿生植物。

生境：岩石、岩壁等，海拔400~1000m。

分布：广西、贵州。

牛耳朵Primulina eburnea (Hance) Yin Z. Wang

习性：多年生，小草本，高10~30cm；半湿生植物。

生境：林下、岩石、岩壁等，海拔100~2000m。

分布：湖北、湖南、广东、广西、贵州、四川。

蚂蝗七Primulina fimbrisepala (Hand.-Mazz.) Yin Z. Wang

习性：多年生，小草本，高5~20cm；湿生植物。

生境：林下、岩石、岩壁等，海拔400~1500m。

分布：江西、福建、湖南、广东、广西、贵州。

宽脉报春苣苔Primulina latinervis (W. T. Wang) Mich. Möller & A. Weber

习性：多年生，小草本，高10~20cm；湿生植物。

生境：林下、岩石、岩壁、岩洞口等，海拔200~500m。

分布：湖南。

钝齿报春苣苔 Primulina obtusidentata (W. T. Wang) Mich. Möller & A. Weber

习性：多年生，小草本，高10~20cm；湿生植物。

生境：岩石、岩壁等，海拔200~1400m。

分布：贵州。

复叶报春苣苔 Primulina pinnata (W. T. Wang) Yin Z. Wang

习性：多年生，小草本，高5~15cm；湿生植物。

生境：瀑布边、岩壁等，海拔500~1200m。

分布：广西。

羽裂报春苣苔Primulina pinnatifida (Hand.-Mazz.) Yin Z. Wang

习性：多年生，小草本，高5~30cm；湿生植物。

生境：岩石、岩壁等，海拔300~2100m。

分布：浙江、江西、福建、湖南、广东、广西、贵州。

粉花报春苣苔Primulina roseoalba (W. T. Wang) Mich. Möller & A. Weber

习性：多年生，小草本，高10~20cm；湿生植物。

生境：灌丛、溪边、岩石、岩壁等，海拔400~1000m。

分布：湖南。

四川报春苣苔Primulina sichuanensis (W. T. Wang) Mich. Möller & A. Weber

习性：多年生，小草本，高10~40cm；湿生植物。

生境：林下、溪边、岩石、岩壁等，海拔700~2000m。

分布：重庆、四川。

薄叶报春苣苔Primulina tenuifolia (W. T. Wang) Yin Z. Wang

习性：多年生，小草本，高5~10cm；湿生植物。

生境：岩石、岩壁等。

分布：广西。

漏斗苣苔属 Raphiocarpus Chun

大苞漏斗苣苔Raphiocarpus begoniifolia (H. Lév.) B. L. Burtt

习性：多年生，小草本，高20~40cm；湿生植物。

生境：林下、溪边、岩石、岩壁等，海拔1200~2100m。

分布：湖北、广西、贵州、云南。

长梗漏斗苣苔Raphiocarpus longipedunculatus (C. Y. Wu ex H. W. Li) B. L. Burtt

习性：多年生，草本或亚灌木，高0.3~1m；湿生植物。

生境：林下、溪边、岩石、岩壁等，海拔1400~1700m。

分布：云南。

长筒漏斗苣苔Raphiocarpus macrosiphon (Hance) B. L. Burtt

习性：多年生，小草本，高8~30cm；湿生植物。

生境：岩石、岩壁等，海拔200~800m。

分布：广东、广西。

大叶锣Raphiocarpus sesquifolius (C. B. Clarke) B. L. Burtt

习性：多年生，小草本，高10~40cm；湿生植物。

生境：林下、路边、岩石、岩壁等，海拔900~1600m。

分布：四川。

无毛漏斗苣苔Raphiocarpus sinicus Chun

习性：亚灌木或灌木，高1~1.5m；湿生植物。

生境：林下，海拔400~2400m。

分布：广西。

尖舌苣苔属 Rhynchoglossum Blume

尖舌苣苔Rhynchoglossum obliquum Blume

习性：一年生，小草本，高18~40cm；湿生植物。

生境：林下、林缘、溪边、岩洞口、岩壁等，100~2800m。

分布：广西、贵州、云南、四川、台湾。

线柱苣苔属 Rhynchotechum Blume

异色线柱苣苔 Rhynchotechum discolor (Maxim.) B. L. Burtt

习性：小亚灌木，高25~45cm；湿生植物。

生境：林下，海拔达1700m。

分布：福建、广东、海南、台湾。

线柱苣苔Rhynchotechum ellipticum (Wall. ex D. Dietr.) A. DC.

习性：中小亚灌木，高0.7~2m；湿生植物。

生境：林下、溪边、沟边等，海拔100~1000m。

分布：福建、广东、海南、广西、贵州、云南、四川、西藏。

冠萼线柱苣苔Rhynchotechum formosanum Hatusima

习性：小亚灌木，高0.3~1m；湿生植物。

生境：沟谷、林下、溪边、岩石、岩壁等，海拔200~1500m。

分布：广东、海南、广西、云南、台湾。

长梗线柱苣苔Rhynchotechum longipes W. T. Wang

习性：小亚灌木，高30~50cm；湿生植物。

生境：林下、灌丛、路边、岩石、岩壁等，海拔200~700m。

分布：海南、广西、云南。

毛线柱苣苔Rhynchotechum vestitum Wall. ex C. B. Clarke

习性：中亚灌木，高1~2m；湿生植物。

生境：林下、溪边等，海拔800~2200m。

分布：广西、云南、西藏。

十字苣苔属 Stauranthera Benth.

十字苣苔 Stauranthera umbrosa (Griff.) C. B. Clarke
习性：多年生，小草本，高20~30cm；湿生植物。
生境：沟谷、林下、林缘、灌丛、水边等，海拔400~1200m。
分布：海南、广西、云南。

异叶苣苔属 Whytockia W. W. Sm.

毕节异叶苣苔 Whytockia bijieensis Yin Z. Wang & Z. Y. Li
习性：多年生，小草本，高20~50cm；湿生植物。
生境：溪边，海拔约1500m。
分布：贵州。

河口异叶苣苔 Whytockia hekouensis Yin Z. Wang
习性：多年生，小草本，高15~40cm；湿生植物。
生境：溪边，海拔1300~1400m。
分布：云南。

紫红异叶苣苔 Whytockia purpurascens Yin Z. Wang
习性：多年生，小草本，高10~30cm；湿生植物。
生境：溪边、沟边等，海拔800~1500m。
分布：云南。

白花异叶苣苔 Whytockia tsiangiana (Hand.-Mazz.) A. Web.
习性：多年生，小草本，高20~50cm；湿生植物。
生境：沟谷、林下、溪边、岩石等，海拔400~2200m。
分布：湖北、湖南、广西、贵州、云南、四川。

105. 草海桐科 Goodeniaceae

草海桐属 Scaevola L.

蓝扇花 Scaevola aemula R. Br.
习性：多年生，小草本，高25~50cm；湿生植物。
生境：塘基、沟边、路边等。
分布：北京、上海、湖北、广东、四川；原产于澳大利亚。

小草海桐 Scaevola hainanensis Hance
习性：常绿，小灌木，高10~50cm；水湿生植物。
生境：潮间带、高潮线附近、入海河口等。
分布：福建、广东、海南、广西、台湾。

草海桐 Scaevola taccada (Gaertn.) Roxb.
习性：常绿，灌木或乔木，高达7m；半湿生植物。
生境：高潮线附近、潮上带、入海河口等。
分布：福建、广东、海南、广西、台湾。

106. 茶藨子科 Grossulariaceae

茶藨子属 Ribes L.

刺果茶藨子 Ribes burejense F. Schmidt
习性：落叶，中灌木，高1~2m；半湿生植物。
生境：林下、林缘、灌丛、溪边等，海拔900~2300m。
分布：黑龙江、吉林、辽宁、内蒙古、河北、山西、河南、四川、陕西、甘肃。

水葡萄茶藨子 Ribes procumbens Pall.
习性：落叶，小灌木，高20~40cm；半湿生植物。
生境：林下、沼泽、河岸坡、溪边等，海拔1000~1500m。
分布：黑龙江、内蒙古。

美丽茶藨子 Ribes pulchellum Turcz.
习性：落叶，大中灌木，高1~2.5m；半湿生植物。
生境：灌丛、沟边等，海拔300~2800m。
分布：内蒙古、河北、山西、陕西、宁夏、甘肃、青海、新疆。

长果茶藨子 Ribes stenocarpum Maxim.
习性：落叶，大中灌木，高1~3m；半湿生植物。
生境：林下、灌丛、沟边等，海拔2300~3300m。
分布：四川、陕西、甘肃、青海。

矮茶藨子 Ribes triste Pall.
习性：落叶，小灌木，高15~40cm；湿生植物。
生境：林下、林缘、岩坡等，有时与苔藓植物一起生长，海拔1000~1500m。
分布：黑龙江、内蒙古。

241

107. 大叶草科 Gunneraceae

大叶草属 Gunnera L.

大叶蚁塔 Gunnera manicata Linden ex Delchev.

习性：多年生，大草本，高 2~3m；湿生植物。

生境：溪边、湖岸坡、塘基等。

分布：云南；原产于南美洲。

108. 小二仙草科 Haloragaceae

小二仙草属 Gonocarpus Thunb.

黄花小二仙草 Gonocarpus chinensis (Lour.) Orchard

习性：多年生，中小草本，高10~60cm；半湿生植物。

生境：沟谷、草丛、溪边、沟边等，海拔100~1500m。

分布：浙江、江西、福建、湖北、湖南、广东、广西、贵州、云南、重庆、四川、台湾。

小二仙草 Gonocarpus micranthus Thunb.

习性：多年生，小草本，高5~45cm；湿生植物。

生境：林缘、草丛、沼泽、湖岸坡、溪边、沟边、田埂、路边等，海拔100~2500m。

分布：河北、山东、江苏、安徽、浙江、江西、福建、河南、湖北、湖南、广东、广西、贵州、重庆、台湾。

狐尾藻属 Myriophyllum L.

互花狐尾藻 Myriophyllum alterniflorum DC.

习性：一年生，中草本；沉水植物。

生境：湖泊、静水体等，海拔500~1500m。

分布：江苏、安徽、湖北、甘肃。

粉绿狐尾藻 Myriophyllum aquaticum (Vell.) Verdc.

习性：多年生，大中草本；挺水植物。

生境：沼泽、溪流、湖泊、池塘、水沟、田中等，海拔达2800m。

分布：江苏、安徽、上海、浙江、江西、福建、湖北、湖南、广东、海南、广西、贵州、重庆、云南、四川、台湾；原产于南美洲。

二分果狐尾藻 Myriophyllum dicoccum F. Muell.

习性：多年生，中小草本；挺水或沉水植物。

生境：湖泊、池塘等。

分布：辽宁、福建、广东、台湾。

短喙狐尾藻 Myriophyllum exasperatum D. Wang, D. Yu & Z. Yu Li

习性：多年生，中草本；沉水植物。

生境：河流、溪流、静水体等，海拔达200m。

分布：广西。

异叶狐尾藻 Myriophyllum heterophyllum Michx.

习性：多年生，大中草本；沉水植物。

生境：湖泊、池塘等。

分布：广东；原产于北美洲。

东方狐尾藻（原亚种）Myriophyllum oguraense subsp. **oguraense**

习性：多年生，中小草本；沉水植物。

生境：河流、溪流等。

分布：黑龙江、江苏、安徽、浙江、江西、湖北。

扬子狐尾藻 Myriophyllum oguraense subsp. **yangtzense** D. Wang

习性：多年生，中小草本；沉水植物。

生境：河流、湖泊、池塘等。

分布：湖北。

西伯利亚狐尾藻 Myriophyllum sibiricum var. **muricatum** Maxim.

习性：多年生，中小草本；沉水植物。

生境：沼泽、河流、池塘、水沟等。

分布：黑龙江、吉林、内蒙古、江苏、云南、四川、西藏、青海、新疆。

穗状狐尾藻 Myriophyllum spicatum L.

习性：多年生，大中草本；沉水植物。

生境：沼泽、河流、溪流、湖泊、池塘、沟渠、运河等，海拔达4200m。

分布：全国各地。

四蕊狐尾藻 Myriophyllum tetrandrum Roxb.

习性：多年生，大中草本；沉水植物。

生境：浅水处，海拔达200m。

分布：海南。

刺果狐尾藻**Myriophyllum tuberculatum** Roxb.

习性：多年生，中草本；沉水植物。

生境：浅水处，海拔100~400m。

分布：广东。

乌苏里狐尾藻**Myriophyllum ussuriense** (Regel) Maxim.

习性：多年生，小草本，高6~25cm；水湿生植物。

生境：沼泽、湖泊、池塘、水沟等，海拔达1800m。

分布：黑龙江、吉林、河北、江苏、安徽、浙江、江西、湖北、广东、广西、云南、台湾。

狐尾藻**Myriophyllum verticillatum** L.

习性：多年生，中小草本；沉水植物。

生境：沼泽、河流、溪流、湖泊、池塘、水沟等，海拔达3500m。

分布：全国各地。

109. 金缕梅科 **Hamamelidaceae**

蚊母树属 **Distylium** Siebold & Zucc.

小叶蚊母树**Distylium buxifolium** (Hance) Merr.

习性：常绿，中灌木，高1~2m；湿生植物。

生境：河岸坡、溪边等，海拔1000~1200m。

分布：浙江、福建、湖北、湖南、广东、广西、贵州、重庆、四川。

中华蚊母树**Distylium chinense** (Franch. ex Hemsl.) Diels

习性：常绿，大中灌木，高1~3m；湿生植物。

生境：河岸坡、溪边等，海拔1000~1300m。

分布：湖北、贵州、重庆、四川。

窄叶蚊母树**Distylium dunnianum** H. Lév.

习性：常绿，灌木或乔木，高2~6m；湿生植物。

生境：河岸坡、溪边等，海拔700~1100m。

分布：广东、广西、贵州、云南。

110. 青荚叶科 **Helwingiaceae**

青荚叶属 **Helwingia** Willd.

青荚叶**Helwingia japonica** (Thunb.) F. Dietr.

习性：落叶，中灌木，高1~2m；半湿生植物。

生境：林下、河谷、溪边等，海拔100~3400m。

分布：山西、山东、江苏、安徽、浙江、江西、福建、河南、湖北、湖南、广东、广西、贵州、云南、四川、陕西、甘肃、台湾。

111. 莲叶桐科 **Hernandiaceae**

莲叶桐属 **Hernandia** L.

莲叶桐**Hernandia nymphaeifolia** (C. Presl) Kubitzki

习性：常绿，中小乔木，高5~15m；半湿生植物。

生境：高潮线附近、潮上带等。

分布：海南、台湾。

112. 绣球科 **Hydrangeaceae**

常山属 **Dichroa** Lour.

常山**Dichroa febrifuga** Lour.

习性：常绿，中灌木，高1~2m；半湿生植物。

生境：林下、沟边等，海拔200~2000m。

分布：安徽、江西、福建、湖北、湖南、广东、广西、贵州、重庆、四川、西藏、陕西、甘肃、台湾。

绣球属 **Hydrangea** Gronov.

圆锥绣球**Hydrangea paniculata** Siebold

习性：落叶，灌木或乔木，高1~5m；半湿生植物。

生境：沟谷、林下、林缘、灌丛、沼泽、溪边、沟边、路边等，海拔300~2100m。

分布：安徽、浙江、江西、福建、湖北、湖南、广东、广西、贵州、云南、四川、甘肃。

黄山梅属 **Kirengeshoma** Yatabe

黄山梅**Kirengeshoma palmata** Yatabe

习性：多年生，中草本，高0.8~1.2m；湿生植物。

生境：林下，海拔700~1800m。

分布：安徽、浙江。

113. 水鳖科 Hydrocharitaceae

水筛属 Blyxa Noronha ex Thouars

无尾水筛Blyxa aubertii Rich.
习性：一或多年生，小草本；沉水植物。
生境：溪流、湖泊、池塘、水沟、田中等，海拔达1700m。
分布：浙江、江西、福建、湖南、广东、海南、广西、云南、重庆、四川、台湾。

有尾水筛Blyxa echinosperma (C. B. Clarke) Hook. f.
习性：一年生，小草本；沉水植物。
生境：沼泽、湖泊、池塘、水沟、田中等，海拔200~1800m。
分布：河北、江苏、安徽、浙江、江西、福建、湖南、广东、广西、贵州、重庆、四川、西藏、陕西、台湾。

水筛Blyxa japonica (Miq.) Maxim. ex Asch. & Gürke
习性：一或多年生，小草本；沉水植物。
生境：沼泽、溪流、池塘、水沟、田中等，海拔达2200m。
分布：辽宁、江苏、安徽、浙江、江西、福建、湖北、湖南、广东、海南、广西、贵州、云南、重庆、四川、台湾。

光滑水筛Blyxa leiosperma Koidz.
习性：多年生，小草本；沉水植物。
生境：沼泽、池塘、水沟、田中等。
分布：安徽、浙江、江西、福建、广东、海南。

八药水筛Blyxa octandra (Roxb.) Planch. ex Thwaites
习性：一年生，中小草本；沉水植物。
生境：池塘、水沟、田中、洼地等。
分布：广东、广西、云南、四川。

水蕴草属 Egeria Planch.

水蕴草Egeria densa Planch.
习性：多年生，中草本；沉水植物。
生境：河流、溪流、湖泊、池塘、水库、沟渠、运河、田中等，海拔达600m。
分布：辽宁、江苏、安徽、浙江、江西、福建、湖北、湖南、广东、广西、贵州、云南、重庆、四川、香港、台湾；原产于南美洲。

伊乐藻属 Elodea Michx.

伊乐藻Elodea nuttallii (Planch.) H. St. John
习性：多年生，中小草本；沉水植物。
生境：河流、溪流、湖泊、池塘、水库、运河、沟渠、田中等，海拔达700m。
分布：江苏、安徽、浙江、江西、河南、湖北、湖南、广东、广西、重庆、贵州、四川、陕西；原产于北美洲。

海菖蒲属 Enhalus Rich.

海菖蒲Enhalus acoroides (L. f.) Royle
习性：多年生，中小草本；沉水植物。
生境：低潮带、潮下带等。
分布：海南。

喜盐草属 Halophila Thouars

贝克喜盐草Halophila beccarii Asch.
习性：多年生，小草本；沉水植物。
生境：中潮带、低潮带、潮下带、盐田、卤水沟、潟湖等。
分布：广东、海南、广西、台湾。

毛叶喜盐草Halophila decipiens Ostenfeld
习性：多年生，小草本；沉水植物。
生境：中潮带、低潮带、潮下带等。
分布：台湾。

小喜盐草Halophila minor (Zoll.) Hartog
习性：多年生，小草本；沉水植物。
生境：中潮带、低潮带、潮下带等。
分布：广东、海南、台湾。

喜盐草Halophila ovalis (R. Br.) Hook. f.
习性：多年生，小草本；沉水植物。
生境：中潮带、低潮带、潮下带、盐田、卤水沟、潟湖等。
分布：广东、海南、广西、台湾。

黑藻属 Hydrilla Rich.

黑藻（原变种）Hydrilla verticillata var. verticillata
习性：多年生，中小草本；沉水植物。

生境：沼泽、河流、溪流、湖泊、池塘、沟渠、田中、运河、洼地等，海拔达3000m。

分布：黑龙江、吉林、辽宁、河北、北京、山西、山东、江苏、安徽、上海、浙江、江西、福建、河南、湖北、湖南、广东、海南、广西、贵州、云南、重庆、四川、西藏、陕西、台湾。

罗氏轮叶黑藻 Hydrilla verticillata var. roxburghii Casp.

习性：多年生，中小草本；沉水植物。

生境：河流、溪流、池塘、沟渠、田中等。

分布：黑龙江、河北、山东、江苏、安徽、浙江、江西、福建、河南、湖北、湖南、广东、海南、广西、贵州、云南、四川、陕西、台湾。

水鳖属 Hydrocharis L.

水鳖 Hydrocharis dubia (Blume) Backer

习性：多年生，小草本；浮叶植物。

生境：沼泽、湖泊、池塘、沟渠、田中等，海拔200~2400m。

分布：黑龙江、吉林、辽宁、河北、北京、山西、山东、江苏、安徽、上海、浙江、江西、福建、河南、湖北、湖南、广东、海南、广西、云南、四川、陕西、台湾。

水蛛花属 Limnobium Rich.

圆心萍 Limnobium laevigatum (Humb. & Bonpl. ex Willd.) Heine

习性：多年生，小草本；漂浮植物。

生境：池塘、沟渠、田中等。

分布：浙江、广东、广西；原产于美洲。

茨藻属 Najas L.

弯果茨藻 Najas ancistrocarpa A. Braun ex Magnus

习性：一年生，小草本，高10~30cm；沉水植物。

生境：静水体、田中等。

分布：浙江、江西、福建、湖北、湖南、台湾。

高雄茨藻 Najas browniana Rendle

习性：一年生，小草本，高20~30cm；沉水植物。

生境：池塘、水沟、盐田等。

分布：广东、广西、台湾。

东方茨藻 Najas chinensis N. Z. Wang

习性：一年生，小草本，高10~15cm；沉水植物。

生境：沼泽、河流、溪流、池塘、水沟、田中等，海拔达1800m。

分布：吉林、辽宁、浙江、江西、福建、湖北、湖南、广东、海南、广西、云南、台湾。

多孔茨藻 Najas foveolata A. Braun ex Magnus

习性：一年生，小草本，高10~20cm；沉水植物。

生境：湖泊、池塘、水坑、田中等，海拔100~1500m。

分布：安徽、浙江、江西、湖北、广西、贵州、台湾。

纤细茨藻 Najas gracillima (A. Braun ex Engelm.) Magnus

习性：一年生，小草本，高8~20cm；沉水植物。

生境：池塘、沟渠、田中等，海拔达1800m。

分布：全国各地。

草茨藻（原变种）Najas graminea var. graminea

习性：一年生，小草本，高10~20cm；沉水植物。

生境：沼泽、河流、溪流、湖泊、池塘、田中、水沟、洼地等，海拔达1800m。

分布：黑龙江、吉林、辽宁、河北、江苏、安徽、浙江、江西、福建、河南、湖北、湖南、广东、海南、广西、贵州、云南、四川、台湾。

弯果草茨藻 Najas graminea var. recurvata J. B. He

习性：一年生，小草本；沉水植物。

生境：池塘、田中、沟渠等。

分布：浙江、湖北。

大茨藻（原变种）Najas marina var. marina

习性：一年生，中小草本，高0.3~1m；沉水植物。

生境：沼泽、河流、溪流、湖泊、池塘、水沟等，海拔200~2700m。

分布：黑龙江、吉林、辽宁、内蒙古、河北、北京、山西、山东、江苏、安徽、上海、浙江、江西、河南、湖北、湖南、广东、广西、贵州、云南、陕西、宁夏、甘肃、新疆、台湾。

短果茨藻 Najas marina var. brachycarpa Trautv.

习性：一年生，中小草本；沉水植物。

生境：池塘、水沟等。

分布：内蒙古、新疆。

粗齿大茨藻Najas marina var. grossidentata Rendle

习性：一年生，中小草本；沉水植物。

生境：湖泊、池塘等。

分布：黑龙江、吉林、辽宁、湖南。

小果大茨藻Najas marina var. intermedia (Gorski) Asch.

习性：一年生，中小草本；沉水植物。

生境：池塘。

分布：云南。

小茨藻Najas minor All.

习性：一年生，小草本，高4~25cm；沉水植物。

生境：沼泽、河流、溪流、湖泊、池塘、水沟、田中、洼地等，海拔达2700m。

分布：全国各地。

澳古茨藻Najas oguraensis Miki

习性：一年生，小草本，高20~30cm；沉水植物。

生境：湖泊、池塘、沟渠、水田等。

分布：浙江、江西、湖北、台湾。

拟纤细茨藻Najas pseudogracillima Triest

习性：一年生，小草本；沉水植物。

生境：池塘。

分布：香港。

拟草茨藻Najas pseudograminea W. Koch

习性：一年生，小草本；沉水植物。

生境：池塘。

分布：香港。

虾子菜属 Nechamandra Planch.

虾子菜Nechamandra alternifolia (Roxb. ex Wight) Thwaites

习性：多年生，小草本；沉水植物。

生境：河流、湖泊、池塘、沟渠等。

分布：广东、广西、重庆。

水车前属 Ottelia Pers.

海菜花（原变种）Ottelia acuminata var. acuminata

习性：多年生，大中草本；沉水植物。

生境：沼泽、湖泊、池塘、水沟、田中等，海拔200~2700m。

分布：广东、海南、广西、贵州、云南、四川。

波叶海菜花Ottelia acuminata var. crispa (Hand.-Mazz.) H. Li

习性：多年生，中小草本；沉水植物。

生境：湖泊，海拔2600~2700m。

分布：云南。

靖西海菜花Ottelia acuminata var. jingxiensis H. Q. Wang & S. C. Sun

习性：多年生，中小草本；沉水植物。

生境：池塘、河流、溪流、水沟等，海拔100~800m。

分布：广西。

路南海菜花Ottelia acuminata var. lunanensis H. Li

习性：多年生，中小草本；沉水植物。

生境：湖泊，海拔约1900m。

分布：云南。

龙舌草Ottelia alismoides (L.) Pers.

习性：一或多年生，小草本；沉水植物。

生境：沼泽、溪流、湖泊、池塘、沟渠、田中等，海拔300~2100m。

分布：黑龙江、吉林、辽宁、河北、山东、江苏、安徽、上海、浙江、江西、福建、河南、湖北、湖南、广东、海南、广西、贵州、云南、重庆、四川、台湾。

贵州水车前 Ottelia balansae (Gagnep.) Dandy

习性：一或多年生，小草本；沉水植物。

生境：沼泽、河流、湖泊、池塘等。

分布：江西、贵州、云南。

水菜花Ottelia cordata (Wall.) Dandy

习性：一或多年生，中小草本；沉水植物。

生境：沼泽、池塘、水沟等，海拔达2100m。

分布：海南、贵州、重庆。

出水水菜花Ottelia emersa Z. C. Zhao & R. L. Luo

习性：多年生，中草本，高0.8~1m；沉水植物。

生境：池塘。

分布：广西。

凤山水车前**Ottelia fengshanensis** Z. Z. Li, S. Wu & Q. F. Wang

习性：多年生，中小草本；沉水植物。

生境：河流、溪流、沟渠等。

分布：广西。

灌阳水车前**Ottelia guanyangensis** Z. Z. Li, Q. F. Wang & S. Wu

习性：多年生，中小草本；沉水植物。

生境：河流、溪流、沟渠等。

分布：广西。

泰来藻属 **Thalassia** Banks ex K. D. Koenig

泰来藻**Thalassia hemprichii** (Ehren.) Asch.

习性：多年生，小草本；沉水植物。

生境：低潮带、潮下带等。

分布：海南、台湾。

苦草属 **Vallisneria** L.

密刺苦草**Vallisneria denseserrulata** (Makino) Makino

习性：多年生，中小草本；沉水植物。

生境：沼泽、河流、溪流、湖泊、池塘、沟渠、运河等。

分布：辽宁、安徽、浙江、江西、湖北、广东、广西。

苦草**Vallisneria natans** (Lour.) H. Hara

习性：多年生，中小草本；沉水植物。

生境：河流、溪流、湖泊、池塘、沟渠等，海拔100~2400m。

分布：黑龙江、吉林、辽宁、河北、北京、山东、江苏、安徽、上海、浙江、江西、福建、河南、湖北、湖南、广东、广西、贵州、云南、重庆、四川、陕西、台湾。

刺苦草**Vallisneria spinulosa** S. Z. Yan

习性：多年生，中小草本；沉水植物。

生境：河流、湖泊、池塘等，海拔达1900m。

分布：山东、江苏、安徽、上海、浙江、江西、湖北、湖南、广西。

114. 田基麻科 **Hydrophyllaceae**

田基麻属 **Hydrolea** L.

田基麻**Hydrolea zeylanica** (L.) Vahl

习性：一年生，中小草本，高20~60cm；水湿生植物。

生境：林下、沼泽、溪流、水沟、田中、田间等，海拔达1000m。

分布：福建、广东、海南、广西、云南、台湾。

115. 金丝桃科 **Hypericaceae**

金丝桃属 **Hypericum** L.

尖萼金丝桃**Hypericum acmosepalum** N. Robson

习性：落叶，中小灌木，高0.6~2m；半湿生植物。

生境：林缘、灌丛、溪边、沟边、草丛等，海拔800~3000m。

分布：广西、贵州、云南、四川。

黄海棠（原亚种）**Hypericum ascyron** subsp. **ascyron**

习性：多年生，中草本，高0.5~1.3m；水陆生植物。

生境：林下、林缘、灌丛、草丛、草甸、河流、溪流、池塘、水沟等，海拔达2800m。

分布：除西藏外其他地区。

短柱黄海棠**Hypericum ascyron** subsp. **gebleri** (Ledeb.) N. Robson

习性：多年生，中小草本，高40~90cm；半湿生植物。

生境：林下、灌丛、草丛、草甸、沼泽、河岸坡、溪边、湖岸坡等，海拔1200~2300m。

分布：黑龙江、吉林、辽宁、内蒙古、新疆。

赶山鞭**Hypericum attenuatum** C. E. C. Fisch. ex Choisy

习性：多年生，中小草本，高15~80cm；半湿生植物。

生境：林下、林缘、灌丛、草丛、田间等，海拔达1100m。

分布：黑龙江、吉林、辽宁、内蒙古、河北、北京、山西、江苏、安徽、浙江、江西、福建、河南、湖北、湖南、广东、广西、贵州、四川、陕西、甘肃。

挺茎遍地金Hypericum elodeoides Choisy

习性：多年生，小草本，高20~40cm；半湿生植物。

生境：林下、林缘、草丛、沟边、田埂等，海拔400~3200m。

分布：江西、福建、湖北、湖南、广东、广西、贵州、云南、四川、西藏。

扬子小连翘Hypericum faberi R. Keller

习性：多年生，中小草本，高20~80cm；半湿生植物。

生境：灌丛、草丛、沟边、田埂等，海拔300~2700m。

分布：山西、江苏、安徽、浙江、江西、福建、湖北、湖南、广东、广西、贵州、云南、四川、陕西、甘肃。

川滇金丝桃Hypericum forrestii (Chitt.) N. Robson

习性：中小灌木，高0.3~1.5m；半湿生植物。

生境：草丛、溪边等，海拔1500~3300m。

分布：云南、四川。

细叶金丝桃Hypericum gramineum G. Forst.

习性：一或多年生，小草本，高5~30cm；湿生植物。

生境：灌丛、沼泽、沟边、路边等，海拔900~2700m。

分布：海南、云南、台湾。

西南金丝梅Hypericum henryi H. Lév. & Vaniot

习性：灌木，高0.5~3m；半湿生植物。

生境：林下、灌丛等，海拔1300~2500m。

分布：贵州、云南、四川。

短柱金丝桃Hypericum hookerianum Wight & Arn.

习性：中小灌木，高0.3~1.8m；半湿生植物。

生境：林缘、灌丛、草甸、沼泽、河岸坡、湖岸坡等，海拔1900~3400m。

分布：黑龙江、吉林、辽宁、西藏。

地耳草Hypericum japonicum Thunb.

习性：一年生，小草本，高5~50cm；湿生植物。

生境：草丛、沼泽、溪边、塘基、沟边、田间、田埂、弃耕田、路边等，海拔达2800m。

分布：黑龙江、吉林、辽宁、山东、江苏、安徽、浙江、江西、福建、湖北、湖南、广东、海南、广西、贵州、云南、重庆、四川、台湾。

贵州金丝桃Hypericum kouytchense H. Lév.

习性：中灌木，高1~1.8m；半湿生植物。

生境：灌丛、河岸坡、溪边、沟边、草丛等，海拔600~2000m。

分布：广西、贵州。

纤枝金丝桃Hypericum lagarocladum N. Robson

习性：中小灌木，高0.5~1.5m；半湿生植物。

生境：河谷、沟边等，海拔900~2500m。

分布：湖南、贵州、云南、四川。

展萼金丝桃Hypericum lancasteri N. Robson

习性：小灌木，高0.3~1m；半湿生植物。

生境：草丛、溪边等，海拔1700~2600m。

分布：贵州、云南、四川。

长柱金丝桃Hypericum longistylum Oliv.

习性：中小灌木，高0.5~1.3m；半湿生植物。

生境：林缘、灌丛、草丛、河岸坡、溪边、草甸等，海拔200~1200m。

分布：辽宁、吉林、安徽、河南、湖北、湖南、陕西、甘肃。

单花遍地金Hypericum monanthemum Hook. f. & Thomson ex Dyer

习性：多年生，小草本，高10~40cm；半湿生植物。

生境：林下、灌丛、草丛、水边等，海拔2700~4300m。

分布：云南、四川、西藏。

金丝桃Hypericum monogynum L.

习性：半常绿，中小灌木，高0.5~1.3m；半湿生植物。

生境：灌丛、草丛、河岸坡、溪边、沟边等，海拔达1500m。

分布：山东、江苏、安徽、浙江、江西、福建、河南、湖北、湖南、广东、广西、贵州、四川、陕西、台湾。

金丝梅Hypericum patulum Thunb.

习性：灌木，高0.3~3m；半湿生植物。

生境：林下、灌丛、沟边等，海拔300~2400m。

分布：江苏、安徽、浙江、江西、福建、湖北、湖南、广西、贵州、重庆、四川、陕西、台湾。

贯叶连翘Hypericum perforatum L.

习性：多年生，中小草本，高20~60cm；半湿生植物。

生境：林下、草甸、草丛、河岸坡等，海拔500~2100m。

分布：河北、山西、山东、江苏、江西、河南、湖北、湖南、贵州、云南、四川、甘肃、新疆。

突脉金丝桃Hypericum przewalskii Maxim.

习性：多年生，小草本，高30~50cm；半湿生植物。

生境：草丛、河岸坡、灌丛等，海拔2700~3400m。

分布：河南、湖北、云南、四川、陕西、甘肃、青海。

元宝草Hypericum sampsonii Hance

习性：多年生，中小草本，高20~80cm；半湿生植物。

生境：林缘、灌丛、草丛、沟边、田埂等，海拔100~1700m。

分布：江苏、安徽、浙江、江西、福建、河南、湖北、湖南、广东、广西、贵州、云南、四川、陕西、浙江、台湾。

密腺小连翘Hypericum seniawinii Maxim.

习性：多年生，中小草本，高0.1~1.2m；半湿生植物。

生境：林缘、草丛、田埂等，海拔500~1800m。

分布：安徽、浙江、江西、福建、河南、湖北、湖南、广东、广西、贵州、四川。

遍地金Hypericum wightianum Wall. ex Wight & Arn.

习性：一年生，小草本，高8~45cm；半湿生植物。

生境：林缘、溪边、沟边、田埂等，海拔700~3300m。

分布：广西、贵州、云南、重庆、四川、西藏。

惠林花属 Lianthus N. Robson

惠林花Lianthus ellipticifolius (H. L. Li) N. Robson

习性：小灌木，高30~60cm；湿生植物。

生境：林下、沼泽、沟边等，1800~2200m。

分布：云南。

三腺金丝桃属 Triadenum Raf.

三腺金丝桃Triadenum breviflorum (Wall. ex Dyer) Y. Kimura

习性：多年生，中小草本，高15~60cm；水湿生植物。

生境：沼泽、草丛、水沟、田埂等，海拔达600m。

分布：江苏、安徽、浙江、江西、湖北、湖南、云南、台湾。

红花金丝桃Triadenum japonicum (Blume) Makino

习性：多年生，中小草本，高15~90cm；湿生植物。

生境：草丛、沼泽草甸、沼泽、湖泊、田间、沟边等。

分布：黑龙江、吉林、内蒙古。

116. 仙茅科 Hypoxidaceae

仙茅属 Curculigo Gaertn.

大叶仙茅Curculigo capitulata (Lour.) Kuntze

习性：多年生，中草本，高0.5~1m；湿生植物。

生境：林下、溪边等，海拔200~2200m。

分布：福建、广东、海南、广西、贵州、云南、四川、西藏、台湾。

光叶仙茅Curculigo glabrescens (Ridl.) Merr.

习性：多年生，中小草本，高0.4~1m；湿生植物。

生境：林下、溪边等，海拔达1000m。

分布：广东、海南。

疏花仙茅Curculigo gracilis (Kurz) Hook. f.

习性：多年生，中小草本，高40~60cm；湿生植物。

生境：林下、溪边等，海拔达1000m。

分布：广东、海南。

117. 鸢尾科 Iridaceae

唐菖蒲属 Gladiolus L.

唐菖蒲Gladiolus × hybridus C. Morren

习性：多年生，中草本，高50~80cm；水湿生植物。

生境：湖泊、池塘、水沟、田中等。

分布：辽宁、天津、山西、江苏、上海、浙江、江西、福建、河南、湖北、湖南、广东、海南、广西、贵州、云南、重庆、四川、陕西、甘肃、青海、新疆、香港、澳门、台湾；原产于非洲。

鸢尾属 Iris L.

西南鸢尾 Iris bulleyana Dykes

习性：多年生，小草本，高20~40cm；湿生植物。

生境：草丛、草甸、溪边、湖岸坡、沟边等，海拔2300~4300m。

分布：河南、云南、四川、西藏。

金脉鸢尾 Iris chrysographes Dykes

习性：多年生，小草本，高25~50cm；半湿生植物。

生境：林缘、草丛、草甸、溪边等，海拔1200~4400m。

分布：贵州、云南、四川、西藏。

西藏鸢尾 Iris clarkei Baker

习性：多年生，中小草本，高40~90cm；湿生植物。

生境：溪边、湖岸坡等，海拔2300~4300m。

分布：云南、西藏。

扁竹兰 Iris confusa Sealy

习性：多年生，中草本，高0.8~1.2m；半湿生植物。

生境：林缘、草丛、沟边、路边等，海拔1600~2400m。

分布：广西、贵州、云南、四川。

长莛鸢尾 Iris delavayi Micheli

习性：多年生，中草本，高0.6~1.2m；湿生植物。

生境：林缘、草甸、沼泽、水沟等，海拔2400~4500m。

分布：贵州、云南、四川、西藏。

玉蝉花 Iris ensata Thunb.

习性：多年生，中小草本，高0.4~1m；水陆生植物。

生境：沼泽、河流、湖泊、池塘、水沟等，海拔400~1700m。

分布：黑龙江、吉林、辽宁、内蒙古、山东、江苏、安徽、浙江、江西。

多斑鸢尾 Iris farreri Dykes

习性：多年生，小草本，高30~40cm；湿生植物。

生境：草甸、沼泽、河岸坡、溪边等，海拔2500~3700m。

分布：云南、四川、西藏、甘肃、青海。

云南鸢尾 Iris forrestii Dykes

习性：多年生，小草本，高15~45cm；水湿生植物。

生境：草丛、沼泽、草甸、溪流、水沟等，海拔2700~4000m。

分布：云南、四川、西藏。

锐果鸢尾 Iris goniocarpa Baker

习性：多年生，小草本，高10~30cm；湿生植物。

生境：草丛、沼泽草甸等，海拔3000~4000m。

分布：湖北、云南、四川、西藏、陕西、甘肃、青海。

喜盐鸢尾 Iris halophila Pall.

习性：多年生，小草本，高20~40cm；半湿生植物。

生境：草甸、草原、盐碱地等。

分布：甘肃、新疆。

蝴蝶花 Iris japonica Thunb.

习性：多年生，中小草本，高20~60cm；半湿生植物。

生境：林下、林缘、草丛、溪边、湖岸坡、塘基、沟边、田间、路边等，海拔200~800m。

分布：山西、江苏、安徽、上海、浙江、江西、福建、湖北、湖南、广东、海南、广西、贵州、云南、重庆、四川、西藏、陕西、甘肃、青海。

库门鸢尾 Iris kemaonensis Wall. ex Royle

习性：多年生，小草本，高5~10cm；湿生植物。

生境：沟谷、草丛、草甸、流石滩等，海拔3500~4200m。

分布：云南、四川、西藏。

马蔺 Iris lactea Pall.

习性：多年生，小草本，高15~30cm；水陆生植物。

生境：草丛、草甸、塘基、沟边等，海拔600~3800m。

分布：黑龙江、吉林、辽宁、内蒙古、河北、天津、山西、山东、江苏、安徽、河南、湖北、四川、西藏、陕西、宁夏、甘肃、青海、新疆。

燕子花 Iris laevigata Fisch.

习性：多年生，中小草本，高40~70cm；水陆生植物。

生境：草甸、沼泽、河流、溪流、池塘等，海拔400~3200m。

分布：黑龙江、吉林、辽宁、内蒙古、江西、湖北、云南。

乌苏里鸢尾Iris maackii Maxim.

习性：多年生，中草本，高0.8~1.2m；水湿生植物。

生境：沼泽、湖岸坡、塘基等，海拔达300m。

分布：黑龙江、辽宁。

红花鸢尾Iris milesii Foster ex Foster

习性：多年生，中草本，高60~90cm；半湿生植物。

生境：林下、林缘、河漫滩等。

分布：云南、四川、西藏。

黄菖蒲Iris pseudacorus L.

习性：多年生，中小草本，高40~70cm；水湿生植物。

生境：沼泽、河流、湖泊、池塘等。

分布：我国有栽培；原产于欧洲。

溪荪（原变种）Iris sanguinea var. **sanguinea**

习性：多年生，中小草本，高40~70cm；水陆生植物。

生境：草丛、草甸、沼泽、池塘等，海拔约500m。

分布：黑龙江、吉林、辽宁、内蒙古、江西、湖北。

宜兴溪荪Iris sanguinea var. **yixingensis** Y. T. Zhao

习性：多年生，中小草本，高40~60cm；水湿生植物。

生境：草甸、沼泽、溪边等。

分布：江苏。

山鸢尾Iris setosa Pall. ex Link

习性：多年生，中草本，高0.6~1m；半湿生植物。

生境：草甸、沼泽、湖岸坡、塘基等，海拔1500~2500m。

分布：黑龙江、吉林。

小花鸢尾Iris speculatrix Hance

习性：多年生，小草本，高15~30cm；半湿生植物。

生境：林下、林缘、沟边、路边等。

分布：山西、江苏、安徽、浙江、江西、福建、湖北、湖南、广东、海南、广西、贵州、云南、四川、西藏、陕西、青海、香港。

鸢尾Iris tectorum Maxim.

习性：多年生，小草本，高20~50cm；水陆生植物。

生境：林缘、沼泽、溪流、湖泊、池塘、水沟等，海拔200~3500m。

分布：河北、北京、天津、山西、山东、江苏、安徽、上海、浙江、江西、福建、河南、湖北、湖南、广东、海南、广西、贵州、云南、四川、西藏、陕西、青海。

细叶鸢尾Iris tenuifolia Pall.

习性：多年生，小草本，高20~50cm；半湿生植物。

生境：草丛、草甸等，海拔1300~3700m。

分布：黑龙江、吉林、辽宁、内蒙古、河北、山西、山东、陕西、西藏、宁夏、甘肃、青海、新疆。

北陵鸢尾Iris typhifolia Kitag.

习性：多年生，中草本，高50~60cm；湿生植物。

生境：草甸、沼泽、水边等。

分布：黑龙江、吉林、辽宁、内蒙古。

扇形鸢尾Iris wattii Baker

习性：多年生，中草本，高0.5~1m；半湿生植物。

生境：林缘、河岸坡等，海拔1200~2300m。

分布：贵州、云南、四川、西藏。

黄花鸢尾Iris wilsonii C. H. Wright

习性：多年生，中草本，高50~60cm；水湿生植物。

生境：林缘、草丛、草甸、河岸坡、湖泊、沟边、洼地等，海拔2900~4300m。

分布：天津、江西、湖北、云南、重庆、四川、陕西、甘肃。

庭菖蒲属 Sisyrinchium L.

庭菖蒲 Sisyrinchium rosulatum E. P. Bicknell

习性：一年生，小草本，高15~30cm；半湿生植物。

生境：草丛、草甸、溪边、湖岸坡、园林等。

分布：全国多数地区；原产于北美洲。

118. 鼠刺科 Iteaceae

鼠刺属 Itea L.

河岸鼠刺Itea riparia Collett & Hemsl.

习性：大中灌木，高1~6m；湿生植物。

生境：河岸坡、岩石间等，海拔400~900m。

分布：云南。

119. 胡桃科 Juglandaceae

胡桃属 Juglans L.

胡桃楸Juglans mandshurica Maxim.

习性：落叶，中乔木，高20~25m；半湿生植物。

生境：沟谷、溪边、沟边等，海拔500~2800m。

分布：黑龙江、吉林、辽宁、山西、江苏、安徽、浙江、江西、福建、河南、湖北、湖南、广西、贵州、云南、四川、陕西、甘肃、台湾。

枫杨属 Pterocarya Kunth

甘肃枫杨（原变种）Pterocarya macroptera var. macroptera

习性：落叶，中小乔木，高5~25m；半湿生植物。

生境：沟谷、溪边、沟边等，海拔1600~2500m。

分布：浙江、湖北、云南、四川、西藏、陕西、甘肃。

华西枫杨Pterocarya macroptera var. insignis (Rehder & E. H. Wilson) W. E. Manning

习性：落叶，中乔木，高10~25m；半湿生植物。

生境：沟谷、溪边、沟边等，海拔1100~2700m。

分布：浙江、湖北、贵州、云南、重庆、四川、西藏、陕西、甘肃。

水胡桃Pterocarya rhoifolia Siebold & Zucc.

习性：落叶，大中乔木，高8~30m；湿生植物。

生境：河岸坡、溪边、沟边等，海拔800~1000m。

分布：山东。

枫杨Pterocarya stenoptera C. DC.

习性：落叶，大中乔木，高达30m；水陆生植物。

生境：河谷、林下、河岸坡、河漫滩、湖岸坡、塘基、沟边、路边等，海拔达1500m。

分布：辽宁、河北、山西、山东、江苏、安徽、上海、浙江、江西、福建、河南、湖北、湖南、广东、海南、广西、贵州、云南、重庆、四川、陕西、甘肃、台湾。

120. 灯心草科 Juncaceae

灯心草属 Juncus L.

翅茎灯心草Juncus alatus Franch. & Sav.

习性：多年生，小草本，高10~50cm；水湿生植物。

生境：草丛、沼泽草甸、沼泽、河岸坡、溪边、塘基、沟边、田间、积水处等，海拔100~2300m。

分布：河北、山西、山东、江苏、安徽、浙江、江西、福建、河南、湖北、湖南、广东、广西、贵州、云南、重庆、四川、陕西、甘肃。

阿勒泰灯心草Juncus aletaiensis K. F. Wu

习性：一年生，小草本，高10~25cm；水湿生植物。

生境：溪边，海拔约600m。

分布：新疆、台湾。

葱状灯心草Juncus allioides Franch.

习性：多年生，中小草本，高10~60cm；水湿生植物。

生境：草丛、河流、溪流、湖岸坡、池塘、沟边、草甸等，海拔1700~4700m。

分布：河南、湖北、贵州、云南、四川、西藏、陕西、宁夏、甘肃、青海。

走茎灯心草Juncus amplifolius A. Camus

习性：多年生，小草本，高20~50cm；半湿生植物。

生境：草丛、草甸、河岸坡、路边等，海拔1700~4900m。

分布：山西、云南、四川、西藏、陕西、甘肃、青海。

圆果灯心草Juncus amuricus subsp. wui Novikov

习性：一年生，小草本，高约13cm；湿生植物。

生境：洼地，海拔约500m。

分布：新疆。

小花灯心草Juncus articulatus L.

习性：多年生，中小草本，高10~60cm；水湿生植物。

生境：草甸、河漫滩、河岸坡、沟边、弃耕田、田埂等，海拔1200~4000m。

分布：河北、北京、山西、山东、江西、河南、湖北、云南、重庆、四川、西藏、陕西、宁夏、甘肃、青海、新疆。

黑头灯心草Juncus atratus Krock.

习性：多年生，中小草本，高0.4~1.2m；湿生植物。

生境：湖岸坡，海拔500~2700m。

分布：新疆。

孟加拉灯心草Juncus benghalensis Kunth

习性：多年生，小草本，高6~25cm；湿生植物。

生境：岩坡、草甸等，海拔2200~4200m。

分布：云南、西藏。

显苞灯心草Juncus bracteatus Buchenau

习性：多年生，小草本，高14~20cm；湿生植物。

生境：河谷、林下、草丛、草甸、水边等，海拔

2700~4100m。

分布：云南、西藏、甘肃。

小灯心草Juncus bufonius L.

习性：一年生，小草本，高4~30cm；水湿生植物。

生境：林缘、草丛、沼泽草甸、沼泽、河岸坡、溪边、湖岸坡、田中等，海拔100~3500m。

分布：黑龙江、吉林、辽宁、内蒙古、河北、北京、山西、山东、江苏、安徽、浙江、江西、福建、河南、湖北、湖南、广东、贵州、云南、四川、西藏、陕西、宁夏、甘肃、青海、新疆、台湾。

栗花灯心草Juncus castaneus Sm.

习性：多年生，小草本，高15~40cm；湿生植物。

生境：林缘、草丛、沼泽草甸、沼泽、水边等，海拔2100~3100m。

分布：吉林、辽宁、内蒙古、河北、山西、云南、四川、陕西、宁夏、甘肃、青海、新疆。

印度灯心草（原变种）Juncus clarkei var. clarkei

习性：多年生，小草本，高20~30cm；湿生植物。

生境：草甸、沟边等，海拔2100~2300m。

分布：云南、西藏。

膜边灯心草Juncus clarkei var. marginatus A. Camus

习性：多年生，小草本，高10~30cm；湿生植物。

生境：草丛、草甸、沟边等，海拔3000~4700m。

分布：云南、四川

雅灯心草Juncus concinnus D. Don

习性：多年生，小草本，高15~45cm；湿生植物。

生境：林下、林缘、草丛、沼泽草甸、溪边、湖岸坡、沟边等，海拔1500~3900m。

分布：云南、四川、西藏、甘肃、青海。

星花灯心草Juncus diastrophanthus Buchenau

习性：多年生，小草本，高15~35cm；水湿生植物。

生境：林下、沼泽、塘基、溪流、水沟、田间等，海拔600~1300m。

分布：山西、山东、江苏、安徽、浙江、江西、河南、湖北、湖南、广东、贵州、重庆、四川、甘肃。

东川灯心草Juncus dongchuanensis K. F. Wu

习性：多年生，小草本，高15~35cm；半湿生植物。

生境：草甸、沼泽等，海拔2500~3500m。

分布：云南。

灯心草Juncus effusus L.

习性：多年生，中小草本，高0.3~1.2m；水湿生植物。

生境：林缘、河漫滩、沼泽、河流、溪流、湖泊、池塘、水沟、水田、田间、弃耕田、路边等，海拔200~3400m。

分布：黑龙江、吉林、辽宁、河北、北京、山西、山东、江苏、安徽、浙江、江西、福建、河南、湖北、湖南、广东、广西、贵州、云南、重庆、四川、西藏、陕西、甘肃、青海、台湾。

丝状灯心草Juncus filiformis L.

习性：多年生，小草本，高10~50cm；水湿生植物。

生境：河谷、水边、路边等，海拔1800~2700m。

分布：黑龙江、吉林、辽宁、新疆。

福贡灯心草Juncus fugongensis S. Y. Bao

习性：多年生，小草本，高15~20cm；湿生植物。

生境：草丛，海拔3500~3700m。

分布：云南。

细茎灯心草Juncus gracilicaulis A. Camus

习性：多年生，小草本，高10~30cm；湿生植物。

生境：林下、溪边等，海拔2700~3600m。

分布：辽宁、云南、四川。

扁茎灯心草Juncus gracillimus (Buchenau) V. I. Krecz. & Gontsch.

习性：多年生，中小草本，高15~80cm；水湿生植物。

生境：草丛、沼泽、沼泽草甸、河流、溪流、湖泊、池塘、水沟、水田、田间等，海拔500~1500m。

分布：黑龙江、吉林、辽宁、内蒙古、河北、北京、山西、山东、江苏、江西、河南、甘肃、青海。

七河灯心草（原变种）Juncus heptopotamicus var. heptopotamicus

习性：多年生，小草本，高10~30cm；湿生植物。

生境：草丛、沼泽草甸等，海拔2400~3100m。

分布：新疆。

伊宁灯心草Juncus heptopotamicus var. yiningensis K. F. Wu

习性：多年生，小草本，高10~25cm；水湿生植物。

生境：沼泽、河岸坡、塘基、水边、田间等，海拔400~2800m。

分布：青海、新疆。

喜马灯心草Juncus himalensis Klotzsch
习性：多年生，中小草本，高30~70cm；湿生植物。

生境：河谷、林缘、草丛、沼泽草甸、沼泽、溪边等，海拔2400~4300m。

分布：云南、四川、西藏、甘肃、青海。

片髓灯心草Juncus inflexus L.
习性：多年生，中小草本，高40~80cm；水湿生植物。

生境：洪泛地、草丛、沼泽、河流、池塘、水沟等，海拔1100~3000m。

分布：山西、江苏、河南、广西、贵州、云南、四川、西藏、陕西、甘肃、青海、新疆。

短喙灯心草Juncus krameri Franch. & Sav.
习性：多年生，小草本，高4~35cm；湿生植物。

生境：草丛、沼泽草甸、河岸坡、塘基、路边等，海拔100~1300m。

分布：吉林、辽宁、山东。

密花灯心草Juncus lanpinguensis Novikov
习性：多年生，小草本，高20~50cm；湿生植物。

生境：草丛、沟边等，海拔2800~3600m。

分布：云南。

细子灯心草Juncus leptospermus Buchenau
习性：多年生，中小草本，高35~70cm；湿生植物。

生境：塘基，海拔100~3600m。

分布：黑龙江、广东、广西、贵州、云南、陕西。

甘川灯心草Juncus leucanthus Royle ex D. Don
习性：多年生，小草本，高7~25cm；半湿生植物。

生境：草丛、草甸、沼泽、流石滩等，海拔3000~4700m。

分布：云南、四川、西藏、陕西、甘肃、青海。

长苞灯心草Juncus leucomelas Royle ex D. Don
习性：多年生，小草本，高5~30cm；湿生植物。

生境：草丛、草甸、河漫滩等，海拔3000~4500m。

分布：黑龙江、吉林、辽宁、云南、四川、西藏、甘肃、青海、新疆。

玛纳斯灯心草Juncus libanoticus Thiébaut
习性：多年生，小草本，高8~20cm；湿生植物。

生境：沼泽、水边等。

分布：新疆。

德钦灯心草Juncus longiflorus (A. Camus) Noltie
习性：多年生，小草本，高10~25cm；湿生植物。

生境：草丛、草甸等，海拔3600~4000m。

分布：云南、西藏。

分枝灯心草Juncus luzuliformis Franch.
习性：多年生，小草本，高7~30cm；湿生植物。

生境：林下、岩石、岩壁等，海拔2200~2600m。

分布：山西、湖北、贵州、四川、甘肃。

膜耳灯心草Juncus membranaceus Royle ex D. Don
习性：多年生，小草本，高17~45cm；湿生植物。

生境：河谷、草丛、沼泽草甸等，海拔3000~4000m。

分布：云南、西藏。

矮灯心草Juncus minimus Buchenau
习性：多年生，小草本，高3~7cm；湿生植物。

生境：河漫滩、草甸等，海拔4000~4700m。

分布：云南、四川、西藏。

多花灯心草Juncus modicus N. E. Br.
习性：多年生，小草本，高4~15cm；水湿生植物。

生境：沟谷、林下、岩石、岩壁等，海拔1700~2900m。

分布：河南、湖北、贵州、四川、西藏、陕西、甘肃、青海。

乳头灯心草Juncus papillosus Franch. & Sav.
习性：多年生，小草本，高15~50cm；湿生植物。

生境：草丛、沼泽草甸、水边等，海拔800~2000m。

分布：黑龙江、吉林、辽宁、内蒙古、河北、山东、江苏、河南。

短茎灯心草Juncus perpusillus Sam.
习性：多年生，小草本，高2~5cm；湿生植物。

生境：草丛、草甸等，海拔4400~4600m。

分布：四川、西藏。

单枝灯心草Juncus potaninii Buchenau
习性：多年生，小草本，高6~15cm；湿生植物。

生境：林下、草甸、溪边、岩壁、路边等，海拔2300~4200m。

分布：河南、湖北、贵州、云南、四川、西藏、陕西、宁夏、甘肃、青海。

笄石菖（原亚种）Juncus prismatocarpus subsp. prismatocarpus

习性：多年生，中小草本，高10~65cm；水湿生植物。

生境：草丛、沼泽、沼泽草甸、河流、溪流、湖泊、池塘、水沟、田间、水田等，海拔达1800m。

分布：山东、江苏、安徽、浙江、江西、福建、河南、湖北、湖南、广东、海南、广西、贵州、云南、四川、西藏、台湾。

圆柱叶灯心草Juncus prismatocarpus subsp. teretifolius K. F. Wu

习性：多年生，中小草本，高20~80cm；湿生植物。

生境：沟谷、林下、灌丛、溪边、塘基、沟边、田埂等，海拔100~3000m。

分布：江苏、浙江、广东、云南、西藏。

长柱灯心草Juncus przewalskii Buchenau

习性：多年生，小草本，高6~25cm；湿生植物。

生境：草丛、草甸、岩石、岩壁等，海拔2000~4500m。

分布：云南、四川、陕西、甘肃、青海。

簇花灯心草Juncus ranarius Songeon & E. P. Perrier

习性：一年生，小草本，高4~12cm；湿生植物。

生境：溪边、沟边等，海拔1200~4300m。

分布：内蒙古、江苏、云南、甘肃、青海、新疆。

野灯心草（原变种）Juncus setchuensis var. setchuensis

习性：多年生，中小草本，高25~65cm；水湿生植物。

生境：沟谷、林下、沼泽、溪边、湖泊、池塘、田间、水田、水沟等，海拔300~2800m。

分布：山东、江苏、安徽、浙江、江西、福建、河南、湖北、湖南、广东、广西、贵州、云南、重庆、四川、西藏、甘肃。

假灯心草Juncus setchuensis var. effusoides Buchenau

习性：多年生，中小草本，高30~60cm；湿生植物。

生境：沟谷、林下、草丛、河岸坡、溪边、塘基、沟边、路边等，海拔300~2600m。

分布：山西、江苏、浙江、河南、湖北、湖南、广西、贵州、云南、四川、甘肃。

锡金灯心草Juncus sikkimensis Hook. f.

习性：多年生，小草本，高10~25cm；水湿生植物。

生境：林下、草丛、沼泽草甸、沼泽、溪边等，海拔2800~5500m。

分布：云南、四川、西藏、甘肃、青海。

枯灯心草Juncus sphacelatus Decne.

习性：多年生，中小草本，高15~55cm；湿生植物。

生境：草丛、沼泽、河岸坡、沟边等，海拔3300~4800m。

分布：云南、四川、西藏、青海。

陕甘灯心草Juncus tanguticus Sam.

习性：多年生，小草本，高8~25cm；湿生植物。

生境：草甸，海拔3400~4100m。

分布：四川、陕西、甘肃。

洮南灯心草Juncus taonanensis Satake & Kitag.

习性：多年生，小草本，高5~30cm；水湿生植物。

生境：河流、河漫滩、溪流、池塘、草甸等，海拔达1200m。

分布：黑龙江、吉林、辽宁、内蒙古、河北、山东、江苏。

坚被灯心草Juncus tenuis Willd.

习性：多年生，小草本，高10~40cm；湿生植物。

生境：林缘、草丛、河岸坡、溪边、沟边、路边等，海拔达1000m。

分布：黑龙江、山东、浙江、江西、河南、台湾。

展苞灯心草Juncus thomsonii Buchenau

习性：多年生，小草本，高5~30cm；水湿生植物。

生境：林下、沼泽、草丛、沼泽草甸、河漫滩、溪边、池塘等，海拔2800~5000m。

分布：云南、四川、西藏、陕西、甘肃、青海、新疆。

三花灯心草Juncus triflorus Ohwi

习性：多年生，小草本，高6~20cm；湿生植物。

生境：草丛、岩壁等，海拔2500~3900m。

分布：青海、台湾。

贴苞灯心草Juncus triglumis L.

习性：多年生，小草本，高10~30cm；湿生植物。

生境：草丛、草甸、河岸坡等，海拔600~4500m。

分布：河北、山西、云南、四川、西藏、青海、新疆。

尖被灯心草（原变种）**Juncus turczaninowii var. turczaninowii**

习性：多年生，小草本，高25~45cm；水湿生植物。

生境：草甸、沼泽、河岸坡、溪边、湖岸坡等，海拔700~1400m。

分布：黑龙江、吉林、辽宁、内蒙古、河北。

热河灯心草 **Juncus turczaninowii** var. **jeholensis** (Satake) K. F. Wu & Ma

习性：多年生，小草本，高10~30cm；水湿生植物。

生境：沼泽、草原、草丛、河岸坡、水沟等，海拔400~1300m。

分布：黑龙江、辽宁、内蒙古。

针灯心草 **Juncus wallichianus** J. Gay ex Laharpe

习性：多年生，中小草本，高20~60cm；湿生植物。

生境：草丛、沼泽草甸、沼泽、河岸坡、路边等，海拔800~2900m。

分布：黑龙江、吉林、辽宁、内蒙古、山东、浙江、福建、广东、海南、云南、甘肃、台湾。

地杨梅属 Luzula DC.

地杨梅 **Luzula campestris** (L.) DC.

习性：多年生，小草本，高10~40cm；半湿生植物。

生境：林下、溪边、沟边等，海拔1300~2800m。

分布：湖北、云南。

散序地杨梅（原变种）**Luzula effusa** var. **effusa**

习性：多年生，中小草本，高20~70cm；湿生植物。

生境：林下、灌丛、河岸坡等，海拔1500~3600m。

分布：河南、湖北、贵州、云南、四川、西藏、陕西、甘肃、台湾。

中国地杨梅 **Luzula effusa** var. **chinensis** (N. E. Br.) K. F. Wu

习性：多年生，中小草本，高25~70cm；湿生植物。

生境：林下、草丛、河岸坡、溪边、路边等，海拔1500~3400m。

分布：贵州、云南、四川。

多花地杨梅 **Luzula multiflora** (Ehrh.) Lej.

习性：多年生，小草本，高15~35cm；半湿生植物。

生境：草丛、溪边、湖岸坡、沟边等，海拔1900~3600m。

分布：黑龙江、吉林、辽宁、内蒙古、江苏、安徽、浙江、江西、福建、河南、湖北、湖南、贵州、云南、四川、西藏、陕西、甘肃、青海、新疆、台湾。

华北地杨梅 **Luzula oligantha** Sam.

习性：多年生，小草本，高8~20cm；半湿生植物。

生境：草丛、沼泽草甸、沼泽等，海拔1900~3700m。

分布：黑龙江、河北、山西、河南、西藏、陕西。

淡花地杨梅 **Luzula pallescens** Sw.

习性：多年生，小草本，高15~35cm；半湿生植物。

生境：林下、林缘、草甸等，海拔1100~3600m。

分布：黑龙江、吉林、辽宁、山西、重庆、四川、新疆、台湾。

羽毛地杨梅 **Luzula plumosa** E. Mey.

习性：多年生，小草本，高8~25cm；湿生植物。

生境：林缘、水边、路边等，海拔1100~3000m。

分布：山西、江苏、安徽、浙江、江西、河南、湖北、湖南、贵州、云南、四川、西藏、甘肃、台湾。

火红地杨梅 **Luzula rufescens** Fisch. ex E. Mey.

习性：多年生，小草本，高10~30cm；湿生植物。

生境：林缘、草丛、沼泽草甸、沼泽、田间、路边等，海拔400~1800m。

分布：黑龙江、吉林、辽宁、内蒙古。

穗花地杨梅 **Luzula spicata** (L.) DC.

习性：多年生，小草本，高7~30cm；半湿生植物。

生境：林下、草丛、沼泽等，海拔2400~4200m。

分布：云南、新疆、四川。

121. 水麦冬科 Juncaginaceae

水麦冬属 Triglochin L.

海韭菜 **Triglochin maritima** L.

习性：多年生，中小草本，高10~60cm；水湿生植物。

生境：沼泽、沼泽草甸、湖泊、洼地、潮上带等，海拔达5200m。

分布：吉林、辽宁、内蒙古、河北、山西、山东、云南、四川、西藏、陕西、甘肃、青海、新疆。

水麦冬Triglochin palustris L.

习性：多年生，中小草本，高20~60cm；水湿生植物。

生境：草甸、沼泽、河流、河漫滩、湖泊、池塘、泉眼、盐碱地等，海拔达4500m。

分布：黑龙江、吉林、辽宁、内蒙古、河北、北京、山西、安徽、河南、云南、重庆、四川、西藏、陕西、宁夏、甘肃、青海、新疆。

122. 唇形科 Lamiaceae

筋骨草属 Ajuga L.

筋骨草Ajuga ciliata Bunge

习性：多年生，小草本，高25~40cm；半湿生植物。

生境：沟谷、林下、林缘、草丛、河岸坡、溪边、沟边、田间等，海拔300~2500m。

分布：河北、北京、山西、山东、浙江、河南、湖北、湖南、四川、陕西、甘肃。

金疮小草Ajuga decumbens Thunb.

习性：一或二年生，小草本，高10~30cm；半湿生植物。

生境：林缘、草丛、溪边、路边等，海拔100~1400m。

分布：江苏、安徽、浙江、江西、福建、湖北、湖南、广东、海南、广西、贵州、云南、重庆、四川、青海、台湾。

痢止蒿Ajuga forrestii Diels

习性：多年生，小草本，高6~30m；半湿生植物。

生境：草丛、溪边、沟边、路边等，海拔1700~4000m。

分布：云南、四川、西藏。

大籽筋骨草Ajuga macrosperma Wall. ex Benth.

习性：多年生，小草本，高15~40cm；半湿生植物。

生境：林下、草丛、沟边、路边等，海拔300~2600m。

分布：广东、广西、贵州、云南、台湾。

多花筋骨草Ajuga multiflora Bunge

习性：多年生，小草本，高6~23cm；半湿生植物。

生境：灌丛、草丛、河岸坡、溪边、沟边、田间等，海拔达800m。

分布：黑龙江、辽宁、内蒙古、河北、江苏、安徽。

紫背金盘Ajuga nipponensis Makino

习性：一或二年生，小草本，高10~20cm；半湿生植物。

生境：林缘、草丛、溪边、沟边、田间、路边等，海拔100~2300m。

分布：河北、浙江、江西、福建、湖南、广东、海南、广西、贵州、云南、四川、台湾。

水棘针属 Amethystea L.

水棘针Amethystea caerulea L.

习性：一年生，中小草本，高0.3~1m；半湿生植物。

生境：草丛、河岸坡、溪边、沟边、田间、路边等，海拔200~3400m。

分布：黑龙江、吉林、辽宁、内蒙古、河北、北京、山西、山东、安徽、河南、湖北、云南、四川、西藏、陕西、甘肃、新疆。

紫珠属 Callicarpa L.

白棠子树Callicarpa dichotoma (Lour.) K. Koch

习性：落叶，大中灌木，高1~3m；半湿生植物。

生境：河岸坡、溪边、湖岸坡、塘基、沟边等，海拔达600m。

分布：河北、山东、江苏、安徽、浙江、江西、福建、河南、湖北、湖南、广东、广西、贵州、台湾。

枇杷叶紫珠Callicarpa kochiana Makino

习性：常绿，大中灌木，高1~4m；半湿生植物。

生境：河岸坡、溪边、沟边、路边等，海拔100~900m。

分布：浙江、江西、福建、河南、湖南、广东、海南、台湾。

裸花紫珠Callicarpa nudiflora Hook. & Arn.

习性：常绿，大中灌木，高1~4m；半湿生植物。

生境：沟谷、溪边、沟边、路边等，海拔达1000m。

分布：广东、海南、广西。

铃子香属 Chelonopsis Miq.

丽江铃子香Chelonopsis lichiangensis W. W. Sm.

习性：大中灌木，高1~3m；半湿生植物。

生境：沟谷、河岸坡、溪边等，海拔1400~1900m。

分布：云南、四川。

大青属 Clerodendrum L.

臭牡丹Clerodendrum bungei Steud.

习性：中灌木，高1~2m；半湿生植物。

生境：沟谷、林缘、河岸坡、溪边、塘基、沟边、田间、路边等，海拔达2500m。

分布：河北、山西、山东、安徽、浙江、江西、福建、河南、湖北、湖南、广东、海南、广西、贵州、云南、四川、陕西、宁夏、甘肃、台湾。

长管大青 Clerodendrum indicum (L.) Kuntze

习性：亚灌木或灌木，高1~2m；半湿生植物。

生境：林下、河岸坡、溪边等，海拔500~1000m。

分布：广东、云南。

苦郎树Clerodendrum inerme (L.) Gaertn.

习性：常绿，直立或攀援灌木，高达2m；水陆生植物。

生境：高潮线附近、潮上带、入海河口、海堤等。

分布：福建、广东、海南、广西、台湾。

绢毛大青Clerodendrum villosum Blume

习性：大灌木，高2.5~4m；半湿生植物。

生境：林下、灌丛、溪边等，海拔600~900m。

分布：云南。

风轮菜属 Clinopodium L.

风轮菜Clinopodium chinense (Benth.) Kuntze

习性：多年生，中小草本，高0.2~1m；半湿生植物。

生境：林下、灌丛、草丛、路边、沟边、田间、田埂等，海拔达1000m。

分布：黑龙江、河北、北京、山西、山东、江苏、安徽、浙江、江西、福建、河南、湖北、湖南、广东、广西、重庆、云南、甘肃、台湾。

邻近风轮菜Clinopodium confine (Hance) Kuntze

习性：多年生，小草本，高10~35cm；半湿生植物。

生境：林缘、溪边、沟边、草丛、田间、田埂等，海拔达1300m。

分布：江苏、安徽、浙江、江西、福建、河南、湖南、广东、广西、贵州、四川。

细风轮菜Clinopodium gracile (Benth.) Matsum.

习性：多年生，小草本，高8~30cm；半湿生植物。

生境：林缘、灌丛、河岸坡、溪边、沟边、湖岸坡、塘基、草丛、路边等，海拔达2400m。

分布：江苏、安徽、浙江、江西、福建、湖北、湖南、广东、广西、贵州、云南、重庆、四川、陕西、台湾。

寸金草Clinopodium megalanthum (Diels) C. Y. Wu & S. J. Hsuan ex H. W. Li

习性：多年生，中小草本，高10~60cm；半湿生植物。

生境：林下、灌丛、草丛、河岸坡、溪边、沟边、路边等，海拔1300~3200m。

分布：湖北、贵州、云南、四川。

灯笼草Clinopodium polycephalum (Vaniot) C. Y. Wu & S. J. Hsuan ex P. S. Hsu

习性：多年生，中草本，高0.5~1m；半湿生植物。

生境：林下、林缘、灌丛、草丛等，海拔达3400m。

分布：河北、山西、山东、江苏、安徽、浙江、江西、福建、河南、湖北、湖南、广西、贵州、云南、四川、陕西、甘肃。

匍匐风轮菜Clinopodium repens Roxb.

习性：多年生，小草本，高10~40cm；半湿生植物。

生境：山坡、草丛、林下、路边、沟边等，海拔800~3300m。

分布：江苏、浙江、江西、福建、湖北、湖南、贵州、云南、四川、陕西、甘肃、台湾。

火把花属 Colquhounia Wall.

长毛藤状火把花Colquhounia seguinii var. pilosa Rehder

习性：攀援灌木，高1~2m；半湿生植物。

生境：灌丛、溪边等，海拔1200~1800m。

分布：云南、四川。

青兰属 Dracocephalum L.

皱叶毛建草 Dracocephalum bullatum Forrest ex Diels
习性：多年生，小草本，高5~20cm；湿生植物。
生境：草丛、草甸、流石滩、砾石地等，海拔3000~5000m。
分布：云南、西藏、青海。

松叶青兰 Dracocephalum forrestii W. W. Sm.
习性：多年生，小草本，高15~30cm；湿生植物。
生境：灌丛、草甸等，海拔2300~3500m。
分布：云南。

白花枝子花 Dracocephalum heterophyllum Benth.
习性：多年生，小草本，高10~15cm；半湿生植物。
生境：草丛、河漫滩、湖岸坡等，海拔1100~5100m。
分布：内蒙古、山西、四川、西藏、宁夏、甘肃、青海、新疆。

香青兰 Dracocephalum moldavica L.
习性：一年生，小草本，高20~50cm；半湿生植物。
生境：沟谷、河岸坡等，海拔200~2700m。
分布：黑龙江、吉林、辽宁、内蒙古、河北、北京、山西、河南、陕西、甘肃、青海。

毛建草 Dracocephalum rupestre Hance
习性：多年生，小草本，高15~42cm；半湿生植物。
生境：林缘、草丛、河岸坡、溪边、岩石等，海拔600~3100m。
分布：辽宁、内蒙古、河北、山西、青海。

香薷属 Elsholtzia Willd.

紫花香薷 Elsholtzia argyi H. Lév.
习性：中草本，高0.5~1m；半湿生植物。
生境：林下、河岸坡、溪边、沟边、田埂、路边等，海拔200~1200m。
分布：江苏、安徽、浙江、江西、福建、湖北、湖南、广东、广西、贵州、重庆、四川。

小头花香薷 Elsholtzia cephalantha Hand.-Mazz.
习性：一年生，平卧草本，高5~17cm；湿生植物。
生境：草甸、河岸坡、溪边等，海拔3200~4100m。
分布：四川。

香薷 Elsholtzia ciliata (Thunb.) Hyl.
习性：小草本，高30~50cm；半湿生植物。
生境：沟谷、林缘、河岸坡、溪边、沟边、田间等，海拔达3400m。
分布：除青海、新疆外其他地区。

野香草 Elsholtzia cyprianii (Pavol.) S. Chow ex P. S. Hsu
习性：中小草本，高0.1~1m；半湿生植物。
生境：沟谷、林缘、河岸坡、溪边、沟边、路边等，海拔400~2900m。
分布：安徽、河南、湖北、湖南、广西、贵州、云南、四川、陕西。

密花香薷 Elsholtzia densa Benth.
习性：一年生，中小草本，高20~60cm；半湿生植物。
生境：林下、林缘、草甸、河岸坡等，海拔1800~4100m。
分布：辽宁、河北、山西、河南、云南、四川、西藏、陕西、宁夏、甘肃、青海、新疆。

毛穗香薷 Elsholtzia eriostachya Benth.
习性：一年生，小草本，高15~40cm；湿生植物。
生境：灌丛、草丛、草甸、河漫滩等，海拔3200~5000m。
分布：云南、四川、西藏、甘肃。

鸡骨柴 Elsholtzia fruticosa (D. Don) Rehder
习性：中小灌木，高0.8~2m；半湿生植物。
生境：沟谷、河岸坡、溪边、沟边等，海拔1200~3900m。
分布：河南、湖北、广西、贵州、云南、四川、西藏、甘肃。

异叶香薷 Elsholtzia heterophylla Diels
习性：多年生，中小草本，高30~80cm；半湿生植物。
生境：沼泽、河岸坡、沟边、田间等，海拔1200~2400m。
分布：云南。

水香薷 Elsholtzia kachinensis Prain
习性：一年生，小草本，高10~40cm；水湿生植物。
生境：沼泽、河流、溪流、水沟、湖泊、池塘、田中、田间、河口等，海拔200~2800m。

分布：江西、湖北、湖南、广东、广西、贵州、云南、四川。

淡黄香薷Elsholtzia luteola Diels

习性：一年生，小草本，高8~40cm；湿生植物。

生境：林缘、草丛、溪边、沟边等，海拔2200~3600m。

分布：云南、四川。

长毛香薷Elsholtzia pilosa (Benth.) Benth.

习性：多年生，小草本，高10~50cm；湿生植物。

生境：林下、林缘、草丛、河岸坡、岩石、沼泽等，海拔1100~3200m。

分布：贵州、云南、四川。

木香薷Elsholtzia stauntonii Benth.

习性：中小亚灌木，高0.7~1.7m；半湿生植物。

生境：沟谷、草丛、河岸坡、溪边等，海拔700~1600m。

分布：河北、山西、河南、陕西、甘肃。

球穗香薷Elsholtzia strobilifera Benth.

习性：一年生，小草本，高2~15cm；湿生植物。

生境：沟谷、林间、灌丛、草丛、沟边等，海拔2300~3700m。

分布：云南、四川、西藏、台湾。

鼬瓣花属 Galeopsis L.

鼬瓣花Galeopsis bifida Boenn.

习性：一年生，中小草本，高0.2~1m；半湿生植物。

生境：林缘、灌丛、草丛、河岸坡、田边、路边等，海拔达4000m。

分布：黑龙江、吉林、内蒙古、河北、山西、湖北、贵州、云南、四川、西藏、陕西、甘肃、青海。

活血丹属 Glechoma L.

白透骨消Glechoma biondiana (Diels) C. Y. Wu & C. Chen

习性：多年生，小草本，高15~30cm；半湿生植物。

生境：林缘、溪边等，海拔1000~1700m。

分布：河北、河南、湖北、湖南、四川、陕西、甘肃。

活血丹Glechoma longituba (Nakai) Kuprian.

习性：多年生，小草本，高10~30cm；湿生植物。

生境：林下、林缘、灌丛、草丛、河岸坡、湖岸坡、塘基、沟边等，海拔达2000m。

分布：除西藏、甘肃、青海、新疆外其他地区。

锥花属 Gomphostemma Wall.

木锥花Gomphostemma arbusculum C. Y. Wu

习性：多年生，草本或亚灌木，高1~5m；半湿生植物。

生境：沟谷、林下、灌丛、溪边等，海拔700~2100m。

分布：云南。

中华锥花Gomphostemma chinense Oliv.

习性：多年生，中小草本，高25~80cm；湿生植物。

生境：林下、林缘、沟边等，海拔200~1300m。

分布：江西、福建、广东、海南、广西。

被粉小花锥花Gomphostemma parviflorum var. farinosum Prain

习性：多年生，大中草本，高0.5~2m；半湿生植物。

生境：沟谷、林下、林缘等，海拔400~1500m。

分布：云南。

抽莛锥花 Gomphostemma pedunculatum Benth. ex Hook. f.

习性：多年生，大中草本，高0.5~2.7m；半湿生植物。

生境：沟谷、林下、灌丛等，海拔700~2700m。

分布：云南。

香茶菜属 Isodon (Schrad. ex Benth.) Spach

香茶菜Isodon amethystoides (Benth.) H. Hara

习性：多年生，中小草本，高0.3~1.5m；半湿生植物。

生境：林下、林缘、草丛、溪边、沟边等，海拔200~1000m。

分布：山西、安徽、浙江、江西、福建、湖北、广东、广西、贵州、台湾。

细锥香茶菜Isodon coetsa (Buch.-Ham. ex D. Don) Kudô

习性：多年生，草本或亚灌木，高0.5~2m；湿生植物。

生境：林下、林缘、灌丛、河岸坡、溪边、路边等，海拔600~2700m。

分布：湖南、广东、广西、贵州、云南、四川、西藏。

鄂西香茶菜 Isodon henryi (Hemsl.) Kudô

习性：多年生，中小草本，高0.3~1.5m；湿生植物。
生境：沟谷、林缘、溪边、路边等，海拔200~2600m。
分布：河北、山西、河南、湖北、四川、陕西、甘肃。

线纹香茶菜（原变种）Isodon lophanthoides var. lophanthoides

习性：多年生，中草本，高0.5~1m；湿生植物。
生境：林下、沼泽等，海拔500~3000m。
分布：浙江、江西、福建、湖北、湖南、广东、广西、贵州、云南、四川、西藏、甘肃。

细花线纹香茶菜 Isodon lophanthoides var. gerardianus (Benth.) H. Hara

习性：多年生，中小草本，高0.3~1.5m；湿生植物。
生境：林下、灌丛、沼泽等，海拔400~2900m。
分布：湖南、广东、广西、贵州、云南、四川、西藏、甘肃。

显脉香茶菜 Isodon nervosus (Hemsl.) Kudô

习性：多年生，中草本，高0.7~1m；湿生植物。
生境：林下、灌丛、溪边、沟边等，海拔100~1700m。
分布：江苏、安徽、浙江、江西、河南、湖北、广东、广西、贵州、四川、陕西。

溪黄草 Isodon serra (Maxim.) Kudô

习性：多年生，中草本，高1~1.5m；半湿生植物。
生境：林下、林缘、灌丛、沼泽边、河岸坡、溪边、田间、路边等，海拔100~1300m。
分布：黑龙江、吉林、辽宁、山西、江苏、安徽、浙江、江西、河南、湖南、广东、广西、贵州、四川、陕西、甘肃、台湾。

长叶香茶菜 Isodon walkeri (Arn.) H. Hara

习性：多年生，中小草本，高40~60cm；湿生植物。
生境：林下、溪边等，海拔300~1300m。
分布：广东、海南。

动蕊花属 Kinostemon Kudô

动蕊花 Kinostemon ornatum (Hemsl.) Kudô

习性：多年生，中草本，高50~80cm；湿生植物。

生境：林下、林缘、溪边、沟边等，海拔700~2600m。
分布：安徽、湖北、贵州、云南、四川、陕西。

野芝麻属 Lamium L.

宝盖草 Lamium amplexicaule L.

习性：一或二年生，小草本，高10~40cm；半湿生植物。
生境：林缘、草丛、沼泽草甸、沼泽、湖岸坡、田间、路边等，海拔达4400m。
分布：河北、江苏、安徽、上海、浙江、江西、福建、湖北、湖南、贵州、西藏、甘肃。

野芝麻 Lamium barbatum Siebold & Zucc.

习性：多年生，中小草本，高30~80cm；半湿生植物。
生境：林下、林缘、草甸、河岸坡、溪边、田埂、路边等，海拔达2600m。
分布：黑龙江、吉林、辽宁、内蒙古、河北、山西、山东、江苏、安徽、浙江、江西、河南、湖北、湖南、贵州、四川、陕西、甘肃。

益母草属 Leonurus L.

益母草 Leonurus japonicus Houtt.

习性：一或二年生，中小草本，高0.3~1.2m；半湿生植物。
生境：林缘、河岸坡、溪边、湖岸坡、塘基、沟边、田间、田埂、路边等，海拔达2600m。
分布：黑龙江、辽宁、河北、北京、天津、山西、山东、江苏、安徽、上海、浙江、江西、福建、河南、湖北、湖南、广东、海南、广西、贵州、重庆、宁夏、甘肃、新疆、香港。

细叶益母草 Leonurus sibiricus L.

习性：一或二年生，中小草本，高20~80cm；半湿生植物。
生境：林下、河岸坡等，海拔达1500m。
分布：内蒙古、河北、山西、陕西。

绣球防风属 Leucas R. Br.

绣球防风 Leucas ciliata Benth.

习性：中小草本，高0.3~1m；半湿生植物。
生境：灌丛、草丛、湖岸坡、溪边、路边等，海拔500~2800m。
分布：广西、贵州、云南、四川。

地笋属 Lycopus L.

小叶地笋 Lycopus cavaleriei H. Lév.

习性：多年生，中小草本，高15~60cm；湿生植物。

生境：池塘、溪边、沟边、田间、路边等，海拔达500~2900m。

分布：吉林、安徽、浙江、江西、湖北、贵州、云南、四川。

欧地笋（原变种）Lycopus europaeus var. europaeus

习性：多年生，中小草本，高20~80cm；水湿生植物。

生境：草丛、沼泽、溪流、水沟、田间、洼地等，海拔700~1000m。

分布：河北、陕西、新疆。

深裂欧地笋 Lycopus europaeus var. exaltatus (L. f.) Hook. f.

习性：多年生，中小草本，高20~80cm；湿生植物。

生境：草丛、沼泽、洼地等，海拔400~700m。

分布：新疆。

地笋（原变种）Lycopus lucidus var. lucidus

习性：多年生，大中草本，高0.5~1.7m；水湿生植物。

生境：草丛、草甸、沼泽、河流、溪流、湖泊、池塘、水沟等，海拔300~2600m。

分布：黑龙江、吉林、辽宁、河北、北京、天津、山西、山东、江苏、安徽、浙江、江西、福建、河南、湖北、湖南、广东、广西、贵州、云南、重庆、四川、陕西、宁夏、甘肃、台湾。

硬毛地笋 Lycopus lucidus var. hirtus Regel

习性：多年生，中小草本，高40~60cm；湿生植物。

生境：沼泽、水边等，海拔300~2400m。

分布：黑龙江、吉林、辽宁、河北、北京、山西、江苏、安徽、上海、浙江、江西、福建、湖北、湖南、广东、广西、贵州、云南、重庆、四川、甘肃、台湾。

异叶地笋 Lycopus lucidus var. maackianus Maxim. ex Herder

习性：多年生，小草本，高20~50cm；湿生植物。

生境：林下、草丛、草甸、沼泽等，海拔200~1200m。

分布：黑龙江。

小花地笋 Lycopus parviflorus Maxim.

习性：多年生，小草本，高25~40cm；半湿生植物。

生境：林缘、草丛、河岸坡、田间等，海拔300~1000m。

分布：黑龙江、吉林。

龙头草属 Meehania Britton

荨麻叶龙头草 Meehania urticifolia (Miq.) Makino

习性：多年生，小草本，高20~40cm；湿生植物。

生境：林下、溪边、沟边等，海拔300~3500m。

分布：黑龙江、吉林。

薄荷属 Mentha L.

水薄荷 Mentha aquatica L.

习性：多年生，中小草本，高40~80cm；湿生植物。

生境：溪边、塘基、沟边等。

分布：上海、台湾；原产于欧洲。

假薄荷 Mentha asiatica Boriss.

习性：多年生，中小草本，高0.3~1.5m；湿生植物。

生境：沟谷、河岸坡、田间等，海拔达3100m。

分布：四川、西藏、新疆。

薄荷 Mentha canadensis L.

习性：多年生，中小草本，高20~60cm；水湿生植物。

生境：沟谷、草丛、草甸、沼泽、河流、溪流、湖泊、池塘、水沟、田间等，海拔达3500m。

分布：全国各地。

皱叶留兰香 Mentha crispata Schrad. ex Willd.

习性：多年生，中小草本，高30~60cm；湿生植物。

生境：草丛、河岸坡、湖岸坡、沟边等。

分布：北京、江苏、上海、浙江、河南、广东、广西、云南；原产于欧洲。

兴安薄荷 Mentha dahurica Fisch. ex Benth.

习性：多年生，中小草本，高30~60cm；湿生植物。

生境：林下、草丛、草甸、沼泽、河岸坡、河漫滩、田间等，海拔100~700m。

分布：黑龙江、吉林、内蒙古。

东北薄荷**Mentha sachalinensis** (Briq.) Kudô

习性：多年生，中草本，高0.5~1m；水湿生植物。

生境：林下、草丛、河流、湖泊、水沟、洼地等，海拔100~1100m。

分布：黑龙江、吉林、辽宁、内蒙古。

留兰香**Mentha spicata** L.

习性：多年生，中小草本，高0.4~1.3m；半湿生植物。

生境：河岸坡、溪边、沟边、田间、田埂等，海拔300~2700m。

分布：河北、江苏、浙江、湖北、湖南、广东、广西、云南、四川、西藏。

冠唇花属 **Microtoena** Prain

大萼冠唇花**Microtoena megacalyx** C. Y. Wu

习性：多年生，中小草本，高0.3~1.5m；湿生植物。

生境：林下、草丛、溪边、沟边等，海拔600~2200m。

分布：贵州、云南。

石荠苎属 **Mosla** Buch.-Ham. ex Benth.

小鱼仙草**Mosla dianthera** (Buch.-Ham. ex Roxb.) Maxim.

习性：一年生，中小草本，高0.2~1m；半湿生植物。

生境：林缘、草丛、溪边、沟边、路边、消落带、田间等，海拔100~2300m。

分布：江苏、安徽、浙江、江西、福建、湖北、湖南、广东、广西、贵州、云南、重庆、四川、陕西、甘肃、台湾。

石荠苎**Mosla scabra** (Thunb.) C. Y. Wu & H. W. Li

习性：一年生，中小草本，高20~60cm；半湿生植物。

生境：林下、林缘、灌丛、草丛、溪边、沟边、路边、消落带、田间、田埂等，海拔达1200m。

分布：吉林、辽宁、江苏、安徽、浙江、江西、福建、河南、湖北、湖南、广东、广西、重庆、四川、陕西、甘肃、台湾。

牛至属 **Origanum** L.

牛至**Origanum vulgare** L.

习性：多年生，中小草本，高25~60cm；半湿生植物。

生境：林下、草丛、溪边、沟边、路边等，海拔500~3600m。

分布：河北、江苏、安徽、浙江、江西、福建、湖北、湖南、广东、贵州、云南、四川、西藏、陕西、甘肃、新疆、台湾。

假野芝麻属 **Paralamium** Dunn

假野芝麻**Paralamium gracile** Dunn

习性：多年生，中小草本，高40~80cm；半湿生植物。

生境：林下、溪边、沟边等，海拔1200~1800m。

分布：云南。

假糙苏属 **Paraphlomis** (Prain) Prain

假糙苏**Paraphlomis javanica** (Blume) Prain

习性：多年生，中草本，高0.5~1.5m；湿生植物。

生境：林下、溪边、沟边等，海拔300~2400m。

分布：江西、福建、湖南、广东、海南、广西、贵州、云南、四川、台湾。

薄萼假糙苏**Paraphlomis membranacea** C. Y. Wu & H. W. Li

习性：多年生，中小草本，高40~80cm；湿生植物。

生境：林下、溪边等，海拔达2500m。

分布：云南。

紫苏属 **Perilla** L.

紫苏**Perilla frutescens** (L.) Britton

习性：一年生，中小草本，高0.3~1.5m；半湿生植物。

生境：林缘、河岸坡、溪边、湖岸坡、塘基、沟边、田埂、路边等，海拔200~1600m。

分布：辽宁、河北、北京、山西、山东、江苏、安徽、上海、浙江、江西、福建、河南、湖北、湖南、广东、广西、贵州、云南、重庆、四川、西藏、台湾。

糙苏属 **Phlomoides** Moench

深紫糙苏**Phlomoides atropurpurea** (Dunn) Kamelin & Makhm.
习性：多年生，中小草本，高20~70cm；湿生植物。
生境：沼泽草甸、沼泽、湖岸坡等，海拔2800~3900m。
分布：云南。

长刺钩萼草**Phlomoides longiaristata** (C. Y. Wu & H. W. Li) Salmaki
习性：多年生，中小草本，高35~80cm；湿生植物。
生境：林下、沟边等，海拔2000~2400m。
分布：云南、西藏。

独一味**Phlomoides rotata** (Benth. ex Hook. f.) Mathiesen
习性：多年生，小草本，高3~10cm；湿生植物。
生境：碎石坡、草甸、河岸坡等，海拔2700~4900m。
分布：云南、四川、西藏、甘肃、青海。

块根糙苏**Phlomoides tuberosa** (L.) Moench
习性：多年生，中小草本，高0.4~1.5m；半湿生植物。
生境：沟谷、草丛等，海拔1200~2100m。
分布：黑龙江、内蒙古、新疆。

刺蕊草属 **Pogostemon** Desf.

水珍珠菜**Pogostemon auricularius** (L.) Hassk.
习性：一年生，中小草本，高0.4~1.5m；水湿生植物。
生境：林下、溪流、池塘、水沟等，海拔300~1700m。
分布：江西、福建、广东、海南、广西、云南、台湾。

毛茎水蜡烛**Pogostemon cruciatus** (Benth.) Kuntze
习性：一年生，小草本，高15~45cm；半湿生植物。
生境：沟谷、草丛、沼泽等，海拔1100~1500m。
分布：江西、云南。

镰叶水珍珠菜**Pogostemon falcatus** (C. Y. Wu) C. Y. Wu & H. W. Li
习性：多年生，小草本，高30~40cm；半湿生植物。

生境：沼泽、河岸坡、溪边等，海拔300~800m。
分布：云南。

小穗水蜡烛**Pogostemon fauriei** (H. Lév.) Press
习性：多年生，小草本；湿生植物。
生境：沼泽。
分布：黑龙江。

小刺蕊草**Pogostemon fraternus** Miq.
习性：多年生，小草本，高20~40cm；湿生植物。
生境：林下、林缘、溪边、沟边等，海拔200~1600m。
分布：云南。

宽叶长柱刺蕊草**Pogostemon latifolius** (C. Y. Wu & Y. C. Huang) Gang Yao
习性：多年生，大中草本，高1~2m；半湿生植物。
生境：林下、河岸坡等，海拔约700m。
分布：云南。

线叶水蜡烛**Pogostemon linearis** (Benth.) Kuntze
习性：一年生，中小草本，高30~80cm；水湿生植物。
生境：林下、沟边等，海拔达1000m。
分布：云南。

五棱水蜡烛**Pogostemon pentagonus** (C. B. Clarke ex Hook. f.) Kuntze
习性：一年生，小草本，高30~50cm；水湿生植物。
生境：林下、沼泽、池塘、溪边等，海拔600~1500m。
分布：云南。

齿叶水蜡烛**Pogostemon sampsonii** (Hance) Press
习性：一年生，中小草本，高15~70cm；水湿生植物。
生境：河流、溪流、池塘、湖泊、水库、水沟、沼泽、田间、水田等，海拔达800m。
分布：江西、湖南、广东、海南、广西。

水虎尾**Pogostemon stellatus** (Lour.) Kuntze
习性：一年生，中小草本，高10~60cm；水湿生植物。
生境：沼泽、溪流、湖泊、池塘、水沟、田中、田间等，海拔100~1600m。
分布：安徽、浙江、江西、福建、湖南、广东、海南、广西、云南、台湾。

思茅水蜡烛Pogostemon szemaoensis (C. Y. Wu & S. J. Hsuan) Press

习性：一年生，小草本，高25~40cm；水湿生植物。

生境：浅水处，海拔约1200m。

分布：云南。

水蜡烛Pogostemon yatabeanus (Makino) Press

习性：多年生，中小草本，高40~60cm；水湿生植物。

生境：林下、沼泽、沼泽草甸、湖泊、池塘、田中等，海拔达1300m。

分布：安徽、浙江、江西、湖北、湖南、广西、贵州、四川。

豆腐柴属 Premna L.

伞序臭黄荆Premna serratifolia L.

习性：落叶，灌木或乔木，高1~8m；半湿生植物。

生境：溪边、沟边、潮上带等，海拔达1500m。

分布：广东、海南、广西、台湾。

夏枯草属 Prunella L.

山菠菜Prunella asiatica Nakai

习性：多年生，中小草本，高20~60cm；湿生植物。

生境：林下、林缘、灌丛、草丛、路边等，海拔达1700m。

分布：黑龙江、吉林、辽宁、山西、山东、江苏、安徽、浙江、江西。

硬毛夏枯草Prunella hispida Benth.

习性：多年生，小草本，高15~30cm；半湿生植物。

生境：沟谷、林缘、灌丛、草丛等，海拔1500~3800m。

分布：云南、四川、西藏。

夏枯草Prunella vulgaris L.

习性：多年生，小草本，高20~40cm；半湿生植物。

生境：林缘、草丛、溪边、沟边、田埂、路边等，海拔100~3500m。

分布：山西、江苏、安徽、浙江、江西、福建、河南、湖北、湖南、广东、广西、贵州、云南、重庆、四川、陕西、甘肃、新疆、台湾。

掌叶石蚕属 Rubiteucris Kudô

掌叶石蚕Rubiteucris palmata (Benth. ex Hook. f.) Kudô

习性：一年生，中小草本，高20~60cm；湿生植物。

生境：林下、草丛、溪边、沟边等，海拔2000~3000m。

分布：湖北、贵州、云南、四川、西藏、陕西、甘肃、台湾。

鼠尾草属 Salvia L.

南丹参Salvia bowleyana Dunn

习性：多年生，中小草本，高0.5~1.2m；半湿生植物。

生境：林下、林缘、溪边、沟边、路边等，海拔达1000m。

分布：浙江、江西、福建、湖南、广东、广西。

黄花鼠尾草Salvia flava Forrest ex Diels

习性：多年生，小草本，高20~50cm；半湿生植物。

生境：沟谷、林下、灌丛、草丛等，海拔2500~4000m。

分布：云南、四川。

鼠尾草Salvia japonica Thunb.

习性：一年生，中小草本，高40~60cm；半湿生植物。

生境：林下、林缘、溪边、沟边等，海拔200~1100m。

分布：山西、江苏、安徽、浙江、江西、福建、湖北、湖南、广东、广西、四川、台湾。

东川鼠尾草Salvia mairei H. Lév.

习性：多年生，中小草本，高20~60cm；湿生植物。

生境：沟谷、草甸、溪边等，海拔3000~4000m。

分布：云南。

荔枝草Salvia plebeia R. Br.

习性：一或二年生，中小草本，高10~90cm；水陆生植物。

生境：林缘、草丛、河岸坡、溪边、湖岸坡、沟边、田间、路边等，海拔200~2800m。

分布：除西藏、青海、新疆外其他地区。

甘西鼠尾草Salvia przewalskii Maxim.

习性：多年生，中小草本，高30~60cm；半湿生植物。

生境：林缘、灌丛、沟边、路边等，海拔1100~

4100m。

分布：湖北、云南、四川、甘肃、西藏。

地埂鼠尾草Salvia scapiformis Hance

习性：一年生，小草本，高20~26cm；湿生植物。

生境：沟谷、林缘、溪边、沟边等，海拔100~1200m。

分布：浙江、江西、福建、湖南、广东、广西、贵州、台湾。

佛光草Salvia substolonifera E. Peter

习性：一年生，小草本，高10~40cm；湿生植物。

生境：林下、沟边、岩石等，海拔达1000m。

分布：浙江、江西、湖北、湖南、贵州、云南、重庆、四川、福建。

荫生鼠尾草Salvia umbratica Hance

习性：一或二年生，中草本，高0.5~1.2m；半湿生植物。

生境：沟谷、林下、林缘、沟边、路边等，海拔600~2800m。

分布：河北、北京、山西、安徽、河南、湖北、陕西、甘肃。

四棱草属 Schnabelia Hand.-Mazz.

单花四棱草Schnabelia nepetifolia (Benth.) P. D. Cantino

习性：多年生，中小草本，高30~60cm；半湿生植物。

生境：林缘、溪边、沟边等，海拔100~700m。

分布：江苏、安徽、浙江、福建。

黄芩属 Scutellaria L.

半枝莲Scutellaria barbata D. Don

习性：多年生，小草本，高15~40cm；水湿生植物。

生境：草丛、池塘、溪边、水沟、田埂、田间等，海拔达2000m。

分布：河北、山东、江苏、浙江、江西、福建、河南、湖北、湖南、广东、广西、贵州、云南、四川、西藏、陕西、台湾。

纤弱黄芩Scutellaria dependens Maxim.

习性：一年生，小草本，高10~40cm；湿生植物。

生境：林下、林间、草丛、沼泽边、河岸坡、溪边等，海拔达500m。

分布：黑龙江、吉林、辽宁、内蒙古、山东。

异色黄芩Scutellaria discolor Wall. ex Benth.

习性：多年生，小草本，高5~40cm；湿生植物。

生境：林下、草丛、溪边等，海拔200~1800m。

分布：广西、贵州、云南、四川。

韩信草Scutellaria indica L.

习性：多年生，小草本，高8~30cm；半湿生植物。

生境：林缘、草丛、田埂、田间、岩石等，有时和苔藓植物共生，海拔达1500m。

分布：江苏、安徽、浙江、江西、福建、河南、湖北、湖南、广东、广西、贵州、云南、四川、陕西、甘肃、台湾。

长叶并头草Scutellaria linarioides C. Y. Wu

习性：多年生，小草本，高10~40cm；湿生植物。

生境：草丛、沟边等，海拔1200~1800m。

分布：云南、四川。

钝叶黄芩Scutellaria obtusifolia Hemsl.

习性：多年生，中小草本，高20~60cm；半湿生植物。

生境：林下、灌丛、溪边、沟边、田间等，海拔400~2500m。

分布：湖北、广西、贵州、四川。

京黄芩Scutellaria pekinensis Maxim.

习性：一年生，小草本，高20~40cm；湿生植物。

生境：沟谷、林下、草丛、草甸、沟边等，海拔100~2600m。

分布：黑龙江、吉林、内蒙古、河北、北京、山东、江苏、安徽、浙江、江西、福建、河南、湖北、四川、陕西。

狭叶黄芩（原变种）Scutellaria regeliana var. regeliana

习性：多年生，中小草本，高25~60cm；湿生植物。

生境：草丛、沼泽、河岸坡等，海拔400~1000m。

分布：黑龙江、吉林、内蒙古、河北、北京。

塔头狭叶黄芩Scutellaria regeliana var. ikonnikovii (Juz.) C. Y. Wu & H. W. Li

习性：多年生，小草本，高20~30cm；湿生植物。

生境：沼泽草甸、沼泽、河岸坡等，海拔400~500m。

分布：黑龙江、吉林、内蒙古。

并头黄芩Scutellaria scordifolia Fisch. ex Schrank

习性：多年生，小草本，高10~40cm；半湿生植物。

生境：林下、草丛、沼泽草甸、河岸坡等，海拔达2100m。

分布：黑龙江、吉林、辽宁、内蒙古、河北、山西、河南、陕西、甘肃、青海。

沙滩黄芩Scutellaria strigillosa Hemsl.

习性：多年生，小草本，高8~35cm；湿生植物。

生境：潮上带。

分布：辽宁、河北、山东、江苏、浙江。

韧黄芩Scutellaria tenax W. W. Sm.

习性：多年生，小草本，高30~50cm；湿生植物。

生境：林下、灌丛、草丛、溪边、沟边等，海拔700~2600m。

分布：云南、四川。

假活血草Scutellaria tuberifera C. Y. Wu & C. Chen

习性：一年生，小草本，高10~30cm；半湿生植物。

生境：林下、草丛、溪边等，海拔100~2000m。

分布：江苏、安徽、浙江、云南。

图们黄芩Scutellaria tuminensis Nakai

习性：多年生，小草本，高25~45cm；半湿生植物。

生境：河岸坡、草甸等，海拔达600m。

分布：黑龙江、吉林、内蒙古。

红茎黄芩Scutellaria yunnanensis H. Lév.

习性：多年生，小草本，高25~50cm；湿生植物。

生境：沟谷、林下、林缘、溪边、沟边等，海拔900~1200m。

分布：贵州、云南、四川。

水苏属 **Stachys** L.

蜗儿菜Stachys arrecta L. H. Bailey

习性：多年生，中小草本，高40~60cm；湿生植物。

生境：沟谷、林下、路边等，海拔1500~2100m。

分布：河北、山西、江苏、安徽、浙江、河南、湖北、湖南、陕西。

毛水苏Stachys baicalensis Fisch. ex Benth.

习性：多年生，中小草本，高40~80cm；湿生植物。

生境：林下、林缘、草丛、沼泽草甸、沼泽、河岸坡、河漫滩、洼地、路边等，海拔200~1700m。

分布：黑龙江、吉林、辽宁、内蒙古、河北、北京、山西、山东、湖北、江苏、重庆、陕西、甘肃。

华水苏Stachys chinensis Bunge ex Benth.

习性：多年生，中小草本，高30~60cm；湿生植物。

生境：草丛、河岸坡、沟边等，海拔达1000m。

分布：黑龙江、吉林、辽宁、内蒙古、河北、北京、山西、河南、陕西、甘肃。

地蚕Stachys geobombycis C. Y. Wu

习性：多年生，中草本，高0.5~1m；湿生植物。

生境：林缘、草丛、田间等，海拔100~700m。

分布：浙江、江西、福建、湖北、湖南、广东、广西。

水苏Stachys japonica Miq.

习性：多年生，中小草本，高15~80cm；水湿生植物。

生境：草丛、沼泽、河流、溪流、水沟、路边等，海拔达2300m。

分布：黑龙江、吉林、辽宁、内蒙古、河北、山西、山东、江苏、安徽、上海、浙江、江西、福建、河南、湖北、湖南、陕西、甘肃、重庆。

西南水苏（原变种）**Stachys kouyangensis** var. **kouyangensis**

习性：多年生，小草本，高30~50cm；湿生植物。

生境：林下、草丛、河岸坡、沟边等，海拔900~3800m。

分布：湖北、湖南、贵州、云南、四川、西藏。

粗齿西南水苏Stachys kouyangensis var. **franchetiana** (H. Lév.) C. Y. Wu

习性：多年生，中小草本，高30~80cm；湿生植物。

生境：草丛、沟边、田中等，海拔2300~3800m。

分布：云南、四川、西藏。

细齿西南水苏Stachys kouyangensis var. **leptodon** (Dunn) C. Y. Wu

习性：多年生，中小草本，高20~60cm；湿生植物。

生境：草丛、沟边等，海拔1200~2600m。

分布：贵州、云南。

针筒菜Stachys oblongifolia Wall. ex Benth.

习性：多年生，中小草本，高20~60cm；湿生植物。

生境：林下、灌丛、草丛、河岸坡等，海拔200~1900m。

分布：江苏、安徽、浙江、江西、福建、河南、湖北、湖南、广东、广西、贵州、云南、四川、陕西、台湾。

沼生水苏Stachys palustris L.

习性：多年生，中草本，高0.6~1.1m；水湿生植物。

生境：灌丛、沼泽、河流、湖泊、水沟、路边等，海拔200~3100m。

分布：河北、新疆。

甘露子Stachys sieboldii Miq.

习性：多年生，中小草本，高0.3~1.2m；半湿生植物。

生境：林下、林缘、草丛、溪边、沟边等，海拔达3200m。

分布：内蒙古、河北、北京、山西、山东、湖北、四川、陕西、宁夏、甘肃、青海、新疆。

香科科属 Teucrium L.

二齿香科科Teucrium bidentatum Hemsl.

习性：多年生，中草本，高60~90cm；半湿生植物。

生境：林下、溪边、沟边等，海拔900~1300m。

分布：湖北、广西、贵州、云南、四川、台湾。

全叶香科科Teucrium integrifolium C. Y. Wu & S. Chow

习性：多年生，中小草本，高30~90cm；水湿生植物。

生境：灌丛、沟边、浅水处等，海拔500~1000m。

分布：贵州。

长毛香科科Teucrium pilosum (Pamp.) C. Y. Wu & S. Chow

习性：多年生，中草本，高0.5~1m；半湿生植物。

生境：林缘、河岸坡等，海拔300~2500m。

分布：浙江、江西、湖北、湖南、广西、贵州、四川。

沼泽香科科Teucrium scordioides Schreb.

习性：多年生，中小草本，高30~60cm；水湿生植物。

生境：草丛、沼泽、河流、溪流、湖泊、水沟、洼地等，海拔400~1000m。

分布：新疆。

血见愁Teucrium viscidum Blume

习性：多年生，中小草本，高30~70cm；半湿生植物。

生境：林下、灌丛、草丛、溪边、沟边、田间等，海拔100~2500m。

分布：江苏、安徽、浙江、江西、福建、湖北、湖南、广东、广西、贵州、云南、四川、西藏、陕西、甘肃、台湾。

牡荆属 Vitex L.

牡荆Vitex negundo var. **cannabifolia** (Siebold & Zucc.) Hand.-Mazz.

习性：落叶，大中灌木，高1~3m；半湿生植物。

生境：林缘、河岸坡、溪边、塘基、沟边等，海拔100~1500m。

分布：河北、山东、江苏、安徽、浙江、江西、河南、湖北、湖南、广东、广西、贵州、四川。

单叶蔓荆Vitex rotundifolia L. f.

习性：落叶，小灌木，高0.5~1m；半湿生植物。

生境：潮上带、河岸坡、湖岸坡等，海拔达500m。

分布：辽宁、河北、山东、江苏、安徽、浙江、江西、福建、广东、广西、湖南、台湾。

蔓荆Vitex trifolia L.

习性：落叶，大中灌木，高1.5~5m；半湿生植物。

生境：林缘、河岸坡、溪边等，海拔达1600m。

分布：山西、福建、湖北、广东、广西、云南、台湾。

123. 樟科 Lauraceae

樟属 Cinnamomum Schaeff.

樟Cinnamomum camphora (L.) J. Presl

习性：常绿，大中乔木，高15~30m；半湿生植物。

生境：河岸坡、河漫滩、河心洲等，海拔达1600m。

分布：长江以南、台湾。

木姜子属 Litsea Lam.

剑叶木姜子Litsea lancifolia (Roxb. ex Nees) Fern.-Vill.

习性：常绿，大灌木，高2.5~4m；半湿生植物。

生境：河岸坡、溪边、沟边等，海拔400~2200m。

分布：海南、广西、云南。

红皮木姜子Litsea pedunculata (Diels) Yen C. Yang & P. H. Huang

习性：常绿，灌木或乔木，高2.5~6m；半湿生植物。

生境：林下、山坡、沟边等，海拔1300~2300m。

分布：江西、湖北、湖南、广西、贵州、云南、四川。

润楠属 Machilus Nees

建润楠Machilus oreophila Hance

习性：常绿，灌木或乔木，高2~8m；湿生植物。

生境：河岸坡、沟边等，海拔100~900m。

分布：福建、湖南、广东、广西、贵州。

柳叶润楠Machilus salicina Hance

习性：常绿，灌木或乔木，高3~6m；湿生植物。

生境：河岸坡、溪边、沟边等，海拔300~800m。

分布：广东、海南、广西、贵州、云南。

楠属 Phoebe Nees

沼楠Phoebe angustifolia Meisn.

习性：常绿，大灌木，高2~5m；湿生植物。

生境：林缘、沼泽、沟边等，海拔300~1700m。

分布：云南。

124. 玉蕊科 Lecythidaceae

玉蕊属 Barringtonia J. R. Forst. & G. Forst.

玉蕊Barringtonia racemosa (L.) Spreng.

习性：常绿，中小乔木，高4~15m；水陆生植物。

生境：高潮带、入海河口、池塘、沟边等。

分布：广东、海南、台湾。

125. 狸藻科 Lentibulariaceae

捕虫堇属 Pinguicula L.

高山捕虫堇Pinguicula alpina L.

习性：多年生，小草本，高2~13cm；湿生植物。

生境：灌丛、沼泽、岩壁等，海拔1800~4500m。

分布：湖北、贵州、云南、重庆、四川、西藏、陕西、甘肃、青海。

北捕虫堇Pinguicula villosa L.

习性：多年生，小草本，高3~10cm；湿生植物。

生境：沼泽。

分布：内蒙古、甘肃。

狸藻属 Utricularia L.

黄花狸藻Utricularia aurea Lour.

习性：一或多年生，小草本；沉水植物。

生境：沼泽、河流、湖泊、池塘、水沟、田中等，海拔达2700m。

分布：山东、江苏、安徽、浙江、江西、福建、河南、湖北、湖南、广东、广西、贵州、云南、重庆、四川、台湾。

南方狸藻Utricularia australis R. Br.

习性：多年生，小草本；沉水植物。

生境：河流、湖泊、池塘、水沟、田中等，海拔200~2500m。

分布：江苏、安徽、浙江、江西、福建、湖北、湖南、广东、海南、广西、贵州、云南、四川、台湾。

挖耳草Utricularia bifida L.

习性：一或多年生，小草本，高10~20cm；水湿生植物。

生境：草丛、沼泽、河岸坡、溪边、池塘、水沟、田中、田间、岩壁等，海拔达2100m。

分布：山东、江苏、安徽、浙江、江西、福建、河南、湖北、广东、海南、广西、贵州、云南、重庆、四川、台湾。

肾叶挖耳草Utricularia brachiata Oliv.

习性：多年生，小草本，高3~8cm；湿生植物。

生境：岩石、岩壁等，海拔2600~4200m。

分布：云南、四川、西藏。

短梗挖耳草Utricularia caerulea L.

习性：一或多年生，小草本，高5~15cm；湿生植物。

生境：草丛、沼泽、湖岸坡、岩壁等，海拔达2000m。

分布：山东、江苏、安徽、浙江、江西、福建、湖南、广东、海南、广西、贵州、云南、台湾。

长距挖耳草Utricularia forrestii P. Taylor

习性：多年生，小草本，高2~5cm；湿生植物。

生境：岩石、岩壁等，海拔2100~3000m。

分布：云南。

海南挖耳草Utricularia foveolata Edgew.

习性：一年生，小草本，高15~20cm；水湿生植物。

生境：草丛、田中等。

分布：广东、海南。

少花狸藻Utricularia gibba L.

习性：一或多年生，小草本；沉水植物。

生境：沼泽、河流、湖泊、池塘、水沟、田中等，海拔达3500m。

分布：江苏、安徽、浙江、江西、福建、湖北、湖南、广东、海南、广西、云南、四川、台湾。

禾叶挖耳草Utricularia graminifolia Vahl

习性：一或多年生，小草本，高3~30cm；湿生植物。

生境：沼泽、溪边、沟边、岩石等，海拔100~2100m。

分布：福建、湖北、广东、海南、广西、云南、台湾。

毛挖耳草Utricularia hirta Klein ex Link

习性：多年生，小草本，高5~15cm；湿生植物。

生境：草丛、岩石等。

分布：广西。

异枝狸藻Utricularia intermedia Hayne

习性：多年生，小草本；沉水植物。

生境：沼泽、湖泊、池塘、水沟等，海拔300~4000m。

分布：黑龙江、吉林、辽宁、内蒙古、山西、四川、西藏。

毛籽挖耳草Utricularia kumaonensis Oliv.

习性：一年生，小草本，高2~7cm；湿生植物。

生境：岩石、岩壁等，海拔1900~2700m。

分布：云南。

长梗狸藻Utricularia limosa R. Br.

习性：一或多年生，小草本，高5~25cm；水湿生植物。

生境：林下、草丛、沼泽、田中等，海拔达1300m。

分布：广东、海南、广西。

莽山挖耳草Utricularia mangshanensis G. W. Hu

习性：一年生，小草本，高3~6cm；湿生植物。

生境：岩壁，海拔700~800m。

分布：湖南。

细叶狸藻Utricularia minor L.

习性：多年生，小草本；沉水植物。

生境：沼泽、池塘等，海拔3100~3700m。

分布：黑龙江、吉林、内蒙古、山西、江西、云南、重庆、四川、西藏、新疆、台湾。

斜果挖耳草Utricularia minutissima Vahl

习性：一年生，小草本，高3~12cm；湿生植物。

生境：沙地、草丛、岩石、沼泽等，海拔达1300m。

分布：江苏、江西、福建、广东、广西、台湾。

多序挖耳草Utricularia multicaulis Oliv.

习性：一年生，小草本，高1~5cm；湿生植物。

生境：沼泽草甸、岩石等，海拔2800~3900m。

分布：云南、西藏。

合苞挖耳草Utricularia peranomala P. Taylor

习性：一年生，小草本，高3~15cm；湿生植物。

生境：岩石、岩壁等，海拔1500~2200m。

分布：广西。

盾鳞狸藻Utricularia punctata Wall. ex A. DC.

习性：多年生，小草本；沉水植物。

生境：湖泊、沼泽、池塘、水沟、田中等。

分布：福建、广西。

怒江挖耳草Utricularia salwinensis Hand.-Mazz.

习性：多年生，小草本，高3~10cm；湿生植物。

生境：沼泽、岩石、岩壁、苔藓丛等，海拔2500~4000m。

分布：云南、西藏。

缠绕挖耳草(原亚种)Utricularia scandens subsp. scandens

习性：一年生，小草本，高3~15cm；湿生植物。

生境：沼泽、池塘等，海拔700~2600m。

分布：贵州、云南。

尖萼挖耳草Utricularia scandens subsp. firmula (Oliv.) Z. Yu Li

习性：一年生，小草本，高2~19cm；湿生植物。

生境：草丛、沼泽、沟边、田中、岩石等，海拔1300~2900m。

分布：贵州、云南。

圆叶挖耳草Utricularia striatula Sm.

习性：多年生，小草本，高5~20cm；湿生植物。

生境：林下、溪边、瀑布边、岩石、岩壁等，海拔100~3600m。

分布：安徽、浙江、江西、福建、湖北、湖南、广东、海南、广西、贵州、云南、重庆、四川、西藏、台湾。

齿萼挖耳草Utricularia uliginosa Vahl

习性：一年生，小草本，高3~12cm；湿生植物。

生境：沼泽、沟边、田中等，海拔达600m。

分布：广东、海南、广西、台湾。

狸藻（原亚种）Utricularia vulgaris subsp. **vulgaris**

习性：多年生，小草本；沉水植物。

生境：沼泽、河流、湖泊、池塘、水沟、田中等，海拔达3700m。

分布：黑龙江、吉林、辽宁、内蒙古、河北、北京、山西、山东、江苏、江西、河南、湖北、四川、陕西、甘肃、青海、新疆。

弯距狸藻 Utricularia vulgaris subsp. **macrorhiza** (Le Conte) R. T. Clausen

习性：多年生，小草本；沉水植物。

生境：河流、湖泊、池塘、水沟、田中等，海拔达3500m。

分布：黑龙江、吉林、辽宁、内蒙古、河北、山西、山东、四川、陕西、宁夏、甘肃、青海、新疆。

钩突挖耳草Utricularia warburgii K. I. Goebel

习性：一年生，小草本，高5~17cm；湿生植物。

生境：草丛、岩石等，海拔800~2000m。

分布：江苏、安徽、浙江、江西、福建、湖南、四川。

126. 百合科 Liliaceae

七筋菇属 Clintonia Raf.

七筋菇Clintonia udensis Trautv. & C. A. Mey.

习性：多年生，中小草本，高10~60cm；湿生植物。

生境：林下、林缘、灌丛、沟边等，海拔1600~4000m。

分布：黑龙江、吉林、辽宁、河北、山西、河南、湖北、云南、四川、陕西、甘肃、西藏。

猪牙花属 Erythronium L.

猪牙花Erythronium japonicum Decne.

习性：多年生，小草本，高15~30cm；湿生植物。

生境：林下、林缘、灌丛、沟边等，海拔500~1700m。

分布：吉林、辽宁。

贝母属 Fritillaria L.

川贝母Fritillaria cirrhosa D. Don

习性：多年生，中小草本，高15~60cm；湿生植物。

生境：沟谷、林下、灌丛、草甸、岩壁等，海拔3200~4600m。

分布：云南、四川、西藏、甘肃、青海。

轮叶贝母Fritillaria maximowiczii Freyn

习性：多年生，中小草本，高20~60cm；湿生植物。

生境：林下、林缘、灌丛、草丛、溪边等，海拔1400~1500m。

分布：黑龙江、吉林、辽宁、内蒙古、河北。

平贝母Fritillaria ussuriensis Maxim.

习性：多年生，中小草本，高0.3~1m；湿生植物。

生境：河谷、林下、林缘、灌丛、草甸、河漫滩、溪边等，海拔200~1100m。

分布：黑龙江、吉林、辽宁。

顶冰花属 Gagea Salisb.

顶冰花Gagea nakaiana Kitag.

习性：多年生，小草本，高10~35cm；湿生植物。

生境：林下、林缘、灌丛、沼泽草甸、河岸坡等，海拔100~1500m。

分布：黑龙江、吉林、辽宁。

百合属 Lilium L.

野百合Lilium brownii F. E. Br. ex Miellez

习性：多年生，大中草本，高0.7~2m；半湿生植物。

生境：灌丛、草丛、溪边、路边等，海拔100~2200m。

分布：河北、山西、江苏、安徽、浙江、江西、福建、河南、湖北、湖南、广东、广西、贵州、云南、四川、陕西、甘肃。

条叶百合Lilium callosum Siebold & Zucc.

习性：多年生，中草本，高50~90cm；半湿生植物。

生境：林缘、草丛、草甸等，海拔100~900m。

分布：黑龙江、吉林、辽宁、内蒙古、江苏、安徽、浙江、河南、广东、广西、台湾。

大花百合Lilium concolor var. **megalanthum** F. T. Wang & Tang

习性：多年生，中小草本，高30~80cm；半湿生植物。

生境：林缘、沼泽、草丛、沼泽草甸等，海拔500~800m。

分布：吉林、辽宁。

有斑百合Lilium concolor var. **pulchellum** (Fisch.) Regel

习性：多年生，中小草本，高30~80cm；半湿生植物。

生境：林下、林缘、草甸等，海拔600~2200m。

分布：吉林、辽宁。

毛百合Lilium dauricum Ker Gawl.

习性：多年生，中小草本，高0.3~1.2m；半湿生植物。

生境：林下、林缘、灌丛、草丛、草甸、路边等，海拔400~1500m。

分布：黑龙江、吉林、辽宁、内蒙古、河北。

东北百合Lilium distichum Nakai ex Kamib.

习性：多年生，中草本，高0.6~1.2m；半湿生植物。

生境：林下、林缘、草丛、河岸坡、溪边、路边等，海拔200~1800m。

分布：黑龙江、吉林、辽宁。

卷丹Lilium lancifolium Ker Gawl.

习性：多年生，中草本，高0.8~1.5m；半湿生植物。

生境：灌丛、草丛、路边、水边等，海拔400~2500m。

分布：吉林、辽宁、河北、山西、山东、江苏、安徽、浙江、江西、河南、湖北、湖南、广西、四川、西藏、陕西、甘肃、青海。

宜昌百合Lilium leucanthum (Baker) Baker

习性：多年生，中草本，高0.6~1.5m；半湿生植物。

生境：沟谷、河岸坡等，海拔400~2500m。

分布：湖北、四川。

南川百合Lilium rosthornii Diels

习性：多年生，中小草本，高0.4~1m；半湿生植物。

生境：沟谷、林下、溪边等，海拔300~1100m。

分布：湖北、贵州、四川。

紫花百合Lilium souliei (Franch.) Sealy

习性：多年生，小草本，高10~30cm；湿生植物。

生境：灌丛、草丛、草甸等，海拔1200~1400m。

分布：云南、四川、西藏。

洼瓣花属 Lloydia Salisb.

黄洼瓣花Lloydia delavayi Franch.

习性：多年生，小草本，高15~25cm；湿生植物。

生境：林下、草丛、草甸、岩石、岩壁等，海拔2700~3900m。

分布：云南。

紫斑洼瓣花Lloydia ixiolirioides Baker ex Oliv.

习性：多年生，小草本，高15~30cm；湿生植物。

生境：灌丛、草丛、草甸等，海拔3000~4400m。

分布：云南、四川、西藏。

尖果洼瓣花Lloydia oxycarpa Franch.

习性：多年生，小草本，高5~25cm；湿生植物。

生境：林下、草丛、草甸、流石滩等，海拔3400~4800m。

分布：云南、四川、西藏、甘肃。

洼瓣花（原变种）Lloydia serotina var. **serotina**

习性：多年生，小草本，高3~20cm；半湿生植物。

生境：林下、林缘、灌丛、草丛、草甸、溪边、冻原等，海拔2400~4000m。

分布：黑龙江、吉林、辽宁、内蒙古、河北、陕西、宁夏、甘肃、青海。

矮小洼瓣花Lloydia serotina var. **parva** (C. Marquand & Airy Shaw) H. Hara

习性：多年生，小草本，高3~6cm；半湿生植物。

生境：林下、灌丛、草丛、草甸等，海拔3700~5000m。

分布：四川、新疆。

三花洼瓣花Lloydia triflora (Ledeb.) Baker

习性：多年生，小草本，高15~30cm；半湿生植物。

生境：沟谷、林缘、灌丛、河岸坡等。

分布：黑龙江、吉林、辽宁、河北、山西。

云南洼瓣花Lloydia yunnanensis Franch.

习性：多年生，小草本，高5~20cm；湿生植物。

生境：林缘、灌丛、草丛、草甸、岩石、岩壁等，海拔2300~4100m。

分布：云南、四川。

豹子花属 **Nomocharis** Franch.

开瓣豹子花Nomocharis aperta (Franch.) E. H. Wilson

习性：多年生，中小草本，高0.3~1.5m；湿生植物。

生境：林下、草甸等，海拔3000~3900m。

分布：云南、四川、西藏。

美丽豹子花Nomocharis basilissa Farrer ex W. E. Evans

习性：多年生，中小草本，高0.3~1m；湿生植物。

生境：林下、草甸等，海拔3900~4300m。

分布：云南、四川。

滇西豹子花Nomocharis farreri (W. E. Evans) Hatus.

习性：多年生，中小草本，高25~75cm；湿生植物。

生境：林缘、灌丛、草丛、草甸等，海拔2700~3400m。

分布：云南、四川。

豹子花Nomocharis pardanthina Franch.

习性：多年生，中小草本，高25~90cm；湿生植物。

生境：林缘、草丛、草甸等，海拔2700~4100m。

分布：云南、四川。

云南豹子花Nomocharis saluenensis Balf. f.

习性：多年生，中小草本，高30~90cm；湿生植物。

生境：林下、灌丛、草丛、草甸等，海拔2800~4500m。

分布：云南、四川、西藏。

假百合属 **Notholirion** Wall. ex Voigt

假百合Notholirion bulbuliferum (Lingelsh.) Stearn

习性：多年生，中草本，高0.6~1.5m；湿生植物。

生境：灌丛、草丛、草甸等，海拔3000~4500m。

分布：云南、四川、西藏、陕西、甘肃。

大叶假百合Notholirion macrophyllum (D. Don) Boiss.

习性：多年生，小草本，高20~35cm；湿生植物。

生境：草丛、草甸等，海拔2800~3400m。

分布：云南、四川、西藏。

扭柄花属 **Streptopus** Michx.

丝梗扭柄花Streptopus koreanus (Kom.) Ohwi

习性：多年生，小草本，高15~40cm；湿生植物。

生境：林下、林缘等，海拔800~2000m。

分布：黑龙江、吉林、辽宁。

卵叶扭柄花Streptopus ovalis (Ohwi) F. T. Wang & Y. C. Tang

习性：多年生，小草本，高20~50cm；湿生植物。

生境：林下、林缘、灌丛、河岸坡等，海拔500~1800m。

分布：吉林、辽宁。

127. 母草科 Linderniaceae

母草属 **Lindernia** All.

长蒴母草Lindernia anagallis (Burm. f.) Pennell

习性：一年生，小草本，高10~30cm；湿生植物。

生境：林缘、草丛、河岸坡、溪边、湖岸坡、塘基、沟边、水田、消落带等，海拔达1500m。

分布：安徽、浙江、江西、福建、湖南、广东、广西、贵州、云南、四川、澳门、台湾。

泥花草Lindernia antipoda (L.) Alston

习性：一年生，小草本，高5~40cm；水湿生植物。

生境：沟谷、河岸坡、溪边、湖岸坡、沟边、草丛、水田、路边等，海拔达1700m。

分布：江苏、安徽、浙江、江西、福建、湖北、湖南、广东、广西、云南、重庆、四川、澳门、台湾。

刺齿泥花草Lindernia ciliata (Colsm.) Pennell

习性：一年生，小斜倚草本，高5~20cm；水湿生植物。

生境：林缘、草丛、溪流、水沟、水田、路边、消落带等，海拔100~1300m。

分布：福建、湖南、广东、海南、广西、云南、西藏、台湾。

母草Lindernia crustacea (L.) F. Muell.

习性：一年生，小草本，高5~20cm；湿生植物。

生境：林缘、草丛、溪边、沟边、消落带、田埂、田间、路边等，海拔达1300m。

分布：北京、江苏、安徽、浙江、江西、福建、河南、湖北、湖南、广东、海南、广西、贵州、云南、重庆、四川、西藏、甘肃、香港、澳门、台湾。

北美母草Lindernia dubia (L.) Pennell

习性：一年生，小草本，高10~30cm；水湿生植物。

生境：林下、沼泽、溪流、湖泊、池塘、水沟、田中等，海拔达1000m。

分布：广东、台湾。

尖果母草Lindernia hyssopoides (L.) Haines

习性：一年生，小草本，高5~30cm；水湿生植物。

生境：沼泽、河岸坡、水沟、水田等，海拔500~2000m。

分布：广东、海南、广西、云南、香港、台湾。

狭叶母草Lindernia micrantha D. Don

习性：一年生，小草本，高10~25cm；水湿生植物。

生境：沟谷、沼泽、草丛、河岸坡、溪边、沟边、湖岸坡、水田等，海拔达1500m。

分布：江苏、安徽、浙江、江西、福建、河南、湖北、湖南、广东、广西、贵州、云南、陕西、甘肃、香港、台湾。

红骨母草Lindernia mollis (Benth.) Wettst.

习性：一年生，匍匐草本，高5~20cm；湿生植物。

生境：沟谷、林下、林缘、灌丛、溪边、沟边、路边等，海拔500~1400m。

分布：江西、福建、广东、广西、云南。

宽叶母草Lindernia nummulariifolia (D. Don) Wettst.

习性：一年生，小草本，高5~15cm；湿生植物。

生境：沟谷、林下、沟边、路边等，海拔达2200m。

分布：浙江、江西、湖北、湖南、广西、贵州、云南、重庆、四川、西藏、陕西、甘肃。

陌上菜Lindernia procumbens (Krock.) Borbás

习性：一年生，小草本，高5~20cm；水湿生植物。

生境：沼泽、溪流、湖泊、池塘、水沟、水田等，海拔达1200m。

分布：黑龙江、吉林、辽宁、内蒙古、河北、天津、江苏、安徽、浙江、江西、河南、湖北、湖南、广东、广西、贵州、云南、四川、西藏、陕西、香港、台湾。

细茎母草Lindernia pusilla (Willd.) Bold.

习性：一年生，小直立或斜倚草本，高6~30cm；水湿生植物。

生境：沟谷、林下、灌丛、草丛、沼泽、溪边、沟边、田中、田埂、路边等，海拔300~1600m。

分布：广东、海南、广西、云南、香港、台湾。

圆叶母草Lindernia rotundifolia (L.) Alston

习性：一年生，匍匐草本；湿生植物。

生境：湖岸坡、塘基、沟边、水田等。

分布：北京、广东、香港、台湾。

旱田草Lindernia ruellioides (Colsm.) Pennell

习性：一年生，小草本，高5~15cm；湿生植物。

生境：林下、林缘、溪边、湖岸坡、沟边、田埂、路边等，海拔200~1500m。

分布：浙江、江西、福建、湖北、湖南、广东、广西、贵州、云南、四川、香港、台湾。

黄芩母草Lindernia scutellariiformis T. Yamaz.

习性：一年生，小草本，高5~36cm；湿生植物。

生境：田间、田埂等。

分布：台湾。

刺毛母草Lindernia setulosa (Maxim.) Tuyama ex H. Hara

习性：一年生，小斜倚草本，高5~50cm；水湿生植物。

生境：林下、林缘、草丛、沟边、岩石、漂石间等，海拔达1800m。

分布：浙江、江西、福建、广东、广西、贵州、四川。

细叶母草Lindernia tenuifolia (Colsm.) Alston

习性：一年生，小草本，高5~15cm；水湿生植物。

生境：林缘、灌丛、草丛、沼泽、溪边、池塘、水沟、田中、田埂、潮上带等，海拔达500m。

分布：福建、湖南、广东、广西、云南、香港、台湾。

苦玄参属 Picria Lour.

苦玄参Picria felterrae Lour.

习性：一年生，小草本，高10~50cm；湿生植物。

生境：沟谷、疏林、草丛、溪边等，海拔300~1400m。

分布：广东、广西、贵州、云南、香港。

蝴蝶草属 Torenia L.

长叶蝴蝶草Torenia asiatica L.

习性：一年生，小斜倚草本，高10~20cm；湿生植物。

生境：林下、林缘、河岸坡、溪边、沟边、路边、田间等，海拔达2900m。

分布：浙江、江西、福建、湖北、湖南、广东、海南、广西、贵州、云南、重庆、四川、西藏、香港。

毛叶蝴蝶草Torenia benthamiana Hance

习性：一年生，小斜倚草本，高10~20cm；湿生植物。

生境：林下、林缘、沟边、路边、田间等，海拔达800m。

分布：浙江、福建、广东、海南、广西、香港、台湾。

二花蝴蝶草Torenia biniflora T. L. Chin & D. Y. Hong

习性：一年生，小斜倚草本，高17~50cm；湿生植物。

生境：林下、林缘、沟边、路边、岩石等，海拔达1000m。

分布：广东、海南、广西、香港。

单色蝴蝶草Torenia concolor Lindl.

习性：一年生，小斜倚草本，高10~40cm；湿生植物。

生境：林下、林缘、草丛、沟边、路边等，海拔达2500m。

分布：广东、海南、广西、贵州、云南、香港、台湾。

黄花蝴蝶草Torenia flava Buch.-Ham. ex Benth.

习性：一年生，小草本，高25~40cm；半湿生植物。

生境：林下、林缘、沟边、路边等，海拔达1000m。

分布：广东、海南、广西、云南、台湾。

紫斑蝴蝶草Torenia fordii Hook. f.

习性：一年生，小草本，高25~40cm；湿生植物。

生境：林下、林缘、河岸坡、溪边、沟边、路边等，海拔达1000m。

分布：江西、福建、湖南、广东、香港。

紫萼蝴蝶草Torenia violacea (Azaola ex Blanco) Pennell

习性：一年生，小草本，高8~35cm；湿生植物。

生境：林下、林缘、河岸坡、溪边、沟边、路边等，海拔200~2000m。

分布：安徽、浙江、江西、湖北、广东、广西、贵州、云南、四川、台湾。

128. 马钱科 Loganiaceae

尖帽草属 Mitrasacme Labill.

尖帽草Mitrasacme indica Wight

习性：一年生，小草本，高5~15cm；湿生植物。

生境：草丛、田间等，海拔达500m。

分布：山东、江苏、江西、福建、广东、海南、香港、澳门、台湾。

水田白Mitrasacme pygmaea R. Br.

习性：一或多年生，小草本，高5~20cm；湿生植物。

生境：草丛、田间、路边等，海拔达600m。

分布：江苏、安徽、浙江、江西、福建、湖南、广东、海南、广西、贵州、云南、香港、台湾。

129. 千屈菜科 Lythraceae

水苋菜属 Ammannia L.

耳基水苋Ammannia auriculata Willd.

习性：一年生，中小草本，高15~60cm；水湿生植物。

生境：池塘、河流、河漫滩、溪流、水沟、水田等，海拔100~1600m。

分布：辽宁、河北、山西、江苏、安徽、浙江、福建、河南、湖北、广东、云南、四川、陕西、甘肃。

水苋菜Ammannia baccifera L.

习性：一年生，小草本，高10~50cm；水湿生植物。

生境：沼泽、池塘、河流、河漫滩、溪流、水沟、水田、洼地等，海拔100~1800m。

分布：河北、山西、江苏、安徽、浙江、江西、福建、湖北、湖南、广东、广西、云南、重庆、四川、陕西、台湾。

长叶水苋菜Ammannia coccinea Rott.

习性：一年生，中小草本，高0.3~1.2m；水湿生植物。

生境：池塘、水田等。

分布：河北、北京、山东、安徽、浙江、台湾；原产于北美洲。

多花水苋菜Ammannia multiflora Roxb.

习性：一年生，中小草本，高8~70cm；水湿生植物。

生境：沼泽、池塘、河流、溪流、水沟、水田等，海拔达800m。

分布：河北、北京、江苏、安徽、上海、浙江、江西、福建、湖北、湖南、广东、海南、广西、贵州、云南、重庆、四川、陕西、香港、澳门、台湾。

塞内加尔水苋菜Ammannia senegalensis DC.

习性：一年生，小草本；沉水植物。

生境：湖泊、河流等。

分布：河北、北京、山东、江苏、安徽、浙江、福建、河南、湖北、广东、海南、云南、陕西、甘肃、香港。

萼距花属 Cuphea P. Browne

香膏萼距花Cuphea carthagenensis (Jacq.) J. F. Macbr.

习性：一年生，中小草本，高10~60cm；湿生植物。

生境：水沟、田中、路边等，海拔达1600m。

分布：广东、西藏、台湾；原产于巴西、墨西哥。

千屈菜属 Lythrum L.

千屈菜Lythrum salicaria L.

习性：多年生，草本或亚灌木，高0.3~1.5m；水陆生植物。

生境：草丛、沼泽、河流、溪流、湖泊、池塘、水沟等，海拔达3400m。

分布：全国多数地区栽培或逸生野外。

帚枝千屈菜Lythrum virgatum L.

习性：多年生，小灌木，高0.5~1m；水陆生植物。

生境：草丛、河流、河漫滩、溪流、湖泊、池塘、水沟等，海拔400~1200m。

分布：辽宁、河北、北京、宁夏、新疆。

水芫花属 Pemphis J. R. Forst. & G. Forst.

水芫花Pemphis acidula J. R. Forst. & G. Forst.

习性：常绿，大中灌木，高1~5.5m；水陆生植物。

生境：高潮线附近、潮上带等。

分布：海南、台湾。

节节菜属 Rotala L.

异叶节节菜Rotala cordata Koehne

习性：一年生，小草本，高8~30cm；水湿生植物。

生境：溪流、池塘、水沟等。

分布：海南、广西、贵州。

密花节节菜Rotala densiflora (Roth) Koehne

习性：一年生，小草本，高7~40cm；水湿生植物。

生境：沼泽、水田等，海拔100~800m。

分布：吉林、江苏、广东。

六蕊节节菜Rotala hexandra Wall. ex Koehne

习性：一年生，小草本，高20~40cm；水陆生植物。

生境：田中、水沟等。

分布：海南。

水杉菜Rotala hippuris Makino

习性：多年生，小草本，高10~20cm；挺水植物。

生境：池塘。

分布：台湾；原产于南美洲。

节节菜Rotala indica (Willd.) Koehne

习性：一年生，小草本，高10~20cm；水湿生植物。

生境：草丛、沼泽、溪流、池塘、水沟、田中、田埂等，海拔达2000m。

分布：河北、山西、江苏、安徽、浙江、江西、福建、河南、湖北、湖南、广东、广西、贵州、云南、重庆、四川、陕西、甘肃、台湾。

轮叶节节菜**Rotala mexicana** Cham. & Schltdl.

习性：一年生，小草本，高3~10cm；水湿生植物。

生境：草丛、沼泽、溪流、池塘、水沟、田中、田埂等，海拔200~800m。

分布：山东、江苏、安徽、浙江、江西、福建、河南、湖北、贵州、四川、陕西、台湾。

美洲节节菜**Rotala ramosior** (L.) Koehne

习性：一年生，小草本，高10~25cm；水湿生植物。

生境：沼泽、田中等。

分布：台湾；原产于美洲。

五蕊节节菜**Rotala rosea** (Poir.) C. D. K. Cook ex H. Hara

习性：一年生，小草本，高6~30cm；水湿生植物。

生境：沼泽、水田等，海拔达1000m。

分布：江苏、福建、海南、广西、贵州、云南、台湾。

圆叶节节菜**Rotala rotundifolia** (Buch.-Ham. ex Roxb.) Koehne

习性：多年生，小草本，高5~30cm；水湿生植物。

生境：林缘、草丛、沼泽、溪流、湖泊、池塘、水沟、水田、路边等，海拔100~2500m。

分布：山东、安徽、浙江、江西、福建、湖北、湖南、广东、海南、广西、贵州、云南、重庆、四川、台湾。

台湾节节菜**Rotala taiwaniana** Y. C. Liu & F. Y. Lu

习性：一年生，小草本，高15~20cm；水湿生植物。

生境：水田。

分布：台湾。

瓦氏节节菜**Rotala wallichii** (Hook. f.) Koehne

习性：多年生，小草本，高5~50cm；挺水或沉水植物。

生境：沼泽、湖泊、池塘等。

分布：湖北、广东、台湾。

海桑属 **Sonneratia** L. f.

杯萼海桑**Sonneratia alba** Sm.

习性：常绿，灌木或乔木，高3~15m；挺水植物。

生境：潮间带、入海河口等。

分布：海南。

无瓣海桑**Sonneratia apetala** Buch.-Ham.

习性：常绿，中乔木，高10~20m；挺水植物。

生境：潮间带、入海河口等。

分布：浙江、福建、广东、海南、广西、香港、澳门；原产于南亚。

海桑**Sonneratia caseolaris** (L.) Engl.

习性：常绿，中小乔木，高5~20m；挺水植物。

生境：潮间带。

分布：广东、海南。

拟海桑**Sonneratia × gulngai** N. C. Duke & B. R. Jackes

习性：常绿，中小乔木，高7~25m；挺水植物。

生境：潮间带。

分布：海南。

海南海桑**Sonneratia × hainanensis** W. C. Ko, E. Y. Chen & W. Y. Chen

习性：常绿，小乔木，高4~8m；挺水植物。

生境：潮间带。

分布：海南。

卵叶海桑**Sonneratia ovata** Backer

习性：常绿，中小乔木，高4~20m；挺水植物。

生境：潮间带。

分布：海南。

菱属 **Trapa** L.

细果野菱**Trapa incisa** Siebold & Zucc.

习性：一年生，小草本；浮叶植物。

生境：河流、湖泊、池塘、水沟等，海拔200~2200m。

分布：黑龙江、吉林、辽宁、河北、北京、山东、江苏、安徽、浙江、江西、福建、河南、湖北、湖南、广东、海南、广西、贵州、云南、四川、陕西、台湾。

欧菱**Trapa natans** L.

习性：一年生，大中草本；浮叶植物。

生境：河流、湖泊、池塘、水库等，海拔达3800m。

分布：黑龙江、吉林、辽宁、内蒙古、河北、北京、山西、山东、江苏、安徽、上海、浙江、江西、福建、河南、湖北、湖南、广东、海南、广西、贵州、云南、重庆、四川、西藏、陕西、甘肃、新疆、台湾。

130. 锦葵科 Malvaceae

苘麻属 Abutilon Tourn. ex Adans.

磨盘草Abutilon indicum (L.) Sweet

习性：一或多年生，大中草本，高1~2.5m；半湿生植物。

生境：河谷、平原、塘基、沟边、路边、潮上带等，海拔达1500m。

分布：福建、河南、广东、海南、广西、贵州、云南、四川、台湾。

苘麻Abutilon theophrasti Medik.

习性：一年生，大中草本，高0.5~2m；半湿生植物。

生境：河谷、平原、塘基、沟边、路边、田埂等，海拔200~1500m。

分布：黑龙江、吉林、辽宁、内蒙古、河北、北京、天津、山西、山东、江苏、安徽、上海、浙江、江西、福建、河南、湖北、湖南、广东、广西、贵州、云南、重庆、四川、陕西、宁夏、甘肃、新疆、台湾；原产于印度。

田麻属 Corchoropsis Siebold & Zucc.

田麻Corchoropsis crenata Siebold & Zucc.

习性：一年生，中小草本，高0.4~1cm；半湿生植物。

生境：林下、溪边、沟边、路边等，海拔100~1500m。

分布：辽宁、河北、山西、山东、江苏、安徽、浙江、江西、福建、河南、湖北、湖南、广东、广西、贵州、四川、陕西、甘肃。

黄麻属 Corchorus L.

甜麻Corchorus aestuans L.

习性：一年生，中小草本，高0.2~1m；半湿生植物。

生境：草丛、河岸坡、河漫滩、溪边、沟边、消落带、田埂、路边等，海拔100~1200m。

分布：江苏、安徽、浙江、江西、福建、湖北、

湖南、广东、广西、贵州、云南、四川、台湾。

银叶树属 Heritiera J. F. Gmel.

银叶树Heritiera littoralis Aiton

习性：常绿，中小乔木，高5~15m；水陆生植物。

生境：高潮线附近、潮上带、入海河口等。

分布：广东、海南、广西、台湾。

木槿属 Hibiscus L.

红秋葵 Hibiscus coccineus Walter

习性：多年生，大中草本，高1~3m；半湿生植物。

生境：湖岸坡、塘基、沟边、路边等。

分布：北京、江苏、上海；原产于非洲。

海滨木槿Hibiscus hamabo Siebold & Zucc.

习性：落叶，灌木或乔木，高1~5m；水陆生植物。

生境：高潮线附近、潮上带、堤内等。

分布：上海、浙江；原产于日本、朝鲜半岛。

木芙蓉Hibiscus mutabilis L.

习性：落叶，灌木或乔木，高1~5m；水陆生植物。

生境：林缘、河岸坡、溪流、塘基、沟边、园林、路边等，海拔达2100m。

分布：福建、湖南、广东、广西、云南、台湾。

黄槿Hibiscus tiliaceus L.

习性：常绿，灌木或乔木，高4~10m；水陆生植物。

生境：高潮线附近、潮上带、入海河口等。

分布：福建、广东、海南、广西、台湾。

野西瓜苗Hibiscus trionum L.

习性：一年生，中小草本，高25~70cm；半湿生植物。

生境：草丛、平原、田埂、路边等，海拔400~3000m。

分布：全国各地；原产于非洲。

赛葵属 Malvastrum A. Gray

赛葵 Malvastrum coromandelianum (L.) Garcke

习性：中小亚灌木，高0.3~1.5m；半湿生植物。

生境：草丛、河岸坡、沟边、田埂等，海拔达1800m。

分布：河北、北京、上海、江西、福建、湖南、

广东、海南、广西、贵州、云南、四川、香港、澳门、台湾；原产于美洲。

马松子属 Melochia L.

马松子Melochia corchorifolia L.

习性：草本或亚灌木，高0.3~1m；半湿生植物。
生境：灌丛、草丛、河岸坡、沟边等，100~1300m。
分布：江苏、安徽、浙江、江西、福建、湖北、湖南、广东、海南、广西、贵州、云南、四川、台湾。

黄花稔属 Sida L.

黄花稔Sida acuta Burm. f.

习性：草本或亚灌木，高0.6~2m；半湿生植物。
生境：河岸坡、草丛、沟边、田埂等，海拔达1700m。
分布：河北、北京、山东、江苏、安徽、浙江、江西、福建、湖北、湖南、广东、海南、广西、贵州、云南、四川、香港、澳门、台湾；原产于美洲。

拔毒散Sida szechuensis Matsuda

习性：小亚灌木，高0.5~1m；半湿生植物。
生境：林下、沟边、草丛等，海拔300~1800m。
分布：福建、湖北、广东、海南、广西、贵州、云南、四川、台湾。

桐棉属 Thespesia Sol. ex Corrêa

桐棉Thespesia populnea (L.) Solander ex Corrêa

习性：常绿，小乔木，高2~6m；水陆生植物。
生境：高潮带、潮上带、入海河口、堤内、塘基、沟边等。
分布：广东、海南、广西、香港、台湾。

梵天花属 Urena L.

地桃花Urena lobata L.

习性：亚灌木状草本，高0.3~1m；半湿生植物。
生境：林缘、河岸坡、湖岸坡、塘基、沟边、田间、田埂、路边等，海拔达2200m。
分布：江苏、安徽、浙江、江西、福建、湖北、湖南、广东、海南、广西、贵州、云南、重庆、四川、西藏、台湾。

梵天花Urena procumbens L.

习性：小灌木，高0.5~1m；半湿生植物。
生境：沟谷、溪边、沟边、路边等，海拔达1500m。
分布：浙江、江西、福建、湖北、湖南、广东、海南、广西、台湾。

131. 竹芋科 Marantaceae

竹叶蕉属 Donax Lour.

竹叶蕉Donax canniformis (G. Forst.) K. Schum.

习性：多年生，大亚灌木状草本，高1.5~4m；湿生植物。
生境：林下、溪边、沟边等，海拔达600m。
分布：台湾。

竹芋属 Maranta L.

竹芋Maranta arundinacea L.

习性：多年生，中小草本，高0.3~1.5m；湿生植物。
生境：林下、沟边等，海拔达1200m。
分布：广东、广西、云南、台湾。

花叶竹芋Maranta bicolor Ker Gawl.

习性：多年生，小草本，高25~40cm；湿生植物。
生境：林下、沟边等。
分布：广东、广西、云南、四川；原产于南美洲。

柊叶属 Phrynium Willd.

少花柊叶Phrynium oliganthum Merr.

习性：多年生，大中草本，高1~1.6m；湿生植物。
生境：林下，海拔500~600m。
分布：福建、广东、海南。

尖苞柊叶Phrynium placentarium (Lour.) Merr.

习性：多年生，大中草本，高1~2m；湿生植物。
生境：林下、沟边等，海拔达1500m。
分布：广东、海南、广西、贵州、云南、西藏。

柊叶Phrynium rheedei Suresh & Nicolson

习性：多年生，中草本，高0.5~1.2m；湿生植物。
生境：林下、沟边等，海拔100~1400m。
分布：福建、广东、广西、云南。

水竹芋属 Thalia L.

再力花 Thalia dealbata Fraser

习性：多年生，大中草本，高1.2~2.5m；挺水植物。

生境：沼泽、河流、湖泊、池塘、田中等。

分布：华北、华中、华东、华南、西南；原产于北美洲。

垂花再力花 Thalia geniculata L.

习性：多年生，大中草本，高1~3m；挺水植物。

生境：湖泊、池塘等。

分布：北京、天津、浙江、福建、河南、湖北、广东、贵州、云南、重庆、陕西、台湾；原产于北美洲。

132. 通泉草科 Mazaceae

肉果草属 Lancea Hook. f. & Thomson

肉果草 Lancea tibetica Hook. f. & Thomson

习性：多年生，小草本，高3~15cm；半湿生植物。

生境：沟谷、林下、草丛、草甸、溪边、岩壁等，海拔2000~4500m。

分布：云南、四川、西藏、甘肃、青海。

通泉草属 Mazus Lour.

早落通泉草 Mazus caducifer Hance

习性：多年生，小草本，高20~50cm；湿生植物。

生境：林下、草丛、沟边、路边、岩石等，海拔达1300m。

分布：安徽、浙江、江西、湖北。

纤细通泉草 Mazus gracilis Hemsl.

习性：多年生，匍匐草本，高10~30cm；湿生植物。

生境：林缘、河岸坡、溪边、沟边、草丛、田埂、田间、路边等，海拔达800m。

分布：江苏、安徽、浙江、江西、河南、湖北、广西。

长柄通泉草 Mazus henryi P. C. Tsoong

习性：多年生，小草本，高7~15cm；湿生植物。

生境：沟谷、林下、林缘、灌丛等，海拔800~2200m。

分布：云南。

低矮通泉草 Mazus humilis Hand.-Mazz.

习性：多年生，小草本，高2~10cm；湿生植物。

生境：沼泽、草甸等，海拔2500~3500m。

分布：广西、云南、四川。

长蔓通泉草 Mazus longipes Bonati

习性：多年生，小草本，高3~10cm；半湿生植物。

生境：沟谷、林缘、灌丛、草丛、岩石、路边等，海拔400~2200m。

分布：贵州、云南。

匍茎通泉草 Mazus miquelii Makino

习性：多年生，小草本，高10~30cm；湿生植物。

生境：沟谷、林下、河岸坡、草丛、溪边、沟边、湖岸坡、塘基、消落带、田埂、田间、路边等，海拔达1100m。

分布：江苏、安徽、浙江、江西、福建、湖北、湖南、广西、重庆、西藏、台湾。

岩白翠 Mazus omeiensis H. L. Li

习性：多年生，小草本，高10~30cm；湿生植物。

生境：岩壁，海拔500~2000m。

分布：贵州、四川。

美丽通泉草 Mazus pulchellus Hemsl.

习性：多年生，小草本，高5~20cm；湿生植物。

生境：林下、岩壁等，海拔达1600m。

分布：湖北、云南、四川。

通泉草（原变种）Mazus pumilus var. pumilus

习性：一年生，小草本，高5~30cm；湿生植物。

生境：林缘、草丛、草甸、河岸坡、溪边、沟边、田间、田埂、消落带、水浇地、弃耕田、冬闲田、路边等，海拔达3800m。

分布：黑龙江、辽宁、河北、北京、山西、山东、江苏、安徽、上海、浙江、江西、福建、河南、湖北、湖南、广东、海南、广西、贵州、云南、重庆、四川、陕西、甘肃、台湾。

多枝通泉草 Mazus pumilus var. delavayi (Bonati) T. L. Chin ex D. Y. Hong

习性：一年生，小草本，高5~15cm；湿生植物。

生境：草丛、湖岸坡、沟边等，海拔100~3800m。

分布：广西、云南、四川。

毛果通泉草 Mazus spicatus Vaniot

习性：多年生，小草本，高10~30cm；湿生植物。

生境：草丛、沟边、路边等，海拔700~2300m。

分布：湖北、湖南、广西、贵州、四川、陕西。

弹刀子菜Mazus stachydifolius (Turcz.) Maxim.

习性：多年生，小草本，高10~50cm；湿生植物。

生境：林缘、草丛、河岸坡、路边等，海拔达1500m。

分布：黑龙江、吉林、辽宁、内蒙古、河北、北京、山西、山东、江苏、安徽、浙江、江西、河南、湖北、湖南、广东、四川、陕西、台湾。

西藏通泉草Mazus surculosus D. Don

习性：多年生，小草本，高不足8cm；湿生植物。

生境：林缘、草丛等，海拔2000~3300m。

分布：云南、西藏。

133. 藜芦科 Melanthiaceae

白丝草属 Chionographis Maxim.

白丝草Chionographis chinensis K. Krause

习性：多年生，小草本，高15~40cm；湿生植物。

生境：草丛、溪边等，海拔达700m。

分布：福建、湖南、广东、广西。

南岭白丝草Chionographis nanlingensis L. Wu, Y. Tong & Q. R. Liu

习性：多年生，小草本，高15~40cm；湿生植物。

生境：林下、溪边、岩石、岩壁等，海拔300~500m。

分布：福建、广东。

重楼属 Paris L.

巴山重楼Paris bashanensis F. T. Wang & Tang

习性：多年生，小草本，高25~45cm；湿生植物。

生境：林下，海拔1400~4300m。

分布：湖北、四川。

金线重楼Paris delavayi Franch.

习性：多年生，中草本，高0.5~1.5m；湿生植物。

生境：林下，海拔1300~2000m。

分布：江西、湖北、湖南、贵州、云南、四川。

球药隔重楼（原变种）Paris fargesii var. fargesii

习性：多年生，小草本，高20~50cm；湿生植物。

生境：林下，海拔500~2100m。

分布：江西、湖北、广东、贵州、四川。

具柄重楼Paris fargesii var. petiolata (Baker ex C. H. Wright) F. T. Wang & Tang

习性：多年生，小草本，高20~50cm；湿生植物。

生境：林下，海拔1200~2000m。

分布：江西、广西、贵州、四川。

长柱重楼Paris forrestii (Takht.) H. Li

习性：多年生，中小草本，高0.2~1m；湿生植物。

生境：林下，海拔1900~3700m。

分布：云南、西藏。

花叶重楼Paris marmorata Stearn

习性：多年生，小草本，高10~15cm；湿生植物。

生境：林下，海拔2400~2800m。

分布：云南、四川、西藏。

多蕊重楼Paris polyandra S. F. Wang

习性：多年生，中小草本，高25~65cm；湿生植物。

生境：沟谷、林下等，海拔1200~1600m。

分布：四川。

七叶一枝花（原变种）Paris polyphylla var. polyphylla

习性：多年生，中小草本，高0.1~1m；湿生植物。

生境：林下、溪边、沟边等，海拔100~3500m。

分布：广西、云南、四川、西藏、陕西、宁夏、甘肃、青海。

华重楼Paris polyphylla var. chinensis (Franch.) H. Hara

习性：多年生，中小草本，高0.4~1.3m；湿生植物。

生境：沟谷、林下等，海拔500~1300m。

分布：江苏、安徽、浙江、江西、福建、湖北、湖南、广东、广西、贵州、云南、四川、台湾。

黑籽重楼（原变种）Paris thibetica var. thibetica

习性：多年生，小草本，高20~50cm；湿生植物。

生境：沟谷、林下等，海拔2400~3600m。

分布：四川。

无瓣黑籽重楼Paris thibetica var. apetala Hand.-Mazz.

习性：多年生，小草本，高20~50cm；湿生植物。

生境：沟谷、林下、溪边、沟边等，海拔1400~3800m。

分布：云南、四川、西藏。

延龄草属 Trillium L.

延龄草 Trillium tschonoskii Maxim.
习性：多年生，小草本，高15~50cm；湿生植物。
生境：河谷、林下、山坡、岩石间等，海拔1000~3200m。
分布：安徽、浙江、福建、湖北、云南、四川、西藏、陕西、甘肃、台湾。

藜芦属 Veratrum L.

兴安藜芦 Veratrum dahuricum (Turcz.) Loes.
习性：多年生，中草本，高0.7~1.5m；湿生植物。
生境：林下、林缘、草丛、沼泽草甸等，海拔达1100m。
分布：黑龙江、吉林、辽宁、内蒙古。

毛叶藜芦 Veratrum grandiflorum (Maxim. ex Baker) Loes.
习性：多年生，大中草本，高1~3m；湿生植物。
生境：林下、草丛、草甸等，海拔2300~4000m。
分布：浙江、江西、湖北、湖南、云南、四川。

毛穗藜芦 Veratrum maackii Regel
习性：多年生，中小草本，高0.3~1.5m；湿生植物。
生境：林下、林缘、灌丛、草甸、河岸坡、溪边等，海拔400~2500m。
分布：黑龙江、吉林、辽宁、内蒙古、河北、山东、江西。

藜芦 Veratrum nigrum L.
习性：多年生，中小草本，高0.4~1m；湿生植物。
生境：林下、草丛等，海拔1200~3300m。
分布：黑龙江、吉林、辽宁、内蒙古、河北、山西、山东、浙江、河南、湖北、贵州、四川、陕西、甘肃。

尖被藜芦 Veratrum oxysepalum Turcz.
习性：多年生，中草本，高0.5~1m；湿生植物。
生境：林下、林缘、草丛、草甸等，海拔达2700m。
分布：黑龙江、吉林、辽宁、贵州。

丫蕊花属 Ypsilandra Franch.

小果丫蕊花 Ypsilandra cavaleriei H. Lév. & Vaniot
习性：多年生，小草本，高10~40cm；湿生植物。

生境：草丛、溪边等，海拔900~1600m。
分布：湖南、广东、广西、贵州、重庆。

丫蕊花 Ypsilandra thibetica Franch.
习性：多年生，小草本，高7~50cm；湿生植物。
生境：林下、沟边、路边等，海拔1300~2900m。
分布：湖南、广西、四川。

云南丫蕊花 Ypsilandra yunnanensis W. W. Sm. & Jeffrey
习性：多年生，小草本，高5~40cm；湿生植物。
生境：林下、灌丛、路边等，海拔3300~4000m。
分布：云南、西藏。

134. 野牡丹科 Melastomataceae
柏拉木属 Blastus Lour.

少花柏拉木 Blastus pauciflorus (Benth.) Guillaumin
习性：常绿，中小灌木，高0.6~2m；湿生植物。
生境：林下、林缘、溪边、沟边、路边等，海拔200~2300m。
分布：江西、福建、湖南、广东、海南、广西、贵州、云南。

野海棠属 Bredia Blume

叶底红 Bredia fordii (Hance) Diels
习性：亚灌木或灌木，高0.2~1m；湿生植物。
生境：沟谷、林下、溪边、沟边、路边等，海拔100~1400m。
分布：浙江、江西、福建、湖南、广东、广西、贵州、云南、四川。

小叶野海棠 Bredia microphylla H. L. Li
习性：匍匐草本或亚灌木，高5~15cm；湿生植物。
生境：林下、林缘、岩石、路边等，海拔700~1700m。
分布：江西、广东、广西。

异药花属 Fordiophyton Stapf

心叶异药花 Fordiophyton cordifolium C. Y. Wu ex C. Chen
习性：多年生，中草本，高约70cm；湿生植物。
生境：沟谷、林下、沟边等。

分布：广东。

异药花 Fordiophyton faberi Stapf

习性：多年生，草本或亚灌木，高30~80cm；湿生植物。

生境：林下、灌丛、沟边、岩石等，海拔500~1800m。

分布：浙江、江西、福建、湖南、广东、广西、贵州、云南、四川。

野牡丹属 Melastoma L.

地稔 Melastoma dodecandrum Lour.

习性：常绿，小灌木，高10~30cm；湿生植物。

生境：沟谷、林缘、溪边、沟边、岩石、田埂、路边等，海拔200~2300m。

分布：安徽、浙江、江西、福建、湖南、广东、广西、贵州。

细叶野牡丹 Melastoma intermedium Dunn

习性：常绿，小灌木，高20~60cm；水陆生植物。

生境：林下、沼泽、田间等，海拔达1500m。

分布：广西、广东、贵州、福建、台湾。

野牡丹 Melastoma malabathricum L.

习性：常绿，大中灌木，高1~3m；半湿生植物。

生境：林缘、溪边、沟边、田间、路边等，海拔100~2800m。

分布：浙江、江西、福建、湖南、广东、海南、广西、贵州、云南、四川、西藏、台湾。

金锦香属 Osbeckia L.

金锦香 Osbeckia chinensis L.

习性：多年生，草本或亚灌木，高20~60cm；湿生植物。

生境：林缘、溪边、沟边、田间、路边等，海拔达1500m。

分布：吉林、江苏、安徽、浙江、江西、福建、湖北、湖南、广东、海南、广西、贵州、云南、四川、台湾。

星毛金锦香 Osbeckia stellata Buch.-Ham. ex D. Don

习性：常绿，小灌木，高0.3~1m；湿生植物。

生境：林缘、灌丛、溪边、沟边、沟谷、田间、路边等，海拔200~2300m。

分布：浙江、江西、湖北、湖南、广东、海南、广西、贵州、云南、四川、西藏、台湾。

尖子木属 Oxyspora DC.

尖子木 Oxyspora paniculata (D. Don) DC.

习性：常绿，中灌木，高1~2m；湿生植物。

生境：林下、灌丛、溪边等，海拔500~2000m。

分布：广西、贵州、云南、西藏。

锦香草属 Phyllagathis Blume

锦香草 Phyllagathis cavaleriei (H. Lév. & Vaniot) Guillaumin

习性：多年生，小草本，高10~15cm；湿生植物。

生境：林下、溪边、沟边、岩石等，海拔300~3100m。

分布：浙江、江西、福建、湖南、广东、广西、贵州、云南、四川。

细梗锦香草 Phyllagathis gracilis (Hand.-Mazz.) C. Chen

习性：小亚灌木，高20~40cm；湿生植物。

生境：林下、灌丛、路边等，海拔1100~1300m。

分布：湖南。

密毛锦香草 Phyllagathis hispidissima (C. Chen) C. Chen

习性：中小亚灌木，高0.3~1.5m；湿生植物。

生境：林下、岩石等，海拔100~1900m。

分布：广东、云南。

长芒锦香草 Phyllagathis longearistata C. Chen

习性：小亚灌木，高20~40cm；湿生植物。

生境：林下、溪边、岩壁等，海拔500~1300m。

分布：广西。

大叶熊巴掌 Phyllagathis longiradiosa C. Chen

习性：多年生，草本或亚灌木，高0.3~1m；湿生植物。

生境：林下，海拔300~2200m。

分布：广西、贵州、云南。

刺蕊锦香草 Phyllagathis setotheca H. L. Li

习性：中小灌木，高0.7~1.2m；湿生植物。

生境：林下、灌丛、溪边、岩石、路边等，海拔

200~1000m。

分布：广东、海南、广西。

窄叶锦香草Phyllagathis stenophylla (Merr. & Chun) H. L. Li

习性：灌木，高0.8~3m；湿生植物。

生境：林下、溪边、岩石等，海拔500~1000m。

分布：海南。

四蕊熊巴掌Phyllagathis tetrandra Diels

习性：多年生，小草本，高15~20cm；湿生植物。

生境：林下、河谷等，海拔1000~2000m。

分布：海南、云南。

腺毛锦香草Phyllagathis velutina (Diels) C. Chen

习性：多年生，草本或亚灌木，高0.3~1m；湿生植物。

生境：林下，海拔1000~2300m。

分布：福建、云南。

肉穗草属 Sarcopyramis Wall.

肉穗草Sarcopyramis bodinieri H. Lév. & Vaniot

习性：一年生，小草本，高5~12cm；湿生植物。

生境：林下、岩石等，海拔300~2800m。

分布：福建、广西、贵州、云南、四川、西藏、台湾。

楮头红Sarcopyramis nepalensis Wall.

习性：小草本，高10~30cm；湿生植物。

生境：林下、溪边、沟边等，海拔1300~3200m。

分布：浙江、江西、福建、湖北、湖南、广东、广西、贵州、云南、四川、西藏。

蜂斗草属 Sonerila Roxb.

蜂斗草Sonerila cantonensis Stapf

习性：多年生，草本或亚灌木，高10~50cm；湿生植物。

生境：河谷、林下等，海拔1000~1500m。

分布：广东、海南、广西、云南。

直立蜂斗草Sonerila erecta Jack

习性：小草本，高5~18cm；湿生植物。

生境：河谷、林下、路边等，海拔130~1350m。

分布：江西、湖南、广东、广西、贵州、云南。

溪边桑勒草Sonerila maculata Roxb.

习性：多年生，草本或亚灌木，高15~30cm；湿生植物。

生境：灌丛、溪边、路边等，海拔100~1300m。

分布：福建、广东、广西、云南、西藏。

海棠叶蜂斗草Sonerila plagiocardia Diels

习性：小草本，高30~40cm；湿生植物。

生境：林下、岩石、路边等，海拔800~2500m。

分布：江西、广东、广西、云南。

报春蜂斗草Sonerila primuloides C. Y. Wu

习性：小草本，高5~10cm；湿生植物。

生境：河岸坡、岩石等，海拔1400~1500m。

分布：云南。

长穗花属 Styrophyton S. Y. Hu

长穗花Styrophyton caudatum (Diels) S. Y. Hu

习性：中灌木，高1~2m；湿生植物。

生境：沟谷、林下、溪边、沟边等，海拔400~1600m。

分布：广西、云南。

鸭脚茶属 Tashiroea Matsum. ex T. Itô & Matsum.

毛柄鸭脚茶Tashiroea oligotricha (Merr.) R. C. Zhou & Ying Liu

习性：小亚灌木，高10~20cm；湿生植物。

生境：林下、溪边、岩石、路边等，海拔500~2300m。

分布：江西、湖南、广东、广西。

过路惊Tashiroea quadrangularis (Cogn.) R. C. Zhou & Ying Liu

习性：中小灌木，高0.3~1.2m；湿生植物。

生境：林下、岩石、路边等，海拔300~1500m。

分布：安徽、浙江、江西、福建、湖南、广东、广西。

135. 楝科 Meliaceae

木果楝属 Xylocarpus J. Koenig

木果楝Xylocarpus granatum J. Koenig

习性：常绿，灌木或乔木，高1.5~5m；挺水植物。

生境：潮间带。

分布：海南。

136. 防己科 Menispermaceae

木防己属 Cocculus DC.

木防己 Cocculus orbiculatus (L.) DC.

习性：落叶，木质藤本；半湿生植物。

生境：林缘、湖岸坡、塘基、沟边、路边等，海拔达1200m。

分布：山东、江苏、安徽、浙江、江西、福建、河南、湖北、湖南、广东、海南、广西、贵州、云南、四川、陕西、台湾。

蝙蝠葛属 Menispermum L.

蝙蝠葛 Menispermum dauricum DC.

习性：多年生，草质藤本；半湿生植物。

生境：灌丛、沟边、路边等，海拔300~1400m。

分布：黑龙江、吉林、辽宁、内蒙古、河北、北京、山西、山东、江苏、安徽、浙江、江西、河南、湖北、湖南、贵州、陕西、宁夏、甘肃。

千金藤属 Stephania Lour.

千金藤 Stephania japonica (Thunb.) Miers

习性：多年生，草质藤本；半湿生植物。

生境：灌丛、沟边、田间、路边等，海拔100~1600m。

分布：江苏、安徽、浙江、江西、福建、河南、湖北、湖南、海南、广西、贵州、云南、四川。

粪箕笃 Stephania longa Lour.

习性：多年生，草质藤本；半湿生植物。

生境：林缘、灌丛、溪边、沟边等，海拔达1600m。

分布：福建、广东、海南、广西、云南、台湾。

137. 睡菜科 Menyanthaceae

睡菜属 Menyanthes L.

睡菜 Menyanthes trifoliata L.

习性：多年生，小草本，高15~50cm；挺水植物。

生境：沼泽、湖泊、池塘、河流、溪流、水沟等，海拔400~3600m。

分布：黑龙江、吉林、辽宁、内蒙古、河北、北京、浙江、湖北、贵州、云南、四川、西藏、新疆。

荇菜属 Nymphoides Ség.

香蕉草 Nymphoides aquatica (J. F. Gmel.) Kuntze

习性：多年生，小草本；浮叶植物。

生境：湖泊、河流、水库等。

分布：浙江、广东；原产于北美洲。

水金莲花 Nymphoides aurantiaca (Dalz.) Kuntze

习性：多年生，中草本；浮叶植物。

生境：湖泊、池塘等。

分布：北京、山东、上海、湖北、台湾。

小荇菜 Nymphoides coreana (H. Lév.) H. Hara

习性：多年生，小草本；浮叶植物。

生境：沼泽、湖泊、池塘、田中等。

分布：辽宁、浙江、台湾。

水皮莲 Nymphoides cristata (Roxb.) Kuntze

习性：多年生，小草本；浮叶植物。

生境：沼泽、河流、溪流、湖泊、池塘等，海拔达700m。

分布：江苏、江西、福建、湖北、湖南、广东、海南、四川、台湾。

刺种荇菜 Nymphoides hydrophylla (Lour.) Kuntze

习性：多年生，小草本；浮叶植物。

生境：沼泽、池塘、溪流、水沟等，海拔达1400m。

分布：广东、海南、广西、香港、台湾。

金银莲花 Nymphoides indica (L.) Kuntze

习性：多年生，大中草本；浮叶植物。

生境：沼泽、湖泊、池塘、水沟等，海拔达3000m。

分布：黑龙江、吉林、辽宁、河北、江苏、安徽、浙江、江西、福建、河南、湖北、广东、海南、广西、贵州、云南、台湾。

龙潭荇菜 Nymphoides lungtanensis S. P. Li, T. H. Hsieh & Chun C. Lin

习性：多年生，小草本；浮叶植物。

生境：池塘。

分布：浙江、台湾。

荇菜Nymphoides peltata (S. G. Gmel.) Kuntze

习性：多年生，小草本；浮叶植物。

生境：沼泽、河流、溪流、湖泊、池塘、水沟等，海拔100~2400m。

分布：除海南、青海外其他地区。

138. 帽蕊草科 Mitrastemonaceae

帽蕊草属 Mitrastemon Makino

帽蕊草（原变种）Mitrastemon yamamotoi var. yamamotoi

习性：一年生，小肉质草本，高3~8cm；湿生植物。

生境：林下，海拔600~1600m。

分布：福建、广东、广西、云南、台湾。

多鳞帽蕊草Mitrastemon yamamotoi var. kanehirai (Yamam.) Makino

习性：一年生，小肉质草本，高3~7cm；湿生植物。

生境：林下。

分布：台湾。

139. 粟米草科 Molluginaceae

星粟草属 Glinus L.

星粟草Glinus lotoides L.

习性：一年生，小草本，高10~40cm；湿生植物。

生境：河岸坡、河漫滩、田间、潮上带等，海拔达1300m。

分布：海南、云南、台湾。

长梗星粟草Glinus oppositifolius (L.) Aug. DC.

习性：一年生，小草本，高10~40cm；湿生植物。

生境：河岸坡、溪边、田中、潮上带等，海拔达500m。

分布：福建、广东、海南、台湾。

粟米草属 Mollugo L.

线叶粟米草Mollugo cerviana (L.) Ser.

习性：一年生，小草本，高7~8cm；半湿生植物。

生境：沟边、田间等，海拔500~1200m。

分布：内蒙古、河北、新疆。

无茎粟米草Mollugo nudicaulis Lam.

习性：一年生，小草本，高10~30cm；半湿生植物。

生境：潮上带。

分布：广东、海南。

粟米草Mollugo stricta L.

习性：一年生，小草本，高10~30cm；半湿生植物。

生境：河谷、河岸坡、湖岸坡、消落带、塘基、沟边、潮上带、田间、田埂等，海拔100~2000m。

分布：山东、江苏、安徽、浙江、江西、福建、河南、湖北、湖南、广东、海南、广西、贵州、云南、重庆、四川、西藏、陕西、新疆、台湾。

140. 桑科 Moraceae

构属 Broussonetia L'Hér. ex Vent.

藤构Broussonetia kaempferi Siebold

习性：常绿，攀援灌木；半湿生植物。

生境：沟谷、溪边、塘基、沟边、路边等，海拔300~1700m。

分布：安徽、浙江、江西、福建、湖北、湖南、广东、广西、贵州、云南、四川、台湾。

构Broussonetia papyrifera (L.) L'Hér. ex Vent.

习性：落叶，中乔木，高10~20m；半湿生植物。

生境：河岸坡、溪边、湖岸坡、库岸坡、塘基、沟边、路边等，海拔达1400m。

分布：全国各地。

榕属 Ficus L.

石榕树Ficus abelii Miq.

习性：常绿，大中灌木，高1~2.5m；水湿生植物。

生境：河岸坡、溪边、湖岸坡、沟边、库岸坡等，海拔100~2000m。

分布：江西、福建、湖南、广东、海南、广西、贵州、云南、四川。

大果榕Ficus auriculata Lour.

习性：常绿，中小乔木，高4~10m；水陆生植物。

生境：沟谷、林下、溪边、沟边等，海拔100~

2100m。

分布：海南、广西、贵州、云南、四川。

山榕Ficus heterophylla L. f.

习性：常绿，直立或攀援灌木，高0.5~4m；半湿生植物。

生境：沟谷、溪边、沟边等，海拔400~800m。

分布：广东、海南、广西、云南。

对叶榕Ficus hispida L.

习性：常绿，灌木或乔木，高2~10m；水陆生植物。

生境：沟谷、河岸坡、沟边、路边等，海拔200~1600m。

分布：广东、海南、广西、贵州、云南。

壶托榕Ficus ischnopoda Miq.

习性：常绿，灌木或乔木，高2~3m；湿生植物。

生境：河岸坡、溪边、沟边等，海拔100~2200m。

分布：贵州、云南。

榕树Ficus microcarpa L. f.

习性：常绿，中乔木，高10~25m；水陆生植物。

生境：河岸坡、溪边、湖岸坡、塘基、沟边、路边等，海拔100~1900m。

分布：浙江、福建、湖北、广东、广西、贵州、云南、台湾。

苹果榕Ficus oligodon Miq.

习性：常绿，中小乔木，高5~10m；半湿生植物。

生境：林下、溪边、沟边等，海拔200~2100m。

分布：海南、广西、贵州、云南、西藏。

舶梨榕Ficus pyriformis Hook. & Arn.

习性：常绿，中灌木，高1~2m；水湿生植物。

生境：林下、溪边、沟边等，海拔200~1300m。

分布：福建、广东、广西。

聚果榕Ficus racemosa L.

习性：常绿，大中乔木，高10~30m；半湿生植物。

生境：河岸坡、溪边、沟边等，海拔100~1700m。

分布：广西、贵州、云南。

竹叶榕Ficus stenophylla Hemsl.

习性：常绿，大中灌木，高1~3m；水湿生植物。

生境：河岸坡、溪边、湖岸坡、塘基、沟边、田间等，海拔100~1200m。

分布：浙江、江西、福建、湖北、湖南、广东、海南、广西、贵州、云南、台湾。

地果Ficus tikoua Bureau

习性：常绿，匍匐木质藤本，高10~40cm；半湿生植物。

生境：河谷、河岸坡、溪边、塘基、沟边、田间、田埂、路边等，海拔100~2700m。

分布：湖北、湖南、广西、贵州、云南、重庆、四川、西藏、陕西、甘肃。

变叶榕Ficus variolosa Lindl. ex Benth.

习性：常绿，灌木或乔木，高3~10m；湿生植物。

生境：灌丛、溪边、沟边等，海拔500~1000m。

分布：浙江、江西、福建、湖南、广东、海南、广西、贵州、云南。

桑属 Morus L.

桑Morus alba L.

习性：落叶，灌木或乔木，高3~10m；半湿生植物。

生境：河岸坡、溪边、湖岸坡、塘基、沟边、路边等，海拔达3100m。

分布：全国各地。

141. 芭蕉科 Musaceae
象腿蕉属 Ensete Horan.

象头蕉Ensete wilsonii (Tutcher) Cheesman

习性：多年生，大中草本，高1.5~4m；水陆生植物。

生境：沟谷、溪边等，海拔达2700m。

分布：云南。

芭蕉属 Musa L.

小果野蕉Musa acuminata Colla

习性：多年生，大草本，高3~5m；湿生植物。

生境：沟谷、沼泽、溪边、沟边等，海拔500~1800m。

分布：广西、云南。

野蕉Musa balbisiana Colla

习性：多年生，大草本，高3~6m；湿生植物。

生境：沟谷、溪边、沟边等，海拔200~1500m。

分布：广东、海南、广西、云南、西藏。

阿西蕉Musa rubra Wall. ex Kurz

习性：多年生，大草本，高1.5~2.5m；湿生植物。

生境：沟谷、沼泽化地段等，海拔1000~1300m。

分布：云南。

142. 桃金娘科 Myrtaceae

岗松属 Baeckea L.

岗松Baeckea frutescens L.

习性：常绿，中小灌木，高0.5~1.5m；半湿生植物。

生境：沟谷、沼泽、洼地等，海拔达500m。

分布：浙江、江西、福建、广东、海南、广西。

白千层属 Melaleuca L.

白千层Melaleuca cajuputi subsp. cumingiana (Turcz.) Barlow

习性：常绿，中小乔木，高3~18m；水陆生植物。

生境：河岸坡、溪边、池塘、水沟、园林等，海拔达600m。

分布：广东、广西、云南、四川、台湾；原产于澳大利亚。

番石榴属 Psidium L.

番石榴Psidium guajava L.

习性：常绿，灌木或乔木，高达13m；半湿生植物。

生境：河岸坡、溪边、塘基、沟边等，海拔达1600m。

分布：浙江、福建、广东、海南、广西、贵州、云南、重庆、四川、澳门、台湾；原产于热带美洲。

蒲桃属 Syzygium P. Browne ex Gaertn.

水竹蒲桃Syzygium fluviatile (Hemsl.) Merr. & L. M. Perry

习性：常绿，大中灌木，高1~3m；半湿生植物。

生境：沟谷、溪边、沟边等，海拔达1000m。

分布：海南、广西、贵州。

轮叶蒲桃Syzygium grijsii (Hance) Merr. & L. M. Perry

习性：常绿，灌木，高0.5~3.5m；半湿生植物。

生境：沟谷、林下、灌丛、河岸坡、溪边、塘基、

沟边等，海拔100~900m。

分布：浙江、广东、海南、广西、贵州、云南、四川、台湾。

蒲桃Syzygium jambos (L.) Alston

习性：常绿，中小乔木，高3~20m；水陆生植物。

生境：河岸坡、溪边、消落带、沟边等，海拔达1500m。

分布：福建、广东、海南、广西、贵州、云南、四川、台湾。

水翁蒲桃Syzygium nervosum DC.

习性：常绿，中小乔木，高3~15m；水陆生植物。

生境：河岸坡、溪边、池塘等，海拔200~600m。

分布：广东、海南、广西、云南、西藏。

倒披针叶蒲桃Syzygium oblancilimbum Hung T. Chang & R. H. Miao

习性：常绿，中小灌木，高0.6~1.5m；湿生植物。

生境：河岸坡，海拔500~800m。

分布：云南。

143. 沼金花科 Nartheciaceae

肺筋草属 Aletris L.

高山肺筋草Aletris alpestris Diels

习性：多年生，小草本，高7~20cm；湿生植物。

生境：草丛、草甸、沟边、岩石、岩壁等，海拔800~3900m。

分布：贵州、云南、四川、陕西。

星花肺筋草Aletris gracilis Rendle

习性：多年生，小草本，高7~40cm；湿生植物。

生境：灌丛、沼泽、草甸、岩石、岩壁等，海拔2500~3900m。

分布：云南、四川、西藏。

短肺筋草Aletris nana S. C. Chen

习性：多年生，小草本，高2~10cm；湿生植物。

生境：草丛、草甸、沼泽、岩石、岩壁等，海拔3200~4600m。

分布：云南、西藏。

少花肺筋草（原变种）Aletris pauciflora var. pauciflora

习性：多年生，小草本，高8~20cm；湿生植物。

生境：林下、灌丛、草丛、草甸、沼泽、冲积扇、

砾石滩、溪边、岩石、岩壁等，海拔3400~4100m。

分布：云南、四川、西藏。

穗花肺筋草Aletris pauciflora var. khasiana
F. T. Wang & Tang

习性：多年生，小草本，高5~30cm；湿生植物。

生境：林下、灌丛、草丛、草甸、沼泽、岩石、岩壁等，海拔1500~4900m。

分布：云南、四川、西藏。

狭瓣肺筋草Aletris stenoloba Franch.

习性：多年生，中小草本，高25~80cm；湿生植物。

生境：林下、草丛、溪边、路边、岩石、岩壁等，海拔300~3300m。

分布：湖北、广东、广西、贵州、云南、四川、陕西、甘肃。

144. 莲科 Nelumbonaceae

莲属 Nelumbo Adans.

莲Nelumbo nucifera Gaertn.

习性：多年生，大中草本；挺水植物。

生境：河流、湖泊、池塘、水库、水沟、田中等，海拔达2300m。

分布：全国各地，栽培或逸生野外。

美洲黄莲Nelumbo lutea (Willd.) Pers.

习性：多年生，中草本；挺水植物。

生境：沼泽、湖泊、池塘等。

分布：湖北；原产于南美洲。

145. 猪笼草科 Nepenthaceae

猪笼草属 Nepenthes L.

猪笼草Nepenthes mirabilis (Lour.) Druce

习性：多年生，直立或攀援草本；湿生植物。

生境：林下、溪边、沼泽等，海拔达400m。

分布：广东、海南、广西。

146. 紫茉莉科 Nyctaginaceae

紫茉莉属 Mirabilis L.

紫茉莉Mirabilis jalapa L.

习性：一年生，中小草本，高0.2~1m；半湿生植物。

生境：塘基、沟边、田间、路边等，海拔达1500m。

分布：全国各地；原产于热带美洲。

147. 睡莲科 Nymphaeaceae

芡属 Euryale Salisb.

芡实Euryale ferox Salisb.

习性：一年生，大中草本；浮叶植物。

生境：沼泽、湖泊、池塘、田中等，海拔达700m。

分布：黑龙江、吉林、辽宁、内蒙古、河北、北京、山西、山东、江苏、安徽、上海、浙江、江西、福建、河南、湖北、湖南、广东、海南、广西、贵州、云南、重庆、四川、陕西、台湾。

萍蓬草属 Nuphar Sm.

日本萍蓬草Nuphar japonica DC.

习性：多年生，中草本；浮叶植物。

生境：湖泊、池塘、沟渠等。

分布：湖北、广东；原产于日本、朝鲜半岛。

欧亚萍蓬草Nuphar lutea (L.) Sm.

习性：多年生，中草本；浮叶植物。

生境：沼泽、溪流、湖泊、池塘等。

分布：上海、新疆。

萍蓬草（原亚种）Nuphar pumila subsp. pumila

习性：多年生，中草本；浮叶植物。

生境：沼泽、河流、溪流、湖泊、池塘、水沟等，海拔，200~2000m。

分布：黑龙江、吉林、内蒙古、河北、北京、山东、江苏、安徽、上海、浙江、江西、福建、河南、湖北、湖南、广东、广西、贵州、四川、新疆、台湾。

中华萍蓬草Nuphar pumila subsp. sinensis (Hand.-Mazz.) D. E. Padgett

习性：多年生，中草本；浮叶植物。

生境：河流、湖泊、池塘、水沟等，海拔达1300m。

分布：安徽、浙江、江西、福建、湖北、湖南、广东、广西、贵州。

箭叶萍蓬草**Nuphar sagittifolia** (Walter) Pursh

习性：多年生，中草本；浮叶植物。

生境：湖泊、池塘、水沟等。

分布：北京、安徽、湖北、广东；原产于北美洲。

睡莲属 **Nymphaea** L.

白睡莲（原变种）**Nymphaea alba** var. **alba**

习性：多年生，中草本；浮叶植物。

生境：河流、湖泊、池塘等。

分布：河北、山东、江苏、安徽、上海、浙江、河南、湖南、广东、广西、四川、西藏、陕西。

红睡莲**Nymphaea alba** var. **rubra** Lönnr.

习性：多年生，大中草本；浮叶植物。

生境：湖泊、池塘、沟渠等。

分布：河北、山东、安徽、上海、浙江、河南、湖南、广东、陕西；原产于欧洲和非洲。

雪白睡莲**Nymphaea candida** C. Presl

习性：多年生，中小草本；浮叶植物。

生境：河流、湖泊、池塘等，海拔约1100m。

分布：新疆。

蓝睡莲**Nymphaea coerulea** Savigny

习性：多年生，大中草本；浮叶植物。

生境：湖泊、池塘等。

分布：北京、江苏、湖北、广东、广西、云南；原产于非洲。

澳洲巨花睡莲**Nymphaea gigantea** Hook.

习性：多年生，大中草本；浮叶植物。

生境：湖泊、池塘等。

分布：北京、湖北、广东、广西；原产于大洋洲。

齿叶睡莲（原变种）**Nymphaea lotus** var. **lotus**

习性：多年生，大中草本；浮叶植物。

生境：湖泊、池塘等。

分布：北京、上海、浙江、福建、广东、海南、广西、云南、台湾；原产于非洲。

柔毛齿叶睡莲**Nymphaea lotus** var. **pubescens** (Willd.) Hook. f. & Thomson

习性：多年生，大中草本；浮叶植物。

生境：湖泊、池塘等，海拔达1000m。

分布：云南、台湾。

黄睡莲**Nymphaea mexicana** Zucc.

习性：多年生，中草本；浮叶植物。

生境：湖泊、池塘等，海拔达3100m。

分布：黑龙江、吉林、辽宁、内蒙古、河北、北京、江苏、安徽、上海、浙江、江西、福建、河南、湖北、湖南、广东、海南、广西、贵州、四川、宁夏、甘肃、青海、香港、澳门；原产于北美洲。

延药睡莲**Nymphaea nouchali** Burm. f.

习性：多年生，大中草本；浮叶植物。

生境：湖泊、池塘等，海拔100~1000m。

分布：安徽、湖北、广东、海南、广西、云南、台湾。

香睡莲**Nymphaea odorata** Aiton

习性：多年生，中草本；浮叶植物。

生境：湖泊、池塘等。

分布：浙江、广东、云南；原产于北美洲。

红花睡莲**Nymphaea rubra** Roxb. ex Andrews

习性：多年生，大中草本；浮叶植物。

生境：湖泊、池塘等。

分布：广西、云南、四川；原产于亚洲。

睡莲**Nymphaea tetragona** Georgi

习性：多年生，中草本；浮叶植物。

生境：沼泽、湖泊、池塘等，海拔达2500m。

分布：黑龙江、吉林、辽宁、内蒙古、河北、北京、天津、山西、山东、江苏、安徽、上海、浙江、江西、福建、河南、湖北、湖南、广东、海南、广西、贵州、云南、重庆、四川、西藏、陕西、甘肃、新疆、台湾。

王莲属 **Victoria** Lindl.

亚马逊王莲**Victoria amazonica** (Poepp.) J. C. Sowerby

习性：一或多年生，大草本；浮叶植物。

生境：湖泊、池塘等。

分布：北京、上海、广东、云南；原产于南美洲。

克鲁兹王莲**Victoria cruziana** A. D'Orbigny

习性：一或多年生，大草本；浮叶植物。

生境：湖泊、池塘等。

分布：北京、上海、广西；原产于南美洲。

148. 蓝果树科 Nyssaceae

喜树属 Camptotheca Decne.

喜树Camptotheca acuminate Decne.

习性：落叶，大中乔木，高20~30m；水陆生植物。

生境：溪边、塘基、沟边、路边等，海拔达1600m。

分布：江苏、浙江、江西、福建、湖北、湖南、广东、广西、贵州、云南、四川。

蓝果树属 Nyssa L.

水紫树Nyssa aquatica L.

习性：落叶，大乔木，高达30m；水湿生植物。

生境：沼泽、消落带、河岸坡、湖岸坡、塘基等。

分布：江苏、上海、浙江、江西；原产于美国。

149. 木犀科 Oleaceae

梣属 Fraxinus L.

白蜡树Fraxinus chinensis Roxb.

习性：落叶，中小乔木，高4~20m；半湿生植物。

生境：溪边、塘基、沟边等，海拔200~2300m。

分布：黑龙江、吉林、辽宁、内蒙古、河北、北京、天津、山西、山东、江苏、安徽、江西、福建、河南、湖北、湖南、广东、海南、广西、贵州、陕西、甘肃、宁夏、香港。

水曲柳Fraxinus mandshurica Rupr.

习性：落叶，大中乔木，高20~30m；半湿生植物。

生境：河谷、溪边、沟边等，海拔700~2100m。

分布：黑龙江、吉林、辽宁、河北、山西、河南、湖北、陕西、甘肃。

美国红梣Fraxinus pennsylvanica Marshall

习性：落叶，中乔木，高10~20m；半湿生植物。

生境：丘陵、平原、沼泽、河岸坡、湖岸坡、溪边、沟边等，海拔达2000m。

分布：全国多数地区；原产于美洲。

女贞属 Ligustrum L.

凹叶女贞Ligustrum retusum Merr.

习性：常绿，大灌木，高2~3m；水陆生植物。

生境：林下、灌丛、沟边、红树林内缘、高潮线附近、潮上带、塘基等，海拔达1800m。

分布：广东、海南、广西。

小蜡Ligustrum sinense Lour.

习性：半常绿，灌木或乔木，高2~7m；半湿生植物。

生境：沟谷、林缘、湖岸坡、塘基、河岸坡、溪边、沟边、路边等，海拔200~2700m。

分布：江苏、安徽、浙江、江西、福建、河南、湖北、湖南、广东、海南、广西、贵州、云南、四川、西藏、陕西、甘肃、香港、澳门、台湾。

丁香属 Syringa L.

红丁香Syringa villosa Vahl

习性：落叶，大中灌木，高1~4m；半湿生植物。

生境：灌丛、草丛、河岸坡、溪边、沟边等，海拔1200~2200m。

分布：黑龙江、吉林、辽宁、河北、北京、山西。

150. 柳叶菜科 Onagraceae

柳兰属 Chamerion Raf.

柳兰Chamerion angustifolium (L.) Holub

习性：多年生，大中草本，高0.5~2m；水陆生植物。

生境：林缘、灌丛、草丛、草甸、沼泽、河流、河漫滩、溪流、湖泊、池塘、水沟等，海拔500~4700m。

分布：黑龙江、吉林、辽宁、内蒙古、河北、北京、山西、山东、江西、河南、湖北、贵州、云南、重庆、四川、西藏、陕西、宁夏、甘肃、青海、新疆。

网脉柳兰Chamerion conspersum (Hausskn.) Holub

习性：多年生，中小草本，高0.3~1.5m；湿生植物。

生境：河谷、山坡、漂石间等，海拔2300~4700m。

分布：云南、四川、西藏、陕西、青海。

喜马拉雅柳兰Chamerion speciosum (Decne.) Holub

习性：多年生，小草本，高20~50cm；湿生植物。

生境：溪边、流石坡等，海拔3900~4500m。

分布：云南、西藏、青海、新疆。

露珠草属 Circaea L.

高山露珠草（原亚种）Circaea alpina subsp. alpina

习性：多年生，小草本，高3~50cm；湿生植物。

生境：沟谷、林下、溪边、岩石等，海拔1500~3500m。

分布：黑龙江、吉林、辽宁、内蒙古、河北、山西、山东、安徽、浙江、江西、河南、湖北、贵州、云南、四川、西藏、陕西、甘肃、青海、台湾。

高原露珠草 Circaea alpina subsp. imaicola (Asch. & Magn.) Kitam.

习性：多年生，小草本，高3~45cm；湿生植物。

生境：沟谷、林下、沟边等，海拔1900~4000m。

分布：山西、安徽、浙江、江西、福建、河南、湖北、贵州、云南、四川、西藏、陕西、甘肃、青海、台湾。

高寒露珠草 Circaea alpina subsp. micrantha (Skvortsov) Boufford

习性：多年生，小草本，高4~25cm；湿生植物。

生境：林下、灌丛、草甸等，海拔3100~5000m。

分布：云南、四川、西藏、甘肃。

水珠草 Circaea canadensis subsp. quadrisulcata (Maxim.) Boufford

习性：多年生，中小草本，高15~80cm；半湿生植物。

生境：林下、林缘、灌丛、河岸坡、沟边、路边等，海拔达1500m。

分布：黑龙江、吉林、辽宁、内蒙古、河北、山东。

露珠草 Circaea cordata Royle

习性：多年生，中小草本，高0.2~1.5m；半湿生植物。

生境：沟谷、林下、林缘、灌丛、沟边、路边等，海拔达3500m。

分布：黑龙江、吉林、辽宁、河北、山西、山东、安徽、浙江、江西、河南、湖北、湖南、贵州、云南、四川、西藏、陕西、甘肃、台湾。

谷蓼 Circaea erubescens Franch. & Sav.

习性：多年生，中小草本，高0.1~1.2m；湿生植物。

生境：林下、岩石、沟边、路边等，海拔达2500m。

分布：山西、江苏、安徽、浙江、江西、福建、湖北、湖南、广东、贵州、云南、四川、陕西、台湾。

南方露珠草 Circaea mollis Siebold & Zucc.

习性：多年生，中小草本，高0.3~1.5m；半湿生植物。

生境：沟谷、林下、溪边、沟边、路边等，海拔300~2400m。

分布：黑龙江、吉林、辽宁、河北、山东、江苏、安徽、浙江、江西、福建、河南、湖北、湖南、广东、广西、贵州、云南、四川、甘肃。

匍匐露珠草 Circaea repens Wall. ex Asch. & Magn.

习性：多年生，中小草本，高0.2~1m；湿生植物。

生境：沟谷、林下、灌丛、沟边等，海拔1500~3300m。

分布：湖北、云南、四川、西藏。

柳叶菜属 Epilobium L.

毛脉柳叶菜（原亚种）Epilobium amurense subsp. amurense

习性：多年生，中小草本，高0.2~1.5m；半湿生植物。

生境：林缘、灌丛、草丛、沼泽、溪边、湖岸坡、沟边、漂石间等，海拔1300~4200m。

分布：黑龙江、吉林、辽宁、内蒙古、河北、山西、山东、安徽、浙江、江西、福建、河南、湖北、湖南、广东、广西、贵州、云南、四川、西藏、陕西、甘肃、青海、台湾。

光滑柳叶菜 Epilobium amurense subsp. cephalostigma (Hausskn.) C. J. Chen, Hoch & P. H. Raven

习性：多年生，中小草本，高0.3~1.5m；半湿生植物。

生境：河谷、林下、林缘、草丛、河岸坡、溪边、沟边等，海拔600~2100m。

分布：黑龙江、吉林、辽宁、河北、北京、山东、安徽、浙江、江西、福建、河南、湖北、湖南、广东、广西、贵州、云南、四川、陕西、甘肃。

长柱柳叶菜 Epilobium blinii H. Lév.

习性：多年生，小草本，高10~45cm；湿生植物。

生境：林下、沼泽、湖泊、沟边等，海拔1500~

2700m。

分布：云南、四川。

短叶柳叶菜（原亚种）Epilobium brevifolium subsp. brevifolium

习性：多年生，中小草本，高25~60cm；半湿生植物。

生境：灌丛、草丛、沼泽、溪流、沟边等，海拔1700~2100m。

分布：安徽、浙江、江西、福建、河南、湖北、湖南、广东、广西、贵州、云南、四川、西藏、陕西、甘肃、台湾。

腺茎柳叶菜Epilobium brevifolium subsp. trichoneurum (Hausskn.) P. H. Raven

习性：多年生，中小草本，高15~90cm；半湿生植物。

生境：河谷、灌丛、草丛、沼泽、溪流、池塘、水沟等，海拔600~3700m。

分布：安徽、浙江、江西、福建、河南、湖北、湖南、广东、广西、贵州、云南、重庆、四川、西藏、陕西、甘肃、台湾。

东北柳叶菜Epilobium ciliatum Raf.

习性：多年生，中小草本，高0.2~1.5m；湿生植物。

生境：草丛、河岸坡、溪边、沟边等，海拔700~2100m。

分布：黑龙江、吉林、北京。

雅致柳叶菜Epilobium clarkeanum Hausskn.

习性：多年生，小草本，高10~20cm；湿生植物。

生境：河谷、湖岸坡等，海拔2500~4500m。

分布：云南。

圆柱柳叶菜Epilobium cylindricum D. Don

习性：多年生，中小草本，高0.1~1.1cm；水湿生植物。

生境：沟谷、林下、林缘、灌丛、草丛、沼泽、河流、溪流、湖泊、沟边等，海拔400~3400m。

分布：湖北、贵州、云南、四川、西藏、甘肃。

川西柳叶菜Epilobium fangii C. J. Chen, Hoch & P. H. Raven

习性：多年生，小草本，高15~40cm；半湿生植物。

生境：河谷、溪流、沟边、流石坡等，海拔1100~3500m。

分布：云南、四川。

多枝柳叶菜Epilobium fastigiatoramosum Nakai

习性：多年生，中小草本，高7~80cm；半湿生植物。

生境：沟谷、沼泽、河岸坡、溪边、塘基、沟边、草甸等，海拔400~3300m。

分布：黑龙江、吉林、辽宁、内蒙古、河北、山西、山东、云南、四川、西藏、陕西、宁夏、甘肃、青海、新疆。

鳞根柳叶菜Epilobium gouldii P. H. Raven

习性：多年生，小草本，高23~30cm；湿生植物。

生境：林下、灌丛、草甸等，海拔3600~4400m。

分布：西藏。

柳叶菜Epilobium hirsutum L.

习性：多年生，大中草本，高0.5~2.5m；水湿生植物。

生境：河谷、林下、沼泽、河流、溪流、湖泊、池塘、水沟、田间等，海拔200~3500m。

分布：吉林、辽宁、内蒙古、河北、北京、山西、山东、江苏、安徽、浙江、江西、河南、湖北、湖南、广东、贵州、云南、重庆、四川、西藏、陕西、宁夏、甘肃、青海、新疆。

锐齿柳叶菜Epilobium kermodei P. H. Raven

习性：多年生，中小草本，高0.4~1.2m；半湿生植物。

生境：林缘、草丛、溪边、沟边、塘基等，海拔400~3800m。

分布：湖北、湖南、广西、贵州、云南、四川。

矮生柳叶菜Epilobium kingdonii P. H. Raven

习性：多年生，小草本，高8~25cm；湿生植物。

生境：河谷、灌丛、草丛、溪边、沟边、岩石、流石滩等，海拔3300~4300m。

分布：云南、四川、西藏。

大花柳叶菜Epilobium laxum Royle

习性：多年生，中小草本，高10~70cm；湿生植物。

生境：林下、溪边、沟边、砾石间等，海拔2500~3600m。

分布：西藏、新疆。

细籽柳叶菜Epilobium minutiflorum Hausskn.

习性：多年生，小草本，高8~30cm；水湿生植物。

生境：林下、灌丛、湖泊、池塘、河岸坡、溪边、沟边、沼泽、砾石间等，海拔500~2800m。

分布：吉林、辽宁、内蒙古、河北、山西、西藏、陕西、宁夏、甘肃、新疆。

沼生柳叶菜 Epilobium palustre L.

习性：多年生，中小草本，高20~70cm；水湿生植物。

生境：河谷、草丛、草甸、沼泽、河岸坡、溪边、湖泊、池塘、沟边等，海拔200~5000m。

分布：黑龙江、吉林、辽宁、内蒙古、河北、北京、山西、河南、云南、四川、西藏、陕西、甘肃、青海、新疆。

硬毛柳叶菜 Epilobium pannosum Hausskn.

习性：多年生，中小草本，高0.2~1.2m；水陆生植物。

生境：河谷、草丛、溪边、沟边等，海拔700~2200m。

分布：贵州、云南、四川。

小花柳叶菜 Epilobium parviflorum Schreb.

习性：多年生，中小草本，高0.2~1.5m；水湿生植物。

生境：河谷、草丛、沼泽、溪流、湖泊、水沟等，海拔300~2500m。

分布：内蒙古、河北、北京、山西、山东、河南、湖北、湖南、贵州、云南、重庆、四川、西藏、陕西、甘肃、新疆。

网籽柳叶菜 Epilobium pengii C. J. Chen, Hoch & P. H. Raven

习性：多年生，小草本，高7~25cm；湿生植物。

生境：溪边、沟边等，海拔3100~3700m。

分布：台湾。

阔柱柳叶菜 Epilobium platystigmatosum C. B. Rob.

习性：多年生，中小草本，高15~90cm；湿生植物。

生境：林下、草丛、溪边、沟边、漂石间等，海拔400~3500m。

分布：河北、河南、湖北、广西、云南、四川、陕西、甘肃、青海、台湾。

长籽柳叶菜 Epilobium pyrricholophum Franch. & Sav.

习性：多年生，中小草本，高25~80cm；湿生植物。

生境：河谷、溪边、沟边、池塘、田中、田间等，

海拔100~1800m。

分布：山西、山东、江苏、安徽、浙江、江西、福建、河南、湖北、湖南、广东、广西、贵州、重庆、四川、陕西、甘肃。

长柄柳叶菜 Epilobium roseum Schreb.

习性：多年生，小草本，高10~50cm；湿生植物。

生境：河岸坡、溪边、湖岸坡等，海拔1800~2200m。

分布：山西、新疆。

短梗柳叶菜 Epilobium royleanum Hausskn.

习性：多年生，中小草本，高10~60cm；半湿生植物。

生境：河谷、草丛、溪边、沟边、路边、漂石间等，海拔1000~4300m。

分布：河南、湖北、贵州、云南、四川、西藏、陕西、甘肃、青海、新疆。

鳞片柳叶菜 Epilobium sikkimense Hausskn.

习性：多年生，中小草本，高5~60cm；湿生植物。

生境：草丛、草甸、溪边、沟边、漂石间、砾石地等，海拔2000~4700m。

分布：云南、四川、西藏、陕西、甘肃、青海。

中华柳叶菜 Epilobium sinense H. Lév.

习性：多年生，小草本，高10~50cm；湿生植物。

生境：河谷、溪边、沟边、塘基等，海拔500~2400m。

分布：河南、湖北、湖南、贵州、云南、四川、甘肃。

亚革质柳叶菜 Epilobium subcoriaceum Hausskn.

习性：多年生，小草本，高15~45cm；湿生植物。

生境：湖岸坡、溪边、沟边、山坡、砾石地等，海拔2400~3700m。

分布：云南、四川、西藏、陕西、甘肃、青海。

台湾柳叶菜 Epilobium taiwanianum C. J. Chen, Hoch & P. H. Raven

习性：多年生，小草本，高7~25cm；湿生植物。

生境：流石滩、砾石地等，海拔3000~3900m。

分布：台湾。

天山柳叶菜 Epilobium tianschanicum Pavlov

习性：多年生，小草本，高30~50cm；湿生植物。

生境：林下、河岸坡、溪边等，海拔1000~2600m。

分布：新疆。

光籽柳叶菜Epilobium tibetanum Hausskn.

习性：多年生，中小草本，高20~80cm；湿生植物。

生境：河谷、草丛、沼泽、溪边、湖岸坡、沟边等，海拔2300~4500m。

分布：云南、四川、西藏。

滇藏柳叶菜Epilobium wallichianum Hausskn.

习性：多年生，中小草本，高15~80cm；水湿生植物。

生境：林下、林缘、湖岸坡、溪边、沟边、漂石间、草丛等，海拔1300~4100m。

分布：湖北、贵州、云南、四川、西藏、甘肃。

埋鳞柳叶菜Epilobium williamsii P. H. Raven

习性：多年生，小草本，高4~25cm；湿生植物。

生境：草甸、溪边、湖岸坡、砾石地等，海拔3300~4900m。

分布：云南、四川、西藏、青海。

丁香蓼属 Ludwigia L.

水龙Ludwigia adscendens (L.) H. Hara

习性：多年生，大中草本；漂浮植物。

生境：河流、溪流、湖泊、水库、池塘、水沟、田中等，海拔100~1500m。

分布：江苏、安徽、浙江、江西、福建、河南、湖北、湖南、广东、海南、广西、云南、台湾。

翼茎水龙Ludwigia decurrens Walter

习性：一或多年生，大中草本，高0.5~2.4m；水湿生植物。

生境：沼泽、池塘、田中、田间等。

分布：江西、台湾；原产于美国、阿根廷。

假柳叶菜Ludwigia epilobioides Maxim.

习性：一年生，中小草本，高0.2~1.3m；水湿生植物。

生境：河流、溪流、湖泊、池塘、水沟、田中、沼泽、田间等，海拔达1600m。

分布：黑龙江、吉林、辽宁、内蒙古、山东、安徽、上海、浙江、江西、福建、河南、湖北、湖南、广东、海南、广西、贵州、云南、重庆、四川、陕西、台湾。

草龙Ludwigia hyssopifolia (G. Don) Exell

习性：一或多年生，大中草本，高0.6~2m；水湿生植物。

生境：沼泽、河流、溪流、池塘、水沟、田中、田间、路边等，海拔达1200m。

分布：浙江、江西、福建、河南、广东、海南、广西、云南、台湾。

细果草龙Ludwigia leptocarpa (Nutt.) H. Hara

习性：一或多年生，大中草本，高0.5~2m；水湿生植物。

生境：湖泊、池塘、水沟等。

分布：江苏、上海、浙江；原产于美洲。

毛草龙Ludwigia octovalvis (Jacq.) P. H. Raven

习性：多年生，大中草本，高0.5~4m；水湿生植物。

生境：草丛、沼泽、河流、溪流、湖泊、池塘、水沟、田中、田间等，海拔达1500m。

分布：浙江、江西、福建、湖南、广东、海南、广西、贵州、云南、四川、西藏、香港、台湾。

卵叶丁香蓼Ludwigia ovalis Miq.

习性：多年生，匍匐草本；水湿生植物。

生境：沼泽、河流、溪流、湖泊、池塘、田中、水沟等，海拔100~1000m。

分布：江苏、安徽、浙江、江西、福建、湖北、湖南、广东、台湾。

黄花水龙Ludwigia peploides subsp. stipulacea (Ohwi) P. H. Raven

习性：多年生，大中草本；漂浮植物。

生境：运河、池塘、水沟、田中等，海拔达300m。

分布：江苏、安徽、上海、浙江、福建、广东、四川。

细花丁香蓼Ludwigia perennis L.

习性：一年生，中小草本，高0.2~1.5m；水湿生植物。

生境：沼泽、溪流、湖泊、池塘、水沟、田中等，海拔达1200m。

分布：江西、福建、广东、海南、广西、云南、台湾。

丁香蓼Ludwigia prostrata Roxb.

习性：一年生，中小草本，高25~60cm；水湿生植物。

生境：沟谷、沼泽、河流、溪流、水沟、田中、洼地等，海拔达1600m。

分布：黑龙江、辽宁、河北、北京、山东、江苏、安徽、江西、河南、湖北、湖南、广东、海南、广西、贵州、云南、重庆、四川、甘肃。

菱叶丁香蓼**Ludwigia sedioides** (Humb. & Bonpl.) H. Hara
习性：一或多年生，中小草本；浮叶植物。
生境：河流、湖泊、池塘等。
分布：北京、广东；原产于南美洲。

台湾水龙**Ludwigia × taiwanensis** C. I. Peng
习性：多年生，大中草本；漂浮植物。
生境：沼泽、河流、溪流、池塘、田中、水沟等，海拔达500m。
分布：浙江、江西、福建、湖南、广东、海南、广西、云南、四川、香港、台湾。

月见草属 **Oenothera** L.

海边月见草**Oenothera drummondii** Hook.
习性：多年生，平卧或斜升草本，高20~50cm；半湿生植物。
生境：潮上带、堤内等。
分布：山东、江西、福建、广东、海南、香港；原产于美国、墨西哥。

裂叶月见草**Oenothera laciniata** Hill
习性：多年生，平卧或斜升草本，高10~50cm；半湿生植物。
生境：潮上带、堤内、田埂等，海拔达400m。
分布：江苏、安徽、上海、浙江、江西、福建、河南、湖南、广东、四川、甘肃、香港、台湾；原产于北美洲。

粉花月见草**Oenothera rosea** L'Hér. ex Aiton
习性：多年生，小草本，高30~50cm；半湿生植物。
生境：草丛、沟边等，海拔1000~2000m。
分布：河北、山东、江苏、上海、浙江、江西、福建、湖北、广西、贵州、云南、四川；原产于热带美洲。

151. 兰科 **Orchidaceae**

坛花兰属 **Acanthephippium** Blume ex Endl.

锥囊坛花兰**Acanthephippium striatum** Lindl.
习性：小草本，高10~50cm；湿生植物。
生境：沟谷、林下、溪边等，海拔400~1400m。

分布：福建、广西、云南、台湾。

坛花兰**Acanthephippium sylhetense** Lindl.
习性：中小草本，高30~70cm；湿生植物。
生境：沟谷、林下等，海拔300~800m。
分布：云南、台湾。

兜蕊兰属 **Androcorys** Schltr.

剑唇兜蕊兰**Androcorys pugioniformis** (Lindl. ex Hook. f.) K. Y. Lang
习性：小草本，高5~18cm；湿生植物。
生境：林下、灌丛、草甸等，海拔2700~5200m。
分布：云南、四川、西藏、青海。

安兰属 **Ania** Lindl.

绿花安兰**Ania penangiana** (Hook. f.) Summerh.
习性：中小草本，高30~60cm；湿生植物。
生境：林下，海拔700~1000m。
分布：海南、台湾。

金线兰属 **Anoectochilus** Blume

滇南金线兰**Anoectochilus burmannicus** Rolfe
习性：小草本，高16~30cm；湿生植物。
生境：林下，海拔1000~2200m。
分布：云南。

滇越金线兰**Anoectochilus chapaensis** Gagnep.
习性：小草本，高12~18cm；湿生植物。
生境：林下，海拔1300~1400m。
分布：云南。

峨眉金线兰**Anoectochilus emeiensis** K. Y. Lang
习性：小草本，高19~21cm；湿生植物。
生境：林下，海拔约900m。
分布：四川。

台湾银线兰**Anoectochilus formosanus** Hayata
习性：小草本，高10~20cm；湿生植物。
生境：林下，海拔500~1500m。
分布：台湾。

海南开唇兰**Anoectochilus hainanensis** H. Z. Tian, F. W. Xing & L. Li
习性：小草本，高10~12cm；湿生植物。

生境：沟谷、林下等，海拔1000~1700m。

分布：海南。

金线兰 Anoectochilus roxburghii (Wall.) Lindl.

习性：小草本，高8~18cm；湿生植物。

生境：沟谷、林下、溪边等，海拔达1600m。

分布：浙江、江西、福建、湖南、广东、海南、广西、云南、四川、西藏。

浙江金线兰 Anoectochilus zhejiangensis Z. Wei & Y. B. Chang

习性：小草本，高8~16cm；湿生植物。

生境：沟谷、林下等，海拔700~1200m。

分布：浙江、福建、广西。

无叶兰属 Aphyllorchis Blume

尾萼无叶兰 Aphyllorchis caudata Rolfe ex C. Downie

习性：大中草本，高1~2m；湿生植物。

生境：林下，海拔1000~2700m。

分布：云南。

大花无叶兰 Aphyllorchis gollanii Duthie

习性：小草本，高40~50cm；湿生植物。

生境：林下，海拔2200~2400m。

分布：西藏。

无叶兰 Aphyllorchis montana Rchb. f.

习性：中小草本，高15~70cm；湿生植物。

生境：林下、沟边等，海拔300~1500m。

分布：海南、广西、贵州、云南、香港、台湾。

拟兰属 Apostasia Blume

拟兰 Apostasia odorata Blume

习性：小草本，高15~50cm；湿生植物。

生境：林下，海拔600~800m。

分布：广东、海南、广西、云南。

竹叶兰属 Arundina Blume

竹叶兰 Arundina graminifolia (D. Don) Hochr.

习性：多年生，中小草本，高0.4~1.5m；半湿生植物。

生境：林下、灌丛、草丛、溪边、田埂等，海拔400~2800m。

分布：浙江、江西、福建、湖南、广东、海南、广西、贵州、云南、四川、西藏、台湾。

白及属 Bletilla Rchb. f.

黄花白及 Bletilla ochracea Schltr.

习性：中小草本，高25~55cm；湿生植物。

生境：林下、草丛、沟边等，海拔300~2400m。

分布：河南、湖北、湖南、广西、贵州、云南、四川、陕西、甘肃。

苞叶兰属 Brachycorythis Lindl.

长叶苞叶兰 Brachycorythis henryi (Schltr.) Summerh.

习性：中小草本，高20~55cm；湿生植物。

生境：林下、草丛、溪边等，海拔700~2300m。

分布：贵州、云南。

虾脊兰属 Calanthe R. Br.

翘距虾脊兰 Calanthe aristulifera Rchb. f.

习性：中小草本，高28~55cm；湿生植物。

生境：沟谷、林下等，海拔1500~2500m。

分布：福建、广东、广西、台湾。

剑叶虾脊兰 Calanthe davidii Franch.

习性：中小草本，高30~70cm；湿生植物。

生境：沟谷、林下、溪边等，海拔500~3300m。

分布：湖北、湖南、贵州、云南、四川、西藏、陕西、甘肃、台湾。

钩距虾脊兰 Calanthe graciliflora Hayata

习性：中小草本，高40~70cm；湿生植物。

生境：沟谷、林下、溪边等，海拔400~1500m。

分布：安徽、浙江、江西、福建、湖北、湖南、广东、广西、贵州、云南、四川、香港、台湾。

西南虾脊兰 Calanthe herbacea Lindl.

习性：中小草本，高30~70cm；湿生植物。

生境：沟谷、林下等，海拔1500~2100m。

分布：广西、云南、西藏。

长距虾脊兰 Calanthe masuca (D. Don) Lindl.

习性：中小草本，高40~90cm；湿生植物。

生境：沟谷、林下、河岸坡等，海拔300~2000m。

分布：湖南、广东、广西、云南、西藏、台湾。

圆唇虾脊兰 Calanthe petelotiana Gagnep.

习性：中小草本，高30~60cm；湿生植物。

生境：林下，海拔1000~1700m。

分布：贵州、云南。

头蕊兰属 **Cephalanthera** Rich.

金兰Cephalanthera falcata (Thunb. ex A. Murray) Blume

习性：小草本，高20~50cm；湿生植物。

生境：沟谷、林下、草丛、溪边等，海拔700~2000m。

分布：江苏、安徽、浙江、江西、福建、湖北、湖南、广东、广西、贵州、云南、四川。

湿生头蕊兰Cephalanthera humilis X. H. Jin

习性：小草本，高6~8cm；湿生植物。

生境：林下，海拔约2500m。

分布：云南。

头蕊兰Cephalanthera longifolia (L.) Fritsch

习性：小草本，高20~47cm；湿生植物。

生境：林下、灌丛、草丛、沟边、河漫滩等，海拔1000~3300m。

分布：山西、河南、湖北、云南、四川、陕西、甘肃。

黄兰属 **Cephalantheropsis** Guillaumin

铃花黄兰Cephalantheropsis halconensis (Ames) S. S. Ying

习性：中小草本，高30~60cm；湿生植物。

生境：林下，海拔800~1300m。

分布：广西、云南、西藏、台湾。

叠鞘兰属 **Chamaegastrodia** Makino & F. Maek.

川滇叠鞘兰Chamaegastrodia inverta (W. W. Sm.) Seidenf.

习性：小草本，高5~15cm；湿生植物。

生境：沟谷、林下等，海拔1200~2600m。

分布：云南、四川。

叠鞘兰Chamaegastrodia shikokiana Makino & F. Maek.

习性：小草本，高5~18cm；湿生植物。

生境：林下，海拔2500~2800m。

分布：四川、西藏。

戟唇叠鞘兰 Chamaegastrodia vaginata (Hook. f.) Seidenf.

习性：小草本，高4~6cm；湿生植物。

生境：沟谷、林下等，海拔1000~1600m。

分布：湖北、四川。

独花兰属 **Changnienia** S. S. Chien

独花兰Changnienia amoena S. S. Chien

习性：小草本，高5~18cm；湿生植物。

生境：沟谷、林下、溪边等，海拔400~1800m。

分布：江苏、安徽、浙江、江西、湖北、湖南、四川、陕西。

叉柱兰属 **Cheirostylis** Blume

尖唇叉柱兰Cheirostylis acuminata Z. L. Liu, Q. Liu & J. Y. Gao

习性：小草本，高4~11cm；湿生植物。

生境：林下，海拔700~800m。

分布：云南。

中华叉柱兰Cheirostylis chinensis Rolfe

习性：小草本，高6~20cm；湿生植物。

生境：林下、岩石、岩壁等，海拔200~800m。

分布：海南、广西、贵州、台湾。

大花叉柱兰Cheirostylis griffithii Lindl.

习性：小草本，高15~20cm；湿生植物。

生境：林下，海拔2200~2300m。

分布：云南。

屏边叉柱兰Cheirostylis pingbianensis K. Y. Lang

习性：小草本，高5~10cm；湿生植物。

生境：林下，海拔1600~2100m。

分布：云南。

吻兰属 **Collabium** Blume

吻兰Collabium chinense (Rolfe) Tang & F. T. Wang

习性：小草本，高10~20cm；湿生植物。

生境：沟谷、林下、岩石、岩壁等，海拔600~1000m。

分布：福建、广东、海南、广西、云南、西藏、台湾。

蛤兰属 Conchidium Griff.

蛤兰 Conchidium pusillum Griff.

习性：小草本，高2~5cm；湿生植物。

生境：岩石、岩壁等，海拔600~1500m。

分布：福建、广东、海南、广西、云南、西藏。

珊瑚兰属 Corallorhiza Gagneb.

珊瑚兰 Corallorhiza trifida Châtel.

习性：小草本，高10~28cm；湿生植物。

生境：林下、灌丛等，海拔2000~2700m。

分布：吉林、内蒙古、河北、贵州、四川、甘肃、青海、新疆。

铠兰属 Corybas Salisb.

梵净山铠兰 Corybas fanjingshanensis Y. X. Xiong

习性：小草本，高3~6cm；湿生植物。

生境：苔藓丛，海拔2100~2400m。

分布：贵州。

杉林溪铠兰 Corybas himalaicus (King & Pantl.) Schltr.

习性：小草本，高3~6cm；湿生植物。

生境：苔藓丛，海拔1700~1900m。

分布：台湾。

铠兰 Corybas sinii Tang & F. T. Wang

习性：小草本，高3~5cm；湿生植物。

生境：苔藓丛，海拔1500~2300m。

分布：广西、台湾。

大理铠兰 Corybas taliensis Tang & F. T. Wang

习性：小草本，高5~7cm；湿生植物。

生境：苔藓丛，海拔2100~2500m。

分布：云南、四川、台湾。

管花兰属 Corymborkis Thouars

管花兰 Corymborkis veratrifolia (Reinw.) Blume

习性：中草本，高0.8~1m；湿生植物。

生境：林下、沟边等，海拔700~1000m。

分布：广西、云南、台湾。

杜鹃兰属 Cremastra Lindl.

杜鹃兰 Cremastra appendiculata (D. Don) Makino

习性：中小草本，高25~60cm；湿生植物。

生境：沟谷、林下、沟边等，海拔400~2900m。

分布：山西、江苏、安徽、浙江、江西、河南、湖北、湖南、广东、广西、贵州、重庆、四川、西藏、陕西、甘肃、台湾。

沼兰属 Crepidium Blume

浅裂沼兰 Crepidium acuminatum (D. Don) Szlach.

习性：小草本，高10~45cm；湿生植物。

生境：林下，海拔300~2100m。

分布：广东、贵州、云南、西藏、台湾。

深裂沼兰 Crepidium purpureum (Lindl.) Szlach.

习性：小草本，高10~25cm；湿生植物。

生境：林下、灌丛等，海拔400~1600m。

分布：广西、云南、四川、台湾。

兰属 Cymbidium Sw.

大根兰 Cymbidium macrorhizon Lindl.

习性：多年生，小草本，高20~40cm；湿生植物。

生境：林下、林缘、草丛、河岸坡、沟边等，海拔700~2100m。

分布：贵州、云南、重庆、四川。

墨兰 Cymbidium sinense (Jacks. ex Andrews) Willd.

习性：多年生，中草本，高50~90cm；半湿生植物。

生境：林下、灌丛、溪边等，海拔300~2000m。

分布：安徽、江西、福建、广东、海南、广西、贵州、云南、四川、香港、台湾。

杓兰属 Cypripedium L.

无苞杓兰 Cypripedium bardolphianum W. W. Sm. & Farrer

习性：小草本，高8~12cm；湿生植物。

生境：林下、林缘、灌丛等，海拔2300~3900m。

分布：四川、西藏、甘肃。

杓兰**Cypripedium calceolus** L.

习性：小草本，高20~45cm；湿生植物。

生境：林下、林缘、灌丛、草丛等，海拔500~1000m。

分布：黑龙江、吉林、辽宁、内蒙古。

褐花杓兰**Cypripedium calcicola** Schltr.

习性：小草本，高15~45cm；湿生植物。

生境：林下、林缘、灌丛、草丛、溪边等，海拔2600~3900m。

分布：云南、四川。

对叶杓兰**Cypripedium debile** Rchb. f.

习性：小草本，高10~30cm；湿生植物。

生境：林下、草丛、沟边等，海拔1000~3400m。

分布：湖北、重庆、四川、甘肃。

雅致杓兰**Cypripedium elegans** Rchb. f.

习性：小草本，高10~15cm；湿生植物。

生境：林下、林缘、灌丛等，海拔3600~3700m。

分布：云南、西藏。

毛瓣杓兰**Cypripedium fargesii** Franch.

习性：小草本，高10~40cm；湿生植物。

生境：林下、灌丛、草丛等，海拔1900~3200m。

分布：湖北、重庆、四川、甘肃。

紫点杓兰**Cypripedium guttatum** Sw.

习性：多年生，小草本，高15~25cm；湿生植物。

生境：林下、林间、林缘、草丛、草甸、冻原等，海拔500~4000m。

分布：黑龙江、吉林、辽宁、内蒙古、河北、山西、山东、云南、四川、西藏、陕西、宁夏。

丽江杓兰**Cypripedium lichiangense** S. C. Chen & P. J. Cribb

习性：小草本，高7~14cm；湿生植物。

生境：林下、灌丛等，海拔2600~3500m。

分布：云南、四川。

波密杓兰**Cypripedium ludlowii** P. J. Cribb

习性：小草本，高25~40cm；湿生植物。

生境：林下，海拔3700~4300m。

分布：云南、四川、西藏。

大花杓兰**Cypripedium macranthos** Sw.

习性：多年生，小草本，高25~50cm；湿生植物。

生境：林下、林缘、灌丛、草丛、草甸等，海拔400~2400m。

分布：黑龙江、吉林、辽宁、内蒙古、山东、湖北、台湾。

巴郎山杓兰**Cypripedium palangshanense** Tang & F. T. Wang

习性：多年生，小草本，高5~13cm；湿生植物。

生境：林下、灌丛、草丛等，海拔2200~2700m。

分布：四川。

西藏杓兰**Cypripedium tibeticum** King ex Rolfe

习性：小草本，高15~35cm；湿生植物。

生境：林下、林缘、灌丛、草丛、草甸等，海拔2300~4200m。

分布：贵州、云南、四川、西藏、甘肃。

宽口杓兰**Cypripedium wardii** Rolfe

习性：小草本，高10~20cm；湿生植物。

生境：林下、溪边、岩石、岩壁等，海拔2500~3500m。

分布：云南、四川、西藏。

肉果兰属 **Cyrtosia** Blume

二色肉果兰 **Cyrtosia integra** (Rolfe ex Downie) Garay

习性：中小草本，高20~65cm；湿生植物。

生境：林下，海拔300~1000m。

分布：云南。

肉果兰**Cyrtosia javanica** Blume

习性：小草本，高5~8cm；湿生植物。

生境：林下，海拔700~2700m。

分布：云南、台湾。

矮小肉果兰**Cyrtosia nana** (Rolfe ex Downie) Garay

习性：小草本，高10~22cm；湿生植物。

生境：沟谷、林下等，海拔500~1400m。

分布：广西、贵州。

血红肉果兰**Cyrtosia septentrionalis** (Rchb. f.) Garay

习性：草本，高0.3~1.7m；湿生植物。

生境：林下，海拔700~1800m。

分布：安徽、浙江、江西、河南、湖南、云南、陕西。

掌裂兰属 Dactylorhiza Necker ex Nevski

掌裂兰 Dactylorhiza hatagirea (D. Don) Soó

习性：小草本，高15~40cm；湿生植物。

生境：灌丛、草丛、河岸坡、溪边、湖岸坡、沟边等，海拔600~4100m。

分布：黑龙江、吉林、内蒙古、四川、西藏、宁夏、甘肃、青海、新疆。

阴生掌裂兰 Dactylorhiza umbrosa (Kar. & Kir.) Nevski

习性：小草本，高15~45cm；湿生植物。

生境：沟谷、沼泽草甸、河岸坡等，海拔600~4000m。

分布：新疆。

凹舌掌裂兰 Dactylorhiza viridis (L.) R. M. Bateman, Pridgeon & M. W. Chase

习性：小草本，高15~45cm；湿生植物。

生境：沟谷、林下、林缘、灌丛、草甸、冻原等，海拔1200~4300m。

分布：黑龙江、吉林、河北、河南、湖北、甘肃。

丹霞兰属 Danxiaorchis J. W. Zhai, F. W. Xing & Z. J. Liu

丹霞兰 Danxiaorchis singchiana J. W. Zhai, F. W. Xing & Z. J. Liu

习性：小草本，高20~40cm；湿生植物。

生境：林下，海拔500~1100m。

分布：江西、广东。

锚柱兰属 Didymoplexiella Garay

锚柱兰 Didymoplexiella siamensis (Rolfe ex Downie) Seidenf.

习性：小草本，高8~30cm；湿生植物。

生境：林下，海拔700~800m。

分布：海南、台湾。

双唇兰属 Didymoplexis Griff.

小双唇兰 Didymoplexis micradenia (Rchb. f.) Hemsl.

习性：小草本，高6~30cm；湿生植物。

生境：林下，海拔100~300m。

分布：台湾。

双唇兰 Didymoplexis pallens Griff.

习性：小草本，高6~25cm；湿生植物。

生境：林下，海拔100~1000m。

分布：福建、台湾。

双蕊兰属 Diplandrorchis S. C. Chen

双蕊兰 Diplandrorchis sinica S. C. Chen

习性：小草本，高17~24cm；湿生植物。

生境：林下，海拔100~1600m。

分布：辽宁、广西。

合柱兰属 Diplomeris D. Don

合柱兰 Diplomeris pulchella D. Don

习性：小草本，高7~25cm；湿生植物。

生境：林下、草丛、溪边、岩壁等，海拔600~2600m。

分布：贵州、云南、四川、西藏。

火烧兰属 Epipactis Zinn

火烧兰 Epipactis helleborine (L.) Crantz

习性：中小草本，高20~70cm；湿生植物。

生境：林下、草丛、溪边、沟边等，海拔200~3600m。

分布：黑龙江、辽宁、河北、山西、安徽、湖北、贵州、云南、四川、西藏、陕西、甘肃、青海、新疆。

北火烧兰 Epipactis xanthophaea Schltr.

习性：中小草本，高40~60cm；湿生植物。

生境：林下、草甸、沼泽等，海拔约300m。

分布：黑龙江、吉林、辽宁、河北、山东。

虎舌兰属 Epipogium J. G. Gmel. ex Borkh.

裂唇虎舌兰 Epipogium aphyllum Sw.

习性：小草本，高10~30cm；湿生植物。

生境：林下、岩壁、沟边、苔藓丛等，海拔1200~3600m。

分布：黑龙江、吉林、辽宁、内蒙古、山西、云南、四川、西藏、陕西、甘肃、新疆。

虎舌兰Epipogium roseum (D. Don) Lindl.
习性：小草本，高10~45cm；湿生植物。
生境：沟谷、林下等，海拔500~1600m。
分布：广东、海南、台湾。

美冠兰属 Eulophia R. Br.

紫花美冠兰Eulophia spectabilis (Dennst.)
Suresh
习性：中小草本，高30~65cm；湿生植物。
生境：沟谷、草丛、溪边等，海拔200~1600m。
分布：江西、云南。

无叶美冠兰Eulophia zollingeri (Rchb. f.) J.
J. Sm.
习性：中小草本，高40~80cm；湿生植物。
生境：林下、草丛、沟边等，海拔100~800m。
分布：江西、福建、广东、广西、云南、台湾。

盔花兰属 Galearis Rafin.

卵唇盔花兰Galearis cyclochila (Franch. &
Sav.) Soó
习性：小草本，高9~20cm；湿生植物。
生境：林下、林缘、灌丛、草甸等，海拔1000~
2900m。
分布：黑龙江、吉林、辽宁、青海。

二叶盔花兰Galearis spathulata (Lindl.)
P. F. Hunt
习性：小草本，高8~15cm；湿生植物。
生境：林下、灌丛、草甸等，海拔2300~4300m。
分布：云南、四川、西藏、陕西、甘肃、青海。

山珊瑚属 Galeola Lour.

山珊瑚Galeola faberi Rolfe
习性：多年生，草本或亚灌木状，高1~3m；湿生
植物。
生境：林下，海拔1200~3500m。
分布：贵州、云南、四川。

天麻属 Gastrodia R. Br.

长果梗天麻Gastrodia albidoides Y. H. Tan
& T. C. Hsu
习性：小草本，高10~30cm；湿生植物。

生境：林下，海拔700~1200m。
分布：云南。

天麻Gastrodia elata Blume
习性：多年生，中小草本，高0.3~1m；湿生植物。
生境：林下、林缘、灌丛等，海拔400~3200m。
分布：吉林、辽宁、内蒙古、河北、山西、江苏、
安徽、浙江、江西、河南、湖北、湖南、贵州、
四川、西藏、陕西、台湾。

斑叶兰属 Goodyera R. Br.

大花斑叶兰 Goodyera biflora (Lindl.)
Hook. f.
习性：小草本，高5~15cm；湿生植物。
生境：林下，海拔500~2200m。
分布：海南、云南、四川、西藏、台湾。

波密斑叶兰Goodyera bomiensis K. Y. Lang
习性：小草本，高28~45cm；湿生植物。
生境：林下，海拔700~3700m。
分布：湖北、云南、西藏、台湾。

莲座叶斑叶兰Goodyera brachystegia Hand.-
Mazz.
习性：小草本，高18~20cm；湿生植物。
生境：林下，海拔1300~2000m。
分布：贵州、云南。

多叶斑叶兰Goodyera foliosa (Lindl.) Benth.
ex C. B. Clarke
习性：小草本，高15~25cm；湿生植物。
生境：沟谷、林下、河岸坡等，海拔300~1500m。
分布：福建、广东、广西、云南、四川、西藏、
台湾。

烟色斑叶兰Goodyera fumata Thwaites
习性：中小草本，高40~90cm；湿生植物。
生境：林下，海拔500~1300m。
分布：云南、西藏、海南、台湾。

光萼斑叶兰Goodyera henryi Rolfe
习性：小草本，高10~15cm；湿生植物。
生境：林下，海拔400~2400m。
分布：浙江、江西、湖北、湖南、广东、广西、
贵州、云南、四川、甘肃、台湾。

南湖斑叶兰Goodyera nankoensis Fukuy.
习性：小草本，高9~20cm；湿生植物。

生境：林下，海拔2000~3000m。

分布：台湾。

高斑叶兰Goodyera procera (Ker Gawl.) Hook.

习性：中小草本，高20~80cm；湿生植物。

生境：林下、水边等，海拔200~1600m。

分布：安徽、浙江、福建、广东、海南、广西、贵州、云南、四川、西藏、台湾。

小小斑叶兰Goodyera pusilla Blume

习性：小草本，高8~15cm；湿生植物。

生境：林下，海拔300~1000m。

分布：广东、云南、台湾。

小斑叶兰Goodyera repens (L.) R. Br.

习性：小草本，高10~25cm；湿生植物。

生境：林下、草甸等，海拔700~3800m。

分布：黑龙江、吉林、辽宁、内蒙古、河北、山西、安徽、福建、陕西、甘肃、青海、新疆。

滇藏斑叶兰Goodyera robusta Hook. f.

习性：小草本，高17~20cm；湿生植物。

生境：林下，海拔1000~2500m。

分布：贵州、云南、西藏、台湾。

斑叶兰Goodyera schlechtendaliana Rchb. f.

习性：小草本，高6~25cm；湿生植物。

生境：沟谷、林下等，海拔500~2800m。

分布：山西、江苏、安徽、浙江、江西、福建、河南、陕西、甘肃、台湾。

绒叶斑叶兰Goodyera velutina Maxim.

习性：小草本，高8~16cm；湿生植物。

生境：林下，海拔700~3000m。

分布：浙江、福建、湖北、湖南、广东、海南、广西、云南、四川、台湾。

秀丽斑叶兰Goodyera vittata Benth. ex Hook. f.

习性：小草本，高5~16cm；湿生植物。

生境：林下，海拔1200~2100m。

分布：西藏。

卧龙斑叶兰Goodyera wolongensis K. Y. Lang

习性：小草本，高15~18cm；湿生植物。

生境：林下、草甸等，海拔2400~3700m。

分布：四川。

川滇斑叶兰Goodyera yunnanensis Schltr.

习性：小草本，高10~23cm；湿生植物。

生境：林下、灌丛等，海拔2600~3900m。

分布：云南、四川。

手参属 Gymnadenia R. Br.

手参Gymnadenia conopsea (L.) R. Br.

习性：中小草本，高20~90cm；湿生植物。

生境：林下、草丛、沼泽草甸、砾石滩等，海拔200~4700m。

分布：黑龙江、吉林、辽宁、内蒙古、河北、山西、河南、云南、四川、西藏、陕西、甘肃。

短距手参Gymnadenia crassinervis Finet

习性：中小草本，高23~55cm；湿生植物。

生境：灌丛、草丛、沼泽等，海拔3500~3800m。

分布：云南、四川、西藏。

西南手参Gymnadenia orchidis Lindl.

习性：小草本，高15~50cm；湿生植物。

生境：林下、灌丛、草甸等，海拔2800~4100m。

分布：湖北、云南、四川、西藏、陕西、甘肃、青海。

玉凤花属 Habenaria Willd.

落地金钱Habenaria aitchisonii Rchb. f.

习性：小草本，高10~33cm；湿生植物。

生境：林下、灌丛、草丛、岩石、岩壁等，海拔2100~4300m。

分布：四川、西藏、甘肃、青海。

薄叶玉凤花Habenaria austrosinensis Tang & F. T. Wang

习性：中小草本，高30~60cm；湿生植物。

生境：沟谷、林下等，海拔700~1400m。

分布：云南。

毛莛玉凤花Habenaria ciliolaris Kraenzl.

习性：中小草本，高25~60cm；湿生植物。

生境：林下、沟边等，海拔100~1800m。

分布：浙江、江西、福建、湖北、湖南、广东、海南、广西、贵州、云南、四川、甘肃、台湾。

长距玉凤花Habenaria davidii Franch.

习性：中草本，高60~75cm；湿生植物。

生境：林下、灌丛、草丛、溪边等，海拔600~3200m。

分布：湖北、湖南、贵州、云南、四川、西藏。

鹅毛玉凤花Habenaria dentata (Sw.) Schltr.
习性：中小草本，高35~87cm；湿生植物。
生境：林下、灌丛、草丛、沼泽、沟边等，海拔200~2300m。
分布：安徽、浙江、江西、福建、湖北、湖南、广东、广西、贵州、云南、四川、西藏、台湾。

粉叶玉凤花Habenaria glaucifolia Bureau & Franch.
习性：小草本，高15~50cm；湿生植物。
生境：林缘、灌丛、草甸等，海拔2000~4300m。
分布：贵州、云南、四川、西藏、陕西、甘肃。

湿地玉凤花Habenaria humidicola Rolfe
习性：小草本，高15~20cm；湿生植物。
生境：林下、溪边、岩石、岩壁等，海拔600~1500m。
分布：浙江、贵州、云南。

细裂玉凤花Habenaria leptoloba Benth.
习性：小草本，高15~30cm；湿生植物。
生境：林下、岩壁等，海拔600~1500m。
分布：广东、香港。

宽药隔玉凤花Habenaria limprichtii Schltr.
习性：中小草本，高18~60cm；湿生植物。
生境：林下、灌丛、草丛等，海拔1900~3500m。
分布：湖北、云南、四川。

线叶十字兰Habenaria linearifolia Maxim.
习性：中小草本，高25~80cm；湿生植物。
生境：林下、草丛等，海拔200~1500m。
分布：黑龙江、吉林、辽宁、内蒙古、河北、山东、江苏、安徽、浙江、江西、福建、河南、湖南。

坡参Habenaria linguella Lindl.
习性：中小草本，高20~75cm；湿生植物。
生境：林下、草丛等，海拔500~2500m。
分布：广东、海南、广西、贵州、云南。

棒距玉凤花Habenaria mairei Schltr.
习性：中小草本，高18~65cm；湿生植物。
生境：林下、灌丛、草丛、草甸等，海拔2400~3500m。
分布：云南、四川、西藏。

十字兰Habenaria schindleri Schltr.
习性：中小草本，25~70cm；湿生植物。
生境：林下、草丛、沼泽草甸、河岸坡、湖岸坡、

沟边等，海拔200~1700m。
分布：黑龙江、吉林、辽宁、河北、江苏、安徽、浙江、江西、福建、湖南、广东。

滇兰属 Hancockia Rolfe

滇兰Hancockia uniflora Rolfe
习性：小草本，高6~10cm；湿生植物。
生境：沟谷、林下等，海拔1300~1600m。
分布：云南、台湾。

舌喙兰属 Hemipilia Lindl.

心叶舌喙兰Hemipilia cordifolia Lindl.
习性：小草本，高13~27cm；湿生植物。
生境：林下、岩石、岩壁等，海拔1500~3500m。
分布：云南、四川、西藏、台湾。

角盘兰属 Herminium L.

裂瓣角盘兰 Herminium alaschanicum Maxim.
习性：中小草本，高15~60cm；湿生植物。
生境：林下、灌丛、草丛等，海拔1800~4500m。
分布：内蒙古、河北、山西、云南、四川、西藏、陕西、宁夏、甘肃、青海。

矮角盘兰Herminium chloranthum Tang & F. T. Wang
习性：小草本，高4~15cm；湿生植物。
生境：草丛、草甸等，海拔2500~4100m。
分布：云南、西藏。

条叶角盘兰Herminium coiloglossum Schltr.
习性：小草本，高8~30cm；湿生植物。
生境：林下、草丛等，海拔1600~2800m。
分布：云南。

冷兰Herminium humidicola (K. Y. Lang & D. S. Deng) X. H. Jin, Schuit., Raskoti & L. Q. Huang
习性：小草本，高3~5cm；湿生植物。
生境：沼泽草甸、冻胀丘、岩石等，海拔3600~4500m。
分布：青海。

角盘兰Herminium monorchis (L.) R. Br.
习性：多年生，小草本，高5~50cm；湿生植物。

生境：林下、灌丛、草丛、沼泽草甸、沼泽、河岸坡、河漫滩等，海拔600~4500m。

分布：黑龙江、吉林、辽宁、内蒙古、河北、山西、山东、安徽、河南、云南、四川、西藏、宁夏、甘肃、青海、新疆。

先骕兰属 Hsenhsua X. H. Jin, Schuit. & W. T. Jin

先骕兰 Hsenhsua chrysea (W. W. Sm.) X. H. Jin, Schuit., W. T. Jin & L. Q. Huang

习性：小草本，高4~10cm；湿生植物。

生境：林下、岩石、草丛等，海拔3800~4000m。

分布：云南、西藏。

旗唇兰属 Kuhlhasseltia J. J. Sm.

旗唇兰 Kuhlhasseltia yakushimensis (Yamam.) Ormerod

习性：小草本，高8~15cm；湿生植物。

生境：林下、沟边等，海拔400~1600m。

分布：安徽、浙江、湖南、四川、陕西、台湾。

盂兰属 Lecanorchis Blume

全唇盂兰 Lecanorchis nigricans Honda

习性：小草本，高25~40cm；湿生植物。

生境：林下，海拔600~1000m。

分布：福建、台湾。

羊耳蒜属 Liparis Rich.

褐花羊耳蒜 Liparis brunnea Ormerod

习性：小草本，高2~7cm；湿生植物。

生境：灌丛沼泽，海拔约1000m。

分布：广东、广西。

二褶羊耳蒜 Liparis cathcartii Hook. f.

习性：小草本，高7~25cm；湿生植物。

生境：沟谷、草丛等，海拔1900~2100m。

分布：云南、四川。

锈色羊耳蒜 Liparis ferruginea Lindl.

习性：中小草本，高30~55cm；水湿生植物。

生境：沼泽、溪流、水田等。

分布：福建、海南、香港、台湾。

紫花羊耳蒜 Liparis gigantea C. L. Tso

习性：小草本，高15~45cm；湿生植物。

生境：林下、岩石等，海拔500~1700m。

分布：广东、海南、广西、贵州、云南、西藏、香港、台湾。

长唇羊耳蒜 Liparis pauliana Hand.-Mazz.

习性：小草本，高7~30cm；湿生植物。

生境：林下、岩石等，海拔600~1200m。

分布：浙江、江西、湖北、湖南、广东、广西、贵州、云南、陕西。

柄叶羊耳蒜 Liparis petiolata (D. Don) P. F. Hunt & Summerh.

习性：小草本，高10~25cm；湿生植物。

生境：林下、溪边等，海拔1100~2900m。

分布：江西、湖南、广西、云南、西藏。

血叶兰属 Ludisia A. Rich.

血叶兰 Ludisia discolor (Ker Gawl.) Blume

习性：小草本，高10~25cm；湿生植物。

生境：沟谷、林下、溪边等，海拔900~1300m。

分布：广东、海南、广西、云南。

原沼兰属 Malaxis Sol. ex Sw.

原沼兰 Malaxis monophyllos (L.) Sw.

习性：小草本，高10~40cm；湿生植物。

生境：林下、林缘、灌丛、草丛、草甸等，海拔800~4100m。

分布：黑龙江、吉林、辽宁、内蒙古、河北、山西、河南、湖北、云南、四川、西藏、陕西、宁夏、甘肃、青海、台湾。

全唇兰属 Myrmechis Blume

全唇兰 Myrmechis chinensis Rolfe

习性：小草本，高5~10cm；湿生植物。

生境：沟谷、林下等，海拔2000~2200m。

分布：湖北、四川、福建。

阿里山全唇兰 Myrmechis drymoglossifolia Hayata

习性：小草本，高5~7cm；湿生植物。

生境：林下，海拔1000~3000m。

分布：台湾。

日本全唇兰 **Myrmechis japonica** (Rchb. f.) Rolfe

习性：小草本，高8~15cm；湿生植物。

生境：林下、岩石、苔藓丛等，海拔800~2600m。

分布：福建、云南、四川、西藏。

矮全唇兰 **Myrmechis pumila** (Hook. f.) Tang & F. T. Wang

习性：小草本，高5~12cm；湿生植物。

生境：林下，海拔2800~3800m。

分布：云南。

宽瓣全唇兰 **Myrmechis urceolata** Tang & K. Y. Lang

习性：小草本，高5~9cm；湿生植物。

生境：林下，海拔500~600m。

分布：广东、海南、云南。

鸟巢兰属 **Neottia** Guett.

尖唇鸟巢兰 **Neottia acuminata** Schltr.

习性：小草本，高14~30cm；湿生植物。

生境：林下、草丛等，海拔1500~4100m。

分布：吉林、内蒙古、河北、山西、湖北、云南、四川、西藏、陕西、甘肃、青海、台湾。

高山对叶兰 **Neottia bambusetorum** (Hand.-Mazz.) Szlach.

习性：小草本，高10~18cm；湿生植物。

生境：林下，海拔3200~3400m。

分布：云南。

二花对叶兰 **Neottia biflora** (Schltr.) Szlach.

习性：小草本，高10~13cm；湿生植物。

生境：林下，海拔3000~3900m。

分布：四川。

北方鸟巢兰 **Neottia camtschatea** (L.) Rchb. f.

习性：小草本，高10~27cm；湿生植物。

生境：林下、林缘等，海拔2000~2400m。

分布：内蒙古、河北、陕西、甘肃、青海、新疆。

叉唇对叶兰 **Neottia divaricata** (Panigrahi & P. Taylor) Szlach.

习性：小草本，高15~25cm；湿生植物。

生境：林下，海拔3000~3500m。

分布：西藏。

日本对叶兰 **Neottia japonica** (Blume) Szlach.

习性：小草本，高10~18cm；湿生植物。

生境：林下，海拔1400~3000m。

分布：台湾。

高山鸟巢兰 **Neottia listeroides** Lindl.

习性：小草本，高15~35cm；湿生植物。

生境：林下、草丛等，海拔1500~3900m。

分布：山西、云南、四川、西藏、甘肃。

大花鸟巢兰 **Neottia megalochila** S. C. Chen

习性：小草本，高20~35cm；湿生植物。

生境：林下、草丛等，海拔3000~3800m。

分布：云南、四川。

凹唇鸟巢兰 **Neottia papilligera** Schltr.

习性：小草本，高27~30cm；湿生植物。

生境：林下。

分布：黑龙江、吉林。

西藏对叶兰 **Neottia pinetorum** (Lindl.) Szlach.

习性：小草本，高6~33cm；湿生植物。

生境：林下，海拔2200~3600m。

分布：福建、云南、西藏。

对叶兰 **Neottia puberula** (Maxim.) Szlach.

习性：小草本，高8~20cm；湿生植物。

生境：林下，海拔1400~2600m。

分布：黑龙江、吉林、辽宁、内蒙古、河北、山西、贵州、四川、甘肃、青海。

芋兰属 **Nervilia** Comm. ex Gaudich.

广布芋兰 **Nervilia aragoana** Gaudich.

习性：小草本，高3~26cm；湿生植物。

生境：沟谷、林下等，海拔400~2300m。

分布：湖北、云南、四川、西藏、台湾。

毛唇芋兰 **Nervilia fordii** (Hance) Schltr.

习性：小草本，高13~30cm；湿生植物。

生境：林下，海拔200~1000m。

分布：广东、广西、云南、四川。

七角叶芋兰 **Nervilia mackinnonii** (Duthie) Schltr.

习性：小草本，高7~10cm；湿生植物。

生境：林下，海拔900~1000m。

分布：贵州、云南、台湾。

滇南芋兰Nervilia muratana S. W. Gale & S. K. Wu

习性：小草本，高6~10cm；湿生植物。

生境：林下，海拔200~500m。

分布：云南。

毛叶芋兰Nervilia plicata (Andrews) Schltr.

习性：小草本，高10~20cm；湿生植物。

生境：沟谷、林下等，海拔200~1000m。

分布：江西、福建、广东、广西、台湾。

三蕊兰属 Neuwiedia Blume

三蕊兰Neuwiedia singapureana (Baker) Rolfe

习性：小草本，高30~50cm；湿生植物。

生境：林下、沟边等，海拔400~700m。

分布：海南、云南、香港。

小沼兰属 Oberonioides Szlach.

小沼兰Oberonioides microtatantha (Schltr.) Szlach.

习性：小草本，高5~15cm；湿生植物。

生境：林下、岩石等，海拔200~1800m。

分布：安徽、浙江、江西、福建、台湾。

齿唇兰属 Odontochilus Blume

短柱齿唇兰Odontochilus brevistylis Hook. f.

习性：小草本，高12~18cm；湿生植物。

生境：林下，海拔1700~1900m。

分布：云南、西藏。

红萼齿唇兰Odontochilus clarkei Hook. f.

习性：小草本，高约30cm；湿生植物。

生境：林下，海拔约1100m。

分布：四川、西藏。

小齿唇兰Odontochilus crispus (Lindl.) Hook. f.

习性：小草本，高6~20cm；湿生植物。

生境：沟谷、林下等，海拔1600~1800m。

分布：云南、西藏。

西南齿唇兰Odontochilus elwesii C. B. Clarke ex Hook. f.

习性：小草本，高15~25cm；湿生植物。

生境：沟谷、林下等，海拔300~1500m。

分布：广西、贵州、云南、四川、西藏、台湾。

齿唇兰Odontochilus lanceolatus (Lindl.) Blume

习性：小草本，高15~30cm；湿生植物。

生境：林下，海拔800~2200m。

分布：广东、广西、云南、台湾。

齿爪齿唇兰Odontochilus poilanei (Gagnep.) Ormerod

习性：小草本，高12~18cm；湿生植物。

生境：林下，海拔1000~1800m。

分布：云南、西藏。

山兰属 Oreorchis Lindl.

囊唇山兰Oreorchis foliosa var. indica (Lindl.) N. Pearce & Cribb

习性：小草本，高18~36cm；湿生植物。

生境：林下、草甸等，海拔2500~3400m。

分布：云南、四川、西藏、台湾。

硬叶山兰Oreorchis nana Schltr.

习性：小草本，高8~16cm；湿生植物。

生境：林下、灌丛、草甸、岩石等，海拔2500~4000m。

分布：湖北、云南、四川。

大花山兰Oreorchis nepalensis N. Pearce & Cribb

习性：小草本，高20~40cm；湿生植物。

生境：灌丛、草甸等。

分布：西藏。

山兰Oreorchis patens (Lindl.) Lindl.

习性：中小草本，高25~70cm；湿生植物。

生境：沟谷、林下、林缘、灌丛、草丛、溪边等，海拔1000~3000m。

分布：黑龙江、吉林、辽宁、江西、河南、湖南、贵州、云南、四川、甘肃、台湾。

阔蕊兰属 Peristylus Blume

凸孔阔蕊兰Peristylus coeloceras Finet

习性：小草本，高6~35cm；湿生植物。

生境：林下、灌丛、草丛、草甸等，海拔2000~3900m。

分布：云南、四川、西藏。

大花阔蕊兰Peristylus constrictus (Lindl.) Lindl.

习性：中小草本，高30~80cm；湿生植物。

生境：灌丛，海拔1500~2800m。

分布：云南。

一掌参Peristylus forceps Finet

习性：小草本，高15~45cm；湿生植物。

生境：沟谷、林下、草丛、草甸等，海拔1200~4000m。

分布：湖北、贵州、云南、四川、西藏、甘肃。

条唇阔蕊兰Peristylus forrestii (Schltr.) K. Y. Lang

习性：小草本，高20~25cm；湿生植物。

生境：林下、草丛、草甸等，海拔1700~3900m。

分布：云南、四川。

触须阔蕊兰Peristylus tentaculatus (Lindl.) J. J. Sm.

习性：中小草本，高15~60cm；湿生植物。

生境：沟谷、草丛、溪边等，海拔100~300m。

分布：福建、广东、海南、广西、云南。

鹤顶兰属 Phaius Lour.

黄花鹤顶兰Phaius flavus (Blume) Lindl.

习性：中小草本，高0.4~1m；湿生植物。

生境：林下，海拔300~2000m。

分布：福建、湖南、广东、海南、广西、贵州、云南、四川、西藏、台湾。

紫花鹤顶兰Phaius mishmensis (Lindl. & Paxton) Rchb. f.

习性：中小草本，高0.4~1.4m；湿生植物。

生境：林下，海拔800~1400m。

分布：广东、广西、云南、西藏、台湾。

鹤顶兰Phaius tancarvilleae (L'Hér.) Blume

习性：大中草本，高0.6~2m；湿生植物。

生境：沟谷、林缘、溪边等，海拔700~1800m。

分布：福建、广东、海南、广西、云南、西藏、台湾。

大花鹤顶兰Phaius wallichii Lindl.

习性：中草本，高0.5~1m；湿生植物。

生境：沟谷、林下等，海拔700~1000m。

分布：云南、西藏、香港。

舌唇兰属 Platanthera Rich.

滇藏舌唇兰Platanthera bakeriana (King & Pantl.) Kraenzl.

习性：中小草本，高30~60cm；湿生植物。

生境：林下、灌丛等，海拔2200~4000m。

分布：云南、四川、西藏。

弓背舌唇兰Platanthera curvata K. Y. Lang

习性：小草本，高24~32cm；湿生植物。

生境：林下、灌丛、草丛等，海拔1900~3600m。

分布：云南、四川、西藏。

大明山舌唇兰Platanthera damingshanica K. Y. Lang & H. S. Guo

习性：小草本，高10~47cm；湿生植物。

生境：沟谷、林下等，海拔600~2200m。

分布：浙江、福建、湖南、广东、广西。

反唇舌唇兰Platanthera deflexilabella K. Y. Lang

习性：小草本，高30~47cm；湿生植物。

生境：林下、苔藓丛等，海拔2500~2600m。

分布：四川。

高原舌唇兰Platanthera exelliana Soó

习性：小草本，高5~25cm；湿生植物。

生境：灌丛、草甸等，海拔3300~4500m。

分布：云南、四川、西藏。

密花舌唇兰Platanthera hologlottis Maxim.

习性：中小草本，高35~85cm；湿生植物。

生境：沟谷、林下、草丛、草甸、沼泽、溪边、沟边等，海拔200~3200m。

分布：黑龙江、吉林、辽宁、内蒙古、河北、山东、江苏、安徽、浙江、江西、福建、河南、湖南、广东、云南、四川。

舌唇兰Platanthera japonica (Thunb. ex A. Murray) Lindl.

习性：中小草本，高35~80cm；湿生植物。

生境：林下、草丛、溪边等，海拔600~2600m。

分布：江苏、安徽、浙江、河南、湖北、湖南、广西、贵州、云南、重庆、四川、陕西、甘肃。

白鹤参Platanthera latilabris Lindl.

习性：中小草本，高18~55cm；湿生植物。

生境：林下、灌丛、草丛等，海拔1600~3500m。

分布：云南、四川、西藏。

尾瓣舌唇兰Platanthera mandarinorum Rchb. f.

习性：多年生，小草本，高10~50cm；湿生植物。

生境：林下、林缘、草丛、草甸等，海拔300~3200m。

分布：山东、江苏、安徽、浙江、江西、福建、河南、湖北、湖南、广东、广西、贵州、云南、四川、陕西、台湾。

小舌唇兰Platanthera minor (Miq.) Rchb. f.

习性：中小草本，高20~60cm；湿生植物。

生境：林下、草甸等，海拔200~3000m。

分布：江苏、安徽、浙江、江西、福建、河南、湖北、湖南、广东、海南、广西、贵州、云南、四川、台湾。

西南尖药兰Platanthera opsimantha Tang & F. T. Wang

习性：小草本，高10~20cm；湿生植物。

生境：林下、苔藓丛等，海拔1800~3200m。

分布：贵州、云南、四川。

蜻蜓舌唇兰Platanthera souliei Kraenzl.

习性：中小草本，高20~60cm；湿生植物。

生境：林下、林缘、灌丛、草丛、草甸等，海拔400~4300m。

分布：黑龙江、吉林、辽宁、内蒙古、河北、山西、山东、河南、云南、四川、陕西、甘肃、青海。

条瓣舌唇兰Platanthera stenantha (Hook. f.) Soó

习性：小草本，高25~32cm；湿生植物。

生境：林下，海拔1500~3100m。

分布：云南、西藏。

尖药兰Platanthera urceolata (Hook. f.) R. M. Bateman

习性：小草本，高8~10cm；湿生植物。

生境：沟谷、林下、苔藓丛等，海拔1900~3800m。

分布：云南、四川。

东亚舌唇兰Platanthera ussuriensis Maxim.

习性：中小草本，高20~55cm；湿生植物。

生境：林下、林缘、沟边等，海拔400~2800m。

分布：吉林、河北、江苏、安徽、浙江、江西、福建、河南、湖北、湖南、广西、四川、陕西。

黄山舌唇兰Platanthera whangshanensis (S. S. Chien) Efimov

习性：小草本，高20~40cm；湿生植物。

生境：沼泽，海拔约1400m。

分布：安徽。

独蒜兰属 Pleione D. Don

白花独蒜兰Pleione albiflora P. J. Cribb & C. Z. Tang

习性：小草本，高3~13cm；湿生植物。

生境：岩石、岩壁、苔藓丛等，海拔2400~3300m。

分布：云南。

独蒜兰Pleione bulbocodioides (Franch.) Rolfe

习性：小草本，高7~20cm；湿生植物。

生境：林下、林缘、岩石、岩壁等，海拔900~3600m。

分布：安徽、福建、湖北、湖南、广东、广西、贵州、云南、四川、西藏、陕西、甘肃。

台湾独蒜兰Pleione formosana Hayata

习性：小草本，高7~16cm；湿生植物。

生境：林下、林缘、岩壁等，海拔600~2500m。

分布：浙江、江西、福建、台湾。

黄花独蒜兰Pleione forrestii Schltr.

习性：小草本，高4~9cm；湿生植物。

生境：林下、林缘、岩壁等，海拔2200~3200m。

分布：云南。

毛唇独蒜兰Pleione hookeriana (Lindl.) Rollisson

习性：小草本，高6~10cm；湿生植物。

生境：林下、林缘、岩壁等，海拔1600~3100m。

分布：广东、广西、贵州、云南、西藏。

矮小独蒜兰Pleione humilis (Sm.) D. Don

习性：小草本，高4~10cm；湿生植物。

生境：林下、岩壁等，海拔1800~3200m。

分布：西藏。

秋花独蒜兰Pleione maculate Lindl. & Paxton

习性：小草本，高5~6cm；湿生植物。

生境：林下、岩壁等，海拔600~1600m。

分布：云南。

美丽独蒜兰**Pleione pleionoides** (Kraenzl. ex Diels) Braem & H. Mohr

习性：小草本，高8~18cm；湿生植物。

生境：林下、岩壁等，海拔1700~2300m。

分布：湖北、贵州、四川。

疣鞘独蒜兰**Pleione praecox** D. Don

习性：小草本，高5~10cm；湿生植物。

生境：林下、岩壁等，海拔1200~3400m。

分布：云南、西藏。

岩生独蒜兰**Pleione saxicola** Tang & F. T. Wang ex S. C. Chen

习性：小草本，高7~10cm；湿生植物。

生境：溪边、岩壁等，海拔2400~2500m。

分布：西藏。

二叶独蒜兰**Pleione scopulorum** W. W. Sm.

习性：小草本，高10~20cm；湿生植物。

生境：林下、草甸、溪边、岩壁等，海拔2800~4200m。

分布：云南、西藏。

云南独蒜兰**Pleione yunnanensis** (Rolfe) Rolfe

习性：小草本，高10~20cm；湿生植物。

生境：林下、林缘、岩壁等，海拔1100~3500m。

分布：贵州、云南、四川、西藏。

朱兰属 **Pogonia** Juss.

朱兰**Pogonia japonica** Rchb. f.

习性：小草本，高10~25cm；湿生植物。

生境：林下、林间、灌丛、草丛、沼泽、溪边等，海拔400~2300m。

分布：黑龙江、吉林、内蒙古、山东、安徽、浙江、江西、福建、湖北、湖南、广西、贵州、云南、四川。

小红门兰属 **Ponerorchis** Rchb. f.

台湾无柱兰**Ponerorchis alpestris** (Fukuy.) X. H. Jin, Schuit. & W. T. Jin

习性：小草本，高5~20cm；湿生植物。

生境：草丛、岩石、岩壁等，海拔2500~3800m。

分布：台湾。

四裂无柱兰**Ponerorchis basifoliata** (Finet) X. H. Jin, Schuit. & W. T. Jin

习性：小草本，高10~23cm；湿生植物。

生境：林下、草丛等，海拔2600~3800m。

分布：云南、四川。

棒距无柱兰 **Ponerorchis bifoliata** (Tang & F. T. Wang) X. H. Jin, Schuit. & W. T. Jin

习性：小草本，高6~17cm；湿生植物。

生境：灌丛、草丛等，海拔700~1200m。

分布：四川、甘肃。

广布小红门兰**Ponerorchis chusua** (D. Don) Soó

习性：小草本，高5~45cm；湿生植物。

生境：林下、灌丛、河漫滩、草甸等，海拔500~4500m。

分布：黑龙江、吉林、内蒙古、湖北、云南、四川、西藏、陕西、宁夏、甘肃、青海。

川西兜被兰**Ponerorchis compacta** (Schltr.) X. H. Jin, Schuit. & W. T. Jin

习性：小草本，高8~9cm；湿生植物。

生境：草甸，海拔4000~4100m。

分布：四川。

二叶兜被兰（原变种）**Ponerorchis cucullata** var. **cucullata**

习性：小草本，高5~25cm；湿生植物。

生境：林下、灌丛、草丛等，海拔400~4100m。

分布：黑龙江、吉林、辽宁、内蒙古、河北、山西、安徽、浙江、江西、福建、河南、湖北、云南、四川、西藏、陕西、甘肃、青海。

密花兜被兰**Ponerorchis cucullata** var. **calcicola** (W. W. Sm.) X. H. Jin, Schuit. & W. T. Jin

习性：小草本，高5~20cm；湿生植物。

生境：林下、灌丛、草甸等，海拔2100~4500m。

分布：贵州、云南、四川、西藏、青海、甘肃。

峨眉无柱兰 **Ponerorchis faberi** (Rolfe) X. H. Jin, Schuit. & W. T. Jin

习性：小草本，高4~20cm；湿生植物。

生境：林下、灌丛、草丛、草甸、岩石、岩壁等，海拔2300~4300m。

分布：贵州、云南、四川。

被子植物 ANGIOSPERMS

无柱兰 Ponerorchis gracilis (Blume) X. H. Jin, Schuit. & W. T. Jin

习性：小草本，高7~30cm；湿生植物。

生境：沟谷、林下、灌丛、岩石、岩壁等，海拔100~3000m。

分布：辽宁、河北、山东、江苏、安徽、浙江、福建、河南、湖北、湖南、广西、贵州、四川、陕西、台湾。

卵叶无柱兰 Ponerorchis hemipilioides (Finet) Tang & F. T. Wang

习性：小草本，高8~12cm；湿生植物。

生境：林下、岩石、岩壁等，海拔2400~2500m。

分布：贵州、云南。

一花无柱兰 Ponerorchis monantha (Finet) X. H. Jin, Schuit. & W. T. Jin

习性：小草本，高6~10cm；湿生植物。

生境：溪边、草甸、岩石、岩壁等，海拔2800~4000m。

分布：云南、四川、西藏、陕西、甘肃。

球距无柱兰 Ponerorchis physoceras (Schltr.) X. H. Jin, Schuit. & W. T. Jin

习性：小草本，高6~11cm；湿生植物。

生境：林下、岩壁等，海拔2000~2700m。

分布：四川、甘肃。

侧花兜被兰 Ponerorchis secundiflora (Hook. f.) X. H. Jin

习性：小草本，高13~35cm；湿生植物。

生境：林下、草丛、水边等，海拔2700~3800m。

分布：云南、四川、西藏。

滇蜀无柱兰 Ponerorchis tetraloba (Finet) X. H. Jin, Schuit. & W. T. Jin

习性：小草本，高7~26cm；湿生植物。

生境：草丛、岩石、岩壁等，海拔1500~2600m。

分布：云南、四川。

西藏无柱兰 Ponerorchis tibetica (Schltr.) X. H. Jin, Schuit. & W. T. Jin

习性：小草本，高6~8cm；湿生植物。

生境：草甸，海拔3600~4400m。

分布：云南、西藏。

三叉无柱兰 Ponerorchis trifurcata (Tang, F. T. Wang & K. Y. Lang) X. H. Jin, Schuit. & W. T. Jin

习性：小草本，高24~36cm；湿生植物。

生境：草丛、沼泽等，海拔2700~3000m。

分布：云南。

菱兰属 Rhomboda Lindl.

艳丽菱兰 Rhomboda moulmeinensis (E. C. Parish & Rchb. f.) Ormerod

习性：小草本，高16~35cm；湿生植物。

生境：沟谷、林下等，海拔400~2200m。

分布：广西、贵州、云南、四川、西藏。

鸟足兰属 Satyrium Sw.

鸟足兰（原变种）Satyrium nepalense var. nepalense

习性：中小草本，高25~60cm；湿生植物。

生境：林下、草丛等，海拔1000~3200m。

分布：湖南、贵州、云南、四川、西藏。

缘毛鸟足兰 Satyrium nepalense var. ciliatum (Lindl.) Hook. f.

习性：小草本，高10~35cm；湿生植物。

生境：林下、草丛、草甸等，海拔1200~4000m。

分布：云南、四川、西藏。

云南鸟足兰 Satyrium yunnanense Rolfe

习性：小草本，高10~35cm；湿生植物。

生境：林下、灌丛、草丛、岩石、岩壁等，海拔2000~3700m。

分布：云南、四川。

绶草属 Spiranthes Rich.

绶草 Spiranthes sinensis (Pers.) Ames

习性：小草本，高10~30cm；湿生植物。

生境：灌丛、草丛、沼泽草甸、沼泽、河岸坡、溪边、湖岸坡、沟边、田埂等，海拔200~3400m。

分布：黑龙江、吉林、内蒙古、河北、北京、山西、山东、安徽、上海、浙江、江西、湖北、湖南、广东、广西、贵州、云南、重庆、四川、西藏、陕西、甘肃、青海、新疆。

肉药兰属 Stereosandra Blume

肉药兰 Stereosandra javanica Blume

习性：小草本，高25~50cm；湿生植物。

生境：林下，海拔200~1500m。

分布：云南、台湾。

指柱兰属 Stigmatodactylus Maxim. ex Makino

指柱兰Stigmatodactylus sikokianus Maxim. ex Makino

习性：小草本，高4~10cm；湿生植物。

生境：林下、沟边等，海拔800~2300m。

分布：福建、湖南、云南、台湾。

带唇兰属 Tainia Blume

心叶带唇兰Tainia cordifolia Hook. f.

习性：小草本，高15~25cm；湿生植物。

生境：沟谷、林下等，海拔300~1300m。

分布：福建、广东、广西、云南、台湾。

美丽云叶兰Tainia pulchra (Blume) Gagnep.

习性：小草本，高10~20cm；湿生植物。

生境：林下，海拔1000~1500m。

分布：海南。

云叶兰Tainia tenuiflora (Blume) Gagnep.

习性：小草本，高5~30cm；湿生植物。

生境：沟谷、林下、灌丛等，海拔400~1600m。

分布：海南、云南、香港。

筒距兰属 Tipularia Nutt.

台湾筒距兰Tipularia odorata Fukuy.

习性：小草本，高12~25cm；湿生植物。

生境：林下，海拔1500~2600m。

分布：台湾。

筒距兰Tipularia szechuanica Schltr.

习性：小草本，高15~25cm；湿生植物。

生境：林下，海拔3300~4000m。

分布：云南、四川、陕西、甘肃。

竹茎兰属 Tropidia Lindl.

短穗竹茎兰Tropidia curculigoides Lindl.

习性：中小草本，高30~70cm；湿生植物。

生境：沟谷、林下等，海拔200~1000m。

分布：海南、广西、云南、四川、西藏、香港、台湾。

峨眉竹茎兰Tropidia emeishanica K. Y. Lang

习性：小草本，高约22cm；湿生植物。

生境：林下，海拔1100~1200m。

分布：四川。

长喙兰属 Tsaiorchis Tang & F. T. Wang

长喙兰Tsaiorchis keiskeoides (Gagnep.) X. H. Jin, Schuit. & W. T. Jin

习性：小草本，高6~15cm；湿生植物。

生境：沟谷、林下、溪边等，海拔1100~1500m。

分布：广西、云南。

二尾兰属 Vrydagzynea Blume

二尾兰Vrydagzynea nuda Blume

习性：小草本，高5~12cm；湿生植物。

生境：沟谷、林下等，海拔300~700m。

分布：海南、香港、台湾。

宽距兰属 Yoania Maxim.

宽距兰Yoania japonica Maxim.

习性：小草本，高5~10cm；湿生植物。

生境：林下，海拔1800~2000m。

分布：江西、福建、云南、台湾。

线柱兰属 Zeuxine Lindl.

白肋线柱兰Zeuxine goodyeroides Lindl.

习性：小草本，高17~25cm；湿生植物。

生境：林下、岩石、岩壁等，海拔1000~2500m。

分布：广西、云南、西藏。

芳线柱兰Zeuxine nervosa (Lindl.) Trimen

习性：小草本，高20~40cm；湿生植物。

生境：林下，海拔200~1200m。

分布：云南、台湾。

白花线柱兰Zeuxine parvifolia (Ridl.) Seidenf.

习性：小草本，高15~22cm；湿生植物。

生境：林下，海拔200~1700m。

分布：海南、云南、香港、台湾。

线柱兰Zeuxine strateumatica (L.) Schltr.

习性：小草本，高4~28cm；湿生植物。

生境：河岸坡、沟边等，海拔达1500m。

分布：福建、湖北、广东、海南、广西、云南、四川、台湾。

152. 列当科 Orobanchaceae

野菰属 Aeginetia L.

野菰Aeginetia indica L.

习性：一年生，小寄生草本，高15~40cm；半湿生植物。

生境：林下、草丛、路边等，海拔200~1800m。

分布：江苏、安徽、浙江、江西、福建、湖南、广东、广西、贵州、云南、四川、台湾。

草苁蓉属 Boschniakia C. A. Mey.

丁座草Boschniakia himalaica Hook. f. & Thomson

习性：小草本，高15~45cm；湿生植物。

生境：林下、灌丛等，海拔2500~4400m。

分布：湖北、云南、四川、西藏、陕西、甘肃、青海、台湾。

草苁蓉Boschniakia rossica (Cham. & Schltdl.) B. Fedtsch.

习性：小草本，高15~35cm；湿生植物。

生境：山坡、林下、河岸坡、沟边等，海拔1500~1800m。

分布：黑龙江、吉林、辽宁、内蒙古。

胡麻草属 Centranthera R. Br.

胡麻草Centranthera cochinchinensis (Lour.) Merr.

习性：一年生，中小草本，高30~60cm；半湿生植物。

生境：林下、草丛、田间等，海拔达1500m。

分布：江苏、安徽、福建、广东、海南、广西、台湾。

假野菰属 Christisonia Gardner

假野菰Christisonia hookeri C. B. Clarke

习性：一年生，小草本，高3~8cm；湿生植物。

生境：林下、岩石等，海拔1500~2000m。

分布：广东、海南、广西、贵州、云南、四川。

小米草属 Euphrasia L.

东北小米草Euphrasia amurensis Freyn

习性：一年生，小草本，高10~40cm；湿生植物。

生境：沟谷、林缘、草丛、草甸、路边等，海拔达1200m。

分布：黑龙江、内蒙古。

长腺小米草Euphrasia hirtella Jord. ex Reut.

习性：一年生，小草本，高3~40cm；湿生植物。

生境：沟谷、沼泽、草甸等，海拔1400~1800m。

分布：黑龙江、吉林、内蒙古、西藏、新疆。

小米草Euphrasia pectinata Ten.

习性：一年生，小草本，高10~50cm；湿生植物。

生境：林缘、灌丛、草丛、草甸、路边等，海拔2400~4000m。

分布：黑龙江、吉林、辽宁、内蒙古、河北、山西、山东、湖北、四川、宁夏、甘肃、青海、新疆。

短腺小米草Euphrasia regelii Wettst.

习性：一年生，小草本，高3~35cm；湿生植物。

生境：林下、林缘、草甸等，海拔1200~4000m。

分布：内蒙古、河北、山西、湖北、云南、四川、西藏、陕西、甘肃、青海、新疆。

蔗寄生属 Gleadovia Gamble & Prain

宝兴蔗寄生Gleadovia mupinense Hu

习性：小草本，高10~20cm；湿生植物。

生境：林下、路边等，海拔3000~3500m。

分布：四川。

蔗寄生Gleadovia ruborum Gamble & Prain

习性：小草本，高8~18cm；湿生植物。

生境：林下、灌丛等，海拔900~3500m。

分布：湖北、湖南、广西、云南、四川。

齿鳞草属 Lathraea L.

齿鳞草Lathraea japonica Miq.

习性：小草本，高20~30cm；湿生植物。

生境：林下、路边等，海拔1200~2200m。

分布：陕西、甘肃、广东、贵州、四川。

豆列当属 **Mannagettaea** Harry Sm.

矮生豆列当**Mannagettaea hummelii** Harry Sm.
习性：小寄生草本，高3~5cm；湿生植物。
生境：林下、灌丛等，海拔3200~3700m。
分布：甘肃、青海。

疗齿草属 **Odontites** Ludwig

疗齿草**Odontites vulgaris** Moench
习性：一年生，中小草本，高15~60cm；湿生植物。
生境：草丛、溪边、湖岸坡、路边等，海拔达2000m。
分布：黑龙江、吉林、辽宁、内蒙古、河北、北京、山西、陕西、宁夏、甘肃、青海、新疆。

脐草属 **Omphalotrix** Maxim.

脐草**Omphalotrix longipes** Maxim.
习性：一年生，中小草本，高15~60cm；湿生植物。
生境：草丛、溪边、沟边等，海拔300~400m。
分布：黑龙江、吉林、辽宁、内蒙古、河北、北京。

马先蒿属 **Pedicularis** L.

阿拉善马先蒿**Pedicularis alaschanica** Maxim.
习性：多年生，小草本，高达35cm；半湿生植物。
生境：灌丛、河漫滩、砾石地等，海拔3900~5100m。
分布：内蒙古、四川、宁夏、西藏、甘肃、青海。

鹰嘴马先蒿**Pedicularis aquilina** Bonati
习性：多年生，小草本，高20~30cm；半湿生植物。
生境：林下、沟边等，海拔2900~3200m。
分布：云南。

刺齿马先蒿（原变种）**Pedicularis armata** var. **armata**
习性：多年生，小草本，高8~16cm；水湿生植物。
生境：草甸，海拔3700~4600m。
分布：四川、甘肃。

三斑刺齿马先蒿**Pedicularis armata** var. **trimaculata** X. F. Lu
习性：多年生，小草本，高8~16cm；湿生植物。
生境：草丛、草甸等，海拔3000~4000m。
分布：甘肃、青海。

阿墩子马先蒿**Pedicularis atuntsiensis** Bonati
习性：多年生，小草本，高10~20cm；湿生植物。
生境：草甸，海拔4200~4500m。
分布：云南。

金黄马先蒿**Pedicularis aurata** (Bonati) H. L. Li
习性：多年生，小草本，高12~30cm；湿生植物。
生境：林下、草甸等，海拔3300~3900m。
分布：云南、西藏。

腋花马先蒿**Pedicularis axillaris** Franch. ex Maxim.
习性：多年生，小草本，高5~14cm；湿生植物。
生境：林下、灌丛、河岸坡、岩石等，海拔2700~4000m。
分布：云南、四川、西藏。

美丽马先蒿**Pedicularis bella** Hook. f.
习性：一年生，小草本，高1~3cm；湿生植物。
生境：灌丛、草甸、岩壁等，海拔3600~4900m。
分布：湖北、西藏。

短盔马先蒿**Pedicularis brachycrania** H. L. Li
习性：二或多年生，小草本，高12~30cm；湿生植物。
生境：林缘、草甸、流石滩等，海拔3500~4500m。
分布：云南、四川。

头花马先蒿（原变种）**Pedicularis cephalantha** var. **cephalantha**
习性：多年生，小草本，高12~20cm；湿生植物。
生境：林下、草甸等，海拔4000~4900m。
分布：云南。

四川头花马先蒿**Pedicularis cephalantha** var. **szetchuanica** Bonati
习性：多年生，小草本，高12~20cm；湿生植物。
生境：林缘、草甸等，海拔2800~4500m。
分布：云南、四川。

俯垂马先蒿（原亚种）**Pedicularis cernua** subsp. **cernua**
习性：多年生，小草本，高5~22cm；湿生植物。
生境：草甸，海拔3800~4000m。
分布：云南、四川。

宽叶俯垂马先蒿Pedicularis cernua subsp. latifolia (H. L. Li) P. C. Tsoong
习性：多年生，小草本，高5~15cm；湿生植物。
生境：草甸，海拔约4200m。
分布：云南。

碎米蕨叶马先蒿Pedicularis cheilanthifolia Schrenk
习性：多年生，小草本，高5~30cm；半湿生植物。
生境：林下、草丛、河岸坡、沟边等，海拔2100~5200m。
分布：四川、西藏、甘肃、青海、新疆。

鹅首马先蒿Pedicularis chenocephala Diels
习性：多年生，小草本，高7~13cm；湿生植物。
生境：沼泽草甸，海拔3600~4300m。
分布：四川、甘肃。

中国马先蒿Pedicularis chinensis Maxim.
习性：一年生，小草本，高5~30cm；湿生植物。
生境：草甸，海拔1700~3300m。
分布：内蒙古、河北、北京、山西、西藏、陕西、甘肃、青海。

聚花马先蒿（原亚种）**Pedicularis confertiflora subsp. confertiflora**
习性：一年生，小草本，高5~18cm；湿生植物。
生境：草丛、草甸等，海拔2700~4400m。
分布：云南、四川、西藏。

小叶聚花马先蒿Pedicularis confertiflora subsp. parvifolia (Hand.-Mazz.) P. C. Tsoong
习性：一年生，小草本，高1~3cm；湿生植物。
生境：草甸，海拔3800~4900m。
分布：云南。

连叶马先蒿Pedicularis connata H. L. Li
习性：多年生，小草本，高30~40cm；湿生植物。
生境：草甸，海拔4000~4300m。
分布：云南、四川。

细波齿马先蒿Pedicularis crenularis H. L. Li
习性：多年生，小草本，高10~30cm；湿生植物。
生境：草甸，海拔2800~3000m。
分布：云南。

隐花马先蒿Pedicularis cryptantha C. Marquand & Airy Shaw
习性：多年生，小草本，高5~15cm；湿生植物。

生境：林下、河岸坡等，海拔2700~4700m。
分布：云南、西藏。

斗叶马先蒿Pedicularis cyathophylla Franch.
习性：多年生，中小草本，高15~55cm；湿生植物。
生境：林下、草甸、河岸坡等，海拔3500~4700m。
分布：云南、四川。

环喙马先蒿Pedicularis cyclorhyncha H. L. Li
习性：多年生，小草本，高25~40cm；湿生植物。
生境：林缘、灌丛、草丛、草甸等，海拔3400~4000m。
分布：云南。

舟形马先蒿Pedicularis cymbalaria Bonati
习性：一或二年生，小草本，高5~15cm；湿生植物。
生境：草丛、沼泽草甸等，海拔3400~4300m。
分布：云南、四川。

扭盔马先蒿Pedicularis davidii Franch.
习性：多年生，小草本，高15~50cm；湿生植物。
生境：林下、灌丛、草丛、草甸、溪边等，海拔1700~3500m。
分布：四川、陕西、甘肃。

弱小马先蒿Pedicularis debilis Franch. ex Maxim.
习性：一年生，小草本，高5~20cm；湿生植物。
生境：林缘、灌丛、草甸、流石坡等，海拔3600~4600m。
分布：云南。

极丽马先蒿Pedicularis decorissima Diels
习性：多年生，小草本，高5~15cm；湿生植物。
生境：草甸，海拔2900~3500m。
分布：四川、甘肃、青海。

三角叶马先蒿Pedicularis deltoidea Franch. ex Maxim.
习性：一或二年生，小草本，高8~20cm；湿生植物。
生境：草丛、草甸等，海拔2600~3500m。
分布：云南、四川、西藏。

密穗马先蒿Pedicularis densispica Franch. ex Maxim.
习性：一年生，小草本，高15~40cm；湿生植物。

生境：林下、草丛、沼泽草甸、沼泽等，海拔1800~4400m。

分布：云南、四川、西藏。

修花马先蒿Pedicularis dolichantha Bonati

习性：多年生，小草本，高15~30cm；湿生植物。

生境：草丛、沼泽草甸、溪边、塘基、沟边等，海拔3200~3600m。

分布：云南。

囊盔马先蒿Pedicularis elwesii Hook. f.

习性：多年生，小草本，高8~20cm；湿生植物。

生境：草甸，海拔3200~4600m。

分布：云南、西藏。

少叶马先蒿Pedicularis forrestiana Bonati

习性：多年生，小草本，高15~20cm；湿生植物。

生境：灌丛、草丛、草甸等，海拔3300~4000m。

分布：云南。

糠秕马先蒿Pedicularis furfuracea Wall. ex Benth.

习性：多年生，小草本，高6~45cm；湿生植物。

生境：林下、溪边等，海拔3000~4000m。

分布：西藏。

平坝马先蒿Pedicularis ganpinensis Vaniot ex Bonati

习性：一或二年生，小草本，高10~30cm；湿生植物。

生境：草丛、溪边等，海拔1100~2500m。

分布：贵州。

球花马先蒿Pedicularis globifera Hook. f.

习性：多年生，小草本，高4~15cm；湿生植物。

生境：沼泽草甸、河漫滩、湖岸坡等，海拔3600~5400m。

分布：西藏。

纤细马先蒿（原亚种）Pedicularis gracilis subsp. **gracilis**

习性：多年生，中小草本，高0.1~1m；湿生植物。

生境：林下、草甸等，海拔2200~3800m。

分布：西藏。

中国纤细马先蒿Pedicularis gracilis subsp. **sinensis** (H. L. Li) P. C. Tsoong

习性：多年生，小草本，高15~50cm；湿生植物。

生境：草丛、草甸、溪边等，海拔2000~4000m。

分布：云南、四川。

细管马先蒿Pedicularis gracilituba H. L. Li

习性：多年生，小草本，高4~6cm；湿生植物。

生境：林下、草甸等，海拔3600~4000m。

分布：云南、四川。

野苏子Pedicularis grandiflora Fisch.

习性：多年生，中草本，高0.5~1.1m；湿生植物。

生境：草丛、沼泽草甸、沼泽、塘基等，海拔300~400m。

分布：黑龙江、吉林、内蒙古。

鹤首马先蒿Pedicularis gruina Franch. ex Maxim.

习性：多年生，小草本，高15~40cm；湿生植物。

生境：林下、草甸、沟边等，海拔2600~3000m。

分布：云南。

哈巴山马先蒿（原亚种）Pedicularis habachanensis subsp. **habachanensis**

习性：多年生，小草本，高3~15cm；湿生植物。

生境：灌丛、沼泽草甸等，海拔3500~4600m。

分布：云南。

多羽片哈巴山马先蒿Pedicularis habachanensis subsp. **multipinnata** P. C. Tsoong

习性：多年生，小草本，高5~15cm；湿生植物。

生境：沼泽草甸，海拔3300~4100m。

分布：云南。

矮马先蒿Pedicularis humilis Bonati

习性：多年生，小草本，高5~15cm；湿生植物。

生境：灌丛、草甸等，海拔3100~4500m。

分布：云南。

孱弱马先蒿Pedicularis infirma H. L. Li

习性：多年生，小草本，高7~11cm；湿生植物。

生境：草丛、草甸等，海拔3000~4700m。

分布：云南。

甘肃马先蒿Pedicularis kansuensis Maxim.

习性：一或二年生，小草本，高15~40cm；湿生植物。

生境：草丛、草甸、田埂、沟边等，海拔1800~4600m。

分布：四川、西藏、甘肃、青海。

西南马先蒿Pedicularis labordei Vaniot ex Bonati

习性：多年生，小草本，高5~10cm；湿生植物。

生境：灌丛、草丛、草甸、沟边等，海拔，1900~
3500m。

分布：贵州、云南、四川。

元宝草马先蒿Pedicularis lamioides Hand.-Mazz.

习性：一年生，小草本，高7~15cm；湿生植物。

生境：林缘、灌丛、草甸等，海拔3400~4200m。

分布：云南。

兰坪马先蒿Pedicularis lanpingensis H. P. Yang

习性：多年生，小草本，高20~35cm；湿生植物。

生境：草甸，海拔约3800m。

分布：云南。

毛颏马先蒿Pedicularis lasiophrys Maxim.

习性：多年生，小草本，高10~30cm；湿生植物。

生境：林下、草甸等，海拔3700~5000m。

分布：四川、甘肃、青海。

宽喙马先蒿Pedicularis latirostris P. C. Tsoong

习性：多年生，小草本，高12~24cm；湿生植物。

生境：草丛、沼泽草甸、河漫滩、湖岸坡等，海拔3000~3800m。

分布：四川、甘肃、青海。

鹤庆马先蒿Pedicularis lecomtei Bonati

习性：多年生，小草本，高5~12cm；湿生植物。

生境：草甸、岩石等，海拔3500~4100m。

分布：云南。

纤管马先蒿Pedicularis leptosiphon H. L. Li

习性：多年生，小草本，高10~20cm；湿生植物。

生境：草甸，海拔3200~4300m。

分布：云南、四川。

丽江马先蒿Pedicularis likiangensis Franch. ex Maxim.

习性：多年生，小草本，高9~18cm；湿生植物。

生境：林缘、灌丛、草丛、草甸、流石滩等，海拔3000~4600m。

分布：云南、四川、西藏。

条纹马先蒿Pedicularis lineata Franch. ex Maxim.

习性：多年生，小草本，高20~35cm；湿生植物。

生境：林下、草丛等，海拔1900~4600m。

分布：云南、四川、陕西、甘肃。

长花马先蒿（原变种）Pedicularis longiflora var. longiflora

习性：一年生，小草本，高10~18cm；湿生植物。

生境：林下、林缘、灌丛、草丛、沼泽草甸、溪边等，海拔3300~3500m。

分布：内蒙古、河北、四川、甘肃、青海、新疆。

管状长花马先蒿Pedicularis longiflora var. tubiformis (Klotzsch) P. C. Tsoong

习性：一年生，小草本，高10~20cm；湿生植物。

生境：林缘、灌丛、草丛、沼泽草甸、沼泽、溪边、湖岸坡、沟边等，海拔2700~5300m。

分布：云南、四川、西藏。

阴山长花马先蒿Pedicularis longiflora var. yingshanensis Z. Y. Chu & Y. Z. Zhao

习性：一年生，小草本，高10~20cm；湿生植物。

生境：沼泽草甸，海拔约2100m。

分布：内蒙古。

长柄马先蒿Pedicularis longipetiolata Franch. ex Maxim.

习性：多年生，中小草本，高40~70cm；湿生植物。

生境：沼泽草甸，海拔2800~3600m。

分布：云南、四川。

长喙马先蒿Pedicularis macrorhyncha H. L. Li

习性：多年生，小草本，高15~25cm；湿生植物。

生境：草甸，海拔3400~4300m。

分布：云南。

大管马先蒿Pedicularis macrosiphon Franch.

习性：多年生，小草本，高10~40cm；湿生植物。

生境：林下、沟边等，海拔1200~3500m。

分布：云南、四川。

沙坝马先蒿Pedicularis maxonii Bonati

习性：一年生，小草本，高12~16cm；湿生植物。

生境：草甸，海拔3400~4300m。

分布：云南。

啮唇马先蒿Pedicularis mayana Hand.-Mazz.

习性：多年生，小草本，高4~9cm；湿生植物。

生境：草甸，海拔3600~4600m。

分布：云南。

硕花马先蒿Pedicularis megalatha D. Don
习性：一年生，小草本，高达45cm；湿生植物。
生境：林下、灌丛、草甸、溪边等，海拔2300~4200m。
分布：西藏。

大唇马先蒿Pedicularis megalochila H. L. Li
习性：多年生，小草本，高5~15cm；水湿生植物。
生境：灌丛、草丛、草甸等，海拔3800~4600m。
分布：西藏。

翘喙马先蒿Pedicularis meteororhyncha H. L. Li
习性：多年生，小草本，高5~16cm；湿生植物。
生境：草甸，海拔4000~4200m。
分布：云南。

小花马先蒿Pedicularis micrantha H. L. Li
习性：多年生，小草本，高5~20cm；湿生植物。
生境：灌丛、草甸等，海拔3100~4600m。
分布：云南、四川。

小唇马先蒿Pedicularis microchilae Franch. ex Maxim.
习性：一年生，小草本，高5~18cm；湿生植物。
生境：灌丛、草甸、溪边等，海拔2700~4000m。
分布：云南、四川。

藓生马先蒿Pedicularis muscicola Maxim.
习性：多年生，小草本，高5~19cm；湿生植物。
生境：林下、灌丛、草丛、沼泽草甸、沼泽、河岸坡、溪边等，海拔1700~2700m。
分布：内蒙古、河北、山西、湖北、陕西、甘肃、青海。

藓状马先蒿（原变种）Pedicularis muscoides var. muscoides
习性：多年生，小草本，高5~20cm；湿生植物。
生境：草甸，海拔3900~5400m。
分布：四川、西藏。

玫瑰色藓状马先蒿Pedicularis muscoides var. rosea H. L. Li
习性：多年生，小草本，高2~5cm；湿生植物。
生境：草甸，海拔4300~4600m。
分布：云南。

卷喙马先蒿 Pedicularis mussotii Franch.
习性：多年生，小草本，高5~15cm；湿生植物。
生境：草甸、漂石间等，海拔3600~4900m。
分布：云南、四川。

菌生马先蒿Pedicularis mychophila C. Marquand & Airy Shaw
习性：多年生，小草本，高5~9cm；湿生植物。
生境：岩石、岩壁等，海拔4200~4500m。
分布：西藏。

欧亚马先蒿Pedicularis oederi Vahl
习性：多年生，小草本，高5~10cm；湿生植物。
生境：林下、沼泽草甸、冻原等，海拔2600~4000m。
分布：河北、山西、云南、四川、西藏、陕西、甘肃、青海、新疆。

少花马先蒿Pedicularis oligantha Franch. ex Maxim.
习性：多年生，小草本，高40~50cm；湿生植物。
生境：草丛、草甸等，海拔3000~4000m。
分布：云南。

茸背马先蒿Pedicularis oliveriana Prain
习性：多年生，小草本，高10~50cm；水陆生植物。
生境：林下、河岸坡、沼泽等，海拔3400~4000m。
分布：西藏。

直盔马先蒿Pedicularis orthocoryne H. L. Li
习性：多年生，小草本，高2~4cm；湿生植物。
生境：草甸，海拔3900~5400m。
分布：云南、四川。

尖果马先蒿Pedicularis oxycarpa Franch. ex Maxim.
习性：多年生，小草本，高20~40cm；半湿生植物。
生境：草丛、草甸等，海拔2800~4400m。
分布：云南、四川。

沼生马先蒿（原亚种）Pedicularis palustris subsp. palustris
习性：一年生，中小草本，高30~60cm；湿生植物。
生境：林下、沼泽、沼泽草甸等，海拔约400m。
分布：黑龙江、吉林、内蒙古、新疆。

小花沼生马先蒿Pedicularis palustris subsp. karoi (Freyn) P. C. Tsoong

习性：一年生，中小草本，高40~60cm；湿生植物。
生境：草丛、沼泽草甸、沼泽、沟边等，海拔约400m。
分布：黑龙江、内蒙古。

疏叶马先蒿（原亚种）Pedicularis pantlingii subsp. pantlingii

习性：多年生，中小草本，高30~60cm；湿生植物。
生境：林下、沼泽、溪流等，海拔3500~4200m。
分布：云南、西藏。

缅甸疏叶马先蒿Pedicularis pantlingii subsp. chimiliensis (Bonati) P. C. Tsoong

习性：多年生，小草本，高30~35cm；湿生植物。
生境：草甸、溪边等，海拔3500~4200m。
分布：云南。

沙铃花叶马先蒿Pedicularis phaceliifolia Franch.

习性：一或二年生，中小草本，高20~60cm；湿生植物。
生境：灌丛、草丛、沟边等，海拔1100~3400m。
分布：云南、四川。

皱褶马先蒿（原亚种）Pedicularis plicata subsp. plicata

习性：多年生，小草本，高10~20cm；湿生植物。
生境：林下、草丛、草甸、砾石地等，海拔2900~5000m。
分布：云南、四川、西藏、甘肃、青海。

浅黄皱褶马先蒿Pedicularis plicata subsp. luteola (H. L. Li) P. C. Tsoong

习性：多年生，小草本，高5~10cm；湿生植物。
生境：林下、灌丛、草丛、草甸等，海拔3700~4200m。
分布：云南、四川。

悬岩马先蒿Pedicularis praeruptorum Bonati

习性：多年生，小草本，高4~10cm；湿生植物。
生境：草甸、岩壁等，海拔3300~4200m。
分布：云南。

高超马先蒿Pedicularis princeps Bureau & Franch.

习性：多年生，中草本，高0.5~1m；湿生植物。

生境：林下、草甸等，海拔2800~3500m。
分布：云南、四川。

青藏马先蒿（原亚种）Pedicularis przewalskii subsp. przewalskii

习性：多年生，小草本，高6~12cm；湿生植物。
生境：草甸，海拔4000~5000m。
分布：云南、四川、西藏、甘肃、青海。

南方青藏马先蒿Pedicularis przewalskii subsp. australis (H. L. Li) P. C. Tsoong

习性：多年生，小草本，高2~10cm；湿生植物。
生境：林下、灌丛、草甸等，海拔2800~5300m。
分布：云南、西藏。

假硕大马先蒿Pedicularis pseudoingens Bonati

习性：多年生，中小草本，高0.4~1.5m；湿生植物。
生境：灌丛、草丛、草甸等，海拔2700~4200m。
分布：云南。

假山萝花马先蒿Pedicularis pseudomelampyriflora Bonati

习性：一年生，中草本，高60~90cm；湿生植物。
生境：灌丛、草甸等，海拔2600~3900m。
分布：云南、四川、西藏。

假多色马先蒿Pedicularis pseudoversicolor Hand.-Mazz.

习性：多年生，小草本，高10~15cm；湿生植物。
生境：草甸、流石滩等，海拔3600~4500m。
分布：云南、西藏。

返顾马先蒿Pedicularis resupinata L.

习性：多年生，中小草本，高30~80cm；半湿生植物。
生境：沟谷、林缘、草丛、草甸、沼泽等，海拔300~2000m。
分布：黑龙江、吉林、辽宁、内蒙古、河北、北京、山西、山东、安徽、浙江、湖北、广西、贵州、四川、陕西、甘肃。

大王马先蒿Pedicularis rex C. B. Clarke ex Maxim.

习性：多年生，中小草本，高10~90cm；半湿生植物。
生境：林下、灌丛、草丛、草甸等，海拔2500~4300m。

分布：湖北、贵州、云南、四川、西藏。

拟鼻花马先蒿（原亚种）Pedicularis rhinanthoides subsp. rhinanthoides

习性：多年生，小草本，高4~30cm；湿生植物。

生境：林下、灌丛、草丛、沼泽草甸、沼泽、湖岸坡等，海拔3000~5000m。

分布：云南、西藏、青海、新疆。

大唇拟鼻花马先蒿 Pedicularis rhinanthoides subsp. labellata (Jacq.) P. C. Tsoong

习性：多年生，小草本，高4~30cm；湿生植物。

生境：灌丛、草甸、沼泽、溪边等，海拔3000~4500m。

分布：河北、山西、云南、四川、西藏、陕西、甘肃、青海。

西藏拟鼻花马先蒿 Pedicularis rhinanthoides subsp. tibetica (Bonati) P. C. Tsoong

习性：多年生，小草本，高10~20cm；湿生植物。

生境：林下、林缘、灌丛、草丛、沼泽草甸、溪边、湖岸坡等，海拔3000~4200m。

分布：云南、四川。

根茎马先蒿 Pedicularis rhizomatosa P. C. Tsoong

习性：多年生，小草本，高2~7cm；湿生植物。

生境：草丛、草甸等，海拔3700~3900m。

分布：西藏。

草甸马先蒿 Pedicularis roylei Maxim.

习性：多年生，小草本，高7~15cm；半湿生植物。

生境：林下、林缘、灌丛、草丛、沼泽草甸等，海拔3400~4500m。

分布：云南、四川、西藏。

红色马先蒿 Pedicularis rubens Steph. ex Willd.

习性：多年生，小草本，高10~35cm；半湿生植物。

生境：林下、草原、草甸等。

分布：黑龙江、吉林、辽宁、内蒙古、河北。

岩居马先蒿 Pedicularis rupicola Franch. ex Maxim.

习性：多年生，小草本，高7~22cm；半湿生植物。

生境：沟谷、草甸、流石滩等，海拔2700~4800m。

分布：云南、四川、西藏。

旌节马先蒿 Pedicularis sceptrum-carolinum L.

习性：多年生，中小草本，高0.2~1m；湿生植物。

生境：草丛、沼泽草甸、沼泽、河岸坡、塘基等，海拔400~500m。

分布：黑龙江、吉林、辽宁、内蒙古。

半扭卷马先蒿 Pedicularis semitorta Maxim.

习性：一年生，中小草本，高15~60cm；半湿生植物。

生境：草丛、草甸、河岸坡等，海拔2500~3900m。

分布：四川、甘肃、青海。

管花马先蒿（原变种）Pedicularis siphonantha var. siphonantha

习性：多年生，小草本，高5~20cm；水湿生植物。

生境：林下、林缘、灌丛、草丛、沼泽草甸、沼泽、河岸坡、河漫滩等，海拔3000~4600m。

分布：云南、四川、西藏、青海。

五齿管花马先蒿 Pedicularis siphonantha var. delavayi (Franch. ex Maxim.) P. C. Tsoong

习性：多年生，小草本，高8~10cm；湿生植物。

生境：林下、林缘、灌丛、草丛、沼泽草甸、河岸坡、河漫滩等，海拔3100~4600m。

分布：云南、四川。

穗花马先蒿 Pedicularis spicata Pall.

习性：一年生，中小草本，高20~80cm；半湿生植物。

生境：林下、林缘、灌丛、草丛、沼泽草甸、溪边、沟边等，海拔1500~2600m。

分布：黑龙江、吉林、辽宁、内蒙古、河北、山西、湖北、四川、陕西、甘肃。

扭喙马先蒿 Pedicularis streptorhyncha P. C. Tsoong

习性：多年生，小草本，高15~30cm；湿生植物。

生境：灌丛、草甸等，海拔3900~4000m。

分布：四川。

红纹马先蒿 Pedicularis striata Pall.

习性：多年生，中小草本，高20~65cm；半湿生植物。

生境：林下、草丛、草甸、沼泽边等，海拔1300~2700m。

分布：黑龙江、吉林、辽宁、内蒙古、河北、山西、陕西、宁夏、甘肃、青海。

球状马先蒿Pedicularis strobilacea Franch.

习性：一年生，小草本，高20~33cm；湿生植物。

生境：草甸、沟边等，海拔3500~3800m。

分布：云南。

华丽马先蒿Pedicularis superba Franch. ex Maxim.

习性：多年生，中小草本，高30~90cm；半湿生植物。

生境：林缘、草甸、沟边等，海拔2800~4000m。

分布：云南、四川。

四川马先蒿Pedicularis szetschuanica Maxim.

习性：一年生，小草本，高10~30cm；湿生植物。

生境：沟谷、林下、草丛、草甸、溪边等，海拔3300~4600m。

分布：四川、西藏、甘肃、青海。

大山马先蒿Pedicularis tachanensis Bonati

习性：多年生，小草本，高20~32cm；湿生植物。

生境：沼泽，海拔2200~3900m。

分布：云南。

大海马先蒿Pedicularis tahaiensis Bonati

习性：一年生，小草本，高15~30cm；湿生植物。

生境：草丛、沼泽草甸等，海拔3200~3600m。

分布：云南。

华北马先蒿Pedicularis tatarinowii Maxim.

习性：一年生，小草本，高10~50cm；半湿生植物。

生境：草甸、漂石间等，海拔2000~2300m。

分布：内蒙古、河北、山西。

打箭马先蒿Pedicularis tatsienensis Bureau & Franch.

习性：多年生，小草本，高10~27cm；湿生植物。

生境：草甸、河岸坡等，海拔3700~4400m。

分布：云南、四川。

西藏马先蒿Pedicularis tibetica Franch.

习性：多年生，小草本，高15~25cm；湿生植物。

生境：灌丛、草甸等，海拔3500~4600m。

分布：四川、西藏、青海。

扭旋马先蒿Pedicularis torta Maxim.

习性：多年生，小草本，高20~40cm；半湿生植物。

生境：草丛、草甸等，海拔2500~4000m。

分布：湖北、四川、陕西、甘肃。

毛盔马先蒿Pedicularis trichoglossa Hook. f.

习性：多年生，中小草本，高30~60cm；半湿生植物。

生境：林下、灌丛、草甸等，海拔3500~5000m。

分布：云南、四川、西藏、青海。

须毛马先蒿Pedicularis trichomata H. L. Li

习性：多年生，小草本，高15~40cm；湿生植物。

生境：草甸，海拔3000~3600m。

分布：云南。

三色马先蒿Pedicularis tricolor Hand.-Mazz.

习性：一年生，小草本，高5~20cm；湿生植物。

生境：灌丛、草丛、沼泽草甸、湖岸坡等，海拔3000~3700m。

分布：云南。

茨口马先蒿Pedicularis tsekouensis Bonati

习性：多年生，中小草本，高10~60cm；湿生植物。

生境：灌丛、草甸等，海拔3000~4500m。

分布：云南、四川。

水泽马先蒿Pedicularis uliginosa Bunge

习性：多年生，小草本，高5~35cm；湿生植物。

生境：林下、草甸、溪边等。

分布：新疆。

坛萼马先蒿Pedicularis urceolata P. C. Tsoong

习性：一年生，小草本，高10~20cm；湿生植物。

生境：草甸，海拔3500~4400m。

分布：云南、四川。

蔓生马先蒿Pedicularis vagans Hemsl.

习性：多年生，小草本，高15~40cm；湿生植物。

生境：林下、灌丛、溪边、路边等，海拔900~2200m。

分布：四川。

变色马先蒿Pedicularis variegata H. L. Li

习性：多年生，小草本，高10~15cm；湿生植物。

生境：沼泽草甸、沼泽等，海拔4100~4200m。

分布：云南、四川。

秀丽马先蒿Pedicularis venusta Schangin ex Bunge

习性：多年生，中小草本，高10~80cm；湿生植物。

生境：草丛、草甸等，海拔300~2400m。

分布：黑龙江、内蒙古、河北、新疆。

马鞭草叶马先蒿 Pedicularis verbenifolia Franch. ex Maxim.

习性：多年生，小草本，高20~50cm；湿生植物。

生境：林缘、灌丛、草甸、岩壁等，海拔3100~4000m。

分布：云南、四川。

轮叶马先蒿 Pedicularis verticillata L.

习性：多年生，小草本，高15~35cm；湿生植物。

生境：草丛、草甸、沼泽、冻原等，海拔2100~4400m。

分布：黑龙江、吉林、辽宁、内蒙古、河北、山西、四川、西藏、陕西、甘肃、青海。

象头马先蒿 Pedicularis vialii Franch. ex Hemsl.

习性：多年生，中小草本，高30~80cm；湿生植物。

生境：林下、草丛、草甸等，海拔2700~4300m。

分布：云南、四川、西藏。

季川马先蒿（原变种）Pedicularis yui var. yui

习性：多年生，小草本，高6~7cm；湿生植物。

生境：草丛、沼泽草甸、沼泽等，海拔4000~4100m。

分布：云南。

缘毛季川马先蒿 Pedicularis yui var. ciliata P. C. Tsoong

习性：多年生，小草本，高3~10cm；湿生植物。

生境：草甸、沼泽等，海拔4000~4100m。

分布：云南。

云南马先蒿 Pedicularis yunnanensis Franch. ex Maxim.

习性：多年生，小草本，高10~30cm；湿生植物。

生境：草甸，海拔3000~4000m。

分布：云南。

黄筒花属 Phacellanthus Siebold & Zucc.

黄筒花 Phacellanthus tubiflorus Siebold & Zucc.

习性：小草本，高5~11cm；湿生植物。

生境：林下，海拔800~1400m。

分布：吉林、浙江、湖北、湖南、陕西、甘肃。

松蒿属 Phtheirospermum Bunge ex Fisch. & C. A. Mey.

松蒿 Phtheirospermum japonicum (Thunb.) Kanitz

习性：一年生，中小草本，高0.3~1m；半湿生植物。

生境：灌丛、河岸坡等，海拔100~3000m。

分布：黑龙江、吉林、辽宁、内蒙古、河北、北京、江苏、安徽、江西、福建、河南、湖北、湖南、广东、海南、广西、贵州、宁夏、甘肃、香港、澳门。

翅茎草属 Pterygiella Oliv.

齿叶翅茎草 Pterygiella bartschioides Hand.-Mazz.

习性：一或二年生，小草本，高14~50cm；湿生植物。

生境：灌丛、草丛、沼泽、沟边等，海拔2700~3400m。

分布：云南。

鼻花属 Rhinanthus L.

鼻花 Rhinanthus glaber Lam.

习性：一年生，中小草本，高15~60cm；半湿生植物。

生境：林缘、草甸、路边等，海拔1200~2400m。

分布：黑龙江、吉林、辽宁、内蒙古、河北、新疆。

阴行草属 Siphonostegia Benth.

阴行草 Siphonostegia chinensis Benth.

习性：一年生，中小草本，高30~80cm；半湿生植物。

生境：灌丛、草丛、沟边、路边等，海拔200~3400m。

分布：黑龙江、吉林、辽宁、内蒙古、河北、北京、山西、山东、江苏、安徽、江西、福建、河南、湖南、广东、广西、贵州、云南、四川、陕西、甘肃、台湾。

腺毛阴行草 Siphonostegia laeta S. Moore

习性：一年生，中小草本，高30~60cm；半湿生植物。

生境：灌丛、草丛、沟边、路边等，海拔200~500m。

分布：江苏、安徽、浙江、江西、福建、湖南、广东。

153. 酢浆草科 Oxalidaceae

酢浆草属 Oxalis L.

白花酢浆草Oxalis acetosella L.

习性：多年生，小草本，高8~15cm；湿生植物。

生境：林下、灌丛等，海拔800~3700m。

分布：黑龙江、吉林、辽宁、宁夏、新疆、台湾。

酢浆草Oxalis corniculata L.

习性：一或多年生，小草本，高10~35cm；半湿生植物。

生境：林下、灌丛、草丛、河岸坡、溪边、湖岸坡、塘基、沟边、水浇地、冬闲田、弃耕田、田埂等，海拔达3400m。

分布：全国各地。

红花酢浆草Oxalis corymbosa DC.

习性：多年生，小草本，高10~40cm；湿生植物。

生境：林缘、灌丛、草丛、河岸坡、溪边、湖岸坡、塘基、沟边、消落带、田埂、水浇地、路边等，海拔达2300m。

分布：全国各地；原产于热带美洲。

山酢浆草Oxalis griffithii Edgew. & Hook. f.

习性：多年生，小草本，高7~25cm；湿生植物。

生境：林下、灌丛、溪边等，海拔500~3400m。

分布：吉林、辽宁、山东、江苏、安徽、江西、福建、河南、湖北、湖南、广东、广西、贵州、四川、陕西、甘肃、台湾。

黄花酢浆草Oxalis pes-caprae L.

习性：多年生，小草本，高5~20cm；湿生植物。

生境：林下、河岸坡、弃耕田、田埂、溪边、塘基、沟边等，海拔达800m。

分布：北京、山东、福建、广东、广西、重庆、陕西、新疆；原产于南非。

154. 芍药科 Paeoniaceae

芍药属 Paeonia L.

芍药Paeonia lactiflora Pall.

习性：多年生，中小草本，高40~70cm；湿生植物。

生境：林下、草丛、沼泽草甸等，海拔400~2300m。

分布：黑龙江、吉林、辽宁、内蒙古、河北、山西、陕西、宁夏、甘肃。

155. 露兜树科 Pandanaceae

露兜树属 Pandanus Parkinson

露兜草Pandanus austrosinensis T. L. Wu

习性：多年生，大中草本，高1~2m；水陆生植物。

生境：林下、溪边、沟边等，海拔100~1000m。

分布：广东、海南、广西。

小露兜Pandanus fibrosus Gagnep. ex Humbert.

习性：常绿，草本或灌木状，高0.7~4m；水陆生植物。

生境：林下、河岸坡、溪边、沟边等，海拔100~1300m。

分布：海南、台湾。

露兜树Pandanus tectorius Parkinson

习性：常绿，灌木或乔木状，高2~5m；水陆生植物。

生境：沟谷、林下、高潮带、潮上带、入海河口等，海拔达1600m。

分布：福建、广东、海南、广西、贵州、云南、西藏、台湾。

分叉露兜Pandanus urophyllus Hance

习性：常绿，灌木或乔木状，高3~13m；水陆生植物。

生境：河岸坡、溪边、沟边等，海拔达1500m。

分布：广东、广西、云南、西藏。

156. 罂粟科 Papaveraceae

荷包藤属 Adlumia Raf.

荷包藤Adlumia asiatica Ohwi

习性：多年生，草质藤本；湿生植物。

生境：林下、林缘、草甸、河岸坡等，海拔200~800m。

分布：黑龙江、吉林。

蓟罂粟属 Argemone L.

蓟罂粟Argemone mexicana L.

习性：一年生，中小草本，高0.3~1m；半湿生植物。

生境：草丛、河岸坡、田间等，海拔600~1200m。

分布：辽宁、北京、江苏、浙江、福建、湖北、湖南、广东、广西、贵州、云南、重庆、四川、新疆、香港、澳门、台湾；原产于热带美洲。

白屈菜属 Chelidonium L.

白屈菜 Chelidonium majus L.

习性：多年生，中小草本，高0.3~1m；湿生植物。

生境：沟谷、林下、草丛、溪边、沟边、路边、田间等，海拔500~2200m。

分布：黑龙江、吉林、辽宁、河北、山西、山东、江苏、安徽、浙江、河南、湖北、湖南、贵州、云南、四川、陕西、甘肃、青海。

紫堇属 Corydalis DC.

湿崖紫堇 Corydalis aeditua Lidén & Z. Y. Su

习性：多年生，小草本，高约35cm；湿生植物。

生境：岩壁，海拔1500~1600m。

分布：四川。

阿敦紫堇 Corydalis atuntsuensis W. W. Sm.

习性：多年生，小草本，高5~30cm；湿生植物。

生境：灌丛、草丛、草甸等，海拔3900~5000m。

分布：云南、四川、西藏、青海。

高黎贡山黄堇 Corydalis auricilla Lidén & Z. Y. Su

习性：多年生，中小草本，高40~75cm；湿生植物。

生境：草丛、草甸等，海拔2900~3600m。

分布：云南。

北越紫堇 Corydalis balansae Prain

习性：一年生，小草本，高15~50cm；半湿生植物。

生境：沟谷、溪边、沟边等，海拔200~700m。

分布：山东、江苏、安徽、浙江、江西、福建、湖北、湖南、广东、广西、贵州、云南、台湾。

碧江黄堇 Corydalis bijiangensis C. Y. Wu & H. Chuang

习性：中小草本，高40~60cm；半湿生植物。

生境：林缘、沟边等，海拔约3500m。

分布：云南。

地丁草 Corydalis bungeana Turcz.

习性：二年生，小草本，高10~50cm；湿生植物。

生境：沟谷、草丛、溪边、田间、砾石坡等，海拔达1500m。

分布：黑龙江、吉林、辽宁、内蒙古、河北、山西、山东、江苏、河南、湖南、陕西、宁夏、甘肃。

东紫堇 Corydalis buschii Nakai

习性：多年生，小草本，高10~30cm；湿生植物。

生境：林下、林间、草甸等，海拔400~1100m。

分布：吉林。

灰岩紫堇 Corydalis calcicola W. W. Sm.

习性：小草本，高7~20cm；湿生植物。

生境：灌丛、草甸、流石滩等，海拔2900~4800m。

分布：云南、四川。

真堇 Corydalis capnoides (L.) Pers.

习性：一年生，小草本，高20~40cm；半湿生植物。

生境：林下、林缘等，海拔1800~2600m。

分布：新疆。

斑花黄堇 Corydalis conspersa Maxim.

习性：多年生，小草本，高5~30cm；水湿生植物。

生境：河岸坡、草甸、水沟、砾石地等，海拔3800~5700m。

分布：四川、西藏、甘肃、青海。

伞花黄堇 Corydalis corymbosa C. Y. Wu & Z. Y. Su

习性：多年生，小草本，高4~10cm；湿生植物。

生境：草甸、砾石坡等，海拔3300~5000m。

分布：云南、西藏。

夏天无 Corydalis decumbens (Thunb.) Pers.

习性：多年生，小草本，高10~40cm；半湿生植物。

生境：林下、草丛、田埂、岩石、岩壁等，海拔达300m。

分布：江苏、安徽、浙江、江西、福建、湖北、湖南、陕西、台湾。

苍山黄堇 Corydalis delavayi Franch.

习性：多年生，小草本，高20~38cm；湿生植物。

生境：灌丛、草甸、砾石坡等，海拔3000~4600m。

分布：云南、四川。

穆坪紫堇 Corydalis flexuosa Franch.

习性：多年生，小草本，高20~50cm；湿生植物。

生境：草丛、河岸坡、岩石等，海拔1300~2700m。

分布：四川。

堇叶延胡索 Corydalis fumariifolia Maxim.

习性：多年生，小草本，高8~30cm；湿生植物。

生境：沟谷、林下、林缘、灌丛等，海拔300~900m。

分布：黑龙江、吉林、辽宁。

北京延胡索Corydalis gamosepala Maxim.

习性：多年生，小草本，高10~22cm；半湿生植物。

生境：阴湿处，海拔500~2500m。

分布：辽宁、内蒙古、河北、山西、山东、湖北、陕西、宁夏、甘肃。

巨紫堇Corydalis gigantea Trautv. & C. A. Mey.

习性：多年生，中草本，高0.6~1.2m；半湿生植物。

生境：林下、林缘、河岸坡等。

分布：黑龙江、吉林。

纤细黄堇Corydalis gracillima C. Y. Wu

习性：一或二年生，中小草本，高5~60cm；湿生植物。

生境：碎石坡、岩壁等，海拔2500~4500m。

分布：云南、四川、西藏。

钩距黄堇Corydalis hamata Franch.

习性：多年生，小草本，高10~30cm；水湿生植物。

生境：沼泽草甸、溪流、水沟、碎石坡等，海拔3300~5200m。

分布：云南、四川、西藏。

近泽黄堇Corydalis helodes Lidén & J. Van de Veire

习性：多年生，小草本，高20~30cm；湿生植物。

生境：草丛，海拔约4000m。

分布：云南。

异距紫堇Corydalis heterothylax C. Y. Wu ex Z. Y. Su & Lidén

习性：多年生，小草本，高10~35cm；湿生植物。

生境：灌丛、草丛、卵石地等，海拔3600~4800m。

分布：云南、四川。

湿生紫堇Corydalis humicola Hand.-Mazz.

习性：多年生，小草本，高20~50cm；湿生植物。

生境：灌丛、草丛、水边等，海拔3100~4100m。

分布：四川。

长冠紫堇Corydalis lathyrophylla C. Y. Wu

习性：多年生，小草本，高20~40cm；湿生植物。

生境：灌丛、草丛、流石坡等，海拔3500~4700m。

分布：云南、四川。

黄紫堇Corydalis ochotensis Turcz.

习性：多年生，中草本，高50~90cm；湿生植物。

生境：林下、草甸、河岸坡、溪边、湖岸坡、沟边等，海拔200~2100m。

分布：黑龙江、吉林、辽宁、河北、台湾。

尖瓣紫堇Corydalis oxypetala Franch.

习性：多年生，小草本，高20~30cm；湿生植物。

生境：灌丛、草丛、溪边、沟边等，海拔2000~4100m。

分布：云南。

浪穹紫堇Corydalis pachycentra Franch.

习性：多年生，小草本，高5~30cm；湿生植物。

生境：草丛、流石坡、岩壁等，海拔2700~5200m。

分布：云南、四川、西藏。

黄堇Corydalis pallida (Thunb.) Pers.

习性：二年生，中小草本，高15~60cm；湿生植物。

生境：林间、林缘、河岸坡、溪边、湖岸坡、沟边、路边、潮上带等，海拔达1500m。

分布：全国各地。

平武紫堇Corydalis pingwuensis C. Y. Wu

习性：多年生，小草本，高20~50cm；半湿生植物。

生境：林下、沟边等，海拔1100~3800m。

分布：四川。

羽叶紫堇Corydalis pinnata Lidén & Z. Y. Su

习性：多年生，小草本，高10~25cm；湿生植物。

生境：岩石、岩壁、瀑布边等，海拔1100~1900m。

分布：四川。

波密紫堇Corydalis pseudoadoxa (C. Y. Wu & H. Chuang) C. Y. Wu & H. Chuang

习性：多年生，小草本，高5~25cm；湿生植物。

生境：草甸、流石滩等，海拔3000~4800m。

分布：四川。

假密穗黄堇Corydalis pseudodensispica Z. Y. Su & Lidén

习性：多年生，小草本，高15~40cm；湿生植物。

生境：草丛、草甸等，海拔4200~4500m。

分布：四川。

假丝叶紫堇Corydalis pseudofilisecta Lidén & Z. Y. Su

习性：多年生，小草本，高10~20cm；湿生植物。

生境：溪边，海拔3900~4600m。

分布：西藏。

朗县黄堇Corydalis quinquefoliolata Ludlow & Stearn

习性：多年生，小草本，高25~40cm；湿生植物。

生境：灌丛、草甸等，海拔约3600m。

分布：西藏。

小花黄堇Corydalis racemosa (Thunb.) Pers.

习性：一年生，小草本，高30~50cm；湿生植物。

生境：林缘、溪边、沟边、田埂等，海拔400~2100m。

分布：江苏、安徽、浙江、江西、福建、河南、湖北、湖南、广东、广西、贵州、云南、四川、西藏、陕西、甘肃、台湾。

小黄紫堇Corydalis raddeana Regel

习性：多年生，中草本，高60~90cm；湿生植物。

生境：林下、草甸、河岸坡、沟边等，海拔200~2500m。

分布：黑龙江、吉林、辽宁、河北、台湾。

裂瓣紫堇Corydalis radicans Hand.-Mazz.

习性：多年生，小草本，高20~50cm；湿生植物。

生境：沟谷、林缘、灌丛、草丛、沟边等，海拔3200~4700m。

分布：云南、四川。

囊瓣延胡索Corydalis saccata Z. Y. Su & Lidén

习性：多年生，小草本，高10~25cm；湿生植物。

生境：林下、林缘等。

分布：吉林、辽宁。

地锦苗Corydalis shearleri S. Moore

习性：多年生，中小草本，高40~60cm；湿生植物。

生境：河谷、林下、河岸坡、沟边等，海拔200~2700m。

分布：江苏、安徽、浙江、江西、福建、湖北、湖南、广东、广西、贵州、云南、四川、陕西。

珠果黄堇Corydalis speciosa Maxim.

习性：多年生，中小草本，高40~60cm；湿生植物。

生境：林下、林缘、草丛、草甸、河岸坡、沟边、路边等，海拔100~1500m。

分布：黑龙江、吉林、辽宁、内蒙古、河北、山东、

江苏、浙江、江西、河南、湖北、湖南。

金钩如意草Corydalis taliensis Franch.

习性：中小草本，高10~90cm；湿生植物。

生境：林下、灌丛、草丛、田间等，海拔1500~1800m。

分布：云南。

大叶紫堇Corydalis temulifolia Franch.

习性：多年生，中小草本，高20~90cm；湿生植物。

生境：林下、灌丛、溪边、沟边等，海拔1200~2700m。

分布：湖北、广西、贵州、云南、四川、陕西、甘肃。

三裂紫堇Corydalis trifoliata Franch.

习性：多年生，小草本，高10~35cm；湿生植物。

生境：灌丛、草甸、砾石坡等，海拔3000~3500m。

分布：云南、西藏。

秦岭紫堇Corydalis trisecta Franch.

习性：多年生，小草本，高15~30cm；湿生植物。

生境：草丛、岩石、岩壁等，海拔2500~3800m。

分布：河南、湖北、四川、陕西。

少花齿瓣延胡索Corydalis turtschaninovii subsp. **vernyi** (Franch. & Sav.) Lidén

习性：多年生，小草本，高10~30cm；湿生植物。

生境：林下、林缘、河漫滩、溪边、沟边等。

分布：黑龙江、辽宁。

滇黄堇Corydalis yunnanensis Franch.

习性：多年生，小草本，高5~30cm；湿生植物。

生境：林下、灌丛等，海拔2100~3400m。

分布：云南、四川。

紫金龙属 Dactylicapnos Wall.

紫金龙Dactylicapnos scandens (D. Don) Hutch.

习性：多年生，草质藤本；湿生植物。

生境：沟谷、林下、草丛、沟边、岩石、岩壁等，海拔1100~3000m。

分布：广西、云南、西藏。

扭果紫金龙Dactylicapnos torulosa (Hook. f. & Thomson) Hutch.

习性：一年生，草质藤本；湿生植物。

生境：沟谷、林下、灌丛、草丛、沟边、路边等，海拔1200~3000m。

分布：贵州、云南、四川、西藏。

血水草属 Eomecon Hance

血水草Eomecon chionantha Hance

习性：多年生，小草本，高20~40cm；湿生植物。

生境：林下、溪边、沟边等，海拔100~1800m。

分布：安徽、浙江、江西、福建、湖北、湖南、广东、广西、贵州、云南、四川。

荷青花属 Hylomecon Maxim.

荷青花Hylomecon japonica (Thunb.) Prantl

习性：多年生，小草本，高15~40cm；湿生植物。

生境：林下、灌丛、河岸坡、溪边、沟边等，海拔300~2400m。

分布：黑龙江、吉林、辽宁、河北、山西、山东、江苏、安徽、浙江、河南、湖北、四川、陕西、甘肃。

角茴香属 Hypecoum L.

角茴香Hypecoum erectum L.

习性：一年生，小草本，高15~30cm；半湿生植物。

生境：林下、灌丛、河岸坡、溪边、沟边等，海拔400~4500m。

分布：黑龙江、辽宁、内蒙古、山西、山东、湖北、陕西、宁夏、甘肃、新疆。

绿绒蒿属 Meconopsis Vig.

椭果绿绒蒿 Meconopsis chelidoniifolia Bureau & Franch.

习性：多年生，中草本，高0.5~1.5m；湿生植物。

生境：林下、溪边、草甸、路边等，海拔1400~3900m。

分布：贵州、云南、四川。

滇西绿绒蒿Meconopsis impedita Prain

习性：一年生，小草本，高10~25cm；湿生植物。

生境：草丛、溪边、岩坡等，海拔3400~4700m。

分布：云南、四川、西藏。

琴叶绿绒蒿 Meconopsis lyrata (H. A. Cummins & Prain) Fedde

习性：一年生，小草本，高5~50cm；湿生植物。

生境：草丛、草甸等，海拔3400~4800m。

分布：云南、西藏。

乌蒙绿绒蒿Meconopsis wumungensis K. M. Feng & H. Chuang

习性：一年生，小草本，高10~20cm；湿生植物。

生境：岩石、岩壁等，3600~3800m。

分布：云南。

罂粟属 Papaver L.

野罂粟Papaver nudicaule L.

习性：多年生，中小草本，高20~60cm；半湿生植物。

生境：林缘、草丛、草甸、草原、河岸坡、沟边等，海拔500~3500m。

分布：黑龙江、吉林、内蒙古、河北、湖北、陕西、甘肃。

157. 五膜草科 Pentaphragmataceae

五膜草属 Pentaphragma Wall. ex G Don

五膜草Pentaphragma sinense Hemsl. & E. H. Wilson

习性：多年生，小草本，高15~30cm；湿生植物。

生境：河谷、林下、沟边等，海拔200~1500m。

分布：云南。

158. 五列木科 Pentaphylacaceae

柃木属 Eurya Thunb.

翅柃Eurya alata Kobuski

习性：常绿，大中灌木，高1~3m；半湿生植物。

生境：河谷、林下、溪边等，海拔300~1600m。

分布：安徽、浙江、江西、福建、河南、湖北、湖南、广东、广西、贵州、四川、陕西。

窄叶柃Eurya stenophylla Merr.

习性：常绿，中小灌木，高0.5~2m；湿生植物。

生境：河谷、溪边等，海拔200~1500m。

分布：湖北、广东、广西、贵州、四川。

159. 扯根菜科 Penthoraceae

扯根菜属 Penthorum L.

扯根菜Penthorum chinense Pursh
习性：多年生，中小草本，高0.4~1.2m；水湿生植物。
生境：沟谷、草甸、沼泽、河流、湖泊、池塘、水库、水沟等，海拔100~2200m。
分布：黑龙江、吉林、辽宁、河北、山东、江苏、安徽、浙江、江西、河南、湖北、湖南、广东、广西、贵州、云南、重庆、四川、陕西、甘肃。

160. 无叶莲科 Petrosaviaceae

无叶莲属 Petrosavia Becc.

疏花无叶莲Petrosavia sakuraii (Makino) J. J. Sm. ex Steenis
习性：小草本，高5~30cm；湿生植物。
生境：林下，海拔1700~2000m。
分布：广西、四川、台湾。

无叶莲Petrosavia sinii (K. Krause) Gagnep.
习性：小草本，高4~18cm；湿生植物。
生境：林下，海拔900~1700m。
分布：广西。

161. 田葱科 Philydraceae

田葱属 Philydrum Banks ex Gaertn.

田葱Philydrum lanuginosum Gaertn.
习性：多年生，中小草本，高30~80m；水湿生植物。
生境：沼泽、湖泊、池塘、田中、水沟等，海拔达200m。
分布：浙江、福建、广东、广西、台湾。

162. 透骨草科 Phrymaceae

小果草属 Microcarpaea R. Br.

小果草Microcarpaea minima (J. König ex Retz.) Merr.
习性：一年生，匍匐草本；水湿生植物。

生境：沼泽、池塘、田中、岩石、岩壁、洼地等，海拔500~1500m。
分布：浙江、广东、贵州、云南、西藏、香港、澳门、台湾。

虾子草属 Mimulicalyx P. C. Tsoong

沼生虾子草Mimulicalyx paludigenus P. C. Tsoong
习性：多年生，小草本，高20~45cm；水湿生植物。
生境：沼泽、田中、沟边等，海拔1100~1600m。
分布：云南、四川。

虾子草Mimulicalyx rosulatus P. C. Tsoong
习性：多年生，小草本，高3~30cm；湿生植物。
生境：草丛、沼泽等，海拔1200~1400m。
分布：湖北、云南。

沟酸浆属 Mimulus L.

匍生沟酸浆Mimulus bodinieri Vaniot
习性：多年生，平卧或匍匐草本；水湿生植物。
生境：沼泽、河流、溪流、湖泊、池塘、水沟等，海拔1300~3000m。
分布：云南。

小苞沟酸浆Mimulus bracteosus P. C. Tsoong
习性：一年生，中小草本，高20~55cm；湿生植物。
生境：林缘、草甸、溪边、沟边等，海拔1000~1500m。
分布：四川。

四川沟酸浆Mimulus szechuanensis Pai
习性：多年生，中小草本，高20~60cm；水湿生植物。
生境：林下、溪边、沟边等，海拔1300~2800m。
分布：湖北、湖南、云南、四川、陕西、甘肃。

沟酸浆（原变种）Mimulus tenellus var. **tenellus**
习性：多年生，小草本，高5~40cm；水湿生植物。
生境：沟谷、林下、林缘、溪边、水沟、漂石间、田间等，海拔700~2500m。
分布：黑龙江、吉林、辽宁、内蒙古、河北、北京、山西、山东、江苏、浙江、江西、河南、湖北、湖南、贵州、云南、四川、西藏、陕西、甘肃、台湾。

尼泊尔沟酸浆**Mimulus tenellus** var. **nepalensis** (Benth.) P. C. Tsoong

习性：一年生，小草本，高10~30cm；水湿生植物。

生境：林下、溪边、水沟、田中、田间等，海拔500~3000m。

分布：浙江、江西、河南、湖北、湖南、广西、贵州、云南、四川、西藏、甘肃、台湾。

透骨草属 **Phryma** L.

透骨草**Phryma leptostachya** subsp. **asiatica** (H. Hara) Kitam.

习性：多年生，中小草本，高30~80cm；湿生植物。

生境：林下、林缘、灌丛、河岸坡等，海拔300~2800m。

分布：黑龙江、吉林、辽宁、河北、北京、山西、山东、江苏、安徽、浙江、江西、福建、河南、湖北、陕西、甘肃。

163. 叶下珠科 Phyllanthaceae

五月茶属 Antidesma Burm. ex L.

西南五月茶**Antidesma acidum** Retz.

习性：常绿，灌木或乔木，高2~6m；半湿生植物。

生境：沟谷、灌丛、溪边等，海拔100~1500m。

分布：贵州、云南、四川。

小叶五月茶**Antidesma montanum** var. **microphyllum** (Hemsl.) Petra Hoffm.

习性：常绿，大灌木，高2~4m；半湿生植物。

生境：灌丛、河岸坡、沟边等，海拔100~1600m。

分布：湖南、广东、海南、广西、贵州、云南、四川。

秋枫属 Bischofia Blume

秋枫**Bischofia javanica** Blume

习性：常绿或半常绿，大中乔木，高15~40m；水陆生植物。

生境：沟谷、河岸坡、湖岸坡、塘基、溪流等，海拔100~1800m。

分布：江苏、安徽、浙江、江西、福建、河南、湖北、湖南、广东、海南、广西、贵州、云南、四川、陕西、台湾。

重阳木**Bischofia polycarpa** (H. Lév.) Airy Shaw

习性：落叶，中小乔木，高5~15m；半湿生植物。

生境：河岸坡、湖岸坡、塘基、沟边等，海拔100~1000m。

分布：江苏、安徽、上海、浙江、江西、福建、湖南、广东、广西、贵州、云南、陕西。

土蜜树属 Bridelia Willd.

土蜜藤**Bridelia stipularis** (L.) Blume

习性：常绿，木质藤本；半湿生植物。

生境：河岸坡、溪边、沟边、路边等，海拔150~1500m。

分布：广东、海南、广西、云南、台湾。

白饭树属 Flueggea Willd.

白饭树**Flueggea virosa** (Roxb. ex Willd.) Royle

习性：落叶，大中灌木，高1~6m；半湿生植物。

生境：河岸坡、溪边、湖泊、池塘、沟边等，海拔100~2000m。

分布：河北、山东、福建、河南、湖南、广东、广西、贵州、云南、台湾。

算盘子属 Glochidion J. R. Forst. & G. Forst.

厚叶算盘子**Glochidion hirsutum** (Roxb.) Voigt

习性：常绿，灌木或乔木，高1~8m；半湿生植物。

生境：溪边、沟边等，海拔200~600m。

分布：福建、广东、海南、广西、云南、西藏、台湾。

艾胶算盘子**Glochidion lanceolarium** (Roxb.) Voigt

习性：常绿，灌木或乔木，高1~3m；水陆生植物。

生境：林下、灌丛、溪流、水沟等，海拔500~1200m。

分布：福建、广东、海南、广西、云南。

算盘子**Glochidion puberum** (L.) Hutch.

习性：常绿，大中灌木，高1~5m；水陆生植物。

生境：灌丛、溪流、水沟、路边等，海拔300~

2200m。

分布：江苏、安徽、浙江、江西、福建、河南、湖北、湖南、广东、海南、广西、贵州、云南、四川、西藏、陕西、甘肃、台湾。

香港算盘子Glochidion zeylanicum (Gaertn.) A. Juss.

习性：灌木或乔木，高1~6m；湿生植物。

生境：沟谷、灌丛、溪边等，海拔100~600m。

分布：福建、广东、海南、广西、云南、台湾。

叶下珠属 Phyllanthus L.

细枝叶下珠Phyllanthus leptoclados Benth.

习性：常绿，小灌木，高0.3~1m；水陆生植物。

生境：灌丛、溪流、水沟、路边等，海拔100~1500m。

分布：福建、广东、云南。

水油甘 Phyllanthus rheophyticus M. G. Gilbert & P. T. Li

习性：中灌木，高1~2m；半湿生植物。

生境：林下、溪边、沟边等，海拔达800m。

分布：广东、海南。

叶下珠Phyllanthus urinaria L.

习性：一年生，中小草本，高10~60cm；半湿生植物。

生境：林下、灌丛、草丛、沟边、田埂等，海拔100~1100m。

分布：河北、北京、山东、江苏、安徽、浙江、江西、福建、河南、湖北、湖南、广东、海南、广西、贵州、重庆、四川。

蜜甘草Phyllanthus ussuriensis Rupr. & Maxim.

习性：一年生，中小草本，高15~60cm；半湿生植物。

生境：林缘、草丛、河岸坡、溪边、沟边、田埂等，海拔达1500m。

分布：黑龙江、吉林、辽宁、山东、江苏、安徽、浙江、江西、福建、湖北、湖南、广东、广西、重庆、台湾。

黄珠子草Phyllanthus virgatus G. Forst.

习性：一年生，中小草本，高20~60cm；半湿生植物。

生境：草丛、沟边、田埂等，海拔200~1400m。

分布：河北、山西、浙江、江西、河南、湖北、湖南、广东、海南、广西、贵州、云南、四川、陕西、台湾。

守宫木属 Sauropus Blume

艾堇Sauropus bacciformis (L.) Airy Shaw

习性：一或多年生，草本或亚灌木，高15~60cm；湿生植物。

生境：潮上带、堤内等，海拔达100m。

分布：福建、广东、海南、广西、台湾。

164. 商陆科 Phytolaccaceae

商陆属 Phytolacca L.

商陆Phytolacca acinosa Roxb.

习性：多年生，中草本，高0.5~1.5m；半湿生植物。

生境：河谷、林缘、沟边、田间、路边等，海拔100~3400m。

分布：辽宁、河北、北京、山东、江苏、安徽、浙江、福建、河南、湖北、广东、广西、贵州、云南、重庆、四川、西藏、陕西、甘肃、台湾。

垂序商陆Phytolacca americana L.

习性：多年生，大中草本，高1~2m；半湿生植物。

生境：河谷、林缘、沟边、田间、路边、潮上带等，海拔100~3400m。

分布：黑龙江、辽宁、河北、北京、天津、山东、江苏、安徽、上海、浙江、江西、福建、河南、湖北、湖南、广东、海南、广西、贵州、云南、重庆、四川、陕西、甘肃、新疆、香港、台湾；原产于北美洲。

多雄蕊商陆Phytolacca polyandra Batalin

习性：多年生，中草本，高0.5~1.5m；半湿生植物。

生境：河谷、林下、林缘、河岸坡、沟边、路边等，海拔1100~3000m。

分布：广西、贵州、云南、四川、甘肃。

165. 胡椒科 Piperaceae

草胡椒属 Peperomia Ruiz & Pav.

石蝉草Peperomia blanda (Jacq.) Kunth

习性：一年生，小草本，高10~50cm；半湿生植物。

生境：溪边、岩石等，海拔100~1900m。

分布：福建、广东、海南、广西、贵州、云南、台湾。

蒙自草胡椒Peperomia heyneana Miq.

习性：多年生，小草本，高10~15cm；半湿生植物。

生境：沟边、岩石等，海拔800~2000m。

分布：广西、贵州、云南、四川、西藏。

草胡椒Peperomia pellucida (L.) Kunth

习性：一年生，小草本，高15~40cm；湿生植物。

生境：林下、岩石等，海拔达300m。

分布：河北、北京、山东、江苏、安徽、上海、浙江、江西、福建、湖北、湖南、广东、海南、广西、云南、西藏、香港、澳门、台湾；原产于热带美洲。

豆瓣绿Peperomia tetraphyll (G. Forst.) Hook. & Arn.

习性：多年生，小草本，高10~30cm；湿生植物。

生境：岩石、岩壁等，海拔600~3100m。

分布：福建、广东、广西、贵州、云南、四川、西藏、甘肃、台湾。

胡椒属 **Piper** L.

卵叶胡椒Piper attenuatum Buch.-Ham. ex Miq.

习性：多年生，草质藤本；湿生植物。

生境：林下、沟边等，海拔200~500m。

分布：云南。

假蒟Piper sarmentosum Roxb.

习性：多年生，匍匐草本；半湿生植物。

生境：林下、路边等，海拔达1000m。

分布：福建、广东、海南、广西、贵州、云南、西藏。

多脉胡椒Piper submultinerve C. DC.

习性：多年生，草质藤本；半湿生植物。

生境：林下、岩石、岩壁等，海拔1400~2500m。

分布：广西、云南。

长柄胡椒Piper sylvaticum Roxb.

习性：多年生，草质藤本；湿生植物。

生境：林下，海拔达1000m。

分布：云南、西藏。

粗穗胡椒Piper tsangyuanense P. S. Chen & P. C. Zhu

习性：多年生，草质藤本；湿生植物。

生境：沟谷、林缘、溪边、沟边等，海拔900~1600m。

分布：云南。

166. 车前科 Plantaginaceae

毛麝香属 **Adenosma** Nees

毛麝香Adenosma glutinosum (L.) Druce

习性：中小草本，高0.3~1m；半湿生植物。

生境：林下、林缘、草丛、沟边等，海拔300~2000m。

分布：江西、福建、海南、广西、云南、香港、澳门。

球花毛麝香Adenosma indianum (Lour.) Merr.

习性：一年生，中小草本，高20~60cm；半湿生植物。

生境：林缘、草丛、溪边、沟边、田间等，海拔200~1200m。

分布：广东、海南、广西、云南、香港。

香彩雀属 **Angelonia** Bonpl.

香彩雀Angelonia gardneri Hook. f.

习性：多年生，中小草本，高40~80cm；水湿生植物。

生境：湖泊、池塘、水沟等。

分布：我国有栽培；原产于南美洲、西印度群岛。

柳叶香彩雀Angelonia salicariifolia Bonpl.

习性：多年生，中小草本，高30~70cm；水湿生植物。

生境：湖泊、池塘等。

分布：我国有栽培；原产于南美洲。

假马齿苋属 **Bacopa** Aubl.

卡莱罗纳假马齿苋 Bacopa caroliniana (Walter) B. L. Rob.

习性：多年生，小草本，高20~50cm；水湿生植物。

生境：池塘、水沟等。

分布：我国有栽培；原产于南美洲。

麦花草Bacopa floribunda (R. Br.) Wettst.

习性：一年生，小草本，高15~40cm；半湿生植物。

生境：草丛、河岸坡、田中、田间等。

分布：福建、广东、海南、广西。

假马齿苋**Bacopa monnieri** (L.) Pennell

习性：多年生，高5~20cm；水湿生植物。

生境：草丛、沼泽、河流、溪流、池塘、水沟、田中、堤内、洼地等，海拔达1100m。

分布：福建、广东、海南、广西、云南、四川、陕西、香港、澳门、台湾。

田玄参**Bacopa repens** (Sw.) Wettst.

习性：一年生，直立或匍匐草本；水湿生植物。

生境：沼泽、水沟、田中等。

分布：福建、广东、海南、香港。

水马齿属 **Callitriche** L.

西南水马齿**Callitriche fehmedianii** Majeed Kak & Javeid

习性：一年生，小草本，高10~20cm；沉水植物。

生境：溪流、池塘、水沟、泉眼等，海拔1100~3000m。

分布：江西、云南、西藏。

褐果水马齿**Callitriche fuscicarpa** Lansdown

习性：一年生，小草本，高8~20cm；沉水植物。

生境：湖泊、池塘、沼泽等，海拔1800~3500m。

分布：云南、西藏。

西藏水马齿**Callitriche glareosa** Lansdown

习性：一年生，小草本，高8~16cm；湿生植物。

生境：草甸、砾石地等，海拔约4400m。

分布：西藏。

线叶水马齿（原亚种）**Callitriche hermaphroditica** subsp. **hermaphroditica**

习性：一年生，小草本，高10~30cm；沉水植物。

生境：溪流、湖泊等，海拔700~2000m。

分布：黑龙江、内蒙古。

大果水马齿**Callitriche hermaphroditica** subsp. **macrocarpa** (Hegelm.) Lansdown

习性：一年生，小草本，高10~20cm；沉水植物。

生境：湖泊、溪流等，海拔4000~5000m。

分布：西藏。

日本水马齿**Callitriche japonica** Engelm. ex Hegelm.

习性：一年生，小草本，高5~30cm；湿生植物。

生境：河岸坡、溪边、沟边、田埂等，海拔达2100m。

分布：浙江、江西、福建、台湾。

水马齿（原变种）**Callitriche palustris** var. **palustris**

习性：一年生，小草本，高10~40cm；水湿生植物。

生境：沼泽、溪流、湖泊、池塘、水沟、田中等，海拔达3500m。

分布：黑龙江、吉林、辽宁、内蒙古、江苏、安徽、浙江、江西、福建、湖北、湖南、广东、贵州、云南、重庆、西藏、甘肃、新疆、香港、台湾。

东北水马齿**Callitriche palustris** var. **elegans** (Petrov) Y. L. Chang

习性：一年生，小草本，高10~20cm；浮叶植物。

生境：沼泽、溪流、湖泊、池塘、水沟等，海拔达5000m。

分布：黑龙江、吉林、辽宁、内蒙古、江西、香港。

广东水马齿**Callitriche palustris** var. **oryzetorum** (Petrov) Lansdown

习性：一年生，小草本，高10~20cm；浮叶植物。

生境：水沟、沼泽、田中等，海拔达3300m。

分布：浙江、福建、广东、云南、香港、台湾。

台湾水马齿**Callitriche peploides** Nutt.

习性：一年生，小草本，高10~25cm；水湿生植物。

生境：沼泽、沟边、田中等。

分布：台湾；原产于北美洲。

细苞水马齿**Callitriche raveniana** Lansdown

习性：一年生，小草本，高15~30cm；湿生植物。

生境：溪边、草丛等，海拔达300m。

分布：台湾。

泽番椒属 **Deinostema** T. Yamaz.

有腺泽番椒**Deinostema adenocaula** (Maxim.) T. Yamaz.

习性：一年生，小草本，高5~25cm；挺水植物。

生境：沼泽、沟边、田中等。

分布：浙江、广西、贵州、台湾。

泽番椒**Deinostema violacea** (Maxim.) T. Yamaz.

习性：一年生，小草本，高5~25cm；挺水植物。

生境：沼泽、池塘、田中等。

分布：黑龙江、吉林、辽宁、江苏、浙江、福建、湖北、湖南、广东、台湾。

虻眼属 Dopatrium Buch.-Ham. ex Benth.

虻眼Dopatrium junceum (Roxb.) Buch.-Ham. ex Benth.

习性：一年生，小草本，高10~50cm；挺水植物。

生境：沼泽、溪流、水沟、田中等，海拔达2400m。

分布：山西、江苏、浙江、江西、河南、湖北、湖南、广东、广西、云南、西藏、香港、台湾。

幌菊属 Ellisiophyllum Maxim.

幌菊Ellisiophyllum pinnatum (Wall. ex Benth.) Makino

习性：多年生，匍匐草本；湿生植物。

生境：林下、草丛、沟边、田间、岩石等，海拔1500~2500m。

分布：河北、江西、广西、贵州、云南、四川、甘肃。

水八角属 Gratiola L.

黄花水八角Gratiola griffithii Hook. f.

习性：一年生，小草本，高10~30cm；水湿生植物。

生境：池塘、水沟、水田等。

分布：广东、海南、云南。

水八角Gratiola japonica Miq.

习性：一年生，小草本，高8~25cm；挺水植物。

生境：溪流、池塘、水沟、田中、入库河口、田间等，海拔达1900m。

分布：黑龙江、吉林、辽宁、内蒙古、江苏、安徽、江西、湖北、湖南、广东、广西、云南。

新疆水八角Gratiola officinalis L.

习性：多年生，小草本，高20~40cm；湿生植物。

生境：林下、沼泽等，海拔400~700m。

分布：新疆。

婴泪草属 Hemianthus Nutt.

微蕊草Hemianthus micranthemoides Nutt.

习性：多年生，小草本；挺水植物。

生境：溪流、水沟等。

分布：台湾；原产于北美洲。

鞭打绣球属 Hemiphragma Wall.

鞭打绣球Hemiphragma heterophyllum Wall.

习性：多年生，匍匐草本；湿生植物。

生境：林缘、灌丛、沼泽草甸、草丛、岩石等，海拔1800~4100m。

分布：福建、湖北、广西、贵州、云南、四川、西藏、陕西、甘肃、台湾。

杉叶藻属 Hippuris L.

四叶杉叶藻Hippuris tetraphylla L. f.

习性：多年生，小草本，高10~50cm；水湿生植物。

生境：沼泽。

分布：黑龙江、内蒙古。

杉叶藻Hippuris vulgaris L.

习性：多年生，中小草本，高10~60cm；挺水植物。

生境：沼泽、河流、溪流、湖泊、池塘、田中等，海拔达5000m。

分布：黑龙江、吉林、辽宁、内蒙古、河北、山西、河南、云南、四川、西藏、陕西、宁夏、甘肃、青海、新疆、台湾。

兔耳草属 Lagotis Gaertn.

革叶兔耳草Lagotis alutacea W. W. Sm.

习性：多年生，小草本，高6~15cm；半湿生植物。

生境：草甸、砾石坡等，海拔3400~5000m。

分布：云南、四川。

狭苞兔耳草Lagotis angustibracteata P. C. Tsoong & H. P. Yang

习性：多年生，小草本，高5~15cm；湿生植物。

生境：灌丛、草甸、流石坡、岩石等，海拔4000~4900m。

分布：青海。

短穗兔耳草Lagotis brachystachya Maxim.

习性：多年生，小草本，高4~8cm；半湿生植物。

生境：草甸、河岸坡、湖岸坡等，海拔3200~4500m。

分布：四川、西藏、甘肃、青海、新疆。

厚叶兔耳草Lagotis crassifolia Prain

习性：多年生，小草本，高6~12cm；半湿生植物。

生境：草甸、河岸坡、沟边等，海拔4200~5300m。

分布：西藏。

全缘兔耳草Lagotis integra W. W. Sm.

习性：多年生，小草本，高7~30cm；水陆生植物。

生境：林下、灌丛、草甸、溪边、沟边、流石坡等，海拔3200~4900m。

分布：云南、四川、西藏、青海。

大筒兔耳草Lagotis macrosiphon P. C. Tsoong & H. P. Yang

习性：多年生，小草本，高10~15cm；半湿生植物。

生境：草甸、流石滩等，海拔4000~4800m。

分布：西藏。

云南兔耳草Lagotis yunnanensis W. W. Sm.

习性：多年生，小草本，高15~35cm；水陆生植物。

生境：草甸、溪流、水沟、流石滩等，海拔3300~5300m。

分布：云南、四川、西藏。

石龙尾属 Limnophila R. Br.

紫苏草Limnophila aromatica (Lam.) Merr.

习性：一或多年生，中小草本，高30~70cm；水湿生植物。

生境：沼泽、河流、湖泊、池塘、水沟、田中、田间等，海拔100~1700m。

分布：江西、福建、广东、海南、广西、香港、台湾。

北方石龙尾Limnophila borealis Y. Z. Zhao & Ma f.

习性：多年生，小草本；水湿生植物。

生境：水田。

分布：内蒙古。

中华石龙尾Limnophila chinensis (Osbeck) Merr.

习性：多年生，小草本，高15~20cm；水湿生植物。

生境：林缘、池塘、沼泽、溪边、沟边、田间等，海拔100~1300m。

分布：广东、海南、广西、云南、香港、澳门。

抱茎石龙尾Limnophila connata (Buch.-Ham. ex D. Don) Hand.-Mazz.

习性：一年生，小草本，高30~50cm；水湿生植物。

生境：草丛、沼泽、溪边、沟边、田间等，海拔

达1800m。

分布：江西、福建、湖南、广东、海南、广西、贵州、云南。

直立石龙尾Limnophila erecta Benth.

习性：一年生，小草本，高15~25cm；水湿生植物。

生境：林缘、草丛、池塘、沼泽等，海拔达1500m。

分布：广东、云南。

异叶石龙尾Limnophila heterophylla (Roxb.) Benth.

习性：多年生，小草本，高10~15cm；挺水植物。

生境：沼泽、湖泊、池塘、田中等。

分布：安徽、江西、湖北、湖南、广东、香港、台湾。

有梗石龙尾Limnophila indica (L.) Druce

习性：多年生，小草本，高5~15cm；水湿生植物。

生境：池塘、田间等，海拔达2400m。

分布：广东、海南、广西、云南、台湾。

匍匐石龙尾Limnophila repens (Benth.) Benth.

习性：多年生，小草本，高20~45cm；水湿生植物。

生境：沟谷、沼泽、田中、路边等。

分布：海南、广西。

大叶石龙尾Limnophila rugosa (Roth) Merr.

习性：多年生，小草本，高20~50cm；水湿生植物。

生境：沟谷、草丛、沼泽、溪流、湖泊、水沟、田间、弃耕田等，海拔达900m。

分布：安徽、江西、福建、湖南、广东、广西、云南、四川、香港、台湾。

石龙尾Limnophila sessiliflora (Vahl) Blume

习性：多年生，中小草本；沉水植物。

生境：沼泽、河流、溪流、湖泊、池塘、水沟、田中等，海拔达2100m。

分布：辽宁、河北、江苏、安徽、浙江、江西、福建、河南、湖北、湖南、广东、广西、贵州、云南、四川、香港、澳门、台湾。

柳穿鱼属 Linaria Mill.

宽叶柳穿鱼Linaria thibetica Franch.

习性：多年生，中小草本，高0.2~1m；半湿生植物。

生境：沟谷、林缘、灌丛、草丛、草甸等，海拔2500~4100m。

分布：云南、四川、西藏。

柳穿鱼 Linaria vulgaris Mill.

习性：多年生，中小草本，高20~80cm；半湿生植物。

生境：林下、草原、沼泽草甸、湖岸坡等，海拔200~2200m。

分布：黑龙江、吉林、辽宁、内蒙古、河北、山西、山东、江苏、河南、陕西、甘肃、新疆。

伏胁花属 Mecardonia Ruiz & Pav.

伏胁花 Mecardonia procumbens (Mill.) Small

习性：多年生，斜倚或平卧草本，高8~20cm；湿生植物。

生境：林缘、河漫滩、草丛、路边等，海拔达500m。

分布：福建、广东、广西、台湾；原产于南美洲、北美洲。

胡黄连属 Neopicrorhiza D. Y. Hong

胡黄连 Neopicrorhiza scrophulariiflora (Pennell) D. Y. Hong

习性：多年生，小草本，高4~12cm；湿生植物。
生境：草甸、岩石、岩壁等，海拔3600~4400m。
分布：云南、四川、西藏。

车前属 Plantago L.

蛛毛车前 Plantago arachnoidea Schrenk

习性：多年生，小草本，高10~12cm；湿生植物。
生境：河岸坡、盐碱地、草甸等，海拔600~3600m。
分布：新疆。

车前 Plantago asiatica L.

习性：二或多年生，小草本，高15~50cm；半湿生植物。

生境：沟谷、灌丛、草丛、河岸坡、溪边、湖岸坡、塘基、沟边、田埂、田间、路边等，海拔达3800m。

分布：全国各地。

海滨车前 Plantago camtschatica Link

习性：多年生，小草本，高20~30cm；半湿生植物。
生境：潮上带、堤内等。
分布：辽宁、山东。

尖萼车前 Plantago cavaleriei H. Lév.

习性：多年生，小草本，高20~30cm；半湿生植物。
生境：沟谷、灌丛、草丛、河岸坡、湖岸坡、路边等，海拔200~3500m。
分布：贵州、云南、四川。

平车前（原亚种）Plantago depressa subsp. depressa

习性：一或二年生，小草本，高10~35cm；半湿生植物。

生境：草丛、草甸、河岸坡、河漫滩、沟边、田间、田埂、路边等，海拔达4500m。

分布：黑龙江、吉林、辽宁、内蒙古、河北、北京、山西、山东、江苏、安徽、江西、河南、湖北、湖南、云南、四川、西藏、陕西、宁夏、甘肃、青海、新疆。

毛平车前 Plantago depressa subsp. turczaninowii (Ganesch.) Tzvelev

习性：多年生，小草本，高9~40cm；半湿生植物。
生境：草丛、河岸坡等，海拔500~1600m。
分布：黑龙江、吉林、辽宁、内蒙古、河北。

长叶车前 Plantago lanceolata L.

习性：多年生，小草本，高10~40cm；湿生植物。
生境：草原、河岸坡、潮间带、路边等，海拔达1500m。
分布：辽宁、山东、江苏、浙江、江西、河南、云南、甘肃、新疆、香港、台湾。

大车前 Plantago major L.

习性：多年生，小草本，高10~40cm；水湿生植物。
生境：草丛、草甸、沼泽、河岸坡、河漫滩、沟边、田间、路边、潮上带等，海拔达2800m。
分布：黑龙江、吉林、辽宁、内蒙古、河北、北京、山西、山东、江苏、安徽、上海、浙江、江西、福建、河南、湖北、湖南、海南、广西、云南、重庆、四川、西藏、宁夏、甘肃、青海、新疆、香港、澳门、台湾。

盐生车前 Plantago maritima subsp. ciliata Printz

习性：多年生，小草本，高10~40cm；半湿生植物。
生境：河岸坡、湖岸坡、盐碱地、草甸等，海拔100~3800m。
分布：内蒙古、河北、山西、甘肃、青海、新疆。

北车前Plantago media L.

习性：多年生，小草本，高10~20cm；湿生植物。

生境：沟谷、草丛、草甸、河岸坡等，海拔1300~2000m。

分布：黑龙江、内蒙古、山西、新疆。

小车前Plantago minuta Pall.

习性：一年生，小草本，高3~10cm；半湿生植物。

生境：沟谷、河岸坡、沼泽、盐碱地、田间等，海拔400~4300m。

分布：内蒙古、山西、四川、宁夏、西藏、甘肃、青海、新疆。

北美车前Plantago virginica L.

习性：一或二年生，小草本，高10~20cm；半湿生植物。

生境：草丛、湖岸坡、路边等，海拔达800m。

分布：吉林、北京、江苏、安徽、上海、浙江、江西、福建、河南、湖北、湖南、广东、广西、贵州、云南、重庆、四川、香港、台湾；原产于北美洲。

穗花属 **Pseudolysimachion** Opiz

大穗花Pseudolysimachion dauricum (Steven) Holub

习性：多年生，中草本，高0.5~1m；半湿生植物。

生境：沟谷、草丛、沟边等，海拔达1300m。

分布：黑龙江、吉林、辽宁、内蒙古、河北、河南。

白兔儿尾苗Pseudolysimachion incanum (L.) Holub

习性：多年生，小草本，高15~40cm；半湿生植物。

生境：林缘、草甸、草丛、沟边等，海拔达1200m。

分布：黑龙江、吉林、辽宁、内蒙古、新疆。

长毛穗花 Pseudolysimachion kiusianum (Furumi) T. Yamaz.

习性：多年生，中草本，高0.5~1.2m；半湿生植物。

生境：林缘、草甸、塘基等，海拔达1200m。

分布：黑龙江、吉林、辽宁。

细叶水蔓菁（原亚种）**Pseudolysimachion linariifolium** subsp. **linariifolium**

习性：多年生，中小草本，高30~80cm；半湿生植物。

生境：疏林、灌丛、草甸等，海拔200~2100m。

分布：黑龙江、吉林、辽宁、内蒙古、天津。

水蔓菁Pseudolysimachion linariifolium subsp. **dilatatum** (Nakai & Kitag.) D. Y. Hong

习性：多年生，中草本，高50~90cm；半湿生植物。

生境：灌丛、草甸、沟边等，海拔200~2100m。

分布：河北、山西、山东、江苏、安徽、浙江、江西、福建、河南、湖北、湖南、广东、广西、云南、四川、陕西、甘肃、青海、台湾。

兔儿尾苗Pseudolysimachion longifolium (L.) Opiz

习性：多年生，中小草本，高0.4~1m；半湿生植物。

生境：林下、林缘、草丛、沼泽草甸等，海拔达1500m。

分布：黑龙江、吉林、内蒙古、新疆。

朝鲜穗花Pseudolysimachion rotundum subsp. **coreanum** (Nakai) D. Y. Hong

习性：多年生，中小草本，高20~80cm；半湿生植物。

生境：草甸，海拔1100~1300m。

分布：辽宁、山西、安徽、浙江、河南。

东北穗花Pseudolysimachion rotundum subsp. **subintegrum** (Nakai) D. Y. Hong

习性：多年生，中小草本，高30~70cm；半湿生植物。

生境：林下、林间、林缘、草丛、草甸、沼泽、沟边等，海拔达1600m。

分布：黑龙江、吉林、辽宁、内蒙古。

轮叶穗花Pseudolysimachion spurium (L.) Rauschert

习性：多年生，中小草本，高0.3~1m；半湿生植物。

生境：林缘、草丛、草原等，海拔1100~1800m。

分布：新疆。

野甘草属 **Scoparia** L.

野甘草Scoparia dulcis L.

习性：草本或亚灌木，高0.3~1m；水陆生植物。

生境：消落带、入库河口、水沟、田埂、路边等，海拔达1400m。

分布：河北、北京、山东、江苏、上海、江西、福建、广东、海南、广西、贵州、云南、四川、甘肃、香港、澳门、台湾；原产于热带美洲。

茶菱属 Trapella Oliv.

茶菱 Trapella sinensis Oliv.

习性：多年生，中草本；浮叶植物。

生境：河流、溪流、湖泊、池塘、水沟等，海拔100~700m。

分布：黑龙江、吉林、辽宁、内蒙古、河北、北京、天津、江苏、安徽、浙江、江西、福建、湖北、湖南、广东、广西。

婆婆纳属 Veronica L.

北水苦荬 Veronica anagallis-aquatica L.

习性：多年生，中小草本，高0.1~1m；水湿生植物。

生境：草丛、沼泽、河流、溪流、湖泊、池塘、水沟等，海拔达4000m。

分布：黑龙江、吉林、辽宁、内蒙古、河北、北京、天津、山西、山东、江苏、安徽、江西、河南、湖北、贵州、云南、四川、西藏、陕西、宁夏、甘肃、青海、新疆。

长果水苦荬 Veronica anagalloides Guss.

习性：一年生，中小草本，高10~70cm；水湿生植物。

生境：河流、溪流、水沟等，海拔300~2900m。

分布：黑龙江、内蒙古、山西、西藏、陕西、甘肃、青海、新疆。

有柄水苦荬 Veronica beccabunga subsp. muscosa (Korsh.) Elenevsky

习性：多年生，小草本，高10~20cm；水湿生植物。

生境：沼泽、河流、溪流、水沟、洼地等，海拔800~2500m。

分布：北京、云南、四川、西藏、新疆。

长果婆婆纳（原亚种）Veronica ciliata subsp. ciliata

习性：多年生，小草本，高10~30cm；湿生植物。

生境：林缘、草甸、漂石间等，海拔3000~4700m。

分布：内蒙古、四川、西藏、陕西、宁夏、甘肃、青海、新疆。

中甸长果婆婆纳 Veronica ciliata subsp. zhongdianensis D. Y. Hong

习性：多年生，中小草本，高10~60cm；水湿生

植物。

生境：林缘、草甸等，海拔2700~4400m。

分布：云南、四川、西藏。

毛果婆婆纳 Veronica eriogyne H. Winkl.

习性：多年生，小草本，高20~50cm；湿生植物。

生境：草甸，海拔2500~4500m。

分布：四川、西藏、甘肃、青海。

华中婆婆纳 Veronica henryi T. Yamaz.

习性：多年生，小草本，高8~25cm；湿生植物。

生境：林下、灌丛、草甸、田埂、水浇地、路边等，海拔200~2300m。

分布：江西、湖北、湖南、广西、贵州、云南、四川。

大花婆婆纳（原亚种）Veronica himalensis subsp. himalensis

习性：多年生，中小草本，高40~60cm；半湿生植物。

生境：草甸，海拔3400~4000m。

分布：云南、西藏。

多腺大花婆婆纳 Veronica himalensis subsp. yunnanensis (P. C. Tsoong) D. Y. Hong

习性：多年生，中小草本，高30~60cm；半湿生植物。

生境：草甸、岩石等，海拔3400~4000m。

分布：云南。

多枝婆婆纳 Veronica javanica Blume

习性：一或二年生，小草本，高10~30cm；湿生植物。

生境：河谷、灌丛、草丛、溪边、路边、沟边等，海拔600~2600m。

分布：浙江、江西、福建、湖南、广东、广西、贵州、云南、四川、西藏、陕西、甘肃、香港、台湾。

疏花婆婆纳 Veronica laxa Benth.

习性：多年生，中草本，高50~80cm；半湿生植物。

生境：沟谷、林下、林缘、岩石等，海拔150~2500m。

分布：湖北、湖南、广西、贵州、云南、四川、陕西、甘肃。

尖果水苦荬 Veronica oxycarpa Boiss.

习性：多年生，中小草本，高0.3~1m；水湿生植物。

生境：林下、草丛、河岸坡、水沟、沼泽等，海拔400~2900m。

分布：西藏、新疆。

蚊母草Veronica peregrina L.

习性：一年生，小草本，高10~25cm；湿生植物。

生境：草丛、河岸坡、沟边、田埂、弃耕水浇地、路边等，海拔达3000m。

分布：黑龙江、吉林、辽宁、内蒙古、北京、山东、江苏、安徽、上海、浙江、江西、福建、河南、湖北、湖南、广东、广西、贵州、云南、重庆、四川、西藏、陕西、青海、新疆、澳门、台湾；原产于北美洲。

阿拉伯婆婆纳Veronica persica Poir.

习性：一年生，小草本，高10~50cm；半湿生植物。

生境：草丛、溪边、路边等，海拔达3400m。

分布：河北、北京、山西、山东、江苏、安徽、上海、浙江、江西、福建、河南、湖北、湖南、广东、广西、贵州、云南、重庆、四川、西藏、陕西、青海、新疆、香港、台湾；原产于西亚。

婆婆纳Veronica polita Fries

习性：一年生，小草本，高10~25cm；半湿生植物。

生境：河岸坡、溪边、沟边、田埂、水浇地、路边等，海拔达2200m。

分布：内蒙古、河北、北京、山西、山东、江苏、安徽、上海、浙江、江西、福建、河南、湖北、湖南、广东、广西、贵州、云南、重庆、四川、西藏、陕西、甘肃、青海、新疆、香港、台湾；原产于西亚。

小婆婆纳Veronica serpyllifolia L.

习性：多年生，小草本，高10~30cm；湿生植物。

生境：林缘、草丛、沼泽草甸等，海拔400~3700m。

分布：吉林、辽宁、河北、山西、上海、浙江、湖北、湖南、贵州、云南、重庆、四川、西藏、陕西、甘肃、新疆。

四川婆婆纳（原亚种）**Veronica szechuanica** subsp. **szechuanica**

习性：多年生，小草本，高15~35cm；湿生植物。

生境：沟谷、林下、林缘、草丛等，海拔1600~3500m。

分布：湖北、四川、陕西、甘肃、青海。

多毛四川婆婆纳Veronica szechuanica subsp. **sikkimensis** (Hook. f.) D. Y. Hong

习性：多年生，小草本，高5~15cm；湿生植物。

生境：林下、草甸等，海拔2800~4400m。

分布：云南、四川、西藏。

水苦荬Veronica undulata Wall.

习性：一或多年生，中小草本，高0.2~1m；水湿生植物。

生境：林下、沼泽、河流、溪流、湖泊、池塘、水沟、洼地等，海拔100~2900m。

分布：黑龙江、吉林、辽宁、内蒙古、河北、北京、天津、山西、山东、江苏、安徽、上海、浙江、江西、福建、河南、湖北、湖南、广东、海南、广西、贵州、云南、重庆、四川、陕西、甘肃、新疆、香港、澳门、台湾。

腹水草属 Veronicastrum Heist. ex Fabr.

四方麻Veronicastrum caulopterum (Hance) T. Yamaz.

习性：多年生，中草本，高0.5~1m；半湿生植物。

生境：沟谷、河岸坡、溪边、沟边等，海拔达2000m。

分布：江西、湖北、湖南、广东、广西、贵州、云南。

草本威灵仙Veronicastrum sibiricum (L.) Pennell

习性：多年生，中草本，高0.5~1.5m；半湿生植物。

生境：沟谷、林下、林缘、灌丛、草丛、草甸等，海拔达2500m。

分布：黑龙江、吉林、辽宁、内蒙古、河北、天津、山西、山东、陕西、甘肃。

管花腹水草Veronicastrum tubiflorum (Fisch. & C. A. Mey.) H. Hara

习性：多年生，中小草本，高0.4~1m；半湿生植物。

生境：灌丛、草丛、沼泽草甸等，海拔200~1000m。

分布：黑龙江、吉林、辽宁、内蒙古。

167. 白花丹科 Plumbaginaceae

补血草属 Limonium Mill.

黄花补血草Limonium aureum (L.) Hill

习性：多年生，小草本，高30~40cm；半湿生植物。

生境：灌丛、草丛、草甸、河岸坡、湖岸坡、砾石滩、潮上带、路边等，海拔500~4200m。

分布：内蒙古、河北、山西、山东、陕西、宁夏、甘肃、青海、新疆。

二色补血草**Limonium bicolor** (Bunge) Kuntze

习性：多年生，小草本，高20~50cm；半湿生植物。

生境：草丛、草甸、盐碱地、潮上带、田间、湖岸坡、沟边等，海拔100~2000m。

分布：黑龙江、吉林、辽宁、内蒙古、河北、北京、山西、山东、江苏、河南、陕西、宁夏、甘肃、青海。

大叶补血草**Limonium gmelinii** (Willd.) Kuntze

习性：多年生，中小草本，高0.3~1m；半湿生植物。

生境：草丛、沼泽、潮上带、碱湖岸坡、河岸坡、洼地等，海拔200~1000m。

分布：内蒙古、新疆。

耳叶补血草**Limonium otolepis** (Schrenk) Kuntze

习性：多年生，中小草本，高0.3~1.2m；半湿生植物。

生境：平原、盐碱地、河岸坡等，海拔200~1700m。

分布：甘肃、新疆。

补血草**Limonium sinense** (Girard) Kuntze

习性：多年生，中小草本，高10~60cm；半湿生植物。

生境：高潮线附近、潮上带、堤内等。

分布：辽宁、河北、山东、江苏、浙江、福建、广东、广西、台湾。

白花丹属 **Plumbago** L.

白花丹**Plumbago zeylanica** L.

习性：常绿，亚灌木，高0.5~3m；半湿生植物。

生境：林缘、灌丛、丘陵、河岸坡、溪边、沟边、田间、路边等，海拔达1600m。

分布：福建、广东、海南、广西、贵州、云南、四川、台湾。

168. 禾本科 Poaceae

芨芨草属 **Achnatherum** P. Beauv.

醉马草**Achnatherum inebrians** (Hance) Keng ex Tzvelev

习性：多年生，中草本，高0.6~1m；半湿生植物。

生境：草丛、草原、河漫滩、田埂、路边等，海拔1700~4200m。

分布：内蒙古、四川、西藏、宁夏、甘肃、青海、新疆。

京芒草**Achnatherum pekinense** (Hance) Ohwi

习性：多年生，中草本，高0.6~1m；半湿生植物。

生境：林下、草丛、河漫滩、路边等，海拔300~1500m。

分布：黑龙江、吉林、辽宁、内蒙古、河北、北京、山西、山东、安徽、河南、云南、陕西、宁夏、甘肃。

羽茅**Achnatherum sibiricum** (L.) Keng ex Tzvelev

习性：多年生，中草本，高0.6~1.5m；半湿生植物。

生境：林缘、草丛、河漫滩、路边等，海拔600~3500m。

分布：黑龙江、内蒙古、河南、云南、四川、西藏、宁夏、青海、新疆。

芨芨草**Achnatherum splendens** (Trin.) Nevski

习性：多年生，大中草本，高0.5~2.5m；半湿生植物。

生境：草丛、草甸、溪边、沟边、路边等，海拔900~4500m。

分布：黑龙江、内蒙古、河北、北京、山西、河南、云南、重庆、四川、西藏、宁夏、甘肃、青海、新疆。

尖稃草属 **Acrachne** Wight & Arn. ex Lindl.

尖稃草**Acrachne racemosa** (B. Heyne ex Roem. & Schuit.) Ohwi

习性：多年生，小草本，高8~50cm；半湿生植物。

生境：林缘、河岸坡、沟边、田间等，海拔300~900m。

分布：海南、云南。

獐毛属 **Aeluropus** Trin.

小獐毛**Aeluropus pungens** (M. Bieb.) K. Koch

习性：多年生，小草本，高5~40cm；半湿生植物。

生境：沼泽、草甸、盐碱地等，海拔100~2100m。

分布：山西、江苏、甘肃、新疆。

獐毛Aeluropus sinensis (Debeaux) Tzvelev

习性：多年生，小草本，高15~35cm；半湿生植物。

生境：盐碱地、潮上带等，海拔达3200m。

分布：吉林、辽宁、内蒙古、河北、北京、天津、山西、山东、江苏、河南、宁夏、甘肃、新疆。

剪棒草属 Agropogon P. Fourn.

剪棒草Agropogon lutosus (Poir.) P. Fourn.

习性：多年生，中小草本，高25~80cm；水湿生植物。

生境：沼泽、水边等，海拔2600~3600m。

分布：云南、四川、西藏、甘肃。

剪股颖属 Agrostis L.

普通剪股颖Agrostis canina L.

习性：多年生，中小草本，高20~60cm；湿生植物。

生境：草丛、草甸等，海拔1400~3800m。

分布：云南、西藏、新疆。

华北剪股颖Agrostis clavata Trin.

习性：一或多年生，中小草本，高30~70cm；半湿生植物。

生境：林下、林缘、河岸坡、溪边、沟边、路边等，海拔达4000m。

分布：黑龙江、吉林、辽宁、内蒙古、河北、北京、山东、安徽、浙江、江西、福建、河南、广东、广西、贵州、云南、四川、西藏、陕西、甘肃、台湾。

歧序剪股颖Agrostis divaricatissima Mez

习性：多年生，中草本，高0.5~1m；水湿生植物。

生境：沼泽草甸、沼泽、河流、湖泊、池塘、洼地等，海拔500~1500m。

分布：黑龙江、吉林、辽宁、内蒙古。

巨序剪股颖Agrostis gigantea Roth

习性：多年生，中小草本，高0.3~1.3m；半湿生植物。

生境：沟谷、草丛、草甸、沼泽、溪边、沟边等，海拔400~3700m。

分布：黑龙江、吉林、辽宁、内蒙古、河北、北京、山西、山东、江苏、安徽、浙江、江西、河南、湖北、云南、四川、西藏、陕西、宁夏、甘肃、青海、新疆。

广序剪股颖Agrostis hookeriana C. B. Clarke ex Hook. f.

习性：多年生，中草本，高60~90cm；湿生植物。

生境：林下、灌丛、沼泽、湖岸坡、沟边、草甸等，海拔1900~4600m。

分布：云南、四川、西藏、青海。

昆明剪股颖Agrostis kunmingensis B. S. Sun & Y. C. Wang

习性：多年生，中小草本，高20~70cm；湿生植物。

生境：草丛、草甸、河岸坡、路边等，海拔2000~3600m。

分布：云南、四川。

小花剪股颖Agrostis micrantha Steud.

习性：多年生，中小草本，高0.4~1m；水湿生植物。

生境：林下、林缘、草丛、沼泽、河流、湖泊、池塘、路边等，海拔900~3500m。

分布：安徽、江西、福建、河南、湖北、湖南、广西、贵州、云南、重庆、四川、西藏、陕西、甘肃、青海。

泸水剪股颖Agrostis nervosa Nees ex Trin.

习性：多年生，小草本，高20~30cm；湿生植物。

生境：林下、草丛、草甸等，海拔2000~4000m。

分布：广西、云南、四川、西藏。

柔毛剪股颖Agrostis pilosula Trin.

习性：一或多年生，中小草本，高30~90cm；湿生植物。

生境：草甸，海拔3500~4200m。

分布：云南、四川、青海。

紧序剪股颖Agrostis sinocontracta S. M. Phillips & S. L. Lu

习性：多年生，小草本，高30~50cm；湿生植物。

生境：沟谷、草甸等，海拔2500~4000m。

分布：云南。

西伯利亚剪股颖Agrostis stolonifera L.

习性：多年生，小草本，高30~50cm；湿生植物。

生境：溪边、路边等，海拔400~3600m。

分布：黑龙江、内蒙古、山西、山东、安徽、贵州、云南、西藏、陕西、宁夏、甘肃、新疆。

芒剪股颖Agrostis vinealis Schreb.

习性：多年生，中小草本，高20~90cm；湿生植物。

生境：草丛、草甸等，海拔1500~1700m。

分布：黑龙江、吉林、辽宁、内蒙古。

看麦娘属 Alopecurus L.

看麦娘Alopecurus aequalis Sobol.
习性：一年生，小草本，高15~40cm；水湿生植物。
生境：草甸、沼泽、溪边、塘基、沟边、消落带、水田等，海拔达3500m。
分布：黑龙江、吉林、辽宁、内蒙古、河北、北京、天津、山西、山东、江苏、安徽、上海、浙江、江西、福建、河南、湖北、湖南、广东、广西、贵州、云南、重庆、四川、西藏、陕西、甘肃、新疆、台湾。

苇状看麦娘Alopecurus arundinaceus Poir.
习性：多年生，中小草本，高0.2~1m；湿生植物。
生境：草丛、沼泽草甸等，海拔600~3300m。
分布：黑龙江、内蒙古、宁夏、甘肃、青海、新疆。

短穗看麦娘 Alopecurus brachystachyus Bieb.
习性：多年生，中小草本，高15~80cm；湿生植物。
生境：草丛、沼泽草甸、沟边等，海拔达3800m。
分布：黑龙江、内蒙古、河北、青海。

日本看麦娘Alopecurus japonicus Steud.
习性：一年生，小草本，高20~50cm；水湿生植物。
生境：溪边、沟边、塘基、消落带、水田等，海拔达2000m。
分布：江苏、安徽、上海、浙江、江西、福建、河南、湖北、湖南、广东、贵州、云南、四川、陕西。

长芒看麦娘Alopecurus longearistatus Maxim.
习性：一年生，小草本，高20~50cm；水湿生植物。
生境：沼泽、河岸坡、湖岸坡、田埂、弃耕田等。
分布：黑龙江、内蒙古、江西。

大看麦娘Alopecurus pratensis L.
习性：多年生，中小草本，高0.3~1m；湿生植物。
生境：河谷、林缘、草甸等，海拔1500~2500m。
分布：黑龙江、内蒙古、湖北、甘肃、新疆。

须芒草属 Andropogon L.

西藏须芒草Andropogon munroi C. B. Clarke
习性：多年生，中草本，高0.6~1m；半湿生植物。
生境：灌丛、草丛、草甸等，海拔2000~4500m。

分布：云南、四川、西藏。

沟稃草属 Aniselytron Merr.

沟稃草Aniselytron treutleri (Kuntze) Soják
习性：多年生，中小草本，高0.4~1.1m；半湿生植物。
生境：沟谷、林下、草丛等，海拔1300~2000m。
分布：福建、湖北、广西、贵州、云南、四川、台湾。

黄花茅属 Anthoxanthum L.

光稃香草Anthoxanthum glabrum (Trin.) Veldkamp
习性：多年生，小草本，高10~30cm；半湿生植物。
生境：草丛、沼泽草甸、沟边等，海拔400~3300m。
分布：黑龙江、吉林、辽宁、内蒙古、河北、山西、山东、江苏、安徽、浙江、云南、青海、新疆。

水蔗草属 Apluda L.

水蔗草Apluda mutica L.
习性：多年生，大中草本，高0.5~3m；半湿生植物。
生境：林缘、草丛、河流、溪流、湖泊、池塘、水沟、河口、田间、弃耕田、路边等，海拔达2000m。
分布：山东、浙江、江西、福建、河南、湖南、广东、海南、广西、贵州、云南、四川、西藏、台湾。

荩草属 Arthraxon P. Beauv.

荩草Arthraxon hispidus (Thunb.) Makino
习性：一年生，中小草本，高30~60cm；湿生植物。
生境：草丛、溪边、沟边、田间、田中、弃耕田、路边等，海拔100~2300m。
分布：黑龙江、辽宁、内蒙古、河北、北京、山西、山东、江苏、安徽、浙江、江西、河南、湖北、湖南、广东、海南、贵州、云南、重庆、四川、陕西、甘肃、新疆、台湾。

微穗荩草Arthraxon junnarensis S. K. Jain & Hemadri
习性：多年生，小草本，高5~30cm；湿生植物。
生境：溪边、沼泽、库岸坡等，海拔900~1200m。
分布：云南。

茅叶荩草Arthraxon prionodes (Steud.) Dandy

习性：多年生，中小草本，高20~70cm；半湿生植物。

生境：草丛、河岸坡、湖岸坡、沟边等，海拔400~3800m。

分布：北京、山西、山东、江苏、安徽、浙江、河南、湖北、贵州、云南、重庆、四川、西藏、陕西、甘肃。

无芒荩草Arthraxon submuticus (Nees ex Steud.) Hochst.

习性：一年生，小草本，高10~30cm；湿生植物。

生境：沼泽、河岸坡等，海拔1600~2100m。

分布：云南。

洱源荩草Arthraxon typicus (Buse) Koord.

习性：多年生，小草本，高40~50cm；湿生植物。

生境：沼泽、沟边等，海拔1300~2100m。

分布：广东、云南。

野古草属 Arundinella Raddi

孟加拉野古草Arundinella bengalensis (Spreng.) Druce

习性：多年生，大中草本，高1~1.7m；半湿生植物。

生境：沟谷、林缘、灌丛、草丛、河岸坡、溪边、沟边、塘基、草甸、田间等，海拔达2000m。

分布：广东、广西、贵州、云南、四川、西藏。

溪边野古草Arundinella fluviatilis Hand.-Mazz.

习性：多年生，中小草本，高40~80cm；半湿生植物。

生境：河岸坡、河漫滩等，海拔200~500m。

分布：江西、湖北、湖南、贵州、四川。

毛秆野古草Arundinella hirta (Thunb.) Tanaka

习性：多年生，中草本，高0.6~1.5m；半湿生植物。

生境：林缘、草丛、河岸坡、溪边、沟边、田间、路边等，海拔100~1800m。

分布：黑龙江、吉林、辽宁、内蒙古、河北、北京、山东、江苏、安徽、浙江、江西、福建、河南、湖北、湖南、广东、广西、贵州、云南、重庆、四川、陕西、宁夏、台湾。

云南野古草Arundinella yunnanensis Keng ex B. S. Sun & Z. H. Hu

习性：多年生，中小草本，高0.3~1.5m；半湿生植物。

生境：草甸，海拔2200~3100m。

分布：云南、西藏。

芦竹属 Arundo L.

芦竹（原变种）Arundo donax var. **donax**

习性：多年生，大草本，高2~6m；水陆生植物。

生境：沼泽、河流、溪流、湖泊、池塘、水沟等，海拔达2300m。

分布：山东、江苏、安徽、上海、浙江、福建、河南、湖北、湖南、广东、海南、广西、贵州、云南、重庆、四川、西藏；原产于欧洲。

花叶芦竹 Arundo donax var. **versicolor** (Mill.) Stokes

习性：多年生，大草本，高1.5~3m；水陆生植物。

生境：河流、溪流、湖泊、池塘、水沟等，海拔达600m。

分布：山东、江苏、浙江、江西、福建、湖北、湖南、广东、海南、广西、贵州、云南、重庆、四川、台湾；原产于欧洲。

台湾芦竹Arundo formosana Hack.

习性：多年生，大草本，高2~6m；水陆生植物。

生境：河流、溪流、水沟、潮上带等，海拔300~500m。

分布：台湾。

燕麦属 Avena L.

野燕麦Avena fatua L.

习性：一年生，中草本，高0.6~1.2m；半湿生植物。

生境：林缘、草甸、沼泽、河岸坡、溪边、沟边、田间等，海拔达4300m。

分布：黑龙江、辽宁、内蒙古、河北、山东、江苏、安徽、上海、浙江、江西、福建、河南、湖北、湖南、广东、广西、贵州、云南、四川、西藏、陕西、宁夏、甘肃、青海、新疆、台湾。

簕竹属 Bambusa Schreb.

簕竹Bambusa blumeana Schult. & Schult. f.

习性：多年生，乔木状，高10~25m；半湿生植物。

生境：沼泽、河岸坡、溪边、沟边等，海拔达400m。

分布：福建、广西、云南、台湾。

孝顺竹**Bambusa multiplex** (Lour.) Raeusch. ex Schult. & Schult. f.

习性：多年生，乔木状，高3~7m；半湿生植物。

生境：河岸坡、溪边、沟边、路边等，海拔达1700m。

分布：江西、湖南、广东、海南、广西、贵州、云南、重庆、四川、台湾。

撑篙竹**Bambusa pervariabilis** McClure

习性：多年生，乔木状，高5~10m；半湿生植物。

生境：河岸坡、溪边、沟边等。

分布：广东、广西。

车筒竹**Bambusa sinospinosa** McClure

习性：多年生，乔木状，高15~25m；半湿生植物。

生境：河岸坡、溪边、沟边等，海拔200~800m。

分布：广东、海南、广西、贵州。

菵草属 **Beckmannia** Host

菵草（原变种）**Beckmannia syzigachne** var. **syzigachne**

习性：一或二年生，中小草本，高15~90cm；水湿生植物。

生境：草丛、沼泽草甸、沼泽、河流、溪流、水沟、田中、田间等，海拔达3800m。

分布：黑龙江、吉林、辽宁、内蒙古、河北、北京、山西、山东、江苏、安徽、上海、浙江、江西、福建、河南、湖北、湖南、广东、贵州、云南、四川、西藏、陕西、甘肃、青海、新疆。

毛颖菵草**Beckmannia syzigachne** var. **hirsutiflora** Roshev.

习性：一年生，中小草本，高30~80cm；湿生植物。

生境：河岸坡、溪边、沟边、田间等，海拔达1000m。

分布：黑龙江、内蒙古。

臂形草属 **Brachiaria** (Trin.) Griseb.

巴拉草**Brachiaria mutica** (Forssk.) Stapf

习性：多年生，大中草本，高0.6~2m；水湿生植物。

生境：沼泽、河岸坡、溪边、塘基、沟边、浅水处等，海拔达500m。

分布：福建、广东、香港、台湾；原产于热带非洲。

短柄草属 **Brachypodium** P. Beauv.

草地短柄草**Brachypodium pratense** Keng ex P. C. Keng

习性：多年生，中小草本，高40~90cm；半湿生植物。

生境：林缘、草甸等，海拔3100~3900m。

分布：云南、四川。

短柄草**Brachypodium sylvaticum** (Huds.) P. Beauv.

习性：多年生，中草本，高50~90cm；半湿生植物。

生境：林下、林缘、灌丛、草甸、田间、路边等，海拔1500~3600m。

分布：辽宁、江苏、安徽、浙江、贵州、云南、四川、西藏、陕西、甘肃、青海、新疆、台湾。

凌风草属 **Briza** L.

凌风草**Briza media** L.

习性：多年生，中小草本，高40~60cm；湿生植物。

生境：草甸、沟边等，海拔3600~3800m。

分布：云南、四川、西藏。

雀麦属 **Bromus** L.

喜马拉雅雀麦**Bromus himalaicus** Stapf

习性：多年生，中草本，高50~70cm；湿生植物。

生境：林缘、灌丛、草丛、草甸等，海拔3000~3500m。

分布：云南、西藏。

无芒雀麦**Bromus inermis** Leyss.

习性：多年生，中草本，高0.5~1.2m；半湿生植物。

生境：沟谷、林缘、草丛、河岸坡、沟边、路边等，海拔1000~3500m。

分布：黑龙江、吉林、辽宁、河北、北京、江苏、河南、贵州、四川、甘肃、新疆。

雀麦**Bromus japonicus** Thunb.

习性：一年生，中小草本，高40~90cm；半湿生植物。

生境：林缘、河漫滩、路边等，海拔达3500m。

分布：辽宁、内蒙古、河北、北京、山西、山东、江苏、安徽、浙江、江西、河南、湖北、湖南、云南、四川、西藏、陕西、甘肃、新疆、台湾。

梅氏雀麦Bromus mairei Hack. ex Hand.-Mazz.

习性：多年生，中草本，高0.5~1m；湿生植物。

生境：林缘、灌丛、河漫滩、草甸等，海拔3900~4300m。

分布：云南、四川、西藏、青海。

疏花雀麦Bromus remotiflorus (Steud.) Ohwi

习性：多年生，中草本，高0.6~1.2m；半湿生植物。

生境：林缘、草丛、草甸、河岸坡、路边等，海拔1800~4100m。

分布：山东、江苏、安徽、浙江、江西、福建、河南、湖北、湖南、贵州、云南、四川、西藏、陕西、青海。

拂子茅属 Calamagrostis Adans.

单蕊拂子茅Calamagrostis emodensis Griseb.

习性：多年生，中草本，高1~1.3m；半湿生植物。

生境：灌丛、草丛、草甸等，海拔1900~5000m。

分布：云南、四川、西藏、陕西。

拂子茅Calamagrostis epigeios (L.) Roth

习性：多年生，中草本，高0.5~1m；水陆生植物。

生境：沟谷、沼泽草甸、沼泽、河流、溪流、湖泊、池塘、水沟、田间、田埂等，海拔100~3900m。

分布：全国各地。

短芒拂子茅Calamagrostis hedinii Pilg.

习性：多年生，中小草本，高20~70cm；水陆生植物。

生境：草丛、沼泽、河流、溪流、湖泊、池塘、水沟等，海拔700~3000m。

分布：黑龙江、吉林、辽宁、内蒙古、湖北、贵州、云南、四川、西藏、甘肃、青海、新疆。

东北拂子茅Calamagrostis kengii T. F. Wang

习性：多年生，中草本，高0.5~1.4m；水陆生植物。

生境：沟谷、林下、林缘、河流、溪流、湖泊、池塘、水沟、洼地等，海拔达1000m。

分布：黑龙江、吉林、辽宁、内蒙古。

假苇拂子茅Calamagrostis pseudophragmites (Haller f.) Koeler

习性：多年生，中小草本，高0.4~1m；水陆生植物。

生境：草丛、河流、溪流、湖泊、池塘、水沟等，

海拔300~2500m。

分布：黑龙江、吉林、辽宁、内蒙古、河北、北京、山西、山东、河南、湖北、湖南、贵州、云南、四川、西藏、陕西、甘肃、青海、宁夏、新疆。

细柄草属 Capillipedium Stapf

硬秆子草Capillipedium assimile (Steud.) A. Camus

习性：多年生，中小草本，高0.3~1.5m；半湿生植物。

生境：林缘、河岸坡、溪边、沟边、路边等，海拔400~2200m。

分布：山东、浙江、江西、福建、河南、湖北、湖南、广东、海南、广西、贵州、云南、四川、西藏、台湾。

细柄草Capillipedium parviflorum (R. Br.) Stapf

习性：多年生，中草本，高0.5~1.5m；半湿生植物。

生境：灌丛、草丛、河岸坡、溪边、沟边、田间、路边等，海拔100~2500m。

分布：河北、山东、安徽、浙江、福建、河南、湖北、广东、海南、广西、贵州、云南、四川、西藏、陕西、甘肃、台湾。

沿沟草属 Catabrosa P. Beauv.

沿沟草（原变种）Catabrosa aquatica var. **aquatica**

习性：多年生，中小草本，高20~70cm；水湿生植物。

生境：草甸、沼泽、河流、溪流、池塘、水沟等，海拔800~4500m。

分布：内蒙古、河北、湖北、贵州、云南、重庆、四川、西藏、甘肃、青海、新疆。

窄沿沟草Catabrosa aquatica var. **angusta** Stapf

习性：多年生，小草本，高20~40cm；湿生植物。

生境：草甸、溪边、塘基、沟边等，海拔3400~4800m。

分布：内蒙古、四川、西藏、青海。

长颖沿沟草Catabrosa capusii Franch.

习性：多年生，小草本，高6~20cm；半湿生植物。

生境：草甸、沼泽、河漫滩等，海拔3700~4900m。

分布：内蒙古、西藏。

山涧草属 Chikusichloa Koidz.

山涧草 Chikusichloa aquatica Koidz.

习性：多年生，中草本，高0.8~1.5m；水湿生植物。

生境：沟谷、溪流、水沟、洼地等，海拔200~1300m。

分布：江苏。

无芒山涧草 Chikusichloa mutica Keng

习性：多年生，中草本，高0.6~1m；水湿生植物。

生境：沟谷、溪流、水沟、洼地等，海拔200~2200m。

分布：江苏、广东、海南、广西。

虎尾草属 Chloris Sw.

台湾虎尾草 Chloris formosana (Honda) Keng ex B. S. Sun & Z. H. Hu

习性：一年生，中小草本，高20~70cm；半湿生植物。

生境：红树林内缘、潮上带、堤内等。

分布：福建、广东、海南、台湾。

异序虎尾草 Chloris pycnothrix Trin.

习性：一或多年生，中小草本，高30~70cm；半湿生植物。

生境：草丛、路边等，海拔400~2700m。

分布：云南。

虎尾草 Chloris virgata Sw.

习性：一年生，中小草本，高0.2~1m；半湿生植物。

生境：草丛、草原、草甸、河漫滩、湖岸坡等，海拔达3900m。

分布：黑龙江、吉林、辽宁、内蒙古、河北、山西、山东、江苏、河南、云南、四川、西藏、陕西、宁夏、甘肃、青海、新疆。

金须茅属 Chrysopogon Trin.

竹节草 Chrysopogon aciculatus (Retz.) Trin.

习性：多年生，小草本，高20~50cm；半湿生植物。

生境：草丛、河岸坡、溪边、路边等，海拔500~1000m。

分布：福建、广东、海南、广西、贵州、云南、台湾。

香根草 Chrysopogon zizanioides (L.) Roberty

习性：多年生，大中草本，高1~2.5m；水陆生植物。

生境：河岸坡、溪边等，海拔达600m。

分布：江苏、浙江、福建、广东、海南、云南、四川、台湾；原产于印度。

单蕊草属 Cinna L.

单蕊草 Cinna latifolia (Trevir. ex Göpp.) Griseb.

习性：多年生，大中草本，高0.6~1.6m；半湿生植物。

生境：林缘、林间、灌丛、河岸坡等，海拔300~2000m。

分布：黑龙江、吉林、辽宁。

小丽草属 Coelachne R. Br.

小丽草 Coelachne simpliciuscula (Wight & Arn. ex Steud.) Munro ex Benth.

习性：一年生，小草本，高10~20cm；湿生植物。

生境：沟谷、林间、河岸坡、溪边、沟边、水田等，海拔达2100m。

分布：湖南、广东、贵州、云南、四川。

薏苡属 Coix L.

水生薏苡 Coix aquatica Roxb.

习性：多年生，大草本，高1.5~3m；挺水植物。

生境：沼泽、池塘、河流、溪流、水沟等，海拔500~1800m。

分布：广东、广西、云南、四川。

薏苡（原变种）Coix lacryma-jobi var. lacryma-jobi

习性：一年生，大中草本，高1~3m；水陆生植物。

生境：沟谷、河岸坡、溪边、池塘、沟边、田间等，海拔200~2000m。

分布：黑龙江、辽宁、内蒙古、河北、山西、山东、江苏、安徽、上海、浙江、江西、福建、河南、湖北、湖南、广东、海南、广西、贵州、云南、重庆、四川、陕西、宁夏、新疆、台湾。

薏米 Coix lacryma-jobi var. ma-yuen (Rom. Caill.) Stapf

习性：一年生，中草本，高1~1.5m；水湿生植物。

生境：沼泽、溪流、池塘、水沟等，海拔达2000m。

分布：辽宁、河北、江苏、安徽、浙江、江西、福建、河南、湖北、广东、广西、云南、四川、陕西、台湾。

小珠薏苡 Coix lacryma-jobi var. puellarum (Balansa) E. G. Camus & A. Camus

习性：多年生，中草本，高0.5~1m；水湿生植物。

生境：林缘、沼泽、溪流、水沟等，海拔约1400m。

分布：海南、云南、西藏。

莎禾属 Coleanthus Seidel

莎禾 Coleanthus subtilis (Tratt.) Seidel

习性：一年生，小草本，高5~10cm；水湿生植物。

生境：沼泽、河流、溪流、湖泊、水沟、洼地等。

分布：黑龙江、吉林、辽宁、内蒙古、江西。

蒲苇属 Cortaderia Stapf

蒲苇 Cortaderia selloana (Schult. & Schult. f.) Asch. & Graebn.

习性：多年生，大中草本，高1~3m；水陆生植物。

生境：河岸坡、溪边、湖岸坡、塘基、沟边等。

分布：江苏、上海、浙江、河南、台湾；原产于南美洲。

隐花草属 Crypsis Aiton

隐花草 Crypsis aculeata (L.) Aiton

习性：一年生，小草本，高5~50cm；湿生植物。

生境：沼泽、河岸坡、沟边、盐碱地等，海拔100~1300m。

分布：黑龙江、吉林、辽宁、内蒙古、河北、北京、山西、江苏、安徽、河南、湖北、宁夏、甘肃、新疆。

狗牙根属 Cynodon Rich.

狗牙根 Cynodon dactylon (L.) Pers.

习性：多年生，小草本，高10~30cm；半湿生植物。

生境：草丛、河岸坡、溪边、湖岸坡、塘基、沟边、田间、田埂、水浇地、消落带、潮上带、路边等，海拔达2600m。

分布：山西、山东、江苏、安徽、上海、浙江、江西、福建、河南、湖北、湖南、广东、海南、广西、贵州、云南、重庆、四川、陕西、甘肃、新疆、台湾。

龙爪茅属 Dactyloctenium Willd.

龙爪茅 Dactyloctenium aegyptium (L.) Willd.

习性：一年生，中小草本，高15~60cm；半湿生植物。

生境：草丛、河岸坡、消落带、潮上带等，海拔达1400m。

分布：浙江、福建、广东、海南、广西、贵州、云南、四川、台湾。

发草属 Deschampsia P. Beauv.

发草（原亚种）Deschampsia cespitosa subsp. cespitosa

习性：多年生，中小草本，高0.3~1.5m；水湿生植物。

生境：灌丛、草丛、草原、草甸、河漫滩等，海拔1500~4500m。

分布：内蒙古、山西、山东、云南、重庆、四川、西藏、陕西、甘肃、青海、新疆。

短枝发草 Deschampsia cespitosa subsp. ivanovae (Tzvelev) S. M. Phillips & Z. L. Wu

习性：多年生，中小草本，高30~70cm；湿生植物。

生境：草甸、河漫滩、路边等，海拔3200~5100m。

分布：云南、四川、西藏、陕西、甘肃、青海。

小穗发草 Deschampsia cespitosa subsp. orientalis Hultén

习性：多年生，中小草本，高30~70cm；湿生植物。

生境：沼泽、河漫滩、草甸等，海拔达3800m。

分布：黑龙江、内蒙古、云南、青海、新疆、台湾。

帕米尔发草 Deschampsia cespitosa subsp. pamirica (Roshev.) Tzvelev

习性：多年生，中小草本，高30~80cm；湿生植物。

生境：草丛、沼泽等，海拔1800~3100m。

分布：新疆。

野青茅属 Deyeuxia Clarion ex P. Beauv.

密穗野青茅 Deyeuxia conferta Keng

习性：多年生，中草本，高0.9~1.2m；半湿生植物。

生境：林缘、草丛、草甸、河漫滩等，海拔2000~3400m。

分布：内蒙古、陕西、甘肃、青海。

散穗野青茅 Deyeuxia diffusa Keng

习性：多年生，中小草本，高30~80cm；半湿生植物。

生境：草丛、灌丛等，海拔1900~2800m。

分布：贵州、云南、四川。

疏穗野青茅 Deyeuxia effusiflora Rendle

习性：多年生，中草本，高0.8~1.2m；半湿生植物。

生境：沟谷、河岸坡、沟边等，海拔600~2900m。

分布：浙江、河南、湖南、贵州、云南、四川、陕西、宁夏、甘肃。

青藏野青茅 Deyeuxia holciformis (Jaub. & Spach) Bor

习性：多年生，小草本，高20~30cm；湿生植物。

生境：草丛、草甸、河漫滩等，海拔3800~4500m。

分布：西藏、甘肃、青海。

兴安野青茅 Deyeuxia korotkyi (Litv.) S. M. Phillips & W. L. Chen

习性：多年生，中小草本，高30~80cm；半湿生植物。

生境：草丛、草甸等，海拔300~2500m。

分布：黑龙江、内蒙古、新疆。

会理野青茅 Deyeuxia mazzettii Veldkamp

习性：多年生，中小草本，高20~60cm；半湿生植物。

生境：林下、灌丛、草甸等，海拔2200~3800m。

分布：云南、四川。

小花野青茅 Deyeuxia neglecta (Ehrh.) Kunth

习性：多年生，中小草本，高0.4~1m；湿生植物。

生境：林间、草丛、沼泽草甸、沼泽、沟边等，海拔1200~4300m。

分布：黑龙江、辽宁、内蒙古、河北、四川、陕西、甘肃、新疆。

微药野青茅 Deyeuxia nivicola Hook. f.

习性：多年生，小草本，高10~20cm；湿生植物。

生境：草丛、草甸等，海拔3000~5000m。

分布：云南、四川、西藏、青海。

小丽茅 Deyeuxia pulchella (Griseb.) Hook. f.

习性：多年生，小草本，高10~40cm；湿生植物。

生境：林下、灌丛、草甸等，海拔2700~5200m。

分布：云南、四川、西藏。

大叶章 Deyeuxia purpurea (Trin.) Kunth

习性：多年生，中草本，高0.7~1.5m；水湿生植物。

生境：林间、草丛、沼泽草甸、沼泽、河岸坡、冻原等，海拔100~3600m。

分布：黑龙江、吉林、辽宁、内蒙古、河北、山西、湖北、四川、陕西、甘肃、新疆。

野青茅 Deyeuxia pyramidalis (Host) Veldkamp

习性：多年生，中草本，高1~1.5m；半湿生植物。

生境：林缘、灌丛、草丛、草甸、河漫滩、溪边等，海拔100~4200m。

分布：内蒙古、河北、北京、山西、山东、江苏、安徽、江西、福建、河南、湖北、湖南、贵州、云南、四川、陕西、甘肃、台湾。

玫红野青茅 Deyeuxia rosea Bor

习性：多年生，小草本，高25~35cm；湿生植物。

生境：草丛、草甸等，海拔3500~5000m。

分布：四川、西藏。

糙野青茅 Deyeuxia scabrescens (Griseb.) Hook. f.

习性：多年生，中草本，高0.6~1.5m；半湿生植物。

生境：林下、灌丛、草甸等，海拔2000~4600m。

分布：湖北、云南、四川、西藏、陕西、甘肃、青海。

龙常草属 Diarrhena P. Beauv.

法利龙常草 Diarrhena fauriei (Hack.) Ohwi

习性：多年生，中草本，高0.6~1m；半湿生植物。

生境：草丛、湖岸坡等，海拔200~1500m。

分布：黑龙江、吉林、辽宁、内蒙古、山东。

马唐属 Digitaria Haller

升马唐（原变种）Digitaria ciliaris var. ciliaris

习性：一年生，中小草本，高10~90cm；半湿生植物。

生境：林缘、灌丛、草丛、河岸坡、河漫滩、溪边、湖岸坡、塘基、消落带、沟边、田间、田埂、水浇地、弃耕田、路边等，海拔达3500m。

分布：内蒙古、北京、天津、山西、山东、上海、浙江、江西、福建、河南、湖北、湖南、广东、海南、贵州、云南、重庆、西藏、宁夏、新疆、台湾。

毛马唐Digitaria ciliaris var. chrysoblephara (Figari & De Notaris) R. R. Stewart

习性：一年生，中小草本，高0.3~1m；半湿生植物。

生境：林缘、灌丛、草丛、河岸坡、河漫滩、溪边、湖岸坡、塘基、消落带、沟边、田间、田埂、水浇地、路边等，海拔200~1300m。

分布：黑龙江、吉林、辽宁、河北、北京、山西、山东、江苏、安徽、浙江、福建、河南、湖北、广东、海南、四川、陕西、甘肃。

二型马唐Digitaria heterantha (Hook. f.) Merr.

习性：一年生，中草本，高0.5~1m；半湿生植物。

生境：高潮线附近、潮上带等。

分布：福建、广东、海南、广西、台湾。

止血马唐Digitaria ischaemum (Schreb.) Muhl.

习性：一年生，小草本，高10~40cm；半湿生植物。

生境：林缘、灌丛、草丛、草甸、河岸坡、河漫滩、溪边、湖岸坡、塘基、消落带、沟边、田间、田埂、水浇地、路边等，海拔达3700m。

分布：黑龙江、吉林、辽宁、内蒙古、河北、北京、山西、山东、江苏、安徽、浙江、江西、福建、河南、湖北、广西、四川、西藏、陕西、宁夏、甘肃、新疆、台湾。

马唐Digitaria sanguinalis (L.) Scop.

习性：一年生，中小草本，高10~80cm；半湿生植物。

生境：林缘、灌丛、草丛、河岸坡、溪边、湖岸坡、塘基、消落带、沟边、田间、田埂、水浇地、路边等，海拔达3700m。

分布：黑龙江、辽宁、河北、北京、天津、山西、山东、江苏、安徽、上海、江西、河南、湖北、湖南、广西、贵州、云南、重庆、四川、西藏、陕西、宁夏、甘肃、新疆、台湾。

觿茅属 Dimeria R. Br.

觿茅Dimeria ornithopoda Trin.

习性：一年生，中小草本，高10~60cm；湿生植物。

生境：林间、溪边、岩石等，海拔达2000m。

分布：江苏、安徽、浙江、江西、福建、河南、广东、广西、贵州、云南、四川、台湾。

稗属 Echinochloa P. Beauv.

长芒稗Echinochloa caudata Roshev.

习性：一年生，大中草本，高1~2m；水湿生植物。

生境：沼泽、河流、溪流、湖泊、池塘、水沟、水田、路边等，海拔达2000m。

分布：黑龙江、吉林、辽宁、内蒙古、河北、北京、天津、山西、山东、江苏、安徽、上海、浙江、江西、河南、湖北、湖南、贵州、云南、四川、新疆。

光头稗Echinochloa colona (L.) Link

习性：一年生，中小草本，高10~80cm；水湿生植物。

生境：沼泽、池塘、水沟、田间、水田、路边、洼地等，海拔达1600m。

分布：河北、山西、江苏、安徽、浙江、江西、福建、河南、湖北、湖南、广东、海南、广西、贵州、云南、重庆、四川、西藏、陕西、新疆、台湾。

稗（原变种）Echinochloa crusgalli var. crusgalli

习性：一年生，中草本，高0.5~1.3m；水湿生植物。

生境：沼泽、湖泊、水沟、田中等，海拔达2500m。

分布：全国各地。

小旱稗Echinochloa crusgalli var. austro-japonensis Ohwi

习性：一年生，小草本，高20~40cm；湿生植物。

生境：草丛、沟边等，海拔100~1000m。

分布：江苏、浙江、江西、湖南、广东、广西、贵州、云南、台湾。

无芒稗Echinochloa crusgalli var. mitis (Pursh) Peterm.

习性：一年生，中草本，高0.5~1.3m；水湿生植物。

生境：池塘、水沟、田中、田间等，海拔达3700m。

分布：全国各地。

西来稗Echinochloa crusgalli var. zelayensis (Kunth) Hitchc.

习性：一年生，中草本，高50~75cm；水湿生植物。

生境：池塘、水沟、水田等，海拔达2000m。

分布：华北、华东、西北、华南、西南。

孔雀稗Echinochloa cruspavonis (Kunth) Schult.

习性：多年生，大中草本，高1.2~1.8m；水湿生植物。

生境：沼泽、溪边、池塘、水沟、水田等，海拔达2400m。

分布：江苏、安徽、上海、浙江、福建、河南、湖北、广东、海南、贵州、四川、陕西。

硬稃稗Echinochloa glabrescens Munro ex Hook. f.

习性：一年生，中草本，高0.5~1.2m；水湿生植物。

生境：河流、池塘、水沟、田间、田中、洼地等，海拔达2000m。

分布：江苏、浙江、广东、广西、贵州、云南、四川、台湾。

水田稗Echinochloa oryzoides (Ard.) Fritsch

习性：一年生，中草本，高0.5~1m；水湿生植物。

生境：沼泽、河漫滩、池塘、水沟、水田等，海拔达1700m。

分布：辽宁、河北、山东、江苏、安徽、河南、湖南、广东、海南、广西、贵州、云南、四川、西藏、新疆、台湾。

穆属 Eleusine Gaertn.

牛筋草Eleusine indica (L.) Gaertn.

习性：一年生，中小草本，高10~90cm；半湿生植物。

生境：林缘、草丛、河岸坡、溪边、湖岸坡、塘基、消落带、沟边、田间、田埂、水浇地、路边、潮上带等，海拔达1600m。

分布：黑龙江、辽宁、河北、北京、天津、山西、山东、江苏、安徽、上海、浙江、江西、福建、河南、湖北、湖南、广东、海南、广西、贵州、云南、重庆、四川、西藏、陕西、台湾。

披碱草属 Elymus L.

毛节毛盘草Elymus barbicallus var. pubinodis (Keng) S. L. Chen

习性：多年生，中小草本，高40~90cm；半湿生植物。

生境：沟谷、草丛、沟边等。

分布：内蒙古、河北、北京。

短颖鹅观草 Elymus burchan-buddae (Nevski) Tzvelev

习性：多年生，中小草本，高10~60cm；半湿生植物。

生境：林缘、草丛、河岸坡、河漫滩等，海拔3000~5500m。

分布：内蒙古、云南、四川、西藏、甘肃、青海、新疆。

钙生鹅观草Elymus calcicola (Keng) S. L. Chen

习性：多年生，中小草本，高0.4~1m；半湿生植物。

生境：河岸坡，海拔1600~2000m。

分布：贵州、云南、四川。

纤毛鹅观草Elymus ciliaris (Trin. ex Bunge) Tzvelev

习性：多年生，中小草本，高0.4~1.3m；半湿生植物。

生境：草丛、草甸、路边等，海拔1200~1600m。

分布：黑龙江、辽宁、内蒙古、河北、天津、山西、山东、江苏、安徽、浙江、江西、福建、河南、湖北、湖南、贵州、云南、四川、陕西、甘肃、宁夏。

披碱草Elymus dahuricus Turcz. ex Griseb.

习性：多年生，中草本，高0.7~1.4m；半湿生植物。

生境：草丛、沼泽草甸等，海拔1000~3700m。

分布：黑龙江、内蒙古、河北、山西、山东、河南、云南、四川、西藏、陕西、宁夏、青海、新疆。

岷山鹅观草Elymus durus (Keng) S. L. Chen

习性：多年生，中草本，高50~80cm；半湿生植物。

生境：草甸、沟边等，海拔3700~4500m。

分布：云南、四川、西藏、甘肃、青海、新疆。

真穗鹅观草Elymus gmelinii (Ledeb.) Tzvelev

习性：多年生，中草本，高60~80cm；半湿生植物。

生境：林缘、草丛、沟边、路边等，海拔1300~2300m。

分布：黑龙江、吉林、内蒙古、河北、北京、山西、河南、云南、陕西、宁夏、甘肃、青海、新疆。

鹅观草Elymus kamoji (Ohwi) S. L. Chen

习性：多年生，中草本，高0.5~1m；半湿生植物。

生境：草丛、河岸坡、溪边、沟边、消落带、田间、田埂、路边等，海拔100~2300m。

分布：黑龙江、辽宁、内蒙古、河北、北京、山东、江苏、安徽、上海、浙江、江西、福建、河南、湖北、湖南、广西、贵州、云南、重庆、四川、西藏、陕西、青海、新疆。

光花鹅观草Elymus leianthus (Keng) S. L. Chen

习性：多年生，小草本，高30~50cm；半湿生植物。

生境：草丛、塘基、沟边、田间、田埂等，海拔2300~2400m。

分布：青海、云南。

缘毛鹅观草Elymus pendulinus (Nevski) Tzvelev

习性：多年生，中草本，高0.6~1.1m；半湿生植物。

生境：沟谷、林缘、草丛、草甸、河岸坡、河漫滩等，海拔100~2400m。

分布：黑龙江、吉林、辽宁、内蒙古、河北、山西、山东、河南、云南、四川、陕西、甘肃、青海。

偃麦草属 Elytrigia Desv.

偃麦草Elytrigia repens (L.) Desv. ex B. D. Nevski

习性：多年生，中小草本，高40~80cm；半湿生植物。

生境：沟谷、草甸、沟边、田间、路边等，海拔500~1900m。

分布：黑龙江、内蒙古、河北、山东、云南、四川、西藏、甘肃、青海、新疆。

总苞草属 Elytrophorus P. Beauv.

总苞草Elytrophorus spicatus (Willd.) A. Camus

习性：一年生，小草本，高10~50cm；湿生植物。

生境：塘基、沟边、田中等，海拔100~1100m。

分布：海南、云南。

画眉草属 Eragrostis Wolf

鼠妇草Eragrostis atrovirens (Desf.) Trin. ex Steud.

习性：多年生，中小草本，高0.3~1m；水陆生植物。

生境：草丛、河流、河漫滩、溪流、水沟、路边等，海拔达2500m。

分布：福建、湖南、广东、海南、广西、贵州、云南、四川。

大画眉草Eragrostis cilianensis (All.) Vignolo-Lutati ex Janch.

习性：一年生，中小草本，高30~90cm；水陆生植物。

生境：草丛、河漫滩、溪流、消落带、水沟、路边等，海拔达3000m。

分布：黑龙江、辽宁、内蒙古、河北、北京、山东、安徽、浙江、福建、河南、湖北、湖南、海南、广西、贵州、云南、陕西、宁夏、甘肃、青海、新疆、台湾。

乱草Eragrostis japonica (Thunb.) Trin.

习性：一年生，中小草本，高0.1~1m；半湿生植物。

生境：河岸坡、消落带、沟边、水浇地、田埂、弃耕田、路边等，海拔100~2000m。

分布：江苏、安徽、浙江、江西、福建、河南、湖北、湖南、广东、广西、贵州、云南、重庆、四川、台湾。

细叶画眉草Eragrostis nutans (Retz.) Nees ex Steud.

习性：多年生，中小草本，高30~60cm；湿生植物。

生境：河岸坡、河漫滩、沟边、田间等，海拔100~1200m。

分布：广西、云南、台湾。

宿根画眉草Eragrostis perennans Keng

习性：多年生，中草本，高0.5~1.1m；半湿生植物。

生境：沼泽、沟边、路边等，海拔达2200m。

分布：浙江、福建、广东、海南、广西、贵州、云南。

蜈蚣草属 Eremochloa Buse

假俭草Eremochloa ophiuroides (Munro) Hack.

习性：多年生，小草本，高10~30cm；半湿生植物。

生境：草丛、河岸坡、沟边、路边、潮上带等，海拔达1200m。

分布：江苏、安徽、浙江、江西、福建、河南、湖北、湖南、广东、海南、广西、贵州、四川、台湾。

野黍属 Eriochloa Kunth

野黍Eriochloa villosa (Thunb.) Kunth

习性：一年生，中小草本，高0.2~1m；半湿生植物。

生境：草丛、草甸、沟边、田间、田埂、路边等，海拔达2100m。

分布：黑龙江、吉林、辽宁、内蒙古、河北、北京、天津、山东、江苏、安徽、浙江、江西、福建、河南、湖北、广东、贵州、云南、四川、陕西、甘肃、台湾。

箭竹属 Fargesia Franch.

马亨箭竹Fargesia communis T. P. Yi

习性：多年生，灌木状，高4~8m；半湿生植物。

生境：林下，海拔2600~3300m。

分布：云南。

贡山箭竹Fargesia gongshanensis T. P. Yi

习性：多年生，灌木状，高3~4m；半湿生植物。

生境：林下，海拔1400~1500m。

分布：云南、四川。

华西箭竹Fargesia nitida (Mitford) Keng f. ex T. P. Yi

习性：多年生，灌木状，高2~4m；半湿生植物。

生境：林下、沼泽、沟边等，海拔1500~3200m。

分布：广西、四川、宁夏、甘肃、青海。

伞把竹Fargesia utilis T. P. Yi

习性：多年生，灌木状，高达4m；半湿生植物。

生境：林下、灌丛等，海拔2700~3700m。

分布：云南。

昆明实心竹Fargesia yunnanensis Hsueh & T. P. Yi

习性：多年生，灌木或乔木状，高4~7m；半湿生植物。

生境：林下，海拔1700~2500m。

分布：云南、四川。

羊茅属 Festuca L.

苇状羊茅Festuca arundinacea Schreb.

习性：多年生，中草本，高0.8~1m；湿生植物。

生境：河谷、林缘、灌丛、河岸坡、沟边等，海拔700~1200m。

分布：内蒙古、河北、北京、浙江、江西、湖北、云南、四川、陕西、甘肃、青海、新疆。

玉龙羊茅Festuca forrestii St.-Yves

习性：多年生，中小草本，高30~60cm；湿生植物。

生境：草甸，海拔2500~4400m。

分布：云南、四川、西藏、青海。

弱须羊茅Festuca leptopogon Stapf

习性：多年生，中草本，高0.6~1.2m；湿生植物。

生境：林下、草丛、沼泽草甸、沼泽、溪边等，海拔2300~3900m。

分布：贵州、云南、四川、西藏、青海、台湾。

昆明羊茅Festuca mazzettiana E. B. Alexeev

习性：多年生，中草本，高60~80cm；半湿生植物。

生境：林缘、草丛、沟边等，海拔2600~2800m。

分布：云南、四川。

微药羊茅Festuca nitidula Stapf

习性：多年生，小草本，高10~50cm；湿生植物。

生境：林间、草丛、沼泽草甸、河漫滩等，海拔2500~5300m。

分布：云南、四川、西藏、甘肃、青海。

羊茅Festuca ovina L.

习性：多年生，中小草本，高10~60cm；半湿生植物。

生境：林下、灌丛、草丛、草甸、草原等，海拔1600~4400m。

分布：吉林、内蒙古、山东、江苏、安徽、浙江、贵州、云南、四川、西藏、陕西、宁夏、甘肃、青海、新疆、台湾。

帕米尔羊茅Festuca pamirica Tzvelev

习性：多年生，小草本，高10~20cm；半湿生植物。
生境：灌丛、草甸等，海拔2700~4000m。
分布：云南、新疆。

小颖羊茅Festuca parvigluma Steud.

习性：多年生，中小草本，高30~80cm；半湿生植物。
生境：林下、灌丛、草丛、草甸、河岸坡、路边等，海拔1000~3700m。
分布：山东、浙江、江西、湖南、贵州、云南、四川、西藏、陕西、台湾。

草甸羊茅Festuca pratensis Huds.

习性：多年生，中小草本，高0.3~1.3m；半湿生植物。
生境：河谷、草丛、河岸坡、沟边等，海拔700~2800m。
分布：吉林、江苏、贵州、云南、四川、青海、新疆。

紫羊茅Festuca rubra L.

习性：多年生，中小草本，高30~60cm；半湿生植物。
生境：林下、灌丛、草丛、草甸、河岸坡、路边等，海拔600~4500m。
分布：北京、湖北、云南、四川、西藏、青海。

黑穗羊茅Festuca tristis Krylov & Ivanitzkaja

习性：多年生，中小草本，高25~60cm；湿生植物。
生境：草甸、沼泽等，海拔2800~4600m。
分布：新疆。

沟叶羊茅Festuca valesiaca subsp. sulcata (Hack.) Schinz & R. Keller

习性：多年生，小草本，高20~50cm；湿生植物。
生境：灌丛、草丛、草甸等，海拔1800~4500m。
分布：吉林、内蒙古、山西、云南、四川、陕西、新疆。

藏滇羊茅Festuca vierhapperi Hand.-Mazz.

习性：多年生，中草本，高60~90cm；半湿生植物。
生境：林下、林缘、草丛、草甸等，海拔2900~4100m。
分布：云南、四川、西藏。

毛羊茅Festuca yunnanensis var. villosa St.-Yves ex Hand.-Mazz.

习性：多年生，中草本，高60~90cm；湿生植物。
生境：草甸，海拔3700~4800m。
分布：云南、四川。

甜茅属 Glyceria R. Br.

甜茅Glyceria acutiflora subsp. japonica (Steud.) T. Koyama & Kawano

习性：多年生，中小草本，高40~70cm；水湿生植物。
生境：沼泽、河流、溪流、池塘、水沟、田中等，海拔400~1000m。
分布：江苏、安徽、上海、浙江、江西、福建、河南、湖北、湖南、贵州、云南、四川。

中华甜茅Glyceria chinensis Keng ex Z. L. Wu

习性：多年生，中小草本，高20~60cm；湿生植物。
生境：草丛、沟边等，海拔800~1900m。
分布：贵州、云南。

假鼠妇草Glyceria leptolepis Ohwi

习性：多年生，中小草本，高0.3~1.1m；水湿生植物。
生境：沼泽、河流、溪流、湖泊、水沟等，海拔400~3700m。
分布：黑龙江、吉林、辽宁、内蒙古、河北、山东、安徽、浙江、江西、河南、湖北、陕西、甘肃、台湾。

细根茎甜茅Glyceria leptorhiza (Maxim.) Kom.

习性：多年生，小草本，高20~50cm；水湿生植物。
生境：灌丛、沼泽草甸、河岸坡、浅水处等。
分布：黑龙江。

两蕊甜茅Glyceria lithuanica (Gorski) Gorski

习性：多年生，中草本，高0.6~1.5m；湿生植物。
生境：林缘、沼泽、溪边等，海拔600~1800m。
分布：吉林、辽宁、河北。

水甜茅Glyceria maxima (Hartm.) Holmb.

习性：多年生，大中草本，高0.8~2m；水湿生植物。
生境：沼泽、河流、河漫滩、湖泊、水沟、洼地等，海拔1000~1500m。

分布：湖北、西藏、新疆。

蔗甜茅 Glyceria notata Chevall.

习性：多年生，中小草本，高0.3~1m；水湿生植物。

生境：草丛、水沟、浅水处等，海拔700~1900m。

分布：新疆。

狭叶甜茅 Glyceria spiculosa (F. Schmidt) Roshev.

习性：多年生，中草本，高0.5~1.2m；水湿生植物。

生境：草甸、沼泽、河漫滩、湖泊、池塘、水沟、洼地等，海拔500~1600m。

分布：黑龙江、吉林、辽宁、内蒙古、河北。

卵花甜茅 Glyceria tonglensis C. B. Clarke

习性：多年生，中小草本，高10~80cm；水湿生植物。

生境：林下、灌丛、草丛、沼泽、溪边、塘基、水沟等，海拔1500~3600m。

分布：安徽、江西、贵州、云南、四川、西藏。

东北甜茅 Glyceria triflora (Korsh.) Kom.

习性：多年生，中草本，高0.5~1.5m；水湿生植物。

生境：沼泽、溪边、湖泊、池塘、水沟、洼地等，海拔200~3300m。

分布：黑龙江、内蒙古、河北、陕西。

异燕麦属 Helictotrichon Besser

异燕麦 Helictotrichon hookeri (Scribn.) Henrard

习性：多年生，中小草本，高20~70cm；半湿生植物。

生境：林缘、草丛、草甸等，海拔100~3500m。

分布：黑龙江、吉林、辽宁、内蒙古、河北、山西、河南、云南、四川、陕西、宁夏、甘肃、青海、新疆。

变绿异燕麦 Helictotrichon junghuhnii (Buse) Henrard

习性：多年生，中草本，高0.6~1.2m；半湿生植物。

生境：林下、林缘、草丛等，海拔2000~3900m。

分布：河南、贵州、云南、四川、西藏、陕西、青海。

藏异燕麦 Helictotrichon tibeticum (Roshev.) Keng f.

习性：多年生，中小草本，高15~70cm；半湿生植物。

植物。

生境：林下、草丛、草甸等，海拔2600~4600m。

分布：内蒙古、云南、四川、西藏、甘肃、青海、新疆。

牛鞭草属 Hemarthria R. Br.

大牛鞭草 Hemarthria altissima (Poir.) Stapf & C. E. Hubb.

习性：多年生，中小草本，高0.4~1.5m；湿生植物。

生境：沼泽、河岸坡、河漫滩、溪边、塘基、沟边、田间、路边等，海拔300~1900m。

分布：黑龙江、北京、山东、安徽、浙江、江西、河南、湖北、贵州、云南。

扁穗牛鞭草 Hemarthria compressa (L. f.) R. Br.

习性：多年生，小草本，高20~40cm；湿生植物。

生境：草丛、沼泽、河岸坡、溪边、沟边、消落带、田间、路边等，海拔达2000m。

分布：内蒙古、浙江、江西、福建、湖北、广东、海南、广西、贵州、云南、重庆、四川、陕西、台湾。

小牛鞭草 Hemarthria humilis Keng

习性：多年生，小草本，高15~35cm；水湿生植物。

生境：沼泽、水田、路边等。

分布：广东。

长花牛鞭草 Hemarthria longiflora (Hook. f.) A. Camus

习性：多年生，中小草本，高30~80cm；水湿生植物。

生境：池塘、水沟、田间、田中等，海拔达1000m。

分布：海南、云南。

牛鞭草 Hemarthria sibirica (Gand.) Ohwi

习性：多年生，中草本，高0.5~1m；水湿生植物。

生境：草丛、沼泽草甸、沼泽、河流、河漫滩、溪流、湖泊、池塘、水沟、消落带、水田、路边、洼地等，海拔1900m。

分布：黑龙江、吉林、辽宁、内蒙古、河北、天津、山西、山东、江苏、安徽、浙江、江西、河南、湖北、湖南、广东、广西、贵州、云南、重庆、四川、陕西。

大麦属 Hordeum L.

布顿大麦草Hordeum bogdanii Wilensky

习性：多年生，中草本，高50~80cm；半湿生植物。

生境：草甸、盐碱地、河岸坡、卵石滩等，海拔1000~3800m。

分布：甘肃、青海、新疆。

短芒大麦草Hordeum brevisubulatum (Trin.) Link

习性：多年生，中小草本，高40~80cm；半湿生植物。

生境：草丛、草原、草甸、溪边、沟边等，海拔1400~5000m。

分布：黑龙江、吉林、内蒙古、河北、西藏、陕西、宁夏、甘肃、青海、新疆。

芒颖大麦草Hordeum jubatum L.

习性：多年生，中小草本，高20~60cm；半湿生植物。

生境：草丛、草甸、河岸坡、溪边、沟边等。

分布：黑龙江、吉林、辽宁；原产于北美洲、俄罗斯西伯利亚。

紫大麦草Hordeum roshevitzii Bowden

习性：多年生，中小草本，高40~70cm；半湿生植物。

生境：草甸、盐碱地、河岸坡、湖岸坡、溪边、卵石滩等，海拔500~3500m。

分布：内蒙古、河北、四川、陕西、宁夏、甘肃、青海、新疆。

水禾属 Hygroryza Nees

水禾Hygroryza aristata (Retz.) Nees

习性：多年生，中小草本；漂浮植物。

生境：沼泽、河流、溪流、湖泊、池塘、水沟、水田等，海拔达800m。

分布：浙江、江西、福建、河南、广东、海南、广西、云南、台湾。

膜稃草属 Hymenachne P. Beauv.

膜稃草Hymenachne amplexicaulis (Rudge) Nees

习性：多年生，中草本，高0.5~1.2m；挺水植物。

生境：河流、溪流、池塘、沼泽、水沟、田中等，海拔达1100m。

分布：广东、海南、广西、云南、台湾。

弊草Hymenachne assamica (Hook. f.) Hitchc.

习性：多年生，中小草本，高50~70cm；水湿生植物。

生境：沟谷、草丛、沼泽、溪边、沟边、田中等，海拔达1000m。

分布：广东、海南、广西、云南。

展穗膜稃草Hymenachne patens L. Liu

习性：多年生，小草本，高40~50cm；湿生植物。

生境：田间、田埂等，海拔约100m。

分布：安徽、江西、福建。

苞茅属 Hyparrhenia Andersson ex Fournier

苞茅Hyparrhenia newtonii (Hack.) Stapf

习性：多年生，大中草本，高0.5~2m；半湿生植物。

生境：草丛，海拔600~1200m。

分布：广东、广西。

距花黍属 Ichnanthus P. Beauv.

大距花黍Ichnanthus pallens var. major (Nees) Stieber

习性：多年生，小草本，高15~50cm；湿生植物。

生境：林下、溪边、沟边等，海拔100~300m。

分布：浙江、福建、广东、广西、贵州。

白茅属 Imperata Cirillo

白茅（原变种）Imperata cylindrica var. cylindrica

习性：多年生，中小草本，高30~80cm；半湿生植物。

生境：草丛、河岸坡、溪边、湖岸坡、塘基、沟边、田埂、田间、潮上带等，海拔达2600m。

分布：黑龙江、辽宁、内蒙古、河北、北京、天津、山西、山东、江苏、安徽、上海、浙江、江西、福建、河南、湖北、湖南、广东、海南、广西、贵州、云南、四川、西藏、陕西、新疆、台湾。

大白茅Imperata cylindrica var. major (Nees) C. E. Hubb.

习性：多年生，中小草本，高0.3~1.3m；半湿生

植物。

生境：草丛、河岸坡、溪边、湖岸坡、塘基、沟边、田埂、田间、潮上带等，海拔达2100m。

分布：黑龙江、辽宁、内蒙古、河北、山西、山东、江苏、安徽、浙江、江西、福建、河南、湖北、湖南、广东、海南、广西、贵州、云南、四川、西藏、陕西、新疆、台湾。

柳叶箬属 Isachne R. Br.

白花柳叶箬Isachne albens Trin.

习性：多年生，中小草本，高0.3~1m；水湿生植物。

生境：林下、林缘、沼泽、河岸坡、溪边、池塘、沟边、路边等，海拔达2600m。

分布：福建、广东、广西、贵州、云南、重庆、四川、西藏、台湾。

小柳叶箬Isachne clarkei Hook. f.

习性：一年生，小草本，高10~30cm；湿生植物。

生境：沟谷、草丛、溪边等，海拔1300~2400m。

分布：福建、云南、西藏、台湾。

柳叶箬Isachne globosa (Thunb.) Kuntze

习性：多年生，中小草本，高30~80cm；水湿生植物。

生境：林缘、沼泽、河岸坡、溪边、池塘、沟边等，海拔达2200m。

分布：辽宁、河北、北京、山西、山东、江苏、安徽、上海、浙江、江西、福建、河南、湖北、湖南、广东、广西、贵州、云南、陕西、甘肃、台湾。

广西柳叶箬Isachne guangxiensis W. Z. Fang

习性：多年生，中小草本，高30~60cm；湿生植物。

生境：溪边、沟边等，海拔达600m。

分布：福建、广西、香港。

喜马拉雅柳叶箬Isachne himalaica Hook. f.

习性：多年生，中小草本，高30~80cm；湿生植物。

生境：沼泽，海拔约2000m。

分布：西藏。

荏弱柳叶箬Isachne myosotis Nees

习性：一年生，小草本，高3~10cm；湿生植物。

生境：草丛、水沟等，海拔达900m。

分布：福建、台湾。

日本柳叶箬Isachne nipponensis Ohwi

习性：多年生，小草本，高15~30cm；湿生植物。

生境：沟谷、林下、林缘、草丛、沟边、路边等，海拔100~1200m。

分布：浙江、江西、福建、湖南、广东、广西、贵州、四川、台湾。

矮小柳叶箬Isachne pulchella Roth

习性：一年生，小草本，高10~25cm；水湿生植物。

生境：沟谷、林下、沼泽、水沟等，海拔达1500m。

分布：安徽、浙江、江西、福建、湖南、广东、广西、贵州、云南、台湾。

糙柳叶箬Isachne scabrosa Hook. f.

习性：多年生，中小草本，高0.2~1m；水湿生植物。

生境：沼泽、溪流、水沟等，海拔1100~2400m。

分布：西藏。

锡金柳叶箬Isachne sikkimensis Bor

习性：一或多年生，小草本，高20~30cm；湿生植物。

生境：溪边、沟边、路边等，海拔2200~2600m。

分布：西藏。

鸭嘴草属 Ischaemum L.

毛鸭嘴草Ischaemum anthephoroides (Steud.) Miq.

习性：多年生，中小草本，高30~70cm；半湿生植物。

生境：潮上带、入海河口等，海拔达200m。

分布：河北、山东、浙江、广东。

有芒鸭嘴草（原变种）Ischaemum aristatum var. aristatum

习性：多年生，中小草本，高40~80cm；半湿生植物。

生境：沼泽、溪边、沟边、田边等，海拔100~1000m。

分布：江苏、安徽、浙江、江西、福建、河南、湖北、湖南、广东、海南、广西、贵州、云南、台湾。

鸭嘴草Ischaemum aristatum var. glaucum (Honda) T. Koyama

习性：多年生，中小草本，高0.4~1.2m；半湿生

植物。

生境：沟谷、水田、水边等，海拔达300m。

分布：辽宁、河北、山东、江苏、安徽、浙江。

金黄鸭嘴草Ischaemum aureum (Hook. & Arn.) Hack.

习性：多年生，小草本，高20~30cm；湿生植物。

生境：滨海湿地。

分布：台湾。

粗毛鸭嘴草Ischaemum barbatum Retz.

习性：多年生，中小草本，高0.3~1m；半湿生植物。

生境：草丛、沼泽、溪边、沟边、田间、田埂等，海拔达1000m。

分布：江苏、安徽、浙江、江西、福建、湖北、湖南、广东、海南、广西、贵州、云南、台湾。

细毛鸭嘴草Ischaemum ciliare Retz.

习性：多年生，中小草本，高30~60cm；半湿生植物。

生境：灌丛、草丛、溪边、沟边、田间、田埂等，海拔达1300m。

分布：江苏、安徽、浙江、福建、湖北、湖南、广东、贵州、云南、海南、四川、台湾。

田间鸭嘴草Ischaemum rugosum Salisb.

习性：一年生，中小草本，高0.1~1.2m；湿生植物。

生境：草丛、沼泽、河岸坡、溪边、沟边、田间、田埂等，海拔100~1800m。

分布：江西、广东、海南、广西、贵州、云南、四川、台湾。

以礼草属 Kengyilia C. Yen & J. L. Yang

大颖以礼草Kengyilia grandiglumis (Keng) J. L. Yang, C. Yen & B. R. Baum

习性：多年生，中小草本，高40~70cm；半湿生植物。

生境：河漫滩，海拔2300~3800m。

分布：甘肃、青海。

假稻属 Leersia Sw.

李氏禾Leersia hexandra Sw.

习性：多年生，小草本，高30~50cm；水湿生植物。

生境：沼泽、河流、溪流、湖泊、池塘、水沟、河口等，海拔达2600m。

分布：江苏、江西、福建、湖北、湖南、广东、海南、广西、贵州、云南、四川、台湾。

假稻Leersia japonica (Makino ex Honda) Honda

习性：多年生，中小草本，高20~80cm；挺水植物。

生境：沼泽、河流、溪流、湖泊、池塘、水沟、田中等，海拔200~2200m。

分布：河北、北京、山东、江苏、安徽、上海、浙江、江西、河南、湖北、湖南、广西、贵州、云南、重庆、四川、陕西。

蓉草Leersia oryzoides (L.) Sw.

习性：多年生，中草本，高1~1.2m；水湿生植物。

生境：沼泽、河漫滩、溪边、水沟等，海拔400~1100m。

分布：黑龙江、辽宁、北京、福建、湖北、湖南、海南、新疆。

秕壳草Leersia sayanuka Ohwi

习性：多年生，中小草本，高0.3~1.2m；水湿生植物。

生境：林下、沼泽、河流、溪流、湖泊、池塘、水沟等，海拔100~1800m。

分布：山东、江苏、安徽、浙江、江西、福建、湖北、广东、广西、贵州。

千金子属 Leptochloa P. Beauv.

千金子Leptochloa chinensis (L.) Nees

习性：一或多年生，中小草本，高0.3~1m；水陆生植物。

生境：沟谷、林缘、沼泽、河流、溪流、湖泊、池塘、水沟、水浇地、消落带、水田、田间、路边等，海拔100~1100m。

分布：江苏、安徽、上海、浙江、江西、福建、河南、湖北、湖南、广东、海南、广西、贵州、重庆、四川。

双稃草Leptochloa fusca (L.) Kunth

习性：多年生，中小草本，高0.2~1m；水湿生植物。

生境：湖泊、沼泽、溪流、水沟、消落带等，海拔500~1800m。

分布：辽宁、河北、江苏、安徽、福建、河南、湖北、广东、海南。

虮子草 **Leptochloa panicea** (Retz.) Ohwi

习性：一年生，中小草本，高20~80cm；半湿生植物。

生境：消落带、塘基、沟边、田间、田埂、水浇地、路边等，海拔100~1700m。

分布：江苏、安徽、浙江、江西、福建、河南、湖北、湖南、广东、贵州、云南、海南、四川、陕西、台湾。

赖草属 Leymus Hochst.

滨麦 **Leymus mollis** (Trin.) Pilg.

习性：多年生，中小草本，30~80cm；半湿生植物。

生境：河岸坡、高潮线附近、潮上带等，海拔达2400m。

分布：辽宁、河北、山东、江苏。

毛穗赖草 **Leymus paboanus** (Claus) Pilg.

习性：多年生，中小草本，高20~90cm；半湿生植物。

生境：林下、平原、河漫滩等，海拔600~3500m。

分布：宁夏、甘肃、青海、新疆。

赖草 **Leymus secalinus** (Georgi) Tzvelev

习性：多年生，中小草本，高0.4~1.3m；半湿生植物。

生境：草丛、平原、草甸、河岸坡、河漫滩、湖岸坡等，海拔500~4700m。

分布：黑龙江、吉林、辽宁、内蒙古、河北、山西、湖北、四川、西藏、宁夏、甘肃、青海、新疆。

扇穗茅属 Littledalea Hemsl.

扇穗茅 **Littledalea racemosa** Keng

习性：多年生，小草本，高25~40cm；湿生植物。

生境：灌丛、草丛、草甸、河漫滩等，海拔2700~5000m。

分布：云南、四川、西藏、青海。

臭草属 Melica L.

甘肃臭草 **Melica przewalskyi** Roshev.

习性：多年生，中小草本，高40~90cm；湿生植物。

生境：林下、灌丛、河漫滩、路边等，海拔2300~4200m。

分布：湖北、贵州、四川、西藏、陕西、宁夏、甘肃、青海。

莠竹属 Microstegium Nees

刚莠竹 **Microstegium ciliatum** (Trin.) A. Camus

习性：多年生，大中草本，高0.5~1.8m；半湿生植物。

生境：沟谷、林缘、河岸坡、溪边、沟边、田间等，海拔达1300m。

分布：江西、福建、湖南、广东、海南、广西、贵州、云南、四川、台湾。

蔓生莠竹 **Microstegium fasciculatum** (L.) Henrard

习性：多年生，中小草本，高0.2~1.2m；半湿生植物。

生境：沟谷、林下、林缘、河岸坡、溪边、沟边等，海拔达2100m。

分布：湖北、广东、海南、贵州、云南、四川。

竹叶茅 **Microstegium nudum** (Trin.) A. Camus

习性：一年生，中小草本，高20~80cm；湿生植物。

生境：林下、沟边、田间、路边等，海拔达3100m。

分布：河北、江苏、安徽、江西、福建、河南、湖北、湖南、贵州、云南、重庆、四川、西藏、陕西、台湾。

柔枝莠竹 **Microstegium vimineum** (Trin.) A. Camus

习性：一年生，中小草本，高0.2~1m；半湿生植物。

生境：林缘、草丛、溪边、沟边、田间、路边等，海拔达2500m。

分布：吉林、辽宁、河北、山西、山东、江苏、安徽、浙江、江西、福建、河南、湖北、湖南、广东、广西、贵州、云南、四川、陕西、台湾。

粟草属 Milium L.

粟草 **Milium effusum** L.

习性：多年生，中草本，高0.9~1.5m；半湿生植物。

生境：林下、林缘、沟边、路边等，海拔700~3500m。

分布：黑龙江、吉林、辽宁、河北、北京、山西、江苏、江西、湖北、湖南、西藏、甘肃、青海、新疆。

芒属 Miscanthus Andersson

五节芒Miscanthus floridulus (Labill.) Warb. ex K. Schum. & Lauterb.

习性：多年生，大草本，高1.5~4m；半湿生植物。

生境：沟谷、林缘、河流、溪流、池塘、水库、水沟、田间、弃耕水浇地等，海拔达1900m。

分布：江苏、安徽、上海、浙江、江西、福建、河南、湖北、湖南、广东、海南、广西、贵州、云南、重庆、四川、台湾。

南荻Miscanthus lutarioriparius L. Liu ex Renvoize & S. L. Chen

习性：多年生，大草本，高3~7m；水陆生植物。

生境：河流、湖泊、水沟、洼地等，海拔达1100m。

分布：江苏、安徽、浙江、江西、湖北、湖南。

荻 Miscanthus sacchariflorus (Maxim.) Benth. & Hook. f. ex Franch.

习性：多年生，大中草本，高0.7~2m；水陆生植物。

生境：草丛、沼泽草甸、沼泽、河流、湖泊、池塘、水沟、田间、路边等，海拔达1700m。

分布：黑龙江、吉林、辽宁、内蒙古、河北、北京、天津、山东、山西、江苏、安徽、上海、浙江、江西、河南、湖北、湖南、四川、陕西、甘肃。

芒Miscanthus sinensis Andersson

习性：多年生，大中草本，高0.8~4m；水陆生植物。

生境：草丛、沼泽、湖泊、河流、溪流、水库、池塘、水沟、田间等，海拔达2100m。

分布：吉林、河北、北京、山东、江苏、安徽、上海、浙江、江西、福建、河南、湖北、广东、海南、广西、贵州、云南、重庆、四川、陕西、台湾。

沼原草属 Moliniopsis Hayata

沼原草Moliniopsis japonica (Hack.) Hayata

习性：多年生，中草本，高0.5~1m；半湿生植物。

生境：草丛、草甸、河岸坡、沟边等，海拔1500~2100m。

分布：安徽、浙江。

乱子草属 Muhlenbergia Schreb.

乱子草Muhlenbergia huegelii Trin.

习性：多年生，中草本，高70~90cm；半湿生植物。

生境：沟谷、林下、灌丛、河岸坡、沟边等，海拔900~3000m。

分布：黑龙江、吉林、辽宁、内蒙古、河北、北京、山西、山东、江苏、安徽、浙江、江西、福建、河南、湖北、贵州、云南、四川、西藏、陕西、宁夏、甘肃、青海、新疆、台湾。

日本乱子草Muhlenbergia japonica Steud.

习性：多年生，小草本，高15~50cm；半湿生植物。

生境：河谷、林缘、灌丛、河岸坡等，海拔1400~3000m。

分布：黑龙江、北京、山东、安徽、浙江、福建、河南、湖北、贵州、云南、四川、陕西。

多枝乱子草Muhlenbergia ramosa (Hack. ex Matsum.) Makino

习性：多年生，中小草本，高0.3~1.2m；半湿生植物。

生境：河谷、草丛、河岸坡等，海拔100~1300m。

分布：山东、江苏、安徽、浙江、江西、湖北、湖南、贵州、云南、四川、福建。

类芦属 Neyraudia Hook. f.

类芦Neyraudia reynaudiana (Kunth) Keng ex Hitchc.

习性：多年生，大中草本，高1~3m；半湿生植物。

生境：河岸坡、湖岸坡、入库河口、塘基、溪边、沟边等，海拔达2300m。

分布：山西、江苏、安徽、浙江、江西、福建、湖北、湖南、广东、海南、广西、贵州、云南、重庆、四川、西藏、甘肃、台湾。

求米草属 Oplismenus P. Beauv.

竹叶草Oplismenus compositus (L.) P. Beauv.

习性：多年生，中小草本，高0.2~1.5m；湿生植物。

生境：林下、溪边、沟边等，海拔100~2500m。

分布：江西、福建、河南、广东、海南、广西、贵州、云南、重庆。

求米草Oplismenus undulatifolius (Ard.)
Roem. & Schult.

习性：多年生，小草本，高15~50cm；半湿生植物。

生境：林下、林缘、灌丛、溪边、沟边等，海拔达2300m。

分布：河北、山西、山东、江苏、安徽、浙江、江西、福建、河南、湖北、湖南、广东、广西、贵州、云南、四川、陕西、甘肃、台湾。

稻属 Oryza L.

光稃稻Oryza glaberrima Steud.

习性：一年生，中草本，高0.5~1m；挺水植物。

生境：田中。

分布：广东、海南、云南；原产于热带非洲。

阔叶稻Oryza latifolia Desv.

习性：一年生，中草本，高约1.5m；挺水植物。

生境：田中。

分布：我国有栽培；原产于热带南美洲至墨西哥。

疣粒稻Oryza meyeriana subsp. granulata
(Nees & Arn. ex Watt) Tateoka

习性：多年生，中小草本，高30~70cm；湿生植物。

生境：林下、河岸坡等，海拔达1000m。

分布：广东、海南、广西、云南。

药用稻Oryza officinalis Wall. ex Watt

习性：多年生，大草本，高1.5~3m；挺水植物。

生境：沼泽、溪流、水沟等，海拔达1100m。

分布：广东、海南、广西、云南。

野生稻Oryza rufipogon Griff.

习性：多年生，中草本，高0.7~1.5m；挺水植物。

生境：沼泽、池塘、溪流、水沟、田中等，海拔达700m。

分布：江西、湖南、广东、海南、广西、云南、台湾。

稻（原亚种）Oryza sativa subsp. sativa

习性：一年生，中草本，高0.5~1.5m；挺水植物。

生境：田中、水沟、池塘等，海拔达1800m。

分布：全国各地。

籼稻Oryza sativa subsp. indica Kato.

习性：一年生，中草本，高0.5~1.5m；挺水植物。

生境：田中、水沟、池塘等。

分布：全国多数地区。

粳稻Oryza sativa subsp. japonica Kato.

习性：一年生，中草本，高0.5~1.5m；挺水植物。

生境：田中、水沟、池塘等。

分布：全国多数地区。

黍属 Panicum L.

紧序黍Panicum auritum J. Presl ex Nees

习性：多年生，中草本，高0.5~1m；水湿生植物。

生境：林缘、溪流、湖泊、池塘、水沟、潮上带、堤内、洼地等，海拔达1900m。

分布：福建、广东、海南。

糠稷Panicum bisulcatum Thunb.

习性：一年生，大中草本，高0.5~1.8m；水湿生植物。

生境：林缘、沼泽、河流、溪流、池塘、水沟、水田等，海拔200~2000m。

分布：黑龙江、辽宁、北京、山东、江苏、安徽、浙江、江西、福建、河南、湖北、湖南、广东、海南、广西、贵州、云南、重庆、四川、台湾。

短叶黍Panicum brevifolium L.

习性：一年生，中小草本，高10~90cm；湿生植物。

生境：林缘、溪边、沟边、田边等，海拔100~1500m。

分布：江西、福建、广东、广西、贵州、云南、台湾。

洋野黍Panicum dichotomiflorum Michx.

习性：多年生，中小草本，高0.3~1.1m；水湿生植物。

生境：沼泽、河流、溪流、湖泊、水库、池塘、水沟等，海拔达700m。

分布：北京、上海、江西、福建、广东、广西、云南、香港、台湾；原产于北美洲。

滇西黍Panicum khasianum Munro ex Hook. f.

习性：多年生，大中草本，高1~2m；水陆生植物。

生境：沼泽、洼地等，海拔1000~2500m。

分布：广东、云南。

心叶稷Panicum notatum Retz.

习性：多年生，中草本，高0.6~1.2m；半湿生植物。

生境：林下、林缘、灌丛、沟边等，海拔达1900m。

分布：福建、广东、广西、贵州、云南、西藏、台湾。

铺地黍Panicum repens L.

习性：多年生，中小草本，高0.3~1.2m；水陆生植物。

生境：河流、溪流、湖泊、池塘、水沟、消落带、河口、田间、水田、路边、洼地、潮上带、堤内等，海拔达1500m。

分布：山东、江苏、上海、浙江、江西、福建、湖南、广东、海南、广西、贵州、云南、四川、香港、澳门、台湾；原产于欧洲、非洲。

细柄黍Panicum sumatrense Roth ex Roem. & Schult.

习性：多年生，中小草本，高20~60cm；半湿生植物。

生境：林下、林缘、灌丛、溪边、沟边等，海拔达2000m。

分布：山东、江西、贵州、云南、西藏、台湾。

假牛鞭草属 Parapholis C. E. Hubb.

假牛鞭草Parapholis incurva (L.) C. E. Hubb.

习性：一年生，小草本，高10~25cm；半湿生植物。

生境：潮上带、入海河口、盐碱地等。

分布：江苏、上海、浙江、福建；原产于欧洲。

类雀稗属 Paspalidium Stapf

类雀稗Paspalidium flavidum (Retz.) A. Camus

习性：多年生，中小草本，高0.3~1m；湿生植物。

生境：沼泽、河漫滩、田间、路边等，海拔100~2100m。

分布：广东、海南、贵州、云南。

尖头类雀稗Paspalidium punctatum (Burm. f.) A. Camus

习性：多年生，中草本；漂浮植物。

生境：池塘、水沟、沼泽等，海拔100~500m。

分布：福建、广东、海南、台湾。

雀稗属 Paspalum L.

两耳草Paspalum conjugatum Bergius

习性：多年生，中小草本，高30~60cm；湿生植物。

生境：林缘、草丛、河岸坡、溪边、沟边、田间等，海拔达1500m。

分布：河北、北京、江苏、浙江、江西、福建、河南、湖北、广东、海南、广西、贵州、云南、重庆、四川、西藏、香港、澳门、台湾；热带美洲。

云南雀稗Paspalum delavayi Henrard

习性：多年生，中草本，高50~70cm；半湿生植物。

生境：草丛、沟边、路边等，海拔700~1900m。

分布：云南。

毛花雀稗Paspalum dilatatum Poir.

习性：多年生，中草本，高0.5~1.5m；半湿生植物。

生境：河岸坡、溪边、沟边、田间等，海拔达2000m。

分布：江苏、安徽、上海、浙江、江西、福建、湖北、广东、海南、广西、贵州、云南、四川、香港、台湾；原产于南美洲。

双穗雀稗Paspalum distichum L.

习性：多年生，小草本，高20~50cm；水湿生植物。

生境：河流、溪流、湖泊、池塘、水沟、消落带、河口、田间、潮上带、路边等，海拔达2000m。

分布：山东、江苏、安徽、上海、浙江、江西、福建、河南、湖北、湖南、广东、海南、广西、贵州、云南、重庆、四川、香港、澳门、台湾；原产于美洲。

长叶雀稗Paspalum longifolium Roxb.

习性：多年生，中草本，高0.8~1.3m；湿生植物。

生境：草丛、沼泽、沟边、田边等。

分布：浙江、福建、广东、海南、广西、云南、台湾。

鸭嘴草Paspalum scrobiculatum L.

习性：多年生，中小草本，高30~90cm；半湿生植物。

生境：草丛、沟边、田间、路边等。

分布：江苏、浙江、江西、福建、湖北、广东、海南、广西、贵州、云南、四川、台湾。

雀稗Paspalum thunbergii Kunth ex Steud.

习性：多年生，中草本，高0.5~1m；半湿生植物。

生境：草丛、河岸坡、溪边、沟边、田间、路边、消落带等。

分布：山东、江苏、安徽、上海、浙江、江西、福建、河南、湖北、湖南、广东、广西、贵州、云南、重庆、四川、陕西、甘肃、台湾。

海雀稗Paspalum vaginatum Sw.

习性：一或多年生，小草本，高10~50cm；水湿生植物。

生境：潮间带、潮上带、入海河口、堤内等。

分布：山东、浙江、海南、广西、云南、香港、台湾。

狼尾草属 Pennisetum Rich.

狼尾草 Pennisetum alopecuroides (L.) Spreng.

习性：多年生，中小草本，高0.3~1.2m；半湿生植物。

生境：林缘、沼泽边、河岸坡、溪边、湖岸坡、塘基、沟边、田间、田埂、路边等，海拔达3200m。

分布：黑龙江、辽宁、河北、北京、山东、江苏、安徽、上海、浙江、福建、河南、湖北、湖南、广东、海南、广西、贵州、重庆、云南、陕西。

象草 Pennisetum purpureum Schumach.

习性：多年生，大草本，高2~4m；水陆生植物。

生境：河流、溪流、湖泊、池塘、水沟、田间、路边等，海拔达1500m。

分布：山东、江苏、安徽、上海、浙江、江西、福建、河南、湖北、湖南、广东、海南、广西、贵州、云南、重庆、四川、新疆、香港、澳门、台湾；原产于非洲。

束尾草属 Phacelurus Griseb.

束尾草 Phacelurus latifolius (Steud.) Ohwi

习性：多年生，大中草本，高1~1.8m；湿生植物。

生境：沼泽、河岸坡、沟边、潮上带等，海拔1400m。

分布：辽宁、河北、山东、江苏、安徽、上海、浙江、福建。

毛叶束尾草 Phacelurus trichophyllus S. L. Zhong

习性：多年生，大中草本，高1~2m；湿生植物。

生境：草丛、河岸坡、沟边等，海拔1100~2000m。

分布：云南、四川。

显子草属 Phaenosperma Munro ex Benth.

显子草 Phaenosperma globosa Munro ex Benth.

习性：多年生，中草本，高1~1.5m；半湿生植物。

生境：林下、林缘、溪边、沟边、路边等，海拔

100~1800m。

分布：江苏、安徽、浙江、江西、湖北、广西、云南、重庆、四川、西藏、陕西、甘肃、台湾。

虉草属 Phalaris L.

虉草 Phalaris arundinacea L.

习性：多年生，中草本，高0.6~1.5m；水湿生植物。

生境：林下、沼泽草甸、沼泽、河流、溪流、湖泊、池塘、水沟等，海拔100~3200m。

分布：黑龙江、吉林、辽宁、内蒙古、河北、北京、山西、山东、江苏、安徽、上海、浙江、江西、河南、湖北、湖南、广东、广西、云南、四川、陕西、宁夏、甘肃、青海、新疆、台湾。

梯牧草属 Phleum L.

高山梯牧草 Phleum alpinum L.

习性：多年生，中小草本，高14~60cm；湿生植物。

生境：林缘、灌丛、草甸、河岸坡、溪边、冻原等，海拔2500~4000m。

分布：黑龙江、河南、湖北、云南、四川、西藏、陕西、甘肃、新疆、台湾。

鬼蜡烛 Phleum paniculatum Huds.

习性：一年生，小草本，高3~45cm；水陆生植物。

生境：草丛、沼泽、河流、河漫滩、溪流、池塘、水沟、洼地、路边等，海拔达1800m。

分布：山西、江苏、安徽、浙江、河南、湖北、四川、陕西、甘肃、新疆。

芦苇属 Phragmites Adans.

芦苇 Phragmites australis (Cav.) Trin. ex Steud.

习性：多年生，大中草本，高0.8~3m；挺水植物。

生境：草甸、沼泽、河流、溪流、河漫滩、湖泊、池塘、水沟、弃耕田、高潮带、河口、堤内、盐碱地等，海拔达2800m。

分布：全国各地。

日本苇 Phragmites japonicus Steud.

习性：多年生，大中草本，高1~2m；挺水植物。

生境：沼泽、湖泊、河流、河漫滩等，海拔200~1000m。

分布：黑龙江、吉林、辽宁。

卡开芦**Phragmites karka** (Retz.) Trin. ex Steud.

习性：多年生，大草本，高2~6m；水湿生植物。

生境：沼泽、河流、溪流、湖泊、池塘、水沟、田间等，海拔达1000m。

分布：浙江、福建、广东、海南、广西、贵州、云南、四川、台湾。

刚竹属 **Phyllostachys** Torr.

水竹**Phyllostachys heteroclada** Oliv.

习性：多年生，小乔木状，高达6m；半湿生植物。

生境：沟谷、河岸坡、溪边、沟边等，海拔200~1600m。

分布：江苏、安徽、浙江、江西、福建、河南、湖北、湖南、广东、广西、贵州、云南、重庆、四川、陕西、甘肃。

河竹**Phyllostachys rivalis** H. R. Zhao & A. T. Liu

习性：多年生，大灌木状，高达4m；湿生植物。

生境：溪边、沟边等。

分布：浙江、福建、广东。

早熟禾属 **Poa** L.

白顶早熟禾**Poa acroleuca** Steud.

习性：一或多年生，中小草本，高30~85cm；半湿生植物。

生境：草丛、溪边、沟边等，海拔500~2400m。

分布：北京、山东、江苏、安徽、浙江、江西、福建、河南、湖北、湖南、广东、广西、贵州、云南、重庆、四川、西藏、陕西、甘肃、台湾。

阿拉套早熟禾（原亚种）**Poa albertii** subsp. **albertii**

习性：多年生，小草本，高6~20cm；湿生植物。

生境：草丛、草甸等，海拔2000~5200m。

分布：云南、四川、西藏、陕西、甘肃、青海、新疆。

高寒早熟禾**Poa albertii** subsp. **kunlunensis** (N. R. Cui) Olonova & G. H. Zhu

习性：多年生，小草本，高4~20cm；湿生植物。

生境：草甸，海拔4000~5200m。

分布：西藏、青海、新疆。

波伐早熟禾**Poa albertii** subsp. **poophagorum** (Bor) Olonova & G. H. Zhu

习性：多年生，小草本，高5~18cm；湿生植物。

生境：草丛、草甸等，海拔3000~5500m。

分布：云南、西藏、青海、新疆。

高山早熟禾**Poa alpina** L.

习性：多年生，小草本，高10~30cm；半湿生植物。

生境：草丛、草甸、沟边等，海拔2400~3800m。

分布：四川、西藏、青海、新疆。

早熟禾**Poa annua** L.

习性：一年生，小草本，高6~30cm；半湿生植物。

生境：草丛、平原、沼泽草甸、沟边、路边等，海拔100~4800m。

分布：全国各地。

阿洼早熟禾（原亚种）**Poa araratica** subsp. **araratica**

习性：多年生，小草本，高20~35cm；湿生植物。

生境：林缘、草丛、草甸等，海拔3300~4200m。

分布：西藏、新疆。

堇色早熟禾**Poa araratica** subsp. **ianthina** (Keng ex Shan Chen) Olonova & G. H. Zhu

习性：多年生，小草本，高20~30cm；半湿生植物。

生境：林缘、草丛、草甸等，海拔3300~4500m。

分布：内蒙古、河北、山西、云南、四川、西藏、甘肃、青海、新疆。

光稃早熟禾**Poa araratica** subsp. **psilolepis** (Keng) Olonova & G. H. Zhu

习性：多年生，中小草本，高40~60cm；半湿生植物。

生境：林缘、草丛等，海拔3300~4200m。

分布：四川、西藏、甘肃、青海、新疆。

法氏早熟禾**Poa faberi** Rendle

习性：多年生，中小草本，高30~60cm；半湿生植物。

生境：林缘、灌丛、草丛、平原、河岸坡、沟边等，海拔200~4400m。

分布：山东、安徽、浙江、河南、湖北、湖南、贵州、云南、四川、西藏、陕西、甘肃、新疆。

阔叶早熟禾Poa grandis Hand.-Mazz.

习性：多年生，中草本，高0.7~1.2m；湿生植物。

生境：河谷、灌丛、草丛、草甸等，海拔2700~4500m。

分布：云南、四川、西藏。

东川早熟禾Poa mairei Hack.

习性：多年生，中小草本，高20~85cm；半湿生植物。

生境：灌丛、草丛、草甸等，海拔2500~4100m。

分布：云南、西藏。

林地早熟禾Poa nemoralis L.

习性：多年生，中小草本，高0.3~1m；半湿生植物。

生境：林缘、灌丛、草丛、草甸等，海拔1000~4200m。

分布：黑龙江、吉林、辽宁、内蒙古、河北、山西、湖北、贵州、云南、四川、西藏、陕西、甘肃、新疆。

尼泊尔早熟禾（原变种）**Poa nepalensis** var. **nepalensis**

习性：一或多年生，小草本，高20~50cm；半湿生植物。

生境：草丛、草甸、沟边、路边等，海拔1900~4000m。

分布：河北、山西、江苏、浙江、河南、湖北、贵州、云南、四川、西藏、陕西、甘肃。

日本早熟禾Poa nepalensis var. **nipponica** (Koidz.) Soreng & G. H. Zhu

习性：多年生，小草本，高10~30cm；半湿生植物。

生境：灌丛、草甸、沼泽等，海拔1900~3200m。

分布：辽宁、云南、四川。

云生早熟禾Poa nubigena Keng ex L. Liu

习性：多年生，中小草本，高30~65cm；半湿生植物。

生境：河谷、草丛、草甸、河岸坡等，海拔2200~4200m。

分布：云南、四川、西藏。

泽地早熟禾Poa palustris L.

习性：多年生，中小草本，高0.4~1.2m；湿生植物。

生境：灌丛、草丛、沼泽草甸、沼泽等，海拔300~3500m。

分布：黑龙江、吉林、辽宁、内蒙古、河北、安徽、河南、四川、西藏、新疆。

多鞘早熟禾Poa polycolea Stapf

习性：多年生，中小草本，高10~60cm；湿生植物。

生境：林缘、灌丛、草甸、河漫滩等，海拔3000~5000m。

分布：云南、四川、西藏、青海、新疆。

草地早熟禾（原亚种）**Poa pratensis** subsp. **pratensis**

习性：多年生，中小草本，高20~80cm；半湿生植物。

生境：林缘、草丛、草甸等，海拔500~4000m。

分布：黑龙江、吉林、辽宁、内蒙古、河北、北京、山西、山东、江苏、安徽、江西、河南、湖北、湖南、贵州、云南、四川、西藏、陕西、甘肃、青海、新疆。

高原早熟禾Poa pratensis subsp. **alpigena** (Lindm.) Hiitonen

习性：多年生，中小草本，高10~70cm；半湿生植物。

生境：草甸、草原、河岸坡等，海拔700~3500m。

分布：黑龙江、内蒙古、河北、青海。

细叶早熟禾Poa pratensis subsp. **angustifolia** (L.) Lejeun

习性：多年生，中小草本，高20~80cm；半湿生植物。

生境：林缘、草丛、草甸等，海拔500~4400m。

分布：黑龙江、吉林、辽宁、内蒙古、河北、山西、山东、贵州、云南、四川、西藏、陕西、宁夏、甘肃、青海、新疆。

粉绿早熟禾Poa pratensis subsp. **pruinosa** (Korotky) W. B. Dickoré

习性：多年生，中小草本，高15~70cm；半湿生植物。

生境：河岸坡、沼泽草甸等，海拔1800~4200m。

分布：黑龙江、吉林、云南、四川、西藏、甘肃、青海、新疆。

西伯利亚早熟禾Poa sibirica Roshev.

习性：多年生，中草本，高0.5~1m；半湿生植物。

生境：林缘、灌丛、草丛、草甸等，海拔1700~2800m。

分布：黑龙江、吉林、辽宁、内蒙古、河北、北京、山西、云南、四川、新疆。

锡金早熟禾Poa sikkimensis (Stapf) Bor

习性：一或多年生，小草本，高4~42cm；湿生植物。

生境：草丛、草甸、沼泽、路边等，海拔3000~4700m。

分布：云南、四川、西藏、甘肃、青海。

散穗早熟禾Poa subfastigiata Trin.

习性：多年生，中草本，高0.5~1.2m；水陆生植物。

生境：沟谷、河岸坡、河漫滩、溪边、草甸等，海拔500~4400m。

分布：黑龙江、吉林、辽宁、内蒙古、甘肃、青海。

四川早熟禾Poa szechuensis Rendle

习性：一或多年生，中小草本，高10~60cm；湿生植物。

生境：林缘、灌丛、沼泽草甸、流石滩等，海拔3500~4700m。

分布：云南、四川、西藏。

西藏早熟禾（原变种）Poa tibetica var. tibetica

习性：多年生，中小草本，高20~60cm；湿生植物。

生境：草丛、沼泽草甸、湖岸坡、沟边等，海拔3000~4500m。

分布：内蒙古、西藏、甘肃、青海、新疆。

芒柱早熟禾Poa tibetica var. aristulata Stapf

习性：多年生，小草本，高达45cm；湿生植物。

生境：沼泽草甸。

分布：西藏、新疆。

变色早熟禾Poa versicolor Besser

习性：多年生，中小草本，高30~70cm；半湿生植物。

生境：林缘、草甸等，海拔200~4300m。

分布：黑龙江、吉林、辽宁、内蒙古、河北、山西、安徽、河南、云南、四川、西藏、陕西、宁夏、甘肃、青海、新疆。

金发草属 Pogonatherum P. Beauv.

金丝草Pogonatherum crinitum (Thunb.) Kunth

习性：多年生，小草本，高10~30cm；湿生植物。

生境：灌丛、草丛、河岸坡、溪边、沟边、田埂、岩石、岩壁、土壁、路边等，海拔达2000m。

分布：安徽、浙江、江西、福建、广西、重庆、四川。

金发草Pogonatherum paniceum (Lam.) Hack.

习性：多年生，中小草本，高30~60cm；半湿生植物。

生境：草丛、溪边、沟边、岩石、岩壁、土壁、路边等，海拔100~3000m。

分布：湖北、湖南、广东、广西、贵州、云南、重庆、四川、台湾。

棒头草属 Polypogon Desf.

棒头草Polypogon fugax Nees ex Steud.

习性：一年生，中小草本，高10~75cm；水陆生植物。

生境：沼泽、河漫滩、积水处、田间、水田、水沟、洼地等，海拔100~3600m。

分布：河北、山西、山东、江苏、安徽、上海、浙江、江西、福建、河南、湖北、湖南、广东、广西、贵州、云南、重庆、四川、西藏、陕西、新疆、甘肃、台湾。

伊凡棒头草Polypogon ivanovae Tzvelev

习性：一年生，小草本，高8~20cm；湿生植物。

生境：草甸、田埂、沟边等，海拔1300~1700m。

分布：新疆。

裂颖棒头草Polypogon maritimus Willd.

习性：一年生，小草本，高6~35cm；水湿生植物。

生境：草丛、沼泽、河流、湖泊、水沟、洼地等，海拔400~3300m。

分布：新疆。

长芒棒头草Polypogon monspeliensis (L.) Desf.

习性：一年生，中小草本，高8~60cm；水湿生植物。

生境：沼泽、河流、溪流、湖泊、池塘、水沟、田间、田中、洼地等，海拔达3900m。

分布：内蒙古、河北、山西、山东、江苏、安徽、上海、浙江、江西、福建、河南、湖南、广东、云南、四川、西藏、陕西、宁夏、甘肃、青海、新疆、台湾。

苔绿棒头草Polypogon viridis (Gouan) Breistr.

习性：多年生，中小草本，高0.2~1m；挺水植物。

生境：溪流、沼泽等，海拔约2600m。

分布：云南。

伪针茅属 Pseudoraphis Griff.

长稃伪针茅Pseudoraphis balansae Henrard

习性：多年生，中小草本，高20~70cm；水湿生

植物。

生境：湖泊、池塘、水沟、田中等。

分布：广东、海南。

伪针茅Pseudoraphis brunoniana (Wall. & Griff.) Pilg.

习性：多年生，中小草本，高20~80cm；水湿生植物。

生境：湖泊、池塘、水沟、田中等。

分布：江苏、安徽、广东、台湾。

瘦脊伪针茅Pseudoraphis sordida (Thwaites) S. M. Phillips & S. L. Chen

习性：多年生，小草本，高20~50cm；水湿生植物。

生境：湖泊、池塘、溪流、水沟等，海拔100~1600m。

分布：山东、江苏、安徽、浙江、福建、湖北、湖南、云南。

细柄茅属 Ptilagrostis Griseb.

细柄茅Ptilagrostis mongholica (Turcz. ex Trin.) Griseb.

习性：多年生，中小草本，高30~60cm；半湿生植物。

生境：草原、草甸等，海拔2000~4600m。

分布：黑龙江、吉林、辽宁、内蒙古、河北、山西、云南、四川、陕西、甘肃、青海、新疆。

碱茅属 Puccinellia Parl.

朝鲜碱茅Puccinellia chinampoensis Ohwi

习性：多年生，中小草本，高30~80cm；半湿生植物。

生境：沼泽、草甸、湖岸坡、潮上带等，海拔500~2500m。

分布：黑龙江、吉林、辽宁、内蒙古、河北、天津、山西、甘肃。

德格碱茅Puccinellia degeensis L. Liu

习性：多年生，小草本，高15~20cm；湿生植物。

生境：河岸坡、河漫滩、沼泽、沼泽草甸等，海拔约3600m。

分布：四川、西藏。

碱茅Puccinellia distans (Jacq.) Parl.

习性：多年生，中小草本，高20~60cm；半湿生植物。

生境：河谷、草甸、河岸坡、溪边、田间等，海拔100~2000m。

分布：黑龙江、吉林、辽宁、河北、北京、天津、山西、山东、江苏、浙江、河南、陕西、甘肃、新疆。

鹤甫碱茅Puccinellia hauptiana (Trin. ex V. I. Krecz.) Kitag.

习性：多年生，中小草本，高15~60cm；湿生植物。

生境：河谷、沼泽、盐碱地、河漫滩、湖岸坡、沟边、田间、田埂等，海拔100~3000m。

分布：黑龙江、吉林、辽宁、河北、江苏、安徽、甘肃、新疆。

喜马拉雅碱茅Puccinellia himalaica Tzvelev

习性：多年生，小草本，高5~20cm；湿生植物。

生境：草丛、沼泽、河漫滩、湖岸坡、沟边、草甸等，海拔3000~5000m。

分布：西藏、新疆。

光稃碱茅Puccinellia leiolepis L. Liou

习性：多年生，小草本，高15~20cm；湿生植物。

生境：沟谷、盐碱地、草甸等，海拔3000~4500m。

分布：四川、西藏、青海。

微药碱茅Puccinellia micrandra (Keng) Keng

习性：多年生，小草本，高10~20cm；半湿生植物。

生境：草甸、水边等，海拔1000~3100m。

分布：黑龙江、内蒙古、河北、北京、山西、江苏、甘肃。

小药碱茅Puccinellia micranthera D. F. Cui

习性：多年生，小草本，高25~40cm；湿生植物。

生境：沟谷、沼泽草甸等，海拔1300~2000m。

分布：西藏、新疆。

侏碱茅Puccinellia minuta Bor

习性：多年生，小草本，高6~12cm；湿生植物。

生境：湖岸坡、草甸等，海拔4000~5100m。

分布：西藏、青海。

多花碱茅Puccinellia multiflora L. Liu

习性：多年生，小草本，高40~50cm；湿生植物。

生境：湖岸坡、沟边等，海拔2900~4200m。

分布：西藏、青海。

裸花碱茅Puccinellia nudiflora (Hack.) Tzvelev

习性：多年生，小草本，高7~20cm；湿生植物。

生境：沟谷、草甸、湖岸坡、盐碱地、沼泽、沟边等，海拔2400~4900m。

分布：西藏、青海、新疆。

帕米尔碱茅Puccinellia pamirica (Roshev.) V. I. Krecz. ex Ovcz. & Czukav.

习性：多年生，小草本，高15~40cm；湿生植物。

生境：草丛、河漫滩、湖岸坡等，海拔3200~4800m。

分布：西藏、青海、新疆。

斯碱茅Puccinellia schischkinii Tzvelev

习性：多年生，小草本，高20~40cm；湿生植物。

生境：草甸、沼泽、砾石滩、湖岸坡等，海拔3000~4300m。

分布：内蒙古、新疆。

藏北碱茅Puccinellia stapfiana R. R. Stewart

习性：多年生，小草本，高30~40cm；湿生植物。

生境：草丛、沼泽草甸、湖岸坡等，海拔4500~4800m。

分布：西藏。

星星草Puccinellia tenuiflora (Griseb.) Scribn. & Merr.

习性：多年生，中小草本，高30~70cm；湿生植物。

生境：草甸、沟边等，海拔500~4000m。

分布：黑龙江、吉林、辽宁、内蒙古、河北、北京、山西、安徽、河南、甘肃、青海、新疆。

筒轴茅属 Rottboellia L. f.

筒轴茅Rottboellia cochinchinensis (Lour.) Clayton

习性：一年生，大中草本，高1~3m；半湿生植物。

生境：林缘、草丛、河漫滩、沟边、消落带、田埂、弃耕水浇地、路边等，海拔达1900m。

分布：浙江、福建、广东、海南、广西、贵州、云南、四川、台湾。

甘蔗属 Saccharum L.

斑茅Saccharum arundinaceum Retz.

习性：多年生，大中草本，高1~6m；半湿生植物。

生境：沟谷、灌丛、河岸坡、溪边、沟边、田间等，海拔100~2900m。

分布：河北、安徽、浙江、江西、福建、河南、湖北、广东、海南、广西、贵州、云南、重庆、四川、西藏、陕西、甘肃、台湾。

河八王Saccharum narenga (Nees ex Steud.) Wall. ex Hack.

习性：多年生，大中草本，高1~3m；半湿生植物。

生境：沟谷、草丛、沼泽、河岸坡、溪边、沟边等，海拔达500m。

分布：江苏、安徽、浙江、江西、福建、河南、湖南、广东、贵州、云南、四川、台湾。

甜根子草Saccharum spontaneum L.

习性：多年生，大中草本，高1~4m；半湿生植物。

生境：草丛、河岸坡、溪边、塘基、沟边、田间等，海拔达2000m。

分布：江苏、安徽、浙江、江西、福建、河南、湖北、湖南、广东、海南、广西、贵州、云南、重庆、四川、陕西、台湾。

囊颖草属 Sacciolepis Nash

囊颖草Sacciolepis indica (L.) Chase

习性：一年生，中小草本，高0.2~1m；湿生植物。

生境：沟谷、林下、林缘、灌丛、溪边、塘基、沟边、田间等，海拔100~2300m。

分布：黑龙江、山东、安徽、浙江、江西、福建、河南、湖北、湖南、广东、海南、贵州、云南、四川、台湾。

间序囊颖草Sacciolepis interrupta (Willd.) Stapf

习性：多年生，小草本，高20~50cm；挺水植物。

生境：沼泽、池塘、田中等，海拔达1400m。

分布：云南。

鼠尾囊颖草（原变种）Sacciolepis myosuroides var. myosuroides

习性：一年生，中小草本，高0.2~1.2m；水湿生植物。

生境：草丛、田中、田间、浅水处等，海拔100~2600m。

分布：广东、海南、贵州、云南、西藏。

矮小囊颖草Sacciolepis myosuroides var. nana S. L. Chen & T. D. Zhuang

习性：一年生，小草本，高15~30cm；挺水植物。

生境：溪流、水沟、田间等，海拔500~1800m。

分布：广东、广西、云南。

水茅属 Scolochloa Link

水茅Scolochloa festucacea Link

习性：多年生，大中草本，高0.7~2m；挺水植物。

生境：沼泽、河流、溪流、湖泊、池塘、水沟等，海拔达1000m。

分布：黑龙江、吉林、辽宁、内蒙古、四川。

狗尾草属 Setaria P. Beauv.

莩草Setaria chondrachne (Steud.) Honda

习性：多年生，大中草本，高0.6~1.7m；半湿生植物。

生境：沟谷、林下、林缘、草丛、溪边、沟边等，海拔200~2400m。

分布：江苏、安徽、浙江、江西、河南、湖北、湖南、广西、贵州、云南、四川。

西南莩草Setaria forbesiana (Nees ex Steud.) Hook. f.

习性：多年生，大中草本，高0.6~1.7m；半湿生植物。

生境：沟谷、林缘、草丛、溪边、沟边、路边等，海拔300~2000m。

分布：浙江、湖北、湖南、广东、广西、贵州、云南、重庆、四川、陕西、甘肃。

皱叶狗尾草Setaria plicata (Lam.) T. Cooke

习性：多年生，中小草本，高0.4~1.3m；半湿生植物。

生境：沟谷、林下、河岸坡、溪边、沟边、田埂、路边等，海拔200~2100m。

分布：江苏、安徽、浙江、江西、福建、湖北、湖南、广东、广西、贵州、云南、重庆、四川、西藏、台湾。

金色狗尾草Setaria pumila (Poir.) Roem. & Schult.

习性：一年生，中小草本，高0.2~1m；半湿生植物。

生境：林缘、草丛、河岸坡、溪边、田间、消落带、路边等，海拔200~3700m。

分布：黑龙江、辽宁、河北、北京、天津、山东、江苏、安徽、上海、浙江、江西、福建、河南、湖北、湖南、广东、海南、贵州、云南、重庆、四川、西藏、陕西、宁夏、甘肃、新疆、台湾。

狗尾草Setaria viridis (L.) P. Beauv.

习性：一年生，中小草本，高0.3~1.5m；半湿生植物。

生境：林缘、草丛、河岸坡、溪边、田间、消落带、路边等，海拔达4000m。

分布：黑龙江、吉林、辽宁、内蒙古、河北、北京、天津、山西、山东、江苏、安徽、上海、浙江、江西、福建、河南、湖北、湖南、广东、贵州、云南、重庆、四川、西藏、陕西、宁夏、甘肃、青海、新疆、台湾。

高粱属 Sorghum Moench

石茅Sorghum halepense (L.) Pers.

习性：多年生，大中草本，高0.5~2m；半湿生植物。

生境：沟谷、河岸坡、溪边、沟边等，海拔达1700m。

分布：安徽、福建、广东、海南、云南、四川、台湾；原产于地中海。

米草属 Spartina Schreb.

互花米草Spartina alterniflora Loisel.

习性：多年生，大中草本，高1~3m；挺水植物。

生境：潮间带、入海河口等。

分布：辽宁、河北、天津、山东、江苏、上海、浙江、福建、广东、广西、香港、台湾；原产于北美洲。

大米草Spartina anglica C. E. Hubb.

习性：多年生，中小草本，高0.1~1.2m；挺水植物。

生境：潮间带、入海河口等。

分布：河北、山东、江苏、浙江、福建、澳门；原产于欧洲。

稗荩属 Sphaerocaryum Nees ex Steud.

稗荩Sphaerocaryum malaccense (Trin.) Pilg.

习性：一年生，小草本，高10~30cm；水湿生植物。

生境：草甸、沼泽、溪边、沟边、田间、路边等，海拔达1500m。

分布：安徽、浙江、江西、福建、湖南、广东、广西、云南、台湾。

鬣刺属 Spinifex L.

鬣刺Spinifex littoreus (Burm. f.) Merr.

习性：多年生，中小草本，高0.3~1m；半湿生植物。

生境：高潮线附近、潮上带等。

分布：福建、广东、海南、广西、台湾。

鼠尾粟属 Sporobolus R. Br.

鼠尾粟Sporobolus fertilis (Steud.) Clayton

习性：多年生，中小草本，高0.2~1.2m；半湿生植物。

生境：沟谷、林下、草丛、溪边、沟边、田埂、田间、路边等，海拔100~2600m。

分布：江苏、安徽、浙江、福建、湖北、湖南、广东、海南、广西、贵州、重庆、台湾。

毛鼠尾粟Sporobolus piliferus (Trin.) Kunth

习性：一年生，小草本，高5~25cm；半湿生植物。

生境：草丛、溪边、沟边、田埂、田间、路边等，海拔200~1100m。

分布：安徽、浙江、江西。

盐地鼠尾粟 Sporobolus virginicus (L.) Kunth

习性：多年生，中小草本，高10~60cm；水湿生植物。

生境：潮间带、潮上带、入海河口、堤内等。

分布：浙江、福建、广东、海南、广西、台湾。

钝叶草属 Stenotaphrum Trin.

钝叶草 Stenotaphrum helferi Munro ex Hook. f.

习性：多年生，小草本，高10~40cm；半湿生植物。

生境：草丛、河岸坡、溪边、沟边、田间、田埂等，海拔达1100m。

分布：福建、广东、海南、云南。

针茅属 Stipa L.

紫花针茅Stipa purpurea Griseb.

习性：多年生，小草本，高20~45cm；半湿生植物。

生境：草丛、沼泽草甸、洪积扇等，海拔1900~5200m。

分布：四川、西藏、甘肃、青海、新疆。

狭穗针茅Stipa regeliana Hack.

习性：多年生，小草本，高20~50cm；半湿生植物。

生境：草丛、草甸、河漫滩等，海拔1600~4600m。

分布：云南、四川、西藏、宁夏、甘肃、青海、新疆。

菅属 Themeda Forssk.

菅Themeda villosa (Poir.) A. Camus

习性：多年生，大草本，高2~3.5m；半湿生植物。

生境：林缘、河岸坡、溪边、沟边等，海拔300~2500m。

分布：浙江、江西、福建、河南、湖北、湖南、广东、海南、广西、贵州、云南、重庆、四川、西藏。

棕叶芦属 Thysanolaena Nees

棕叶芦 Thysanolaena latifolia (Roxb. ex Hornem.) Honda

习性：多年生，大草本，高1.5~3m；半湿生植物。

生境：沟谷、林缘、灌丛、河岸坡、溪边、沟边、田埂、田间、路边等，海拔达1600m。

分布：广东、广西、贵州、云南。

三角草属 Trikeraia Bor

三角草Trikeraia hookeri (Stapf) Bor

习性：多年生，中草本，高60~80cm；半湿生植物。

生境：沟谷、河漫滩、溪边、湖岸坡、草甸等，海拔3600~5100m。

分布：西藏、青海。

三毛草属 Trisetum Pers.

三毛草Trisetum bifidum (Thunb.) Ohwi

习性：多年生，中小草本，高0.3~1m；湿生植物。

生境：林下、草丛、溪边、沟边、塘基、田间等，海拔400~2500m。

分布：山东、江苏、安徽、浙江、江西、福建、河南、湖北、湖南、广东、广西、贵州、云南、四川、西藏、陕西、甘肃、台湾。

长穗三毛草**Trisetum clarkei** (Hook. f.) R. R. Stewart

习性：多年生，中小草本，高30~70cm；半湿生植物。

生境：林下、灌丛、草丛、草原等，海拔1900~4300m。

分布：湖北、云南、四川、西藏、陕西、甘肃、青海、新疆。

西伯利亚三毛草**Trisetum sibiricum** Rupr.

习性：多年生，中草本，高0.5~1.2m；半湿生植物。

生境：林下、灌丛、草丛、草原等，海拔700~4200m。

分布：黑龙江、吉林、辽宁、内蒙古、河北、河南、湖北、云南、四川、西藏、甘肃、青海、新疆。

穗三毛**Trisetum spicatum** (L.) K. Richt.

习性：多年生，中小草本，高3~60cm；半湿生植物。

生境：草丛、草甸等，海拔达1900m。

分布：黑龙江、吉林、辽宁、内蒙古、河北、山西、湖北、四川、陕西、宁夏、甘肃、青海、新疆。

绿穗三毛草**Trisetum umbratile** (Kitag.) Kitag.

习性：多年生，中草本，高70~90cm；湿生植物。

生境：林下、草丛、沼泽草甸、沼泽等，海拔达1700m。

分布：黑龙江、吉林、辽宁、内蒙古。

玉山竹属 **Yushania** Keng f.

短锥玉山竹**Yushania brevipaniculata** (Hand.-Mazz.) T. P. Yi

习性：多年生，灌木状，高2~2.5m；湿生植物。

生境：林下、溪边、湖岸坡、沟边等，海拔1800~3800m。

分布：四川。

海竹（原变种）**Yushania qiaojiaensis** var. **qiaojiaensis**

习性：多年生，灌木状，高50~60cm；湿生植物。

生境：草甸，海拔约3100m。

分布：云南。

裸箨海竹**Yushania qiaojiaensis** var. **nuda** (T. P. Yi) D. Z. Li & Z. H. Guo

习性：多年生，灌木状，高2~3.1m；湿生植物。

生境：沼泽草甸，海拔2000~2100m。

分布：云南。

菰属 **Zizania** L.

菰**Zizania latifolia** (Griseb.) Turcz. ex Stapf

习性：多年生，大中草本，高1~2m；挺水植物。

生境：沼泽、河流、溪流、池塘、湖泊、水沟、田中等，海拔达2000m。

分布：黑龙江、吉林、辽宁、内蒙古、河北、北京、山东、江苏、安徽、上海、浙江、江西、福建、河南、湖北、湖南、广东、海南、广西、贵州、云南、重庆、四川、陕西、宁夏、甘肃、台湾。

结缕草属 **Zoysia** Willd.

结缕草**Zoysia japonica** Steud.

习性：多年生，小草本，高10~20cm；半湿生植物。

生境：草甸、溪边、湖岸坡、沟边、潮上带、田间等，海拔达1700m。

分布：辽宁、河北、北京、山东、江苏、安徽、上海、浙江、江西、河南、湖北、广西、香港、台湾。

大穗结缕草**Zoysia macrostachya** Franch. & Sav.

习性：多年生，小草本，高10~20cm；水陆生植物。

生境：潮上带、潮间带、盐碱地等。

分布：辽宁、山东、江苏、安徽、浙江、福建。

沟叶结缕草**Zoysia matrella** (L.) Merr.

习性：多年生，小草本，高12~20cm；半湿生植物。

生境：草丛、沟边、潮上带等，海拔达600m。

分布：浙江、广东、海南、广西、台湾。

细叶结缕草**Zoysia pacifica** (Goudsw.) M. Hotta & S. Kuroki

习性：多年生，小草本，高5~10cm；半湿生植物。

生境：草丛、沟边、潮上带等。

分布：浙江、台湾。

中华结缕草**Zoysia sinica** Hance

习性：多年生，小草本，高13~30cm；半湿生植物。

生境：河岸坡、溪边、沟边、潮上带、路边等，海拔达1600m。

分布：辽宁、河北、山东、江苏、安徽、上海、浙江、福建、湖南、广东、广西、台湾。

169. 川苔草科 Podostemaceae

川苔草属 Cladopus H. A. Möller

华南飞瀑草Cladopus austrosinensis M. Kata & Y. Kita

习性：多年生，小草本；沉水植物。

生境：河流或溪流中岩石，海拔400~600m。

分布：广东、海南、香港。

川苔草Cladopus doianus (Koidz.) Kôriba

习性：多年生，小草本；沉水植物。

生境：激流中岩石，海拔200~430m。

分布：福建。

福建飞瀑草Cladopus fukienensis (H. C. Chao) H. C. Chao

习性：多年生，小草本；沉水植物。

生境：河流或溪流中岩石，海拔达900m。

分布：福建。

鹦哥岭川苔草Cladopus yinggelingensis Q. W. Lin, Gang Lu & Z. Y. Li

习性：多年生，小草本；沉水植物。

生境：溪流中岩石。

分布：海南。

水石衣属 Hydrobryum Endl.

水石衣Hydrobryum griffithii (Wall. ex Griff.) Tul.

习性：多年生，小草本；沉水植物。

生境：溪流中岩石，海拔200~1500m。

分布：云南。

日本水石衣Hydrobryum japonicum Imamura

习性：多年生，小草本；沉水植物。

生境：溪流中岩石，海拔1000~1100m。

分布：云南。

川藻属 Terniopsis H. C. Chao

道银川藻Terniopsis daoyinensis Q. W. Lin, Gang Lu & Z. Y. Li

习性：多年生，小草本；沉水植物。

生境：溪流中岩石。

分布：海南。

川藻Terniopsis sessilis H. C. Chao

习性：多年生，小草本；沉水植物。

生境：溪流中岩石或木桩，海拔300~500m。

分布：福建。

170. 花荵科 Polemoniaceae

花荵属 Polemonium L.

花荵Polemonium caeruleum L.

习性：多年生，中小草本，高0.4~1.2m；半湿生植物。

生境：林下、灌丛、草丛、草甸、溪边、沟边、路边等，海拔1000~3700m。

分布：黑龙江、吉林、辽宁、内蒙古、山西、云南、新疆。

中华花荵Polemonium chinense (Brand) Brand

习性：多年生，中小草本，高30~90cm；半湿生植物。

生境：河谷、林下、林缘、草甸、河漫滩等，海拔1000~2100m。

分布：黑龙江、吉林、辽宁、内蒙古、山西、湖北、四川、陕西、甘肃、青海。

171. 远志科 Polygalaceae

远志属 Polygala L.

黄花倒水莲Polygala fallax Hemsl.

习性：常绿，灌木或乔木，高1~3m；半湿生植物。

生境：林下、林缘、溪流、沟边等，海拔300~1700m。

分布：江西、福建、湖南、广东、广西、贵州、云南。

肾果小扁豆Polygala furcata Royle

习性：一年生，小草本，高5~15cm；半湿生植物。

生境：林下、岩石间、路边等，海拔1300~1600m。

分布：广西、贵州、云南。

瓜子金Polygala japonica Houtt.

习性：多年生，小草本，高15~20cm；半湿生植物。

生境：草丛、田埂等，海拔800~2100m。

分布：辽宁、河北、山东、江苏、浙江、江西、福建、河南、湖北、湖南、广东、广西、贵州、云南、四川、陕西、甘肃、新疆、台湾。

齿果草属 Salomonia Lour.

齿果草Salomonia cantoniensis Lour.

习性：一年生，小草本，高5~25cm；半湿生植物。

生境：林缘、草丛、沟边、田埂等，海拔200~1500m。

分布：浙江、福建、广东、广西、贵州、云南。

172. 蓼科 Polygonaceae

金线草属 Antenoron Raf.

金线草（原变种）Antenoron filiforme var. filiforme

习性：多年生，中草本，高50~80cm；半湿生植物。

生境：林缘、溪边、沟边、河谷等，海拔100~2500m。

分布：山东、江苏、安徽、浙江、福建、河南、湖北、湖南、广东、海南、广西、贵州、云南、四川、陕西、甘肃、台湾。

毛叶红珠七Antenoron filiforme var. kachinum (Nieuwl.) H. Hara

习性：多年生，中草本，高50~80cm；半湿生植物。

生境：林下、灌丛等，海拔500~1300m。

分布：贵州、云南。

短毛金线草Antenoron filiforme var. neofiliforme (Nakai) A. J. Li

习性：多年生，中草本，高50~80cm；半湿生植物。

生境：河谷、林缘、溪边、沟边等，海拔200~2300m。

分布：山东、江苏、安徽、浙江、江西、福建、河南、湖北、湖南、广东、广西、贵州、云南、四川、陕西、甘肃。

木蓼属 Atraphaxis L.

木蓼Atraphaxis frutescens (L.) Eversm.

习性：落叶，小灌木，高0.5~1m；半湿生植物。

生境：河岸坡、田间等，海拔500~3000m。

分布：黑龙江、吉林、辽宁、内蒙古、宁夏、甘肃、青海、新疆。

拳参属 Bistorta (L.) Adans.

狐尾拳参Bistorta alopecuroides Kom.

习性：多年生，中草本，高50~90cm；半湿生植物。

生境：草甸、草丛等，海拔900~2300m。

分布：黑龙江、吉林、辽宁、内蒙古。

长梗拳参Bistorta griffithii (Hook. f.) Grierson

习性：多年生，小草本，高20~40cm；湿生植物。

生境：沟谷、林下、林缘、碎石坡、草甸等，海拔3000~5000m。

分布：云南、西藏。

圆穗拳参（原变种）Bistorta macrophylla var. macrophylla

习性：多年生，小草本，高10~35cm；湿生植物。

生境：草丛、草甸、沼泽、溪边、湖岸坡等，海拔2300~5000m。

分布：河南、湖北、贵州、云南、四川、西藏、陕西、甘肃、青海。

狭叶圆穗蓼Bistorta macrophylla var. stenophylla (Meisn.) Miyam.

习性：多年生，小草本，高4~20cm；湿生植物。

生境：草丛、草甸等，海拔2000~4800m。

分布：云南、四川、西藏、陕西、甘肃、青海。

拳参Bistorta major S. F. Gray

习性：多年生，中草本，高50~90cm；半湿生植物。

生境：草甸、草丛等，海拔800~3000m。

分布：黑龙江、吉林、辽宁、内蒙古、河北、山西、山东、江苏、安徽、浙江、江西、河南、湖北、湖南、陕西、宁夏、甘肃。

耳叶拳参Bistorta manshuriensis Kom.

习性：多年生，中草本，高60~80cm；半湿生植物。

生境：沟谷、林缘、草丛、沼泽、水沟等，海拔800~1800m。

分布：黑龙江、吉林、辽宁、内蒙古。

大海拳参Bistorta milletii H. Lév.

习性：多年生，小草本，高30~50cm；湿生植物。

生境：草丛、沼泽草甸、溪边、路边等，海拔1200~4000m。

分布：云南、四川、陕西、青海。

草血竭**Bistorta paleacea** (Wall. ex Hook. f.) Yonek. & H. Ohashi

习性：一年生，中小草本，高40~60cm；半湿生植物。

生境：沟谷、林缘、草丛、草甸、河岸坡、沟边等，海拔1300~4200m。

分布：广西、贵州、云南、四川。

翅柄拳参**Bistorta sinomontana** (Sam.) Miyam.

习性：多年生，小草本，高30~50cm；半湿生植物。

生境：林下、灌丛、草丛等，海拔2500~3900m。

分布：云南、四川、西藏。

支柱拳参（原变种）**Bistorta suffulta** var. **suffulta**

习性：多年生，小草本，高20~40cm；湿生植物。

生境：沟谷、林下、林缘、草丛、沟边等，海拔1300~4200m。

分布：辽宁、河北、北京、山西、山东、安徽、浙江、江西、河南、湖北、湖南、贵州、云南、四川、西藏、陕西、宁夏、甘肃、青海。

珠芽支柱拳参**Bistorta suffulta** var. **suffultoides** (A. J. Li) Yonek. & H. Ohashi

习性：多年生，中小草本，高30~60cm；湿生植物。

生境：林下、草丛、草甸、沟边等，海拔3200~4500m。

分布：云南。

细叶珠芽拳参**Bistorta tenuifolia** (H. W. Kung) Miyam. & H. Ohba

习性：多年生，小草本，高6~30cm；半湿生植物。

生境：林缘、草丛、河谷等，海拔1900~4300m。

分布：广东、广西、云南、四川、陕西、甘肃、青海。

珠芽拳参**Bistorta vivipara** (L.) Delarbre

习性：多年生，中小草本，高15~60cm；湿生植物。

生境：林下、林缘、灌丛、草丛、草甸、沼泽、溪边、沟边等，海拔1200~5100m。

分布：黑龙江、吉林、辽宁、内蒙古、河北、山西、河南、湖北、贵州、云南、四川、西藏、陕西、宁夏、甘肃、青海、新疆。

荞麦属 **Fagopyrum** Mill.

疏穗野荞麦**Fagopyrum caudatum** (Sam.) A. J. Li

习性：一年生，小草本，高30~50cm；半湿生植物。

生境：林缘、灌丛、溪边、路边等，海拔400~2400m。

分布：云南、四川、甘肃。

金荞麦**Fagopyrum dibotrys** (D. Don) H. Hara

习性：多年生，中草本，高0.5~1.5m；半湿生植物。

生境：河谷、溪边、湖岸坡、沟边、路边等，海拔200~3500m。

分布：江苏、安徽、浙江、江西、福建、河南、湖北、湖南、广东、广西、贵州、云南、重庆、四川、西藏、陕西、甘肃。

心叶野荞麦**Fagopyrum gilesii** (Hemsl.) Hedberg

习性：一年生，小草本，高10~30cm；半湿生植物。

生境：沟边、草丛等，海拔2200~4000m。

分布：云南、四川。

细柄野荞麦**Fagopyrum gracilipes** (Hemsl.) Dammer

习性：一年生，中小草本，高20~80cm；半湿生植物。

生境：沟谷、林下、草丛、沼泽、田间等，海拔300~3400m。

分布：山西、河南、湖北、贵州、云南、四川、陕西、甘肃。

小野荞麦（原变种）**Fagopyrum leptopodum** var. **leptopodum**

习性：一年生，小草本，高6~30cm；湿生植物。

生境：沟谷、草丛、路边等，海拔900~3600m。

分布：云南、四川。

疏穗小野荞麦**Fagopyrum leptopodum** var. **grossii** (H. Lév.) L. A. Lauener & D. K. Ferguson

习性：一年生，小草本，高10~50cm；湿生植物。

生境：林下、草丛、河岸坡、河漫滩等，海拔800~3000m。

分布：云南、四川。

线叶野荞麦**Fagopyrum lineare** (Sam.) Haraldson

习性：一年生，小草本，高30~40cm；半湿生植物。

生境：沟谷、林缘、溪边、路边等，海拔1700~2300m。

分布：云南。

何首乌属 **Fallopia** Adans.

卷茎蓼 **Fallopia convolvulus** (L.) A. Löve
习性：一年生，缠绕草本；半湿生植物。
生境：灌丛、草丛、溪边、沟边等，海拔100~3600m。
分布：黑龙江、吉林、辽宁、内蒙古、河北、北京、山西、山东、江苏、安徽、河南、湖北、贵州、云南、四川、西藏、陕西、宁夏、甘肃、青海、新疆、台湾。

齿翅蓼 **Fallopia dentatoalata** (F. Schmidt) Holub
习性：一年生，缠绕草本；半湿生植物。
生境：沟谷、林下、草丛、沟边等，海拔200~2800m。
分布：黑龙江、吉林、辽宁、内蒙古、河北、山西、山东、江苏、安徽、河南、湖北、贵州、云南、四川、陕西、甘肃、青海。

何首乌 **Fallopia multiflora** (Thunb.) Haraldson
习性：多年生，缠绕草本；半湿生植物。
生境：沟谷、林下、草丛、河岸坡、溪边、湖岸坡、塘基、沟边、田间、路边等，海拔200~3000m。
分布：黑龙江、吉林、辽宁、河北、山西、山东、江苏、安徽、浙江、江西、福建、河南、湖北、湖南、广东、海南、广西、贵州、云南、重庆、四川、陕西、甘肃、青海、台湾。

西伯利亚蓼属 **Knorringia** (Czukav.) Tzvelev

西伯利亚蓼（原亚种）**Knorringia sibirica** subsp. **sibirica**
习性：多年生，小草本，高10~43cm；水陆生植物。
生境：沟谷、草丛、沼泽草甸、沼泽、河流、河漫滩、湖泊、盐碱地、路边、潮上带等，海拔达5100m。
分布：黑龙江、吉林、辽宁、内蒙古、河北、北京、山西、山东、江苏、安徽、河南、湖北、湖南、云南、四川、西藏、陕西、宁夏、甘肃、青海、新疆。

细叶西伯利亚蓼 **Knorringia sibirica** subsp. **thomsonii** (Meisn. ex Steward) S. P. Hong
习性：多年生，小草本，高2~10cm；水湿生植物。
生境：河岸坡、湖岸坡、沼泽等，海拔3200~5100m。

分布：黑龙江、西藏、青海。

冰岛蓼属 **Koenigia** L.

高山神血宁 **Koenigia alpina** (All.) T. M. Schust. & Reveal
习性：多年生，中草本，高0.5~1m；半湿生植物。
生境：林缘、草丛等，海拔800~2400m。
分布：黑龙江、吉林、辽宁、内蒙古、河北、山西、山东、青海、新疆。

钟花神血宁（原变种）**Koenigia campanulata** var. **campanulata**
习性：多年生，中草本，高60~90cm；湿生植物。
生境：沟谷、林下、林缘、灌丛、草丛、沟边等，海拔2100~4200m。
分布：湖北、贵州、云南、四川、西藏。

绒毛钟花神血宁 **Koenigia campanulata** var. **fulvida** (Hook. f.) T. M. Schust. & Reveal
习性：多年生，中草本，高60~90cm；湿生植物。
生境：沟谷、林下、林缘、沼泽、溪边、沟边等，海拔1400~4400m。
分布：湖北、贵州、云南、四川、西藏。

白花神血宁 **Koenigia coriaria** (Grig.) T. M. Schust. & Reveal
习性：多年生，中草本，高1~1.5m；半湿生植物。
生境：草丛、河谷等，海拔1500~2900m。
分布：新疆。

蓝药蓼 **Koenigia cyanandra** (Diels) Měsíček & Soják
习性：一年生，小草本，高10~25cm；湿生植物。
生境：林下、草丛、沼泽草甸等，海拔2200~4600m。
分布：湖北、云南、四川、西藏、陕西、甘肃、青海。

小叶蓼 **Koenigia delicatula** (Meisn.) H. Hara
习性：一年生，小草本，高8~15cm；湿生植物。
生境：草丛、沼泽草甸、河岸坡等，海拔2600~4500m。
分布：云南、四川、西藏。

叉分神血宁 **Koenigia divaricata** (L.) T. M. Schust. & Reveal
习性：多年生，中草本，高0.7~1.2m；半湿生植物。
生境：草丛、沟边等，海拔200~2100m。

分布：黑龙江、吉林、辽宁、内蒙古、河北、山西、山东、河南、湖北、青海。

细茎蓼Koenigia filicaulis (Wall. ex Meisn.) Hedberg

习性：一年生，小草本，高10~30cm；水湿生植物。

生境：林缘、草丛、沼泽草甸、溪边、水沟、岩石、岩壁等，海拔2000~4000m。

分布：云南、四川、西藏、青海、台湾。

大铜钱叶蓼Koenigia forrestii (Diels) Měsíček & Soják

习性：多年生，小草本，高5~20cm；湿生植物。

生境：林下、灌丛、草丛、碎石坡、草甸等，海拔3500~4800m。

分布：贵州、云南、四川、西藏。

硬毛神血宁Koenigia hookeri (Meisn.) T. M. Schust. & Reveal

习性：一年生，小草本，高10~30cm；湿生植物。

生境：灌丛、草丛、草甸、碎石坡等，海拔1000~5000m。

分布：云南、四川、西藏、甘肃、青海。

冰岛蓼Koenigia islandica L.

习性：一年生，小草本，高3~10cm；湿生植物。

生境：沟谷、林缘、草丛、草甸、沟边等，海拔2000~4900m。

分布：山西、云南、四川、西藏、甘肃、青海、新疆。

丽江神血宁Koenigia lichiangensis (W. W. Sm.) T. M. Schust. & Reveal

习性：多年生，中草本，高0.6~1m；半湿生植物。

生境：林缘、草丛等，海拔2800~4100m。

分布：云南。

谷地神血宁Koenigia limosa T. M. Schust. & Reveal

习性：多年生，中草本，高0.9~1.5m；半湿生植物。

生境：河谷、林缘、河岸坡等，海拔300~1800m。

分布：吉林。

绢毛神血宁（原变种）Koenigia mollis var. **mollis**

习性：中小亚灌木，高0.9~2m；半湿生植物。

生境：林下、林缘、草丛、路边等，海拔1300~3200m。

分布：广西、贵州、云南、西藏。

倒毛神血宁Koenigia mollis var. **rudis** (Meisn.) T. M. Schust. & Reveal

习性：中小亚灌木，高0.4~2m；半湿生植物。

生境：沟谷、林下、灌丛、溪边等，海拔1000~4100m。

分布：广西、贵州、云南、西藏。

铜钱叶蓼Koenigia nummulariifolia (Meisn.) Měsíček & Soják

习性：多年生，匍匐草本，高2~6cm；湿生植物。

生境：碎石坡、草甸等，海拔3300~4000m。

分布：云南、西藏。

柔毛蓼Koenigia pilosa Maxim.

习性：一年生，小草本，高10~30cm；湿生植物。

生境：沟谷、草丛等，海拔2300~4300m。

分布：内蒙古、四川、西藏、陕西、甘肃、青海。

多穗蓼Koenigia polystachya (Wall. ex Meisn.) T. M. Schust. & Reveal

习性：小亚灌木，高50~80cm；半湿生植物。

生境：灌丛、河谷、草丛、沟边等，海拔2200~4500m。

分布：云南、四川、西藏。

叉枝神血宁Koenigia tortuosa (D. Don) T. M. Schust. & Reveal

习性：小亚灌木，高30~50cm；半湿生植物。

生境：灌丛、河岸坡、湖岸坡、草丛、砾石地等，海拔3600~4900m。

分布：西藏。

山蓼属 Oxyria Hill

山蓼Oxyria digyna (L.) Hill

习性：多年生，小草本，高15~20cm；半湿生植物。

生境：沟谷、林下、草甸、溪边、沟边、砾石坡等，海拔1300~4900m。

分布：吉林、辽宁、云南、四川、西藏、陕西、青海、新疆。

中华山蓼Oxyria sinensis Hemsl.

习性：多年生，小草本，高30~50cm；半湿生植物。

生境：沟谷、草甸、溪边、沟边、砾石坡等，海拔1600~3800m。

分布：贵州、云南、四川、西藏。

蓼属 Persicaria L.

两栖蓼 Persicaria amphibia (L.) Gray

习性：多年生，小草本，高10~30cm；水陆生植物。

生境：草丛、沼泽草甸、沼泽、河流、溪流、湖泊、池塘、水沟、田中等，海拔达3700m。

分布：黑龙江、吉林、辽宁、内蒙古、河北、北京、山西、山东、江苏、安徽、上海、江西、河南、湖北、湖南、贵州、云南、四川、西藏、陕西、宁夏、甘肃、青海、新疆。

阿萨姆蓼 Persicaria assamica (Meisn.) Soják

习性：一年生，小草本，高15~30cm；湿生植物。

生境：河谷、河岸坡、沟边、田间等，海拔200~1000m。

分布：广西、贵州、云南、四川。

毛蓼 Persicaria barbata (L.) H. Hara

习性：多年生，中小草本，高0.4~1.5m；水湿生植物。

生境：草丛、河流、溪流、湖岸坡、池塘、沟边、田中等，海拔达1300m。

分布：江西、福建、河南、湖北、湖南、广东、海南、广西、贵州、云南、四川、台湾。

双凸戟叶蓼 Persicaria biconvexa (Hayata) Nemoto

习性：一或多年生，中小草本，高0.3~1.2m；水湿生植物。

生境：林缘、沼泽、湖泊、水沟、路边等，海拔500~3000m。

分布：黑龙江、吉林、辽宁、内蒙古、河北、山西、山东、江苏、安徽、浙江、江西、福建、河南、湖北、湖南、广东、海南、广西、贵州、云南、四川、西藏、陕西、甘肃、台湾。

柳叶刺蓼 Persicaria bungeana (Turcz.) Nakai ex T. Mori

习性：一年生，中小草本，高30~90cm；湿生植物。

生境：河谷、草丛、河岸坡、沟边、田间等，海拔达1700m。

分布：黑龙江、吉林、辽宁、内蒙古、河北、北京、山西、山东、江苏、宁夏、甘肃。

头花蓼 Persicaria capitata (Buch.-Ham. ex D. Don) H. Gross

习性：多年生，小草本，高5~20cm；半湿生植物。

生境：林下、林缘、河岸坡、溪边、沟边、岩石、岩壁、路边等，海拔200~3500m。

分布：江西、湖北、湖南、广东、广西、贵州、云南、重庆、四川、西藏。

火炭母（原变种）Persicaria chinensis var. chinensis

习性：多年生，直立或平卧草本，高0.2~1m；水陆生植物。

生境：沟谷、林下、林缘、河流、溪流、湖泊、池塘、水沟、田间等，海拔100~3200m。

分布：江苏、安徽、浙江、江西、湖北、湖南、广东、海南、广西、贵州、重庆、四川、西藏、陕西、甘肃、台湾。

宽叶火炭母 Persicaria chinensis var. ovalifolia (Meisn.) H. Hara

习性：多年生，直立或平卧草本，高0.2~1.2m；水陆生植物。

生境：沟谷、林下、林缘、灌丛、草丛、河流、溪流、水沟等，海拔1200~3000m。

分布：贵州、云南、西藏。

蓼子草 Persicaria criopolitana (Hance) Migo

习性：一年生，小草本，高10~25cm；湿生植物。

生境：河岸坡、湖岸坡、库岸坡、消落带、田中、沟边等，海拔达900m。

分布：江苏、安徽、浙江、江西、福建、河南、湖北、湖南、广东、广西、陕西。

二歧蓼 Persicaria dichotoma (Blume) Masam.

习性：一或多年生，中小草本，高0.4~1m；水湿生植物。

生境：河谷、溪流、湖泊、池塘、水沟、弃耕田等，海拔100~1000m。

分布：江西、福建、湖北、广东、海南、广西、台湾。

稀花蓼 Persicaria dissitiflora (Hemsl.) H. Gross ex T. Mori

习性：一年生，中草本，高0.7~1m；湿生植物。

生境：河谷、草丛、沼泽、河岸坡、溪边、沟边等，海拔100~1500m。

分布：黑龙江、吉林、辽宁、河北、山西、山东、江苏、安徽、浙江、江西、福建、河南、湖北、湖南、贵州、四川、陕西、甘肃。

多叶蓼Persicaria foliosa (H. Lindb.) Kitag.

习性：一年生，中小草本，高40~60cm；湿生植物。

生境：溪边、沟边、水边等，海拔100~700m。

分布：黑龙江、吉林、辽宁、内蒙古、江苏、安徽、台湾。

光蓼Persicaria glabra (Willd.) M. Gómez

习性：一年生，中草本，高0.5~1.5m；水湿生植物。

生境：沼泽、河流、湖泊、池塘、水库、水沟、弃耕田等，海拔达1900m。

分布：福建、湖北、湖南、广东、海南、广西、台湾。

冰川蓼Persicaria glacialis (Meisn.) H. Hara

习性：一年生，小草本，高10~25cm；湿生植物。

生境：河谷、林下、草丛、沼泽等，海拔2100~4300m。

分布：河北、山西、云南、四川、西藏、陕西、甘肃、青海。

球序蓼Persicaria greuteriana Galasso

习性：多年生，小草本，高20~30cm；湿生植物。

生境：沟谷、林下等，海拔2500~3400m。

分布：云南、四川、西藏。

长箭叶蓼Persicaria hastatosagittata (Makino) Nakai ex T. Mori

习性：一年生，中小草本，高30~90cm；水湿生植物。

生境：沟谷、沼泽、河流、溪流、池塘、水沟、田间、弃耕田等，海拔100~3400m。

分布：黑龙江、吉林、辽宁、河北、江苏、安徽、浙江、江西、福建、河南、湖北、湖南、广东、海南、广西、贵州、云南、四川、西藏、台湾。

华南蓼Persicaria huananensis (A. J. Li) B. Li

习性：多年生，中草本，高1~1.5m；湿生植物。

生境：湖岸坡、塘基、沟边等，海拔约100m。

分布：广东。

矮蓼Persicaria humilis (Meisn.) H. Hara

习性：一年生，小草本，高5~15cm；湿生植物。

生境：草丛、沟谷等，海拔2400~2900m。

分布：云南、西藏。

水蓼Persicaria hydropiper (L.) Spach

习性：一年生，中小草本，高0.3~1m；水湿生植物。

生境：沟谷、沼泽草甸、沼泽、河流、河漫滩、溪流、湖泊、池塘、水库、水沟、水田、消落带、洼地、路边等，海拔达3600m。

分布：黑龙江、吉林、辽宁、内蒙古、河北、北京、天津、山西、山东、江苏、安徽、上海、浙江、江西、福建、河南、湖北、湖南、广东、海南、广西、贵州、云南、重庆、四川、西藏、陕西、宁夏、甘肃、青海、新疆、台湾。

蚕茧草Persicaria japonica (Meisn.) Nakai

习性：多年生，中草本，高0.5~1m；水湿生植物。

生境：沼泽、溪流、湖泊、池塘、水沟、田间、田中、弃耕田等，海拔达1700m。

分布：山东、江苏、安徽、上海、浙江、江西、福建、河南、湖北、湖南、广东、广西、贵州、云南、四川、西藏、陕西、台湾。

愉悦蓼Persicaria jucunda (Meisn.) Migo

习性：一年生，中小草本，高30~90cm；水湿生植物。

生境：草丛、溪边、塘基、沟边等，海拔达2000m。

分布：江苏、安徽、上海、浙江、江西、福建、河南、湖北、湖南、广东、海南、广西、贵州、云南、四川、陕西、甘肃。

柔茎蓼Persicaria kawagoeana (Makino) Nakai

习性：一年生，小草本，高20~50cm；水湿生植物。

生境：林下、沼泽、溪流、湖泊、池塘、水沟、水田等，海拔达3100m。

分布：吉林、辽宁、江苏、安徽、浙江、江西、福建、湖北、广东、海南、广西、贵州、云南、西藏、台湾。

酸模叶蓼（原变种）**Persicaria lapathifolia var. lapathifolia**

习性：一年生，中草本，高0.5~1.5m；水陆生植物。

生境：沟谷、林缘、沼泽、河流、溪流、湖泊、池塘、沟边、消落带、水田、洼地、路边等，海拔达3900m。

分布：全国各地。

密毛酸模叶蓼Persicaria lapathifolia var. **lanata** (Roxb.) H. Hara

习性：一年生，中小草本，高0.3~1.5m；水陆生植物。

生境：沼泽、湖泊、池塘、水沟、水田等，海拔达2500m。

分布：上海、福建、湖北、湖南、广东、广西、云南、四川、台湾。

污泥蓼Persicaria limicola (Sam.) Yonek. & H. Ohashi

习性：多年生，中小草本，高40~80cm；半湿生植物。

生境：溪边、塘基、沟边等，海拔达1200m。

分布：湖北、湖南、广东、广西、云南。

长鬃蓼（原变种）**Persicaria longiseta** var. **longiseta**

习性：一年生，中小草本，高20~70cm；水陆生植物。

生境：沟谷、林下、草丛、沼泽、河流、溪流、湖泊、水沟、田间、路边等，海拔100~4200m。

分布：黑龙江、吉林、辽宁、内蒙古、河北、北京、山西、山东、江苏、安徽、浙江、江西、福建、河南、湖北、湖南、广东、广西、贵州、云南、四川、西藏、陕西、甘肃、台湾。

圆基长鬃蓼Persicaria longiseta var. **rotundata** (A. J. Li) B. Li

习性：一年生，中小草本，高20~60cm；水湿生植物。

生境：沼泽、河流、溪流、湖泊、池塘、水沟等，海拔达3100m。

分布：黑龙江、吉林、辽宁、河北、山西、山东、江苏、安徽、浙江、江西、福建、河南、湖北、广东、广西、贵州、云南、四川、西藏、陕西、甘肃。

长戟叶蓼 Persicaria maackiana (Regel) Nakai ex Mori

习性：一年生，中小草本，高30~90cm；水湿生植物。

生境：沟谷、林缘、草丛、草甸、沼泽、溪流、池塘、水沟、田间、弃耕田等，海拔100~4200m。

分布：黑龙江、吉林、辽宁、内蒙古、河北、北京、

山东、江苏、安徽、浙江、江西、河南、湖北、湖南、广东、云南、重庆、四川、陕西、台湾。

春蓼Persicaria maculosa Gray

习性：一年生，中小草本，高20~80cm；水湿生植物。

生境：草甸、沼泽、湖泊、池塘、水沟、田中等，海拔100~2700m。

分布：黑龙江、吉林、辽宁、内蒙古、河北、山东、安徽、浙江、江西、福建、河南、湖北、湖南、广西、贵州、云南、四川、陕西、宁夏、甘肃、青海、新疆、台湾。

小头蓼（原变种）**Persicaria microcephala** var. **microcephala**

习性：多年生，中小草本，高25~60cm；半湿生植物。

生境：林下、林缘、草丛、田埂、路边等，海拔800~3200m。

分布：湖北、湖南、贵州、云南、四川、西藏、陕西、甘肃。

腺梗小头蓼Persicaria microcephala var. **sphaerocephala** (Wall. ex Meisn.) Hara

习性：多年生，中小草本，高0.3~1.2m；湿生植物。

生境：林下、草丛、沟边等，海拔500~3600m。

分布：湖北、云南、四川、西藏、陕西。

小蓼花Persicaria muricata (Meisn.) Nemoto

习性：一年生，小草本，高3~15cm；水湿生植物。

生境：沟谷、沼泽、溪边、湖泊、池塘、水沟、田间、弃耕田等，海拔达3300m。

分布：黑龙江、吉林、辽宁、江苏、安徽、浙江、江西、福建、河南、湖北、湖南、广东、广西、贵州、云南、四川、西藏、陕西、台湾。

尼泊尔蓼Persicaria nepalensis (Meisn.) H. Gross

习性：一年生，小草本，高20~50cm；半湿生植物。

生境：沟谷、林下、灌丛、草丛、沼泽、河岸坡、溪边、湖岸坡、沟边、田间、路边等，海拔200~4100m。

分布：黑龙江、吉林、辽宁、内蒙古、河北、北京、山西、山东、江苏、安徽、浙江、江西、福建、河南、湖北、湖南、广东、海南、广西、贵州、云南、重庆、四川、西藏、陕西、宁夏、甘肃、

青海、台湾。

芳香蓼（原亚种）Persicaria odorata subsp. odorata
习性：多年生，中小草本，高20~55cm；湿生植物。
生境：溪边、塘基、沟边、田间、路边等，海拔达1900m。
分布：江西、广东、广西、云南、台湾；原产于东南亚。

显花蓼Persicaria odorata subsp. conspicua (Nakai) Yonek.
习性：多年生，中小草本，高30~80cm；湿生植物。
生境：河流、溪流、湖岸坡、水沟、田间、路边等，海拔达1700m。
分布：江苏、安徽、浙江、福建、台湾。

暗果春蓼Persicaria opaca (Sam.) Koidz.
习性：一年生，中小草本，高25~80cm；湿生植物。
生境：溪边、沟边、田间等，海拔100~200m。
分布：浙江、福建。

红蓼Persicaria orientalis (L.) Spach
习性：一年生，大中草本，高0.8~2m；水陆生植物。
生境：沟谷、草丛、沼泽、河流、溪流、湖泊、池塘、水沟、弃耕田等，海拔达3200m。
分布：黑龙江、吉林、辽宁、内蒙古、河北、北京、天津、山西、山东、江苏、安徽、上海、浙江、江西、福建、河南、湖北、湖南、广东、海南、广西、贵州、云南、重庆、四川、陕西、宁夏、甘肃、青海、新疆、台湾。

掌叶蓼Persicaria palmata (Dunn) Yonek. & H. Ohashi
习性：多年生，中草本，高0.6~1m；湿生植物。
生境：河谷、林下、河岸坡、溪边、沟边、路边等，海拔300~1500m。
分布：安徽、江西、福建、湖南、广东、广西、贵州、云南。

宽基多叶蓼Persicaria paludicola (Makino) Nakai
习性：一年生，中小草本，高40~80cm；湿生植物。
生境：沟边、水边等，海拔达300m。
分布：黑龙江、吉林、辽宁、江苏、安徽。

湿地蓼Persicaria paralimicola (A. J. Li) B. Li
习性：一年生，小草本，高20~30cm；湿生植物。

生境：沟边、草丛等，海拔100~500m。
分布：浙江、江西、湖南。

杠板归Persicaria perfoliata (L.) H. Gross
习性：一年生，草质藤本；半湿生植物。
生境：沟谷、草甸、河岸坡、溪边、沟边、田间、路边等，海拔达2300m。
分布：黑龙江、吉林、辽宁、内蒙古、河北、北京、山西、山东、江苏、安徽、上海、浙江、江西、福建、河南、湖北、湖南、广东、海南、广西、贵州、云南、重庆、四川、西藏、陕西、甘肃、台湾。

丛枝蓼Persicaria posumbu (Buch.-Ham. ex D. Don) H. Gross
习性：一年生，中小草本，高20~70cm；水湿生植物。
生境：林下、灌丛、沼泽、河岸坡、溪流、湖泊、池塘、水沟、田间、路边等，海拔100~3000m。
分布：黑龙江、吉林、辽宁、河北、北京、山西、山东、江苏、安徽、浙江、江西、福建、河南、湖北、湖南、广东、海南、广西、贵州、云南、四川、西藏、陕西、甘肃、台湾。

伏毛蓼Persicaria pubescens (Blume) H. Hara
习性：一年生，大中草本，高0.6~1.7m；水陆生植物。
生境：林缘、灌丛、沼泽、河岸坡、溪流、水沟、田间、田埂等，海拔达2700m。
分布：辽宁、山东、江苏、安徽、浙江、江西、福建、河南、湖北、湖南、广东、海南、广西、贵州、云南、四川、陕西、甘肃、台湾。

丽蓼Persicaria pulchra (Blume) Soják
习性：多年生，中草本，高0.5~1m；水湿生植物。
生境：湖泊、池塘、水库、水沟、田间、弃耕田等，海拔100~300m。
分布：广东、广西、台湾。

羽叶蓼（原变种）Persicaria runcinata var. runcinata
习性：多年生，中小草本，高30~60cm；半湿生植物。
生境：河谷、林下、林缘、草丛、草甸、路边等，海拔1200~3900m。
分布：安徽、浙江、福建、河南、湖北、湖南、广西、贵州、云南、四川、西藏、陕西、甘肃、台湾。

赤胫散 Persicaria runcinata var. **sinensis** (Hemsl.) B. Li

习性：多年生，中草本，高50~90cm；半湿生植物。

生境：林下、林缘、灌丛、草丛、溪边、沟边等，海拔300~3900m。

分布：安徽、浙江、河南、湖北、湖南、广西、贵州、云南、四川、西藏、陕西、甘肃。

箭头蓼 Persicaria sagittata (L.) H. Gross

习性：一年生，中草本，高0.5~1m；水湿生植物。

生境：沟谷、灌丛、草丛、沼泽草甸、沼泽、河流、溪流、湖泊、池塘、水沟等，海拔100~2200m。

分布：黑龙江、吉林、辽宁、内蒙古、河北、北京、山西、山东、江苏、安徽、浙江、江西、福建、河南、湖北、湖南、贵州、云南、四川、陕西、甘肃、台湾。

刺蓼 Persicaria senticosa (Meisn.) H. Gross ex Nakai

习性：多年生，草质藤本；半湿生植物。

生境：沟谷、林下、林缘、溪边、沟边、田间等，海拔100~1500m。

分布：黑龙江、吉林、辽宁、河北、北京、山东、江苏、安徽、上海、浙江、江西、福建、河南、湖北、湖南、广东、广西、贵州、云南、台湾。

糙毛蓼 Persicaria strigosa (R. Br.) Nakai

习性：多年生，中小草本，高0.3~1m；湿生植物。

生境：林下、溪边、沟边、河谷等，海拔100~2000m。

分布：黑龙江、吉林、辽宁、江苏、江西、福建、湖南、广东、广西、贵州、云南、西藏。

平卧蓼 Persicaria strindbergii (J. Schust.) Galasso

习性：多年生，匍匐草本，高10~15cm；湿生植物。

生境：河谷、林下、林缘、沼泽、水边等，海拔1200~3000m。

分布：江西、云南、西藏。

细叶蓼 Persicaria taquetii (H. Lév.) Koidz.

习性：一年生，小草本，高30~50cm；湿生植物。

生境：河谷、溪边、湖岸坡、沟边等，海拔达2000m。

分布：河北、江苏、安徽、浙江、江西、福建、河南、湖北、湖南、广东。

蓼蓝 Persicaria tinctoria (Aiton) Spach

习性：一年生，中草本，高50~80cm；半湿生植物。

生境：河谷、溪边、沟边、田间等，海拔200~1000m。

分布：安徽、贵州、云南、四川。

阴地蓼 Persicaria umbrosa (Sam.) Galasso

习性：多年生，中草本，高70~90cm；湿生植物。

生境：沟谷、林下、灌丛、水边等，海拔1700~3000m。

分布：云南。

黏蓼 Persicaria viscofera (Makino) H. Gross ex Nakai

习性：一年生，中小草本，高0.3~1.3m；半湿生植物。

生境：河谷、林缘、溪边、沟边等，海拔500~2300m。

分布：黑龙江、吉林、辽宁、河北、山西、山东、江苏、安徽、浙江、江西、福建、河南、湖北、湖南、贵州、云南、四川、台湾。

香蓼 Persicaria viscosa (Buch.-Ham. ex D. Don) H. Gross ex Nakai

习性：一年生，中草本，高50~90cm；水湿生植物。

生境：河谷、河岸坡、沼泽、溪流、水沟、田间、弃耕田等，海拔达1900m。

分布：黑龙江、吉林、辽宁、江苏、安徽、浙江、江西、福建、河南、湖北、湖南、广东、广西、贵州、云南、四川、陕西、台湾。

萹蓄属 Polygonum L.

灰绿萹蓄 Polygonum acetosum M. Bieb.

习性：一年生，小草本，高10~30cm；湿生植物。

生境：田埂、沟边等，海拔500~2000m。

分布：河北、新疆。

帚萹蓄 Polygonum argyrocoleon Steud. ex Kuntze

习性：一年生，中草本，高50~80cm；湿生植物。

生境：河谷、河岸坡等，海拔200~2500m。

分布：内蒙古、甘肃、青海、新疆。

萹蓄（原变种）**Polygonum aviculare** var. **aviculare**

习性：一年生，小草本，高10~40cm；半湿生植物。

生境：河岸坡、湖岸坡、塘基、沟边、田埂、冬闲田、弃耕田、消落带、水浇地等，海拔达4200m。

分布：全国各地。

褐鞘萹蓄Polygonum aviculare var. fusco-ochreatum (Kom.) A. J. Li

习性：一年生，小草本，高10~40cm；半湿生植物。

生境：田埂、路边等，海拔达900m。

分布：黑龙江、吉林、辽宁。

普通萹蓄Polygonum humifusum C. Merck ex K. Koch

习性：一年生，小草本，高20~50cm；半湿生植物。

生境：田间、河岸坡、沟边、路边等，海拔100~1600m。

分布：黑龙江、吉林、辽宁。

展枝萹蓄Polygonum patulum M. Bieb.

习性：一年生，中小草本，高20~80cm；湿生植物。

生境：河谷、溪边、沟边、田间等，海拔400~1800m。

分布：黑龙江、山东、新疆。

习见萹蓄Polygonum plebeium R. Br.

习性：一年生，小斜倚草本，高10~40cm；湿生植物。

生境：林缘、沼泽、溪边、塘基、沟边、消落带、田埂、路边等，海拔300~3200m。

分布：黑龙江、吉林、辽宁、内蒙古、河北、北京、山西、山东、江苏、安徽、上海、浙江、江西、福建、河南、湖北、湖南、广东、海南、广西、贵州、云南、四川、西藏、陕西、宁夏、甘肃、青海、台湾。

虎杖属 Reynoutria Houtt.

虎杖Reynoutria japonica Houtt.

习性：多年生，大中草本，高0.6~2m；半湿生植物。

生境：沟谷、林缘、灌丛、溪边、沟边、田埂、田间等，海拔200~2000m。

分布：黑龙江、辽宁、河北、山东、江苏、安徽、浙江、江西、福建、河南、湖北、湖南、广东、海南、广西、贵州、云南、重庆、四川、陕西、甘肃、台湾。

大黄属 Rheum L.

苞叶大黄Rheum alexandrae Batalin

习性：多年生，中小草本，高0.4~1m；水湿生植物。

生境：林缘、灌丛、草丛、草甸、沼泽、河流、溪流、水沟、积水处等，海拔3000~4500m。

分布：河南、云南、四川、西藏。

滇边大黄Rheum delavayi Franch.

习性：多年生，小草本，高15~30cm；湿生植物。

生境：草丛、草甸、河岸坡、流石滩、碎石坡等，海拔3000~4800m。

分布：云南、四川。

药用大黄Rheum officinale Baill.

习性：多年生，大草本，高1.5~2m；半湿生植物。

生境：草丛、草甸、河漫滩等，海拔1200~4000m。

分布：福建、河南、湖北、贵州、云南、四川、陕西。

掌叶大黄Rheum palmatum L.

习性：多年生，大中草本，高1~2m；半湿生植物。

生境：草丛、河谷等，海拔1500~4400m。

分布：内蒙古、河北、湖北、云南、四川、西藏、陕西、甘肃、青海。

酸模属 Rumex L.

酸模Rumex acetosa L.

习性：多年生，中小草本，高30~90cm；水陆生植物。

生境：沟谷、林下、林缘、草甸、河流、溪流、湖泊、池塘、水沟、田间、路边等，海拔400~4100m。

分布：黑龙江、吉林、辽宁、内蒙古、河北、山西、山东、江苏、安徽、上海、浙江、江西、福建、河南、湖北、湖南、广东、广西、贵州、云南、四川、西藏、陕西、甘肃、青海、新疆、台湾。

小酸模Rumex acetosella L.

习性：多年生，小草本，高15~45cm；半湿生植物。

生境：林缘、草丛、河谷等，海拔400~3200m。

分布：黑龙江、内蒙古、河北、山东、浙江、江西、福建、河南、湖北、湖南、云南、四川、新疆、台湾。

黑龙江酸模Rumex amurensis F. Schmidt ex Maxim.

习性：一年生，小草本，高10~30cm；湿生植物。

生境：沼泽、河岸坡、湖岸坡、沟边等，海拔达1800m。

分布：黑龙江、吉林、辽宁、河北、山东、江苏、安徽、河南、湖北、云南。

紫茎酸模Rumex angulatus Rech. f.

习性：多年生，中小草本，高40~60cm；半湿生植物。

生境：湖岸坡、沟边、草丛等，海拔3000~4200m。

分布：西藏。

水生酸模Rumex aquaticus L.

习性：多年生，中草本，高0.5~1.5m；水湿生植物。

生境：河流、沼泽、水沟等，海拔200~3600m。

分布：黑龙江、吉林、山西、湖北、贵州、四川、陕西、宁夏、甘肃、青海、新疆。

皱叶酸模Rumex crispus L.

习性：多年生，中草本，高0.5~1.2m；水陆生植物。

生境：河流、河漫滩、溪流、池塘、湖泊、消落带、水沟、田间等，海拔达2500m。

分布：黑龙江、吉林、辽宁、内蒙古、河北、北京、山西、山东、上海、浙江、江西、河南、湖北、湖南、广东、海南、广西、贵州、云南、重庆、四川、陕西、宁夏、甘肃、青海、新疆、台湾。

齿果酸模Rumex dentatus L.

习性：一年生，中小草本，高30~80cm；水陆生植物。

生境：河谷、溪边、湖岸坡、塘基、沟边、消落带、田间、水田、路边等，海拔达2900m。

分布：内蒙古、河北、北京、天津、山西、山东、江苏、安徽、上海、浙江、江西、福建、河南、湖北、湖南、贵州、云南、重庆、四川、陕西、宁夏、甘肃、青海、新疆、台湾。

毛脉酸模Rumex gmelinii Turcz. ex Ledeb.

习性：多年生，中小草本，高0.3~1.2m；半湿生植物。

生境：沟谷、草甸、沼泽、河岸坡、溪边等，海拔400~2800m。

分布：黑龙江、吉林、辽宁、内蒙古、河北、山西、陕西、甘肃、青海、新疆。

戟叶酸模Rumex hastatus D. Don

习性：落叶，小灌木，高50~90cm；半湿生植物。

生境：河岸坡、河谷等，海拔600~3200m。

分布：贵州、云南、四川、西藏。

羊蹄Rumex japonicus Houtt.

习性：多年生，中草本，高0.5~1m；水陆生植物。

生境：河谷、河流、溪流、湖泊、池塘、水沟、消落带、沼泽、田间、潮上带等，海拔达3400m。

分布：黑龙江、吉林、辽宁、内蒙古、河北、山西、山东、江苏、安徽、上海、浙江、江西、福建、河南、湖北、湖南、广东、海南、广西、贵州、四川、陕西、台湾。

长叶酸模Rumex longifolius DC.

习性：多年生，中草本，高0.6~1.2m；半湿生植物。

生境：沟谷、林缘、湖岸坡、沟边等，海拔100~3000m。

分布：黑龙江、吉林、辽宁、内蒙古、河北、山西、山东、河南、湖北、广西、四川、陕西、宁夏、甘肃、青海、新疆。

刺酸模Rumex maritimus L.

习性：一年生，中小草本，高15~60cm；半湿生植物。

生境：沼泽、河岸坡、湖岸坡、沟边、田间、田埂、水浇地、路边等，海拔达1800m。

分布：黑龙江、吉林、辽宁、内蒙古、河北、北京、山西、山东、江苏、江西、福建、河南、湖北、广东、海南、广西、贵州、陕西、新疆。

单瘤酸模Rumex marschallianus Rchb.

习性：一年生，小草本，高10~50cm；半湿生植物。

生境：沟谷、河岸坡、湖岸坡等，海拔300~1000m。

分布：内蒙古、新疆。

小果酸模Rumex microcarpus Campd.

习性：一年生，中小草本，高40~80cm；半湿生植物。

生境：河谷、河岸坡、沟边、田间、田埂、路边等，海拔达2200m。

分布：辽宁、河北、江苏、河南、湖北、广东、海南、广西、贵州、云南、台湾。

尼泊尔酸模Rumex nepalensis Spreng.

习性：多年生，中草本，高0.5~1m；半湿生植物。

生境：河谷、溪边、沟边、草丛、田间等，海拔1000~4300m。

分布：江西、河南、湖北、湖南、广西、贵州、云南、重庆、四川、西藏、陕西、甘肃、青海。

钝叶酸模Rumex obtusifolius L.

习性：多年生，中草本，高0.6~1.2m；半湿生植物。

生境：沟边、田间、田埂等，海拔达1100m。

分布：河北、山东、江苏、安徽、浙江、江西、湖北、湖南、四川、陕西、甘肃、台湾。

巴天酸模Rumex patientia L.

习性：多年生，中草本，高0.6~1.5m；水陆生植物。

生境：河谷、草甸、河流、溪流、池塘、水沟、田间、路边、潮上带等，海拔达4000m。

分布：黑龙江、吉林、辽宁、内蒙古、河北、天津、山东、山西、河南、湖北、湖南、四川、西藏、陕西、宁夏、甘肃、青海、新疆。

中亚酸模Rumex popovii Pachom.

习性：多年生，中草本，高0.6~1m；湿生植物。

生境：沟谷、河岸坡等，海拔700~3100m。

分布：安徽、新疆。

红脉酸模Rumex sanguineus L.

习性：多年生，中草本；水陆生植物。

生境：池塘、水沟、路边、园林等。

分布：辽宁、河北、山东、上海、浙江、河南；原产于欧洲、北非。

狭叶酸模Rumex stenophyllus Ledeb.

习性：多年生，中小草本，高40~80cm；半湿生植物。

生境：水边、田边等，海拔200~1100m。

分布：黑龙江、吉林、内蒙古、北京、新疆。

直根酸模Rumex thyrsiflorus Fingerh.

习性：多年生，中小草本，高0.4~1.2m；半湿生植物。

生境：沟谷、草丛、沼泽、河岸坡等，海拔500~2200m。

分布：黑龙江、吉林、内蒙古、新疆。

长刺酸模Rumex trisetifer Stokes

习性：一年生，中小草本，高30~80cm；水陆生植物。

生境：草甸、草丛、溪边、湖岸坡、塘基、沟边、田间、田埂等，海拔达1300m。

分布：辽宁、山东、江苏、安徽、上海、浙江、江西、福建、河南、湖北、湖南、广东、海南、广西、贵州、云南、四川、陕西、台湾。

173. 雨久花科 Pontederiaceae

凤眼莲属 Eichhornia Kunth

蓝花凤眼莲Eichhornia azurea (Sw.) Kunth

习性：多年生，小草本，高10~20cm；漂浮植物。

生境：湖泊、池塘等。

分布：广东；原产于美洲。

凤眼莲Eichhornia crassipes (Mart.) Solms

习性：一或多年生，中小草本，高0.2~1m；漂浮植物。

生境：沼泽、河流、溪流、湖泊、池塘、水库、沟渠、运河、田中等，海拔达2000m。

分布：吉林、辽宁、河北、北京、天津、山西、山东、江苏、安徽、上海、浙江、江西、福建、河南、湖北、湖南、广东、海南、广西、贵州、云南、重庆、四川、陕西、新疆、香港、澳门、台湾；原产于巴西。

雨久花属 Monochoria C. Presl

高莛雨久花Monochoria elata Ridl.

习性：多年生，中小草本，高0.4~1.5m；挺水植物。

生境：池塘、水沟、田中等。

分布：江苏、安徽、上海、江西、福建、湖北、湖南、广东、海南、广西、贵州、云南、重庆、四川、香港、澳门、台湾。

箭叶雨久花Monochoria hastata (L.) Solms

习性：多年生，中草本，高50~90cm；挺水植物。

生境：沼泽、池塘、水沟、田中等，海拔100~700m。

分布：广东、海南、贵州、云南。

雨久花Monochoria korsakowii Regel & Maack

习性：多年生，中小草本，高30~70cm；挺水植物。

生境：沼泽、河流、溪流、湖泊、池塘、水沟、水田等，海拔600~1500m。

分布：黑龙江、吉林、辽宁、内蒙古、河北、北京、山西、山东、江苏、安徽、江西、河南、湖北、湖南、陕西。

鸭舌草Monochoria vaginalis (Burm. f) C. Presl ex Kunth

习性：多年生，小草本，高5~50cm；挺水植物。

生境：沼泽、湖泊、池塘、水沟、田中等，海拔达2800m。

分布：全国各地。

梭鱼草属 Pontederia L.

梭鱼草Pontederia cordata L.

习性：多年生，中小草本，高40~90cm；挺水植物。

生境：河流、湖泊、池塘等。

分布：中南、华东、华北、东北；原产于北美洲。

174. 马齿苋科 Portulacaceae

马齿苋属 Portulaca L.

马齿苋Portulaca oleracea L.

习性：一年生，平卧或斜倚草本，高10~20cm；半湿生植物。

生境：消落带、沟边、田间、田埂、水浇地、路边、潮上带等。

分布：全国各地。

四瓣马齿苋Portulaca quadrifida L.

习性：一年生，匍匐草本，高10~50cm；半湿生植物。

生境：河谷、草丛、沟边、田埂、路边等，海拔300~700m。

分布：广东、海南、云南、台湾。

175. 波喜荡科 Posidoniaceae

波喜荡属 Posidonia K. D. Koenig

波喜荡Posidonia australis Hook. f.

习性：多年生，中小草本；沉水植物。

生境：低潮带、潮下带等。

分布：海南。

176. 眼子菜科 Potamogetonaceae

眼子菜属 Potamogeton L.

高山眼子菜Potamogeton alpinus Balbis

习性：多年生，小草本；沉水植物。

生境：沼泽、湖泊、池塘等，海拔500~900m。

分布：黑龙江、西藏。

纤细眼子菜Potamogeton berchtoldii Fieber

习性：一年生，小草本；沉水植物。

生境：沼泽、湖泊、池塘、水沟等。

分布：黑龙江、河北、山西、云南。

扁茎眼子菜Potamogeton compressus L.

习性：一年生，小草本；沉水植物。

生境：河流、溪流、湖泊、池塘、沟渠、田中等，海拔500~2700m。

分布：黑龙江、吉林、辽宁、内蒙古、云南、新疆。

菹草Potamogeton crispus L.

习性：多年生，中小草本；沉水植物。

生境：河流、溪流、湖泊、池塘、沟渠、水库、田中等，海拔200~3000m。

分布：全国各地。

鸡冠眼子菜Potamogeton cristatus Regel & Maack

习性：一或多年生，小草本；沉水植物。

生境：沼泽、溪流、湖泊、池塘、水沟、田中等，海拔达1500m。

分布：黑龙江、辽宁、内蒙古、河北、江苏、安徽、浙江、江西、福建、河南、湖北、湖南、广东、广西、贵州、重庆、四川、台湾。

眼子菜Potamogeton distinctus A. Benn.

习性：多年生，小草本；浮叶植物。

生境：沼泽、河流、溪流、湖泊、池塘、水沟、田中等，海拔100~2700m。

分布：全国各地。

弗里斯眼子菜Potamogeton friesii Rupr.

习性：一年生，小草本；沉水植物。

生境：湖泊、池塘、溪流等，海拔1600~3000m。

分布：内蒙古。

南美眼子菜Potamogeton gayi A. Benn.

习性：多年生，小草本；沉水植物。

生境：河流、溪流、沟渠等。

分布：台湾；原产于南美洲。

禾叶眼子菜Potamogeton gramineus L.

习性：多年生，小草本；沉水植物。

生境：沼泽、河流、溪流、湖泊、池塘、沟渠等。

分布：黑龙江、吉林、辽宁、内蒙古、河南、云南、四川、西藏、陕西、新疆。

光叶眼子菜Potamogeton lucens L.

习性：多年生，小草本；沉水植物。

生境：沼泽、湖泊、池塘、沟渠、河口等，海拔1400~2700m。

分布：黑龙江、吉林、辽宁、内蒙古、河北、北京、山西、山东、江苏、安徽、上海、江西、河南、湖北、贵州、云南、重庆、西藏、陕西、宁夏、甘肃、青海、新疆。

微齿眼子菜Potamogeton maackianus A. Benn.

习性：多年生，小草本；沉水植物。

生境：沼泽、河流、溪流、湖泊、池塘、沟渠、田中等，海拔100~3700m。

分布：黑龙江、吉林、辽宁、内蒙古、河北、山西、山东、江苏、安徽、上海、浙江、江西、福建、湖北、湖南、广东、广西、贵州、云南、重庆、四川、西藏、陕西、台湾。

东北眼子菜Potamogeton mandschuriensis A. Benn.

习性：多年生，小草本；沉水植物。

生境：沼泽、池塘等。

分布：黑龙江、吉林、辽宁、内蒙古、陕西。

浮叶眼子菜Potamogeton natans L.

习性：多年生，小草本；浮叶植物。

生境：沼泽、河流、溪流、湖泊、池塘、沟渠、田中等，海拔300~3000m。

分布：黑龙江、吉林、辽宁、内蒙古、河北、北京、山西、江苏、安徽、江西、广东、广西、贵州、重庆、四川、西藏、陕西、宁夏、甘肃、青海、新疆。

小节眼子菜Potamogeton nodosus Poir.

习性：多年生，小草本；沉水植物。

生境：河流、溪流、池塘、沟渠、水田等，300~3000m。

分布：云南、陕西、新疆。

钝叶眼子菜Potamogeton obtusifolius Mert. & W. D. J. Koch

习性：一年生，小草本；沉水植物。

生境：沼泽、河流、溪流、湖泊、池塘等，海拔500~2700m。

分布：黑龙江、云南、陕西、甘肃、新疆等。

南方眼子菜Potamogeton octandrus Poir.

习性：一或多年生，小草本；沉水植物。

生境：溪流、湖泊、池塘、沟渠等，海拔300~2100m。

分布：黑龙江、吉林、辽宁、内蒙古、河北、山东、江苏、安徽、浙江、福建、湖北、湖南、广东、海南、广西、云南、四川、陕西、台湾。

尖叶眼子菜Potamogeton oxyphyllus Miq.

习性：一或多年生，小草本；沉水植物。

生境：湖泊、池塘、溪流、沟渠等，海拔100~3600m。

分布：黑龙江、吉林、辽宁、江苏、安徽、浙江、江西、湖北、湖南、贵州、云南、四川、西藏、陕西、台湾。

穿叶眼子菜Potamogeton perfoliatus L.

习性：多年生，小草本；沉水植物。

生境：沼泽、河流、溪流、湖泊、池塘、水库、水沟等，海拔200~3300m。

分布：黑龙江、吉林、辽宁、内蒙古、河北、北京、山西、江西、河南、湖北、湖南、广西、贵州、云南、四川、西藏、陕西、宁夏、甘肃、青海、新疆。

白茎眼子菜Potamogeton praelongus Wulfen

习性：多年生，小草本；沉水植物。

生境：池塘、水沟等。

分布：黑龙江、吉林、辽宁、云南、新疆。

小眼子菜Potamogeton pusillus L.

习性：一或多年生，小草本；沉水植物。

生境：沼泽、河流、溪流、湖泊、池塘、沟渠、田中等，海拔200~3500m。

分布：黑龙江、吉林、辽宁、内蒙古、河北、北京、山西、山东、江苏、安徽、上海、浙江、江西、福建、河南、湖北、湖南、广东、海南、贵州、云南、四川、西藏、陕西、宁夏、甘肃、青海、新疆、台湾。

竹叶眼子菜Potamogeton wrightii Morong

习性：多年生，大中草本；沉水植物。

生境：沼泽、河流、溪流、湖泊、池塘、沟渠、田中、运河等，海拔100~2700m。

分布：黑龙江、吉林、辽宁、内蒙古、河北、北京、山西、山东、江苏、安徽、上海、浙江、江西、福建、河南、湖北、湖南、广东、广西、贵州、云南、四川、陕西、宁夏、甘肃、青海、新疆、台湾。

篦齿眼子菜属 Stuckenia Börner

钝叶菹草Stuckenia amblyophylla (C. A. Mey.) Holub

习性：多年生，小草本；沉水植物。

生境：溪流、沼泽、湖泊、池塘等，海拔达3300m。

分布：云南、西藏、青海、甘肃、新疆。

丝叶眼子菜Stuckenia filiformis (Pers.) Börner

习性：多年生，小草本；沉水植物。

生境：沼泽、湖泊、池塘、水沟等，海拔2200~4200m。

分布：内蒙古、云南、四川、西藏、陕西、甘肃、青海、新疆。

长鞘菹草Stuckenia pamirica (Baagoe) Z. Kaplan

习性：多年生，小草本；沉水植物。

生境：沼泽、湖泊等。

分布：西藏、青海、新疆。

篦齿眼子菜Stuckenia pectinata (L.) Börner

习性：多年生，小草本；沉水植物。

生境：沼泽、河流、溪流、湖泊、池塘、沟渠等，海拔200~3400m。

分布：全国多数地区。

角果藻属 Zannichellia L.

角果藻Zannichellia palustris L.

习性：一或多年生，小草本；沉水植物。

生境：沼泽、河流、溪流、湖泊、池塘、沟渠、田中、河口等，海拔达2200m。

分布：黑龙江、吉林、辽宁、内蒙古、河北、北京、山东、山西、江苏、安徽、浙江、江西、湖北、湖南、广西、四川、西藏、陕西、宁夏、甘肃、青海、新疆、台湾。

177. 报春花科 Primulaceae

蜡烛果属 Aegiceras Gaertn.

蜡烛果Aegiceras corniculatum (L.) Blanco

习性：常绿，灌木或乔木，高1~3m；挺水植物。

生境：潮上带、入海河口等。

分布：福建、广东、海南、广西、香港、澳门、台湾。

琉璃繁缕属 Anagallis L.

琉璃繁缕Anagallis arvensis L.

习性：一或二年生，小草本，高10~30cm；半湿生植物。

生境：田间、潮上带、堤内等，海拔达700m。

分布：浙江、福建、湖南、广东、台湾。

点地梅属 Androsace L.

腋花点地梅Androsace axillaris (Franch.) Franch.

习性：多年生，匍匐草本；半湿生植物。

生境：林下、漂石间等，海拔1800~3300m。

分布：云南、四川。

玉门点地梅Androsace brachystegia Hand.-Mazz.

习性：多年生，小草本，高2~7cm；湿生植物。

生境：草丛、草甸等，海拔3400~4600m。

分布：四川、甘肃、青海。

景天点地梅Androsace bulleyana Forrest

习性：一或二年生，小草本，高5~10cm；半湿生植物。

生境：林下、砾石地、草丛等，海拔1800~3200m。

分布：云南。

滇西北点地梅Androsace delavayi Franch.

习性：多年生，小草本，高2~5cm；半湿生植物。

生境：流石滩、砾石坡、岩石等，海拔3000~4800m。

分布：云南、四川、西藏。

裂叶点地梅Androsace dissecta (Franch.) Franch.

习性：多年生，小草本，高15~30cm；半湿生植物。

生境：沟谷、林下、草甸、岩石等，海拔2800~4000m。

分布：云南、四川。

东北点地梅Androsace filiformis Retz.

习性：一年生，小草本，高3~20cm；水湿生植物。

生境：林下、草甸、沼泽、河流、溪流、水沟、路边等，海拔1000~2000m。

分布：黑龙江、吉林、辽宁、内蒙古、河北、新疆。

小点地梅（原变种）Androsace gmelinii var. gmelinii

习性：一年生，小草本，高3~10cm；湿生植物。

生境：沟谷、林缘、草甸、河岸坡等，海拔2600~4400m。

分布：黑龙江、吉林、内蒙古、河北、四川、甘肃、青海、西藏。

短葶小点地梅Androsace gmelinii var. geophila Hand.-Mazz.

习性：一年生，小草本，高2~4cm；湿生植物。

生境：沟谷、林下、草丛等，海拔2500~4400m。

分布：四川、甘肃、青海。

圆叶点地梅Androsace graceae Forrest

习性：多年生，小草本，高2~5cm；湿生植物。

生境：流石滩、岩坡、岩壁等，海拔3800~4600m。

分布：云南、四川。

禾叶点地梅Androsace graminifolia C. E. C. Fisch.

习性：多年生，小草本，高1~3cm；湿生植物。

生境：草丛、河漫滩、冲积扇等，海拔3800~4900m。

分布：西藏。

莲叶点地梅Androsace henryi Oliv.

习性：多年生，小草本，高15~30cm；湿生植物。

生境：沟谷、林下、岩石等，海拔1500~3200m。

分布：湖北、湖南、云南、四川、西藏、陕西。

石莲叶点地梅Androsace integra (Maxim.) Hand.-Mazz.

习性：二或多年生，小草本，高5~30cm；湿生植物。

生境：林下、林缘、砾石地等，海拔2500~3500m。

分布：云南、四川、西藏、青海。

梵净山点地梅Androsace medifissa Chen & Y. C. Yang

习性：多年生，小草本，高5~10cm；湿生植物。

生境：岩石、岩壁等，海拔800~2600m。

分布：贵州。

小丛点地梅Androsace minor (Hand.-Mazz.) C. M. Hu & Y. C. Yang

习性：多年生，小草本，高1~5cm；半湿生植物。

生境：草甸、灌丛、漂石间等，海拔3600~4700m。

分布：四川。

柔软点地梅Androsace mollis Hand.-Mazz.

习性：多年生，小草本，高1~6cm；湿生植物。

生境：林下、灌丛、草甸等，海拔3000~4500m。

分布：云南、四川、西藏。

峨眉点地梅Androsace paxiana R. Knuth

习性：多年生，小草本，高5~30cm；半湿生植物。

生境：林缘、岩壁等，海拔900~2800m。

分布：四川。

硬枝点地梅Androsace rigida Hand.-Mazz.

习性：多年生，小草本，高2~11cm；半湿生植物。

生境：草丛、林缘、岩石等，海拔2900~3800m。

分布：云南、四川。

垫状点地梅Androsace tapete Maxim.

习性：多年生，小草本，高3~5cm；半湿生植物。

生境：草甸、流石滩、砾石坡、河谷等，海拔3500~5000m。

分布：四川、西藏、甘肃、青海、新疆。

点地梅Androsace umbellata (Lour.) Merr.

习性：一或二年生，小草本，高5~15cm；半湿生植物。

生境：林下、林缘、草丛、路边等，海拔100~1500m。

分布：黑龙江、吉林、辽宁、内蒙古、河北、北京、山西、山东、江苏、安徽、浙江、江西、福建、湖北、湖南、广东、海南、广西、贵州、云南、四川、西藏、陕西、新疆、台湾。

高原点地梅Androsace zambalensis (Petitm.) Hand.-Mazz.

习性：多年生，小草本，高1~5cm；半湿生植物。

生境：草甸、流石滩等，海拔3600~5000m。

分布：云南、四川、西藏、青海。

紫金牛属 Ardisia Sw.

狗骨头Ardisia aberrans (E. Walker) C. Y. Wu & C. Chen

习性：常绿，中灌木，高1.2~2m；湿生植物。

生境：沟谷、林下等，海拔100~2300m。

分布：云南。

细罗伞Ardisia affinis Hemsl.

习性：常绿，小亚灌木，高30~40cm；半湿生植物。

生境：林下、溪边、漂石间等，海拔100~600m。

分布：江西、湖南、广东、海南、广西。

显脉紫金牛Ardisia alutacea C. Y. Wu & C. Chen

习性：常绿，小灌木，高0.4~1m；湿生植物。

生境：沟谷、林下等，海拔800~1700m。

分布：云南。

少年红Ardisia alyxiifolia Tsiang ex C. Chen

习性：常绿，小灌木，高0.5~1m；半湿生植物。

生境：林下、岩壁等，海拔600~1200m。

分布：江西、福建、湖南、广东、海南、广西、贵州、四川。

束花紫金牛Ardisia balansana Yuen P. Yang

习性：常绿，小灌木，高8~50cm；半湿生植物。

生境：河谷、林下、沟边等，海拔1000~1900m。

分布：云南。

九管血Ardisia brevicaulis Diels

习性：常绿，小灌木，高10~40cm；半湿生植物。

生境：林下、沟边、岩石等，海拔400~1300m。

分布：江西、福建、湖北、湖南、广东、广西、贵州、云南、四川、西藏、台湾。

肉茎紫金牛Ardisia carnosicaulis C. Chen & D. Fang

习性：常绿，小灌木，高0.5~1m；半湿生植物。

生境：林下、林缘、岩石等，海拔100~1100m。

分布：广西。

尾叶紫金牛Ardisia caudata Hemsl.

习性：常绿，小灌木，高0.5~1m；半湿生植物。

生境：沟谷、林下、溪边、漂石间等，海拔1000~2200m。

分布：广东、广西、贵州、云南、四川。

小紫金牛Ardisia chinensis Benth.

习性：常绿，亚灌木或灌木，高10~45cm；半湿生植物。

生境：沟谷、林下、溪边、岩石等，海拔300~800m。

分布：浙江、江西、福建、湖南、广东、广西、四川、台湾。

散花紫金牛Ardisia conspersa E. Walker

习性：常绿，大灌木，高2~5m；半湿生植物。

生境：沟谷、林下等，海拔800~1400m。

分布：广西、云南。

朱砂根Ardisia crenata Sims

习性：常绿，中灌木，高1~2m；半湿生植物。

生境：沟谷、林下、溪边、沟边等，海拔达2400m。

分布：江苏、安徽、浙江、江西、福建、湖北、湖南、广东、海南、广西、云南、西藏、台湾。

百两金Ardisia crispa (Thunb.) A. DC.

习性：常绿，小灌木，高0.6~1m；半湿生植物。

生境：沟谷、林下、溪边、沟边等，海拔100~2500m。

分布：江苏、安徽、浙江、江西、福建、湖北、湖南、广东、广西、贵州、云南、四川、台湾。

剑叶紫金牛Ardisia ensifolia E. Walker

习性：常绿，小灌木，高0.3~1cm；半湿生植物。

生境：林下、林缘等，海拔500~2200m。

分布：广西、云南。

月月红Ardisia faberi Hemsl.

习性：常绿，亚灌木或灌木，高15~30cm；半湿生植物。

生境：林下、溪边、路边、岩石等，海拔1000~1300m。

分布：湖北、湖南、广东、海南、广西、贵州、云南、四川。

灰色紫金牛Ardisia fordii Hemsl.

习性：常绿，小灌木，高30~60cm；半湿生植物。

生境：沟谷、林下、溪边等，海拔100~800m。

分布：广东、广西。

走马胎Ardisia gigantifolia Stapf

习性：常绿，亚灌木或灌木，高1~3m；湿生植物。

生境：沟谷、林下、溪边、沟边等，海拔1000~1500m。

分布：江西、福建、广东、海南、广西、贵州、云南。

柳叶紫金牛Ardisia hypargyrea C. Y. Wu & C. Chen

习性：常绿，小灌木，高0.6~1m；半湿生植物。

生境：沟谷、林下、溪边等，海拔700~1600m。

分布：广西、云南。

紫金牛Ardisia japonica (Thunb.) Blume

习性：常绿，亚灌木或灌木，高30~40cm；半湿生植物。

生境：沟谷、林下、沟边、岩石等，海拔达1200m。

分布：江苏、安徽、浙江、江西、福建、湖北、湖南、广西、贵州、云南、四川、陕西、台湾。

心叶紫金牛Ardisia maclurei Merr.

习性：常绿，亚灌木或灌木，高4~15cm；湿生植物。

生境：林下、溪边、沟边、岩石等，海拔200~900m。

分布：广东、海南、广西、贵州。

虎舌红Ardisia mamillata Hance

习性：常绿，小灌木，高5~20cm；湿生植物。

生境：林下、岩石、路边等，海拔500~1600m。

分布：福建、湖南、广东、海南、广西、贵州、云南、四川。

星毛紫金牛Ardisia nigropilosa Pit.

习性：常绿，大灌木，高约3m；半湿生植物。

生境：沟谷、林下、溪边等，海拔约500m。

分布：云南。

莲座紫金牛Ardisia primulifolia Gardner & Champ.

习性：常绿，莲座状亚灌木，高5~20cm；湿生植物。

生境：林下、沟边、岩石等，海拔600~1400m。

分布：江西、福建、湖南、广东、海南、广西、贵州、云南。

九节龙Ardisia pusilla A. DC.

习性：常绿，亚灌木或灌木，高15~40cm；湿生植物。

生境：林下、溪边、沟边、岩石等，海拔200~700m。

分布：江西、福建、湖南、广东、广西、贵州、四川、台湾。

南方紫金牛Ardisia thyrsiflora D. Don

习性：常绿，灌木或乔木，高1.5~5m；半湿生植物。

生境：沟谷、林下、林缘、灌丛等，海拔200~1800m。

分布：湖北、广西、贵州、云南、西藏。

锦花紫金牛Ardisia violacea (T. Suzuki) W. Z. Fang & K. Yao

习性：常绿，小亚灌木，高10~30cm；湿生植物。

生境：沟谷、林下、岩石等，海拔700~1100m。

分布：台湾。

假报春属 Cortusa L.

假报春（原亚种）Cortusa matthiolii subsp. matthiolii

习性：多年生，小草本，高20~40cm；湿生植物。

生境：林下，海拔600~1800m。

分布：内蒙古、河北、山西、陕西、甘肃、新疆。

河北假报春Cortusa matthioli subsp. pekinensis (V. A. Richt.) Kitag.

习性：多年生，小草本，高15~30cm；湿生植物。

生境：林下、灌丛、溪边等，海拔1300~3000m。

分布：内蒙古、河北、山西、陕西、甘肃。

海乳草属 Glaux Medik.

海乳草Glaux maritima L.

习性：多年生，小草本，高3~30cm；湿生植物。

生境：潮上带、沼泽草甸、沼泽、河岸坡、河漫滩、盐碱地等，海拔达3000m。

分布：黑龙江、吉林、辽宁、内蒙古、河北、北京、山东、安徽、江西、四川、西藏、陕西、宁夏、甘肃、青海、新疆。

珍珠菜属 Lysimachia L.

广西过路黄Lysimachia alfredii Hance

习性：多年生，小草本，高10~45cm；半湿生植物。

生境：沟谷、林下、灌丛、溪边、沟边等，海拔200~900m。

分布：江西、福建、湖南、广东、广西、贵州。

假排草Lysimachia ardisioides Masam.

习性：多年生，小草本，高10~40cm；湿生植物。

生境：林下、溪边等，海拔1200~2300m。

分布：台湾。

狼尾花Lysimachia barystachys Bunge

习性：多年生，中小草本，高0.3~1m；半湿生植物。

生境：灌丛、草丛、草甸、溪边、沟边、路边等，海拔800~2700m。

分布：黑龙江、吉林、辽宁、内蒙古、河北、北京、山西、山东、江苏、浙江、福建、河南、贵州、云南、四川、陕西、宁夏。

双花香草Lysimachia biflora C. Y. Wu

习性：多年生，中小草本，高0.3~1m；半湿生植物。

生境：林下、沟边、岩石等，海拔1900~2200m。

分布：贵州、云南。

泽珍珠菜Lysimachia candida Lindl.

习性：一或二年生，小草本，高10~50cm；水湿生植物。

生境：林下、草丛、草甸、河流、溪流、水沟、水田、路边等，海拔100~2100m。

分布：河北、山东、江苏、安徽、上海、浙江、江西、福建、河南、湖北、湖南、广东、海南、广西、贵州、云南、四川、西藏、陕西、台湾。

细梗香草Lysimachia capillipes Hemsl.

习性：多年生，中小草本，高40~60cm；半湿生植物。

生境：沟谷、林下、溪边等，海拔300~2000m。

分布：浙江、江西、福建、河南、湖南、广东、广西、贵州、云南、四川、台湾。

过路黄Lysimachia christiniae Hance

习性：多年生，中小草本，高20~60cm；半湿生植物。

生境：林下、河岸坡、溪边、沟边、路边等，海拔200~2300m。

分布：河北、江苏、安徽、浙江、江西、福建、河南、湖北、湖南、广东、广西、贵州、云南、重庆、四川、陕西、甘肃。

露珠珍珠菜Lysimachia circaeoides Hemsl.

习性：多年生，中小草本，高45~70cm；半湿生植物。

生境：沟谷、溪边等，海拔600~1200m。

分布：江西、湖北、湖南、贵州、四川。

矮桃Lysimachia clethroides Duby

习性：多年生，中小草本，高0.4~1m；湿生植物。

生境：河谷、林缘、灌丛、草丛、溪边、路边等，海拔300~2100m。

分布：辽宁、江苏、浙江、江西、福建、湖北、湖南、广东、海南、广西、贵州、云南、四川、台湾。

临时救Lysimachia congestiflora Hemsl.

习性：多年生，小草本，高6~50cm；半湿生植物。

生境：林缘、草丛、草甸、溪边、沟边、田埂等，海拔200~3200m。

分布：江苏、安徽、浙江、江西、福建、湖北、湖南、广东、海南、广西、贵州、云南、重庆、四川、西藏、陕西、甘肃、青海、台湾。

异花珍珠菜Lysimachia crispidens (Hance) Hemsl.

习性：一年生，小草本，高10~20cm；半湿生植物。

生境：沟谷、灌丛等，海拔100~2100m。

分布：湖北、重庆。

距萼过路黄Lysimachia crista-galli Pamp. ex Hand.-Mazz.

习性：多年生，小草本，高15~45cm；湿生植物。

生境：溪边、沟边等，海拔1000~1600m。

分布：湖北、四川、陕西。

黄连花Lysimachia davurica Ledeb.

习性：多年生，中小草本，高40~80cm；湿生植物。

生境：林缘、灌丛、草丛、沼泽草甸、沼泽、溪边等，海拔达2100m。

分布：黑龙江、吉林、辽宁、内蒙古、河北、北京、山东、江苏、浙江、云南。

延叶珍珠菜Lysimachia decurrens G. Forst.

习性：多年生，中小草本，高40~90cm；半湿生植物。

生境：沟谷、林下、草丛、河岸坡、溪边、沟边等，海拔100~1600m。

分布：江西、福建、湖南、广东、广西、贵州、云南、台湾。

锈毛过路黄Lysimachia drymarifolia Franch.

习性：多年生，匍匐草本，高7~35cm；湿生植物。

生境：沟谷、林下、溪边等，海拔1400~3500m。

分布：云南、四川。

大叶过路黄Lysimachia fordiana Oliv.

习性：多年生，小草本，高30~50cm；半湿生植物。

生境：沟谷、林下、溪边等，海拔300~1000m。

分布：江西、广东、广西、云南。

星宿菜Lysimachia fortunei Maxim.

习性：多年生，中小草本，高30~70cm；水湿生植物。

生境：林缘、沼泽、河流、溪流、池塘、水沟、田间、田埂、弃耕田、路边等，海拔达1500m。

分布：江苏、安徽、浙江、江西、福建、湖北、湖南、广东、海南、广西、四川、台湾。

福建过路黄Lysimachia fukienensis Hand.-Mazz.

习性：多年生，中小草本，高20~80cm；湿生植物。

生境：林缘、草丛、溪边、岩石等，海拔500~1000m。

分布：浙江、江西、福建、广东。

金爪儿Lysimachia grammica Hance

习性：多年生，小草本，高10~35cm；湿生植物。

生境：林下、路边、岩壁等，海拔达1100m。

分布：江苏、安徽、浙江、江西、河南、湖北、陕西。

点腺过路黄Lysimachia hemsleyana Maxim. ex Oliv.

习性：多年生，平卧草本；湿生植物。

生境：林缘、溪边、路边、岩石等，海拔达1000m。

分布：河北、江苏、安徽、浙江、江西、福建、河南、湖北、湖南、四川、陕西。

叶苞过路黄Lysimachia hemsleyi Franch.

习性：多年生，小草本，高20~50cm；湿生植物。

生境：灌丛、草丛、沟边、路边等，海拔1600~2600m。

分布：贵州、云南、四川。

黑腺珍珠菜Lysimachia heterogenea Klatt

习性：多年生，中小草本，高40~80cm；半湿生植物。

生境：沟谷、溪边、漂石间等。

分布：江苏、安徽、浙江、江西、福建、河南、湖北、湖南、广东。

白花过路黄Lysimachia huitsunae S. S. Chien

习性：多年生，小草本，高6~15cm；湿生植物。

生境：沼泽、岩石等，海拔1500~1700m。

分布：安徽、浙江、广西。

三叶香草Lysimachia insignis Hemsl.

习性：多年生，中小草本，高25~90cm；湿生植物。

生境：沟谷、林下、溪边等，海拔300~1600m。

分布：广西、贵州、云南。

轮叶过路黄Lysimachia klattiana Hance

习性：多年生，小草本，高15~50cm；半湿生植物。

生境：林下、林缘、岩石、岩壁等，海拔300~1500m。

分布：山东、江苏、安徽、浙江、江西、河南、湖北。

红头索Lysimachia liui S. S. Chien

习性：多年生，小草本，高10~30cm；半湿生植物。

生境：沟谷、林缘、路边等，海拔500~3100m。

分布：四川。

长蕊珍珠菜Lysimachia lobelioides Wall.

习性：一年生，小草本，高25~50cm；湿生植物。

生境：沟谷、草丛、溪边等，海拔1000~2300m。

分布：广西、贵州、云南、四川。

长梗过路黄Lysimachia longipes Hemsl.

习性：一年生，中小草本，高35~75cm；湿生植物。

生境：沟谷、林下、溪边、岩壁等，海拔300~800m。

分布：安徽、浙江、江西、福建。

滨海珍珠菜Lysimachia mauritiana Lam.

习性：二年生，小草本，高10~50cm；半湿生植物。

生境：高潮线附近、潮上带等。

分布：辽宁、河北、山东、江苏、上海、浙江、福建、广东、台湾。

山萝过路黄Lysimachia melampyroides R. Knuth

习性：多年生，小草本，高15~50cm；半湿生植物。

生境：沟谷、林下、林缘、岩石、溪边等，海拔400~1200m。

分布：山西、湖北、湖南、广西、贵州、四川、甘肃。

小果香草Lysimachia microcarpa Hand.-Mazz. ex C. Y. Wu

习性：多年生，小草本，高10~25cm；半湿生植物。

生境：沟谷、林下、溪边、草丛等，海拔1500~2200m。

分布：云南。

圆叶过路黄Lysimachia nummularia L.

习性：多年生，平卧草本；湿生植物。

生境：塘基等。

分布：广东；原产于欧洲。

落地梅（原变种）Lysimachia paridiformis var. paridiformis

习性：多年生，小草本，高10~45cm；湿生植物。

生境：河谷、林下、林缘、溪边、沟边、岩石、路边等，海拔200~1800m。

分布：江西、湖北、湖南、广东、广西、贵州、云南、四川。

狭叶落地梅Lysimachia paridiformis var. stenophylla Franch.

习性：多年生，小草本，高10~50cm；湿生植物。

生境：林下、溪边、沟边、岩石等，海拔达1500m。

分布：湖南、广东、广西、贵州、云南、四川。

小叶珍珠菜Lysimachia parvifolia Franch.

习性：二或多年生，小草本，高30~50cm；湿生植物。

生境：溪边、沟边、田埂、田间等，海拔300~1800m。

分布：安徽、浙江、江西、福建、湖北、湖南、广东、贵州、云南、四川。

巴东过路黄Lysimachia patungensis Hand.-Mazz.

习性：多年生，小草本，高10~30cm；湿生植物。

生境：林下、溪边等，海拔500~1000m。

分布：安徽、浙江、江西、福建、湖北、湖南、广东。

狭叶珍珠菜Lysimachia pentapetala Bunge

习性：一年生，中小草本，高20~60cm；湿生植物。

生境：林下、草丛、草甸、河岸坡、溪边、田埂、路边等，海拔600~2600m。

分布：黑龙江、辽宁、内蒙古、河北、北京、山西、山东、安徽、浙江、河南、湖北、陕西、甘肃。

叶头过路黄 Lysimachia phyllocephala Hand.-Mazz.

习性：多年生，小草本，高10~30cm；湿生植物。

生境：林下、林缘、溪边、路边、岩石等，海拔600~2600m。

分布：浙江、江西、湖北、湖南、广西、贵州、云南、重庆、四川。

金平香草Lysimachia physaloides C. Y. Wu & C. Chen ex F. H. Chen & C. M. Hu

习性：多年生，中小草本，高20~60cm；湿生植物。

生境：林下、林缘、水边等，海拔达2400m。

分布：云南。

多育星宿菜Lysimachia prolifera Klatt

习性：多年生，小草本，高10~30cm；湿生植物。

生境：林下、草丛、草甸等，海拔2700~3200m。

分布：云南、四川、西藏。

矮星宿菜Lysimachia pumila (Baudo) Franch.

习性：多年生，小草本，高3~20cm；湿生植物。

生境：林下、沟谷、草甸、河岸坡、沟边等，海拔1800~4000m。

分布：云南、四川。

点叶落地梅Lysimachia punctatilimba C. Y. Wu

习性：多年生，小草本，高20~50cm；湿生植物。

生境：林下、溪边等，海拔1300~1900m。

分布：湖北、云南。

粗壮珍珠菜Lysimachia robusta Hand.-Mazz.

习性：多年生，中草本，高1~1.5m；湿生植物。

生境：灌丛、草甸、湖岸坡等，海拔2400~2700m。

分布：云南。

显苞过路黄Lysimachia rubiginosa Hemsl.

习性：多年生，中小草本，高0.3~1m；湿生植物。

生境：林下、溪边、沟边等，海拔500~2100m。

分布：浙江、湖北、湖南、广西、贵州、云南、四川。

腺药珍珠菜Lysimachia stenosepala Hemsl.

习性：多年生，中小草本，高30~70cm；半湿生植物。

生境：林缘、灌丛、草丛、溪边等，海拔800~2500m。

分布：浙江、江西、湖北、湖南、贵州、四川、陕西。

大叶珍珠菜Lysimachia stigmatosa F. H. Chen & C. M. Hu

习性：多年生，中小草本，高30~80cm；半湿生植物。

生境：林下、路边等，海拔300~1700m。

分布：安徽、江西。

腾冲过路黄Lysimachia tengyuehensis Hand.-Mazz.

习性：多年生，小草本，高15~50cm；湿生植物。

生境：灌丛、溪边、田埂等，海拔200~2400m。

分布：云南。

球尾花Lysimachia thyrsiflora L.

习性：多年生，中小草本，高30~80cm；水湿生植物。

生境：草丛、沼泽草甸、沼泽、溪边等。

分布：黑龙江、吉林、内蒙古、河北、山西、云南。

毛黄连花Lysimachia vulgaris L.

习性：多年生，中小草本，高0.6~1.2m；湿生植物。

生境：沼泽、沟边等，海拔400~1700m。

分布：新疆。

川香草Lysimachia wilsonii Hemsl.

习性：多年生，中小草本，高30~70cm；湿生植物。

生境：林缘、溪边、路边等，海拔1000~1100m。

分布：云南、四川。

杜茎山属 Maesa Forssk.

坚髓杜茎山 Maesa ambigua C. Y. Wu & C. Chen
习性：大中灌木，高1~4m；湿生植物。
生境：林下、溪边、沟边等，海拔900~1800m。
分布：云南。

杜茎山 Maesa japonica (Thunb.) Moritzi & Zoll.
习性：大中灌木，高1~5m；半湿生植物。
生境：林下、溪边、沟边等，海拔100~1401m。
分布：安徽、浙江、江西、福建、湖北、湖南、广东、广西、贵州、云南、四川、台湾。

腺叶杜茎山 Maesa membranacea A. DC.
习性：大灌木，高2~5m；半湿生植物。
生境：林下、溪边、沟边等，海拔300~1500m。
分布：海南、广西、云南。

鲫鱼胆 Maesa perlarius (Lour.) Merr.
习性：大中灌木，高1~3m；半湿生植物。
生境：林下、溪边、沟边等，海拔100~1400m。
分布：广东、海南、广西、贵州、云南、四川、台湾。

毛杜茎山 Maesa permollis Kurz
习性：大中灌木，高1~3m；半湿生植物。
生境：林下、溪边、沟边等，海拔400~1600m。
分布：云南。

独花报春属 Omphalogramma Franch.

大理独花报春 Omphalogramma delavayi Franch.
习性：多年生，小草本，高5~35cm；湿生植物。
生境：林下、灌丛、草丛等，海拔3300~4000m。
分布：云南。

丽花独报春 Omphalogramma elegans Forrest
习性：多年生，中小草本，高15~75cm；湿生植物。
生境：林缘、灌丛、沼泽等，海拔3200~4700m。
分布：云南、西藏等。

小独花报春 Omphalogramma minus Hand.-Mazz.
习性：多年生，小草本，高5~50cm；湿生植物。
生境：灌丛、草丛、草甸、沼泽等，海拔3500~4000m。
分布：云南、四川、西藏等。

独花报春 Omphalogramma vinciflorum Franch.
习性：多年生，小草本，高5~35cm；湿生植物。
生境：灌丛、草丛、草甸等，海拔2200~4600m。
分布：云南、四川、西藏、甘肃。

报春花属 Primula L.

粗莛报春 Primula aemula Balf. f. & Forrest
习性：多年生，中小草本，高35~75cm；湿生植物。
生境：草丛、沼泽草甸等，海拔4000~4600m。
分布：云南、四川。

乳黄雪山报春 Primula agleniana Balf. f. & Forrest
习性：多年生，中小草本，高15~60cm；湿生植物。
生境：草甸、沼泽、溪边、沟边等，海拔4000~4500m。
分布：云南、西藏。

寒地报春 Primula algida Adams
习性：多年生，小草本，高10~30cm；湿生植物。
生境：林下、山坡、草甸等，海拔1300~4500m。
分布：新疆。

杂色钟报春 Primula alpicola (W. W. Sm.) Stapf
习性：多年生，小草本，高10~40cm；湿生植物。
生境：灌丛、草甸、沟边等，海拔3000~4600m。
分布：西藏。

圆回报春 Primula ambita Balf. f.
习性：多年生，小草本，高20~40cm；湿生植物。
生境：河岸坡、溪边、沟边等，海拔2000~2700m。
分布：云南。

紫晶报春（原亚种）Primula amethystina subsp. amethystina
习性：多年生，小草本，高5~20cm；湿生植物。
生境：灌丛、草丛、沼泽草甸等，海拔3800~4000m。
分布：云南、四川、西藏。

尖齿紫晶报春**Primula amethystina** subsp. **argutidens** (Franch.) W. W. Sm. & H. R. Fletcher

习性：多年生，小草本，高5~15cm；湿生植物。

生境：草甸，海拔3500~5000m。

分布：四川。

短叶紫晶报春**Primula amethystina** subsp. **brevifolia** (Forrest) W. W. Sm. & Forrest

习性：多年生，小草本，高8~25cm；湿生植物。

生境：草丛、沼泽草甸等，海拔3400~5000m。

分布：云南、四川、西藏。

茴香灯台报春**Primula anisodora** Balf. f. & Forrest

习性：多年生，中小草本，高10~60cm；湿生植物。

生境：草甸、溪边等，海拔3200~3700m。

分布：云南、四川。

橙红灯台报春**Primula aurantiaca** W. W. Sm. & Forrest

习性：多年生，小草本，高7~20cm；水湿生植物。

生境：林下、林缘、草丛、沼泽草甸、水沟等，海拔2500~3500m。

分布：云南、四川。

霞红灯台报春**Primula beesiana** Forrest

习性：多年生，中小草本，高5~65cm；水湿生植物。

生境：草丛、沼泽、溪流、水沟等，海拔2400~2800m。

分布：云南、四川。

山丽报春**Primula bella** Franch.

习性：多年生，小草本，高1~6cm；湿生植物。

生境：草甸、砾石地、岩壁等，海拔1700~4800m。

分布：云南、四川、西藏。

皱叶报春**Primula bullata** Franch.

习性：多年生，小草本，高10~30cm；湿生植物。

生境：林下、林缘、沟边、岩石等，海拔3000~3200m。

分布：云南。

橘红灯台报春**Primula bulleyana** Forrest

习性：多年生，中小草本，高20~70cm；水湿生植物。

生境：草丛、沼泽草甸、溪流、水沟等，海拔

2600~3200m。

分布：云南、四川。

匍枝粉报春**Primula caldaria** W. W. Sm. & Forrest

习性：多年生，小草本，高5~20cm；湿生植物。

生境：灌丛、沟边、温泉边等，海拔2200~3000m。

分布：云南、西藏。

暗紫脆蒴报春**Primula calderiana** Balf. f. & R. E. Cooper

习性：多年生，小草本，高10~35cm；湿生植物。

生境：草甸、沟边等，海拔3800~4700m。

分布：西藏。

美花报春**Primula calliantha** Franch.

习性：多年生，小草本，高10~20cm；湿生植物。

生境：林下、草甸、沟边等，海拔3500~4500m。

分布：云南、西藏。

条裂垂花报春**Primula cawdoriana** Kingdon-Ward

习性：多年生，小草本，高10~30cm；湿生植物。

生境：草甸、岩壁等，海拔4000~4700m。

分布：西藏。

青城报春**Primula chienii** W. P. Fang

习性：多年生，小草本，高15~30cm；湿生植物。

生境：林下、岩石等，海拔900~1000m。

分布：四川。

紫花雪山报春**Primula chionantha** Balf. f. & Forrest

习性：多年生，小草本，高15~50cm；半湿生植物。

生境：林下、灌丛、草甸、流石滩等，海拔3000~4400m。

分布：云南、四川、西藏。

腾冲灯台报春**Primula chrysochlora** Balf. f. & Kingdon-Ward

习性：多年生，中小草本，高20~65cm；湿生植物。

生境：林下、草丛、沼泽、河岸坡等，海拔1600~1800m。

分布：云南、四川。

中甸灯台报春**Primula chungensis** Balf. f. & Kingdon-Ward

习性：多年生，小草本，高10~25cm；半湿生植物。

生境：林下、林缘、灌丛、草丛、沼泽、河漫滩、湖岸坡、沟边等，海拔2900~3200m。

分布：云南、四川、西藏。

毛茛叶报春 Primula cicutariifolia Pax

习性：多年生，小草本，高3~20cm；湿生植物。

生境：林下、岩石、岩壁、路边等，海拔200~1700m。

分布：安徽、浙江、江西、湖北、湖南。

灰绿报春 Primula cinerascens Franch.

习性：多年生，小草本，高10~20cm；湿生植物。

生境：林下、山坡等，海拔1500~2800m。

分布：湖北、重庆、甘肃。

散布报春 Primula conspersa Balf. f. & Purdom

习性：多年生，小草本，高30~46cm；湿生植物。

生境：林缘、草甸、溪边、沟边等，海拔2700~3000m。

分布：山西、河南、陕西、甘肃。

穗花报春 Primula deflexa Duthie

习性：多年生，中小草本，高20~60cm；湿生植物。

生境：林下、林缘、草丛、草甸、沼泽、沟边、漂石间等，海拔3300~4800m。

分布：云南、四川、西藏。

球花报春 Primula denticulata Sm.

习性：多年生，小草本，高30~40cm；半湿生植物。

生境：林下、草丛、溪边、沟边、漂石间等，海拔2800~4100m。

分布：西藏。

双花报春 Primula diantha Bureau & Franch.

习性：多年生，小草本，高2~15cm；湿生植物。

生境：灌丛、草甸、流石滩等，海拔3900~4800m。

分布：云南、四川、西藏。

展瓣紫晶报春 Primula dickieana Watt

习性：多年生，小草本，高10~25cm；湿生植物。

生境：草甸，海拔4000~5000m。

分布：西藏。

石岩报春（原亚种）Primula dryadifolia subsp. dryadifolia

习性：多年生，小草本，高1~10cm；湿生植物。

生境：草甸、岩石、岩壁等，海拔4000~5500m。

分布：云南、四川、西藏。

翅柄岩报春 Primula dryadifolia subsp. jonardunii (W. W. Sm.) Chen & C. M. Hu

习性：多年生，小草本，高1~5cm；湿生植物。

生境：草甸、岩石等，海拔4000~5300m。

分布：西藏。

二郎山报春 Primula epilosa Craib

习性：多年生，小草本，高3~20cm；湿生植物。

生境：林缘、岩石、岩壁等，海拔2000~2900m。

分布：四川。

峨眉报春 Primula faberi Oliv.

习性：多年生，小草本，高15~20cm；半湿生植物。

生境：草丛、岩石、岩壁等，海拔2100~3500m。

分布：云南、四川。

梵净报春 Primula fangingensis Chen & C. M. Hu

习性：多年生，小草本，高20~30cm；湿生植物。

生境：草丛、岩石等，海拔2100~2300m。

分布：贵州。

粉报春 Primula farinosa L.

习性：多年生，小草本，高10~30cm；湿生植物。

生境：沟谷、灌丛、草丛、沼泽草甸、沼泽、沟边、岩石等，海拔300~2600m。

分布：黑龙江、吉林、内蒙古、河北、山西、四川、陕西。

束花粉报春 Primula fasciculata Balf. f. & Kingdon-Ward

习性：多年生，小草本，高2~10cm；湿生植物。

生境：草丛、沼泽草甸、沼泽、沟边等，海拔2900~4800m。

分布：云南、四川、西藏、甘肃、青海。

亭立钟报春 Primula firmipes Balf. f. & Forrest

习性：多年生，小草本，高20~50cm；湿生植物。

生境：草丛、河岸坡、沼泽、沟边等，海拔3000~4500m。

分布：云南、四川、西藏。

箭报春 Primula fistulosa Turkev.

习性：多年生，小草本，高10~50cm；湿生植物。

生境：林下、灌丛、草丛、草甸、溪边、沟边等。

分布：黑龙江、吉林、辽宁、内蒙古。

巨伞钟报春Primula florindae Kingdon-Ward

习性：多年生，中小草本，高0.2~1m；湿生植物。

生境：林下、林缘、草甸、河岸坡、溪边、湖岸坡、沟边、漂石间等，海拔2600~4200m。

分布：四川、西藏。

小报春Primula forbesii Franch.

习性：二年生，小草本，高10~25cm；湿生植物。

生境：草丛、草甸、沟边、田埂、田间等，海拔1500~2800m。

分布：云南、四川。

滇藏掌叶报春Primula geraniifolia Hook. f.

习性：多年生，小草本，高25~30cm；半湿生植物。

生境：林缘、灌丛等，海拔3000~4000m。

分布：云南、西藏。

光叶粉报春（原亚种）**Primula glabra** subsp. **glabra**

习性：多年生，小草本，高2~10cm；湿生植物。

生境：林下、灌丛、草丛、草甸、沟边等，海拔3800~5000m。

分布：云南、西藏。

纤莛粉报春Primula glabra subsp. **genestieriana** (Hand.-Mazz.) C. M. Hu

习性：多年生，小草本，高1~5cm；湿生植物。

生境：灌丛、草甸、岩石等，海拔4100~4200m。

分布：云南、西藏。

泽地灯台报春Primula helodoxa Balf. f.

习性：多年生，中小草本，高40~90cm；湿生植物。

生境：草丛、沼泽草甸、溪边等，海拔约2000m。

分布：云南。

宝兴掌叶报春Primula heucherifolia Franch.

习性：多年生，中小草本，高10~90cm；湿生植物。

生境：林下、林缘、灌丛、草丛、岩石、溪边、沟边、路边等，海拔2300~4200m。

分布：四川。

春花脆蒴报春Primula hookeri Watt

习性：多年生，小草本，高2~35cm；湿生植物。

生境：林下、草丛、沼泽草甸、砾石坡等，海拔4000~5000m。

分布：云南、西藏。

白背小报春Primula hypoleuca Hand.-Mazz.

习性：多年生，小草本，高10~25cm；湿生植物。

生境：湖岸坡，海拔1800~2000m。

分布：云南。

云南卵叶报春Primula klaveriana Forrest

习性：多年生，小草本，高10~30cm；湿生植物。

生境：林下、灌丛、溪边等，海拔2700~3700m。

分布：云南、四川。

广东报春Primula kwangtungensis W. W. Sm.

习性：多年生，小草本，高3~12cm；湿生植物。

生境：林下、溪边、岩石等，海拔100~200m。

分布：湖南、广东、贵州。

匙叶雪山报春Primula limbata Balf. f. & Forrest

习性：多年生，小草本，高20~25cm；半湿生植物。

生境：草丛、沼泽草甸、溪边等，海拔3700~4300m。

分布：云南、西藏。

报春花Primula malacoides Franch.

习性：二年生，小草本，高8~40cm；半湿生植物。

生境：林缘、草丛、沟边等，海拔1800~3000m。

分布：湖北、广西、贵州、云南。

胭脂花Primula maximowiczii Regel

习性：多年生，中小草本，高20~70cm；半湿生植物。

生境：林下、林缘、草甸等，海拔1800~2900m。

分布：吉林、内蒙古、河北、北京、山西、陕西、甘肃。

芒齿灯台报春Primula melanodonta W. W. Sm.

习性：多年生，小草本，高14~25cm；湿生植物。

生境：草甸、溪边等，海拔3500~4000m。

分布：云南。

安徽羽叶报春Primula merrilliana Schltr.

习性：多年生，小草本，高3~10cm；湿生植物。

生境：山谷、沟边、岩壁、岩洞口等，海拔300~1100m。

分布：安徽、湖北。

雪山小报春Primula minor Balf. f. & Kingdon-Ward

习性：多年生，小草本，高12~20cm；湿生植物。

生境：灌丛、草甸、岩壁等，海拔4300~5000m。
分布：云南、西藏。

高峰小报春Primula minutissima Jacq. ex Duby
习性：多年生，小草本，高2~6cm；湿生植物。
生境：灌丛、草甸、岩石等，海拔3700~5200m。
分布：西藏。

玉山灯台报春 Primula miyabeana T. Itô & Kawak.
习性：多年生，小草本，高20~45cm；湿生植物。
生境：林下、溪边、沟边等，海拔2500~3500m。
分布：台湾。

灰毛报春Primula mollis Nutt. ex Hook.
习性：多年生，中小草本，高30~60cm；湿生植物。
生境：林下、沟边等，海拔2400~2800m。
分布：云南。

中甸海水仙 Primula monticola (Hand.-Mazz.) F. H. Chen & C. M. Hu
习性：多年生，小草本，高5~20cm；湿生植物。
生境：灌丛、草丛、沼泽、溪边、沟边等，海拔2400~3600m。
分布：贵州、云南、四川。

麝香美报春Primula moschophora Balf. f. & Forrest
习性：多年生，小草本，高1~3cm；湿生植物。
生境：草丛，海拔约3700m。
分布：云南。

总苞报春（原亚种）Primula munroi subsp. **munroi**
习性：多年生，小草本，高10~30cm；湿生植物。
生境：林下、林间、草丛、沼泽草甸、沼泽、溪边、沟边等，海拔3200~3800m。
分布：云南、西藏。

雅江报春Primula munroi subsp. **yargongensis** (Petitm.) D. G. Long
习性：多年生，小草本，高15~40cm；湿生植物。
生境：灌丛、草丛、草甸、沼泽等，海拔3000~4500m。
分布：云南、四川、西藏。

保康报春Primula neurocalyx Franch.
习性：多年生，小草本，高10~20cm；湿生植物。

生境：山谷、林下、林缘、灌丛、岩石、岩壁、溪边、沟边、路边等，海拔1300~3000m。
分布：湖北、重庆、四川、甘肃。

雪山报春Primula nivalis Pall.
习性：多年生，小草本，高20~30cm；湿生植物。
生境：草甸、沼泽等，海拔2100~3000m。
分布：云南、甘肃、新疆。

天山报春Primula nutans Georgi
习性：多年生，小草本，高5~25cm；湿生植物。
生境：草甸、沼泽、岩石等，海拔500~3800m。
分布：黑龙江、内蒙古、四川、甘肃、青海、新疆。

俯垂粉报春Primula nutantiflora Hemsl.
习性：多年生，小草本，高2~5cm；湿生植物。
生境：岩石、岩壁等，海拔1900~3000m。
分布：湖北、贵州、重庆。

鄂报春Primula obconica Hance
习性：多年生，小草本，高10~20cm；湿生植物。
生境：林下、灌丛、沟边、岩石等，海拔500~3300m。
分布：江西、湖北、湖南、广东、广西、贵州、云南、重庆、四川。

齿萼报春Primula odontocalyx (Franch.) Pax
习性：多年生，小草本，高20~30cm；湿生植物。
生境：林缘、灌丛、岩石等，海拔900~3400m。
分布：河南、湖北、重庆、四川、陕西、甘肃。

心愿报春Primula optata Farrer ex Balf. f.
习性：多年生，小草本，高10~25cm；湿生植物。
生境：林缘、草甸、岩石、漂石间等，海拔3200~4500m。
分布：四川、甘肃、青海。

迎阳报春Primula oreodoxa Franch.
习性：多年生，小草本，高5~20cm；湿生植物。
生境：林下、溪边、灌丛、岩石等，海拔1200~2500m。
分布：四川。

卵叶报春Primula ovalifolia Franch.
习性：多年生，小草本，高5~20cm；湿生植物。
生境：林下、林缘、岩石、岩壁等，海拔600~2500m。
分布：湖北、湖南、贵州、云南、四川。

鸦跖花叶报春Primula oxygraphidifolia W. W. Sm. & Kingdon-Ward
习性：多年生，小草本，高2~5cm；湿生植物。

生境：草甸、溪边、岩石、岩壁等，海拔4000~5000m。

分布：四川。

掌叶报春Primula palmata Hand.-Mazz.

习性：多年生，小草本，高10~20cm；湿生植物。

生境：林缘、草丛、岩石等，海拔3000~3800m。

分布：四川。

钻齿报春Primula pellucida Franch.

习性：二年生，小草本，高3~15cm；湿生植物。

生境：林下、岩石等，海拔1500~2000m。

分布：云南、四川。

羽叶穗花报春Primula pinnatifida Franch.

习性：多年生，小草本，高3~30cm；湿生植物。

生境：草甸、沟边、漂石间、岩壁等，海拔3600~4200m。

分布：云南、四川。

海仙报春Primula poissonii Franch.

习性：多年生，小草本，高20~45cm；水湿生植物。

生境：草丛、沼泽草甸、溪流、水沟等，海拔900~3800m。

分布：贵州、云南、四川。

多脉报春Primula polyneura Franch.

习性：多年生，小草本，高20~30cm；半湿生植物。

生境：林缘、溪边、漂石间、岩壁等，海拔2000~4000m。

分布：云南、四川、西藏、甘肃。

小花灯台报春Primula prenantha Balf. f. & W. W. Sm.

习性：多年生，小草本，高15~20cm；湿生植物。

生境：草甸、沼泽等，海拔2400~3300m。

分布：云南、西藏。

球毛小报春Primula primulina (Spreng.) H. Hara

习性：多年生，小草本，高5~10cm；湿生植物。

生境：灌丛、草甸等，海拔4000~5000m。

分布：西藏。

滇海水仙花Primula pseudodenticulata Pax

习性：多年生，中小草本，高10~60cm；湿生植物。

生境：草丛、沼泽、溪边、沟边、漂石间等，海拔1500~3300m。

分布：贵州、云南、四川。

丽花报春Primula pulchella Franch.

习性：多年生，小草本，高8~30cm；湿生植物。

生境：林缘、草甸等，海拔2000~4500m。

分布：云南、四川、西藏。

柔小粉报春Primula pumilio Maxim.

习性：多年生，小草本，高1~5cm；湿生植物。

生境：沼泽草甸，海拔4500~5300m。

分布：西藏、甘肃、青海。

紫罗兰报春Primula purdomii Craib

习性：多年生，小草本，高20~30cm；湿生植物。

生境：灌丛、草甸、岩石、漂石间等，海拔3300~4100m。

分布：四川、陕西、甘肃、青海。

倒卵叶报春Primula rugosa N. P. Balakr.

习性：多年生，小草本，高5~20cm；湿生植物。

生境：林下、林缘、岩石、岩壁等，海拔1100~2400m。

分布：云南。

黑萼报春Primula russeola Balf. f. & Forrest

习性：多年生，小草本，高10~40cm；湿生植物。

生境：草甸、溪边、沟边、岩石等，海拔3800~4100m。

分布：云南、四川、西藏。

偏花报春Primula secundiflora Franch.

习性：多年生，中小草本，高20~90cm；湿生植物。

生境：林下、林缘、灌丛、草丛、沼泽草甸、沼泽、河岸坡、溪边、湖岸坡、沟边等，海拔2800~4800m。

分布：云南、四川、西藏、青海。

七指报春Primula septemloba Franch.

习性：多年生，小草本，高20~30cm；湿生植物。

生境：林下、溪边、岩石、岩壁等，海拔2400~4000m。

分布：云南、四川、西藏。

齿叶灯台报春Primula serratifolia Franch.

习性：多年生，小草本，高5~40cm；湿生植物。

生境：灌丛、草丛、沼泽草甸、沼泽、沟边等，海拔2600~4200m。

分布：云南、西藏。

小伞报春Primula sertulum Franch.

习性：多年生，小草本，高15~30cm；湿生植物。

生境：灌丛、岩石等，海拔1400~2000m。

分布：重庆、四川。

樱草Primula sieboldii E. Morren

习性：多年生，小草本，高10~30cm；湿生植物。

生境：林下、林缘、草丛、沼泽草甸、沟边等，海拔700~3600m。

分布：黑龙江、吉林、辽宁、内蒙古。

钟花报春Primula sikkimensis Hook. f.

习性：多年生，中小草本，高15~90cm；水湿生植物。

生境：林下、林缘、沼泽草甸、草丛、沼泽、河岸坡、河漫滩、溪边、湖岸坡、沟边、砾石坡、漂石间等，海拔3200~4400m。

分布：云南、四川、西藏、青海。

贡山紫晶报春Primula silaensis Petitm.

习性：多年生，小草本，高5~30cm；湿生植物。

生境：草丛、沼泽草甸、漂石间等，海拔3600~4800m。

分布：云南、四川、西藏。

波缘报春Primula sinuata Franch.

习性：多年生，小草本，高2~15cm；湿生植物。

生境：林下、灌丛、河岸坡、漂石间等，海拔1500~3500m。

分布：云南、四川、西藏。

亚东灯台报春Primula smithiana Craib

习性：多年生，中小草本，高20~65cm；湿生植物。

生境：林下、林缘、灌丛、草丛、溪边、沟边、漂石间等，海拔2400~3400m。

分布：西藏。

莒叶报春Primula sonchifolia Franch.

习性：多年生，小草本，高3~30cm；湿生植物。

生境：林下、林缘、草丛、沼泽草甸、岩石、岩壁等，海拔3000~4600m。

分布：云南、四川、甘肃、青海。

缺裂报春Primula souliei Franch.

习性：多年生，小草本，高4~15cm；湿生植物。

生境：溪边、岩石、岩壁等，海拔1200~4600m。

分布：四川。

狭萼报春Primula stenocalyx Maxim.

习性：多年生，小草本，高10~20cm；半湿生植物。

生境：林下、灌丛、草丛、河岸坡、沟边、岩石等，海拔2700~4300m。

分布：四川、西藏、甘肃、青海。

凉山灯台报春Primula stenodonta Balf. f. ex W. W. Sm. & H. R. Fletcher

习性：多年生，小草本，高20~40cm；湿生植物。

生境：林缘、草丛、沼泽草甸、溪边、沟边等，海拔2500~3000m。

分布：贵州、云南、四川。

四川报春Primula szechuanica Pax

习性：多年生，中小草本，高20~60cm；湿生植物。

生境：林缘、灌丛、草甸等，海拔3300~4500m。

分布：云南、四川。

甘青报春Primula tangutica Duthie

习性：多年生，小草本，高40~50cm；半湿生植物。

生境：林下、灌丛、草甸、溪边、漂石间等，海拔3300~4700m。

分布：四川、西藏、甘肃、青海。

西藏报春Primula tibetica Watt

习性：多年生，小草本，高2~6cm；湿生植物。

生境：草丛、沼泽草甸、沼泽、沟边等，海拔3200~4800m。

分布：西藏。

察日脆蒴报春Primula tsariensis W. W. Sm.

习性：多年生，小草本，高5~20cm；湿生植物。

生境：草甸、沼泽、溪边、岩石等，海拔3500~5000m。

分布：西藏。

荨麻叶报春Primula urticifolia Maxim.

习性：多年生，小草本，高2~8cm；湿生植物。

生境：岩壁，海拔约4000m。

分布：四川。

鞘柄掌叶报春Primula vaginata Watt

习性：多年生，小草本，高2~12cm；湿生植物。

生境：林下、草丛、沼泽草甸、溪边、沟边、岩石等，海拔2200~3300m。

分布：云南、西藏。

暗红紫晶报春Primula valentiniana Hand.-Mazz.

习性：多年生，小草本，高5~10cm；湿生植物。

生境：草甸，海拔3800~4200m。

分布：云南、西藏。

川西缝瓣报春**Primula veitchiana** Petitm.

习性：多年生，小草本，高8~20cm；湿生植物。

生境：林下、岩石等，海拔1600~200m。

分布：云南、四川。

高穗花报春**Primula vialii** Delavay ex Franch.

习性：多年生，小草本，高15~40cm；湿生植物。

生境：沟谷、草甸、水边等，海拔2800~4000m。

分布：云南、四川。

乌蒙紫晶报春**Primula virginis** H. Lév.

习性：多年生，小草本，高6~22cm；湿生植物。

生境：岩石、岩壁等，海拔3300~3700m。

分布：云南。

腺毛小报春**Primula walshii** Craib

习性：多年生，小草本，高2~6cm；湿生植物。

生境：灌丛、草甸、沼泽、沟边等，海拔2800~5400m。

分布：四川、西藏。

香海仙报春**Primula wilsonii** Dunn

习性：多年生，中小草本，高15~90cm；湿生植物。

生境：草丛、沼泽草甸、沼泽、溪边、沟边、漂石间等，海拔2000~3300m。

分布：贵州、云南、四川。

展萼雪山报春**Primula youngeriana** W. W. Sm.

习性：多年生，小草本，高20~25cm；湿生植物。

生境：灌丛、草甸、漂石间等，海拔4000~5000m。

分布：西藏。

水茴草属 **Samolus** L.

水茴草**Samolus valerandi** L.

习性：多年生，小草本，高10~40cm；水湿生植物。

生境：河流、溪流、池塘、水沟、洼地等，海拔100~1300m。

分布：湖南、广东、广西、贵州、云南。

七瓣莲属 **Trientalis** L.

七瓣莲**Trientalis europaea** L.

习性：多年生，小草本，高5~25cm；湿生植物。

生境：林下、灌丛等，海拔900~1300m。

分布：黑龙江、吉林、辽宁、内蒙古、河北。

178. 毛茛科 Ranunculaceae

乌头属 **Aconitum** L.

短柄乌头**Aconitum brachypodum** Diels

习性：多年生，中小草本，高40~80cm；半湿生植物。

生境：草丛、砾石地等，海拔2800~3700m。

分布：云南、四川。

短距乌头**Aconitum brevicalcaratum** (Finet & Gagnep.) Diels

习性：多年生，中草本，高0.5~1m；半湿生植物。

生境：草丛、沟边等，海拔2800~3800m。

分布：云南、四川。

滇西乌头**Aconitum bulleyanum** Diels

习性：多年生，中草本，高0.8~1.2m；半湿生植物。

生境：林缘、溪边等，海拔3200~3500m。

分布：云南。

乌头**Aconitum carmichaelii** Debeaux

习性：多年生，大中草本，高0.6~2m；半湿生植物。

生境：灌丛、草丛等，海拔100~2200m。

分布：辽宁、河北、山东、江苏、安徽、浙江、江西、河南、湖北、湖南、广东、广西、贵州、云南、四川、陕西、甘肃。

赣皖乌头**Aconitum finetianum** Hand.-Mazz.

习性：多年生，缠绕草本；半湿生植物。

生境：林下、河谷等，海拔800~1600m。

分布：安徽、浙江、江西、福建、湖南。

弯枝乌头**Aconitum fischeri** var. **arcuatum** (Maxim.) Regel

习性：多年生，大中草本，高1~1.6m；半湿生植物。

生境：沟谷、林下、林缘、灌丛、河岸坡等，海拔400~800m。

分布：黑龙江、吉林。

膝瓣乌头**Aconitum geniculatum** H. R. Fletcher & Lauener

习性：多年生，中小草本，高0.4~1.5m；湿生植物。

生境：林下、灌丛、草丛、溪边等，海拔3200~4100m。

分布：云南。

缺刻乌头Aconitum incisofidum W. T. Wang

习性：多年生，大中草本，高1~1.8m；半湿生植物。

生境：林下，海拔3700~4600m。

分布：云南、四川。

鸭绿乌头Aconitum jaluense Kom.

习性：多年生，中小草本，高0.4~1m；半湿生植物。

生境：林下、林缘、河岸坡、溪边等，海拔500~1000m。

分布：黑龙江、吉林、辽宁。

北乌头Aconitum kusnezoffii Rchb.

习性：多年生，中草本，高0.6~1.5m；半湿生植物。

生境：林下、林缘、灌丛、溪边、草甸等，海拔200~2400m。

分布：黑龙江、吉林、辽宁、内蒙古、河北、山西。

细叶乌头Aconitum macrorhynchum Turcz. ex Ledeb.

习性：多年生，中草本，高0.6~1m；半湿生植物。

生境：草丛、沼泽草甸、沼泽等，海拔200~500m。

分布：黑龙江、吉林、内蒙古。

德钦乌头Aconitum ouvrardianum Hand.-Mazz.

习性：多年生，小草本，高40~45cm；半湿生植物。

生境：草丛、溪边等，海拔3500~4200m。

分布：云南、四川。

小花乌头Aconitum pseudobrunneum W. T. Wang

习性：多年生，中草本，高0.5~1m；半湿生植物。

生境：溪边，海拔3800~4000m。

分布：云南、四川。

花莛乌头Aconitum scaposum Franch.

习性：多年生，中小草本，高35~70cm；半湿生植物。

生境：林下、林缘、草丛等，海拔1200~3900m。

分布：江西、河南、湖北、湖南、贵州、云南、四川、陕西、甘肃。

宽叶蔓乌头Aconitum sczukinii Turcz.

习性：多年生，草质藤本；半湿生植物。

生境：沟谷、林下、林缘、灌丛、草丛等，海拔300~1900m。

分布：黑龙江、吉林、辽宁、内蒙古。

高乌头Aconitum sinomontanum Nakai

习性：多年生，中草本，高0.6~1.5m；半湿生植物。

生境：林下、溪边、沟边等，海拔1000~3700m。

分布：河北、山西、江西、湖北、湖南、广西、贵州、云南、四川、陕西、甘肃、青海。

甘青乌头Aconitum tanguticum (Maxim.) Stapf

习性：多年生，小草本，高8~50cm；湿生植物。

生境：草丛、草甸、砾石坡等，海拔3200~4800m。

分布：云南、四川、西藏、陕西、甘肃、青海。

草地乌头Aconitum umbrosum (Korsh.) Kom.

习性：多年生，中草本，高0.7~1m；半湿生植物。

生境：沟谷、林下、林缘、灌丛、草丛、草甸等，海拔400~1800m。

分布：黑龙江、吉林、辽宁、内蒙古、河北。

白毛乌头Aconitum villosum Rchb.

习性：多年生，中草本，高50~90cm；湿生植物。

生境：灌丛、草丛、沼泽草甸等，海拔900~1500m。

分布：黑龙江、吉林。

黄草乌Aconitum vilmorinianum Kom.

习性：多年生，草质藤本；半湿生植物。

生境：灌丛，海拔1900~2500m。

分布：贵州、云南、四川。

蔓乌头Aconitum volubile Pall. ex Koelle

习性：多年生，草质藤本；半湿生植物。

生境：沟谷、林下、林缘、灌丛、草甸、溪边等，海拔200~1000m。

分布：黑龙江、吉林、辽宁、内蒙古、河北。

类叶升麻属 Actaea L.

类叶升麻Actaea asiatica H. Hara

习性：多年生，中小草本，高30~80cm；半湿生植物。

生境：林下、草丛、河岸坡、沟边等，海拔300~3100m。

分布：黑龙江、吉林、辽宁、内蒙古、河北、山西、湖北、云南、四川、西藏、陕西、甘肃、青海。

红果类叶升麻Actaea erythrocarpa Fisch.

习性：多年生，中草本，高60~70cm；半湿生植物。

生境：林下、林缘、河岸坡、沟边、路边等，海拔700~1500m。

分布：黑龙江、吉林、辽宁、内蒙古、河北、山西、云南。

侧金盏花属 Adonis L.

北侧金盏花 Adonis sibirica Patrin ex Ledeb.

习性：多年生，中小草本，高30~60cm；半湿生植物。

生境：林下、草丛、草甸等，海拔1100~2100m。

分布：内蒙古、新疆。

罂粟莲花属 Anemoclema (Franch.) W. T. Wang

罂粟莲花 Anemoclema glaucifolium (Franch.) W. T. Wang

习性：多年生，中小草本，高0.4~1.5m；湿生植物。

生境：林下、草丛等，海拔1700~3000m。

分布：云南、四川。

银莲花属 Anemone L.

阿尔泰银莲花 Anemone altaica Fisch. ex C. A. Mey.

习性：多年生，小草本，高10~25cm；半湿生植物。

生境：林下、沟边等，海拔600~1800m。

分布：山西、河南、湖北、四川、新疆。

黑水银莲花 Anemone amurensis (Korsh.) Kom.

习性：多年生，小草本，高20~25cm；半湿生植物。

生境：林下、灌丛、草甸等，海拔400~900m。

分布：黑龙江、吉林、辽宁。

毛果银莲花（原变种）Anemone baicalensis var. baicalensis

习性：多年生，小草本，高10~30cm；半湿生植物。

生境：林下、灌丛、草丛等，海拔500~3100m。

分布：黑龙江、吉林、辽宁、山西、云南、四川、甘肃。

细茎银莲花 Anemone baicalensis var. rossii (S. Moore) Kitag.

习性：多年生，小草本，高10~30cm；半湿生植物。

生境：林下、灌丛等，海拔900~1800m。

分布：吉林、辽宁。

银莲花 Anemone cathayensis Kitag.

习性：多年生，小草本，高15~40cm；半湿生植物。

生境：草丛、沟边等，海拔1000~2800m。

分布：河北、山西、河南。

蓝匙叶银莲花（原变种）Anemone coelestina var. coelestina

习性：多年生，小草本，高3~10cm；湿生植物。

生境：林下、灌丛、草甸等，海拔3500~4800m。

分布：云南、四川、西藏、甘肃、青海。

拟条叶银莲花 Anemone coelestina var. holophylla (Diels) Ziman & B. E. Dutton

习性：多年生，小草本，高5~20cm；半湿生植物。

生境：林下、草丛、沟边等，海拔2500~3500m。

分布：云南、四川。

展毛银莲花（原变种）Anemone demissa var. demissa

习性：多年生，小草本，高10~45cm；半湿生植物。

生境：林下、草丛等，海拔3200~4600m。

分布：云南、四川、西藏、甘肃、青海。

云南银莲花 Anemone demissa var. yunnanensis Franch.

习性：多年生，小草本，高10~45cm；半湿生植物。

生境：林下、草丛等，海拔3200~4000m。

分布：云南、四川、西藏、甘肃、青海。

二歧银莲花 Anemone dichotoma L.

习性：多年生，中小草本，高30~70cm；半湿生植物。

生境：林下、灌丛、草丛、沼泽草甸、河漫滩、路边等，海拔300~1000m。

分布：黑龙江、吉林、内蒙古、西藏。

细裂银莲花 Anemone filisecta C. Y. Wu & W. T. Wang

习性：多年生，小草本，高25~40cm；半湿生植物。

生境：河岸坡，海拔500~800m。

分布：云南。

鹅掌草（原变种）Anemone flaccida var. flaccida

习性：多年生，小草本，高15~40cm；湿生植物。

生境：沟谷、林下、草丛、沼泽草甸、溪边、沟边等，海拔1100~3000m。

分布：江苏、安徽、浙江、江西、湖北、湖南、贵州、云南、四川。

裂苞鹅掌草Anemone flaccida var. **hofengensis** (W. T. Wang) Ziman & B. E. Dutton

习性：多年生，中小草本，高20~70cm；半湿生植物。

生境：沟谷、溪边等，海拔800~2300m。

分布：湖北、湖南、四川。

路边青银莲花Anemone geum H. Lév.

习性：多年生，小草本，高5~25cm；湿生植物。

生境：灌丛、草甸等，海拔1900~5000m。

分布：河北、山西、云南、四川、西藏、陕西、宁夏、甘肃、青海、新疆。

拟卵叶银莲花Anemone howellii Jeffrey & W. W. Sm.

习性：多年生，小草本，高20~30cm；湿生植物。

生境：沟谷、林下、沟边等，海拔700~2300m。

分布：广西、贵州、云南。

打破碗花花Anemone hupehensis (Lemoine) Lemoine

习性：多年生，中小草本，高0.2~1.2m；半湿生植物。

生境：溪边、沟边、田埂、草丛等，海拔400~2600m。

分布：安徽、浙江、江西、河南、湖北、广东、广西、贵州、云南、四川、陕西、甘肃、台湾。

叠裂银莲花Anemone imbricata Maxim.

习性：多年生，小草本，高4~20cm；半湿生植物。

生境：草丛，海拔3200~5300m。

分布：四川、西藏、甘肃、青海。

钝裂银莲花Anemone obtusiloba D. Don

习性：多年生，小草本，高10~30cm；半湿生植物。

生境：林下、林缘、草丛、草甸等，海拔2900~4000m。

分布：内蒙古、云南、四川、西藏。

多被银莲花Anemone raddeana Regel

习性：多年生，小草本，高10~30cm；半湿生植物。

生境：沟谷、林下、草丛等，海拔500~1000m。

分布：黑龙江、吉林、辽宁、山东。

草玉梅Anemone rivularis Buch.-Ham. ex DC.

习性：多年生，中小草本，高0.2~1.2m；半湿生

植物。

生境：林下、草丛、草甸、湖岸坡、溪边、沟边等，海拔800~4900m。

分布：内蒙古、河北、北京、河南、湖北、广西、贵州、云南、四川、西藏、陕西、宁夏、甘肃、青海、新疆。

湿地银莲花（原亚种）Anemone rupestris subsp. **rupestris**

习性：多年生，小草本，高5~18cm；湿生植物。

生境：草丛、沼泽草甸、溪边等，海拔2300~3000m。

分布：云南、四川、西藏。

冻地银莲花Anemone rupestris subsp. **gelida** (Maxim.) Lauener

习性：多年生，小草本，高5~20cm；湿生植物。

生境：沼泽草甸、河岸坡等，海拔2500~5000m。

分布：云南、四川、西藏。

岩生银莲花Anemone rupicola Cambess.

习性：多年生，小草本，高6~30cm；半湿生植物。

生境：林下、草甸、河漫滩、沟边等，海拔2400~4400m。

分布：云南、四川、西藏。

大花银莲花Anemone sylvestris L.

习性：多年生，中小草本，高15~60cm；半湿生植物。

生境：沟谷、林下、林间、林缘、灌丛、草丛、沼泽草甸等，海拔500~3400m。

分布：黑龙江、吉林、辽宁、内蒙古、河北、四川、西藏。

匙叶银莲花Anemone trullifolia Hook. f. & Thomson

习性：多年生，小草本，高10~20cm；半湿生植物。

生境：草丛、草甸、沟边等，海拔2500~4500m。

分布：云南、四川、西藏、青海。

乌德银莲花Anemone udensis Trautv. & C. A. Mey.

习性：多年生，小草本，高15~30cm；半湿生植物。

生境：沟谷、林缘、灌丛、草丛、草甸、河岸坡等，海拔200~500m。

分布：黑龙江、吉林、辽宁。

阴地银莲花Anemone umbrosa C. A. Mey.

习性：多年生，小草本，高8~30cm；半湿生植物。

生境：林下、林缘、灌丛、草丛等，海拔200~500m。

分布：黑龙江、吉林、辽宁。

野棉花 Anemone vitifolia Buch.-Ham. ex DC.

习性：多年生，中草本，高0.6~1m；半湿生植物。

生境：林下、林缘、草丛、沟边等，海拔1200~2700m。

分布：山西、河南、湖南、云南、四川、西藏、甘肃。

玉龙山银莲花 Anemone yulongshanica W. T. Wang

习性：多年生，小草本，高5~30cm；半湿生植物。

生境：林下、草丛、溪边、沟边等，海拔2100~3900m。

分布：云南、四川。

耧斗菜属 Aquilegia L.

白山耧斗菜 Aquilegia japonica Nakai & H. Hara

习性：多年生，小草本，高15~40cm；半湿生植物。

生境：沟谷、草丛、河岸坡、冻原、岩石等，海拔1400~2500m。

分布：黑龙江、吉林。

尖萼耧斗菜 Aquilegia oxysepala Trautv. & C. A. Mey.

习性：多年生，中小草本，高40~80cm；湿生植物。

生境：沟谷、林缘、草丛等，海拔400~2700m。

分布：黑龙江、吉林、辽宁、内蒙古。

耧斗菜 Aquilegia viridiflora Pall.

习性：多年生，小草本，高15~50cm；半湿生植物。

生境：河岸坡、草丛等，海拔200~2300m。

分布：黑龙江、吉林、辽宁、内蒙古、河北、北京、山西、山东、湖北、陕西、宁夏、甘肃、青海。

星果草属 Asteropyrum J. R. Drumm. & Hutch.

星果草（原亚种）Asteropyrum peltatum subsp. peltatum

习性：多年生，小草本，高5~20cm；湿生植物。

生境：林下，海拔2000~4000m。

分布：湖北、云南、四川。

裂叶星果草 Asteropyrum peltatum subsp. cavaleriei Q. Yuan & Q. E. Yang

习性：多年生，小草本，高10~20cm；湿生植物。

生境：林下、溪边、沟边等，海拔1000~2400m。

分布：湖南、广西、贵州、云南、重庆、四川。

水毛茛属 Batrachium (DC.) Gray

水毛茛（原变种）Batrachium bungei var. bungei

习性：多年生，中小草本；沉水植物。

生境：沼泽、河流、溪流、湖泊、池塘、水沟、积水处等，海拔达5300m。

分布：黑龙江、吉林、辽宁、内蒙古、河北、北京、山西、山东、江苏、安徽、上海、浙江、江西、河南、湖北、广西、云南、四川、西藏、陕西、甘肃、青海。

黄花水毛茛 Batrachium bungei var. flavidum (Hand.-Mazz.) L. Liou

习性：多年生，中小草本；沉水植物。

生境：河流、溪流、沼泽、湖泊、水沟等，海拔1700~5300m。

分布：四川、甘肃、西藏。

小花水毛茛 Batrachium bungei var. micranthum W. T. Wang

习性：多年生，中小草本；沉水植物。

生境：河流、湖泊、池塘等，海拔200~2300m。

分布：江西、湖南、广西、云南。

歧裂水毛茛 Batrachium divaricatum (Schrank) Schur

习性：多年生，中小草本；沉水植物。

生境：湖泊、水沟等，海拔500~1200m。

分布：新疆。

小水毛茛 Batrachium eradicatum (Laest.) Fries

习性：多年生，小草本，高3~15cm；水湿生植物。

生境：沼泽、河流、湖泊、池塘等，海拔500~3900m。

分布：黑龙江、内蒙古、云南、四川、西藏、新疆。

硬叶水毛茛 Batrachium foeniculaceum (Gilib.) Krecz.

习性：多年生，中草本；沉水植物。

生境：沼泽、溪流、湖泊、池塘、水沟等，海拔300~3900m。

分布：黑龙江、内蒙古、山西、云南、甘肃、青海、新疆。

长叶水毛茛Batrachium kauffmanii (Clerc) Krecz.

习性：多年生，中草本；沉水植物。

生境：沼泽、河流、溪流、湖泊、池塘、沟渠等，海拔400~900m。

分布：黑龙江、吉林、内蒙古、新疆。

北京水毛茛Batrachium pekinense L. Liou

习性：多年生，中小草本；沉水植物。

生境：河流、溪流、池塘、沟渠等，海拔100~500m。

分布：内蒙古、北京。

钻托水毛茛Batrachium rionii (Lagger) Nyman

习性：一年生，小草本，高约20cm；水湿生植物。

生境：湖泊，海拔100m以下。

分布：北京。

毛柄水毛茛（原变种）Batrachium trichophyllum var. trichophyllum

习性：多年生，中小草本；沉水植物。

生境：沼泽草甸、沼泽、河流、湖泊、池塘等，海拔100~3600m。

分布：黑龙江、吉林、辽宁、内蒙古、河北、江苏、江西、四川、西藏、陕西、甘肃、青海、新疆。

多毛水毛茛Batrachium trichophyllum var. hirtellum L. Liou

习性：多年生，小草本；沉水植物。

生境：溪流，海拔约3500m。

分布：四川。

镜泊水毛茛 Batrachium trichophyllum var. jingpoense (G. Y. Zhang, Chen Wang & X. J. Liu) W. T. Wang

习性：多年生，小草本；沉水植物。

生境：沼泽。

分布：黑龙江。

铁破锣属 Beesia Balf. f. & W. W. Sm.

铁破锣Beesia calthifolia (Maxim. ex Oliv.) Ulbr.

习性：多年生，中小草本，高10~70cm；湿生植物。

生境：林下，海拔1000~3500m。

分布：山西、湖北、湖南、广西、贵州、云南、四川、甘肃。

鸡爪草属 Calathodes Hook. f. & Thomson

鸡爪草Calathodes oxycarpa Sprague

习性：多年生，小草本，高20~45cm；湿生植物。

生境：林下、草丛等，海拔2400~3200m。

分布：湖北、云南、四川。

多果鸡爪草Calathodes unciformis W. T. Wang

习性：多年生，小草本，高30~40cm；湿生植物。

生境：沟谷、林下、沟边等，海拔1800~2000m。

分布：湖北、贵州、云南。

美花草属 Callianthemum C. A. Mey.

美花草Callianthemum pimpinelloides (D. Don) Hook. f. & Thomson

习性：多年生，小草本，高3~7cm；湿生植物。

生境：草丛、草甸等，海拔3200~5600m。

分布：云南、四川、西藏、青海。

驴蹄草属 Caltha L.

白花驴蹄草Caltha natans Pall.

习性：多年生，匍匐草本；水湿生植物。

生境：草丛、沼泽草甸、沼泽、河流、溪流、湖泊、池塘、洼地等，海拔700~2900m。

分布：黑龙江、吉林、内蒙古。

驴蹄草（原变种）Caltha palustris var. palustris

习性：多年生，小草本，高10~50cm；水湿生植物。

生境：沟谷、林下、草丛、沼泽草甸、沼泽、河流、溪流等，海拔600~4000m。

分布：黑龙江、吉林、辽宁、内蒙古、河北、山西、浙江、安徽、河南、湖北、贵州、云南、四川、西藏、甘肃、新疆。

空茎驴蹄草Caltha palustris var. barthei Hance

习性：多年生，中小草本，高0.2~1.2m；湿生植物。

生境：林下、草丛、沼泽草甸、沟边等，海拔1000~

3800m。

分布：云南、四川、西藏、甘肃。

长柱驴蹄草Caltha palustris var. himalaica Tamura

习性：多年生，小草本，高15~50cm；水湿生植物。

生境：沼泽、草丛等，海拔2800~3100m。

分布：西藏。

膜叶驴蹄草Caltha palustris var. membranacea Turcz.

习性：多年生，小草本，高15~50cm；水湿生植物。

生境：林下、草丛、沼泽草甸、河岸坡、溪边、沼泽等，海拔300~1400m。

分布：黑龙江、吉林、辽宁、内蒙古。

三角叶驴蹄草Caltha palustris var. sibirica Regel

习性：多年生，小草本，高30~50cm；水湿生植物。

生境：沼泽、河岸坡、沟边、浅水处等，海拔500~1000m。

分布：黑龙江、吉林、辽宁、内蒙古、河北。

掌裂驴蹄草Caltha palustris var. umbrosa Diels

习性：多年生，小草本，高20~30cm；湿生植物。

生境：草丛、沼泽草甸、沟边等，海拔2600~4000m。

分布：云南、四川。

花葶驴蹄草Caltha scaposa Hook. f. & Thomson

习性：多年生，小草本，高3~24cm；水湿生植物。

生境：草丛、沼泽草甸、沼泽、河漫滩、沟边等，海拔2800~4100m。

分布：云南、四川、西藏、甘肃、青海。

细茎驴蹄草Caltha sinogracilis W. T. Wang

习性：多年生，小草本，高4~10cm；水湿生植物。

生境：草丛、沼泽草甸、沼泽、溪边等，海拔3200~4100m。

分布：云南、西藏。

升麻属 Cimicifuga Wernisch.

升麻Cimicifuga foetida L.

习性：多年生，大中草本，高1~2m；半湿生植物。

生境：林下、林缘、草丛、溪边、沟边等，海拔

1700~3600m。

分布：辽宁、河北、山西、河南、湖北、云南、四川、西藏、陕西、甘肃、青海。

单穗升麻Cimicifuga simplex (DC.) Wormsk. ex Turcz.

习性：多年生，中草本，高1~1.5m；半湿生植物。

生境：林缘、灌丛、草丛、河岸坡、草甸等，海拔300~2300m。

分布：黑龙江、吉林、辽宁、内蒙古、河北、浙江、广东、四川、陕西、甘肃、台湾。

铁线莲属 Clematis L.

短柱铁线莲Clematis cadmia Buch.-Ham. ex Hook. f. & Thomson

习性：多年生，草质藤本；半湿生植物。

生境：灌丛、溪边、湖岸坡、沟边、路边等，海拔达1300m。

分布：江苏、安徽、浙江、江西、湖北、湖南、广东。

威灵仙Clematis chinensis Osbeck

习性：多年生，木质藤本；半湿生植物。

生境：灌丛、溪边、湖岸坡、塘基、沟边、路边等，海拔100~1500m。

分布：江苏、安徽、浙江、江西、福建、河南、湖北、湖南、广东、广西、贵州、云南、四川、陕西、台湾。

大花威灵仙Clematis courtoisii Hand.-Mazz.

习性：多年生，木质藤本；半湿生植物。

生境：林下、林缘、溪边、湖岸坡、塘基、沟边等，海拔200~500m。

分布：江苏、安徽、浙江、河南、湖北、湖南、广西。

翠雀属 Delphinium L.

还亮草Delphinium anthriscifolium Hance

习性：一年生，中小草本，高30~80cm；半湿生植物。

生境：林缘、灌丛、草丛、河岸坡、塘基、沟边、消落带、田间、路边等，海拔200~1700m。

分布：山西、江苏、安徽、浙江、江西、福建、河南、湖北、湖南、广东、广西、贵州、云南

四川、陕西、甘肃。

翠雀Delphinium grandiflorum L.

习性：多年生，中小草本，高35~70cm；半湿生植物。

生境：草丛、草甸、河岸坡、沟边等，海拔100~3500m。

分布：黑龙江、吉林、辽宁、内蒙古、河北、北京、山西、山东、江苏、安徽、河南、广西、云南、四川、陕西、宁夏、甘肃、青海。

东北高翠雀花Delphinium korshinskyanum Nevski

习性：多年生，中草本，高0.5~1.2m；半湿生植物。

生境：林间、林缘、灌丛、草甸等，海拔300~800m。

分布：黑龙江、内蒙古。

大通翠雀花Delphinium pylzowii Maxim.

习性：多年生，中小草本，高10~60cm；半湿生植物。

生境：草甸，海拔2300~4500m。

分布：四川、西藏、甘肃、青海。

康定翠雀花Delphinium tatsienense Franch.

习性：多年生，中小草本，高30~80cm；半湿生植物。

生境：草甸，海拔2300~4000m。

分布：云南、四川、青海。

阴地翠雀花Delphinium umbrosum Hand.-Mazz.

习性：多年生，中小草本，高0.3~1.1m；半湿生植物。

生境：林下、林缘、草丛等，海拔1900~3900m。

分布：云南、四川、西藏。

毓泉翠雀花Delphinium yuchuanii Y. Z. Zhao

习性：多年生，小草本，高约30cm；半湿生植物。

生境：草甸、溪边等。

分布：内蒙古。

人字果属 Dichocarpum W. T. Wang & P. K. Hsiao

耳状人字果（原变种）Dichocarpum auriculatum var. **auriculatum**

习性：多年生，小草本，高20~40cm；湿生植物。

生境：林下、溪边等，海拔500~2100m。

分布：福建、湖北、贵州、云南、重庆、四川。

毛叶人字果Dichocarpum auriculatum var. **puberulum** D. Z. Fu

习性：多年生，小草本，高15~25cm；湿生植物。

生境：草丛，海拔500~600m。

分布：四川。

蕨叶人字果Dichocarpum dalzielii (J. R. Drumm. & Hutch.) W. T. Wang & P. K. Hsiao

习性：多年生，小草本，高20~30cm；湿生植物。

生境：林下、溪边、沟边、岩壁等，海拔700~1600m。

分布：安徽、浙江、江西、福建、湖北、湖南、广东、海南、广西、贵州、四川。

纵肋人字果Dichocarpum fargesii (Franch.) W. T. Wang & P. G. Xiao

习性：多年生，小草本，高14~35cm；湿生植物。

生境：河谷，海拔1300~1600m。

分布：安徽、河南、湖北、湖南、贵州、重庆、四川、陕西、甘肃。

麻栗坡人字果Dichocarpum malipoenense D. D. Tao

习性：多年生，小草本；湿生植物。

生境：林下、溪边等，海拔约1300m。

分布：云南。

拟扁果草属 Enemion Raf.

拟扁果草Enemion raddeanum Regel

习性：多年生，小草本，高20~40cm；湿生植物。

生境：沟谷、林下、林缘、草丛、溪边等，海拔300~900m。

分布：黑龙江、吉林、辽宁。

菟葵属 Eranthis Salisb.

菟葵Eranthis stellata Maxim.

习性：多年生，小草本，高约20cm；湿生植物。

生境：沟谷、林下、林缘、草丛、河岸坡等，海拔400~1900m。

分布：黑龙江、吉林、辽宁。

碱毛茛属 Halerpestes Greene

丝裂碱毛茛 Halerpestes filisecta L. Liu
习性：多年生，匍匐草本；湿生植物。
生境：草甸、沼泽、湖岸坡等，海拔4500~5100m。
分布：西藏。

狭叶碱毛茛 Halerpestes lancifolia (Bertol.) Hand.-Mazz.
习性：多年生，匍匐草本；水湿生植物。
生境：草丛、沼泽草甸、沼泽、河流、湖泊等，海拔3700~5000m。
分布：西藏。

长叶碱毛茛 Halerpestes ruthenica (Jacq.) Ovcz.
习性：多年生，匍匐草本，高10~20cm；水湿生植物。
生境：草丛、草甸、沼泽、河流、溪流、湖泊、盐碱地等，海拔500~1500m。
分布：黑龙江、吉林、辽宁、内蒙古、河北、北京、山西、四川、陕西、宁夏、甘肃、青海、新疆。

碱毛茛（原变种）Halerpestes sarmentosa var. sarmentosa
习性：多年生，匍匐草本，高4~16cm；水湿生植物。
生境：草甸、沼泽、湖泊、河流、溪流、水沟、盐碱地、潮上带、入海河口等，海拔100~4800m。
分布：黑龙江、吉林、辽宁、内蒙古、河北、北京、山西、山东、重庆、四川、西藏、陕西、宁夏、甘肃、青海、新疆。

裂叶碱毛茛 Halerpestes sarmentosa var. multisecta (S. H. Li & Y. H. Huang) W. T. Wang
习性：多年生，匍匐草本；湿生植物。
生境：草甸、湖岸坡等
分布：辽宁。

三裂碱毛茛（原变种）Halerpestes tricuspis var. tricuspis
习性：多年生，匍匐草本；水湿生植物。
生境：草丛、沼泽草甸、沼泽、河流、溪流、湖泊等，海拔1700~4800m。
分布：内蒙古、四川、西藏、陕西、宁夏、甘肃、青海、新疆。

异叶三裂碱毛茛 Halerpestes tricuspis var. heterophylla W. T. Wang
习性：多年生，匍匐草本；湿生植物。
生境：河岸坡、沼泽、草甸等，海拔4700~5100m。
分布：西藏、新疆。

浅三裂碱毛茛 Halerpestes tricuspis var. intermedia W. T. Wang
习性：多年生，匍匐草本；湿生植物。
生境：沼泽、河岸坡、湖岸坡等，海拔2400~4600m。
分布：四川、西藏、甘肃、青海。

变叶三裂碱毛茛 Halerpestes tricuspis var. variifolia (Tamura) W. T. Wang
习性：多年生，匍匐草本；湿生植物。
生境：沼泽、草甸、河岸坡、溪边等，海拔2000~5000m。
分布：四川、西藏、宁夏、甘肃。

扁果草属 Isopyrum L.

东北扁果草 Isopyrum manshuricum Kom.
习性：多年生，小草本，高10~20cm；湿生植物。
生境：林下、林缘等，海拔400~1200m。
分布：黑龙江、吉林、辽宁。

鸦跖花属 Oxygraphis Bunge

脱萼鸦跖花 Oxygraphis delavayi Franch.
习性：多年生，小草本，高5~15cm；湿生植物。
生境：草丛、草甸等，海拔3500~5000m。
分布：云南、四川、西藏。

圆齿鸦跖花 Oxygraphis endlicheri (Walp.) Bennet & Sum. Chandra
习性：多年生，小草本，高4~10cm；湿生植物。
生境：林缘、草甸等，海拔3900~4100m。
分布：西藏。

鸦跖花 Oxygraphis glacialis (Fisch. ex DC.) Bunge
习性：多年生，小草本，高2~9cm；湿生植物。
生境：灌丛、草丛、沼泽草甸、河岸坡等，海拔2700~5100m。

分布：云南、四川、西藏、陕西、甘肃、青海、新疆。

小鸦跖花Oxygraphis tenuifolia W. E. Evans

习性：多年生，小草本，高3~5cm；湿生植物。

生境：草丛、沼泽草甸、沼泽等，海拔3400~4300m。

分布：云南、四川。

白头翁属 Pulsatilla Mill.

掌叶白头翁 Pulsatilla patens subsp. multifida (Pritz.) Zämelis

习性：多年生，小草本，高15~40cm；湿生植物。

生境：林缘、草丛、沼泽草甸、沼泽、河岸坡、路边等，海拔300~1300m。

分布：黑龙江、内蒙古、新疆。

毛茛属 Ranunculus L.

阿尔泰毛茛Ranunculus altaicus Laxm.

习性：多年生，小草本，高5~20cm；湿生植物。

生境：草丛、沼泽等，海拔2500~2700m。

分布：新疆。

披针毛茛Ranunculus amurensis Kom.

习性：多年生，中小草本，高25~60cm；湿生植物。

生境：草丛、沼泽草甸、沼泽、沟边等，海拔200~3500m。

分布：黑龙江、内蒙古。

班戈毛茛Ranunculus banguoensis L. Liou

习性：多年生，小草本，高1~4cm；湿生植物。

生境：草丛、草甸、溪边等，海拔4900~5200m。

分布：西藏、青海、新疆。

苍山毛茛Ranunculus cangshanicus W. T. Wang

习性：多年生，小草本，高30~40cm；水湿生植物。

生境：草丛、沼泽、浅水处等，海拔2000~3400m。

分布：云南。

禺毛茛Ranunculus cantoniensis DC.

习性：多年生，中小草本，高15~80cm；湿生植物。

生境：林缘、草丛、河岸坡、溪边、沟边、田间、田埂、消落带等，海拔100~2500m。

分布：江苏、安徽、浙江、江西、福建、河南、湖北、湖南、广东、广西、贵州、云南、重庆、四川、陕西、台湾。

掌叶毛茛Ranunculus cheirophyllus Hayata

习性：多年生，小草本，高7~20cm；水湿生植物。

生境：湖泊、路边等，海拔2000~2200m。

分布：台湾。

茴茴蒜Ranunculus chinensis Bunge

习性：一或多年生，中小草本，高10~70cm；水湿生植物。

生境：沟谷、林缘、草丛、沼泽草甸、河流、河漫滩、溪流、湖泊、池塘、水沟、田间、水田、消落带等，海拔100~3700m。

分布：黑龙江、吉林、辽宁、内蒙古、河北、北京、山东、江苏、安徽、浙江、江西、河南、湖北、湖南、贵州、四川、西藏、陕西、宁夏、甘肃、青海、新疆。

川青毛茛Ranunculus chuanchingensis L. Liou

习性：多年生，小草本，高3~8cm；湿生植物。

生境：草甸，海拔4200~5000m。

分布：四川、青海。

楔叶毛茛（原变种）Ranunculus cuneifolius var. cuneifolius

习性：多年生，中小草本，高20~60cm；湿生植物。

生境：草丛、草甸、沟边等，海拔100~1300m。

分布：黑龙江、辽宁、内蒙古、河北。

宽楔叶毛茛Ranunculus cuneifolius var. latisectus S. H. Li & Y. H. Huang

习性：多年生，中小草本，高20~60cm；湿生植物。

生境：溪边。

分布：辽宁。

康定毛茛（原变种）Ranunculus dielsianus var. dielsianus

习性：多年生，小草本，高5~25cm；湿生植物。

生境：林下、草丛、草甸、溪边、沟边等，海拔3500~4800m。

分布：云南、四川、西藏。

长毛康定毛茛Ranunculus dielsianus var. longipilosus W. T. Wang

习性：多年生，小草本，高6~10cm；湿生植物。

生境：草甸，海拔约3800m。

丽江毛茛Ranunculus dielsianus var. **suprasericeus** Hand.-Mazz.

习性：多年生，小草本，高7~10cm；湿生植物。

生境：灌丛、河岸坡、溪边等，海拔3300~4000m。

分布：云南、陕西。

铺散毛茛Ranunculus diffusus DC.

习性：多年生，小草本，高10~40cm；湿生植物。

生境：林缘、草丛、溪边等，海拔1000~3100m。

分布：云南、西藏。

黄毛茛Ranunculus distans Wall. ex Royle

习性：多年生，中小草本，高20~70cm；半湿生植物。

生境：林下、草丛、溪边等，海拔2000~3800m。

分布：云南、西藏。

圆裂毛茛Ranunculus dongrergensis Hand.-Mazz.

习性：多年生，小草本，高4~25cm；湿生植物。

生境：草丛、草甸等，海拔3200~5600m。

分布：云南、四川、西藏。

扇叶毛茛（原变种）**Ranunculus felixii** var. **felixii**

习性：多年生，小草本，高10~30cm；湿生植物。

生境：林下、草丛、草甸等，海拔2600~4400m。

分布：云南、四川。

心基扇叶毛茛Ranunculus felixii var. **forrestii** Hand.-Mazz.

习性：多年生，小草本，高10~20cm；湿生植物。

生境：沟谷、林缘、溪边、沟边等，海拔2400~3100m。

分布：云南。

西南毛茛Ranunculus ficariifolius H. Lév. & Vaniot

习性：多年生，小草本，高10~30cm；水湿生植物。

生境：林缘、沼泽、草甸、溪流、河漫滩、水沟、田中等，海拔1100~3200m。

分布：江西、湖北、湖南、贵州、云南、四川。

深山毛茛Ranunculus franchetii H. Boissieu

习性：多年生，小草本，高15~20cm；湿生植物。

生境：林缘、灌丛、草丛、河岸坡、沟边等，海拔300~1300m。

分布：黑龙江、吉林、辽宁。

叉裂毛茛Ranunculus furcatifidus W. T. Wang

习性：多年生，小草本，高4~18cm；湿生植物。

生境：草丛、沼泽草甸、沼泽、溪边等，海拔2700~4800m。

分布：内蒙古、河北、云南、四川、西藏、青海、新疆。

宿萼毛茛Ranunculus glacialiformis Hand.-Mazz.

习性：多年生，小草本，高6~10cm；湿生植物。

生境：草甸、砾石坡等，海拔4700~5000m。

分布：云南、四川。

砾地毛茛Ranunculus glareosus Hand.-Mazz.

习性：多年生，小草本，高4~15cm；半湿生植物。

生境：草甸、砾石坡等，海拔3900~4800m。

分布：云南、四川、青海。

小掌叶毛茛Ranunculus gmelinii DC.

习性：多年生，小草本，高7~25cm；水湿生植物。

生境：草甸、沼泽、河流、溪流、池塘、水沟等，海拔500~1000m。

分布：黑龙江、吉林、内蒙古。

三裂毛茛Ranunculus hirtellus var. **orientalis** W. T. Wang

习性：多年生，小草本，高5~20cm；湿生植物。

生境：草丛、沼泽草甸、溪边、砾石坡等，海拔3000~5000m。

分布：云南、四川、西藏、青海。

圆叶毛茛（原变种）**Ranunculus indivisus** var. **indivisus**

习性：多年生，小草本，高8~35cm；湿生植物。

生境：灌丛、草甸、岩石、岩壁等，海拔3400~3900m。

分布：山西、四川、青海。

阿坝毛茛Ranunculus indivisus var. **abaensis** (W. T. Wang) W. T. Wang

习性：多年生，小草本，高8~35cm；湿生植物。

生境：灌丛、草甸等，海拔2100~4300m。

分布：四川、甘肃、青海。

内蒙古毛茛Ranunculus intramongolicus
Y. Z. Zhao

习性：多年生，小草本，高5~15cm；水湿生植物。

生境：沼泽、池塘、水沟等，海拔700~1000m。

分布：内蒙古。

毛茛（原变种）Ranunculus japonicus var. japonicus

习性：多年生，中小草本，高30~70cm；半湿生植物。

生境：林缘、草丛、沼泽草甸、沼泽、溪边、沟边、田埂等，海拔100~3500m。

分布：黑龙江、吉林、辽宁、内蒙古、河北、北京、山西、山东、江苏、安徽、上海、浙江、江西、福建、河南、湖北、湖南、广东、广西、贵州、重庆、四川、陕西、宁夏、甘肃、青海、新疆。

银叶毛茛Ranunculus japonicus var. hsinganensis (Kitag.) W. T. Wang

习性：多年生，小草本，高15~25cm；半湿生植物。

生境：林下、林缘、草原等。

分布：内蒙古。

昆明毛茛Ranunculus kunmingensis W. T. Wang

习性：多年生，小草本，高20~45cm；半湿生植物。

生境：林下、灌丛、草丛、溪边等，海拔1000~2600m。

分布：云南、四川。

浅裂毛茛Ranunculus lobatus Jacq.

习性：多年生，小草本，高5~10cm；湿生植物。

生境：草甸、溪边等，海拔4300~5100m。

分布：西藏。

门源毛茛Ranunculus menyuanensis W. T. Wang

习性：多年生，小草本，高15~25cm；湿生植物。

生境：草丛、草甸等，海拔3000~3800m。

分布：青海。

单叶毛茛Ranunculus monophyllus Ovcz.

习性：多年生，小草本，高20~30cm；湿生植物。

生境：林缘、灌丛、草甸、沼泽、溪边等，海拔1800~2900m。

分布：黑龙江、内蒙古、北京、四川、新疆。

刺果毛茛Ranunculus muricatus L.

习性：一年生，小草本，高5~40cm；湿生植物。

生境：草丛、田间、田埂、消落带等，海拔达500m。

分布：江苏、安徽、上海、浙江、江西、湖南、陕西；原产于欧洲和西亚。

藓丛毛茛Ranunculus muscigenus W. T. Wang

习性：一年生，小草本，高1~3cm；湿生植物。

生境：林下，海拔3200~3600m。

分布：西藏。

浮毛茛Ranunculus natans C. A. Mey.

习性：多年生，小草本，高20~40cm；浮叶植物，有时挺水生长。

生境：沼泽、河流、溪流、湖泊、水沟、洼地等，海拔1800~3500m。

分布：黑龙江、内蒙古、湖北、西藏、甘肃、青海、新疆。

丝叶毛茛Ranunculus nematolobus Hand.-Mazz.

习性：多年生，小草本，高20~30cm；湿生植物。

生境：沟谷、草丛、溪边等，海拔2500~2900m。

分布：云南。

云生毛茛（原变种）Ranunculus nephelogenes var. nephelogenes

习性：多年生，小草本，高10~35cm；湿生植物。

生境：草丛、沼泽草甸、沼泽、河漫滩、溪边、砾石坡等，海拔2800~5200m。

分布：山西、云南、四川、西藏、甘肃、青海、新疆。

曲长毛茛Ranunculus nephelogenes var. geniculatus (Hand.-Mazz.) W. T. Wang

习性：多年生，小草本，高10~26cm；湿生植物。

生境：草甸、沼泽、溪边等，海拔2500~3200m。

分布：云南。

长茎毛茛Ranunculus nephelogenes var. longicaulis (Trautv.) W. T. Wang

习性：多年生，小草本，高20~30cm；水湿生植物。

生境：草甸、沼泽、河流、溪流、湖泊、池塘等，海拔1700~4200m。

分布：山西、云南、四川、西藏、甘肃、青海、新疆。

裂叶毛茛Ranunculus pedatifidus Sm.

习性：多年生，小草本，高15~25cm；半湿生植物。

生境：林下、河岸坡等，海拔1900~4000m。

分布：内蒙古、甘肃、新疆。

爬地毛茛Ranunculus pegaeus Hand.-Mazz.

习性：多年生，匍匐草本；湿生植物。

生境：林下、灌丛、草丛、草甸、湖岸坡、沟边等，海拔3400~4100m。

分布：云南、西藏。

大瓣毛茛Ranunculus platypetalus (Hand.-Mazz.) Hand.-Mazz.

习性：多年生，小草本，高2~12cm；湿生植物。

生境：草甸，海拔3500~4700m。

分布：云南、四川。

肉根毛茛Ranunculus polii Franch. ex Hemsl.

习性：一年生，小草本，高5~15cm；湿生植物。

生境：草甸、沟边、田间、洼地、路边等，海拔达300m。

分布：安徽、上海、浙江、江西、湖南。

多花毛茛Ranunculus polyanthemos L.

习性：多年生，中小草本，高20~65cm；湿生植物。

生境：沼泽、溪边等。

分布：新疆。

天山毛茛（原变种）**Ranunculus popovii** var. **popovii**

习性：多年生，小草本，高5~15cm；湿生植物。

生境：草丛、草甸、溪边等，海拔3100~3700m。

分布：新疆。

深齿毛茛Ranunculus popovii var. **stracheyanus** (Maxim.) W. T. Wang

习性：多年生，小草本，高4~16cm；湿生植物。

生境：草丛、草甸、溪边等，海拔2300~4500m。

分布：云南、四川、西藏、甘肃、青海、新疆。

川滇毛茛Ranunculus potaninii Kom.

习性：多年生，小草本，高20~30cm；湿生植物。

生境：草丛、沼泽草甸、沼泽等，海拔3600~4800m。

分布：云南、四川、西藏、甘肃。

美丽毛茛Ranunculus pulchellus C. A. Mey.

习性：多年生，小草本，高10~30cm；湿生植物。

生境：河岸坡、沟边、草丛、沼泽草甸等，海拔2300~3100m。

分布：内蒙古、四川、甘肃、陕西、青海、新疆。

沼地毛茛Ranunculus radicans C. A. Mey.

习性：多年生，小草本，高5~20cm；水湿生植物。

生境：沼泽、河流、湖泊等，海拔300~1500m。

分布：黑龙江、内蒙古、甘肃、新疆。

匍枝毛茛Ranunculus repens L.

习性：多年生，中小草本，高10~60cm；湿生植物。

生境：草丛、沼泽草甸、沼泽、溪边、沟边等，海拔300~3300m。

分布：黑龙江、吉林、辽宁、内蒙古、山西、云南、新疆。

松叶毛茛Ranunculus reptans L.

习性：多年生，匍匐草本；水湿生植物。

生境：草甸、沼泽、河流、河漫滩等，海拔200~1500m。

分布：黑龙江、内蒙古、新疆。

掌裂毛茛Ranunculus rigescens Turcz. ex Ovcz.

习性：多年生，小草本，高10~20cm；半湿生植物。

生境：河岸坡、沟边、草丛等，海拔100~2100m。

分布：黑龙江、内蒙古、新疆。

石龙芮Ranunculus sceleratus L.

习性：一年生，中小草本，高10~80cm；水湿生植物。

生境：沼泽草甸、沼泽、河流、溪流、湖泊、池塘、水田、水沟、洼地等，海拔达2300m。

分布：黑龙江、内蒙古、河北、北京、山东、安徽、上海、浙江、江西、福建、河南、湖北、湖南、广东、广西、贵州、重庆、四川、陕西、甘肃。

扬子毛茛Ranunculus sieboldii Miq.

习性：多年生，小草本，高8~50cm；湿生植物。

生境：林下、林缘、灌丛、草丛、草甸、河岸坡、溪边、田间、田埂、路边等，海拔100~2500m。

分布：黑龙江、内蒙古、河北、江苏、安徽、上海、浙江、江西、福建、湖北、湖南、广东、广西、贵州、重庆、四川、陕西、甘肃。

钩柱毛茛Ranunculus silerifolius H. Lév.

习性：多年生，中小草本，高0.3~1m；湿生植物。

生境：林下、草丛、溪边等，海拔100~2500m。

分布：江苏、福建、湖北、湖南、广东、广西、贵州、云南、四川、台湾。

兴安毛茛**Ranunculus smirnovii** Ovcz.

习性：多年生，中小草本，高30~70cm；半湿生植物。

生境：林缘、草甸、沼泽、河岸坡等，海拔达1200m。

分布：内蒙古。

棱边毛茛**Ranunculus submarginatus** Ovcz.

习性：多年生，小草本，高8~30m；湿生植物。

生境：草丛、沼泽等，海拔1200~2000m。

分布：新疆。

长嘴毛茛**Ranunculus tachiroei** Franch. & Sav.

习性：多年生，中小草本，高20~80cm；湿生植物。

生境：草丛、沼泽草甸、沼泽、水边等，海拔100~800m。

分布：黑龙江、吉林、辽宁、内蒙古。

高原毛茛（原变种）**Ranunculus tanguticus** var. **tanguticus**

习性：多年生，小草本，高6~30cm；湿生植物。

生境：河谷、林缘、草丛、沼泽草甸、沼泽、溪边等，海拔2200~4500m。

分布：内蒙古、山西、云南、四川、西藏、陕西、宁夏、甘肃、青海。

毛果高原毛茛**Ranunculus tanguticus** var. **dasycarpus** (Maxim.) L. Liou

习性：多年生，小草本，高6~30cm；湿生植物。

生境：灌丛、草丛、沼泽草甸、溪边等，海拔2200~4100m。

分布：云南、四川、西藏、甘肃、青海。

猫爪草**Ranunculus ternatus** Thunb.

习性：多年生，小草本，高5~20cm；湿生植物。

生境：林下、草丛、溪边、沟边、田间、田埂、路边等，海拔200~3300m。

分布：河北、江苏、安徽、浙江、江西、福建、河南、湖北、湖南、广西、台湾、四川。

棱喙毛茛**Ranunculus trigonus** Hand.-Mazz.

习性：多年生，小草本，高5~48cm；湿生植物。

生境：林缘、草丛、沼泽草甸、湖岸坡、溪边、沟边、田埂、田间、弃耕田等，海拔1200~3300m。

分布：云南、重庆、四川、西藏。

砚山毛茛**Ranunculus yanshanensis** W. T. Wang

习性：多年生，小草本，高约20cm；湿生植物。

生境：河岸坡，海拔约1200m。

分布：云南。

云南毛茛**Ranunculus yunnanensis** Franch.

习性：多年生，小草本，高7~15cm；湿生植物。

生境：林缘、草丛、草甸、溪边等，海拔2800~4800m。

分布：云南、四川。

天葵属 Semiaquilegia Makino

天葵**Semiaquilegia adoxoides** (DC.) Makino

习性：多年生，小草本，高10~32cm；半湿生植物。

生境：沟谷、林下、路边等，海拔100~1100m。

分布：河北、江苏、安徽、浙江、江西、福建、湖北、湖南、广西、贵州、云南、四川、陕西。

黄三七属 Souliea Franch.

黄三七**Souliea vaginata** (Maxim.) Franch.

习性：多年生，中小草本，高25~75cm；湿生植物。

生境：林下、林缘、草丛、草甸等，海拔2800~4000m。

分布：云南、四川、西藏、陕西、甘肃、青海。

唐松草属 Thalictrum L.

高山唐松草（原变种）**Thalictrum alpinum** var. **alpinum**

习性：多年生，小草本，高5~20cm；湿生植物。

生境：河谷、草丛、草甸、沼泽、溪边等，海拔4300~5300m。

分布：内蒙古、四川、西藏、陕西、甘肃、青海、新疆。

直梗高山唐松草**Thalictrum alpinum** var. **elatum** Ulbr.

习性：多年生，小草本，高20~40cm；湿生植物。

生境：草丛、草甸等，海拔2400~4600m。

分布：河北、山西、云南、四川、西藏、陕西、甘肃。

唐松草 Thalictrum aquilegiifolium var. sibiricum Regel & Tiling
习性：多年生，中草本，高0.6~1.5m；半湿生植物。
生境：林下、林缘、草丛、草甸等，海拔500~1800m。
分布：黑龙江、吉林、辽宁、内蒙古、河北、山西、山东、浙江、河南。

贝加尔唐松草 Thalictrum baicalense Turcz.
习性：多年生，中小草本，高45~80cm；半湿生植物。
生境：草丛、岩石等，海拔900~3000m。
分布：黑龙江、吉林、河北、河南、四川、西藏、陕西、甘肃、青海。

高原唐松草 Thalictrum cultratum Wall.
习性：多年生，中草本，高0.5~1.2m；半湿生植物。
生境：沟谷、灌丛、草丛、草甸、岩石间等，海拔1700~3800m。
分布：云南、四川、西藏、甘肃。

偏翅唐松草 Thalictrum delavayi Franch.
习性：多年生，大中草本，高0.6~2m；半湿生植物。
生境：林下、林缘、灌丛、草丛、溪边、沟边、岩石间等，海拔1400~3400m。
分布：湖北、贵州、云南、四川、西藏。

华东唐松草 Thalictrum fortunei S. Moore
习性：多年生，中小草本，高20~65cm；半湿生植物。
生境：林下、林缘、岩石、路边等，海拔100~1500m。
分布：江苏、安徽、浙江、江西。

小果唐松草 Thalictrum microgynum Lecoy. ex Oliv.
习性：多年生，小草本，高20~40cm；半湿生植物。
生境：岩壁，海拔700~2800m。
分布：山西、湖北、湖南、云南、四川。

美丽唐松草 Thalictrum reniforme Wall.
习性：多年生，中草本，高0.8~1.5m；半湿生植物。
生境：沟谷、林下、灌丛、草丛等，海拔2600~3800m。
分布：西藏。

粗壮唐松草 Thalictrum robustum Maxim.
习性：多年生，中草本，高0.5~1.5m；半湿生植物。
生境：草丛、岩石间等，海拔900~2100m。

分布：山西、河南、湖北、四川、甘肃。

箭头唐松草 Thalictrum simplex L.
习性：多年生，中草本，高0.5~1m；半湿生植物。
生境：林缘、灌丛、草丛、草甸、河漫滩等，海拔900~2400m。
分布：黑龙江、吉林、辽宁、内蒙古、河北、北京、山西、湖北、四川、陕西、甘肃、青海、新疆。

深山唐松草 Thalictrum tuberiferum Maxim.
习性：多年生，中草本，高50~70cm；半湿生植物。
生境：沟谷、灌丛、草丛、草甸等，海拔800~1100m。
分布：黑龙江、吉林、辽宁。

金莲花属 Trollius L.

阿尔泰金莲花 Trollius altaicus C. A. Mey.
习性：多年生，中小草本，高25~70cm；半湿生植物。
生境：沟谷、草丛、沼泽等，海拔1200~2700m。
分布：内蒙古、新疆。

宽瓣金莲花 Trollius asiaticus L.
习性：多年生，中小草本，高20~80cm；半湿生植物。
生境：林下、林间、草丛、草甸等，海拔达4600m。
分布：黑龙江、新疆。

金莲花 Trollius chinensis Bunge
习性：多年生，中小草本，高20~80cm；半湿生植物。
生境：沟谷、林间、林缘、草丛、草甸等，海拔1000~2200m。
分布：黑龙江、吉林、辽宁、内蒙古、河北、山西、河南、四川、青海。

准噶尔金莲花 Trollius dschungaricus Regel
习性：多年生，小草本，高20~50cm；湿生植物。
生境：林下、林缘、草丛、草甸、湖岸坡等，海拔1800~3100m。
分布：新疆。

矮金莲花（原变种）Trollius farreri var. farreri
习性：多年生，小草本，高5~20cm；湿生植物。
生境：草丛、沼泽草甸、沼泽等，海拔3500~

4700m。

分布：云南、四川、西藏、陕西、甘肃、青海。

大叶矮金莲花Trollius farreri var. **major** W. T. Wang

习性：多年生，小草本，高20~25cm；湿生植物。

生境：沼泽草甸，海拔3500~4600m。

分布：云南、西藏。

长白金莲花Trollius japonicus Miq.

习性：多年生，中小草本，高25~55cm；半湿生植物。

生境：沟谷、林缘、草丛、河岸坡、冻原等，海拔1200~2300m。

分布：吉林、辽宁。

短瓣金莲花Trollius ledebourii Rchb.

习性：多年生，中小草本，高0.4~1m；湿生植物。

生境：河谷、林间、林缘、灌丛、草丛、沼泽草甸、沼泽、河漫滩、溪边等，海拔100~900m。

分布：黑龙江、吉林、辽宁、内蒙古。

长瓣金莲花Trollius macropetalus (Regel) F. Schmidt

习性：多年生，中草本，高0.6~1.3m；半湿生植物。

生境：林间、林缘、草丛、沼泽草甸等，海拔400~600m。

分布：黑龙江、吉林、辽宁。

小花金莲花Trollius micranthus Hand.-Mazz.

习性：多年生，小草本，高5~25cm；湿生植物。

生境：草丛、沼泽草甸等，海拔3900~4200m。

分布：云南、西藏。

小金莲花（原变种）**Trollius pumilus** var. **pumilus**

习性：多年生，小草本，高4~10cm；湿生植物。

生境：草丛、沼泽草甸等，海拔4100~4800m。

分布：云南、四川、西藏、青海。

青藏金莲花Trollius pumilus var. **tanguticus** Brühl

习性：多年生，小草本，高5~30cm；湿生植物。

生境：草丛、沼泽等，海拔2300~3700m。

分布：四川、西藏、甘肃、青海。

毛茛状金莲花Trollius ranunculoides Hemsl.

习性：多年生，小草本，高6~30cm；湿生植物。

生境：草丛、沼泽草甸等，海拔2900~4300m。

分布：云南、四川、西藏、甘肃、青海。

鞘柄金莲花Trollius vaginatus Hand.-Mazz.

习性：多年生，小草本，高4~11cm；湿生植物。

生境：草丛、沼泽草甸等，海拔3000~4200m。

分布：云南、四川。

云南金莲花（原变种）**Trollius yunnanensis** var. **yunnanensis**

习性：多年生，中小草本，高20~80cm；湿生植物。

生境：草丛、沼泽草甸、溪边等，海拔2700~3800m。

分布：云南、四川、甘肃。

长瓣云南金莲花Trollius yunnanensis var. **eupetalus** (Stapf) W. T. Wang

习性：多年生，小草本，高4~11cm；湿生植物。

生境：草丛、沼泽草甸等，海拔2500~4000m。

分布：云南。

尾囊草属 Urophysa Ulbr.

距瓣尾囊草Urophysa rockii Ulbr.

习性：多年生，小草本，高5~15cm；湿生植物。

生境：溪边、岩壁等，海拔约800m。

分布：四川。

179. 帚灯草科 Restionaceae

刺鳞草属 Centrolepis Labill.

刺鳞草Centrolepis banksii (R. Br.) Roem. & Schult.

习性：一年生，小草本，高2~5cm；半湿生植物。

生境：河岸坡、弃耕田、潮上带等，海拔达100m。

分布：海南、广西。

薄果草属 Dapsilanthus B. G. Briggs & L. A. S. Johns.

薄果草Dapsilanthus disjunctus (Mast.) B. G. Briggs & L. A. S. Johns.

习性：多年生，中小草本，高0.4~1m；半湿生植物。

生境：林下、潮上带等。

分布：海南、广西。

180. 鼠李科 Rhamnaceae

马甲子属 Paliurus Mill.

硬毛马甲子Paliurus hirsutus Hemsl.

习性：落叶，灌木或乔木，高达5m；水陆生植物。

生境：河流、湖泊、池塘、水沟等，海拔达1000m。

分布：江苏、安徽、浙江、福建、湖北、湖南、广东、广西。

马甲子Paliurus ramosissimus (Lour.) Poir.

习性：落叶，大灌木，高达6m；半湿生植物。

生境：沟谷、林缘、河岸坡、溪边、湖岸坡、塘基、沟边等，海拔达2000m。

分布：江苏、安徽、浙江、江西、福建、湖北、湖南、广东、广西、贵州、云南、四川、台湾。

181. 红树科 Rhizophoraceae

木榄属 Bruguiera Savigny

木榄Bruguiera gymnorhiza (L.) Savigny

习性：常绿，中小乔木，高3~20m；挺水植物。

生境：潮间带。

分布：福建、广东、海南、广西、香港、台湾。

海莲Bruguiera sexangula (Lour.) Poir.

习性：常绿，中小乔木，高6~15m；挺水植物。

生境：潮间带。

分布：海南。

竹节树属 Carallia Roxb.

竹节树Carallia brachiata (Lour.) Merr.

习性：常绿，中小乔木，高7~10m；半湿生植物。

生境：沟谷、沼泽、溪边、塘基、水库等。

分布：福建、广东、海南、广西、云南。

角果木属 Ceriops Arn.

角果木Ceriops tagal (Perr.) C. B. Rob.

习性：常绿，灌木或乔木，高2~5m；挺水植物。

生境：潮间带。

分布：广东、海南、台湾。

秋茄树属 Kandelia (DC.) Wight & Arn.

秋茄树Kandelia obovata Sheue, H. Y. Liu & J. W. H. Yong

习性：常绿，灌木或乔木，高1~8m；挺水植物。

生境：潮间带。

分布：福建、广东、海南、广西、香港、澳门、台湾，浙江有栽培。

红树属 Rhizophora L.

红树Rhizophora apiculata Blume

习性：常绿，灌木或乔木，高2~4m；挺水植物。

生境：潮间带。

分布：海南。

红海榄Rhizophora stylosa Griff.

习性：常绿，灌木或乔木，高2~8m；挺水植物。

生境：潮间带。

分布：广东、海南、广西。

182. 蔷薇科 Rosaceae

龙芽草属 Agrimonia L.

小花龙芽草Agrimonia nipponica var. **occidentalis** Skalický ex J. E. Vidal

习性：多年生，中小草本，高30~90cm；半湿生植物。

生境：林下、林缘、灌丛、草丛、溪边、路边等，海拔200~1500m。

分布：安徽、浙江、江西、广东、广西、贵州。

龙芽草（原变种）**Agrimonia pilosa** var. **pilosa**

习性：多年生，中小草本，高0.3~1.2m；半湿生植物。

生境：林下、林缘、灌丛、草丛、草甸、河岸坡、溪边、沟边、田间、路边等，海拔100~4000m。

分布：全国各地。

黄龙尾Agrimonia pilosa var. **nepalensis** (D. Don) Nakai

习性：多年生，中草本，高80~90cm；半湿生植物。

生境：林下、草丛、溪边等，海拔100~3500m。

分布：河北、山西、山东、江苏、安徽、江西、河南、湖北、湖南、广东、广西、贵州、云南、四川、西藏、陕西、甘肃。

羽衣草属 Alchemilla L.

羽衣草 Alchemilla japonica Nakai & H. Hara

习性：多年生，小草本，高10~30cm；半湿生植物。

生境：草丛、草甸等，海拔2500~3500m。

分布：内蒙古、四川、陕西、甘肃、青海、新疆。

蕨麻属 Argentina Hill

蕨麻 Argentina anserina (L.) Rydb.

习性：多年生，匍匐草本；半湿生植物。

生境：草丛、沼泽草甸、沼泽、河漫滩、河岸坡、湖岸坡、沟边、路边等，海拔500~4100m。

分布：黑龙江、吉林、辽宁、内蒙古、河北、北京、山西、江西、云南、四川、西藏、陕西、宁夏、甘肃、青海、新疆。

多对小叶蕨麻 Argentina aristata (Soják) Soják

习性：多年生，小草本，高2~10cm；湿生植物。

生境：林缘、灌丛、草甸、岩石间等，海拔3400~4800m。

分布：云南、西藏。

川滇蕨麻 Argentina fallens (Cardot) Soják

习性：多年生，小草本，高10~35cm；湿生植物。

生境：林下、灌丛、草丛、草甸等，海拔2800~3900m。

分布：云南、四川。

纤细蕨麻 Argentina gracilescens (Soják) Y. H. Tong & N. H. Xia

习性：多年生，小草本，高7~10cm；湿生植物。

生境：草甸，海拔3800~4200m。

分布：云南、西藏。

银叶蕨麻 Argentina leuconota (D. Don) Soják

习性：多年生，小草本，高10~45cm；湿生植物。

生境：林下、草丛、草甸、溪边、岩壁等，海拔1300~4600m。

分布：湖北、云南、四川、西藏、台湾。

西南蕨麻 Argentina lineata (Trevir.) Soják

习性：多年生，中小草本，高10~60cm；半湿生植物。

生境：林下、林缘、灌丛、草丛等，海拔1100~3600m。

分布：湖北、贵州、云南、四川、西藏。

小叶蕨麻 Argentina microphylla (D. Don) Soják

习性：多年生，小草本，高2~3cm；湿生植物。

生境：草甸、岩石间等，海拔3400~5200m。

分布：云南、四川、西藏。

总梗蕨麻 Argentina peduncularis (D. Don) Soják

习性：多年生，小草本，高10~35cm；半湿生植物。

生境：林下、草甸、砾石坡等，海拔3000~4800m。

分布：云南、四川、西藏。

狭叶蕨麻（原变种）Argentina stenophylla var. stenophylla

习性：多年生，小草本，高3~25cm；湿生植物。

生境：林缘、草甸等，海拔3200~5300m。

分布：云南、四川、西藏。

康定蕨麻 Argentina stenophylla var. emergens (Cardot) Y. H. Tong & N. H. Xia

习性：多年生，小草本，高5~40cm；湿生植物。

生境：林缘、草甸等，海拔3200~5800m。

分布：四川、西藏。

簇生蕨麻 Argentina turfosa (Hand.-Mazz.) Soják

习性：多年生，小草本，高10~30cm；湿生植物。

生境：林缘、灌丛、草丛、草甸等，海拔1300~4200m。

分布：云南、西藏。

假升麻属 Aruncus L.

假升麻 Aruncus sylvester Kostel. ex Maxim.

习性：多年生，大中草本，高1~3m；半湿生植物。

生境：沟谷、林下、林缘、草甸、溪边、沟边等，海拔1800~3800m。

分布：黑龙江、吉林、辽宁、安徽、江西、河南、湖南、广西、云南、四川、西藏、陕西、甘肃。

无尾果属 Coluria R. Br.

无尾果Coluria longifolia Maxim.

习性：多年生，小草本，高4~20m；半湿生植物。

生境：草原、草甸等，海拔2700~4100m。

分布：云南、四川、西藏、甘肃、青海。

沼委陵菜属 Comarum L.

沼委陵菜Comarum palustre L.

习性：多年生，小草本，高20~30cm；水湿生植物。

生境：草丛、沼泽草甸、沼泽、溪流、水沟、洼地等，海拔400~3200m。

分布：黑龙江、吉林、辽宁、内蒙古、河北、山东、新疆。

栒子属 Cotoneaster Medik.

黄杨叶栒子Cotoneaster buxifolius Wall. ex Lindl.

习性：半常绿或常绿，中小灌木，高0.5~1.5m；半湿生植物。

生境：灌丛、砾石坡等，海拔1000~3900m。

分布：贵州、云南、四川、西藏。

小叶栒子Cotoneaster microphyllus Wall. ex Lindl.

习性：常绿，小灌木，高0.3~1m；半湿生植物。

生境：灌丛、砾石坡等，海拔2500~4100m。

分布：云南、四川、西藏。

水栒子Cotoneaster multiflorus Bunge

习性：落叶，大中灌木，高1~4m；半湿生植物。

生境：沟谷、林下、林缘、灌丛、溪边等，海拔1200~3500m。

分布：黑龙江、辽宁、内蒙古、河北、北京、山西、河南、湖北、云南、四川、西藏、陕西、甘肃、青海、新疆。

蛇莓属 Duchesnea Sm.

皱果蛇莓Duchesnea chrysantha (Zoll. & Moritzi) Miq.

习性：多年生，匍匐草本；湿生植物。

生境：林下、林缘、灌丛、草丛、河岸坡、塘基、沟边、弃耕水浇地、田间、田埂、路边等，海拔200~2600m。

分布：浙江、福建、广东、广西、云南、四川、陕西、台湾。

蛇莓Duchesnea indica (Andrews) Teschem.

习性：多年生，匍匐草本；湿生植物。

生境：林下、林缘、灌丛、草丛、草甸、河岸坡、湖岸坡、塘基、沟边、田间、田埂、弃耕水浇地、路边等，海拔达1800m。

分布：全国各地。

蚊子草属 Filipendula Mill.

细叶蚊子草Filipendula angustiloba (Turcz.) Maxim.

习性：多年生，中草本，高0.5~1.2m；湿生植物。

生境：林下、草甸、沼泽边、河岸坡、沟边等，海拔600~1300m。

分布：黑龙江、吉林、内蒙古。

槭叶蚊子草Filipendula glaberrima Nakai

习性：多年生，中草本，高0.5~1.5m；半湿生植物。

生境：林下、林缘、草甸、河岸坡等，海拔700~1500m。

分布：黑龙江、吉林、辽宁、内蒙古。

蚊子草Filipendula palmata (Pall.) Maxim.

习性：多年生，中草本，高0.6~1.5m；半湿生植物。

生境：沟谷、林缘、草丛、草甸、河岸坡、沟边等，海拔200~2000m。

分布：黑龙江、吉林、辽宁、内蒙古、河北、四川、陕西。

锈脉蚊子草Filipendula vestita (Wall. ex G. Don) Maxim.

习性：多年生，中草本，高0.7~1.5m；湿生植物。

生境：草甸、河岸坡、路边等，海拔3000~3200m。

分布：云南。

草莓属 Fragaria L.

黄毛草莓Fragaria nilgerrensis Schltdl. ex J. Gay

习性：多年生，小草本，高5~25cm；湿生植物。

生境：沟谷、林下、林缘、灌丛、草丛、草甸、沟边等，海拔700~4000m。

分布：湖北、湖南、贵州、云南、四川、陕西、台湾。

西藏草莓 Fragaria nubicola (Hook. f.) Lindl. ex Lacaita

习性：多年生，小草本，高4~26cm；湿生植物。

生境：林下、林缘、草丛等，海拔2500~3900m。

分布：西藏。

东方草莓 Fragaria orientalis Losinsk.

习性：多年生，小草本，高5~30cm；半湿生植物。

生境：林下、林缘、草丛、草甸、河岸坡、河漫滩等，海拔600~4000m。

分布：黑龙江、吉林、辽宁、内蒙古、河北、山西、湖北、重庆、四川、陕西、甘肃、青海。

路边青属 Geum L.

路边青 Geum aleppicum Jacq.

习性：多年生，中小草本，高0.3~1m；半湿生植物。

生境：林间、林缘、草丛、河岸坡、溪边、湖岸坡、沟边、田间、路边等，海拔200~3500m。

分布：黑龙江、吉林、辽宁、内蒙古、山西、山东、江西、河南、湖北、湖南、贵州、云南、重庆、四川、西藏、陕西、甘肃、新疆。

柔毛路边青 Geum japonicum var. chinense F. Bolle

习性：多年生，中小草本，高25~60cm；半湿生植物。

生境：林下、林缘、灌丛、草丛、河岸坡、溪边、沟边、田间、路边等，海拔200~2300m。

分布：山东、江苏、安徽、浙江、江西、福建、河南、湖北、湖南、广东、广西、贵州、云南、重庆、四川、陕西、甘肃、新疆。

绣线梅属 Neillia D. Don

毛叶绣线梅 Neillia ribesioides Rehder

习性：落叶，中小灌木，高0.5~2m；半湿生植物。

生境：林下、灌丛、溪边、路边等，海拔1000~2500m。

分布：湖北、云南、四川、陕西、甘肃。

中华绣线梅 Neillia sinensis Oliv.

习性：落叶，大中灌木，高1~3m；半湿生植物。

生境：沟谷、林缘、溪边、沟边、路边等，海拔1000~2500m。

分布：江西、河南、湖北、湖南、广东、广西、贵州、云南、四川、陕西、甘肃。

委陵菜属 Potentilla L.

关节委陵菜 Potentilla articulata Franch.

习性：多年生，小草本，高1~3cm；湿生植物。

生境：草甸、流石滩、岩壁等，海拔3600~4800m。

分布：云南、四川、西藏。

二裂委陵菜（原变种）Potentilla bifurca var. bifurca

习性：多年生，小草本，高5~20cm；半湿生植物。

生境：林下、草丛、草甸、河岸坡等，海拔400~4000m。

分布：黑龙江、内蒙古、河北、北京、山西、四川、西藏、陕西、宁夏、甘肃、青海、新疆。

矮生二裂委陵菜 Potentilla bifurca var. humilior Osten-Sacken & Rupr.

习性：多年生，小草本，高1~7cm；半湿生植物。

生境：草丛、草甸、河岸坡等，海拔1100~4000m。

分布：内蒙古、河北、山西、四川、西藏、陕西、宁夏、甘肃、青海、新疆。

长叶二裂委陵菜 Potentilla bifurca var. major Ledeb.

习性：多年生，小草本，高10~40cm；半湿生植物。

生境：草丛、草甸、田间等，海拔300~3200m。

分布：黑龙江、吉林、内蒙古、河北、山西、陕西、甘肃、新疆。

蛇莓委陵菜 Potentilla centigrana Maxim.

习性：一或二年生，小草本，高20~40cm；湿生植物。

生境：林下、林缘、草甸、河岸坡、田埂、弃耕水浇地、水边等，海拔400~4000m。

分布：黑龙江、吉林、辽宁、内蒙古、贵州、云南、四川、陕西。

委陵菜 Potentilla chinensis Ser.

习性：多年生，中小草本，高20~70cm；半湿生植物。

生境：沟谷、林下、林缘、灌丛、草丛、田埂、弃耕水浇地等，海拔200~3200m。

分布：黑龙江、吉林、辽宁、内蒙古、河北、北京、山西、山东、江苏、安徽、江西、河南、湖北、湖南、广东、广西、贵州、云南、四川、西藏、陕西、宁夏、甘肃、台湾。

大萼委陵菜Potentilla conferta Bunge

习性：多年生，小草本，高20~45cm；半湿生植物。
生境：沟谷、灌丛、草丛、草甸、水浇地等，海拔达3500m。
分布：黑龙江、内蒙古、河北、北京、山西、云南、四川、西藏、甘肃。

萎叶委陵菜（原变种）Potentilla coriandrifolia var. coriandrifolia

习性：多年生，小草本，高4~15cm；湿生植物。
生境：灌丛、草丛、草甸、岩壁等，海拔3200~4700m。
分布：云南、四川、西藏。

丛生萎叶委陵菜Potentilla coriandrifolia var. dumosa Franch.

习性：多年生，小草本，高4~15cm；湿生植物。
生境：草甸、岩石、岩壁等，海拔3300~4500m。
分布：云南、四川、西藏。

狼牙委陵菜Potentilla cryptotaeniae Maxim.

习性：一或二年生，中草本，高0.5~1m；半湿生植物。
生境：林下、林缘、草丛、草甸、沟边、路边等，海拔1000~2200m。
分布：黑龙江、吉林、辽宁、四川、陕西、甘肃。

翻白草Potentilla discolor Bunge

习性：多年生，小草本，高10~45cm；半湿生植物。
生境：沟谷、林下、林缘、灌丛、草丛、草甸、沟边、水浇地、田埂、路边等，海拔100~1900m。
分布：黑龙江、辽宁、内蒙古、河北、山西、山东、安徽、浙江、江西、福建、河南、湖南、广东、广西、云南、重庆、四川、西藏、陕西、甘肃、台湾。

匍枝委陵菜Potentilla flagellaris D. F. K. Schltdl.

习性：多年生，匍匐草本；半湿生植物。
生境：林下、草丛、草甸、沼泽、河岸坡、溪边、湖岸坡、沟边等，海拔300~2100m。
分布：黑龙江、吉林、辽宁、河北、北京、山西、山东、陕西、甘肃、新疆。

莓叶委陵菜Potentilla fragarioides L.

习性：多年生，小草本，高10~35cm；半湿生植物。
生境：林下、灌丛、草丛、草甸、田埂、水浇地、沟边等，海拔300~2400m。
分布：黑龙江、吉林、辽宁、内蒙古、河北、北京、山西、山东、江苏、安徽、浙江、江西、福建、河南、湖北、湖南、广西、云南、四川、陕西、甘肃。

三叶委陵菜Potentilla freyniana Bornm.

习性：多年生，小草本，高8~25cm；湿生植物。
生境：林下、林缘、草丛、草甸、河漫滩、河岸坡、溪边等，海拔300~3500m。
分布：黑龙江、吉林、辽宁、河北、北京、山西、山东、江苏、安徽、浙江、江西、福建、河南、湖北、湖南、贵州、云南、四川、陕西、甘肃。

金露梅Potentilla fruticosa L.

习性：落叶，中小灌木，高0.2~2m；半湿生植物。
生境：林下、林缘、灌丛、草丛、草甸、沼泽、砾石坡、岩壁等，海拔1000~5000m。
分布：黑龙江、吉林、辽宁、内蒙古、河北、山西、云南、四川、西藏、陕西、甘肃、青海、新疆。

银露梅Potentilla glabra G. Lodd.

习性：落叶，中小灌木，高0.3~2m；半湿生植物。
生境：沟谷、林缘、灌丛、草丛、草甸等，海拔1400~4200m。
分布：内蒙古、河北、山西、安徽、湖北、云南、四川、陕西、甘肃、青海。

长柔毛委陵菜Potentilla griffithii var. velutina Cardot

习性：多年生，小草本，高5~30cm；湿生植物。
生境：林缘、草丛、草甸、沼泽等，海拔1900~4000m。
分布：云南、四川、西藏。

蛇含委陵菜Potentilla kleiniana Wight & Arn.

习性：多年生，直立或匍匐草本，高10~50cm；半湿生植物。
生境：林下、林缘、草丛、草甸、河岸坡、溪边、沟边、田埂、水浇地、路边等，海拔400~3000m。
分布：吉林、辽宁、山东、江苏、安徽、浙江、江西、福建、河南、湖北、湖南、广东、广西、贵州、重庆、四川、西藏、陕西、甘肃。

条裂委陵菜Potentilla lancinata Cardot

习性：多年生，中小草本，高15~56cm；湿生植物。

生境：林缘、草丛、草甸、溪边、岩石等，海拔3200~4100m。

分布：云南、四川。

下江委陵菜Potentilla limprichtii J. Krause

习性：多年生，小草本，高5~30cm；湿生植物。

生境：灌丛、草丛、河岸坡、湖岸坡、沟边等，海拔达700m。

分布：江西、湖北、广东、四川。

多茎委陵菜Potentilla multicaulis Bunge

习性：多年生，小草本，高10~30cm；半湿生植物。

生境：沟谷、林下、草甸、水浇地等，海拔200~3800m。

分布：辽宁、内蒙古、河北、山西、河南、四川、陕西、宁夏、甘肃、青海、新疆。

多头委陵菜Potentilla multiceps T. T. Yu & C. L. Li

习性：多年生，小草本，高3~7cm；湿生植物。

生境：草甸、河漫滩等，海拔4000~5200m。

分布：西藏、青海。

多裂委陵菜Potentilla multifida L.

习性：多年生，小草本，高10~40cm；半湿生植物。

生境：沟谷、林下、林缘、草丛、草甸等，海拔1200~4300m。

分布：黑龙江、吉林、辽宁、内蒙古、河北、云南、四川、西藏、陕西、甘肃、青海、新疆。

华西委陵菜Potentilla potaninii Wolf

习性：多年生，小草本，高10~30cm；湿生植物。

生境：林下、林缘、草丛、沼泽、岩石间等，海拔1700~4700m。

分布：云南、四川、西藏、甘肃、青海。

直立委陵菜Potentilla recta L.

习性：多年生，小草本，高30~40cm；半湿生植物。

生境：河谷、草丛等，海拔1000~1200m。

分布：山东、新疆。

匍匐委陵菜（原变种）Potentilla reptans var. reptans

习性：多年生，匍匐草本；半湿生植物。

生境：林下、林缘、灌丛、草丛、溪边、沟边、田间、路边等，海拔达1500m。

分布：内蒙古、河北、山西、山东、江苏、安徽、浙江、河南、广西、云南、四川、陕西、甘肃、新疆。

绢毛匍匐委陵菜Potentilla reptans var. sericophylla Franch.

习性：多年生，匍匐草本；半湿生植物。

生境：林下、林缘、灌丛、草丛、溪边、沟边、田间等，海拔300~3500m。

分布：内蒙古、河北、北京、山西、山东、江苏、浙江、河南、云南、四川、陕西、甘肃。

钉柱委陵菜（原变种）Potentilla saundersiana var. saundersiana

习性：多年生，小草本，高10~20cm；湿生植物。

生境：林下、灌丛、草丛、草甸、溪边、沟边等，海拔2600~5200m。

分布：山西、云南、四川、西藏、陕西、宁夏、甘肃、青海。

丛生钉柱委陵菜Potentilla saundersiana var. caespitosa (Lehm.) Wolf

习性：多年生，小草本，高3~10cm；湿生植物。

生境：灌丛、草甸、岩石、岩壁等，海拔2700~5200m。

分布：内蒙古、山西、云南、四川、西藏、陕西、甘肃、青海、新疆。

裂萼钉柱委陵菜Potentilla saundersiana var. jacquemontii Franch.

习性：多年生，小草本，高5~30cm；湿生植物。

生境：灌丛、草丛、草甸、砾石坡等，海拔3400~4700m。

分布：云南、西藏。

绢毛委陵菜Potentilla sericea L.

习性：多年生，小草本，高5~20cm；半湿生植物。

生境：林缘、草丛、草原、草甸、河漫滩等，海拔600~4100m。

分布：黑龙江、吉林、内蒙古、西藏、甘肃、青海、新疆。

朝天委陵菜（原变种）Potentilla supina var. supina

习性：多年生，直立或平卧草本，高10~40cm；半湿生植物。

生境：林缘、草丛、草甸、河岸坡、溪边、田埂、水浇地等，海拔100~2000m。

分布：黑龙江、吉林、辽宁、内蒙古、河北、北京、天津、山西、山东、江苏、安徽、上海、浙江、江西、河南、湖北、湖南、广东、贵州、云南、四川、西藏、陕西、宁夏、甘肃、新疆。

三叶朝天委陵菜Potentilla supina var. ternata Peterm.

习性：多年生，直立或平卧草本，高10~40cm；半湿生植物。

生境：草丛、河岸坡、盐碱地、沟边、田间等，海拔100~1900m。

分布：黑龙江、辽宁、河北、山西、江苏、安徽、浙江、江西、河南、广东、贵州、云南、四川、陕西、甘肃、新疆。

菊叶委陵菜 Potentilla tanacetifolia D. F. K. Schltdl.

习性：多年生，中小草本，高15~65cm；半湿生植物。

生境：林缘、草丛、草甸、洼地等，海拔400~2600m。

分布：黑龙江、吉林、辽宁、内蒙古、河北、山西、山东、江西、陕西、甘肃。

李属 Prunus L.

沼生矮樱 Prunus jingningensis (Z. H. Chen, G. Y. Li & Y. K. Xu) D. G. Zhang & Y. Wu

习性：落叶，大灌木，高2~3m；湿生植物。

生境：林缘、灌丛、沼泽边等，海拔1200~1500m。

分布：湖北。

稠李Prunus padus L.

习性：落叶，中小乔木，高5~15m；半湿生植物。

生境：林间、河岸坡、溪边等，海拔800~2500m。

分布：黑龙江、吉林、辽宁、内蒙古、河北、山西、山东、河南、陕西、甘肃、青海、新疆。

蔷薇属 Rosa L.

刺蔷薇Rosa acicularis Lindl.

习性：大中灌木，高1~3m；半湿生植物。

生境：林下、灌丛、河岸坡、沟边、路边等，海拔400~1900m。

分布：黑龙江、吉林、辽宁、内蒙古、河北、山西、

河南、陕西、甘肃、新疆。

弯刺蔷薇Rosa beggeriana Schrenk

习性：大中灌木，高1.5~3m；半湿生植物。

生境：沟谷、河岸坡、路边等，海拔800~2000m。

分布：甘肃、新疆。

硕苞蔷薇Rosa bracteata J. C. Wendl.

习性：常绿，攀援灌木，高2~5m；半湿生植物。

生境：林下、灌丛、溪边、潮上带、路边等，海拔达1700m。

分布：江苏、浙江、江西、福建、湖南、贵州、云南、台湾。

山刺玫Rosa davurica Pall.

习性：大中灌木，高1~5m；半湿生植物。

生境：林缘、灌丛、河岸坡、溪边、沟边、路边等，海拔300~2500m。

分布：黑龙江、吉林、辽宁、内蒙古、河北、山西、河南。

卵果蔷薇Rosa helenae Rehder & E. H. Wilson

习性：攀援灌木，高达9m；半湿生植物。

生境：林缘、灌丛、沟边等，海拔1000~3000m。

分布：湖北、贵州、云南、四川、陕西、甘肃。

金樱子Rosa laevigata Michx.

习性：攀援灌木，高达5m；半湿生植物。

生境：林缘、灌丛、河岸坡、溪边、沟边、塘基、路边等，海拔100~1600m。

分布：江苏、安徽、浙江、江西、福建、河南、湖北、湖南、广东、海南、广西、贵州、云南、四川、陕西、台湾。

毛萼蔷薇Rosa lasiosepala F. P. Metcalf

习性：攀援灌木，高达10m；半湿生植物。

生境：沟谷、灌丛、溪边、沟边、路边等，海拔900~1800m。

分布：广西、云南。

毛叶蔷薇Rosa mairei H. Lév.

习性：中小灌木，高0.5~2m；半湿生植物。

生境：林下、林缘、溪边、沟边等，海拔1700~4200m。

分布：贵州、云南、四川、西藏。

粉团蔷薇Rosa multiflora var. cathayensis Rehder & E. H. Wilson

习性：攀援灌木，高2~5m；半湿生植物。

生境：林缘、溪边、湖岸坡、塘基、沟边、路边等，海拔100~2000m。

分布：河北、山东、安徽、浙江、江西、福建、河南、湖南、广东、广西、贵州、云南、陕西、甘肃。

西南蔷薇Rosa murielae Rehder & E. H. Wilson

习性：大中灌木，高1.5~3m；半湿生植物。

生境：灌丛、沟边等，海拔1800~3800m。

分布：云南、四川。

峨眉蔷薇Rosa omeiensis Rolfe

习性：大中灌木，高1~4m；半湿生植物。

生境：沟谷、林缘、灌丛、溪边、沟边等，海拔700~4000m。

分布：云南、西藏。

绢毛蔷薇Rosa sericea Lindl.

习性：中灌木，高1~2m；半湿生植物。

生境：沟谷、林缘、灌丛、草甸等，海拔2000~4400m。

分布：贵州、云南、四川、西藏。

刺梗蔷薇Rosa setipoda Hemsl. & E. H. Wilson

习性：大中灌木，高1.5~3m；半湿生植物。

生境：河谷、草甸、路边等，海拔1400~3800m。

分布：湖北、四川。

川西蔷薇Rosa sikangensis T. T. Yu & T. C. Ku

习性：中灌木，高1~1.5m；半湿生植物。

生境：灌丛、河岸坡、溪边、沟边、路边等，海拔2900~4200m。

分布：云南、四川、西藏。

川滇蔷薇Rosa soulieana Crép.

习性：大灌木，高2~4m；半湿生植物。

生境：灌丛、溪边、沟边等，海拔2500~3700m。

分布：安徽、云南、重庆、四川、西藏。

悬钩子属 Rubus L.

粗叶悬钩子Rubus alceifolius Poir.

习性：攀援灌木，高1~3m；半湿生植物。

生境：沟谷、林下、林缘、沼泽灌丛、河岸坡、溪边、沟边、田间、路边等，海拔100~2000m。

分布：江苏、浙江、江西、福建、湖南、广东、海南、广西、贵州、云南、台湾。

刺萼悬钩子Rubus alexeterius Focke

习性：攀援灌木，高1~2m；半湿生植物。

生境：沟谷、林下、溪边、沟边等，海拔2000~3700m。

分布：云南、四川、西藏。

北悬钩子Rubus arcticus L.

习性：多年生，小草本，高10~30cm；湿生植物。

生境：沟谷、林下、草甸、沼泽、沟边等，海拔400~1200m。

分布：黑龙江、吉林、辽宁、内蒙古。

西南悬钩子Rubus assamensis Focke

习性：攀援灌木，高1~3m；半湿生植物。

生境：沟谷、林缘、灌丛、溪边、沟边等，海拔1400~3000m。

分布：广西、贵州、云南、四川、西藏。

粉枝莓Rubus biflorus Buch.-Ham. ex Sm.

习性：攀援灌木，高1~3m；半湿生植物。

生境：沟谷、林下、林缘、灌丛、河岸坡、溪边、沟边等，海拔1500~3500m。

分布：贵州、云南、四川、西藏、陕西、甘肃。

寒莓Rubus buergeri Miq.

习性：直立或攀援灌木；湿生植物。

生境：林下、溪边、沟边等，海拔400~2500m。

分布：江苏、安徽、浙江、江西、福建、湖北、湖南、广东、广西、贵州、云南、四川、台湾。

齿萼悬钩子Rubus calycinus Wall. ex D. Don

习性：多年生，匍匐草本，高15~20cm；湿生植物。

生境：林下、林缘、沟边等，海拔1200~3000m。

分布：云南、四川、西藏。

兴安悬钩子Rubus chamaemorus L.

习性：多年生，小草本，高5~30cm；湿生植物。

生境：林下、沼泽、溪边、沟边等，海拔400~800m。

分布：黑龙江、吉林、辽宁。

山莓Rubus corchorifolius L. f.

习性：攀援灌木，高1~3m；半湿生植物。

生境：沟谷、草甸、溪边、沟边等，海拔200~2600m。

分布：黑龙江、吉林、辽宁、内蒙古、河北、山西、山东、江苏、安徽、浙江、江西、福建、河南、湖北、湖南、广东、海南、广西、贵州、云南、四川、西藏、陕西、甘肃、宁夏。

插田泡Rubus coreanus Miq.

习性：攀援灌木，高1~3m；半湿生植物。

生境：沟谷、灌丛、河岸坡、溪边、沟边、路边等，海拔100~3100m。

分布：江苏、安徽、浙江、江西、福建、河南、湖北、湖南、贵州、云南、四川、陕西、甘肃、新疆。

大红泡Rubus eustephanos Focke

习性：攀援灌木，高0.5~2m；湿生植物。

生境：林下、灌丛、溪边、沟边等，海拔500~2300m。

分布：浙江、湖北、湖南、贵州、四川、陕西。

弓茎悬钩子Rubus flosculosus Focke

习性：攀援灌木，高1.5~2.5m；半湿生植物。

生境：沟谷、林缘、灌丛、河岸坡、溪边、沟边等，海拔900~2800m。

分布：山西、浙江、福建、河南、湖北、四川、陕西、甘肃、西藏。

凉山悬钩子Rubus fockeanus Kurz

习性：多年生，匍匐草本，高3~10cm；湿生植物。

生境：林下、草丛、草甸等，海拔2000~4000m。

分布：湖北、云南、四川、西藏。

蓬蘽Rubus hirsutus Thunb.

习性：攀援灌木，高1~2m；半湿生植物。

生境：灌丛、路边等，海拔900~3200m。

分布：江苏、安徽、浙江、江西、福建、河南、湖北、广东、云南、台湾。

白叶莓Rubus innominatus S. Moore

习性：攀援灌木，高1~3m；半湿生植物。

生境：林下、灌丛、河岸坡、溪边、沟边等，海拔400~2500m。

分布：安徽、浙江、江西、福建、河南、湖北、湖南、广东、广西、贵州、云南、四川、陕西、甘肃。

红花悬钩子Rubus inopertus (Focke) Focke

习性：攀援灌木，高1~3m；半湿生植物。

生境：沟谷、林缘、溪边、沟边等，海拔800~

2800m。

分布：湖北、湖南、广西、贵州、云南、四川、陕西、台湾。

灰毛泡Rubus irenaeus Focke

习性：攀援灌木，高0.5~2m；湿生植物。

生境：林下，海拔500~1500m。

分布：江苏、浙江、江西、福建、湖北、湖南、广东、广西、贵州、云南、重庆、四川。

高粱泡Rubus lambertianus Ser.

习性：攀援灌木，高达3m；半湿生植物。

生境：沟谷、林缘、灌丛、河岸坡、溪边、沟边、塘基、田间、路边等，海拔200~2500m。

分布：江苏、安徽、浙江、江西、福建、河南、湖北、湖南、广东、海南、广西、贵州、云南、重庆、四川、陕西、甘肃、台湾。

角裂悬钩子Rubus lobophyllus Y. K. Shih ex F. P. Metcalf

习性：攀援灌木，高达3m；湿生植物。

生境：沟谷、林下、林缘、溪边、沟边等，海拔500~2100m。

分布：湖南、广东、广西、贵州、云南。

棠叶悬钩子Rubus malifolius Focke

习性：攀援灌木，高1.5~3.5m；半湿生植物。

生境：沟谷、林下、灌丛、溪边等，海拔400~2200m。

分布：湖北、湖南、广东、广西、贵州、云南、重庆、四川。

喜阴悬钩子Rubus mesogaeus Focke ex Diels

习性：攀援灌木，高1~4m；半湿生植物。

生境：沟谷、林下、河岸坡、溪边、沟边、路边等，海拔600~3600m。

分布：山西、河南、湖北、贵州、云南、重庆、四川、陕西、甘肃、台湾。

圆锥悬钩子Rubus paniculatus Sm.

习性：攀援灌木，高达3m；半湿生植物。

生境：沟谷、林下、溪边、沟边等，海拔1500~3200m。

分布：云南、西藏。

乌泡子Rubus parkeri Hance

习性：攀援灌木；半湿生植物。

生境：沟谷、林下、林缘、溪边等，海拔达1000m。

分布：江苏、湖北、贵州、云南、重庆、四川、陕西、甘肃。

匍匐悬钩子Rubus pectinarioides H. Hara

习性：匍匐亚灌木，高5~20cm；湿生植物。

生境：林下、溪边、岩石等，海拔2800~3300m。

分布：云南、西藏。

黄蔍Rubus pectinellus Maxim.

习性：草本或亚灌木，高8~30cm；半湿生植物。

生境：林下、溪边等，海拔1000~3000m。

分布：浙江、江西、福建、湖北、湖南、贵州、云南、重庆、四川、台湾。

多腺悬钩子Rubus phoenicolasius Maxim.

习性：攀援灌木，高1~3m；半湿生植物。

生境：沟谷、林下、灌丛、路边等，海拔400~2700m。

分布：山西、山东、河南、湖北、四川、陕西、甘肃、青海。

羽萼悬钩子Rubus pinnatisepalus Hemsl.

习性：攀援灌木，高1~2m；半湿生植物。

生境：沟谷、林下、灌丛、溪边、路边等，海拔1500~3100m。

分布：贵州、云南、四川、台湾。

大乌泡Rubus pluribracteatus L. T. Lu & Boufford

习性：攀援灌木，高达3m；半湿生植物。

生境：河谷、林下、林缘、路边等，海拔300~2700m。

分布：广东、广西、贵州、云南。

空心泡Rubus rosifolius Sm.

习性：直立或攀援灌木，高2~3m；半湿生植物。

生境：林下、草丛、路边等，海拔达2000m。

分布：安徽、浙江、江西、福建、湖北、湖南、广东、广西、贵州、云南、四川、陕西、台湾。

红刺悬钩子Rubus rubrisetulosus Cardot

习性：多年生，小草本，高10~20cm；湿生植物。

生境：沟谷、林下、林缘、溪边等，海拔2000~3500m。

分布：云南、四川。

石生悬钩子Rubus saxatilis L.

习性：多年生，中小草本，高20~60cm；半湿生植物。

生境：林下、半灌丛、砾石地等，海拔达3000m。

分布：黑龙江、吉林、辽宁、内蒙古、河北、山西、新疆。

美饰悬钩子Rubus subornatus Focke

习性：攀援灌木，高1~3m；半湿生植物。

生境：沟谷、林下、灌丛等，海拔2700~4000m。

分布：云南、四川、西藏。

木莓Rubus swinhoei Hance

习性：攀援灌木，高1~4m；半湿生植物。

生境：沟谷、林下、灌丛、溪边等，海拔300~1500m。

分布：江苏、安徽、浙江、江西、福建、湖北、湖南、广东、广西、贵州、四川、陕西、台湾。

三花悬钩子Rubus trianthus Focke

习性：攀援灌木，高0.5~2m；半湿生植物。

生境：沟谷、林下、林缘、草丛、溪边、路边等，海拔500~2800m。

分布：江苏、安徽、浙江、江西、福建、湖北、湖南、贵州、云南、四川、台湾。

三对叶悬钩子Rubus trijugus Focke

习性：中小灌木，高0.5~2m；半湿生植物。

生境：林下、林缘、草丛、溪边、沟边等，海拔2500~3500m。

分布：云南、四川、西藏。

红毛悬钩子Rubus wallichianus Wight & Arn.

习性：攀援灌木，高1~2m；半湿生植物。

生境：沟谷、林下、林缘、灌丛、溪边、沟边等，海拔500~2200m。

分布：湖北、湖南、广西、贵州、云南、四川、台湾。

地榆属 Sanguisorba L.

高山地榆Sanguisorba alpina Bunge

习性：多年生，中小草本，高30~80cm；半湿生植物。

生境：河谷、林缘、草丛、沼泽等，海拔1200~2700m。

分布：宁夏、甘肃、新疆。

宽蕊地榆Sanguisorba applanata T. T. Yu & C. L. Li

习性：多年生，中草本，高0.7~1.2m；半湿生植物。

生境：林下、溪边、沟边等，海拔100~500m。

分布：河北、北京、山东、江苏。

矮地榆 Sanguisorba filiformis (Hook. f.) Hand.-Mazz.

习性：多年生，小草本，高8~35cm；水湿生植物。

生境：草丛、沼泽草甸、沼泽、河岸坡、湖岸坡等，海拔1200~4100m。

分布：湖北、云南、四川、西藏、甘肃。

地榆 Sanguisorba officinalis L.

习性：多年生，中小草本，高0.3~1.2m；半湿生植物。

生境：林下、林缘、灌丛、草丛、草原、草甸、沼泽边、湖岸坡、沟边、田间、田埂、路边等，海拔达3000m。

分布：黑龙江、吉林、辽宁、内蒙古、河北、北京、山西、山东、江苏、安徽、浙江、江西、河南、湖北、湖南、广西、贵州、云南、四川、西藏、陕西、甘肃、青海、新疆。

大白花地榆 Sanguisorba stipulata Raf.

习性：多年生，中小草本，高0.3~1m；半湿生植物。

生境：沟谷、林下、林缘、沼泽草甸、沼泽、湖岸坡、沟边、岩石间等，海拔1400~2300m。

分布：黑龙江、吉林、辽宁、内蒙古。

细叶地榆（原变种）Sanguisorba tenuifolia var. tenuifolia

习性：多年生，中草本，高0.5~1.5m；半湿生植物。

生境：林缘、草丛、草甸、沼泽、沟边等，海拔300~1500m。

分布：黑龙江、吉林、辽宁、内蒙古、山东。

小白花地榆 Sanguisorba tenuifolia var. alba Trautv. & C. A. Mey.

习性：多年生，中草本，高0.7~1.5m；半湿生植物。

生境：林间、林下、林缘、草丛、沼泽草甸、沼泽、湖岸坡、沟边等，海拔200~1700m。

分布：黑龙江、吉林、辽宁、内蒙古。

山莓草属 Sibbaldia L.

五叶山莓草 Sibbaldia pentaphylla J. Krause

习性：多年生，小草本，高2~5cm；湿生植物。

生境：草甸、流石滩、岩石等，海拔3700~4500m。

分布：云南、四川、西藏、青海。

短蕊山莓草 Sibbaldia perpusilloides (W. W. Sm.) Hand.-Mazz.

习性：多年生，小草本，高10~15mm；湿生植物。

生境：草甸、岩石等，海拔2800~4300m。

分布：云南、西藏。

紫花山莓草（原变种）Sibbaldia purpurea var. purpurea

习性：多年生，小草本，高4~10cm；湿生植物。

生境：草甸、岩石等，海拔4400~4700m。

分布：云南、四川、西藏、陕西。

大瓣紫花山莓草 Sibbaldia purpurea var. macropetala (Murav.) T. T. Yu & C. L. Li

习性：多年生，小草本，高2~3cm；湿生植物。

生境：林缘、草甸、雪线处等，海拔3600~4700m。

分布：云南、四川、西藏、陕西。

黄毛山莓草 Sibbaldia sikkimensis (Prain) Chatterjee

习性：多年生，小草本，高6~30cm；湿生植物。

生境：草甸，海拔3500~4100m。

分布：云南。

鲜卑花属 Sibiraea Maxim.

窄叶鲜卑花 Sibiraea angustata (Rehder) Hand.-Mazz.

习性：落叶，大中灌木，高1~2.5m；半湿生植物。

生境：河谷、林缘、灌丛、溪边等，海拔3000~4500m。

分布：云南、四川、西藏、甘肃、青海。

鲜卑花 Sibiraea laevigata (L.) Maxim.

习性：落叶，中灌木，高1~1.5m；半湿生植物。

生境：林缘、灌丛、草甸、溪边等，海拔2000~4200m。

分布：西藏、甘肃、青海。

珍珠梅属 Sorbaria (Ser.) A. Braun

高丛珍珠梅 Sorbaria arborea C. K. Schneid.

习性：落叶，大灌木，高达6m；半湿生植物。

生境：林缘、溪边、沟边、路边等，海拔1600~3500m。

分布：江西、湖北、贵州、云南、四川、西藏、陕西、甘肃、新疆。

珍珠梅 Sorbaria sorbifolia (L.) A. Braun

习性：落叶，中灌木，高1~2m；半湿生植物。

生境：沟谷、林缘、河岸坡、溪边、沟边、路边等，海拔200~1500m。

分布：黑龙江、吉林、辽宁、内蒙古、宁夏。

花楸属 **Sorbus** L.

铺地花楸**Sorbus reducta** Diels

习性：落叶，小灌木，高15~60cm；半湿生植物。

生境：河谷、灌丛、草丛、河岸坡等，海拔2200~4000m。

分布：云南、四川。

马蹄黄属 **Spenceria** Trimen

马蹄黄**Spenceria ramalana** Trimen

习性：多年生，小草本，高18~32cm；半湿生植物。

生境：草甸、砾石坡、岩石等，海拔3000~5000m。

分布：云南、四川、西藏。

绣线菊属 **Spiraea** L.

小叶华北绣线菊**Spiraea fritschiana** var. **parvifolia** Liou

习性：落叶，中灌木，高1~2m；半湿生植物。

生境：沼泽、季节性洼地等，海拔800~1000m。

分布：辽宁、河北、山东。

绣线菊**Spiraea salicifolia** L.

习性：落叶，中灌木，高1~2m；半湿生植物。

生境：河谷、林缘、草原、草丛、沼泽草甸、灌丛沼泽、草本沼泽、河岸坡、河漫滩、溪边、沟边等，海拔200~900m。

分布：黑龙江、吉林、辽宁、内蒙古、河北、山西、河南、四川。

川滇绣线菊**Spiraea schneideriana** Rehder

习性：落叶，中灌木，高1~2m；半湿生植物。

生境：林下、林缘、灌丛、溪边、沼泽草甸等，海拔2500~4000m。

分布：福建、湖北、云南、四川、西藏、陕西、甘肃。

红果树属 **Stranvaesia** Lindl.

波叶红果树**Stranvaesia davidiana** var. **undulata** (Decne.) Rehder & E. H. Wilson

习性：常绿，灌木或乔木，高1~6m；半湿生植物。

生境：河谷、灌丛、溪边、沟边等，海拔900~3000m。

分布：浙江、江西、福建、湖北、湖南、广东、广西、贵州、云南、四川、陕西。

林石草属 **Waldsteinia** Willd.

林石草**Waldsteinia ternata** (Stephan) Fritsch

习性：多年生，小草本，高7~20cm；湿生植物。

生境：林下、林缘、灌丛等，海拔700~1000m。

分布：吉林。

183. 茜草科 **Rubiaceae**

尖药花属 **Acranthera** Arn. ex Meisn.

中华尖药花**Acranthera sinensis** C. Y. Wu

习性：草本或亚灌木，高0.4~1m；湿生植物。

生境：林下，海拔1000~1600m。

分布：云南。

水团花属 **Adina** Salisb.

水团花**Adina pilulifera** (Lam.) Franch. ex Drake

习性：常绿，灌木或乔木，高达5m；水陆生植物。

生境：林下、河岸坡、溪边等，海拔200~1200m。

分布：江苏、上海、浙江、江西、福建、湖北、湖南、广东、海南、广西、贵州、云南、香港、澳门。

细叶水团花**Adina rubella** Hance

习性：落叶，大中灌木，高1~3m；水陆生植物。

生境：湖岸坡、塘基、河岸坡、河漫滩、河心洲、溪边、沟边、消落带等，海拔100~2000m。

分布：江苏、安徽、浙江、江西、福建、河南、湖北、湖南、广东、广西、贵州、云南、陕西。

雪花属 **Argostemma** Wall.

异色雪花**Argostemma discolor** Merr.

习性：小草本，高7~15cm；湿生植物。

生境：林下，海拔500~1500m。

分布：海南。

岩雪花 **Argostemma saxatile** Chun & F. C. How ex W. C. Ko

习性：小草本，高5~10cm；湿生植物。

生境：林下，海拔1000~1500m。

分布：广东、广西。

水冠草 **Argostemma solaniflorum** Elmer

习性：二年生，小草本，高8~16cm；湿生植物。

生境：溪边，海拔100~600m。

分布：台湾。

小雪花 **Argostemma verticillatum** Wall.

习性：小草本，高2~8cm；湿生植物。

生境：溪边、岩石、岩壁等，海拔1000~1800m。

分布：云南。

滇雪花 **Argostemma yunnanense** F. C. How ex H. S. Lo

习性：小草本，高6~20cm；湿生植物。

生境：林下，海拔900~1500m。

分布：云南。

风箱树属 **Cephalanthus** L.

风箱树 **Cephalanthus tetrandrus** (Roxb.) Ridsdale & Bakh. f.

习性：落叶，灌木或乔木，高1~5m；水湿生植物。

生境：河岸坡、溪流、湖泊、池塘、水沟等，海拔100~900m。

分布：浙江、江西、福建、湖南、广东、海南、广西、云南、香港、台湾。

岩上珠属 **Clarkella** Hook. f.

岩上珠 **Clarkella nana** (Edgew.) Hook. f.

习性：小草本，高3~10cm；湿生植物。

生境：林下、岩石、岩壁等，海拔1400~2300m。

分布：广东、广西、贵州、云南。

小牙草属 **Dentella** J. R. Forst. & G. Forst.

小牙草 **Dentella repens** (L.) J. R. Forst. & G. Forst.

习性：多年生，匍匐草本；湿生植物。

生境：河岸坡、田埂、水浇地等，海拔达600m。

分布：广东、海南、云南、台湾。

拉拉藤属 **Galium** L.

原拉拉藤 **Galium aparine** L.

习性：一年生，中小草本，高30~90cm；湿生植物。

生境：林缘、河岸坡、溪边、沟边、草丛、田埂、水浇地等，海拔达2500m。

分布：江西、新疆等。

楔叶葎 **Galium asperifolium** Wall.

习性：多年生，中小草本，高20~70cm；湿生植物。

生境：林下、林缘、灌丛、河岸坡、沟边、草丛、草甸、田埂、水浇地等，海拔400~3500m。

分布：湖北、湖南、广西、贵州、云南、四川、西藏。

小叶葎 **Galium asperifolium** var. **sikkimense** (Gand.) Cuf.

习性：多年生，中小草本，高20~60cm；湿生植物。

生境：林下、灌丛、河岸坡、河漫滩、溪边、沟边、草丛、草甸、田埂、水浇地等，海拔400~3600m。

分布：湖北、湖南、广西、贵州、云南、四川、西藏。

北方拉拉藤 **Galium boreale** L.

习性：多年生，中小草本，高20~65cm；湿生植物。

生境：沟谷、林下、灌丛、沼泽、河岸坡、沟边、草丛、草甸、田埂、水浇地等，海拔200~4600m。

分布：黑龙江、吉林、辽宁、内蒙古、河北、山西、山东、河南、湖北、云南、四川、西藏、宁夏、甘肃、青海、新疆。

四叶葎 **Galium bungei** Steud.

习性：多年生，小草本，高5~50cm；湿生植物。

生境：林下、灌丛、草丛、沟边、田埂、水浇地、路边等，海拔达3600m。

分布：黑龙江、辽宁、内蒙古、河北、北京、天津、山西、山东、江苏、安徽、浙江、江西、福建、河南、湖北、湖南、广东、广西、贵州、云南、四川、陕西、宁夏、甘肃、台湾。

大叶猪殃殃（原变种）**Galium dahuricum** var. **dahuricum**

习性：多年生，中小草本，高35~55cm；湿生植物。

生境：林下、林缘、草丛、溪边等，海拔700~1000m。

分布：黑龙江、吉林、辽宁、内蒙古、河北、江苏、福建、湖北、湖南、贵州、云南、四川、新疆。

东北猪殃殃 **Galium dahuricum** var. **lasiocarpum** (Makino) Nakai

习性：多年生，中小草本，高30~60cm；湿生植物。

生境：沟谷、林下、草丛、沟边等，海拔300~1100m。

分布：黑龙江、吉林、辽宁、河北、山西、江苏、河南、云南、四川、陕西、甘肃、青海。

小红参 **Galium elegans** Wall.

习性：多年生，中小草本，高0.1~1m；湿生植物。

生境：林下、灌丛、草丛、溪边、沟边等，海拔200~3500m。

分布：安徽、浙江、福建、湖南、广西、贵州、云南、四川、西藏、甘肃、青海、台湾。

六叶葎 **Galium hoffmeisteri** (Klotzsch) Ehrend. & Schönb-Tem. ex R. R. Mill

习性：一或多年生，中小草本，高20~70cm；湿生植物。

生境：林下、灌丛、河岸坡、河漫滩、溪边、沟边、草丛等，海拔400~4000m。

分布：黑龙江、河北、山西、江苏、安徽、浙江、江西、河南、湖北、湖南、贵州、云南、四川、西藏、陕西、甘肃。

小猪殃殃 **Galium innocuum** Miq.

习性：一或多年生，中小草本，高10~60cm；湿生植物。

生境：林下、灌丛、草丛、沼泽、溪流、湖泊、水沟等，海拔800~2500m。

分布：上海、浙江、江西、福建、云南、四川、台湾。

粗沼拉拉藤 **Galium karakulense** Pobed.

习性：多年生，中小草本，高40~70cm；湿生植物。

生境：沼泽、河岸坡等。

分布：新疆。

林猪殃殃 **Galium paradoxum** Maxim.

习性：多年生，小草本，高4~25cm；湿生植物。

生境：沟谷、林下、草丛、水边等，海拔1200~3900m。

分布：黑龙江、吉林、辽宁、河北、山西、安徽、浙江、河南、湖北、湖南、广西、贵州、云南、四川、西藏、陕西、甘肃、青海、台湾。

猪殃殃 **Galium spurium** L.

习性：一年生，中小草本，高30~60cm；湿生植物。

生境：林缘、河岸坡、溪边、沟边、湖岸坡、塘基、草丛、草甸、田埂、水浇地等，海拔300~4600m。

分布：全国各地。

钝叶拉拉藤 **Galium tokyoense** Makino

习性：多年生，中小草本，高30~70cm；湿生植物。

生境：林下、草丛、草甸、河岸坡等，海拔200~900m。

分布：黑龙江、吉林、辽宁、内蒙古、河北、山东。

拟三花拉拉藤 **Galium trifloriforme** Kom.

习性：多年生，中小草本，高10~65cm；湿生植物。

生境：沟谷、林下、溪流等，海拔1500~3400m。

分布：黑龙江、吉林、内蒙古、青海。

三花拉拉藤 **Galium triflorum** Michx.

习性：多年生，中小草本，高0.1~1.3m；湿生植物。

生境：林下等，海拔1500~2000m。

分布：吉林、贵州、四川。

沼猪殃殃 **Galium uliginosum** L.

习性：多年生，中小草本，高10~60cm；湿生植物。

生境：草丛、沼泽等，海拔300~2600m。

分布：云南、四川、新疆。

蓬子菜 **Galium verum** L.

习性：多年生，小草本，高20~50cm；湿生植物。

生境：林下、灌丛、草丛、草甸、河岸坡、沟边、路边等，海拔达4100m。

分布：黑龙江、吉林、辽宁、内蒙古、河北、北京、天津、山西、山东、江苏、安徽、上海、浙江、江西、河南、湖北、广东、广西、重庆、四川、西藏、陕西、宁夏、甘肃、青海、新疆。

爱地草属 **Geophila** D. Don

爱地草 **Geophila repens** (L.) I. M. Johnst.

习性：多年生，匍匐草本；湿生植物。

生境：沟谷、林缘、溪边、路边等，海拔100~600m。

分布：广东、海南、广西、贵州、云南、香港、台湾。

耳草属 **Hedyotis** L.

耳草 **Hedyotis auricularia** L.

习性：多年生，中小草本，高0.3~1m；半湿生植物。

生境：林缘、灌丛、草丛、沟边等，海拔100~1600m。

分布：安徽、浙江、江西、福建、湖南、广东、海南、广西、贵州、云南、四川、香港、澳门。

大苞耳草Hedyotis bracteosa Hance

习性：中小草本，高30~60cm；湿生植物。

生境：沟谷、林下、林缘、溪边、路边等，海拔200~800m。

分布：广东、香港、贵州、澳门。

中华耳草Hedyotis cathayana W. C. Ko

习性：中小草本，高0.3~1m；半湿生植物。

生境：沟谷、溪边等，海拔300~900m。

分布：海南。

金毛耳草Hedyotis chrysotricha (Palib.) Merr.

习性：多年生，平卧草本；湿生植物。

生境：林缘、河岸坡、溪边、湖岸坡、塘基、沟边、田埂、路边等，海拔100~900m。

分布：江苏、安徽、浙江、江西、福建、河南、湖北、湖南、广东、海南、广西、贵州、云南、台湾。

闭花耳草Hedyotis cryptantha Dunn

习性：多年生，小草本，高30~40cm；湿生植物。

生境：林下、溪边、岩石、岩壁等，海拔300~1000m。

分布：海南。

鼎湖耳草Hedyotis effusa Hance

习性：多年生，草本或亚灌木，高0.5~1m；湿生植物。

生境：林下、草丛、溪边等，海拔200~400m。

分布：广东、广西。

牛白藤Hedyotis hedyotidea (DC.) Merr.

习性：多年生，攀援亚灌木或灌木；半湿生植物。

生境：沟谷、灌丛、溪边、沟边、路边等，海拔200~1000m。

分布：福建、广东、海南、广西、贵州、云南、香港、澳门、台湾。

丹草Hedyotis herbacea L.

习性：一或二年生，中小草本，高10~60cm；湿生植物。

生境：草丛、溪边、沟边、路边、岩石等，海拔100~900m。

分布：江西、福建、广东、海南、广西。

肉叶耳草Hedyotis strigulosa (Bartl. ex DC.) Fosberg

习性：一或多年生，小肉质草本，高10~20cm；半湿生植物。

生境：潮上带。

分布：浙江、广东、台湾。

长节耳草Hedyotis uncinella Hook. & Arn.

习性：多年生，中小草本，高30~70cm；半湿生植物。

生境：林缘、草丛、溪边等，海拔200~3000m。

分布：福建、湖南、广东、海南、广西、贵州、云南、香港、台湾。

玉叶金花属 **Mussaenda** L.

玉叶金花Mussaenda pubescens Aiton

习性：攀援灌木，高0.6~3m；半湿生植物。

生境：沟谷、林缘、灌丛、河岸坡、溪边、沟边、路边等，海拔200~1500m。

分布：浙江、江西、福建、湖南、广东、海南、广西、香港、澳门、台湾。

密脉木属 **Myrioneuron** R. Br. ex Benth. & Hook. f.

密脉木Myrioneuron faberi Hemsl.

习性：草本或亚灌木，高0.2~1m；半湿生植物。

生境：林下、溪边等，海拔500~1500m。

分布：湖北、湖南、广西、贵州、云南、四川。

新耳草属 **Neanotis** W. H. Lewis

紫花新耳草Neanotis calycina (Wall. ex Hook. f.) W. H. Lewis

习性：一年生，小草本，高10~20cm；湿生植物。

生境：沟谷、林缘、草丛、溪边、沟边等，海拔1100~1900m。

分布：云南。

薄叶新耳草Neanotis hirsuta (L. f.) W. H. Lewis

习性：多年生，小草本，高20~30cm；湿生植物。

生境：河谷、林下、溪边等，海拔500~1500m。

分布：江苏、浙江、江西、广东、海南、云南、四川、香港、台湾。

西南新耳草Neanotis wightiana (Wall. ex Wight & Arn.) W. H. Lewis

习性：多年生，小草本，高20~40cm；半湿生植物。

生境：草丛、溪边、路边等，海拔1000~2900m。

分布：广西、贵州、云南、四川。

薄柱草属 Nertera Banks ex Gaertn.

红果薄柱草 Nertera granadensis (Mutis ex L. f.) Druce

习性：多年生，匍匐草本；湿生植物。

生境：林下、林缘等。

分布：台湾。

黑果薄柱草 Nertera nigricarpa Hayata

习性：多年生，匍匐草本；湿生植物。

生境：林下、草丛等，海拔900~2500m。

分布：福建、台湾。

薄柱草 Nertera sinensis Hemsl.

习性：多年生，匍匐草本；湿生植物。

生境：溪边、沟边、岩石、岩壁等，海拔500~1300m。

分布：江西、湖北、湖南、广东、广西、贵州、云南、四川。

水线草属 Oldenlandia L.

水线草 Oldenlandia corymbosa L.

习性：一年生，小草本，高10~40cm；湿生植物。

生境：林下、草丛、溪边、沟边、田间、田埂、弃耕水浇地等，海拔800~2000m。

分布：上海、浙江、江西、福建、湖南、广东、海南、广西、贵州、云南、四川、香港、澳门、台湾。

蛇根草属 Ophiorrhiza L.

短齿蛇根草 Ophiorrhiza brevidentata H. S. Lo

习性：多年生，小草本，高20~35cm；湿生植物。

生境：林下、溪边等，海拔600~2100m。

分布：云南。

灰叶蛇根草 Ophiorrhiza cana H. S. Lo

习性：多年生，小草本，高10~20cm；湿生植物。

生境：林下、溪边等，海拔700~1800m。

分布：云南。

广州蛇根草 Ophiorrhiza cantonensis Hance

习性：多年生，草本或亚灌木，高10~30cm；湿生植物。

生境：沟谷、林下、溪边、沟边等，海拔100~2700m。

分布：广东、海南、广西、贵州、云南、四川、香港。

中华蛇根草 Ophiorrhiza chinensis H. S. Lo

习性：多年生，草本或亚灌木，高20~40cm；湿生植物。

生境：沟谷、林下、溪边、路边、岩石等，海拔400~1300m。

分布：安徽、江西、福建、湖北、湖南、广东、广西、贵州、四川。

秦氏蛇根草 Ophiorrhiza chingii H. S. Lo

习性：多年生，小草本，高20~30cm；湿生植物。

生境：林下、溪边等，海拔1500~2200m。

分布：云南。

密脉蛇根草 Ophiorrhiza densa H. S. Lo

习性：多年生，草本或亚灌木，高约1m；湿生植物。

生境：林下、沟边等，海拔400~1600m。

分布：云南。

独龙蛇根草 Ophiorrhiza dulongensis H. S. Lo

习性：多年生，匍匐草本；湿生植物。

生境：林下、沟边等，海拔2300~3200m。

分布：云南。

剑齿蛇根草 Ophiorrhiza ensiformis H. S. Lo

习性：多年生，小草本，高15~40cm；湿生植物。

生境：溪边、沟边等，海拔约2000m。

分布：云南。

日本蛇根草 Ophiorrhiza japonica Blume

习性：多年生，小草本，高20~40cm；半湿生植物。

生境：林下、岩石等，海拔100~2400m。

分布：山西、安徽、浙江、江西、福建、湖北、湖南、广东、海南、广西、贵州、云南、四川、香港、台湾。

大花蛇根草 Ophiorrhiza macrantha H. S. Lo

习性：多年生，小草本，高20~50cm；湿生植物。

生境：林下、溪边、沟边等，海拔1300~3000m。

分布：云南。

大齿蛇根草 **Ophiorrhiza macrodonta** H. S. Lo

习性：多年生，草本或亚灌木，高1~2.5m；湿生植物。

生境：林下、岩石等，海拔1300~2000m。

分布：云南。

屏边蛇根草 **Ophiorrhiza pingbienensis** H. S. Lo

习性：多年生，小草本，高10~20cm；湿生植物。

生境：林下、溪边、沟边等，海拔1400~1900m。

分布：云南。

短小蛇根草 **Ophiorrhiza pumila** Champ. ex Benth.

习性：多年生，小草本，高10~30cm；湿生植物。

生境：林下、溪边、沟边、岩石等，海拔200~700m。

分布：江西、福建、广东、海南、广西、贵州、云南、香港、台湾。

美丽蛇根草 **Ophiorrhiza rosea** Hook. f.

习性：多年生，草本或亚灌木，高0.6~1m；湿生植物。

生境：沟谷、林下、溪边、沟边等，海拔1000~2100m。

分布：云南、西藏。

红腺蛇根草 **Ophiorrhiza rufopunctata** H. S. Lo

习性：多年生，小草本，高10~15cm；湿生植物。

生境：林下、溪边等，海拔1000~1200m。

分布：四川。

变红蛇根草 **Ophiorrhiza subrubescens** Drake

习性：多年生，中小草本，高15~60cm；湿生植物。

生境：沟谷、林下、溪边等，海拔1200~2200m。

分布：海南、广西、云南。

高原蛇根草 **Ophiorrhiza succirubra** King ex Hook. f.

习性：多年生，草本或亚灌木，高20~60cm；湿生植物。

生境：沟谷、林下、溪边等，海拔1700~2300m。

分布：贵州、云南、西藏。

阴地蛇根草 **Ophiorrhiza umbricola** W. W. Sm.

习性：多年生，中小草本，高0.2~1m；湿生植物。

生境：沟谷、林下等，海拔2000~3000m。

分布：云南、西藏。

文山蛇根草 **Ophiorrhiza wenshanensis** H. S. Lo

习性：多年生，小草本，高10~20cm；湿生植物。

生境：沟谷、林下、溪边等，海拔1700~2500m。

分布：云南。

茜草属 **Rubia** L.

茜草 **Rubia cordifolia** L.

习性：多年生，草质藤本；半湿生植物。

生境：沟谷、林下、林缘、溪边、沟边等，海拔1900~2100m。

分布：辽宁、内蒙古、河北、北京、天津、山西、山东、江苏、安徽、浙江、河南、湖北、湖南、云南、四川、西藏、甘肃、青海。

蛇舌草属 **Scleromitrion** (Wight & Arn.) Meisn.

纤花耳草 **Scleromitrion angustifolium** (Cham. & Schltdl.) Benth.

习性：一或多年生，小草本，高10~40cm；半湿生植物。

生境：沟谷、林缘、草丛、溪边、沟边、田埂、路边等，海拔100~2200m。

分布：浙江、江西、广东、海南、广西、云南、香港、澳门。

白花蛇舌草 **Scleromitrion diffusum** (Willd.) R. J. Wang

习性：一年生，小草本，高20~50cm；水湿生植物。

生境：林缘、草丛、沼泽、河流、溪流、水沟、田埂、田间、弃耕田、路边等，海拔达1600m。

分布：安徽、浙江、江西、福建、湖北、湖南、广东、海南、广西、云南、香港、澳门、台湾。

松叶耳草 **Scleromitrion pinifolium** (Wall. ex G. Don) R. J. Wang

习性：一或多年生，小草本，高10~25cm；湿生植物。

生境：草丛、河岸坡、潮上带等，海拔达1600m。

分布：福建、广东、海南、广西、云南、香港、澳门、台湾。

粗叶耳草Scleromitrion verticillatum (L.) R. J. Wang

习性：一或多年生，小草本，高25~30cm；半湿生植物。

生境：林下、灌丛、草丛、河岸坡、路边等，海拔200~1600m。

分布：浙江、广东、海南、广西、贵州、云南、香港、澳门。

瓶花木属 Scyphiphora C. F. Gaertn.

瓶花木Scyphiphora hydrophyllacea C. F. Gaertn.

习性：常绿，灌木或乔木，高1~4m；挺水植物。

生境：潮间带。

分布：海南。

白马骨属 Serissa Comm. ex Juss.

六月雪Serissa japonica (Thunb.) Thunb.

习性：小灌木，高60~90cm；半湿生植物。

生境：林缘、河岸坡、溪边、沟边、田埂等，海拔100~1600m。

分布：江苏、安徽、浙江、江西、福建、河南、广东、海南、广西、云南、四川、香港、澳门、台湾。

鸡仔木属 Sinoadina Ridsdale

鸡仔木Sinoadina racemosa (Siebold & Zucc.) Ridsdale

习性：落叶或半常绿，中小乔木，高4~15m；半湿生植物。

生境：林下、湖岸坡、塘基、溪边等，海拔300~1500m。

分布：江苏、安徽、浙江、江西、福建、湖南、广东、海南、广西、贵州、云南、四川、台湾。

丰花草属 Spermacoce L.

阔叶丰花草Spermacoce alata Aubl.

习性：多年生，中小草本，高0.3~1m；半湿生植物。

生境：林缘、河岸坡、溪边、沟边、湖岸坡、塘基、草丛、田间、路边、水浇地等，海拔达1300m。

分布：江苏、浙江、江西、福建、湖南、广东、海南、广西、香港、澳门、台湾；原产于热带美洲。

糙叶丰花草Spermacoce hispida L.

习性：一或多年生，中小草本，高30~60cm；半湿生植物。

生境：潮上带、堤内等，海拔达300m。

分布：福建、广东、广西、台湾。

丰花草Spermacoce pusilla Wall.

习性：一年生，中小草本，高15~60cm；半湿生植物。

生境：草丛、沟边、田间等，海拔100~1500m。

分布：山东、江苏、安徽、浙江、江西、福建、湖南、广东、海南、广西、贵州、云南、四川、香港、澳门、台湾。

螺序草属 Spiradiclis Blume

藏南螺序草Spiradiclis arunachalensis Deb & Rout

习性：多年生，小草本；湿生植物。

生境：林下、河岸坡、沟边、田埂等，海拔200~1300m。

分布：广西、贵州、云南、西藏。

螺序草Spiradiclis caespitosa Blume

习性：多年生，小草本，高15~30cm；湿生植物。

生境：沟谷、林下、溪边等，海拔400~1800m。

分布：广西、贵州、云南、西藏。

水锦树属 Wendlandia Bartl. ex DC.

柳叶水锦树Wendlandia salicifolia Franch. ex Drake

习性：中小灌木，高0.4~2m；半湿生植物。

生境：沟谷、林下、河岸坡、溪边、岩石等，海拔100~900m。

分布：广西、贵州、云南。

水锦树Wendlandia uvariifolia Hance

习性：灌木或乔木，高2~15m；水陆生植物。

生境：林下、林缘、灌丛、溪边等，海拔100~1200m。

分布：广东、海南、广西、贵州、云南、台湾。

岩黄树属 Xanthophytum Reinw. ex Blume

岩黄树Xanthophytum kwangtungense (Chun & F. C. How) H. S. Lo
习性：小灌木，高0.5~1m；湿生植物。
生境：沟谷、林下等，海拔300~800m。
分布：广西、云南。

184. 川蔓藻科 Ruppiaceae

川蔓藻属 Ruppia L.

川蔓藻Ruppia maritima L.
习性：一或多年生，小草本；沉水植物。
生境：沼泽、湖泊、潟湖、池塘、废弃盐池、河口、沟渠等。
分布：吉林、辽宁、河北、山东、江苏、上海、浙江、福建、广东、海南、广西、甘肃、青海、新疆、台湾。

185. 芸香科 Rutaceae

石椒草属 Boenninghausenia Rchb.

臭节草Boenninghausenia albiflora (Hook.) Rchb. ex Meisn.
习性：多年生，中草本，高0.5~1.2m；半湿生植物。
生境：林下、林缘、草丛、沟边等，海拔200~2800m。
分布：江苏、安徽、浙江、江西、福建、湖北、湖南、广东、广西、贵州、云南、四川、西藏、陕西、甘肃、台湾。

白鲜属 Dictamnus L.

白鲜Dictamnus dasycarpus Turcz.
习性：多年生，中小草本，高0.4~1m；半湿生植物。
生境：疏林、灌丛、草丛等，海拔达2900m。
分布：黑龙江、吉林、辽宁、内蒙古、河北、山西、山东、江苏、安徽、江西、河南、湖北、四川、

陕西、宁夏、甘肃、新疆。

186. 杨柳科 Salicaceae

杨属 Populus L.

响叶杨Populus adenopoda Maxim.
习性：落叶，大中乔木，高15~30m；半湿生植物。
生境：河岸坡、沟边等，海拔300~2500m。
分布：江苏、安徽、浙江、江西、福建、河南、湖北、湖南、广西、贵州、云南、重庆、四川、陕西、甘肃。

加杨Populus × canadensis Moench
习性：落叶，大中乔木，高10~30m；半湿生植物。
生境：河岸坡、湖岸坡、沟边、路边等。
分布：黑龙江、吉林、辽宁、内蒙古、河北、北京、天津、山西、山东、江苏、安徽、浙江、江西、河南、湖北、云南、重庆、四川、陕西、甘肃；原产于美洲。

青杨Populus cathayana Rehder
习性：落叶，大中乔木，高9~30m；半湿生植物。
生境：沟谷、河岸坡等，海拔800~3000m。
分布：辽宁、内蒙古、河北、北京、山西、四川、陕西、甘肃、青海。

香杨Populus koreana Rehder
习性：落叶，大中乔木，高8~30m；半湿生植物。
生境：沟谷、河岸坡、溪边、草甸等，海拔400~1600m。
分布：黑龙江、吉林、辽宁、内蒙古、江苏。

冬瓜杨Populus purdomii Rehder
习性：落叶，大中乔木，高8~30m；半湿生植物。
生境：河岸坡、沟边等，海拔700~2600m。
分布：河北、河南、湖北、四川、陕西、甘肃。

甜杨Populus suaveolens Fisch.
习性：落叶，大中乔木，高15~30m；半湿生植物。
生境：河岸坡、溪边、草甸等，海拔600~1700m。
分布：黑龙江、内蒙古。

大青杨Populus ussuriensis Kom.
习性：落叶，大中乔木，高8~30m；半湿生植物。
生境：沟谷、河岸坡、溪边、平坦地等，海拔300~1400m。
分布：黑龙江、吉林、辽宁。

柳属 Salix L.

白柳Salix alba L.
习性：落叶，中乔木，高8~25m；半湿生植物。
生境：河岸坡、沟边等，海拔500~3100m。
分布：内蒙古、山东、西藏、甘肃、青海、新疆。

环纹矮柳（原变种）Salix annulifera var. **annulifera**
习性：落叶，小灌木，高30~50cm；湿生植物。
生境：林缘、灌丛、草甸、岩坡等，海拔3200~4000m。
分布：云南、西藏。

齿苞矮柳Salix annulifera var. **dentata** S. D. Zhao
习性：落叶，小灌木，高10~30cm；湿生植物。
生境：灌丛、沼泽、溪边等，海拔约4000m。
分布：云南。

钻天柳Salix arbutifolia Pall.
习性：落叶，大中乔木，高20~30m；半湿生植物。
生境：河岸坡、溪边等，海拔300~1000m。
分布：黑龙江、吉林、辽宁、内蒙古、河北。

垂柳Salix babylonica L.
习性：落叶，中小乔木，高3~18m；水陆生植物。
生境：河岸坡、湖岸坡、塘基、沟边、库岸坡等，海拔达2400m。
分布：全国各地。

小垫柳Salix brachista C. K. Schneid.
习性：落叶，垫状灌木，高5~20cm；半湿生植物。
生境：河谷、山坡、灌丛、河漫滩等，海拔2500~3900m。
分布：云南、四川、西藏。

欧杞柳Salix caesia Vill.
习性：落叶，灌木，高0.3~4m；湿生植物。
生境：林缘、灌丛、草丛、草甸、沼泽、河岸坡、溪边等，海拔1500~4800m。
分布：西藏、新疆等。

蓝叶柳Salix capusii Franch.
习性：落叶，大中灌木，高1~6m；湿生植物。
生境：河谷、平原、河漫滩等，海拔500~2800m。
分布：新疆。

云南柳Salix cavaleriei H. Lév.
习性：落叶，中乔木，高10~25m；湿生植物。

生境：林缘、河岸坡、湖岸坡、沟边、田间等，海拔700~2500m。
分布：广西、贵州、云南、四川。

腺柳Salix chaenomeloides Kimura
习性：落叶，灌木或乔木，高2~7m；水湿生植物。
生境：河流、溪流、湖岸坡、塘基、沟边等，海拔达2500m。
分布：辽宁、河北、山东、江苏、安徽、江西、河南、湖北、湖南、广西、四川、陕西、甘肃。

乌柳Salix cheilophila C. K. Schneid.
习性：落叶，灌木或乔木，高2~6m；半湿生植物。
生境：河岸坡、沟边等，海拔100~3000m。
分布：内蒙古、河北、北京、山西、河南、云南、四川、西藏、陕西、宁夏、甘肃、青海。

灰柳Salix cinerea L.
习性：落叶，大灌木，高3~6m；湿生植物。
生境：河岸坡，海拔1000~1700m。
分布：新疆。

毛枝柳Salix dasyclados Wimm.
习性：落叶，灌木或乔木，高5~8m；半湿生植物。
生境：河岸坡、溪边、湖岸坡、路边等，海拔700~3200m。
分布：黑龙江、吉林、内蒙古、山东、陕西、新疆。

腹毛柳Salix delavayana Hand.-Mazz.
习性：落叶，灌木或乔木，高2~6m；半湿生植物。
生境：溪边，海拔2800~3800m。
分布：云南、四川、西藏。

齿叶柳Salix denticulata Andersson
习性：落叶，大灌木，高2~6m；半湿生植物。
生境：河岸坡，海拔1500~4000m。
分布：云南、四川、西藏。

长梗柳Salix dunnii C. K. Schneid.
习性：落叶，灌木或乔木，高1~8m；湿生植物。
生境：河岸坡、溪边、沟边等，海拔100~1000m。
分布：浙江、江西、福建、湖南、广东、广西。

绵毛柳Salix erioclada H. Lév. & Vaniot
习性：落叶，灌木或乔木，高0.8~4m；半湿生植物。
生境：林下、沼泽、路边等，海拔600~1800m。
分布：湖北、湖南、四川、陕西、青海。

巴柳Salix etosia C. K. Schneid.
习性：落叶，灌木或乔木，高1~5m；半湿生植物。

生境：林缘、河岸坡、溪边、沟边、路边等，海拔900~2200m。

分布：湖北、贵州、重庆、四川。

扇叶垫柳Salix flabellaris Andersson

习性：落叶，垫状灌木，高20~40cm；半湿生植物。

生境：灌丛、草甸、岩石等，海拔3600~4500m。

分布：云南、四川、西藏。

崖柳Salix floderusii Nakai

习性：落叶，大灌木，高3~6m；湿生植物。

生境：林缘、山坡、沼泽草甸、沼泽、河岸坡、溪边、沟边等，海拔200~2000m。

分布：黑龙江、吉林、内蒙古。

细枝柳Salix gracilior (Siuzev) Nakai

习性：落叶，大中灌木，高1.5~3m；半湿生植物。

生境：河岸坡、河漫滩、溪边、沟边等，海拔500~1300m。

分布：黑龙江、辽宁。

细柱柳Salix gracilistyla Miq.

习性：落叶，大灌木，高2~3m；湿生植物。

生境：林缘、草甸、河岸坡、河漫滩、溪边、沟边等，海拔100~1350m。

分布：黑龙江、吉林、辽宁。

川红柳Salix haoana Fang

习性：落叶，大中灌木，高1.5~3m；湿生植物。

生境：河岸坡、沟边等，海拔500~1900m。

分布：贵州、四川。

戟柳Salix hastata L.

习性：落叶，中灌木，高1~2m；湿生植物。

生境：河岸坡，海拔1000~1800m。

分布：新疆。

兴安柳Salix hsinganica Y. L. Chang & Skvort.

习性：落叶，中小灌木，高0.5~1.5m；湿生植物。

生境：林间、草原、沼泽等，海拔300~1500m。

分布：黑龙江、内蒙古。

呼玛柳Salix humaensis Y. L. Chou & R. C. Chou

习性：落叶，大中灌木，高1.5~3m；半湿生植物。

生境：河岸坡、溪边等，海拔200~400m。

分布：黑龙江、吉林、辽宁、内蒙古。

杞柳Salix integra Thunb.

习性：落叶，大中灌木，高1~3m；半湿生植物。

生境：草丛、沼泽、河岸坡、溪边等，海拔200~4800m。

分布：黑龙江、吉林、辽宁、内蒙古、河北、山东、江苏、上海、河南。

朝鲜柳Salix koreensis Andersson

习性：落叶，灌木或乔木，高1~6m；半湿生植物。

生境：草甸、河岸坡、沼泽、沟边等，海拔达1400m。

分布：黑龙江、吉林、辽宁、内蒙古、河北、山东、陕西、甘肃。

尖叶紫柳Salix koriyanagi Kimura ex Goerz

习性：落叶，大中灌木，高1.5~5m；湿生植物。

生境：林下、林缘、河岸坡、溪边、沟边等，海拔100~1400m。

分布：吉林、辽宁。

贵州柳Salix kouytchensis (H. Lév.) C. K. Schneid.

习性：落叶，灌木或乔木，高2~8m；湿生植物。

生境：林下、灌丛、河岸坡、河漫滩等，海拔900~3000m。

分布：贵州、云南、四川。

水社柳Salix kusanoi (Hayata) C. K. Schneid.

习性：落叶，灌木或乔木，高2~6m；湿生植物。

生境：河岸坡、沟边等，海拔2400~2600m。

分布：台湾。

筐柳Salix linearistipularis K. S. Hao

习性：落叶，灌木或乔木，高1.5~8m；半湿生植物。

生境：平原、河岸坡、湖岸坡、塘基、沟边等，海拔100~1400m。

分布：吉林、辽宁、河北、北京、山西、河南、陕西、甘肃。

丝毛柳Salix luctuosa H. Lév.

习性：落叶，大中灌木，高1.5~3m；半湿生植物。

生境：沟谷、河岸坡等，海拔1500~3200m。

分布：贵州、云南、四川、西藏、陕西。

旱柳Salix matsudana Koidz.

习性：落叶，中小乔木，高5~18m；水陆生植物。

生境：河岸坡、湖岸坡、塘基、沟边、浅水处等，海拔达3600m。

分布：黑龙江、辽宁、内蒙古、河北、北京、山西、山东、江苏、安徽、上海、浙江、江西、福建、河南、湖北、湖南、广西、四川、西藏、陕西、宁夏、甘肃、青海。

大白柳Salix maximowiczii Kom.

习性：落叶，中乔木，高12~20m；半湿生植物。

生境：河岸坡、溪边等，海拔300~800m。

分布：黑龙江、吉林、辽宁、江苏。

粤柳Salix mesnyi Hance

习性：落叶，灌木或乔木，高1.5~5m；半湿生植物。

生境：沼泽、溪边等，海拔100~800m。

分布：江苏、安徽、浙江、江西、福建、广东、广西。

小穗柳Salix microstachya Turcz. ex Trautv.

习性：落叶，大中灌木，高1~3m；半湿生植物。

生境：河岸坡、湖岸坡等，海拔200~2000m。

分布：黑龙江、吉林、辽宁、内蒙古、河北、陕西。

坡柳Salix myrtillacea Andersson

习性：落叶，大中灌木，高1.5~4m；半湿生植物。

生境：林缘、溪边等，海拔2700~4800m。

分布：云南、四川、西藏、甘肃、青海。

越橘柳Salix myrtilloides L.

习性：落叶，小灌木，高30~80cm；湿生植物。

生境：沟谷、沼泽、沼泽草甸、河漫滩等，海拔300~500m。

分布：黑龙江、吉林、辽宁、内蒙古。

绢柳Salix neolapponum C. Y. Yang

习性：落叶，小灌木，高30~40cm；湿生植物。

生境：沟谷、沼泽、沟边等，海拔1800~2300m。

分布：新疆。

三蕊柳Salix nipponica Franch. & Sav.

习性：落叶，灌木或乔木，高6~10m；水湿生植物。

生境：林缘、河岸坡、溪边等，海拔200~500m。

分布：黑龙江、吉林、辽宁、内蒙古、河北、山东、江苏、浙江、湖南、西藏。

山生柳Salix oritrepha C. K. Schneid.

习性：落叶，中小灌木，高0.6~1.2m；半湿生植物。

生境：灌丛、河岸坡、沟边等，海拔3200~4300m。

分布：云南、四川、西藏、宁夏、甘肃、青海。

卵小叶垫柳Salix ovatomicrophylla K. S. Hao ex C. F. Fang & A. K. Skvortsov

习性：落叶，垫状灌木，高2~10cm；湿生植物。

生境：灌丛、草丛、岩石等，海拔3200~4700m。

分布：云南、四川、西藏。

左旋康定柳Salix paraplesia var. subintegra C. Wang & P. Y. Fu

习性：落叶，小乔木，高3~8m；半湿生植物。

生境：河岸坡、路边等，海拔3600~3900m。

分布：西藏。

五蕊柳Salix pentandra L.

习性：落叶，灌木或乔木，高1~5m；湿生植物。

生境：林缘、河岸坡、沼泽、草甸、河漫滩等，海拔600~1200m。

分布：黑龙江、吉林、辽宁、内蒙古、河北、甘肃、新疆。

白皮柳Salix pierotii Miq.

习性：落叶，灌木或乔木，高3~8m；半湿生植物。

生境：河岸坡、溪边等，海拔200~500m。

分布：黑龙江、吉林、辽宁。

青皂柳Salix pseudowallichiana Goerz ex Rehder & Kobuski

习性：落叶，灌木或乔木，高3~7m；半湿生植物。

生境：草丛、河岸坡等，海拔300~3800m。

分布：山西、四川、甘肃、青海。

鹿蹄柳Salix pyrolifolia Ledeb.

习性：落叶，灌木或乔木，高1~8m；半湿生植物。

生境：河谷、林缘、河岸坡、湖岸坡等，海拔1300~1800m。

分布：黑龙江、辽宁、内蒙古、新疆。

大黄柳Salix raddeana Laksch. ex Nas.

习性：落叶，灌木或乔木，高2~7m；半湿生植物。

生境：林中、林缘、灌丛、灌丛沼泽、草甸、河岸坡等，海拔1000~3000m。

分布：黑龙江、吉林、辽宁、内蒙古。

川滇柳Salix rehderiana C. K. Schneid.

习性：落叶，灌木或乔木，高1~5m；半湿生植物。

生境：河谷、河岸坡、溪边、沟边等，海拔1400~4000m。

分布：云南、四川、西藏、陕西、宁夏、甘肃、青海。

房县柳Salix rhoophila C. K. Schneid.

习性：落叶，大中灌木，高1~4m；半湿生植物。

生境：河岸坡，海拔800~2600m。

分布：河北、湖北、云南、重庆、四川、陕西。

粉枝柳Salix rorida Laksch.

习性：落叶，中小乔木，高5~15m；半湿生植物。

生境：林中、河岸坡、溪边等，海拔300~600m。

分布：黑龙江、吉林、辽宁、内蒙古、河北。

细叶沼柳（原变种）**Salix rosmarinifolia** var. **rosmarinifolia**

习性：落叶，小灌木，高0.5~1m；水湿生植物。

生境：沟谷、灌丛、沼泽、沼泽草甸、河漫滩、河岸坡、溪边、湖岸坡等，海拔300~600m。

分布：黑龙江、吉林、辽宁、内蒙古、河北、甘肃、新疆。

沼柳Salix rosmarinifolia var. **brachypoda** (Trautv. & C. A. Mey.) Y. L. Chou

习性：落叶，小灌木，高0.5~1m；湿生植物。

生境：沼泽、沼泽草甸等，海拔300~600m。

分布：黑龙江、吉林、辽宁、内蒙古、江苏、甘肃。

南川柳Salix rosthornii Seemen

习性：落叶，灌木或乔木，高2~8m；半湿生植物。

生境：河岸坡、塘基、沟边等，海拔300~2100m。

分布：安徽、浙江、江西、湖北、湖南、广东、广西、贵州、四川、陕西。

蒿柳Salix schwerinii E. L. Wolf

习性：落叶，灌木或乔木，高达10m；湿生植物。

生境：林下、草原、河岸坡、溪边、洼地等，海拔300~1000m。

分布：黑龙江、吉林、辽宁、内蒙古、河北、北京、河南。

红皮柳Salix sinopurpurea C. Wang & C. Y. Yang

习性：落叶，大灌木，高3~4m；半湿生植物。

生境：河岸坡，海拔1000~1600m。

分布：河北、山西、安徽、河南、湖北、陕西、甘肃。

卷边柳Salix siuzevii Seemen

习性：落叶，灌木或乔木，高1.5~6m；湿生植物。

生境：草甸、沼泽、河岸坡、溪边、塘基、沟边等，海拔300~1000m。

分布：黑龙江、吉林、内蒙古、河北。

司氏柳Salix skvortzovii Y. L. Chang & Y. L. Chou

习性：落叶，大灌木，高3~4m；半湿生植物。

生境：林缘、河岸坡、溪边等，海拔400~600m。

分布：黑龙江、吉林、辽宁。

准噶尔柳Salix songarica Andersson

习性：落叶，小乔木，高3~8m；湿生植物。

生境：河谷、溪边等，海拔1000~1200m。

分布：新疆。

黄花垫柳Salix souliei Seemen

习性：落叶，垫状灌木，高2~10cm；湿生植物。

生境：草甸、岩石等，海拔3200~4800m。

分布：云南、四川、西藏、青海。

松江柳Salix sungkianica Y. L. Chou & Skvort.

习性：落叶，灌木或乔木，高1~6m；半湿生植物。

生境：河岸坡、溪边、草甸等，海拔达1000m。

分布：黑龙江、内蒙古。

洮河柳Salix taoensis Goerz ex Rehder & Kobuski

习性：落叶，灌木或乔木，高1~6m；半湿生植物。

生境：林下、河岸坡等，海拔2400~3100m。

分布：甘肃、青海。

细穗柳Salix tenuijulis Ledeb.

习性：落叶，大灌木，高3~4m；半湿生植物。

生境：河岸坡，海拔1200~1500m。

分布：新疆。

四子柳Salix tetrasperma Roxb.

习性：落叶，中小乔木，高2~10m；湿生植物。

生境：河谷、林缘、河岸坡等，海拔达2400m。

分布：广东、海南、广西、云南、西藏。

川三蕊柳Salix triandroides W. P. Fang

习性：落叶，灌木或乔木，高1.5~5m；湿生植物。

生境：水边，海拔900~2100m。

分布：湖北、湖南、四川。

吐兰柳Salix turanica Nas.

习性：落叶，大灌木，高2~3m；半湿生植物。

生境：河岸坡、水边等，海拔100~3100m。

分布：新疆。

秋华柳Salix variegata Franch.

习性：落叶，中小灌木，高0.6~2m；湿生植物。

生境：灌丛、河岸坡、河漫滩、溪边等，海拔500~2900m。

分布：河南、湖北、贵州、云南、重庆、四川、西藏、陕西、甘肃。

皂柳Salix wallichiana Andersson

习性：落叶，灌木或乔木，高1~5m；半湿生植物。

生境：溪边、沟边等，海拔1000~2000m。

分布：内蒙古、河北、北京、山西、安徽、浙江、湖北、湖南、贵州、云南、四川、西藏、陕西、甘肃、青海。

台湾水柳Salix warburgii Seemen

习性：落叶，小乔木，高3~8m；湿生植物。

生境：沼泽、河岸坡、溪边、湖岸坡、塘基、田埂等。

分布：台湾。

紫柳Salix wilsonii Seemen ex Diels

习性：落叶，中小乔木，高5~15m；半湿生植物。

生境：河岸坡、溪边、沟边、田边等，海拔500~1300m。

分布：江苏、安徽、浙江、江西、湖北、湖南、贵州。

川南柳Salix wolohoensis C. K. Schneid.

习性：落叶，大中灌木，高1.5~5m；半湿生植物。

生境：沟谷、林缘、沟边等，海拔1100~3400m。

分布：云南、四川。

白河柳Salix yanbianica C. F. Fang & C. Y. Yang

习性：落叶，大灌木，高2~3m；半湿生植物。

生境：山坡、河岸坡等，海拔100~800m。

分布：黑龙江、吉林。

187. 檀香科 Santalaceae

百蕊草属 Thesium L.

百蕊草Thesium chinense Turcz.

习性：多年生，小草本，高15~40cm；半湿生植物。

生境：草甸、溪边、湖岸坡、沟边、田间等，海拔200~3500m。

分布：黑龙江、吉林、辽宁、内蒙古、河北、北京、山西、山东、江苏、安徽、浙江、江西、福建、河南、湖北、湖南、广东、海南、广西、贵州、云南、四川、陕西、宁夏、甘肃、青海、新疆、台湾。

长叶百蕊草Thesium longifolium Turcz.

习性：多年生，小草本，高20~50cm；半湿生植物。

生境：林下、灌丛、草丛、沟边等，海拔1200~3700m。

分布：黑龙江、吉林、辽宁、内蒙古、山西、山东、江西、湖北、湖南、云南、四川、西藏、青海。

188. 无患子科 Sapindaceae

槭属 Acer L.

都安槭Acer yinkunii W. P. Fang

习性：常绿，小乔木，高3~5m；半湿生植物。

生境：林下、溪边、沟边等，海拔1000~2000m。

分布：广西。

189. 山榄科 Sapotaceae

铁榄属 Sinosideroxylon (Engl.) Aubrév.

滇铁榄Sinosideroxylon yunnanense (C. Y. Wu) H. Chuang

习性：常绿，中小乔木，高5~15m；半湿生植物。

生境：林下、溪边、沟边、塘基等，海拔1000~1600m。

分布：云南。

190. 三白草科 Saururaceae

裸蒴属 Gymnotheca Decne.

裸蒴Gymnotheca chinensis Decne.

习性：多年生，匍匐草本；水湿生植物。

生境：沟谷、林下、溪流、水沟等，海拔100~2000m。

分布：湖北、湖南、广东、广西、贵州、云南、重庆、四川。

白苞裸蒴Gymnotheca involucrata S. J. Pei

习性：多年生，中小草本，高30~70cm；湿生植物。

生境：林下、溪边、沟边等，海拔700~1000m。

分布：四川。

蕺菜属 Houttuynia Thunb.

蕺菜Houttuynia cordata Thunb.

习性：多年生，中小草本，高15~60cm；水湿生

植物。

生境：林下、林缘、河流、溪流、湖泊、池塘、水沟、田间、水田、路边等，海拔100~2600m。

分布：江苏、安徽、上海、浙江、江西、福建、河南、湖北、湖南、广东、海南、广西、贵州、重庆、四川、西藏、陕西、甘肃、台湾。

三白草属 Saururus L.

三白草Saururus chinensis (Lour.) Baill.

习性：多年生，中小草本，高0.3~1.3m；水湿生植物。

生境：林下、林缘、沼泽、河流、溪流、湖泊、池塘、水沟、田间、田埂、积水处、路边等，海拔达1700m。

分布：河北、山东、江苏、安徽、上海、浙江、江西、福建、河南、湖北、湖南、广东、海南、广西、贵州、云南、重庆、四川、陕西、甘肃、青海、台湾。

191. 虎耳草科 Saxifragaceae

落新妇属 Astilbe Buch.-Ham. ex D. Don

落新妇Astilbe chinensis (Maxim.) Franch. & Sav.

习性：多年生，中小草本，高0.4~1m；半湿生植物。

生境：沟谷、林下、林缘、草甸、沼泽、溪边、沟边等，海拔300~3600m。

分布：黑龙江、吉林、辽宁、内蒙古、河北、北京、山西、山东、安徽、浙江、江西、河南、湖北、湖南、广东、广西、贵州、云南、四川、陕西、甘肃、青海。

大落新妇Astilbe grandis Stapf ex E. H. Wilson

习性：多年生，中小草本，高0.4~1.2m；半湿生植物。

生境：沟谷、林下、灌丛等，海拔400~2000m。

分布：黑龙江、吉林、辽宁、山西、山东、江苏、安徽、浙江、江西、福建、湖北、广东、广西、贵州、四川。

溪畔落新妇（原变种）Astilbe rivularis var. **rivularis**

习性：多年生，大中草本，高0.6~2.5m；半湿生植物。

生境：林下、林缘、草丛、河岸坡、溪边、路边等，海拔1300~3000m。

分布：河南、湖北、贵州、云南、四川、西藏、陕西、甘肃。

狭叶落新妇Astilbe rivularis var. **angustifoliolata** H. Hara

习性：多年生，中小草本，高0.4~1.5m；半湿生植物。

生境：沟谷、林下、林缘、水边等，海拔1200~2800m。

分布：云南。

大叶子属 Astilboides Engl.

大叶子Astilboides tabularis (Hemsl.) Engl.

习性：多年生，中草本，高1~1.5m；半湿生植物。

生境：沟谷、林下、林缘、溪边等，海拔400~1400m。

分布：吉林、辽宁。

岩白菜属 Bergenia Neck.

岩白菜Bergenia purpurascens (Hook. f. & Thomson) Engl.

习性：多年生，小草本，高10~50cm；湿生植物。

生境：林下、灌丛、草甸、岩石间、岩石、岩壁等，海拔2700~4800m。

分布：云南、四川、西藏。

金腰属 Chrysosplenium L.

滇黔金腰Chrysosplenium cavaleriei H. Lév. & Vaniot

习性：多年生，小草本，高9~22cm；湿生植物。

生境：林下、岩石、岩壁等，海拔1000~1400m。

分布：湖北、湖南、贵州、云南、四川。

乳突金腰Chrysosplenium chinense (H. Hara) J. T. Pan

习性：多年生，小草本，高6~16cm；湿生植物。

生境：林下、岩石、岩壁等，海拔1800~2800m。

分布：河北、山西。

锈毛金腰Chrysosplenium davidianum Decne. ex Maxim.

习性：多年生，小草本，高3~30cm；湿生植物。

生境：林下、岩石、岩壁等，海拔1300~4100m。

分布：贵州、云南、四川。

肾萼金腰Chrysosplenium delavayi Franch.

习性：多年生，小草本，高4~15cm；湿生植物。

生境：林下、灌丛、沟边、岩石、岩壁等，海拔400~2800m。

分布：江苏、安徽、湖北、湖南、广东、广西、贵州、云南、四川、台湾。

蔓金腰Chrysosplenium flagelliferum F. Schmidt

习性：多年生，小草本，高10~20cm；湿生植物。

生境：林下、河岸坡、溪边、沟边等，海拔400~900m。

分布：黑龙江、吉林、辽宁、河北、北京。

贡山金腰Chrysosplenium forrestii Diels

习性：多年生，小草本，高8~25cm；湿生植物。

生境：林下、灌丛、草甸、岩壁等，海拔3600~4700m。

分布：云南、西藏。

纤细金腰Chrysosplenium giraldianum Engl.

习性：多年生，小草本，高7~17cm；湿生植物。

生境：林下、沟边等，海拔1400~2200m。

分布：河南、陕西、甘肃。

舌叶金腰Chrysosplenium glossophyllum H. Hara

习性：多年生，小草本，高14~26cm；湿生植物。

生境：河谷、岩石、岩壁等，海拔1000~1400m。

分布：广西、四川。

肾叶金腰Chrysosplenium griffithii Hook. f. & Thomson

习性：多年生，小草本，高8~35cm；湿生植物。

生境：林下、林缘、草甸、水沟、岩石、岩壁等，海拔2500~4800m。

分布：云南、四川、西藏、陕西、甘肃、青海。

日本金腰Chrysosplenium japonicum (Maxim.) Makino

习性：多年生，小草本，高8~16cm；湿生植物。

生境：沟谷、林下、溪边、沟边等，海拔400~600m。

分布：吉林、辽宁、安徽、浙江、江西、台湾。

绵毛金腰（原变种）Chrysosplenium lanuginosum var. lanuginosum

习性：多年生，小草本，高8~22cm；湿生植物。

生境：林下、岩壁等，海拔1100~1600m。

分布：湖北、广东、广西、贵州、云南、重庆、四川、西藏、台湾。

毛边金腰Chrysosplenium lanuginosum var. pilosomarginatum (H. Hara) J. T. Pan

习性：多年生，小草本；湿生植物。

生境：沟谷，海拔约1800m。

分布：云南。

林金腰Chrysosplenium lectus-cochleae Kitag.

习性：多年生，小草本，高10~15cm；湿生植物。

生境：林下、林缘、岩壁等，海拔400~1800m。

分布：黑龙江、吉林、辽宁。

大叶金腰Chrysosplenium macrophyllum Oliv.

习性：多年生，小草本，高17~21cm；湿生植物。

生境：林下、溪边、沟边等，海拔1000~2300m。

分布：安徽、浙江、江西、福建、湖北、湖南、广东、广西、贵州、云南、重庆、四川、陕西。

微子金腰Chrysosplenium microspermum Franch.

习性：多年生，小草本，高5~12cm；湿生植物。

生境：林下、岩壁等，海拔1800~2900m。

分布：湖北、四川、陕西。

山溪金腰Chrysosplenium nepalense D. Don

习性：多年生，小草本，高5~21cm；湿生植物。

生境：林下、溪边、沟边、岩石、岩壁等，海拔1500~5900m。

分布：云南、四川、西藏。

裸茎金腰Chrysosplenium nudicaule Bunge

习性：多年生，小草本，高4~10cm；湿生植物。

生境：溪边、沟边、碎石坡等，海拔3500~4200m。

分布：云南、西藏、陕西、甘肃、青海、新疆。

毛金腰（原变种）Chrysosplenium pilosum var. pilosum

习性：多年生，小草本，高14~16cm；湿生植物。

生境：林下、林缘、岩壁等，海拔1500~3500m。

分布：黑龙江、吉林、辽宁、北京、陕西。

柔毛金腰 Chrysosplenium pilosum var. valdepilosum Ohwi

习性：多年生，小草本，高4~15cm；湿生植物。

生境：林下、溪边、沟边、岩壁等，海拔1500~3500m。

分布：黑龙江、吉林、辽宁、河北、山西、安徽、浙江、湖北、四川、陕西、甘肃、青海。

多枝金腰 Chrysosplenium ramosum Maxim.

习性：多年生，小草本，高12~22cm；湿生植物。

生境：林下，海拔900~1000m。

分布：黑龙江、吉林。

五台金腰 Chrysosplenium serreanum Hand.-Mazz.

习性：多年生，小草本，高6~20cm；湿生植物。

生境：林下、溪边、岩石、岩壁等，海拔1700~2800m。

分布：黑龙江、内蒙古、河北、山西。

中华金腰 Chrysosplenium sinicum Maxim.

习性：多年生，小草本，高10~33cm；湿生植物。

生境：林下、沟边等，海拔500~3600m。

分布：黑龙江、吉林、辽宁、河北、山西、安徽、浙江、江西、河南、湖北、重庆、四川、陕西、甘肃、青海。

唢呐草属 Mitella Tourn. ex L.

唢呐草 Mitella nuda L.

习性：多年生，小草本，高9~25cm；湿生植物。

生境：林下、林缘、沼泽、河岸坡、溪边等，海拔700~1100m。

分布：黑龙江、吉林、内蒙古。

涧边草属 Peltoboykinia (Engl.) Hara

涧边草 Peltoboykinia tellimoides (Maxim.) H. Hara

习性：多年生，中小草本，高0.2~1m；湿生植物。

生境：沟谷、林下、溪边、沟边等，海拔1100~1900m。

分布：福建。

鬼灯檠属 Rodgersia A. Gray

七叶鬼灯檠（原变种）Rodgersia aesculifolia var. aesculifolia

习性：多年生，大中草本，高0.5~1.7m；半湿生植物。

生境：林下、灌丛、草丛、草甸等，海拔1100~3800m。

分布：河北、河南、湖北、云南、四川、西藏、陕西、宁夏、甘肃。

滇西鬼灯檠 Rodgersia aesculifolia var. henrici (Franch.) C. Y. Wu ex J. T. Pan

习性：多年生，中草本，高0.6~1.5m；半湿生植物。

生境：林下、林缘、灌丛、草甸、溪边、沟边等，海拔2300~4000m。

分布：云南、西藏。

羽叶鬼灯檠 Rodgersia pinnata Franch.

习性：多年生，大中草本，高0.5~1.8m；半湿生植物。

生境：林下、灌丛、草甸等，海拔1700~3800m。

分布：贵州、云南、四川。

西南鬼灯檠 Rodgersia sambucifolia Hemsl.

习性：多年生，中草本，高0.8~1.2m；半湿生植物。

生境：林下、灌丛、草甸等，海拔1800~3700m。

分布：贵州、云南、四川。

虎耳草属 Saxifraga L.

狭叶虎耳草 Saxifraga angustata Harry Sm.

习性：多年生，小草本，高8~12cm；湿生植物。

生境：草甸、岩壁等，海拔4200~4300m。

分布：四川。

小芒虎耳草（原变种）Saxifraga aristulata var. aristulata

习性：多年生，小草本，高2~11cm；湿生植物。

生境：林下、林缘、灌丛、草丛、草甸、岩石、岩壁等，海拔4000~5000m。

分布：云南、四川、西藏。

长毛虎耳草 Saxifraga aristulata var. longipila (Engl. & Irmsch.) J. T. Pan

习性：多年生，小草本，高4~11cm；湿生植物。

生境：草甸、岩石、岩壁等，海拔3000~4600m。

分布：云南、四川。

黑虎耳草Saxifraga atrata Engl.

习性：多年生，小草本，高7~23cm；湿生植物。

生境：草甸、岩石、岩壁等，海拔3000~4200m。

分布：甘肃、青海。

橙黄虎耳草Saxifraga aurantiaca Franch.

习性：多年生，小草本，高4~11cm；湿生植物。

生境：草甸、岩石、岩壁等，海拔3000~4200m。

分布：云南、四川、陕西。

耳状虎耳草（原变种）Saxifraga auriculata var. **auriculata**

习性：多年生，小草本，高26~33cm；湿生植物。

生境：林下、草甸等，海拔3200~4700m。

分布：四川、西藏。

错那虎耳草Saxifraga auriculata var. conaensis J. T. Pan

习性：多年生，小草本，高10~20cm；湿生植物。

生境：林下，海拔3200~4000m。

分布：西藏。

马耳山虎耳草Saxifraga balfourii Engl. & Irmsch.

习性：多年生，小草本，高6~18cm；湿生植物。

生境：林下、草甸、岩石、岩壁等，海拔3300~4600m。

分布：云南。

紫花虎耳草 Saxifraga bergenioides C. Marquand

习性：多年生，小草本，高4~18cm；湿生植物。

生境：灌丛、草甸、岩石、岩壁、碎石坡等，海拔4200~5000m。

分布：西藏。

短叶虎耳草Saxifraga brachyphylla Franch.

习性：多年生，小草本，高10~17cm；湿生植物。

生境：沼泽草甸、沟边等，海拔2500~3000m。

分布：云南。

短柄虎耳草Saxifraga brachypoda D. Don

习性：多年生，小草本，高5~19cm；湿生植物。

生境：林下、灌丛、草丛、草甸、岩石、岩壁等，海拔3000~5000m。

分布：云南、四川、西藏。

须弥虎耳草Saxifraga brunonis Wall. ex Ser.

习性：多年生，小草本，高6~16cm；湿生植物。

生境：林下、草甸、岩坡等，海拔3100~4000m。

分布：云南、四川、西藏。

小泡虎耳草Saxifraga bulleyana Engl. & Irmsch.

习性：多年生，小草本，高9~21cm；湿生植物。

生境：草甸、岩壁等，海拔3600~4000m。

分布：云南。

顶峰虎耳草Saxifraga cacuminum Harry Sm.

习性：多年生，小草本，高2~6cm；湿生植物。

生境：草甸、岩石、岩壁等，海拔4700~5200m。

分布：四川。

心叶虎耳草Saxifraga cardiophylla Franch.

习性：多年生，小草本，高15~40cm；湿生植物。

生境：林下、林缘、草丛等，海拔2500~4300m。

分布：云南、四川。

零余虎耳草Saxifraga cernua L.

习性：多年生，小草本，高6~25cm；湿生植物。

生境：林下、林缘、草甸、溪边、碎石坡、岩石、岩壁等，海拔2200~5500m。

分布：吉林、内蒙古、山西、湖北、云南、四川、西藏、陕西、宁夏、青海、新疆。

雪地虎耳草Saxifraga chionophila Franch.

习性：多年生，小草本，高3~7cm；湿生植物。

生境：草甸、岩石、岩壁等，海拔2700~5000m。

分布：云南、四川、西藏。

拟黄花虎耳草Saxifraga chrysanthoides Engl. & Irmsch.

习性：多年生，小草本，高1~4cm；湿生植物。

生境：岩石、岩壁、碎石坡等，海拔2700~5300m。

分布：云南。

毛瓣虎耳草Saxifraga ciliatopetala (Engl. & Irmsch.) J. T. Pan

习性：多年生，小草本，高7~30cm；湿生植物。

生境：灌丛、草丛、沼泽草甸、碎石坡等，海拔3800~5100m。

分布：云南、四川、西藏。

棒蕊虎耳草Saxifraga clavistaminea Engl. & Irmsch.

习性：多年生，小草本，高4~6cm；湿生植物。

生境：林下、沟边、岩石、岩壁等，海拔2300~3600m。

分布：云南、四川。

矮虎耳草Saxifraga coarctata W. W. Sm.

习性：多年生，小草本，高1~4cm；湿生植物。

生境：灌丛、草甸、岩石、岩壁等，海拔3800~4700m。

分布：云南、四川、西藏。

棒腺虎耳草Saxifraga consanguinea W. W. Sm.

习性：多年生，小草本，高1~7cm；湿生植物。

生境：林下、灌丛、草甸、碎石坡等，海拔3000~5400m。

分布：云南、四川、西藏、青海。

双喙虎耳草Saxifraga davidii Franch.

习性：多年生，小草本，高7~29cm；湿生植物。

生境：溪边、沟边、岩石、岩壁等，海拔1500~2400m。

分布：四川。

十字虎耳草Saxifraga decussata J. Anthony

习性：多年生，小草本，高2~3cm；湿生植物。

生境：灌丛、岩石、岩壁等，海拔3000~4100m。

分布：云南、甘肃、青海。

滇西北虎耳草Saxifraga dianxibeiensis J. T. Pan

习性：多年生，小草本，高10~20cm；湿生植物。

生境：草甸、岩石、岩壁等，海拔3800~4500m。

分布：云南。

川西虎耳草Saxifraga dielsiana Engl. & Irmsch.

习性：多年生，小草本，高12~15cm；湿生植物。

生境：岩石、岩壁等，海拔2100~2600m。

分布：云南、四川。

叉枝虎耳草Saxifraga divaricata Engl. & Irmsch.

习性：多年生，小草本，高3~10cm；湿生植物。

生境：灌丛、草丛、沼泽草甸等，海拔3400~4500m。

分布：四川、西藏、青海。

异叶虎耳草Saxifraga diversifolia Wall. ex Ser.

习性：多年生，小草本，高16~43cm；半湿生植物。

生境：林下、林缘、灌丛、草甸、岩石等，海拔2800~4300m。

分布：云南、四川、西藏。

邓波虎耳草Saxifraga dungbooi Engl. & Irmsch.

习性：多年生，小草本，高8~12cm；湿生植物。

生境：沼泽草甸。

分布：西藏。

优越虎耳草（原变种）Saxifraga egregia var. egregia

习性：多年生，小草本，高9~32cm；半湿生植物。

生境：林下、草甸、流石坡等，海拔2800~4500m。

分布：云南、西藏、甘肃、青海。

无睫毛虎耳草Saxifraga egregia var. eciliata J. T. Pan

习性：多年生，小草本，高10~20cm；湿生植物。

生境：林下、流石坡等，海拔2000~4600m。

分布：云南、四川、西藏。

卵心叶虎耳草Saxifraga epiphylla Gornall & H. Ohba

习性：多年生，小草本，高20~36cm；半湿生植物。

生境：林下、岩石、岩壁等，海拔800~3800m。

分布：广东、广西、云南、四川。

猬状虎耳草Saxifraga erinacea Harry Sm.

习性：多年生，小草本，高1~3cm；湿生植物。

生境：草甸、碎石坡等，海拔4000~4600m。

分布：西藏。

线茎虎耳草Saxifraga filicaulis Wall. ex Ser.

习性：多年生，小草本，高9~24cm；半湿生植物。

生境：林下、林缘、灌丛、草甸、岩壁等，海拔2200~4800m。

分布：云南、四川、西藏、陕西。

细叶虎耳草Saxifraga filifolia J. Anthony

习性：多年生，小草本，高3~7cm；半湿生植物。

生境：碎石坡、岩石、岩壁等，海拔3000~4300m。

分布：云南、西藏。

齿瓣虎耳草（原变种）Saxifraga fortunei var. fortunei

习性：多年生，小草本，高24~40cm；湿生植物。

生境：林下、岩石、岩壁等，海拔2200~2900m。

分布：吉林、辽宁、湖北、四川。

镜叶虎耳草Saxifraga fortunei var. **koraiensis** Nakai

习性：多年生，小草本；湿生植物。

生境：林下、溪边、岩石、岩壁等，海拔400~1300m。

分布：吉林、辽宁。

芽生虎耳草Saxifraga gemmipara Franch.

习性：多年生，小草本，高5~24cm；湿生植物。

生境：林下、林缘、灌丛、草甸、岩石、岩壁、碎石坡等，海拔1600~4900m。

分布：云南、四川。

灰叶虎耳草Saxifraga glaucophylla Franch.

习性：多年生，小草本，高19~42cm；湿生植物。

生境：林下、林缘、灌丛、草甸、岩石、岩壁等，海拔2600~3900m。

分布：云南、四川。

珠芽虎耳草Saxifraga granulifera Harry Sm.

习性：多年生，小草本，高10~25cm；湿生植物。

生境：草甸、岩石等，海拔3100~4600m。

分布：云南、四川、西藏。

六痂虎耳草Saxifraga haplophylloides Franch.

习性：多年生，小草本，高23~45cm；湿生植物。

生境：草丛、沼泽草甸等，海拔3600~3700m。

分布：云南。

沼地虎耳草Saxifraga heleonastes Harry Sm.

习性：多年生，小草本，高4~30cm；湿生植物。

生境：林缘、灌丛、草丛、沼泽草甸、沼泽等，海拔3600~4800m。

分布：云南、四川、西藏、陕西。

山羊臭虎耳草（原变种）**Saxifraga hirculus** var. **hirculus**

习性：多年生，小草本，高6~21cm；湿生植物。

生境：林下、草丛、沼泽草甸、岩石、岩壁等，海拔2100~4800m。

分布：山西、云南、四川、西藏、新疆。

高山虎耳草Saxifraga hirculus var. **alpina** Engl.

习性：多年生，小草本，高3~10cm；湿生植物。

生境：沼泽草甸，海拔4500~5000m。

分布：西藏。

齿叶虎耳草Saxifraga hispidula D. Don

习性：多年生，小草本，高4~23cm；湿生植物。

生境：林下、林缘、灌丛、草甸、岩石、岩壁等，海拔2300~5600m。

分布：云南、四川、西藏。

金丝桃虎耳草Saxifraga hypericoides Franch.

习性：多年生，小草本，高10~20cm；湿生植物。

生境：林下、林缘、灌丛、草丛、草甸、碎石坡等，海拔2700~4600m。

分布：云南、四川。

大字虎耳草Saxifraga imparilis Balf. f.

习性：多年生，小草本，高15~30cm；湿生植物。

生境：灌丛、岩石、岩壁等，海拔1800~4200m。

分布：云南。

贡山虎耳草Saxifraga insolens Irmsch.

习性：多年生，小草本，高45~50cm；湿生植物。

生境：林下、草甸等，海拔3800~4000m。

分布：云南。

太白虎耳草Saxifraga josephii Engl.

习性：多年生，小草本，高10~13cm；湿生植物。

生境：岩石、岩壁等，海拔1300~2100m。

分布：河南、陕西。

龙胜虎耳草Saxifraga kwangsiensis Chun & F. C. How ex C. Z. Gao & G. Z. Li

习性：多年生，小草本，高15~40cm；湿生植物。

生境：林下、沟边、岩石、岩壁等，海拔400~900m。

分布：广西。

长白虎耳草Saxifraga laciniata Nakai & Takeda

习性：多年生，小草本，高6~26cm；湿生植物。

生境：草甸、砾石地、岩石、岩壁等，海拔2300~2600m。

分布：吉林。

条叶虎耳草Saxifraga linearifolia Engl. & Irmsch.

习性：多年生，小草本，高3~5cm；湿生植物。

生境：草甸、岩石、岩壁等，海拔3900~4200m。

分布：云南、四川。

道孚虎耳草Saxifraga lumpuensis Engl.

习性：多年生，小草本，高5~27cm；湿生植物。

生境：林下、草甸、岩石等，海拔3500~4100m。

分布：四川、甘肃。

燃灯虎耳草Saxifraga lychnitis Hook. f. & Thomson

习性：多年生，小草本，高4~15cm；湿生植物。

生境：草丛、沼泽草甸等，海拔4200~5500m。

分布：四川、西藏、青海。

假大柱头虎耳草Saxifraga macrostigmatoides Engl.

习性：多年生，小草本，高3~10cm；湿生植物。

生境：灌丛、草丛、草甸、碎石坡等，海拔3900~5000m。

分布：云南、四川、西藏。

腺毛虎耳草Saxifraga manchuriensis (Engl.) Kom.

习性：多年生，小草本，高15~40cm；湿生植物。

生境：林下、草甸、溪边、碎石坡、岩石、岩壁等，1000~2400m。

分布：黑龙江、吉林。

黑蕊虎耳草Saxifraga melanocentra Franch.

习性：多年生，小草本，高9~22cm；湿生植物。

生境：林下、灌丛、草丛、草甸、溪边、岩石、岩壁等，海拔3000~5300m。

分布：云南、四川、西藏、陕西、甘肃、青海。

蒙自虎耳草Saxifraga mengtzeana Engl. & Irmsch.

习性：多年生，小草本，高20~25cm；湿生植物。

生境：林下、岩石等，海拔1100~1900m。

分布：广东、云南。

小叶虎耳草Saxifraga minutifoliosa C. Y. Wu ex H. Chuang

习性：多年生，小草本，高3~5cm；湿生植物。

生境：草丛、岩石、岩壁等，海拔3000~3400m。

分布：云南。

四数花虎耳草Saxifraga monantha Harry Sm.

习性：多年生，小草本，高2~7cm；湿生植物。

生境：灌丛、岩石、岩壁等，海拔3900~5100m。

分布：西藏。

聂拉木虎耳草Saxifraga moorcroftiana (Ser.) Wall. ex Sternb.

习性：多年生，中小草本，高18~52cm；湿生植物。

生境：林缘、灌丛、水边等，海拔3500~4400m。

分布：云南、四川、西藏。

小短尖虎耳草Saxifraga mucronulata Royle

习性：多年生，小草本，高2~4cm；湿生植物。

生境：草甸、岩壁等，海拔2800~5400m。

分布：云南、四川、西藏。

光缘虎耳草Saxifraga nanella Engl. & Irmsch.

习性：多年生，小草本，高1~4cm；湿生植物。

生境：灌丛、草丛、草甸、岩壁等，海拔3000~5800m。

分布：云南、西藏、甘肃、青海、新疆。

斑点虎耳草Saxifraga nelsoniana D. Don

习性：多年生，小草本，高20~50cm；湿生植物。

生境：林下、林缘、溪边、岩石、岩壁等，海拔1660~2300m。

分布：黑龙江、吉林、内蒙古。

垂头虎耳草Saxifraga nigroglandulifera N. P. Balakr.

习性：多年生，小草本，高5~36cm；湿生植物。

生境：林下、林缘、灌丛、草甸、湖岸坡等，海拔2700~5400m。

分布：云南、四川、西藏。

无斑虎耳草Saxifraga omphalodifolia Hand.-Mazz.

习性：多年生，小草本，高20~35cm；湿生植物。

生境：林下、草甸等，海拔3800~4200m。

分布：云南、四川、西藏。

刚毛虎耳草Saxifraga oreophila Franch.

习性：多年生，小草本，高7~20cm；湿生植物。

生境：草丛、岩壁等，海拔2600~3200m。

分布：云南。

多叶虎耳草Saxifraga pallida Wall. ex Ser.

习性：多年生，小草本，高4~44cm；湿生植物。

生境：林下、林缘、灌丛、草甸、岩石、岩壁、碎石坡等，海拔3000~5000m。

分布：云南、四川、西藏、甘肃。

豹纹虎耳草Saxifraga pardanthina Hand.-Mazz.

习性：多年生，小草本，高20~50cm；湿生植物。

生境：林下、草甸、岩石等，海拔3000~3900m。

分布：云南、四川。

梅花草叶虎耳草Saxifraga parnassiifolia D. Don

习性：多年生，小草本，高11~24cm；湿生植物。

生境：林缘、灌丛、岩石等，海拔2700~4000m。

分布：西藏。

微虎耳草Saxifraga parvula Engl. & Irmsch.

习性：多年生，小草本，高2~4cm；湿生植物。

生境：灌丛、草甸、岩石、岩壁等，海拔3800~5700m。

分布：云南。

洱源虎耳草Saxifraga peplidifolia Franch.

习性：多年生，小草本，高2~14cm；湿生植物。

生境：草甸、岩石、岩壁等，海拔3000~5300m。

分布：云南、四川。

草地虎耳草Saxifraga pratensis Engl. & Irmsch.

习性：多年生，小草本，高10~15cm；湿生植物。

生境：灌丛、草甸、岩石、岩壁等，海拔3800~4800m。

分布：云南、四川、西藏。

狭瓣虎耳草Saxifraga pseudohirculus Engl.

习性：多年生，小草本，高4~17cm；湿生植物。

生境：林下、灌丛、草甸、岩石、碎石坡等，海拔3100~5600m。

分布：四川、西藏、陕西、甘肃、青海。

美丽虎耳草Saxifraga pulchra Engl. & Irmsch.

习性：多年生，小草本，高3~10cm；湿生植物。

生境：林下、灌丛、岩石、岩壁等，海拔2500~4600m。

分布：云南、四川、西藏。

小斑虎耳草（原变种）Saxifraga punctulata var. punctulata

习性：多年生，小草本，高2~6cm；湿生植物。

生境：草甸、岩石、岩壁、碎石坡等，海拔4600~5400m。

分布：西藏。

矮小斑虎耳草Saxifraga punctulata var. **minuta** J. T. Pan

习性：多年生，小草本，高1~3cm；湿生植物。

生境：草甸、岩石、岩壁、碎石坡等，海拔4800~

5800m。

分布：西藏。

拟小斑虎耳草Saxifraga punctulatoides J. T. Pan

习性：多年生，小草本，高3~6cm；湿生植物。

生境：草甸、岩石、岩壁等，海拔4300~4400m。

分布：西藏。

红毛虎耳草（原变种）Saxifraga rufescens var. rufescens

习性：多年生，小草本，高15~40cm；湿生植物。

生境：林下、林缘、草甸、岩壁等，海拔1000~4000m。

分布：湖北、云南、四川、西藏。

扇叶虎耳草Saxifraga rufescens var. **flabellifolia** C. Y. Wu & J. T. Pan

习性：多年生，小草本，高20~40cm；湿生植物。

生境：沟边、岩石、岩壁等，海拔600~2100m。

分布：云南、四川。

单脉红毛虎耳草Saxifraga rufescens var. **uninervata** J. T. Pan

习性：多年生，小草本；湿生植物。

生境：岩壁，海拔2200~2400m。

分布：四川。

崖生虎耳草Saxifraga rupicola Franch.

习性：多年生，小草本，高约10cm；湿生植物。

生境：岩石、岩壁等，海拔约3500m。

分布：云南。

红虎耳草Saxifraga sanguinea Franch.

习性：多年生，小草本，高5~15cm；湿生植物。

生境：草甸、岩石、岩壁等，海拔3300~4500m。

分布：云南、四川、西藏、青海。

球茎虎耳草Saxifraga sibirica L.

习性：多年生，小草本，高6~25cm；湿生植物。

生境：林下、灌丛、草甸、岩石、岩壁等，海拔700~5100m。

分布：黑龙江、内蒙古、河北、北京、山西、山东、湖北、湖南、云南、四川、西藏、陕西、甘肃、新疆。

西南虎耳草Saxifraga signata Engl. & Irmsch.

习性：多年生，小草本，高7~20cm；湿生植物。

生境：草甸、岩石、岩壁等，海拔2800~4600m。

分布：云南、四川、西藏、青海。

山地虎耳草Saxifraga sinomontana J. T. Pan & Gornall

习性：多年生，小草本，高4~35cm；湿生植物。

生境：灌丛、草丛、沼泽草甸、岩石、岩壁、流石坡等，海拔2700~5300m。

分布：云南、四川、西藏、陕西、甘肃、青海、新疆。

金星虎耳草Saxifraga stella-aurea Hook. f. & Thomson

习性：多年生，小草本，高1~8cm；湿生植物。

生境：灌丛、草丛、草甸、岩石、岩壁、碎石坡等，海拔3000~5800m。

分布：云南、四川、西藏、青海。

繁缕虎耳草Saxifraga stellariifolia Franch.

习性：多年生，小草本，高7~35cm；湿生植物。

生境：林下、草甸、岩石、岩壁等，海拔3000~4300m。

分布：云南、四川。

大花虎耳草Saxifraga stenophylla Royle

习性：多年生，小草本，高5~18cm；湿生植物。

生境：草丛、灌丛、草甸、碎石坡等，海拔3700~4800m。

分布：云南、四川、西藏。

虎耳草Saxifraga stolonifera Curtis

习性：多年生，小草本，高8~45cm；湿生植物。

生境：林下、草丛、草甸、溪边、沟边、田埂、岩石、岩壁等，海拔400~4500m。

分布：河北、山西、江苏、安徽、浙江、江西、福建、河南、湖北、湖南、广东、广西、贵州、云南、四川、陕西、甘肃、台湾。

伏毛虎耳草Saxifraga strigosa Wall. ex Ser.

习性：多年生，小草本，高5~28cm；湿生植物。

生境：林下、灌丛、草丛、草甸、碎石坡等，海拔4800~5800m。

分布：云南、四川、西藏。

近等叶虎耳草（原变种）**Saxifraga subaequifoliata** var. **subaequifoliata**

习性：多年生，小草本，高18~37cm；湿生植物。

生境：草甸、岩石、岩壁、碎石坡等，海拔4800~5800m。

横纹虎耳草Saxifraga subaequifoliata var. **striata** H. Chuang

习性：多年生，中小草本，高20~80cm；湿生植物。

生境：草甸、沼泽、溪边、流石滩等，海拔3400~3700m。

分布：云南。

疏叶虎耳草Saxifraga substrigosa J. T. Pan

习性：多年生，小草本，高7~30cm；湿生植物。

生境：林下、岩石等，海拔3100~4200m。

分布：云南、西藏。

唐古特虎耳草（原变种）**Saxifraga tangutica** var. **tangutica**

习性：多年生，小草本，高3~31cm；湿生植物。

生境：林下、灌丛、草甸、碎石坡等，海拔2900~5600m。

分布：四川、西藏、甘肃、青海。

宽叶虎耳草 Saxifraga tangutica var. **platyphylla** (Harry Sm.) J. T. Pan

习性：多年生，小草本，高10~20cm；湿生植物。

生境：灌丛、草丛、草甸、碎石坡等，海拔3400~4800m。

分布：四川。

苍山虎耳草Saxifraga tsangchanensis Franch.

习性：多年生，小草本，高3~15cm；湿生植物。

生境：灌丛、草甸、岩坡、岩石、岩壁等，海拔3000~4600m。

分布：云南、西藏。

小伞虎耳草Saxifraga umbellulata Hook. f. & Thomson

习性：多年生，小草本，高5~10cm；湿生植物。

生境：沼泽、岩石、岩壁等，海拔3000~4400m。

分布：西藏。

爪瓣虎耳草Saxifraga unguiculata Engl.

习性：多年生，小草本，高2~14cm；湿生植物。

生境：林下、草甸、岩石、岩壁、碎石坡等，海拔3000~5600m。

分布：内蒙古、河北、山西、云南、四川、西藏、宁夏、甘肃、青海。

流苏虎耳草Saxifraga wallichiana Sternb.

习性：多年生，小草本，高16~30cm；湿生植物。

生境：林下、林缘、灌丛、草甸、岩石、岩壁等，海拔2700~5000m。

分布：云南、四川、西藏。

腺瓣虎耳草Saxifraga wardii W. W. Sm.

习性：多年生，小草本，高2~10cm；湿生植物。

生境：灌丛、草丛、草甸、岩石、岩壁等，海拔3500~4800m。

分布：云南、西藏。

峨屏草属 **Tanakaea** Franch. & Sav.

峨屏草Tanakaea radicans Franch. & Sav.

习性：多年生，小草本，高6~13cm；湿生植物。

生境：岩石、岩壁等，海拔900~1100m。

分布：四川。

黄水枝属 **Tiarella** L.

黄水枝Tiarella polyphylla D. Don

习性：多年生，中小草本，高15~70cm；湿生植物。

生境：林下、灌丛、草丛、沟边、岩石、岩壁等，海拔900~3800m。

分布：浙江、江西、湖北、湖南、广东、广西、贵州、云南、重庆、四川、西藏、陕西、甘肃、台湾。

192. 冰沼草科 Scheuchzeriaceae
冰沼草属 **Scheuchzeria** L.

冰沼草Scheuchzeria palustris L.

习性：多年生，小草本，高10~50cm；水湿生植物。

生境：沼泽、池塘、洼地等，海拔1500~2300m。

分布：吉林、河南、四川、陕西、宁夏、青海。

193. 玄参科 Scrophulariaceae
醉鱼草属 **Buddleja** L.

互叶醉鱼草Buddleja alternifolia Maxim.

习性：大中灌木，高1~4m；半湿生植物。

生境：灌丛、河岸坡、溪边、沟边等，海拔100~4000m。

分布：内蒙古、河北、山西、河南、四川、西藏、陕西、宁夏、甘肃、青海。

白背枫Buddleja asiatica Lour.

习性：灌木或乔木，高1~8m；半湿生植物。

生境：林缘、灌丛、河岸坡、溪边、沟边、入库河口等，海拔200~3000m。

分布：山西、浙江、江西、福建、湖北、湖南、广东、海南、广西、贵州、云南、四川、西藏、香港、澳门、台湾。

大叶醉鱼草Buddleja davidii Franch.

习性：大中灌木，高1~5m；半湿生植物。

生境：沟谷、灌丛、沟边等，海拔800~3000m。

分布：江苏、浙江、江西、湖北、湖南、广东、广西、贵州、云南、重庆、四川、西藏、陕西、甘肃、香港。

醉鱼草Buddleja lindleyana Fortune

习性：大中灌木，高1~3m；湿生植物。

生境：沟谷、林缘、灌丛、河岸坡、溪边、沟边、路边等，海拔200~2700m。

分布：北京、江苏、安徽、上海、浙江、江西、福建、河南、湖北、湖南、广东、广西、贵州、云南、重庆、四川、甘肃、香港、澳门。

密蒙花Buddleja officinalis Maxim.

习性：大中灌木，高1~4m；半湿生植物。

生境：林缘、灌丛、溪边、沟边、路边等，海拔200~2800m。

分布：山西、江苏、安徽、福建、河南、湖北、湖南、广东、广西、贵州、云南、重庆、四川、西藏、陕西、甘肃、香港、澳门。

水茫草属 **Limosella** L.

水茫草Limosella aquatica L.

习性：一年生，小草本，高3~10cm；水湿生植物。

生境：林缘、沼泽、河流、溪流、湖泊、池塘、水沟等，海拔1700~4000m。

分布：黑龙江、吉林、河北、安徽、江西、云南、四川、西藏、甘肃、青海、新疆。

藏玄参属 **Oreosolen** Hook. f.

藏玄参Oreosolen wattii Hook. f.

习性：多年生，小草本，高不足5cm；湿生植物。

生境：草甸、河漫滩等，海拔3000~5100m。

分布：西藏、青海。

苦槛蓝属 Pentacoelium Siebold & Zucc.

苦槛蓝 Pentacoelium bontioides Siebold & Zucc.

习性：常绿，中小灌木，高0.5~2m；湿生植物。

生境：高潮线附近、潮上带等。

分布：浙江、福建、广东、海南、广西、台湾。

玄参属 Scrophularia L.

北玄参 Scrophularia buergeriana Miq.

习性：多年生，中草本，高1~1.5m；半湿生植物。

生境：草丛，海拔200~1500m。

分布：黑龙江、吉林、辽宁、河北、天津、山西、山东、江苏、河南、陕西、甘肃。

高玄参 Scrophularia elatior Wall. ex Benth.

习性：多年生，大中草本，高0.5~2m；半湿生植物。

生境：林下、灌丛、草丛、溪边等，海拔2000~3000m。

分布：云南、新疆。

高山玄参 Scrophularia hypsophila Hand.-Mazz.

习性：多年生，小草本，高10~25cm；半湿生植物。

生境：草丛、草甸、岩壁等，海拔3000~4100m。

分布：云南。

砾玄参 Scrophularia incisa Weinm.

习性：多年生，小草本，高20~50cm；半湿生植物。

生境：沟谷、草丛、湖岸坡、河岸坡等，海拔600~3900m。

分布：内蒙古、宁夏、甘肃、青海。

玄参 Scrophularia ningpoensis Hemsl.

习性：多年生，中草本，高0.8~1.5m；半湿生植物。

生境：沟谷、林下、林缘、灌丛、草丛、河岸坡、溪边等，海拔达1800m。

分布：内蒙古、河北、天津、山西、江苏、安徽、浙江、江西、福建、河南、广东、贵州、四川、陕西。

194. 菝葜科 Smilacaceae

菝葜属 Smilax L.

菝葜 Smilax china L.

习性：常绿，木质藤本；半湿生植物。

生境：河谷、溪边、沟边等，海拔达2000m。

分布：辽宁、山东、江苏、安徽、浙江、江西、福建、河南、湖北、湖南、广东、广西、贵州、云南、四川、台湾。

柔毛菝葜 Smilax chingii F. T. Wang & Tang

习性：常绿，木质藤本；半湿生植物。

生境：河谷、林下、灌丛、溪边等，海拔700~2800m。

分布：江西、福建、湖北、湖南、广东、广西、贵州、云南、四川。

土茯苓 Smilax glabra Roxb.

习性：常绿，木质藤本；半湿生植物。

生境：河谷、林下、灌丛、溪边等，海拔300~1800m。

分布：江苏、安徽、浙江、江西、福建、湖北、湖南、广东、海南、广西、贵州、云南、四川、西藏、陕西、甘肃、台湾。

白背牛尾菜 Smilax nipponica Miq.

习性：一或多年生，草质藤本；半湿生植物。

生境：林下、草丛、水边等，海拔200~1400m。

分布：辽宁、山东、安徽、浙江、江西、福建、河南、湖南、广东、贵州、云南、四川、台湾。

短柱肖菝葜 Smilax septemnervia (F. T. Wang & Tang) P. Li & C. X. Fu

习性：常绿，木质藤本；半湿生植物。

生境：林下、溪边、沟边等，海拔700~2400m。

分布：湖北、湖南、广东、广西、贵州、云南、四川。

195. 茄科 Solanaceae

酸浆属 Alkekengi Tourn. ex Haller

挂金灯 Alkekengi officinarum var. francheti (Mast.) R. J. Wang

习性：多年生，中小草本，高40~80cm；半湿生植物。

生境：林下、林缘、草丛、溪边、沟边、田间、路边等，海拔800~2500m。

分布：黑龙江、吉林、辽宁、内蒙古、河北、北京、天津、山东、江苏、安徽、江西、福建、河南、湖北、湖南、广东、海南、广西、贵州、陕西、宁夏、甘肃、青海、新疆、香港、澳门。

天蓬子属 Atropanthe Pascher

天蓬子 Atropanthe sinensis (Hemsl.) Pascher

习性：多年生，草本或亚灌木，高0.8~1.5m；湿生植物。

生境：林下、沟边等，海拔1300~3000m。

分布：湖北、贵州、云南、四川。

红丝线属 Lycianthes (Dunal) Hassl.

红丝线 Lycianthes biflora (Lour.) Bitter

习性：亚灌木或灌木，高0.5~1.5m；半湿生植物。

生境：沟谷、林下、林缘、溪边、沟边、路边等，海拔100~2000m。

分布：江西、福建、湖南、广东、海南、广西、贵州、云南、四川、香港、台湾。

茎根红丝线 Lycianthes lysimachioides var. caulorhiza (Dunal) Bitter

习性：多年生，匍匐草本；湿生植物。

生境：林下、溪边、沟边等，海拔500~2100m。

分布：广东、海南、广西、贵州、云南。

中华红丝线 Lycianthes lysimachioides var. sinensis Bitter

习性：多年生，匍匐草本；湿生植物。

生境：林下、溪边、沟边等，海拔300~2500m。

分布：江西、湖北、湖南、广东、云南、四川。

大齿红丝线 Lycianthes macrodon (Wall. ex Nees) Bitter

习性：亚灌木或灌木，高0.3~2.5m；半湿生植物。

生境：林缘、溪边、沟边等，海拔800~2500m。

分布：云南、台湾。

截齿红丝线 Lycianthes neesiana (Wall. ex Nees) D'Arcy & Z. Y. Zhang

习性：中灌木，高1~2m；半湿生植物。

生境：林下、溪边、沟边等，海拔200~1600m。

分布：福建、湖南、广东、广西、云南。

枸杞属 Lycium L.

枸杞 Lycium chinense Mill.

习性：落叶，中小灌木，高0.3~2m；半湿生植物。

生境：林缘、河岸坡、河漫滩、溪边、湖岸坡、塘基、沟边、路边、盐碱地、田间等，海拔达3100m。

分布：黑龙江、吉林、辽宁、河北、北京、天津、山西、山东、江苏、安徽、浙江、江西、福建、河南、湖北、湖南、广东、海南、广西、贵州、云南、陕西、甘肃、香港、澳门、台湾。

云南枸杞 Lycium yunnanense Kuang & A. M. Lu

习性：落叶，中小灌木，高0.5~2m；半湿生植物。

生境：林下、河岸坡、沟边等，海拔700~2200m。

分布：云南。

散血丹属 Physaliastrum Makino

江南散血丹 Physaliastrum heterophyllum (Hemsl.) Migo

习性：多年生，中小草本，高30~60cm；半湿生植物。

生境：林下、河岸坡、溪边等，海拔400~1900m。

分布：江苏、安徽、浙江、福建、河南、湖北、湖南、云南。

酸浆属 Physalis L.

苦蘵 Physalis angulata L.

习性：一年生，小草本，高30~50cm；半湿生植物。

生境：沟谷、林下、林缘、草丛、溪边、塘基、沟边、田间、路边等，海拔达1500m。

分布：吉林、辽宁、内蒙古、河北、天津、山东、江苏、安徽、上海、浙江、江西、福建、河南、湖北、湖南、广东、海南、广西、贵州、云南、重庆、四川、西藏、陕西、宁夏、甘肃、香港、澳门、台湾；原产于美洲。

茄属 Solanum L.

喀西茄 Solanum aculeatissimum Jacq.

习性：多年生，草本或亚灌木，高1~3m；半湿生植物。

生境：林缘、灌丛、草丛、河岸坡、溪边、沟边、路边等，海拔达2300m。

分布：辽宁、山东、江苏、上海、浙江、江西、福建、河南、湖北、湖南、广东、海南、广西、贵州、云南、重庆、四川、西藏、陕西、香港、台湾；原产于巴西。

少花龙葵Solanum americanum Mill.

习性：一年生，中小草本，高0.3~1m；水陆生植物。

生境：林下、林缘、灌丛、草丛、湖岸坡、塘基、河岸坡、溪边、沟边、路边、田间、田埂等，海拔达2000m。

分布：上海、浙江、江西、福建、河南、湖北、湖南、广东、海南、广西、贵州、云南、重庆、四川、西藏、香港、澳门、台湾；原产于美洲。

刺苞茄Solanum barbisetum Nees

习性：多年生，草本或亚灌木，高0.5~1m；半湿生植物。

生境：沟谷、灌丛、溪边、沟边、田间等，海拔500~1300m。

分布：云南。

欧白英Solanum dulcamara L.

习性：多年生，草质藤本；半湿生植物。

生境：林缘、水边等，海拔500~3500m。

分布：黑龙江、吉林、辽宁、内蒙古、河北、河南、云南、四川、西藏、青海、新疆。

白英Solanum lyratum Thunb.

习性：多年生，草质藤本；半湿生植物。

生境：沟谷、林缘、灌丛、溪边、沟边、田间等，海拔100~2900m。

分布：山西、山东、江苏、安徽、浙江、江西、福建、河南、湖北、湖南、广东、广西、贵州、云南、重庆、四川、西藏、陕西、甘肃、台湾。

龙葵Solanum nigrum L.

习性：一年生，中小草本，高0.2~1m；半湿生植物。

生境：林下、林缘、草丛、河岸坡、溪边、湖岸坡、塘基、沟边、路边、田间、田埂等，海拔100~3000m。

分布：辽宁、河北、北京、天津、山东、山西、江苏、安徽、上海、浙江、江西、福建、河南、湖北、湖南、广东、广西、贵州、云南、重庆、四川、西藏、陕西、宁夏、甘肃、香港、台湾。

珊瑚樱Solanum pseudocapsicum L.

习性：常绿，中小灌木，高0.3~2m；半湿生植物。

生境：林缘、沟边、田间、路边等，海拔达2800m。

分布：辽宁、河北、北京、天津、山西、山东、江苏、安徽、上海、浙江、江西、福建、河南、湖北、湖南、广东、广西、贵州、云南、重庆、四川、西藏、陕西、甘肃、澳门、台湾；原产于南美洲。

水茄Solanum torvum Sw.

习性：大中灌木，高1~3m；水陆生植物。

生境：沟谷、林缘、灌丛、路边等，海拔200~2000m。

分布：内蒙古、山东、浙江、福建、湖南、广东、海南、广西、贵州、云南、四川、西藏、甘肃、香港、澳门、台湾；原产于加勒比海地区。

196. 尖瓣花科 Sphenocleaceae

尖瓣花属 Sphenoclea Gaertn.

尖瓣花Sphenoclea zeylanica Gaertn.

习性：一年生，中小草本，高0.2~1.5m；挺水植物。

生境：沼泽、池塘、水沟、田中等，海拔达1000m。

分布：江西、福建、广东、海南、广西、云南、台湾。

197. 花柱草科 Stylidiaceae

花柱草属 Stylidium Sw. ex Willd.

狭叶花柱草Stylidium tenellum Sw. ex Willd.

习性：一年生，小草本，高5~27cm；水湿生植物。

生境：草丛、沼泽、田中等，海拔达1000m。

分布：福建、广东、海南、广西、云南、台湾。

花柱草Stylidium uliginosum Sw. ex Willd.

习性：一年生，小草本，高5~13cm；湿生植物。

生境：草丛、沼泽、沟边等，海拔达400m。

分布：广东、海南、广西。

198. 土人参科 Talinaceae

土人参属 Talinum Adans.

土人参Talinum paniculatum (Jacq.) Gaertn.

习性：多年生，中小草本，高0.1~1m；半湿生植物。

生境：沟边、田间等，海拔100~2000m。

分布：北京、天津、山西、山东、江苏、安徽、上海、浙江、江西、福建、河南、湖北、湖南、广东、广西、贵州、云南、重庆、四川、陕西、甘肃、香港、澳门、台湾；原产于热带美洲。

199. 柽柳科 Tamaricaceae

水柏枝属 Myricaria Desv.

宽苞水柏枝 Myricaria bracteata Royle
习性：落叶，灌木，高0.5~3m；半湿生植物。
生境：河岸坡、河漫滩、湖岸坡等，海拔1100~4100m。
分布：内蒙古、河北、北京、山西、西藏、陕西、宁夏、甘肃、青海、新疆。

秀丽水柏枝 Myricaria elegans Royle
习性：落叶，灌木或乔木，高1~5m；半湿生植物。
生境：河岸坡、湖岸坡、砾石地等，海拔2500~4400m。
分布：西藏、新疆。

疏花水柏枝 Myricaria laxiflora (Franch.) P. Y. Zhang & Y. J. Zhang
习性：常绿，中小灌木，高0.7~1.5m；半湿生植物。
生境：河谷、消落带等，海拔100~3100m。
分布：湖北、重庆、四川。

三春水柏枝 Myricaria paniculata P. Y. Zhang & Y. J. Zhang
习性：落叶，大中灌木，高1~3m；半湿生植物。
生境：河岸坡、河漫滩、砾石滩、沟边等，海拔1000~4000m。
分布：山西、河南、云南、四川、西藏、陕西、宁夏、甘肃、青海。

宽叶水柏枝 Myricaria platyphylla Maxim.
习性：落叶，大中灌木，高1~3m；半湿生植物。
生境：河岸坡、洼地等，海拔1000~1500m。
分布：内蒙古、陕西、宁夏。

匍匐水柏枝 Myricaria prostrata Hook. f. & Thomson
习性：落叶，匍匐灌木，高5~15cm；半湿生植物。
生境：河岸坡、河漫滩、湖岸坡、沟边、砾石地等，海拔3600~5200m。
分布：西藏、甘肃、青海、新疆。

心叶水柏枝 Myricaria pulcherrima Batalin
习性：落叶，中灌木，高1~1.5m；半湿生植物。
生境：沟谷、河岸坡、洼地等，海拔1400~2300m。
分布：新疆。

卧生水柏枝 Myricaria rosea W. W. Sm.
习性：落叶，中灌木，高1~1.5m；半湿生植物。
生境：河谷、河岸坡、冲积扇等，海拔2600~4600m。
分布：云南、西藏。

具鳞水柏枝 Myricaria squamosa Desv.
习性：落叶，大中灌木，高1~5m；半湿生植物。
生境：河岸坡、河漫滩、湖岸坡等，海拔2200~4600m。
分布：云南、四川、西藏、甘肃、青海、新疆。

小花水柏枝 Myricaria wardii Marquand
习性：落叶，中灌木，高1~2m；半湿生植物。
生境：河谷、河岸坡、河漫滩等，海拔2100~4000m。
分布：西藏。

红砂属 Reaumuria L.

红砂 Reaumuria soongarica (Pall.) Maxim.
习性：落叶，小灌木，高10~70cm；半湿生植物。
生境：河岸坡、洼地等，海拔500~3200m。
分布：内蒙古、北京、陕西、宁夏、甘肃、青海、新疆。

柽柳属 Tamarix L.

密花柽柳 Tamarix arceuthoides Bunge
习性：落叶，灌木或乔木，高1~5m；半湿生植物。
生境：河谷、河岸坡等，海拔500~2200m。
分布：甘肃、新疆。

甘蒙柽柳 Tamarix austromongolica Nakai
习性：落叶，灌木或乔木，高1~6m；半湿生植物。
生境：河岸坡、盐碱地、沟边等，海拔700~3000m。
分布：内蒙古、河北、山西、河南、陕西、宁夏、甘肃、青海。

柽柳 Tamarix chinensis Lour.
习性：落叶，灌木或乔木，高1~6m；水陆生植物。
生境：沼泽、河岸坡、河漫滩、湖岸坡、平原、盐碱地、潮上带、河口等，海拔达3000m。

分布：黑龙江、吉林、辽宁、内蒙古、河北、北京、天津、山西、山东、江苏、安徽、上海、浙江、江西、河南、广西、贵州、四川、陕西、宁夏、甘肃、青海。

长穗柽柳Tamarix elongata Ledeb.

习性：落叶，大中灌木，高1~5m；半湿生植物。

生境：河谷、河岸坡等，海拔500~2700m。

分布：内蒙古、宁夏、甘肃、青海、新疆。

甘肃柽柳Tamarix gansuensis H. Z. Zhang ex P. Y. Zhang & M. T. Liu

习性：落叶，大中灌木，高1~4m；半湿生植物。

生境：河岸坡、湖岸坡等，海拔1300~3000m。

分布：内蒙古、甘肃、青海、新疆。

刚毛柽柳Tamarix hispida Willd.

习性：落叶，灌木或乔木，高1~6m；半湿生植物。

生境：平原、草甸、沼泽、河岸坡、湖岸坡、盐碱地、沟边等，海拔200~1800m。

分布：内蒙古、宁夏、甘肃、青海、新疆。

多花柽柳Tamarix hohenackeri Bunge

习性：落叶，灌木或乔木，高1~6m；半湿生植物。

生境：平原、河岸坡、湖岸坡、盐碱地等，海拔500~2900m。

分布：内蒙古、宁夏、甘肃、青海、新疆。

金塔柽柳Tamarix jintaensis P. Y. Zhang & M. T. Liu

习性：落叶，大中灌木，高1~4m；半湿生植物。

生境：河岸坡、平原、湖岸坡、盐碱地等。

分布：甘肃。

盐地柽柳Tamarix karelinii Bunge

习性：落叶，灌木或乔木，高2~7m；半湿生植物。

生境：河岸坡、湖岸坡、盐碱地等，海拔200~1300m。

分布：内蒙古、甘肃、青海、新疆。

短穗柽柳Tamarix laxa Willd.

习性：落叶，大中灌木，高1~3m；半湿生植物。

生境：河岸坡、湖岸坡、盐碱地、沟边、路边等，海拔500~3000m。

分布：内蒙古、陕西、宁夏、甘肃、青海、新疆。

细穗柽柳Tamarix leptostachya Bunge

习性：落叶，大中灌木，高1~4m；半湿生植物。

生境：河岸坡、河漫滩、湖岸坡、丘间低地、盐碱地、路边等，海拔300~2700m。

分布：内蒙古、宁夏、甘肃、青海、新疆。

多枝柽柳Tamarix ramosissima Ledeb.

习性：落叶，灌木或乔木，高1~7m；半湿生植物。

生境：河谷、河岸坡、河漫滩、盐碱地等，海拔200~1500m。

分布：内蒙古、西藏、陕西、宁夏、甘肃、青海、新疆。

200. 瑞香科 Thymelaeaceae

瑞香属 Daphne L.

东北瑞香Daphne pseudomezereum A. Gray

习性：落叶，小灌木，高15~40cm；湿生植物。

生境：林下，海拔800~1600m。

分布：黑龙江、吉林、辽宁。

结香属 Edgeworthia Meisn.

结香Edgeworthia chrysantha Lindl.

习性：落叶，中小灌木，高0.7~1.5m；半湿生植物。

生境：林下、灌丛、溪边、沟边、路边等，海拔200~2100m。

分布：浙江、江西、福建、河南、湖南、广东、广西、贵州、云南。

201. 岩菖蒲科 Tofieldiaceae

岩菖蒲属 Tofieldia Huds.

长白岩菖蒲Tofieldia coccinea Richardson

习性：多年生，小草本，高5~16cm；湿生植物。

生境：草甸、草丛、岩石、岩壁等，海拔1800~2400m。

分布：吉林、安徽。

叉柱岩菖蒲Tofieldia divergens Bureau & Franch.

习性：多年生，小草本，高8~35cm；半湿生植物。

生境：林下、草丛、岩石、岩壁等，海拔1000~4300m。

分布：贵州、云南、四川。

453

岩菖蒲**Tofieldia thibetica** Franch.

习性：多年生，小草本，高10~38cm；湿生植物。

生境：灌丛、草丛、岩石、岩壁等，海拔700~2300m。

分布：贵州、云南、四川。

202. 霉草科 Triuridaceae

喜荫草属 Sciaphila Blume

斑点霉草**Sciaphila maculata** Miers

习性：小草本，高约10cm；湿生植物。

生境：林下，海拔约200m。

分布：台湾。

多枝霉草**Sciaphila ramosa** Fukuy. & T. Suzuki

习性：小草本，高约12cm；湿生植物。

生境：林下，海拔300~800m。

分布：浙江、香港、台湾。

大柱霉草**Sciaphila secundiflora** Thwaites ex Benth.

习性：小草本，高4~12cm；湿生植物。

生境：林下、灌丛等，海拔300~800m。

分布：浙江、江西、福建、广东、广西、香港、台湾。

喜荫草**Sciaphila tenella** Blume

习性：小草本，高7~18cm；湿生植物。

生境：林下，海拔达1100m。

分布：广东、海南。

203. 香蒲科 Typhaceae

黑三棱属 Sparganium L.

线叶黑三棱**Sparganium angustifolium** Michx.

习性：多年生，小草本；浮水植物。

生境：溪流、沼泽、湖泊、水沟等，海拔1200~1500m。

分布：黑龙江、吉林、内蒙古、新疆。

穗状黑三棱**Sparganium confertum** Y. D. Chen

习性：多年生，小草本，高15~50cm；挺水植物。

生境：沼泽、河流、池塘等，海拔3100~3200m。

分布：云南。

小黑三棱**Sparganium emersum** Rehmann

习性：多年生，中小草本，高30~70cm；挺水植物。

生境：沼泽、河流、溪流、湖泊、池塘、水沟、洼地等，海拔500~1300m。

分布：黑龙江、吉林、辽宁、内蒙古、河北、河南、湖北、云南、陕西、甘肃、新疆。

曲轴黑三棱**Sparganium fallax** Graebn.

习性：多年生，中小草本，高40~80cm；挺水植物。

生境：沼泽、河流、湖泊、池塘、水沟等，海拔500~3200m。

分布：浙江、福建、湖南、广东、贵州、云南、台湾。

短序黑三棱**Sparganium glomeratum** Laest. ex Beurl.

习性：多年生，小草本，高20~50cm；挺水植物。

生境：沼泽、河流、湖泊、池塘、水沟、洼地等，海拔1000~3600m。

分布：黑龙江、吉林、辽宁、内蒙古、云南、西藏。

无柱黑三棱**Sparganium hyperboreum** Laest. ex Beurl.

习性：多年生，小草本；浮水植物。

生境：沼泽、湖泊、池塘、水沟等，海拔约1500m。

分布：黑龙江、吉林。

沼生黑三棱**Sparganium limosum** Y. D. Chen

习性：多年生，中小草本，高30~60cm；挺水植物。

生境：沼泽、湖泊、池塘等，海拔1000~1800m。

分布：云南。

矮黑三棱**Sparganium natans** L.

习性：多年生，小草本，高15~20cm；挺水植物。

生境：沼泽、湖泊、池塘等，海拔1100~3500m。

分布：黑龙江、内蒙古、四川。

黑三棱（原亚种）**Sparganium stoloniferum** subsp. **stoloniferum**

习性：多年生，中草本，高0.7~1.2m；挺水植物。

生境：沼泽、河流、湖泊、池塘、水沟、田中、洼地等，海拔达3600m。

分布：黑龙江、吉林、辽宁、内蒙古、河北、北京、山西、山东、江苏、安徽、浙江、江西、河南、湖北、贵州、云南、重庆、四川、西藏、陕西、甘肃、新疆。

周氏黑三棱Sparganium stoloniferum subsp. choui (D. Yu) K. Sun

习性：多年生，中草本，高0.6~1.1m；挺水植物。

生境：沼泽。

分布：内蒙古。

狭叶黑三棱 Sparganium subglobosum Morong

习性：多年生，小草本，高20~36cm；挺水植物。

生境：沼泽、河流、湖泊、池塘、水沟等。

分布：黑龙江、吉林、辽宁、河北。

云南黑三棱Sparganium yunnanense Y. D. Chen

习性：多年生，中草本；浮水植物。

生境：溪流、湖泊、池塘等，海拔1500~2000m。

分布：云南。

香蒲属 Typha L.

水烛Typha angustifolia L.

习性：多年生，大草本，高1.5~3m；挺水植物。

生境：沼泽、河流、湖泊、池塘、水沟、洼地等，海拔达2000m。

分布：全国各地。

长白香蒲Typha changbaiensis M. J. Wu & Y. T. Zhao

习性：多年生，大草本，高1.5~2m；挺水植物。

生境：沼泽、池塘等，海拔约1000m。

分布：吉林。

达香蒲Typha davidiana (Kronf.) Hand.-Mazz.

习性：多年生，中草本，高0.5~1.5m；挺水植物。

生境：沼泽、河流、湖泊、水沟等，海拔100~3200m。

分布：辽宁、内蒙古、河北、北京、江苏、浙江、河南、青海、新疆。

长苞香蒲Typha domingensis Pers.

习性：多年生，大中草本，高0.7~2.5m；挺水植物。

生境：沼泽、湖泊、河流、池塘，水沟、河口等，海拔600~3200m。

分布：黑龙江、吉林、辽宁、内蒙古、河北、山西、

山东、江苏、安徽、江西、河南、湖北、贵州、云南、四川、陕西、宁夏、甘肃、青海、新疆、台湾。

象蒲Typha elephantina Roxb.

习性：多年生，大草本，高2~2.5m；挺水植物。

生境：沼泽、河流等，海拔700~1100m。

分布：云南。

粉绿香蒲Typha × glauca Godr.

习性：多年生，大草本，高2~3m；挺水植物。

生境：池塘、水沟等。

分布：新疆。

宽叶香蒲Typha latifolia L.

习性：多年生，大中草本，高1~2.5m；挺水植物。

生境：沼泽、河流、湖泊、池塘、沟渠、洼地等，海拔400~3100m。

分布：黑龙江、吉林、辽宁、内蒙古、河北、北京、山西、山东、江苏、浙江、河南、贵州、云南、重庆、四川、西藏、陕西、甘肃、青海、新疆。

无苞香蒲（原变种）Typha laxmannii var. laxmannii

习性：多年生，中草本，高0.8~1.3m；挺水植物。

生境：沼泽、河流、湖泊、池塘、水沟等，海拔600~3000m。

分布：黑龙江、吉林、辽宁、内蒙古、河北、天津、山西、山东、江苏、河南、重庆、四川、陕西、宁夏、甘肃、青海、新疆。

蒙古无苞香蒲Typha laxmannii var. mongolica Kronf.

习性：多年生，中草本，高1~1.4m；挺水植物。

生境：沼泽、河流、湖泊、池塘、水沟等。

分布：天津。

短序香蒲Typha lugdunensis P. Chabert

习性：多年生，中小草本，高45~70cm；水湿生植物。

生境：洪泛地、沼泽、湖泊、池塘、水沟、洼地等，海拔500~1500m。

分布：黑龙江、吉林、内蒙古、河北、山东、新疆。

小香蒲Typha minima Funck ex Hoppe

习性：多年生，中小草本，高16~65cm；挺水植物。

生境：沼泽、河流、湖泊、池塘、水沟等，海拔

300~2200m。

分布：黑龙江、吉林、辽宁、内蒙古、河北、北京、山西、山东、河南、湖北、重庆、四川、陕西、宁夏、甘肃、青海、新疆。

香蒲Typha orientalis C. Presl

习性：多年生，大中草本，高1~2m；挺水植物。

生境：沼泽、河流、溪流、湖泊、池塘、水沟、弃耕田等，海拔达2100m。

分布：黑龙江、吉林、辽宁、内蒙古、河北、北京、山西、山东、江苏、安徽、上海、浙江、江西、河南、湖北、湖南、广东、广西、贵州、云南、重庆、四川、陕西、甘肃、台湾。

球序香蒲Typha pallida Pobed.

习性：多年生，中草本，高70~80cm；挺水植物。

生境：沼泽、河流、池塘、水沟、积水处等。

分布：内蒙古、河北、新疆。

普香蒲Typha przewalskii Skvortsov

习性：多年生，大中草本，高1.3~2.2m；挺水植物。

生境：沼泽、河流、水沟等，海拔300~1900m。

分布：黑龙江、吉林、辽宁、湖北、青海。

204. 榆科 Ulmaceae

朴属 Celtis L.

朴树Celtis sinensis Pers.

习性：落叶，中小乔木，高4~25m；半湿生植物。

生境：溪边、湖岸坡、塘基、沟边等，海拔100~1500m。

分布：山东、江苏、安徽、浙江、江西、福建、河南、湖北、湖南、广东、广西、贵州、四川、台湾。

榆属 Ulmus L.

榔榆Ulmus parvifolia Jacq.

习性：落叶，中小乔木，高3~25m；半湿生植物。

生境：溪边、湖岸坡、塘基、沟边等，海拔达800m。

分布：河北、山西、山东、江苏、安徽、浙江、江西、福建、河南、湖北、湖南、广东、广西、贵州、四川、陕西、台湾。

205. 荨麻科 Urticaceae

苎麻属 Boehmeria Jacq.

序叶苎麻 Boehmeria clidemioides var. **diffusa** (Wedd.) Hand.-Mazz.

习性：多年生，草本或亚灌木，高0.9~3m；湿生植物。

生境：溪边、沟边、路边等，海拔200~2400m。

分布：安徽、浙江、江西、福建、湖北、湖南、广东、广西、贵州、云南、重庆、四川、陕西、甘肃。

海岛苎麻Boehmeria formosana Hayata

习性：多年生，草本或亚灌木，高0.8~1.5m；半湿生植物。

生境：林下、溪边等，海拔100~1400m。

分布：安徽、浙江、江西、福建、湖南、广东、广西、贵州、台湾。

细序苎麻Boehmeria hamiltoniana Wedd.

习性：多年生，中灌木，高1~2m；湿生植物。

生境：林下、河岸坡、沟边等，海拔500~2400m。

分布：云南。

北越苎麻Boehmeria lanceolata Ridl.

习性：多年生，大中草本，高1~3m；半湿生植物。

生境：林下、溪边等，海拔200~1300m。

分布：海南、云南等。

水苎麻Boehmeria macrophylla Hornem.

习性：多年生，草本或亚灌木，高1~4m；半湿生植物。

生境：溪边、沟边等，海拔100~3000m。

分布：浙江、广东、广西、贵州、云南、西藏。

苎麻Boehmeria nivea (L.) Gaudich.

习性：多年生，草本或亚灌木，高0.5~1.5m；半湿生植物。

生境：林下、溪边等，海拔200~1700m。

分布：浙江、江西、福建、河南、湖北、广东、广西、贵州、云南、重庆、四川、陕西、甘肃、台湾。

长叶苎麻Boehmeria penduliflora Wedd. ex D. G. Long

习性：常绿，大中灌木，高1.5~4.5m；半湿生植物。

生境：河谷、林下、灌丛、溪边、沟边等，海拔500~2000m。

分布：广西、贵州、云南、重庆、四川、西藏。

八角麻 Boehmeria tricuspis (Hance) Makino

习性：多年生，草本或亚灌木，高0.5~1.5m；湿生植物。

生境：河谷、林下、溪边、沟边、田间等，海拔500~1400m。

分布：河北、山西、山东、江苏、安徽、浙江、江西、福建、河南、湖北、湖南、广东、广西、贵州、四川、陕西、甘肃。

水麻属 Debregeasia Gaudich.

长叶水麻 Debregeasia longifolia (Burm. f.) Wedd.

习性：常绿，灌木或乔木，高2~6m；半湿生植物。

生境：河谷、林缘、河岸坡、溪边、沟边等，海拔500~3200m。

分布：湖北、广东、广西、贵州、云南、重庆、四川、西藏、陕西、甘肃。

水麻 Debregeasia orientalis C. J. Chen

习性：常绿，大中灌木，高1~4m；湿生植物。

生境：河谷、河岸坡、溪边、沟边等，海拔300~3600m。

分布：湖北、湖南、广西、贵州、云南、重庆、四川、西藏、陕西、甘肃、台湾。

鳞片水麻 Debregeasia squamata King ex Hook. f.

习性：落叶，中灌木，高1~2m；半湿生植物。

生境：沟谷、溪边、沟边等，海拔100~1500m。

分布：福建、广东、海南、广西、贵州、云南。

楼梯草属 Elatostema J. R. Forst. & G. Forst.

渐尖楼梯草 Elatostema acuminatum (Poir.) Brongn.

习性：多年生，小亚灌木，高10~50cm；湿生植物。

生境：河谷、林下、沟边等，海拔500~1900m。

分布：广东、海南、云南。

疏毛楼梯草 Elatostema albopilosum W. T. Wang

习性：多年生，中小草本，高35~70cm；湿生植物。

生境：河谷、林下、沟边等，海拔600~2500m。

分布：广西、云南、四川。

华南楼梯草 Elatostema balansae Gagnep.

习性：多年生，中小草本，高20~80cm；湿生植物。

生境：林下、沟边等，海拔300~2100m。

分布：湖南、广东、广西、贵州、云南、四川、西藏。

短齿楼梯草 Elatostema brachyodontum (Hand.-Mazz.) W. T. Wang

习性：多年生，中草本，高0.6~1m；湿生植物。

生境：沟谷、林下、溪边、沟边等，海拔500~2100m。

分布：湖北、湖南、广西、贵州、云南、四川。

骤尖楼梯草（原变种）Elatostema cuspidatum var. cuspidatum

习性：多年生，中小草本，高25~90cm；湿生植物。

生境：林下、沟边等，海拔900~2800m。

分布：江西、福建、湖北、湖南、广西、贵州、云南、四川、西藏。

长角骤尖楼梯草 Elatostema cuspidatum var. dolichoceras W. T. Wang

习性：多年生，中小草本，高20~80cm；湿生植物。

生境：河谷、沟边等，海拔约2300m。

分布：云南。

锐齿楼梯草 Elatostema cyrtandrifolium (Zoll. & Moritzi) Miq.

习性：多年生，中小草本，高15~70cm；湿生植物。

生境：河谷、林下、林缘、溪边、沟边等，海拔400~1800m。

分布：江西、福建、湖北、湖南、广东、海南、广西、贵州、云南、四川、甘肃、台湾。

双头楼梯草 Elatostema didymocephalum W. T. Wang

习性：多年生，小草本，高40~50cm；湿生植物。

生境：林下，海拔900~1000m。

分布：西藏。

盘托楼梯草 Elatostema dissectum Wedd.

习性：多年生，中小草本，高0.3~1m；湿生植物。

生境：林下、沟边等，海拔500~2100m。

分布：广东、广西、云南。

桂林楼梯草Elatostema gueilinense W. T. Wang

习性：多年生，小草本，高14~20cm；湿生植物。

生境：溪边、岩石等。

分布：广西。

楼梯草Elatostema involucratum Franch. & Sav.

习性：多年生，中小草本，高25~60cm；湿生植物。

生境：沟谷、林下、灌丛、溪边、岩石等，海拔200~3200m。

分布：江苏、安徽、浙江、江西、福建、河南、湖北、湖南、广东、广西、贵州、云南、重庆、四川、陕西、甘肃。

巨序楼梯草Elatostema megacephalum W. T. Wang

习性：多年生，中草本，高0.5~1m；湿生植物。

生境：沟谷、林下、溪边、沟边等，海拔1000~2000m。

分布：云南。

异叶楼梯草Elatostema monandrum (D. Don) H. Hara

习性：多年生，小草本，高5~20cm；湿生植物。

生境：林下、溪边、沟边、岩石、岩壁等，海拔800~3000m。

分布：贵州、云南、四川、西藏、陕西、甘肃。

托叶楼梯草（原变种）Elatostema nasutum var. nasutum

习性：多年生，小草本，高15~40cm；湿生植物。

生境：林下、草丛、溪边、沟边等，海拔400~2600m。

分布：江西、湖北、湖南、广东、海南、广西、贵州、云南、四川、西藏。

短毛楼梯草Elatostema nasutum var. puberulum (W. T. Wang) W. T. Wang

习性：多年生，小草本，高15~40cm；湿生植物。

生境：河谷、溪边等，海拔600~700m。

分布：江西、湖南、广东、广西、贵州、云南。

钝叶楼梯草Elatostema obtusum Wedd.

习性：多年生，小草本，高10~50cm；湿生植物。

生境：林下、溪边、沟边、岩石、岩壁等，海拔700~3600m。

分布：浙江、江西、福建、湖北、湖南、广东、广西、贵州、云南、四川、西藏、陕西、甘肃、台湾。

粗角楼梯草Elatostema pachyceras W. T. Wang

习性：多年生，中小草本，高0.2~1.5m；湿生植物。

生境：沟谷、林下、林缘、沟边等，海拔1100~2600m。

分布：云南。

小叶楼梯草Elatostema parvum (Blume) Miq.

习性：多年生，小草本，高5~45cm；湿生植物。

生境：林下、林缘、溪边、沟边、岩石、岩壁等，海拔500~2800m。

分布：广东、广西、贵州、云南、重庆、四川、台湾。

宽角楼梯草Elatostema platyceras W. T. Wang

习性：多年生，中小草本，高30~80cm；湿生植物。

生境：河谷、林下、溪边等，海拔1500~1700m。

分布：云南。

假骤尖楼梯草Elatostema pseudocuspidatum W. T. Wang

习性：多年生，小草本，高30~40cm；湿生植物。

生境：沟谷、林下、溪边、沟边等，海拔1900~2800m。

分布：云南。

庐山楼梯草Elatostema stewardii Merr.

习性：多年生，中小草本，高20~70cm；湿生植物。

生境：沟谷、林下、溪边、沟边、岩石等，海拔400~1500m。

分布：安徽、浙江、江西、福建、河南、湖北、湖南、四川、陕西、甘肃。

歧序楼梯草Elatostema subtrichotomum W. T. Wang

习性：多年生，中小草本，高30~60cm；湿生植物。

生境：沟谷、林下、溪边、沟边、岩石等，海拔800~1900m。

分布：湖南、广东、云南。

细尾楼梯草Elatostema tenuicaudatum W. T. Wang

习性：小亚灌木，高0.2~1m；湿生植物。

生境：沟谷、林下、溪边等，海拔300~2200m。

分布：广西、贵州、云南、西藏。

薄叶楼梯草 Elatostema tenuifolium W. T. Wang

习性：多年生，中小草本，高30~60cm；湿生植物。

生境：沟谷、林下、河岸坡、溪边、沟边、岩石、岩壁等，海拔1000~1100m。

分布：广西、贵州、云南。

蝎子草属 **Girardinia** Gaudich.

蝎子草 Girardinia diversifolia subsp. **suborbiculata** (C. J. Chen) C. J. Chen & Friis

习性：一年生，中小草本，高0.3~1m；半湿生植物。

生境：林下、林缘、河岸坡、沟边等，海拔100~800m。

分布：吉林、辽宁、内蒙古、河北、北京、山西、河南、云南、陕西。

糯米团属 **Gonostegia** Turcz.

糯米团 Gonostegia hirta (Blume) Miq.

习性：多年生，匍匐草本；湿生植物。

生境：河谷、林下、沼泽、河流、溪流、湖泊、池塘、水沟、田间、田埂等，海拔100~2700m。

分布：江苏、安徽、浙江、江西、福建、河南、湖北、湖南、广东、海南、广西、云南、重庆、四川、西藏、陕西、甘肃。

五蕊糯米团 Gonostegia pentandra (Roxb.) Miq.

习性：小亚灌木，高40~90cm；水湿生植物。

生境：河流、溪流、水沟、田间等，海拔100~700m。

分布：广东、海南、广西、云南、台湾。

艾麻属 **Laportea** Gaudich.

珠芽艾麻 Laportea bulbifera (Siebold & Zucc.) Wedd.

习性：多年生，中草本，高0.5~1.5m；湿生植物。

生境：林下、林缘、灌丛、草丛、路边等，海拔700~3500m。

分布：黑龙江、吉林、辽宁、河北、山西、山东、安徽、河南、湖北、四川、陕西、甘肃。

假楼梯草属 **Lecanthus** Wedd.

假楼梯草 Lecanthus peduncularis (Wall. ex Royle) Wedd.

习性：多年生，中小草本，高25~70cm；湿生植物。

生境：河谷、林下、溪边、沟边等，海拔1300~2700m。

分布：江西、福建、湖南、广东、广西、贵州、云南、四川、西藏、台湾。

水丝麻属 **Maoutia** Wedd.

水丝麻 Maoutia puya (Hook.) Wedd.

习性：常绿，中灌木，高1~2m；半湿生植物。

生境：沟谷、林下、灌丛、溪边等，海拔400~2000m。

分布：广西、贵州、云南、四川、西藏。

花点草属 **Nanocnide** Blume

花点草 Nanocnide japonica Blume

习性：多年生，小草本，高10~45cm；湿生植物。

生境：林下、岩石等，海拔100~1600m。

分布：江苏、安徽、浙江、江西、福建、湖北、湖南、广西、贵州、云南、四川、陕西、甘肃、台湾。

毛花点草 Nanocnide lobata Wedd.

习性：多年生，小草本，高17~45cm；湿生植物。

生境：沟谷、林下、溪边、沟边、岩石等，海拔达1400m。

分布：江苏、安徽、浙江、江西、福建、湖北、湖南、广东、广西、贵州、云南、重庆、四川、台湾。

紫麻属 **Oreocnide** Miq.

紫麻 Oreocnide frutescens (Thunb.) Miq.

习性：多年生，灌木或乔木，高1~4m；半湿生植物。

生境：沟谷、林下、林缘、灌丛、溪边、沟边、路边等，海拔300~2000m。

分布：安徽、浙江、江西、福建、湖北、湖南、广东、广西、贵州、云南、四川、陕西、甘肃。

倒卵叶紫麻Oreocnide obovata (C. H. Wright) Merr.

习性：落叶，大中灌木，高1.5~3m；半湿生植物。

生境：沟谷、林下、灌丛、溪边、沟边等，海拔100~1600m。

分布：湖南、广东、广西、云南。

墙草属 **Parietaria** L.

墙草Parietaria micrantha Ledeb.

习性：一年生，小草本，高5~40cm；湿生植物。

生境：林下、草丛、沟边、路边、岩石、岩壁等，海拔700~4000m。

分布：黑龙江、吉林、辽宁、内蒙古、河北、北京、安徽、湖北、湖南、贵州、云南、四川、西藏、陕西、甘肃、青海、新疆。

赤车属 **Pellionia** Gaudich.

华南赤车Pellionia grijsii Hance

习性：多年生，中小草本，高40~70cm；半湿生植物。

生境：林下、沟边等，海拔200~1500m。

分布：江西、福建、湖南、广东、海南、广西、云南。

异被赤车Pellionia heteroloba Wedd.

习性：多年生，中小草本，高30~60cm；湿生植物。

生境：林下、溪边、岩石等，海拔1000~2700m。

分布：福建、广东、广西、贵州、云南、四川、台湾。

全缘赤车Pellionia heyneana Wedd.

习性：多年生，小草本，高15~40cm；湿生植物。

生境：河谷、林下、林缘、灌丛、溪边、沟边等，海拔900~1100m。

分布：广西、云南。

滇南赤车Pellionia paucidentata (H. Schroet.) S. S. Chien

习性：多年生，小草本，高20~50cm；湿生植物。

生境：河谷、林下、溪边、沟边、岩石等，海拔200~2000m。

分布：海南、广西、贵州、云南。

吐烟花Pellionia repens (Lour.) Merr.

习性：多年生，中小草本，高20~60cm；湿生植物。

生境：林下、溪边、岩石等，海拔200~1500m。

分布：海南、云南。

蔓赤车Pellionia scabra Benth.

习性：小亚灌木，高0.2~1m；湿生植物。

生境：林下、溪边、沟边等，海拔300~1200m。

分布：安徽、浙江、江西、福建、湖南、广东、海南、广西、贵州、云南、四川、台湾。

硬毛赤车Pellionia veronicoides Gagnep.

习性：多年生，小草本，高20~50cm；湿生植物。

生境：林缘、溪边、沟边等，海拔1200~1800m。

分布：云南。

绿赤车Pellionia viridis C. H. Wright

习性：多年生，草本或亚灌木，高25~70cm；半湿生植物。

生境：林下、沟边等，海拔500~1 200m。

分布：湖北、云南、四川。

冷水花属 **Pilea** Lindl.

圆瓣冷水花（原亚种）Pilea angulata subsp. **angulata**

习性：多年生，中小草本，高0.3~1.5m；湿生植物。

生境：林下、沟边、岩石、岩壁等，海拔300~2700m。

分布：广东、广西、贵州、云南、四川、西藏、陕西。

华中冷水花Pilea angulata subsp. **latiuscula** C. J. Chen

习性：多年生，小草本，高30~40cm；湿生植物。

生境：林下、沟边等，海拔300~1800m。

分布：江苏、江西、湖北、湖南、贵州、云南、四川。

长柄冷水花Pilea angulata subsp. **petiolaris** (Siebold & Zucc.) C. J. Chen

习性：多年生，中小草本，高0.4~1.5m；湿生植物。

生境：林下，海拔700~2700m。

分布：浙江、福建、湖北、湖南、广东、广西、贵州、云南、四川、台湾。

异叶冷水花Pilea anisophylla Wedd.

习性：多年生，中小草本，高0.2~1.5m；湿生植物。

生境：林下、灌丛、溪边等，海拔900~2400m。

分布：云南、西藏。

顶叶冷水花（原变种）**Pilea approximata var. approximata**

习性：多年生，小草本，高3~15cm；湿生植物。

生境：岩石、苔藓丛等，海拔2500~3000m。

分布：云南、西藏。

锐裂齿冷水花 **Pilea approximata** var. **incisoserrata** C. J. Chen

习性：多年生，小草本；湿生植物。

生境：林下、岩石、岩壁等，海拔2500~3500m。

分布：西藏。

湿生冷水花（原亚种）**Pilea aquarum** subsp. **aquarum**

习性：多年生，小草本，高10~50cm；湿生植物。

生境：沟谷、溪边、沟边等，海拔300~1500m。

分布：江西、福建、湖南、广东、海南、广西、贵州、云南、四川、台湾。

锐齿湿生冷水花 **Pilea aquarum** subsp. **acutidentata** C. J. Chen

习性：多年生，中小草本，高30~70cm；湿生植物。

生境：溪边、沟边等，海拔200~1200m。

分布：广东、广西。

短角湿生冷水花 **Pilea aquarum** subsp. **brevicornuta** (Hayata) C. J. Chen

习性：多年生，小草本，高10~50cm；湿生植物。

生境：林下、溪边、沟边、草丛等，海拔200~2600m。

分布：福建、湖南、广东、海南、广西、贵州、云南、台湾。

耳基冷水花 **Pilea auricularis** C. J. Chen

习性：多年生，中小草本，高0.2~1m；湿生植物。

生境：沟谷、林下、溪边、沟边等，海拔1300~3000m。

分布：云南、重庆、西藏。

花叶冷水花 **Pilea cadierei** Gagnep. & Guillemin

习性：多年生，草本或亚灌木，高15~65cm；湿生植物。

生境：林下，海拔500~1500m。

分布：贵州、云南。

心托冷水花 **Pilea cordistipulata** C. J. Chen

习性：多年生，小草本，高5~20cm；湿生植物。

生境：溪边、沟边等，海拔1100~1300m。

分布：广东、广西、贵州、云南。

六棱茎冷水花 **Pilea hexagona** C. J. Chen

习性：多年生，小亚灌木，高20~60cm；湿生植物。

生境：林下、岩石等，海拔100~400m。

分布：云南。

翠茎冷水花（原变种）**Pilea hilliana** var. **hilliana**

习性：多年生，中小草本，高0.2~1m；湿生植物。

生境：林下、沟边等，海拔1100~2600m。

分布：广西、贵州、云南、四川、西藏。

角萼翠茎冷水花 **Pilea hilliana** var. **corniculata** H. W. Li

习性：多年生，中小草本，高20~80cm；湿生植物。

生境：林下、沟边等，海拔约2400m。

分布：云南。

山冷水花 **Pilea japonica** (Maxim.) Hand.-Mazz.

习性：一年生，小草本，高5~30cm；湿生植物。

生境：林下、草甸、溪边、岩石等，海拔500~1900m。

分布：吉林、辽宁、河北、安徽、浙江、江西、福建、河南、湖北、湖南、广东、广西、贵州、云南、四川、陕西、甘肃、台湾。

隆脉冷水花 **Pilea lomatogramma** Hand.-Mazz.

习性：多年生，小草本，高10~25cm；湿生植物。

生境：林下、溪边、岩石等，海拔1000~2000m。

分布：福建、湖北、云南、四川。

鱼眼果冷水花 **Pilea longipedunculata** S. S. Chien & C. J. Chen

习性：多年生，中小草本，高30~60cm；湿生植物。

生境：林下、溪边、岩石等，海拔1400~2800m。

分布：广西、贵州、云南。

大果冷水花 **Pilea macrocarpa** C. J. Chen

习性：多年生，小草本，高20~40cm；湿生植物。

生境：林下、沟边等，海拔1500~1600m。

分布：湖北、西藏。

大叶冷水花 **Pilea martini** (H. Lév.) Hand.-Mazz.

习性：多年生，中小草本，高0.3~1m；湿生植物。

生境：溪边、沟边、岩石等，海拔1100~3500m。

分布：江西、湖北、湖南、广西、贵州、云南、四川、西藏、陕西、甘肃。

长序冷水花Pilea melastomoides (Poir.) Wedd.

习性：多年生，草本或亚灌木，高0.4~2m；湿生植物。

生境：沟谷、林下、溪边、沟边、岩石、岩壁等，海拔700~2500m。

分布：海南、广西、贵州、云南、西藏、台湾。

小叶冷水花Pilea microphylla (L.) Liebm.

习性：多年生，小草本，高3~17cm；湿生植物。

生境：溪边、沟边、岩石、路边等，海拔100~2000m。

分布：北京、山西、江苏、安徽、上海、浙江、江西、福建、湖北、湖南、广东、海南、广西、贵州、云南、重庆、香港、澳门、台湾；原产于热带美洲。

念珠冷水花Pilea monilifera Hand.-Mazz.

习性：多年生，中草本，高0.5~1.5m；湿生植物。

生境：林下、草丛、沟边、岩石等，海拔900~3500m。

分布：江西、湖北、湖南、广西、贵州、云南、四川。

长穗冷水花Pilea myriantha (Dunn) C. J. Chen

习性：多年生，小草本，高40~50cm；湿生植物。

生境：河谷、沟边等，海拔约300m。

分布：西藏。

冷水花Pilea notata C. H. Wright

习性：多年生，中小草本，高25~75cm；湿生植物。

生境：林下、溪边、沟边等，海拔300~1500m。

分布：江苏、安徽、浙江、江西、福建、河南、湖北、湖南、广东、广西、贵州、重庆、四川、陕西、甘肃、台湾。

泡叶冷水花Pilea nummulariifolia (Sw.) Wedd.

习性：多年生，小草本，高15~40m；湿生植物。

生境：林下、林缘、湖岸坡、塘基、溪边、沟边、路边、岩壁等。

分布：辽宁、北京、山东、江苏、上海、浙江、湖北、广东、广西、云南、香港；原产于南美洲。

滇东南冷水花Pilea paniculigera C. J. Chen

习性：多年生，中小草本，高0.4~1m；湿生植物。

生境：林下、沟边、岩石等，海拔1200~1600m。

分布：云南。

镜面草Pilea peperomioides Diels

习性：多年生，小草本，高15~40cm；湿生植物。

生境：林下，海拔1500~3000m。

分布：云南、四川。

矮冷水花Pilea peploides (Gaudich.) Hook. & Arn.

习性：一年生，小草本，高3~20cm；湿生植物。

生境：河谷、林下、草甸、溪边、岩石、岩壁等，海拔100~1300m。

分布：黑龙江、吉林、辽宁、内蒙古、河北、安徽、浙江、江西、福建、河南、湖北、湖南、广东、广西、贵州、台湾。

石筋草Pilea plataniflora C. H. Wright

习性：多年生，中小草本，高10~70cm；湿生植物。

生境：河谷、林下、溪边、沟边、岩石、岩壁等，海拔200~2400m。

分布：湖北、海南、广西、云南、四川、陕西、甘肃、台湾。

假冷水花Pilea pseudonotata C. J. Chen

习性：中亚灌木，高1~2m；湿生植物。

生境：林下、沟边、水边等，海拔700~2500m。

分布：贵州、云南、西藏。

透茎冷水花（原变种）Pilea pumila var. pumila

习性：一年生，小草本，高5~50cm；湿生植物。

生境：林下、林缘、河岸坡、溪边、沟边、岩石等，海拔400~2200m。

分布：黑龙江、吉林、辽宁、内蒙古、河北、北京、山西、山东、江苏、安徽、浙江、江西、福建、河南、湖北、湖南、广东、广西、贵州、云南、重庆、四川、西藏、陕西、宁夏、甘肃、台湾。

阴地冷水花Pilea pumila var. hamaoi (Makino) C. J. Chen

习性：一年生，小草本，高5~50cm；湿生植物。

生境：林下、溪边等，海拔300~900m。

分布：黑龙江、吉林、河北、湖北。

红花冷水花Pilea rubriflora C. H. Wright

习性：多年生，草本或亚灌木，高40~80cm；湿生植物。

生境：林下、溪边、岩壁等，海拔800~1500m。

分布：湖北、贵州、重庆、四川。

怒江冷水花 Pilea salwinensis (Hand.-Mazz.) C. J. Chen
习性：多年生，中小草本，高达0.3~1.2m；湿生植物。
生境：林下、沟边等，海拔1500~2700m。
分布：云南。

镰叶冷水花 Pilea semisessilis Hand.-Mazz.
习性：多年生，中小草本，高20~60cm；半湿生植物。
生境：河谷、林下、草丛等，海拔1000~3400m。
分布：江西、湖南、广西、云南、四川、西藏。

粗齿冷水花 Pilea sinofasciata C. J. Chen
习性：多年生，中小草本，高0.3~1m；湿生植物。
生境：林下、岩石、溪边等，海拔700~2500m。
分布：安徽、浙江、江西、湖北、湖南、广东、广西、贵州、云南、四川、陕西、甘肃。

细叶冷水花 Pilea somae Hayata
习性：多年生，中草本，高50~60cm；湿生植物。
生境：林下、岩石、溪边等，海拔100~900m。
分布：台湾。

刺果冷水花 Pilea spinulosa C. J. Chen
习性：多年生，草本或亚灌木，高0.3~1m；湿生植物。
生境：林下，海拔500~900m。
分布：广东、海南、广西。

鳞片冷水花 Pilea squamosa C. J. Chen
习性：多年生，中小草本，高0.3~1.2m；湿生植物。
生境：林下、沟边等，海拔1900~2500m。
分布：云南、西藏。

翅茎冷水花 Pilea subcoriacea (Hand.-Mazz.) C. J. Chen
习性：多年生，中小草本，高20~70cm；湿生植物。
生境：林中溪边、沟边等，海拔800~1800m。
分布：湖南、广东、广西、云南、四川。

三角形冷水花 Pilea swinglei Merr.
习性：多年生，小草本，高7~30cm；湿生植物。
生境：沟谷、溪边、岩石、岩壁等，海拔400~1500m。
分布：安徽、浙江、江西、福建、湖北、湖南、广东、广西、贵州。

喙萼冷水花 Pilea symmeria Wedd.
习性：多年生，中小草本，高0.3~1.2m；湿生植物。
生境：林下，海拔2100~3300m。
分布：西藏。

海南冷水花 Pilea tsiangiana F. P. Metcalf
习性：小亚灌木，高0.3~1m；湿生植物。
生境：林下、溪边等，海拔200~300m。
分布：海南、广西。

疣果冷水花（原亚种）Pilea verrucosa subsp. **verrucosa**
习性：多年生，中小草本，高0.2~1m；湿生植物。
生境：林下、溪边、岩石等，海拔400~2300m。
分布：福建、湖北、湖南、海南、广西、贵州、云南、重庆、四川。

闽北冷水花 Pilea verrucosa subsp. **fujianensis** C. J. Chen
习性：多年生，中小草本，高0.2~1m；湿生植物。
生境：林下、溪边等，海拔800~1000m。
分布：福建。

离基脉冷水花 Pilea verrucosa subsp. **sub-triplinervia** C. J. Chen
习性：多年生，中小草本，高0.2~1m；湿生植物。
生境：林下，海拔400~600m。
分布：海南。

雾水葛属 Pouzolzia Gaudich.

雾水葛 Pouzolzia zeylanica (L.) Benn.
习性：多年生，小草本，高10~40cm；半湿生植物。
生境：河谷、林下、沟边、田间、田埂等，海拔300~1300m。
分布：安徽、浙江、江西、福建、湖北、湖南、广东、广西、云南、重庆、四川、甘肃。

藤麻属 Procris Comm. ex Juss.

藤麻 Procris crenata C. B. Rob.
习性：多年生，中小草本，高30~80cm；湿生植物。
生境：林下、溪边、岩石、岩壁等，海拔300~2000m。
分布：福建、广东、海南、广西、贵州、云南、四川、西藏、台湾。

荨麻属 Urtica L.

狭叶荨麻 Urtica angustifolia Fisch. ex Hornem.

习性：多年生，中小草本，高0.4~1.5m；半湿生植物。

生境：河谷、林下、灌丛、河岸坡、溪边、沟边、路边等，海拔800~2200m。

分布：黑龙江、吉林、辽宁、内蒙古、河北、北京、山西、山东、河南、陕西。

小果荨麻 Urtica atrichocaulis (Hand.-Mazz.) C. J. Chen

习性：多年生，中小草本，高0.3~1.5m；半湿生植物。

生境：河谷、林下、灌丛、溪边、沟边、田埂、路边等，海拔300~2600m。

分布：贵州、云南、四川。

麻叶荨麻 Urtica cannabina L.

习性：多年生，中草本，高0.5~1.5m；半湿生植物。

生境：河谷、草丛、河漫滩、溪边等，海拔800~2800m。

分布：黑龙江、吉林、辽宁、内蒙古、河北、北京、山西、四川、陕西、宁夏、甘肃、青海、新疆。

异株荨麻 Urtica dioica L.

习性：多年生，中小草本，高0.4~1m；湿生植物。

生境：林下、灌丛、草丛、溪边等，海拔2200~5000m。

分布：四川、西藏、甘肃、青海、新疆。

宽叶荨麻 Urtica laetevirens Maxim.

习性：多年生，中小草本，高0.4~1m；半湿生植物。

生境：林下、河岸坡、溪边、沟边、路边等，海拔100~3500m。

分布：黑龙江、吉林、辽宁、内蒙古、河北、北京、山西、山东、安徽、河南、湖北、湖南、云南、四川、西藏、陕西、甘肃、青海。

滇藏荨麻 Urtica mairei H. Lév.

习性：多年生，中草本，高0.5~1.3m；半湿生植物。

生境：林下、溪边、沟边、路边等，海拔1500~3500m。

分布：云南、四川、西藏。

三角叶荨麻 Urtica triangularis Hand.-Mazz.

习性：多年生，中草本，高0.6~1.5m；半湿生植物。

生境：河谷、灌丛、草甸、溪边、沟边、路边等，海拔2500~3700m。

分布：云南、四川、西藏、青海。

206. 马鞭草科 Verbenaceae

马缨丹属 Lantana L.

马缨丹 Lantana camara L.

习性：常绿，大灌木，高2.5~4m；半湿生植物。

生境：灌丛、溪边、沟边、田间、潮上带、堤内等，海拔达1500m。

分布：河北、北京、天津、山西、山东、江苏、安徽、上海、浙江、江西、福建、河南、湖北、湖南、广东、海南、广西、贵州、云南、重庆、四川、陕西、甘肃、香港、澳门、台湾；原产于热带美洲。

过江藤属 Phyla Lour.

过江藤 Phyla nodiflora (L.) Greene

习性：多年生，草质藤本，高10~30cm；湿生植物。

生境：草丛、河岸坡、溪边、湖岸坡、塘基、沟边、田间、潮上带、消落带等，海拔达2300m。

分布：江苏、安徽、浙江、江西、福建、湖北、湖南、广东、海南、广西、贵州、云南、重庆、四川、西藏、台湾。

马鞭草属 Verbena L.

马鞭草 Verbena officinalis L.

习性：多年生，中小草本，高0.3~1.2m；半湿生植物。

生境：林缘、河岸坡、溪边、湖岸坡、塘基、沟边、田间、田埂、路边、消落带等，海拔100~2500m。

分布：山西、江苏、安徽、浙江、江西、福建、河南、湖北、湖南、广东、海南、广西、贵州、云南、重庆、四川、西藏、陕西、甘肃、新疆、台湾。

207. 堇菜科 Violaceae

堇菜属 Viola L.

鸡腿堇菜Viola acuminata Ledeb.

习性：多年生，小草本，高10~50cm；半湿生植物。

生境：河谷、林下、林缘、灌丛、草丛、沼泽草甸、沼泽、溪边、沟边、田间等，海拔200~2500m。

分布：黑龙江、吉林、辽宁、内蒙古、河北、北京、山西、山东、安徽、浙江、江西、河南、湖北、四川、陕西、宁夏、甘肃。

如意草Viola arcuata Blume

习性：多年生，小草本，高10~35cm；水湿生植物。

生境：河谷、草丛、草甸、沼泽、溪边、水沟、田间等，海拔300~3000m。

分布：黑龙江、吉林、辽宁、内蒙古、山东、山西、江苏、安徽、浙江、江西、福建、河南、湖北、湖南、广东、广西、贵州、云南、重庆、四川、陕西、甘肃、台湾。

戟叶堇菜Viola betonicifolia Sm.

习性：多年生，小草本，高5~20cm；半湿生植物。

生境：林缘、草丛、岩石、岩壁、沟边、田埂等，海拔300~1500m。

分布：江苏、安徽、浙江、江西、福建、河南、湖北、湖南、广东、海南、广西、贵州、云南、重庆、四川、西藏、陕西、台湾。

双花堇菜（原变种）**Viola biflora** var. **biflora**

习性：多年生，小草本，高10~25cm；湿生植物。

生境：林下、林缘、灌丛、草甸、溪边、岩石、岩壁、沟边等，海拔1800~4000m。

分布：黑龙江、吉林、辽宁、内蒙古、河北、山西、河南、云南、四川、西藏、陕西、宁夏、甘肃、青海、新疆、台湾。

圆叶小堇菜Viola biflora var. **rockiana** (W. Becker) Y. S. Chen

习性：多年生，小草本，高5~8cm；湿生植物。

生境：林下、灌丛、草丛、草甸、岩石、岩壁、碎石坡等，海拔2500~4300m。

分布：云南、四川、西藏、甘肃、青海。

兴安圆叶堇菜Viola brachyceras Turcz.

习性：多年生，小草本，高6~10cm；湿生植物。

生境：林下、河岸坡、沼泽等，海拔500~900m。

分布：黑龙江、吉林、内蒙古。

鳞茎堇菜Viola bulbosa Maxim.

习性：多年生，小草本，高3~6cm；湿生植物。

生境：河谷、草丛等，海拔2200~3800m。

分布：湖北、云南、四川、西藏、陕西、甘肃、青海。

南山堇菜Viola chaerophylloides (Regel) W. Becker

习性：多年生，小草本，高5~40cm；半湿生植物。

生境：林下、林缘、溪边、岩石、岩壁等，海拔600~2800m。

分布：吉林、辽宁、内蒙古、河北、山东、江苏、安徽、浙江、江西、河南、湖北、重庆、四川。

球果堇菜Viola collina Besser

习性：多年生，小草本，高4~20cm；半湿生植物。

生境：林下、林缘、灌丛、草丛、沟边等，海拔200~2800m。

分布：黑龙江、吉林、辽宁、内蒙古、河北、山西、山东、江苏、安徽、浙江、河南、湖北、贵州、云南、重庆、四川、陕西、宁夏、甘肃。

密叶堇菜Viola confertifolia Chang

习性：多年生，小草本，高10~20cm；湿生植物。

生境：沟谷、沟边等，海拔2800~3200m。

分布：云南。

深圆齿堇菜Viola davidii Franch.

习性：多年生，小草本，高4~9cm；湿生植物。

生境：林下、林缘、溪边、草丛、岩石、岩壁等，海拔1200~2800m。

分布：浙江、江西、福建、湖北、湖南、广东、广西、贵州、云南、重庆、四川、西藏。

灰叶堇菜Viola delavayi Franch.

习性：多年生，小草本，高15~25cm；湿生植物。

生境：沟谷、林缘、草丛、溪边、沟边、岩石、岩壁等，海拔1800~2800m。

分布：贵州、云南、四川。

七星莲Viola diffusa Ging.

习性：一年生，小草本，高10~20cm；半湿生植物。

生境：林下、林缘、草丛、溪边、沟边、岩石、岩壁等，海拔100~2000m。

分布：江苏、安徽、浙江、江西、福建、河南、湖北、湖南、广东、海南、广西、贵州、云南、重庆、四川、西藏、陕西、甘肃、台湾。

溪堇菜Viola epipsiloides A. Löve & D. Löve

习性：多年生，小草本，高7~20cm；湿生植物。

生境：林下、林缘、灌丛、草丛、溪边、沟边等，海拔400~1300m。

分布：黑龙江、吉林、内蒙古、新疆。

柔毛堇菜Viola fargesii H. Boissieu

习性：多年生，小草本，高10~20cm；湿生植物。

生境：林下、林缘、草丛、溪边、沟边、岩石、岩壁等，海拔500~3800m。

分布：江苏、安徽、浙江、江西、福建、湖北、湖南、广东、广西、贵州、云南、四川、台湾。

羽裂堇菜Viola forrestiana W. Becker

习性：多年生，小草本，高5~12cm；湿生植物。

生境：河岸坡、溪边、草丛等，海拔2200~4000m。

分布：四川、西藏。

阔萼堇菜Viola grandisepala W. Becker

习性：多年生，小草本，高7~10cm；湿生植物。

生境：林缘、草丛、沟边等，海拔1900~3000m。

分布：云南、四川。

紫花堇菜Viola grypoceras A. Gray

习性：多年生，小草本，高5~30cm；半湿生植物。

生境：灌丛、草丛、岩石、岩壁等，海拔500~2400m。

分布：江苏、安徽、浙江、江西、福建、河南、湖北、湖南、广东、广西、贵州、云南、四川、陕西、甘肃、台湾。

西山堇菜Viola hancockii W. Becker

习性：多年生，小草本，高10~15cm；半湿生植物。

生境：林下、林缘、溪边、沟边、岩石、岩壁等，海拔200~1800m。

分布：河北、山西、山东、江苏、河南、陕西、甘肃。

紫叶堇菜Viola hediniana W. Becker

习性：多年生，小草本，高20~30cm；湿生植物。

生境：林下、林缘、草丛、岩石、岩壁等，海拔1500~3500m。

分布：湖北、四川。

巫山堇菜Viola henryi H. Boissieu

习性：多年生，小草本，高30~40cm；湿生植物。

生境：林下，海拔1200~1800m。

分布：湖北、湖南、四川。

长萼堇菜Viola inconspicua Blume

习性：多年生，小草本，高10~15cm；半湿生植物。

生境：林缘、草丛、溪边、田埂、岩石、岩壁等，海拔达2400m。

分布：江苏、安徽、上海、浙江、江西、福建、河南、湖北、湖南、广东、海南、广西、贵州、云南、重庆、四川、陕西、台湾。

福建堇菜Viola kosanensis Hayata

习性：多年生，小草本，高20~30cm；半湿生植物。

生境：林缘、溪边、岩石、岩壁等，海拔200~2700m。

分布：安徽、江西、福建、湖北、湖南、广东、广西、贵州、云南、四川、陕西、台湾。

西藏堇菜Viola kunawarensis Royle

习性：多年生，小草本，高3~6cm；半湿生植物。

生境：草甸、岩石、岩壁、碎石坡等，海拔2900~4800m。

分布：四川、西藏、甘肃、青海、新疆。

白花堇菜Viola lactiflora Nakai

习性：多年生，小草本，高10~20cm；半湿生植物。

生境：林缘、草丛、路边等，海拔100~1900m。

分布：辽宁、江苏、浙江、江西、云南。

亮毛堇菜Viola lucens W. Becker

习性：多年生，小草本，高5~7cm；半湿生植物。

生境：草丛、岩石、岩壁等，海拔200~2700m。

分布：安徽、浙江、江西、福建、湖北、湖南、广东、贵州。

犁头叶堇菜Viola magnifica C. J. Wang ex X. D. Wang

习性：多年生，小草本，高10~30cm；半湿生植物。

生境：沟谷、林下、林缘、岩石、岩壁等，海拔600~2000m。

分布：安徽、浙江、江西、河南、湖北、湖南、贵州、重庆。

萱Viola moupinensis Franch.

习性：多年生，小草本，高10~30cm；湿生植物。

生境：林缘、灌丛、草丛、溪边等，海拔200~3600m。

分布：江苏、安徽、浙江、江西、福建、湖北、湖南、广东、广西、贵州、云南、四川、西藏、陕西、甘肃。

小尖堇菜Viola mucronulifera Hand.-Mazz.
习性：多年生，小草本，高5~15cm；湿生植物。
生境：林下、林缘、草丛、岩石、岩壁等，海拔600~1900m。
分布：广西、贵州、云南、四川。

大黄花堇菜Viola muehldorfii Kiss
习性：多年生，小草本，高6~20cm；湿生植物。
生境：林下、林缘、溪边等，海拔300~500m。
分布：黑龙江、吉林。

台北堇菜Viola nagasawae Makino & Hayata
习性：多年生，小草本，高5~13cm；湿生植物。
生境：草丛，海拔200~1100m。
分布：台湾。

裸堇菜Viola nuda W. Becker
习性：多年生，小草本，高7~13cm；湿生植物。
生境：河岸坡、溪边等，海拔2000~2400m。
分布：云南。

白花地丁Viola patrinii DC. ex Ging.
习性：多年生，小草本，高6~22cm；湿生植物。
生境：林缘、灌丛、草丛、沼泽草甸、河岸坡等，海拔200~1700m。
分布：黑龙江、吉林、辽宁、内蒙古、河北、山西、山东、江西、陕西、甘肃、台湾。

北京堇菜Viola pekinensis (Regel) W. Becker
习性：多年生，小草本，高5~17cm；半湿生植物。
生境：林下、林缘、草丛、岩石、岩壁等，海拔600~1900m。
分布：黑龙江、吉林、辽宁、内蒙古、河北、北京、山西、山东、河南。

悬果堇菜Viola pendulicarpa W. Becker
习性：多年生，小草本，高5~15cm；半湿生植物。
生境：林下、林缘、河岸坡、岩石、岩壁等，海拔100~3500m。
分布：湖北、云南、四川、陕西。

紫花地丁Viola philippica Cav.
习性：多年生，小草本，高4~14cm；半湿生植物。
生境：林下、林缘、草丛、沟边、田埂等，海拔达1700m。
分布：黑龙江、吉林、辽宁、内蒙古、河北、北京、山西、山东、江苏、安徽、浙江、江西、福建、河南、湖北、湖南、广东、海南、广西、贵州、云南、重庆、四川、陕西、宁夏、甘肃、台湾。

匍匐堇菜Viola pilosa Blume
习性：多年生，小草本，高5~20cm；湿生植物。
生境：林下、林缘、草丛、岩石、岩壁、碎石坡等，海拔600~3000m。
分布：广西、贵州、云南、四川、西藏。

早开堇菜Viola prionantha Bunge
习性：多年生，小草本，高3~20cm；半湿生植物。
生境：草丛、沟边等，海拔300~2800m。
分布：黑龙江、吉林、辽宁、内蒙古、河北、北京、天津、山西、山东、河南、湖北、四川、陕西、宁夏、甘肃、青海。

立堇菜Viola raddeana Regel
习性：多年生，小草本，高20~40cm；半湿生植物。
生境：林下、灌丛、草甸、河岸坡、河漫滩等，海拔100~1200m。
分布：黑龙江、吉林、内蒙古。

库页堇菜Viola sacchalinensis H. Boissieu
习性：多年生，小草本，高10~20cm；湿生植物。
生境：林下、林缘、草甸、溪边、湖岸坡等，海拔400~2000m。
分布：黑龙江、吉林、内蒙古。

深山堇菜Viola selkirkii Pursh ex Goldie
习性：多年生，小草本，高5~16cm；湿生植物。
生境：沟谷、林下、林缘、灌丛、溪边、沟边等，海拔400~1500m。
分布：黑龙江、吉林、辽宁、内蒙古、河北、北京、四川、陕西。

庐山堇菜Viola stewardiana W. Becker
习性：多年生，小草本，高10~25cm；湿生植物。
生境：林下、溪边、沟边、岩石、漂石间等，海拔600~1500m。
分布：江苏、安徽、浙江、江西、福建、湖北、湖南、广东、贵州、四川、陕西、甘肃。

锡金堇菜Viola sikkimensis W. Becker
习性：多年生，中小草本，高5~80cm；湿生植物。
生境：林下、林缘、河岸坡、溪边、碎石坡等，海拔1300~3000m。
分布：云南、西藏。

圆叶堇菜Viola striatella H. Boissieu

习性：多年生，小草本，高5~7cm；湿生植物。

生境：草丛、岩石、岩壁等，海拔800~3000m。

分布：安徽、江西、河南、湖北、湖南、云南、重庆、四川、陕西、甘肃。

光叶堇菜Viola sumatrana Miq.

习性：多年生，小草本，高15~40cm；湿生植物。

生境：林下、林缘、溪边、沟边、岩石、岩壁等，海拔800~2400m。

分布：海南、广西、贵州、云南。

四川堇菜Viola szetschwanensis W. Becker & H. Boissieu

习性：多年生，小草本，高10~25cm；湿生植物。

生境：林下、林缘、灌丛、草丛、草甸、卵石地、岩石、岩壁等，海拔2400~4000m。

分布：云南、四川、西藏。

纤茎堇菜Viola tenuissima Chang

习性：多年生，小草本，高5~7cm；湿生植物。

生境：林下、岩石、岩壁等，海拔2900~3700m。

分布：贵州、四川。

毛堇菜Viola thomsonii Oudem.

习性：多年生，小草本，高5~10cm；湿生植物。

生境：林下、林缘、溪边、卵石地等，海拔800~2400m。

分布：云南、西藏。

三角叶堇菜Viola triangulifolia W. Becker

习性：多年生，小草本，高10~35cm；半湿生植物。

生境：林下、溪边、卵石地、岩石、岩壁等，海拔200~1800m。

分布：安徽、浙江、江西、福建、湖北、湖南、广东、广西、贵州。

粗齿堇菜Viola urophylla Franch.

习性：多年生，小草本，高10~20cm；半湿生植物。

生境：林缘、草甸、溪边等，海拔1800~2500m。

分布：云南、四川。

心叶堇菜Viola yunnanfuensis W. Becker

习性：多年生，小草本，高4~15cm；半湿生植物。

生境：河谷、林下、林缘、草丛、沟边、田埂、岩石、岩壁等，海拔200~3500m。

分布：江西、广西、贵州、云南、四川、西藏。

208. 葡萄科 Vitaceae

蛇葡萄属 Ampelopsis Michx.

蓝果蛇葡萄Ampelopsis bodinieri (H. Lév. & Vaniot) Rehder

习性：多年生，木质藤本；半湿生植物。

生境：沟谷、林缘、湖岸坡、溪边、塘基、沟边等，海拔200~3000m。

分布：福建、河南、湖北、湖南、广东、海南、广西、贵州、云南、四川、陕西。

蛇葡萄Ampelopsis glandulosa (Wall.) Momiy.

习性：多年生，木质藤本；半湿生植物。

生境：沟谷、林下、灌丛、溪边、沟边等，海拔100~2200m。

分布：黑龙江、吉林、辽宁、河北、山东、江苏、安徽、浙江、江西、福建、河南、湖北、湖南、广东、广西、贵州、云南、四川、台湾。

乌蔹莓属 Cayratia Juss.

乌蔹莓Cayratia japonica (Thunb.) Gagnep.

习性：多年生，草质藤本；半湿生植物。

生境：沟谷、林下、林缘、湖岸坡、河岸坡、溪边、塘基、沟边、田间等，海拔200~2500m。

分布：河北、山东、江苏、安徽、上海、浙江、福建、河南、湖北、湖南、广东、海南、广西、贵州、云南、重庆、四川、陕西、台湾。

葡萄属 Vitis L.

蘡薁Vitis bryoniifolia Bunge

习性：多年生，木质藤本；半湿生植物。

生境：林下、灌丛、塘基、沟边等，海拔100~2500m。

分布：河北、山西、山东、江苏、安徽、浙江、江西、福建、湖北、湖南、广东、广西、云南、四川、陕西。

葛藟葡萄Vitis flexuosa Thunb.

习性：多年生，木质藤本；半湿生植物。

生境：沟谷、林下、灌丛、湖岸坡、塘基、溪边、沟边、田埂等，海拔100~2300m。

分布：山东、江苏、安徽、浙江、江西、福建、河南、湖北、湖南、广东、广西、贵州、云南、四川、陕西、甘肃、台湾。

209. 黄眼草科 Xyridaceae

黄眼草属 Xyris L.

中国黄眼草Xyris bancana Miq.

习性：多年生，小草本，高15~50cm；湿生植物。

生境：沼泽。

分布：广东、香港。

南非黄眼草Xyris capensis var. **schoenoides** (Mart.) Nilsson

习性：多年生，中小草本，高20~90cm；水湿生植物。

生境：沟谷、草丛、沼泽、湖岸坡、池塘、沟边等，海拔1400~3000m。

分布：贵州、云南、四川。

硬叶葱草Xyris complanata R. Br.

习性：多年生，中小草本，高10~60cm；半湿生植物。

生境：草丛、沼泽、田间、潮上带等。

分布：福建、广东、海南、广西。

台湾黄眼草Xyris formosana Hayata

习性：多年生，小草本，高15~40cm；水湿生植物。

生境：沼泽、塘基等，海拔达100m。

分布：安徽、湖北、台湾。

黄眼草Xyris indica L.

习性：多年生，中小草本，高15~65cm；水陆生植物。

生境：沟谷、草丛、沼泽、溪边、田中、潮上带、堤内等，海拔达200m。

分布：江西、福建、广东、海南、广西。

葱草Xyris pauciflora Willd.

习性：多年生，小草本，高5~35cm；半湿生植物。

生境：沟谷、沼泽、田中、潮上带等，海拔达900m。

分布：江西、福建、广东、海南、广西、云南。

210. 姜科 Zingiberaceae

山姜属 Alpinia Roxb.

云南草蔻Alpinia blepharocalyx K. Schum.

习性：多年生，大中草本，高1~3m；湿生植物。

生境：林下、溪边等，海拔400~1200m。

分布：广东、广西、云南。

箭秆风Alpinia jianganfeng T. L. Wu

习性：多年生，中草本，高0.7~1.2m；湿生植物。

生境：林下，海拔500~1300m。

分布：江西、湖南、广东、广西、贵州、云南、四川。

长柄山姜Alpinia kwangsiensis T. L. Wu & S. J. Chen

习性：多年生，大草本，高1.5~3m；湿生植物。

生境：沟谷、林下等，海拔100~900m。

分布：广东、广西、贵州、云南。

黑果山姜Alpinia nigra (Gaertn.) B. L. Burtt

习性：多年生，大草本，高1.5~3m；水湿生植物。

生境：林下、池塘、水沟等，海拔900~1100m。

分布：云南。

宽唇山姜Alpinia platychilus K. Schum.

习性：多年生，大草本，高2~3m；湿生植物。

生境：林下，海拔500~1800m。

分布：云南。

豆蔻属 Amomum Roxb.

九翅豆蔻Amomum maximum Roxb.

习性：多年生，大草本，高2~3m；半湿生植物。

生境：林下、沟边等，海拔300~800m。

分布：广东、广西、云南、西藏。

疣果豆蔻Amomum muricarpum Elmer

习性：多年生，大草本，高2~3m；湿生植物。

生境：林下，海拔100~1000m。

分布：广东、广西。

宽丝豆蔻Amomum petaloideum (S. Q. Tong) T. L. Wu

习性：多年生，中草本，高1~1.5m；湿生植物。

生境：林下，海拔500~700m。

分布：云南。

红花砂仁Amomum scarlatinum H. T. Tsai & P. S. Chen

习性：多年生，大草本，高1.5~3m；湿生植物。

生境：林下、沟边、路边等，海拔800~900m。

分布：云南。

银叶砂仁Amomum sericeum Roxb.

习性：多年生，大中草本，高1~3m；湿生植物。

生境：林下，海拔600~1200m。

分布：云南。

草果Amomum tsaoko Crevost & Lemarie

习性：多年生，大草本，高2~3m；湿生植物。

生境：沟谷、林下、溪边等，海拔1100~1800m。

分布：广西、贵州、云南。

疣子砂仁Amomum verrucosum S. Q. Tong

习性：多年生，大草本，高3~4m；湿生植物。

生境：林下、沟边等，海拔100~900m。

分布：云南。

砂仁Amomum villosum Lour.

习性：多年生，大草本，高1.5~3m；湿生植物。

生境：沟谷、林下等，海拔100~600m。

分布：福建、广东、广西、云南。

盈江砂仁Amomum yingjiangense S. Q. Tong & Y. M. Xia

习性：多年生，大中草本，高1~2m；湿生植物。

生境：林下，海拔1700~2000m。

分布：云南。

凹唇姜属 Boesenbergia Kuntze

心叶凹唇姜Boesenbergia longiflora (Wall.) Kuntze

习性：多年生，中草本，高50~60cm；湿生植物。

生境：林下，海拔1100~1900m。

分布：云南。

距药姜属 Cautleya Hook. f.

距药姜Cautleya gracilis (Sm.) Dandy

习性：多年生，中小草本，高25~80cm；湿生植物。

生境：沟谷，海拔900~3100m。

分布：云南、四川、西藏。

姜黄属 Curcuma L.

极苦姜黄Curcuma amarissima Roscoe

习性：多年生，中小草本，高0.4~1m；湿生植物。

生境：林下、河岸坡等，海拔800~1500m。

分布：云南。

莪术Curcuma phaeocaulis Valeton

习性：多年生，中小草本，高0.4~1m；半湿生植物。

生境：林下，海拔200~1200m。

分布：福建、广东、广西、云南、四川。

印尼莪术Curcuma zanthorrhiza Roxb.

习性：多年生，大草本，高达2m；湿生植物。

生境：河岸坡，海拔500~800m。

分布：云南。

茴香砂仁属 Etlingera Giseke

红茴砂Etlingera littoralis (J. König) Giseke

习性：多年生，大草本，高2~3m；湿生植物。

生境：林下，海拔200~300m。

分布：海南。

茴香砂仁Etlingera yunnanensis (T. L. Wu & S. J. Chen) R. M. Sm.

习性：多年生，大草本，高达1.8~3m；湿生植物。

生境：林下，海拔500~700m。

分布：云南。

舞花姜属 Globba L.

毛舞花姜Globba barthei Gagnep.

习性：多年生，中小草本，高30~60cm；湿生植物。

生境：林下、溪边、沟边等，海拔200~1000m。

分布：云南。

舞花姜Globba racemosa Sm.

习性：多年生，中草本，高0.6~1m；湿生植物。

生境：林下，海拔400~1300m。

分布：湖南、广东、广西、贵州、云南、四川、西藏。

双翅舞花姜Globba schomburgkii Hook. f.

习性：多年生，小草本，高30~50cm；湿生植物。

生境：林下，海拔500~1300m。

分布：云南。

姜花属 Hedychium J. König

姜花Hedychium coronarium J. König

习性：多年生，大中草本，高0.8~3m；湿生植物。

生境：沟谷、林下、草甸、湖岸坡、溪流、池塘、园林等，海拔200~2100m。

分布：湖南、广东、广西、云南、四川、台湾。

黄姜花Hedychium flavum Roxb.

习性：多年生，大中草本，高1.2~2m；湿生植物。

生境：沟谷、林下、溪边、沟边等，海拔900~1200m。

分布：广西、贵州、云南、四川、西藏。

大苞姜属 Monolophus Wall. ex Endl.

黄花大苞姜Monolophus coenobialis Hance
习性：多年生，小草本，高15~40cm；湿生植物。
生境：沟谷、林下、岩壁等，海拔300~1100m。
分布：广东、广西。

苞叶姜属 Pyrgophyllum (Gagnep.) T. L. Wu & Z. Y. Chen

苞叶姜Pyrgophyllum yunnanense (Gagnep.) T. L. Wu & Z. Y. Chen
习性：多年生，中小草本，高25~60cm；湿生植物。
生境：林下，海拔1500~2800m。
分布：云南、四川。

象牙参属 Roscoea Sm.

高山象牙参Roscoea alpina Royle
习性：多年生，小草本，高10~20cm；湿生植物。
生境：林下、草丛等，海拔3000~3600m。
分布：西藏。

早花象牙参Roscoea cautleoides Gagnep.
习性：多年生，小草本，高15~40cm；湿生植物。
生境：林下、灌丛、草丛等，海拔2100~3500m。
分布：云南、四川。

长柄象牙参Roscoea debilis Gagnep.
习性：多年生，中草本，高50~60cm；湿生植物。
生境：草丛，海拔1600~2400m。
分布：云南。

先花象牙参Roscoea praecox K. Schum.
习性：多年生，小草本，高7~30cm；湿生植物。
生境：灌丛、草丛等，海拔2200~2300m。
分布：云南。

无柄象牙参Roscoea schneideriana (Loes.) Cowley
习性：多年生，小草本，高9~45cm；湿生植物。
生境：林下、岩壁等，海拔2600~3500m。
分布：云南、四川、西藏。

绵枣象牙参Roscoea scillifolia (Gagnep.) Cowley
习性：多年生，小草本，高10~25cm；湿生植物。
生境：草丛，海拔2700~3400m。
分布：云南。

藏象牙参Roscoea tibetica Batalin
习性：多年生，小草本，高5~15cm；湿生植物。
生境：林下、灌丛、草甸等，海拔2400~3800m。
分布：云南、四川、西藏。

苍白象牙参Roscoea wardii Cowley
习性：多年生，小草本，高14~30cm；湿生植物。
生境：灌丛、草丛、草甸等，海拔2400~3500m。
分布：云南、西藏。

长果姜属 Siliquamomum Baill.

长果姜Siliquamomum tonkinense Baill.
习性：多年生，大中草本，高0.6~2m；湿生植物。
生境：沟谷、林下等，海拔600~1000m。
分布：云南。

姜属 Zingiber Mill.

匙苞姜Zingiber cochleariforme D. Fang
习性：多年生，大中草本，高0.7~2m；半湿生植物。
生境：沟谷、林下等，海拔400~1300m。
分布：广西。

全舌姜Zingiber integrum S. Q. Tong
习性：多年生，大草本，高1.5~2m；湿生植物。
生境：沟谷、林下等，海拔约900m。
分布：云南。

龙眼姜Zingiber longyanjiang Z. Y. Zhu
习性：多年生，大中草本，高1~1.8m；湿生植物。
生境：沟谷、林下等，海拔600~3200m。
分布：四川。

蘘荷Zingiber mioga (Thunb.) Roscoe
习性：多年生，中草本，高0.5~1m；湿生植物。
生境：沟谷、林下、沟边等，海拔400~1500m。
分布：江苏、安徽、浙江、江西、湖北、湖南、广东、广西、贵州、云南。

阳荷Zingiber striolatum Diels
习性：多年生，中草本，高1~1.5m；湿生植物。
生境：林下、溪边等，海拔300~1900m。

分布：江西、湖北、湖南、广东、海南、广西、贵州、四川。

柱根姜Zingiber teres S. Q. Tong & Y. M. Xia
习性：多年生，中草本，高0.6~1m；湿生植物。
生境：沟谷、林下等，海拔1100~1700m。
分布：云南。

团聚姜Zingiber tuanjuum Z. Y. Zhu
习性：多年生，中草本，高0.5~1.5m；湿生植物。
生境：林下、溪边等，海拔700~900m。
分布：四川。

211. 大叶藻科 Zosteraceae

虾海藻属 Phyllospadix Hook.

红纤维虾海藻Phyllospadix iwatensis Makino
习性：多年生，中小草本；沉水植物。
生境：低潮带、潮下带等。
分布：辽宁、河北、山东。

黑纤维虾海藻 Phyllospadix japonicus Makino
习性：多年生，中小草本；沉水植物。
生境：低潮带、潮下带等。
分布：辽宁、河北、山东。

大叶藻属 Zostera L.

宽叶大叶藻Zostera asiatica Miki
习性：多年生，中小草本；沉水植物。
生境：低潮带、潮下带等。
分布：辽宁。

丛生大叶藻Zostera caespitosa Miki
习性：多年生，中小草本；沉水植物。
生境：低潮带、潮下带等。
分布：辽宁、河北、山东。

具茎大叶藻Zostera caulescens Miki
习性：多年生，小草本；沉水植物。
生境：低潮带、潮下带等。
分布：辽宁。

矮大叶藻Zostera japonica Asch. & Graebn.
习性：多年生，小草本；沉水植物。
生境：中潮带、低潮带、潮下带等。
分布：辽宁、河北、山东、福建、广东、海南、广西、台湾。

大叶藻Zostera marina L.
习性：多年生，中小草本；沉水植物。
生境：低潮带、潮下带等。
分布：辽宁、河北、山东、广西。

主要参考文献

陈国富, 牟兆军, 刘会锋, 等. 2019. 大兴安岭东部林区湿地植被类型与分布. 林业勘查设计, (3): 51-56

陈耀东, 马欣堂, 杜玉芬, 等. 2012. 中国水生植物. 郑州: 河南科学技术出版社

陈征海, 谢文远, 李修鹏. 2017. 宁波滨海植物. 北京: 科学出版社

崔心红. 2012. 水生植物应用. 上海: 上海科学技术出版社

代英超, 刘日林, 陈征海, 等. 2016. 中国新记录穗芽水葱的分类学研究. 广西植物, 36(6): 686-690

邓伦秀. 2013. 贵州常见湿地植物图谱. 贵州: 贵州科技出版社

刁正俗. 1990. 中国水生杂草. 重庆: 重庆出版社

董元火, 王青锋. 2011. 中国濒危水生蕨类植物研究进展. 武汉大学学报(理学版), 57(4): 335-342

方赞山, 袁浪星, 卢刚. 2018. 海口湿地·羊山湿地植物图鉴. 海口: 南海出版公司

葛刚, 陈少风. 2015. 鄱阳湖湿地植物. 北京: 科学出版社

国家林业局. 2015. 中国湿地资源·安徽卷. 北京: 中国林业出版社

国家林业局. 2015. 中国湿地资源·北京卷. 北京: 中国林业出版社

国家林业局. 2015. 中国湿地资源·重庆卷. 北京: 中国林业出版社

国家林业局. 2015. 中国湿地资源·福建卷. 北京: 中国林业出版社

国家林业局. 2015. 中国湿地资源·甘肃卷. 北京: 中国林业出版社

国家林业局. 2015. 中国湿地资源·广东卷. 北京: 中国林业出版社

国家林业局. 2015. 中国湿地资源·广西卷. 北京: 中国林业出版社

国家林业局. 2015. 中国湿地资源·贵州卷. 北京: 中国林业出版社

国家林业局. 2015. 中国湿地资源·海南卷. 北京: 中国林业出版社

国家林业局. 2015. 中国湿地资源·河北卷. 北京: 中国林业出版社

国家林业局. 2015. 中国湿地资源·河南卷. 北京: 中国林业出版社

国家林业局. 2015. 中国湿地资源·黑龙江卷. 北京: 中国林业出版社

国家林业局. 2015. 中国湿地资源·湖北卷. 北京: 中国林业出版社

国家林业局. 2015. 中国湿地资源·湖南卷. 北京: 中国林业出版社

国家林业局. 2015. 中国湿地资源·吉林卷. 北京: 中国林业出版社

国家林业局. 2015. 中国湿地资源·江苏卷. 北京: 中国林业出版社

国家林业局. 2015. 中国湿地资源·江西卷. 北京: 中国林业出版社

国家林业局. 2015. 中国湿地资源·辽宁卷. 北京: 中国林业出版社

国家林业局. 2015. 中国湿地资源·内蒙古卷. 北京: 中国林业出版社

国家林业局. 2015. 中国湿地资源·宁夏卷. 北京: 中国林业出版社

国家林业局. 2015. 中国湿地资源·青海卷. 北京: 中国林业出版社

国家林业局. 2015. 中国湿地资源·山东卷. 北京: 中国林业出版社

国家林业局. 2015. 中国湿地资源·山西卷. 北京: 中国林业出版社

国家林业局. 2015. 中国湿地资源·陕西卷. 北京: 中国林业出版社

国家林业局. 2015. 中国湿地资源·上海卷. 北京: 中国林业出版社

国家林业局. 2015. 中国湿地资源·四川卷. 北京: 中国林业出版社

国家林业局. 2015. 中国湿地资源·天津卷. 北京: 中国林业出版社

国家林业局. 2015. 中国湿地资源·西藏卷. 北京: 中国林业出版社

国家林业局. 2015. 中国湿地资源·新疆卷. 北京: 中国林业出版社

国家林业局. 2015. 中国湿地资源·云南卷. 北京: 中国林业出版社

国家林业局. 2015. 中国湿地资源·浙江卷. 北京: 中国林业出版社

国家林业局. 2015. 中国湿地资源·总卷. 北京: 中国林业出版社

黄勇, 李富成, 樊守金. 1996. 山东水生高等植物资源调查研究. 聊城师院学报(自然科学版), 9(1): 83-86

黄振国, 邓惠勤, 李祖修, 等. 2009. 睡莲. 北京: 中国林业出版社

焦瑜, 李承森. 2001. 中国云南蕨类植物. 北京: 中国林业出版社

金效华, 李剑武, 叶德平. 2019. 中国野生兰科植物原色图鉴(上册). 郑州: 河南科学技术出版社

金效华, 李剑武, 叶德平. 2019. 中国野生兰科植物原色图鉴(下册). 郑州: 河南科学技术出版社

金振洲. 2009. 云南高原湿地植物的分类与地理生态特征汇编. 北京: 科学出版社

雷霆, 崔国发, 卢宝明, 等. 2010. 北京湿地植物. 北京: 中国林业出版社

李德铢. 2020. 中国维管植物科属志(上册). 北京: 科学出版社

李德铢. 2020. 中国维管植物科属志(中册). 北京: 科学出版社

李德铢. 2020. 中国维管植物科属志(下册). 北京: 科学出版社

李恒. 2009. 云南湿地植物名录. 北京: 科学出版社

李恒, 徐廷志. 1979. 泸沽湖植被考察. 云南植物研究, 11(1): 125-137

李强, 徐晔春. 2010. 湿地植物. 广州: 南方日报出版社

李嵘. 2014. 云南湿地外来入侵植物图鉴. 昆明: 云南科技出版社

李松柏. 2007. 台湾水生植物图鉴. 香港: 晨星出版社

李燕飞, 丁鑫, 耿贺群, 等. 2013. 珍稀濒危石松类植物东方水韭的再次发现. 厦门大学学报(自然科学版), 52(3): 411-413

梁士楚. 2011. 广西湿地植物. 北京: 科学出版社

梁士楚. 2018. 广西滨海湿地. 北京: 科学出版社

梁士楚. 2020. 广西湿地植被. 北京: 科学出版社

梁士楚, 黄安书, 李贵玉. 2011. 广西湿地维管植物及其区系特征. 广西师范大学学报(自然科学版), 29(2): 82-87

梁士楚, 覃盈盈, 李友邦, 等. 2014. 广西湿地与湿地生物多样性. 北京: 科学出版社

梁士楚, 田华丽, 田丰, 等. 2016. 漓江湿地植物与湿地植被. 北京: 科学出版社

林春吉. 2009. 台湾水生与湿地植物生态大图鉴(上). 台北: 天下文化

林春吉. 2009. 台湾水生与湿地植物生态大图鉴(中). 台北: 天下文化

林春吉. 2009. 台湾水生与湿地植物生态大图鉴(下). 台北: 天下文化

林萍, 田昆, 杨宇明等. 2009. 云南高原湖滨常见湿地植物图鉴. 北京: 科学出版社

刘文治, 卢蓓, 刘贵华. 2021. 西藏湿地植物. 武汉: 华中科技大学出版社

蒙仁宪. 1982. 安徽水生维管植物. 安徽大学学报(自然科学版), 11(1-2): 138-150

缪绅裕, 曾庆昌, 陶文琴, 等. 2014. 中国湿地维管植物外来种现状分析. 广州大学学报(自然科学版), 13(5): 34-39

庞新安, 刘星, 王青锋, 等. 2003. 中国三种水韭属植物的地理分布与生境特征. 生物多样性, 11(4): 288-294

彭华. 2014. 云南常见湿地植物图鉴·第一卷. 昆明: 云南科技出版社

钱洁, 孙必兴. 1998. 属间杂交剪棒草属在我国新发现. 云南植物研究, 20(4): 403-404

阮宏华, 方炎明, 严靖, 等. 2015. 内蒙古呼伦贝尔湿地植被类型与植物区系组成. 北京: 中国林业出版社

尚佰晓. 2015. 辽宁铁岭莲花湖湿地野生维管植物图谱. 北京: 中国林业出版社

沈晓琳, 宾祝芳, 吴磊, 等. 2015. 广西兰科植物新记录属——锚柱兰属. 广西植物, 35(2): 285-287

田自强, 张树仁. 2012. 中国湿地高等植物图志. 北京: 中国环境科学出版社

王辰, 王英伟. 2011. 中国湿地植物图鉴. 重庆: 重庆大学出版社

王春景, 周守标, 杨海军, 等. 2006. 安徽水生维管植物的多样性. 南京林业大学学报(自然科学版), 30(5): 87-90

王东. 2003. 青藏高原水生植物地理研究. 武汉: 武汉大学博士学位论文

王利松, 贾渝, 张宪春, 等. 2015. 中国高等植物多样性. 生物多样性, 23(2): 217-224

王利松, 贾渝, 张宪春, 等. 2018. 中国生物物种名录·第一卷·植物总名录(上册). 北京: 科学出版社

王利松, 贾渝, 张宪春, 等. 2018. 中国生物物种名录·第一卷·植物总名录(中册). 北京: 科学出版社

王利松, 贾渝, 张宪春, 等. 2018. 中国生物物种名录·第一卷·植物总名录(下册). 北京: 科学出版社

王青锋, 李伟. 2017. 中国水生植物图志. 武汉: 湖北科学技术出版社

王文卿, 陈琼. 2013. 南方滨海耐盐植物资源(一). 厦门: 厦门大学出版社

王文卿, 陈洋芳, 李芊芊, 等. 2016. 南方滨海沙生植物资源及沙地植被修复. 厦门: 厦门大学出版社

王玉兵, 赵泽洪, 彭定人, 等. 2008. 广西湿地水生维管植物区系研究. 热带亚热带植物学报, 16(3): 255-265

温放, 黎舒, 辛子兵, 等. 2019. 新中文命名规则下的最新中国苦苣苔科植物名录. 广西科学, 26(1): 37-63

吴棣飞, 姚一麟. 2011. 水生植物. 北京: 中国电力出版社

吴玲. 2010. 湿地植物与景观. 北京: 中国林业出版社

吴明江, 赵宏, 谢航, 等. 2000. 东北香蒲属一新种. 木本植物研究, 20(3): 251-252

闫双喜. 2007. 河南省水生种子植物的生物多样性及区系特征. 武汉植物学研究, 25(3): 247-254

阳小成. 1993. 泸沽湖的水生植被. 重庆师范学院学报(自然科学版), 10(2): 84-88

杨纯瑜. 1987. 中国石杉属药用植物的分类, 分布和药用价值. 中药材, (3): 15-16

杨福明. 1987. 横断山地区的沼泽植物名录. 四川草原, (3): 56-74

杨荣和, 施超, 陈茗. 2017. 贵州湿生木本及湿生竹类观赏植物资源研究. 种子, 36(5): 58-61

易富科. 2008. 中国东北湿地野生维管植物(上). 北京: 科学出版社

易富科. 2008. 中国东北湿地野生维管植物(下). 北京: 科学出版社

于丹, 聂绍荃, 董世林. 1988. 黑龙江省的水生维管植物. 水生生物学报, 12(2): 137-145

于海澔. 2017. 中国水生植物外来种的区系组成, 分布格局与扩散途径. 武汉: 武汉大学博士学位论文

于胜祥. 2012. 中国凤仙花. 北京: 北京大学出版社

张成省, 辛华, 邹平. 2017. 山东滨海滩涂. 中国农业科学技术出版社

张树仁. 2009. 中国常见湿地植物. 北京: 科学出版社

张树仁, 毕海燕. 2016. 中国莎草科新组合与新名称. 生物多样性, 24(6): 723-724

张宪春. 2012. 中国石松类和蕨类植物. 北京: 北京大学出版社

张娅, 陈刚, 李玉, 等. 2014. 贵州省纳雍县云贵水韭调查研究. 贵州林业科技, 42(3): 48-51

张阳武. 2009. 小兴安岭泥炭沼泽植物区系及土壤理化性质研究. 哈尔滨: 东北林业大学博士学位论文

赵家荣, 邓文强. 2015. 湿地花卉植物. 北京: 中国林业出版社

赵家荣, 刘艳玲. 2012. 水生植物图鉴. 武汉: 华中科技大学出版社

赵魁义, 姜明, 田昆, 等. 2020. 中国湿地植被与植物图鉴. 北京: 科学出版社

赵一之. 1989. 内蒙古毛茛属植物生态地理分布特点. 内蒙古大学学报(自然科学版), 20(3): 371-377

赵运林, 蒋道松. 2018. 洞庭湖湿地植物彩色图鉴. 北京: 科学出版社

赵佐成. 1994. 青藏高原东缘理塘县水生植物群落. 武汉大学学报(自然科学版), (5): 116-122

赵佐成. 1996. 青藏高原甘孜县水生植物群落调查. 武汉植物学研究, 14(1): 33-40

赵佐成. 1996. 四川省泸定、康定县水生植物群落调查. 武汉植物学研究, 14(2): 147-152

中国湿地植被编辑委员会. 1999. 中国湿地植被. 北京: 科学出版社

中国植被编辑委员会. 1980. 中国植被. 北京: 科学出版社

周繇东. 2019. 东北湿地植物彩色图志(上). 哈尔滨: 东北林业大学出版社

周繇东. 2019. 东北湿地植物彩色图志(下). 哈尔滨: 东北林业大学出版社

Kato M, Kita Y. 2003. Taxonomic study of Podostemaceae of China. Acta Phytotax Geobot, 54(2): 87-97

Li X, Huang Y Q, Dai X K, et al. 2019. *Isoëtes shangrilaensis*, a new species of *Isoëtes* from Hengduan mountain region of Shangri-La, Yunnan. Phytotaxa, 397(1): 65-73

Lin Q W, Lu G, Li Z Y. 2016. Two new species of Podostemaceae from the Yinggeling National Nature Reserve, Hainan, China. Phytotaxa, 270(1): 49-55

Pirani U R, Prado J. 2012. Embryopsida, a new name for the class of land plants. Taxon, 61: 1091-1098

Wu L, Tong Y, Yan R Y, Liu Q R. 2016. *Chionographis nanlingensis* (Melanthiaceae), a new species from China. Pakistan Journal of Botany, 48(2): 601-606

属中文名索引

属学名索引